电力工程设计手册

电力工程设计手册

火力发电厂化学设计

中国电力工程顾问集团有限公司
中国能源建设集团规划设计有限公司　编著

Power
Engineering
Design Manual

中国电力出版社

内 容 提 要

本书是《电力工程设计手册》系列手册中的一个分册，是以满足火力发电厂各设计阶段化学设计的内容深度要求为目标而编写的实用性工具书。本书简述了火力发电厂化学专业设计原则、设计范围、设计特点、设计内容和深度、设计分界和设计接口等，重点介绍了火力发电厂化学各系统设计所需的基础资料，需遵循的设计原则或应注意的问题，典型工艺系统及其主要设计计算公式，以及主流设备的功能、参数和结构形式、主要设备选型计算等，并根据各系统特点介绍了一些典型工程实例。

本书是依据现行法律法规和规范标准的内容要求编写的，充分吸纳了 21 世纪先进火力发电厂建设的理念和成熟技术，广泛收集了火力发电厂化学设计的成熟案例，全面反映了近年来新建和扩建火力发电厂工程中使用的化学设计领域新技术、新工艺和新设备，列入了大量成熟可靠的设计基础资料、技术数据和技术指标。

本书可作为火力发电厂化学设计、施工和运行管理人员的工具书，也可作为其他领域从事水处理设计人员的参考书，还可供高等院校水处理相关专业的师生参考使用。

图书在版编目（CIP）数据

电力工程设计手册. 火力发电厂化学设计 / 中国电力工程顾问集团
有限公司，中国能源建设集团规划设计有限公司编著. —北京：中国
电力出版社，2019.6
ISBN 978-7-5198-2958-2

Ⅰ. ①电… Ⅱ. ①中… ②中… Ⅲ. ①火电厂–电厂化学–系统
设计–手册 Ⅳ. ①TM7-62 ②TM621.8-62

中国版本图书馆 CIP 数据核字（2019）第 026186 号

出版发行：中国电力出版社
地　　址：北京市东城区北京站西街 19 号（邮政编码 100005）
网　　址：http://www.cepp.sgcc.com.cn
印　　刷：北京盛通印刷股份有限公司
版　　次：2019 年 6 月第一版
印　　次：2019 年 6 月北京第一次印刷
开　　本：787 毫米×1092 毫米　16 开本
印　　张：31.75
字　　数：1133 千字
印　　数：0001—2000 册
定　　价：210.00 元

《火力发电厂化学设计》
编 写 组

主　　编　周　军

参编人员　（按姓氏笔画排序）

王建肖　刘军梅　孙育文　花立存　李　广　李红军

余　莉　赵　辉　赵　鹏　赵　磊　贾丹瑶　徐英特

徐淑姣　黄春明　黄晶晶　崔　丽　鲁燕宁　廉宏艳

《火力发电厂化学设计》
编辑出版人员

编审人员　娄雪芳　柳　璐　赵鸣志　胡顺增　张运东

出版人员　王建华　邹树群　黄　蓓　朱丽芳　闫秀英　陈丽梅

马素芳　王红柳　赵丽媛　单　玲

序 言

改革开放以来，我国电力建设开启了新篇章，经过 40 年的快速发展，电网规模、发电装机容量和发电量均居世界首位，电力工业技术水平跻身世界先进行列，新技术、新方法、新工艺和新材料得到广泛应用，信息化水平显著提升。广大电力工程技术人员在多年的工程实践中，解决了许多关键性的技术难题，积累了大量成功的经验，电力工程设计能力有了质的飞跃。

电力工程设计是电力工程建设的龙头，在响应国家号召，传播节能、环保和可持续发展的电力工程设计理念，推广电力工程领域技术创新成果，促进电力行业结构优化和转型升级等方面，起到了积极的推动作用。为了培养优秀电力勘察设计人才，规范指导电力工程设计，进一步提高电力工程建设水平，助力电力工业又好又快发展，中国电力工程顾问集团有限公司、中国能源建设集团规划设计有限公司编撰了《电力工程设计手册》系列手册。这是一项光荣的事业，也是一项重大的文化工程，彰显了企业的社会责任和公益意识。

作为中国电力工程服务行业的"排头兵"和"国家队"，中国电力工程顾问集团有限公司、中国能源建设集团规划设计有限公司在电力勘察设计技术上处于国际先进和国内领先地位，尤其在百万千瓦级超超临界燃煤机组、核电常规岛、洁净煤发电、空冷机组、特高压交直流输变电、新能源发电等领域的勘察设计方面具有技术领先优势；另外还在中国电力勘察设计行业的科研、标准化工作中发挥着主导作用，承担着电力新技术的研究、推广和国外先进技术的引进、消化和创新等工作。编撰《电力工程设计手册》，不仅系统总结了电力工程设计经验，而且能促进工程设计经验向生产力的有效转化，意义重大。

这套设计手册获得了国家出版基金资助，是一套全面反映我国电力工程设计领域自有知识产权和重大创新成果的出版物，代表了我国电力勘察设计行业的水平和发展方向，希望这套设计手册能为我国电力工业的发展作出贡献，成为电力行业从业人员的良师益友。

汪建平

2019 年 1 月 18 日

总前言

电力工业是国民经济和社会发展的基础产业和公用事业。电力工程勘察设计是带动电力工业发展的龙头，是电力工程项目建设不可或缺的重要环节，是科学技术转化为生产力的纽带。新中国成立以来，尤其是改革开放以来，我国电力工业发展迅速，电网规模、发电装机容量和发电量已跃居世界首位，电力工程勘察设计能力和水平跻身世界先进行列。

随着科学技术的发展，电力工程勘察设计的理念、技术和手段有了全面的变化和进步，信息化和现代化水平显著提升，极大地提高了工程设计中处理复杂问题的效率和能力，特别是在特高压交直流输变电工程设计、超超临界机组设计、洁净煤发电设计等领域取得了一系列创新成果。"创新、协调、绿色、开放、共享"的发展理念和全面建成小康社会的奋斗目标，对电力工程勘察设计工作提出了新要求。作为电力建设的龙头，电力工程勘察设计应积极践行创新和可持续发展理念，更加关注生态和环境保护问题，更加注重电力工程全寿命周期的综合效益。

作为电力工程服务行业的"排头兵"和"国家队"，中国电力工程顾问集团有限公司、中国能源建设集团规划设计有限公司（以下统称"编著单位"）是我国特高压输变电工程勘察设计的主要承担者，完成了包括世界第一个商业运行的 1000kV 特高压交流输变电工程、世界第一个 ±800kV 特高压直流输电工程在内的输变电工程勘察设计工作；是我国百万千瓦级超超临界燃煤机组工程建设的主力军，完成了我国 70%以上的百万千瓦级超超临界燃煤机组的勘察设计工作，创造了多项"国内第一"，包括第一台百万千瓦级超超临界燃煤机组、第一台百万千瓦级超超临界空冷燃煤机组、第一台百万千瓦级超超临界二次再热燃煤机组等。

在电力工业发展过程中，电力工程勘察设计工作者攻克了许多关键技术难题，形成了一整套先进设计理念，积累了大量的成熟设计经验，取得了一系列丰硕的设计成果。编撰《电力工程设计手册》系列手册旨在通过全面总结、充实和完善，引导电力工程勘察设计工作规范、健康发展，推动电力工程勘察设计行业技术水平提升，助力电力工程勘察设计从业人员提高业务水平和设计能力，以适应新时期我国电力工业发展的需要。

2014 年 12 月，编著单位正式启动了《电力工程设计手册》系列手册的编撰工作。《电力工程设计手册》的编撰是一项光荣的事业，也是一项艰巨和富有挑战性的任务。为此，编著单位和中国电力出版社抽调专人成立了编辑委员会和秘书组，投入专项资金，为系列手册编撰工作的顺利开展提供强有力的保障。在手册编辑委员会的统一组织和领导下，700 多位电力勘察设计行业的专家学者和技术骨干，以高度的责任心和历史使命感，坚持充分讨论、深入研究、博采众长、集思广益、达成共识的原则，以内容完整实用、资料翔实准确、体例规范合理、表达简明扼要、使用方便快捷、经得起实践检验为目标，参阅大量的国内外资料，归纳和总结了勘察设计经验，经过几年的反复斟酌和锤炼，终于编撰完成《电力工程设计手册》。

《电力工程设计手册》依托大型电力工程设计实践，以国家和行业设计标准、规程规范为准绳，反映了我国在特高压交直流输变电、百万千瓦级超超临界燃煤机组、洁净煤发电、空冷机组等领域的最新设计技术和科研成果。手册分为火力发电工程、输变电工程和通用三类，共 31 个分册，3000 多万字。其中，火力发电工程类包括19 个分册，内容分别涉及火力发电厂总图运输、热机通用部分、锅炉及辅助系统、汽轮机及辅助系统、燃气-蒸汽联合循环机组及附属系统、循环流化床锅炉附属系统、电气一次、电气二次、仪表与控制、结构、建筑、运煤、除灰、水工、化学、供暖通风与空气调节、消防、节能、烟气治理等领域；输变电工程类包括 4 个分册，内容分别涉及架空输电线路、电缆输电线路、换流站、变电站等领域；通用类包括 8个分册，内容分别涉及电力系统规划、岩土工程勘察、工程测绘、工程水文气象、集中供热、技术经济、环境保护与水土保持、职业安全与职业卫生等领域。目前新能源发电蓬勃发展，编著单位将适时总结相关勘察设计经验，编撰有关新能源发电方面的系列设计手册。

《电力工程设计手册》全面总结了现代电力工程设计的理论和实践成果，系统介绍了近年来电力工程设计的新理念、新技术、新材料、新方法，充分反映了当前国内外电力工程设计领域的重要科研成果，汇集了相关的基础理论、专业知识、常用算法和设计方法。全套书注重科学性、体现时代性、强调针对性、突出实用性，可供从事电力工程投资、建设、设计、制造、施工、监理、调试、运行、科研等工作的人员使用，也可供电力和能源相关教学及管理工作者参考。

《电力工程设计手册》的编撰和出版，凝聚了电力工程设计工作者的集体智慧，展现了当今我国电力勘察设计行业的先进设计理念和深厚技术底蕴。《电力工程设计手册》是我国第一部全面反映电力工程勘察设计成果的系列手册，且内容浩繁，编撰复杂，其中难免存在疏漏与不足之处，诚恳希望广大读者和专家批评指正，以期再版时修订完善。

在此，向所有关心、支持、参与编撰的领导、专家、学者、编辑出版人员表示衷心的感谢！

《电力工程设计手册》编辑委员会

2019 年 1 月 10 日

前言

《火力发电厂化学设计》是《电力工程设计手册》系列手册之一。

本书在总结我国火力发电厂化学设计、施工、运行管理经验的基础上，广泛收集了火力发电厂化学设计的成熟且先进的案例，全面反映了近年来新建火力发电厂工程中使用的化学设计方面的新技术、新工艺、新设备，对提高火力发电厂化学设计质量，提升设计水平，实现火力发电厂化学设计的标准化、规范化将起到指导作用。

本书以实用性为主，按照现行的相关规范、标准的内容规定，结合火力发电厂化学设计的特点，以工艺系统为基本单元，分别论述了各个系统的设计原则、设计接口，典型工艺系统及技术参数，主流设备的功能、结构形式、主要参数、主要设备选型计算和适用条件等，并介绍了一些典型工程实例等。

本书主编单位为中国电力工程顾问集团华北电力设计院有限公司，参加编写的单位有中国电力工程顾问集团中南电力设计院有限公司、中国电力工程顾问集团西北电力设计院有限公司和中国电力工程顾问集团西南电力设计院有限公司等。本书由周军担任主编，并负责总体框架设计和校稿。周军编写第一章，李红军、崔丽、王建肖、周军编写第二章，徐淑姣、孙育文编写第三章，贾丹瑶、崔丽编写第四章，廉宏艳编写第五章，花立存编写第六章，鲁燕宁编写第七章、第十七章，徐英特编写第八章，赵磊编写第九章、第十五章，李广、赵鹏编写第十章，余莉编写第十一章、第十四章，刘军梅、崔丽、王建肖、赵辉编写第十二章，黄春明编写第十三章、第十六章，徐淑姣编写附录 A，黄晶晶编写附录 B 和附录 C，崔丽和徐英特编写附录 D。

本书可作为火力发电厂化学设计、施工和运行管理人员的工具书，可以满足火力发电厂化学专业前期工作、初步设计、施工图设计等阶段的深度要求。本书也可作为其他领域从事水处理设计人员的参考书，还可供高等院校水处理相关专业的师生参考使用。

《火力发电厂化学设计》编写组

2019 年 1 月

目录

第一章

综　　述

第一节　电厂化学专业主要技术功能及设计特点

1. 技术功能简述

火力发电厂热力系统的很多问题直接与水、汽系统的沉积物或/和腐蚀产物有关。水、汽系统中的沉积物或垢会引起燃料费用的增加和能量损失，并导致锅炉受热面的结垢或腐蚀，引起炉管爆破，影响电厂的安全运行。一般来说，如果炉管内沉积物厚度增加1mm，燃料消耗约增加10%；凝汽器水侧的沉积物厚度增加 1mm，会使热导率降低 50%；沉积物对汽轮机的影响最大，汽轮机高压段只要有 7.6μm 厚的沉积物，其效率将降低 3%～4%，并导致通流能力降低 1%。因此，确保热力系统有良好的水质，对机组运行安全、提高机组效率及寿命有重要的作用。为此，必须对火力发电厂用水进行合理的净化处理，并严格监督控制水汽质量。同时，随着环境保护要求的日益严格，电厂各种污废水、烟气等也必须经过处理，达到排放标准才能外排。这些要求构成了电厂化学专业的主要技术功能。

电厂化学专业有很强的针对性，主要技术功能或任务体现在：一是防结垢、防腐蚀和防积盐，即制备水质合格的电厂工业用水，防止在热力设备中结垢和沉渣，保护电厂主要系统和设备免于腐蚀，并进行有效的化学加药处理和监督，以保证机组安全运行；二是污废水治理，即对电厂内各种污废水进行处理，以达到相应的回用或排放标准。此外，化学专业的功能还包括为烟气脱硝储存和制备还原剂、为氢冷发电机组提供合格的氢气，以及净化变压器油等。

2. 设计特点

（1）工艺系统的拟定与国家和地区的强制性标准密切相关，如安全、环保要求等。

（2）水源水质多变，致使水处理工艺系统多样化，各工程的水处理工艺需根据水源水质、机组形式及参数等情况进行定制，难以实现设计方案的标准化。

（3）工艺子系统多。

（4）水处理技术和设备升级换代快，工艺系统设计需要与时俱进。

（5）设计接口多。电厂化学专业不仅与电厂外界存在接口，与设计单位内部的热机、电气、土建结构、建筑、水工工艺、水工结构、总图、暖通、热控等多个专业也存在设计接口。

（6）涉及的技术标准和技术数据多。化学专业设计所涉及的主要技术标准见附录 A，常用技术数据见附录 B。

第二节　设　计　内　容

火电厂化学专业设计的主要内容包括水的预处理、水的预脱盐处理、水的除盐处理、凝结水处理、热力系统化学加药、热力系统、水汽取样监测、冷却水处理、热网补给水及生产回水处理、污废水处理、制氢和供氢、烟气脱硝还原剂储存和制备、变压器油净化和化学实验室等。

1. 水的预处理

水的预处理是指采用混凝、澄清/沉淀、过滤等工艺去除水中的悬浮物、胶体物质、碱度、有机物等，以满足后续系统或用户的用水要求的水处理方式。它涵盖电厂所用的各种水源的预处理，如地下水、地表水、海水和再生水等。预处理系统产水可供电厂全厂或化学水处理系统使用。主要设计内容包括：

（1）主工艺系统，如混凝、澄清、过滤等系统。

（2）辅助工艺系统，如药品（混凝剂、助凝剂、杀菌剂、酸等）储存和计量，压缩空气，废水收集、回用或排放，污泥处置等系统。

2. 水的预脱盐处理

水的预脱盐处理包括苦咸水预脱盐和海水淡化，其功能是采用反渗透、多级闪蒸、多效蒸馏等工艺去除水中大部分盐分，以满足后续系统或用户的用水要求。水的预脱盐处理多用作水的除盐处理的前端处理或热网补给水处理。主要设计内容包括：

（1）主工艺系统有反渗透、多级闪蒸、多效蒸馏等系统。

（2）辅助工艺系统，如药品（还原剂、阻垢剂、消泡剂、杀菌剂、酸、碱、矿化剂等）储存和计量，压缩空气，废水收集、回用或排放等系统。

3. 水的除盐处理

水的除盐处理是采用离子交换、电除盐等工艺去除水中几乎全部盐分，以满足后续系统或用户的用水要求的水处理工艺。水的除盐处理是目前常规火电厂必须使用的、最重要的处理技术，除盐系统产水主要用作锅炉补给水，以及其他特殊用户用水。主要设计内容包括：

（1）主工艺系统，如离子交换、电除盐等。

（2）辅助工艺系统，如离子交换器的再生，药品（酸、碱等）储存和计量，压缩空气，废水收集、处理、回用或排放等系统。

4. 凝结水处理

凝结水处理是采用过滤、离子交换除盐等工艺去除凝结水中的金属腐蚀产物、溶解性盐类等，以满足机组给水和凝结水水质要求的水处理工艺。凝结水处理系统的设计与机组类型、机组参数和主机冷却介质密切相关。主要设计内容包括：

（1）主工艺系统有过滤、离子交换除盐等系统。

（2）辅助工艺系统有过滤器的反洗，树脂的再生，药品（酸、碱等）储存和计量，粉末树脂过滤器的铺膜、破膜，压缩空气、废水收集、处理、回用或排放等系统。

5. 热力系统化学加药处理

热力系统化学加药处理是向凝结水、给水、闭式除盐冷却水、汽包炉炉水中添加化学药剂，调节水质，以减轻或防止热力系统的腐蚀和结垢，提高设备使用寿命和换热效率。主要设计内容包括：

（1）凝结水、给水、闭式除盐冷却水加药处理系统。

（2）停炉保护加药处理系统。

（3）汽包炉炉水加药处理系统。

6. 热力系统水汽取样监测

水汽取样监测是对热力系统水汽样品进行在线采集、处理及分析监测，它判断水汽样品是否符合质量标准，以便必要时采取措施。主要设计内容包括：

（1）高温架。

（2）低温仪表盘（含仪表）。

（3）闭式除盐水冷却系统（也可利用主厂房内的全厂闭式除盐水冷却系统）。

（4）凝汽器检漏装置。

7. 冷却水处理

冷却水处理是采用混凝、澄清/沉淀、过滤软化、除盐及加药处理（添加杀菌灭藻剂、缓蚀阻垢剂等）等工艺处理冷却水，以减轻或防止冷却水系统及凝汽器管的结垢、污堵和腐蚀。

对于间接冷却开式冷却水系统，冷却水为工业水，采用混凝、澄清、过滤或其中部分处理工艺时，混凝、澄清、过滤部分的设计内容与预处理系统相同。对于间冷闭式冷却水系统，冷却水一般为除盐水，采用加氨和/或联氨处理时，其设计内容与热力系统的化学加药处理系统相同。

除与预处理、热力系统化学加药处理相同的部分外，冷却水处理特有的加药处理系统主要设计内容包括：

（1）加酸系统，包括酸的装卸、储存和计量系统。

（2）杀菌灭藻剂的制备、储存及计量系统，如电解海水、电解食盐水制次氯酸钠系统，二氧化氯发生器系统等。

（3）稳定、缓蚀剂储存及计量系统。

8. 热网补给水及生产回水处理

热网补给水处理是采用预脱盐或离子交换处理工艺去除水中的碱度和硬度，减轻或防止热网系统的换热设备及管道的腐蚀和结垢，保证换热效率。热网补给水可采用锅炉排污扩容器后的排污水、软化水、除盐水或反渗透装置出水等。热网补给水处理系统的设计内容可参考预脱盐系统和除盐系统。

生产回水处理是采用过滤、除盐或其中部分工艺去除回水中的腐蚀产物及其他污染物，以便于再利用。生产回水处理设施可单独设置，也可与锅炉补给水或凝结水处理设施合并。

9. 污废水处理

污废水处理是采用混凝、澄清/沉淀、过滤、pH值调整等工艺处理电厂内工业废水，采用生化处理工艺处理厂内生活污水，以达到回用或排放要求。

污废水处理系统包括化学废水、脱硫废水、生活污水、含煤废水、含油污水等污废水处理系统。主要设计内容包括：

（1）主工艺系统有如混凝、澄清/沉淀、气浮、过滤，污泥浓缩脱水等系统。

（2）辅助工艺系统有如酸、碱、氧化剂、混凝剂、助凝剂等药品储存和计量，以及压缩空气等系统。

10. 制氢和供氢

制氢和供氢是采用现场水电解制备氢气或外购氢气、厂内储存方式，为氢冷发电机提供合格氢气。主要设计内容包括：

（1）水电解制氢系统，包括水电解制氢、气体冷却净化、氢气储存和分配等。

（2）外购氢气系统，包括氢瓶集装格或氢气储罐、氢气汇流排、减压装置等。

11. 烟气脱硝还原剂储存和制备系统

烟气脱硝还原剂储存和制备系统是根据烟气脱硝系统的要求，采用相应的还原剂卸料、储存和制备设施，为烟气脱硝提供还原剂。主要设计内容包括：

（1）液氨卸料、储存及氨气制备系统，包括液氨卸料压缩机、液氨储存罐、液氨蒸发器、氨气缓冲罐及氨输送管道，以及氨气吹扫系统等。

（2）尿素卸料、溶解、制备、储存及输送系统，包括尿素储仓（干尿素）、自动给料机、尿素溶解箱、尿素溶液输送泵、尿素溶液储存罐、高流量和循环装置、尿素溶液输送或尿素分解装置等。

（3）氨水储存及氨气制备系统，包括氨水卸料泵、氨水储存罐、氨水计量及输送装置等。

12. 变压器油净化系统

变压器油净化系统一般采用移动式油净化装置对变压器油进行净化处理，设计文件中一般只列处理设备，无安装设计内容。

13. 化学实验室

化学实验室是根据电厂规模、机组参数及电厂管理模式等，设置必要的设施和仪器，以满足电厂对水、煤（含入厂煤和入炉煤）、油进行化学分析的要求。主要设计内容包括水、煤（含入厂煤和入炉煤）、油实验室的布置设计，以及开列水、煤、油分析仪器清单。

上述化学系统为相对独立的系统。此外，诸如药品储存和计量、管道和阀门、防腐和保温、仪表和控制等通用内容，各系统均有涉及。

第三节　设计分界及设计接口

一、外部接口

外部接口是指电厂化学专业与项目建设单位之间的接口，主要用于索取设计依据资料，如水源水质资料，氢气、酸、碱、烟气脱硝用还原剂及其他化学药品的供应情况资料、改扩建电厂的老厂相关资料等。

二、内部设计分界及设计接口

1. 水的预处理系统

预处理系统的设计范围为自系统来水、气、汽管至系统产水送出管之间的全部系统及设备、管道。水、气管道设计接口在系统/界区 1m 处。蒸汽管道的设计接口在设备接口处。

2. 水的预脱盐处理系统

预脱盐处理系统的设计范围为自预处理系统（如有）来水、气、汽管至系统产水送出管之间的全部系

统及设备、管道。如有与外专业的管道设计接口，则接口在系统/界区 1m 处，但蒸汽管道的设计接口一般在用汽设备本体接口处。

3. 水的除盐处理系统

水的除盐处理系统的设计范围为自预处理或预脱盐处理系统（如有）来水、气、汽管至系统产水送出管之间的全部系统及设备、管道的安装设计。如有与外专业的管道设计接口，则接口在系统/界区 1m 处，但蒸汽管道的设计接口一般在用汽设备本体接口处。

4. 凝结水处理系统

汽轮机组凝结水处理系统的设计范围为：自凝结水泵出口管至凝结水处理系统出口母管之间的全部系统及设备、管道的安装设计。管道设计接口一般在系统/化学负责区域界限 1m 处。

5. 热力系统的化学加药处理系统

热力系统的化学加药处理系统的设计范围为：自加药系统的来水管至加药点之间的全部系统及设备、管道的安装设计。

管道设计接口如下：

（1）除盐水管，根据工程情况接自加药设备附近的除盐水母管或凝结水管。

（2）工业水管，由水工专业接至用水设备处。

（3）炉水加药管，加药点附近的二次阀门处。

（4）其他加药管，加药点处。

6. 热力系统水汽取样分析系统

热力系统水汽取样的设计范围为：自取样点至水汽取样仪表架之间的全部系统及设备、管道的安装设计。设计接口如下：

（1）工业水管，除盐水管，水汽取样系统/取样间墙中心线外 1m 处。

（2）锅炉系统取样管，取样点附近取样二次阀门处。

（3）其他取样管，取样点处。

7. 冷却水处理系统

对于间冷开式冷却水系统，冷却水为工业水，采用混凝、澄清、过滤等工艺时，混凝、澄清、过滤部分的设计范围及主要设计内容与预处理系统相同。对于间冷闭式冷却水系统，冷却水为除盐水，采用加氨和/或联氨处理时，其设计范围及主要设计内容与热力系统化学加药处理系统相同。

冷却水加药处理系统的设计范围为自系统来进口管至系统出口管之间的全部系统及设备、管道的安装设计。管道设计接口在系统/界区 1m 处。

8. 热网补给水及生产回水处理

热网补给水处理系统的设计范围和主要设计内容可参考预脱盐系统和除盐系统。

生产回水处理系统的设计范围和主要设计内容可参考除盐系统和凝结水处理系统。

9. 污废水处理

污废水处理系统的设计范围为自系统来水、气、汽管至系统产水送出管之间的全部系统及设备、管道的安装设计。污废水管和合格废水排放管管道设计接口在系统/界区 1m 处。

10. 制氢和供氢

制氢和供氢系统的设计范围为自系统来水、气、汽管至系统产品氢气送出管之间的全部系统及设备、管道。工业水管道设计接口在系统/界区 1m 处。

11. 烟气脱硝还原剂储存和制备

气脱硝还原剂储存和制备系统的设计范围为：自系统来水、气、汽管至系统产品氨气（水）送出管之间的全部系统及设备、管道的安装设计。管道设计接口在系统/界区 1m 处。

12. 油处理

需电气专业提供变压器油量，以便进行滤油设备选型。

13. 化学实验室

化学实验室的设计范围为实验室内设施及实验用除盐水、生活水管道的安装设计。生活水管道一般由水工工艺专业设计至用水设施接口处。

第四节 主要设计基础资料、主要设计原则及设计深度要求

1. 主要设计基础资料

（1）系统设计时，应向有关专业了解机组类型、装机容量、热力系统、有关辅机的情况和结构特点，以及发电机冷却方式和参数等情况，必要时，可通过有关专业向设备制造厂提出结构和材质要求。

（2）设计热电厂时，应掌握供热负荷、回水量、回水水质、回水水温、外供化学处理水量和水质要求等资料，还应了解环境影响评价和水资源论证中关于用水和排水的要求。

（3）设计时应掌握所选用设备、材料（包括防腐材料）、药剂、填料等的供应情况，包括质量、价格、包装和运输方式等。

（4）对扩建和改建工程，还应了解原有化学各系统、设备布置和运行等情况。

2. 主要设计原则

（1）化学专业水的预处理、预脱盐、除盐处理、污废水处理和氢气站等系统一般属于全厂公用系统，其工艺选择及设备布置应按发电厂的规划容量统筹考虑，其设施应根据机组分期建设情况及技术经济比较，确定是分期建设还是一次建成。

（2）与机组热力系统密切相关的凝结水处理、水汽取样和化学加药等系统一般与单元机组配套同步建设，但凝结水精处理再生用酸碱储存系统可与全厂其他水处理系统合并设置。

（3）冷却水处理方案应根据冷却方式、冷却系统参数、水源水质及全厂水平衡等因素综合确定。

（4）化学各系统的设计应做到合理选用水源、节约用水、降低能耗、保护环境，并便于安装、运行和维护。

3. 设计深度要求

设计深度执行以下标准：

（1）DL/T 5374《火力发电厂初步可行性研究报告内容深度规定》。

（2）DL/T 5375《火力发电厂可行性研究报告内容深度规定》。

（3）DL/T 5427《火力发电厂初步设计文件内容深度规定》。

（4）DL/T 5461.6《火力发电厂施工图设计文件内容深度规定 第6部分：电厂化学》。

（5）DL/T 5461.13《火力发电厂施工图设计文件内容深度规定 第13部分：水工工艺》。

（6）DL/T 5229《电力工程竣工图文件编制规定》。

第二章

水 的 预 处 理

第一节 设 计 基 础 资 料

一、火力发电厂的水源及常见预处理工艺简介

（一）火电厂常用水源及特征

火电厂使用的水源多种多样，包括地表水（江河水和湖水）、地下水（埋藏在地表以下的天然水）、矿井疏干水、海水及再生水等，通常根据电厂建设地点、周边条件选用。

1. 地表水

中国幅员辽阔，地表水易受自然环境条件的影响，水质复杂。江、河、湖等地表水随季节变化有着很大的变化。一般情况下，春季过后的洪水期，悬浮物、有机物将有一定程度的增长，水中溶解固形物则变化不大。对于在临近入海处的江河水，枯水期受海水倒灌影响，有机物含量及含盐量都有较大增长。

地表水中溶解的二氧化碳一般不会超过 $20\sim30mg/L$。

天然水普遍含有硅酸，来自于土壤、岩石中硅酸盐矿物的溶解。硅酸形态复杂，有正硅酸（H_4SiO_4）、偏硅酸（H_4SiO_3），以及二聚、三聚、多聚硅酸，甚至胶态硅。水中硅酸通常以 SiO_2 含量（mg/L）计算。根据硅酸化合物与钼酸反应能力的不同，将水中硅酸化合物分为活性硅和非活性硅。在水质分析中，通常将活性硅称为溶解硅或反应硅，非活性硅称为胶体硅。溶解硅与胶体硅之和为全硅。天然水中 SiO_2 含量 $6\sim120mg/L$，地下水中的 SiO_2 含量高于地表水。

2. 地下水

地下水流经地层时，经过土壤和地层的过滤，水中的悬浮物及胶体物含量较少，水体清澈透明。地下水水质和水温较稳定，pH 值一般为 $6\sim8$，水温为 $15\sim25℃$。井水较稳定，尤其是深井水，水质不随季节变

化而波动。井群或与地表水沟通的浅井，往往随井深不同、井位不同、与地表水连通情况不同，水质可能有很大差别，浅井水质也常有季节性变化。

一般情况下地下水为中等含盐量的水，但近年来由于过度使用、过量抽吸、地下水污染等原因，水质日趋恶化，华北、西北、西南部分地区的地下水含盐量高达 $500\sim1000mg/L$，矿化度变化也较大。一般来说，地下水中含铁量比地表水高，可达数十毫克/升。

地下水中含有各种气体，如氧、二氧化碳、氮、硫化氢等，虽然含量一般不高，但反映了地下水所处的环境特征。二氧化碳含量一般为 $15\sim40mg/L$，最大约 $150mg/L$；溶解氧含量也较少，深层水中甚至完全无氧。

3. 矿井疏干水

矿井疏干水的水质与当地地下水水质基本类似，只是在矿产开采过程中，因为与矿层、岩层接触，以及人类活动的影响，水中混入了矿粉、岩屑、机械油污、生活垃圾等，使得矿井水发生了一系列物理、化学和生化反应，其水质发生了明显变化，不同矿种、矿区水质差别也较大。

通常根据矿井水所含污染物的特征，将矿井水分为洁净矿井水、高悬浮物矿井水、酸性矿井水、高矿物矿井水和含特殊污染物矿井水等。

4. 海水

海水是地球上最大的地表水体，覆盖地球表面 70% 以上的面积。海水含盐量高，其含量通常为 $30000\sim35000mg/L$，最高可达 $50000mg/L$。

海水中成分基本稳定，其中 Cl^- 含量最高，约占海水中离子总量的 55%；其次为 Na^+，约占 30%；其他盐类离子主要为 Mg^{2+}、K^+、SO_4^{2-}、Ca^{2+} 等。

海水表面层 pH 值通常为 $8.1\sim8.3$，深层海水的 pH 值通常下降至 7.8。海水中含有溶解的和悬浮的有机物。

海水的盐度在不同地区、不同深度虽有变化，但各离子间的比例关系相当稳定，Na^+、Cl^- 的比值约为

0.55，不同海域略有变化。

5. 再生水

再生水是指经污水处理厂适当处理后，达到一定的水质指标，满足某种使用要求，可以进行有益使用的水。再生水水质会因污水处理厂的来水水质不同而不同。

（二）水的预处理系统功能

天然水体中常常含有泥沙、淤泥、黏土等悬浮物、胶体杂质及细菌、真菌、藻类、病毒等微生物，还可能含有活着的水生植物和腐烂植物，植物分解后生成的可溶性胶体有机物也会存在于水中，它们在水中具有一定的稳定性，是造成水体浑浊、颜色和异味的主要原因。此类水体若作为火电厂的水源，可用于循环冷却水的补充水、锅炉补给水的水源等，但需根据不同用水点的水质要求或后续处理设备的进水水质要求进行处理，由于该系统通常作为水处理工艺的第一步，故称为水的预处理系统。如不先除去这些杂质，无法满足后续系统的进水水质要求，后续处理将无法进行。因此，预处理是水处理工艺流程中一个重要的基础环节。预处理通常采用混凝处理、沉淀/澄清和过滤处理等工艺来去除上述杂质，使水中悬浮物含量降至20mg/L以下，得到澄清水。经过预处理后的水，根据不同的用途再进行深度处理。如作为循环冷却水的补充水，首先要满足冷却水水质要求，运行过程中再辅以防止结垢、腐蚀、微生物生长等水质控制措施；作为锅炉补给水，还必须用离子交换或膜法除去水中溶解性盐类。

对于城市污水、再生水等非天然水，当水质不能满足电厂直接使用的要求时，需要进行进一步的处理，通常称为再生水深度处理。对于电厂而言，它是电厂后续水处理工艺的第一步，也可称为预处理。

（三）常见预处理工艺

水的预处理可采用如石灰或石灰及碳酸钠软化、混凝、沉淀/澄清或溶解气体浮选与过滤等多种处理方法。结合水质特点和后续设备用水要求，可选择其中任何一种或几种方法组合处理。混凝、沉淀/澄清和过滤是常被采用的预处理步骤。一般情况下，沉淀/澄清、过滤是水的预处理中所必需的步骤；在水中有细菌的情况下，还需要进行消毒，氯化是最常用的杀菌方法。

1. 混凝处理

从原水投加混凝剂开始，到产生大颗粒的絮凝物为止，整个过程称为混凝处理。混凝处理一般分为两个阶段：第一阶段是胶体脱稳，水中胶体颗粒的双电层被压缩或电性中和而失去稳定性的过程，即在瞬间内将混凝剂与水快速均匀混合并产生一系列化学反应，这一过程所需要的时间很短，一般可在10～30s

内完成，最多不超过2min；第二阶段是絮凝，脱稳后的胶体颗粒聚合成大颗粒絮凝物的过程，这一过程需要一定的聚合时间。

为了提高混凝处理的效果，必须选用性能良好的药剂，创造适宜的化学和水力学条件。在给水处理中采用的混凝剂一般为铝盐和铁盐两种。用做混凝剂的铝盐有硫酸铝、明矾、铝酸钠、聚合铝等，其中硫酸铝和聚合铝应用最多；铁盐有硫酸亚铁、三氯化铁、硫酸铁、聚合硫酸铁等，其中硫酸亚铁和聚合硫酸铁应用较广。与铝盐相比，铁盐生成的絮凝物密度大，沉降速度快，最优pH值范围比铝盐宽；混凝效果受温度影响比铝盐小；一旦运行不正常，出水中的铁离子会使水带色。将铁盐和铝盐联合使用，有利于处理低温水。

由于原水水质方面的原因，当单独采用混凝剂不能取得良好的效果时，需投加一些辅助药剂来提高混凝处理的效果，这种辅助药剂称为助凝剂。助凝剂有许多种，有无机类的也有有机类的，目前使用较多的是聚丙烯酰胺（PAM）。

在必须去除胶体物和有机物时，混凝是必不可少的步骤。混凝处理的效果受到水温、水的pH值、混凝剂剂量、接触介质等许多因素的影响。

2. 沉淀/澄清处理

沉淀是指把水中的悬浮颗粒借助重力下沉而分离的过程。天然水体通过混凝、沉淀/澄清处理，水中悬浮物含量可降至20mg/L以下，COD、SiO_2等其他水质指标也会有不同程度的降低。根据经验，通过接触混凝、过滤可去除约60%的非活性硅，通过混凝澄清、过滤可去除约90%的非活性硅。

（1）沉淀处理。水中悬浮颗粒在重力的作用下，从水中分离出来的过程称为沉淀。悬浮颗粒可以是天然水体中的泥沙、黏土颗粒，也可以是在混凝处理中形成的絮凝体，或在投加化学药剂的沉淀处理中形成的难溶沉淀物。平流沉淀池、斜板斜管沉淀池是典型的利用悬浮颗粒的重力作用分离固体颗粒的设备。

沉淀处理的另一种方式是向水中投加化学药剂，使该药剂与水中的结垢性离子进行化学反应，生成难溶的化合物［如$Mg(OH)_2$、$CaCO_3$等］，并从水中沉淀析出，所用的化学药剂被称为沉淀剂。早期的水处理工艺中，沉淀剂有石灰、苏打、氯化钙和磷酸钠等，处理方式有热法和冷法。由于离子交换水处理和膜分离等技术的发展，目前这种沉淀处理法已较少采用，但冷法石灰处理仍在应用，因为石灰具有价格便宜、处理效果好等优点，所以它不仅可用于全厂工业水的处理，也可用于循环冷却水和锅炉补给水处理的预处理。

石灰软化处理中的热法和冷法，主要针对石灰-纯碱软化方法。冷法的处理水温度为生水温度；热法处理水温度为98℃或以上。石灰-纯碱软化法适用于全碱度小于全硬度的水，可用于没有水冷壁的低压锅炉部补给水处理。当作为离子交换的预处理时，如采用的处理方式是热法，则需要将处理后的水的温度降至约40℃。

（2）澄清处理。在电厂水的预处理中，通常将混凝和沉淀处理结合在一个处理构筑物（澄清池）中进行，这种处理方式称为澄清处理。即利用原先在池中积聚的絮凝体（泥渣）与原水中刚失去稳定性的微观颗粒相互接触、吸附，以达到与清水较快分离的净水构筑物。由于澄清池是将药剂与水的混合、沉淀反应、沉淀物的沉淀分离三个步骤在一个构筑物内完成的，因此具有占地面积少、设备小、沉淀效率高等优点。常见的设备有机械加速澄清池、水力循环澄清池、脉冲澄清池等。

3. 生化处理

由于水资源紧缺，各类污废水正逐步成为火电厂的工业用水水源。通常这些污废水的生化指标达不到工业用水要求，而采用常规的预处理工艺也难以满足要求，必须进行生化处理。生化处理通过微生物的新陈代谢作用来处理污废水中的污染物。常见的生化处理设备有曝气生物滤池、曝气生物流化池和膜生物反应器等。

4. 过滤处理

经过澄清处理后的澄清水有时还不能直接用于后续系统，如逆流再生离子交换器的进水浊度要求2NTU以下。进一步降低水中浊度的方法之一是过滤处理。通过多孔材料层除去水中悬浮物的过程即为过滤，分为介质过滤和膜过滤两大类。

介质过滤最常用的过滤材料是石英砂和无烟煤。装填颗粒状滤料的钢制设备称为过滤器，运行时相对压力大于零的过滤器称为机械过滤器。按水流方向分为下向流、上向流、双向流和辐射流滤池；按构成滤床的滤料品种数目分有单层滤料、双层滤料和三层滤料滤池；按阀门个数分为四阀滤池、双阀滤池、单阀滤池和无阀滤池等。

膜过滤根据过滤精度的不同分为超滤和微滤。

过滤不仅可以降低水的浊度，还可同时去除部分水中的细菌、有机物、病毒等。过滤和反洗是过滤设备最基本的操作。过滤设备的运行实际上是过滤和反洗的循环。

二、设计内容及范围

预处理设计范围为从厂外来的原水，经各种预处理工艺处理后的清水，至火电厂各用水系统（如循环冷却水系统、锅炉补给水处理系统等）为止，包括混凝、沉淀/澄清、过滤、产水储存及输送系统、污泥处理系统、加药系统、清洗及冲洗系统、系统检测仪表及连接管道等。与主体工艺配套的药品储存和计量的相关内容见第十三章。

三、设计输入资料

水的预处理系统设计前应从建设单位等处获得全部可利用水源的水质全分析资料，并了解可利用水源的水质特点、变化规律以及可能被污染的情况，同时应取得多年来的含沙量、悬浮物含量资料，掌握其变化规律。地表水、再生水（含老厂循环水排污水）为近年的逐月12份资料，地下水、矿井疏干水、海水为近年的逐季4份资料。对于海水，还应取得取水口近年逐月12份的海水水温资料，以及近年足够的潮汐、含沙量和颗粒粒径分布、潮间潮位时的海水盐度、悬浮物、化学需氧量（COD）、油含量等数据。水质全分析报告格式见表2-1。其中的分析项目可根据水源情况及预计要采用的处理工艺进行取舍。对再生水或受到污染的水源，应检测氨氮、TOC、BOD_5、细菌含量等；对于需要采用反渗透工艺的水源，应关注 Ba^{2+}、Sr^{2+}含量；对于海水，应根据需要检测硼、含沙量等指标。设计时应对所取得的水质全分析数据进行分析、验证，并提出设计水质和校核水质。

近年来，电厂建设周期相对缩短，设计时可能来不及取得齐全资料，但水质分析报告应至少覆盖枯水期和丰水期，并具有一定的时效性。设计过程中应持续收集当期的水质报告，以对拟定的水处理工艺进行核算。

表 2-1　　　　　　　　　　水质全分析报告（格式）

工程名称				化验编号				
取水地点				取水部位				
取水时气温 ℃				取水日期	年	月	日	
取水时水温 ℃				分析日期	年	月	日	
透明度				嗅			味	
项目	mg/L	mmol/L		项目		mg/L	mmol/L	
阳离子　K^+			硬度		总硬度			

续表

项 目		mg/L	mmol/L	项 目		mg/L	mmol/L
阳离子	Na$^+$			硬度	非碳酸盐硬度		
	Ca^{2+}				碳酸盐硬度		
	Mg^{2+}				负硬度		
	Fe^{2+}			酸碱度	甲基橙碱度		
	Fe^{3+}				酚酞碱度		
	Al^{3+}				pH 值（25℃）		—
	NH$_4^+$			其他指标	铁铝氧化物		
	Ba^{2+}				氨氮		
	Sr^{2+}				游离 CO$_2$		
	Mn^{2+}				COD		
					BOD$_5$		
	合计				硼		
阴离子	Cl$^-$				总磷		
	SO$_4^{2-}$				油		
	HCO$_3^-$				溶解氧		
	CO$_3^{2-}$				硫化氢		
	NO$_3^-$				溶解固形物		
	NO$_2^-$				全固形物		
	OH$^-$				悬浮物		
	F$^-$				含沙量		
	合计				全硅（SiO$_2$）		
离子分析误差				非活性硅（SiO$_2$）			
溶解固体误差				TOC			
pH 值分析误差				细菌含量		cfu/mL	

注：1. 分析检测项目可根据水源情况及用途进行取舍，如对于再生水或受到污染的水源，应检测氨氮、BOD$_5$、TOC 和细菌含量，对于海水，应根据需要检测硼和含沙量等指标。

2. 当水源是海水时，水质采样分析执行 GB 17378.3《海洋监测规范　第 3 部分：样品采集、贮存与运输》、GB 17378.4《海洋监测规范　第 4 部分：海水分析》的规定。

3. 当水源是海水时，对于蒸馏法海水淡化工艺，有条件时应进行原水悬浮物粒径分布测试。

化验单位：　　　　　　负责人：　　　　　　校核者：　　　　　　化验者：

第二节　系 统 设 计

各种水源的预处理基本工艺为混凝、沉淀/澄清和过滤，对于不同的水源水质特点会有所不同。

一、预处理工艺选择原则

（1）地表水、海水预处理宜采用混凝、沉淀/澄清、过滤。悬浮物含量小于 20mg/L 时，可采用接触混凝、过滤处理。经技术经济比较，过滤处理可采用膜过滤工艺。

（2）当地表水、海水悬浮性固体和泥沙含量超过所选用澄清池的进水要求时，应设置降低泥沙含量的预沉淀设施。

（3）对于再生水及矿井排水等回收水源，应根据水质特点选择生物反应处理、混凝澄清处理、过滤、杀菌处理等工艺。对于容量较大、碳酸盐硬度高的再生水，宜采用石灰混凝澄清处理。石灰处理系统出水应加酸调整 pH 值。

（4）当原水非活性硅含量高，影响机组蒸汽品质时，可采用接触混凝、过滤处理或混凝澄清、过滤处理。经技术经济比较，过滤处理可采用膜过滤工艺。

（5）地下水宜经过滤后使用，当地下水含沙时，应有除沙措施。

（6）原水有机物含量超过后续系统进水要求时，可采用氯化、混凝澄清、活性炭吸附、吸附树脂等处理工艺。

（7）水中碳酸盐硬度高时，经技术经济比较，可采用石灰、弱酸离子交换等处理；水中的硅酸盐含量高时，经技术经济比较，可采用石灰-镁剂沉淀处理。

（8）地下水的铁、锰量不满足后续水处理工艺进水要求时，应设置除铁、除锰设施。除锰宜采用接触氧化法；除铁可采用接触氧化法或曝气氧化法。曝气装置应根据原水水质及曝气程度的要求选定。

（9）预处理后水中游离余氯含量超过后续处理系统进水要求时，宜采用活性炭吸附或加亚硫酸钠等处理方法除氯。

（10）反渗透预脱盐工艺进水经混凝澄清等预处理后，可采用细砂过滤或超（微）滤膜过滤等工艺。

二、地表水预处理

（一）系统选择

1. 典型工艺

地表水作为电厂水源时，一般不能直接用做电厂各工艺系统用水，必须根据各工艺系统用水对水质的不同要求，采取一系列的净化处理后才可使用。地表水预处理常规处理工艺包括混凝系统、沉淀/澄清系统、介质过滤系统、膜过滤系统、污泥处置系统、药品储存和计量系统等主要子系统。典型工艺及进水水质要求见表2-2。

表2-2 地表水预处理典型工艺及进水水质要求

典型工艺	进水水质要求
混凝—沉淀/澄清—过滤	悬浮物含量一般为1000~2000mg/L，短时间内可达3000~5000mg/L
混凝—气浮—过滤	经常浊度较低，原水常年悬浮物不大于100mg/L
接触混凝—过滤	悬浮物不大于20mg/L，水质较稳定且无藻类繁殖
预沉（调蓄预沉或自然预沉或混凝预沉）—混凝—沉淀/澄清—过滤	含沙量不小于40kg/m³，且含沙量峰值持续时间较长
石灰混凝—澄清—过滤	碳酸盐硬度大于3mmol/L

2. 系统设计原则

（1）预处理工艺应根据水源水质、后续处理工

艺对水质的要求、处理水量和试验资料，并参考类似工程的运行经验，结合当地条件通过技术经济比较确定。

当来水水温影响预处理效果时，应采取加热或降温措施。

选择沉淀池或澄清池类型时，应根据原水水质、设计规模、处理后水质要求，并考虑原水水温变化、运行方式等因素，结合排泥水处置方式及场地条件，综合比较确定。火电厂原水预处理站混凝、沉淀/澄清系统通常采用絮凝沉淀池、机械搅拌澄清池，当处理水量及原水水质变化较大或场地紧张时，也可采用高效澄清池（也称高密度澄清池）。

采用混凝、沉淀/澄清处理或曝气生物滤池时，后续过滤宜采用重力式滤池。

预处理站污泥处理系统的污泥处置设施可与厂内工业废水站等系统的污泥处置设施合并设置，泥饼的处置应遵守国家颁布的有关法律和相关标准。脱水后的泥饼宜运送至电厂储灰场储存。

（2）预处理的设备、材料及滤料，应根据包装、运输、货源和价格等因素择优选用；药剂的选择宜参照原水水质相近厂的运行经验，或对原水做凝聚沉淀试验，结合药剂的供应情况等因素，经综合比较后确定。

（3）预处理构筑物的生产能力，应按最高日供水量加自用水量确定，必要时还应包括消防补充水量。自用水量可采用供水量的2%~10%。当沉淀池或澄清池排泥水及滤池反冲洗水采取回用时，自用水量可适当减少。过滤反洗水宜回收。

（4）沉淀、澄清及过滤设施的设置数量或能够单独排空的分格数不少于2座（格、套）。当有1座（格、套）设备检修时，其余设备应满足系统正常供水要求。用于短期、季节性处理时，可只设1座，但应设旁路。

（5）预处理站的排泥水应根据环保要求确定处置方式。排泥水处理后上清液宜作为原水回用。若排入河道、沟渠等天然水体，其水质应符合GB 8978《污水综合排放标准》及受纳水体的要求。

（6）预处理站中凡需控制水量和水质的各给水系统，应装设必要的水量计量和水质监测设施。

（7）预处理站生产操作的机械化和自动化水平，应从提高供水水质、经济效益和增强供水可靠性、降低能耗、改善劳动条件出发，根据工程实际条件及设备的供应情况，综合确定。对于繁重的人力操作、影响供水安全和危害人体健康的设备，应优先考虑机械化或自动化装置。

（二）主要技术要求

1. 系统出水水质

预处理系统的出水水质要求见表2-3。

表 2-3 预处理系统出水水质要求

用 途	出水水质要求
作为电厂开式循环冷却水的补充水	悬浮物含量不宜超过 20mg/L，pH 值不应小于 6.5 且不宜大于 9.5
作为工业用水中转动机械轴承冷却水	碳酸盐硬度宜小于 250mg/L（以 $CaCO_3$ 计），pH 值不应小于 6.5 且不宜大于 9.5，悬浮物含量宜小于 50mg/L

续表

用 途	出水水质要求
作为锅炉补给水的水源	根据锅炉补给水处理工艺对水质的要求确定

2. 混凝、沉淀/澄清系统设计主要技术要求

（1）常见的混凝、沉淀/澄清设备进出水水质见表 2-4。

表 2-4 常见的混凝、沉淀/澄清设备进出水水质

设备名称	进水水质要求	出水水质	备注
机械搅拌澄清池	含沙量小于 40kg/m³	悬浮物不大于 20mg/L，个别为 50mg/L	适用于高浊水池型
	悬浮物不大于 1000mg/L（通常情况）；短时间内允许达到 3000~5000mg/L	悬浮物不大于 10mg/L（通常情况） 悬浮物不大于 15mg/L（低温低浊水） 碳酸盐硬度不大于 1mmol/L（采用石灰混凝澄清处理工艺时）	
水力循环澄清池	悬浮物不大于 1000mg/L（通常情况）；短时间内允许达到 2000mg/L	悬浮物不大于 10mg/L	
斜管（板）沉淀池	悬浮物小于 500mg/L（通常情况）；短时间内允许达到 3000mg/L	悬浮物去除率大于 95%	
接触絮凝沉淀池	悬浮物小于 2000mg/L	悬浮物不大于 10mg/L	
网格（栅条）絮凝反应沉淀池	悬浮物小于 2500mg/L	悬浮物不大于 10mg/L	
气浮池	悬浮物小于 100mg/L	悬浮物不大于 10mg/L	适用于低温低浊、含藻类及有机杂质较多、水源受到污染、色度高、溶解氧低的原水

（2）澄清池设计参数应根据工程经验和制造商的设计导则确定。

（3）澄清池进水水流应平稳；多台澄清池并联时，应采取措施保证各台设备进水流量均衡。

（4）机械搅拌澄清池各反应室应设取样装置。

（5）澄清池是否设置机械刮泥装置，应根据水池直径、底坡大小、进水悬浮物含量及其颗粒组成等因素确定；当采用石灰处理时，应设置机械刮泥装置。

（6）澄清池宜设置泥渣回流系统。

（7）澄清池排泥宜采用自动排泥方式，排泥管道宜设置自动冲洗水设施。

（8）采用石灰混凝澄清处理工艺时，石灰乳应直接加到第二反应室，并采用多点投加。

（9）澄清系统应配备完整的加药设施，每台澄清池宜独立配置各类加药泵。药品的选择及其用量，应根据来水水质、试验结果或参照相似条件的地表水预处理站运行经验确定。

（10）澄清池可露天布置，位于寒冷地区的澄清池顶部应封闭或布置在室内。

（11）澄清池应设置爬梯，顶部应设置运行检修平台，平台周围应有防护栏杆。

3. 介质过滤系统设计主要技术要求

（1）电厂常用的过滤构筑物有普通快滤池、虹吸滤池、重力式滤池和 V 形滤池等，常用的过滤器包括石英砂过滤、双介质过滤（无烟煤和石英砂）、纤维过滤和活性炭过滤等。

常用滤池的进出水水质见表 2-5。

表 2-5 常用滤池进出水水质

项目	单位	数值
进水悬浮物	mg/L	≤10（短时≤15）
出水悬浮物	mg/L	≤5

常用过滤器的进水水质要求见表 2-6,出水水质见表 2-7。

表 2-6　常见过滤器进水水质要求

项目	单位	细砂过滤器	双介质过滤器	石英砂过滤器	纤维过滤器	活性炭过滤器
悬浮物	mg/L	3～5	≤20	≤20	—	—
浊度	NTU	—	—	—	≤20	≤3

注　活性炭过滤器进水余氯不宜大于 1mg/L。

表 2-7　常见过滤器出水水质

过滤器类型	出水水质指标
细砂过滤器、双介质过滤器、石英砂过滤器、纤维过滤器	浊度≤1NTU
活性炭过滤器	余氯＜0.1mg/L，COD_{Mn}＜2mg/L

(2)过滤器(池)的滤速按正常运行工况设计,按检修时的强制滤速校核。装有精细石英砂或细砂的过滤器(池)滤速见表 2-8。

表 2-8　过滤器(池)滤速

装有精细石英砂或细砂过滤器(池)	滤速(m/h)	
	混凝澄清滤速	接触混凝
	6～8	—

续表

过滤器(池)类型		滤速(m/h)	
		混凝澄清滤速	接触混凝
单层滤料	单流	8～10	6～8
	双流	15～18	
双层滤料		10～14	6～8
三层滤料		18～20	6～8
变孔隙过滤		18～21	—
纤维过滤		20～40	—
活性炭过滤器		吸附有机物时,5～10	
		吸附游离余氯时,≤20	

(3)重力式过滤池单池面积不宜大于 100m²,滤池面积小于 30m² 时,滤池长宽比宜为 1:1,当滤池面积大于 30m² 时,滤池长宽比宜为 1.25:1～1.5:1。滤层上水深宜为 1.5～2m,并留有 0.3m 超高。

(4)石英砂过滤器(池)及纤维过滤器应设置空气擦洗设施,空气擦洗用气源宜为专用罗茨风机来气。

(5)过滤器(池)宜采用经过滤后的清水进行反洗。过滤器(池)的反洗方式应根据其类型确定。过滤器(池)采用外源反洗方式时,系统应设置反洗水泵、反洗水箱或连接可供反洗的水源。当压力式过滤器的后续系统对过滤器(池)出水稳定性有要求时,应采用外源反洗方式及设置正洗水泵。过滤器(池)的滤料级配和反洗强度见表 2-9。

表 2-9　过滤器(池)滤料级配及反洗强度

过滤器(池)类型	滤料			反洗强度 [L/(m²·s)]			备注
	种类	粒径(mm)	层高(mm)	水反洗	气水合洗		
					空气	水	
重力式单层滤料过滤池	石英砂	0.5～1.2	900～1500	12～15	20		(1)历时 5～10min;(2)滤料不均匀系数 K_{80}＜2;(3)承托层 50～100mm,粒径 2～4mm
	精细石英砂	0.3～0.5	600～800	10～12	27～33	—	水洗历时 10～15min,空气擦洗历时 3～5min
	大理石	0.5～1.2	700	15	—		宜用于石灰处理
	无烟煤	0.8～1.5	700	10	10		(1)历时 5～10min;(2)滤料不均匀系数 K_{80}＜1.7;(3)承托层 50～100mm,粒径 2～4mm
重力式双层滤料普通快滤池	无烟煤	0.8～1.8	400～500	13～16	10～15	约10	(1)反洗历时 5～10min;(2)滤料不均匀系数 K_{80}:无烟煤小于 2,石英砂小于 2
	石英砂	0.5～1.2	400～500				
重力式双层滤料接触滤池	无烟煤	1.2～1.8	400～600	15～17	—	—	(1)历时 5～10min;(2)滤料不均匀系数 K_{80}:无烟煤小于 1.3,石英砂小于 1.5
	石英砂	0.5～1.0	400～600				

过滤器(池)类型	滤料			反洗强度 [L/(m²·s)]			备 注
	种类	粒径 (mm)	层高 (mm)	水反洗	气水合洗		
					空气	水	
重力式 三层滤料 过滤池	无烟煤	0.8~1.6	450~600	16~17	—	—	(1) 历时 5~10min; (2) 不宜采用空气擦洗; (3) 滤料不均匀系数 K_{80}:无烟煤小于 1.7, 石英砂小于 1.5,重质矿石小于 1.7
	石英砂	0.5~0.8	250				
	重质矿石	0.25~0.5	70				
重力式 变孔隙 过滤池	天然海砂	1.2~2.8	1525	15~16	14~15	11~12	历时 20min
		0.5~1.0	50,混入 大粒径海 砂内, 不占高度				
压力式细砂 过滤器	石英砂	0.3~0.5	600~800	10~12	27~33	—	水洗历时 10~15min, 空气擦洗历时 3~5min
压力式单层 滤料过滤器	石英砂	0.5~1.2	1200	12~15	20	—	历时 5~10min
	无烟煤	0.5~1.2	800	10~12	10	—	历时 5~10min
压力式双层 滤料过滤器	无烟煤	0.8~1.8	400	13~16	10~15	8~10	历时 5~10min
	石英砂	0.5~1.2	800				
压力式三层 滤料过滤器	无烟煤	0.8~1.6	450~600	16~18	—	—	(1) 历时 5~10min; (2) 不宜采用空气擦洗
	石英砂	0.5~0.8	230				
	重质矿石	0.25~0.5	70				
压力式纤维 过滤器	丙纶 纤维束	—	1200~ 1300	—	60	上向洗 3~5, 下向洗 6~10	
活性炭过滤器	活性炭	0.8~1.6	1500~ 2000	7~10	—	—	(1) 历时 20~30min; (2) 不宜采用空气擦洗

注　1. 表中所列为反洗水温 20℃的数据,水温每增减 1℃,反洗强度相应增减 1%。

2. 滤料反洗膨胀率:石英砂单层滤料过滤为 45%、双层滤料过滤为 50%、三层滤料过滤为 55%。

3. 重力式滤池设有滤层表面冲洗设施时,冲洗强度可取低值。

4. 应考虑全年水温、水质变化因素,有适当调整反洗强度的可能。

5. 选择反洗强度时,应考虑所用混凝剂的品种。

6. 选择反洗强度时,三层滤料重力式过滤器底部配水装置宜采用母管支管式,以避免反洗乱层。

7. 采用水反洗和压缩空气交替反洗时,水反洗强度应适当降低。

8. 滤料的相对密度:无烟煤 1.4~1.6,石英砂 2.6~2.65,重质矿石 4.7~5.0。

(6) 设有混凝澄清系统的介质过滤器(池)反洗水宜通过回收水池回收至澄清池进水侧或进水调节水池。

(7) 各类过滤器(池)的反洗、正洗进水或排水应有限流措施,反洗进水宜采用大阻力配水系统。

(8) 当滤池进水为石灰混凝澄清池出水时,滤池进水应加酸处理。

(9) 重力式过滤池可布置在室外,在寒冷地区宜布置在室内。压力式过滤器宜布置在室内。过滤系统配套水泵和风机等宜布置在室内。

(10) 重力式过滤池进出水可采用明渠流道方式,也可采用密闭管道式配水,但管道流速不应大于 1m/s。滤池底部应设置排空管。

(11) 滤池宜设检修爬梯,顶部应设防护栏杆。

4. 膜过滤系统设计主要技术要求

(1) 膜过滤包括超滤和微滤。超(微)滤装置的设计应根据进水水质、处理水量和后续预脱盐装置对进水水质要求来选择膜组件类型、膜材质和装置的运行方式。超（微）滤装置的进水要求见表2-10。超（微）滤系统的出水水质需根据进水水质、超（微）滤膜特性确定，一般要求 $SDI_{15}<3$，浊度不大于0.2NTU。

表2-10　超（微）滤装置的进水要求

项　目		单位	数据
水温		℃	10～40
pH值（25℃）			2～11
浊度	压力式	NTU	<5
	浸没式		以膜制造商的设计导则为准

（2）压力式超（微）滤膜通量宜按照 40～65L/（$m^2 \cdot h$）设计，浸没式超（微）滤膜通量宜按照30～40L/（$m^2 \cdot h$）设计。

（3）超（微）滤装置的过滤方式、运行控制方式（恒流、恒压）、反洗周期、反洗方式（水洗、水气合洗、加强反洗）等应根据膜的性能、进水特性，通过小型试验确定，或参考类似工程的经验。过滤模式的选择取决于进水颗粒大小、过滤孔径以及水的污染程度。压力式超（微）滤工艺可选择错流或死端过滤方式，也可预留错流过滤运行的管道阀门及仪表等。

（4）超（微）滤系统净出力应与后续处理设备出力相匹配，当后续采用反渗透预脱盐，应满足其满负荷连续运行的需要。

（5）超（微）滤系统一般包括超（微）滤给水泵、保安过滤器、超（微）滤膜组件、监测仪表、反洗装置、化学清洗装置、加药装置等组成。超（微）滤装置的套数不应少于2套。

（6）超（微）滤装置进水前应设置保安过滤器。膜生物反应器系统的浸没式超滤进水宜设置细格栅。浸没式超（微）滤进水保安过滤器过滤精度不宜大于200μm；膜生物反应器系统的浸没式超（微）滤进水细格栅孔径宜为1mm；压力式超（微）滤进水保安过滤器过滤精度不宜大于100μm，应能实现自动清洗。

超（微）滤装置的反洗水泵、反洗风机宜设置备用设备。

（7）压力式超（微）滤给水泵、保安过滤器、超（微）滤膜组件等宜采用母管制连接。当套数少于3套时，其进水泵、保安过滤器、膜组件等可按单元制设置；浸没式超（微）滤系统的产水泵与超（微）滤膜组件应按单元制连接。

多套超（微）滤装置进水或出水采用母管连接时，宜在每台装置入口设置流量调节阀门。

（8）膜的选型应根据进水水质、膜的特性及膜通量、水温、产水量、回收率等相关因素确定，膜的材料应选用具有良好的亲水性及抗污染性、耐久性（如酸、碱及抗氧化剂）和大的膜通量。设计膜通量应充分考虑膜长期运行后的衰减（表现为跨膜压差的升高），确保膜在使用期内满足后续系统处理水量的要求。

（9）压力式超（微）滤装置的进水应有防止水量突变对膜产生冲击的流量调整措施，当与给水泵串联连接时，给水泵宜采用变频控制；当并联连接时，进水管宜设置流量调节阀，以确保超（微）滤膜运行中恒定的给水流量。浸没式超滤产品水泵宜采用变频控制。

（10）超（微）滤装置应具有膜柱完整性在线自动检测功能。

（11）当原水净化站设有沉淀（混凝）、澄清工艺时，超（微）滤的反洗排水应回收利用；超（微）滤的化学清洗废水应排入化学（或再生）废水池。

（12）超（微）滤装置产水管道末端的静背压应尽可能恒定，以减少对跨膜压差的影响。

（13）对于浸没式超（微）滤系统，当原水碱度较高时，由于频繁进行空气擦洗，膜表面可能会结垢。因此，当水进入系统前，必要时应考虑采取措施降低碱度、避免膜表面结垢，如加酸或加 CO_2 处理。

（14）当超（微）滤用作反渗透预脱盐前的预处理，其平均截断分子量宜为10万～15万 g/mol；当用于过滤非活性硅，则平均截断分子量宜为1万道尔顿。当预处理后水直接作饮用水，膜的过滤精度宜小于0.2μm，以去除浊度和细菌。

（15）水温对超（微）滤膜的膜通量有较大的影响，当水源温度较低影响膜系统出力时，应采取措施提高进水温度。当超（微）滤处理水量较大时，进水加热宜考虑利用热力系统的余热。

（16）超（微）滤装置的反洗水应采用超（微）滤产品水，反洗气源应为无油空气。

（17）膜过滤系统应设置反洗加药设施，并应配置离线化学清洗设施及其固定连接管道。

（18）膜过滤工艺的自用水率应根据来水水质及膜厂商推荐数据设计，也可按照下列数值计算：压力式超（微）滤为10%，浸没式超（微）滤为5%。

（19）浸没式超（微）滤系统可采用真空泵或喷射器维持膜池出水管道的真空度。

（20）膜组件的构造应便于更换膜元件，浸没式超（微）滤膜组件距膜池池壁距离不宜小于300mm，膜池超高宜为0.3～0.5m。

（21）如后续为反渗透预脱盐工艺时，超（微）滤系统的产品水管道、水箱和水泵过流部分材质宜采用防腐材质。

（22）超（微）滤装置及附属设备宜布置在室内，

并应留有膜元件更换和检修的空间。产品水箱（池）可布置在室外。

（23）浸没式超（微）滤膜池宜布置在单独的房间内，且房间应设置良好的通风系统并应设置检修用起吊设施。膜池上宜设置玻璃钢材质活动盖板，或在膜池上部设置检修平台，并应设置防护栏杆。

（24）给水泵。

1）给水泵出力应满足超（微）滤装置的进水量需求，给水泵扬程应考虑超（微）滤膜的运行中可能出现的最大跨膜压差及产水要求的背压。

2）给水泵的过流部件材质应耐腐蚀，具体材质应根据进水的氯离子含量选定。

3）当给水泵出口设加热器时，给水泵的出口宜并联连接。

（25）加热器。

1）加热器的总加热容量应满足全部超（微）滤装置及反渗透装置运行所需维持的水温。加热后水温的设定应考虑超（微）滤膜的耐温要求、后续处理系统对水温的要求及沿程的热损失。当加热器年投运时间大于 6 个月或超（微）滤处理水量较大时，加热器不宜少于 2 套。

2）当加热器设置在超滤给水泵出口时，加热器的管系设计应考虑单套超（微）滤装置反洗停运时，清水流量的突变对加热器出水温度的影响，故采用多台加热器时，为了避免加热器进汽阀的频繁开、关，加热器进、出口管道宜并联设计，且应设置全流量检修旁路。不推荐加热器随超（微）滤装置的反洗而频繁启停的运行方式，该运行模式会造成超（微）滤装置进水温度不稳定或加热器进蒸汽阀门的频繁启闭而易损。当技术经济比较合理时，加热器也可设在超滤给水箱前，并取水箱水温信号控制加热器进蒸汽阀门的开度。

3）加热器按水汽接触方式分为混合式及表面式，表面式加热器按其结构形式分为板式、管式，按耐压等级分为全焊中压式或减温减压式。若进水氯离子含量较高、加热器停运时间较长或当其布置在主厂房内时，加热器宜选用表面、管式结构，且应便于检修及维护；当采用混合式加热器时，加热器应在超滤给水箱前。

4）加热器的类型应根据加热蒸汽的参数确定，不宜设蒸汽减温、减压装置，以节约能耗和水耗。其结构设计应达到较高的热能传递、较低的疏水温度，并实现出水母管温度的自动调节。

5）加热器的材质应根据其高温下耐进水氯离子浓度、蒸汽温度等条件根据产品的技术要求进行选择，一般水侧至少为 S31603 不锈钢，汽侧材质一般可为 S31608 不锈钢。

6）进入加热器的给水母管最低点应设排放阀，蒸汽管道应设手动及自动隔离阀、调节阀、安全阀和疏水阀，疏水温度宜小于 45℃。正常运行时，加热器的低含盐量疏水可回收至离子交换除盐系统进口的预脱盐水箱，但应确认水温的升高不会对树脂产生不良影响，并应考虑冬季启用、进入水箱前，高含铁量疏水的排放。

（26）保安过滤器。

1）超（微）滤装置前应设保安过滤器，以去除水中残留的颗粒杂质（如随加药引入），有效防止超（微）滤膜的损伤，其过滤精度应根据超（微）滤膜的技术要求确定。对于内压式超（微）滤膜，经处理后的进水悬浮颗粒粒径宜小于 $100\mu m$。

2）保安过滤器可选用叠片式或网式可反洗型滤芯。反洗方式有内源或外源水反洗，当过滤器采用内源水反洗时，应确保部分过滤器在线反洗时，不影响整组保安过滤器满足后续系统进水量的要求。

3）保安过滤器与压力式超（微）滤装置的连接宜单元制串联。

（27）超（微）滤反洗及化学加强反洗系统。

1）超（微）滤装置应设置反洗系统，其反洗间隔应根据进水水质确定。反洗应采用超（微）滤装置的产水，可取自超（微）滤产水箱；进入超（微）滤装置的反洗水，应经保安过滤器去除工艺中可能引入的颗粒杂质（如来自水箱或药剂），保安过滤器滤芯的过滤精度应为 $100\sim200\mu m$，膜的反洗强度和反洗保安过滤器的过滤精度应根据膜厂商的要求确定。

2）反洗应耐腐蚀离心泵作专用的反洗水泵，流量及扬程应满足膜厂商规定的膜反洗强度等要求。泵的材质应根据水质确定，一般至少为 S30408。反洗水泵应采用变频泵或设置流量调节阀。

3）超（微）滤膜的化学加强反洗应根据膜污染情况和进水水质确定，也可以采取冲击加药浸泡反洗。加入的药剂可根据污染物的成分选择或试验确定。化学加强反洗的频率一般根据膜的污染速度确定。每次反洗后，应设快冲步骤，以将反洗过程中松动的杂质快速冲离超（微）滤膜组件。

4）当超（微）滤为外压式膜组件，根据膜的特性，一般还需设空气辅助冲洗系统。

（28）超（微）滤化学清洗系统。

1）化学清洗间隔一般根据膜污染后的运行跨膜压差确定。化学清洗的药剂应根据膜表面的污染物类型确定。常用药剂为碱、次氯酸钠及柠檬酸等。

2）清洗系统由清洗水箱（用于清洗液的配制）、清洗水泵、清洗保安过滤器以及阀门、管道、仪表等附件组成。化学清洗系统应通过固定管道同超（微）滤装置连接，并设清洗水泵至清洗水箱的回流管。系统中各部件材质应可耐化学清洗药剂的腐蚀。

3）化学清洗水箱应设电加热器，以加热清洗液，提高清洗效果，加热温度根据膜厂商的要求确定。

4）化学清洗水泵的流量及扬程应满足超（微）滤装置的化学清洗的要求，保安过滤器应为滤芯式，过滤精度同制水运行的保安过滤器。

5）超（微）滤装置数量较少时，清洗装置可与反渗透的清洗装置合用，但应考虑化学清洗配药部分的冲洗设施；若超（微）滤装置数量较多，则不建议两者合用。

（29）超（微）滤水箱。

1）当预处理系统设置进水、产水箱（池）时，其总有效容积应按系统的自用水量、前后系统出力配置和系统运行要求确定，一般取 1～2h 用水量。水箱台数应根据系统出力及水箱材质确定，当系统出力较小，选用不锈钢水箱（水中氯离子含量不高）时，可只设一台。

2）超（微）滤装置后应设产水箱，超（微）滤的产水管宜从水箱的上部进入，以维持超（微）滤装置出水管的静背压。

3）当来水经加热且后续系统对水温有要求时，室外布置的超（微）滤产水箱应采取保温措施。

4）后续系统为膜处理工艺时，产水箱宜采用钢制防腐水箱。

（30）加药系统。

1）化学加药系统包括进水加氧化剂（需要时）、混凝剂系统。加入的药品种类、加药点、加药量，应根据进水水质、药品来源及所选用膜组件等因素选择，必要时通过试验确定。所有药品的加入点应在相应的保安过滤器之前。

2）氧化剂主要用于前处理系统出水的补充加药，维持系统的洁净，加药量视来水水质而定，一般为 1～3mg/L。氧化剂一般宜采用外购次氯酸钠。

3）超（微）滤装置进水添加入混凝剂时，加药点应设混合器，并确保混合时间（加药点至过滤装置进口之管道长度）大于 2min 的药液反应时间。

三、地下水预处理

（一）系统选择

1. 典型工艺

地下水的特点是有机质较少，但矿物质较多，含有许多还原性物质，主要为低价的铁、锰的重碳酸盐类和硫酸盐类。因此，地下水处理的基本工艺与地表水类似，但仍有别于地表水的预处理，通常包括混凝设施、澄清设施、过滤设施、曝气设施、污泥处理等工艺。地下水预处理典型工艺特点及其适用性见表 2-11。

表 2-11　地下水预处理典型工艺特点及其适用性

典型工艺	工艺特点	常见的使用场合
机械过滤	工艺简单	通常用于除盐系统前，降低进水浊度
机械过滤-活性炭过滤	工艺稍复杂、操作维护简单	通常用于反渗透预脱盐或除盐系统前，降低进水浊度、有机物和色度或余氯，出水 $SDI_{15}<5$
机械过滤-压力式超（微）滤	进水适应范围广、出水水质好且稳定	通常用于反渗透预脱盐前，确保反渗透进水浊度及 SDI 值，出水 $SDI_{15}<3$
超（微）滤	出水水质好且稳定	

2. 系统设计原则

地下水预处理工艺应根据水源水质、后续处理工艺对水质的要求、处理水量和试验资料，并参考类似工程的运行经验，结合当地条件通过技术经济比较确定。地下水预处理工艺系统选择原则见表 2-12。

表 2-12　地下水预处理工艺系统选择原则

水质情况	工艺系统选择
除沙	除沙设备
除非活性硅	接触混凝-过滤 混凝澄清-过滤
除铁和锰	曝气-沉淀-过滤

地下水作为电厂生产用水水源时，若铁、锰含量超过电厂各工艺系统用水对水质的要求时，应考虑除铁、除锰。通常采用曝气氧化过滤的方式去除地下水中的铁和锰。除锰宜采用接触氧化法；除铁可采用接触氧化法或曝气氧化法。地下水除铁和锰工艺及进水水质要求见表 2-13。

表 2-13　地下水除铁和锰典型工艺及进水水质要求

典型工艺	进水水质要求
曝气-接触氧化过滤	含铁量超标
曝气-单级过滤	Fe≤6.0mg/L、Mn≤1.5mg/L
曝气-两级过滤	Fe>6.0mg/L 或 Mn>1.5mg/L

（二）主要技术要求

（1）地下水预处理工程包括混凝设施、澄清设施、过滤设施、曝气设施等工艺的单项或多项的不同组合。

（2）当来水水温影响预处理效果时，应采取加热或降温措施。

（3）地下水宜经过滤后使用，当地下水含沙时，应有除沙措施。

（4）地下水有机物含量超过后续系统进水要求时，可采用氯化、混凝澄清、活性炭吸附、吸附树脂等处理工艺。

（5）曝气装置应根据原水水质、是否需要将二氧化碳去除以及充氧程度的要求选定。

（6）滤池滤料的粒径：石英砂粒径见表2-9，锰砂宜为 0.6mm≤d≤1.2～2.0mm，滤层总高宜为 800～1200mm。

（7）滤池宜选用大阻力配水系统。若选用锰砂滤料，需在承托层的顶面两层选择锰矿石滤料。

四、矿井疏干水预处理

1. 典型工艺

矿井疏干水的成分较多。中国矿井疏干水中普遍含有大量的以岩粉和煤粉为主的悬浮物、可溶性无机盐。在我国南方，矿井疏干水以酸性矿井水居多；少数矿井疏干水含有有害、有毒及放射性物质。矿井疏干水按水质分类见表2-14。

表2-14　矿井疏干水按水质分类

名称	水质特点
洁净疏干水	指未被污染的干净地下水，基本符合生活饮用水标准
含悬浮物疏干水	含有大量的煤粉和岩粉，多呈灰黑色，浊度高
高矿化度疏干水	以硫酸盐和碳酸盐为主要成分，其质量浓度大于1000mg/L
酸性疏干水	未经处理前pH值小于6的疏干水
特殊污染型疏干水	含微量有毒有害元素、放射性元素、氟化物或油类等

矿井疏干水预处理应根据矿井疏干水水质特点选择采用生化反应处理、混凝澄清处理、过滤、杀菌处理等工艺，其典型工艺及适用水质见表2-15。

表2-15　矿井疏干水预处理典型工艺及适用水质

典型工艺	适用水质
混凝澄清-过滤	高悬浮物矿井疏干水
气浮	有机杂质较多、色度高、溶解氧低的矿井疏干水
沉淀-吸附	含氟超标时

2. 系统设计原则

矿井疏干水预处理工艺应根据水源水质、后续处理工艺对水质的要求、处理水量和试验资料，并参考类似工程的运行经验，结合当地条件通过技术经济比较确定。水质特点与地表水相近的，可参照地表水预

处理工艺的选择原则选取预处理工艺；水质特点与地下水相近的，可参照地下水预处理工艺的选择原则选取预处理工艺；水质特点与再生水相近的，可参照本节再生水预处理工艺的选择原则选取预处理工艺。

五、海水预处理

1. 典型工艺

海水含盐量较高，不能直接用于电厂各工艺系统，必须根据各工艺系统对水质的不同要求，采取相应的净化处理后，才可作为电厂各工艺系统用水。

海水预处理通常采用混凝、沉淀/澄清、过滤的方式来去除水中的悬浮物和胶体杂质。对于采取多级闪蒸海水淡化工艺的系统，则需要进行加酸、脱气处理。典型工艺见表2-16。

表2-16　海水预处理典型工艺

典型工艺	常用场合
混凝、澄清-多介质过滤-细砂过滤	反渗透法海水淡化
混凝、澄清-介质过滤-超（微）滤	反渗透法海水淡化
多介质过滤-细砂过滤	反渗透法海水淡化
混凝、澄清-超（微）滤	反渗透法海水淡化
超（微）滤	反渗透法海水淡化
加酸、脱气	多级闪蒸法海水淡化
混凝、澄清	低温多效蒸发法海水淡化

2. 系统设计原则

海水预处理工艺应综合考虑海水水源水质情况、当地的气象条件、后续处理工艺对水质的要求、处理水量和试验资料，并参考类似工程的运行经验，结合当地条件通过技术经济比较确定。火电厂常规海水预处理工艺与地表水预处理工艺相同，通常包括混凝、沉淀/澄清系统、介质过滤系统、膜过滤系统、污泥处置系统、药品储存和计量系统等主要子系统。

3. 主要技术要求

（1）当原海水悬浮性固体和泥沙含量超过所选用澄清器（池）的进水要求时，宜设置预沉池。海水中悬浮物颗粒大于100μm时可通过自然沉淀去除；若悬浮物颗粒小于100μm，且悬浮物含量比较高，随季节变化的变化大时，可采用混凝沉淀处理。

（2）海水预处理澄清系统的技术要求除与地表水预处理系统相同外，对于后续处理工艺是海水淡化时，还应配备混凝剂、助凝剂、杀菌剂、酸、碱等化学药品的储存及计量装置。药剂的选择宜参照原水水质相近的厂

的运行经验，或对原水做凝聚沉淀试验，结合药剂的供应情况等，经综合比较确定。对于低浊或水质不稳定的海水，澄清设备应设置泥渣回流系统。

（3）当海水预处理系统的后续海水淡化工艺采用的是反渗透处理工艺时，海水预处理的过滤系统不宜使用活性炭过滤，以避免活性炭层内有机物滋生造成反渗透膜的污堵。

（4）为防止盐类沉积及微生物的生长，与海水接触的压力管道和设备设计流速宜大于 1.5m/s。

（5）当海水淡化工艺采用多级闪蒸时，海水预处理的加酸脱气塔宜布置在室外，并应设置必要的通道及防护栏杆。

（6）海水预处理系统的排水宜回收再利用。

六、再生水深度处理

（一）系统选择

1. 典型工艺

再生水深度处理是指为满足一定用途而对污水二级处理系统出水进行的进一步处理，由于城市污水处理厂的二级生物处理是生化处理，其主要功能是去除污水中的有机物、微生物和悬浮物，而对污水中的硬度、碱度、细菌和重金属均无法去除。此外，城市污水处理厂二级处理控制的生化指标一般只是满足排放标准。因此，电厂使用城市污水处理厂二级处理后的排水还必须进行进一步深度处理。再生水深度处理工艺系统包括生物反应及脱氮系统、澄清系统、介质过滤系统、膜过滤系统、污泥处置系统、药品储存和计量系统等主要子系统。其中，生物反应及脱氮系统主要工艺设备包括曝气生物滤池（biological aerated filter，BAF）、曝气生物流化池（aeration biological fluidized tank，ABFT）和膜生物反应器（membrane bio-reactor，MBR）等。再生水深度处理典型工艺及进水水质要求见表 2-17。

表 2-17　再生水深度处理典型工艺及进水水质要求

深度处理典型工艺	进水水质要求
介质过滤	达到或高于 GB 18918—2002《城镇污水处理厂污染物排放标准》中一级标准的 B 标准
介质过滤-膜过滤	不低于 GB 18918—2002《城镇污水处理厂污染物排放标准》中一级标准的 B 标准
混凝澄清-介质过滤	达到 GB 18918—2002《城镇污水处理厂污染物排放标准》中的二级标准或一级标准 B 标准，当来水碳酸盐硬度大于 3mmol/L 时，可采用石灰混凝澄清处理工艺

续表

深度处理典型工艺	进水水质要求
膜生物反应器（MBR）处理	达到 GB 18918—2002《城镇污水处理厂污染物排放标准》中的二级标准，但有机物和氨氮含量较高，来水 BOD$_5$ 和 COD$_{Cr}$ 比值宜大于等于 0.3
曝气生物滤池处理	
曝气生物滤池-介质过滤	
曝气生物流化池-介质过滤	
曝气生物滤池-混凝澄清-介质过滤	达到 GB 18918—2002《城镇污水处理厂污染物排放标准》中的二级标准，但悬浮物、有机物和氨氮含量较高，来水 BOD$_5$ 和 COD$_{Cr}$ 比值宜大于等于 0.3。当来水碳酸盐硬度大于 3mmol/L 时，可采用石灰混凝澄清处理工艺
曝气生物流化池-混凝澄清-介质过滤	

2. 水质要求

进入再生水深度处理系统的来水水质应达到一定的标准。否则，就需要调整二级处理运行工况或对二级处理工艺进行完善。根据 DL/T 5483—2013《火力发电厂再生水深度处理设计规范》，进入再生水深度处理系统的来水水质应达到 GB 18918—2002《城镇污水处理厂污染物排放标准》中的二级标准或 GB 8978—1996《污水综合排放标准》中的一级标准，主要污染物控制指标见表 2-18。

表 2-18　主要污染物控制指标

基本控制项目	单位	水质控制指标		
		GB 18918—2002 一级标准 B 标准	GB 18918—2002 二级标准	GB 8978—1996 一级标准
COD	mg/L	60	100	100
BOD$_5$	mg/L	20	30	30
悬浮物	mg/L	20	30	70
动植物油	mg/L	3	5	10
石油类	mg/L	3	5	5
阴离子表面活性剂	mg/L	1	2	5
总有机碳（TOC）	mg/L	—	—	20
氨氮（以 N 计）	mg/L	8（15）*	25（30）*	15
总磷（以 P 计）	mg/L	1（2005 年 12 月 31 日以前建成的为 1.5）	3	0.5（磷酸盐）

续表

基本控制项目	单位	水质控制指标		
		GB 18918—2002 一级标准 B 标准	GB 18918—2002 二级标准	GB 8978—1996 一级标准
色度（稀释倍数）		30	40	50
pH 值		6～9	6～9	6～9
粪大肠杆菌	个/L	10⁴	10⁴	500

注 表中数据摘自 GB 18918—2002《城镇污水处理厂污染物排放标准》和 GB 8978—1996《污水综合排放标准》。

* 括号外数据为水温大于 12℃的控制指标，括号内数据为水温不大于 12℃时的控制指标。

当再生水来水水质满足某一用户要求时，可直接补至该用户。直接补入循环水系统的再生水水质要求见表 2-19。

表 2-19　直接补入循环水系统的再生水水质指标

项目	单位	水质控制指标
pH 值（25℃）		7.0～8.5
悬浮物	mg/L	≤20
浊度	NTU	≤10
BOD₅	mg/L	≤5
COD_Cr	mg/L	≤30
铁	mg/L	≤0.5
锰	mg/L	≤0.2
Cl⁻	mg/L	根据凝汽器等换热器管道材质及循环水浓缩倍率要求确定
碳酸盐硬度	mg/L	根据循环水允许的极限碳酸盐硬度及浓缩倍率确定
NH₃-N	mg/L	≤5（当凝汽器等换热器为铜管时，应小于 1mg/L）
总磷（以 P 计）	mg/L	<1
游离氯	mg/L	维持补水管道末端 0.1～0.2
石油类	mg/L	≤5
细菌总数	个/mL	<1000

3. 系统设计原则

（1）再生水输配管网应设计为独立系统，并应设置水质、水量监测设施，严禁与生活用水管道连接。

（2）再生水深度处理系统的进水调节池容积一般

不小于 0.5h 的处理水量，当与电厂再生水原水池布置在一起时可不单独设置调节池。调节池内或进水管上宜加杀菌剂。

（3）再生水深度处理系统排水有条件式宜尽量回收再利用，以实现该系统的废水零排放。

（4）曝气生物滤池一般不少于 2 格；膜生物反应器一般不少于 2 套；曝气生物流化池系统一般不少于 2 组，每组以 6 格为宜。当一格/套/组设备检修停用时，其余滤池设备应满足正常出力要求。

（5）曝气生物滤池、曝气生物流化池、曝气池的设计应满足冬季运行水温达到 6℃以上、挂膜时水温达到 15℃的要求，寒冷地区宜布置在室内或设置冬季保温设施。

（6）曝气生物滤池、曝气生物流化池、曝气池配套风机、水泵等应布置在室内。

（7）曝气生物滤池、曝气生物流化池、曝气池顶部运行巡视和检修通道应设置防护栏杆。

（二）生物反应及脱氮系统

曝气生物滤池、曝气生物流化池和膜生物反应器进水水质要求见表 2-20，出水悬浮物指标见表 2-21，出水的 BOD、COD、氨氮等指标应满足 GB 18918—2002《城镇污水处理厂污染物排放标准》的一级 A 标准。

表 2-20　曝气生物滤池、曝气生物流化池和膜生物反应器进水水质要求

项目	曝气生物滤池和曝气生物流化池（mg/L）	膜生物反应器（mg/L）
COD_Cr	100～300	≤500
BOD₅	50～150	≤300
悬浮物	≤60（短时可为 100）	≤150
NH₃-N	≤60	≤50

表 2-21　曝气生物滤池、曝气生物流化池和膜生物反应器出水悬浮物

项目	曝气生物滤池	曝气生物流化池	膜生物反应器
悬浮物（mg/L）	≤20	50～80	—
浊度（NTU）	—	—	<1

1. 曝气生物滤池主要设计技术要求

（1）曝气生物滤池宜采用升流式运行方式，并持续进行曝气。

（2）曝气生物滤池布水系统的设计可选用长柄滤头配水方式，并兼气水反冲洗配水布气用，布水系统应采用大阻力布水系统。

（3）各滤池配水宜采用渠道加溢流堰配水方式，滤池曝气管道与反冲洗空气管道应分开设置。

（4）曝气风机出口应有虹吸破坏措施。

（5）每格曝气生物滤池应设置 1 台曝气风机，滤池反洗风机可作为曝气风机的备用风机。滤池反洗膨胀率一般不小于 10%。

（6）曝气生物滤池需定期进行反冲洗，反洗周期一般为 48～168h，每月进行 1 次强冲洗。

（7）曝气一般采用鼓风曝气式。鼓风曝气器可满池布置，也可在池侧布置。曝气池曝气系统的设计应符合 CECS 97《鼓风曝气系统设计规程》的规定。

（8）采用曝气生物滤池进行硝化时，硝化滤池剩余总碱度不应低于 70mg/L（以 $CaCO_3$ 计），否则应添加碳酸盐补充碱度。当采用硝化、反硝化生物脱氮工艺时，污水中的 BOD_5 与 TKN（凯式氮）之比应大于 4。当污水中碳源不足时，还应添加营养剂。

碳酸盐碱度添加量可按式（2-1）计算

$$C = 1.2 \times C_{CaCO_3} - C_{OCaCO_3} \qquad (2\text{-}1)$$

式中　C——碳酸盐碱度添加量，以 $CaCO_3$ 计，mg/L；

　　　1.2——硝化反应安全系数；

　　　C_{CaCO_3}——氨氮硝化需要的碱度量，以 $CaCO_3$ 计，一般氧化 1g 氨氮需要消耗 7.14g 碱度，mg/L；

　　　C_{OCaCO_3}——来水碱度量，以 $CaCO_3$ 计，mg/L。

（9）曝气生物滤池的其他要求见本章第三节。

2. 曝气生物流化池设计主要技术要求

（1）曝气生物流化池应采用上下折流式多格串联构造。为了使布水、布气均匀，每格边长不宜大于 4.5m。

（2）当有硝化要求时，曝气生物流化池剩余总碱度不应低于 70mg/L（以 $CaCO_3$ 计），否则应添加碳酸盐补充碱度。当采用硝化、反硝化生物脱氮工艺时，污水中的 BOD_5 与 TKN 之比应大于 4。当污水中碳源不足时，还应添加营养剂。

碳酸盐碱度添加量可按式（2-1）计算。

（3）曝气生物流化池中每根风管应有风量调整阀门。

（4）流化池载体填料区底部和上部均应设置拦截网，流化池载体应为对生物无毒害、亲水性能好、易挂膜、比表面积大、孔隙率较高、机械强度较大、化学稳定性好的高分子材料。

（5）池底部宜设置 V 形排泥槽和穿孔管排泥系统。

（6）曝气生物流化池的曝气强度不应小于 $3m^3$/（$m^2 \cdot h$），所需氧气量按式（2-2）计算

$$Q_{O_2} = \frac{q_V [1.47 \times \Delta C_{BOD} + 4.57 \times \Delta C_{TKN} - 4.57 \times 0.62 \times \Delta C_{TN}]}{1000}$$

$$(2\text{-}2)$$

式中　Q_{O_2}——曝气生物流化池需氧量，m^3/d；

　　　q_V——进水流量，m^3/d；

　　　ΔC_{BOD}——曝气生物流化池进出水 BOD_5 浓度差，mg/L；

　　　ΔC_{TKN}——曝气生物流化池进出水凯式氮（TKN）浓差度，mg/L；

　　　ΔC_{TN}——曝气生物流化池进出水总氮浓度差，mg/L。

（7）曝气生物流化池中的污泥产量按式（2-3）计算

$$q_{mW} = \frac{q_V Y \times \Delta C_{BOD}}{1000} \qquad (2\text{-}3)$$

式中　q_{mW}——污泥产量，kg/d；

　　　Y——污泥产率系数，悬浮物质量与 BOD_5 或 TKN 质量的比值，kg/kg。

污泥产率系数根据系统功能按表 2-22 取值。

表 2-22　曝气生物流化池污泥产率系数

处理目的	污泥产率系数	单位
只去除含碳污染物[1]	0.6	kg/kg
同时去除含碳和凯氏氮污染物[1]	0.32	kg/kg
处理微污染水[1]	0.05	kg/kg
去除凯氏氮并要求硝化[2]	0.18	kg/kg

① 悬浮物质量与 BOD_5 质量的比值。

② 悬浮物质量与 TKN 质量的比值。

（8）曝气生物流化池剩余碱度按式（2-4）计算

$$A = A_0 + 0.3 \times \Delta C_{BOD} + 3 \times \Delta C_{TKN} - 7.14 \times \Delta C_{TN}$$

$$(2\text{-}4)$$

式中　A——曝气生物流化池剩余碱度，mg/L；

　　　A_0——曝气生物流化池进水碱度，mg/L。

（9）曝气生物流化池的其他技术要求见本章第三节。

3. 膜生物反应器工艺设计主要技术要求

（1）进水应设置格栅，必要时还应设置沉砂池。

（2）因分置式膜生物反应器工艺将生物反应池与膜池分开设置，膜装置的清洗可以独立进行，运行更易于控制，因此，采用膜生物反应器进行脱氮处理时，宜采用分置式膜生物反应器工艺。

（3）膜生物反应器工艺的生物反应池设计计算应符合 GB 50014《室外排水设计规范》的规定，膜过滤装置设计要求见本章第三节。生物反应池的主要设计要求如下：

1）膜生物反应器工艺的膜分离装置截留的污泥回流至生物反应器，保持膜池中的混合液悬浮固体浓度与生物反应池的混合液悬浮固体浓度接近。

2）当以去除碳源污染物为主时，生物反应池的容积，可按式（2-5）计算

$$V = \frac{24q_V \times \Delta C_{BOD}}{1000 L_{BOD} C_{ss}}$$ （2-5）

式中 V——生物反应池的容积，m³；

q_V——生物反应池的设计流量，m³/h；

ΔC_{BOD}——生物反应池进出水 BOD$_5$ 浓度差，当去除率大于90%时出水 BOD$_5$ 可不计入，mg/L；

L_{BOD}——生物反应池的 BOD$_5$ 污泥负荷，kg/（kg·d）；

C_{ss}——生物反应池内混合液悬浮固体平均浓度，g/L。

3）膜生物反应器的主要技术参数见表2-23。

表2-23　膜生物反应器主要技术参数

混合液悬浮固体浓度（以MLSS计）（mg/L）	污泥负荷[1][kg/kg·d]	氨氮负荷[2][kg/（kg·d）]	水力停留时间（h）	跨膜压差（kPa）
6000~12000	0.05~0.15	0.01~0.03	2~5	0~50（浸没式）20~50（外置式）

[1] BOD$_5$ 与 MLSS 质量之比。

[2] N-NH$_3$ 与 MLSS 质量之比。

（三）混凝澄清系统设计原则

一般情况下，由于再生水的浊度较低、有机物含量高，在实际应用过程中采用较多的是机械搅拌澄清池，此外还有泥渣分离接触型澄清池（实际上也是一种机械搅拌澄清池）和高效澄清池等池型。当来水碳酸盐硬度大于3mmol/L时，可采用石灰混凝澄清处理工艺。

选择沉淀池或澄清池类型时，应根据原水水质、设计规模、处理后水质要求，并考虑原水水温变化、运行方式等因素，结合排泥水处置方式及场地条件，综合比较确定。

混凝澄清系统的其他设计原则见本章本节中二、地表水预处理相关内容。

七、污泥处置

污泥处置系统设计主要技术要求如下：

（1）预处理站污泥处理系统的规模应按满足全年75%~95%日数的完全处理要求确定。

（2）预处理站污泥处理工艺通常由调节、浓缩、脱水及泥饼处置四道工序或其中部分工序组成。其中关键设备的主要技术参数如下：污泥浓缩池后泥浆含水率 95%~97%；石灰处理系统的污泥浓缩池后泥浆

含水率 90%~92%；板框压滤机脱水后的含固率不应小于 30%；离心脱水机脱水后的含固率不应小于 20%。

（3）污泥输送泵可采用螺杆泵或渣浆泵。

（4）泥浆收集池容积宜按照2h排泥量设计，并设置泥浆循环或搅拌设施。

（5）排泥水的浓缩可采用重力浓缩方式或离心浓缩方式。浓缩后泥水的含固率应根据所选用的脱水设备进口浓度要求确定，且不能低于2%。污泥浓缩池的容积应满足泥浆在浓缩池内停留时间不小于12h、有效水深不宜小于4m的要求。污泥浓缩池宜配置电动周边刮泥机。

当采用石灰混凝澄清处理工艺时，可不设置污泥浓缩池。

（6）污泥脱水宜采用机械脱水。脱水机械的选型应根据地表水预处理站污泥处理规模、水源水质特征、浓缩后泥水的性质、场地条件、管理能力、对脱水泥饼的最终处置要求，通过综合比较后合理选用。脱水机的台数应根据所处理的干泥量、脱水机出力及设定的运行时间确定，可不设置备用设备。脱水机械可采用板框压滤机、带式压滤机和离心脱水机。

（7）泥浆进入脱水机械前宜投加助凝剂，投加量宜根据实验资料或类似工程的运行经验确定。

（8）浓缩池上清滤液应回收至再生水深度处理系统入口；脱水机滤液宜回流到污泥浓缩池入口，如未设置污泥浓缩池，可回收至澄清池入口。

（9）泥浆管道应设置水冲洗设施。脱水机间应设地面水冲洗和排水系统，房间应设置通风设施。

（10）污泥浓缩池宜露天布置，寒冷地区池顶部应加顶封闭。脱水机应布置在室内，并应靠近污泥浓缩池或泥浆收集池。

第三节　主　要　设　备

一、沉淀/澄清设施

沉淀池是利用悬浮颗粒的重力作用来分离固体颗粒的净水构筑物。其中，斜板（管）沉淀池是电力工程中常用的沉淀池。

澄清池是利用池中的集聚的泥渣与原水中的杂质颗粒相互接触、吸附，以使泥水较快分离的净水构筑物。澄清池可较充分地发挥混凝剂的作用，提高澄清效率，起到去除原水中悬浮杂质的作用。澄清池是综合了混凝和泥水分离过程的净水构筑物。电力工程中常用的澄清池有机械搅拌澄清池、水力循环澄清池和高效澄清池等。

（一）机械搅拌澄清池

机械搅拌澄清池是一种泥渣循环（回流）型澄清池，它利用搅拌机械的提升作用将泥渣回流与加药混

合后的原水在第一反应室内进行接触反应，然后通过机械搅拌机叶轮提升到第二反应室内继续进行反应，结成较大的絮凝颗粒后再通过导流室进入分离室，在分离室内进行沉淀分离，以实现去除水中悬浮物、胶体等杂质，以及磷、碳酸盐硬度等离子型污染物，降低原水中 COD、BOD、氨氮等有机物含量的目的。

机械搅拌澄清池具有较大的单位面积产水量、较高的处理效率；对来水悬浮物含量的适应性较强、处理效果稳定；当采用机械刮泥设备后，对高浊度水（悬浮物含量大于 3000mg/L）的处理具有较好的适应性。

机械搅拌澄清池也可用于石灰软化澄清处理。

1. 典型结构

池体主要由第一反应室、第二反应室和分离室三部分组成，同时设置有相应的进出水系统、排泥系统、搅拌机及调流系统等。典型机械搅拌澄清池的结构形式见图 2-1。

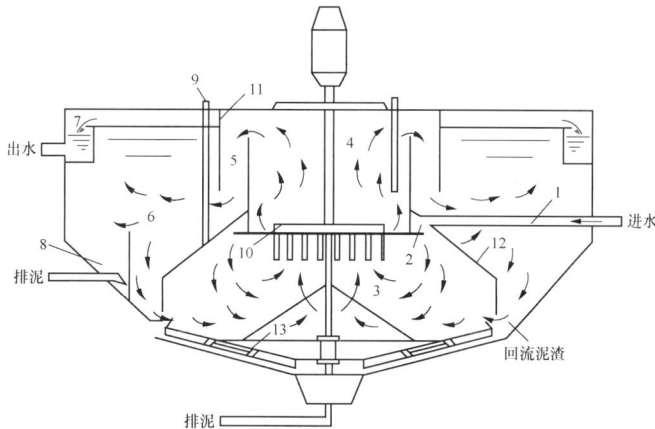

图 2-1　典型机械搅拌澄清池结构

1—进水管；2—配水槽；3—第一反应室；4—第二反应室；5—导流室；6—分离室；7—集水槽；
8—泥渣浓缩室；9—加药管；10—搅拌叶轮；11—导流板；12—伞形板；13—刮泥机

运行时，原水由进水管进入环形三角配水槽后，由槽底配水孔进入第一反应室中，在此与分离室回流泥渣混合并完成药剂与水的混合和反应过程；混合后的夹带泥渣的水被搅拌装置上的叶轮提升到第二反应室。

在第一反应室和第二反应室完成接触絮凝作用。第二反应室内设置有导流板，以消除因叶轮提升作用所造成的水流旋转，使水流平稳地经导流室流入分离室，导流室也设有导流板，在这里水与药剂完成混凝过程，并进行整流。

分离室的上部为清水区，清水向上流入集水槽和出水管。

分离室的下部为悬浮泥渣层，下沉的泥渣大部分沿锥底的回流缝再次流入第一反应室重新与原水进行接触絮凝反应，少部分排入泥渣浓缩器，浓缩至一定浓度后排出池外，以便减少耗水量。环形三角配水槽上设置有排水管，以排除进水中带入的空气。药剂可加入第一反应室，也可加至环形三角配水槽或进水管中。

2. 主要参数

（1）机械搅拌澄清池清水区的液面负荷可按 2.9～3.6m³/（m²·h）选择。

（2）机械搅拌澄清池有效水深 2～4m，池超高宜大于 0.3m。

（3）机械搅拌澄清池清水区水的上升流速为 0.6～0.8mm/s（常温、高浊水不大于 0.8mm/s，低温、低浊水不大于 0.7mm/s），采用石灰混凝澄清工艺时可取上限值。

（4）第二反应室的计算流量通常为出水量的 3～5 倍。

（5）刮泥机刮板外缘线速度 2m/min。

（6）水在池中的总停留时间为 1.2～1.5h，第一反应室和第二反应室的停留时间通常为 20～30min。

常用机械搅拌澄清池标准规格见表 2-24。

表 2-24　　　　　　　　　　　　　　　　机械搅拌澄清池标准规格

项目	标准规格							
公称水量（m³/h）	200	320	430	600	800	1000	1330	1800
池径（m）	9.80	12.4	14.3	16.9	19.5	21.8	25.0	29.0

项目	标准规格							
池深（m）	5.30	5.50	6.00	6.35	6.85	7.20	7.50	8.00
总容积（m³）	315	504	677	945	1260	1575	2095	2835
出水槽形式	环形		辐射＋环形					
排泥斗数（个）	2	2	2	2	3	3	3	3
池底形式	平底	平底	球壳	球壳	球壳	球壳	球壳	球壳

3. 主要计算公式

（1）第二反应室截面积、内径及高度分别按照式（2-6）~式（2-8）计算

$$S_1 = \frac{q_V'}{v_1} = \frac{(3 \sim 5)q_V}{v_1} \qquad (2\text{-}6)$$

式中　S_1——第二反应室截面积，m²；

　　　q_V'——第二反应室计算流量，m³/s；

　　　q_V——净产水能力，m³/s；

　　　v_1——第二反应室及导流室内流速，一般取 0.04~0.07，m/s。

$$D_1 = \sqrt{\frac{4(S_1 + S_{10})}{\pi}} \qquad (2\text{-}7)$$

式中　D_1——第二反应室内径，m；

　　　S_{10}——第二反应室中导流板截面积，m²。

$$H_1 = \frac{q_V't}{S_1} \qquad (2\text{-}8)$$

式中　H_1——第二反应室高度，m；

　　　t——第二反应室内停留时间，一般取值 30~60（按第二反应室计算水量计），s。

（2）导流室截面积、内径及高度分别按照式（2-9）~式（2-11）计算

$$S_2 = S_1 \qquad (2\text{-}9)$$

式中　S_2——导流室截面积，m²。

$$D_2 = \sqrt{\frac{4}{\pi}\left(\frac{\pi D_1'^2}{4} + S_2 + S_{20}\right)} \qquad (2\text{-}10)$$

式中　D_1'——第二反应室外径（内径加结构厚），m；

　　　S_{20}——导流室中导流板截面积，m²；

　　　D_2——导流室内径，m。

$$H_2 = \frac{D_2 - D_1'}{2} \qquad (2\text{-}11)$$

式中　H_2——第二反应室出水窗高度，同时需不小于 1.5~2.0，m。

（3）分离室截面积按照式（2-12）计算

$$S_3 = \frac{q_V}{v_2} \qquad (2\text{-}12)$$

式中　S_3——分离室截面积，m²；

　　　v_2——分离室上升流速，m/s，通常取值 0.0008~

0.0011。

（4）机械搅拌澄清池总面积、池内径及池计算容积分别按照式（2-13）~式（2-16）计算。

$$S = S_3 + \frac{\pi D_2'^2}{4} \qquad (2\text{-}13)$$

式中　S——机械搅拌澄清池总面积，m²；

　　　D_2'——导流室外径（内径加结构厚），m。

$$D = \sqrt{\frac{4S}{\pi}} \qquad (2\text{-}14)$$

式中　D——机械搅拌澄清池内径，m。

$$V' = 3600q_Vt \qquad (2\text{-}15)$$

式中　V'——机械搅拌澄清池净容积，m³；

　　　t——水在池中停留时间，一般为 1.2~1.5，h。

$$V = V' + V_0 \qquad (2\text{-}16)$$

式中　V——机械搅拌澄清池计算容积，m³；

　　　V_0——考虑机械搅拌澄清池内结构部分所占容积，m³。

（二）水力循环澄清池

水力循环澄清池，属于泥渣循环澄清池，其工作原理与机械搅拌澄清池相同。与机械搅拌澄清池的不同之处是水力循环澄清池利用水力在水射器的作用下进行混合，从而达到泥渣循环回流的目的。水力循环澄清池具有造价低、占地面积小、无机械搅拌设备、运行管理方便、构造较简单等优点。

1. 结构形式

水力循环澄清池典型结构见图 2-2。

当带有一定压力的原水（投加混凝剂后）以高速通过水射器喷嘴时，在水射器喉管周围形成负压，从而将数倍于原水的回流泥渣吸入喉管，并与之充分混合，进入渐扩管形的第一反应室及第二反应室中进行混凝处理。喉管可以上下移动以调节喷嘴和喉管的间距，使其等于喷嘴直径的 1~2 倍，并借此控制回流的泥渣量。水流从第二反应室进入分离室，由于断面积突然扩大，流速降低，泥渣就沉下来，其中一部分泥渣进入泥渣浓缩斗定期予以排出，而大部分泥渣被吸入喉管进行回流，清水上升从集水槽流出。由于回流泥渣和原水的充分接触、反应，大大加强颗粒间的吸附作用，加速了絮凝，可以获得较好的澄清。

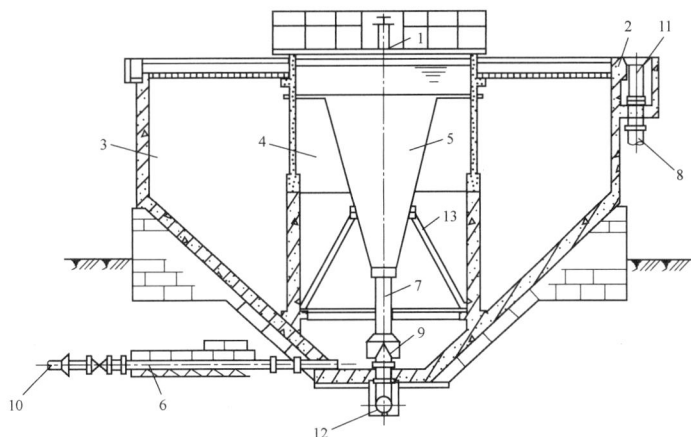

图 2-2　水力循环澄清池结构

1—喉管调节装置；2—环形集水槽；3—分离室；4—第二反应室；5—第一反应室；6—放空管；
7—喉管；8—出水管；9—喷嘴；10—排泥管；11—溢流管；12—进水管；13—伞形罩

2. 主要参数

（1）总停留时间：1～1.5h。

（2）清水区上升流速：0.7～1mm/s。

（3）循环回流水量：2～4 倍设计水量。

（4）喷嘴出口流速：6～9m/s。

（5）喉管出口流速：2～3m/s。

3. 主要计算公式

（1）澄清池直径计算

$$D = \sqrt{\frac{4(S_1 + S_2 + S_3)}{\pi}} \qquad (2\text{-}17)$$

$$S_1 = 3.6 q_V / v_1$$

式中　D——澄清池直径，m；

　　　S_1——分离室断面积，m²；

　　　S_2——第一反应室上部出口断面积，m²；

　　　S_3——第二反应室上部断面积，m²；

　　　q_V——进水量，m³/h；

　　　v_1——分离室上升流速，取 1，mm/s。

（2）澄清池高度计算。澄清池高度为第二反应室要求水深与反应室保护高度之和。

1）第二反应室水深计算

$$H_3 = h_0 + h_1 + h_2 + h_3 + h + s \qquad (2\text{-}18)$$

式中　H_3——第二反应室要求水深，m；

　　　h_0——喷嘴直段长度，m；

　　　h_1——喉管长度，m；

　　　h_2——第一反应室高度，m；

　　　h_3——第一反应室至池顶高度，取 0.25，m；

　　　h——喷嘴底法兰至池底距离，m；

　　　s——喷嘴与喉管间距，m。

2）澄清池总高度计算

$$H = H_3 + h_4 \qquad (2\text{-}19)$$

式中　H——澄清池总高度，m；

　　　h_4——反应室保护高度，取 0.15，m。

3）澄清池锥体部分高度计算

$$H_1 = \frac{D - D_0}{2} \times \tan\beta \qquad (2\text{-}20)$$

式中　H_1——澄清池锥体部分高度，m；

　　　D_0——澄清池底部直径，m；

　　　β——锥体锥角，一般为 40°。

4）澄清池直壁高度计算

$$H_2 = H - H_1 \qquad (2\text{-}21)$$

式中　H_2——澄清池直壁高度，m。

（三）斜板（管）沉淀池

斜板（管）沉淀池在沉降区域设置许多密集的斜管或斜板，使水中悬浮杂质或经投加混凝剂后形成的絮体矾花在斜板或斜管中进行沉淀，水沿斜板或斜管流动，分离出的泥渣在重力作用下沿着斜板（管）向下滑至池底，再集中排入污泥池另行处理，清液则通过集水管排出。斜板（管）沉淀池具有沉淀效率高、池体体积小、占地面积少等特点。

1. 结构形式

在斜板（管）沉淀池中，按照水流流过斜板（管）的方向，可分为上（异）向流、下（同）向流和侧向流三种。水流由下向上通过斜管或斜板，沉淀物由上向下，它们的方向正好相反，这种形式称为上向流（也称异向流）。水流向下通过斜管或斜板与沉淀物的流向相同，这种形式称为下向流（也称同向流）。水流以水平方向流动的方式，称为侧向流（也称平向流）。三种典型斜板沉淀池结构见图 2-3～图 2-5。电厂常用的是上向流斜管沉淀池和侧向流斜板沉淀池。

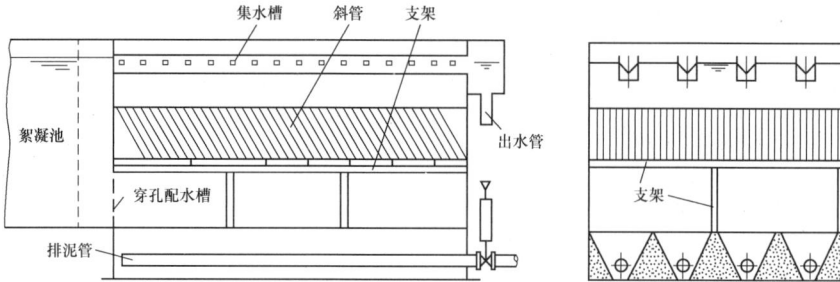

图 2-3　上向流斜板（管）沉淀池

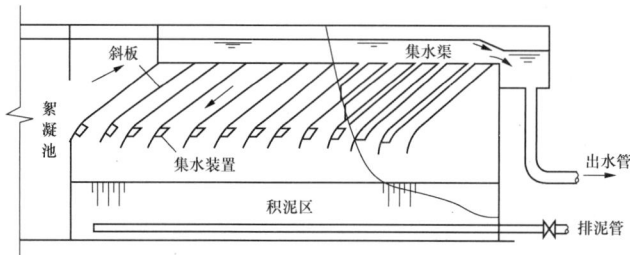

图 2-4　下向流斜（管）板沉淀池

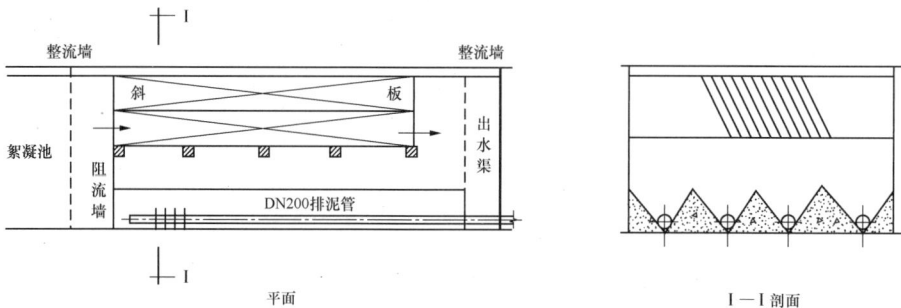

平面

Ⅰ—Ⅰ剖面

图 2-5　侧向流斜板沉淀池

斜管、斜板材料为玻璃钢（FRP）、聚氯乙烯（PVC）、聚乙烯（PE）、聚丙烯（PP）。

2. 主要参数

（1）斜管（板）中水流的雷诺数 $Re<500$，弗劳德数 Fr 为 $10^{-3}\sim10^{-4}$。

（2）侧向流斜板沉淀池液面负荷 $f=6.0\sim12.0\text{m}^3/(\text{m}^2\cdot\text{h})$；上向流斜管沉淀池液面负荷 $f=5.0\sim9.0\text{m}^3/(\text{m}^2\cdot\text{h})$。

（3）侧向流斜板沉淀池板内流速 $v=10\sim20\text{mm/s}$。

（4）斜板（管）有效系数 η，是指斜板（管）区有效过水面积［总面积扣除斜板（管）的结构面积］与总面积之比。该值因材料厚度和性状不同而异。常用的塑料与纸质六边形蜂窝斜管有效系数一般为 $0.92\sim0.95$；斜板沉淀池的有效系数一般为 $0.70\sim0.80$。

（5）斜板（管）水平倾角 θ 为 $50°\sim60°$。

（6）斜板（管）斜长 l 为 $1.0\sim1.2\text{m}$。

（7）斜板净板距 s 或斜管直径 d，一般取 $80\sim100\text{mm}$。

（8）颗粒沉降速度 v_0，一般取 $0.16\sim0.3\text{mm/s}$（侧向流）。

3. 主要计算公式

（1）侧向流斜板沉淀池计算。

1）斜板水平投影总面积 S_f（m²）按式（2-22）计算

$$S_f=\frac{q_V}{3600\eta v_0} \qquad (2-22)$$

式中　q_V——进水流量，m³/h。

2）需要的斜板实际总面积 S_a（m²）按式（2-23）计算

$$S_a = S_f / \cos\theta \qquad (2\text{-}23)$$

3）斜板高度 h（m）按式（2-24）计算

$$h = l \times \sin\theta \qquad (2\text{-}24)$$

4）沉淀池总宽 B（m）按式（2-25）计算

$$B = \frac{q_v}{vh} \qquad (2\text{-}25)$$

5）斜板间隔数 N 按式（2-26）计算

$$N = \frac{B}{s} \qquad (2\text{-}26)$$

6）斜板组合全长 L（m）按式（2-27）计算

$$L = \frac{S_a}{Nl} \qquad (2\text{-}27)$$

7）沉淀池总高度 H 按式（2-28）计算

$$H = h_1 + h_2 + h + h_3 \qquad (2\text{-}28)$$

式中　H——沉淀池总高度，m；

　　　h_1——超高，一般采用 0.2～0.5，m；

　　　h——斜板区高度，m；

　　　h_2——集泥区高度，一般取 0.5～1.0，m；

　　　h_3——排泥槽高度，m。

（2）上向流斜管沉淀池计算。

1）上向流斜管沉淀池清水区净面积 S（m²）按式（2-29）计算

$$S = \frac{q_v}{3600\eta f} \qquad (2\text{-}29)$$

2）斜管总长度 L（mm）按式（2-30）计算

$$L = \frac{1.33v / \sin\theta - v_0 \sin\theta}{v_0 \cos\theta} \times d + 200 \qquad (2\text{-}30)$$

式中　200——斜管过渡段长度值。

3）斜管沉淀池总高度 H（m）按式（2-31）计算

$$H = h_1 + h_2 + h_3 + h_4 + h_5 \qquad (2\text{-}31)$$

式中　h_1——保护高度，一般采用 0.2～0.5，m；

　　　h_2——清水区高度，一般采用 0.5～1.0，m；

　　　h_3——斜管区高度，m；

　　　h_4——配水区高度，一般取 0.5～1.0，m；

　　　h_5——排泥槽高度，m。

（四）高效澄清池

高效澄清池也是一种泥渣循环（回流）型澄清池（也称高密度澄清池），主要用于再生水深度处理和循环冷却水补充水处理，利用回流泥渣与原水中的杂质颗粒相互接触、吸附，同时投加混凝剂，用以去除原水中的悬浮物、胶体等杂质以及磷、碳酸盐硬度等离子型污染物，降低原水中 COD 等指标。高效澄清池占地面积小、制水效率高，但加药量大，尤其是助凝剂的大剂量投加会对后续的反渗透膜产生污堵。

1. 结构形式

高效澄清池一般分为混凝区、絮凝区和沉淀区，其中混凝区为快速混凝搅拌反应器，絮凝区为推流式反应器，沉淀区由斜管沉淀区和污泥浓缩区组成。高效澄清池的结构见图2-6。

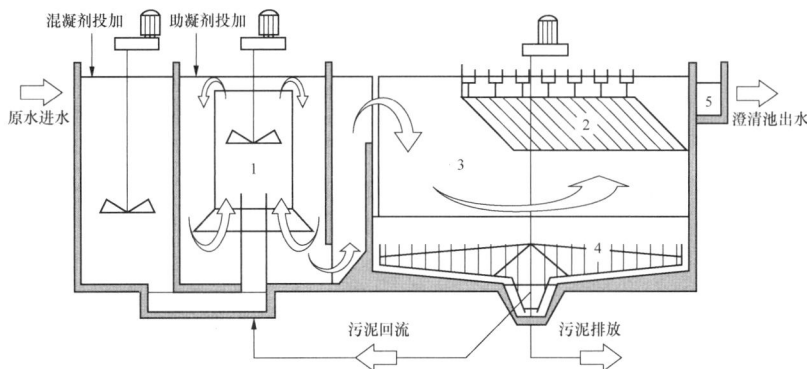

图 2-6　高效澄清池结构

1—反应池；2—斜管；3—澄清水槽；4—栅形刮泥机；5—出水渠

与混凝剂混合后的原水进入混凝区，通过机械搅拌与助凝剂、回流污泥均匀混合、絮凝而产生矾花，矾花在絮凝区内进一步增大或密实后进入斜管沉淀区。斜管沉淀区前端为预沉区，由于移动速度减慢，大部分悬浮固体在该区沉淀。剩余矾花则在斜管沉淀区分离去除。沉积的矾花在斜管沉淀区下部进行浓缩，部分浓缩污泥通过污泥回流泵送回至混凝区，剩余浓缩污泥通过污泥排放泵输送至污泥处置系统。浓缩区设刮泥机，以增强污泥浓缩效果，浓缩区污泥浓度较高，可无需再浓缩直接进行脱水。

2. 主要参数

某公司高效澄清池主要技术参数见表2-25。

表 2-25　某公司高效澄清池主要技术参数

项目	技术参数	项目	技术参数
絮凝时间（min）	8～20	刮泥机轴转速（r/min）	0.03～0.08
絮凝速度梯度（s⁻¹）	150～400	出水悬浮物（mg/L）	≤10
斜管区液面上升流速（mm/s）	2.5～5		

二、过滤池（器）

（一）普通快滤池

快滤池是指应用石英砂或无烟煤、矿石等粒状滤料对水进行快速过滤，以截留水中悬浮固体、部分细菌和微生物等目的的过滤池。快滤池的运行主要是过滤和冲洗的循环。过滤时，开启进水支管与清水支管的阀门，关闭冲洗水支管阀门与排水阀，浑水经进水总管、支管从浑水渠进入滤池，经过滤料层、承托层后，由配水系统的配水支管汇集起来再经配水系统干管渠、清水支管、清水总管流往清水池，浑水流经滤料层时，水中杂质即被截流，随着滤层中杂质截流量的增加，滤料层中水头损失也相应增加。一般当水头损失增至一定程度以致滤池产水量减少或由于滤过水质不符合要求时，滤池便需停止过滤进行冲洗。

普通快滤池应用较广，具有成熟的运行经验，运行可靠稳妥；采用砂滤料，材料容易获得，价格便宜；采用大阻力的配水系统，池深较浅，单池面积可做得较大；由于可采用降速过滤，出水水质较好。但是，普通快滤池阀门多，检修维护量较大，须设有全套的冲洗设备。

1. 结构形式

普通快滤池主要由进水管渠、排水槽、过滤介质（滤料层）、过滤介质承托层（垫料层）、配（排）水系统和阀门等组成。

快滤池结构见图 2-7。

2. 主要参数

（1）承托层。承托层一般自下向上装填粒径逐级变小的卵石或碎石，常见的卵石或碎石粒径级配分布见表 2-26。

（2）滤料层。滤料采用的石英砂（海砂、河砂或采砂场的砂），应有足够的机械强度、适当的孔隙（达40%左右）且含杂质较少。当过滤后的水用于电厂生产用水时，滤料中不应含有对生产有害的物质；当过滤后的水用于生活饮用水时，滤料中不应含有毒物质；通常砂滤料粒径最小为 0.5mm，最大为 1.2mm；滤层厚度大于 700mm；滤层上面的水深通常为 1.5～2.0m。

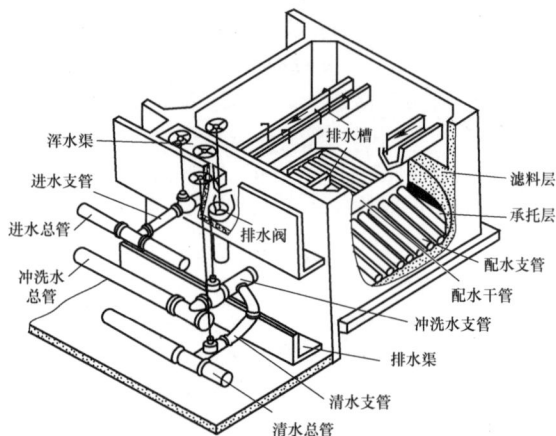

图 2-7　普通快滤池结构

表 2-26　承托层卵石或碎石粒径级配分布表

粒径（mm）	厚度（mm）
2～4	100
4～8	100
8～16	100
16～32	本层顶面标高应高出配水系统孔眼 100

（3）配水系统。普通快滤池的配水系统一般采用大阻力管式配水系统。配水管孔眼总面积与滤池面积的比值为 0.25%～0.3%。

配水干管起始端的流速为 0.8～1.2m/s，配水支管起始端的流速为 1.4～1.8m/s，孔眼流速为 3.5～5m/s。干管横截面与支管总横截面的比值应不小于 1.75～2.0。当干管直径或配水渠宽大于 300mm 时，顶部应装滤头、管嘴或应将干管埋入池底。支管间中心距 0.25～0.3m，其长度与其直径的比值应小于 60。

开孔孔眼直径 9～12mm，设于支管两侧，与垂线夹角 45°向下交错排列布置。

（4）冲洗系统。当无辅助冲洗时，冲洗强度可选择 12～15L/（m²·s）。当采用水泵冲洗时，需设置备用措施。

采用水箱（水塔、水柜）冲洗时，水箱的容积可按一次冲洗水量的 1.5 倍选择。水箱中的水深不宜超过 3m，并应具有防止空气进入滤池的措施。水箱应在滤池冲洗间歇时间内充满。

（5）滤池管（槽）流速。浑水进水管（槽）流速为 0.8～1.0m/s，清水管流速为 0.8～1.2m/s，冲洗水管流速为 2.0～2.5m/s，排水管（渠）流速为 1.0～1.5m/s。

（6）普通快滤池的主要技术参数。普通快滤池的主要技术参数见表 2-27。

表 2-27　普通快滤池主要技术参数

项目	技术参数	备注
设计滤速（m/h）	8～10	
滤池个数（个）	2	滤池总面积小于 30m²
滤池个数（个）	3	滤池总面积 30～50m²
滤池个数（个）	3～4	滤池总面积 100m²
滤池个数（个）	4～6	滤池总面积 150m²
滤池个数（个）	5～6	滤池总面积 200m²
滤池个数（个）	6～8	滤池总面积 300m²
滤池长宽比	1:1.5～1:2	单个滤池面积不大于 30m²
滤池长宽比	1:2～1:4	单个滤池面积大于 30m²
滤层厚度（mm）	≥700	
滤池超高（m）	0.3	

3. 主要计算公式

（1）快滤池总面积按照式（2-32）和式（2-33）计算

$$S = \frac{q_V}{vt} \tag{2-32}$$

$$t = t_0 + t_1 + t_2 \tag{2-33}$$

式中　S——快滤池总面积，m²；

q_V——设计水量，m³/d；

v——设计滤速，m/h；

t——快滤池每天实际工作时间，h；

t_0——快滤池每天工作时间，h；

t_1——快滤池每天冲洗后停用和排放初滤水时间（一般采用 0.5～0.67h，目前实际使用中也有不考虑排放的），h；

t_2——快滤池每天冲洗时间及操作时间，h。

（2）单个快滤池面积按照式（2-34）计算

$$S_0 = S/N \tag{2-34}$$

式中　S_0——单个快滤池面积，一般不大于 100，m²；

N——快滤池个数，一般不少于 2 个。

（二）重力式无阀滤池

重力式无阀滤池过滤或反洗过程中依靠水的重力自动流入滤池进行过滤或反洗，且不需要设置阀门。

重力式无阀滤池结构简单，运行全部自动进行，工作稳定可靠，操作、管理方便，可成套定型制作，施工安装快捷，造价较低，较适用于工矿、小型水处理工程；缺点是单池面积较小，运行过程看不到滤层情况，清砂不方便，反冲洗会浪费部分水量，变水位等速过滤水质不如降速过滤。

1. 结构形式

重力式无阀滤池主要由进水管、布水挡板、虹吸

上升管、辅助虹吸管、滤料层、配水系统、进出水堰室等组成，其结构见图 2-8。

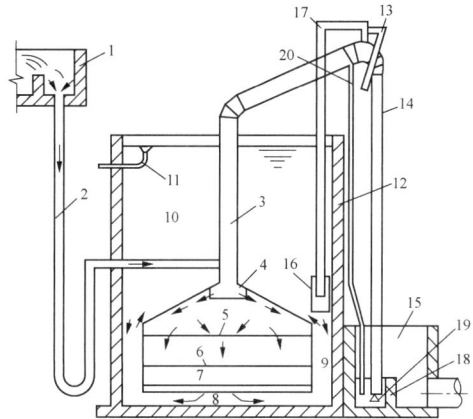

图 2-8　重力式无阀滤池结构

1—配水槽；2—进水管；3—虹吸上升管；4—顶盖；5—布水挡板；6—滤料层；7—配水系统；8—集水区；9—连通渠；10—冲洗水；11—出水管；12—虹吸辅助管；13—抽气管；14—虹吸下降管；15—排水井；16—虹吸破坏斗；17—虹吸破坏管；18—虹吸管水封堰；19—反冲洗强度调节器；20—虹吸辅助管管口

（1）分配水箱。储存和分配水流作用，一组二座无阀滤池可设一个分配水箱。

（2）布水挡板。减缓水流对滤料的冲击，使水流能够平均地散落到滤料上。

（3）虹吸破坏斗。当滤池反冲洗时，池内的水位下降低于虹吸破坏斗时，虹吸管内的虹吸作用被破坏，结束反冲洗。

（4）虹吸管水封堰。封闭虹吸下降管。

（5）滤料层。滤料层的粒径及厚度可参照普通快滤池。

（6）配水系统。配水系统采用小阻力系统，常用的配水形式有豆石滤板、格栅、平板孔式及滤帽等。

（7）集水区。集水区为了使冲洗时配水均匀，要具有一定的高度，通常可采用 30～50cm，当面积大时，采用较大值。

（8）出水管。出水管的管径通常与进水管管径相同。

2. 工作原理

滤池在运行中不断截留悬浮物，当滤层截留物多阻力变大时，水由虹吸上升管上升，当水位达到虹吸辅助管管口时，水从虹吸上升管中急剧下落，并将直虹吸管内的空气抽走，使虹吸管内形成真空，虹吸上升管中水位继续上升，此时虹吸下降管将水封井中的水吸至一定高度，当虹吸上升管中的水与虹吸下降管

中上升的水相汇合时，形成虹吸，水流便冲出管口流入水封井排出，开始反冲洗。一旦形成虹吸，进水管来的水立即被带入虹吸管，水箱中水也立即通过连通渠沿着过滤相反的方向，自下而上地经过滤池，自动进行冲洗。冲洗水经虹吸上升管流到水封井中排出。当水箱中水位下降到虹吸破坏斗缘口以下时，虹吸破坏管即将斗中水吸光，管口露出水面，空气便大量由破坏管进入虹吸管，虹吸作用被破坏，滤池反冲洗结束，过滤又进入下一周期的运行。

3. 主要参数

重力式无阀滤池的主要设计参数见表2-28，系列化产品规格见表2-29。

表2-28　重力式无阀滤池主要设计参数

项目	技术参数	备注
设计滤速（m/h）	10	
平均冲洗强度 [L/（m²·s）]	15	
冲洗历时（min）	5	
期终水头损失（m）	1.7	
进水管流速控制范围（m/s）	0.5～0.7	
单层滤料厚度（mm）	700	石英砂滤料粒径0.5～1.0mm
双层滤料厚度（mm）	300	上层无烟煤滤料粒径1.2～1.6mm
	400	下层石英砂滤料粒径0.5～1.0mm

表2-29　重力式无阀滤池系列化产品规格

设计产水量（m³/h）	滤池		水箱		滤池高度（m）	配水箱高度（m）
	格数	每格尺寸 L×B（m×m）	格数	每格尺寸 L×B（m×m）		
40	单	2.1×2.1	单	2.1×2.1	4.37	1.85
60	单	2.6×2.6	单	2.6×2.6	4.50	1.85
80	双	2.1×2.1	双	2.1×2.1	4.45	1.85
120	双	2.6×2.6	双	2.6×2.6	4.50	1.85
160	双	2.9×2.9	双	2.9×2.9	4.45	1.85
200	双	3.3×3.3	双	3.3×3.3	4.65	1.85
240	双	3.6×3.6	双	3.6×3.6	4.64	1.85
320	双	4.1×4.1	双	4.1×4.1	4.74	1.85
400	双	4.7×4.7	双	4.7×4.7	4.74	1.85

4. 主要计算公式

（1）重力式无阀滤池的滤池面积按式（2-35）计算

$$S = 1.04 \frac{q_V}{v} \tag{2-35}$$

式中　S——滤池净面积，m²；

q_V——设计水量，m³/h；

v——滤速，m/h。

（2）重力式无阀滤池的配水室高度按式（2-36）计算

$$\frac{\Delta v}{v} = \left(\frac{L\alpha\beta}{2H} \right)^2 \tag{2-36}$$

式中　Δv——孔口平均出流速度差，m/s；

v——孔口平均出流速度，m/s；

L——滤池长度，m；

α——流量系数；

β——开孔比（配水孔眼总面积/过滤面积），%；

H——配水室高度，m。

（3）重力式无阀滤池的冲洗水箱高度按式（2-37）计算。

$$H_c = \frac{60Sft}{2 \times 1000 S_1} \tag{2-37}$$

$$S_1 = S + S_2$$

式中　H_c——冲洗水箱高度，m；

f——冲洗强度，通常取15，L/（m²·s）；

t——冲洗历时，通常取5，min；

S_1——冲洗水箱净面积，m²；

S_2——连通渠即斜边壁厚面积，m²。

（三）变孔隙滤池

变孔隙滤池是一种特殊设计的滤池，是根据同向凝聚理论设计的正流深床滤池，具有过滤速度高、截污能力大、出水品质好的特点。滤池采用重力式运行，要求前处理构筑物有一定的出水水头。

变孔隙滤池使用两种粒径的海砂作为滤料，在粗砂内填充细砂，使少量的细砂处于粗砂形成的孔隙内。投运前用空气搅拌加水反洗，使细砂与粗砂混合，细砂在整个床层上基本均匀分布，而不是像普通滤池那样主要集中在表面。这样形成的孔隙就不是均匀的孔隙而是所谓的"变孔隙"，而且这些孔隙延伸至整个床层的纵深区域。这就好像在过滤床层上形成了无数个微型过滤"漏斗"，每组粗砂与粗砂之间较大的缝隙就是漏斗的上端口，粗砂之间夹杂的细砂形成的缝隙较小，便形成漏斗的锥底，水中的悬浮物被这些漏斗截留。由于粗砂之间形成的孔隙占大多数，带有杂质的水经这些孔隙的引导流向床层的纵深，于是过滤不仅仅发生在表面附近，而是在整个床层上进行，即变孔隙深床层砂滤池，简称变孔隙滤池。

变孔隙滤池一般置于机械搅拌澄清池之后，用于去除澄清后的残余颗粒物，是水的澄清过程的辅助处理设施。过滤一方面可以进一步改善清水质量，另一方面可以在澄清池运行出现异常、出水质量波动时，承担保护作用。

1. 结构形式

变孔隙滤池主要由滤料和承托层、进气装置、配水装置、进出水堰室和阀门等组成，其结构见图2-9，集水管设在承托层中。

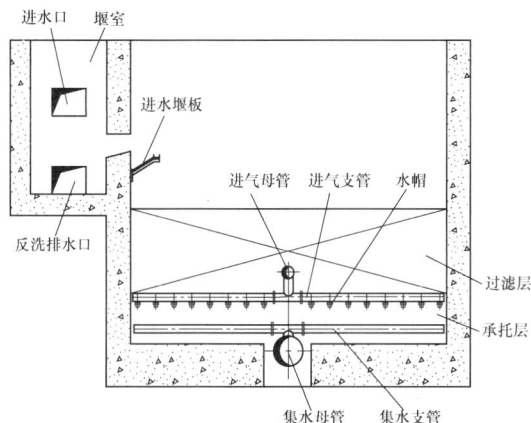

图2-9　变孔隙滤池结构

（1）承托层。承托层一般自下向上装填粒径逐级变小的卵石，总装填高度一般不小于400mm，常见的卵石粒径级配分布见表2-30。

表2-30　承托层卵石粒径级配分布表

卵石粒径（mm）	填装高度（mm）
$40 \times (1\pm5\%)$	115
$20 \times (1\pm5\%)$	75
$14 \times (1\pm5\%)$	75
$6 \times (1\pm5\%)$	75
$2\sim6$	75

（2）过滤层。粗砂粒径为1.2~2.8mm，细砂粒径为0.5~1.0mm（数量约为总砂量的4%左右，50mm高，混入大粒径海砂内，不占总高），滤层高度1.5~2m。采用天然海砂的原因是保证出水水质且对滤料的圆度有要求，天然海砂由于长年累月受水的冲击，几何形状呈流线型，可以形成比较规则的过滤"微孔"，有利于减少过滤阻力，而人工破碎的石英砂由于其不规则性，水滤过时有较多的"素流"现象，在深床层过滤时，不易保证出水水质。石英砂滤料的技术要求见附录C。

（3）配水、配气装置。滤池垫层的底部是由许多横向支管组成的集成系统，支管朝下开有许多小孔，清水由这些支管收集经排水母管流出。这个集水系统同时也用作滤池反洗时的配水系统。为保证配水的均匀性，支管间距一般不大于150mm，配水孔间距一般不大于100mm，支管布置的数量及管上的开孔数量，需进行严格的设计核算，根据设计及工程经验，一般开孔面积占过滤面积的0.58%左右。

承托层的上面支承着反洗配气系统，配气系统也由许多横向支管组成，上面装有大量的水帽，在整个池体平面上均匀分布。每个配气水帽下面都必须装有节垫流圈，否则将造成配气不匀。支管和水帽的安装必须保证水平，安装后在填装滤料前要进行曝气试验，以确保曝气的均匀性，同时为了保证曝气的均匀性，一般选用小型水帽，水帽的布置数量约60个/m²，水帽孔隙宽度小于0.5mm，缝隙面积约100mm²/个，水帽的材质多选用ABS，也可选用不锈钢材质。

变孔隙滤池反洗时先经过大流量水冲洗，接着进行气水联合洗。大流量冲洗时，不同级配的滤料会被水力部分筛分，所以气水联合洗，既有擦洗滤料以剥落黏附在上面的悬浮物的作用，又有使粗细滤料重新混合均匀的作用。为避免扰动承托层，滤池布气管布置在承托层之上。

（4）进出水堰室。每台变孔隙滤池的一端设置有进出水堰室，过滤进水与反洗排水均通过堰室，设置堰室的目的是均匀分配水量，同时滤池反洗时，进水堰室可有效缓冲运行滤池的滤速变化。反洗排水堰室的设置使反洗水耗低于设置排水槽的滤池形式。

（5）滤池的阀门。每台滤池一般设置5个电动阀门，分别为进水门、反洗排水门、反洗进水门（调节型）、反洗进气门、过滤出水门（调节型）。为保障滤池恒压过滤，过滤出水门采用自动调节阀，随着过滤时间的增长，滤层阻力变大，该阀门慢慢加大开启度，保持滤层上的运行水位稳定。同时，反洗进水门采用自动调节阀，用于实现大小流量的反洗。

2. 主要参数

变孔隙滤池设计正常进水悬浮物不大于20mg/L，出水悬浮物小于1mg/L；短时内进水悬浮物浊度不大于30mg/L时，出水悬浮物不大于5mg/L。

某公司变孔隙滤池的主要技术参数见表2-31。

表2-31　某公司变孔隙滤池主要技术参数

项目	技术参数	
过滤面积（m²）	21	31
平面尺寸（mm）	5500×3820	5500×5700

续表

项目	技术参数	
高度（mm）	5250	6000
设计流速（m/h）	10～13	10～13
设计出力（m³/h）	280	400
承托层高度（mm）	440	1140
滤料高度（mm）	1525	1650
水反洗强度［L/（m²·s）］	15.8	17.9
气反洗强度［L/（m²·s）］	15.8	17.2

（四）V形滤池

V形滤池是快滤池的一种形式，因为其进水槽形状呈V字形而得名，也叫均粒滤料滤池（其滤料采用均质滤料，即均粒径滤料）或六阀滤池（各种管路上有6个主要阀门）。

V形滤池用于再生水深度处理工艺中，主要用于进一步去除水中悬浮和胶状物质，从而保证出水COD、悬浮物等满足后续工艺的要求。

V形滤池采用较粗、较厚的均匀颗粒的石英砂滤层；采用不使滤层膨胀的气、水同时反冲洗兼有待滤水的表面扫洗；采用专用的长柄滤头进行气、水分配等工艺。V形滤池具有出水水质好、滤速高、运行周期长、反冲洗效果好、节能和便于自动化管理等特点。

1. 结构形式

滤池系统由滤池本体、低压罗茨风机系统、反冲洗系统组成，滤池本体包括进水系统（进水总渠、进水支渠、V形进水槽）、出水系统（清水支管、出水水封井、出水堰、清水总管等）、排水系统、配水系统、配气系统和池体等，其结构见图2-10。

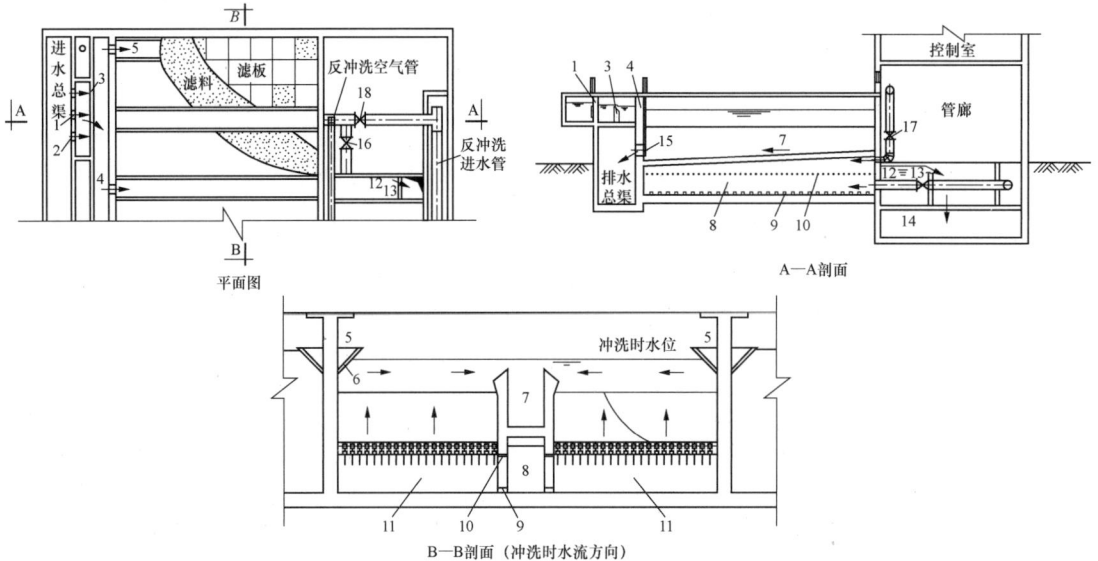

图 2-10　V形滤池结构

1—进水阀门；2—进水方孔；3—堰口；4—堰孔；5—V形进水槽；6—扫洗水布水孔；7—排水渠；8—配水配气渠；9—配水孔；10—配气孔；11—底部空间；12—水封井；13—出水堰；14—进水渠；15—排水阀门；16—清水阀；17—进气阀；18—冲洗水阀

正常过滤时，来水首先进入配水总渠，经配水电动方闸门进入一次配水渠，再经配水堰进入二次配水渠，然后经两侧进水孔进入滤池V形进水槽，此时水位是高于V形槽上顶的，原水经砂滤层过滤，通过长柄滤头进入收水室，再经底部孔洞进入配水配气渠，由出口调节蝶阀控制过流量进入水封井，从而可保证滤池恒水位过滤（依靠超声波液位计反馈信号控制出水调节阀），出水汇合后流入出水池。

2. 主要参数

（1）设计流速8～15m/h。

（2）滤料采用石英砂，有效粒径一般为0.95～1.35mm，不均匀系数要求小于1.6。

（3）滤层高度0.95～1.5m。

（4）空气擦洗强度13～17L/（m²·s），水反洗强度4～6L/（m²·s）。

（5）气水合洗时，空气强度13～17L/（m²·s），水反洗强度3～4.5L/（m²·s）。

（6）表面扫洗强度1.4～2.3L/（m²·s）。

（7）单个滤池面积一般不大于100m²，滤池数量不少于2个。滤池个数可参考表2-32确定。

表 2-32　V 形滤池面积与滤池个数对应关系

滤池总面积（m²）	滤池个数
<30	2
30~50	3
100	3 或 4
150	4~6
200	5~6
300	6~8

当单池面积小于 30m² 时，滤池的长宽比取 1:1.5~1:2；当单池面积大于 30m² 时，滤池的长宽比取 1:2~1:4。

（8）滤池工作周期可根据水头损失限值和出水最高浊度确定，设计时一般采用 12~24h，冲洗前的水头损失最大值一般采用 2~2.5m。

（五）机械过滤器

机械过滤器的进水是用泵打入的，过滤在压力下进行，主要通过滤料的机械截留吸附去除水中的悬浮物，达到净化水质的目的。

1. 结构形式

机械过滤器通常是一个密闭的立式圆柱形钢制容器，见图 2-11 和图 2-12，容器内盛放滤料。普通机械过滤器在运行时，原水自上而下通过滤层。过滤器内的滤料可以为单层石英砂，也可为无烟煤和石英砂组成的双滤料及无烟煤、石英砂和矿砂组成的三层滤料。

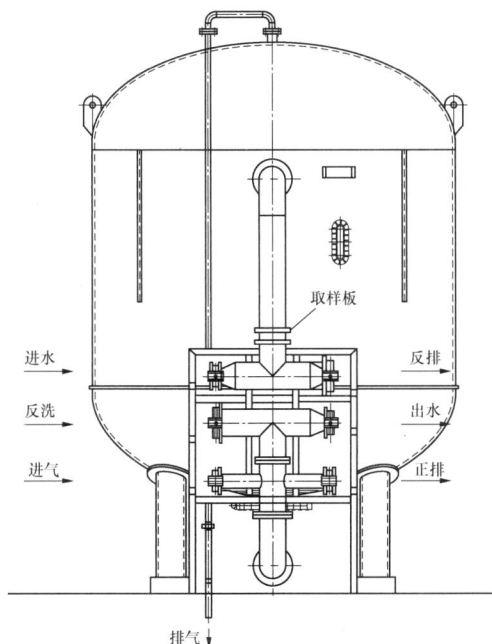

图 2-11　机械过滤器外形

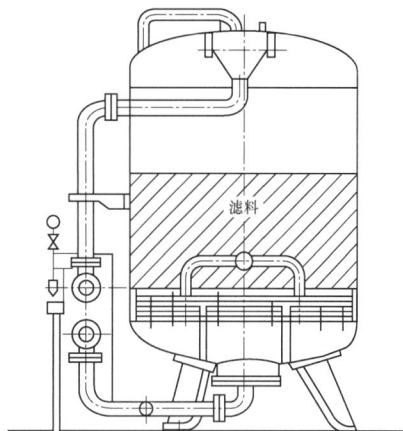

图 2-12　单层滤料机械过滤器剖面

为了充分发挥滤料颗粒的接触凝聚能力开发了双流式过滤器。双流式过滤器进水分为两路，一路从上部进，一路从下部进，经过过滤的出水从中间引出。从下部进入的水，先遇到颗粒大的滤料，随后遇到颗粒逐渐减小的滤料下部滤料主要起接触凝聚作用。

为了减少占地面积，提高设备出力，机械过滤器也可采用卧式多室结构。而为了保证填料层的高度及水流的均匀性，设备直径一般不小于 3m，可两两成组布置。

2. 主要参数

机械过滤器产品系列主要参数见表 2-33。

（六）活性炭过滤器

活性炭过滤器主要用于吸附水中游离氯（吸附力达 99%），对有机物和色度也有较高的去除率，是软化、除盐系统制纯水工艺的预处理设备。滤料为活性炭，活性炭的性能参数见附录 C。

1. 结构形式

过滤器为立式或卧式圆柱形钢制容器，内部盛放活性炭滤料。立式活性炭过滤器外形可参考压力式过滤器。卧式活性炭过滤器一般为多室（3~4 室）结构，若系统出力大，可采用双层卧式多室过滤器。DN3000 双层卧式三室活性炭过滤器结构见图 2-13。

2. 主要参数

立式活性炭过滤器产品系列主要参数见表 2-34。

卧式活性炭过滤器为了保证填料层的高度及水流的均匀性，设备直径一般不小于 3m。

（七）纤维过滤器

纤维过滤器的功能与常规压力式过滤器相同，主要通过纤维滤料的机械截留吸附去除水中的悬浮物，达到水质净化的目的。

表 2-33 机械过滤器产品系列主要参数

公称直径		DN1000	DN1250	DN1600	DN2000	DN2200	DN2500	DN3000	DN3200
设计流速（m/h）	单层	8	8	8	8	8	8	8	8
	双层	12	12	12	12	12	12	12	12
设备出力（t/h）	单层	6.4	9.8	16	25	30	40	56	64
	双层	9.5	14.7	24	38	46	59	84	96
设备质量（kg）		1071	1505	2098	3249	3973	5296	7571	8216
运行荷载（N）		39240	67290	108680	174780	214130	287820	419170	478210

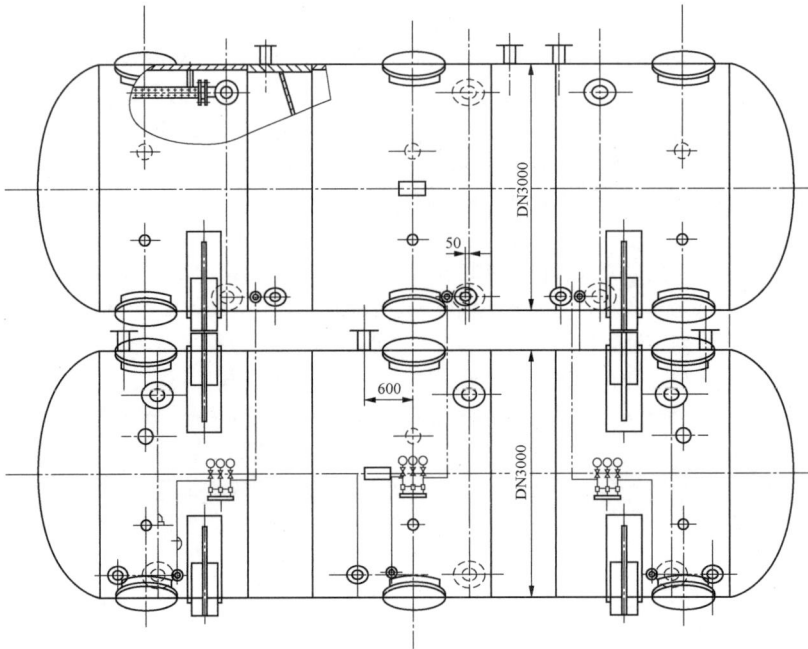

图 2-13 DN3000 双层卧式三室活性炭过滤器结构

表 2-34 立式活性炭过滤器产品系列主要参数

公称直径	DN2500		DN3000		DN3200	
滤料高度（mm）	2000	2500	2000	2500	2000	2500
设备出力（t/h）	49		70		80	
设备质量（kg）	6278	6792	8496	9224	9551	10327
运行荷载（N）	269280	306080	394510	447500	452980	513270

与粒状过滤材料相比，纤维过滤材料的比表面积较大，有更大的界面来吸附和截留悬浮物，同时纤维较柔软，在过滤时能够实现密度调节或沿水流方向过滤孔径逐渐变小的合理过滤方式，极大程度地实现了

深层过滤，使设备出水质量、截污能力、运行流速都得到大幅度提高。

1. 结构形式

纤维过滤器一般为立式圆柱型压力容器。纤维过滤材料一般有短纤维单丝乱堆过滤材料、低卷曲纤维椭球过滤材料、实心纤维球、中心结扎纤维球、棒状纤维过滤材料、彗星式纤维过滤材料、纤维束过滤材料等。目前应用于工业水处理的具有代表性的纤维过滤器有彗星式纤维过滤器、纤维球过滤器、孔隙调节型纤维过滤器、胶囊挤压式纤维过滤器、自压式纤维过滤器等。

彗星式纤维过滤器采用彗核形丝束节作为过滤层，滤料上下支撑挡板采用深沟窄缝网结构，自适应滤料构成的滤层，其空隙率沿层高呈梯度分布，下部滤料压实程度高，空隙率相对较小，易于保证过滤精度；整个滤层空隙率由下至上逐渐增大，其横断面空隙均匀，这种独特的滤层空隙率分布特性是同时实现高速过滤和高精度过滤的主要原因。

纤维球过滤器是在容器内填装纤维球形成床层，床层中纤维球受到的压力为过滤水流的流体阻力、纤维球自身的重力以及截污悬浮物的重力之和。因纤维球具备一定弹性，在压力下滤层空隙率和过滤孔径由大到小渐变分布，滤料的比表面积由小到大渐变分布。直径较大、容易去除的悬浮物可被上层滤料截留，直径较小、不易滤除的悬浮物可被中、下层滤料截留，从而实现较高的滤速、截污容量和较好的出水水质。

孔隙调节型纤维过滤器采用的是聚丙烯（PP）材质的微细且多束的柔软纤维丝。在过滤器运行的时候通过回转机具或压榨包等去压榨，使其孔隙变小后过滤；清洗时再放松让孔隙舒张，用加压空气和水进行反冲洗以达到去污的目的。

胶囊挤压式纤维过滤器是将长纤维束悬挂在孔板上，纤维束下挂重锤，纤维层中安装数个软质胶囊，运行时将胶囊充水，横向挤压长纤维，使纤维层孔隙率和过滤孔径由大到小渐变分布。反洗时先排净胶囊中的水，使长纤维束床层得以疏松，再用气水联合清洗。在挂装的长纤维滤层中安装可充、排水的软质胶囊，解决了纤维层的压实、疏松及纤维流失问题。

自压式纤维过滤器是指不依靠其他装置，仅靠水流及纤维层相对运动产生的作用力实现对纤维层的压缩。当水流自上而下通过纤维层时，越往下纤维所受的向下的纵向压力越大。由于纤维束是柔性滤料，当纵向压力足够大时就会产生弯曲，进而纤维层会整体下移，最下部纤维首先弯曲并被压缩，此弯曲、压缩的过程逐渐上移，直至作用力相互平衡。由于纤维层所受的纵向压力沿水流方向依次递增，所以纤维层沿水流方向被压缩弯曲的程度也依次增大，滤层孔隙率和过滤孔径沿水流方向由大到小分布，这样就达到了高效截留悬浮物的理想床层状态。

2. 主要参数

某厂高效纤维过滤器产品系列技术参数见表2-35，主要参数如下。

（1）设计流速 20～40m/h。

（2）过滤周期大于 8h。

（3）最大工作压力 0.6MPa，进出口压差小于 0.2MPa。

（4）出水水质：≤5NTU（当进水浊度在 20～50NTU 时）；≤1NTU（当进水浊度不大于 20NTU 时）。

（5）气水合洗时，空气强度 40～60L/（m²·s）；水反洗强度 3～5L/（m²·s）（向上洗），6～10L/（m²·s）（向下洗）。

（6）清洗时间 20～60min。

表 2-35 某厂高效纤维过滤器产品系列技术参数

公称直径	DN1000	DN1200	DN1500	DN1800	DN2000	DN2500	DN28000	DN3000
滤水面积（m²）	0.785	1.13	1.77	2.54	3.14	4.90	6.15	7.06
设备出力（t/h）	24	34	53	76	94	147	184	210
设备质量（kg）	1620	1850	2530	3250	4690	8260	9650	10640
运行荷载（N）	34500	39900	81000	92100	156000	236000	298000	343000

三、超（微）滤装置

微滤（MF）能截留 0.1～1μm 的颗粒，微滤膜允许大分子有机物和溶解性固体（无机盐）等通过，但能阻挡住悬浮物、细菌、部分病毒及大尺寸的胶体的透过，微滤膜两侧的运行压差（有效推动力）一般为 0.7bar（1bar＝0.1MPa）。

超滤（UF）能截留 0.001～0.1μm 的颗粒和杂质，超滤膜允许小分子物质和溶解性固体（无机盐）等通过，但能有效阻挡住胶体、蛋白质、微生物和大分子有机物，用于表征超滤膜的切割分子量一般为 1000～100000，超滤膜两侧的运行压力一般为 0.2～7bar。目前火电厂水处理最常用的是超滤膜。

微滤（MF）、超滤（UF）、纳滤（NF）和反渗透（RO）的过滤精度见图 2-14。

离子和分子		大分子		微粒	
微米级	10^{-3}	10^{-2}	10^{-1}	1	
纳米级	1	10	10^{2}	10^{3}	
离子 硝酸根、硫酸根、氰化物、硬度、砷、磷酸根、重金属	富里酸 非挥发有机物/色度/消毒副产物/致癌前驱物 蛋白质	腐殖酸 酶制品		藻类 小假单胞菌 细菌	大肠杆菌
	氨基酸	小红细胞 病毒	流感病毒	似隐孢菌素 卵母细胞	
合成有机化合物 杀虫剂、表面活性剂、挥发性有机物、染料、二噁英、生物需氧量、化学需氧量		脊髓灰质炎病毒	黏土		淤泥
	胶体	乳化油	胶体硅		
反渗透			微滤		
纳滤					
超滤				颗粒过滤	

图 2-14 微滤（MF）、超滤（UF）、纳滤（NF）和反渗透（RO）的过滤精度

（一）结构形式

1. 超滤膜材质

用来制造超滤膜的材质，包括聚偏氟乙烯（PVDF）、聚醚砜（PES）、聚丙烯（PP）、聚乙烯（PE）、聚砜（PS）、聚丙烯腈（PAN）、聚氯乙烯（PVC）等。20 世纪 90 年代初，聚醚砜材料在商业上取得了应用；而 90 年代末，性能更优良的聚偏氟乙烯超滤膜开始被广泛地应用于水处理行业。聚偏氟乙烯和聚醚砜成为目前最广泛使用的超滤膜材料。

2. 超滤膜组件类型

膜组件的结构及类型取决于膜的形状，工业上应用的膜组件主要有中空纤维式、管式、螺旋卷式、平板式等类型。中空纤维式膜组件具有装填密度高、单位产水造价低的特点，因此电厂水处理中常用。

（1）压力式中空纤维超滤膜组件。中空纤维膜实际上是很细的管状膜，一般外径为 0.5～2.0mm，内径为 0.3～1.4mm，用几千甚至上万根中空纤维膜并排捆扎成一个膜组件。它有内压式和外压式两种，内压式进水在纤维管内流动，从管外壁收集透过水，外压式则正好相反，两者的进水方式见图 2-15。某外压式中空纤维超滤膜组件结构形式见图 2-16。

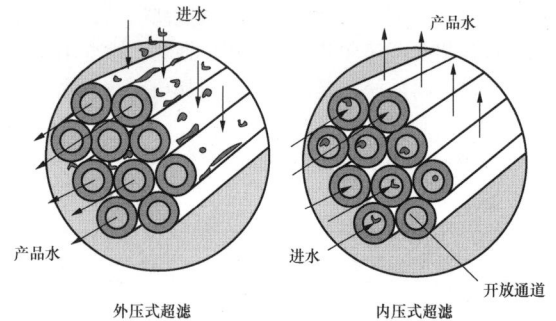

图 2-15 内压式和外压式中空纤维超滤膜进水方式

（2）浸没式中空纤维超滤膜组件。浸没式组件是一种没有外壳的外压式中空纤维组件，纤维两端（或一端）安装集水管，组件直接放入被处理水中，可以用抽吸通过水的方式实现真空过滤。膜组件底部通常装有曝气装置，利用气泡上升产生的紊流对纤维进行擦洗，见图 2-17。另外，采用间歇抽吸或用透过水频繁反冲洗的脉冲运行方式，避免污物过多堆积，防止污物在膜面形成稳固层。某浸没式组件外形见图 2-18。

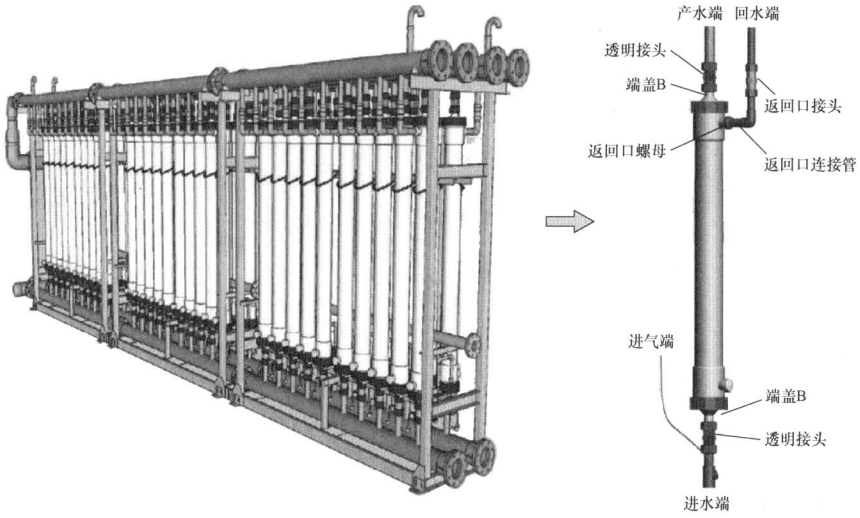

图 2-16 某外压式中空纤维超滤膜组件结构形式

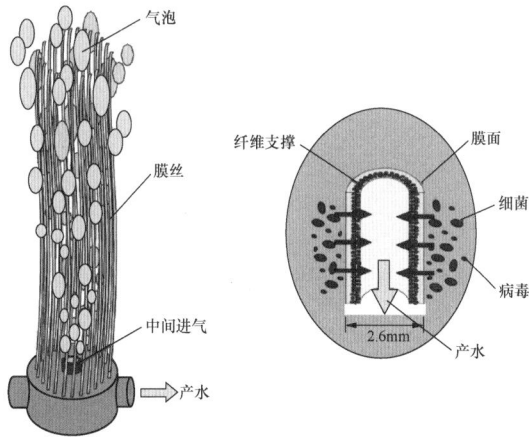

图 2-17 某浸没式中空纤维膜丝

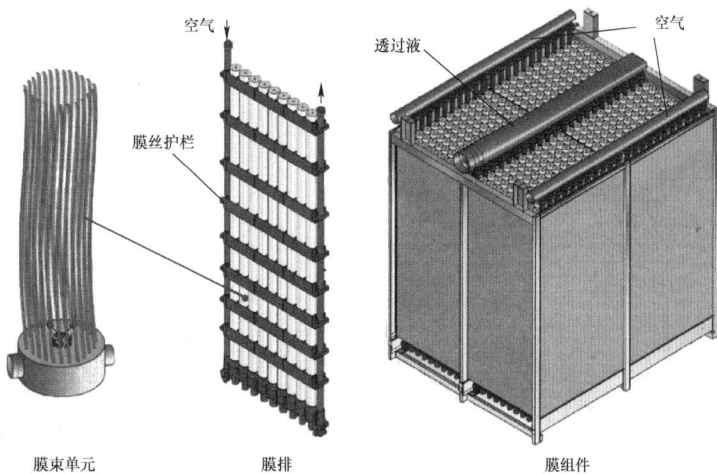

图 2-18 某浸没式超滤组件

（二）主要参数

常用超（微）滤膜元件性能及主要参数见表 2-36。

表 2-36　常用超（微）滤膜元件主要性能参数

项目	厂　商			
	A	K	M	G
膜材料	PVDF	特种改性PES	PVDF	PVDF
膜类型	外压式中空纤维膜	内压式中空纤维膜	外压式中空纤维膜	外压式中空纤维膜
膜面积（m²）	50/65	80.9	40	55.7
运行温度（℃）	最高 40	0～40	5～45	最高 40
运行 pH 值	1～10		2～10	5～10
清洗 pH 值	1～14	1.5～13	2～12	2～12
运行通量[L/（m²·h）]	40～160（20℃）	68～102	50～75	35～135
反洗通量[L/（m²·h）]	40	170	75～100	—
运行跨膜压差（bar）	最高 2	最高 2.4	≤1.5	0～2.75
最大工作压力（bar）	3	3.1（水）；1.0（空气）	3.0	3.8
最大反洗压力（bar）	3	3.1	0.3～2.0	—
过滤周期（min）	30	30～45	20～60	—
反洗时间（s）	60	60	20～60	—
化学加强反洗间隔（h）	24	—	3～72（根据水质）	—
进水浊度（NTU）	<100		20	<50
出水浊度（NTU）	<0.1	<0.1	≤0.2	—
出水 SDI₁₅	<3	<3	<3	≤3

注　1bar＝0.1MPa。

（三）主要计算公式

1. 超（微）滤膜元件数量

超（微）滤膜元件数量按式（2-38）计算

$$N = \frac{1000q_V}{fS} \quad (2-38)$$

$$q_V = q_{V1} + q_{V2} + q_{V3} \quad (2-39)$$

式中　N——膜元件数量，支；

q_V——超（微）滤装置进水量，m³/h；

f——单支膜元件的设计膜通量，L/（m²·h）；

S——单支膜元件的过滤面积，m²；

q_{V1}——超（微）滤装置净产水量，m³/h；

q_{V2}——超（微）装置自用水量，m³/h；

q_{V3}——超（微）装置错流过滤的浓水排放量，全流过滤时为 0，m³/h。

2. 超（微）滤装置自用水率

超（微）装置自用水率按式（2-40）计算

$$\eta = \frac{q_{V2}}{q_{V1} + q_{V2}} \times 100 \quad (2-40)$$

式中　η——超（微）滤装置自用水率，%。

四、生物处理装置

（一）曝气生物滤池

曝气生物滤池（BAF）处理污水是 20 世纪 80 年代末、90 年代初兴起的污水处理工艺，最初用于污水三级处理，后直接用于污水二级处理。该工艺综合了过滤、吸附和生物代谢等多种净化工艺，具有体积小、占地面积小、处理效率高、出水水质好、流程简单、操作管理方便、可省去二沉池等优点，不仅适用于水体富营养化处理，而且广泛应用于生活污水、生活杂排水处理中，特别适用于三级处理时对氨氮的降解。

曝气生物滤池的最大特点是使用表面积大、孔隙率高。安装有较为坚固的球形颗粒滤料，在滤料表面及开口内腔空间生长有微生物膜，污水由下向上流经滤料层时，微生物膜吸收污水中的有机污染物作为其自身新陈代谢的营养物质。在滤料层下部提供曝气供氧的条件下，气、水同为上向流态，使废水中的有机物得到好氧降解，并进行硝化脱氮。利用处理后的出水对滤池定期进行反冲洗，排除滤料表面增殖的老化微生物膜，以保证微生物膜的活性。

曝气生物滤池是一个高效的生物反应器，能够在去除 COD、BOD 的基础上，去除氨氮和磷。按照处理要求的不同，BAF 工艺可分为除碳工艺、除碳/硝化工艺、除碳/硝化/反硝化工艺、反硝化/（除碳、硝化）工艺等几类。

1. 结构形式

曝气生物滤池的结构形式与普通的快滤池类似，可分为缓冲配水区、承托层及滤料层区、出水区（见图 2-19）。主体由滤池池体、布水及反冲洗布水布气系统、承托层、滤料层、工艺曝气系统、反冲洗系统、出水系统和自控系统组成。

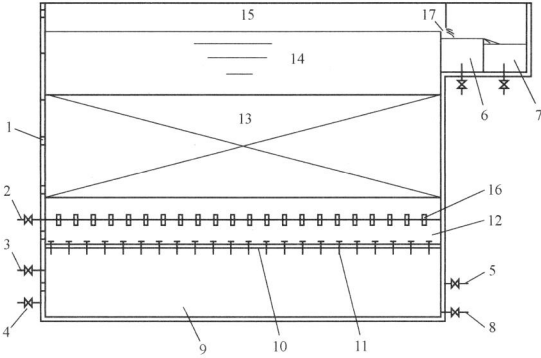

图 2-19 典型曝气生物滤池结构

1—滤池池体；2—工艺曝气管；3—反冲洗进气管；4—进水管；
5—反冲洗进水管；6—反冲洗排水槽（渠）；7—出水槽（渠）；
8—放空管；9—缓冲配水区；10—承托层及滤板；11—长柄滤头；
12—承托层；13—陶粒滤料层；14—清水区；15—超高区；
16—单孔膜空气扩散器；17—出水堰

2. 主要参数

（1）曝气生物滤池平面应为正方形或矩形，单池面积不宜超过 $50m^2$。

（2）曝气生物滤池总高度宜为 5～7m，其中，承托层高度为 0.3～0.4m，滤层高度为 3～4m，顶部集水空间（清水区）高度为 0.8～1.0m，底部配水区高度 1.2～1.5m，超高 0.3～0.5m。

（3）曝气生物滤池的滤料应选择比表面积大、强度好、化学稳定性好、具有合适的孔隙率及粗糙度、易于生物膜生长的填料，可选用陶粒、焦炭、沸石、活性炭等，滤料粒径宜为 3～6mm；曝气生物滤池常用球形轻质陶粒的主要性能参数见表 2-37。

（4）曝气生物滤池反冲洗参数见表 2-38。

3. 主要计算公式

（1）曝气生物滤池用于去除水中有机物时，滤料体积按照式（2-41）计算。曝气生物滤池用于硝化工艺时，所需滤料表面积和体积按照式（2-42）、式（2-43）计算。曝气生物滤池总面积按照式（2-44）计算

表 2-37 曝气生物滤池用球形轻质陶粒的主要性能参数

粒径（mm）	堆积密度（g/cm³）	密度（g/cm³）	比表面积（m²/g）	颗粒孔隙率（%）	堆积孔隙率（%）
2～6	0.89	1.56	3.99～4.11	40	75.6

表 2-38 曝气生物滤池反冲洗参数

反冲洗方式	反冲洗强度[m³/（m²·min）]	反冲洗时间（min）
空气反冲	0.8～1.2	3～10
空气与水共同反冲	空气0.8～1.2；水0.5	1～4
水反冲	0.5	3～10

$$V = \frac{24q_V \times \Delta C_{BOD}}{1000 L_{BOD}} \quad （用于去除水中有机物时）$$

(2-41)

式中 V——滤料总体积，m^3；

q_V——设计处理废水量，m^3/h；

ΔC_{BOD}——曝气生物滤池进出水 BOD_5 浓度差，mg/L；

L_{BOD}——BOD_5 容积负荷，当作为二级污水处理工艺时，取值应不大于 2，当作为三级处理工艺时，取值应为 0.12～0.18，kg/（m^3·d）。

$$S = \frac{24q_V \times \Delta C_{NH3-N}}{L_N} \quad (2-42)$$

式中 S——所需滤料的表面积，m^2；

ΔC_{NH3-N}——曝气生物滤池进出水氨氮浓度差，mg/L；

L_N——滤料的氨氮表面负荷，可取 0.3～0.8

g/（m^2·d）。

$$V = S/S' \quad （用于硝化工艺时） \quad (2-43)$$

式中 V——滤料总体积，m^3；

S'——单位体积滤料的表面积，m^2/m^3。

$$S_0 = V/H \quad (2-44)$$

式中 S_0——滤料总面积，m^2；

H——滤料层高度，一般为 3～4，m。

（2）曝气生物滤池生物反应、氨氮硝化反应的需氧量及氨氮硝化需要的碱度量分别按式（2-45）～式（2-47）计算。氧气可利用率宜按照 20%～30%计算，滤池曝气量可按照气水比 5:1（体积比，气体按照标准工况）计算

$$O_C = \frac{q_V \times \Delta C_{BOD}}{1000} \quad (2-45)$$

式中 O_C——降解 BOD_5 的需氧量，kg/h；

q_V——进水流量，m^3/h；

ΔC_{BOD}——进出水 BOD_5 差值，mg/L。

$$O_N = 4.57 \times \frac{q_V \times \Delta C_{NH3-N}}{1000} \quad (2-46)$$

式中 O_N——氨氮硝化的需氧量，kg/h；

4.57——硝化需氧量系数；

q_V——进水流量，m^3/h；

ΔC_{NH3-N}——进出水氨氮差，mg/L。

$$A_N = 7.14 \times \Delta C_{NH_3-N} \qquad (2-47)$$

式中　A_N——氨氮硝化需要的碱度量，以 $CaCO_3$ 计，mg/L；

7.14——硝化需要的碱度系数；

ΔC_{NH_3-N}——进出水氨氮差，mg/L。

（二）曝气生物流化池

曝气生物流化池（ABFT）综合了介质流态化、吸附和生物化学过程，能够实现深度脱氮，可用于城市污水处理、小区生活污水处理、工业废水处理、微污染源水预处理、城市污水二级出水回用处理等。该技术具有生物滤池法和活性污泥法两者的特点，即具有容积负荷高、反应速度快、占地面积小、不需反冲洗、不需污泥回流、不产生污泥膨胀、能耗低等优点，可大大节省设备投资和污泥处理费用。

在 ABFT 工艺中，流化介质采用专用生物载体，采用微生物与载体的自固定化技术将成活后的微生物固定在生物载体上。该工艺去除有机物的同时，依靠生物酶与载体固定化技术，先在有氧条件下，利用载体表面的氨氧化细菌可将氨氧化生成 NO_2^- 和 NO_3^-，然后在缺氧条件（载体内部）下，以污水中所含有机物和某些还原性物质为电子供体，将亚硝酸盐反硝化生成氮气。其优势在于可以通过高浓度地固定细胞，像硝化菌这样世代时间长的也得以在其生长繁殖，提高硝化和反硝化速度，同时还可以使在反硝化过程低温时易失活的反硝化菌，特别是亚硝酸还原菌保持较高的活性，提高冬季处理的稳定性。

1. 结构形式

曝气生物流化池宜采用上下折流式构造（见图2-20）。每个曝气生物流化池从结构上共分成4个区域，由上至下依次为集泥区、缓冲配水区、生物载体区和清水区。集泥区高 h_4 宜为 0.5～0.7m，载体区高 h_3 宜为 2.5～4.5m，保护区高 h_2 宜为 0.5～0.8m，超高区 h_1 宜为 0.35～0.5m。

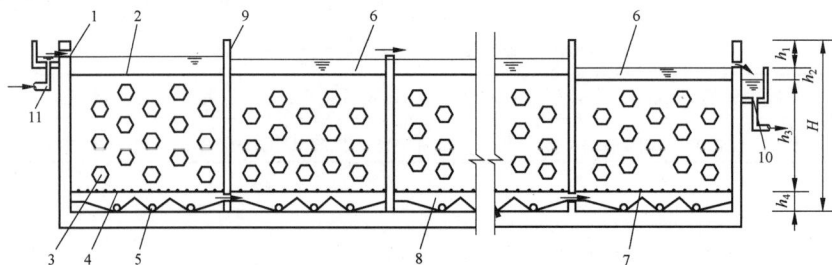

图 2-20　曝气生物流化池结构

1—布水孔；2—上拦截网；3—生物载体；4—下拦截网；5—排泥管；6—清水区；7—曝气管；
8—集泥区；9—超高；10—出水孔；11—进水管

2. 主要参数

（1）为了使布水、布气均匀，每格边长不宜大于4.5m。

（2）曝气生物流化池内载体可采用直径 10～12mm、长 10～12mm 的圆柱体，也可采用边长为 10～12mm 的立方体，堆放率为流化池有效容积的 45%～50%。

（3）曝气生物流化池的曝气强度不应小于 3m³/（m²·h）。

（4）曝气管宜通过池壁内预埋的套管引至下拦截网的上部，相邻两根曝气管之间的距离不宜大于0.25m。

（5）用于再生水深度处理的生物曝气流化池（具有除磷脱氮功能）主要技术参数如下：

1）BOD_5 负荷：2kg/（m³·d）（填料）。

2）水力停留时间：1～1.2h。

3）气水比：4:1。

4）污泥回流比：无。

3. 主要计算公式

（1）曝气生物流化池的载体堆积体积按式（2-48）计算

$$V_0 = \frac{q_V \times (C_i - C_e)}{1000 L_T} \qquad (2-48)$$

式中　V_0——曝气生物流化池载体堆积体积，m³；

q_V——进水流量，m³/d；

C_i——曝气生物流化池进水基质浓度，当进水中主要污染物为凯氏氮（TKN）并要求硝化时，为凯氏氮浓度；其他情况下为 BOD_5 浓度，mg/L；

C_e——曝气生物流化池出水基质浓度，当进水中主要污染为凯氏氮并要求硝化时为凯氏氮浓度，其他情况下为 BOD_5 浓度，mg/L；

L_t——$t℃$的容积负荷，kg/（m³·d）。

（2）容积负荷值需按当地冬季和夏季的污水温度进行修正，并按式（2-49）进行计算。污水20℃时的

容积负荷按表 2-39 取值

$$L_t = L_{20} k^{t-20} \qquad (2-49)$$

式中 L_{20}——污水温度为 20℃的容积负荷，kg/（m³·d）；

k^{t-20}——温度修正系数，当不要求硝化时取 1.05，要求硝化时取 1.1。

表 2-39 曝气生物流化池容积负荷

处理目的	容积负荷值 [kg/（m³·d）]
只去除含碳污染物	5.0～6.0
同时去除含碳和凯氏氮计的污染物	1.5～2.0
处理微污染水	0.11～0.22
去除以凯氏氮计的污染物并要求硝化	0.4～0.9

（3）曝气生物流化池载体的有效容积按式（2-50）计算

$$V = \frac{V_0}{r} \qquad (2-50)$$

式中 V——曝气生物流化池载体的有效容积，m³；

r——载体堆积率。

五、污泥处理装置

污泥处理包括污泥浓缩处理和脱水处理，将预处理装置的排泥进行浓缩后，再经污泥脱水机脱水，转化为半固态或固态泥块。污泥处理装置主要包括污泥浓缩池、泥浆输送泵和污泥脱水机。

（一）污泥浓缩池

污泥浓缩池是减少水处理构筑物排出的污泥的含水量，以缩小其体积的一种污泥处理设施，适用于含水率较高的污泥。浓缩后的污泥含水率一般为 95%～97%。污泥浓缩池主要有重力浓缩池和气浮浓缩池。

重力浓缩池利用重力作用的自然沉降分离方式，不需要外加能量，是一种最节能的污泥浓缩法。它通过在沉淀中形成高浓度污泥层达到浓缩污泥的目的，是目前污泥浓缩方法的主体。重力式浓缩池的优点是日常运行费低，管理较方便。另外，由于池容积大，对负荷的变化特别是对冲击负荷有一定的缓冲能力，适用于高浊度原水。重力浓缩池主要用于浓缩初次污泥和混合污泥（初次污泥和剩余活性污泥的混合物）。

气浮浓缩池依靠大量微小气泡附着在污泥颗粒的周围，减小颗粒的密度而强制上浮。因此尤其适用于密度接近 1g/cm³ 的污泥。气浮浓缩法操作简便，但运行中有臭味、动力费用高，对污泥沉降性能（SVI）敏感，适用于浓缩活性污泥和生物滤池等排出的较轻污泥。

在火电厂原水预处理系统中，多采用重力浓缩池。

1. 结构形式

重力浓缩池按其运转方式可以分为连续式和间歇式，按池型可以分为圆形和矩形。

连续式重力浓缩池的污泥由中心管连续进泥，上清液由溢流堰出水，浓缩污泥用刮泥机缓缓刮至池中心的污泥斗并从排泥管排出，连续式重力浓缩池特点是装有与刮泥机一起转动的垂直搅拌栅，能使浓缩效果提高 20%以上。因为搅拌栅通过缓慢旋转（圆周速度 2～20cm/s），可形成微小涡流，有助于颗粒间的凝聚，并可造成空穴，破坏污泥网状结构，促使污泥颗粒间的空隙水与气泡逸出。连续式重力浓缩池可采用竖流式、辐流式沉淀池的形式。当池子较大时采用辐流式浓缩池，当池子较小时采用竖流式浓缩池，竖流式浓缩池一般不设刮泥机。连续式重力浓缩池的结构形式见图 2-21。

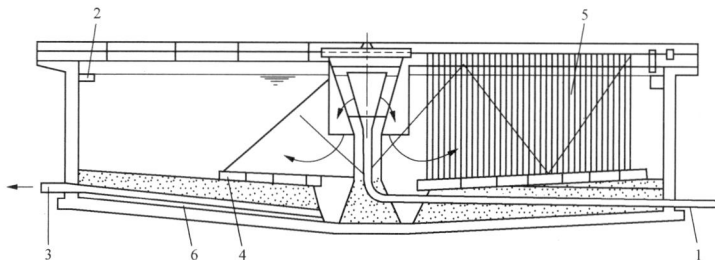

图 2-21 连续式浓缩池（带刮泥机及栅条）

1—中心排泥管；2—上清液溢流管；3—底流排除管；4—刮泥机；5—搅动栅；6—钢筋混凝土

间歇式重力浓缩池是一种圆形水池，底部有污泥斗。工作时，先将污泥充满全池，经静置沉降、浓缩

压密，池内将分为上清液、沉降区和污泥层，定期从侧面分层排出上清液，为此应在浓缩池深度方向的不

同高度设上清液排除管。浓缩后的污泥从底部泥斗排出。间歇式浓缩池主要用于污泥量小的处理系统。浓缩池一般不少于两个,一个工作,另一个进入污泥,两池交替使用。间歇式重力浓缩池的结构形式见图2-22。

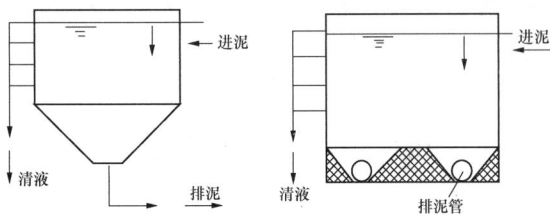

图 2-22 间歇式浓缩池

重力浓缩池宜采用圆形或方形辐流式浓缩池,当占地面积受限制时,通过技术经济比较,可采用斜板(管)浓缩池。

2. 主要参数

(1)浓缩后泥水的含固率应满足选用脱水机械的进机浓度要求,且不低于2%。

(2)重力浓缩池面积可按固体通量计算,并按液面负荷校核。固体通量、液面负荷宜通过沉降浓缩试验,或按相似排泥水浓缩数据确定。当无试验数据和资料时,辐流式浓缩池的固体通量可取 0.5～1.0kg/(m²·h)(干固体),液面负荷不大于 1.0m³/(m²·h)。

(3)辐流式浓缩池的技术要求如下:

1)池边水深宜为 3.5～4.5m。当考虑泥水在浓缩池做临时储存时,池边水深可适当加大。

2)宜采用机械排泥,当池子直径(或正方形一边)较小时,也可以采用多斗排泥。

3)刮泥机上宜设置浓缩栅条,外缘线速度不宜大于 2m/min。

4)池底坡度为 8%～10%,超高大于 0.3m。

5)浓缩泥水排出管管径不应小于 150mm。

3. 主要计算公式

浓缩池面积计算公式为

$$S = \frac{q_V C}{M} \qquad (2-51)$$

式中 S ——浓缩池面积,m²;

q_V ——污泥量,m³/h;

C ——污泥固体浓度,kg/m³;

M ——浓缩池污泥固体通量,kg/(m²·h)。

浓缩池直径计算公式为

$$D = \sqrt{4S/\pi} \qquad (2-52)$$

式中 D ——浓缩池直径,m。

浓缩池工作部分高度计算公式为

$$H = \frac{tq_V}{24S} \qquad (2-53)$$

式中 H ——浓缩池工作部分高度,m;

t ——浓缩时间,h。

(二)污泥脱水机

污泥脱水机是将泥浆池或者泥浆浓缩池内含水率95%以上的污泥进行脱水处理,以提高泥饼的含固率,为污泥后续处理、利用和运输创造条件。污泥脱水机有压滤式、离心式、真空式和转鼓式等类型,目前使用最多是离心脱水机、带式压滤机和板框式压滤机三种。因离心脱水机和带式脱水机占地面积小,操作简便,所以火电厂原水预处理系统和工业废水处理系统常用这两种脱水机,脱硫废水处理系统通常采用板框式压滤机。

1. 带式压滤脱水机

带式压滤脱水机是由上下两条张紧的滤带夹带着污泥层,从排列规律的辊压筒中呈 S 形弯曲经过,依靠滤带本身的张力形成对污泥层的压榨和剪切力,把污泥层中的毛细水挤压出来,获得含固量较高的泥饼,从而实现污泥脱水的目的。

主要特点如下:

1)连续生产、连续清洗。

2)设计出力大。

3)长达 5m 多的重力脱水区,进行挤压。

4)滤饼含固率高。

5)耗电低。

6)全防腐处理。

7)自动张紧调偏。

8)操作维修方便。

(1)结构形式。一般带式压滤脱水机由滤带、辊压筒、滤带张紧系统、滤带调偏系统、滤带冲洗系统和滤带驱动系统构成。工作原理见图2-23。

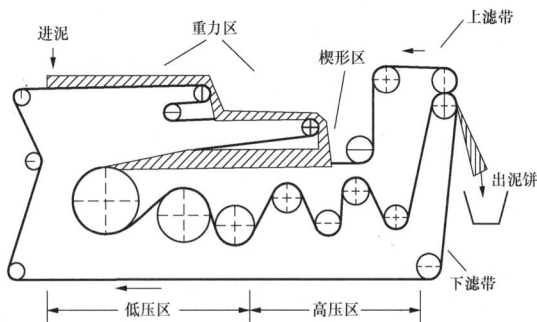

图 2-23 带式压滤机工作原理

(2)主要参数。

1)带式压滤机的滤带速度一般为 0.5～5m/min。

2)滤带冲洗水压应大于 0.5MPa。

3)滤带的张紧系统采用气动系统控制时,滤带张力一般控制在 0.3～0.7MPa,常用值为 0.5MPa。

国内某品牌带式压滤机技术参数见表2-40。

表 2-40　　　　　　　　　　　　国内某品牌带式压滤机技术参数

技术参数型号		××-1000	××-1500	××-2000	××-2500	××-3000
滤带宽度（mm）		1000	1500	2000	2500	3000
压滤面积（m²）		3.2	4.8	6.4	8	9.4
重滤面积（m²）		4	6	8	10	12
冲洗水压力（MPa）		0.35～0.5				
污泥含水率（%）		95～98				
泥饼含水率（%）		60～80				
工作压力（MPa）	上张紧气缸	0.45～0.8				
	下张紧气缸	0.45～0.8				
	纠偏气缸	0.45～0.8				
电动机功率（kW）		1.5	2.2	4	5.5	7.5
质量（kg）		—	—	—	—	—

国外某品牌带式压滤机技术参数参考数据见表 2-41。

表 2-41　　　　　　　　　　　　国外某品牌带式压滤机技术参数表

技术参数型号		×××1000	×××1500	×××2000
滤带宽度（mm）		1000	1500	2000
滤带速度（m/min）		1.23～6.17	1.23～6.17	1.23～6.17
重力段面积（m²）		1.09	1.77	2.45
楔形段面积（m²）		0.94	1.52	2.11
低压段面积（m²）		2.88	4.68	4.68
高压段面积（m²）		4.82	7.84	10.85
冲洗水量（m³/h）		6.18	9.24	12.32
冲洗水压（MPa）		0.8		
进料污泥浓度（%）		≥1		
过量生物污泥（以干污泥计）	[kg/（m·h）]	200～400		
	（%）	13～18		
混合污泥（以干污泥计）	[kg/（m·h）]	300～450		
	（%）	20～26		
消化污泥（以干污泥计）	[kg/（m·h）]	450～750		
	（%）	22～26		
外形尺寸	长 L（mm）	2921	2921	2921
	宽 W（mm）	1850	2350	2850
	高 H（mm）	1970	1970	1970
主机功率（kW）		0.75	0.75	1.1
主机质量（kg）		2950	3550	4250

2. 板框式压滤机

板框式压滤机是一种间歇性操作的加压过滤设备,适用于各种泥浆的固液分离,适用范围广、分离效果好、结构简单、操作方便、安全可靠,尤其适用于黏度高、难以脱水的污泥。板框式压滤机通过板框的挤压,使污泥内的水通过滤布排出,达到脱水目的。

(1)结构形式。板框式压滤机由机架部分、自动拉板部分、过滤部分、液压部分和电气控制部分五大部分组成,其结构形式见图2-24。

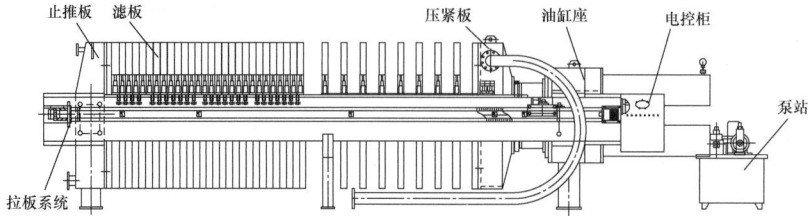

图 2-24　板框式压滤机结构示意

(2)主要参数。

1)进入板框压滤机前的含固率不宜小于 2%,脱水后的泥饼含固率不应小于 30%。

2)一般进料压力不大于 0.45MPa。

3)冲洗水压一般不大于 0.3MPa。

4)压干滤渣的压力不超过 0.5MPa。

5)吹风的压力不超过 0.5MPa。

国内某品牌板框压滤机选型参考数据见表2-42。

表 2-42　　　　　　　　　　　国内某品牌板框压滤机选型参考数据表

型号	过滤面积（m²）	板内尺寸（mm×mm）	板外尺寸（mm×mm）	滤饼厚度（mm）	框数	板数	有效容积（L）	工作压力（MPa）	质量（kg）	外形尺寸		
										长（mm）	宽（mm）	高（mm）
×××/320	2	320×320	375×375	25	10	9	25	1	475	1495	650	600
×××/320-U			370×370		10	10	25		400			
×××/320	4		375×375		20	19	50		650	1945	650	600
×××/320-U			370×370						500			
×××/320	6		375×375		30	29	75		825	2395	650	600
×××/320-U			370×370						600			
×××/450	8	450×450	500×500		20	19	100		1555	2520	650	600
×××/450-U									1355	2520	1150	875
×××/450	12				30	29	150		1955	2990	1150	875
×××/450-U									1655			
×××/450	16				40	39	200		2355	3460	1150	875
×××/450-U									1955			

国外某品牌悬梁厢式压滤机选型参考数据见表2-43。

表 2-43　　　　　　　　　　　国外某品牌悬梁厢式压滤机选型参考数据表

框架型号	滤板数目	过滤面积（m²）	容积（L）	工作压力（MPa）
××-650-30	20	11.191	158.46	1.5
	30	17.081	241.86	1.5
××-650-50	40	22.971	325.26	1.5
	50	28.861	408.66	1.5
××-650-60	60	34.751	492.06	1.5
××-800-30	20	19.038	274.93	1.5
	30	29.058	419.63	1.5

续表

框架型号	滤板数目	过滤面积（m²）	容积（L）	工作压力（MPa）
××-800-60	40	39.078	564.33	1.5
	50	49.098	709.03	1.5
	60	59.118	853.73	1.5
××-800-80	70	69.138	998.43	1.5
	80	79.158	1143.13	1.5
××-800-100	90	89.178	1287.83	1.5
	100	99.198	1432.53	1.5
××-1000-60	40	62.478	931.32	1.5
	50	78.498	1170.12	1.5
	60	94.518	1408.92	1.5
××-1000-100	70	110.538	1647.72	1.5
	80	126.558	1886.52	1.5
	90	142.578	2125.32	1.5
	100	158.598	2364.12	1.5
××-1000-120	110	174.618	2602.92	1.5
	120	190.638	2841.72	1.5
××-1200-100	60	137.647	1891.54	1.5
	70	160.977	2212.14	1.5
	80	184.307	2532.74	1.5
	90	207.637	2853.34	1.5
	100	230.967	3173.94	1.5
××-1200-120	110	254.297	3494.54	1.5
	120	277.627	3815.14	1.5
××-1200-140	130	300.957	4135.74	1.5
	140	324.287	4456.34	1.5
××-1500-100	80	281.161	4079.56	1.5
	90	316.751	4595.96	1.5
	100	352.341	5112.36	1.5
××-1500-140	110	387.931	5628.76	1.5
	120	423.521	6145.16	1.5
	130	495.111	6661.56	1.5
	140	494.701	7177.96	1.5
××-1500-160	150	530.291	7694.36	1.5

3. 离心脱水机

离心脱水机主要由转毂和带空心转轴的螺旋输送器组成，污泥由空心转轴送入转筒后，在高速旋转产生的离心力作用下，立即被甩入转毂腔内。污泥颗粒比重较大，因而产生的离心力也较大，被甩贴在转毂内壁上形成固体层；水密度小，离心力也小，在固体层内侧形生液体层。固体层的污泥在螺旋输送器的缓慢推动下，被输送到转毂的锥端，经转毂周围的出口连续排出，液体排至转毂外，汇集后排出脱水机。

（1）结构形式。离心脱水机的结构见图2-25。离心脱水机最关键的部件是转毂，转毂的直径越大，脱

水处理能力越大，但制造及运行成本高，不经济。转毂的长度越长，污泥的含固率就越高，但性能价格比下降。

使用过程中，离心脱水机转毂的转速是一个重要的控制参数，控制转毂的转速，使其既能获得较高的含固率又能降低能耗，是离心脱水机运行好坏的关键。目前，电厂多采用低速离心脱水机，选型时，因转轮或螺旋的外缘极易磨损，对其材质要有特殊要求。新型离心脱水机螺旋外缘大多做成装配块，以便更换。装配块的材质一般为碳化钨，价格昂贵。

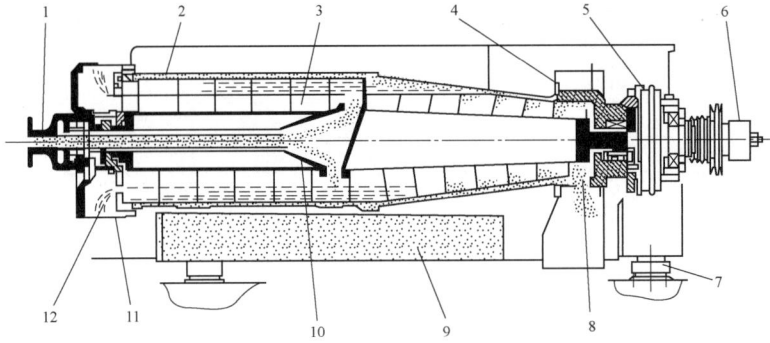

图 2-25 卧螺沉降离心机

1—进料口；2—转毂；3—螺旋输送器；4—挡料板；5—差速器；6—扭矩调节；7—减振垫；
8—沉渣；9—机座；10—布料器；11—积液槽；12—分离液

（2）主要参数。

1）离心脱水机进料含固率不宜小于 3%，脱水后泥饼含固率不应小于 20%。

2）离心脱水机的产率、固体回收率与转速、转差率及堰板高度的关系宜通过拟选用机型和拟脱水的排泥水的试验或按相似机型、相近泥水运行数据确定。在缺乏上述试验和数据时，离心机的分离因数可取

1500～3000，转差率 2～5r/min。

离心脱水机的选型应根据具体工程运行条件进行，主要条件包括绝干泥总量、工作时间、运行方式、污泥性质和组成、进料污泥浓度等。

国内某品牌卧螺离心机技术参数参考数据见表 2-44。

表 2-44　　国内某品牌卧螺离心机技术参数表

型号	设计出力（m³/h）	转鼓直径（mm）	转鼓转速（r/min）	长径比	差转速（r/min）	分离因数	主电机功率（kW）	外形尺寸（长×宽×高）（mm×mm×mm）	质量（kg）
××250W	1～4	250	3000	4.1	2～32	1618	11	2840×700×900	1200
××350W	8～12	353	2800	4.15	2～32	1550	22	3620×860×1150	2500
××430W	20～30	430	2500/3200	4.1	2～22	1505/2466	30/37	4300×1000×1340	3500
××520W	35～50	520	2500/3000	4.1	2～29	1820/2620	55/75	4980×1160×1470	5500
××720W	60～120	720	2000	4.1	2～60	1613	110/132	6340×3080×1450	14000

表 2-45 为某工程工业废水处理系统选用的离心脱水机的技术参数。

表 2-45　某工程采用的离心脱水机技术参数

项目	技术参数
设计出力（稀污泥量）	10～15m³/h
设备数量	1 台
扬程	0.6MPa
介质	含固量 1%～2% 的污泥
材质	S31608 不锈钢
脱水后固体污泥含量	20%～30%
电动机功率	主机 2.2kW
电动机防护等级	IP55
电动机绝缘等级	F 级
运行方式	间歇运行

六、水箱（池）、水泵

（一）水箱（池）

原水预处理系统的水箱（池）主要有生水箱（池）、反洗水箱（池）、回收水箱（池）及清水箱（池）等，用于储存各工艺段的水。

生水箱（池）用于调节原水水量，一般设置在原水预处理系统的起始端。

反洗水箱（池）用于储存来自原水预处理系统处理后的清水，为澄清池或滤池等提供反洗水源。

回收水箱（池）用于收集滤池的反洗排水，以便回收再处理。

清水箱（池）用于储存原水预处理系统的出水，为后续的工艺系统提供合格的用水。

1. 结构形式

在电厂原水预处理系统的设计中，水箱一般采用圆形钢制水箱，水池采用矩形混凝土水池。

水箱（池）主体由箱（池）体、进水管、出水管、溢流管、排污管、人孔、爬梯、呼吸孔、水位计、防护栏杆和高低液位报警系统等组成。在寒冷地区，水箱（池）还应有保温措施。在风沙大的地区采用水池时，应布置在室内或将水池封闭。

水箱（池）应根据所储存的水质做相应的防腐处理。生水箱、清水箱可采用碳钢或混凝土制作，内涂防腐涂料，涂层厚度为0.8～1.5mm。

钢制圆形水箱外形见图2-26。

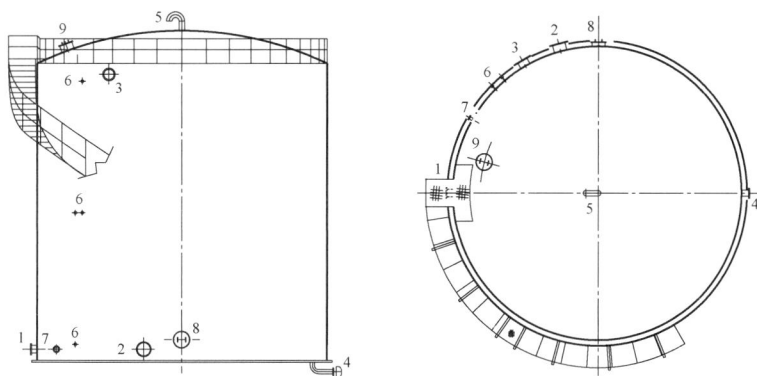

图 2-26 钢制圆形水箱外形

1—进水口；2—出水口；3—溢流口；4—排污口；5—呼吸口；6—液位计接口；
7—压力变送器接口；8—侧人孔；9—顶人孔

2. 主要参数

（1）水箱（池）进水管流速采用0.5～1.2m/s，出水管流速采用1.0～1.2m/s。确定管径时，小管径取低值，大管径取高值。

（2）溢流管管径一般至少与进水管管径相同，或通过计算确定。

（3）水箱（池）的人孔直径宜为800mm或1000mm，且需满足溢流管集水喇叭口的进出要求。

（4）排污管的管径确定应能满足4h内排空水箱的要求。

（5）呼吸管管径应确保最大净出水量时水箱不产生过载负压。

（6）圆形钢制水箱技术参数见表2-46。

表 2-46　　　　　　　　　　　圆形钢制水箱技术参数

有效容积（m³）	内径（mm）	底板直径（mm）	总高度（mm）	直筒高度（mm）	外表面积（m²）	净重（kg）	荷重（t）	外爬梯形式
10	2380	2400	2610	2610	23.95	1388	13	直爬梯
20	3080	3100	3012	3012	36.56	2380	24	直爬梯
30	3780	3800	3012	3012	46.94	3073	35	直爬梯
50	4012	4032	4300	4300	66.73	4364	56	直爬梯
75	4512	4532	5014	5014	86.93	5550	82	直爬梯
100	5280	5360	5578	5219	109.13	7354	115	直爬梯
150	6480	6560	5673	5219	140.1	9473	175	直爬梯
200	6480	6560	6963	6509	166.36	11016	210	直爬梯
250	7150	7230	7009	6509	187.35	12202	265	直爬梯
300	7712	7820	7728	6860	216.5	14742	335	螺旋爬梯
400	8012	8140	9131	8230	260.92	15767	430	螺旋爬梯

续表

有效容积（m³）	内径（mm）	底板直径（mm）	总高度（mm）	直筒高度（mm）	外表面积（m²）	净重（kg）	荷重（t）	外爬梯形式
500	9512	9650	8927	7865	311.67	21748	578	螺旋爬梯
800	10012	10200	12444	11085	436.41	30682	906	螺旋爬梯
1000	12012	12200	11089	9595	485.9	37017	1132	螺旋爬梯
2000	15500	15650	14394	12700	892	76033	2340	螺旋爬梯
3000	18900	19050	14280	12300	980	91353	3097	螺旋爬梯

注 1. 总高度不含爬梯高度。

　　2. 表中净重、荷重均不包括保温层质量。

（二）水泵

原水预处理系统水泵主要有生水泵、反洗水泵、回收水泵、清水泵、污泥泵等。

生水泵一般临近生水箱（池）布置，用于将生水池的原水升压后，输送至后续的预处理装置。

反洗水泵一般临近反洗水箱（池）布置，为澄清池和滤池等提供足够压力和流量的反冲洗水。

回收水泵一般临近回收水箱（池）布置，用于将滤池的反洗排水再次升压后，输送至澄清池和滤池等，进行再处理。

清水泵一般临近清水箱（池）布置，用于将经原水预处理系统处理后的清水，输送至后续的工艺系统。

污泥泵一般临近污泥浓缩池布置，用于将浓缩后的污泥，输送至污泥脱水机，进行进一步的脱水处理。

1. 结构形式

原水预处理系统中，用于输送水体的各种水泵，常用离心泵或 WFB 型自控自吸泵；用于输送污泥的污泥泵，常采用污泥螺杆泵和凸轮转子泵。

（1）离心泵。离心泵由叶轮、泵体、泵盖、挡水圈、泵轴、轴承、密封环、填料函、轴向力平衡装置等组成。按叶轮数目可分为单级泵和多级泵；按叶轮吸入方式可分为单吸泵和双吸泵；按泵轴位置可分为卧式泵和立式泵（见图 2-27 和图 2-28）。离心泵是利用叶轮旋转而使水产生的离心力来工作的，其工作原理是水在离心力的作用下，被甩向叶轮外缘，沿泵壳流道从水泵的出口排出，此时叶轮入口形成真空，水池中的水在大气压力的作用下沿吸水管被吸入到叶轮中心，叶轮通过不停地转动，使得水不断地流入与流出，达到输送水的目的。

常用的离心泵有 IS 型单级单吸悬臂式离心泵、S 型单级双吸离心泵、ISG 型单级单吸管道离心泵、DL 型立式多级离心泵等。

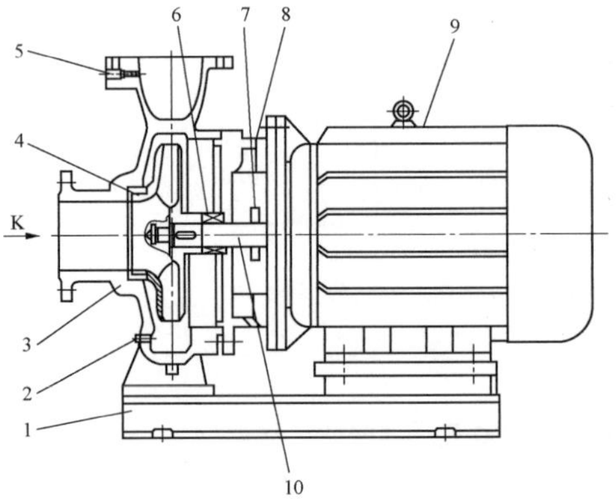

图 2-27　卧式离心泵

1—底座；2—放水孔；3—泵体；4—叶轮；5—取压孔；6—机械密封；7—挡水圈；8—端盖；9—电动机；10—轴

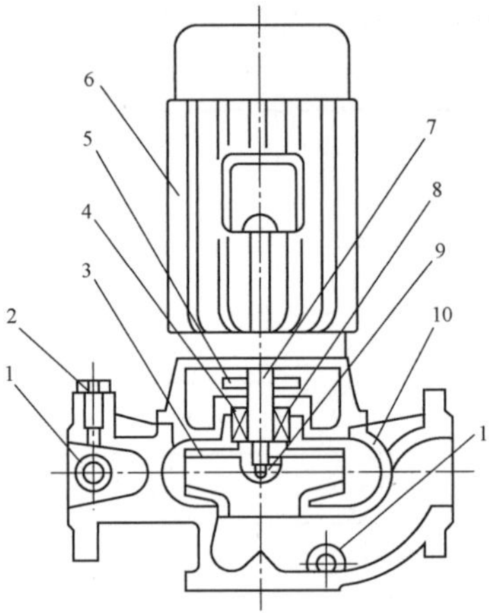

图 2-28　立式离心泵

1—取压塞；2—排气阀；3—叶轮；4—机械密封；5—轴承；6—电动机；7—联座座；8—挡水圈；9—叶轮螺母；10—泵体；11—放水阀

IS 型单级单吸悬臂式离心泵适用于输送 80℃以下的清水或物理化学性质类似于水的不含固体颗

粒的其他液体，主要由泵体、泵盖、叶轮、轴、密封环、轴套及悬架轴承部件等组成。其泵体和泵盖是从叶轮背面处剖分的，即后开门结构形式，优点是检修方便，检修时不动泵体、进水管路、出水管路和电动机，只要拆下联轴器，即可取下整个轴承部件进行检修。泵的旋转方向，从驱动端看，为顺时针方向旋转，具有结构简单、性能可靠、抗汽蚀性能好、体积小、质量轻、电耗低、使用维修方便等优点。

S 型单级双吸离心泵用于输送 80℃ 以下的清水或物理化学性质类似于水的其他液体。S 型单级双吸离心泵是卧式中开泵离心泵，泵的进、出口均在泵轴线以下，与轴线垂直呈水平方向。从电动机端看，泵为顺时针方向旋转。轴封选用机械密封或填料密封。

ISG 型单级单吸管道离心泵适用于输送 80℃ 以下的清水或物理化学性质类似于水的其他液体，输送介质中固体颗粒体积含量不超过 0.1%，粒度小于 0.2mm。ISG 型单级单吸管道离心泵为立式结构，进出口口径相同，且位于同一中心线上，叶轮直接安在电动机的加长轴上，可根据管道布置情况，采用竖式或横式安装。

DL 型立式多级离心泵适用于输送 120℃ 以下的清水或物理化学性质类似于水的其他液体，其特点为节段式结构，结构紧凑、占地面积小，运行稳定可靠，且维修方便。进出口之间的方向可按使用要求调整为 0°、90°、180°、270°。立式多级离心泵常用于要求有较高供水压力的地方。

(2) WFB 型自控自吸泵。主要由泵体、密封叶轮、工作叶轮、导轴承、轴承、轴、联轴器、电动空气控制阀和电动机等组成，见图 2-29，有单级泵体和双级

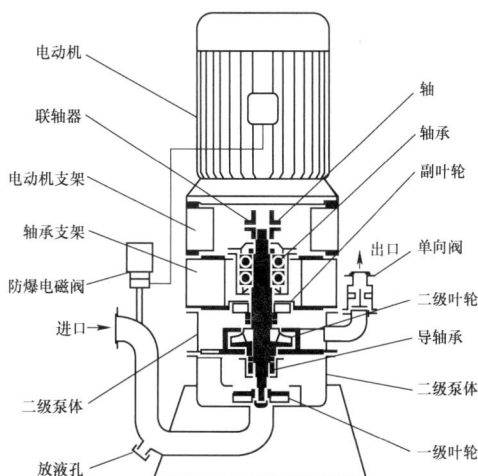

图 2-29 WFB 型自控自吸泵

泵体两种形式。泵体内部由吸入室、储液室、气液分离室等部分组成。其工作原理是泵在正常启动后，叶轮将吸入室所存的液体及吸入管路中的空气一起吸入，液体混合气体在叶轮高速旋转的离心力作用下经导叶抛入气液分离室，由于流速突然降低，气体与液体的比重不同，较轻的气体从混合液中分离出来并被排出泵外，脱气的液体重新进入工作腔与叶轮内部从吸入管路中吸入的空气再次混合，在叶轮的旋转作用下，很快使泵体入口形成一定的真空度，从而达到自吸的目的。

WFB 型自控自吸泵具有自吸性能稳定可靠、结构紧凑、外形美观、体积小、噪声低、使用维修方便、易于安装、不需地脚固定等优点。

(3) 污泥螺杆泵。污泥螺杆泵是单螺杆式容积回转泵，主要工作部件是偏心螺旋体的螺杆（即转子）和内表面呈双线螺旋面的螺杆衬套（即定子），见图 2-30。其工作原理是利用偏心单螺旋的螺杆在双螺旋衬套内的转动，使污泥污水沿螺旋槽由吸入口推移至排出口，实现污泥螺杆泵的输送功能。它的最大特点是对介质的适应性强、流量平稳、噪声低、无脉动、无剪切、自吸能力高。螺杆泵和凸轮转子泵一样，能够连续、均匀地输送介质，没有湍流、搅动、脉动和剪切现象，特别适用于泵送浓缩污泥，最大程度地保持污泥性质，保护絮体不被破坏，从而获得最佳的脱水效果。

一般离心脱水机可配套单级螺杆泵；板框压滤机由于压力较高，宜选择多级螺杆泵。

(4) 凸轮转子泵。凸轮式转子泵属于容积泵，主要工作部件是两个同步运动的转子，见图 2-31。凸轮式转子泵的转子由箱体内的一对同步齿轮进行传动，转子在主副轴的带动下，进行同步反方向旋转，使泵的容积发生变化，从而形成较高的真空度和排放压力，达到输送流体的目的。其特点是高效节能，输送平稳，密封可靠，噪声低，能确保连续性运转的可靠性，但自吸力不及螺杆泵。采用特种材料后，可输送污泥、污水等含有固体颗粒的介质。

2. 主要参数

(1) 离心泵的主要参数。

1) 输送介质温度不大于 80℃。

2) 在泵站设计时，水泵装置本身所具有的汽蚀余量必须小于水泵厂家样本中给出的汽蚀余量。

(2) WFB 型自控自吸泵的主要参数。

1) 输送介质温度不大于 80℃。

2) 介质颗粒直径小于 20mm。

3) 最大自吸深度不大于 6mH$_2$O。

4) 自吸时间 30～200s。

(3) 污泥螺杆泵的主要参数。

1）输送介质温度小于 80℃，工作温度范围为 −20～150℃。

2）转速一般为 500～960r/min。

3）输送介质的黏度 37000～200000cP。

4）介质中固体物最大含量一般不超过 30%。

5）轴承的温升不应超过环境温度 35℃，其最高

温度不应超过 80℃。

6）最高吸上高度不大于 6mH₂O。

（4）凸轮式转子泵的主要参数。

1）工作温度范围为−50～350℃。

2）转速一般为 200～600r/min。

3）输送介质的黏度不大于 500000cP。

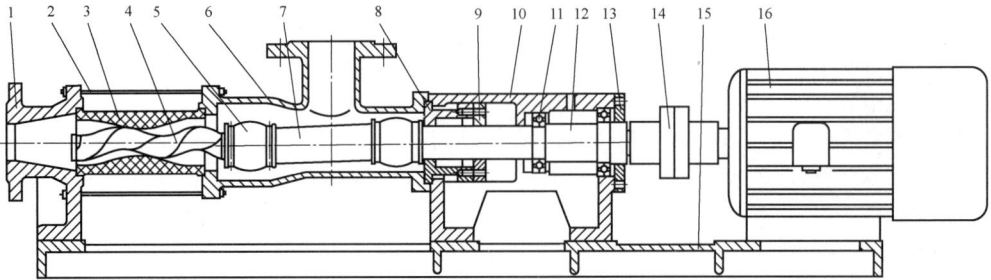

图 2-30　污泥螺杆泵

1—出料体；2—拉杆；3—定子；4—螺杆轴；5—万向节或销接；6—进料体；7—连接轴；8—填料座；
9—填料压盖；10—轴承座；11—轴承；12—传动轴；13—轴承盖；14—联轴器；15—底盘；16—电动机

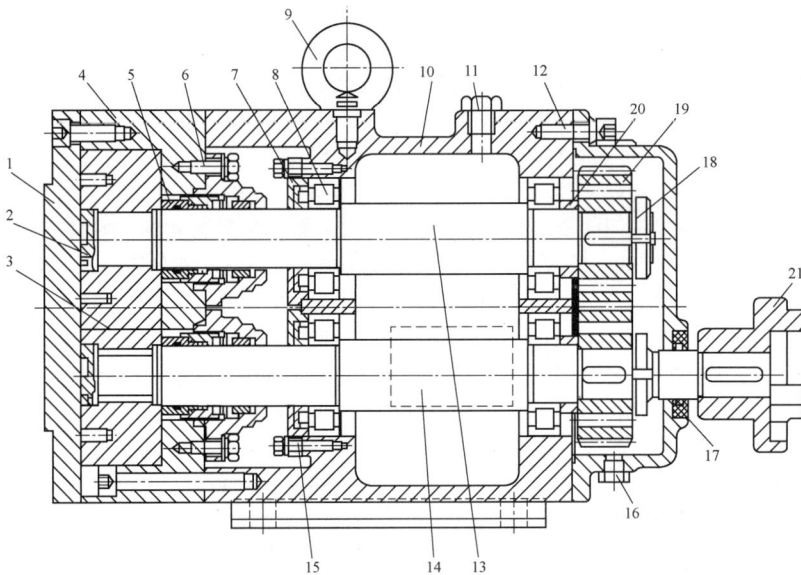

图 2-31　凸轮转子泵

1—泵盖；2—凸轮螺母；3—凸轮；4—泵体；5—机械密封；6—机封座；7—轴承压盖；8—轴承；
9—吊环螺钉；10—轴承箱；11—加油螺塞；12—齿轮箱；13—从动轴；14—传动轴；15—油封；
16—放油螺塞；17—油封；18—圆螺母；19—齿轮；20—轴承挡圈；21—联轴器

第四节 典型工程实例

一、地表水预处理工程实例

（一）机械加速澄清池-重力式无阀滤池处理工程实例

1. 工程概况

某电厂 2×350MW 超临界燃煤间接空冷机组的水源为水库水，其水体悬浮物指标受季节影响变化较大，在雨季个别月份水体的悬浮物指标较高，不利于电厂的安全运行，因此在电厂内设置有 1 座原水预处理站。

原水预处理系统的处理水量包括电厂、矿区工业及生活用水量。经原水预处理系统处理过的水分别达到生产水与饮用水标准，经综合给水泵房水泵升压供给用户。

原水预处理站的总设计出力为 2400m³/h，本期设计出力为 1200m³/h，二期设计出力为 1200m³/h。

水库水水质见表 2-47。

表 2-47　某电厂水库水水质

检测项目	2007 年 11 月	2007 年 12 月
悬浮物（mg/L）	<0.1	11.3
K^+（mg/L）	2.3	2.8
Na^+（mg/L）	67.3	82.7
Ca^{2+}（mg/L）	40.1	44.1
Mg^{2+}（mg/L）	4.9	6.1
Fe^{3+}（mg/L）	<0.1	<0.1
Fe^{2+}（mg/L）	<0.1	<0.1
NH_4^+（mg/L）	<0.1	0.2
Al^{3+}（mg/L）	<0.1	<0.1
Cl^-（mg/L）	69.1	79.8
SO_4^{2-}（mg/L）	105.2	112.4
HCO_3^-（mg/L）	94.6	109.8
CO_3^{2-}（mg/L）	0.0	0.0
NO_3^-（mg/L）	<0.1	<0.8
NO_3^{2-}（mg/L）	<0.005	<0.03
总硬度（以 $CaCO_3$ 计，mg/L）	120.1	135.1
非碳酸盐硬度（以 $CaCO_3$ 计，mg/L）	42.5	45.0
碳酸盐硬度（以 $CaCO_3$ 计，mg/L）	77.6	90.1
pH 值（28℃）	8.15	7.65
游离 CO_2（mg/L）	2.2	2.2
COD_{Mn}（mg/L）	3.5	2.8

续表

检测项目	2007 年 11 月	2007 年 12 月
全硅量（以 SiO_2 计，mg/L）	3.4	6.5
非活性硅（以 SiO_2 计，mg/L）	3.0	6.0
溶解固形物（mg/L）	336.7	383.8
电导率（25℃，μS/cm）	663.1	724.1

2. 工艺系统及主要设备

补给水管道接入厂区后，直接进入配水井，通过配水井将水送至原水预处理设备，处理后的水分别进入相应的蓄水池，经综合给水泵房内的水泵升压后送至用户。

生产给水处理工艺流程为原水→配水井→机械加速澄清池→生产及消防蓄水池→生产给水泵→各工业用水点。

生水处理工艺流程为原水→配水井→机械加速澄清池→重力式无阀过滤池→生水及生活蓄水池→生水箱→超滤装置→锅炉补给水除盐处理系统。

生活给水处理工艺流程为原水→配水井→机械加速澄清池→重力式无阀过滤池→生水及生活蓄水池→各生活用水点。

污泥处理工艺流程为机械加速澄清池污泥→污泥浓缩池→污泥螺杆泵→离心脱水机→污泥斗→汽车外运。

系统主要设备规格见表 2-48，设施布置示意见图 2-32。

表 2-48　主要设备规格

设备名称	规格及技术参数	单位	数量
机械加速澄清池	设计出力：650m³/h（正常）、750m³/h（最大） 池径：φ16900 停留时间：1.5h 上升流速：0.8～1.0mm/s 泥渣回流比：4 刮泥机直径：φ10500	座	2
重力式无阀过滤池	设计出力：120m³/h 池径：φ2600×4500 滤料：石英砂	座	2
污泥浓缩池	设计出力：65m³/h 池径：φ12000 停留时间：10h 上升流速：0.6m/s 刮泥机直径：φ11400	座	1
污泥输送泵	类型：螺杆泵 流量：30m³/h 扬程：0.5～0.6MPa 电动机功率：7.5kW	台	2

续表

设备名称	规格及技术参数	单位	数量
污泥脱水机	类型：离心式 最大进料量：30m³/h 电动机功率：(37+11) kW	台	1
自清洗过滤器	类型：叠片式 设备出力：70m³/h(正常)、75m³/h(最大) 过滤精度：100μm 电动机功率：0.15kW	套	2

续表

设备名称	规格及技术参数	单位	数量
超滤装置	设备净出力：60m³/h 回收率：≥90% 膜元件类型：内压式 平均膜通量：60L/(m²·h) 数量：13支/套 单支膜面积：80.9m² 材质：聚砜PS	套	2

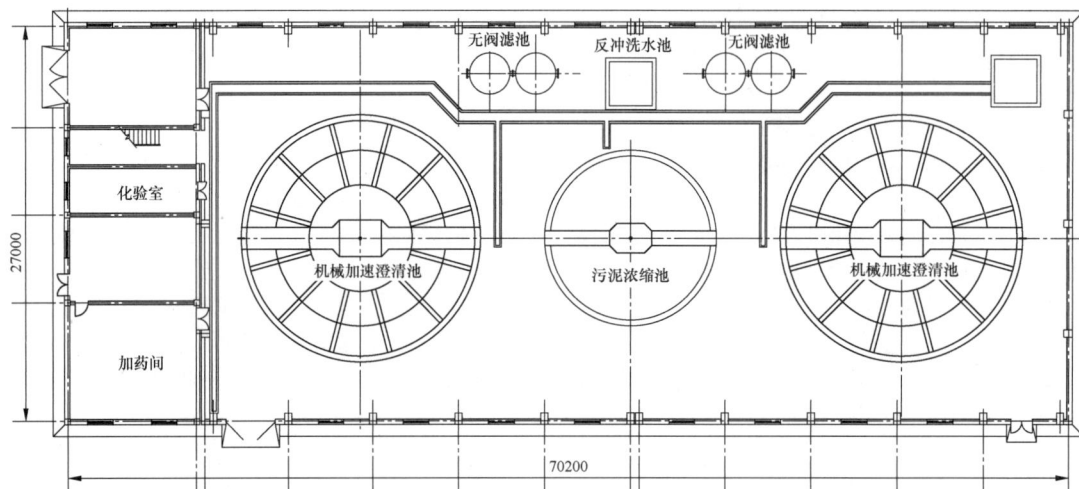

图 2-32　某电厂地表水预处理设施布置

3. 运行效果

电厂自 2012 年 11 月投运以来，原水预处理系统运行稳定。

（二）絮凝反应沉淀池-普通快滤池处理工程实例

1. 工程概况

某电厂为 2×600MW 超临界燃煤直接空冷机组，电厂的主供水水源为城市再生水，备用水源为当地水库水。由于备用水源悬浮物含量较高，不能满足电厂备用水源的供水要求，因此在电厂内设置有 1 座水库水预处理站，设计出力为 2×420m³/h。水库水水质见表 2-49。

表 2-49　某电厂水库水水质

检测项目	单　位	检测结果
外观		透明
pH 值（25℃）		8.1
全固形物	mg/L	353.5
悬浮物	mg/L	500
溶解固形物	mg/L	347.25
重碳酸根	mg/L	183

续表

检测项目	单　位	检测结果
硫酸根	mg/L	56.45
氯离子	mg/L	70
硅酸根	mg/L	3.29
氧化铁氧化铝	mg/L	10.6
钙离子	mg/L	62.12
镁离子	mg/L	19.44
全硬度	mmol/L	4.6
永久硬度	mmol/L	1.6
暂硬度	mmol/L	3.0
钠离子	mg/L	13.5
钾离子	mg/L	3.27
硝酸根	mg/L	20

2. 工艺系统及主要设备

水库水预处理装置采用混合、絮凝沉淀、过滤的处理技术，该处理过程为重力流。

生产给水处理工艺流程为厂外来水水库水→混合反应→絮凝反应→沉淀→过滤→电厂各生产用水点。

生水处理工艺流程为厂外来水库水→混合反应→絮凝反应→沉淀→过滤→生水加热器→多介质过滤器→清水箱→自清洗过滤器→超滤装置→锅炉补给水后续除盐处理系统。

主要出水水质指标：经净化后，悬浮物不大于5mg/L，pH值6.8～9.5。

本期工程共设置2套水库水处理设施，主要设备规格参数见表2-50。

设施布置见图2-33。

3. 运行效果

电厂自2011年12月投运以来，地表水预处理系统运行稳定。

表2-50　　　　　　　　　　　　　主 要 设 备 规 格

设备名称	规格及技术参数	单位	数量	设备名称	规格及技术参数	单位	数量
管式混合器	DN400, $L=3000mm$	台	2	普通快滤池	设计出力：420m³/h 单格平面尺寸：6.00m×4.00m，共分4格 停留时间：10h 设计滤速：7～9m/h	座	2
絮凝池	设计出力：420m³/h 布置尺寸：4.10m×7.00m×5.05m（高），共分30格 絮凝时间：15min 一级流速：0.12m/s 二级流速：0.09m/s 三级流速：0.06m/s 刮泥机直径：φ10500	座	2	多介质过滤器	类型：立式 设备出力：70m³/h 外形尺寸：φ3000×4550mm 滤速：12.4m/h	台	4
异向流斜板沉淀池	设计出力：420m³/h 布置尺寸：7.50m×7.00m×5.05m（高），共分2格 上升流速：2.5mm/s	座	2	自清洗过滤器	设备出力：100m³/h（正常）、150m³/h（最大） 过滤精度：100μm 外形尺寸：φ250×2048mm	台	2
				超滤装置	设备净出力：90m³/h 膜元件类型：外压式 过滤面积：50m² 数量：68根 材质：PVDF	套	2

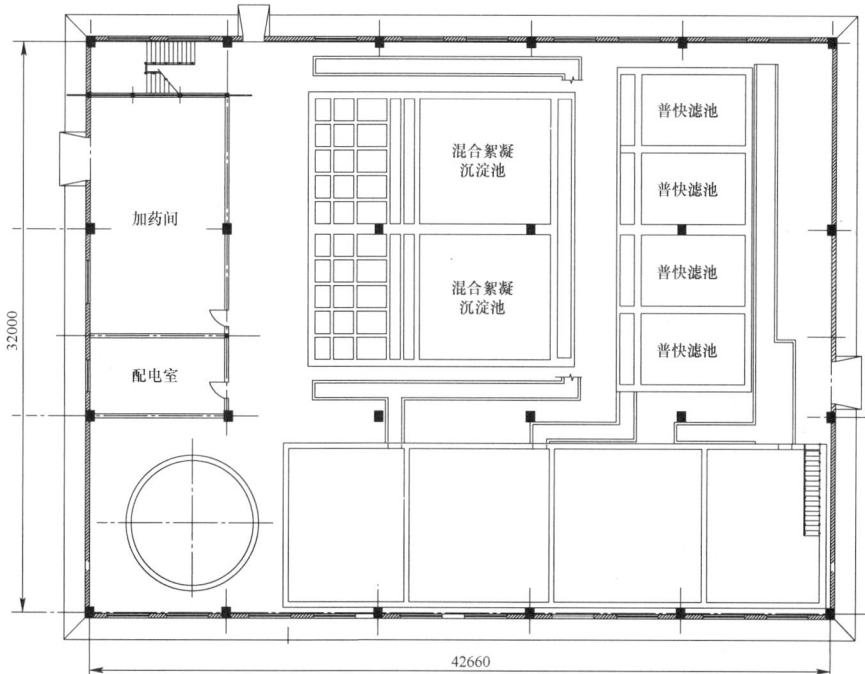

图2-33　某电厂地表水预处理设施布置

二、地下水预处理工程实例

1. 工程概况

某电厂建设规模为 $1\times130t/h$ 高温高压秸秆锅炉，配 $1\times30MW$ 抽凝式汽轮发电机组，供水水源原定为城镇污水处理厂的再生水，由于污水处理厂建设进度与电厂不同步，故以地下水作为电厂的过渡水源，当地地下水铁、锰含量很高，需要进行原水预处理。原水预处理的设计出力为 $20m^3/h$，地下水水质见表2-51。

2. 工艺系统及主要设备

水处理工艺流程为原水→曝气池→曝气提升水泵→锰砂过滤器→细砂过滤器→化学水处理系统。

系统主要设备见表2-52。

表2-51　　　　　　　　　　某厂地下水水质

序号	检测项目	单位	检测结果	序号	检测项目	单位	检测结果
1	外观		淡黄色	16	电导率（25℃）	μS/cm	270
2	全固形物	mg/L	201.2	17	pH 值（25℃）		7.40
3	悬浮固形物	mg/L	14.8	18	Ca^{2+}	mg/L	31.23
4	溶解固形物	mg/L	186.4	19	Mg^{2+}	mg/L	10.63
5	灼烧减少量	mg/L	82.0	20	全铁	mg/L	14.7
6	全碱度	mmol/L	2.91	21	K^+	mg/L	0.33
7	氢氧根	mmol/L	0	22	Na^+	mg/L	1.38
8	碳酸盐	mmol/L	0	23	Cl^-	mg/L	17.8
9	重碳酸盐	mmol/L	2.91	24	F^-	mg/L	0.9
10	硬度	mmol/L	2.45	25	NO_3^-	mg/L	0
11	永久硬度	mmol/L	0	26	SO_4^{2-}	mg/L	0.2
12	暂时硬度	mmol/L	2.45	27	SiO_2	mg/L	22.6
13	负硬度	mmol/L	0.46	28	SiO_2	mg/L	19.4
14	COD_{Mn}	mg/L	2.48	29	SiO_2	mg/L	3.2
15	Fe^{2+}	mg/L	1.95	30	锰	mg/L	0.76

表2-52　　　　　　　　　　某电厂地下水预处理主要设备规格

序号	设备名称	规格及技术参数	单位	数量
1	曝气池	$25m^3$，静水池容积 $10m^3$	座	2
2	曝气提升水泵	IS65-40-200A，$20m^3/h$，0.3MPa	台	2
3	锰砂过滤器	$\phi1800$，填料高度 1000mm	台	2
4	锰砂过滤器反洗水泵	IS125-80-160A，$165m^3/h$，0.2MPa	台	1
5	过滤器罗茨风机	$4.6m^3/h$（标准工况），0.06MPa	台	1
6	细砂过滤器	$\phi1800$，填料高度 1000mm	台	2
7	细砂过滤器反洗水泵	IS100-80-160B，$100m^3/h$，0.2MPa	台	1
8	清水池	$60m^3$	座	1

三、矿井疏干水预处理工程实例

1. 工程概况

某电厂为 $2\times600MW$ 超临界燃煤直接空冷机组，电厂的供水水源采用矿井疏干水。考虑到原水中总碱度比较高以及石灰凝聚澄清系统对水质适用性比较强的特点，采用石灰凝聚澄清系统对矿井疏干水进行预处理。在电厂内设置有一座矿井疏干水处理站，设计出力为 $2\times600m^3/h$。原水预处理系统出水供全厂工业用水（包括锅炉补给水系统用水和辅机冷却水补充水等）。矿井疏干水水质数据见表2-53。

表 2-53　　　　　　　　　　某电厂疏干水水质表

序号	检测项目	单位	检测结果	序号	检测项目	单位	检测结果
1	水温	℃	14.4	18	碳酸盐	mg/L	0
2	pH 值（25℃）		7.9	19	重碳酸盐	mg/L	309
3	电导率（25℃）	μS/cm	1242	20	总碱度	mg/L	253
4	Cl⁻	mg/L	112	21	化学需氧量	mg/L	25.7
5	SO_4^{2-}	mg/L	266	22	高锰酸钾盐指数	mg/L	4.9
6	Ca^{2+}	mg/L	141	23	溶解氧	mg/L	5.3
7	氨氮		0.81	24	汞		<0.00001
8	硝酸盐氮		1.15	25	砷		<0.007
9	亚硝酸盐氮		1.15	26	六价铬		<0.004
10	总氮		2.32	27	氟化物		0.6
11	氰化物		<0.004	28	大肠菌群		<2
12	挥发酚		<0.002	29	铜		<0.004
13	Mg^{2+}	mg/L	37.2	30	铅		<0.02
14	K^+	mg/L	18.0	31	锌		0.094
15	Na^+	mg/L	74.3	32	镉		<0.002
16	矿化度	mg/L	782	33	铁		0.201
17	总硬度	mg/L	504	34	锰		0.056

2. 工艺系统及主要设备

矿井疏干水预处理采用混合、絮凝沉淀、过滤的处理技术，处理工艺流程为原水→机械加速澄清池→澄清水池→变孔隙滤池→清水池→超滤装置→锅炉补给水后续除盐处理系统。电厂其他生产用水取自清水池。

主要设备规格见表 2-54。

表 2-54　　主 要 设 备 规 格

设备名称	规格及技术参数	单位	数量
机械加速澄清池	设计出力：700m³/h（正常）、800m³/h（最大）；池径：φ17600；池高：6.45m；总容积：1600m³；停留时间：2.0h；上升流速：1.0mm/s；泥渣回流比：3~5	座	2
变孔隙滤池	设计出力：380~455m³/h（单座）；布置尺寸：5.5m×3.82m×5.25m（高）；滤池面积：21m²；运行时间：18~24h；水冲洗强度：15.8L/（m²·s）；空气冲洗强度：52.4m³/（m²·h）；冲洗时间：20min；垫层和滤料：天然海砂	座	4

续表

设备名称	规格及技术参数	单位	数量
石灰筒仓	容积：150m³；外形尺寸：φ4800	座	2
扁布袋除尘器	排风量：2210m³/h；滤尘面积：18m²；外形尺寸：974mm×850mm×2710mm	个	16
房间布袋除尘器	排风量：3284m³/h；滤尘面积：23m²；外形尺寸：1219mm×850mm×2775mm	台	21
震动料斗	尺寸：DN2400	台	2
螺旋输粉机	设备出力：1.7m³/h（单台）	台	2
石灰乳投加装置	石灰乳溶液箱：2台；石灰乳辅助箱：2台；石灰乳泵：3台	套	1
自清洗过滤器	类型：丝网式；设备出力：180m³/h（正常）、200m³/h（最大）；过滤精度：50μm	套	2
超滤装置	设计出力：150m³/h；膜通量：70L/（m²·h）；膜元件数量：52支/套；单支膜面积：52m²；材质：PVDF	套	2

设施布置见图 2-34。

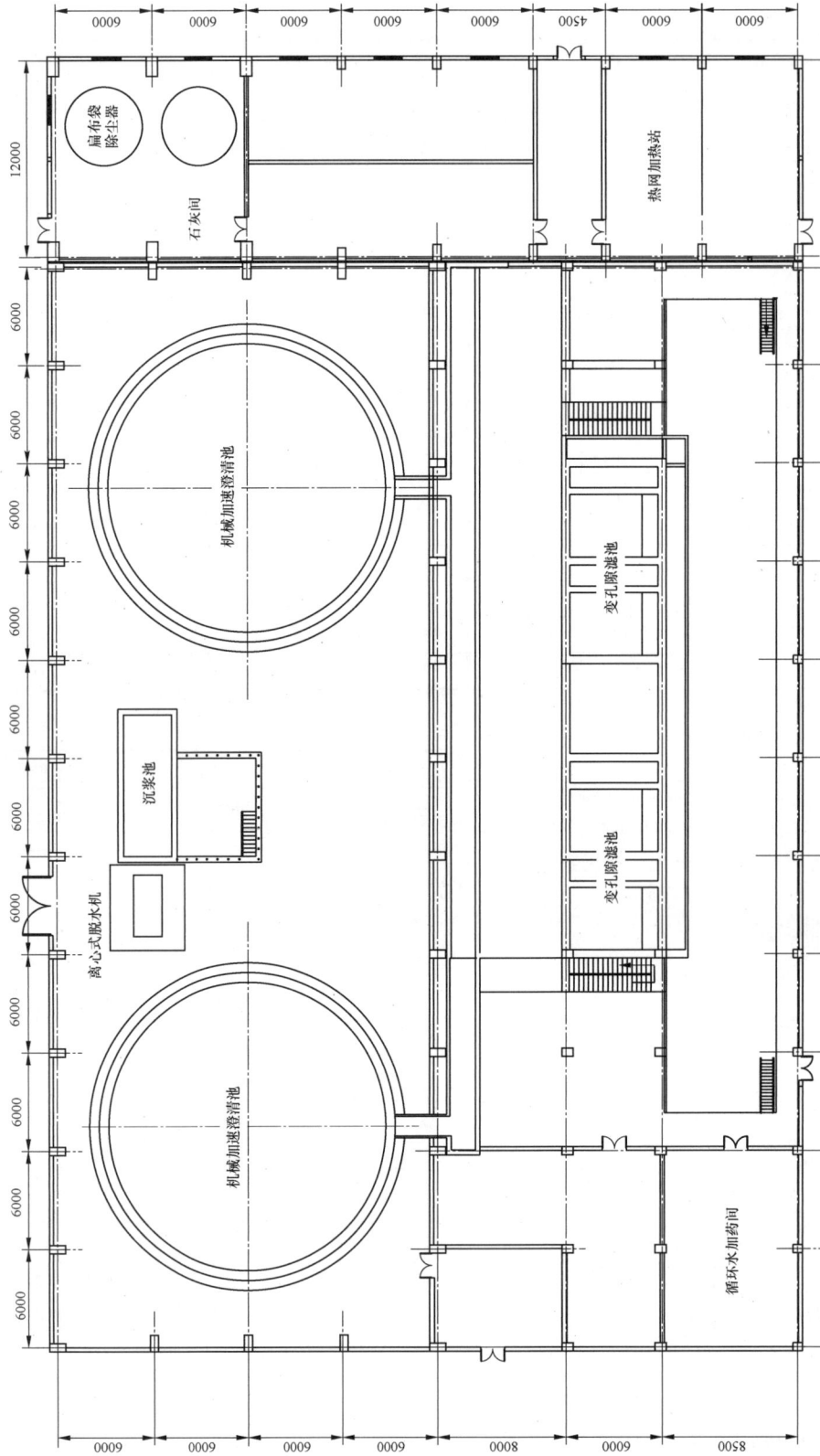

图 2-34 某电厂处理设施布置

3. 运行效果

电厂自 2009 年 9 月投运以来,原水预处理系统运行稳定。

四、海水预处理工程实例

(一)混凝沉淀处理工程实例

1. 工程概况

某电厂采用带自然通风海水冷却塔的二次循环供水系统,配套建设日产 20 万 t 淡水的海水淡化工程。海水淡化装置分步建设。电厂锅炉补给水、生活用水、消防用水及工业设备冷却水均采用海水淡化处理后的淡水。海水淡化工艺为低温多效蒸发法。海水在海岸边设置了 2 座沉淀调节池,经过沉沙后由海水取水泵升压后输送至电厂。第一批海水淡化装置设计出力为 100000t/d(4167t/h),配套海水预处理系统设计出力 240000t/d(10000t/h)。预处理设施分为 2 组,每组处理水量约为 5000t/h。

系统进出水水质见表 2-55 和表 2-56。

表 2-55　某电厂海水水质

序号	检测项目	2005 年 7 月	2005 年 11 月	2006 年 2 月
1	水温(℃)	28.2	8.0	1.5
2	盐度	27.76	27.7	34.5
3	pH 值(25℃)	8.04	8.03	8.21
4	悬浮物(mg/L)	158	31	76.3
5	溶解氧(mg/L)	8.96	8.8	9.85
6	化学需氧量(mg/L)	2.24	2.15	3.15
7	BOD(mg/L)	0.48	0.96	0.02
8	氨氮(mg/L)	0.0175	0.0284	0.0004
9	TOC(mg/L)	5.32	6.30	36.0
10	油(mg/L)	0.062	0.014	0.098
11	硫化物(mg/L)	<0.005	<0.005	0.005
12	NH_3(mg/L)	0.0016	0.0026	0.0001
13	CO_2(mg/L)	1.45	1.36	1.43
14	Mg^{2+}(mg/L)	1067	1150	1227
15	Ca^{2+}(mg/L)	358	427	438
16	Na^{2+}(mg/L)	9066	9512	10512
17	K^+(mg/L)	325	342	397
18	Fe^{2+}(mg/L)	0.04	0.01	0.02
19	Fe^{3+}(mg/L)	0.05	0.02	0.03
20	Al^{2+}(mg/L)	0.074	<0.001	<0.001
21	HCO_3^-(mg/L)	177.4	140.8	179

续表

序号	检测项目	2005 年 7 月	2005 年 11 月	2006 年 2 月
22	SO_4^{2-}(mg/L)	2672	2698	2563
23	Cl^-(mg/L)	19649	18100	18846
24	Ba(mg/L)	0.08	0.08	0.38
25	Sr(mg/L)	7.50	<0.01	7.30
26	Pb(mg/L)	0.003	0.036	<0.001
27	Mn(mg/L)	<0.005	<0.005	0.035
28	TDS(g/L)	28.55	29.6	35.3
29	全硬度(mmol/L)	106.82	117.18	124.15
30	碳酸盐硬度(mg/L)以 $CaCO_3$ 计	145.41	115.41	146.78
31	全硅量	0.03	<0.01	0.01
32	胶硅量	0.02	<0.01	0.01
33	色度	20	10	10
34	细菌总数(个/mL)	$3.5×10^2$	$7.6×10^2$	$6.5×10^3$

表 2-56　设计出水水质

序号	内容	单位	二组运行 A 工况(正常工况)	二组运行 B 工况	单组最大流量运行 C 工况
1	进水悬浮物	mg/L	≤499	499~1000	≤499
2	出水悬浮物	mg/L	<10	<15	<15
3	产水流量	t/h	10000	10000	7000

2. 工艺系统及主要设备

工艺流程为来自沉淀池海水→海水取水泵→微砂加速絮凝沉淀设备→清水池→海水清水泵→MED 设备。

海水经过海水取水泵升压后,通过配水井平均分配水量进入并列设置的二组微砂加速絮凝沉淀池内。经混凝、注砂、熟化、沉淀处理后的水进入清水池,经清水泵提升后,送入海水淡化装置。

絮凝沉淀设备产生的污泥经过污泥池浓缩后,通过污泥输送泵送入离心脱水机进行处理。产生的泥饼外运。

正常运行时海水预处理系统的排水排至位于海水预处理加药间的集水池,当悬浮物含量满足循环冷却水系统要求时,通过回用水泵送入循环冷却水系统。海水预处理设备调试期间的不合格出水排至雨水排水系统。

系统主要设备见表 2-57。

表 2-57　　　　　　　　　　　　主 要 设 备 规 格

设备名称	规格及技术参数	单位	数量	设备名称	规格及技术参数	单位	数量
微砂加速絮凝沉淀池	设备出力：最小值 5000m³/h，最大值 7000m³/h 混凝池有效容积：182.5m³ 水力停留时间：2.18min 注射池有效容积：182.5m³ 水力停留时间：2.18min 平均砂浓度：2~4kg/m³ 池径：ϕ14000 熟化池有效容积：715.4m³ 水力停留时间：8.58min 微砂平均浓度：2~4kg/m³ 沉淀池布置尺寸：14m×14m 平均水深：7.30m 斜管镜向面积：130m² 水力停留时间：8.58min 上升流速：38.8m/h	套	2	砂循环泵	流量：180m³/h 扬程：0.20MPa 电动机功率：22kW	台	4
				污泥浓缩池	池径：ϕ17000 水深：5m 有效容积：1134m³ 水力停留时间：7.5h	套	2
				污泥输送泵	类型：螺杆泵 流量：55m³/h 扬程：0.2MPa 电动机功率：7.5kW	台	3
				污泥脱水机	类型：离心式 脱水能力：28t/d（以干泥计） 电动机功率：（75+11）kW 工作时间：16h/d 脱水污泥含固量：大于 19%	台	2
砂水分离器	进水流量：90m³/h 压力：0.20MPa	台	8	排水回用水泵	流量：350m³/h 扬程：0.25MPa	台	2

处理设施见图 2-35。

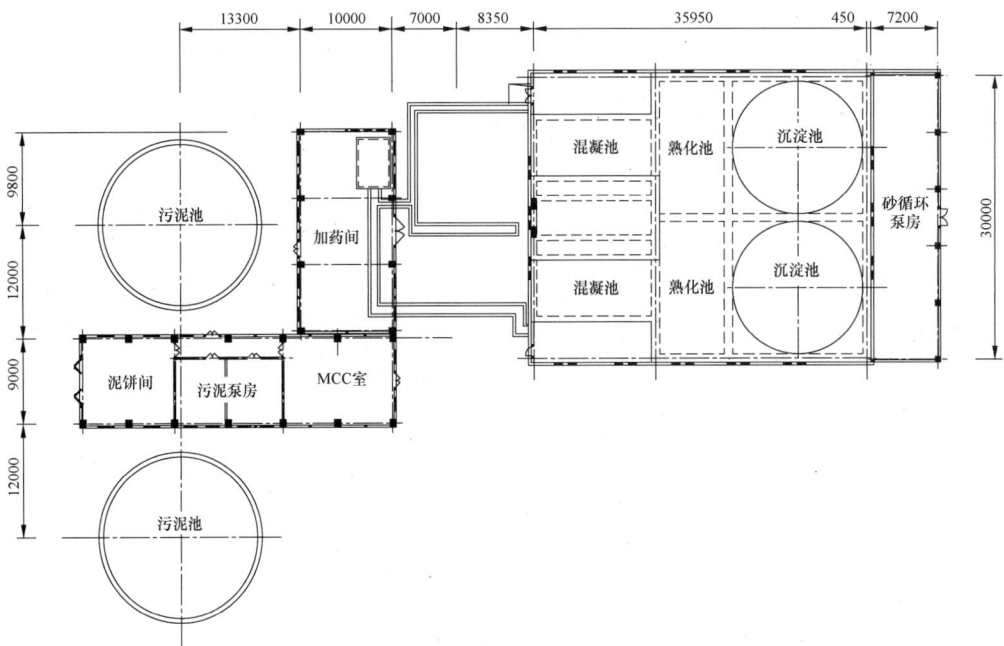

图 2-35　某电厂海水预处理设施布置

3. 运行效果

电厂自 2009 年 11 月投运以来，海水预处理系统运行稳定。

（二）自清洗过滤器-超滤膜处理工程实例

1. 工程概况

某电厂一期工程新建 2×600MW 燃煤发电机组，采用海水直流冷却供水方式，通过专用引水渠将海水引入电厂。电厂锅炉补给水、工业设备闭式冷却水系统采用海水淡化系统处理后的淡水。海水淡化工艺采用海水反渗透处理系统，海水淡化系统从冷却水系统取水，夏季从电厂凝汽器前取水，冬季从凝汽器后取水。该厂海水淡化系统在设计初期做了近 3 个月的现场试验，并确定了自清洗过滤器的种类及过滤精度、超滤运行及反洗的参数、清洗间隔，加药的种类和剂量等。

海水预处理系统的设计出力为1200m³/h，海水水质见表2-58。

表2-58　某电厂海水水质

项目名称	单位	最大值	最小值	平均值
盐度	‰	36.9	33.63	35.68
pH值（25℃）		8.18	7.93	8.01
悬浮物	mg/L	92.9	2.1	26.90
浊度	FTU	15.18	2.58	5.22
DO	mg/L	7.61	6.1	6.88
COD_{Mn}	mg/L	1.16	0.13	0.73
BOD_5	mg/L	1.69	0.46	1.04
油	mg/L	3.6	0.046	0.47
K^+	mg/L	512	359.5	412.03
Na^+	mg/L	12000	9345	10379.75
Ca^{2+}	mg/L	403.5	376.11	390.60
Mg^{2+}	mg/L	1318.48	1244.79	1289.53
Fe^{2+}	mg/L	0.039	0	0.01
Fe^{3+}	mg/L	0.147	0	0.033
Ba^{2+}	mg/L	0.724	0	0.19
Sr^{2+}	mg/L	7.014	5.13	6.62
铁铝氧化物	mg/L	82	8	31.96
NO_3^-	mg/L	0.93	0	0.15
NO_2^-	mg/L	0.013	0	0.0017
HCO_3^-	mg/L	178.18	157.14	163.6
CO_3^{2-}	mg/L	9.6	0	0.80
Cl^-	mg/L	19124.71	18811.19	18988.78
SO_4^{2-}	mg/L	3508	2390	2727.64
CO_2	mg/L	0	0	0
H_2S	mg/L	0.1	0.03	0.056
TOC	mg/L	3.61	0	2.32
全硅	mg/L	70	6	34.39
溶硅	mg/L	0.64	0.13	0.42
胶硅	mg/L	69.5	5.7	33.98
全硬度	mmol/L	129.14	121.54	126.28
非碳酸盐硬度	mmol/L	126.45	118.96	123.28
碳酸盐硬度	mmol/L	3.24	2.58	2.74
甲基橙碱度	mmol/L	3.24	2.58	2.74

续表

项目名称	单位	最大值	最小值	平均值
总氮	mg/L	5.43	1.48	3.19
总磷	mg/L	0.065	0	0.026
全固形物	g/L	37.78	33.71	34.74
溶解固形物	g/L	37.72	33.71	34.71
灼烧减量	g/L	6.3	2.44	3.41
色度		5	4	4.93

2. 工艺系统及主要设备

海水预处理工艺流程为海水→自清洗过滤→超滤装置→清水箱→海水增压泵→锅炉补给水后续除盐处理系统。

该系统采用4台自清洗过滤器，3用1备，单台额定出力400m³/h。自清洗过滤器为海水专用过滤产品，设备材质为碳钢衬胶，滤网为高钼不锈钢材质，过滤精度为150μm。

系统共设置了10套超滤装置，9用1备，每套装置设计处理量为120m³/h，其运行情况为运行30min，反冲洗30s，气洗时间间隔为12～24h。超滤装置采用全流过滤、频繁反洗的全自动连续运行方式，并辅以自动分散化学清洗。采用PVDF中空纤维超滤膜，膜元件为60支/套。

超滤系统设置超滤清洗装置，分别采用氧化剂及酸液对超滤装置进行自动的分散化学清洗，以确保超滤的产水通量及透膜压差在设计范围之内。分散化学清洗每隔24～48h进行一次（可调）。超滤清洗装置包括1台超滤清洗水箱、1台超滤清洗水泵、1台超滤清洗过滤器、1台超滤清洗废水泵以及配套管道、仪表、阀门等。

3. 运行效果

电厂自2005年12月投运以来，海水预处理系统运行稳定，满足了电厂的生产要求。电厂海水淡化系统在运行调试期间，由于混凝剂加药对后续工艺系统运行有影响，因此将混凝加药系统搁置。

五、再生水深度处理工程实例

（一）曝气生物滤池处理工程实例

1. 工程概况

某电厂2×330MW亚临界燃煤直接空冷机组的水源为市政污水处理厂提供的再生水，经厂外中水厂进行初级深度处理后向电厂供水，再生水深度处理系统采用曝气生物滤池工艺。厂外中水厂的进出水水质（典型日期）见表2-59。

表 2-59　　厂外污水处理厂进出水水质

日期	进水（mg/L）		出水（mg/L）	
	COD_{Cr}	氨氮	COD_{Cr}	氨氮
2014-10-14	869	32.4	4	0
2014-10-21	180	26.4	5	0
2014-10-28	660	58.2	13	0
2014-11-04	245	38.41	16	0
2014-11-11	630	30	22	1.94
2014-11-20	300	49.66	15	0
2014-12-02	290	47.7	36	3.03
2014-12-09	460	78.08	29	3.86
2014-12-18	435	87.3	49	20.41

2. 工艺系统及主要设备

厂外中水厂来再生水经以曝气生物滤池工艺为主的深度处理系统后，作为全厂工业用水。具体工艺流程为厂外中水厂来再生水→缓冲池→曝气生物滤池→清水池→双介质过滤器→弱酸离子交换器→电厂各工业用水点。

曝气生物滤池进水流量为 465t/h，设置 4 座（格），每座（格）设备出力 116.3t/h，并联运行，采用上流式进水方式。其中 1 座（格）反洗或检修时，其余设备加大出力运行可满足系统制水量的要求。

3. 运行效果

曝气生物滤池于 2011 年 3 月正式投入使用，曝气情况良好，夏季水温较合适（≥20℃），冬季水温较低（6～8℃）平均出水水质指标中氨氮达到设计要求，COD_{Cr} 指标为 10～20mg/L，达不到设计值（设计出水水质 COD_{Cr}≤10mg/L）。

曝气生物滤池实测进出水水质见图 2-36。

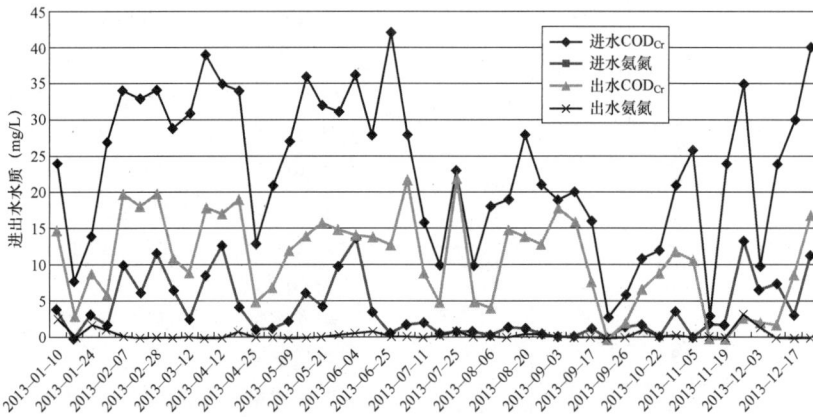

图 2-36　曝气生物滤池进出水水质

原因分析：水中的有机污染物首先在异氧型的碳化菌的作用下进行碳化反应去除水中的 COD_{Cr}，而后再由自养型的硝化细菌进行硝化反应去除水中的氨氮。从长期系统的运行结果看，氨氮都保持在小于 1mg/L，说明系统的碳化反应和硝化反应进行得较为彻底，从而说明出水中的 COD_{Cr} 不可生物降解。为此，设计单位建议电厂进行以下改造工作。

（1）厂内生物曝气滤池的改造。目前电厂内城市再生水深度处理系统曝气生物滤池内的填料为陶粒，其主要作用为微生物的附着载体，但不具备 COD_{Cr} 吸附功能，建议采用吸附工艺去除部分不可生物降解的 COD_{Cr}，即采用活性焦更换部分陶粒滤料，一是利用活性焦的吸附功能去除部分不可生物降解的 COD_{Cr}，二是活性焦吸附后水中 COD_{Cr} 得到聚集，增大了微生物与陶粒上生物膜的接触机会，有利于微生物的进一步降解。

（2）改造杀菌系统。电厂内再生水深度处理系统目前采用的次氯酸钠杀菌剂的氧化性不强、杀菌效果不佳，无法进一步降低 COD，建议改造清水池为臭氧反应池，增加臭氧发生装置，利用臭氧的强氧化性进一步去除 COD。

（3）实验验证。在改造之前，电厂开展了小试。小试实验证明：采用活性焦吸附＋臭氧氧化工艺处理效果良好，原水经过生物滤柱吸附处理后 COD 去除率基本在 60% 左右，出水 COD 稳定在 20mg/L 左右，在臭氧氧化工艺后 COD 去除率基本在 50% 左右，出水 COD 稳定在 10mg/L 左右，能满足设计出水水质要求。

（二）膜过滤处理工程实例

1. 工程概况

某电厂二期工程扩建 2×600MW 国产亚临界燃煤直接空冷机组，电厂位于水资源非常缺乏的地区，为严禁开采地下水和少用利用地表水，二期工程工业用水全部采用城市污水处理厂的二级污水，过渡和紧急备用水源为水库水。

该工程总工业用水量为895m³/h,其中的140m³/h
二级污水直接用于冲灰制浆系统,其余的755m³/h二
级污水经超滤处理后利用。超滤系统产水681m³/h,
其中的115m³/h作为锅炉补给水系统的水源,剩余
的566m³/h先作为辅机冷却水的补充水。辅机冷却
水采取加酸、次氯酸钠、稳定剂和缓蚀剂的联合处
理方式。

2. 进出水水质

2001年12月~2002年10月的二级污水水质统计
数据见表2-60。

由于二级污水和三级污水水价差别较大,在电厂
投运后污水处理厂不同意向电厂提供二级污水,2006
年污水处理厂在污水厂内设置了三级处理,采用的是
絮凝澄清工艺,其三级处理的进出水水质(2006年10

月~2006年11月)见表2-61。

表2-60 某电厂用城市污水处理厂二级污水水质

项目	单位	数值	平均值	设计值
悬浮物	mg/L	4~34	16.8	20
COD	mg/L	28~69	38.25	60
BOD	mg/L	3~9	4	20
NH_4^+	mg/L	0.1~0.5	<0.3	15 (NH_3-N)
总磷(P)	mg/L	0.20~3.01	0.28	0.5
电导率	mS/cm	970~2000	1002	
全固形物	mg/L	642~1531	728.3	

表2-61 某电厂用城市污水处理厂三级污水水质

日期	COD (mg/L)		悬浮物 (mg/L)		氨氮 (mg/L)		pH值 (25℃)	水温 (℃)	BOD (mg/L)		总硬度 (mmol/L)
	进水	出水	进水	出水	进水	出水	出水	出水	进水	出水	出水
2006.10.20	8	8	40	4			5.9	17.8			4.1
2006.10.21	47.7	29.8	57	6			5.9	18.6			3.8
2006.10.22	13.9	8	34	10			5.9	17			3.6
2006.10.23	25.8	17.9	21	5			5.8	15.2	4.6	1.45	3.7
2006.10.24	17.9	15.5	18	5	0.06	0.12	6	16.3			3.5
2006.10.25	35.8	31.8	27	5			5.8	16			3.6
2006.10.26	15.9	8	21	5			5.8	16.5			4.1
2006.10.27	21.8	11.9	15	5			5.8	17			4.1
2006.10.28	39.7	19.8	26	5			5.8	17			4
2006.10.29	33.4	8	26	5			5.8	17			4
2006.10.30	17.9	8	22	6			5.8	17.5			4.1
2006.10.31	24.3	8	23	6	0.17	0.06	5.7	17.8	3.61	1.19	3.7
2006.11.1	20.2	8	26	5			5.8	17.2			4
2006.11.2	32.4	16.2	23	6			5.8	17.3			3.7
2006.11.3	8	8	35	10			5.8	17			3.4
2006.11.4	42.5	28.3	23	6			5.8	17			3.6
2006.11.5	14.1	7	31	7			6	15.8			3.4
2006.11.6	24.3	16.2	45	8			6	15.8			3.7
2006.11.7	52.6	30.3	19	10	0.06	0.12	6	15.8	4.27	1.45	4
2006.11.8	40.5	8	14	10			6	15			4.1
2006.11.9	48.5	60.7	26	10			6	15.2			4.2
2006.11.10	36.4	18.2	18	5			6	15.4			4.1
2006.11.11	36.4	30.3	16	6			6	16			3.9
2006.11.12	12.1	8	43	10			6	16			3.6
2006.11.13			23	6			6	15.7			3.3
均值	27.92	17.25	26.9	6.72	0.1	0.1	5.89	16.5	4.16	1.36	3.81

超滤系统设计出水水质：SDI＜3，浊度小于0.2NTU，总悬浮物小于1mg/L。

3. 工艺系统及主要设备

工艺流程为二级污水→污水收集池→污水提升泵→浸没式超滤→清水池→清水泵→用户。

系统出力：平均总设备净出力 700m³/h，每列设备净出力 175m³/h。

系统主要设备见表2-62。

表2-62　主要设备规格

设备名称	规格及技术参数	单位	数量
污水调节池	700m³	座	1
污水提升泵	200m³/h，0.25MPa，30kW	台	2
污水提升泵	400m³/h，0.25MPa，55kW	台	2
超滤处理系统	175m³/h	套	4
自清洗过滤器	800m³/h，过滤精度 800mm，0.75kW	台	2
分配水池		座	1
超滤设备	设置4列超滤膜池，每个膜池内设置4个膜盒，每个膜盒内装有 48 组膜组件。超滤膜为 ZW-500d，中空纤维形式，ϕ1.9/0.9mm，材质为 PVDF，平均膜通量17GFD［28.86L/（m²·h）］，平均回收率 90%，过滤精度 0.04μm	套	4

续表

设备名称	规格及技术参数	单位	数量
废水排放泵	39～97m³/h，75kPa，3.7kW	台	4
空气分离器		台	4
超滤出水泵/反洗水泵	过滤时：195m³/h，386kPa，14.9kW　反洗时：124～293m³/h，105kPa，14.9kW	台	4
真空泵	78m³/h，真空度 22.5mmHg，3.7kW	台	2
液滴捕捉器		台	1
柠檬酸加药单元	一箱一泵	套	1
高容量/低容量次氯酸钠加药单元	一箱三泵	套	1
反冲洗水箱	7.7m³/h	台	1
清水箱	400m³/h	座	2
罗茨风机	1223m³/h，31.7kPa，30kW	台	5
消泡池		座	1
消泡池排水泵	20m³/h，150kPa	台	2
气液分离器	ϕ1067	台	1
超滤浓水排放废水池	200m³	座	1
超滤浓水排放泵	100m³/h，0.5MPa，30kW	台	2

设施布置示意见图2-37。

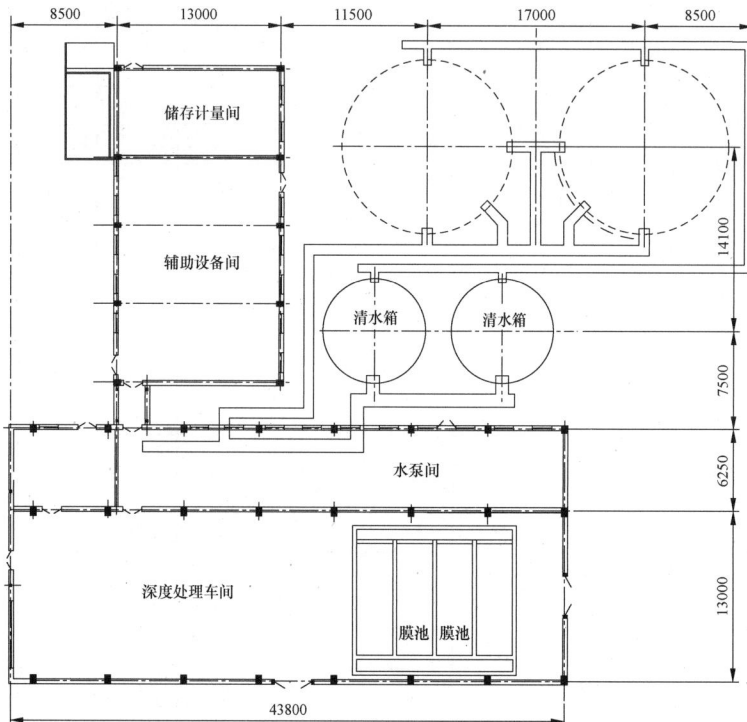

图2-37　某电厂再生水膜处理设施布置

4. 运行效果

该工程第一台机组于 2005 年 4 月 21 日顺利通过机组连续满负荷运行 168h 试验，作为我国首台 600MW 直接空冷机组投产发电。经过多年的实际运行考验，情况良好。

（三）膜生物反应器处理工程实例

1. 工程概况

某电厂 2×300MW 机组工程采用市政污水处理厂的二级污水经深度处理后作为机组循环冷却水系统的补充水。循环水系统浓缩倍率按 3 倍设计。

污水处理厂的工艺流程为：经预处理及一级处理后的污水进入好氧曝气池进行鼓风曝气，出水进入二沉池沉淀后排出处理厂，二沉池排出的沉淀污泥部分回流至曝气池，以保证曝气池中有足够的微生物量，剩余污泥进入污泥处理工段进行处理。

污水处理厂提供的二级污水水质（2004 年 3 月 11 日～7 月 26 日平均值）见表 2-63。

二级污水经深度处理后的出水水质要求见表 2-64。

表 2-63 某城市污水处理厂二级污水水质

序号	检测项目	检测结果	序号	检测项目	检测结果
1	pH 值	7.51	18	全固形物（mg/L）	586
2	K^+（mg/L）	16.53	19	溶解性总固体（mg/L）	570
3	Na^+（mg/L）	83.78	20	总硬度（mg/L）	282.0
4	Ca^{2+}（mg/L）	67.44	21	钙硬度（mg/L）	67.0
5	Mg^{2+}（mg/L）	28.22	22	镁硬度（mg/L）	28.11
6	Cl^-（mg/L）	101.4	23	碳酸盐硬度（mg/L）	282.0
7	F^-（mg/L）	0.244	24	总碱度（mg/L）	403.6
8	SO_4^{2-}（mg/L）	57.54	25	硫化物（mg/L）	0.076
9	HCO_3^-（mg/L）	491.3	26	溶解氧（mg/L）	7.41
10	PO_4^{3-}（mg/L）	0.54	27	游离余氯（mg/L）	0
11	游离二氧化碳（mg/L）	13.87	28	灼烧减量（mg/L）	0.195
12	氨氮（mg/L）	33.93	29	BOD_5（mg/L）	30.0
13	硝酸盐氮（mg/L）	25.1	30	石油类（mg/L）	0.028
14	亚硝酸盐氮（mg/L）	9.8	31	COD_{Cr}（mg/L）	52.7
15	可溶硅（mg/L）	17.68	32	电导率（μS/cm）	1337
16	浊度（mg/L）	2.55	33	温度（℃）	21
17	悬浮物（mg/L）	16			

注 表中总硬度、碳酸盐、碳酸盐硬度、非碳酸盐硬度、甲基橙碱度、总碱度、氢氧化物均以 $CaCO_3$ 计。

表 2-64 再生水深处理系统出水水质

序号	项目	单位	设计出水标准	实际出水水质
1	外观		透明	透明
2	悬浮物	mg/L	1.0	0.01
3	浊度	NTU	0.1	
4	全碱度	mmol/L	0.5	
5	COD_{Cr}	mg/L	40	5～20
6	氨氮	mg/L	3.00	0.5
7	SDI		3	2.5
8	BOD_5	mg/L	5.00	0.5

2. 工艺系统及主要设备

再生水深度处理系统采用 MBR 工艺，系统流程为市政来水→蓄水池（2×2000m³）→配水混合槽→生物曝气池→配水堰→MBR 膜池→水池→弱酸离子交换器→软水池→循环水系统。

系统额定出力 1290t/h，最大出力 1490t/h。

超滤装置共 6 列，每列膜组件 44 个，产水量 215m³/h，最大 258m³/h，超滤膜采用泽能公司的 ZW500d 型，超滤设计膜通量 22.1L/（m²·h）。曝气生物池容积 3000m³，布置 1728 个曝气头，鼓气量 3.5m³/（h·个），氧利用率为 20%。超滤膜过滤出的活性污泥返回到曝气池中。

弱酸离子交换器采用双流式离子交换器，共设置 8 台，每台设备出力 350m³/h。

曝气生物池布置在室外，超滤装置及弱酸离子交换器布置在室内。

3. 运行效果

该系统于 2006 年投运，运行正常。主要经验如下：

（1）二级污水来水水质特别好，COD_{Cr}、BOD_5 等生化指标较低，电厂将生活污水直接补进 MBR 系统以提高水的可生化性。

（2）水在生物曝气池中的停留时间为 2.5h，曝气池和 MBR 池的污泥浓度为 3000mg/L，污泥回流量为 300%。2～3 个月排泥一次，冬季 5 个月排泥一次。

（3）气水比为 20:1，罗茨风机空气温度为 50～60℃。冬季水温偏低。为提高保温效果，生物曝气池进行了改造，增加了简易彩钢顶棚及消气泡的水喷淋管。改造后曝气池冬季水温为 9～12℃。

（4）超滤装置每 10min 一个运行周期，运行 8min55s，反洗 1min5s。化学清洗 1 年 1 次。

（5）BOD 去除率在 70%～80%，COD 去除率在 65%左右，氨氮去除率在 90%以上，超滤出水浊度在 0.1NTU 以下。

第三章

水 的 预 脱 盐

第一节　设计基础资料

一、水的预脱盐系统功能及主流处理技术简介

1. 系统功能

火力发电厂原水预处理系统后，常采用预脱盐处理工艺去除原水中大部分盐分，以满足后续系统的用水需求。

水的预脱盐工艺在电厂水处理系统中具有重要的作用：①通过苦咸水预脱盐和海水淡化，拓宽锅炉补给水水源，解决水资源短缺的问题；②作为除盐处理的前端处理工艺，降低除盐系统工艺设备的进水含盐量，延长离子交换树脂的寿命和除盐设备的再生周期，减少再生化学药品的耗用量及废酸、碱的排放量。

2. 主流预脱盐处理技术简介

水的预脱盐工艺根据处理水源可分为苦咸水预脱盐和海水淡化，根据处理工艺可分为膜法（包括反渗透法和电渗析法）、热法（包括多级闪蒸和多效蒸馏）等。

苦咸水预脱盐工艺主要有反渗透和电渗析两种技术。电渗析技术在电力行业曾有应用，后来由于反渗透技术的飞速发展，使得电渗析技术在出水水质、脱盐率和能耗指标等方面处于明显劣势，在电力水处理预脱盐领域几乎不再应用，仅在一些特殊物质的浓缩、提纯等领域得以应用，因此，本章仅介绍反渗透预脱盐工艺。

对于海水淡化系统，除了主流的膜法和热法工艺外，目前还出现了一些新的海水淡化技术，如太阳能、风能等新能源海水淡化技术。太阳能和风能属于一次能源，作为动力源可与海水淡化工艺直接结合，如太阳能蒸馏、风力机械能驱动反渗透泵或蒸汽压缩单元；也可间接结合，如通过能量收集装置及蓄电池储能后，用于常规热法或膜法工艺。太阳能、风能海水淡化技术具有无污染、低能耗等特点，但由于太阳能海水淡

化技术占地面积大、风能海水淡化技术受风力波动等限制因素原因，这两种新型海水淡化技术仍在探索研究阶段，尚未大规模推广使用。

二、设计内容及范围

本章主要讲述目前主流的反渗透法苦咸水预脱盐、反渗透法海水淡化和蒸馏法海水淡化（低温多效蒸馏和多级闪蒸）三种工艺，与主体工艺配套的药品储存和计量的相关内容见第十三章。

1. 反渗透法苦咸水预脱盐

反渗透法苦咸水预脱盐系统的设计范围从预处理系统来的清水经反渗透预脱盐工艺处理后至淡水输送泵为止。主要设备和子系统包括保安过滤器、高压泵、反渗透膜组件、产水储存及输送系统、加药系统、清洗及冲洗系统、系统检测仪表及连接管道等。

2. 反渗透法海水淡化

反渗透法海水淡化系统的设计范围从预处理系统来的清水经海水反渗透脱盐工艺处理后至淡水输送泵为止。主要设备包括海水反渗透膜组件、能量回收装置、增压泵等设备，其他设备和子系统与反渗透法苦咸水预脱盐系统相同。

3. 蒸馏法海水淡化

蒸馏法海水淡化系统的设计范围从原海水或预处理系统来的清水经海水蒸馏系统淡化处理后至淡水输送泵为止。主要子系统包括海水储存及提升系统、蒸馏装置系统、产水储存及输送系统、加药系统、清洗及冲洗系统、系统检测仪表及连接管道等。

三、设计输入资料

（1）预脱盐系统的设计输入资料。包括系统来水水温和水质，系统出水水质要求，废水排放要求，系统处理规模，蒸汽（或热水）和电的供应情况，药品（如阻垢剂、还原剂、消泡剂、杀菌剂、酸、碱等）的种类、浓度、包装规格、运输方式等供应情况，现场场地条件和浓盐水的综合利用途径等。

（2）苦咸水反渗透预脱盐系统的水质资料。具体要求见第二章。对于海水淡化系统，设计时应了解取排水海域海水水质特点、变化规律，以及周边海洋环境要求等，并应取得以下资料：

1）潮汐资料。包括当地海域近 5 年的最高潮位、最低潮位和出现的时间数据，以及最近一年各月和最高、最低及潮间潮位时的海水盐度、悬浮物、化学需氧量（COD）、油含量等数据。

2）水温资料。包括取水口最近一年各月海水的温度监测数据。

3）海水水质全分析资料。至少应含最近一年各季水质全分析数据，包括含沙量和颗粒粒径分布。海水水质分析报告格式见表 2-1。

第二节 系 统 设 计

一、苦咸水预脱盐

（一）系统选择

1. 典型工艺

反渗透预脱盐系统包括反渗透处理系统、药品储存和计量系统、膜清洗系统等主要子系统。反渗透处理典型工艺为一级两段配置，其流程见图 3-1。

2. 级段配置

反渗透装置的段数和级数应根据系统进水水质、膜通量、回收率和产水水质等因素综合考虑。

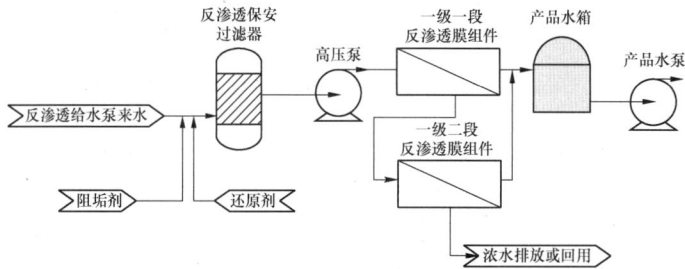

图 3-1 典型反渗透预脱盐工艺流程

（1）段的配置。单级反渗透装置的段数配置主要有一级一段（见图 3-2）、一级两段（见图 3-1）和一级三段（见图 3-3）。单级反渗透装置压力容器段数的确定原则和不同段数配置的适用条件分别见表 3-1 和表 3-2。在水质条件允许时，反渗透膜的压力容器尽可能采用多段排列方式，以提高水的回收率。

表 3-1 单级反渗透装置压力容器段数的确定原则

单级反渗透装置回收率	串联元件的数量	压力容器段数
40%~60%	6	1
60%~80%	12	2
80%~90%	18	3

表 3-2 单级反渗透装置不同段数配置的适用条件

反渗透配置	一级一段	一级两段	一级三段
适用水质	原水含盐量接近或超过 10000mg/L，二氧化硅、碱度、硬度等结垢成分含量很高	原水为苦咸水或结垢离子含量经过一定浓缩后可控制	原水为苦咸水或结垢离子含量经过一定浓缩后可控制

续表

反渗透配置	一级一段	一级两段	一级三段
回收率	40%~60%	60%~80%（一级 RO）80%~85%（二级 RO）	85%~90%
用途	反渗透浓水或废水的回收、海水淡化	—	—
应用范围	一级反渗透装置	一级反渗透装置或二级反渗透装置	二级反渗透装置

（2）多级配置。根据反渗透系统的脱盐率、回收率的不同要求，反渗透装置可由多级构成，常见的多级反渗透装置设计配置方案见表 3-3。

两级四段反渗透流程见图 3-4，两级五段反渗透流程见图 3-5。

反渗透的回收率一般视水质条件而定，两级五段与两级四段方案相比，总体回收率由于第二级反渗透装置采用三段而略有提高，但水质会略差。

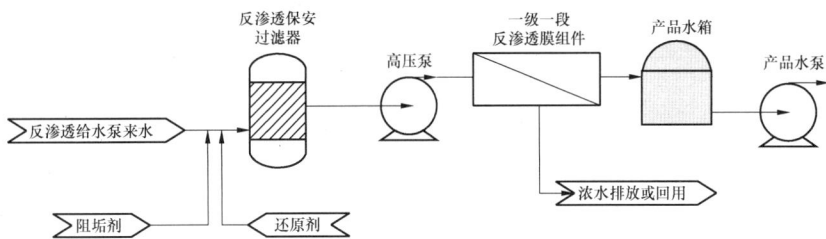

图 3-2　一级一段反渗透流程

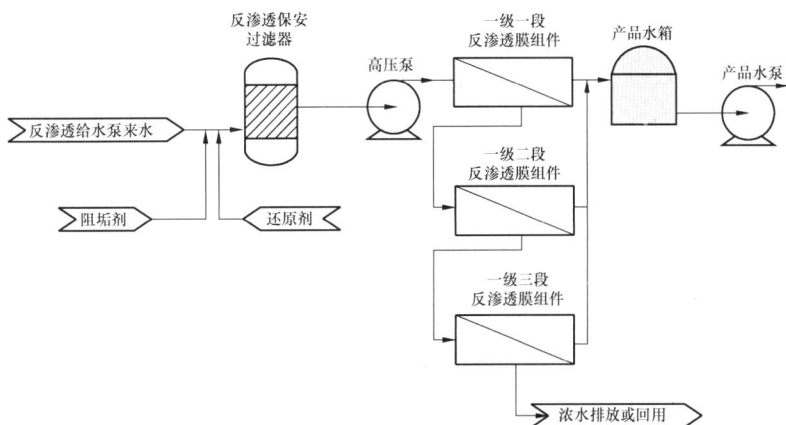

图 3-3　一级三段反渗透流程

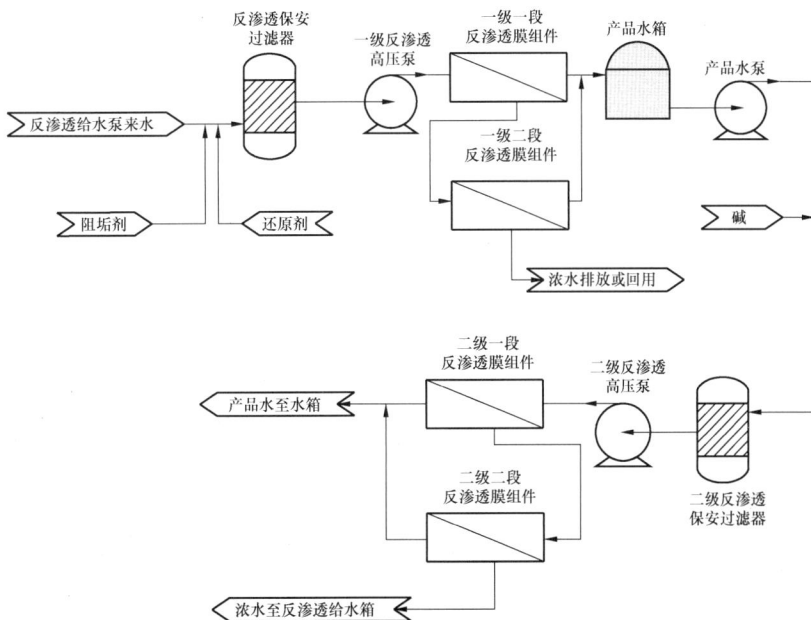

图 3-4　两级四段反渗透流程

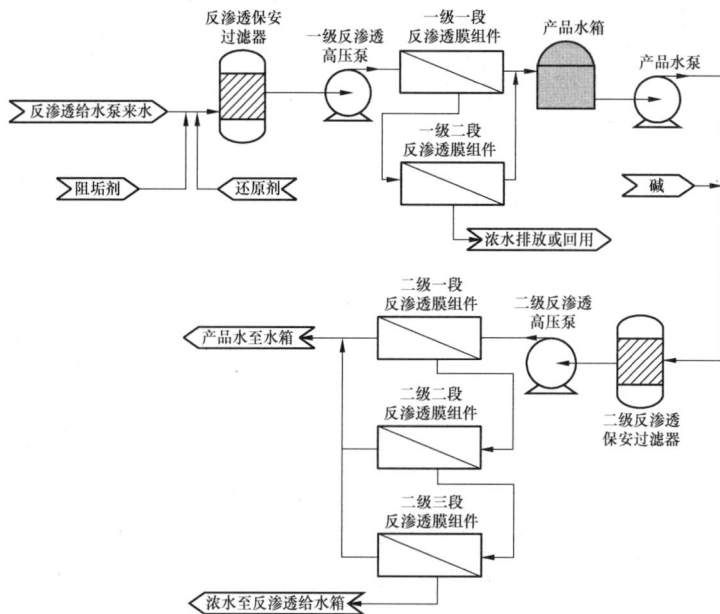

图 3-5　两级五段反渗透流程

表 3-3　多级反渗透装置配置方案

反渗透配置	两级四段	两级五段
适用水质	原水含盐量大于1000mg/L 的苦咸水；后续系统进水水质要求较高（如混床或电除盐）	原水含盐量大于1000mg/L 的苦咸水；后续系统进水水质要求较高（如混床或电除盐）
回收率	70%～80%（一级 RO）80%～85%（二级 RO）	70%～80%（一级 RO）85%～90%（二级 RO）

续表

序号	进水水质特点	是否设置
3	有机物含量高的水源，直流锅炉补给水要求TOC<200μg/L	宜设置
4	活性硅含量高的水源，供热机组	宜经水质核算后确定是否设置

3. 系统选择原则

（1）反渗透预脱盐系统设计时应根据处理水源类型、水质特点、处理规模、产水水质要求，以及浓水排放（包括水质、水量）等要求，并参考类似厂的运行经验，结合当地条件，通过技术经济比较确定。

（2）除盐系统前是否设置反渗透装置，本质上取决于经济性的选择。根据经验，在进水含盐量高于400mg/L 时，反渗透-除盐组合系统的费用比单用除盐时低。也有观点认为含盐量再低些采用反渗透处理仍是合适的，具体要结合当地的化学药品价格和电价等因素，还要考虑进水水质与出水水质的要求。基于水质的反渗透预脱盐工艺选择原则见表 3-4。

表 3-4　反渗透预脱盐处理工艺选择原则

序号	进水水质特点	是否设置
1	原水含盐量大于 400mg/L	宜设置
2	原水含盐量小于 300mg/L	可不设

（3）由于复合膜具有良好的耐降解及水解性，苦咸水反渗透膜宜选用卷式复合膜；当进水污染度较高，如再生水、循环水排污水或其他废水，可选用抗污染卷式复合膜；中空纤维膜相比卷式膜，对给水的预处理要求更高，故通常不选用；卷式醋酸纤维膜由于脱盐率较低，且易水解，目前也很少选用。

（4）反渗透装置的设计出力应以最低设计水温校核，产水水质应以最高设计水温校核。

（5）反渗透装置宜按连续运行设计。反渗透系统总出力及套数应根据进水水质、前后工艺的匹配以及系统对外供水的特点及工程投资等因素，经技术经济比较后确定，一般不应少于 2 套。当有 1 套设备进行化学清洗或检修时，其余设备应能满足工艺系统正常用水量的要求。

（6）反渗透装置的保安过滤器、高压泵、反渗透组件等宜按单元制设计。

（7）反渗透预脱盐设计时，应根据水源含盐量及后续除盐处理工艺要求设置一级反渗透或二级反渗透处理。

（8）当一级反渗透处理水量较大时，宜根据浓水水质等特点，实施回收或再处理。

（二）主要技术要求

1. 反渗透装置主要技术参数

（1）反渗透装置的脱盐率。第一级反渗透装置的脱盐率，商业运行一年内大于等于98%（25℃）；商业运行三年后96%～97%（25℃）。第二级反渗透装置的脱盐率90%～95%（25℃，与进水水质有关）。

（2）反渗透装置的水回收率。反渗透装置的水回收率与装置中每个压力容器内的膜元件的数量以及压力容器的级、段配置有关，一般根据进水水质不同：

1）一级反渗透装置的水回收率：60%～80%；

2）二级反渗透装置的水回收率：85%～90%；

3）二级反渗透装置的进水为海水，反渗透产品水的水回收率：≥85%。

（3）反渗透装置进水温度。水温对反渗透膜的水通量影响较大，一般温度每变化1℃，水通量变化3%左右。反渗透装置给水温度低于10℃时，应在反渗透装置前设置加热设施（表面式或混合式蒸汽加热器）。当原水温度终年高于15℃时，可不设加热器。若反渗透进水二氧化硅含量较高，在原水温度下，可能产生浓水侧的结垢，则应考虑反渗透进水的加热。因此，反渗透预脱盐工艺实际水温最好控制在最高允许温度之下，一般为25℃，给水加热需考虑对温度进行自动控制。

（4）反渗透装置进水水质。反渗透装置的进水水质与膜的材质及结构形式有关，各类型反渗透膜对进水的要求见表3-5。

表3-5　　反渗透膜的进水要求

项目	卷式复合膜	中空纤维膜	醋酸纤维膜
pH 值 （25℃）	4～11（运行） 2～11（清洗）	—	4～6（运行） 3～7（清洗）
水温 （℃）	5～45（20～25 为最佳设计 水温）	5～35（20～25 为最佳设计 水温）	5～40（20～25 为最佳设计 水温）
浊度 （NTU）	<1.0		
SDI$_{15}$	<5	<3	<5
游离余氯 （mg/L）	<0.1，控制 为0，同时应满 足膜寿命周期 内总剂量低于 1000h·mg/L 的要求	<1.0，控制为0	<1.0，控制为 0.3
铁 （mg/L）	<0.05（溶氧大于5mg/L）。当 pH＜6 时，溶氧小于0.5mg/L，允许最大 Fe^{2+}＜4mg/L。在投加某些阻垢剂时可以允许有较高值，需要核实阻垢剂性能		

续表

项目	卷式复合膜	中空纤维膜	醋酸纤维膜
锰（mg/L）	<0.3	—	—
铝（mg/L）	<0.1	—	—

为减缓反渗透膜的污染，进水中主要金属污染物如铁、锰、铝等离子应予以控制。一般进水铁、锰和铝含量宜小于 0.05mg/L。充分的预处理（如软化）可以减少这些污染物。

2. 反渗透系统防垢设计要求

为避免反渗透装置浓水侧的结垢，设计中应关注钙、钡、锶与硫酸根离子的化合物以及硅的化合物等结垢物的形成，主要控制手段为确保浓水中盐的离子积小于溶度积。一些难溶物质的溶度积数据见附录 B。

（1）为防止反渗透装置浓水侧的碳酸钙垢形成，可通过浓水朗格利尔指数（LSI）的数值判断结垢趋势，并采取相应的防止措施，见表 3-6。

**表3-6　　利用朗格利尔指数判断结垢
趋势及防止措施**

朗格利尔指数 LSI	碳酸钙垢趋势及防止措施
LSI≤0	不结垢，不需任何措施
0<LSI≤1.8	结垢，加酸处理
1.8<LSI≤2.3	结垢，选择合适的阻垢剂或加酸和阻垢剂联合处理
LSI>2.3	结垢，降低回收率、酸和阻垢剂联合或进水软化处理

（2）设计应控制给水中钡离子和锶离子含量，保证浓水中硫酸钡和硫酸锶的离子积不超过溶度积的0.8 倍，否则均应在进入反渗透装置前予以去除、添加阻垢剂或降低回收率。

（3）设计应控制给水中二氧化硅含量，当不加阻垢剂时，应控制浓水中二氧化硅含量小于 100mg/L（25℃）；否则，应采取措施减少给水中二氧化硅含量、添加合适的阻垢剂，或降低反渗透装置的回收率。25℃时，使用普通阻垢剂，可控制浓水中二氧化硅含量小于 150mg/L；使用专用阻垢剂时，则可控制浓水中二氧化硅含量小于 240mg/L。

3. 主要设备及配置要求

（1）一级反渗透保安过滤器。

1）为保护高压泵及反渗透膜免受颗粒损坏，在高压泵入口应设置保安过滤器，过滤精度一般为 5μm。当进水为循环水排污水或反渗透浓水、水中二氧化硅含量大于理论溶解度时，过滤精度应取 1μm。

2）保安过滤器存在生物污染的可能，一般均采用一次性的保安过滤器滤芯，过滤器结构的设计应满足快速更换滤芯的需要。

3）保安过滤器的本体材质宜与进水水质相适应，至少应采用 S30408 不锈钢。

（2）一级反渗透高压泵。

1）高压泵的流量及扬程应满足反渗透装置的设计工况，若进水未经加热，高压泵的扬程应考虑冬季最低进水温度下的产水量要求，且泵的扬程不应大于所选膜元件的最高允许工作压力。

2）高压泵宜采用变频控制，以确保给水温度波动或水质变差时要求的反渗透产水量。为了防止反渗透装置启动时，瞬间产生的给水流量对反渗透膜的水力冲击，高压泵出口应设置电动慢开阀。

3）高压泵宜采用离心泵，泵的进水侧应设置低压保护开关，出水侧应设高压保护开关，泵的进出口接

管宜设减震用的补偿管。

4）高压泵过流部件材料宜根据水质确定，至少采用 S31608 不锈钢，并应采用耐腐蚀的机械密封。

（3）一级反渗透装置。

1）反渗透膜元件应根据进水含盐量、预处理程度、所需的脱盐率、产水量和能耗要求，并结合所选膜厂商的设计导则合理确定。当进水含盐量较低时可选用低压膜。

2）膜元件的膜通量和回收率应根据进水水质合理选取。设计取值过高，发生膜污染的可能性大大增加，造成产水量下降，膜系统清洗的频率增多，降低膜的性能和使用寿命，增加系统正常运行的维护费用。一般膜通量年衰减率应小于 5%～7%，盐透过率年增加约 10%～15%。反渗透膜元件平均膜通量和最大回收率见表3-7。

表 3-7　　　　　　　　　　　　　反渗透膜元件平均通量和最大回收率

给水类型	废水（再生水或排污水）		地表水		地下水	反渗透产水
	经多介质过滤	经超（微）滤	经多介质过滤	经超（微）滤		
SDI_{15}	<5	<3	<5	<3	<3	<1
平均膜通量 [L/（m²·h）]	14～17	16～20	17～21	21～24	23～27	29～34
膜元件最大回收率（%）	12	14	15	17	19	30

3）反渗透装置的设计应免受瞬间全流量进水对反渗透膜的冲击，以及膜产水侧可能产生的背压。为保证产水静背压不超过膜元件厂家的规定，反渗透装置产水管宜设止回阀，并应设爆破膜。

4）浓水管应设置控制回收率用的浓水流量调节阀，并应设置不合格进水、不合格产水的排放或回收管道。反渗透装置的浓水和化学清洗排水应分管排放，以利于后续废水的分类处理和按质回用。

5）反渗透系统进水、反渗透装置浓水、产水管路上及每个压力容器产水出口应设置取样阀，以便及时了解各点的水质情况，便于诊断装置故障。

6）当反渗透进水为受海水倒灌影响的水源，且反渗透装置采用两段配置时，应根据二段进水的含盐量，选择合适的膜元件或增设段间增压泵。

7）反渗透装置各段宜分别设置化学清洗接口和停机冲洗接口。

8）火电厂常用反渗透膜的公称直径为 DN200（8in）、长度 1000mm（40in），每个压力容器中膜元件的数量一般不少于 6 支。

反渗透系统的设计一般通过使用膜厂商的专用软件计算，并结合工程经验进行优化。在使用计算软件之前，先进行手工估算。

膜元件数量可根据式（3-1）计算

$$N_E = \frac{q_{VP}}{f S_E} \times 1000 \qquad (3\text{-}1)$$

式中　N_E——膜元件数，支；

q_{VP}——系统的设计产水量，m³/h；

f——平均膜通量，L/（m²·h）；

S_E——所选膜元件的有效膜面积，m²。

压力容器数量可根据式（3-2）计算

$$N_V = \frac{N_E}{N_{EPV}} \qquad (3\text{-}2)$$

式中　N_V——压力容器数，个；

N_E——膜元件数，取压力容器中膜的装载数的倍数；

N_{EPV}——单支压力容器内的膜元件数，一般取 6。

反渗透装置的段间压力容器数量比（适用两段）可根据式（3-3）计算

$$r = \left(\frac{1}{1-Y} \right)^{\frac{1}{n}} \qquad (3\text{-}3)$$

式中　r——装置段间压力容器数量比；

Y——系统水回收率，%；

n——段数。

利用专用软件进行计算时，注意设计软件给水的报警信息（如第一段的给水流量高、最后一段的浓水流量低、膜通量高、膜元件回收率高和某种盐过饱和等），结合膜厂商的设计导则进行调整。知名膜厂商专用设计软件包括 ROSA、IMSDesign、TDS2.0、LEWAPLUS®等，可从相关厂商的网站获取。

（4）一级反渗透产水箱和产水输送泵。

1）一级反渗透产水应设置产水箱。产水箱的总有效容积满足前后系统出力配置及系统运行要求，一般按1～2h总产水量设计，后续若为膜处理系统，则宜为5～10min总产水量。

2）不锈钢材质的反渗透产水箱可设置1台。当采用碳钢内防腐或混凝土制水箱时，宜设置2台。后续系统为膜处理工艺时，宜采用钢制防腐水箱。

3）当来水经加热、且后续系统对水温有要求时，室外布置的反渗透产水箱应采取保温措施。

4）反渗透产水输送泵的流量和扬程应满足后续系统不同的运行要求，宜设备用泵。

5）反渗透产水宜由水箱上部引入，以稳定反渗透产水管的静背压。

6）反渗透产水有较强的腐蚀性，故水箱、水泵及其管阀均应耐腐蚀。

7）反渗透产水直接用作热网补给水时，应调节水的pH值。

（5）二级反渗透装置。二级反渗透系统的保安过滤器、高压泵、产水箱和产水输送泵的设计要求同一级反渗透系统，但二级反渗透装置的设计要求有所不同，具体如下：

1）二级反渗透装置一般至少采用两段排列，经过计算，当二级反渗透装置的进出水水质满足要求时，也可采用三段排列。

2）当二级反渗透装置进水水质较好时，一般可选低压卷式复合膜，并可适当提高装置的回收率（85%～90%）及膜通量［根据水温、膜型以及厂商的推荐值，二级反渗透装置一般设计取值29～34L/（m²·h）］。

3）二级反渗透装置的浓水宜回用于第一级反渗透装置的进水。

（6）加药系统。反渗透系统配套设计加药装置，包括溶液箱、计量泵、管道及附件等，相关设计内容详见第十三章。加药系统的药剂主要包括阻垢剂、酸、还原剂、碱、非氧化性杀菌剂等种类，各药剂的主要功能如下：

1）阻垢剂。为防止$CaCO_3$、$CaSO_4$、$BaSO_4$、$SrSO_4$等难溶物质在膜表面结垢，反渗透进水侧可加阻垢剂。阻垢剂一般选用六偏磷酸钠、有机阻垢剂等。选择加阻垢剂时，加药剂品种和剂量宜根据试验或相关厂商的设计导则确定。

2）酸。在加阻垢剂的同时，还可根据需要添加盐酸或硫酸来调节进水的pH值。由于反渗透膜具有选择性，Cl^-透过膜的量比SO_4^{2-}要大，向水中加入硫酸调节pH值为好。但是加入硫酸，会增大Ca^{2+}和SO_4^{2-}的浓度积，导致$CaSO_4$在膜上沉淀。因此，反渗透系统设计中，是加盐酸还是硫酸调节水的pH值，应根据具体情况而定。

3）还原剂。对于复合膜反渗透系统，加氯消毒后应除去残余氯，为防止进水中余氯对反渗透复合膜的氧化，系统应设计加还原剂处理反渗透进水，控制进水的氧化还原电位或余氯趋零。还原剂一般选用$NaHSO_3$或Na_2SO_3。根据水中余氯含量确定加药量，一般去除1.0mg/L余氯需要3.0mg/L的$NaHSO_3$。

4）碱。为调整二级反渗透进水的pH值，控制进水pH值在8.5左右，以提高反渗透膜对碱度的脱除率，还可缓解外供产品水管道系统的腐蚀性。可对反渗透产水进行加碱处理，一般选用NaOH并用预脱盐水稀释。

5）非氧化性杀菌剂。为防止进水中微生物对反渗透系统造成生物污染，需在反渗透进水前进行杀菌处理。杀菌剂的种类及剂量需结合反渗透膜材料确定。对于进水余氯为0的复合膜反渗透系统，为防止微生物污染，可在进水中投加非氧化性杀菌剂来抑制微生物繁殖。非氧化性杀菌剂不会造成反渗透膜的损伤及降解。

（7）冲洗系统。

1）反渗透装置宜设停机自动冲洗设施，冲洗水宜采用反渗透产水，以利于控制反渗透膜的生物活性。冲洗系统应包括冲洗水箱（可利用产水箱）、冲洗水泵及相应的固定管路。系统管路应防腐。

2）冲洗水泵选用耐腐蚀离心泵，材质宜采用S30408或相当于S30408的材质，流量应根据压力容器数量及膜厂商设计规定选取，一般每套反渗透装置的冲洗流量介于产水流量与进水流量之间，扬程一般为0.2～0.4MPa。

（8）化学清洗系统。

1）反渗透装置应配套设置化学清洗系统，以便在产水量降低、脱盐率降低、膜组件压差增加、给水压力增加，且超过膜厂商规定值或反渗透装置停机一周以上、恢复使用前时，通过化学清洗来恢复反渗透膜的脱盐性能。化学清洗一般分段实施。

2）清洗系统由清洗水箱（用于配清洗液）、清洗水泵、保安过滤器（5μm）以及阀门、管道、仪表等附件组成。系统中各部件材质应可耐化学清洗药剂的腐蚀。

3）为保证清洗效果，清洗水箱应设电加热装置，以提高清洗液的温度，一般设计加热最高温度不应超过膜的允许温度。

4）清洗水箱的容积按最大回路清洗时的压力容器数量、清洗回路的管件和保安过滤器等的容积总和确定。

5）清洗泵选用耐腐蚀离心泵，材质宜采用 S31603 或相当于 S31603 的材质，其流量、扬程应满足清洗回路要求的流量和压降，每个压力容器的清洗流量应达到 $6\sim9m^3/h$，扬程一般为 $0.2\sim0.4MPa$。

6）清洗系统中应设有必要的流量计、阀门和压力表，以控制回路的清洗流量。

7）清洗系统应采用固定管道同反渗透装置连接。

8）由于反渗透装置化学清洗为间断清洗，无需考虑设备备用。

4. 布置设计技术要求

（1）为了避免反渗透膜受冻及日晒，反渗透装置宜布置在室内，当底层布置有困难时，可布置于二楼，但高压泵宜布置在零米层。

（2）反渗透产水箱宜布置于靠近泵房的室外，水箱容积小于 $50m^3$ 的可布置于室内。

（3）反渗透装置宜布置于独立的基础上，框架周围设置排水沟。

（4）反渗透保安过滤器与高压泵宜紧邻布置，并根据厂房、系统要求，可布置于水泵间或反渗透装置旁。

（5）反渗透系统应设置加药间，加药间宜为独立的房间并应有药品储存位置。

（6）反渗透膜壳两端应留有不小于单支膜元件长度 1.5 倍的外延空间，以便于膜元件的安装和更换。

（7）反渗透控制室宜采用空调，反渗透装置间、泵房间、电气间应通风、防冻；加药间应强制通风、防冻，并应考虑防腐措施。

（8）反渗透装置间及加药间宜有地面冲洗设施。

（9）反渗透装置产水静背压不得超过膜元件厂家的规定，浓水排放管的布置应保证系统停用时最高一层膜组件不会被排空。

二、海水淡化

（一）典型工艺

1. 反渗透海水淡化工艺

海水反渗透（SWRO）淡化技术在 20 世纪 70 年代后获得了很大发展。由于 RO 膜材料的不断改进，以及能量回收效率的不断提高，SWRO 系统越来越引起人们的关注，现已成为蒸馏海水淡化系统的主要竞争技术。典型的海水反渗透处理工艺流程见图 3-6。

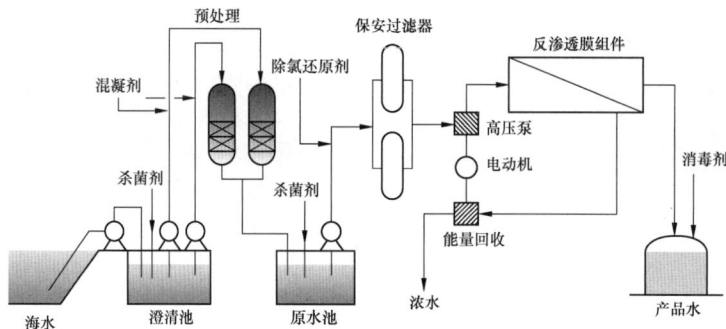

图 3-6 典型的海水反渗透工艺流程图

SWRO 系统所需的能量取决于进水的含盐量、系统的水回收率、进水温度及产品水的水质，其能耗为 $3.5\sim6kWh/m^3$。

2. 低温多效蒸馏海水淡化工艺

多效蒸馏是在单效蒸馏的基础上发展起来的。其主要原理是将一系列的喷淋降膜蒸发器串联布置，加热蒸汽被引入第一效，其冷凝热使几乎等量的海水蒸发，通过多次蒸发和冷凝，后面的蒸发温度均低于前面一效，从而得到多倍于蒸汽量的蒸馏水，最后一效的蒸汽在海水冷凝器中冷凝。第一效冷凝液返回锅炉，而其他效及海水冷凝器的冷凝液收集后作为产品水。

低温多效蒸馏（LT-MED）海水淡化技术是盐水最高温度一般不超过 70℃ 的淡化技术，是 20 世纪 80 年代成熟的高效淡化技术。

为提高热效率，目前多采用压汽蒸馏的淡化工艺，压缩可采用蒸汽喷射器，即热压缩（TVC）；或采用机械蒸汽压缩机，即机械压缩（MVC）。由于受压缩机的限制，机械压缩蒸馏单台装置的容量较其他蒸馏装置小。目前绝大多数低温多效蒸馏装置都采用热压汽蒸馏的方式来提高热能效率，即低温多效加蒸汽压缩喷射器（LT-MED-TVC）工艺。

图 3-7 所示是 LT-MED-TVC 蒸馏装置的原理示意。

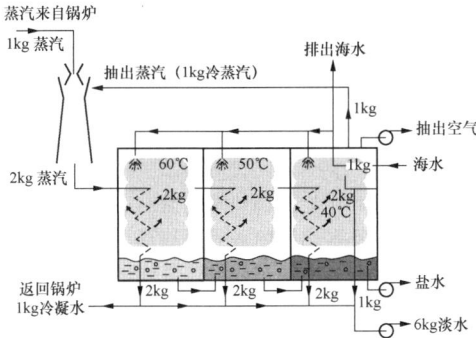

图 3-7 LT-MED–TVC 蒸馏装置的原理示意

低温多效蒸馏海水淡化装置的运行温度远远低于多级闪蒸（MSF）装置的 110℃，所以其能耗和管壁腐蚀及结垢速率均较低。和多级闪蒸相比，其设备本体和传热管的材质要求较低，而热效率较高。

多效蒸馏的操作弹性很大，负荷范围从 110%变到 40%，皆可正常操作，而且不会使造水比下降。

3. 多级闪蒸海水淡化工艺

多级闪蒸（MSF）技术起步于 20 世纪 50 年代末，是蒸馏法海水淡化最常用的一种方法。在 20 世纪 80 年代以前，较大型的海水淡化装置多数采用 MSF 技术。天津大港电厂二期工程引进了美国的 MSF 海水淡化装置，是我国第一套大型的海水淡化装置。

MSF 典型流程示意见图 3-8。

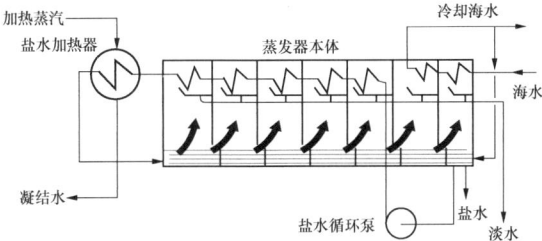

图 3-8 盐水再循环式多级闪蒸（MSF）原理流程

多级闪蒸过程中，将原料海水加热到一定温度后引入闪蒸室，闪蒸室的压力控制在低于进料海水温度所对应的饱和蒸汽压的条件下，故该海水进入闪蒸室后作为过热水而急速地部分气化，留下的海水（盐水）温度降低，所产生的蒸汽冷凝后即为所需的淡水。从上一级闪蒸室出来的盐水将进入下一级闪蒸室，在更低的压力下重复以上过程。多级闪蒸工艺中，加热面和蒸发面分开，使得传热面上的结垢减少，垢层的积累速度变慢。

MSF 装置具有设备单机容量大、使用寿命长、出水品质好、造水比高、热效率高、寿命长等优点。但该装置海水的最高操作温度为 110～120℃，对传热管和设备本体的腐蚀性较大，必须采用价格昂贵的铜镍合金、特制不锈钢及钛材，设备造价高；操作弹性小，

多级闪蒸的操作弹性是其设计值的 80%～110%，不适应于产水量要求可变的场合；另外，为了减轻结垢和腐蚀，对进入装置的海水必须加酸和进行脱气（脱除 CO_2 和 O_2）处理，增加了制水成本。

（二）系统选择

（1）海水淡化工艺的选择应结合电厂建厂的位置条件、海水水源及水质条件、电厂可供使用的蒸汽参数、供汽量及蒸汽价格、制水站供电的价格水平、淡化水量、出水水质要求，并综合考虑供水可靠性及稳定性要求、项目投资及制水成本和环保要求等因素，经技术经济比较后确定。

（2）对应外部条件限制、不同水质需求及不同工艺的特点等，通过综合经济比较可以采用不同海水淡化工艺的组合，降低能耗和制水成本，方便运行管理和检修维护，减少排放。

（3）反渗透法淡化工艺适用于各种规模的海水淡化系统，对于小型系统，宜优先采用反渗透法淡化工艺。

（4）对于要求制水量变化大，蒸馏法工艺不易满足用户要求时，宜优先采用反渗透法淡化工艺。

（5）海水水温较低，难以保证反渗透法淡化工艺的进水水温时，宜采用蒸馏法工艺。海水水温较高，如水温超过 30℃时，采用反渗透法淡化工艺经济性更好。

（6）有废热可以利用时，宜优先采用蒸馏法工艺。

（7）对于海水污染严重的地区建设大型的海水淡化系统，采用蒸馏法工艺更加安全可靠。

（8）对于蒸馏法工艺，宜优先采用 MED 工艺。为降低能耗，对于大型蒸馏法海水淡化装置，宜优先选择带热压缩的低温多效蒸馏工艺（LT-MED-TVC）。对于多级闪蒸（MSF）工艺，宜采用盐水再循环式多级闪蒸工艺（MSF-BR）。

（9）对于大型海水淡化系统，蒸馏法和反渗透淡化法的组合工艺在节能降耗及控制产品水水质方面具有更明显的优势。

（三）主要设计原则

（1）海水淡化工艺及参数应根据电厂主工艺系统和设备参数、外部条件、用水水量及水质要求等因素综合考虑，尽可能地发挥水电联产的优势，充分利用不同品质的蒸汽，综合利用能源，降低综合能耗，降低海水淡化的制水成本，提高综合经济效益。如蒸馏法海水淡化工艺应根据汽源参数、蒸汽价格、原海水水质、海水淡化站容量、设备单机容量、设备单位容量价格及现场场地条件等因素，经比较后确定。

（2）海水淡化系统的水源，可根据淡化工艺的要求、机组冷却水系统的供水方式及冷热季的水温状况，并结合近、远期工程的取水方案等因素，按下列原则确定：

1）对于蒸馏法海水淡化工艺，海水既作为淡化系统的原料海水，又作为淡化系统的冷却用水。当电厂冷却水系统为海水直流供水时，其原料水及冷却用水均可采用原海水，当预处理系统对水温有要求时，原料水可采用电厂冷却水系统排水。当电厂冷却水系统为海水循环供水时，其原料水宜取用原海水。

2）对于反渗透法海水淡化工艺，海水仅为淡化系统的原料海水。若水温过低会导致系统运行电耗上升，产水率下降；过高会影响出水水质，降低膜的运行寿命，水温过高或过低严重均可影响膜的安全运行。因此，对于冷季海水温度较低的地区，一般可根据季节水温的不同，制定不同的水源方案：当电厂冷却水系统采用海水直流供水方式时，反渗透法海水淡化系统热季可采用原海水，冷季采用冷却水系统排水；当电厂冷却水系统采用海水循环冷却方式时，反渗透法海水淡化系统采用原海水，不宜采用循环冷却水排水（因循环水含盐量太高，采用反渗透工艺则能耗高、出水水质差），若原海水水温低于淡化工艺要求时，可采取提高水温的措施。我国南方地区的电厂，全年原海水温度都不低，一般可取原海水。

（3）海水淡化系统的蒸汽参数、造水比、水回收率、装置单机容量等主要设计参数对系统造价、制水成本影响很大，如蒸馏装置的造水比直接影响加热蒸汽量及蒸馏装置的级/效数、水回收率直接决定取水系统规模和排水量。设计时应结合工程具体情况，进行技术经济比较或参考类似工程，比较后确定。

（4）海水淡化水源的设计水温，应根据淡化系统的取水方式和淡化工艺要求合理确定，宜取所用水源的年平均水温（各月水温的加权平均值），并应以最低和最高水温进行校核。对于海水反渗透淡化工艺，以最低水温校核设备出力（最低水温最好不低于15℃），以最高水温校核出水水质；对于蒸馏法工艺，其热平衡计算应考虑最低水温和最高水温的影响。

（5）蒸馏装置产品水作为饮用水时，要考虑进口海水余氯、加热蒸汽中联氨及其他有害物质的影响。

（6）海水淡化系统的排水水质应符合国家或地区现行有关标准的规定。海水淡化系统的排水主要有浓盐水及蒸馏法的冷却水排水。蒸馏法的冷却水排水可以结合电厂的冷却水排放统筹设计，浓盐水处置方式则应根据工程的特点合理选择。

（7）海水淡化站的布置应根据水（汽）源及产品水用水点、排水点的方位等因素确定，满足电厂总体规划要求。海水淡化站分期建设时，设计中应考虑预留扩建条件。海水淡化站的扩建或改建设计，应合理利用原有的建筑物和水处理设施。

（8）海水淡化系统应采取合适的防腐蚀措施，海水淡化系统具体防腐技术要求详见第十五章。

（9）蒸馏法进水水质要求。蒸馏装置的进水水质根据所选用的蒸馏装置类型、制造商设计导则及类似工程经验确定，主要是对原海水的含沙量及悬浮物的要求，必要时需设置合适的预处理系统。

1）多级闪蒸蒸发器对进水浊度一般无要求。MSF装置的海水受热时均在换热管内流动，仅有产生冲刷腐蚀的风险，且换热管内表面易清洗。因此，对进水水质（含沙量和悬浮物等）敏感性差。

2）低温多效蒸馏海水淡化装置的进水水质应满足制造厂商对设备的进水要求，无相关资料时，也可按表3-8的要求确定。

表3-8 低温多效蒸馏海水淡化装置的进水水质要求

项　目	单位	数据
悬浮物	mg/L	≤50
油	mg/L	≤1
游离余氯（Cl_2）	mg/L	≤1
悬浮物粒径	μm	≤100

MED工艺的海水通过喷嘴喷淋到换热管外表面，不仅要防止悬浮物堵塞喷嘴，还要考虑悬浮物附着在换热管表面影响传热效果。不同厂商、不同换热管材对悬浮物的要求不尽相同，从小于20mg/L到小于300mg/L不等。一般来说，采用铝合金管材比铜合金管材对海水水质要求严格。

（四）蒸馏法海水淡化系统设计主要技术要求

1. 系统配置

多级闪蒸海水淡化系统一般由海水过滤器、蒸发器本体、盐水加热器、除气系统、抽真空系统、加药系统、酸洗系统、各类水泵、监测仪表和电气控制系统等组成。

低温多效蒸馏分为纯低温多效蒸馏、带热压缩的低温多效蒸馏和带机械压缩的低温多效蒸馏，后两者统称压汽蒸馏。由于纯低温多效蒸馏的热效率低、机械压缩低温多效蒸馏的单机规模小，电厂较少采用，因此，本书仅介绍热压缩低温多效蒸馏技术。

热压缩-低温多效蒸馏海水淡化系统一般由海水过滤器、蒸发容器、蒸汽压缩喷射器、启动喷射器、海水预热器、加药系统、酸洗系统、各类水泵、监测仪表和电气控制系统等组成。

2. 主要技术参数

（1）系统出力。蒸馏淡化工艺系统出力应根据所需淡水用量和设备利用率确定。蒸馏淡化装置的产品水量计算时应扣除加热蒸汽的凝结水量，年利用率应不小于90%。

蒸馏法海水淡化设备容量和设置台数应根据淡水

用户的特点、设备费用、制水成本、运行特点、建设条件等综合考虑确定。为控制制水成本，海水淡化设备宜采用高负荷连续运行方式，尽量提高设备年利用小时，海水淡化站容量应根据用户负荷波动、供水调蓄设施容量综合考虑。为降低单位海水淡化设备的投资和制水成本，应综合考虑设备采购渠道、设备费用，采用较大的单机设备容量和较少的设备台数，简化海水淡化站的布置和运行管理。对于分期逐步扩容建设的海水淡化站，应根据淡化水不同时期需要量，确定海水淡化设备的单台容量。对于建设周期较短，最终规划台数较少的情况，宜采用相同容量的设备；如建设周期较长，初期建设总容量和最终容量相差较大的海水淡化站，可采用分期逐步增大海水淡化设备容量的方式。蒸馏淡化装置一般不设备用，其台数宜不少于 2 台。

（2）海水淡化装置级效数和造水比。蒸馏法海水淡化装置级数（多级闪蒸装置）、效数（低温多效装置）、造水比应根据要求的淡化装置容量、可供加热蒸汽的参数、供汽量、设备及蒸汽价格等因素，经技术经济比较后确定。不同的蒸馏淡化装置的造水比（GOR）宜按如下范围选取：贯流式多级闪蒸 2～8；盐水再循环式多级闪蒸 4～12；低温多效蒸馏 3～7；带热压缩的低温多效蒸馏 6～15。

造水比是成品淡水量和消耗蒸汽量的比值，用于表征蒸发装置的热效率。造水比与制水成本密切相关，其大小决定了蒸发装置的级/效数、供应的蒸汽量和蒸汽压缩的效率。要得到高的造水比，需要设置更多的级数或者效数，设备的加工费用和材料费用增加，投资成本高，但运行成本中的蒸汽费用降低。

（3）盐水最高工作温度。蒸馏淡化装置的盐水最高工作温度（top brine temperature，TBT）应根据 $CaSO_4$ 溶解度特性确定。硫酸钙根据其水合程度有 $CaSO_4$、$CaSO_4 \cdot 1/2H_2O$、$CaSO_4 \cdot 2H_2O$ 三种结晶体形式，每种形式有不同的溶解度。蒸馏淡化装置的盐水最高温度根据标准海水硫酸钙析出曲线确定。多级闪蒸蒸发器盐水最高温度宜小于 110℃，低温多效海水淡化装置最高操作温度一般小于 70℃。$CaSO_4$ 溶解度曲线及低温多效蒸馏适宜的操作温度区间见图 3-9。

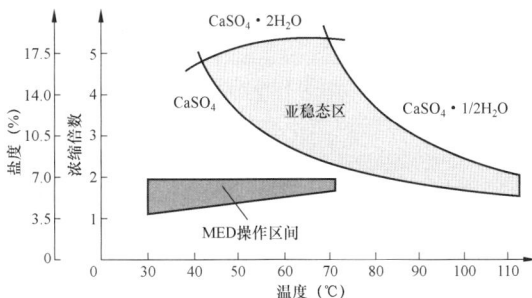

图 3-9 标准海水硫酸钙析出曲线和 MED 操作线

蒸馏淡化设备换热面可能的结垢成分主要是碳酸钙、氢氧化镁和硫酸钙。通过给水 pH 值控制、脱碳等预处理可以防止碳酸钙和氢氧化镁垢的形成，即使形成也很容易通过酸洗去除。而预处理不能阻止硫酸钙（$CaSO_4$）垢的形成，因此，必须通过限制盐水最高温度或限制浓盐水中钙离子浓度或硫酸根离子的浓度来控制。

（4）蒸汽源及参数。海水淡化设备加热蒸汽一般采用汽轮机抽汽，其参数应根据可能提供的蒸汽流量、参数和淡化装置对蒸汽的温度、压力要求，结合厂区蒸汽输送管道设计等因素，综合比较后确定。加热蒸汽宜采用低参数的蒸汽。蒸馏法海水淡化装置也可利用合适温度的热水作为加热热源。

热电厂采用水电联产向制水站的供汽，其供汽方式应根据制水站在厂内的地理位置、发电机组形式等综合考虑确定。对于作为电厂自用水、小型、耗气量不大的海水淡化站，可从汽轮机低压缸抽低压蒸汽用于制水，若消耗蒸汽量较大，低压缸抽汽量不能满足需要时，可从中压缸末级抽汽。对于大规模水电联产海水淡化站，也可以采用专用背压机或汽轮机高背压排汽用于海水淡化。对于制水负荷和电负荷需求变化较大的地区，水电联产的供汽方式应考虑适应对应负荷的变化，进行综合比较后确定。

蒸馏法海水淡化装置应根据盐水最高温度确定最低加热蒸汽参数。低温多效海水淡化设备对蒸汽参数的适应范围较宽，可利用极低蒸汽压力，采用较少的效数，也可以采用较高压力蒸汽，增设 TVC 提高蒸汽利用效率。中低压蒸汽可以从汽轮机的 4～6 段抽取。

各蒸馏法海水淡化设备参考加热蒸汽参数如下：

（1）多级闪蒸（MSF）装置要求的最低蒸汽压力为 0.15～0.30MPa（绝对压力）（取决于盐水最高温度）。

（2）低温多效蒸馏装置要求的最低蒸汽压力为 0.025～0.032MPa（绝对压力）（对应于第一效蒸汽最高温度 65～70℃）。

（3）带热压缩的低温多效蒸馏装置（LT-MED-TVC）装置的压缩汽源压力一般选用 0.20～0.50MPa（绝对压力）。

具体工程的汽源压力应根据水电联产的经济效益、低温多效海水淡化设备特性、汽轮机可提供汽源压力等综合考虑后确定。供汽压力、低温多效设备换热特性、TVC 设置方式和整体低温多效海水淡化设备的效率关系复杂，相互制约和影响，供汽压力确定前宜向设备制造厂或相关技术咨询单位进行咨询。

对于射汽真空系统，当加热蒸汽压力较低，不能满足真空设备对蒸汽压力的要求时，可另设置供汽系统。

3. 供汽方式

蒸馏法海水淡化蒸汽汽源的供应方式应根据海水

淡化站的重要性、海水淡化设备单机容量和总容量、供汽距离、供汽参数、水电联产方式等综合考虑确定。

（1）对于无备用淡水水源、重要供水水源的海水淡化站，不能全站停机的情况可考虑设置并列双母管、环形双母管或其他类似功能的供汽系统，系统的最低供汽量需要满足海水淡化站的最低制水量时的蒸汽需求量要求。同时供汽汽源宜采用多台机组并列供汽方式，防止供汽汽源的突然中断。当电厂设置启动锅炉时，可将启动锅炉产生的蒸汽作为调试及应急供汽汽源。

（2）对于有备用水源，可以停机检修，制水耗汽量较小的海水淡化制水站可以设置单母管供汽系统。

（3）对于不同的水电联产组合方式，根据工程具体情况可采用其他适用的供汽系统方案。

4. 主要设备及配置要求

（1）淡化装置。

1）多级闪蒸装置根据结构不同可分为交叉管式（包括横管式和竖管式）和长管式。交叉管蒸发器结构中盐水流向与冷凝管的取向相垂直，长管蒸发器结构中冷凝管的取向与闪蒸盐水的流向相同。当选择较高的造水比时，宜采用长管型。低温多效蒸发器宜采用水平管喷淋降膜蒸发器。

蒸发器外壳的厚度应足以承受装置运行所需最大真空度要求。海水淡化装置的结构设计应便于检修。

淡化装置系统本体范围内的管路和阀门，其材质和参数应适合内部介质和工艺的要求，并具有高质量的防腐蚀特点。

2）蒸馏淡化装置的材质应耐海水的腐蚀，并考虑操作温度、海水的 pH 值、O_2 和 CO_2 含量，以及海水被污染（S^{2-}、NH_4^+等）的情况。根据耐蚀要求，其热交换管可选择不锈钢、铜合金、铝合金或钛材；容器可选择不锈钢或碳钢涂防腐层、阴极保护等。淡化装置本体不同金属材质间应采取绝缘措施。

3）蒸馏装置的换热管表面应定期进行清洗。多级闪蒸装置清洗周期按 0.5～1 次/年考虑，低温多效蒸馏装置清洗周期按 2 次/年考虑。

4）蒸馏装置应能在远方控制室内进行设备的启停、控制和调节。

5）多级闪蒸海水淡化装置的负荷变化范围一般为 80%～110%；低温多效蒸馏海水淡化装置的负荷变化范围一般为 50%～110%。负荷调节范围设计值应根据海水淡化制水要求、设备及外部条件确定。设置合理的负荷调节范围（不一定要求较宽的调节范围），可降低设备费用并提高设备效率。此外，工程设计时，应结合蒸馏淡化装置的负荷变化范围，配合水、汽量的极端值需求考虑。

6）蒸馏装置的使用寿命一般按 20～30 年设计。

7）蒸馏淡化装置的产品水水温应满足后续用户的要求，一般宜低于 40℃；需进行除盐处理时，产品水温应小于 40℃，若水温有超高的可能性，可采用凝结水精处理专用树脂作为离子交换树脂。

（2）海水过滤器。蒸馏淡化装置进料海水管路上宜设置自动清洗过滤器，过滤器的精度可根据装置要求和进口水的水质确定，设备出力可按处理 100%海水量设计，可不设备用。原料水和冷却水分开的供水系统宜按供水要求分别设置过滤器。

（3）加药系统。多级闪蒸系统应进行原水加酸、给水除气（一般集成在蒸发器内），并加聚电解质进行防垢、消泡处理，同时添加亚硫酸氢钠等除氧剂除去氧和余氯（在除气器之后）。多级闪蒸的加药系统包括加酸、加消泡剂、加阻垢剂等装置，必要时还应设置加碱装置；多效蒸馏的加药系统包括加消泡剂、加还原剂和加阻垢剂等加药装置。

蒸馏法海水淡化系统应根据进水水质和最高运行温度选择阻垢剂，药品种和加药量宜根据试验确定。当没有试验数据时，阻垢剂加药量可按 2～5mg/L 设计；根据运行情况间断投加消泡剂，加药量宜为 0.1mg/L；还原剂加药宜采用 $NaHSO_3$，一般根据不同的工艺要求确定加药量，宜为 0.5～3mg/L。

（4）除雾器。蒸馏淡化装置内的除雾器一般采用水平布置的金属丝网式，也可采用垂直或水平布置的百叶窗式。

（5）真空抽气系统。为建立和维持蒸发器内部的真空，确保蒸发器系统的正常运行，设置蒸发器启动及运行真空抽气系统，以去除补给海水中的非凝结气体、容器中泄漏进入的空气和二氧化碳等。

蒸馏淡化装置一般采用多级蒸汽喷射式抽真空设备，启动抽汽系统容量宜在 40～60min 内达到蒸发器启动条件，正常运行射汽抽气器宜按 2～3 级喷射器设置。

真空系统的喷射凝汽器可以是表面式或混合式。

（6）凝结水回收系统。多级闪蒸海水淡化装置的加热蒸汽凝结水可单独回收并返回至发电机组的热力系统，如低压加热器。

低温多效蒸馏系统的加热蒸汽凝结水如含有对用户有害的化学成分时，应单独回收。回收后根据全厂水平衡确定去向，如可作为锅炉补给水处理系统的原水。

（7）淡水冲洗系统。蒸馏淡化装置应设置停运时的淡水冲洗系统，以防止腐蚀。淡水冲洗系统由冲洗水泵和冲洗管路组成。冲洗水可采用厂内工业水或淡化产品水。

（8）酸洗系统。蒸馏淡化装置在高温下运行一段时间，设备内部换热面上易附着结垢物质，需通过酸洗等方式进行除垢。因此，蒸馏法海水淡化装置应设置酸洗系统，酸洗系统可采用固定式或移动式设备，包括溶液箱、酸洗输送泵、管道及附件等。酸洗废液应处理后排放或回用。

（9）离子陷阱。为避免在铜、镍、汞等金属离子的作用下铝制部件的腐蚀，对于采用有铝制部件的蒸馏装置，可在原海水进入蒸发器前设置离子陷阱装置（装有与装置材料相同的铝质小碎片或短管的简单容器），以去除铜、镍、汞等金属离子。

（10）异常工况保护系统。在异常工况下，为保护海水淡化装置免受损坏或保证系统正常运行，蒸馏法海水淡化装置应设计蒸汽中断时的真空保护系统、加热蒸汽超压保护和超压排放装置。加热蒸汽超压保护和超压排放装置一般设在低温多效海水淡化装置的第一效。超压保护动作时间应保证加热设备不超过设备的设计压力，超压排放装置应保证蒸汽最大进汽量下加热设备不超过设计压力。

（11）给水系统。当多效蒸馏装置效数较少时，可采用一级平流供水；当效数较多时，一般采用多级供水方式。为提高设备效率，根据设备供应商的优化方案，物料水供水系统可采用再循环或逐级预热的方式。

（12）热压缩系统。多效蒸馏装置用于热压缩的二次蒸汽一般从最后一效引出，但为了降低压缩蒸汽参数，也可从其他效引出。

（13）水泵。淡化系统的各类工艺水泵可不设备用。若设计备用泵，考虑到部分工艺水泵容量大、价格昂贵，对于多套海水淡化装置，可每 2 套装置共用 1 个备用泵。

（14）系统管道的设计。高温管道设计应计算管道热膨胀造成的应力及对外推力，所有互连导管和管路应留有热膨胀的足够余地，避免对相关设备和泵产生应力。

产品水和加热蒸汽凝结水管路应设置不合格水排放管，排水宜回收利用。

为了减少堵塞和磨损，蒸发器中换热管的管间距离将选择适当大的尺寸。

对蒸发器本体高温部件、蒸汽管路和其他所有外部表面温度超过 50℃ 的区域应设置隔热层，隔热层由绝热材料和耐盐雾腐蚀的外保护层组成。

（15）产品水储存系统。蒸馏淡化装置产品水箱的容积可根据系统出力、淡水用量、蒸馏装置检修周期和时间等因素确定，其台数宜不小于 2 台。

不同用途的产品水应分别设置储存箱（池），每类产品水箱（池）不宜少于 2 台（格）。

产品水储存箱（池）的总有效容积应满足用户对产品水的需求量、供应方式和用途的要求。当产品水

储存箱（池）作为全厂性供水时，其总有效容积应满足在一套淡化装置停运检修期间的正常淡水需求；当产品水储存箱（池）仅向电厂内单一工艺系统供水时，其总有效容积应根据淡化装置和后续工艺系统出力、运行要求确定，宜按正常供水量的 1～2h 设计；当产品水储存箱（池）除供本厂用水外，还向外供水时，其总有效容积应满足在一套淡化装置停运检修期间电厂内的正常淡水需求和厂外用户的供水要求。

5. 设备布置要求

（1）蒸馏法海水淡化站的布置应综合考虑蒸汽供应、取排水、淡水用户及供电等因素确定，不宜离汽源点过远，以减少蒸汽管道量。

（2）蒸馏法海水淡化装置本体、产品水箱（池）设备宜室外布置，并应留有检修蒸发器和更换换热管的场地，一般靠近淡化装置布置。寒冷地区应采取防冻措施。当露天布置时，运行操作处、取样装置、仪表阀门等宜集中设置，并根据需要采取防雨、防晒等措施。

（3）蒸馏法海水淡化辅助设施可根据工程厂址所在地区的气温情况，确定室内布置还是室外布置。

（4）蒸馏法海水淡化装置的总体布置及结构设计应方便设备的安装及检修，主要操作检修设备点应设有通道，高位布置的设备应设有平台楼梯及防护栏杆。

（5）蒸馏淡化系统的总动力盘、总控制盘应布置在单独的房间内。运行控制室内应有良好的采光和通风，并有适当的值班场地和检修通道。室内不应有穿越的管道。

（五）反渗透海水淡化系统设计主要技术要求

1. 系统配置

海水反渗透系统一般由反渗透给水泵、保安过滤器、高压泵、能量回收装置、反渗透组件、冲洗系统、化学清洗系统、加药系统、监测仪表和电气控制系统等组成。海水反渗透装置的保安过滤器、高压泵、能量回收系统、反渗透组件等一般按单元制设计。

2. 海水反渗透膜装置的设计计算

海水反渗透膜装置的设计计算可使用膜厂商的专用软件进行。在使用设计软件之前先进行手工计算，手工计算的步骤归纳如下：

（1）确定系统出力和单机产水量。海水反渗透系统出力应根据海水特性、预处理方式和淡水用户确定。设计余量应根据淡化规模确定，当规模较小时可适当放大。

反渗透海水淡化装置单机产水量一般应根据高压泵和能量回收装置的性能参数、现场条件以及用水特点等确定。对于高压泵、能量回收和反渗透膜组单元制连接的海水反渗透单机规模主要受限于高压泵出

力,目前单套最大的海水反渗透装置出力约 1.5 万 t/d。对于大型的海水淡化系统,也可采用高压泵、能量回收和反渗透膜组三种设计方案,单套海水淡化装置规模可以更大。根据目前的实际工程案例及设计经验,比较经济的是设置单机设计出力 1 万 t/d 的海水反渗透装置。

(2)确定系统水回收率。水回收率是海水反渗透系统设计的重要参数之一,系统回收率的大小直接影响海水反渗透系统的投资费用。增加回收率会减少取排水系统设备的容量,降低预处理设备的容量,从而降低取排水系统的能耗,但还会增加高压泵能耗、增加膜元件和压力容器数量等。因此,回收率的确定应综合考虑原海水水质、预处理系统出水水质、膜的性能要求、运行压力、综合投资和制水成本等因素。

海水反渗透系统水回收率一般控制在 35%～55%,一般情况下选择 40%～45%。

(3)确定设计水温。海水反渗透系统设计时应考虑水温对产水水量及产水水质的影响。反渗透膜的产水量随温度升高而增加,一般水温每变化 1℃,产水量变化 3%左右;同时水温上升,盐透过率增加,产水水质变差。反渗透产水量受温度影响的规律可用温度校正系数(TCF)表示,TCF 的计算见式(3-4)

$$TCF = EXP\left[k_t\left(\frac{1}{273+T} - \frac{1}{298}\right)\right] \quad (3-4)$$

式中 k_t——与膜材料有关的常数;
T——进水温度,K。

某品牌复合膜温度校正系数见表 3-9。

表 3-9　　某品牌复合膜温度校正系数

温度(℃)	校正系数	温度(℃)	校正系数	温度(℃)	校正系数
5	0.483	17	0.755	29	1.123
6	0.501	18	0.783	30	1.156
7	0.521	19	0.812	31	1.190
8	0.542	20	0.842	32	1.225
9	0.563	21	0.870	33	1.261
10	0.584	22	0.902	34	1.296
11	0.608	23	0.933	35	1.334
12	0.630	24	0.968	36	1.369
13	0.653	25	1	37	1.409
14	0.677	26	1.029	38	1.448
15	0.703	27	1.060	39	1.490
16	0.728	28	1.091	40	1.530

海水反渗透装置的设计进水水温一般宜为 15～

35℃,最低不宜低于 10℃,最高不宜超过 40℃。当来水水温不能满足要求时,应设置原水加热设施。

(4)选定膜元件。海水反渗透膜宜选用卷式聚酰胺复合膜。原水为高污染海水时,应选择耐污染海水膜。产品水对硼的含量有要求时,应选择脱硼效率高的膜,或采取多级反渗透、混水等措施。出水水质可以满足要求时,优先选择低能耗膜。

当系统产水量大于 2.3m³/h 时,宜选用直径 200mm (8in)的膜;系统产水量较小时,则选用直径 100mm (4in)或直径 50mm(2.5in)的膜。工业海水淡化系统常用的海水反渗透膜元件一般为标准的直径 8in 膜。

(5)确定膜元件主要技术参数。反渗透膜的设计通量将决定膜元件数量及膜的污堵速率,通量值的选择可根据给水温度、取水和预处理方式确定,一般不应超过膜厂商设计导则规定最大值的 80%。对于采用地表取水方式的淡化系统,膜通量一般在 12～17L/(m²·h)范围内取值。对于岸边打井取水方式的淡化系统,或采用膜过滤预处理系统时,反渗透膜通量可取上限值。设计膜通量值也可参考膜厂商的设计导则确定,国际著名膜产商设计导则推荐的设计参数见表 3-10。

表 3-10　　国际著名膜厂商设计导则推荐的
海水膜设计参数

取水方式	技术参数	推荐值			
		D 公司	H 公司	T 公司	K 公司
沉井	给水 SDI$_{15}$	<3	<3	<4	<5
	浊度(NTU)	<0.1	<0.1	<0.1	<1
	平均通量 [L/(m²·h)]	13～20	10～17	15～19	
	单支膜回收率(%)	8	10	8	8
表面取水	给水 SDI$_{15}$	<5	<4	<4	<5
	浊度(NTU)	<0.1	<0.1	<0.1	<1
	平均通量 [L/(m²·h)]	11～17	8～13.6	12～16	
	单支膜回收率(%)	8	8	8	8

注　H 公司建议 TOC<2mg/L,BOD<4mg/L,COD<6mg/L。

膜元件的其他主要设计参数如下:膜元件的产水通量年衰减率一般为 7%～10%,产水透盐率年增加率一般为 10%～15%,单支膜元件回收率一般为 10%～15%,污堵因子一般为 0.70～0.85(地表取水取 0.7,地下取水取 0.85)。

（6）计算膜元件数量。膜元件数量可根据式（3-1）计算。

（7）确定级数、段数。海水反渗透系统的级段数需结合产水通量、回收率等因素综合考虑。

回收率 50%以下，通常只设计一段；回收率 50%～60%时，需要按两段设计。

级数确定与原水 TDS、温度和产水要求有关，除了对含盐量或脱硼有特殊要求外，通常为一级。

海水淡化系统压力容器的段数确定原则见表 3-11。

表 3-11 海水淡化系统压力容器的段数确定原则

系统回收率（%）	串联元件的数量	压力容器的段数		
		6 芯	7 芯	8 芯
35～40	6	1	1	—
45	7～12	2	1	1
50	8～12	2	2	1
55～60	12～14	2	2	—

（8）确定压力容器数。海水反渗透膜元件的承压壳体可选用玻璃钢或其他耐海水腐蚀的压力容器，压力可与所选膜元件最高允许压力一致。

压力容器数量可根据式（3-2）计算。

标准的压力容器可装 1～8 支标准膜，在小型海水淡化系统中，每个压力容器可内置 1～3 支标准膜；大中型海水淡化系统的压力容器可内置 6～7 支标准膜；超大型海水淡化系统应内置 8 支标准膜。

（9）确定各段间压力容器数量比。各段间压力容器数量比可根据式（3-3）计算。

（10）利用专用软件进行优化计算。手工计算后，可利用反渗透膜生产厂商针对各自产品反渗透膜的设计软件进行优化计算，验证浓水系统中各难溶物质饱和度、LSI 或产品水水质等数据是否达到要求。

使用软件时应留意报警信息（如第一段的给水流量高、最后一段的浓水流量低、产水通量高、膜元件回收率高、某种盐过饱和等），再结合膜厂商的设计导则进行调整。

3. 主要设备及配置要求

（1）海水反渗透给水泵。反渗透给水泵的作用是为高压泵或能量回收装置入口提供一定的压力。高压泵的入口一般要求正压，能量回收装置的原海水入口需要至少 0.2MPa 的压力。反渗透给水泵出口应满足后续反渗透系统的需水量要求。

（2）保安过滤器。为保护高压泵、能量回收装置及反渗透膜，在高压泵入口须设置保安过滤器，且不宜采用带反洗功能的保安过滤器。保安过滤器的过滤精度一般设计为 5μm，可阻挡海水中直径大于 5μm 的颗粒杂质。保安过滤器的设计出力应满足海水反渗透装置进水流量的要求，通常选择折叠式滤芯。

（3）高压泵。高压泵是海水反渗透淡化系统中提供动力的关键设备，是系统主要耗能设备，电耗约占系统运行费用的 1/3，是影响产生成本的主要因素之一。因而高压泵的选型及设计尤为重要。

海水淡化系统常用的高压泵有柱塞泵、中开式多级离心高压泵、分段式多级离心高压泵、高速离心高压泵等，泵效率依次递减。海水反渗透系统设计时，尽可能选取高效率的高压泵，并合理确定给水压力，达到降低能耗的目的，此外还要考虑系统出力。各种泵适合流量范围不同，通常泵入口流量小于等于 70m³/h 的系统宜选择柱塞泵，泵入口流量大于等于 70m³/h 的系统宜选择离心泵。

海水反渗透的柱塞高压泵出口应配置应力消除器、安全阀、压力缓冲器，不得配置电动慢开门。

海水反渗透的离心高压泵宜设置变频装置，以保证高压泵出水压力满足反渗透工作压力要求，泵出口应设设电动慢开阀门。

海水反渗透的高压泵应设置进水低压保护和出水高压保护措施。

（4）能量回收装置。

1）能量回收装置的选择。大型海水淡化系统的能量回收装置主要有透平式能量回收装置（如 Hydraulic Turbocharger）和正位移式能量回收装置（如 PX）两种，其系统连接示意见图 3-10 和图 3-11。

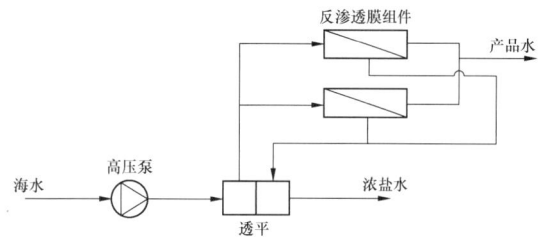

图 3-10 透平式能量回收装置连接示意

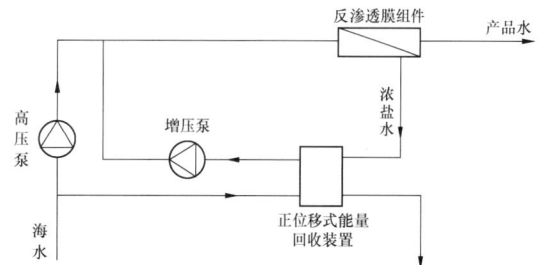

图 3-11 正位移式能量回收装置连接示意

透平式能量回收装置的能量回收效率一般为

50%~80%。正位移式能量回收装置的能量回收效率一般为90%~95%。

能量回收装置的选择应综合考虑能量成本、系统出力、投资费用和操作费用等因素，经比较后确定。透平式能量回收装置要经过二次转换，回收效率较低，总能耗较高，但投资低。正位移使能量回收装置只有一次转换，回收效率高，比能耗相对较少，但投资相对较高。大型海水淡化系统能量回收装置宜采用能量回收效率高的装置。

采用正位移式能量回收装置时，要避免因混水而导致反渗透装置进水含盐量显著升高，从而影响反渗透高压泵的设计压力。若因此影响了系统的经济性，应选择其他更合适的能量回收装置。

正位移式能量回收装置的设计混水率不应大于6%。

混水率可按式（3-5）计算

$$\eta = \frac{\gamma_2 - \gamma_1}{\gamma_3 - \gamma_1} \times 100\% \qquad (3-5)$$

式中　　η——混水率，%；

γ_1——原海水电导率，$\mu S/cm$；

γ_2——高压水（反渗透装置进水）电导率，$\mu S/cm$；

γ_3——浓盐水电导率，$\mu S/cm$。

对于采用正位移式能量回收装置的系统，由于混水的影响，会造成原海水TDS的上升（最大可达3%），在反渗透设计时设计输入的含盐量应按照原来的1.03倍进行计算。

2）能量回收装置流量的计算原则。正位移式能量回收装置根据系统浓水的流量，结合能量回收装置型号选择，当一台能量回收装置不能满足系统要求时，可并联多台能量回收装置。

3）增压泵的设计。透平式能量回收装置的海水反渗透淡化系统无需设置增压泵，给水全部经过能量回收装置增压，但对于大流量系统，应注意是否能采购到合适的高压泵。

正位移式能量回收装置的海水反渗透淡化系统需设置变频控制的增压泵，增压泵的作用是弥补海水经过反渗透膜和能量回收装置的压力损失，使经过能量回收装置增压后的海水与高压泵加压后的海水达到压力平衡，混合后作为海水反渗透进水。

（5）产品水储存系统。产品水储存系统的设计要求同海水蒸馏淡化系统的产品水储存系统设计要求。

（6）冲洗系统设计。冲洗系统应包括冲洗水箱（可与产品水箱兼用）、冲洗水泵及相应的固定管路。

冲洗水泵流量应按膜厂商设计导则规定选取，不宜小于反渗透装置的产水流量，冲水压力一般为0.3~0.5MPa。

为防止反渗透装置出现干膜现象，设计回吸水箱

时，水箱的标高水位应高于最高的压力容器，最高水位标高不应超过3.5m。

（7）化学清洗系统。海水反渗透系统配套设置固定的清洗装置，清洗系统由清洗水箱（用于配清洗液）、加热装置、清洗水泵、5μm保安过滤器以及阀门、管道、仪表等附件组成。

清洗水箱应防腐，其容积由一次清洗的压力容器和膜元件规格、数量、清洗回路的管件和保安过滤器等确定，计算时可分段考虑。

为保证清洗效果，清洗液温度宜为25~35℃，最高不应超过40℃。

清洗泵选用耐腐蚀离心泵，其扬程、流量应分别大于被清洗装置的最大压差和膜元件正常操作的工作流量，清洗水压力宜为0.3~0.5MPa。

（8）加药系统。反渗透加药系统包括加酸、加阻垢剂和加还原剂等装置。酸加药可采用盐酸或硫酸，应根据进水水质和水回收率选择阻垢剂，宜根据试验确定药剂品种和加药量。当没有试验数据时，加药量可按2~5mg/L设计；还原剂加药宜采用$NaHSO_3$，一般根据不同的工艺要求确定加药量，宜为0.5~3mg/L。

4. 反渗透海水淡化系统设计其他技术要求

（1）反渗透膜组件每个容器的给水量、最小给水流量、膜的排列组合方式等，也会影响系统的经济性和安全性，设计时应根据膜厂家的设计导则确定。

（2）海水反渗透装置产品水静背压不得超过膜元件厂家的规定，浓水排放管的布置应保证系统停用时最高一层膜组件不会被排空。

（3）海水淡化水作为工业水系统的水源时，应根据技术经济比较后确定是否设置二级反渗透预脱盐工艺。

（4）海水反渗透装置应设置不合格进水、不合格产水排放措施。

（5）海水反渗透装置进水和浓水管路应设置化学清洗和冲洗接口，且应设置自动冲洗进水阀、排放阀，并与高压泵联锁，停运时自动冲洗，冲洗完后自动关闭。冲洗水应采用反渗透装置产品水。

（6）海水反渗透装置浓水管路上应设置控制回收率的浓水流量的手动排放调节阀，产水管应设置止回阀及防止产水压力超过进水压力的压力释放安全装置。

（7）海水反渗透装置进水、浓水、产品水管路上及每支压力容器产水出口应设置取样阀。

（8）当海水淡化系统设置产水回吸水箱时，水箱容积应满足回吸所需的水量要求。

（9）海水反渗透装置宜按连续运行设计，且不少于2套。当有1套设备清洗或检修时，其余设备出力应能满足正常供水的要求。

（六）海水淡化产品水后处理

1. 后处理工艺设计技术要求

海水淡化产品水含盐量较低，因缺少矿物质而具有侵蚀性和不稳定性，作为工业用水及生活用水时，需进行水质调整处理。水质调整一般采取消毒处理和水质稳定处理（pH 值调整、矿化）等措施。

（1）产品水作为生活饮用水时，缺少对人体健康有重要影响的硬度元素，应进行消毒杀菌，并进行水质矿化处理。杀菌消毒可采用次氯酸钠、二氧化氯、臭氧、紫外线等方式。水质矿化处理可采用掺混天然淡水、加碳酸盐硬度、碳酸钠或碳酸钙矿石过滤等方式。处理后的水质应符合 GB 5749《生活饮用水卫生标准》的有关规定，其中产品水余氯控制为不小于 0.05mg/L。

用于生活饮用水处理的药品应符合 GB/T 17218《饮用水化学处理剂卫生安全性评价》的有关规定。

（2）产品水作为工业用水时，应进行水质调整处理，可采用掺混天然淡水、添加碳酸盐硬度、加碱、碳酸钙矿石过滤等方式，并应满足下列要求：

1）在可取得碳酸盐硬度较高的天然淡水时，可采取反渗透法淡化产品水掺混天然淡水的方式进行水质调整处理。

2）当无法取得合适的天然淡水时，反渗透法淡化产品水水质调整处理宜采用添加碳酸盐硬度、pH 值调节和添加缓蚀剂联合处理或碳酸钙矿石过滤处理等方式。添加碳酸盐硬度一般采用投加二氧化碳后加碳酸钙或氢氧化钙，再调整 pH 值的方式；碳酸钙矿石过滤方法采用加二氧化碳经碳酸钙矿石过滤，再调整 pH 值的方式。碳酸钙矿石可选用石灰石、大理石、方解石等材料，纯度一般要求达到 99%。

当仅需要调整 pH 值时，优先采用加氢氧化钠溶液的方式。当需要同时调整 pH 值、碱度和硬度时，宜采用添加氢氧化钙溶液，或采用碳酸钙过滤器（池），并添加二氧化碳。

水质调整后的产品水主要指标要求为：总硬度大于等于 40mg/L（以 $CaCO_3$ 表示）；碱度大于等于 40mg/L（以 $CaCO_3$ 表示）；pH 值（25℃）为 8.0~9.0；郎格里尔饱和指数 LSI＞0。

3）产品水作为锅炉补给水水源时，应进行进一步除盐。对于 MED 工艺的产水，由于产水水质好，且不存在被海水污染的问题，除盐系统可以采用混床处理工艺。对于 MSF 装置，由于换热管可能腐蚀泄漏后会发生淡水被污染的情况，因此宜采用较完善的除盐系统。

2. 常见后处理工艺

海水淡化常见后处理工艺见表 3-12。

表 3-12　　　海水淡化常见后处理工艺

海水淡化工艺	淡水用途	后处理工艺
海水反渗透（SWRO）	饮用水、一般工业用水	加碱中和或矿化、杀菌
	锅炉补给水水源	二级反渗透、一级除盐加混床
低温多效（MED–TVC）	饮用水、一般工业用水	矿化、杀菌
	锅炉补给水水源	混床
多级闪蒸（MSF）	饮用水、一般工业用水	矿化、杀菌
	锅炉补给水水源	混床或一级除盐加混床

（1）矿化。矿化通过调节淡化水的 pH 值并将其碱度、硬度调节到合适的水平，以达到稳定淡化水水质的目的，如矿化可使淡化水产生偏正的朗格里尔指数（LSI）值，防止管道腐蚀，同时可通过沉淀物的形式沉积在管壁上，形成附加保护的物理屏障。目前常用的淡化水矿化方法有以下几种：

1）石灰法。将石灰制成石灰乳，再加入经 CO_2 酸化的淡化水中进行水质的稳定。流程示意见图 3-12。反应方程式为

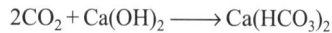

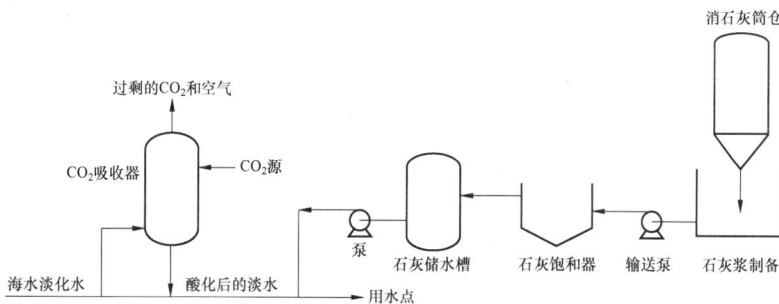

$$2CO_2 + Ca(OH)_2 \longrightarrow Ca(HCO_3)_2$$

图 3-12　海水淡化产品水加石灰矿化工艺流程

这种方法可同时增加淡化水的碱度和 Ca^{2+}，而不会引入其他离子。通过控制 $Ca(OH)_2$ 的投加量，可将产水 pH 值提高到使 LSI 等于或稍大于零，从而得到稳定的水质。需要注意的是，消石灰的使用可能引起海水淡化产品水浊度升高，当使用质量分数小于 96% 的消石灰溶液时，可使得产品水的浊度高于 1NTU，导致产品水水质超出饮用水水质标准的要求。因此，通常建议使用质量分数为 98% 的消石灰溶液。

2）碳酸钙矿石过滤方法。采用加二氧化碳经碳酸钙矿石过滤，再调整 pH 值的方式。最常见的石灰石过滤法的工艺流程见图 3-13。经 CO_2 酸化的淡化水与石灰石接触后会发生以下化学反应

$$CO_2 + CaCO_3 + H_2O \longrightarrow Ca(HCO_3)_2$$

该反应式的平衡 pH 值取决于初始 pH 值、CO_2 质量分数、碱度、总溶解固体、水温及其他因素。理论上，只要水与石灰石有足够接触时间，水中 $CaCO_3$ 将处于饱和状态，LSI 上升至等于或大于零，水质得以稳定。

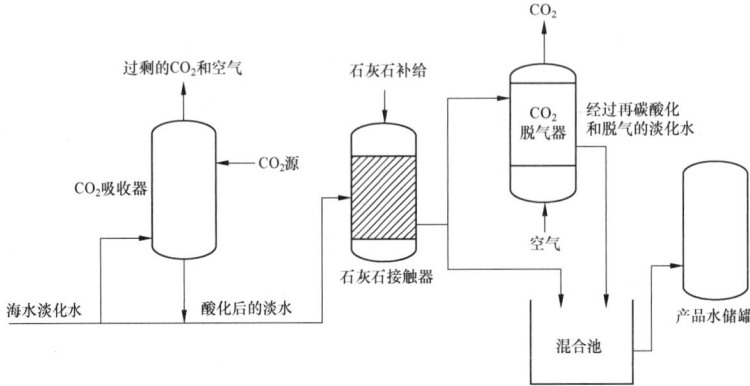

图 3-13　海水淡化产品水石灰石过滤流程

这种方法只向淡化水中添加 Ca^{2+} 和碱度，并没有引入其他离子。理论上，CO_2 与 $CaCO_3$ 反应的化学计量比为 1:1，但由于反应速率缓慢，局部反应不完全，CO_2 投加量需适当过量，出水中残留的 CO_2 需用 NaOH 或 Na_2CO_3 中和。对于大型海水淡化系统，选用带有 CO_2 回收装置的脱气系统比中和反应更加经济。

3）直接加药法。添加药剂即直接向淡化水中投加化学物质，常用的化学添加剂主要有 $NaHCO_3$、Na_2CO_3、CaO、$CaSO_4$、$Ca(OH)_2$ 和 $CaCl_2$ 等。$Ca(OH)_2$、$CaCl_2$、CaO、$CaSO_4$ 能提高淡化水的硬度，不能提高水体的碳酸盐碱度；而 Na_2CO_3、$NaHCO_3$ 能提高水体的碳酸盐碱度，不能增加硬度。为了同时提高淡化水的硬度和碱度，必须将两种或者两种以上的药剂同时添加到淡化水中。典型的药剂投加工艺如下：

a. 投加 $Ca(OH)_2 + Na_2CO_3$。主要发生碳酸钙的结晶反应

$$Ca(OH)_2 + Na_2CO_3 + H_2O \longrightarrow CaCO_3 + 2NaOH$$

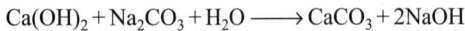

该方法可以提高水的 pH 值，但对 Ca^{2+} 和碳酸盐碱度基本上没有贡献，所以主要用于含碱度和游离 CO_2 的天然水。而且，由于使用 Na_2CO_3 的成本较高，较少用于大型海水淡化系统。

b. 投加 $CaCl_2 + NaHCO_3$。其反应方程式为

$$CaCl_2 + 2NaHCO_3 \longrightarrow Ca(HCO_3)_2 + NaCl$$

该方法既增加了 Ca^{2+} 的浓度也增加了碱度。通过控制 $NaHCO_3$ 的投加量，可将产水 pH 值提高到使 LSI 等于或稍大于零，但由于加 $NaHCO_3$ 提高 pH 值缓慢且有限，有时需加 NaOH 或 $Ca(OH)_2$ 进一步提高 pH 值，稳定水质。由于 $CaCl_2$ 比石灰石昂贵，成本非常高；而且该方法向水中引入了不需要的氯离子，增加了腐蚀的风险。

4）掺混。淡化水与富含矿物质的水源（海水、苦咸水、地下水等）掺混可以增加水体中离子含量，而且非常廉价。混合原水必须是经过适当净化处理的、不存在化学和生物安全隐患的原水。但是，由于掺混效果与源水关系密切，若原水的水质发生变化，掺混的比例也应该随之变化，而且，要使得掺混后所有水质参数都达到要求，淡化水与其他水源的掺混比例很难协调。因此掺混一般情况下仅能满足部分水质的要求，需与其他方法相结合才能达到最佳的掺混效果。

以上淡化水矿化方法中，直接加药法操作运行维护较为简便，但费用较高，适用于小型的淡化系统；CO_2-石灰法和 CO_2 溶解石灰石法，适用于较大型的海水淡化系统，其中 CO_2 溶解石灰石具有更高的经济性。当采用上述方法还无法达到硬度和碱度的要求时，可以采用掺混的方法进行补充。

（2）pH 值调整。海水淡化系统产出的淡化水通常显酸性，一般可通过投加化学药剂对淡化产品水进行 pH 值调整。药剂的选择应结合淡化系统规模及后处理水质需求综合考虑，小型海水淡化系统可采用价格高但使用方便的氢氧化钠和碳酸钠，大型海水淡化系统

多采用价格相对便宜的石灰，对于应达到饮用水标准的产品水的后处理时，应考虑采用食品级的药剂进行 pH 值调整。

淡化水后处理过程中，由于淡化水的 pH 值与水中碱度、Ca^{2+}浓度等有密切联系，因而 pH 调整方案需结合矿化、消毒等后处理工艺综合考虑确定。

（3）消毒。海水中含有多种致病微生物，通过海水淡化处理工艺可对其进行去除，但由于各淡化工艺不同，在产品水中仍可能含有部分微生物。若淡化产品水用于饮用水，则需对产品水进行消毒的后处理措施，以确保供水的安全性。消毒方法包括物理消毒法和化学消毒法。

1）物理消毒法。如加热、冷冻、紫外线、微波消毒等，具有消毒快捷、彻底、不污染水质等优点，但无法解决消毒后水的二次污染问题。

2）化学消毒法。用于消毒的药剂包括二氧化氯、臭氧、液氯、次氯酸钠等，由于向水中添加了药剂，在药剂量一定的前提下，可以保证持续消毒，但部分药剂会在水中转化形成对人体危害的副产物，因而使用时需要控制添加量。

（七）浓盐水处置

海水淡化系统产生的浓盐水处置方式应根据工程的具体情况确定，有条件时宜综合利用，暂时不能综合利用时，宜在设计时预留条件。

海水淡化系统的浓盐水处置主要有排海、制盐和电解制取次氯酸盐等方式。

1. 浓盐水排向大海

相对于广阔的海洋来说，海水淡化系统所排放的浓盐水是极微小的一部分。因此，将浓盐水直接排入大海应该是最为合适的方法。但海洋对排放物的消纳能力并不是无限的，海水淡化排放的浓盐水的盐度一般为取用海水的 2 倍左右。若浓盐水排放方式不当，将导致排放海域盐度升高。盐度升高会改变海洋生物本身体液与其生活环境海水中渗透压的平衡，从而降低海洋生物的繁殖力（主要是指幼虫和幼崽），甚至使其灭绝。

海水淡化排放水中污染物主要有两类：一种是化学添加剂，如生物杀生剂（次氯酸盐）、阻垢剂、消泡剂、酸洗剂等；另一种是设备或管路腐蚀产生的毒性重金属，如 Cu、Ni、Mo、Cr、Zn 等。这些污染物都会对海洋生态系统产生危害。

从物理性质方面，淡化系统浓盐水较原海水的改变主要为温度升高和密度增大。排放水密度增大主要影响接受水体的物理性质，由于浓盐水的密度大于自然海水，入海后易沉降在水底，阻碍海水的垂直混合，并在排水口附近形成高盐沙地。排放水温度升高则直接影响海洋生物的生长和繁殖，大部分海洋生物都是在

一定温度范围内生长，而繁殖温度的改变会影响海洋生物的生理机能，并影响其产卵、生长及幼虫孵化能力。此外，浓盐水水温升高将导致接受水体溶解氧含量降低，间接对海洋生物和水质产生不利影响。因此，在进行海水淡化系统设计时应采取必要的措施，如控制各种药品加药量、降低排放温度、在排水管线上设置必要的在线监测表计等，以尽量减轻对环境的影响。

当浓盐水直接排至海域时，可与机组的冷却水或循环水系统排水一起排放，但应满足排放海域的环保要求，不得对海水水质产生不良影响。

2. 浓盐水制盐

在浓盐水综合利用制盐工艺中，若气温适宜且地域广阔可以日晒法制盐，即利用充足的太阳能，将浓盐水储存在蒸发池中逐渐蒸发；还可工艺制盐，可采用多种工艺技术进行耦合，提高系统的操作性能，降低盐水的排放量，甚至可以达到零排放。常用的耦合技术为：

（1）预处理（微/超滤）→盐水浓缩（纳滤/电渗析）→蒸发浓缩（多级闪蒸）→结晶制盐（循环结晶器/真空结晶器）。

（2）预处理（微/超滤）→盐水浓缩（纳滤/电渗析）→膜浓缩（反渗透）→结晶制盐（结晶技术）。

上述工艺的进水如为反渗透的浓盐水，可不进行预处理。

3. 电解浓盐水制取次氯酸盐

海水淡化后的浓盐水，其温度和盐度均较原海水高。若将浓盐水用作电解制氯系统的原料水，可提高电解制氯发生器的有效产出率和电流效率。

浓盐水用于电解制氯时，应控制电解制氯装置运行温度在 25～30℃，以确保装置的高效运行。若夏季浓盐水温度较高时（如超过 40℃），可考虑将浓盐水掺混原海水作为原料水或直接使用海水作为原料水，以免因高温导致电解制氯系统有效产出率下降。

电解海水制氯系统，主要结垢物质为碳酸盐和氢氧化镁垢等。此外，海水中的锰离子会在阳极表面生成 MnO_2 沉积层，导致阳极"中毒"，引起电流效率迅速下降，能耗增加。由于浓盐水的盐度较高，制氯发生器的结垢速率要大于电解海水制氯发生器，浓盐水中锰离子含量较海水高，一般锰离子含量小于 $20\mu g/L$ 的浓盐水可回用于电解制氯系统，但系统设计时要充分注意水质监测及定期加强极板酸洗的要求，采用盐酸清洗可彻底去除发生器极板附着的沉积垢。

（八）海水淡化投资分析

海水淡化工程的投资费用大，制水成本较高，是影响海水淡化技术推广的主要原因。影响海水淡化装置的成本因素较多，是一个比较复杂的问题，也是投资方及工程设计最关心的问题。

下面对常用海水反渗透法（SWRO）和蒸馏淡化法（LT–TVC-MED 及 MSF）海水淡化装置的投资和制水成本及其影响因素进行分析和研究。

1. 海水淡化成本组成

海水淡化的成本主要分为投资成本和运行成本。

（1）投资成本。海水淡化装置投资成本（也称投资费用），可以分为直接费用和间接费用。

直接费用是直接和淡化装置有关的投资，包括土地和地基处理、海水取水设施、海水预处理、淡化工艺设备、产品水的处理、浓盐水处置及排放设施、辅助设施（储存水箱、泵、管道、变压器、供配电设施和电缆等）及建筑物费用等。

间接费用是和建设淡化装置相关的费用，包括运输和保险费用（一般占总直接费用的 5%）、建设管理费（包括临时设施、承建人的开支、工具使用等，一般为直接材料费和人工费的 15%）、业主费用（一般为直接材料费和人工费的 10%）和未预见费用（一般取直接费用的 10%）等。

（2）运行成本。海水淡化的运行成本（也称制水总成本），通常又可分为固定成本和可变成本。

固定成本即不制水也要发生的成本，包括设备折旧、保险和还贷。一般保险占直接成本的 5%，还贷占直接成本的 10%。国内设备折旧一般以残值为设备价的 5%计，设备折旧费为 95%设备费用/设备使用年限。

可变成本主要包括能源费（包括蒸汽费用和电费）、人工费、化学药品及材料消耗费、维修和备品备件费用（年维修和备品备件费用通常为总投资的 2%）。

2. 影响成本的主要因素

海水淡化成本不仅受许多因素影响，而且投资和运行成本之间也互相影响。影响淡化成本的主要因素有淡化工艺、淡化装置的规模、进水水质（包括总含盐量、总悬浮物、含沙量和总有机碳等）和水温、现场的自然条件（包括海水水质、水温、地理、地质、气候）、能源价格（蒸汽和电）、对淡化水的水质要求，以及淡化装置的配置和选材、操作人员的素质、开工率、安全容量、使用年限、投资来源、利率、税收等。

淡化装置容量是淡化装置设计的重要因素，淡化装置的初投资随着装置容量的增大而增加，但单位制水成本会随着容量的增大而降低。

进水水质是海水淡化装置设计和预处理系统设计的重要依据，也是影响海水淡化成本的主要因素。较差的海水水质，其初投资和运行成本较高。

能源（蒸汽和电）价格是海水淡化制水成本的决定性因素之一。

第三节 主 要 设 备

一、反渗透预脱盐系统主要设备

反渗透预脱盐系统是由保安过滤器、高压泵、膜组件、仪表、管道、阀门、就地控制盘柜和机架组成的可独立运行的成套单元膜设备。

（一）保安过滤器

1. 功能简述

保安过滤器属于精密过滤器，主要利用滤芯的孔隙进行机械过滤。水中残存的微量悬浮颗粒、胶体、微生物等，被截留或吸附在滤芯表面或孔隙中。在反渗透系统中安装于高压泵之前，防止预处理中未能完全去除或新产生的悬浮颗粒进入反渗透系统，保护高压泵和反渗透膜。常用的 5μm 保安过滤器一般可滤除水中 5μm 以上的颗粒，是反渗透进水的最后一道安全屏障。保安过滤器过滤原理见图 3-14。

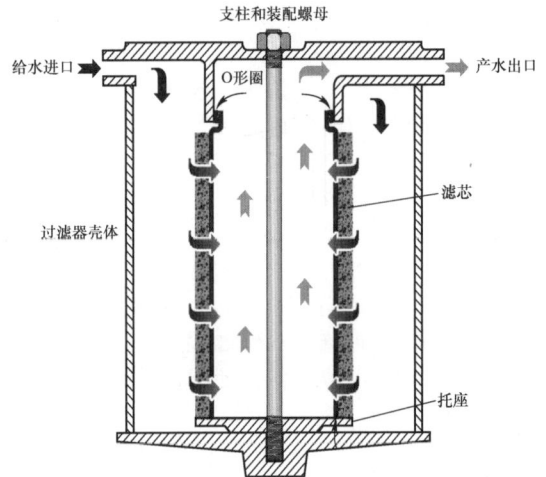

图 3-14　保安过滤器过滤原理

反渗透系统配置的保安过滤器一般采用非反洗型过滤器，即随着制水时间的增长，因截留物的污染，滤芯运行阻力逐渐上升，当保安过滤器运行进出口压差达到设定值（如 0.1MPa），系统报警提示滤芯脏污，需要人工更换滤芯。

2. 结构形式

保安过滤器由壳体和滤芯组成，常用的保安过滤器结构外形见图 3-15。

（1）壳体。壳体的材质一般与进水水质相适应，对于苦咸水，至少采用 S30408 不锈钢材质；对于海水，至少采用碳钢衬胶或不锈钢 S31608。

（2）滤芯。滤芯的材质可采用棉花、尼龙、聚丙烯、聚酰胺、玻璃纤维或聚四氟乙烯等合成材料，其中聚丙烯是首选材质。

保安过滤器有缠绕式、喷熔式和折叠式等多种类型，其选择一般应考虑适当的过滤精度、纳污量以及较高的过滤效率等，具体见表 3-13。还应注意，滤芯材质应适用于运行的进水温度。折叠滤芯相对于其他类型的滤芯能提供更好的颗粒去除率和更低的压降，故保安过滤器的滤芯通常宜选用折叠式滤芯。

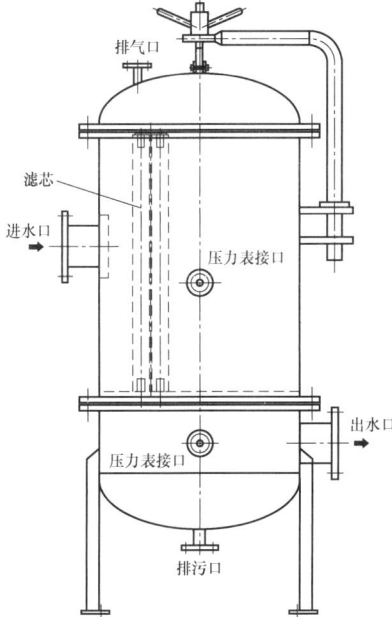

图 3-15 保安过滤器结构外形

表 3-13 **保安过滤器滤芯类型选择表**

评价项目	缠绕式	喷熔式		折叠式	
		中空式	中心管式	普通	多层
建议绝对孔径	≥10μm	≥20μm	不限制	不限制	不限制
深层过滤	可以	不可以	可以	不可以	可以
可否反洗	不可以	不可以	可以	可以	可以
溶出物	一般最高	是缠绕式的1%		最低	
压降	最高	稍高		最低	
纳污量	咨询制造商				
过滤效率	最低	低	稍高	最高	

3. 主要参数

（1）滤芯的精度。选择滤芯时应关注孔径的大小及分布，孔径分布较窄，则对水中大于相应孔径微粒的过滤效果较好，反之则过滤效果不佳。同时还要选用截污容量大的滤元。

大于滤芯公称精度尺寸的颗粒基本都可被相应精

度的滤芯截留，透过概率很小。据统计，5μm 滤芯透过大于 5μm 颗粒的概率小于 0.05%，透过的最大颗粒粒径为 15μm；10μm 滤芯透过大于 10μm 颗粒的概率小于 0.03%，透过的最大颗粒粒径为 20μm。

滤芯对浊度、铁和硅等胶体物质的去除效果如下：

1）相同进水浊度情况下，精度高的滤芯，其出水浊度低；进水浊度越低，出水浊度越低。进水浊度低于 1NTU 时，1μm 和 5μm 滤芯的出水浊度均小于 0.3NTU。

2）滤芯的除铁效果明显，且不同过滤精度滤芯除铁的效果基本相近，见表 3-14。

表 3-14 **缠绕式滤芯除铁效果**

过滤前（μg/L）	过滤后（μg/L）			
	滤芯过滤精度			
100	1μm	5μm	10μm	20μm
	14	13	14	14

3）除硅效果不明显，对于原水全硅含量为 1.11mg/L 的水质硅去除率约为 20%。

（2）滤芯的规格。过滤器滤芯的长度为 0.25～1.52m。缠绕式和折叠式滤芯的主要参数见表 3-15。

表 3-15 **滤 芯 规 格**

项目	缠绕式滤芯	折叠式滤芯
过滤精度（μm）	1、5、10、20、30	0.45、1、3、5、10、30
外形尺寸（mm）	$\phi 65 \times 250$	$\phi 71 \times 254$

（3）滤芯的更换压差。保安过滤器滤芯的工作压降小于 0.2MPa。

（4）滤芯数量。滤芯的安装数目根据处理量的大小来确定，可从一支到几十支不等。

4. 主要计算公式

保安过滤器滤芯数量按式（3-6）计算

$$N = \frac{q_V}{\pi D_o L q} \tag{3-6}$$

式中 N——滤芯数量，支；

q_V——处理水量，m^3/h；

π——圆周率，取 3.14；

D_o——滤芯外径，m；

L——滤芯长度，m；

f——滤芯水通量，$m^3/(m^2 \cdot h)$。

（二）高压泵

1. 功能简述

高压泵又称反渗透装置给水泵，是反渗透系统的动力驱动设备，反渗透制水所需压力由高压泵提供。

苦咸水反渗透预脱盐系统中，高压泵出口压力一般为
1.05～1.6MPa；海水反渗透淡化系统中，高压泵出口
压力一般为 5.8～8.0MPa。反渗透预脱盐系统设计时
必须控制高压泵的出口压力，保证维持设计产水量的
同时又不能超过膜元件最高允许进水压力。

2. 结构形式

根据高压泵的工作原理和结构，高压泵的类型主
要分为叶片式泵和容积式泵，其中叶片式泵主要有离
心泵和旋涡泵两大类。高压泵的分类见图3-16。

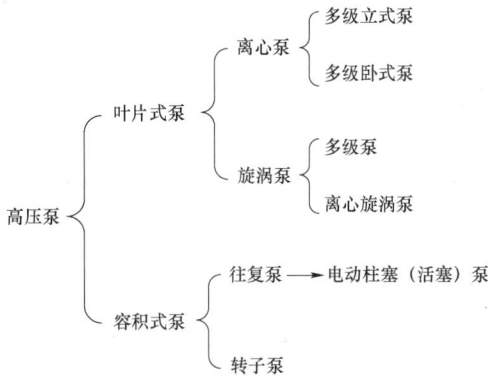

图 3-16 高压泵的类型

高压离心泵的流量比较大，适用于大规模的海水
淡化系统，而旋涡泵和往复泵均适用于小规模海水淡
化系统。苦咸水预脱盐系统常选用高压离心泵。

几种常用高压泵的结构特点如下：

（1）柱塞式高压泵。柱塞式高压泵主要分为轴向
柱塞泵和径向柱塞泵两种形式。轴向柱塞泵是指柱塞
运动方向与传动轴轴线水平，径向柱塞泵是指柱塞运
动方向与传动轴轴线相垂直。

柱塞式高压泵具有往复式容积泵的结构复杂、质
量重、易损件多、维修保养工作量大的特点，且其噪
声通常比离心泵大。

（2）离心式高压泵。离心高压泵的类型主要有水
平中开式多级离心高压泵、分段式多级离心高压泵和
高速高压离心泵三种。

1）水平中开式多级离心高压泵。一般采用蜗壳形
泵体，蜗壳体由主轴中心线的平面上分开，分为上下
两半。每个叶轮都有相应的蜗壳形吸入室和排出室，相
当于把几个单级蜗壳泵组装在同一根轴上串联工作。泵
的吸入口和排出口均位于下泵体上，上泵体主要是泵
盖。检修时，只需卸开上泵体，无需拆卸泵进出口管路。
水平中开式多级离心高压泵结构图见图3-17。

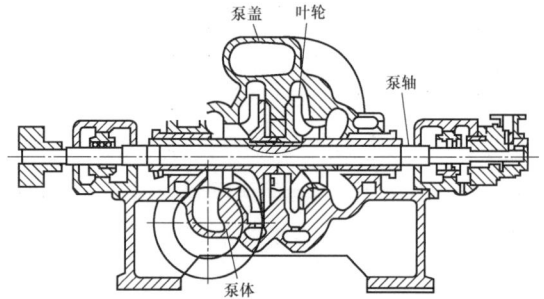

图 3-17 水平中开式多级离心高压泵的结构

2）分段式多级离心高压泵。可垂直剖分成多级泵，
由一个前段、一个后段和若干个中段组成，即单独的、
一级一级的泵段组装在泵的吸入口和排出口之间。每
一级泵段构成单独的承压体，泵段间需要级间密封，
以防外漏液体。结构紧凑，但维修拆卸较为麻烦，需
拆开整个泵和全部管路，其结构见图3-18。

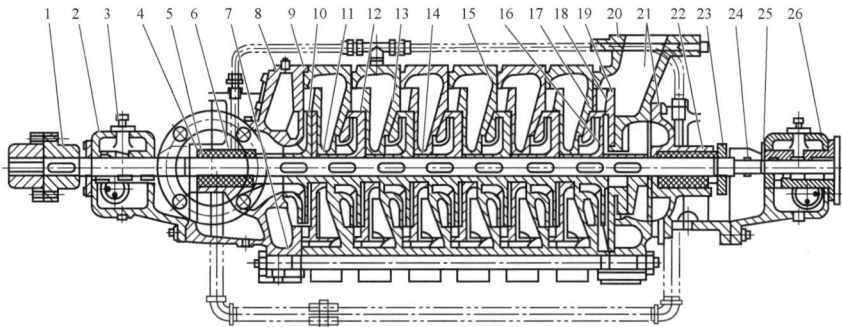

图 3-18 分段式多级离心高压泵的结构

1—联轴器；2—轴承甲部件；3—油环；4—轴套甲；5—填料压盖；6—填料环；7—泵体拉紧螺栓；8—进水段；9—中段；10—叶轮；11—轴；12—导轮；13—密封环；14—叶轮挡套；15—导叶套；16—平衡盘；17—平衡套；18—平衡环；19—出水段导轮；20—出水段；21—后盖；22—轴套乙；23—轴套锁紧螺母；24—挡水圈；25—平衡盘指针；26—轴承乙部件

3）高速高压离心泵。单级泵，只有1个叶轮，叶
轮直径小、体积小、尺寸紧凑，转速可大于5000r/min。

3. 主要参数

反渗透系统高压泵性能比较见表3-16。

表3-16　　高 压 泵 性 能 比 较

泵的类型	流量（m³/h）	效率（%）	出口压力稳定性	结构特点
往复容积泵	1～10	70～80	有脉冲波动，需要配置稳压设备	复杂、有振动、体积大、造价高
	10～80	>85		
高速离心泵	10～70	50～75	稳定	简单、造价低、体积小、安装方便
分段式离心泵	80～200	70～80		
中开式离心泵	>220	75～85		

往复式容积泵主要用于额定流量较低的场合。随着水泵技术的发展，往复式容积泵的额定流量最大可达到 140m³/h（通常流量小于 80m³/h），压力可达8.5MPa。它的最大优点是效率高，运行成本低；且效率范围大，对应一定流量可达到不同的扬程，基本上都可保证在高效率点工作。

水平中开式多级离心高压泵适用流量大于220m³/h 的场合，流量越大，效率越高（可达 75%～85%）。特点是轴向推力小，维护保养方便，但内部流道结构复杂，铸造困难，制造成本高。

分段式多级离心高压泵用于中等流量（80～220m³/h）的场合，效率为 70%～80%。特点是内部结构简单，体积小，质量轻，价格相对便宜，维修保养麻烦。

高速高压离心泵适用于小流量（10～70m³/h）场合，压力小于 7MPa，效率为 50%～75%。特点是质量小，体积小，但效率较低，噪声大，加工和安装精度要求高，制造和维修成本较高。离心泵的最小连续流量可以很低，当泵的轴功率不大于 100kW 时，最小连续流量可低至泵最佳效率点流量的 20%～30%。

4. 主要计算公式

（1）高压泵流量。反渗透高压泵的数量一般可与反渗透装置的数量一致，单台反渗透高压泵的流量可按式（3-7）计算

$$q_{VF} = \frac{q_{VP}}{YN_R} \qquad (3-7)$$

式中　q_{VF}——高压泵的流量，m³/h；
　　　q_{VP}——反渗透系统的设计产水量，m³/h；
　　　Y——反渗透系统水回收率，%；
　　　N_R——反渗透装置的套数。

对于海水淡化系统，采用透平式能量回收装置时，高压泵的设计流量应为反渗透进水流量；采用正位移式能量回收装置时，高压泵的设计流量应为反渗透产水流量与能量回收装置泄漏量之和。

（2）高压泵的扬程。反渗透高压泵的扬程选择应考虑从反渗透给水箱供水至能量回收装置（或高压泵）入口的净压头及管道沿程阻力损失，可按式（3-8）计算

$$H = H_1 + H_2 + h_{\Sigma f} + 9800 p_j \rho \qquad (3-8)$$

式中　H——高压泵扬程，m；
　　　H_1——高压泵吸上高度（吸上为正值，倒灌为负值），m；
　　　H_2——反渗透膜组件或能量回收装置进口与高压泵出口的高度差，m；
　　　$h_{\Sigma f}$——高压泵出口到反渗透膜组件或能量回收装置进口所有管路、管件及设备的阻力水头损失，m；
　　　p_j——反渗透膜组件需要的进水压力或能量回收装置的进水压力，MPa；
　　　ρ——输送介质密度，kg/m³。

（3）高压泵单位产水能耗。高压泵的单位产水能耗取决于高压泵的进出口压差和高压泵效率，具体计算公式见式（3-9）

$$E = \frac{p}{3.6\eta} \qquad (3-9)$$

式中　E——单位产水能耗，kWh/m³；
　　　p——高压泵的进出口压差，MPa；
　　　η——高压泵效率，%。

（4）高压泵轴功率。高压泵轴功率计算见式（3-10）

$$P_a = \frac{H q_V \rho}{102\eta} \qquad (3-10)$$

其中

$$\eta = \eta_m \eta_h \eta_v$$

式中　P_a——额定工况下的轴功率，kW；
　　　H——泵的额定扬程，m；
　　　q_V——泵的额定流量，m³/s；
　　　ρ——介质密度，kg/m³；
　　　η——额定工况下的效率；
　　　η_m——机械效率；
　　　η_h——水力效率；
　　　η_v——容积效率。

（5）高压泵电动机功率。高压泵相对应电动机的配用功率一般按式（3-11）计算

$$P = k \frac{P_a}{\eta_t} \qquad (3-11)$$

式中　η_t——泵传动装置效率，见表3-17；
　　　k——原动机功率余量系数，对于离心泵电动机，其 k 值不应小于表3-18值。

表3-17　　泵 传 动 装 置 效 率 η_t

传动方式	直联传动	平带传动	V带传动	齿轮传动	蜗杆传动
η_t	1.0	0.95	0.92	0.9～0.97	0.70～0.90

表 3-18　离心泵电动机功率余量系数 k

电机铭牌功率 P_a（kW）	功率余量系数 k
<22	125%
22～55	115%
>55	110%

（6）增压泵。增压泵的流量及扬程按式（3-12）和式（3-13）计算

$$q_{Vz} = q_{V1} - q_{V2} \qquad (3-12)$$

$$H = \Delta H_1 - \Delta H_2 + h_f \qquad (3-13)$$

式中　q_{Vz}——增压泵流量，m³/h；

　　　q_{V1}——反渗透系统浓水流量，m³/h；

　　　q_{V2}——能量回收系统泄漏流量，m³/h；

　　　H——增压泵扬程，m；

　　　ΔH_1——反渗透膜最大水头损失，m；

　　　ΔH_2——能量回收装置水头损失，m；

　　　h_f——增压泵出口到反渗透膜进口所有管路、管件的阻力水头损失，m。

（三）能量回收装置

1. 功能简述

能量回收装置用于回收海水淡化浓排水中能量。对于常规海水反渗透系统，反渗透海水淡化过程的操作压力为 5.8～8.0MPa，而从膜组件中排放出来的盐水的压力也高达 5.0～6.5MPa。如果带有大量压力能的高压盐水通过减压阀直接排放，按照 40% 的系统回收率计算，将浪费大约 60% 的余压。因此，通过能量回收装置，高效利用盐水的余压能对降低反渗透海水淡化系统能耗，进而降低产品水成本至关重要。

2. 结构形式

目前海水淡化市场上主流的能量回收装置形式可分为透平式能量回收装置和正位移式能量回收装置两大类。

（1）透平式能量回收装置。透平式能量回收装置是将高压浓盐水的压力能通过透平部分转化旋转能从而带动同轴的泵工作，低压进料海水在泵中得到增压，轴功转化为海水的压力能，即要经过"压力能—轴功—压力能"的二次转化，装置的能量损失较大，总的能量传递效率为 50%～80%。第一代及第二代透平能量回收装置工作原理见图 3-19 和图 3-20。

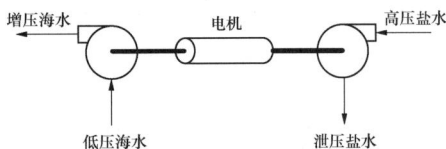

图 3-19　第一代透平能量回收装置工作原理

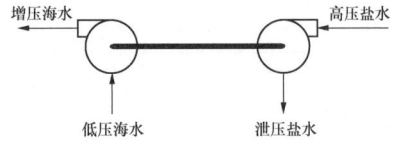

图 3-20　第二代透平能量回收装置工作原理

1）反转泵型透平。反转泵型透平（francis turbine）是最早的能量回收装置。该装置将透平部分通过轴与高压泵或电机相连，浓盐水通过透平将压力能转化为轴功，带动同轴的泵或电机工作。反转泵型装置结构简单，成本低廉，透平部分是反转泵，水力流动性能较差，能量传递效率较低。透平装置对工况的要求较严格，目前在淡化系统中使用较少。

2）佩尔顿型透平。佩尔顿型透平（pelton wheel device）是一种脉冲透平，通过直接与高压泵或电机同轴的方式来回收利用浓盐水余压能，通过透平部分的喷嘴将高压浓盐水引入水轮，带动电机或高压泵工作。喷嘴相当于浓盐水的控制阀，叶轮是唯一旋转的部件，具有良好的流体力学性能，但机械加工难度较大。该装置的总能量回收效率和喷嘴、叶轮以及同轴泵的效率有关，典型佩尔顿型透平装置的能量传递效率是 40%～60%，属于效率较高的透平式能量回收装置之一。

3）液压涡轮增压器（hydraulic turbocharge，HTC）和液压增压器（hydraulic pressure booster，HPB）。HTC 装置由透平和泵两部分组成，两者在同一壳体中工作，透平水轮和泵叶片安装在同一轴上。高压浓盐水由入口喷嘴进入透平，装置上设有一个旁路来调节和控制盐水的流量和压力，低压海水由入口进入泵部分，高压浓盐水冲击水轮转动同时带动同轴的泵旋转。浓盐水由透平出口以较低压力排出，增压海水由泵出口排出，以较高压力进入膜组件。HTC 装置和高压泵串联运行，通过降低高压泵出口压力来减少系统能量消耗，其能量传递效率独立于高压泵的效率，且透平装置转子的速度完全独立于高压泵或电力，所以透平和泵部分均可设计成高速旋转的部件，以达到较高效率的能量回收。

HPB 装置是与 HTC 相似的第二代能量回收装置，也是通过降低高压泵的出口压力来减少能量消耗，只是将浓盐水控制阀与能量回收装置做成一个整体而不需要通过旁路调节，装置成本较低，操作方便，与同类产品相比效率较高。

HTC 和 HPB 这两种能量回收装置由高压浓盐水驱动而无需外加能量，装拆容易，检修方便，可以独立工作而不必与高压泵轴或电机轴相连，适合在大流量下工作，规模效应明显。

在反渗透系统中，HTC 和 HPB 与高压泵串联使用，海水经预处理后由高压泵增压到一定压力，在

HTC 和 HPB 中利用回收的盐水余压能将海水进一步升高压力到进膜压力，HTC 和 HPB 在工艺中相当于增压泵的作用，可用于单级、两级反渗透系统进料增压。在实际操作中，还可以采用脉冲透平（或反转泵）与 HTC（或 HPB）两种能量回收装置联合运行的方式来有效回收高压浓盐水能量。

（2）正位移式能量回收装置。正位移式能量回收装置利用高压浓盐水的余压能直接传递给低压进料海水，两种液体之间设置活塞或隔离屏障，防止其混合。正位移式能量回收装置只需经过压力能—压力能的转化，能量传递效率较高，能量回收效率一般大于 90%，目前在反渗透海水淡化市场上占主导地位。

正位移式能量回收装置的工作原理与透平式不同，它与高压泵并联使用，通过减少由高压泵增压的海水流量来降低总能耗。

正位移式能量回收装置品牌主要有 DWEER（dual work exchanger energy recovery）、PX（pressure exchanger）、PES（pressure exchanger system）以及 iSave 等。

1）DWEER 型能量回收装置。DWEER 型能量回收装置由美国某公司研究开发，于 20 世纪 90 年代初开始大规模应用，2002 年独立归属 DWEER Technology 公司所有。

图 3-21 所示为 DWEER 型能量回收装置工作原理示意。该装置采用两个功交换容器即水压缸交替工作，高压盐水进料时推动海水移动，能量以较高效率直接传递给海水，海水经增压泵进一步增压后进入膜组件。一定时间后盐水充满水压缸，然后进行泄压，海水进料推动盐水移动，盐水以接近大气压值排出水压缸，海水在水压缸中等待下一次增压。为确保进料海水被连续增压而泄压海水被连续排放，一水压缸进行增压的同时另一水压缸要进行泄压。

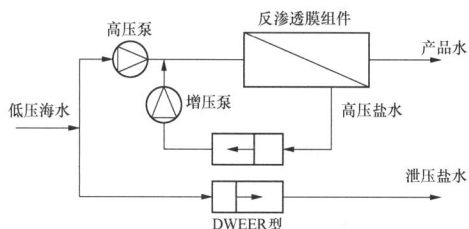

图 3-21 DWEER 型能量回收装置工作原理

DWEER 型能量回收装置水压缸中安装活塞以有效减少盐水和海水的混合，但会有额外的控制问题。水压缸两侧安装阀门来控制盐水/海水流向转换，也会带来诸如动力控制、装置维护、水锤、流量/压力脉冲、计算机控制等一系列问题。该装置原有设计采用多个控制电磁阀，系统复杂，投资及运行成本较高，同时对电磁阀使用寿命、同步性等有较高要求。1998 年，DWEER Technology 公司研制新型控制阀（linear valve），该阀采用多重通道设计，具有运行较快的阀门切换速度，在相同处理量下可减小水压缸容积。linear valve 代替了原有装置上的 8 个两通阀，有效简化系统，提高装置可靠性，同时系统维护要求大幅度降低。

2）PX 型能量回收装置。PX 型能量回收装置是美国某公司于 1992 年开始研究开发的。

图 3-22 所示为 PX 型能量回收装置工作原理示意。该装置采用一个无轴陶瓷转子，转子上有 12 个轴向通道，转子是唯一的活动部件，由与柴油引擎同样坚硬的陶瓷材料做成。套筒间分为高压区和低压区，陶瓷转子在套筒间自由旋转通道也随之旋转，在任一瞬间，一部分通道与高压盐水相通，另一部分通道与泄压盐水相通，套筒中有密封区域隔离高压区和低压区。当通道位于高压区时，高压盐水进入通道，将能量直接传递给进料海水，增压后的海水从另一端排出。随着转子的旋转，当通道位于低压区时，低压海水进入通道，将泄压盐水从另一端排空。操作过程中，在高压区内进入通道的盐水在低压区内被完全排放，在低压区内进入通道的海水在高压区内也被完全增压。由于采用多通道设计，可以保证同时有多个通道进行增压及泄压操作，盐水和海水进料及排出流动平稳性好。

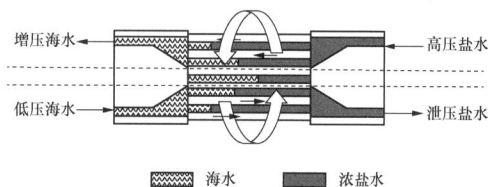

图 3-22 PX 型能量回收装置工作原理

PX 型能量回收装置采用无阀设计，转子通道中总存在一段浓盐水和海水的混合段（相当于液体活塞），可用于隔离浓盐水和海水，保持合适的转速可使混合段液体活塞不被排出。研究表明，海水经 PX 型能量回收装置增压后，约有 6% 的盐水混合到海水中，与另一路由高压泵增压的海水混合后，总盐度增加 2%～3%（回收率 35%～45% 时）。为了保持原有的运行状态，反渗透系统操作压力需增加约 0.1MPa。

由于转子旋转过程中需要消耗一部分高压盐水来润滑，因此实际通过 PX 增压的海水流量小于高压盐水的流量，经过高压泵增压的海水流量比反渗透系统中透过水的流量多 4%。PX 型能量回收装置陶瓷转子正常运行速度为 500～2000r/min，转子的高速旋转使得 PX 型能量回收装置运行时噪声很大。目前 PX 型能量回收装置最大的单机处理量为 68m³/h。处理要求较大时，可通过多套 PX 型能量回收装置并联运行实现。

3）PES 型能量回收装置。PES 型能量回收装置由德国某公司研究开发，最初用于采矿业，多用在流量大于 1400m³/h、操作压力高于 16MPa 的环境中。该装置比较适用于产水量大于 2000m³/d 的淡化系统，能量传递效率约为 98%。

PES 型能量回收装置采用三个水压缸（功交换器）交替工作，进出水压缸的盐水及海水流量波动性较小，可实现连续操作。该装置水压缸中不设置活塞，盐水和海水间有一定混合段相当于液体活塞，可减小浓盐水和海水间的混合，水压缸两侧有阀门控制流体流向转换。当回收率为 45% 时，与装有透平式能量回收装置的系统相比，PES 型能量回收装置可节省 25%～30% 的能量。PES 型能量回收装置原理见图 3-23。

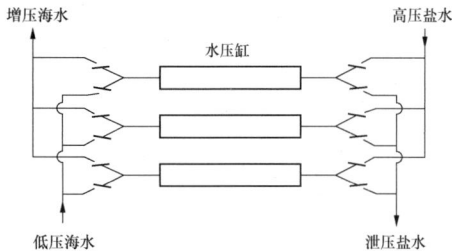

图 3-23　PES 型能量回收装置工作原理

4）iSave 能量回收装置。iSave 能量回收装置由丹麦某公司开发，是一款用于海水反渗透的等压交换式能量回收装置，包含一个旋转式等压交换器、一个耐高压容积式增压泵和一台电机，其工作原理见图 3-24，设计轻巧、紧凑，采用流体自润滑，所有部件都采用长维护周期设计，保持稳定高效的同时，泵的维护要求最低，集成电机可以控制等压交换器的速度，降低装置过速冲刷的风险，由双相钢和超级双相钢制成。作为市场上最小、最轻的能量回收装置之一，其水处理流量 7～70m³/h，大多数时候可以达到 95% 的回收效率，相对于不用能量回收装置的系统，其净能耗可降低 60%。

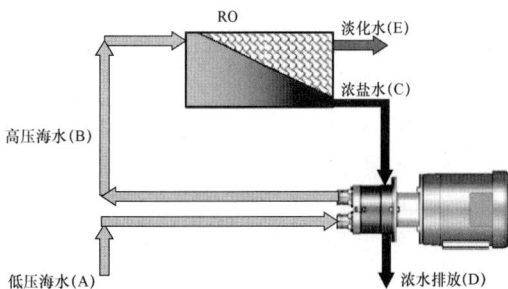

图 3-24　iSave 能量回收装置工艺原理

3. 主要参数

几种常用能量回收装置的能量转换效率见表 3-19～表 3-22。

表 3-19　水力透平式能量回收装置的有效能量转换效率

额定流量范围（m³/h）	有效能量转换效率（%）
$20 < q_V < 40$	≥40
$40 \leq q_V < 60$	≥50
$60 \leq q_V < 110$	≥60
$110 \leq q_V < 170$	≥65
$170 \leq q_V < 450$	≥70
$450 \leq q_V < 800$	≥75
$q_V \geq 800$	≥80

表 3-20　HTC 能量回收装置产品性能参数表

序号	型号	流量范围（m³/h）	压力范围（MPa）
1	Halo 50	8～14	
2	Halo 75	14～19	
3	Halo 100	19～30	
4	Halo 150	30～41	
5	Halo 225	41～61	
6	Halo 225	61～79	
7	Halo 225	79～119	
8	Halo 225	119～170	
9	Halo 225	170～238	4.2～8.2
10	HTC AT-1200	238～340	
11	HTC AT-1800	340～477	
12	HTC AT-2400	477～681	
13	HTC AT-3600	681～954	
14	HTC AT-4800	954～1362	
15	HTC AT-7200	1362～1907	
16	HTC AT-9600	1907～2725	

表 3-21　PX 能量回收装置产品性能参数表

类型	型号	最低保证效率	浓盐水流量范围（m³/h）
Q 系列	PX-Q300	97.2%	45.4～68.1
	PX-Q260	96.8%	40.8～59
S 系列	PX-260	96.8%	40.8～59
	PX-220	96.8%	31.7～49.9
	PX-180	96.7%	22.7～40.8
	PX-140	94.8%	20.4～31.7
	PX-90	96.0%	13.6～20.4
	PX-70	95.3%	9.08～15.8
	PX-45	94.0%	6.81～10.2
	PX-30	93.4%	4.54～6.81

表 3-22　iSave 能量回收装置产品性能参数表

型号	流量范围（m³/h）	压力范围（MPa）
iSave21	7～21	1.0～8.2
iSave40	22～40	1.0～8.2
iSave50	41～52	4.0～8.0
iSave70	50～70	4.0～8.0

注　产品效率高达 93%。

（四）反渗透装置

反渗透装置是实现预脱盐、海水淡化功能的核心部件之一，由反渗透膜元件和其他器件（如压力容器）组合而成。

1. 结构形式

（1）反渗透膜元件。反渗透膜用一种特殊的膜，在外加压力的作用下使溶液中的某些组分选择性透过，从而达到淡化、净化或浓缩分离的目的。反渗透膜按材料组成可分为纤维素类和非纤维素类。纤维素类包括醋酸纤维素、三醋酸盐或二者混和的材料；非纤维素类主要为化学聚合物，如芳香聚酰胺。常见的反渗透膜材料为醋酸纤维素和芳香聚酰胺。

反渗透膜按结构类型可分为非对称结构膜和复合薄膜。非对称结构膜的特征是垂直于膜表面截面上的孔隙分布不均匀，孔隙由表向里逐渐递增，表层孔隙最小，底层孔隙最大。复合薄膜的结构大致可分为三层，表层为超薄脱盐层（如交联全芳香族聚酰胺），中间层为支持层（如聚砜），底层为基膜（如聚酯无纺布）。反渗透膜元件主要有平板式、管式、卷式和中空纤维式等形式。平板式和管式结构的膜元件应用最早，但具有堆积密度小和填充密度小、占地面积大、造价高等缺点，仅适用于小规模系统中。目前，平板式和管式反渗透膜元件主要用于浓缩分离及废水处理系统中，苦咸水脱盐和海水淡化处理系统中很少采用。苦咸水预脱盐和海水淡化处理中普遍采用卷式反渗透膜。

卷式反渗透膜元件的叶片由两张平展开的膜和一张隔网（聚酯织物）组成，隔网在两张膜的中间，叶片三端胶接起来形成一个袋，另一端与带孔的塑料（如PVC管）或不锈钢中心管粘接。叶片之间有导流网，它们一起沿中心管卷绕形成卷式膜型。塑料端部装置粘接到卷式的叶片两端，一端起反伸缩装置的作用，另一端起浓水密封的载体作用，玻璃钢（FRP）材料的外表面保护卷式膜型，形成一个完整的膜元件。卷式膜元件构造见图3-25。

（2）膜壳。膜壳又称膜压力容器，是卷式反渗透膜装置中的重要部件之一。

反渗透装置使用的压力容器需要有相应的承压能力，根据反渗透膜元件的性能，压力容器分为低压

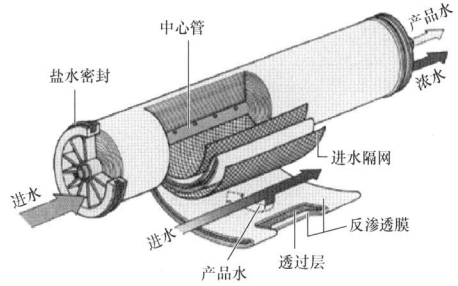

图 3-25　反渗透元组件构造

压力容器、常压压力容器和高压压力容器。若选择的压力容器承压能力低于系统压力，不安全；若高于系统压力，则会造成浪费，因此要依据设计工况选用。

水处理压力容器常用材料有玻璃钢、不锈钢以及工程塑料等。目前反渗透水处理用压力容器主要以玻璃钢材质为主，因为玻璃钢材料具有良好的耐腐蚀性能、拉伸疲劳性能及力学性能的可设计性等特点，相关的技术标准包括 JC 692《反渗透水处理装置用玻璃纤维增强塑料压力壳体》等。

不同膜壳生产厂家的产品结构形式基于相同，主要区别在于端部的设计。常用的膜壳进出水结构形式有端联式和侧联式两种。端联式进出水连接均在压力容器两端端板上，见图3-26和图3-27。侧联式给水从压力容器的侧面进入，浓水从另一端的侧面排出，而渗透水则从压力容器两端收集，其结构见图3-28和图3-29。

图 3-26　端联式膜壳构造

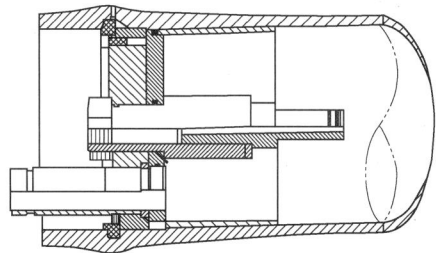

图 3-27　端联式膜壳的端部剖视

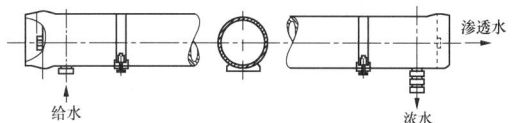

图 3-28　侧联式膜壳构造

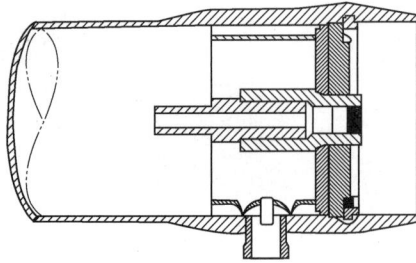

图 3-29 侧联式膜壳的端部剖视

侧联式安装方便，给水进水口与浓水排出口可直接与管线外连，不影响端板的拆卸。端板由挡环槽、O 形圈、保安螺栓等构成，保证其密封性。

（3）反渗透膜组件。常用的卷式反渗透膜组件是由多个膜元件串联在一个压力容器内构成的，构造见图 3-30。通常，1~8 个膜元件组合起来放置在 1 个压力容器中，形成膜组件。在膜元件与膜元件之间采用内连接件连接，膜元件与膜壳端口采用支撑密封板锁环等支撑密封。

图 3-30 卷式反渗透膜组件剖视

（4）反渗透膜装置。多个反渗透膜元件组成膜组件，多个膜组件组合形成反渗透膜装置。

2. 主要参数

（1）反渗透膜。工业用反渗透膜常用规格为直径 8in 的卷式膜。常用的 8in 苦咸水反渗透膜主要参数见表 3-23，常用的 8in 海水淡化膜主要参数见表 3-24。

表 3-23 常用 8in 苦咸水反渗透膜主要参数

厂商	膜型号	产水量（m³/d）	有效面积（m²）	稳定脱盐率（%）
D	BW30-400/34i	40	37	99.5
	BW30-440i	44	41	99.5
	BW30HR-440i	48	41	99.7
	LE-440i	48	41	99.3
	HRLE-440i	48	41	99.5
	BW30FR-400	40	37	99.5
	BW30FR-400/34i	40	37	99.5
	BW30XFR-400/34i	44	37	99.65
H	CPA3-LD	41.6	37.1	99.7
	PROC10/PROC10-LD	39.7	37.2	99.75
	ESPA1	45.4	37.1	99.4
	ESPA2 MAX	45.4	40.8	99.6
	ESPA4 MAX	50	40.8	99.2

续表

厂商	膜型号	产水量（m³/d）	有效面积（m²）	稳定脱盐率（%）
T	TM720D-400	41.6	37	99.8
	TM720D-440	45.8	41	99.8
	TM720C-440	34.1	41	99.2
	TML20D-400	39.7	37	99.8
	TMG20-400C	39	37	99.5
	TMG20-440C	42.6	41	99.5
	TMH20A-400C	41.6	37	99.3
	TMH20A-440C	45.7	41	99.3
G	AK-440 LE	53.0	40.9	99.3
	AG8040F 400	39.7	37.2	99.5
	AK-440	45.4	40.9	99.5
	AK8040C	39.4	35.3	99.0
	AK 8040F 400	41.6	37.2	99.0
	AG8040F-400 FR	43.5	37.1	99.5
	AG-440	45.4	40.9	99.8

表 3-24 常用 8in 海水淡化膜主要参数

厂商	膜型号	产水量（m³/d）	有效面积（m²）	最大运行压力（MPa）	稳定脱盐率（%）	硼脱除率（%）
D	SW30ULE-440i	45.4	41	8.3	99.70	89
	SW30XLE-440i	37.1	41	8.3	99.80	91.5
	SW30HRLE-440i	31	41	8.3	99.80	92
H	SWC4B MAX	27.3	40.8	8.3	99.8	95.0
	SWC5 MAX	37.5	40.8	8.3	99.8	92.0
	SWC6 MAX	50.0	40.8	8.3	99.8	92.0
T	TM820C-400	24.6	37.0	8.3	99.75	93
	TM820M-440	29.2	41.0	8.3	99.8	95
	TM820E-400	28.3	37.0	8.3	99.75	91
	TM820R-440	35.6	41.0	8.3	99.8	95
	TM820V-440	37.5	41	8.3	99.8	99.2
	TM820K-440	24.2	41	8.3	99.86	96
G	AE-400，34	34.1	37.2	8.3	99.8	90.0
	AE-440	37.5	40.9	8.3	99.8	90.0
	AD-400，34	26.5	37.2	8.3	99.8	95.0
	AD-440	29.2	40.9	8.3	99.8	95.0

（2）膜壳。每种膜元件本身的尺寸大小不一样，用于装填膜元件的膜壳尺寸也不一样，膜的主要规

格（直径）有 2.5in（53.5mm）、4in（101.6mm）、8in（203.2mm）、16in（406.4mm）、18in（457.2mm）。大型 RO 系统，由于淡化所需膜元件较多，一般采用较长的压力容器，可以减少膜组件的数量；对于小型 RO 系统，通常采用较短的压力容器，可节省占地空间，且方便运输。

苦咸水反渗透膜压力容器的压力等级主要有 1.05MPa（150psi）、2.1MPa（300psi）、3.15MPa（450psi），海水淡化反渗透膜压力容器的压力等级一般为 6.9MPa（1000psi）、8.3MPa（1200psi）、9.7MPa（1400psi）。反渗透系统所选用容器的压力等级应与所选高压泵的最高工作压力相适应。

由于海水反渗透的运行压力高，因而配套的膜壳要求具有更厚实的结构，一般要有较高的安全设计系数。制造厂设计的膜壳爆破压力为最大运行压力的 6 倍，试验压力为最大运行压力的 1.5 倍。海水淡化用玻璃钢膜壳性能参数见表 3-25。

表 3-25　海水淡化玻璃钢膜壳性能参数表

最大工作压力（MPa）	6.9～8.3
运行温度（℃）	−10～+60（温度限值会因生产厂商的不同而不同）
规格（in）	18、8、4、2.5

二、多级闪蒸海水淡化装置

（一）结构形式

MSF 分盐水循环式和贯流式两种典型流程，见图 3-31 和图 3-32。

MSF 装置主要由盐水加热器、蒸发器、真空系统、泵系统、原料海水除气器、加药系统、酸洗系统和管道清洗系统等组成。

1. 蒸发器

MSF 蒸发器主要有以下几种结构形式：

（1）横管式。又称短管式，冷凝器管束和闪蒸盐水水流垂直。造价高，但制造检修方便，而且短管不易泄漏，运行稳定，适用于中小型设备。

（2）长管式。冷凝器管束与闪蒸盐水水流方向相同，每根冷凝管要穿过若干级，见图 3-33。因管板少，焊缝少，节约了较贵重的材料，所以造价较短管式低。相同参数、相同材质的 MSF 装置，一般可节省 5%～10%。但中间管板的密封不好，影响每一级的效率，所以闪蒸级数较短管多；而且因为管长，检修换管较困难。长管型结构通常适用于日产 3785m³（百万加仑）的大型设备。

（3）竖管式。原理与横管式相同，各级要装短冷凝管，但管子为垂直安装，见图 3-34。

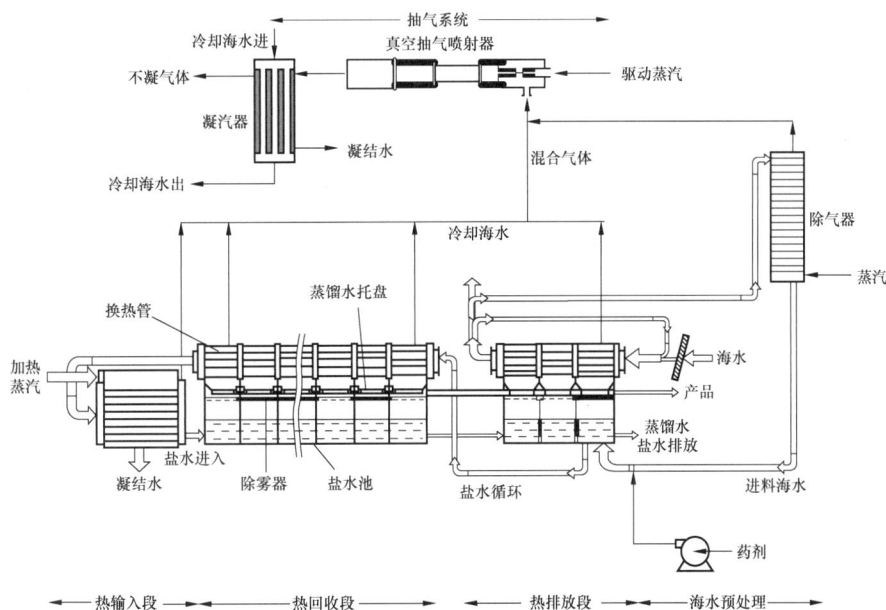

图 3-31　盐水循环式多级闪蒸（MSF）原理流程

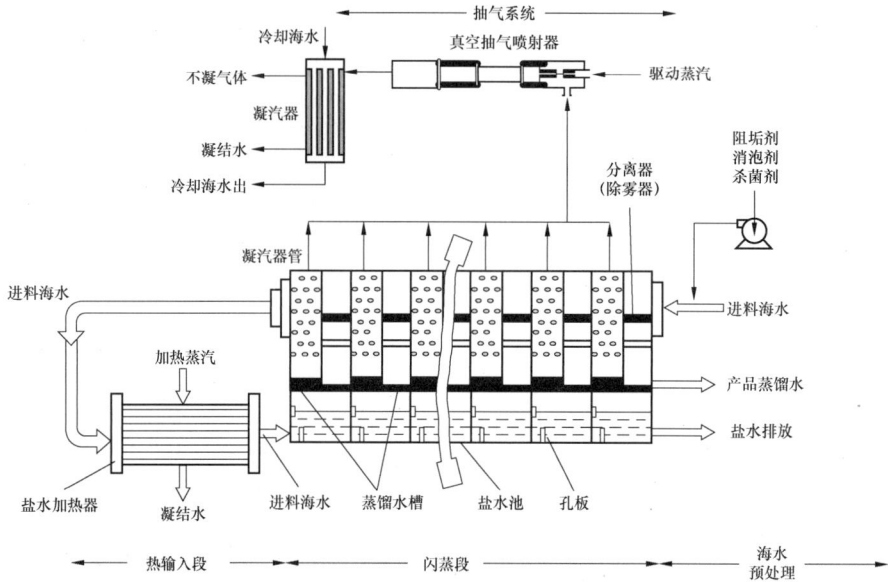

图 3-32　贯流式多级闪蒸（MSF）原理流程

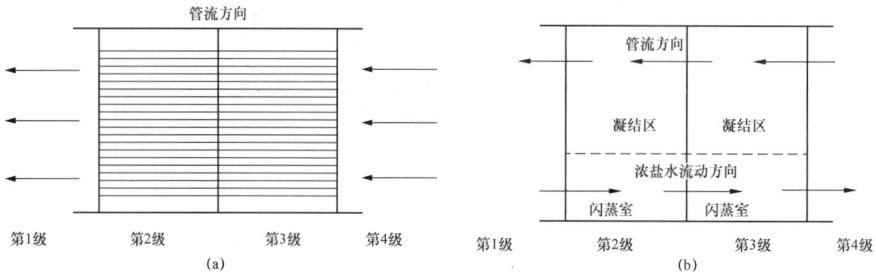

图 3-33　长管式 MSF 平剖面

（a）平面图；（b）剖面图

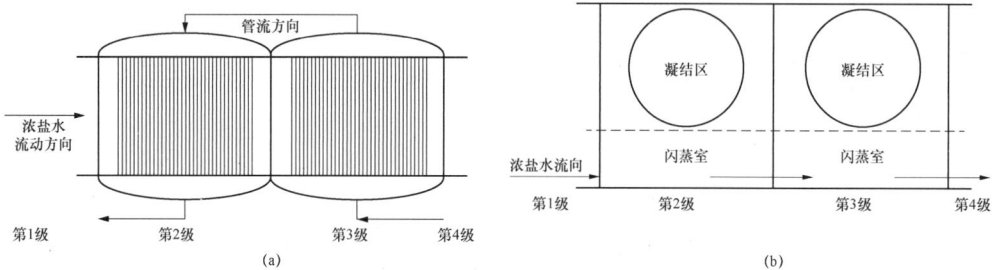

图 3-34　竖管式 MSF 平剖面

（a）平面图；（b）剖面图

MSF 蒸发器一般由若干预组装件（短管式）或蒸发容器（长管式）组成。

MSF 蒸发器分成若干级，从运行角度（功能）可分为热回收段和热排放段。热回收段是用循环盐水冷却的各级，热排放段是用新鲜海水冷却的各级。实际工程中，热回收段级数一般为 10～50 级，热排放段级数通常为 2 级或 3 级。每一级蒸发器均由下部的闪蒸室和上部的冷凝区组成，中间由蒸馏液槽（盘）和分离器（除雾器）分开。分离器的功能是阻挡和分离蒸

汽中的盐水水滴，以提高蒸馏水的纯度。

前一级未闪蒸的盐水经闪蒸室底部的可调孔板进入下一级。

闪蒸室用钢板制成，在接触海水处采用不锈钢复合钢板或衬不锈钢。

热交换管根据各段流体状况的不同采用不同的耐蚀材质。热排放段的热交换管，因海水未经除氧，虽温度较低，但仍有严重的腐蚀性，一般选用 Cu-Ni90/10、Cu-Ni70/30 或者钛管。热回收段的前几级的热交换管，

管内流体为浓缩海水，且温度较高，选用和热排放段相同的材质。热回收段的后几级属低温段，可选用稍低一级的材质，如铝铜合金或 Cu-Ni90/10。

每一级（短管式）或每个容器（长管式）一端有水箱，水箱的一侧与热交换管束连接，另一侧有盖密封，揭盖后可以进入水箱进行内部清洗和检查。水箱的材质一般采用 Cu-Ni90/10、碳钢复合钢板、不锈钢，低温段水箱也可以用碳钢衬胶。

2. 盐水加热器

盐水加热器是一个水平管式加热管，加热管胀接在两端的管板上。经热回收段预热后的盐水（海水）通过加热器被加热到 110℃。而蒸汽在管束间冷却成凝结水进入热井，由凝结水泵打回热力系统。

加热蒸汽的参数由汽轮机抽汽决定，直接影响加热器的设计。

盐水加热器外壳为钢板，热交换管的材质与热排放段的管材相同。

3. 真空系统

设置真空系统的目的是去除通过给水和泄漏进入系统的不凝气体，并在所有运行工况下均能维持适当的真空。多级闪蒸装置的启动抽真空方式可以采用启动喷射器或真空泵；运行抽真空系统一般为多级（一级或二级）高压蒸汽喷射器。

冷凝器有混合式和间接式两种。混合式冷凝器的凝结水不能回收，但造价低，其外壳可采用玻璃钢。间接式冷凝器的凝结水可以回收，但由于容器内恶劣的腐蚀环境，外壳及管子均易发生腐蚀，故需采用耐蚀性较好的材质。

4. 泵系统

多级蒸发系统需设置海水供水泵、盐水循环泵、盐水排污泵、淡水泵、凝结水泵、抽真空系统凝结水排水泵及海水循环泵等。

5. 原料海水除气器

为去除原料海水中的溶解气体，每台闪蒸装置设有一台除气器，原料海水在进入多效蒸发装置前先进除气器（为了降低海水中碱度，可以加酸后再进入）除气。除气器一般在真空条件下运行（有的和闪蒸装置的最后一级布置在一起），给水由顶部进入后，通过塑料填料层，然后由底部流出。

6. 加药系统

加药的目的主要是防垢、消泡及除氧等。

防垢一般是在原料海水中加酸（HCl 或 H_2SO_4）去除 HCO_3^- 以防止结碳酸盐垢或加综合阻垢剂减缓 Ca^{2+}、Mg^{2+} 在设备中的结垢速度。

用温度较高的海水或雨后的海水作蒸发器的原料海水时，在蒸发器闪蒸室的盐水表面易产生泡沫而影响水质。在原料海水中加入消泡剂的目的是降低闪蒸盐水的表面张力，防止和减少泡沫的产生，从而保证产品水水质。消泡剂一般为用于食品工业的乳化硅酮。

采用在原料海水中加入还原剂（一般为 $NaHSO_3$）的方法，去除水中残留氧，以减少对设备的腐蚀。

加消泡剂和还原剂可合用一个系统，设置一台带搅拌装置的溶液箱及两台计量泵。

7. 酸洗系统

在选用阻垢剂防垢的蒸发器系统中，应设有酸洗系统，若采用加酸防垢，可不设酸洗系统。

添加阻垢剂只能减缓结垢速度，不能减少结垢倾向。热交换表面生产的污垢主要是 $CaCO_3$，污垢影响热交换的效率，特别是盐水加热器。由于在盐水加热器管壁慢慢生成污垢，通过管壁的传热量会减少，为维持设备出力，消除污垢引起的热阻，就要缓慢增加加热蒸汽的压力。一般当闪蒸装置最大出力降低 90% 或盐水加热器压力升高 0.1MPa（1kg/cm²）时，蒸发器需要进行清洗。酸洗可用盐酸或硫酸，设备有酸洗泵和酸液箱等。酸洗时需停运设备，用酸洗泵进行循环，清洗水经最后一级排出，返回至酸液箱。酸溶液箱有 CO_2 逸出，要加酸维持箱内清洗水的 pH 值在 1 左右。清洗流量为正常给水流量的 5%～10%。清洗期间加热蒸汽仍进入盐水加热器，以维持清洗液 50～60℃ 的温度。清洗时间取决于要除去的垢量，用返回酸液箱的清洗水 pH 值检测。不再加酸循环 15min 后，返回清洗水 pH 值仍不下降，应停止清洗。延长清洗时间，即使采用缓蚀剂，对管子也很不利。

酸洗时间间隔取决于海水水质、最高操作温度、化学药剂的调整和设计，一般一年一次。

8. 管道清洗系统

蒸发器设备一般设管道清洗系统，尤其是添加阻垢剂的设备，管道清洗可减少酸洗次数。

管道清洗采用胶球清洗，其原理与凝汽器铜管胶球清洗相同。

热回收段的热交换管，因管内循环盐水的温度和浓度均较高，结垢可能性较大，需要设置胶球清洗系统。热排放段海水温度和浓度均较低，但由于海水中的泥沙会附着在换热器管壁，也可采用胶球清洗。

热回收段和热排放段的管道清洗可合用一个清洗系统，也可设置两个独立的清洗系统。若合用一个清洗系统，系统连接较复杂。

热回收段的管道清洗系统可在设备正常运行时清洗设备。

（二）主要参数

1. 装置容量

装置容量是影响蒸发器基本投资最主要的因素，因此设计时要尽可能精确地估计用水量。装置制水能

力增大，装置造价增加，可用式（3-14）估算

$$J_B = \left(\frac{q_{VB}}{q_{VA}}\right)^{0.6} \times J_A \qquad (3-14)$$

式中　J_B——蒸发器 B 的价格；

　　　J_A——蒸发器 A 的价格；

　　　q_{VB}——蒸发器 B 的制水能力；

　　　q_{VA}——蒸发器 A 的制水能力。

如蒸发器 B 的制水能力为蒸发器 A 的 2 倍，则

$$J_B = 2^{0.6} \times J_A = 1.5 J_A$$

2. 造水比

造水比（gained output ratio，GOR）是海水淡化装置所产淡水与外部输入的蒸汽质量之比。MSF 装置的造水比较高，实际最大值为 12，理论上可以达到更高的造水比，但造水比增加，MSF 的级数也会增加，因此级间温差减少，通过凝汽器和分离器的压降增加，而且易产生过热，所以 MSF 的级数不能太多，一般为 40～50 级。此外，造水比增加，热耗减少，但设备投资增高，因此应进行技术经济比较确定 GOR 值。

3. 盐水最高温度

对于 MSF，盐水最高温度（top brine temperature）是指盐水加热器中的最高盐水温度，也为蒸发器最高操作温度。操作温度是影响蒸发装置基本投资的重要因素，提高操作温度，即增加设备两端的温差，可增加设备级数，提高产水量，即提高造水比，从而降低单位造价。在传热负荷一定的情况下，传热面积与传热端差成反比，提高操作温度，增加传热端差，降低传热面积，设备造价可下降。但操作温度提高，对设备的潜在腐蚀增加，尤其用于酸防垢处理时。盐水循环式多级闪蒸的盐水最高温度受 $CaSO_4$ 沉淀的限制，一般控制在 110℃ 以下。

4. 海水温度和海水浓度

海水温度的设计值选取对设备出力及设备造价均有影响。选取较低的海水温度，虽然造价低，但海水温度升高时，设备出力不能达到 100%。如海水温度按 23℃ 设计，当海水温度 30℃ 时，设备出力降为 94%～95%。

但按较高的海水温度设计，不仅增加设备造价，而且在海水温度较低的季节，盐水的最高温度会下降，在真空度不变的情况下，会影响产水水质。为消除海水温度下降的影响，一般需设置海水循环泵和海水换热器，以提高补给海水的温度。

在循环盐水浓度不变的情况下，海水浓度增加，补给海水的流量也增加。

所以在 MSF 设计中，应根据现场海水温度和海水浓度确定海水设计温度和设计浓度。

5. 蒸汽参数

MSF 装置的最低加热蒸汽参数应根据盐水最高温度确定，最低蒸汽压力宜为 0.15～0.30MPa（绝对压力）。

（三）主要计算公式

1. 质量平衡计算

假设蒸馏水和浓盐水都没有被冷却（即冷却水单独计算），可得到质量平衡计算式，即

$$q_{mf} = q_{md} + q_{mb} \qquad (3-15)$$

式中　q_{mf}——进料水流量，kg/s；

　　　q_{md}——蒸馏水流量，kg/s；

　　　q_{mb}——浓盐水流量，kg/s。

2. 盐平衡计算

假定蒸馏水为纯水，可得到盐量平衡计算式，即

$$m_f \cdot C_f = m_b \cdot C_b \qquad (3-16)$$

式中　C_f——进料水含盐量，%；

　　　C_b——浓盐水含盐量，%。

3. 浓缩倍数计算

浓缩倍数 φ 可按式（3-17）计算

$$\varphi = C_b / C_f \qquad (3-17)$$

4. 浓缩倍数与回收率 φ 关系

浓缩倍数与回收率 Y 的关系见式（3-18）

$$Y = (\varphi - 1) / \varphi \qquad (3-18)$$

5. 循环量/产水量（U）

循环量与产水量的比值可按式（3-19）计算

$$U = q_{Vc} / q_{Vd} = Q_m / (c_m \cdot \Delta t) \qquad (3-19)$$

式中　q_{Vc}——循环量，t/h；

　　　q_{Vd}——产水量，t/h；

　　　Q_m——各段平均蒸发比热量，kJ/（kg·K）；

　　　c_m——蒸发盐水平均比热容，kJ/kg；

　　　Δt——总盐水温度范围，℃。

三、低温多效蒸馏海水淡化装置

（一）结构形式

多效蒸馏的工艺流程主要有顺流、逆流、平流三种。顺流是指料液和加热蒸汽都是按第一效到第二效再到第三效的次序流动；逆流是指料液流动的方向与和加热蒸汽的流向相反，料液从真空度最高的末一效进入系统，逐步向前面各效流动，浓度越来越高；平流是指各效都平行进料，但除第一效外，其余各效用的加热蒸汽是二次蒸汽。

多效蒸馏海水淡化装置由海水过滤器、蒸发器、末效冷凝器、蒸汽压缩喷射器、真空系统、换热器、泵系统、加药系统和酸洗系统等组成。

1. 海水过滤器

海水过滤器可阻止中等或大的颗粒物进入多效蒸

馏装置，避免堵塞冷凝器或板式换热器的喷嘴。壳体材质一般为玻璃钢，滤网为不锈钢材质。

2. 蒸发器

MED 采用各种管束结构（横管或者竖管）、蒸发类型（浸入管或者薄膜）和管道表面状况（光滑或者强化）。大型海水淡化装置多采用横管、薄膜蒸发技术。

水平管降膜蒸发装置是由一系列水平管、降膜式蒸发器串联起来并被分成若干效组，每效含一定数量

的换热管，管通过橡胶索环密封在前端（进口）和尾端（出口）的管板上。在蒸发器中原料海水以降膜状成瀑布流下，一部分闪蒸为蒸汽，向效段的尾端纵向流动。蒸汽通过通道在换热管间和换热管室沿侧形成。再生蒸汽通过百叶窗式蒸汽除雾器，进入下一效或冷凝器的换热管内冷凝。剩余的未蒸发的原料海水，通过盐水外部管离开容器的底部。流程示意见图 3-35。

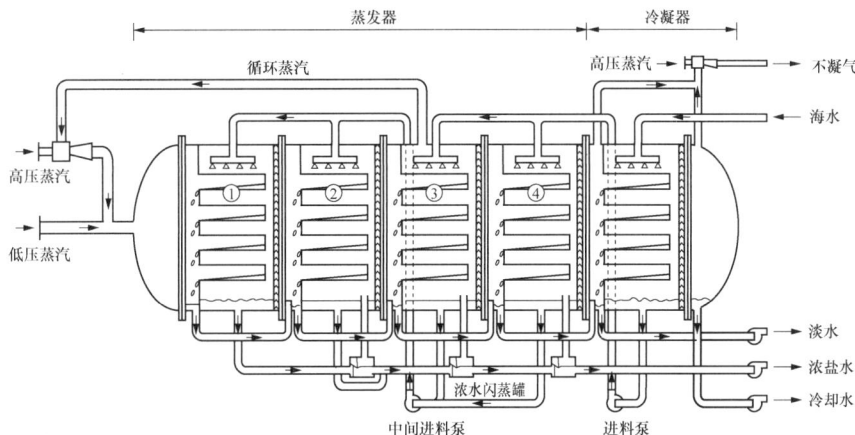

图 3-35　水平管降膜蒸发装置流程

壳体、端（管）板及除雾器等材质为 S31603，管束为钛材（各效的海水首先接触到原料海水的上三排）、铜合金（其余管）或适合用于海水应用的特殊铝合金。

各效的海水喷嘴及其分布排列的设计应确保水在蒸发管路上呈薄膜状，避免出现水流过少或干涸区域从而造成管路表面结垢。喷嘴和连管应便于拆除，并提供冲洗喷嘴的装置和连接管。在喷淋水室顶部设有专业检修孔，检修孔盖板采用法兰连接。喷嘴与物料水管采用螺纹连接。更换喷嘴时，由检修人员打开检修孔盖板，进入水室内进行。

多效蒸馏法海水淡化装置中设有捕沫装置，以去除蒸汽中夹带的海水液滴，捕沫装置材质一般为 S31603。

3. 末效冷凝器

末效冷凝器用于冷凝最后一效的二次蒸汽。海水通过海水增压泵送至末效冷凝器，在换热管内侧流动，二次蒸汽在管外被凝结，然后通过容器底部的收集管排入产品水缓冲罐。壳体、端（管）板及除雾器的材质为 S31603。

冷凝器为水平分流式，壳侧具有多个等间距的垂直蒸汽进口和冷凝水出口。冷凝器与单一的固定管板组合为一体，其前端和尾端的设计便于重新布管时所有管的检查和更换。管束为带支撑板的饼图状排列，以防止流体流动造成震动和变位。

4. 蒸汽压缩喷射器

蒸汽压缩喷射器即热压缩机，带固定喷嘴，用于循环回收一部分低温段二次蒸汽，与动力蒸汽一起至首效加热原料海水，从而改善工艺的热效率，提高装置的性能比，材质为 S31603。

蒸汽压缩喷射器由一个或多个蒸汽压缩喷射器组成，具有自动控制和调节能力，以保证在蒸汽压力波动的情况下 MED 装置可以安全稳定运行，并达到额定出力。

5. 真空系统

真空系统包括启动抽气系统和不凝结性气体（NCG）去除系统，可采用射汽抽气器、射水抽气器、机械真空泵等。

启动抽气系统使用启动喷射器或真空泵形成蒸发器和冷凝器的最初真空，抽取的气体通过消声器排入大气，材质为 S31603。

不凝结性气体去除系统用于抽取随原料海水带入或大气中漏入的不凝气体，维持运行中蒸发器及冷凝器的真空度，一般采用二级喷射器系统。抽取的气体通过大气冷凝器后排出，喷射器由压力为 0.6～1.2MPa 的蒸汽驱动，材质为 S31603。

6. 换热器

多效蒸馏海水淡化装置所用换热器包括海水预热器、产品水冷却器和凝结水冷却器，结构形式有水平

管式和板式。

海水预热器用盐水的热量加热原料海水，以提高设备的热效率。壳体、端（管）板材质为S31603，管束为钛管。

产品水冷却器用于冷却产品水，回收产品水的热量，以提高设备的热效率。壳体、端（管）板材质为S31603，管束为钛管。

凝结水冷却器用于冷却凝结水，回收凝结水的热量，以提高设备的热效率。壳体、端（管）板材质为S31603，管束为钛管。

7. 泵系统

海水增压泵将原料海水增压送至多效蒸馏海水淡化装置，材质为双相不锈钢。

产品水泵用于将产品水升压后送出，材质为S31603。

凝结水泵用于将蒸汽凝结水升压后送出，材质为S31603。

盐水泵用于将盐水升压后送出，材质为S31603。

减温水升压泵用于将小部分凝结水升压后加热蒸汽的减温水，材质为S31603。

8. 其他辅助设备

其他辅助设备包括阻垢剂、消泡剂及还原剂加药装置、酸洗设备等。

（二）主要参数

1. 造水比

低温多效蒸馏装置的造水比可根据具体情况设计选定。有TVC时，低温多效蒸馏装置的造水比一般为6~15；没有TVC时，造水比一般为3~7。

2. 盐水最高温度

低温多效工艺的盐水最高温度是指第一效中的最高盐水温度。低温多效蒸馏装置的盐水最高温度一般不超过70℃，从而避免和减缓设备的腐蚀结垢问题。

3. 单位制水电耗

低温多效蒸馏装置单位单位制水电耗一般小于1.8kWh/m³。

4. 浓缩倍数

对低温多效蒸馏而言，装置的浓缩倍数一般控制为1.4~2.5倍，主要根据海水的成分和总含盐量确定。浓缩后浓盐水的总溶解固体含量（TDS）宜控制在70000mg/L以内。

5. 负荷调节能力

低温多效蒸馏装置宜具备 50%~100%的负荷调节能力。

6. 饱和蒸汽参数

低温多效蒸馏系统设计中需要通过加热蒸汽及各效产生蒸汽饱和状态下的热力性质来计算系统的热质平衡。饱和蒸汽的热力性质见附录B。

（三）主要计算公式

1. 海水进料量的计算

浓缩倍数为 φ 时，蒸馏装置蒸发过程的海水需要量可按式（3-20）计算

$$q_{mf} = \varphi q_{mD}/(\varphi-1) \qquad (3-20)$$

式中　q_{mf}——蒸发过程海水进料流量，kg/h；

　　　q_{mD}——装置的淡水生产能力，kg/h。

夏季运行时，由于进料海水的温度高，为了将最末效产生的蒸汽完全冷凝下来，所需水量大于蒸发过程的进料量，因此总进料海水量应该为冷凝器所需的冷却海水量，计算公式为

$$q'_{mf} = q_{mDN} r_N / [c(t_{N+1} - t_f)] \qquad (3-21)$$

式中　q'_{mf}——夏季运行时海水进料流量，kg/h；

　　　q_{mDN}——多效蒸馏装置最后一效产生的二次蒸汽量，kg/h；

　　　r_N——多效蒸馏最后一效二次蒸汽的汽化潜热，kcal/kJ（1kcal=4.184kJ）；

　　　t_{N+1}——冷凝器的海水出水温度，℃；

　　　t_f——海水的进料温度，℃；

　　　c——恒压比热容，kal/（kg·K）。

此时经过凝汽器后需要排回大海部分的水量称为冷却水量（q_{mC}），可按式（3-22）计算

$$q_{mC} = q'_{mf} - \varphi q_{mD}/(\varphi-1) \qquad (3-22)$$

如果采用蒸汽喷射式真空泵或水射式真空泵，真空泵需要消耗一部分海水作为冷却水或动力水，则总海水进料量（q_{mtf}）可按式（3-23）计算

$$q_{mtf} = q'_{mf} + q_{mz} \qquad (3-23)$$

式中　q_{mz}——真空泵消耗的海水流量，kg/h。

冬季运行时，由于海水温度较低，进料海水满足蒸发进料和真空泵即可，按式（3-24）计算

$$q_{mtf} = q_{mf} + q_{mz} \qquad (3-24)$$

2. 加热蒸汽量的计算

在不带TVC的情况下，装置加热蒸汽量就是进入第一效的蒸汽量，需要的加热蒸汽量可按式（3-25）计算

$$q_{mB} = q_{mA} = q_{mD}/GOR \qquad (3-25)$$

式中　q_{mA}——加热蒸汽量，kg/h；

　　　q_{mB}——首效加热蒸汽量，kg/h；

　　　q_{mD}——产品水量，kg/h；

　　　GOR——装置的造水比。

如果带TVC，则进入第一效的加热蒸汽量大于装置加热蒸汽量，因为 TVC 可提高第一效的加热蒸汽量，主要计算过程如下。

假设一个9效的多效蒸馏设备，6~9效海水蒸发量相等为 q_{mD6} 时，1~5效海水蒸发量相等为 q_{mD1}，5

效蒸汽部分循环，循环量为 C_y，加热蒸汽为 W，则

$$q_{mD} = 5q_{mD6} + 4q_{mD1} \tag{3-26}$$
$$C_y = q_{mD1} - q_{mD6} \tag{3-27}$$

根据经验（实验）数据，选取 $C_y : q_{mw} = 0.5$，由于 $GOR = q_{mD}/q_{mw}$，则

$$q_{mw} = kq_{mD}/GOR \tag{3-28}$$
$$C_y = 0.5kq_{mD}/GOR \tag{3-29}$$
$$q_{mD6} = (GOR-2) \times q_{mw}/9 \tag{3-30}$$
$$q_{mD1} = (GOR + 2.5) \times q_{mw}/9 \tag{3-31}$$
$$q_{mw1} \approx q_{mD1} = (GOR + 2.5) \times q_{mw}/9 \tag{3-32}$$

3. 各效温度分布

为了计算方便，可设定各效的温度分布，一般各效的传热温差取 3～5℃，具体根据装置的最高操作温度和最低操作温度和效数来确定。

4. 各效蒸发量及盐水浓度的计算

在上述计算公式的基础上可初步计算出各效盐水的进料量、蒸发量、进料浓度、浓盐水浓度及各效的温度，然后根据物料平衡方程、溶液的沸点升高计算公式对整个流程进行详细计算，经过几次迭代后可将各效的温度、压力分布，各效的进料浓度和浓盐水浓度，各效的蒸发量，冷凝器的冷却水量，海水的总进料量等参数一一计算出来。

设定第 i 效的蒸发量为 q_{mDi}，二次蒸汽温度为 t_{si}，进料盐水流量为 q_{mfi}，进料盐水浓度为 X_i，盐水温度为 t_i，盐水的比热容为 c_i，该效二次蒸汽的汽化潜热为 r_i，以逆流进料为例，可得到以下计算平衡公式。

物料平衡方程

$$q_{mfi} = q_{mf(i-1)} + q_{mDi} \tag{3-33}$$
$$q_{mfi} X_i = q_{mf(i-1)} X_{i-1} \tag{3-34}$$

热量平衡方程

$$q_{mD(i-1)} r_{i-1} + q_{mfi} c_i t_i = q_{mDi} r_i + q_{mf(i-1)} c_{i-1} t_{i-1} \tag{3-35}$$

相平衡方程

$$t_{i-1} = f(t_{si}, X_i) \tag{3-36}$$

5. 各效的传热面积计算

根据传热速率方程

$$Q_i = k_i S_i \Delta T_i \tag{3-37}$$

式中　Q_i——第 i 效的传热量，kJ/h；

k_i——第 i 效的传热系数，kJ/（$m^2 \cdot h \cdot K$）；

S_i——第 i 效的传热面积，m^2；

ΔT_i——冷热流体传热温差，K。

由传热方程可计算出各效所需的传热面积。

传热面积的确定有两种方法，一种是按等面积设计各效蒸发器，另一种是按设定温度分布确定各蒸发器面积。第一种方法适合不带 TVC 的情况，第二种方法适合带 TVC 的情况。按第一种方法设计，则传热面积可按各效最大的传热面积确定，然后再返回各效温度分布进行迭代计算。按第二种方法设计，可根据传热方程计算各效的传热面积。

各效的传热系数应根据实验数据或经验数据确定，对水平管降膜低温多效蒸发，$k_i = 6276～14644$kJ/（$m^2 \cdot h \cdot K$）。

6. 蒸发器筒体直径的确定

首先根据多效蒸馏淡化工程的场地情况确定每效蒸发器的长度和传热管管径，一般筒体长度为 3～9m，传热管管径一般采用 $\phi 19$、$\phi 25$、$\phi 45$ 等几种规格，然后根据上面计算出的各效传热面积，选面积最大的一效计算传热管数量。根据该效的传热管数量确定管束的尺寸，进一步可以确定筒体的直径。该效的筒体直径可作为整个蒸馏设备的筒体直径。

第四节　典型工程实例

一、反渗透预脱盐处理工程实例

1. 工程概况

某电厂 2×600MW 超临界燃煤间接空冷机组的水源为黄河水，备用水源为水库水。预处理系统采用混凝澄清＋多介质过滤＋超滤工艺，预脱盐系统采用一级反渗透＋二级反渗透的两级预脱盐工艺。

2. 海水水质

工程水源水质见表 3-26 和表 3-27。

表 3-26　工程设计水源水质（黄河水）

检测项目	单位	检测结果	检测项目	单位	检测结果
悬浮物	mg/L	63	CO_3^{2-}	mg/L	11.7
COD_{Cr}	mg/L	3.28	HCO_3^-	mg/L	212.28
pH 值（25℃）	—	8.08	Cl^-	mg/L	116.83
Ca^{2+}	mg/L	62.46	SO_4^{2-}	mg/L	207.84
Mg^{2+}	mg/L	69.43	总碱度	mg/L（$CaCO_3$）	223.98
K^+	mg/L	32.37	总硬度	mg/L（$CaCO_3$）	131.89
Na^+	mg/L	116.93	溶解固形物	mg/L	473
铁	mg/L	0.06	全硅	mg/L	12
总磷	mg/L	0.67			

表 3-27　工程备用水源水质（水库水）

检测项目	单位	检测结果	检测项目	单位	检测结果
悬浮物	mg/L	73.75	CO_3^{2-}	mg/L	3
COD_{Cr}	mg/L	7.84	HCO_3^-	mg/L	337.94
pH 值（25℃）	—	7.86	Cl^-	mg/L	126.81
Ca^{2+}	mg/L	117.2	SO_4^{2-}	mg/L	212.93
Mg^{2+}	mg/L	36.12	总碱度	mg/L（$CaCO_3$）	340.94
Na^+	mg/L	52.07	总硬度	mg/L（$CaCO_3$）	152.32
全硅	mg/L	13.5	溶解固形物	mg/L	1282.25
总磷	mg/L	2.35	氨氮	mg/L	156.42

3. 工艺流程及主要设备

（1）预脱盐系统流程。预处理后的生水经两级反渗透预脱盐系统后，产水供至 EDI 除盐系统进一步制备锅炉补给水。具体工艺流程为：经过预处理后的生水→生水加热器→生水箱→生水泵→多介质过滤器→自清洗过滤器→超滤装置→清水箱→清水泵→一级反渗透→一级反渗透产品水箱→一级淡水泵→二级反渗透→二级淡水箱→二级淡水泵→电除盐（EDI）。

（2）主要设备。考虑电厂正常水汽损失、处理系统自用水率及一定余量后，选用 $3 \times 47t/h$ 的一级反渗透设备、$3 \times 42t/h$ 的二级反渗透设备。

预脱盐系统主要设备规格见表 3-28。

表 3-28　　　预脱盐系统主要设备

序号	设备名称	型号及规范	单位	数量
1	清水泵	63t/h，0.35MPa	台	3
2	一级反渗透系统	47t/h，系统脱盐率大于等于 97%（三年内）	套	3
2.1	一级保安过滤器	63t/h，精度 5μm	台	3
2.2	一级高压泵（变频）	63t/h，1.40MPa	台	3
2.3	一级 RO 模块组架	47t/h，回收率 75%，排列比6:3，BW30-400FR	套	3
3	一级 RO 产品水箱	10m³	台	2
4	一级淡水泵	47t/h，0.40MPa	台	3
5	二级反渗透系统	42t/h，系统脱盐率大于等于 90%（三年内）	套	3
5.1	二级保安过滤器	47t/h，精度 5μm	台	3

续表

序号	设备名称	型号及规范	单位	数量
5.2	二级高压泵（变频）	47t/h，1.30MPa	台	3
5.3	二级 RO 模块组架	42t/h，回收率 90%，排列比 4:2，BW30-400/34i	套	3
6	二级淡水箱	$\phi 6480$，200m³	台	2
7	RO 冲洗水泵	50t/h，0.32MPa	台	1
8	RO 清洗设备		套	1
8.1	清洗水泵	54t/h，0.30MPa	台	1
8.2	清洗保安过滤器	54t/h，精度 5μm	台	1
8.3	RO 清洗箱	3m³	台	1
9	RO 加药设备	包括碱、阻垢剂、还原剂	套	1
10	二级淡水泵	45t/h，0.60MPa	台	3

4. 运行效果

从 2012 年投运以来，预脱盐一、二级反渗透系统运行稳定，预脱盐产品水质可满足后续 EDI 系统的进水水质要求。

二、多级闪蒸海水淡化工程实例

1. 工程概况

某电厂二期工程是由意大利引进的燃煤机组，其海水淡化设备是引进美国某公司的多级闪蒸（MSF）海水淡化设备，是我国第一套大型的海水淡化装置。全厂共设置 2 套 3000m³/d 的盐水再循环、长管型 MSF 装置，两套海水淡化装置占地面积约 45m×40m。海水淡化系统于 1989 年 10 月投产。

2. 工艺设计参数

多级闪蒸（MSF）海水淡化装置主要技术参数见表 3-29。

表 3-29　MSF 海水淡化装置主要技术参数

序号	项目	技术指标
1	热回收段	36 级
2	热排出段	3 级
3	淡水产能	125m³/h
4	热耗	260.1J/kg 淡水
5	电耗	4.4kWh/m³ 淡水
6	产品水含盐量	≤3mg/L
7	蒸汽耗量	0.176MPa，13.092t/h（夏季），12.156t/h（冬季）
8	造水比	10
9	运行工况	温度 0～120℃，pH 值 6～8.5，压力 0.2～0.97MPa

续表

序号	项目	技术指标
10	进水水质	含盐量300~70000mg/L，溶解氧10~10000μg/L
11	出水水质	含盐量小于等于3mg/L，电导率3~7μS/cm

3. 主要设备

该海水淡化系统没有预处理设施，主要由以下几部分组成：

（1）盐水加热器。双回路管式热交换器，直径1.2m，长5m，缸体为碳钢；管材为90/10铜镍合金，管径15.875mm，壁厚0.889mm，管子数量为1000根，热交换面积304m²，水室内衬3mm厚90/10铜镍合金；管板为整体90/10铜镍合金；中间隔板为碳钢。

（2）热回收段蒸发器。每台装置设有三个长管型蒸发器，每个容器有12个闪蒸级，共有36级。每个容器的尺寸19.6m×2.8m×2.2m。蒸发器的冷凝器采用的管材为90/10铜镍合金，水室为碳钢衬3mm厚90/10铜镍合金。每个闪蒸室的内壁，直至淡水槽的高度衬3mm厚的S31603不锈钢，闪蒸室内的淡水槽和网状分离器均为S31603不锈钢，盐水挡板为S31603不锈钢。

（3）热排出段蒸发器。每台装置有一个长管型蒸发器，容器有3个闪蒸级，共有36级，容器尺寸19.6m×1.2m×2.2m。闪蒸室内的冷凝器管材为钛钢，管径15.875mm，壁厚0.635mm，共740根，有效换热面积666.5m²，水室为碳钢衬3mm厚90/10铜镍合金，管板为铝黄铜。闪蒸室为碳钢，直至淡水盘高度衬3mm厚的S31603不锈钢，中间隔板为碳钢。

（4）真空除氧器。每台装置设一台除氧器，直径2.3m，高7.6m，填料高度3m。罐体为碳钢衬胶，填料为聚丙烯鲍环。

（5）除二氧化碳。每台装置设一台除碳器，直径2.3m，高7.6m，填料高度3m。罐体为碳钢衬胶，填料为聚丙烯鲍环。

（6）真空系统。为蒸汽喷射型，每套为三级，每级两个抽气喷射器互为备用。每级有直接接触性级间冷凝器。

（7）盐水循环泵。每台装置设一台立式多级盐水循环泵，设备出力1076m²/h，吸入压力7kPa，功率25kW。

每台装置还配有盐水排污泵、产品水泵、凝结水泵、减温水泵各一台，这些泵均为单机卧式离心泵。

（8）加药系统。每套装置设一套酸计量加药系统、一套消泡剂计量加药系统。

4. 运行效果

闪蒸设备运行几年后产生了一些腐蚀现象，通过采取措施后，闪蒸防腐蚀问题基本上得到解决。

该厂MSF装置至今仍在运行。

三、低温多效蒸馏海水淡化工程实例一

1. 工程概况

某发电厂一期工程为2×600MW亚临界燃煤发电机组。1号机组于2006年6月投产，2号机组于2006年11月投产。该发电厂海水淡化站规划容量100000m³/d，采用分期建设模式，先期建设20000m³/d海水淡化系统。

2. 海水水质

海水取水口约在水下6m处。从港池入口至电厂取水口大约5km，港池深度12m。根据水文资料，该区域3级风以下海水清澈，3级风以上则浑浊，一般风后3天可以恢复原状。本地海域泥沙运动特性主要以悬浮质为主。海水中的悬浮物含量的分布，海水平面下2m属于重度；2~5m属于中度；6m以下较轻。海水中沙粒粒径小于1mm的占90%以上，且粒径分布梯度较小。海水水质见表3-30。

表3-30 海 水 水 质

序号	分析项目		检测结果		
	检测项目	单位	最大值	最小值	平均值
1	水温	℃	28.0	0.0	15.44
2	盐度	‰	31.742	31.568	31.66
3	pH值（25℃）		8.20	7.87	8.07
4	悬浮物	mg/L	302.0	14.0	94.38
5	浊度	mg/L	190.0	1.2	31.04
6	含沙量	kg/m³	0.29	0.04	0.10
7	DO	mg/L	10.4	6.05	8.15
8	COD_{Mn}	mg/L	4.77	2.52	3.76
9	氨氮	mg/L	0.568	0.243	0.34
10	TOC	mg/L	6.4	0.25	5.90
11	油	mg/L	0.1	0.025	0.09
12	硫化物	mg/L	0.06	0.04	0.06
13	NH_3		未检出	未检出	未检出
14	碱度（以$CaCO_3$计）	mg/L	158.0	143.0	148.2
15	NO_2^-	mg/L	0.223	0.010	0.054
16	NO_3^-	mg/L	9.12	1.935	3.40
17	CO_2	mg/L	4.84	4.82	4.84
18	Mg^{2+}	mg/L	1312.67	1238.37	1275.32
19	Ca^{2+}	mg/L	392.58	359.72	387.37

续表

序号	分析项目		检测结果		
	检测项目	单位	最大值	最小值	平均值
20	Na$^+$	mg/L	8829.10	6325.0	6756
21	K$^+$	mg/L	364.5	201.4	283.54
22	HCO$_3^-$	mg/L	192.82	174.54	181.83
23	CO$_3^{2-}$	mg/L	0.00	0.00	0.00
24	SO$_4^{2-}$	mg/L	3293.90	2625.80	2911.40
25	Cl$^-$	mg/L	20393.68	19815.13	20069.31
26	TDS	mg/L	35859	35200	35560
27	BOD$_5$	mg/L	4.77	2.52	3.76
28	色度		0	0	0

注 1. 上述水质指标测定的时间为2002年1~12月。

2. 由于地处浅滩，滩面细颗粒粉沙质淤泥在风浪的作用下，极易被掀扬悬浮，随涨潮进入港地。因此有较大风浪时，海水的含沙量和悬浮物较高。

根据港池水域水面下−0.5、−6.0m和−11.0m层面取样分析，悬沙物质成分以粉砂质黏土为主，其次为黏土质粉砂，泥沙颗粒较细，粒度范围为0.0034~0.0114mm，中值粒径为0.0034~0.0050mm。

3. 工艺流程及主要设备

海水淡化工艺系统主要设备采用法国某公司的低温多效装置。海水淡化装置为低温多效加蒸汽压缩喷射器（MED–TVC）的蒸馏淡化装置。

主要工艺流程如图3-36所示。

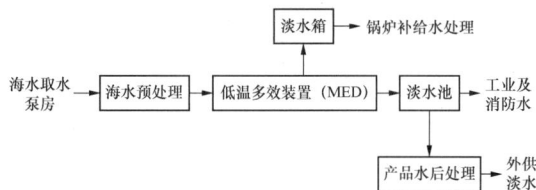

图3-36 低温多效蒸馏海水淡化工艺流程

海水淡化工艺主要系统设备如下：

（1）取水系统。本期工程海水淡化水源在初期容量时直接取用海水，后期制水量80000m³/d时取用电厂循环水系统排水。

初期容量的海水取水泵设于电厂取水泵房内，共装设4台立式长轴泵，分别设于一期4台循环水泵的流道内，正常运行工况为2用2备。其中2台泵共用1套变频调速装置，以同时满足制水站夏季工况4650m³/h及冬季工况3300m³/h的用水要求。由一条DN800的钢套筒混凝土输水管送至海水淡化制水站，输水管道长约450m，与电厂循环水管道并列敷设。

（2）海水预处理。按照设备供货商的要求，进入MED装置的海水含沙量和悬浮物不得超过300mg/L，建议最好小于50mg/L。由于进口原海水的混浊度有时高达2000~4000mg/L，为保证淡化装置的正常运行和减少设备清扫工作量，设置了海水预处理系统。预处理的流程为海水→海水提升泵→混合絮凝沉淀池→清水池→清水提升泵→MED。

混凝剂为聚合三氯化铁，冬季低温时投加助凝剂聚丙烯酰胺。

系统进水悬浮物小于2000mg/L时，出水悬浮物小于20mg/L；系统进水悬浮物大于2000mg/L，出水悬浮物小于300mg/L。

海水预处理还设置一个旁路渠。当水质干净或一个沉淀池检修时，可以打开旁路门直接进入清水池。

（3）MED-TVC。蒸发器为4效级淡水发生器，包括效容器外壳、喷淋喷嘴、汽水分离器、产品水和盐水收集等效内装置设备。最高工作温度小于65℃。

海水淡化装置主要技术参数见表3-31。

表3-31 海水淡化装置主要技术参数

项 目	单位	技术参数
单套的生产能力	m³/d	10000
效数		4
水质（TDS）	mg/L	≤5
产水率（GOR）	kg/kg	8.33
电耗（不包括照明和电加热）	kWh/m³	1.20
设计海水温度	℃	25（最大30，最小−3.5）
设计蒸汽压力（绝对压力）	MPa	0.55（变化范围0.37~0.55）
蒸汽温度	℃	320
蒸汽耗量	t/h	50
噪声水平	dB（A）	≤85
变工况能力	%	50~100
年利用小时	h	7884

（4）淡水后处理系统。海水淡化产品水在输送生活水系统前加氢氧化钙溶液调节pH值，作为其他工业用水时加氢氧化钠调节pH值。

（5）凝结水回水系统。海水淡化加热蒸汽在MED设备第一效被凝结，经化学车间除盐后，输送至凝结水补充水箱。

（6）海水排水系统。海水淡化排水大部为有压排水，初期容量的全部海水排水排至电厂一期工程循环水 1、2 号排水沟内，利用循环水排水口排入大海。

4. 设备布置

两套 MED 淡化装置总占地面积约为 85m×45m，设备布置见图 3-37。

5. 运行效果

2005 年 7 月海水淡化主体设备开始安装，2006 年 3 月 14 日两套海水淡化调试完成试运投入制水。自投运以来，2 套海水淡化装置运行稳定，全部自动控制和联锁保护都正常投运，各项监视、控制参数正常。

四、低温多效蒸馏海水淡化工程实例二

1. 工程概况

某发电厂规划容量为 4×1000MW 机组，一期工程建设 2×1000MW 超超临界燃煤机组，配套建设日产 20 万 t 淡水的海水淡化。该项目的发电工程和海水淡化系统要求没有废水排放，淡化装置的浓盐水排至盐场用于制取食用盐和其他用盐，是集发电—海水淡化—浓盐水制盐一体化运营模式建设的高效大型循环经济项目。

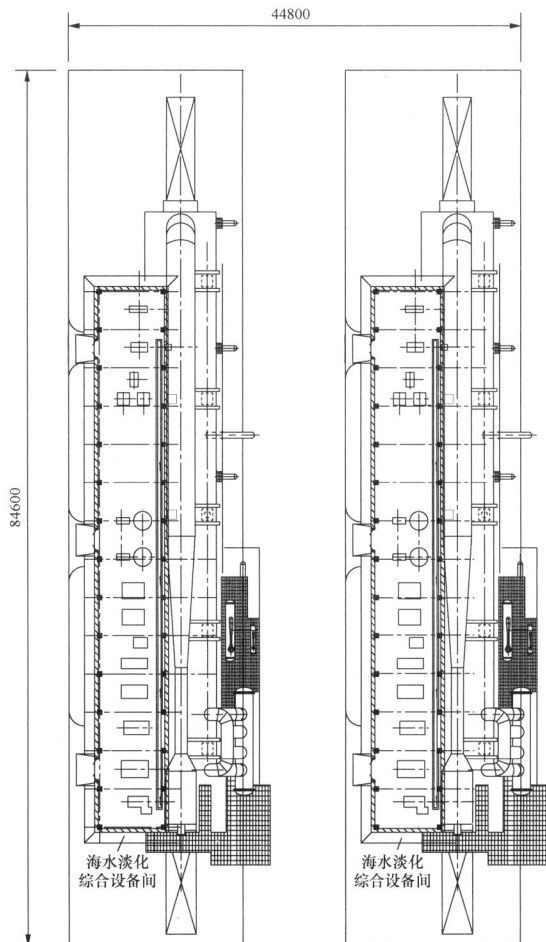

图 3-37 2×10000m³/dMED-TVC 海水淡化装置布置

一期工程循环冷却水供水方案采用带冷却塔的海水二次循环供水方式。海水淡化装置的水源取自发电厂的取排水工程，取水分为两种水源，进料水采用新鲜海水，进入强制冷凝器的冷却水采用发电厂二次循环水。

海水淡化装置正常运行所需的蒸汽来自汽轮机的低压缸抽汽和（或）中压缸排汽，蒸汽压力和温度随主机负荷、蒸汽流量的变化而变化，提供的蒸汽压力范围为 0.03～0.669MPa（绝对压力）。

2. 海水水质

海水淡化设备原料水取自新鲜海水，原料海水悬浮物含量为 25mg/L，温度变化范围为 –2.1～30℃，含盐量变化范围为 27000～34000mg/L。具体水质见表 2-56。

该工程海水淡化设备末效强制循环冷却器的冷却海水采用发电机组循环冷却海水，温度变化范围为 6～33℃，含盐量变化范围为 48600～66000mg/L，排水返回海水冷却塔循环使用。

3. 工艺流程及主要设备

（1）海水预处理系统。蒸馏法淡化装置对进水水质的要求不高，但根据原海水的水质情况，还需进行预沉淀等处理。根据海水淡化装置供应商对进水的水质要求，可设置网状过滤器，必要时可设置澄清、过滤设备。为防止设备结垢，应在进料液中加入聚磷酸盐类阻垢剂；为防止海生物孳生，设置次氯酸钠加药系统，以对进入的海水进行杀菌灭藻处理。

针对该电厂取水口区域的海水水质较差、污染较严重的情况，设置了海水预处理系统，主要工艺流程为海水→海水取水泵→混合絮凝沉淀池→清水池→海水提升泵→MED 装置。

（2）海水淡化系统。该厂一期工程配套建设 8×25000m³/d 的水平管降膜式 MED-TVC 海水淡化装置，海水淡化工艺系统设备采用以色列某公司的低温多效装置。

低温多效蒸馏装置有两种形式，6 套装置的主动力蒸汽压力为 0.12～0.18MPa 和 0.5～0.669MPa 两种，其余 2 套装置的主动力蒸汽压力为 0.03、0.12、0.5MPa 三种。每套低温多效蒸馏装置设置了 2 台热压缩装置。当动力蒸汽压力为 0.12MPa 时，使用 1 台热压缩机从第 6 效抽回再生蒸汽；当动力蒸汽压力为 0.5MPa 时，使用另 1 台热压缩机从第 9 效抽回再生蒸汽；当动力蒸汽压力为 0.03～0.05MPa 时，没有蒸汽压缩循环。不凝结性气体（NCG）去除系统的蒸汽压力为 0.6～1.2MPa。

蒸发-冷凝器装置分成四组，每组分别为 2、3、4、5 效。按照它们在蒸发器列中的排列位置，1～2 效称"热"效组，3～5 效和 6～9 效称"温"效组，10～14 效称"冷"效组。冷效组总是临近于主冷凝器。

造水比 10.3～15（根据提供的蒸汽参数确定）；效数为 14 效；海水淡化设备的设计（考核）温度，原料水温度 30℃、冷却水温度 33℃；设备运行时的最高温度，原料水温度 30℃、强制冷凝器冷却水温度 33℃；最低温度，原料水温度 −2.1℃、强制冷凝器冷却水温度 6℃；产品水要求 TDS≤5mg/L；进水要求海水悬浮物小于等于 25mg/L；设备出力调节范围 40%～110%；电耗，蒸汽参数 0.12MPa 时电耗为 1.40kWh/m³，蒸汽参数 0.50MPa 时电耗为 1.30kWh/m³。

海水淡化装置主要由以下设备组成：

1）降膜式冷凝器。主冷凝器内有 4663 根管径 38mm、壁厚 0.5mm、长度 5080mm 的钛合金管，分两层五个水平室排列，即上层两室和下层三室。在第三室的上部空间作为蒸汽的母管，从这里三根管将蒸汽转移到强制循环冷凝器中。每室的热传导管有两通道排列，每端通过索环密封在管板上。

作为工艺入料所需的海水通过在冷凝器两端的许多分配支管被引入冷凝器，40%直接进入上层，60%进入下层。海水通过与蒸发器中排列相似的多个平行的带喷嘴的纵向母管在热传导管上分布。最后一效的二次蒸汽在热传导管内侧冷凝时，管外的海水被加热。加热后的海水收集于冷凝器壳侧的底部并由工艺入料海水泵泵出。第一通道中热传导管内的冷凝水（产品水）排入尾端并通过底部连接管离开容器。第二通道热传管内的冷凝水从前壁的管箱中收集，与从第一通道内的冷凝水一起通过管道排入产品水缓冲罐。如果任一流体受到污染，污染的流体可转换随浓盐水中排出。

进入冷凝器的蒸汽经两个通道，第二通道管是管束的上部（冷却器），以便在排入 NCG 去除系统前冷却和浓缩 NCG-蒸汽混合物。

在冷凝器容器底部安装特殊的铝锌阳极，对冷凝器容器进行阴极保护防腐保护。

2）强制循环冷凝器。辅助冷凝器是壳管式强制循环冷凝器，用于冷凝不需用于加热入料海水的过量蒸汽。

冷凝器的壳侧有一个通道，管侧有三个通道，冷凝器采用 S31603 不锈钢制造，热传导管选用最小厚度 0.5mm 的钛管。壳体内径为 2600mm，管长 7600mm，管外径 19.05mm。

主冷凝器的蒸汽通过 3 根直径 66in 的管流入辅助冷凝器的壳层。壳层底部的冷凝水通过 4 根直径 8in 的管排入产品水缓冲罐。

3）蒸发器容器（14 效）。为水平管、热回收效构成的降膜式蒸发器。

每效含有 31244 根热传导管（30650 根铝合金管和 594 根钛合金管），管外径 24mm，壁厚 1.25mm。第 1～6 效管长 6m，第 7～14 效管长 4.3m。管安装在

4 个室中，每个室为一个三通道布置。管通过橡胶索环密封在前端（进口）和尾端（出口）的管板上。

上三排热传导管构成了第三通道，由钛合金制造，其外径和长度都相同，但壁厚为 0.5mm。因为第三通道所含的 NCG 浓度最高并可能被腐蚀，因此安装的是钛管。

蒸汽在热传导管室的进口端进入第一通道（占效段中热传导管总数的 86%）的管内冷凝。每一个热传导管室的出口的带盖箱体用于收集冷凝水，且剩余的蒸汽通过此流入下一通道。冷凝水作为产品水从箱体中通过管道进入产品水闪蒸箱。

从位于管室顶部的第三通道出口的管箱，NCG 与预先确定的允许流经孔板的蒸汽量流入下一效，除第 1 效、第 6 效和第 9 效外。

因入料海水以降膜状以瀑布流下，一部分闪蒸为蒸汽，向效段的尾端纵向流动。蒸汽通过通道在热传导管间和沿着热传导管室侧形成。再生蒸汽通过百叶窗式蒸汽除雾器，进入下一效或冷凝器的热传导管内冷凝。剩余的没蒸发的入料海水，通过中间海水泵或浓盐水外部管离开容器的底部。

在每一蒸发器容器底部安装特殊的铝锌阳极，以用于在环氧涂料表面有擦伤或损伤的情况下容器的阴极保护防腐保护。

4）其余设备。包括 3 台海水增压泵、3 台冷却水增压泵、2 台入料原海水泵、6 台中间入料海水泵、2 浓盐水泵、2 台产品水泵、12 台产品水闪蒸箱、产品水缓冲罐、12 台浓盐水闪蒸罐、1 台浓盐水缓冲罐、1 台冷凝水泵、2 台减温水泵、1 台冷凝水缓冲罐、2 台热压缩机、不凝结性气体去除系统、启动抽气器系统、入料海水处理池及附件、消泡剂系统、机械密封冷却系统、海水过滤器、3 台离子阱、酸洗系统等。

4. 设备布置

8×25000m³/d MED-TVC 海水淡化装置占地面积约 253.5m×160.5m，1×25000m³/d MED-TVC 海水淡化装置的布置见图 3-38。

5. 运行效果

目前该发电厂海水淡化装置均已达标投产，但由于诸多因素导致外供淡水量有限，海水淡化装置仅保持 1～2 套运行，其余备用。因外供水量有限，加上机组负荷受外界因素影响波动较大，致使海水淡化装置造水比维持 10 左右，远达不到设计值，单位水量产能费用较高。为此电厂也从维持海水淡化设备良好的真空度，清除换热管表面附着污泥和污垢、提高蒸发器管束换热效果，加强喷嘴的维护以增大有效喷淋面积，控制强制循环冷凝器出口海水温度，保证动力蒸汽品质及温度等诸方面采取措施，达到了一定的节能效果。

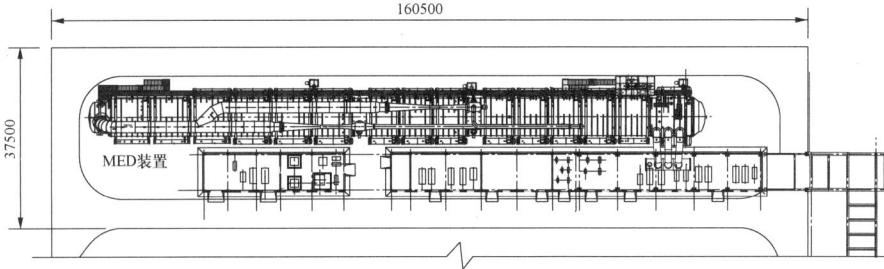

图 3-38　$1 \times 25000m^3/d$ MED-TVC 海水淡化装置布置

五、反渗透海水淡化工程实例

1. 工程概况

某电厂一期工程新建 $2 \times 600MW$ 燃煤发电机组，工业用水全部采用海水。冷却水系统采用的是海水直冷方式，通过专用引水渠将海水引入电厂。预脱盐系统采用海水反渗透+淡水反渗透工艺。淡化系统按 $3 \times 150t/h$ 规划设计。海水淡化系统从冷却水系统取水，夏季从电厂凝汽器前取水，冬季从凝汽器后取水。预处理系统采用超滤工艺。系统设计海水水质见表 2-59。

2. 工艺流程及主要设备

（1）海水淡化预脱盐系统流程。海水经预处理后经海水（一级）反渗透预脱盐，产水一部分可作为厂内工业用水，另一部分则送至淡水反渗透进一步脱盐，淡水（二级）反渗透产水供至离子交换除盐系统制备锅炉补给水。具体工艺流程见图 3-39。

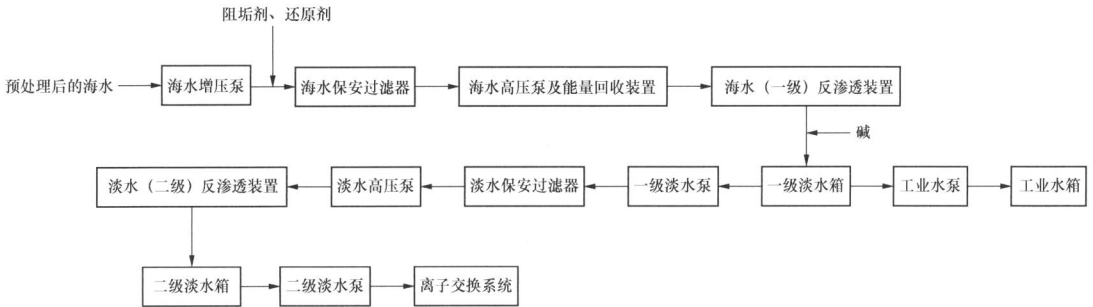

图 3-39　海水反渗透工艺流程

（2）设计参数。

1）系统设计温度。最高 28℃，最低 10℃。

2）预处理系统出水水质。浊度小于 1NTU，SDI≤3。

3）海水反渗透装置。脱盐率大于等于 99%（三年内），回收率大于等于 45%。

4）淡水反渗透装置。脱盐率大于等于 95%（三年内），回收率大于等于 85%。

（3）主要设备。海水淡化反渗透高压泵采用进口的卧式离心泵。

能量回收装置采用进口涡轮透平式能量回收装置，能量回收装置效率 70%。

海水反渗透膜采用进口高脱盐率涡卷式海水反渗透膜 SW30HRLE-400i，排列（级段）方式为一级一段，膜脱盐率可达 99.75%，每套 SWRO 安装 252 根膜。反渗透膜壳型号为 80R100-7W，压力等级 1000psi。

淡水反渗透装置为一级两段，10:5 排列。膜型号为 BW30-400，膜脱盐率可达 99.5%，每套 RO 装置安装 105 根膜。反渗透膜壳型号为 80R30-7W，压力等级 300psi。

3. 设备布置

海水反渗透淡化车间占地面积约 $90.6m \times 43.5m$，布置见图 3-40。

4. 运行效果

系统于 2005 年 11 月 30 日～12 月 11 日进行了 SWRO 装置的开车调试和试运行。在试运行期间曾出现 SWRO 在最初运行的 2h 左右产水量急剧衰减 20% 以上的现象，运行压力也上升较快。经分析认为有两方面原因，一是运行初期膜有一个润湿和压密过程，在低温下（＜12℃）膜通量稳定需要更多运行时间而造成的；二是由于调试期间水温在 12℃ 以下，SWRO 计算软件 ROSA6.0 在低温下的计算值与实际值偏差较大。后来水温高于 12℃，并经过一段时间运行后，上述现象自然消失，系统产水水量、水质均达到设计要求。

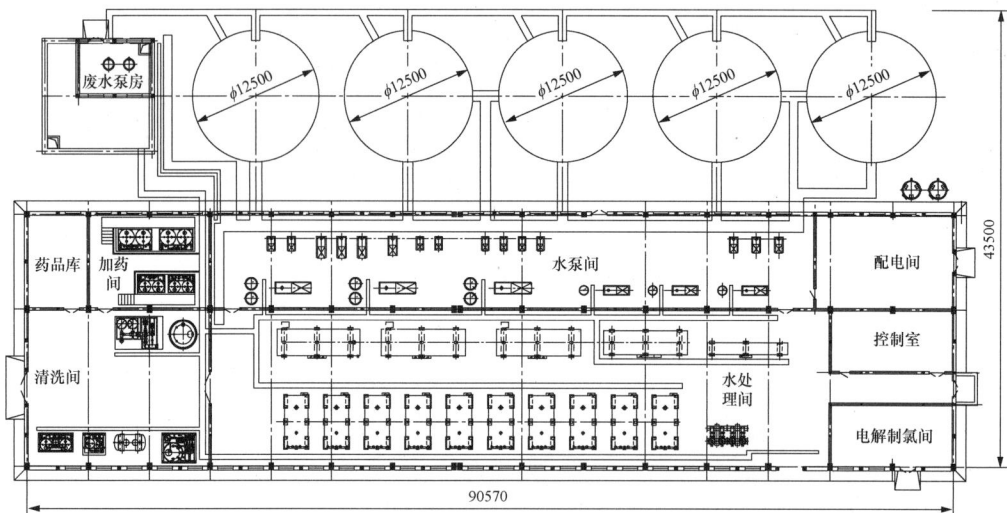

图 3-40　3×150t/h 海水反渗透淡化车间布置

第四章

水 的 除 盐

第一节 设计基础资料

一、水的除盐技术简介

水的除盐是指去除水中各类溶解杂质的过程，在火电工程中多应用于锅炉补给水处理系统。锅炉补给水进入机组热力系统后，实现下述循环：补给水→给水→炉水→蒸汽→凝结水→补给水系统。在上述流程中，因水汽循环损失和锅炉排污损失等，由锅炉补给水进行补充。一般情况下，去除水中的溶解固形物可利用离子交换法除盐或电除盐工艺完成。

离子交换法是最常见的水的除盐方法，是利用离子交换树脂，将其本身具有的离子与水中带同类电荷的离子进行交换反应的方法。水处理中常用的离子交换类型包括钠离子交换、阳离子交换和阴离子交换。钠离子交换软化处理用于去除水的硬度；H-Na 离子交换软化处理用于去除水中硬度和降低碱度；阳、阴离子交换处理用于去除水中的全部溶解盐类等。为充分利用各种离子交换工艺的特点和各种离子交换设备的功能，在水处理应用中，常将它们组合成各种不同的除盐系统。

电除盐是利用电能，通过电渗析和离子交换相结合的综合方法去除水中离子的水处理除盐技术，简称 EDI（electrodeionization）。EDI 技术采用直流电迫使杂质离子持续地从水中迁移出来，并穿过离子床和离子交换膜进入浓水室，同时直流电能够将水分子电离成氢离子和氢氧根离子，持续对树脂进行再生。因此 EDI 可以连续地生产出高纯水，在一些特定的进水条件下可以代替离子交换系统，其产水电导率能够达到甚至优于混床产水的水质。

二、设计内容及范围

水的除盐系统设计范围包括从预处理系统来的清水或预脱盐系统来的淡水，经除盐处理后至除盐水泵送出管道为止。

离子交换除盐系统主要包括离子交换器、除碳器、各类水箱（池）及泵输送系统、离子交换树脂再生系统、酸碱储存及计量系统、系统检测仪表及连接管道等。电除盐系统主要包括电除盐装置、产水储存及输送系统、加药系统、清洗及冲洗系统、系统检测仪表及连接管道等。

三、设计输入资料

除盐系统的设计输入资料包括：系统来水温度和压力，系统出力，进水水质、出水水质要求，废水排放要求，蒸汽（或热水）和电的供应情况，树脂和滤料的供应情况，药品（如酸、碱等）的种类、浓度、包装规格、运输方式等供应情况，现场场地条件等。

第二节 系 统 设 计

一、水的除盐工艺选择原则及主要技术要求

1. 水的除盐工艺选择原则

（1）水的除盐工艺主要根据水源水质特点和机组对水质、水量的要求选择。当确定了机组对水质的要求后，就可以根据原水的水质特点，以及各工艺系统所能达到的出水水质，并结合系统出力的需求，进行综合分析后选取。

（2）当原水的含盐量较低，小于 300mg/L 时，除盐系统可考虑只采用一级除盐加混床的处理工艺；当含盐量高于 400mg/L 时，或为减少酸碱耗量，降低运行操作量和运行费用，且考虑到反渗透膜组件价格日趋降低的因素，目前多数项目采用反渗透作为预脱盐工艺。

（3）预脱盐处理工艺的后续系统设置应根据进、出水水质要求经技术经济比较确定。当采用反渗透预脱盐时，后处理可采用一级除盐加混床系统，当需要考虑减少酸碱耗量或建设地点对环保要求限制时，可选择二级反渗透加电除盐工艺或二级反渗透加混床工艺。蒸馏法海水淡化装置后的除盐系统宜采用一级

除盐加混床或混床工艺，也可采用一级反渗透加电除盐工艺。

（4）对于制水量小、酸碱等药品供应困难或受环保要求限制的锅炉补给水处理系统，可优先选择超（微）滤-反渗透-电除盐的全膜法处理工艺。

2. 除盐系统设计主要技术要求

（1）除盐系统的出水水质应满足对外供水水质的要求。对于火力发电机组，除盐水系统的出水水质应满足不同压力锅炉的补水水质要求，锅炉补给水处理系统出水水质控制指标应符合 GB/T 12145—2016《火力发电机组及蒸汽动力设备水汽质量》的有关规定，见表 4-1，其中总有机碳离子是表征有机物中总的含碳量与氧化后产生阴离子的其他杂质原子含量之和，必要时监测。

表 4-1　　锅炉补给水水质指标

锅炉过热蒸汽压力（MPa）	二氧化硅（μg/L）	除盐水箱进水电导率（25℃，μS/cm）		除盐水箱出口电导率（25℃，μS/cm）	TOC$_i$（μg/L）
		标准值	期望值		
5.9～12.6	—	≤0.20	—		
12.7～18.3	≤20	≤0.20	≤0.10	≤0.40	≤400
>18.3	≤10	≤0.15	≤0.10		≤200

（2）除盐系统正常出力应满足电厂全部机组正常运行所需补充的水量，各项正常水汽损失数据见表 4-2。

表 4-2　　电厂各项正常水汽损失

序号	损失类别		正常损失
1	厂内水汽循环损失	1000MW 级机组	锅炉最大连续蒸发量的 1.0%
		300MW 级、600MW 级机组	锅炉最大连续蒸发量的 1.5%
		125MW 级、200MW 级机组	锅炉最大连续蒸发量的 2.0%
		100MW 级机组及以下	锅炉最大连续蒸发量的 3.0%
2	汽包锅炉排污损失		根据计算或锅炉厂资料，但不小于 0.3%
3	厂内其他用水、用汽损失		根据具体工程情况确定
4	间接空冷机组循环冷却水损失		根据具体工程情况确定

续表

序号	损失类别	正常损失
5	闭式热水网损失	热水网循环水量的 0.5%～1.0% 或根据具体工程情况确定
6	厂外供汽损失	根据具体工程情况确定
7	厂外供除盐水量	根据具体工程情况确定

表 4-2 中，厂内水汽循环损失值已经包含了锅炉吹灰用汽、凝结水精处理树脂再生及闭式循环冷却水系统等水汽损失。对于汽包锅炉，排污损失根据机组类型和补充水的不同而不同。对于除盐水作锅炉补充水的凝汽式机组，设有凝结水精除盐装置时，排污率一般不大于 0.5%；无凝结水精除盐装置时，排污率一般不大于 1.0%。对于背压供热机组，除盐水作锅炉补充水时，排污率一般不大于 2%；软化水或预脱盐水作锅炉补充水时，排污率一般不大于 3%。

（3）除盐水箱应与除盐系统出力、机组容量和机组扩建条件相协调，其总有效容积应满足最大容量锅炉（1 台）的启动或事故阶段的用水量要求，水箱数量不应少于 2 个。对于直流炉机组，除盐水箱总有效容积一般为锅炉 3h 的最大连续蒸发量；对于汽包炉凝汽式机组，一般为锅炉 2～3h 的最大连续蒸发量；对于间接空冷机组，一般应大于等于锅炉 3h 的最大连续蒸发量，同时满足机组间冷循环水系统启动上水要求；对于背压供热机组，一般为锅炉 4h 的正常补水量；有外供除盐水或外供蒸汽时，除盐水箱宜另计 2h 的外供除盐水或外供蒸汽量。

（4）至背压供热机组的除盐水输送系统应设置调节 pH 值的自动加氨装置。

（5）热力系统的疏水不应直接回到除盐水箱，一般可回至除氧器和凝汽器。对于直流炉机组的供热抽汽疏水应降温后回至凝汽器，和机组凝结水一起进行过滤和除盐处理。

（6）除盐水泵的容量和台数应满足机组正常和启动工况下的用水需求，可采用变频控制除盐水泵且应有备用。系统及布置条件许可时，也可利用除盐水箱的净压力使除盐水自流补至凝汽器。

（7）除盐水系统至机组的补给水管道，应同时能输送最大容量机组的启动补给水量或锅炉化学清洗用水量及其余机组的正常补给水量；补给水管道总数为 2 条及以上时，任何 1 条管道停运，其余管道应能满足输送全部机组正常补给水量的需要。当选用不锈钢管材时，可只设 1 条管道。

（8）除盐设备宜布置在室内。当露天布置时，运行操作盘、取样装置、仪表阀门等宜集中设置，并根据需要采取防雨、防晒、防冻和防盐雾等措施。

（9）经常检修的水处理设备、水泵和阀门等，可按其结构形式、台数、起吊件质量，设置检修平台、叉车或起吊装置。

二、离子交换除盐系统

（一）常见离子交换除盐工艺

1. 一级离子交换除盐系统

一级离子交换除盐系统一般由阳离子交换器、除碳器及阴离子交换器按顺序组成，见图4-1。

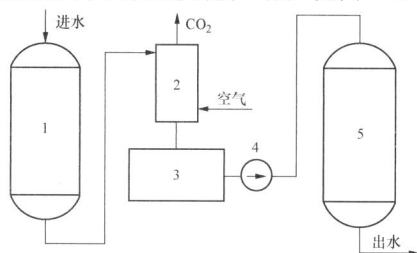

图4-1 典型一级除盐系统

1—阳离子交换器；2—除碳器；3—中间水箱；

4—中间水泵；5—阴离子交换器

该系统的第一个交换器是阳离子交换器，如果第一个是阴离子交换器，运行时很有可能会在交换器中析出 $Mg(OH)_2$、$CaCO_3$ 沉淀物，逐渐沉积在树脂颗粒表面，阻碍水和树脂接触，影响交换器正常运行。而且，第一个交换器采用阳离子交换器可以提高阴离子交换器的除硅效果。另外，由于交换过程中反离子的影响，第一个交换器的交换能力无法充分利用，而阳树脂交换容量比阴树脂大，价格相对便宜，因此阳离子交换器放在前面比较经济。

脱除水中 CO_2 气体的设备称为除碳器。除碳器设在阳、阴离子交换器之间，可以有效地将水中 HCO_3^- 以 CO_2 形式除去，以减轻阴离子交换器的负担并减少碱耗量。因为经阳床后的酸性条件下，HCO_3^- 才会以 CO_2 形式存在，若除碳器放在阳床前起不到这个作用；若除碳器放在阴床之后，含 CO_2 的水进入阴床后，在中性条件下，以 HCO_3^- 形式被强碱树脂交换，会缩短阴床的运行周期。对于采用反渗透预脱盐的一级除盐系统，可根据水质情况将除碳器放在阳床之前，因反渗透装置已脱除绝大部分离子，阴床的运行周期很长，HCO_3^- 对阴床的运行周期影响不大，经常是未达到水质失效终点就必须为避免树脂床层压实而进行再生。除碳器设在阳床之前的好处是可省去一级除盐水箱（中间水箱）和除碳水泵（中间水泵），系统简化、省占地、节省能耗、节省投资。

一级除盐系统一般有单元制（串联）和母管制（并联）两种连接方式，见图4-2和图4-3。

图4-2 单元制组合（串联）

图4-3 母管制组合（并联）

单元制组合方式适用于系统出力不大，离子交换器台数不多，进水中强、弱酸离子比值稳定的情况。设计时，为了让阳床先失效，阴床中树脂的装入体积一般富裕 10%～15%，泄漏的 Na^+ 经过阴床后，在出水中生成 $NaOH$，导致出水电导率上升，便于运行监督。当阴床显示失效时，阳床和阴床同时停止运行，分别进行再生后，再同时投入运行。此组合方式自动控制容易，但阴树脂的交换容量常常不能充分利用，碱耗相对较高。

母管制组合方式适用于系统出力较大、交换器台数较多，进水中强、弱酸阴离子比值变化较大的情况。设计时，需分别对阳床出水和阴床出水设置监督仪表，当出水水质显示失效时，失效的离子交换器从系统中解列出来进行再生，同时将之前已再生好的备用交换器投入运行。此种连接方式运行的灵活性较大。

2. 二级除盐系统

二级除盐系统一般为阳、阴混合离子交换器，即在一级除盐的基础上，增加混合离子交换单元继续对水中的溶解性物质进行去除。由于位于系统首位的阳离子交换器的出水中呈强酸性，离子交换的逆反应倾向比较显著，导致出水仍残留少量 Na^+，而 Na^+ 会影响串联其后的阴离子交换器的出水水质，因此经一级除盐处理后的出水水质仅可满足中压锅炉的补给水水质需求。要解决这个问题，一种方法是采取增加级数的办法来提高水质，但会增加设备台数和系统复杂性；另一种方法是同时进行阳离子交换反应和阴离子交换反应，即混床除盐。第二种方法的技术经济性较高，一级除盐系统和混床结合的处理工艺也成为现今最典型、技术最成熟的水的除盐工艺。

3. 离子交换除盐典型工艺

除盐工艺的选择应与整个水处理系统统筹考虑。表4-3列出了离子交换除盐典型工艺、特点及适用情况，供设计选用。

表 4-3　　　　　　　　　　　　　　　　　　　　离子交换除盐典型工艺

序号	典型	适用性	出水水质	
			电导率（25℃，μS/cm）	SiO$_2$（μg/L）
一	不采用预脱盐的常用除盐工艺			
1	一级除盐 H→D→OH	（1）原水含盐量小于 400mg/L。 （2）补给水率高的中压锅炉（主蒸汽压力小于 5.9MPa）。 （3）当进水碱度小于 0.50mmol/L，或原水经石灰处理后，可不设脱碳器	<10	<100
2	一级除盐加混床 H→D→OH→H/OH	（1）原水含盐量小于 400mg/L。 （2）高压及以上参数锅炉（主蒸汽压力大于等于 9.8MPa）。 （3）当有预脱盐系统时，出水电导率小于 0.1μS/cm	<0.10	<10
3	弱酸一级除盐 Hw→H→D→OH	（1）补给水率高的中压锅炉（主蒸汽压力小于 5.9MPa）。 （2）进水碳酸盐硬度大于 3mmol/L。 （3）碱度大于 4mmol/L，过剩碱度较低。 （4）采用阳双室床时，进水硬度与碱度之比宜为 1～1.5，阳床串联再生	<10	<100
4	弱酸一级除盐→混床 Hw→H→D→OH→H/OH	（1）高压及以上参数锅炉。 （2）进水碳酸盐硬度大于 3mmol/L。 （3）碱度大于 4mmol/L，过剩碱度较低。 （4）采用阳双室床时，进水硬度与碱度之比宜为 1～1.5，阳床串联再生	<0.10	<10
5	弱碱一级除盐 H→D→OHw→OH 或 H→OHw→D→OH	（1）补给水率高的中压锅炉（主蒸汽压力小于 5.9MPa）。 （2）进水强酸阴离子大于 2mmol/L 或进水有机物含量较高。 （3）阴离子交换器采用双室床或串联再生	<10	<100
6	弱碱一级除盐→混床 H→D→OHw→OH→H/OH 或 H→OHw→D→OH→H/OH	（1）高压及以上参数锅炉（主蒸汽压力大于等于 9.8MPa）。 （2）进水强酸阴离子大于 2mmol/L 或进水有机物含量较高。 （3）阴离子交换器采用双室床或串联再生	<0.10	<10
7	弱酸→强酸→碳→弱碱→强碱 Hw→H→D→OHw→OH	（1）补给水率高的中压锅炉（主蒸汽压力小于 5.9MPa）。 （2）阳、阴离子交换器采用双室（层）床或弱强联合两级除盐串联再生。 （3）进水有机物含量较高。 （4）进水碳酸盐硬度、强酸阴离子都高	<10	<100
8	弱酸→强酸→碳→弱碱→强碱→混床 Hw→H→D→OHw→OH→H/OH	（1）高压及以上参数锅炉（主蒸汽压力大于等于 9.8MPa）。 （2）阳、阴离子交换器采用双室床或弱强联合两级除盐串联再生。 （3）进水有机物含量较高。 （4）进水碳酸盐硬度、强酸阴离子都高	<0.10	<10
二	采用预脱盐的常用除盐工艺			
1	一级反渗透→一级除盐→混床 RO→H→（D）→OH→H/OH 或 RO→D→H→OH→H/OH	（1）原水含盐量大于 400mg/L，TOC 含量高。 （2）对原水含盐量适用范围广	<0.10	<10
2	一级反渗透→混床 RO→（D）→H/OH	原水含盐量小，TOC 含量高	<0.10	<10

序号	典 型	适 用 性	出水水质	
			电导率 （25℃，μS/cm）	SiO₂ （μg/L）
3	两级反渗透→混床 RO→RO→H/OH	原水含盐量及硅含量较高	<0.10	<10
4	两级反渗透→一级除盐→混床 RO（海水膜）→RO→H→ OH→H/OH	海水	<0.10	<10
5	蒸馏→一级除盐→混床 MSF 或 MED→H→OH→H/OH	（1）海水。 （2）允许蒸馏设备产水含盐量有较大范围的变化	<0.10	<10
6	蒸馏→混床 MSF 或 MED→H/OH	（1）海水。 （2）蒸馏设备产水含盐量约 5mg/L	<0.10	<10

注 H—强酸阳离子交换器；Hw—弱酸阳离子交换器；OH—强碱阴离子交换器；OHw—弱碱阴离子交换器；H/OH—阳阴混合离子交换器；D—脱碳器。

表 4-3 中，当强酸阳离子交换和弱酸阳离子交换之间无其他设备间隔时，也可采用阳离子交换双室床；对阴床也同样适用。对于亚临界及以下参数的机组，混床出水硅控制在 20μg/L，可延长混床运行周期。

（二）离子交换除盐系统设计原则

（1）离子交换系统的容量计算应包括系统的自用水量。系统中的设备应根据系统设计出力合理配置，当有 1 套（台）设备检修时，其余设备应能满足全厂正常补水的要求。当离子交换器套数多于 6 套时，宜设置再生备用设备。对于不设再生备用设备的除盐系统，应由除盐水箱储存再生所需的备用水量。对供热式发电厂，宜另设置再生备用设备。

（2）在设计水质下，阳、阴离子交换器的运行周期宜按不小于 24h 设计；阳、阴离子交换器在最差水质时的运行周期应不小于 16h；混合离子交换器运行周期宜按不小于 168h 设计。

（3）当进水中的强酸、弱酸阴离子比值较稳定时，一级离子交换除盐可采用阳、阴串联连接方式，阴床的运行周期宜为阳床的 1.10～1.15 倍；当进水中的强酸、弱酸阴离子比值变化大或除盐系统设备台数较多时，一级除盐阳、阴离子交换器应分别采用母管制连接方式。

（4）弱型树脂与强型树脂宜联合使用。当碳酸盐硬度较高（如大于 3mmol/L）时，宜采用强弱型阳树脂联合处理；当处理强酸阴离子含量较高（如大于 2mmol/L）或有机物含量较高的水（如 COD_Mn>2mg/L）时，宜采用强弱型阴树脂联合处理。

（5）串联连接的阳离子交换器进口和阴离子交换器出口应设置手动隔离阀，母管制系统中的每台离子交换器进出水管应设置手动隔离阀。同类离子交换器

数量达到 6 台及以上时，应根据除盐设备的运行周期及设备的再生频次分组，并按组配置再生设备。

（6）离子交换器的反洗可采用进水，离子交换器的再生、置换应采用除盐水。离子交换除盐系统宜设再生水泵，当阳床、阴床、混床再生水泵分设时，可不设备用。

（7）未经预脱盐的除盐系统，其阴床碱再生液宜加热，加热温度可根据阴树脂的耐温性能确定，宜为 35～40℃。对于 Ⅱ 型或聚丙烯酸系强碱阴树脂的碱再生液，最高不应超过 35℃。

（8）对流再生离子交换器顶压用气和混合离子交换器树脂混合用气应选用无油压缩空气。

（9）当阳离子交换器或阴离子交换器设备数量多于 6 台时，宜设置树脂储存罐。阳、阴树脂储存罐应分别设置，也可将树脂储存罐按离子交换器设置，这样可增加相应设备的备用量。

（10）离子交换树脂的工作交换容量应根据选用的交换器的类型、再生剂种类、再生水平、进水离子组成、处理后水质要求等因素，按树脂性能曲线或参照类似条件下的运行经验确定。

（11）在水源含盐量中等、水质稳定，且采用反渗透预脱盐后，阳床后串联的阴床即使采用最高层高（一般小于等于 2.5m）的丙烯酸树脂或 Ⅱ 型强碱阴树脂，仍无法保证阳床树脂先期失效时，则逆流再生离子交换器的阳树脂层高可适当降低，一般宜不低于 1.2m。否则，宜采用并联系统。

（12）除二氧化碳器应根据处理工艺和进水水质设置。一级离子交换除盐工艺宜设置除二氧化碳器，当进水碱度小于 0.5mmol/L 时，可不设除二氧化碳器。当一级反渗透给水加酸调节时，其后续工艺宜设除二氧化碳器。除二氧化碳器在工艺中的位置宜根据反渗

透产水水质及后续处理工艺确定。经两级反渗透预脱盐的产水及多级闪蒸（MSF）或多效蒸馏（MED）的淡化水，其后续工艺可不设除二氧化碳器。

（13）对于并联系统，每个设备应可隔离检修，而不影响其他设备的正常运行；对于单元制系统，每系列应可隔离检修。每台交换器的进酸（碱）管的气动阀前应设手动隔离阀。

（三）离子交换除盐系统设计主要技术要求

1. 进出水水质

离子交换除盐系统的进水应经水的预处理（混凝、澄清、过滤，或经接触絮凝、过滤）后，根据水质分析报告计算进入阳床的总可交换离子含量以及进入阴床的总可交换阴离子含量；若经反渗透预脱盐，应根据反渗透膜厂商的专用软件计算结果，确定总的可交换阳、阴离子含量。阳、阴离子交换器的进水要求见表4-4。当阳床采用硫酸作再生剂时，进水钡离子含量应小于 0.2mg/L。

表4-4　阳、阴离子交换器进水要求

项目	进水指标	备注
水温（℃）	5～45	Ⅱ型阴树脂、聚丙烯酸阴树脂的进水水温应小于35℃
浊度（NTU）	对流，<2；顺流，<5	—
游离余氯（mg/L）	<0.1	—
铁（mg/L）	<0.3	对于用酸再生的离子交换器，铁可小于2mg/L
化学需氧量（$KMnO_4$法，mg/L）	<2	对弱酸离子交换器可适当放宽

不同床型的一级除盐阳、阴离子交换单元适用进水水质、出水水质见表4-5和表4-6。

表4-5　不同床型的一级除盐阳离子交换单元进出水水质

序号	阳离子交换单元	适用进水水质			出水水质	备注
		总阳离子	暂硬	暂硬与总阳离子之比	钠	
		mmol/L	mmol/L		μg/L	
1	H(S)	<2			<100	
2	H(N)	<6			<50	
3	H(F)	<8			<50	
4	H(S)→H(F)	<12			<50	

续表

序号	阳离子交换单元	适用进水水质			出水水质	备注
		总阳离子	暂硬	暂硬与总阳离子之比	钠	
		mmol/L	mmol/L		μg/L	
5	Hw/H	<7.5	>3	>0.5	<50	
6	Hw/H(F)	<12	>3	>0.5	<50	
7	Hw(S)→H(S)	<10	>4		<50	
8	Hw(S)→H(F)	<14	>4		<50	
9	Hw(S)	<12	>3	>0.5		用于蒸馏法或反渗透膜法前的水软化

注　H—强酸阳离子交换器；Hw—弱酸阳离子交换器；Hw/H—阳离子交换双室床；S—顺流；N—逆流；F—浮动床。

表4-6　不同床型的一级除盐阴离子交换单元进出水水质

序号	阴离子交换单元	适用进水水质		出水水质		备注
		总强酸阴离子（H^+）	二氧化硅	电导率（25℃）	二氧化硅	
		mmol/L	mg/L	μS/cm	μg/L	
1	OH(S)	<1.0			<150	
2	OH(N)	<1.5	<15	<5	<100	
3	OH(F)	<2.0	<5	<5	<100	
4	OHw/OH	<3.5	<15	<5	<100	
5	OHw/OH(F)	<7	<5	<5	<100	
6	OHw(S)→OH(S)	<7		<10	<100	
7	OHw(S)→OH(F)	<8	<5	<5	<100	

注　OH—强碱阴离子交换器；OHw—弱碱阴离子交换器；OHw/OH—阴离子交换双室床；S—顺流；N—逆流；F—浮动床。

二级除盐阳、阴混合离子交换单元适用进水水质、出水水质见表4-7。

表 4-7 二级除盐阳、阴混合离子
交换单元进出水水质

二级离子交换混合床单元	适用进水水质				出水水质		备注
	电导率（25℃）	二氧化硅	含盐量	碳酸化合物	电导率（25℃）	二氧化硅	
	μS/cm	μg/L	mg/L	μmol/L	μS/cm	μg/L	
混合离子交换器	<10	<100	<5	<20	≤0.10	≤10	出水稳定

2. 主要设备及配置要求

（1）阳、阴离子交换器。阳、阴离子交换器配置应符合以下原则：

1）各类离子交换器不应少于 2 台。

2）单室阳、阴离子交换器的树脂层高不宜小于 1.0m。

3）单室固定床离子交换器的反洗膨胀高度宜为树脂层高的 75%～100%。浮动床及双室固定床离子交换器应分别设置阳、阴树脂体外清洗罐，树脂清洗罐反洗膨胀高度宜为树脂层高的 75%～100%。

4）对流再生离子交换器应设置 200～300mm 的压脂层。双室床的下室或浮动床离子交换器内的膨胀态离子交换树脂和惰性树脂的填充率应达到 98%～100%。惰性树脂的高度应足以填充水帽高度层空间。

5）浮动床离子交换器再生废液排出应采用倒 U 形排水管，排水管应高于设备顶部并应设置虹吸破坏管。

6）多孔板加水帽的离子交换器出水管道上应设置树脂捕捉器，树脂捕捉器的过滤精度宜小于水帽缝隙。树脂捕捉器筛管的通流面积应至少为 3 倍的管道通流面积。树脂捕捉器宜有反冲洗水管以及排污管。

（2）混合离子交换器。混合离子交换器配置应符合以下原则：

1）混合离子交换器不宜少于 2 台，一般采取体内再生方式。

2）一级离子交换除盐后续混合离子交换器的阳、阴树脂的体积比宜为2:3 或 1:2，混合树脂层高宜 1.2～1.5m，阳树脂的层高不应低于 500mm。最常见的配置为阳阴树脂比 1:2，总层高 1.5m。当采用一级反渗透加混床、低温多效海水淡化加混床工艺时，树脂总层高建议适当增加，运行流速适当降低。

3）混合离子交换器的出水管道上应设置树脂捕捉器，树脂捕捉器的过滤精度宜小于水帽缝隙。树脂捕捉器筛管的通流面积应至少为 3 倍管道通流面积。树脂捕捉器宜有反冲洗水管以及排污管。

（3）除碳器。除碳器配置应符合以下原则：

1）母管制除盐系统中的除碳器不宜少于 2 台。当一台检修时，其余设备应满足正常除盐水用量的要求。

2）除碳器宜采用鼓风式除碳器，淋水密度宜按 48～60m³/（m²·h）设计。

3）填料有瓷拉西环、聚丙烯多面空心塑料球、聚丙烯鲍尔环和聚丙烯阶梯环等多种，一般采用聚丙烯多面空心塑料球，各种填料的技术特性见表 4-8。在满足产品工作环境的条件下，填料不应有溶出物产生从而影响水质。

表 4-8 填 料 特 性 数 据 表

填料名称	规格（mm×mm×mm/mm）	空隙率 ε（m³/m³）	比表面积 S（m²/m³）	堆积个数 n（个/m³）	堆积密度 ρ（kg/m³）	当量直径 D_e（m）
瓷拉西环	$\phi 15 \times 15 \times 2$	0.74	330	250000	690	0.01452
	$\phi 25 \times 25 \times 3$		204	53200	632	
	$\phi 40 \times 40 \times 4.5$		126	12700	577	
	$\phi 50 \times 50 \times 4.5$		93	6000	457	
聚丙烯塑料多面空心球	$\phi 25$	0.81	460	85000	145	0.00732
	$\phi 38$	0.87	320	23500	125	0.01525
	$\phi 50$	0.90	240	11500	105	
	$\phi 75$	0.92	210	3000	80	
聚丙烯鲍尔环	$\phi 16 \times 16 \times 1$	0.91	287	112000	141	
	$\phi 25 \times 25 \times 1.2$	0.90	194	63500	110	0.01812
	$\phi 38 \times 38 \times 1.4$	0.89	155	15700	98	0.02245
	$\phi 50 \times 50 \times 1.5$	0.90	112	7000	87	0.03383
	$\phi 76 \times 76 \times 2.5$	0.92	73	1930	71	

填料名称	规格 （mm×mm×mm/mm）	空隙率 ε （m³/m³）	比表面积 S （m²/m³）	堆积个数 n （个/m³）	堆积密度 ρ （kg/m³）	当量直径 D_e （m）
聚丙烯 阶梯环	$\phi16\times8.9\times1.1$	0.85	370	299000	136	
	$\phi25\times12.5\times1.4$	0.90	228	81500	98	
	$\phi38\times19\times1$	0.91	133	27200		
	$\phi50\times25\times1.5$	0.92	114	10740	77	
	$\phi76\times37\times3$	0.93	90	3420	68	

4）除碳器出水口应设置水封管，排气口宜设水气分离装置，排气管应接至室外，并应有防止雨水回流的措施。

5）当除碳器风机由室外吸风时，宜有滤尘措施。

6）除碳水箱的有效容积，对串联系统宜为每系列除盐设备出力的 2～5min 储水量，且容积不应小于 2m³；对并联系统宜为除盐设备出力的 15～30min 储水量。

7）当采用真空除气时，抽真空方式可用真空泵或多级蒸汽喷射泵。

（4）除盐水箱。除盐水箱配置应符合以下原则：

1）除盐水箱一般采用钢制平底圆筒形、穹形箱顶结构，至少应设置 2 台。

2）为了避免空气中二氧化碳等气体污染水质，除盐水箱应采取箱体下部侧壁进水，进水管应设防止水箱内除盐水倒灌至前处理设备的止回阀。

3）除盐水箱本体侧壁及顶部应各设 1 个人孔。水箱的溢流管管径应不小于进水管，溢流排水口标高应高于排水沟顶部，以防止高液位溢流造成虹吸从而损坏水箱。除盐水箱的顶部最高处应设置适当管径的呼吸口，DN150 以上呼吸管宜设滤网。

4）水箱基础宜高出地坪 300mm。为了防止水箱沉降对进、出水管的影响，软土地基上的水箱进、出口应设置补偿管，以有效防止地基沉降引起的管道变形及渗漏。

5）当除盐水箱考虑液面密封时，应根据所选择的液面密封方式，确定水箱直筒体部分的钢板焊接方式是对接还是搭接。采用浮顶式、液面覆盖浮球和橡胶气囊式密封的除盐水箱，其侧壁均应采用对接焊，以确保密封效果。

6）水箱本体应设检修维护用的爬梯或螺旋盘梯，箱顶护栏和盘梯等防护措施应按 DLGJ 158《火力发电厂钢制平台扶梯设计技术规定》的要求执行。水箱顶部人孔及相关附件应尽可能靠近平台。

7）水箱应设就地耐腐蚀液位指示及液位远传信号，液位指示计应有照明。

8）寒冷地区的室外水箱，以及液位计、管道、阀门等应有防冻和保温措施。

3. 离子交换床型的选择

正确选择床型对水处理系统的一次投资、运行成本、进水条件、出水水质都有较大影响。对于常用床型的选择，一般有如下原则：

（1）固定床可适用于断续制水的运行工况，浮动床则适用于产水量大且需要连续制水的运行工况。浮动床出水水质好，再生剂量也不高，但对进水浊度要求更为严格。

（2）逆流再生离子交换器进水浊度要求较高，但其出水水质好，且相比顺流再生设备，再生剂比耗及自用水率低，一般无弱型树脂的除盐工艺均应采用逆流再生设备，尤其在反渗透装置后续的除盐。当进水含盐量小于 500mg/L、总阳离子含量小于 7mmol/L、强酸阴离子含量小于 4mmol/L 时，可选用逆流再生固定床。

（3）弱型树脂工作交换容量大、再生剂比耗低（基本按化学当量再生），即使在顺流再生时也可得到高的再生效率，且顺流再生设备无需中排装置，结构简单，运行方便，一般弱型树脂可用顺流再生。

（4）当进水水质较好时，即进水含盐量小于 150mg/L、总阳离子含量小于 2mmol/L、强酸阴离子含量小于 1mmol/L 时，选用顺流式固定床较合适。当进水浊度达不到对流式交换器要求时，也可选用顺流式固定床。各种弱型离子交换器多采用顺流式固定床。

（5）当进水水质较好时，浮动床优点不明显；当进水水质较差时，如进水含盐量为 300～500mg/L、总阳离子含量为 2～4mg/L、强酸阴离子含量为 1～2.5mmol/L 时，可选用浮动床。

（6）弱型树脂和强型树脂联合使用的几种床型如下：

1）双层床。该床型系统简单，设备少，投资省；但由于交换器高度有限，因此两种树脂层层高选择受到限制，并且对树脂分层性能（树脂密度差和机械强度）要求严格，其运行中分层操作也要求仔细，再生操作复杂，运行流速低。

2）双室双层床。由于弱型树脂和强型树脂分室存放，所以对树脂性能无特殊要求，再生操作也比较简单，省去了再生时的顶压操作，但设备运行表明，其再生操作十分不稳定，设备系统也较复杂，需要体外清洗设备，所以设备投资比双层床高，另外运行流速也低。

3）双室双层浮动床及变径双室双层浮动床。运行流速高，设备出力大，空间利用率高，自用水耗低，再生操作也简单可靠，但这种床型设备复杂，需要体外清洗罐，因而投资费用也可能偏高。

4）复床。由弱型树脂床和强型树脂床组成，复床本身设备简单，运行可靠，适用于含盐量较大和悬浮物含量较高的水质，但系统复杂，设备多，占地面积大，投资高，设备利用率低，运行流速低。复床系统中的弱型树脂床大多采用顺流式运行，强型树脂床目前大多数也采用顺流式运行，但特殊情况如进水含盐量较高要求出水水质较好时，也可以采用水顶压逆流再生方式运行，或者采用浮动床方式运行。

离子交换除盐中采用的设备和树脂不同，除去水中离子的原理和工艺各不相同，因此，有多种离子交换除盐设备可供选择，其相互之间的比较见表4-9。

表 4-9　　　　　　　　　　　　　　　　离子交换器各工艺比较

项目	顺流再生	逆流再生	强、弱树脂联合应用	阳阴混合离子交换器
离子交换过程特点	（1）每周期进行大反洗，树脂层内离子分布无规律。 （2）各种离子同时得到再生，再生效率低。 （3）保护层中残余容量在再生时损失。 （4）出水端树脂再生度最低。	（1）不需要每周期大反洗，树脂层内离子状态按交换势大小顺序分布。 （2）再生液首先再生易于再生的树脂，并依次再生难于再生的树脂，提高了再生效率。 （3）出水端树脂再生度高。 （4）保留了保护层中残余容量。	（1）再生液首先再生难于再生的强型树脂，然后通过易于再生的弱型树脂，再生效率高。 （2）强型树脂得到大剂量再生，再生度很高。 （3）出水端树脂的再生很高。	（1）运行时反离子作用小，离子交换反应进行得彻底。 （2）失效后经过反洗分层，被再生的树脂层离子分布无规律。 （3）各种离子同时得到再生，再生效率低。
工艺特点	（1）出水质量差。 （2）树脂工作交换容量低。 （3）再生比耗高。 （4）只适用于低含盐量原水。 （5）自用水率高。 （6）排出废液量大，处理量大。 （7）设备结构简单。 （8）操作方便，可靠。	（1）出水质量高。 （2）树脂的工作交换容量高。 （3）再生比耗较低。 （4）适用水质范围较宽。 （5）自用水率低。 （6）排出废液量少，易于中和处理。 （7）设备结构复杂。	（1）出水质量高。 （2）强型树脂工作交换容量高，平均工作交换容量高。 （3）再生比耗较低。 （4）适用含盐量高的原水。 （5）自用水率低。 （6）排出废液量少，易于中和处理。 （7）设备和系统较复杂，投资高。 （8）操作较复杂，适应水质变化能力低。	（1）出水质量高。 （2）树脂工作交换容量低。 （3）再生比耗高。 （4）只适用于含盐量很低的原水。 （5）自用水率高。 （6）排出废液量大，处理量大。 （7）设备结构复杂。 （8）操作复杂。
可达到的出水水质	一级除盐： （1）电导率（25℃）小于10.0μS/cm。 （2）SiO$_2$<100μg/L。 （3）Na$^+$＝50～500μg/L	一级除盐： （1）电导率（25℃）小于5.0μS/cm。 （2）SiO$_2$<100μg/L。 （3）Na$^+$＝20～200μg/L	一级除盐： （1）电导率（25℃）小于10.0μS/cm。 （2）SiO$_2$<100μg/L	混合床： （1）电导率（25℃）小于0.10μS/cm。 （2）SiO$_2$<10μg/L
工作交换容量（mmol/L）	强酸阳树脂：800～1000（盐酸再生）；500～650（硫酸再生）。 强碱阴树脂：250～300	强酸阳树脂：800～900（盐酸再生）；500～650（硫酸再生）。 强碱阴树脂：250～300	弱型阳树脂：2000～2500。 弱型阴树脂：600～900。 强型阳树脂：1000～1400（盐酸再生）；600～750（硫酸再生）。 强型阴树脂：400～500	
再生剂比耗	强酸阳树脂：HCl再生1.8～2.2；H$_2$SO$_4$再生2.0～3.0。 强碱阴树脂：2.2～2.5	强酸阳树脂：HCl再生1.3～1.6；H$_2$SO$_4$再生1.8～2.2。 强碱阴树脂：1.4～1.7	阳床：1.1～1.3。 阴床：1.1～1.3	阳树脂：理论比耗的2～4倍。 阴树脂：理论比耗的3～5倍
自用水耗（m³/m³）	阳树脂：6。 阴树脂：12	阳树脂：2.5～5。 阴树脂：3～6		

4. 树脂的选择

离子交换剂的分类见图4-4，其中常见离子交换树脂型号及性能见附录B。

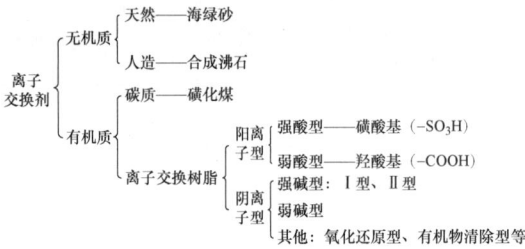

图 4-4　离子交换剂分类

选择树脂时，除应考虑其各项工艺性能外，还应结合进水水质、水质成分及其变化、所选床型、系统工况等因素综合考虑。离子交换树脂的选择和使用应满足DL/T 771《发电厂水处理用离子交换树脂选用导则》和DL/T 519《发电厂水处理用离子交换树脂验收标准》的要求，应选择工作交换容量高、渗磨圆球率好的树脂。树脂选型原则如下：

（1）凝胶型树脂比大孔型树脂价格便宜，货源充足，一般情况下，应优先选用凝胶型树脂。

（2）一级除盐一般选用 8%交联度的凝胶强酸阳树脂，但当采用市政供水（含有活性余氯等氧化剂），且无氧化剂去除措施时，为了防止强酸阳树脂发生不可逆的氧化，影响树脂的使用寿命，可选用交联度稍高（10%）的凝胶强酸阳树脂。

（3）II型强碱性阴树脂的工作交换容量比I型树脂大，但除硅能力比I型树脂差，所以当离子交换除盐系统进水强酸阴离子（氯化物、硫酸盐等）相比总阴离子量有较高的比例，且当阴床进水硅含量占总可交换阴离子含量小于25%时，可采用II型强碱阴树脂。末级阴床应采用I型强碱阴树脂，以避免硅的泄漏。

（4）除硅必须用强碱性阴树脂，一级复床+混床除盐系统中的混床必须选用强酸性阳树脂和强碱性阴树脂。

（5）当进水碳酸盐硬度较高时（≥4mmol/L）时，应选用弱酸阳离子交换树脂；当进水强酸阴离子含量（≥2mmol/L）较高或其占总的可交换阴离子含量比例较高时，宜选用弱碱阴离子交换树脂，弱碱树脂应与强碱树脂联合使用。

（6）当进水中含有游离氯等氧化剂，且无相应的去除措施时，第一级阳树脂应选用抗氧化性能较好的树脂。

（7）对于凝结水需回用的场合，应考虑回水温度对树脂的影响。由于丙烯酸树脂和所有II型树脂对温度比较敏感，应控制进水和再生剂的温度低于35℃。

当预期最高给水温度大于30℃时，应优先选用I型聚苯乙烯系树脂。

（8）当经反渗透预脱盐或弱碱阴离子交换后，一级除盐宜选用I型凝胶强碱阴树脂；当离子交换除盐系统进水的 COD_{Mn} 可能大于 2mg/L 时，宜根据水的污染指数选用抗有机物污染性能较好的阴离子交换树脂。阴树脂类型及其抗有机污染性能见表 4-10。

表 4-10　阴树脂类型及其抗有机污染性能

阴树脂类型	污染指数
聚苯乙烯、I型凝胶	2
聚苯乙烯、I型大孔	4
聚胺、弱碱	4
聚苯乙烯、II型凝胶	6
聚苯乙烯、II型大孔	8
聚丙烯酸、强碱	20
聚苯乙烯、弱碱	20
聚丙烯酸、弱碱	40

注　污染指数 $=COD_{Mn}/TEA$，其中 COD_{Mn} 的单位为 mg/L，TEA（总可交换阴离子）的单位为 mmol/L。

1）丙烯酸强碱性阴树脂抗有机物的吸附能力和再生时有机物洗脱效果比凝胶型好。所以，当进水有机物含量较高时，阴床宜选用丙烯酸强碱性阴树脂。

2）大孔弱碱性阴树脂对有机物的吸附能力和再生时的洗脱效果均较好，在弱碱树脂-强碱树脂串联的复床系统或阴双层床中，可选用大孔弱碱性阴树脂。

3）大孔苯乙烯强碱性阴树脂对溶解状有机物的交换作用或对悬浮状有机物的吸附作用，以及再生时的洗脱效果均高于凝胶型强碱性阴树脂，所以阴离子交换器选用大孔型树脂对防止阴树脂的有机物污染和保护混床树脂较为有利。

（9）浮动床树脂层高，树脂阻力大，为了避免较大的床层压降，应选用粒度均匀、机械强度高、渗磨圆球率好的树脂。混床，特别是体外再生混床，树脂磨损严重，应选用机械强度高的大孔型树脂。

（10）混合离子交换器应采用专用树脂，均一系数应不大于 1.40。

（11）当强型和弱型离子树脂用于双层床时，应选择易于分离的离子交换树脂。

（12）三层混床、混床、双层床等设备应注意树脂的密度差，一般要选用树脂失效态密度差较大的树脂。三层混床中惰性树脂的选用除了要注意密度外，在条件许可时，还应选用憎水性较小的产品。

（13）当系统前置设有机物捕捉器时，应采用具有较高含水量的有机物去除专用树脂。

5. 布置设计技术要求

（1）除盐设备宜布置在室内。当露天布置时，运行操作盘、取样装置、仪表阀门等宜集中设置，并根据需要采取防雨、防晒、防冻和防盐雾等措施。

（2）经常检修的水处理设备、水泵和阀门等，可按其结构形式、台数、起吊件质量，设置检修平台、叉车或起吊装置。

（3）除盐设备的布置设计还应满足下列具体要求：

1）面对面布置时，阀门全开后的操作通道净间距不宜小于 2m，巡回检查通道净宽不宜小于 0.8m。

2）两台设备间的净间距不宜小于 0.4m。

3）当设备台数较多时，每 4～5 台设备间应留通道，通道的净间距不宜小于 0.8m。

4）电除盐装置应根据其结构形式合理布置，且便于检修和模块更换。

（4）生水泵、清水泵、并联系统的除碳水泵、除盐水泵、再生水泵等宜集中布置在单独的泵房内。

（5）除盐水箱宜布置在室外。寒冷地区的室外水箱及附件应有防冻和保温措施。

（6）除盐水制备车间应设运行分析室。

（四）离子交换除盐系统工艺计算

1. 计算原则

除盐系统的工艺计算顺序，一般是由后向前逐级进行，即先计算混床，再计算阴床、除碳器、阳床。每一级设备的工艺计算顺序是：首先计算需要的系统出力；然后根据出力和允许流速选择设备规格和台数，核算运行周期；再计算自用水量及药剂耗量等。除盐系统的工艺计算及设备选择一般有如下原则：

（1）除盐系统正常出力应满足全厂全部机组正常运行所需补充的水量。其容量计算应包括系统的自用水量。

（2）各种药品耗量按正常供水量计算。

（3）设计水质一般采用有代表性的年平均水质进行工艺计算，再以最差水质对设备运行周期进行校核，需保证在最不利的条件下，设计的系统也能满足发电厂正常生产的要求。

2. 混床的计算

除盐系统混床的计算以体内再生混床为例，计算过程见表 4-11。

表 4-11　　　　　　　　　　　　　　　体内再生混床的计算

序号	计算项目		计算公式	采用数据	说明
1	总工作面积（m^2）	正常	$S_n = q_{Vn}/v$	v 取 40～60m/h	q_{Vn}、q_{Vm} 为除盐系统出力
		最大	$S_m = q_{Vm}/v$		
2	混床台数（台）	正常	$N_n = S_n/S_0 = 4 \times S_n/\pi D^2$	N 取整数，$N_m \geq N_n + 1$	S_0、D 分别为所选混床的截面积（m^2）和直径（m），根据产品规格选用
		最大	$N_m = S_m/S_0 = 4 \times S_m/\pi D^2$		
3	校验实际运行流速（m/h）	正常	$v_n = q_{Vn}/S_0 \times N_n$	N_n 为所选混床台数	v 取 40～60m/h
		最大	$v_m = q_{Vm}/S_0 \times N_m$	N_m 为 N_n + 备用台数	
4	混床内树脂体积（m^3/台）	阳树脂	$v_{rc} = S_0 \times h_c$		h_c、h_a 分别为混床中阳树脂和阴树脂层高，可按设备设计值选用
		阴树脂	$v_{ra} = S_0 \times h_a$		
5	混床周期制水时间（h）		$t = (1750v_{ra} + 1100v_{rc})/ 0.1(q_{Vn}/N_m)$		
6	混床再生用酸	5%HCl（kg/台次）	$m_x = S_0 \times v \times t \times \rho$	再生液流速 $v = 5$m/h；再生时间 $t = 15～30$min；再生液密度 $\rho = 1.02$g/cm³	
		100%HCl（kg/台次）	$m = m_x \times \varepsilon$	再生酸浓度 $\varepsilon = 5\%$	
		30%HCl（kg/台次）	$m_{ai} = m/\varepsilon$	工业酸浓度 $\varepsilon = 30\%$	
		稀释用水（m^3）	$V_a = (m_x - m_{ai})/1000$		
7	混床再生用碱	4%NaOH（kg/台次）	$m_x = S_0 \times v \times t \times \rho$	再生液流速 $v = 5$m/h；再生时间 $t = 15～30$min；再生液密度 $\rho = 1.04$g/cm³	

序号	计算项目		计算公式	采用数据	说明
7	混床再生用碱	100%NaOH (kg/台次)	$m = m_x \times \varepsilon$	再生碱浓度 $\varepsilon = 4\%$	
		30%NaOH (kg/台次)	$m_{si} = m/\varepsilon$	工业碱浓度 $\varepsilon = 30\%$	
		稀释用水 (m³)	$V_s = (m_x - m_{si})/1000$		
8	混床再生自用水量 (m³/台次)	反洗用水	$V_d = v \times S_0 \times t/60$	反洗流速 $v = 5$m/h；反洗时间 $t = 15$min	
		置换用水	$V_p = (V_{rc} + V_{ra}) \times \alpha$	水的比耗 $\alpha = 2$m³/m³	
		正洗用水	$V_f = V_{rc} \times \alpha_c + V_{ra} \times \alpha_a$	阳树脂正洗水的比耗 $\alpha_c = 6$m³/m³；阴树脂正洗水的比耗 $\alpha_a = 12$m³/m³	
		总自用水量	$V_t = V_f + V_p + V_d + V_a + V_s$		
9	混床再生用压缩空气（m³）		$V_y^M = f \times S_0 \times t$	树脂混合用压缩空气比耗 $f = 3$m³/（m³·min）；混合时间 $t = 1$min	
10	日耗工业酸量（t）		$m_{ar} = 24 \times m_{ai} \times N_n/1000 \times t$		
11	日耗工业碱量（t）		$m_{sr} = 24 \times m_{si} \times N_n/1000 \times t$		
12	年耗工业酸量（t）		$m_{ay} = m_{ar} \times 5500/24$		5500 为机组年运行小时
13	年耗工业碱量（t）		$m_{sy} = m_{sr} \times 5500/24$		
14	小时自用水量（m³/h）		$q_{Vt} = (V_t/t) \times N_n$		
15	一次再生酸容积（m³）		$V_1 = m_{ai}/\rho/1000$	密度 $\rho = 1.149$g/cm³	
16	酸计量箱（m³）		$V_s = 2.0 \times m_{ai}/\rho$		
17	一次再生碱容积（m³）		$V_2 = m_{si}/\rho/1000$	密度 $\rho = 1.328$g/cm³	
18	碱计量箱（m³）		$V_j = 2.0 \times m_{si}/\rho$		
19	酸储罐（m³）		$V_{ZS} = 15 \times m_{ar}/\rho$		
20	碱储罐（m³）		$V_{ZJ} = 15 \times m_{sr}/\rho$		

3. 阴离子交换器的计算

逆流再生阴离子交换器（强碱树脂）的计算见表 4-12。

表 4-12　　　　　　　　　逆流阴离子交换器（强碱树脂）的计算

序号	计算项目		计算公式	采用数据	说明
1	阴床设计出力（m³/h）	正常	$q_{Vna} = q_{Vn} + V_{tr}$	q_{Vn} 为正常出力（m³/h）	q_{Vt} 为混床自用水量（m³/h）
		最大	$q_{Vma} = q_{Vm} + V_{tr}$	q_{Vm} 为最大出力（m³/h）	
2	阴床总工作面积（m²）	正常	$S_{na} = q_{Vna}/v$	v 取 20～30m/h	
		最大	$S_{ma} = q_{Vma}/v$		
3	阴床台数（台）	正常	$N_{na} = S_{na}/S_0 = 4S_{na}/\pi D^2$	N 取整数，$N_{na} \geqslant N_{ma} + 1$	S_0、D 分别为所选阴床的截面积（m²）和直径（m），根据产品规格选用
		最大	$N_{ma} = S_{ma}/S_0 = 4S_{ma}/\pi F^2$		

续表

序号	计算项目		计算公式	采用数据	说明
4	校验实际流速（m³/h）	正常	$v_{na} = q_{Vna}/S_0 \times N_{na}$		如果计算结果大于30m/h，重选设备台数
		最大	$v_{ma} = q_{Vma}/S_0 \times N_{ma}$		
5	进水中阴离子含量	强酸	$C_s = [SO_4^{2-}] + [Cl^-] + [NO_3^-] + a$	a 表示由混凝剂带入的强酸阴离子量，可取 0.35mmol/L，或根据试验决定	$[SO_4^{2-}]$、$[Cl^-]$、$[NO_3^-]$ 为原水中相应离子浓度（mmol/L）；当系统中有石灰处理及预脱盐时，应按阳床进水水质取值
		弱酸	$C_w = CO_2/44 + SiO_2/60$	除碳器出口 CO_2 取 5mg/L；SiO_2 为进水中可溶性 SiO_2 含量（mg/L）	
		总阴离子	$C = C_s + C_w$		
6	树脂体积（m³）	初算	$V_{ra} = q_{Vna} \times C \times t/E_a \times N_{na}$	t 为周期（h）；E_a 为阴树脂工作交换容量，取 250～300mmol/m³	
	树脂层高（m）	初算	$H_{ra} = V_{ra}/S_0$		
	实际选择	体积	$V_{ra} = S_0 \times H_{ra}$		H_{ra} 为层高，按厂家设备规格选择（m）
7	正常出力时周期（h）		$t = V_{ra} \times E_a/C \times q_{Vna}/N_{na}$		
8	再生用碱（每台次）	100%（kg）	$m_{s.p} = V_{ra} \times E_a \times r/1000$	r 为比耗，取 60～65g/mol	
		工业碱（kg）	$m_{s.i} = m_{s.p}/\varepsilon$	ε 为碱液浓度，范围为 20%～40%，一般取 31%	
		再生用碱（kg）	$m_{s.r} = m_{s.p}/c$	c 为再生碱液浓度，取 1%～3%	
		稀释用水（m³）	$V_s = (m_{s.r} - m_{s.i})/1000$		
		进碱时间（min）	$t_s = 60 \times m_{s.r}/1000 \times S_0 \times v \times \rho$	v 为流速，≤5m/h；ρ 为比重，取 1.021～1.032g/cm³	$t_s < 30$min 需重算
9	再生用水量（m³/台）	小反洗	$V_b = v \times S_0 \times t/60$	v 为流速，5～10m/h；t 为时间，10～15min	
		置换	$V_d = v \times S_0 \times t/60$	v 为流速，5～10m/h；t 为时间，30min	
		小正洗	$V_{fl} = v \times S_0 \times t/60$	v 为流速，7～10m/h；t 为时间，5～10min	
		正洗	$V_f = \alpha \times V_{ra}$	α 为阴树脂正洗水比耗，取 1～3m³/m³	
		集中供应自用水	$V_t' = V_b + V_d + V_s$		
		总自用水	$V_t = V_b + V_d + V_{fl} + V_f + V_s$		
10	小时自用水量（m³/h）	集中供自用水流量	$q_{Vt}' = V_t' \times N_{na}/t$		
		总自用水流量	$q_{Vt} = V_t \times N_{na}/t$		
11	压缩空气用量（m³/台次）		$V_{ai} = f \times S_0 \times t_s$	f 为顶压空气量，0.2～0.3 [m³/(m³·min)]	空气压力 0.03～0.05MPa

序号	计算项目		计算公式	采用数据	说明
12	耗碱量（t）	每天	$G_{s.a} = G_{s.i} \times 24 \times N_{ha}'/t \times 1000$		
		每月	$G_{s.a.m} = G_{s.a} \times 30$		
		每年	$G_{s.a.y} = G_{s.a} \times 5500/24$		5500 为机组年运行小时
13	碱计量箱容积（m³）		$V_s = u \times G_{s.i}/\rho \times 1000$	u 为设计余量系数，取 1.3～2； ρ 为工业碱密度，取 1.219～1.43g/cm³	
14	碱储罐容积（m³）		$V_s' = x \times G_{s.a}/\rho \times N$	x 为储存时间，15～30 天； N 为储罐台数，2～3 台	

4. 除碳器的计算

除碳器计算方法有两种：一种是根据处理水量和水质进行设备尺寸的设计计算；另一种是根据已定型生产的系列设备进行选择。一般情况可按第二种方法进行设计。除碳器有大气式除碳器和真空式除碳器两种。

（1）大气式除碳器计算。大气式除碳器的计算过程见表 4-13。

表 4-13　　　　　　　　　　　　　　　　　除 碳 器 的 计 算

序号	计算项目		计算公式	采用数据	说明
1	单台设备出力（m³/h）	正常	$q_{Vn}' = q_{Vn}/N_n$	q_{Vn} 为正常出力（m³/h）；N_n 为设备台数（台）	
		最大	$q_{Vm}' = q_{Vm}/N_m$	q_{Vm} 为正常出力（m³/h）；N_m 为考虑备用设备台数（台）	
2	工作面积（m²）	正常	$S_n = q_{Vn}'/f$	f 为淋水密度，取 48～60m³/（m²·h）	
		最大	$S_m = q_{Vm}'/f$		
3	直径	正常	$D = 1.13\sqrt{S_n}$		直径不能超过 3.2m
		最大	$D = 1.13\sqrt{S_m}$		
		选取设备直径	D'		根据设备规格选用
		选取设备面积	$S_n' = 0.785 \times D'^2$		
4	进水中 CO_2 含量（mg/L）		见式（4-5）		
5	传质高度		$h = 1.06 \times f/k \times S_1$	按填料品种选取工作表面积 S_1（m²/m³）	解吸系数 k（m/h）
6	填料层高度（m）		$H = h \times \ln C_1/C_2$	C_1 为进水 CO_2 含量； C_2 为出水残余 CO_2 含量，取 3～5mg/L	若填料层高度大于 4m 需重选
7	填料容积（m³）		$V = H \times S_{n0}'$		
8	风机风量（m³/h）		$q = I \times q_{Vn}'$	I 为气水比值，取 20～30m³/m³	
9	风机风压（Pa）		$p = R \times H + a$	R 为单位填料高度空气阻力，取 200～500Pa/m； a 为空气阻力经验值，取 295～392Pa	

表中除碳器的解吸系数与淋水密度、填料的技术参数以及水温有关，由式（4-1）计算求得。当采用$\phi 50$塑料多面空心球时，k值由表4-14查得。各种温度下水的运动黏度ν，见附录A。

表4-14 $\phi 50$塑料多面空心球解吸系数k

项目	淋水密度 $[m^3/(m^2 \cdot h)]$					
	33.1		42.6		61.5	
水温	13	22	13	22	13	22
k（m/h）	0.295	0.375	0.355	0.470	0.450	0.555

$$k = \frac{1.02 P_1 \cdot Re^{0.86} \cdot Pr^{0.33}}{D_e} \qquad (4\text{-}1)$$

其中

$$Pr = 0.36 \times 10^{-2} \frac{\nu}{P_1} \qquad (4\text{-}2)$$

$$Re = \frac{10^2}{0.36} \cdot \frac{f \cdot D_e}{\nu} \qquad (4\text{-}3)$$

式中 P_1——CO_2或O_2在水中的扩散系数，20℃时$P_{O_2}^{20} = 7.488 \times 10^{-8}$，$P_{CO_2}^{20} = 6.37 \times 10^{-8}$，其他温度时$P_{CO_2}^t = P_{CO_2}^{20} \cdot [1 + 0.02(t-20)]$，$m^2/h$；

Pr——普兰特准数，由式（4-2）求出；

Re——雷诺准数，由式（4-3）求出；

D_e——填料的水力当量直径，由表4-8查得，m；

ν——水的运动黏度，mm^2/s；

f——设计淋水密度，一般取48～60，$m^3/(m^2 \cdot h)$。

（2）真空式除碳器计算。

1）单台设备出力、工作面积、除碳器的直径计算方法同大气式除碳器，见表4-12。

2）需脱除的CO_2量或O_2量为

$$G = q_{V n0}(c_1 - c_2) \times 10^{-3} \qquad (4\text{-}4)$$

其中

$$c_1 = 44[HCO_3^-] + 22[1/2 CO_3^{2-}] + [CO_2] \qquad (4\text{-}5)$$

式中 c_1——进水中CO_2含量或O_2含量，CO_2可按式（4-5）计算，O_2含量无测定数据时，可由表4-15查得，mg/L；

c_2——出水中CO_2含量或O_2含量，一般取3（CO_2）或0.05～0.3（CO_2），mg/L；

$[HCO_3^-]$、$[1/2 CO_3^{2-}]$——阳床进水中$[HCO_3^-]$、CO_3^{2-}的含量，mmol/L；

$[CO_2]$——阳床进水中的游离CO_2的含量，mg/L。

如果水质分析中没有CO_2含量的测定数据，可按式（4-6）近似估算

$$[CO_2] = 0.268[HCO_3^-]^3 \qquad (4\text{-}6)$$

表4-15 不同温度及压力下水中O_2含量

（mg/L）

空气压力（MPa）	水温（℃）									
	0	10	20	30	40	50	60	70	80	90
0.1013	14.5	11.3	9.1	7.5	6.5	5.6	4.8	3.9	2.9	1.6
0.0811	11.0	8.5	7.0	5.7	5.0	4.2	3.4	2.6	1.6	0.5
0.0608	8.3	6.4	5.3	4.3	3.7	3.0	2.3	1.7	0.8	0
0.0405	5.7	4.2	3.5	2.7	2.2	1.7	1.1	0.4	0	0
0.0203	2.8	2.0	1.6	1.4	1.2	1.0	0.4	0	0	0
0.01013	1.2	0.9	0.8	0.5	0.4	0	0	0	0	0

3）除碳器所需填料高度

$$H = \frac{V}{F_n} = \frac{S_g}{S_0 S_n} \qquad (4\text{-}7)$$

其中

$$a = \frac{G}{k \Delta c} \qquad (4\text{-}8)$$

$$\Delta c = \frac{c_1 - c_2}{2.44 \lg(c_1/c_2)} \times 10^{-3} \qquad (4\text{-}9)$$

式中 V——除碳器所需填料体积，m^3；

S_n——除碳器工作面积，计算见表4-12，m^2。

S_0——单位体积填料所具有的比表面积，可按选定的填料品种及规格由表4-14查得，m^2/m^3；

S_g——除碳器所需填料的工作面积，m^2；

k——除碳器的解吸系数，由式（4-1）计算求得，m/h；

Δc——除气平均推动力，按除CO_2计算时由式（4-9）计算求得，按除O_2设计时由图4-5查得，kg/m^3。

真空式除碳器同时用于除CO_2和O_2时，其填料层高度取高者。

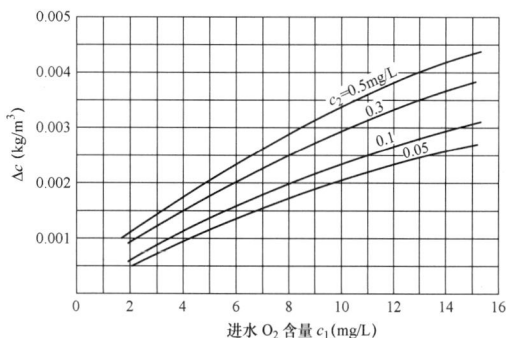

图4-5 脱除O_2的平均推动力Δc

4）填料体积（V），见表 4-12。

5）真空系统设计。按式（4-10）～式（4-15）计算出抽气量和真空度作为选择真空设备的技术要求，抽真空方式可用真空泵或多级蒸汽喷射泵。

a. O_2 抽气量（W_O）为

$$W_O = \frac{q_{mO}(273+t)}{3.72 p_O} \quad (4-10)$$

$$p_O = 101.3[O_2]/Y_O \quad (4-11)$$

式中　q_{mO} ——需除的 O_2 量，由式（4-4）计算求得，考虑到大气中 O_2 的漏入，按计算值的 1.3 倍计，kg/h；

　　　t ——设计进水温度；

　　　3.72 ——常数；

　　　p_O ——出水中残留的 O_2 含量所对应的水面上 O_2 的分压，kPa；

　　　$[O_2]$ ——出水中残留 O_2 量，mg/L；

　　　Y_O ——水面上 O_2 的分压为 101.3kPa 时 O_2 在水中的溶解度，由表 4-16 查得，mg/L。

b. CO_2 抽气量（W_C）为

$$W_C = \frac{q_{mC}(273+t)}{5.13 p_C} \quad (4-12)$$

$$p_C = 101.3[CO_2]/Y_C \quad (4-13)$$

式中　q_{mC} ——需除的 CO_2 量，由式（4-4）计算求得，kg/h；

　　　5.13 ——常数；

　　　p_C ——出水中残留的 CO_2 含量所对应的水面上的分压，kPa；

　　　$[CO_2]$ ——出水中残留 CO_2 量，mg/L；

　　　Y_C ——水面上 CO_2 的分压为 101.3kPa 时 CO_2 在水中的溶解度，由表 4-16 查得，mg/L。

表 4-16　O_2 和 CO_2 在水面上分压力为 101.3kPa 时的溶解度 Y

温度（℃）	0	10	20	30	40	50	60
空气（mg/L）	37.2	29.2	24.2	20.8	18.4	16.8	15.77
CO_2（mg/L）	3350	2310	1690	1260	970	760	580
O_2（mg/L）	69.5	53.7	43.4	35.9	30.8	26.6	22.8

c. 总抽气量（W）

$$W = W_O + W_C \quad (4-14)$$

换算成标准状态下的抽气量

$$W_B = \frac{Wp}{101.3 \times (1+0.003\,66t)} \quad (4-15)$$

式中　0.003 66 ——空气的膨胀系数；

　　　p ——除碳器中混合气体的压力，即真空除碳器的设计真空度，其值等于对应进水温度的饱和蒸汽压力，由图 4-6 查得，kPa。

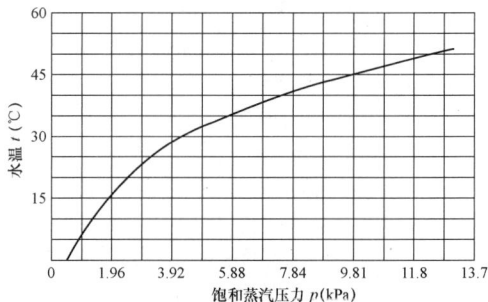

图 4-6　不同温度下水的饱和蒸汽压

5. 阳离子交换器的计算

逆流再生阳离子交换器（强酸树脂）的计算见表 4-17。

表 4-17　　　　逆流再生阳离子交换器（强酸树脂）的计算

序号	计算项目		计算公式	采用数据	说明
1	阳床设计出力（m³/h）	正常	$q_{Vnc} = q_{Vn} + V_{tr}$	q_{Vn} 为正常出力（m³/h）	q_{Vt} 为前一级自用水量（m³/h）
		最大	$q_{Vmc} = q_{Vm} + V_{tr}$	q_{Vm} 为最大出力（m³/h）	
2	阳床总工作面积（m²）	正常	$S_{nc} = q_{Vnc}/v$	v 取 20～30m/h	
		最大	$S_{mc} = q_{Vmc}/v$		
3	阳床台数（台）	正常	$N_{nc} = S_{nc}/S_0 = 4S_{nc}/\pi D^2$	N 取整数，$N_{nc} \geqslant N_{mc}+1$	S_0、D 分别为所选阴床的截面积（m²）和直径（m），根据产品规格选用
		最大	$N_{mc} = S_{mc}/S_0 = 4S_{mc}/\pi D^2$		
4	校验实际流速（m/h）	正常	$v_{nc} = q_{Vnc}/S_0 \times N_{nc}$		如果计算结果大于 30m/h，重选设备台数
		最大	$v_{mc} = q_{Vmc}/S_0 \times N_{mc}$		
5	进水中阳离子含量	硬度	$H = H_T + H_F$	碳酸盐硬度、非碳酸盐硬度之和（mmol/L）	
		钠、钾	$K^+ + Na^+$	钠、钾的离子含量（mmol/L）	
		总阳离子	$C = H_T + H_F + K^+ + Na^+$		

序号	计算项目		计算公式	采用数据	说明
6	计算树脂体积（m³）		$v_{rc}=q_{Vnc}\times C\times T/E_c\times N_{nc}$	t 为周期（h）； E_c 为阳树脂工作交换容量，取 800～900mmol/m³	
	计算树脂层高（m）		$H_{rc}=V_{rc}/S_0$		
	实际树脂体积（m³）		$V_{rc}=S_0\times H_{rc}$		层高 H_{rc} 按厂家设备规格选择
7	正常出力时周期（h）		$t=V_{rc}\times E_c/C\times q_{Vnc}/N_{nc}$		
8	再生用酸（每台次）	100%（kg）	$m_{a.p}=V_{rc}\times E_{rc}\times r/1000$	r 为比耗，取 50～55g/mol	
		工业酸（kg）	$m_{a.i}=m_{a.p}/\varepsilon$	ε 为酸液浓度，为 30%～40%，一般取 31%	
		再生用酸（kg）	$m_{a.r}=m_{a.p}/c$	c 为再生酸液浓度，取 1.5%～3%	
		稀释用水（m³）	$V_{a.w}=（m_{a.r}-m_{a.i}）/1000$		
		进酸时间（min）	$t_a=60\times m_{a.r}/1000\times S_0\times v\times\rho$	v 为流速，≤5m/h； ρ 为比重，取 1.006～1.014g/cm³	
9	再生用水量（m³/台）	小反洗	$V_b=v\times S_0\times t/60$	v 为流速，取 5～10m/h； t 为时间，取 15min	
		置换	$V_d=v\times S_0\times t/60$	v 为流速，≤5m/h； t 为时间，取 30min	
		小正洗	$V_{fl}=v\times S_0\times t/60$	v 为流速，取 10～15m/h； t 为时间，取 5～10min	
		正洗	$V_f=\alpha\times V_{rc}$	α 为阳树脂正洗水比耗，取 1～3m³/m³	
		集中供应自用水	$V_t'=V_b+V_d+V_{a.w}$		
		总自用水	$V_t=V_b+V_d+V_{fl}+V_f+V_{a.w}$		
10	小时自用水量（m³/h）	集中供自用水流量	$q_{Vt}=V_t'\times N_{nc}/T$		
		总自用水流量	$q_{Vt}=V_t\times N_{nc}/T$		
11	压缩空气用量（m³/台次）		$V_{ci}=f\times S_0\times t_a$	f 为顶压空气量，取 0.2～0.3m³/（m³·min）	空气压力 0.03～0.05MPa
12	耗酸量（t）	每天	$G_{a.c}=G_{a.i}\times 24\times N_{nc}'/t\times 1000$		
		每月	$G_{a.c.m}=G_{a.c}\times 30$		
		每年	$G_{a.c.y}=G_{a.c}\times b/24$	b 为年运行小时，取 5500～7000h	
13	酸计量箱容积（m³）		$V_s=u\times G_{a.i}/\rho\times 1000$	u 为设计余量系数，取 1.3～2； ρ 为工业碱密度，取 1.098～1.198g/cm³	
14	酸储罐容积（m³）		$V_s'=x\times G_{a.c}/\rho\times N$	x 为储存时间，取 15～30天； N 为储罐台数，取 2～3 台	

三、电除盐系统

（一）电除盐系统常见工艺

目前国内常见的电除盐系统设计方案的工艺特点及适用性见表 4-18。

表 4-18 中，序号 1 方案目前在电厂中应用最多，序号 3 方案在电子、冶金行业应用较多，在电力行业也有应用。

表 4-18 　 国内常见的电除盐设计方案的工艺特点及适用性

序号	系统组成	工 艺 特 点	适 用 性
1	加碱 ↓ UF→RO→RO→EDI	（1）经过两级反渗透同时解决 EDI 进水含盐量、结垢类和污染类指标。 （2）第二级反渗透进水加碱，将 CO_2 转化成 HCO_3^-，便于反渗透去除，减少结垢因子	（1）系统进水负荷高，尤其是电导率、碱度、硬度、二氧化硅中的一项或几项指标很高。 （2）系统进水负荷变化范围大。 （3）产水水质要求高，电阻率大于等于 $16M\Omega \cdot cm$，$SiO_2 < 10\mu g/L$
2	UF→RO→GTM（或 D）→SF→EDI	（1）通过软化解决 EDI 进水的硬度指标，但须考虑树脂及再生剂使用不慎而产生的二次污染问题。 （2）经过脱气膜，使水中残留的 CO_2 降低到较低的水平，减少了结垢因子，如采用脱气膜（$CO_2 < 1mg/L$），即使硬度指标略超过 EDI 进水要求，在其他负荷低的情况下，EDI 仍可安全运行	（1）系统进水负荷一般，碱度较高、硬度很高、二氧化硅较高，且水质比较稳定。 （2）树脂品质及再生剂纯度要求高，至少食品级。 （3）产水水质要求高，脱气膜电阻率大于等于 $16M\Omega \cdot cm$，鼓风式除二氧化碳器电阻率大于等于 $10M\Omega \cdot cm$，$SiO_2 < 10\mu g/L$
3	UF→RO→GTM（或 D）→EDI	（1）通过二氧化碳降低 EDI 的进水二氧化碳指标，减少结垢因子，如采用脱气膜（$CO_2 < 1mg/L$），即使硬度指标略超过 EDI 进水要求，EDI 仍可安全运行。 （2）相比序号 1 系统，可降低运行能耗	（1）系统进水负荷较低，碱度不作限制、硬度较低、二氧化硅较高，且水质比较稳定。 （2）产水水质要求高，脱气膜电阻率大于等于 $16M\Omega \cdot cm$，鼓风式除二氧化碳器电阻率大于等于 $10M\Omega \cdot cm$，$SiO_2 < 10\mu g/L$
4	加碱 ↓ UF→SF→RO→EDI	（1）通过软化解决 EDI 进水的硬度指标。 （2）经过软化，硬度下降，便于反渗透进水加碱，将 CO_2 转化成 HCO_3^- 后，通过反渗透去除	（1）系统进水负荷较低，电导率、碱度、硬度指标均不高，二氧化硅指标一般，且系统进水水质变化不大。 （2）产水水质要求高，电阻率大于等于 $16M\Omega \cdot cm$，$SiO_2 < 10\mu g/L$
5	UF→RO→EDI	（1）通过一级反渗透同时解决 EDI 进水含盐量、结垢类和污染类指标。 （2）根据进水含盐量的变化，产水电阻率会略有波动	系统进水经过石灰软化或进水离子负荷低，尤其是电导率、碱度、硬度、二氧化硅等指标均较低，且水质稳定

注　GTM—脱气膜，SF—软化，D—鼓风式除二氧化碳器，表中的 UF 可由 MF 替代。

（二）电除盐系统主要设计原则

（1）EDI 装置的进水要求很高，一般为二级反渗透产水，当原水水质好，经计算合格后，也可采用一级反渗透或者一级反渗透＋脱气膜的产水。

（2）EDI 装置不应少于 2 台。当一套设备检修时，其余设备应能保证正常供水。

（3）EDI 装置的水回收率应根据进水水质经计算确定，一般为 90%～95%。

（三）电除盐系统设计主要技术要求

1. 进出水水质

（1）EDI 的进水水质要求。

1）电导率。EDI 只能用于处理低含盐量的水，目前 EDI 的进水一般为二级反渗透装置的出水，大多数厂家的 EDI 膜要求进水电导率（含 CO_2 和硅）小于 40μS/cm。

2）pH 值。由于进水 pH 值影响弱酸性电解质的电离度，电离度越高，与树脂的交换反应越强，脱盐率越高。若以反渗透产水作为 EDI 进水，pH 值低说明 CO_2 含量高，会导致产品水的质量下降。常规 pH 值的允许范围为 5.0～9.0，某些厂家的 EDI 膜允许进水 pH 值可达到 4～11。

3）硅（以 SiO_2 计）。EDI 允许硅含量一般不超过 0.5mg/L，某些厂家的 EDI 膜允许进水硅小于 1.0mg/L。对于二氧化硅含量要求较高的除盐水，应严格控制 EDI 装置的进水水质，以确保出水要求的二氧化硅含量，降低 EDI 装置出水二氧化硅含量的措施及具体方法见表 4-19。

表 4-19 　 降低 EDI 装置出水二氧化硅含量的措施及具体方法

序号	措施	具体方法
1	降低反渗透出水 SiO_2（即降低 EDI 进水二氧化碳含量）	（1）采用高效除硅的反渗透膜。 （2）提高第二级反渗透进水 pH 值

续表

序号	措施	具体方法
2	去除 CO_2（即降低 EDI 进水二氧化碳含量）	（1）采用石灰预处理净化原水，降低碱度。 （2）二级反渗透进水 pH 值调节至 8.3～8.5，使 CO_2 转化为 HCO_3^- 而被反渗透去除
3	EDI 电压	合适的 EDI 电压，避免电压过高或过低导致的低二氧化硅去除率

4）硬度。由于浓水室的阴膜表面处 pH 值较高，容易发生结垢。硬度要求与回收率有密切关系，在回收率为 90%时，进水硬度（以 $CaCO_3$ 计）应为 0.5～1.0mg/L；当进水硬度在 0～0.5mg/L 时，回收率可达 95%。

5）Fe、Mn、硫化物（S^{2-}）及其他金属离子。这些离子含量不应超过 0.01mg/L。

6）氧化剂。活性氯含量不应超过 0.02mg/L（某些厂家要求不超过 0.05mg/L），建议为检测不出；臭氧浓度不应超过 0.02mg/L，建议为检测不出。

7）有机物。溶解有机物（TOC，以 C 计）应小于 0.5mg/L。

8）油脂。要求为检测不出。

各类水质指标不能独立分析，指标之间有很强的相互制约关系，需要综合分析各类指标存在的条件，选择稳定和经济的工艺手段解决 EDI 的进水负荷。

对于进水离子负荷，EDI 性能表现最敏感的指标是 CO_2。CO_2 转变为 HCO_3^- 并非瞬间完成，需要缓慢转变；不同于强电解质，HCO_3^- 从淡水室迁移到浓水室的速度也非常缓慢，因此 CO_2 的浓度将会对 EDI 的出水水质产生影响。

（2）EDI 的出水水质。

1）产水电阻率大于 16MΩ·cm。

2）SiO_2 去除率取决于进水水质，一般为 90%～99%。

3）pH 值为 6.5～8.0，某些厂家可达到 6.8～7.2。

2. 主要设备及配置要求

（1）EDI 系统的给水泵、保安过滤器、EDI 装置宜采用单元制连接方式，当采用母管制连接时，EDI 装置进水管宜设流量控制阀。

（2）给水泵宜采取变频控制。

（3）EDI 保安过滤器的滤芯过滤孔径不应大于 3μm。

（4）每个 EDI 模块的给水管、浓水进水管、极水进水管与产水管、浓水出水管、极水出水管均宜设置隔离阀，每个模块的产水管上宜设置取样阀。

（5）EDI 装置产水、浓水和极水需安装流量控制阀，以控制流量的变化以及 EDI 的回收率。

（6）EDI 装置宜设计停用后的延时自动冲洗系统。清洗系统可通过固定管道与 EDI 装置连接。

（7）每套 EDI 装置应设有不合格给水、产水排放或回收措施，浓水宜回收至前级处理的进水储水箱，极水和浓水排放管上应有气体释放至室外的措施。

（8）EDI 模块设计应确保给水不断流，并应设有断流时自动断电的保护措施；设备及给水、产水、浓水、极水等管道均应有可靠的接地设计。

（9）浓水出口尽可能不存在任何背压。当需回收而需要有背压时，管道设计应尽可能使背压降低到最小；若需要较大背压时，可采用管道泵输送或其他方式输送。

（10）EDI 装置需装有显示流量、压力、电导率或电阻率等参数的仪表，配置点及数量等应满足系统的安全、稳定、可靠运行。

（11）EDI 装置设计宜采用每一模块单独直流供电方式，当模块数量多时，也可 4～6 个模块配置 1 台整流装置；每一个 EDI 模块应设置电流表。

（12）EDI 模块应安装在组合架上，组合架上应配备全部管道及接头，还包括所有的支架、紧固件、夹具及其他附件。EDI 组架的设计应满足其厂址的抗震烈度要求和组件的膨胀要求。

（13）EDI 装置应根据其结构形式合理布置，且便于检修和模块更换。

3. EDI 的运行控制参数

（1）进水温度。EDI 的运行存在一个适宜的温度范围，如果进水温度过低，水的黏度和离子泄漏量增大，产品水水质下降。提高进水温度，水中离子活度增大、迁移速度加快、产品水水质提高。但水温超过 35℃时，水中离子不易被树脂交换，离子泄漏量增大，也使产品水水质下降。EDI 运行的适宜温度为 5～35℃，某些厂家的 EDI 最高进水温度可达到 45℃。

（2）流量。水的流量包括淡水流量、浓水流量和极水流量（某些厂家的 EDI 没有单独的极水排放），控制适当的水流量也是 EDI 安全运行的一个重要参数。

淡水流量过低，树脂和膜表面的滞留层厚，离子迁移速度慢，浓差极化程度大。淡水流是为模块提供冷却水功能的主要来源，若模块在低于最小产水流量的情况下工作，模块内会发生局部过热现象导致模块受损。但水流速度过高时不仅运行压降增大，而且水在淡水室内的停留时间短，水质也会变差。每一种 EDI 产品都有其合适的淡水流量范围。

浓水流的作用是吸收从淡水流中排出的所有离

子，浓水流量过低，容易发生结垢。浓水流量取决于回收率和进水硬度。若模块在低于最小浓水流量的情况下工作，模块就会在内部产生局部过热进而导致损伤及外部裂痕。

极水流流经电极，能够冷却电极并带走在极水室内产生的所有气体。由于极水流中含有氢气、氧气及可能存在的氯气，所以极水流必须排入通风的排水管。

（3）运行压力与差压。EDI 的运行压力一般为 0.2~0.7MPa。淡水进出水压降称为淡水室压降，浓水进出口的压降称为浓水室压降，极水进出口的压降称为极水室压降。另外，浓水流必须始终在低于淡水流的压力下工作以确保获得高质量的产水。一般要求淡水压力比浓水压力高 0.3~0.7bar（1bar＝0.1MPa）。

（4）回收率。EDI 的回收率为淡水流量与进水总流量的比值，以百分数表示。如果想提高回收率，又不增加浓水结垢的倾向，就必须提高进水水质。

（5）操作电压和电流。EDI 模块采用高压直流电源，每种 EDI 模块都有其合适的输入电压及电流。EDI 的运行电流和进水离子浓度、水的回收率和水温有关。进水离子浓度越高，水的回收率越高及进水的水温越高，都会使运行电流增大。

第三节 主 要 设 备

一、顺流再生离子交换器

顺流再生离子交换器是指运行时的水流动方向与树脂再生时再生液的流动方向相同（一般从上到下）的离子交换器，进水浊度要求小于 5NTU。这类交换器设备结构简单，操作方便，工作可靠，易于自动控制。自动控制软水器多数采用顺流再生式，但由于其再生不彻底，效率低，再生剂耗量大，出水水质较差，制水周期短，目前锅炉补给水处理系统中较少应用。根据设备内部出水装置形式，一般分为石英砂垫层型顺流再生离子交换器和多孔板加水帽型顺流再生离子交换器等。

1. 结构形式

顺流再生离子交换器的主体是一个密封的立式圆柱形压力容器，采用碳钢（Q245R）内衬胶防腐，内部有进水分配装置/反洗收集装置、排水装置和再生液分配装置。进水分配装置/反洗收集装置有喇叭口、十字管、辐射型支管、鱼刺型支管、喷头、环形管、多孔板加水帽、穹形多孔板等形式，其中穹形多孔板较为常用；出水装置为穹形多孔板形式（石英砂型）或多孔板形式（多孔板、水帽型），大直径设备采用石英砂垫层的方式，小直径设备可用多孔板加水帽的方式，

水帽间距一般在 150mm 左右；再生液装置为母、支管形式。交换器中装有一定高度的树脂，树脂层上面留有一定的反洗空间。该设备设有树脂装卸孔、人孔和用以观察树脂状态的窥视孔，并配有就地取样装置和进、出口压力表。所配阀门可为手动/气动衬胶隔膜阀，接口法兰压力等级为 PN10（1.0MPa）。若多孔板、水帽型顺流再生离子交换器的设备直径 DN≤1250mm，采用大法兰结构。顺流再生离子交换器设备的外管系阀门配置示意见图 4-7，设备外形见图 4-8，结构尺寸以设备制造商提供的数据为准。

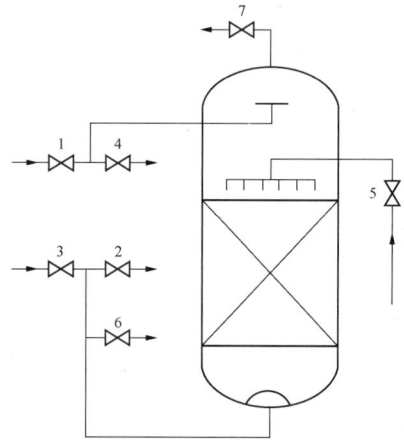

图 4-7 顺流再生离子交换器阀门配置示意

1—运行进水；2—运行出水；3—反洗进水；4—反洗排水；5—再生液进口；6—正洗排水、再生排水；7—放空气

2. 工艺步骤

顺流再生离子交换器操作过程及液流流向大致可分以下七步，其中的主要步骤如图 4-9 所示。

（1）反洗。从底部进水，上部排水，将树脂进行清洗。

（2）放水。将交换器内的水放到树脂层之上 100~150mm 为止。

（3）再生。分别用盐酸（或硫酸）和氢氧化钠溶液对失效的阳、阴树脂进行再生。再生液从上部进入交换器，从下部排出。

（4）置换。充分利用再生液，按进再生液的方式，用水将树脂层内的再生液与树脂充分接触后置换出来。

（5）正洗。水从上部进入交换器，对交换器内树脂进行清洗，从下部排出。

（6）运行。正洗合格后，就可投入运行，生产合格水。

（7）失效。阴、阳树脂失去交换能力，出水水质不合格。

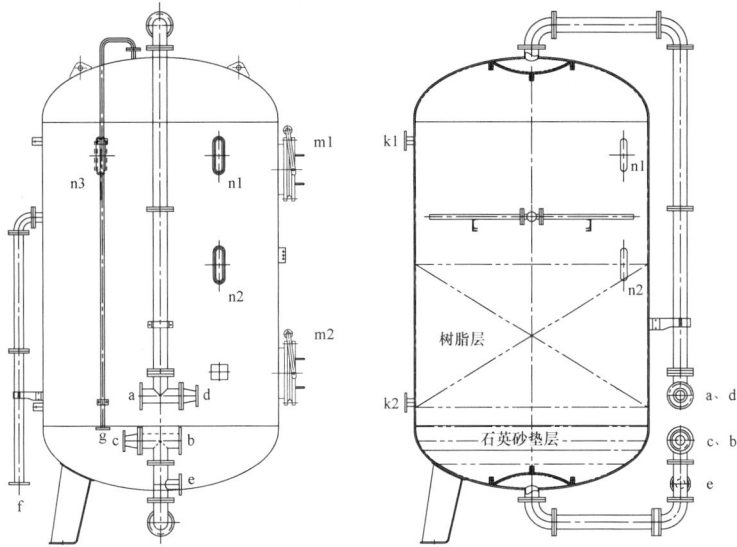

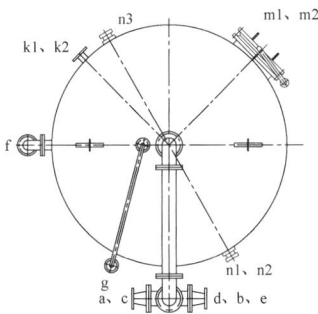

图 4-8 顺流再生离子交换器外形

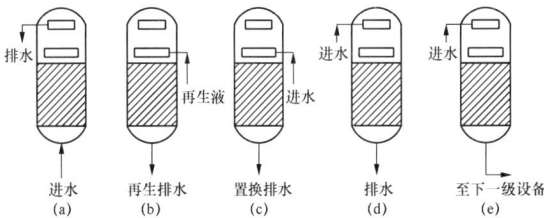

图 4-9 顺流再生离子交换器操作过程及液流流向
（a）反洗；（b）再生；（c）置换；（d）正洗；（e）运行

3. 主要参数

多孔板材料为碳钢涂耐腐蚀涂料、碳钢衬橡胶或工程塑料。与盐酸再生液接触的水帽宜选用 ABS 或硬 PVC 材质，阴离子交换器内水帽可选用 ABS 或不锈钢 S31603。多孔板上方水帽的缝隙宜为 0.3mm，多孔板下方水帽的缝隙宜为 0.2mm。宜选用小通流量水帽。

顺流再生固定床交换器设计参数见表 4-20。交换器内石英砂垫层的级配与砂层高度详见表 4-21。顺流再生离子交换器设备规格见表 4-22。

管口表

序号	接口名称
a	进水口
b	出水口
c	反洗进水口
d	反洗出水口
e	正洗排水口
f	再生液进口
g	排气口
k1、k2	树脂装卸口
n1、n3	视镜
m1、m2	人孔

表 4-20　顺流再生离子交换器（固定床）设计参数

设备名称		弱酸阳离子交换器		弱碱阴离子交换器	钠离子交换器
设计压力（MPa）		0.6		0.6	0.6
设计温度（℃）		50		50	50
运行流速（m/h）		20～30		20～30	20～30
反洗	水源	本级进水		本级进水	本级进水
	树脂膨胀空间（%）	50～70		90～100	50～75
	流速（m/h）	约15		5～8	约15
	时间（min）	约15		15～30	约15
再生	药剂	HCl	H₂SO₄	NaOH	NaCl
	时间（min）	≥30	≥30	≥30	≥30
	浓度（%）	2～2.5	注2	约2	5～8

续表

设备名称		弱酸阳离子交换器		弱碱阴离子交换器	钠离子交换器
再生	流速（m/h）	4～5	注2	4～5	4～6
	耗量（g/mol）	约40	约60	40～50	100～120
置换	时间（min）	20～40		40～60	—
	流速（min）	4～6		4～6	5
正洗	水耗 [m³/(m³·R)]	2～2.5		2.5～5	3～6
	流速（m/h）	15～20		10～20	15～20
	时间（min）	10～20		25～30	30
工作交换容量 [mol/(m³·R)]		1800～2300		800～1200	900～1000

注 1. 运行滤速上限为短时最大值。

2. 硫酸分步再生数据可参考表4-24。

表4-21　　石英砂垫层的级配与层高

石英砂粒径（mm）	砂层高度（mm）		
	交换器直径（DN≤1600）	交换器直径（1600<DN≤3000）	交换器直径（DN3200）
1～2	200	200	200
2～4	100	150	150
4～8	100	100	100
8～16	100	150	200
16～32	250	250	300
砂层总厚度	750	850	950

注 石英砂中二氧化硅含量应大于99%,使用前应用10%～20%的盐酸溶液浸泡12～24h。

表4-22　　　　　　　　　　　　顺流再生离子交换器设备规格表

公称直径（mm）	树脂层高（mm）	设计出力（t/h）	树脂体积（m³）	石英砂垫层型			多孔板、水帽型	
				垫层厚度（mm）	设备质量（kg）	运行载荷（N）	设备质量（kg）	运行载荷（N）
DN1000	1250	15	0.98	750	1278	51490	1463	35750
	1600		1.26		1365	56710	1550	40970
	2000		1.57		1468	62790	1594	46460
DN1250	1250	25	1.54	750	1696	76990	2036	54320
	1600		1.96		1820	85090	2158	62400
	2000		2.45		1920	94370	2298	71660
DN1600	1250	40	2.51	750	2190	119250	2413	88160
	1600		3.20		2350	132060	2571	100960
	2000		4.02		2533	143910	2754	115680
DN1800	1250	50	3.2	750	2890	161050	3253	108300
	1600		4.07		3121	177610	3481	124830
	2000		5.1		3383	196490	3742	143700
DN2000	1250	65	3.9	850	3320	194700	3718	137180
	1600		5.02		3475	214900	3970	157350
	2000		6.28		3766	237780	4259	180210
DN2200	1250	75	4.75	850	4053	235560	4659	164780
	1600		6.08		4397	260270	5000	189460
	2000		7.6		4790	288520	5394	217720
DN2500	1600	100	7.85	850	5790	335500	6714	252080
	2000		9.82		6234	371340	7157	287910
DN2800	1600	125	9.85	850	6672	435040	7801	316410
	2000		12.31		7256	480280	8384	361640
DN3000	1600	140	11.3	950	7668	497660	9156	370020
	2000		14.13		8302	549180	9797	421610
DN3200	1600	160	12.86	950	8147	557970	9896	421050
	2000		16.08		8822	616150	10569	479210

二、逆流再生离子交换器

逆流再生离子交换器是指运行时的流动方向与树脂再生时再生液的流动方向相反的离子交换器，有气顶压、水顶压及无顶压三种，目前大多采用无顶压再生技术，其进水浊度要求小于 2NTU。这类交换器的优点是再生剂比耗低，比顺流再生工艺节省再生剂，故排出的废再生液浓度较低，废液量较少；出水质量提高，周期制水量大；工作交换容量大，因树脂的工作交换容量取决于树脂的再生度和失效度，所以在相同的再生水平条件下，其工作交换容量比顺流再生床高。缺点是设备复杂，对结构设计和操作条件要求严格；对置换用水要求高，一般需用除盐水，否则会影响出水水质；设备检修工作量稍大。

目前离子交换器大多采用逆流再生工艺。常用的逆流再生工艺有两种：一种是运行时水流方向从上至下流动，而树脂再生时再生液从下往上流动，称为固定床逆流再生工艺；另一种是运行时水流方向从下往上流动，利用水流的动能，使树脂以密实的状态浮动在交换器上部，而再生时，树脂往下回落，再生液从上往下流动，称为浮动床工艺。根据设备内部出水装置形式，可分为石英砂垫层型逆流再生离子交换器和多孔板、水帽型逆流再生离子交换器等。按其用途的不同，可分为阳离子交换器、阴离子交换器、钠离子软化器等。

1. 结构形式

逆流再生离子交换器主要形式与顺流再生离子交换器相似，其主体是一个密封的立式圆柱形压力容器，采用碳钢（Q245R）内衬胶防腐，内部有进水分配装置/反洗收集装置、排水装置和再生液分配装置。进水分配装置/反洗收集装置有喇叭口、十字管、辐射型支管、鱼刺型支管、喷头、环形管、多孔板加水帽、穹形多孔板等形式，其中穹形多孔板较为常用；出水装置为穹形多孔板形式（石英砂型）或多孔形式（多孔板、水帽型）；再生液装置为母、支管形式，装在交换器中上部，称为中间排液装置，在其上面有一层厚 150~200mm 的压脂层，可过滤掉水中的悬浮物，并使水均匀地进入中间排液装置。该设备设有树脂装卸孔、人孔和用以观察树脂状态的窥视孔，并配有就地取样装置和进、出口压力表。所配阀门可为手动/气动衬胶隔膜阀，接口法兰压力等级为 PN10（1.0MPa）。若多孔板、水帽型逆流再生离子交换器的设备直径 DN≤1250mm，采用大法兰结构。逆流再生离子交换器设备的外管系阀门配置示意见图 4-10，设备外形见图 4-11，结构尺寸以设备制造商提供的数据为准。

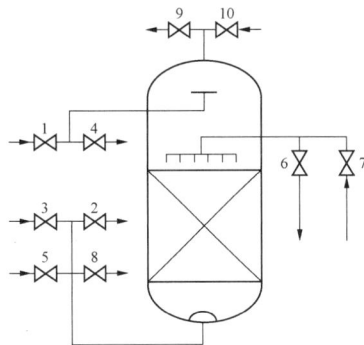

图 4-10　逆流再生离子交换器阀门配置示意
1—运行进水；2—运行出水；3—定期反洗进水；4—定期反洗表层反洗排水；5—再生液进口；6—再生液出口；7—表层进行小反洗；8—正ætit排水；9—放空气；10—顶压用空气进口（采用无顶压再生时，无此阀门）

2. 工艺步骤

逆流再生离子交换器操作过程及液流流向分以下10步，其中的主要步骤见图 4-12。

（1）小反洗。交换器运行到失效时，停止交换运行，将反洗水从中间排水管引进，对中间排水管上面的压脂层进行反洗，以冲去运行时积聚在表面层和中间排液装置上的污物，然后由上部排走。冲洗流速应使压脂层能充分松动，但又不致将正常的颗粒冲走。反洗一直进行到出水澄清。

（2）大反洗。从交换器底部进水将树脂层内截留的悬浮物及碎树脂除去，同时对树脂层进行松动。大反洗间隔时间与进水浊度、周期制水量有关，一般10~20周期进行一次。大反洗后再生剂量应增加50%~100%。

（3）放水。将交换器内的水放到树脂层之上为止，即压脂层顶面。

（4）顶压。从交换器顶部空气管进压缩空气，将树脂层压住。

（5）再生。用盐酸或硫酸和氢氧化钠溶液分别对失效的阳、阴树脂进行再生。

（6）置换。充分利用再生液，按进再生液的方式，用水将树脂层内残余的盐酸（或硫酸）和氢氧化钠溶液与树脂充分接触后置换出来。

（7）小正洗。对压脂层进行正洗，将废酸、废碱洗掉。

（8）正洗。对交换器内树脂进行清洗。

（9）运行。正洗合格后，就可投入运行，生产合格水。

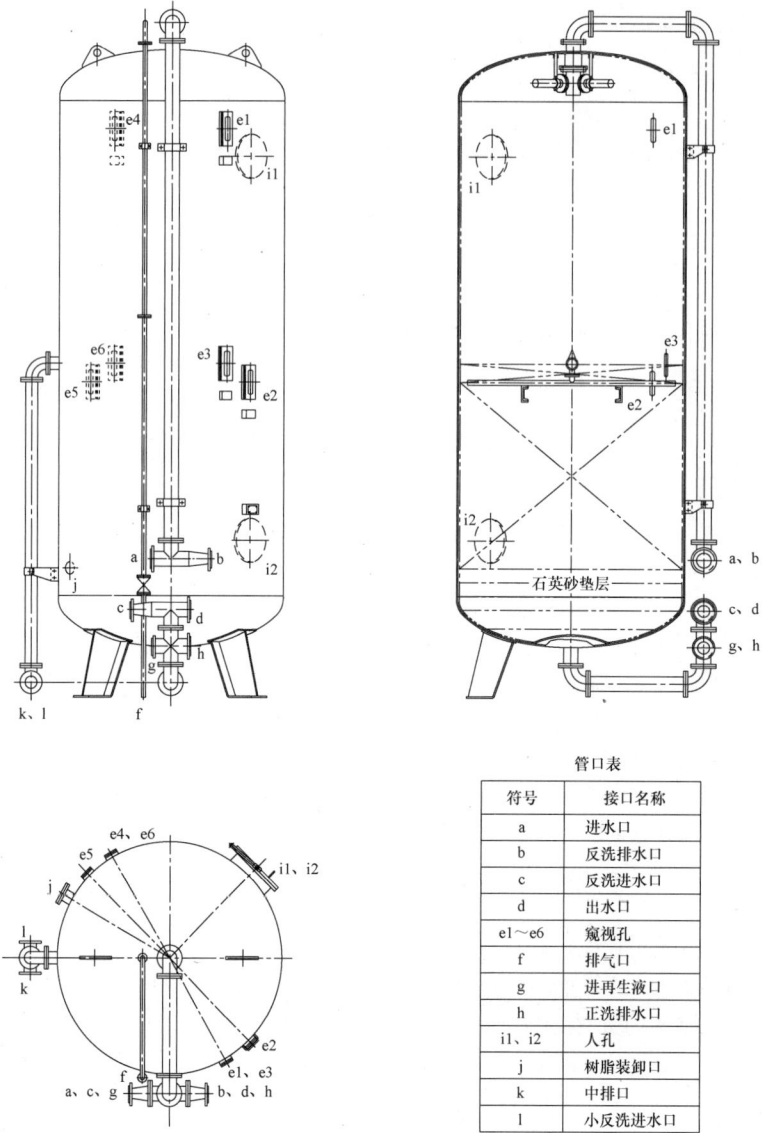

管口表

符号	接口名称
a	进水口
b	反洗排水口
c	反洗进水口
d	出水口
e1～e6	窥视孔
f	排气口
g	进再生液口
h	正洗排水口
i1、i2	人孔
j	树脂装卸口
k	中排口
l	小反洗进水口

图 4-11 逆流再生离子交换器外形结构

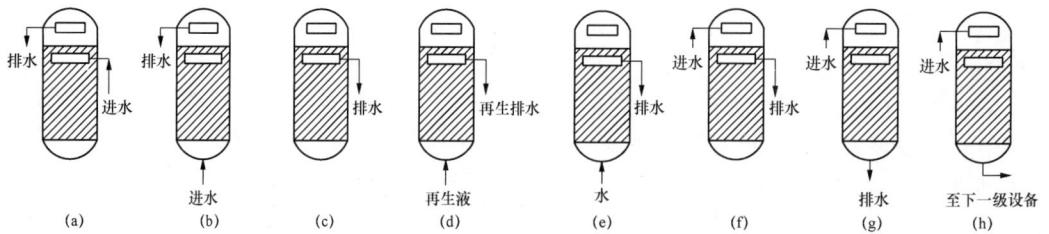

图 4-12 无顶压逆流再生离子交换器操作过程及液流流向

（a）小反洗；（b）大反洗；（c）放水；（d）再生；（e）置换；（f）小正洗；（g）正洗；（h）运行

（10）失效。阴、阳树脂失去交换能力，出水水质不合格。表 4-23 是一级除盐系统步序表，供设计时参考。

表4-23 一级除盐系统步序表

各列代号说明：

阳离子交换器：C1 进水、C2 出水、C3 大反洗进水、C4 小反洗排水、C5 小反洗进水、C6 进酸再生液、C7 中间排水、C8 正洗排水、C9 排气

阴离子交换器：A1 进水、A2 出水、A3 大反洗进水、A4 小反洗排水、A5 小反洗进水、A6 进碱再生液、A7 中间排水、A8 正洗排水、A9 排气、A10 电导率监测

泵系统：浓水泵、阳再生泵、阴再生泵出口阀

酸系统：S1 喷射器进水、S2 计量箱进酸、S3 计量箱出酸

碱系统：J1 喷射器进水、J2 计量箱进碱、J3 计量箱出碱

步序名称		持续时间(min)	流速(m/h)	阳离子交换器 C1	C2	C3	C4	C5	C6	C7	C8	C9	阴离子交换器 A1	A2	A3	A4	A5	A6	A7	A8	A9	A10	泵系统 浓水泵	阳再生泵	阴再生泵出口阀	酸系统 S1	S2	S3	碱系统 J1	J2	J3	备注
投运步骤	预投运	5~10	10	○									○																			λ<10μS/cm，水质合格后执行下一步序，根据运行情况，盘上选择保留或取消
	运行			○	○								○	○								○	○									
失效			20~30	○	○								○	○								○	○									λ≥10μS/cm报警，运行人员确认后停运，若无人管理，持续10min自动停运
再生准备				○	○								○	○									○									检查再生条件，计量箱液位未到高液位时不能执行再生程序
再生步骤	阴床小反洗	15	5~10										○			○							○									
	阳床小反洗	15	5~10	○			○																○									
	排气放水	10								○		○							○		○											放水至树脂层上100~200mm处，时间根据调试确定
	预喷射		4						○			○						○			○			○	○	○			○			时间根据调试确定，确认喷射器已形成真空，压力和流量稳定

续表

阳离子交换器各列代号为 C1~C9，阴离子交换器各列代号为 A1~A10，泵系统、酸系统（S1~S3）、碱系统（J1~J3）。

步序名称	持续时间(min)	流速(m/h)	进水 C1	出水 C2	大反洗进水 C3	大反洗排水 C4	小反洗进水 C5	进酸再生液 C6	中间排水 C7	正洗排水 C8	排气 C9	进水 A1	出水 A2	大反洗进水 A3	反洗排水 A4	小反洗进水 A5	进碱再生液 A6	中间排水 A7	正洗排水 A8	排气 A9	电导率监测 A10	浓水泵	浓水泵出口阀	阳再生泵	阴再生泵	喷射器进水 S1	计量箱进酸 S2	计量箱出酸 S3	喷射器进水 J1	计量箱进碱 J2	计量箱出碱 J3	备注
再生步骤 阳床进酸	30	4						○	○															○		○		○				
阴床进碱	38	4															○	○							○				○		○	
置换	30	4							○									○					○	○		○	○		○	○		时间可调；计量箱进酸碱阀与计量箱液位联锁，高液位关进口阀
阳床小正洗	5~10	10~15	○						○													○	○									
阳床正洗	20~30	10~15	○							○	○											○	○									
阴床小正洗	5~10	7~10										○						○				○	○									
阴床正洗	30~55	10~15										○							○	○	○	○	○									λ<10μS/cm 报警
备用																																是否备用或直接投入运行由现场运行人员确定
阴床大反洗														○	○							○	○									大反洗不进程控，大反洗周期由运行人员盘上操作
阳床大反洗					○	○																○	○									大反洗不进程控，大反洗周期由运行人员盘上操作

3. 主要参数

逆流再生离子交换器主要技术参数见表 4-24，内部装置材质要求同顺流再生离子交换器，其设备规格参数见表 4-25。

表 4-24 逆流再生离子交换器（固定床）设计参数

设计参数		强酸阳离子交换器	强碱阴离子交换器	钠离子交换器
设计压力（MPa）		0.6	0.6	0.6
设计温度（℃）		50	50	50
运行滤速（m/h）		20～30	20～30	20～30
小反洗	水源	本级进水		
	树脂膨胀空间（%）	50～75	80～100	50～75
	流速（m/h）	5～10		5～10
	时间（min）	10～15		3～5
大反洗	大反洗的时间间隔与进水浊度、周期制水量等因素有关，一般 10～20 个运行周期进行一次。大反洗后可视具体情况增加再生剂量 50%～100%			
	流速（m/h）	10～15	8～15	10～15
	时间（min）	20～30	15～20	20～30
再生前准备	放水	至树脂层之上		
	无顶压	—		
	气顶压 气压（MPa）	0.03～0.05		
	气顶压 气量［m³/（m³·min），标准工况］	以树脂层上部空间计算，一般为 0.2～0.3（压缩空气应有稳压措施）		
	水顶压 水压（MPa）	约 0.05		
	水顶压 水量	流量为再生流量的 1～1.5 倍		

续表

设计参数		强酸阳离子交换器		强碱阴离子交换器	钠离子交换器
再生	药剂	HCl	H₂SO₄	NaOH	NaCl
	时间（min）	≥30	≥30	≥30	≥30
	浓度（%）	1.5～3	注2	1～3	约5
	流速（m/h）	≤5		≤5	≤5
	耗量（g/mol）	50～55	60～70	60～65	80～100
	温度（℃）	—	—	根据所用的树脂类型	—
置换	流速（m/h）	≤5		≤5	≤5
	时间（min）	约30		约30	—
小正洗	流速（m/h）	10～15		7～10	10～15
	时间（min）	5～10		5～10	5～10
正洗	流速（m/h）	10～15		10～15	15～20
	水耗（m³/m³）	1～3		1～3	3～6
工作交换容量（mol/m³）		800～900	500～650	250～300	800～900
出水质量（μg/L）		Na⁺<50		SiO₂<100	—

注 1. 为防止再生乱层，应避免再生液将空气带入离子交换器。

2. 硫酸分步再生时的浓度、酸量的分配和再生流速，可视原水中钙离子含量占总阳离子含量比例的不同，经计算或试验确定。当采用两步再生时：第一步浓度 0.8%～1%，再生剂用量不要超过总量的 40%，流速 7～10m/h；第二步浓度 2%～3%，再生剂用量为总量的 60% 左右，流速 5～7m/h。采用三步再生时：第一步浓度 0.8%～1%，流速 8～10m/h；第二步浓度 2%～4%，流速 5～7m/h；第三步浓度小于 4%～6%，流速 4～6m/h，第一步用酸量为总用酸量的 1/3。

3. 逆流再生采用水顶压时，取消小正洗步骤。

表 4-25 逆流再生离子交换器设备规格参数表

公称直径（mm）	树脂层高（mm）	设计出力（t/h）	树脂体积（m³）	压脂层体积（m³）	石英砂垫层型			多孔板、水帽型	
					垫层厚度（mm）	设备质量（kg）	运行载荷（N）	设备质量（kg）	运行载荷（N）
DN1000	1600	15	1.26	0.16	750	1501	63140	1691	45200
	2000		1.57			1607	69810	1796	51620
	2500		1.96			1751	78580	1936	57820
DN1250	1600	25	1.96	0.25	750	1998	94740	2340	68630
	2000		2.45			2148	105070	2489	78470
	2500		3.07			2347	118270	2686	90810

续表

公称直径 （mm）	树脂层高 （mm）	设计出力 （t/h）	树脂体积 （m³）	压脂层体积 （m³）	石英砂垫层型			多孔板、水帽型	
					垫层厚度 （mm）	设备质量 （kg）	运行载荷 （N）	设备质量 （kg）	运行载荷 （N）
DN1600	1600	40	3.2	0.40	750	2649	147960	2870	111450
	2000		4.02			2844	164340	3063	127090
	2500		5.02			3104	185650	3322	146790
DN1800	1600	50	4.07	0.51	750	3428	196970	3794	137120
	2000		5.1			3708	218090	4073	157190
	2500		6.36			4080	245390	4442	182500
DN2000	1600	65	5.02	0.63	850	3769	237860	4268	169640
	2000		6.28			4078	263620	4576	196030
	2500		7.85			4487	296890	4982	226790
DN2200	1600	75	6.08	0.76	850	4786	288480	5393	242680
	2000		7.6			5202	320000	5807	274660
	2500		9.5			5742	360730	6345	312330
DN2500	1600	100	7.85	0.98	850	6172	353980	7100	273600
	2000		9.82			6645	395110	7570	311700
	2500		12.27			7260	442900	8182	359460
DN2800	1600	125	9.85	1.23	850	7637	466850	8771	348180
	2000		12.31			8260	514930	9391	395920
	2500		15.39			9037	575000	10191	456620
DN3000	1600	140	11.3	1.41	950	8530	531710	10025	404150
	2000		14.13			9105	586460	10699	458890
	2500		17.66			10081	655300	11574	527720
DN3200	1600	160	12.86	1.61	950	9089	596330	10841	459440
	2000		16.08			9808	658160	11557	521240
	2500		20.1			10737	735760	12485	598830

三、混合离子交换器

混合离子交换器是在同一个交换器中，将阴、阳离子交换树脂按一定的体积比进行填装，在均匀混合状态下，进行阳、阴离子交换，达到去除水中盐分的目的。混床的阴、阳离子交换树脂在交换过程中，处于均匀混合状态，交错排列，互相接触，因此阴、阳离子的交换反应几乎是同时进行的，所产生的 H^+ 和 OH^- 随即合成 H_2O，交换反应进行得非常彻底，出水呈中性，水质好，其反应式为

$$RH + ROH + NaCl \longrightarrow RNa + RCl + H_2O$$

混床具有出水水质稳定、纯度高、体积小、占地少、失效终点分明等优点，但树脂再生时难以彻底分层，对有机物敏感，阴树脂变质后，出水水质恶化，再生操作复杂，易交叉污染，造成运行后 Na^+ 泄漏。

混床树脂选择既要考虑失效树脂的分层，也要考虑再生树脂的混合。混床选用粒径稍大的树脂，以降低混床的阻力，同时要求粒度均匀，一般控制在 0.45～0.65mm。为保证树脂分层良好，两种树脂的湿真密度应有一定的差别，一般应大于 0.15g/mL。混床最好采用均粒树脂（90%以上树脂的粒度范围在±0.1mm 以内），通常采用的阴、阳树脂的体积比为 2:1。

1. 结构形式

混合离子交换器的主体是一个密封的立式圆柱形压力容器，采用碳钢（Q245R）内衬胶防腐，设有上部进水装置、下部配水装置、中间排液装置、进酸/碱装置及压缩空气装置。对于 DN800～DN1600 的混床，其上部进水装置为单筒多孔管形式；对于 DN1800～DN2500 的混床，其上部进水装置为十字多孔管形式；下部出水装置一般采用多孔板加水帽，出水口处应设有挡水板。混合树脂层上应设有进碱装置（同顺流再

生）。体内再生混合床的阳、阴树脂层分界处应设有中间排水装置，中间排水装置宜采用支母管式，支管宜为多孔管缠绕不锈钢梯形绕丝，开孔流速应按酸、碱再生液的总流量计算，支管开孔应向水平方向两侧开孔，材质可选用 S31603 不锈钢。进酸/碱装置和中排装置为支母管形式。该设备设有树脂装卸孔、人孔和用以观察树脂状态的窥视孔，并配有就地取样装置和进、出口压力表。所配阀门可为手动/气动衬胶隔膜阀，接口法兰压力等级为 PN10（1.0MPa）。若设备直径 DN≤1250mm，多孔板处采用大法兰结构。设备外形见图 4-13，结构尺寸以设备制造商提供的数据为准。

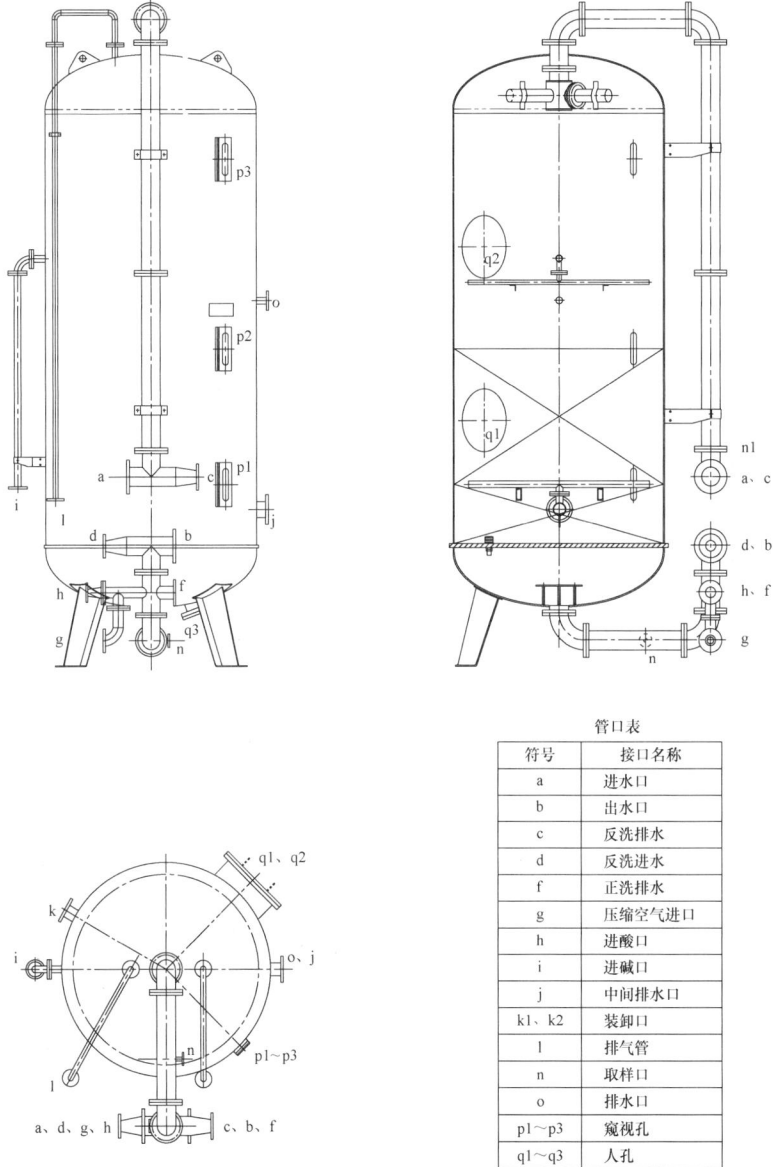

管口表	
符号	接口名称
a	进水口
b	出水口
c	反洗排水
d	反洗进水
f	正洗排水
g	压缩空气进口
h	进酸口
i	进碱口
j	中间排水口
k1、k2	装卸孔
l	排气管
n	取样口
o	排水口
p1～p3	窥视孔
q1～q3	人孔

图 4-13　混合离子交换器外形

2. 工艺步序

表 4-26 是混床系统步序表，供设计时参考。混床体内酸、碱分别再生的工艺步序如下，其中的主要步骤如图 4-14 所示。

（1）反洗分层。借助反洗的水力，反洗水从交换器下部进入，从上部排出，可使树脂漂浮起来，并使树脂层达到一定的膨胀率，从而使阴、阳树脂达到分层的目的。密度较大的阳树脂在下部，密度较小的阴树脂在上部。反洗流速一般为 10m/h，反洗时间为 15min，树脂层的反洗膨胀率应达到 80%～100%。反洗结束后，缓慢地关闭进水阀，使树脂平稳沉降。

（2）静置。为了使悬浮状态的树脂颗粒沉降下来，反洗后需静置 5~10min。

（3）再生。混床的再生方式可分为体内再生和体外再生，一般情况下，锅炉补给水处理的混床均采用体内再生。凝结水精处理系统的混床大多采用体外再生，详见第六章。对于体内再生的混床，按进酸、碱和清洗步骤的不同，可分为两步法和同时再生法。

1）两步法。阴、阳树脂反洗分层后，将交换器中的水放至树脂层表面以上约100mm处，从上部进入碱液，再生阴树脂，废液从中间排液装置排出口排出。碱液进完后，按同样的流程和流速，用除盐水对阴树脂进行置换和清洗，清洗至排水 OH⁻ 为 0.5mmol/L 以下。对阴树脂进行再生和清洗时，由交换器下部进水，通过阳树脂层，从中间排液装置排出，以防止碱液向下渗透而污染阳树脂。阴树脂再生后，接着对阳树脂进行再生，酸由底部进入，废液从中间排液装置排出。同时，为了防止酸液进入已再生好的阴树脂层，需继续自交换器上部通以小流量的水清洗阴树脂。酸液进完后，按同样的流程和流速，对阳树脂进行置换和清洗，清洗至出水的酸度降至 0.5mmol/L 为止。

2）同时再生法。从交换器上部进碱液，同时从下部进酸液进行再生，再同时进行置换、清洗，废液均从中间排液装置排出。

（4）置换。充分利用再生液，按进再生液方式，用水将树脂层内的酸碱液与树脂充分接触后置换出来。

（5）树脂混合。首先将交换器内的水位放至树脂层上约100mm处，用经过净化的压缩空气进行树脂的

混合，压缩空气的压力为 0.1~0.15MPa，流量为 2~3m³/（m²·min），混合时间为 0.5~1min。

（6）快速排水落床。

（7）正洗。混床满水后，用除盐水进行正洗，清洗流速为 15~20m/s，直至出水合格为止。

（8）投入运行。正洗合格后，就可投入运行。

（9）失效。出水水质不合格或超过制水量。

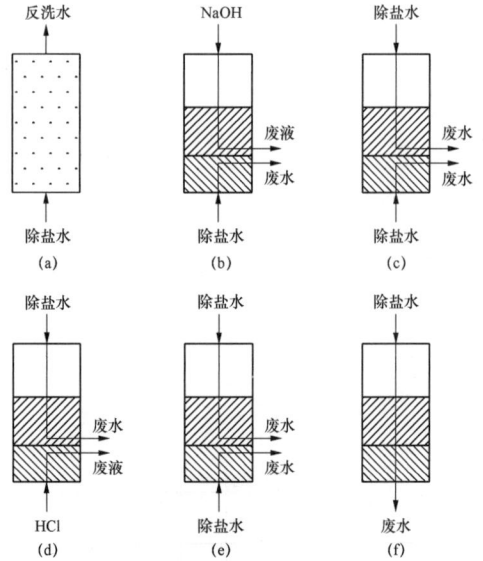

图 4-14　混合离子交换器操作过程及液流流向
（a）反洗；（b）阴树脂再生；（c）阴树脂清洗；
（d）阳树脂再生；（e）阳树脂清洗；（f）正洗

表 4-26　　　　　　　　　　　　混床系统步序表

步序名称	持续时间 (min)	流速 (m/h)	混合离子交换器											泵	酸系统			碱系统			备注
			进水	出水	反洗进水	反洗排水	碱液进口	酸液进口	中间排水	正洗排水	进压缩空气	排气	SiO_2取样	电导率取样	混床再生泵	喷射器进水	计量箱进酸	计量箱出酸	喷射器进水	计量箱进碱	计量箱出碱	
预投运	5~10	10										○										
			○						○				○	○								注1
			○	○									○	○								
正常运行		40~60	○	○									○	○								
失效																						注2
再生准备																						注3
树脂反洗分层	10~15	10				○																

续表

步序名称	持续时间（min）	流速（m/h）	混合离子交换器 进水	出水	反洗进水	反洗排水	碱液进口	酸液进口	中间排水	正洗排水	进压缩空气	排气	SiO2取样	电导率取样	泵 混床再生泵	酸系统 喷射器进水	计量箱进酸	计量箱出酸	碱系统 喷射器进水	计量箱进碱	计量箱出碱	备注
静置沉降	5～10																					
排水	10								○			○										注4
预喷射							○	○	○						○	○			○			注5
上部进碱底部进酸	30～40	4					○	○	○						○	○			○			
							○	○	○													
碱置换，酸置换	20～25	4					○	○	○						○	○	○		○	○		注6
冲洗	20～30	15	○						○					○								注7
中间排水	5～10									○												注8
									○													
树脂混合	1～2					○				○												
											○											
混床正冲洗	15～20		○							○		○		○								注9
备用																						注10

注　1. 水质合格后执行下一步序，根据运行情况盘上选择是否保留或取消。

2. 电导率大于等于 0.10μS/cm 或二氧化硅大于等于 10μg/L 报警，若无人管理，再持续 10min 自动停运。

3. 检查再生条件，计量箱液位未到高液位时不能执行再生程序。

4. 放水至树脂层上 100～200mm 处，时间根据调试确定。

5. 时间根据调试确定，确认喷射器已形成真空，压力和流量稳定。

6. 计量箱进酸碱阀与计量箱液位联锁，高液位关进口阀。

7. 电导率小于 0.10μS/cm 报警，水质合格后执行下一步序。

8. 时间调试时确定，排至树脂层上 100～300mm 处。

9. 电导率小于 0.10μS/cm 报警。

10. 是否备用或直接投入运行由现场运行人员确定。

3. 主要参数

混合离子交换器设计参数见表 4-27，产品系列参数见表 4-28。

表 4-27　混合离子交换器设计参数

项目	数　值
设计压力（MPa）	0.6
设计温度（℃）	50
运行滤速（m/h）	40～60

续表

项目		数　值		
反洗	流速（m/h）	约 10		
	时间（min）	约 15		
再生	药剂	HCl	H₂SO₄	NaOH
	时间（min）	≥30	≥30	≥30
	浓度（%）	约 5	约 4	约 4
	流速（m/h）	约 5	约 5	约 5

续表

项目		数　　值
置换	时间（min）	根据再生方式不同，控制排水的酸、碱度
	流速（m/h）	4~6
混合	气压（MPa）	0.098~0.147
	气量［m³/（m²·min），标准工况］	2~3
	时间（min）	0.5~1.0
正洗	水耗（m³/m³）	阳树脂6/阴树脂12
	流速（m/h）	15~20
	时间（min）	根据水耗计算确定

表4-28　混合离子交换器产品系列参数表

公称直径（mm）	设计出力（t/h）	阳树脂层高（mm）	阴树脂层高（mm）	设计质量（kg）	运行载荷（N）
DN800	30	500	700	1375	28970
DN1000	45	500	700	1567	39860
DN1250	70	500	700	2247	61350
DN1500	106	500	1000	3067	104000
DN1600	120	500	1000	3128	115420
DN1800	150	500	1000	4435	145610
DN2000	185	500	1000	4858	175870
DN2200	225	500	1000	5884	156240
DN2500	290	500	1000	7635	283190
DN2800	370	500	1000	8703	378500

四、浮动床离子交换器

浮动床运行时水流方向是自下而上，再生时再生液的流动方向是自上而下，进水浊度要求小于2NTU。目前浮动床工艺可分为交换器内充满树脂和不充满树脂两种，我国多使用前者。浮动床离子交换器的设计出力可以比一般固定床设备增大一倍，多用于制水量较大的水处理系统。

浮动床具有和逆流再生工艺相同的优点，出水水质好，再生比耗低。此外，还具备以下一些优点：

（1）再生时，再生液自上而下，保证树脂层处于稳定压实状态，不会出现乱层现象，且操作简单。由于取消了容易损坏的中间排液装置，提高了运行的可靠性。

（2）由于水流方向和重力方向相反，在相同流速条件下，与水流从上而下的流向相比，树脂层的压实

程度较小，因而可降低水流阻力。

（3）由于浮动床树脂充满交换器，设备空间利用率可达95%以上，其他类型离子交换器设备空间利用率只有60%。

（4）浮动床由于节省了反洗用水，而且水垫层空间很小，清洗水耗也可降至树脂体积的2倍，因而总的自用水耗可降至5%以下。

浮动床虽然有上述一些优势，但也存在下列缺点：

（1）由于浮动床内树脂基本装满，无法进行体内清洗，需要增设专门的体外清洗罐，且最好设有压缩空气装置，以便运用空气擦洗技术，提高清洗效果，因而增加了投资和体外清洗操作的复杂性。

（2）浮动床运行周期的最后阶段，如果中断运行，有可能造成树脂乱层，影响出水水质和周期制水量。

（3）由于浮动床无法反洗，故对进水浊度要求严格，一般应小于2NTU，否则会使树脂层阻力升高，影响设备正常运行。

（4）浮动床内的碎、细树脂集中在树脂层的顶部，运行时，水流自下而上容易将其带出，若阳树脂带入阴床，会引起出水电导率上升，若阴树脂带入热力系统，会造成热力设备腐蚀，为此，浮动床出水管道上应装设树脂捕捉器。

1. 结构形式

浮动床离子交换器的主体是一个密封的立式圆柱形压力容器，采用碳钢（Q245R）内衬胶防腐，内部包括进水装置、出水装置及再生液分配装置。底部进水装置有多孔板水帽和穹形孔板石英砂垫层等形式。交换器顶部设有白球层，可防止破碎或细小的树脂堵塞顶部出水装置，塑料白球的粒径为1.0~1.5mm，密度小于1g/mL，装填高度为200~300mm。顶部出水装置有多孔板加水帽和弧形母支管等。多数浮动床出水装置兼作再生液分配装置，但由于再生液流量比进水流量小得多，很难使再生液分配均匀，有的设备还增设了环形多孔管再生液分配装置。当浮动床再生时，由于交换器内树脂层以上空间很小，水垫层很薄，操作上稍不注意就会造成再生液排干、空气进入，影响再生效果，为解决此问题，常在再生排液管上加装倒U形管。倒U形管的顶部应高于交换器最高点50~100mm，并在倒U形管的最高点开孔通大气，防止发生虹吸现象。该设备设有树脂装卸孔、人孔和用以观察树脂状态的窥视孔，并配有就地取样装置和进、出口压力表。所配阀门可为手动/气动衬胶隔膜阀，树脂装卸口处的阀门为直流衬胶隔膜阀或球阀，接口法兰压力等级为PN10（1.0MPa）。若设备直径DN≤1250mm，多孔板处采用大法兰结构。浮动床离子交换器设备外形见图4-15，结构尺寸以设备制造商提供的数据为准。

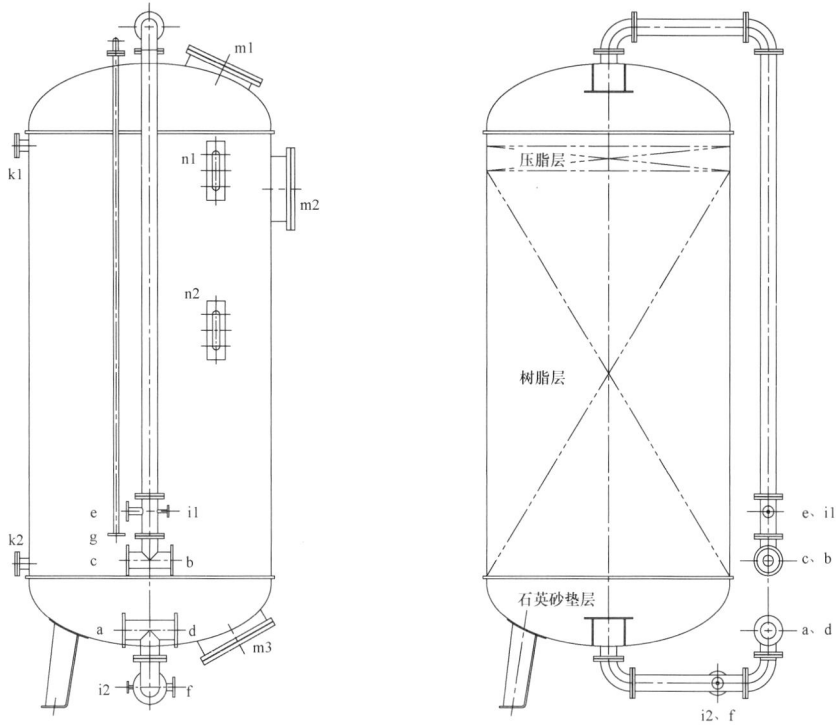

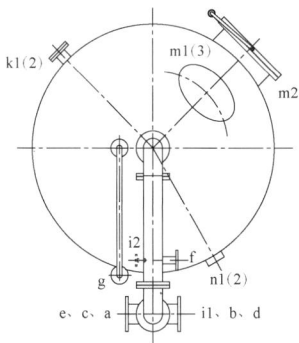

序号	接口名称
a	进水口
b	出水口
c	上排水口
d	排水口
e	进再生液口
f	排再生液口
g	排气口
i1、i2	取样口
k1、k2	树脂进出口
n1、n2	视镜
m1~m3	人孔

管口表

图 4-15 浮动床离子交换器外形结构

2. 工艺步序

浮动床的运行过程为制水→落床→再生→置换→成床→清洗→制水。此过程为一个运行周期，在整个运行过程中，将定期进行体外清洗。其中的主要步骤见图 4-16。

（1）落床。将运行的阴、阳树脂层平整地降落到浮动床底部。

（2）再生。分别用盐酸（或硫酸）和氢氧化钠溶液对失效的阴、阳树脂进行再生。

（3）置换。充分利用再生液，按进再生液的方式，用水将树脂层内的盐酸（或硫酸）和氢氧化钠溶液与树脂充分接触后，再置换出来。

（4）正洗。对再生后的树脂用较大流速进行清洗。

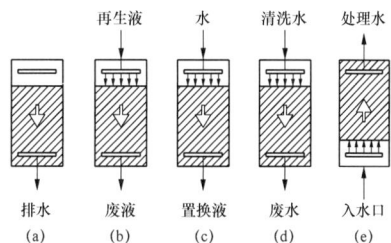

图 4-16 浮动离子交换器操作过程及液流流向

（a）落床；（b）再生；（c）置换；（d）正洗；（e）成床运行

（5）成床运行。从浮动床底部进水将树脂全部托起成床，生产合格水。

（6）体外清洗。浮动床运行若干周期后，根据入口水浊度、浑浊物的性质、树脂特性等因素来确定是否清洗，浮动床的树脂输送到体外的清洗罐中进行清洗。

3. 主要参数

浮动床设计参数见表4-29，浮动床离子交换器产品系列参数见表4-30。

表4-29　浮动床设计参数

设备名称		强酸阳离子交换器	强碱阴离子交换器	双室阳离子交换器	双室阴离子交换器
	设计压力（MPa）	0.6	0.6	0.6	0.6
	设计温度（℃）	50	50	50	50
	运行滤速（m/h）	30~50	30~50	30~50	30~50
再生	药剂	HCl、H_2SO_4	NaOH	HCl、H_2SO_4	NaOH
	时间（min）	≥30、≥30	≥30	≥30、≥30	≥30
	浓度（%）	1.5~3（HCl）/注1（H_2SO_4）	0.5~2	1.5~3（HCl）/注1（H_2SO_4）	0.5~2
	流速（m/h）	5~7（HCl）/注1（H_2SO_4）	4~6	5~7（HCl）/注1（H_2SO_4）	4~6
	耗量（g/mol）	40~50（HCl）、55~65（H_2SO_4）	约60	40~50（HCl）、≤60（H_2SO_4）	≤50
	温度（℃）	—	根据树脂类型	—	根据树脂类型
置换	时间（min）	约20	约30	约20	约30
	流速（m/h）	同再生流速			
正洗	时间（min）	根据水耗计算确定			
	流速（m/h）	约15	约15	约15	约15
	水耗（m³/m³）	1~2	1~2	1~2	1~2
成床	流速（m/h）	15~20	15~20	15~20	15~20
	顺洗时间（min）	3~5	3~5	3~5	3~5
	工作交换容量（mol/m³）	800~900（HCl）、500~650（H_2SO_4）	250~300	弱：2000~2500；强：1000~1400（HCl）、600~750（H_2SO_4）	弱：600~900；强：400~500

续表

设备名称	强酸阳离子交换器	强碱阴离子交换器	双室阳离子交换器	双室阴离子交换器
出水质量（μg/L）	Na^+<50	SiO_2<50	Na^+<50	SiO_2<100
反洗　周期	反洗周期一般与进水浊度、周期之水量等因素有关，应采取体外定期清洗		—	—
反洗　流速（m/h）	10~15	10~15	10~15	10~15
反洗　时间（min）	至出水澄清			

注　硫酸分步再生技术条件见表4-24。

表4-30　浮动床离子交换器设备规格表

公称直径（mm）	树脂层高（mm）	设计出力（t/h）	树脂体积（m³）	压脂层体积（m³）	设备质量（kg）	运行载荷（N）
DN1000	2000	35	1.57	0.157	1655	61000
	2500		1.96		1725	66000
	2800		2.2		1765	70000
	3200		2.51		1825	74000
DN1250	2000	50	2.45	0.245	2460	95000
	2500		3.07		2540	103000
	2800		3.44		2610	108000
	3200		3.93		2695	114000
DN1600	2000	80	4.02	0.40	3090	141000
	2500		5.03		3209	154000
	2800		5.63		3280	162000
	3200		6.43		3698	173000
DN1800	2000	100	5.1	0.51	4050	193000
	2500		6.36		4229	203000
	2800		7.12		4336	223000
	3200		8.14		4889	243000
DN2000	2000	125	6.28	0.63	4510	193000
	2500		7.85		4695	271000
	2800		8.79		4814	289400
	3200		10.05		4973	313500
DN2200	2000	150	7.6	0.76	5840	263000
	2500		9.5		6113	286000
	2800		10.64		6277	304000
	3200		12.16		6495	321000

续表

公称直径（mm）	树脂层高（mm）	设计出力（t/h）	树脂体积（m³）	压脂层体积（m³）	设备质量（kg）	运行载荷（N）
DN2500	2000	195	9.8	0.98	6865	392000
	2500		12.25		7175	432000
	2800		13.72		7361	443000
	3200		15.7		7609	449000
DN2800	2000	245	12.31	1.23	8320	325000
	2500		15.39		9165	447000
	2800		17.24		9500	478000
	3200		19.7		9830	482000

五、弱型-强型树脂联合离子交换器

在弱型-强型树脂联合除盐系统中，加入弱型树脂虽不能去除水中所有离子，但具有工作交换容量高、再生剂比耗低等优点。将强、弱两种树脂联合应用于水的除盐，可同时发挥这两种树脂的优势，也可互相弥补缺点。

原水首先通过弱型树脂，去除水中大部分离子，然后再通过强型树脂，彻底去除水中的离子，从而保证出水水质。再生时相反，再生液先通过强型树脂，然后再通过弱型树脂，从而使排出废液中的再生剂量降至最低水平。这样可以使强型树脂的再生水平大大提高，既可提高强型树脂的工作交换容量，也保证了出水水质。

弱型-强型树脂联合离子交换有以下三种应用形式：

（1）弱型树脂交换器与强型树脂交换器串联运行的复床。

（2）用中间隔板将交换器分隔成两室，分别装填弱型、强型树脂的双室床。

（3）离子交换器内同时装填弱型、强型树脂，依靠树脂颗粒的不同密度进行分层的双层床。

目前，水处理系统大多采用反渗透装置进行预脱盐，进入离子交换器的进水含盐量不高，故这种除盐工艺目前并不常用。

1. 结构形式

弱型-强型树脂联合离子交换器的主体是一个密封的立式圆柱形压力容器，采用碳钢（Q245R）内衬胶防腐。进水装置有鱼刺型支管、多孔板加水帽、穹形多孔板等形式；出水装置为穹形多孔板形式（石英砂型）或多孔板形式（多孔板、水帽型）；双室床的强、弱树脂之间用装有带双头水帽的隔板将其隔开，以沟

通上、下室的水流。为了防止细碎的强型树脂堵塞水帽的缝隙，可在下室强型树脂的上面填充密度小而颗粒大的惰性树脂层，高度按200mm考虑。设有上下两组树脂装卸孔、人孔和用以观察树脂状态的窥视孔，并配有就地取样装置和进、出口压力表。所配阀门可为手动/气动衬胶隔膜阀，接口法兰压力等级为 PN10（1.0MPa）。

2. 工艺步序

（1）小反洗。清洗压脂层。

（2）放水。将交换器内的水放至树脂面上 100～150mm 为止。

（3）顶压。进压缩空气，使床内压力维持在 29～49kPa。

（4）逆流再生。分别进盐酸（或硫酸）和氢氧化钠溶液对失效的阳、阴树脂进行再生。

（5）置换。按进再生液的方式，用水将树脂层内的盐酸（或硫酸）和氢氧化钠溶液与树脂充分接触后，再置换出来。

（6）小正洗。清洗压脂层的树脂。

（7）大正洗。用大流量水清洗整个树脂。

（8）运行。正洗合格后，投入运行，生产合格水。

（9）大反洗。运行若干周期后，对树脂进行一次大清洗。

六、电除盐装置

EDI 的脱盐核心就是在电渗析的淡水室装填阴阳离子交换树脂，即淡水室相当于一个混合离子交换器，可连续、稳定地生产高品质纯水，无需因树脂再生而停机，其产水可满足电子超纯水、医药用水、超临界及超超临界机组锅炉补给水的水质要求。

EDI 的除盐过程相当于离子交换除盐和电渗析除盐两个过程的叠加。在化学位差的作用下水中的离子与树脂活性基团上的可交换离子进行离子交换，并在直流电场的作用下进行选择性的定向迁移。由于淡水室中阳树脂颗粒的紧密接触，使阳树脂的活性基团形成了一个只允许阳离子通过的阳离子传输通道，同理也存在只允许阴离子通过的阴离子传输通道。当原水通过淡水室时，在直流电场的作用下，水中的阳离子沿着阳离子传输通道向负极定向迁移，碰到阳膜而顺利通过进入隔壁的浓水室；水中的阴离子沿着阴离子传输通道向正极定向迁移，碰到阴膜而顺利通过进入隔壁的浓水室。随着这一过程的进行，淡水室中的离子不断减少，达到去除水中盐类的目的。

由于离子交换树脂界面存在浓差极化，在树脂颗粒表面、网孔内部表面和膜表面处的水被电离为 H^+ 和 OH^-，以负载部分电流，并与树脂上的可交换离子进行交换，使有相当数量的树脂以 RH 和 ROH 的形态存

在，这一过程称为树脂的电再生，从而保证 EDI 淡水室中离子迁移、离子交换和电再生这三个过程的连续性。

（一）结构类型

1. 板框式 EDI

板框式 EDI 由阳电极板、阴电极板、极框、阳离子交换膜、阴离子交换膜、淡水隔板、浓水隔板、端压板和阴阳离子交换树脂等按照一定顺序组装而成，其结构见图 4-17。

2. 螺旋卷式 EDI

螺旋卷式 EDI 的结构主要由正负电极、阳膜、阴

膜、淡水隔板、浓水隔板、浓水配集管和淡水配集管等部件组成，其结构见图 4-18。

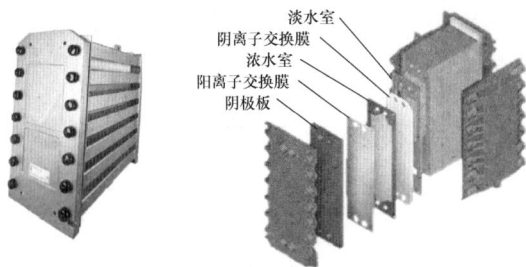

图 4-17　板框式 EDI 模块结构

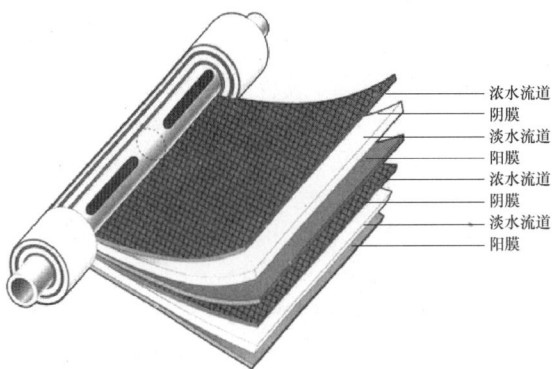

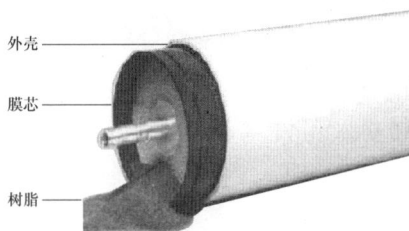

图 4-18　螺旋卷式 EDI 模块结构

3. 树脂填充方式

（1）只在淡水室填充树脂，见图 4-19。

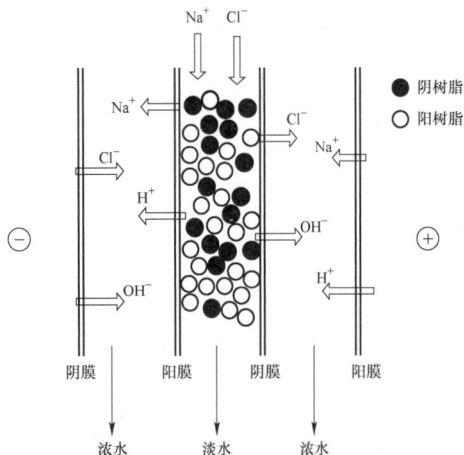

从而用较低能耗获得较好的除盐效果。同时，离子交换树脂能迅速地将膜表面的硬度离子迁移到主体溶液中，降低结垢趋势。

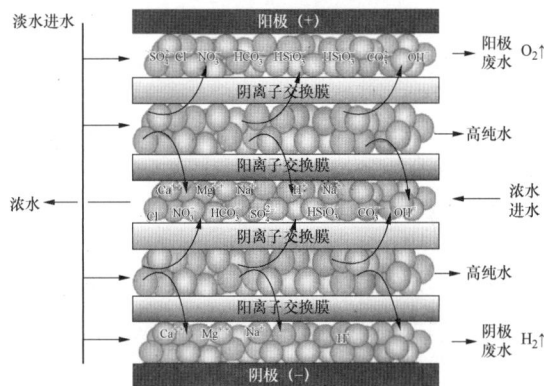

图 4-19　仅淡水室填充树脂的 EDI 运行示意

图 4-20　树脂全填充 EDI 运行示意

（2）树脂全填充方式，即在淡水室、浓水室和极水室均填充树脂，见图 4-20。树脂全填充方式的特点为树脂的导电性能比水溶液高 100～1000 倍以上，所以在操作电压相同的情况下能产生更高的工作电流，

（二）主要参数

EDI 设计和运行控制的主要参数包括进出水水质、系统回收率、产水（浓水、极水）流量、进水压力、淡水（浓水、极水）压降、电压电流等。目前电力行业常用的 EDI 模块的主要参数见表 4-31。

表 4-31　　常用 EDI 模块主要参数

主要参数		A 厂某型号	B 厂某型号	C 厂某型号	D 厂某型号
进水水质要求	总可交换阴离子（以 $CaCO_3$ 计，mg/L）	<25	—	—	—
	电导率（25℃，μS/cm）	<43	<40（含 CO_2 和硅）	<40（含 CO_2 和硅）	1～20
	pH 值（25℃）	4～11	4～11	4～11	5.0～9.5
	温度（℃）	4.4～38	5～45	5～45	5～40
	硬度（以 $CaCO_3$ 计，mg/L）	<1.0	<1.0	<1.0/2.0	<1.0
	二氧化硅（以 SiO_2 计，mg/L）	<1.0	<1.0	<1.0	<0.5
	TOC（mg/L）	<0.5	<0.5	<0.5	<0.5
	浊度（NTU）	<1.0	—	—	—
	余氯（mg/L）	<0.05*	<0.02	<0.02	未检出
	Fe、Mn、硫化物（mg/L）	<0.01	<0.01	<0.01	<0.01
	氧化剂	未检出	<0.02（以 Cl_2 计）	<0.02（以 Cl_2 计）	未检出

续表

主要参数		A 厂某型号	B 厂某型号	C 厂某型号	D 厂某型号
进水水质要求	油脂	未检出	未检出	未检出	未检出
	SDI_{15}	<1.0	进水水源：RO 产品水	进水水源：RO 产品水	<1.0
出水水质	电阻率（MΩ·cm）	>16	>16	>16	16～18.2
	pH 值（25℃）	6.5～8.0	—	—	—
	二氧化硅去除率	高达 99%或低于 5μg/L	90%～99%，取决于进水条件	90%～99%，取决于进水条件/>90%	—
	硼去除率	>95%	—	—	—

注　以上数据仅供参考，具体应用时以 EDI 生产厂家的技术参数为准。

（三）EDI 系统的设计

EDI 装置和反渗透装置类似，通常按照成套的方式设计，将若干个相同的 EDI 模块、电控柜、监测仪表、配套管道与阀门组装在一个框架内，整体布置和安装，不仅占地面积小，而且便于安装和维护。

1. 淡水、浓水、极水三进三出式 EDI 装置
其典型的工艺流程见图 4-21。

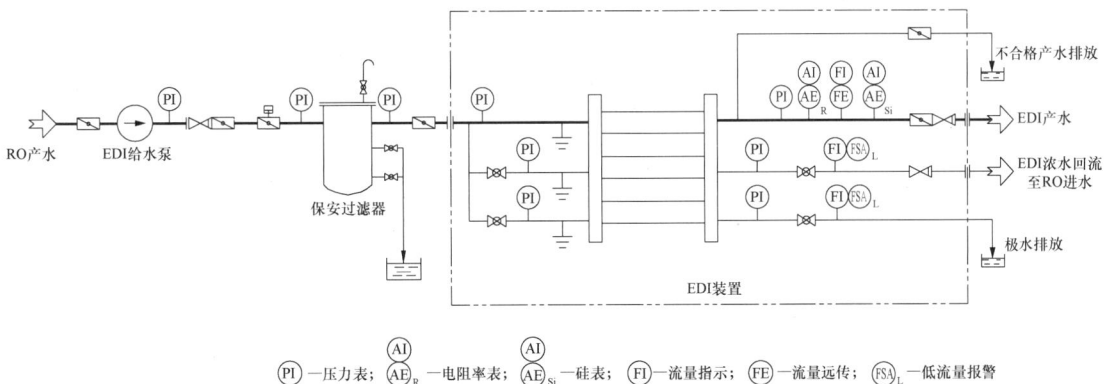

PI—压力表；AE_R—电阻率表；AE_{Si}—硅表；FI—流量指示；FE—流量远传；FSA_L—低流量报警

图 4-21　三进三出式 EDI 工艺流程

2. 无极水排放式 EDI 装置
其典型的工艺流程见图 4-22。

3. EDI 模块的化学清洗和消毒
随着工作时间的累积，需要对 EDI 模块进行清洗和消毒，原因为：①浓水室内产生的硬度或金属结垢；

②在离子交换树脂或膜表面形成无机物及有机物污垢；
③EDI 模块和系统管道及其他部件产生生物污垢。

EDI 装置的清洗方案可视污堵情况而定，具体操作步骤及清洗液的选择应参见 EDI 膜厂家的操作维护手册。EDI 装置清洗和消毒流程见图 4-23。

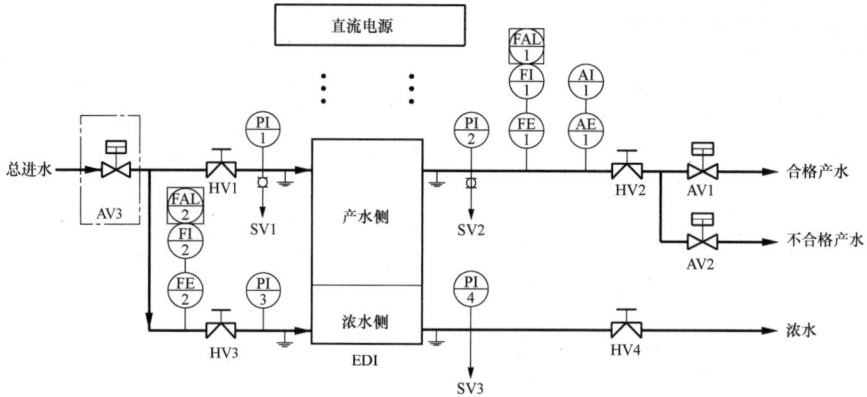

图 4-22　无极水排放式 EDI 工艺流程

HV1-4—手动阀；AV1-3—自动阀；SV1-3—取样阀；PI1-4—压力表；FE—流量计；FI—流量显示；

FAL—流量报警；AE、AI—水质表计（电导/电阻、硅表等）

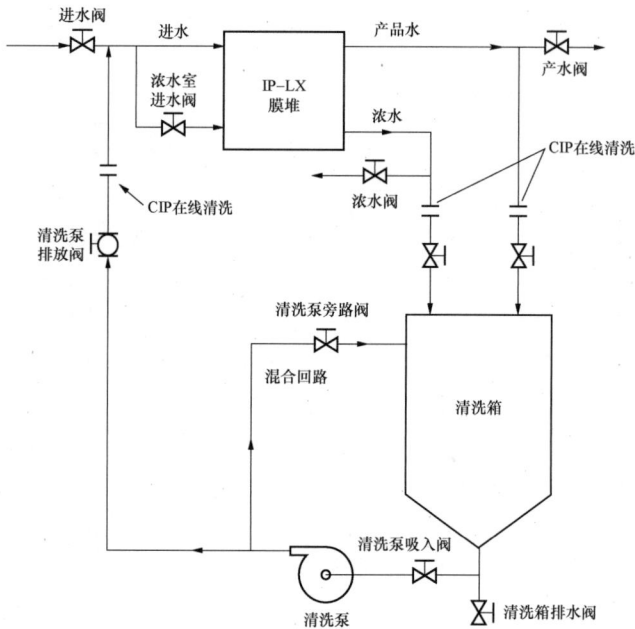

图 4-23　EDI 装置清洗和消毒工艺流程

七、除碳器

（一）功能简述

在离子交换除盐系统中，水经 H^+ 交换后，HCO_3^- 转变为游离的 CO_2，连同进水中原有的游离 CO_2，可以通过除碳器去除，进而减轻阴离子交换器的负担。当进水碱度小于 0.5mmol/L 或原水经软化降碱处理后，可不设置除碳器。

（二）结构形式

水处理系统中常用的除碳器有大气式除碳器和真空式除碳器两种。

1. 大气式除碳器

大气式除碳器的结构见图 4-24。除碳器本体材质为碳钢衬胶；上部有布水装置，下部有风室；容器内装有填料层；下部出水口有水封，以防止空气短路。淋水密度一般为 48～60m³/（m²·h）。除碳器风机一般都采用高效离心式风机。

2. 真空式除碳器

真空式除碳器的基本构造见图 4-25。由于真空式除碳器是在负压下工作，所以外壳要求具有密闭性和足够的强度。壳体下部存水区，其容积应根据处理水量及停留时间决定；也可在下方另设卧式水箱，以增加存水的容积。真空式除碳器所用的填料及其高度与大气式相同。

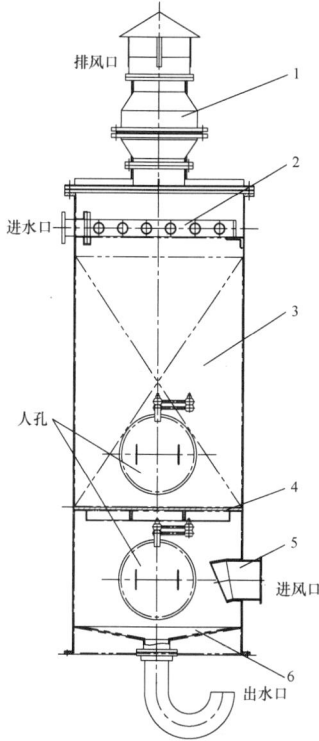

图 4-24 大气式除碳器结构

1—收水器；2—布水装置；3—填料层；4—格栅；

5—进风管；6—出水椎底

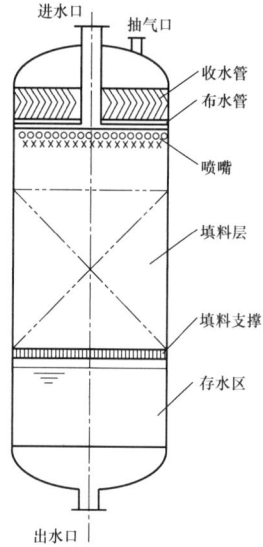

图 4-25 真空式除碳器结构

（三）主要参数

　　大气式除碳器的规格见表 4-32，真空式除碳器的规格见表 4-33。

表 4-32　　　　　　　　　　　　大 气 式 除 碳 器 规 格

公称直径（mm）	1000	1100	1250	1400	1600	1800	2000	2200	2500	2800	3200
设备出力（t/h）	46.8	56.4	73.2	91.8	120	152	187	227	293	368	481
空气耗量（m³/h）	936～1404	1128～1692	1464～2196	1836～2754	2400～3600	3036～4554	3744～5616	4536～6804	5868～8802	7356～11034	9612～14418
填料层高度（m）	设备总高度（mm）										
1.60	3297	3363	3379	3504	3528	3544	3576	3693	3741	4076	4141
2.00	3697	3763	3779	3904	3928	3944	3976	4093	4141	4476	4541
2.50	4197	4263	4279	4404	4428	4444	4476	4593	4641	4976	5041
3.20	4897	4963	4979	5104	5128	5144	5176	5293	5341	5676	5741
4.00	5697	5763	5779	5904	5928	5944	5976	6093	6141	6476	6541

注　填料采用规格为 25mm×25mm×3mm 的拉希环（瓷）或多面空心塑料球。

表 4-33　真 空 式 除 碳 器 规 格　　　　　　　　　　　续表

设计压力	93.33kPa（负压）	水压试验	0.2MPa
工作压力	90.66kPa（负压）	淋水密度	60m³/（m²·h）
设计温度	40℃	填料层高	3770mm

设备直径	1224mm	1628mm	1828mm
设备出力	67.2t/h	120t/h	151.8t/h
设备总高度	10900mm	11350mm	11350mm
设备净重	6580kg	7980kg	10235kg

八、脱气膜装置

（一）功能简述

脱气膜是利用扩散的原理将液体中的气体，如二氧化碳、氧气、氨氮去除的膜分离产品。脱气膜为中空纤维膜，纤维壁上有微小的孔，水分子不能通过这种小孔，而气体分子却能够穿过。如图 4-26 所示，工作时水流在一定的压力下从中空纤维的里面通过，而中空纤维的外面在真空泵的作用下气体被不断抽走，并形成一定的负压，这样水中的气体就不断从水中经中空纤维向外溢出，从而达到去除水中气体的目的。

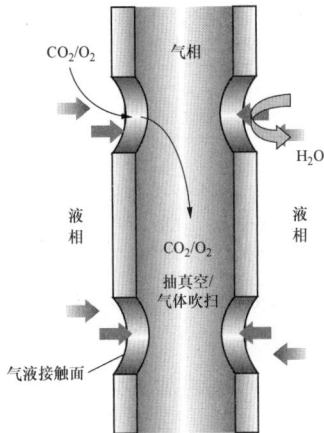

图 4-26　脱气膜的工作原理

脱气膜在电厂中的应用主要包括：
（1）锅炉补给水除氧。
（2）用于 EDI 前去除水体中的 CO_2 以改善 EDI 的工作效率和出水水质，并延长 EDI 的寿命，在满足 EDI 进水要求的前提下可替代二级反渗透。
（3）可用于凝结水精处理再生废水的脱除氨氮等。

（二）结构形式

脱气膜的材料目前主要为聚丙烯和聚四氟乙烯高分子聚合物材料。某脱气膜的结构形式见图 4-27，将膜丝卷成柱状，装入膜壳，扩大了接触器的有效接触面积。

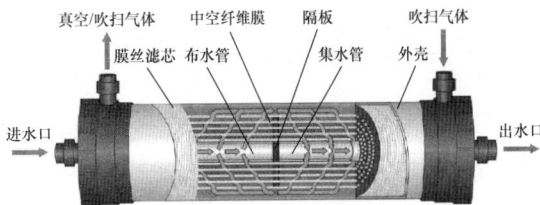

图 4-27　某脱气膜的结构形式

（三）主要参数

1. 进水水质

进水水质的要求为浊度小于等于 0.5NTU，悬浮物小于等于 5mg/L，不得含油类、溶剂类、亲水剂等，对含盐量没有要求，对 COD 的含量也没有明确要求，但 COD 越小其运行效果越好。

2. 出水水质

脱气膜产品的出水水质与进水水质有关，一般情况下，出水二氧化碳浓度可小于 1mg/L，溶解氧可降低到小于 $1\mu g/L$，氨氮小于 5mg/L。

国产某脱气膜的主要参数见表 4-34。

表 4-34　　国产某脱气膜主要参数表

型号	6×28	10×28
接触面积	50m²	120m²
流量范围	2~8m³/h	5~25m³/h
外观尺寸	φ160×L1088（mm）	φ250×L1088（mm）
接口尺寸	φ40	φ50

九、除盐水箱

（一）结构形式及防腐要求

1. 结构形式

除盐水箱一般为钢制圆柱形设备，其典型外形以及各接口设置见图 2-27。

2. 防腐要求

除盐水箱可采用碳钢涂聚脲（涂层厚度 0.8~1.5mm）或衬环氧玻璃钢制作，也可采用不锈钢或者碳钢内覆不锈钢制作。

3. 液面密封措施

高纯除盐水的缓冲性极小，为了减少空气中 CO_2、SO_2 等对除盐水质的二次污染，可采取维持除盐水箱的高液位运行或除盐水箱的液面密封措施，具体方法包括铺设液面覆盖球，安装浮顶、橡胶气囊、充氮密封和装设呼吸器等。

（1）液面覆盖球。工艺简单，便于清扫和检修维护，是国内电厂应用较为广泛的密封方式之一，但密封效果不尽理想。水箱各相关接口应有防止小球逃逸的措施。液面覆盖球材质为 PP 或 PE。常用覆盖球有带边小球、不带边小球及锥体球三种。带边小球多应用于箱体上下面积相同的场合，如各种水箱、立式酸罐、易挥发有机溶剂储罐、酸计量箱等，采用一层布置即可，覆盖率可达 99%；不带边小球和锥体类多用于卧式酸储罐等需隔离液面面积变化的设备中，以两层布置为最佳。一层布置时其覆盖率为 91%，两层布置时其覆盖率为 97%。液面覆盖球的具体技术参数见表 4-35。

表4-35　　　　　　　　　　　　　　　　　液面覆盖球技术参数表

项目	液面覆盖球（不带边）	液面覆盖球（带边）	锥体类
产品图片			
规格	$\phi40$	$\phi60$	$\phi40$
使用温度范围（℃）	$-5\sim120$	$-5\sim120$	$-5\sim120$
密度（kg/m³）	$157\sim170$	$157\sim170$	$157\sim170$
单个质量（g）	10	13.5	10
每平方米个数	710	510	630
耐压强度	0.4MPa	0.4MPa	2.6kN
空隙率	9.5%	9.3%	9.5%
覆盖率	≥97%	≥99%	≥97%
材料	PP	PP	PP

（2）浮顶。在液体储罐设备中，为防止和减少气液两相界面发生两相物质交换，防止液体的挥发损失，常常在储存设备内部安装浮顶装置浮于液体表面，像活塞一样随着水箱水位的下降、上升而浮动，使两相介质隔离，从而达到阻止和减少两相介质交换的目的，有硬浮顶和软浮顶之分。

硬浮顶分为金属浮顶和钢架发泡 EPS（聚苯乙烯泡沫）浮顶，因投资及安装、维护等问题，在国内很少应用。

软浮顶理论覆盖率达 99.9%，可保证液面覆盖率99.5%，其理化性能见表4-36。软浮顶常用的类型是单层膜式柔性浮顶，由一层足够强度和气密性的单体膜和柔性密封带组成，膜本体与密封带构成一整体。水箱形状不规则时，可根据设备实际情况在安装时进行自由调节。膜体由高分子材料拼接而成，无骨架和支撑，检修时可以将浮顶折叠。全部材料可由人孔门运入箱内，在容器底部拼装，无需搭脚手架。对水箱筒体圆度、垂直度、上下内径偏差及光滑度要求较高。除盐水箱柔性浮顶示意图见图4-28。水箱的接口均应采用下进下出方式。因密封效果好、适应性强、安装检修方便等优势，是目前国内电厂应用实例最多的密封方法。

表4-36　　　软浮顶理化性能参数表

名称	指标
密度	$30\sim95$kg/m³
拉伸强度	>120kPa
透湿系数	≤4.0×10^{-10}g/（m·Pa·s）
断裂伸长率	>120%
湿阻因子	>4000
撕裂强度	>3.0N/cm

续表

名称	指标
压缩强度	>12kPa
永久变形	<30%
真空吸水率	<10%

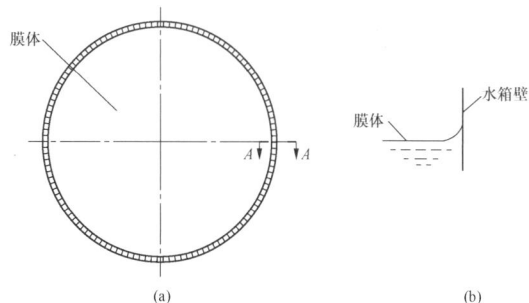

图4-28　除盐水箱柔性浮顶及剖面
（a）俯视图；（b）A-A 剖面图

（3）橡胶气囊式。密封效果好，但由于胶囊在使用 $5\sim10$ 年后会老化龟裂，需更换胶囊，且对水箱形状要求严格，加上气囊内充气压力降低，气囊上下浮动易受阻。另外，如水箱体积庞大，大型气囊加工工艺较复杂，因此该密封方式通常用于直径不大于 11m 的水箱。尽管该方式国外采用较普遍，但国内应用较少。

（4）充氮密封法。充氮密封法是在密闭的除盐水箱内充入氮气，从而阻隔水与空气的接触，一般用于除盐水含氧量要求高的场合。但该方法需配套设计氮气储存系统，必要时还应考虑氮气的制备和收集系统。整个系统较复杂，国内应用例子很少。

（5）呼吸器。该方式采用排气管接至装有碱液的呼吸器，溢流水管与大气的相通采用水封隔绝。设备简单，有一定的密封效果。但当大流量出水时，除盐水箱内会产生瞬间真空，若箱体设计耐真空度强度不足，水箱有被吸瘪的可能。为此，有的除盐水箱顶部设计了真空释放阀。虽然呼吸器在国内有一些应用，但真空释放阀的设计理念尚有待完善。由于碱液冰点较低，寒冷地区不推荐选用。此外，运行中需要更换碱液，管理麻烦。

除盐水箱的密封设计既要考虑一定的严密性，既能阻隔空气中的污染物污染水质，又应便于维护、检修，工程中常见的密封方式有浮顶式、液面覆盖浮球、橡胶气囊式和呼吸器。

（二）主要参数

钢制圆形水箱系列规格见表 2-50。

第四节 典型工程实例

一、离子交换除盐系统工程实例

（一）离子交换除盐系统工程实例一

1. 工程概况

某工程安装 2×600MW 超临界抽凝供热机组，同步建设烟气脱硫脱硝装置，同时考虑留有再扩建 4×1000MW 超超临界凝汽机组的建设条件。

该工程水源为地表水，水质分析见表 4-37。

表 4-37　水质分析检测报告

检测项目	最小值	最大值	加权平均值
悬浮物（mg/L）	3	66.2	18.63
浊度（NTU）	4.78	91.9	21.98
K^+（mg/L）	2.41	3.92	3.06
Na^+（mg/L）	3.61	10.8	7.13
Ca^{2+}（mg/L）	7.84	14.83	12.37
Mg^{2+}（mg/L）	1.35	2.69	2.01
Fe^{2+}（mg/L）	0.01	0.46	0.12
Fe^{3+}（mg/L）	0.05	1.26	0.27
Al（mg/L）	0.009	0.58	0.21
铁铝氧化物（R_2O_3, mg/L）	0.288	7.11	1.61
Cl^-（mg/L）	3.06	7.79	5.98
SO_4^{2-}（mg/L）	8.49	16.7	12.75
NO_3^-（mg/L）	6.88	14.92	10.25
NO_2^-（mg/L）	0.094	0.378	0.19
HCO_3^-（mg/L）	21.72	43.44	35.76
全硬度（mmol/L）	0.502	0.954	0.78
非碳酸盐硬度（mmol/L）	0.138	0.286	0.19
碳酸盐硬度（mmol/L）	0.356	0.712	0.59
腐植酸盐（mmol/L）	0.059	0.741	0.24
pH 值（25℃）	7.21	7.98	7.51
游离 CO_2（mg/L）	0.85	10.7	3.93
COD_{Cr}（mg/L）	1.7	8.1	4.39
全硅量（SiO_2, mg/L）	8.3	19.19	15.77

续表

检测项目	最小值	最大值	加权平均值
溶硅量（SiO_2, mg/L）	8.04	18.32	13.36
全固形物（mg/L）	99.6	137.4	113.4
溶解固形物（mg/L）	71.2	112	94.77
灼烧减量（mg/L）	20.6	34.6	27.8
电导率（25℃，μS/cm）	89.4	150.7	122.69

2. 工艺流程及主要设备

锅炉补给水处理系统按 2×600MW 供热机组容量设计。根据正常水汽损失量，考虑设备的自用水量及一定的余量，锅炉补给水处理除盐系统出力按 1600t/h 设计。系统流程为预处理系统来水→清水箱→清水泵→阳床→除二氧化碳器→中间水箱→中间水泵→阴床→混床→除盐水箱→除盐水泵→主厂房。

根据水质设计 10 套 ϕ3200 逆流再生阳、阴离子交换一级除盐设备及 8 台 ϕ2500 混床。阳、阴床每台设计出力 200t/h，混床每台设计出力 250t/h。根据运行工况不同，投入不同台数的设备。各类除盐设备为母管制运行。由于系统庞大，为降低工程造价，减小管径，为便于检修，全部设备分为 2 组，中间设置隔断门。

各类除盐设备采用程序控制，运行终点为：

（1）阳床。钠 50μg/L；周期制水量 13901t（可根据实际情况调整）。

（2）阴床。电导率（25℃）5μS/cm；二氧化硅 0.1mg/L；周期制水量 4838t（可根据实际情况调整）。

（3）混床。电导率（25℃）0.2μS/cm；二氧化硅 20μg/L；周期制水量 43027t（可根据实际情况调整）。

当上述指标中任意一项超标时，交换器自动停运。运行人员确认交换器失效后，启动再生程序（也可自动投入再生程序）。

酸碱再生系统包括 2 套一级除盐再生系统、2 套混床再生系统、4 个盐酸储罐、3 个碱储罐，以及卸酸碱系统。阴树脂再生使用热水罐提供的热水。热水罐采用电加热。再生水源取自除盐水箱中的除盐水。

为满足化学水处理站用气的需要，该工程设置了 1 台 10m³ 工艺用压缩空气储罐和 1 台 6m³ 控制用压缩空气储罐，压缩空气来全厂空气压缩机站。

阳床再生废液、阴床再生废液、混床再生废液排入废水池，中和处理后可达标排放，也可用废水泵送至工业废水集中处理站。中和池中程序不能在阳床或阴床单独再生后启动，否则会造成酸碱耗量大。阳床、阴床、混床的正洗水和反洗水回收至回收水池，用回收水泵送至活性炭车间供活性炭过滤器反洗。

3. 布置

锅炉补给水处理站由除盐间、水泵间、酸碱储存计量间、配电间、控制室、室外除碳器、室外水箱、地下水池及化学试验楼等组成，见图 4-29。

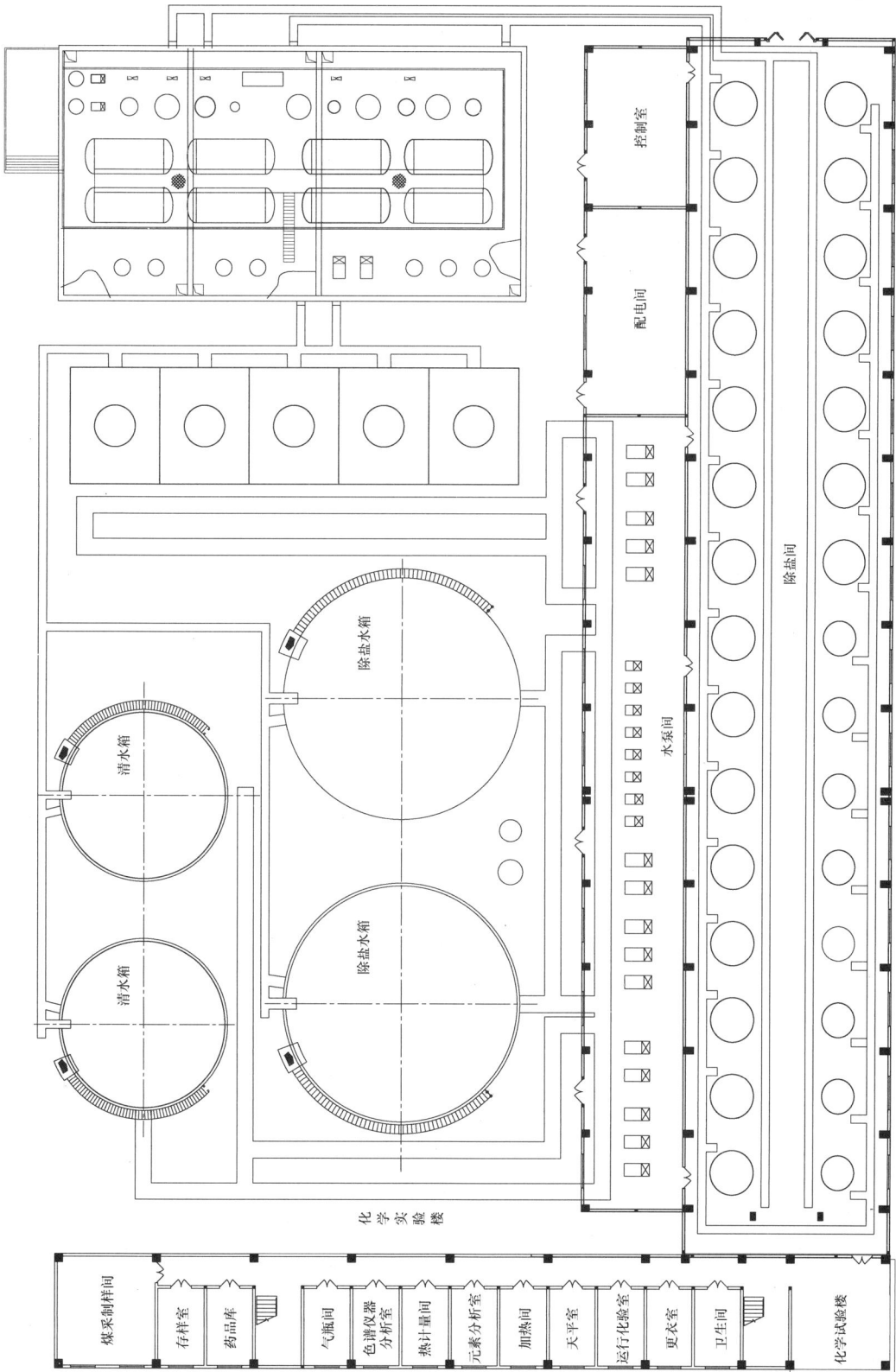

图 4-29 离子交换除盐系统工程实例—布置

4. 运行效果

自 2011 年 1 月全部投运，为控制 TOC 指标在低水平下运行，在原离子交换除盐系统前改造增加了超滤、反渗透、紫外线 TOC 去除器等预处理系统，此后系统运行稳定。

（二）离子交换除盐系统工程实例二

1. 工程概况

某工程新建 2×350MW 超临界、空冷凝汽机组，规划容量为 2×350MW＋4×660MW＋4×1000MW 机组。

电厂补给水源采用水库水，水质见表 2-47。

2. 工艺流程及主要设备

锅炉补给水及热网补给水处理系统供水水源为厂区预处理站澄清处理后的水库水。该工程锅炉补给水处理系统采用膜处理＋离子交换法，即超滤＋反渗透＋一级除盐＋混床，工艺流程为预处理站来水→生水加热器→生水箱→生水泵→自清洗过滤器→超滤装置→超滤水箱→清水泵→保安过滤器→高压泵→反渗透装置→除碳器→淡水箱→淡水泵→阳离子交换器→阴离子交换器→混合离子交换器→除盐水箱→除盐水泵→主厂房。

锅炉正常补水总量为 46t/h，锅炉启动补水量约为 360t/h。除盐水箱总容积为 2×2000m³，启动和事故增加的水量由除盐水箱供给。考虑到机组补水量及水箱积累水量、工程的扩建条件及与以后设备的运行匹配，并综合热网补给水量及自用水量等因素，超滤系统正常出力按 2×60m³/h 设计，净产水率 90%；反渗透除盐系统正常出力按 2×45m³/h 设计，水回收率 75%，离子交换系统出力按 70～100t/h 设计。

本期共配备 2 套母管制连接并联运行的超滤和反渗透设备，夏季运行工况 1 套运行，1 套备用；冬季运行工况 2 套设备全部投运。

配置 2 套单元制一级除盐离子交换设备，正常工况 1 运 1 备用。

配置 2 套母管制混床，正常工况 1 运 1 备用。

热网补给水、启动锅炉补充水及空冷系统夏季喷淋用水接自反渗透出口。

离子交换器采用盐酸和氢氧化钠进行再生。卸酸碱设备、酸碱储存设备与工业废水处理系统公用。离子交换除盐系统根据每套装置出口的在线表计信号及水量进行自动再生。为满足水处理工艺用气和控制用气的需要，该工程设置 2 台压缩空气储罐，1 台供工艺用气（超滤、混床），1 台供仪用；压缩空气接自主厂房公用的压缩空气站。主要设备规范见表 4-38。

表 4-38 主 要 设 备 规 范

序号	名称	规格及技术数据	单位	数量	备注
1	生水箱	ϕ6480，150m³	台	1	
2	生水泵（卧式离心泵）	70m³/h，0.3MPa	台	3	变频
3	自清洗过滤器	70m³/h	台	2	
4	超滤装置	60m³/h	套	2	
5	超滤水箱	ϕ6480，150m³	台	1	
6	超滤水泵（卧式离心泵）	60m³/h，0.2MPa	台	3	
7	反渗透装置	45m³/h	套	2	
8	除碳器（配风机）	ϕ1000，45m³/h	台	2	
9	淡水箱	16m³	台	2	
10	淡水泵（卧式离心泵）	90m³/h，0.40MPa	台	2	
11	热网补水泵（卧式离心泵）	10～20m³/h，0.4MPa	台	2	
12	逆流再生阳离子交换器	ϕ2200，1200mm	台	2	
13	逆流再生阴离子交换器	ϕ2500，2500mm	台	2	
14	混合离子交换器	ϕ2000，500mm/1000mm	台	2	
15	除盐水箱	ϕ13322，2000m³	台	2	带浮顶
16	除盐水泵（卧式离心泵）	50m³/h，0.45MPa	台	2	变频
17	启动除盐水泵（卧式离心泵）	260m³/h，0.45MPa	台	1	
18	阴树脂装载罐（衬胶设备）	ϕ2200	台	1	
19	阳树脂装载罐（衬胶设备）	ϕ2500	台	1	
20	酸储存设备		套	1	
21	碱储存设备		套	1	
22	阳床再生系统		套	1	
23	阴床再生系统		套	1	
24	混床再生系统		套	1	
25	反渗透冲洗水泵	60m³/h，0.35MPa	台	1	
26	次氯酸钠加药系统		套	1	
27	压缩空气储存罐	8m³	台	2	

3. 布置

锅炉补给水处理与工业废水处理合并布置,共用配电间和控制室,图4-30仅表示锅炉补给水处理部分,由除盐间、水泵间、膜加药设备间、室外水箱、废水处理间、酸碱储存计量间及地下水池等组成。

4. 运行效果

该系统自2012年开始投运至今,运行良好。

二、全膜法除盐系统工程实例

1. 工程概况

某工程建设一套由SGT5-2000E(V94.2)型燃机

组成的"一拖一"燃气-蒸汽联合循环热电冷三联供机组,该电厂的水源为污水处理厂中水。

污水处理厂设计出水水质达到GB/T 18921《城市污水再生利用 景观环境用水水质》中娱乐性景观用水标准,COD_{Cr}、TP、氨氮满足GB 3838《地表水环境质量标准》中的Ⅳ类地表水水质标准,游离余氯指标满足GB/T 18920《城市污水再生利用 城市杂用水水质》的要求。具体水质分析见表4-39。

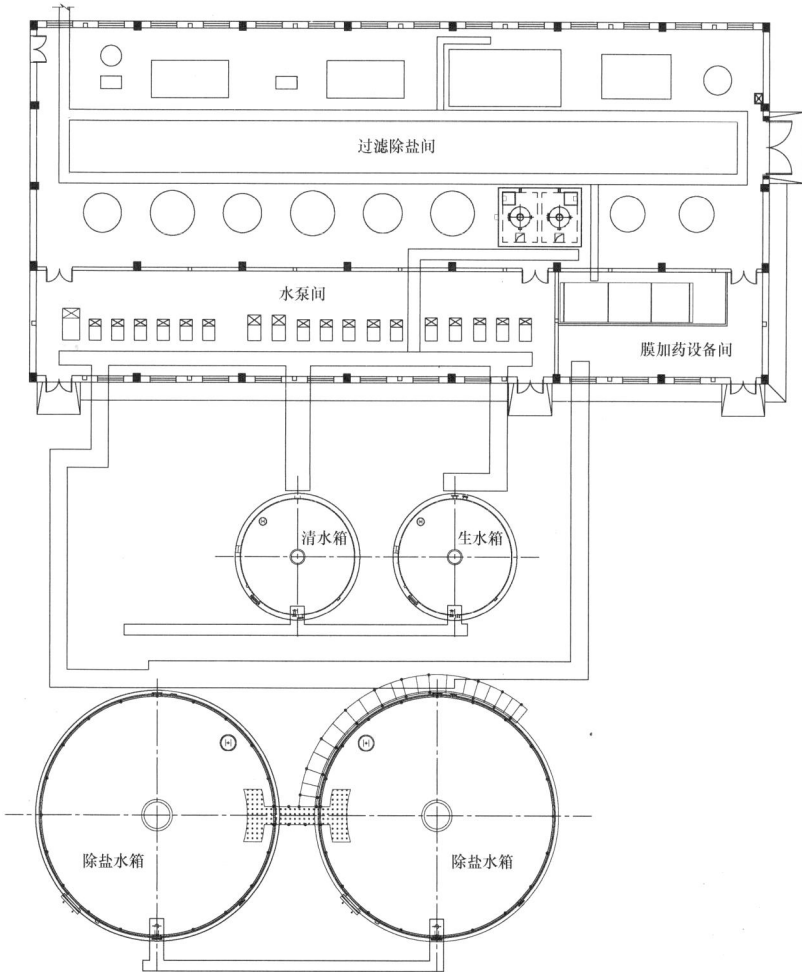

图4-30 离子交换除盐系统工程实例二布置

表4-39 污水处理厂出水检测报告 续表

项目	平均值	单位	项目	平均值	单位	项目	平均值	单位	项目	平均值	单位
K^+	21.8	mg/L	NH_4^+	0.5478	mmol/L	Ba^{2+}	0.048	mg/L	Zn^{2+}	未检出(<0.006)	mg/L
Na^+	90	mg/L	Fe^{2+}	<0.02	mg/L	Sr^{2+}	0.52	mg/L	Cu^{2+}	未检出(<0.01)	mg/L
Ca^{2+}	38.71	mg/L	Fe	0.064	mg/L	Mn^{2+}	0.045	mg/L	B^{3+}	0.022	mg/L
Mg^{2+}	14.84	mg/L	Al³⁺	0	mg/L						

续表

项目	平均值	单位	项目	平均值	单位
HCO_3^-	248.1	mg/L	浊度	0.65	NTU
CO_3^{2-}	0	mg/L	全固体	496.4	mg/L
Cl^-	52.73	mg/L	溶解固体	495.2	mg/L
SO_4^{2-}	56	mg/L	悬浮物	1.2	mg/L
NO_3^-	69.6	mg/L	灼烧减少固体	182.8	mg/L
NO_2^-	4.020	mg/L	余氯	0.04	mg/L
PO_4^{3-}	4.03	mg/L	氨氮（NH_3-N）	7.670	mg/L
S^-	未检出（<0.005）	mg/L	COD_{Cr}	6	mg/L
F^-	0.780	mg/L	BOD_5	10.8	mg/L
非碳酸盐硬度	0	mmol/L	全硅（SiO_2）	21.2	mg/L
碳酸盐硬度	3.153	mmol/L	活性硅（SiO_2）	12.86	mg/L
负硬度	0.913	mmol/L	非活性硅（SiO_2）	8.34	mg/L
全硬度	3.153	mmol/L	游离CO_2	21.91	mg/L
pH值	7.15	—	总有机碳	4.9	mg/L
甲基橙碱度	4.066	mmol/L	菌落总数	5.3×10^3	CFU/mL
酚酞碱度	0	mmol/L	铁铝氧化物	—	mg/L

2. 工艺流程及主要设备

（1）该工程锅炉补给水处理系统的主要工艺流程为原水→生水加热器→原水箱→原水泵→PCF纤维过滤器→自清洗过滤器→超滤装置→清水箱→清水泵→一级保安过滤器→一级反渗透高压泵→一级反渗透装置→除碳器→一级淡水箱→一级淡水泵→二级保安过滤器→二级反渗透高压泵→二级反渗透装置→二级淡水箱→二级淡水泵→EDI装置→除盐水箱→除盐水泵→主厂房。一级淡水箱出水通过热网及冷冻水补充水泵送到热网及制冷站。

（2）系统补水量见表4-40。

表4-40　系统补水量

工况	正常供除盐水量	热网补给水	制冷补水量
冬季工况	20.1m³/h	26m³/h	0
夏季工况	8.5m³/h	3.9m³/h	22m³/h

（3）主要设备参数。

1）超滤系统。共设置2套超滤装置，单套装置出力为43m³/h，系统平均回收率大于等于90%。超滤系统的产水水质为SDI<3、浊度小于0.1NTU。

2）反渗透系统。共设置1套设备出力32m³/h、2套设备出力16m³/h的一级RO装置；系统的总脱盐率大于等于98%，回收率大于等于75%。共设置2套二级RO装置，单套装置出力为14m³/h，二级RO系统产水电导率小于等于8μS/cm，回收率大于等于90%。

3）EDI系统。共设置2套EDI装置，单套装置出力为13m³/h，回收率大于等于95%。EDI产水水质保证值为电导率（20℃）小于等于0.2μS/cm、Na≤10μg/L、SiO₂≤10μg/L，满足该系统锅炉补给水质量标准。

正常运行情况下，供热期超滤装置、反渗透装置及EDI装置全部投入运行；非供热期1套13m³/h EDI、1套14m³/h二级反渗透装置、1套16m³/h+1套32m³/h一级反渗透装置及2套43m³/h超滤装置投入运行。

3. 布置

化学水处理综合楼是个地下一层、地上五层的综合建筑物，锅炉补给水及冷热网补给水处理设备布置在其中的一、二层及室外，设备布置占地见表4-41、图4-31和图4-32。

表4-41　锅炉补给水及冷热网补给水处理系统设备布置

位置	房间名称	布置设备	面积（m²）
室外		压缩空气储罐、原水箱、清水箱、一级RO产水箱、二级RO产水、除盐水箱	40.5×20.2=818.1
一层	过滤间	PCF过滤器、超滤装置、超滤清洗装置 超滤反洗回收水箱及输送泵	32.4×12.3=398.52
	水泵间	水泵及罗茨风机	40.5×6=243
二层	除盐间	一、二级保安过滤器及高压泵+反渗透装置	32.4×12.3=398.52
		电除盐装置	16.2×6=97.2
		反渗透清洗、加药装置	8.1×6=48.6

4. 运行效果

该系统自2014年开始投运至今，运行良好。

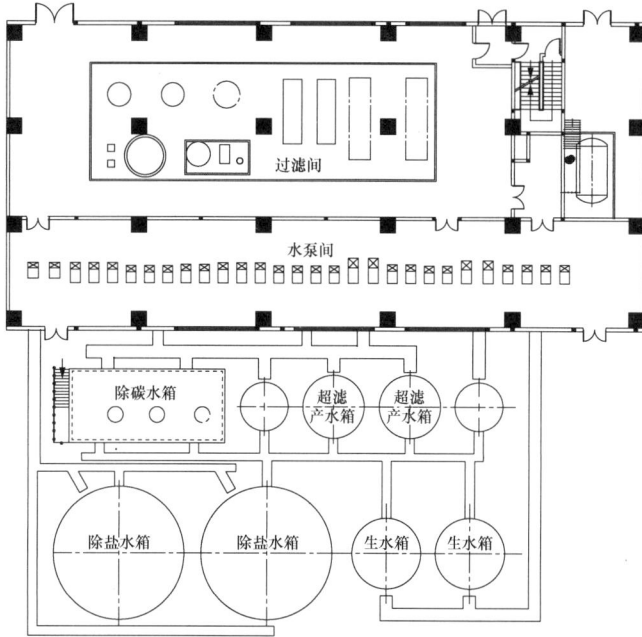

图 4-31 全膜法除盐工程实例布置（一层）

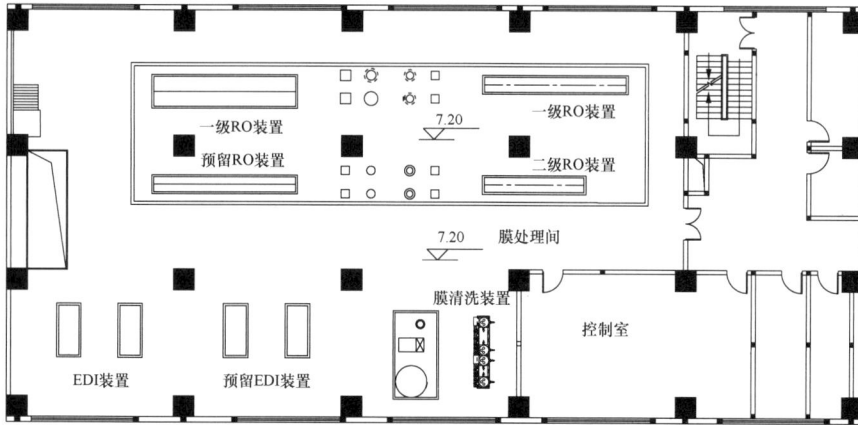

图 4-32 全膜法除盐工程实例布置（二层）

第五章

热力系统化学加药和水汽取样监测

第一节　设计基础资料

一、火力发电机组热力系统水化学工况简介

1. 热力系统中水的种类

水在热力系统中的相变过程与机组的工作过程相对应，如给水进入锅炉被加热后变成蒸汽，流经过热器进一步被加热后变成过热蒸汽，再冲转汽轮机后带动发电机发电，做功后蒸汽进入凝汽器被冷却成凝结水，经过凝结水泵、低压加热器、除氧器、给水泵、高压加热器又回到锅炉中，完成一个完整的循环。循环过程中，水和蒸汽的质量决定着与之密切接触的锅炉和汽轮机等设备的工作状况（如结垢、积盐、腐蚀等）及服役寿命。因此，锅炉补给水处理与水工况调节是事关机组经济、安全运行的大事。水在热力系统可分为下列几种：

（1）给水。送进锅炉的水称为给水，由汽轮机凝结水、补给水和疏水组成。给水一般在除氧器出口和锅炉省煤器入口处取样。

（2）锅炉水。通常简称炉水，是汽包锅炉中流动的水。锅炉水一般在汽包的连续排污管上取样。

（3）疏水。各种蒸汽管道和用汽设备中的凝结水称为疏水，经疏水器汇集到疏水箱。疏水一般在疏水箱或低位水箱取样。

（4）凝结水。在汽轮机做功后的蒸汽，到凝汽器中冷却而凝结的水称为凝结水。凝结水通常在凝结水泵出口处取样。

（5）蒸汽。包括主蒸汽、饱和蒸汽、过热蒸汽和再热蒸汽。主蒸汽在过热联箱出口主蒸汽管处取样，饱和蒸汽在汽包蒸汽出口处取样，过热蒸汽在主蒸汽管出口处取样，再热蒸汽在再热器出口处取样。

2. 热力系统水化学工况

（1）给水处理工况。给水处理工况分还原性全挥发处理、氧化性全挥发处理和加氧处理三种工况。

1）还原性全挥发处理［all volatile treatment（reduction），AVT（R）］。是指锅炉给水加氨和还原剂（又称除氧剂，如联氨）的处理。

2）氧化性全挥发处理［all volatile treatment（oxidation），AVT（O）］。是指锅炉给水只加氨的处理。

3）加氧处理（oxygenated treatment，OT）。是指锅炉给水加氧的处理。

根据 GB/T 12145—2016《火力发电机组及蒸汽动力设备水汽质量》的规定，锅炉给水质量要求见表 5-1，全挥发处理给水的调节指标见表 5-2，加氧处理给水部分指标见表 5-3。液态排渣炉和燃油锅炉的给水硬度、铁和铜含量应符合比其压力高一级锅炉的规定。蒸汽质量标准见表 5-4。

表 5-1　　　　　　　　　　　　　　锅 炉 给 水 质 量

控制项目		标准值和期望值	过热蒸汽压力（MPa）					
			汽包炉				直流炉	
			3.8～5.8	5.9～12.6	12.7～15.6	>15.6	5.9～18.3	>18.3
氢电导率（25℃，μS/cm）		标准值	—	≤0.30	≤0.30	≤0.15*	≤0.15	≤0.10
		期望值	—	—	—	≤0.10	≤0.10	≤0.08
硬度（μmol/L）		标准值	≤2.0	—	—	—	—	—
溶解氧[①]（μg/L）	AVT（R）	标准值	≤15	≤7	≤7	≤7	≤7	≤7
	AVT（O）	标准值	≤15	≤10	≤10	≤10	≤10	≤10

续表

控制项目	标准值和期望值	过热蒸汽压力（MPa）					
		汽包炉				直流炉	
		3.8～5.8	5.9～12.6	12.7～15.6	＞15.6	5.9～18.3	＞18.3
铁（μg/L）	标准值	≤50	≤30	≤20	≤15	≤10	≤5
	期望值	—	—	—	≤10	≤5	≤3
铜（μg/L）	标准值	≤10	≤5	≤5	≤3	≤3	≤2
	期望值	—	—	—	≤2	≤2	≤1
钠（μg/L）	标准值	—	—	—	—	≤3	≤2
	期望值	—	—	—	—	≤2	≤1
二氧化硅（μg/L）	标准值	应保证蒸汽二氧化硅符合表 5-4 的规定			≤20	≤15	≤10
	期望值				≤10	≤10	≤5
氯离子（μg/L）	标准值	—	—	—	≤2	≤1	≤1
TOCi（μg/L）	标准值	—	≤500	≤500	≤200	≤200	≤200

* 没有凝结水精处理除盐装置的水冷机组，给水氢电导率应不大于 0.30μS/cm。

① 加氧处理溶解氧指标按表 5-3 控制。

表 5-2　　　　　　　　　　　　　全挥发处理给水的调节指标

炉型	锅炉过热蒸汽压力（MPa）	pH 值（25℃）	联氨（μg/L）	
			AVT（R）	AVT（O）
汽包炉	3.8～5.8	8.8～9.3	≤30	—
	5.9～15.6	8.8～9.3（有铜给水系统）或 9.2～9.6*（无铜给水系统）		
	＞15.6			
直流炉	＞5.9			

* 凝汽器管为铜管和其他换热器管为钢管的机组，给水 pH 值宜为 9.1～9.4，并控制凝结水铜含量小于 2μg/L。无凝结水精除盐装置、无铜给水系统的直接空冷机组，给水 pH 值应大于 9.4。

表 5-3　　　　　　　　加氧处理给水 pH 值、氢电导率和溶解氧的含量

pH 值（25℃）	氢电导率（25℃，μS/cm）		溶解氧（μg/L）
	标准值	期望值	标准值
8.5～9.3	≤0.15	≤0.10	10～150*

注　采用中性加氧处理的机组，给水的 pH 值宜为 7.0～8.0（无铜给水系统），溶解氧宜为 50～250μg/L。

* 氧含量接近下限值时，pH 值应大于 9.0。

表 5-4　　　　　　　　　　　　　　　　蒸　汽　质　量

过热蒸汽压力（MPa）	钠（μg/kg）		氢电导率（25℃）（μS/cm）		二氧化硅（μg/kg）		铁（μg/kg）		铜（μg/kg）	
	标准值	期望值	标准值	期望值	标准值	期望值	标准值	期望值	标准值	期望值
3.8～5.8	≤15	—	≤0.30	—	≤20	—	≤20	—	≤5	—
5.9～15.6	≤5	≤2	≤0.15*	—	≤15	≤10	≤15	≤10	≤3	≤2
15.7～18.3	≤3	≤2	≤0.15*	≤0.10*	≤15	≤10	≤10	≤5	≤3	≤2
＞18.3	≤2	≤1	≤0.10	≤0.08	≤10	≤5	≤5	≤3	≤2	≤1

* 表面式凝汽器、没有凝结水精除盐装置的机组，蒸汽的脱气氢电导率标准值不大于 0.15μS/cm，期望值不大于 0.10μS/cm；没有凝结水精除盐装置的直接空冷机组，氢电导率标准值不大于 0.3μS/cm，期望值不大于 0.15μS/cm。

从表 5-1 和表 5-3 可以看出给水溶氧量的差别，因此加氧处理有高氧处理技术和低氧处理技术之分。

高氧处理技术一般控制给水溶解氧浓度为 50～150μg/L，使过热蒸汽有一定浓度的溶解氧。通过汽轮机抽汽，将氧带入高压加热器汽侧，从而防止高压加热器疏水侧流动加速腐蚀。然而由于蒸汽中的氧浓度较高，存在促进过热器管内壁氧化皮脱落的风险。对于某些奥氏体不锈钢材料，氧化处理生成的三氧化二铁氧化皮与奥氏体钢的热膨胀系数差别大，增加了停机时氧化皮脱落的风险。对于 Π 型炉，脱落的氧化皮堵塞过热器管，使过热器管得不到足够的蒸汽冷却，导致过热器管过热爆管。高氧处理技术存在的促进过热器、再热器氧化皮集中脱落的风险已被国内部分科研单位从理论研究、实验室试验、电厂加氧工业实践证实，其对电厂的安全、可靠、经济运行存在巨大的潜在风险。

低氧处理技术一般控制给水溶解氧浓度小于 10μg/L，能够有效缓解氧化皮集中剥落的风险。然而，由于蒸汽基本无氧，高压加热器汽侧也基本处于无氧状态，同时氨在汽液两相分配系数大，高压加热器汽侧中大量的氨处于汽空间，疏水侧 pH 值较低。因此，高压加热器汽侧流动加速腐蚀严重，容易造成高压加热器疏水铁含量高、疏水调节门堵塞、大量腐蚀产物迁移至给水系统，甚至造成高压加热器管道腐蚀失效等。低氧处理技术无法解决高压加热器汽侧流动加速腐蚀及其带来的一系列问题。

为解决上述问题，全保护加氧处理技术应运而生。全保护加氧处理技术是指分别向凝结水侧、给水侧、高压加热器疏水侧进行加氧。保持溶解氧浓度满足给水、高压加热器疏水系统钝化要求（给水溶解氧浓度为 10～20μg/L，高压加热器疏水溶解氧浓度大于 10μg/L），能够兼顾炉前给水系统、高压加热器汽侧的防腐，同时由于过热蒸汽中氧的浓度接近为零，不存在促进过热器氧化皮集中脱落的风险。因此，全保护加氧处理技术是解决超临界机组水汽系统腐蚀、结垢，提高机组运行经济性的最安全处理方法。该技术已经在国内百万千瓦机组上得到了成功应用。

（2）炉水处理工况。目前常用的汽包锅炉炉水处理分为炉水固体碱化剂处理和炉水全挥发处理两大类，其中固体碱化剂处理有磷酸盐处理、低磷酸盐处理和氢氧化钠处理三种方法。

1）磷酸盐处理。为了防止炉内生成钙镁水垢和减少水冷壁管腐蚀，向炉水中加入适量磷酸三钠的处理。

2）低磷酸盐处理。为了防止炉内生成钙镁水垢和减少水冷壁管腐蚀，向炉水中加入少量磷酸三钠的处理。

3）氢氧化钠处理。锅炉炉水加氢氧化钠的处理。

4）全挥发处理。给水加挥发性碱，炉水不加固体碱化剂的处理。

上述四种炉水处理方法的使用条件见表 5-5，相应的炉水质量标准见表 5-6～表 5-9。

表 5-5　　　　　　　　　　汽包锅炉炉水处理方法及使用条件

处理方法	使 用 条 件
磷酸盐处理	（1）汽包压力低于 15.8MPa。 （2）用软化水或除盐水作锅炉的补给水
低磷酸盐	（1）用除盐水作锅炉的补给水。 （2）给水无硬度或氢电导率合格
氢氧化钠处理	（1）水冷壁无孔状腐蚀。 （2）给水氢电导率（25℃）应小于 0.20μS/cm。 （3）锅炉热负荷分配均匀，水循环良好。 （4）在采用 CT 处理前宜对锅炉进行化学清洗。当水冷壁的垢量不大于 150g/m² 时，也可直接实施 CT 处理；当水冷壁的垢量大于 150g/m² 时，必须进行锅炉化学清洗
全挥发处理	汽包锅炉具备下列条件时，宜进行炉水全挥发处理： （1）给水系统及凝汽器均为不含铜及铜合金材料。 （2）凝汽器无泄漏或凝结水可全流量精除盐处理。 当出现下列情况之一时，宜选用炉水全挥发处理： （1）当汽包运行压力超过 18.3MPa 时。 （2）当炉水采用固体碱化剂处理导致蒸汽品质超过 GB/T 12145《火力发电机组及蒸汽动力设备水汽质量》的规定时。 （3）当采用固体碱化剂处理时，汽轮机结构积盐达到 DL/T 1115《火力发电厂机组大修化学检查导则》规定的二级以上标准时

表 5-6　　　　　　　　　　　　　　　　采用磷酸盐处理时的炉水质量标准

锅炉汽包压力（MPa）	二氧化硅（mg/L）	氯离子（mg/L）	磷酸根（mg/L）	pH 值（25℃）	电导率（25℃，μS/cm）
3.8～5.8	—	—	5～15	9.0～11.0	—
5.9～12.6	≤2.0	—	2～6	9.0～9.8	＜50
12.7～15.8	≤0.45	≤1.5	1～3	9.0～9.7	＜25

注　摘自 DL/T 805.2—2016《火电厂汽水化学导则　第 2 部分：锅炉炉水磷酸盐处理》。

表 5-7　　　　　　　　　　　　　　　　采用低磷酸盐处理时的炉水质量标准

锅炉汽包压力（MPa）	二氧化硅（mg/L）	氯离子（mg/L）	磷酸根（mg/L）	pH 值（25℃）	电导率（25℃，μS/cm）
5.9～12.6	≤2.0	—	0.5～2.0	9.0～9.7	＜20
12.7～15.8	≤0.45	≤1.0	05～1.5	9.0～9.7	＜15
15.9～19.3	≤0.20	≤0.3	0.3～1.0	9.0～9.7	＜12

注　摘自 DL/T 805.2—2016《火电厂汽水化学导则　第 2 部分：锅炉炉水磷酸盐处理》。

表 5-8　　　　　　　　　　　　　　　　采用氢氧化钠处理时的炉水质量标准

汽包压力（MPa）	pH 值（25℃）	氢电导率（25℃，μS/cm）	钠（mg/L）	电导率（μS/cm，25℃）	氢氧化钠（mg/L）	氯离子（mg/L）	二氧化硅 mg/L
12.7～15.8	9.2～9.7	≤5.0	0.3～0.8	5～15	0.4～1.0	≤0.35	≤0.25
15.9～18.3	9.2～9.6	≤3.0	0.2～0.5	4～12	0.2～0.6	≤0.2	≤0.18

注　摘自 DL/T 805.4—2016《火电厂汽水化学导则　第 4 部分：锅炉给水处理》。

表 5-8 中，pH 值为 25℃时炉水实测值，含氢氧化铵的作用，汽包炉应用给水加氧处理时炉水氢电导率和氯离子含量应相应调整为控制值的 50%。

表 5-9　　　　　　　　　　　　　　　　采用炉水全挥发处理时的炉水质量标准

汽包压力（MPa）	二氧化硅（mg/L）	氯离子（mg/L）	氢电导率（25℃，μS/cm）	pH 值（25℃）	备注
＞15.6	≤0.08	≤0.03	＜1.0	9.0～9.7	控制炉水无硬度

注　摘自 GB/T 12145—2016《火力发电机组及蒸汽动力设备水汽质量》。

（3）凝结水处理工况。凝结水加药处理通常加氨和（或）联氨。根据 GB/T 12145—2016《火力发电机组及蒸汽动力设备水汽质量》，凝结水泵出口水质见表 5-10，凝结水除盐后的水质见表 5-11。

表 5-10　　　　　　　　　　　　　　　　凝 结 水 泵 出 口 水 质

锅炉过热蒸汽压力（MPa）	硬度（μmol/L）	钠（μg/L）	溶解氧（μg/L）	氢电导率（25℃，μS/cm）	
				标准值	期望值
3.8～5.8	≤2.0	—	≤50	—	
5.9～12.6	≈0	—	≤50	≤0.30	—
12.7～15.6	≈0	—	≤40	≤0.30	≤0.20
15.7～18.3	≈0	≤5	≤30	≤0.30	≤0.15
＞18.3	≈0	≤5	≤20	≤0.20	≤0.15

表 5-11 凝结水除盐后的水质

锅炉过热蒸汽压力（MPa）	氢电导率(25℃，μS/cm)		钠（μg/L）		氯离子（μg/L）		铁（μg/L）		二氧化硅（μg/L）	
	标准值	期望值	标准值	期望值	标准值	期望值	标准值	期望值	标准值	期望值
≤18.3	≤0.15	≤0.10	≤3	≤2	≤2	≤1	≤5	≤3	≤15	≤10
>18.3	≤0.10	≤0.08	≤2	≤1	≤1	—	≤5	≤3	≤10	≤5

表 5-10 中，直接空冷机组凝结水溶解氧浓度标准值为小于 100μg/L，期望值小于 30μg/L。配有混合式凝汽器的间接空冷机组凝结水溶解氧浓度宜小于 200μg/L。对于 15.7～18.3MPa 机组，凝结水有精除盐装置时，凝结水泵出口的钠浓度可放宽至 10μg/L。

3. 发电机内冷水工况

中大容量发电机定子和转子绕组经常采用水作为直接冷却介质，水的 pH 值、电导率、含氧量和含铜量等指标会从不同的角度影响发电机定子线棒空心铜导线的结垢速度和程度，从而危害安全运行。因此，GB/T 12145—2016《火力发电机组及蒸汽动力设备水汽质量》规定了发电机内冷却水质量标准，见表 5-12 和表 5-13。空心不锈钢导线的水内冷发电机的冷却水，应控制电导率小于 1.5μS/cm。

表 5-12 发电机定子空心铜导线冷却水水质控制标准

pH 值（25℃）		电导率（25℃，μS/cm）	含铜量（μg/L）		溶氧量（μg/L）
标准值	期望值		标准值	期望值	
8.0～8.9	8.3～8.7	≤2.0	≤20	≤10	—
7.0～8.9	—				≤30

表 5-13 双水内冷发电机内冷却水水质控制标准

pH 值（25℃）		电导率（25℃，μS/cm）	含铜量（μg/L）	
标准值	期望值		标准值	期望值
7.0～9.0	8.3～8.7	<5.0	≤40	≤20

二、设计内容及范围

热力系统化学加药系统包括给水和凝结水加药、炉水加药，以及闭式冷却水加药等，设计范围为加药系统设备、内部管道、仪表、阀门，以及至加药点处的管道、阀门和仪表等。

热力系统汽水取样系统包括蒸汽、给水、炉水、凝结水以及各种冷却水（如闭式冷却水、发电机冷却水、机组循环冷却水等）的取样和监测，设计范围一般为取样一次阀门之后的管道、阀门、仪表等，主要设备有高温盘、仪表盘、凝汽器检漏装置等。

发电机内冷水处理系统主要设备有水箱、离子交换器、在线表计等，一般由发电机厂配套提供，与发电机就近布置。

三、设计输入资料

（1）机炉形式及参数，如锅炉给水量，机组凝结水量，锅炉水容积及各加药点压力，各取样点的温度、压力，发电机内冷水处理及监测设备配套情况等。

（2）热力系统的配置、机炉设备的结构特点。

（3）除常规加药点和取样点以外，是否有其他必要的加药点和汽水监督要求。

（4）加药系统所用药品的供应和包装情况。

（5）扩建工程还应了解原有机组的配置情况和设备运行情况。

第二节 化 学 加 药 系 统

一、系统设计

（一）热力系统化学加药方案选择及加药点的设置

1. 凝结水、给水加药处理

（1）中压及以下参数的锅炉机组，给水宜采用加氨处理。

（2）高压锅炉给水采用加氨、加联氨或其他化学除氧药剂处理。

（3）超高压锅炉给水采用加氨、加联氨或其他化学除氧药剂处理。

（4）对亚临界汽包锅炉凝结水、给水采用加氨及加联氨处理。

（5）对于直流炉机组，凝结水、给水采用加氧、加氨处理。

直流锅炉机组启动，水质达不到加氧要求时，可采用不加联氨的全挥发处理方式或加联氨的全挥发处理方式。

（6）燃气-蒸汽联合循环电厂的高压及超高压余热锅炉机组应在凝结水或给水中加氨及联氨或其他化学除氧剂。

2. 汽包锅炉炉水加药处理

（1）汽包锅炉炉水宜采用加磷酸盐处理，对于凝结水采用离子交换处理的机组，炉水可采用氢氧化钠处理；对于空冷机组，炉水宜采用氢氧化钠处理。

（2）对于燃气-蒸汽联合循环电厂的高压及超高压余热锅炉机组，中压汽包和高压汽包均应加磷酸盐。

（3）当空冷机组且凝结水处理系统设有离子交换器时，炉水应有采用氢氧化钠处理的可能，或单独设置加碱设施。

3. 闭式除盐冷却水系统加药处理

闭式除盐冷却水系统为防止系统腐蚀应设置缓蚀剂加药，药品可以是联氨或其他防腐药剂。

4. 间接空冷机组冷却水系统加药处理

间接空冷机组冷却水系统为防止系统腐蚀应设置缓蚀剂加药，药品可以是联氨或其他防腐蚀药剂。

5. 停炉保护加药处理

对于 300MW 及以上的亚临界汽包锅炉，可设置专门的停炉保护加药设施，药品可以是十八胺、联氨等药剂。

6. 启动锅炉加药处理

启动锅炉应根据需要设置相应的给水加氨和联氨、炉水加磷酸盐设施。对于兼作供热的启动锅炉建议设置专用的给水、炉水加药设施。

7. 加药点设置要求

（1）凝结水加药点应设在凝结水精处理装置出水母管上。

（2）给水加药点应设在除氧水箱下降管上。

（3）炉水加药管应从汽包中部进入，加药管延汽包轴向水平布置。

（4）加氧点应设在凝结水精处理系统出水母管上和给水泵吸入侧。

（5）余热锅炉给水加药点宜设在凝结水泵出口。

（6）闭式除盐水加药点设在闭式循环水泵出口。

（7）间接空冷冷却水加药点设在循环水泵出口。

（8）停炉保护加药点宜设在除氧水箱下降管上。

（9）加药点位置宜设在取样点前约 10m 处。

（二）化学加药系统设计技术要求

（1）对于高压及以上机组的加氨、联氨系统宜采用自动加药方式，磷酸盐、停炉保护、闭式冷却水加药采用手动加药方式。药液可手动或自动配制。采用液氨的氨溶液箱可采用自动配药系统，根据插入式电导度表指示值控制配氨浓度。

加氨量应根据流量和给水比电导信号控制调节，联氨加药量应根据流量信号控制调节。

给水加氧量根据给水流量和溶解氧量信号，自动调节加氧量。凝结水加氧可采用手动方式。

（2）氨和联氨（或其他化学除氧剂）加药设备宜分别设置。

（3）凝结水、给水和炉水加药泵设置备用泵，溶液箱出口设过滤器，加药泵出口管道设稳压器和安全阀、止回阀、压力表，安全阀排放口应至排水沟或溶液箱中，不得接在泵入口管道上。

加药泵自动调节方式宜采用变频器或冲程调节。

（4）溶液箱、加药管道采用 S30408 不锈钢材质，高压加氧管道为黄铜管，中低压管为 S30408 不锈钢管。排污管可采用碳钢管。氨和联氨系统不得采用铜及铜合金材质的部件。

（5）氢氧化钠溶液箱可两台机组共用 1 台，每台机组设置 1 台加药泵，不设备用设备。

（6）闭式循环水加药泵宜每台机组设置 1 台，不设备用设备。溶液箱可与联氨加药装置共用，如电厂采用其他药液时，可单独设置 1 台溶液箱，不设备用设备。

（7）停炉保护加药泵宜设置 2 台，保证总设备出力满足加药量的需要，设置 1 台溶液箱，不设备用设备。

（8）固体碱溶液箱内应设置药液溶解篮，联氨系统设置便携式药液输送泵，氨水采用桶装方式储运时，宜设置便携式药液输送泵。

（9）配药用水为除盐水或凝结水。

（10）加氧系统宜为每台机组 1 套，每套包括加氧汇流排、加氧控制柜、加氧管道和阀门。

每个汇流排分 2 组，每组至少应设有 2 个氧瓶接口，设置高压氧气快速接头和相应的角阀，每组汇流排上应分别设置至凝结水、给水加氧点的加药管，以及相应的关断阀、减压阀、缓冲罐等。汇流排总管上、减压阀前后应设置带远传信号的压力表。

加氧控制柜应设有至加氧点的截止阀、止回阀、自动流量调节阀、流量计、自动关断阀；给水加氧管道上还应设置稳压装置，保证加氧管道压力稳定；自动流量调节阀应设有带手动调节阀的检修旁路。同时为了保证机组水质差时停止加氧，加氧控制柜应引入精处理出口和给水氢电导率两个信号，当精处理出口和给水氢电导率同时超过 0.2μS/cm 时，给水和精处理加氧自动阀关闭，停止加氧。

（11）药品储存间应能储存 15～30 天的药品消耗量。

（12）各种溶液箱的有效容积，应能储存不小于 8h 的用药量，一般为 1～2.5m³。

（13）加氧汇流排的氧气实瓶储量不宜超过 24h 的用气量。

（三）加药设施布置设计技术要求

（1）加药设施集中布置在单独的房间内，室内设通风，并设漏氨报警仪及事故联锁风机。加药设备周围设围堰和安全淋浴器，并考虑有适当面积的药品储存间或药品储存区。

（2）加药设施尽量布置在主厂房 0m 层。当加药设施布置在楼上时，应设置从 0m 层至加药间的吊物孔及起吊设备，或附近有电梯等设施，满足搬运药品和检修物件的需要。

（3）化学加药间设置供检修和药品搬运用设施，如电动小车和电动葫芦等，设置位置应以方便检修和药品搬运为原则。

（4）加氧汇流排宜沿墙布置在具有耐火等级的厂房外墙边，高压气瓶距墙不应小于 1m，汇流排宜用高度 2.5m 的耐火墙与厂房隔开。

（四）加药量及设备选型计算

1. 磷酸盐加药量及设备配置计算

锅炉启动时的加药量按式（5-1）计算

$$m_p = \frac{1}{0.59} \times \frac{1}{1000}(C_p V_g + 28.5 H V_g) \quad (5\text{-}1)$$

式中　m_p——锅炉启动时的 Na_3PO_4 加药量，kg；

C_p——炉水 PO_4^{3-} 含量，mg/L；

V_g——锅炉水容积，典型的凝汽机组锅炉水容积见表 5-14，m³；

H——锅炉给水硬度，mmol/L（按一价离子计算）；

0.59——Na_3PO_4 含 PO_4^{3-} 的百分率。

表 5-14　典型的凝汽式机组锅炉水容积参考数据

装机容量（MW）	50	100	135	200	300	600
锅炉额定蒸发量（t/h）	220	410	400	670	1000	2000
锅炉水容积（m³）	60～70	110～120	220	220～230	300	650

锅炉正常运行时的加药量按式（5-2）计算

$$q_{mp} = \frac{1}{0.59} \times \frac{1}{1000}(C_p q_{Vb} P + 28.5 H q_{vg}) \quad (5\text{-}2)$$

式中　q_{mp}——锅炉正常运行时 Na_3PO_4 加药量，kg/h；

q_{Vb}——锅炉蒸发量，m³/h；

P——锅炉排污率，%。

磷酸三钠溶液加药泵流量按式（5-3）计算

$$q_{Vp} = \frac{q_{mp}}{C_p \rho_p} \quad (5\text{-}3)$$

式中　q_{Vp}——磷酸三钠加药泵流量，L/h；

C_p——溶液箱磷酸三钠溶液浓度，一般选用 1%～5%，%；

ρ_p——溶液箱磷酸三钠溶液密度，g/cm³。

磷酸三钠溶液箱有效容积按式（5-4）计算

$$V_p = 1.15 \times \frac{q_{Vp} t_p N_p}{1000} \quad (5\text{-}4)$$

式中　V_p——磷酸三钠溶液箱有效容积，m³；

t_p——磷酸三钠溶液箱配药周期，h；

N_p——溶液箱磷酸三钠运行加药泵台数，台；

1.15——溶液箱余量系数。

全厂工业磷酸三钠年用量按式（5-5）计算

$$m_{np} = \frac{1}{0.43} \times \frac{1}{\varepsilon_p} \times \frac{q_{mp} t N}{1000} \quad (5\text{-}5)$$

式中　0.43——Na_3PO_4 在工业品 $Na_3PO_4 \cdot 12H_2O$ 中的百分率；

t——机组年运行小时，h；

N——运行锅炉台数，台；

ε_p——工业品 $Na_3PO_4 \cdot 12H_2O$ 的纯度，%；

m_{np}——全厂工业磷酸三钠年用量，t。

2. 氨加药量及设备配置计算

纯水加氨量和 pH 值、电导率之间的关系见表 5-15。

表 5-15　纯水加氨量和 pH 值、电导率之间的关系

加氨量（mg/L）	0.018	0.064	0.15	0.28	0.5	1.0	1.5
电导率（μS/cm）	0.3	0.9	1.8	2.8	4.2	6.7	8.7
pH 值	8.0	8.5	8.8	9.0	9.2	9.4	9.5

锅炉给水氨加药量按式（5-6）计算

$$q_{ma} = \frac{1}{1000} \times q_{Vg}(C_{a2} - C_{a1}) \quad (5\text{-}6)$$

式中　q_{ma}——给水中加氨量，kg/h；

q_{Vg}——加氨点给水（或凝结水等）流量，m³/h；

C_{a1}——水中原始氨浓度，mg/L；

C_{a2}——水中需要的氨浓度，mg/L。

氨溶液加药泵流量按式（5-7）计算

$$q_{Va} = \frac{q_{ma}}{C_a \rho_a} \quad (5\text{-}7)$$

式中　q_{Va}——氨液加药泵流量，L/h；

　　　C_a——溶液箱氨溶液浓度，一般选用 1%～3%，%；

　　　ρ_a——溶液箱氨溶液比重，g/cm³。

氨溶液箱有效容积按式（5-8）计算

$$V_a = 1.15 \times \frac{q_{Va} t_a N_a}{1000} \tag{5-8}$$

式中　V_a——氨溶液箱有效容积，m³；

　　　t_a——氨溶液箱配药周期，h；

　　　N_a——溶液箱氨液运行加药泵台数，台；

　　　1.15——溶液箱余量系数。

全厂液氨年用量计算按式（5-9）计算

$$m_{na} = \frac{q_{ma} t N}{1000} \tag{5-9}$$

式中　m_{na}——全厂液氨年用量，t；

　　　t——机组年运行小时，h；

　　　N——运行锅炉台数，台。

3. 联氨加药量及设备配置计算

给水联氨加药量的按式（5-10）计算

$$q_{ml} = \frac{1}{1000} \times q_{Vg}(C_{12} - C_{11}) \tag{5-10}$$

式中　q_{ml}——纯水中加联氨量，kg/h；

　　　q_{Vg}——加联氨点给水（或凝结水等）流量，m³/h；

　　　C_{11}——水中原始联氨浓度，mg/L；

　　　C_{12}——水中需要的联氨浓度，mg/L。

联氨加药泵流量按式（5-11）计算

$$q_{V1} = \frac{q_{ml}}{C_1 \rho_1} \tag{5-11}$$

式中　q_{V1}——联氨加药泵流量，L/h；

　　　C_1——溶液箱联氨溶液浓度，%（一般选用 1%）；

　　　ρ_1——溶液箱联氨溶液比重，g/cm³。

联氨溶液箱有效容积按式（5-12）计算

$$V_1 = 1.15 \times \frac{q_{V1} t_1 N_1}{1000} \tag{5-12}$$

式中　V_1——联氨溶液箱有效容积，m³；

　　　t_1——联氨溶液箱配药周期，h；

　　　N_1——溶液箱联氨运行加药泵台数，台；

　　　1.15——溶液箱余量系数。

全厂联氨年用量按式（5-13）计算

$$m_{n1} = \frac{1}{\varepsilon_1} \times \frac{q_{ml} t N}{1000} \tag{5-13}$$

式中　m_{n1}——全厂联氨年用量，t；

　　　t——机组年运行小时，h；

　　　N——运行锅炉台数，台；

　　　ε_1——工业水合联氨的浓度，%。

（五）控制和电气设计原则

（1）化学加药设备设就地电控柜。

（2）就地的电气设备和控制设备可采用机电一体化成套供货方式。

二、主要设备

（一）化学加药装置

化学加药装置主要由溶解箱、搅拌器、计量泵、液位计、电器控制柜、管路、阀门、分配器、安全阀、稳压器、压力表、止回阀、机架等组成。

1. 溶液箱

（1）溶液箱采用不锈钢制作，表面刨光，并带有可以打开的顶盖，底部为圆形封头。

（2）溶液箱至少包括出液口、排污口、液位计接口、加药口、稀释水接口、放泄阀回液口等连接口。排污口和出液口必须分开。排污口布置在箱的底部并应将溶液完全排空。溶液箱上应安装液位计，可实现就地显示或远方显示，并具有高液位报警、低液位报警和低低液位停泵保护功能。

（3）溶液箱应配装不锈钢结构材质的搅拌机。搅拌机的转速应合适，搅拌机支架焊接在箱体上。

2. 计量泵

（1）计量泵选用液压隔膜式计量泵。液压隔膜式计量泵通常称为隔膜计量泵，是在柱塞前端装一层隔膜，将力端分隔成输液腔和液压腔。输液腔连接泵吸入、排出阀，液压腔内充满液压油，并与泵体上端的液压油箱相通。当柱塞前后移动时，通过液压油将压力传给隔膜，并使之前后挠曲变形引起容积变化，起到输送液体的作用，并满足精确计量的要求。

（2）每台计量泵出口应配备缓冲器、压力表、安全阀、止回阀。

（3）计量泵的过流部件要选用合适的不锈钢材质，尽量不采用塑料材质的部件。

（4）手动调节计量泵的流量调节范围为 0～100%。电动调节计量泵的流量调节范围应能满足手动和电动调节范围均达到 0～100%的要求。自动计量泵变频器应可接 4～20mA 控制指令，并可送出 4～20mA 反馈信号。

（5）调节器应配有行程信号反馈装置，以精确反映加药剂量。

（6）备用泵的信号反馈装置单独配置。

（7）计量泵的入口应提供带隔离阀的校验柱。校验柱的体积不小于 1min 的测试量。

（8）计量泵的出口应装有压力表，压力表的入口应有隔离阀以及脉冲减震器。压力表的量程最小应高于泵的最大出口压力的 25%。

（9）每台计量泵的出口应提供安全放泄阀及返回到溶液箱的管道。回液管道上应装液体流动指示器。

（10）每台计量泵入口管道上应设一台不锈钢管道过滤器。

（二）加氧装置

化学加氧系统按单元成套组装供货，加氧装置为每台机一套，包括加氧汇流排、加氧控制柜、加氧管道和阀门等。

（1）每台机汇流排分 2 组，每组至少应设有 2 个氧瓶接口，设置高压氧气快速接头和相应的角阀，每组汇流排上应分别设置至凝结水、给水加氧点的加药管，以及相应的关断阀、减压阀、缓冲罐等。汇流排总管上、减压阀前后应设置带远传信号的压力表。给水、凝结水加氧点管道上应设有关断阀及自动关断阀、减压阀、流量调节阀及压力表和压力变送器、流量计。凝结水、给水加氧汇流排两组之间能根据压力的大小实现手动切换。

加氧装置汇流排架结构见图 5-1。

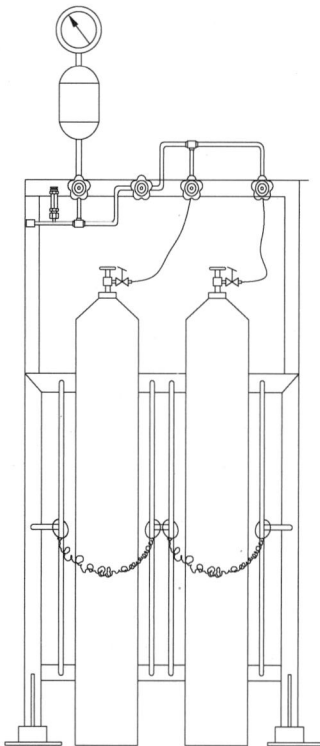

图 5-1　加氧装置汇流排架结构

（2）加氧控制柜应设有至加氧点的截止阀、止回阀、自动流量调节阀、流量计，自动关断阀；给水加氧管道上应设置稳压装置，保证加氧管道压力稳定；自动流量调节阀应设有带手动调节阀的检修旁路。

（3）高压加氧汇流排管道为黄铜管、控制柜内中

低压管为不锈钢管，不锈钢管道应采用仪表管道。

三、典型工程实例

（一）高压机组工程实例

1. 工程概况

某电厂 2×465t/h CFB 锅炉和 2×135MW 抽凝供热式湿冷汽轮发电机组资料如下：

（1）锅炉。超高压、一次中间再热自然循环单汽包循环流化床锅炉，锅炉蒸汽参数见表 5-16。

表 5-16　　锅炉蒸汽参数

名称	数值		
	压力 [MPa（a）]	温度（℃）	流量（t/h）
过热蒸汽	13.7	540	465

（2）汽轮机。超高压、一次中间再热、双缸双排汽、单抽汽凝汽式汽轮机。

2. 系统设计及主要设备

（1）给水加氨系统。加氨为自动加药，根据给水流量信号控制给水的加药量，并根据取样系统 pH 送来信号调整加药量。

加氨系统为两台机组共用，设 2 台氨溶液箱、3台给水加氨泵（2 台运行 1 台备用）。

给水加氨设在除氧器下降管上。

（2）给水加联氨系统。加联氨为自动加药，根据给水流量信号控制给水的加药量，并根据取样系统联氨表送来的信号调整加药量。

加联氨系统为两台机组共用。设 2 台联氨溶液箱、3 台给水加联氨泵（2 台运行 1 台备用）。另设 1 台停炉保护加药泵，溶液箱共用。

给水加联氨设在除氧器下降管上。

（3）炉水加磷酸盐系统。加磷酸盐为手动加药。

系统中共设有 2 台溶液箱、3 台加药泵（2 台运行1 台备用）。

炉水加药点设在汽包的加药管上。

（4）主要设备。化学加药系统主要设备参数见表 5-17。

表 5-17　　化学加药系统主要设备参数

设备名称	设备规范	数量
联氨溶液箱	1000L	2 台
给水联氨加药泵	40L/h，1.6MPa	3 台
氨溶液箱	1000L	2 台
给水氨加药泵	40L/h，1.6MPa	3 台
磷酸盐溶液箱	1000L	2 台

续表

设备名称	设备规范	数量
炉水磷酸盐加药泵	40L/h，16MPa	3 台
停炉保护加药泵	200L/h，2.0MPa	1 台

3. 化学加药系统设计参数

（1）加氨。配制溶液浓度 1%；加药量控制，保持系统 pH＝9.0～9.5。

（2）加联氨。配制溶液浓度 1%；加药量控制，N_2H_4 过剩量 10～30μg/L。

（3）加磷酸盐。配制溶液浓度 2%；加药量控制，炉水磷酸根 0.5～3mg/L。

4. 设备布置

化学加药设备集中布置在主厂房 0m 的化学加药间内，房间面积为 12.5m×8.0m，设备采用组合框架式布置，药品库设在加药间内。

（二）亚临界机组工程实例

1. 工程概况

某电厂 2×330MW 间接空冷凝汽抽汽式汽轮发电机组资料如下：

（1）锅炉。330MW 亚临界参数燃煤发电机组，锅炉采用自然循环、四角切向燃烧、单炉膛、一次再热，平衡通风，锅炉紧身封闭，室内布置，固态排渣，全钢架悬吊结构Ⅱ型汽包锅炉。锅炉蒸汽参数见表 5-18。

表 5-18　　锅 炉 蒸 汽 参 数

名称	数值		
	压力 [MPa（表压）]	温度（℃）	流量（t/h）
过热蒸汽	17.5	541	1035.6

（2）汽轮机。亚临界、一次再热、三缸、双排汽、双抽、间接空冷凝汽抽汽式汽轮发电机组。

2. 系统设计及主要设备

（1）给水、凝结水、循环冷却水加氨系统。该工程给水和凝结水加氨采用自动加药方式，加药泵为电控计量泵，给水加药根据汽水取样系统的给水电导率信号和给水流量信号控制加药量，凝结水根据精处理设备出水母管电导率信号和凝结水流量信号控制加药量。循环冷却水加氨采用手动加药方式，加药泵为手调计量泵。

两台机设 1 套机电控一体化组合加药装置、2 台溶液箱、3 台给水加氨泵（2 用 1 备）、3 台凝结水加氨泵（2 用 1 备）和 1 台循环冷却水加氨泵。

加药点给水设在除氧器下水管上，凝结水设在精处理设备出水母管上，循环冷却水设在循环水泵出口。

（2）给水、凝结水、闭式除盐冷却水、循环冷却水加联氨系统。该工程给水和凝结水加联氨采用自动加药方式，加药泵为电控计量泵，给水和凝结水加联氨根据给水、凝结水流量信号控制加药量。闭式除盐冷却水、循环冷却水采用手动加药方式，加药泵为手调计量泵。

两机设 1 套机电控一体化组合加药装置、2 台溶液箱、3 台给水加联氨泵（2 用 1 备）、3 台凝结水加联氨泵（2 用 1 备）、2 台闭式除盐冷却水加联氨泵、1 台循环冷却水加联氨泵。

加药点给水设在除氧器下水管上，凝结水设在精处理设备出水母管上，闭式除盐冷却水设在闭式除盐冷却水泵出口管上，循环冷却水设在循环水泵出口。

（3）炉水加磷酸盐系统。该工程炉水加磷酸盐采用手动加药方式，加药泵为手调计量泵。

两台机组设 1 套机电控一体化加药装置、2 台溶液箱、3 台磷酸盐泵（2 用 1 备）。

炉水加药点设在汽包的加药管上。

（4）主要设备。化学加药系统主要设备参数见表 5-19。

表 5-19　　化学加药系统主要设备参数

设备名称	设备规范	数据
联氨溶液箱	1000L	2 台
给水联氨加药泵	50L/h，1.6MPa	3 台
凝结水联氨加药泵	50L/h，4.0MPa	3 台
闭式除盐冷却水联氨加药泵	20L/h，1.6MPa	2 台
循环冷却水联氨加药泵	80L/h，1.6MPa	1 台
氨溶液箱	1000L	2 台
给水氨加药泵	50L/h，1.6MPa	3 台
凝结水氨加药泵	50L/h，4.0MPa	3 台
循环冷却水氨加药泵	80L/h，1.6MPa	1 台
磷酸盐溶液箱	1000L	2 台
炉水磷酸盐加药泵	50L/h，25MPa	3 台

3. 化学加药系统设计参数

（1）加氨。配制溶液浓度 1%；加药量控制，保持系统 pH＝8.8～9.3。

（2）加联氨。配制溶液浓度 1%；加药量控制，N_2H_4 过剩量 10～30μg/L。

（3）加磷酸盐。配制溶液浓度 2%；加药量控制，炉水磷酸根 0.5～3mg/L。

4. 设备布置

化学加药设备布置在两炉间的集中控制楼 0m，房间面积为 18m×7.0m，设备采用组合框架式布置，药品库 4.5m×7.0m，设在加药间旁。

（三）超临界机组工程实例

1. 工程概况

某电厂 2×660MW 直接空冷凝汽式汽轮机组资料如下：

（1）锅炉。超临界参数变压运行螺旋管圈直流炉，单炉膛、一次中间再热、采用四角切圆燃烧方式、平衡通风、固态排渣、全钢悬吊结构塔式锅炉。锅炉蒸汽参数见表 5-20。

表 5-20　锅　炉　蒸　汽　参　数

名称	数值		
	压力[MPa（表压）]	温度（℃）	流量（t/h）
过热蒸汽	25.4	571	1902

（2）汽轮机。超临界、一次中间再热、单轴、两缸两排汽、直接空冷凝汽式汽轮机。

2. 系统设计及主要设备

（1）给水和凝结水加氨系统。该工程给水和凝结水加氨采用自动加药方式，加药泵为电控计量泵，给水加氨根据汽水取样系统的给水电导度模拟信号和给水流量信号控制加药量，凝结水根据精处理混床出水母管的电导度模拟信号和凝结水流量信号控制加药量。

两台机设一套机电控一体化组合加药装置、2 台溶液箱、3 台给水加氨泵（2 用 1 备）及 3 台凝结水加氨泵（2 用 1 备）。

给水加氨点设在除氧器下水管上，凝结水设在精处理混床出水母管上。

（2）给水和闭式水加联氨系统。给水加联氨系统仅用于机组启动初期及水质不满足加氧情况时，故该工程给水加联氨采用手动加药方式。闭式水加联氨也采用手动加药方式。

两台机设一套机电控一体化组合加药装置、2 台溶液箱、2 台给水加联氨泵（不设备用）及 2 台闭式水加联氨泵（不设备用）。

给水加联氨点设在除氧器下降管上。闭式水加联氨点设在闭式水泵出水管上。

（3）给水和凝结水加氧系统。该工程加氧方式为气态氧作氧化剂，由高压氧气瓶提供的氧气分两路经减压阀减压后分别送入凝结水精处理出口母管和除氧器下降管上，使热力管道表面形成致密的氧化铁保护膜，从而有效地改善水系统工况。凝结水加氧量的控

制采用手动调节，给水加氧量根据给水流量及含氧量自动调节。运行中溶解氧的浓度由安装于除氧器进口和省煤器进口的在线溶解氧表进行连续监测，并根据仪表测得的数据进行调节。

在机组启动时，或给水氢电导率超过 0.15μS/cm，应提高加氨量，使 pH 值达到 9.2～9.6，给水氢电导率超过 0.20μS/cm，应停止加氧。

（4）主要设备。化学加药系统主要设备参数见表 5-21。

表 5-21　化学加药系统主要设备参数

设备名称	设备规范	数据
联氨溶液箱	2000L	2 台
给水联氨加药泵	100L/h，2.0MPa	2 台
闭式除盐冷却水联氨加药泵	100L/h，2.0MPa	2 台
氨溶液箱	2000L	2 台
给水氨加药泵	100L/h，2.0MPa	3 台
凝结水氨加药泵	100L/h，6.0MPa	3 台
加氧装置		2 台
氧气瓶	40L，15MPa	16 台

3. 化学加药系统设计参数

（1）加氨。配制溶液浓度 1%；加药量控制，保持系统 pH=8.0～9.0。

（2）加氧。溶解氧控制，30～200μg/L。

4. 设备布置

化学加药设备布置在两炉间的集中控制楼 0m，加药间面积为 11m×7.5m，加氧间面积为 5m×7.5m，设备采用组合框架式布置，药品库 3.75m×8.0m，设在加药间旁。

（四）超超临界机组工程实例

1. 工程概况

某电厂 2×1000MW 湿冷凝汽式汽轮机组资料如下：

（1）锅炉。超超临界压力燃煤直流锅炉，一次中间再热、平衡通风、固态排渣、露天布置、全钢架悬吊结构。锅炉蒸汽参数见表 5-22。

表 5-22　锅　炉　蒸　汽　参　数

名称	数值		
	压力[MPa（表压）]	温度（℃）	流量（t/h）
过热蒸汽	28	605	3012

（2）汽轮机。超超临界、一次中间再热、单轴、四缸四排汽、双背压、凝汽式、8级回热抽汽。

2. 系统设计及主要设备

（1）给水和凝结水加氨系统。该工程给水和凝结水加氨采用自动加药方式，加药泵为电控计量泵，给水加氨根据汽水取样系统的给水 pH 模拟信号和给水流量信号控制加药量，凝结水根据精处理混床出水母管的 pH 模拟信号和凝结水流量信号控制加药量。

两台机设一套机电控一体化组合加药装置、2台溶液箱、3台给水加氨泵（2用1备）和3台凝结水加氨泵（2用1备）。

加药点给水设在除氧器下降管上，凝结水设在精处理混床出水母管上，系统考虑机组启动和停机保护时的临时加药点。

（2）给水和闭式水加联氨系统。该工程给水加联氨采用手动加药方式，加药泵为手动计量泵。

两台机设一套机电控一体化组合加药装置、2台溶液箱、3台给水加联氨泵（2用1备）、2台闭式水加联氨计量泵（不设备用）。

给水加药点设在除氧器下降管上，考虑机组启动和水质不满足加氧条件时投加。闭式水加药点设在闭式水泵出水母管上。

（3）给水和凝结水加氧系统。该工程加氧方式为气态氧作氧化剂，由高压氧气瓶提供的氧气经减压阀减压后分别通过一针形流量调节阀加入热力设备水汽系统，使热力管道表面形成致密的氧化铁保护膜，从而有效地改善水系统工况。氧气加入点为凝结水精处理设备出口母管；另一点为除氧器下降管，凝结水加氧量的控制采用手动调节，给水加氧量根据给水流量及含氧量自动调节。运行中溶解氧的浓度由安装于除氧器进口和省煤器进口的在线溶解氧表进行连续监测，并根据仪表测得的数据进行调节。

在机组启动或给水氢电导率超过 0.15μS/cm 时，提高加氨量，使 pH 值达到 9.2～9.6，如给水氢电导超过 0.20μS/cm，停止加氧。

（4）主要设备。化学加药系统主要设备参数见表 5-23。

表 5-23　化学加药系统主要设备参数

设备名称	设备规范	数据
联氨溶液箱	2000L	1台
给水联氨加药泵	100L/h，2.0MPa	2台
闭式除盐冷却水联氨加药泵	50L/h，1.0MPa	2台
氨溶液箱	2000L	2台
给水氨加药泵	100L/h，2.0MPa	3台

续表

设备名称	设备规范	数据
凝结水氨加药泵	100L/h，4.2MPa	3台
加氧装置		2台
氧气瓶	40L，15MPa	16台

3. 化学加药系统设计参数

（1）加氨。配制溶液浓度1%；加药量控制，保持系统 pH＝8.0～9.0。

（2）加氧。溶解氧控制，30～200μg/L。

4. 设备布置

化学加药设备布置在两炉间的电气楼 0m，加药间面积为 16m×7.5m，设备采用组合框架式布置。

（五）燃气-蒸汽联合循环机组工程实例

1. 工程概况

某电厂 2×475MW 燃气-蒸汽联合循环发电机组（9F）资料如下：

（1）燃机型号为 M701F4，汽轮机型号为 LN156-12.3/566/566，发电机型号为 QFR-480-2-21.5。

（2）余热锅炉蒸汽参数见表 5-24。

表 5-24　余热锅炉蒸汽参数

名称	数值		
	压力[MPa（绝对压力）]	温度（℃）	流量（t/h）
高压蒸汽	12.66	568	294.3
再热蒸汽	3.06	568	356.5
中压蒸汽	3.18	289.6	71.7
低压蒸汽	0.52	243.3	53.2

化学加药设备集中布置在主厂房 0m 的化学加药间内，房间面积为 17.5m×4.8m，设备采用组合框架式布置，药品库 5.0m×4.8m，设在加药间旁。

2. 系统设计及主要设备

（1）凝结水加氨系统。加氨为自动加药，根据给水流量信号控制给水的加药量，并根据取样系统电导度表送来信号调整加药量。

加氨系统为两台机组共用。设 2 台氨溶液箱、3台凝结水加氨泵（2台运行1台备用）。

凝结水加氨设在凝结水泵出口母管。

（2）凝结水和闭式除盐冷却水加联氨系统。加联氨为自动加药，根据给水流量信号控制给水的加药量，并根据取样系统电导度表送来的信号调整加药量。

加联氨系统为两台机组共用。设2台联氨溶液箱、3台凝结水加联氨泵（2台运行1台备用），另设2台闭式除盐冷却水加药泵（不设备用），溶液箱共用。

凝结水加联氨设在凝结水泵出口母管。闭式除盐冷却水设在闭式循环除盐冷却水泵的进口。

（3）炉水加磷酸盐系统。加磷酸盐为手动加药。

系统中共设有 2 台溶液箱、3 台中压炉炉水加药泵、3 台高压炉炉水加药泵，加药泵均为 2 台运行，1 台备用。另设有 1 台氢氧化钠溶液箱，与高压炉磷酸盐计量泵共用加药泵。

加药点设在中压及高压的汽包内。

（4）主要设备。化学加药系统主要设备参数见表 5-25。

表 5-25　化学加药系统主要设备参数

设备名称	设备规范	数据
联氨溶液箱	1000L	2 台
凝结水联氨加药泵	100L/h，6.8MPa	3 台
闭式除盐冷却水联氨加药泵	20L/h，4.2MPa	2 台
氨溶液箱	1000L	2 台
凝结水氨加药泵	100L/h，6.8MPa	3 台
氢氧化钠溶液箱	20L	1 台
磷酸盐溶液箱	1000L	2 台
中压汽包炉水磷酸盐加药泵	50L/h，6.8MPa	3 台
高压汽包炉水磷酸盐加药泵	70L/h，15MPa	3 台

3. 化学加药系统设计参数

（1）加氨。配制溶液浓度 1%；加药量控制，保持系统 pH＝9.2～9.6。

（2）加联氨。配制溶液浓度 1%；加药量控制，N_2H_4 过剩量小于 30μg/L。

（3）加磷酸盐。配制溶液浓度 2%；加药量控制，炉水磷酸根含量小于等于 3mg/L。

第三节　水汽取样系统

一、系统设计

（一）取样点设置和化学仪表的配置要求

（1）对于单元制热力系统，每台机组设一套集中水汽取样装置。对于机炉并联的热力系统，每台锅炉设一套集中水汽取样装置，凝结水和给水的取样并入相应的锅炉集中取样装置。

（2）由于样品压力不足不能接至集中水汽取样装置的取样点，需设就地取样装置。

（3）水汽取样点的设置满足机炉热力系统的运行监督要求，对于回收利用的疏水、排水和运行中水质可能发生变化以及对水质有严格要求的位置均需设置取样点。

（4）水汽主要监督项目采用在线仪表连续监测，所有取样点设手动连续取样装置。

（5）取样点的设置和在线仪表的配置要求见表 5-26～表 5-28。硅表可选择多通道仪表，但汽包炉的炉水不得与给水或蒸汽共用一块硅表。对于燃气-蒸汽联合循环机组，其热力系统随机组参数和形式的不同略有不同，设计中应根据热力系统的设备设置确定取样点的设置。

表 5-26　汽包锅炉机组水汽取样点及在线仪表配置

项目	应设置的取样点位置	高压、超高压机组	亚临界机组	备 注
		配置仪表及手工取样		
凝结水	凝结水泵出口	CC、O_2、M	CC、O_2、M	
给水	除氧器入口	—	SC、O_2、M	机组加氧时设置 O_2，SC 用于控制凝结水精处理出口加药
	除氧器出口	O_2、M	O_2、M	
	省煤器入口	CC、SC、pH、M	CC、SC、pH、O_2、M	锅炉厂应设置取样头 机组采用加氧时设置 O_2
炉水	汽包炉水左侧	SC、pH、M	CC、SC、pH、SiO_2、M	锅炉厂应设置取样头
	汽包炉水右侧			
	炉水下降管	—	O_2、M	机组采用加氧时设置
饱和蒸汽	饱和蒸汽左侧	CC、M	CC、Na、M	锅炉厂应设置取样头
	饱和蒸汽右侧			
过热蒸汽	过热蒸汽左侧	CC、M	CC、SiO_2、M	锅炉厂应设置取样头
	过热蒸汽右侧			

续表

项目	应设置的取样点位置	高压、超高压机组	亚临界机组	备　注
		配置仪表及手工取样		
再热蒸汽	再热蒸汽左侧	M	CC、M	锅炉厂应设置取样头
	再热蒸汽右侧			
疏水	高压加热器	M	M	—
	低压加热器	M	M	—
	暖风器	M	M	—
	热网加热器	M	M	—
冷却水	取样冷却装置冷却水/闭式循环冷却水	M	SC、pH、M	—
	发电机内冷却水	SC、M	SC、pH、M	可由发电机厂配套设置，但应将仪表信号送至水汽取样监控系统
	间接空冷机组循环冷却水	M	SC、pH、M	—
生产回水	返回水管或返回水箱出口	CC、M	CC、M	—
凝结水	凝汽器	—	CC	仅湿冷机组根据情况设置凝汽器检漏装置，凝汽器制造厂应设置取样水槽及取样接口

注　CC—带有 H 离子交换柱的电导率表；O$_2$—溶氧表；pH—pH 表；SiO$_2$—硅表；Na—钠度计；SC—电导率表；M—人工取样。

表 5-27　　　　　　　　　　　　　直流炉机组水汽取样点及在线仪表配置

项目	应设置的取样点位置	配置仪表及手工取样	备　注
凝结水	凝结水泵出口	CC、O$_2$、Na、M	空冷机组不设置 Na 表
给水	除氧器入口	SC、O$_2$、M	用于控制凝结水精处理出口加药
	除氧器出口	O$_2$、M	
	省煤器入口	CC、SC、pH、O$_2$、SiO$_2$、M	锅炉厂应设置取样头
蒸汽	主蒸汽左侧	CC、Na、SiO$_2$、M	锅炉厂应设置取样头
	主蒸汽右侧		
	再热蒸汽左侧	CC、M	锅炉厂应设置取样头
	再热蒸汽右侧		
	启动分离器汽侧出口	CC、M	锅炉厂应设置取样头
疏水	高压加热器	CC、M	
	低压加热器	M	
	暖风器	CC、M	
	热网加热器	CC、M	每台加热器疏水均需设置
	启动分离器排水	M	锅炉厂应设置取样头
冷却水	取样冷却装置冷却水/闭式循环冷却水	SC、pH、M	—

项目	应设置的取样点位置	配置仪表及手工取样	备 注
冷却水	发电机内冷却水	SC、pH、M	可由发电机厂配套设置,但应将仪表信号送至水汽取样监控系统
	间接空冷机组循环冷却水	SC、pH、M	—
凝结水	凝汽器	CC	仅湿冷机组根据情况设置凝汽器检漏装置,凝汽器制造厂应设置取样水槽及取样接口

注 CC—带有 H 离子交换柱的电导率表;O_2—溶氧表;pH—pH 表;SiO_2—硅表;Na—钠度计;SC—电导率表;M—人工取样。

表 5-28 燃气-蒸汽联合循环机组水汽取样点及在线仪表配置

项目	应设置的取样点位置	配置仪表及手工取样	备 注
凝结水	凝结水泵出口	CC、O_2、M	—
	凝结水加药点后	SC	用于控制凝结水泵出口加药
给水	省煤器入口	CC、pH、M	锅炉厂应设置取样头
炉水	低压汽包	CC、pH、M	锅炉厂应设置取样头,当低压汽包兼除氧器时,需设置溶氧表
	中压汽包	SC、pH、M	锅炉厂应设置取样头
	高压汽包	SC、pH、M	锅炉厂应设置取样头
饱和蒸汽	低压汽包饱和蒸汽	CC、M	锅炉厂应设置取样头
	中压汽包饱和蒸汽	CC、M	
	高压汽包饱和蒸汽	CC、M	
过热蒸汽	低压汽包过热蒸汽	CC、M	锅炉厂应设置取样头
	中压汽包过热蒸汽	CC、M	
	高压汽包过热蒸汽	CC、M	
再热蒸汽	再热器入口和出口	M	锅炉厂应设置取样头,再热器出口和入口样水合并检测
疏水	热网加热器	M	—
冷却水	取样冷却装置冷却水/闭式循环冷却水	SC、pH、M	—
	发电机内冷却水	SC、pH、M	可由发电机厂配套设置,但应将仪表信号送至水汽取样监控系统

注 CC—带有 H 离子交换柱的电导率表;O_2—溶氧表;pH—pH 表;SC—电导率表;M—人工取样。

(6)水汽取样系统在线仪表应按照表 5-29 选择。

表 5-29 水汽取样系统仪表名称及规范

序号	仪表名称	仪表规范	适用项目	备注
1	阳离子电导率仪	主量程:0~0.5μS/cm 电导池常数:0.01 精度:±0.5%	给水、凝结水、饱和蒸汽、过热蒸汽	测量前设阳离子交换柱过滤
2	工业电导率仪	主量程:0~100μS/cm(5.6~12.6MPa 锅炉),0~200μS/cm(>12.6MPa 锅炉) 电导池常数:0.1 精度:±0.5%	锅炉水	
3	水中溶解氧分析仪	主量程:0~20μg/L±0.5% 精度:±2μg/L 或读值的±2% 分辨率:0.1μg/L	给水	

续表

序号	仪表名称	仪表规范	适用项目	备注
4	水中溶解氧分析仪	主量程：0～100μg/L 精度：±2μg/L 或读值的±2% 分辨率：0.1μg/L	凝结水	
5	水中溶解氧分析仪	主量程：0～500μg/L 精度：±2μg/L 或读值的±2% 分辨率：1μg/L	加氧工况凝结水、给水等	
6	工业酸度计	主量程：7～11pH 分辨率：0.01pH	凝结水、给水、炉水	
7	硅酸根分析仪	主量程：0～25μg/L 准确度：±0.5μg/L 或读值的±5%	给水、过热蒸汽、饱和蒸汽	
8	硅酸根分析仪	主量程：0～1000μg/L 准确度：±1μg/L 或读值的±5%	炉水	
9	磷酸根表	主量程：0～25mg/L （<15.7MPa 锅炉），0～5mg/L（15.7～18.3MPa 锅炉） 准确度：±0.5mg/L 或读值的±5%	炉水	
10	工业钠度计	主量程：0～10μg/L 精度：±5% 分辨率：0.01μg/L	过热蒸汽	
11	阳离子电导率仪	主量程：0～5μS/cm 电导池常数：0.01 精度：±0.5%	疏水或生产回水	测量前设阳离子交换柱过滤
12	联氨表	主量程：0～100μg/L 精度：±2μg/L 或读值的±5% 分辨率：0.2μg/L		

（7）采用海水冷却的亚临界及以上参数的机组宜设置凝汽器检漏取样装置，每套凝汽器检漏装置配两台真空泵和一套氢电导度表，超临界机组可设置钠表。

（8）启动锅炉宜集中布置给水、炉水、饱和蒸汽和过热蒸汽取样装置，可不设在线分析仪表，人工定期取样检测 SC、CC 和 pH 值等。

（二）汽水取样系统设计技术要求

（1）温度高于 40℃的样水设样水冷却装置，冷却后温度应在 25～40℃。

（2）压力高于 0.4MPa 的样水设样水减压装置，减压后压力应低于 0.4MPa。

（3）系统设置样水超温、超压自动保护装置和冷却水断流保护。

（4）系统设置恒压、恒流装置，以保证仪表测量一侧的样水流量、压力稳定，保证测量精度。

（5）对于安装在线分析仪表的样水管路应设置恒温装置，以保证恒温装置出口样水温度25℃±1℃。

（6）样水管路上应设有过滤装置。

（7）每一取样点均应设置人工取样设施。

（8）样水管路设置温度计、流量计（对仪表测量有影响除外）、压力表。

（9）系统设置样水管路冲洗、排放管路和高温排水疏水扩容器或采取其他冷却措施，不得将高温水直接排入下水道，避免取样间产生弥漫蒸汽。

（10）样水流经的管路及各种零部件应能承受相应压力、温度等参数要求，应采用合适的不锈钢材料，严禁使用铜质、铝质材料。对于亚临界及以下参数的机组，一般可采用 S30408 不锈钢。对于超临界以上参数机组，其主蒸汽、再热蒸汽及省煤器入口高温高压部分取样管应采用含碳量不低于 0.04%的奥氏体不锈钢（如 S31609 不锈钢）或与主蒸汽管道相同材质的管道。

（11）每路样水流量不小于 1500mL/min，管内样水流速应符合雷诺数大于 4000 的要求。雷诺数按式（5-14）计算

$$Re = \frac{vd}{\nu} \qquad (5-14)$$

式中　Re——雷诺数；

　　　v——管内样水平均流速，m/s；

　　　ν——样水的运动黏度，m²/s；

　　　d——样水流经管内径，m。

（12）冷却水管管内水流速按 1～3m/s 设计，自流管流速小于等于 0.5m/s。样水管道流速 2～3.5m/s，样

水管道管径宜为 DN10。

（三）汽水取样装置的冷却用水技术要求

（1）高压及以上参数的机组汽水取样冷却用水采用除盐水，当不设全厂闭式除盐水冷却装置时，应设汽水取样闭式除盐水冷却装置。

（2）高压以下参数的机组汽水取样冷却用水宜采用软化水。当工业水水质较好并作为汽水取样冷却用水时，应采取防止样水冷却器结垢的措施，样水冷却器采用可拆卸易除垢清洗的结构。

（3）对于锅炉补给水量较大的热电厂（全年的锅炉除盐水即时补充量均超过汽水取样装置冷却水用水量）可采用锅炉补给水作为汽水取样冷却用水，但应采取保证冷却水不被污染的措施。

（四）数据采集监控管理系统及电气设计原则

（1）超高压及以上参数的机组数据采集及监控系统采用计算机控制系统，总体规划和系统性能、元部件选型由热控专业负责，工艺专业配合。超高压以下机组汽水集中取样装置可以采用计算机就地显示系统代替常规记录仪表。

（2）水汽质量监控管理系统对测定参数进行巡检、显示、运算、储存、超限报警处理。

（3）具有参数分析、诊断处理功能（出现异常时，自动显示可能的故障原因），图示曲线和日、月、季、年度报表的显示、打印功能。

（4）求出各参数的阶段性最大值、最小值、平均值、超标平均值、超标时间、阶段性水汽的不合格率（按超时时间与运算时间之比计算）和超标程度。

（5）系统实现样水超温、超压、冷却水断流自动保护，冷却装置自动启停，除盐水自动补水，双电源自动切换等功能。

（6）电气性能、元部件选型由电气专业负责，工艺专业配合。原则满足 DL/T 665《水汽集中取样分析装置验收导则》要求。

（五）水汽取样和凝汽器检漏装置布置设计技术要求

（1）水汽集中取样分析装置宜分为高温高压装置（高温盘）和低温低压装置（仪表盘）。布置在环境清洁、远离振动和便于运行人员通行取样的场所。

（2）低温低压装置布置在单独的房间内，环境、安装及其他要求应满足厂家和配套仪表的使用要求，应设空调。

（3）高温高压装置和除盐水冷却装置宜布置在单独的房间内，应考虑通风、散热条件。

（4）高温高压装置的管路应考虑防止操作人员烫伤的防护措施，寒冷地区、室外取样管道和冷却水管道等应有防冻措施。

（5）设备周围排水设计应合理、完善。照明设施齐全、符合要求。

（6）凝汽器检漏装置的取样泵架和仪表取样盘宜分别设置，取样泵架宜布置在凝汽器热井的最低位处，仪表取样盘布置在热井附近的 0m 处。

（7）水汽集中取样分析装置的电源宜设备用电源，故障时自动切换。

二、主要设备

（一）水汽取样设备

1. 高温盘

高温盘的主要作用是将样水进行冷却降温和减压处理，把冷却和减压的样水送入手工取样和仪表进行集中采样分析。高温盘主要由预冷装置、高温高压截止阀、高温高压排污阀、高效冷却器、球阀、减压阀、高压过滤器、高压排污管道系统、冷却水管道系统组成。

（1）高温盘为完成高压高温的水汽样品减压和初冷而设，包括恒压装置、冷却器、阀门等整套的设施和部件，可以使高压高温的水汽样品冷却到合适的温度。

（2）高温盘是独立、牢固的，用冷轧钢制造。布置时注意安全，以便于检查、维修和校验。

（3）在每个减压装置的减压侧配上一个压力表。在需要测量温度的位置配置温度指示器。

（4）高温高压样水管设置恒压装置（自带安全阀），并将排出口接至排水点。在高温排污母管出口处设置扩容器。

（5）取样架每路样水应配有进口背压稳压/卸压阀，以保证样品进入分析仪表的压力恒定，并可以在超压时起泄压作用，设定压力固定不能调节。取样架应配有全自动机械式温度关断保护阀，不需要供电或供气作为动力，必须能耐压到一定压力，并有开关信号输出，以避免高温样品在超温情况下对下游仪表的损害，且应具有手动复位功能。

（6）取样设备安装在一个独立的盘板上。设有高温样品的冷却器、阀门、恒压装置和排水装置，及所有必需的样品分析仪、控制器、信号传输和一个报警系统。为了安全，设备的设计应考虑避免操作者在就地取样不被样品的意外喷射所伤害。

（7）所有样水、冷却水通过的管道、冷却器、阀门、测量池、管接头及其他部件均采用与接触介质相适应的耐腐蚀的不锈钢材质。

（8）装置的高低压排水分别设置排放管。低压系统仪表入口设置过滤器，以防止细小杂物进入仪表。

（9）整套设备采用大面板结构。

2. 仪表盘

仪表盘包括恒温装置、分析仪表和手工取样架。

手工取样架的主要作用是集中采取高温盘降温降压后的样水,送至实验室分析。手工取样架主要由手工取样阀、取样盘、流量监测、压力监测、压力表保护系统、排污系统组成。恒温装置的主要作用是对经过高温盘降温降压后的样水再次进行恒温,使样水的温度保持在25℃左右,然后再送至仪表分析,保证仪表不受到损坏。分析仪表装置主要由温度保护系统、报警系统、过滤及流量系统、检测及显示仪表、低压排污系统组成,有封闭式仪表盘和开放式仪表架两种形式。

(1)仪表盘由实现样品测试、取样、报警、信号传送及自动保护等功能的全部部件、管路、电气、控制、阀门等组装而成。

(2)取样调节系统(包括恒温冷却系统)、化学分析仪、指示器、信号器等全部封闭并安排在仪表盘上。

(3)恒压装置、取样冷却器、压力表、温度计、针形阀和高压阀等都应在工厂中装好、固定好,以防运输过程中遗漏或丢失。

(4)每台分析仪设置一个流量指示器,同时提供一个流量切断阀。温度计采用温度数字显示器代替不锈钢双金属温度计,流量计采用不锈钢浮子流量计。

(5)取样系统仪表板终端上可以接出各种专用的分析信号(4~20mA)输入到控制系统,以便进行显示,并控制相应的加药设备、取样系统的显示、报警,记录由控制系统完成。

(6)所有仪表盘尺寸的大小要便于操作和装运。

(7)仪表保证测量值和读数的准确度。

(8)取样系统可以自动完成规定位置的取样或人工取样。此外,该系统应能连续工作,以便为保证汽水质量进行正常或突然的监测,该系统可在现场调节,可不关机除去或更换分析仪或部件。

(9)仪表具有自动保护装置,样品的温度、压力过高可自动切断样品水,以保护仪表,并进行报警。所有仪表样水设置断流保护,除闭式水之外的所有仪表样水设置超温保护。

(10)离子交换柱为不锈钢筒加透明视镜方式。

(二)凝汽器检漏设备

1. 取样盘

取样盘的主要作用是将凝汽器中凝结水从若干不同部位抽吸出来,送到检漏盘上进行化学分析。首先从凝汽器热井内部集水盘引出4个取样点,经过4个不锈钢波纹管截止阀和电磁阀后汇合,然后经过过滤器和监流器进入吸水箱,完成汽水分离,汽返回凝汽器汽侧,而样水进入真空泵。取样盘主要由真空泵、切换电磁阀、单向阀和吸入管路等器件组成。取样盘的主要参数是样水入口压力和样水出口压力。

2. 仪表盘

仪表盘的主要功能是将取样盘送过来的样品(凝结水),经离子交换柱后进入电导率表电极测量,并由电导率表二次表分析和显示,由记录仪记录,电导率超限值可输出开关量报警信号,并送入集控室或集中水汽取样监测系统。仪表盘主要由样水主管路、人工取样管路、化学仪表测量管路、电控系统、离子交换柱、化学分析仪表及管道附件等组成。仪表盘的主要参数是仪表的配置和样水流量。

三、典型工程实例

(一)汽包炉工程实例

1. 工程概况

某电厂 2×465t/h CFB 锅炉和 2×135MW 抽凝供热式湿冷汽轮发电机组资料如下:

(1)锅炉为超高压、一次中间再热自然循环单汽包循环流化床锅炉。锅炉蒸汽参数见表 5-16。

(2)汽轮机为超高压、一次中间再热、双缸双排汽、单抽汽凝汽式汽轮机。

2. 取样点和分析仪表的设置

汽水取样系统取样点和分析仪表的设置见表 5-30。

表 5-30　　取样点和分析仪表的设置

取样点	分析仪表
凝结水泵出口	阳离子电导率、溶解氧、pH
除氧器出水	溶解氧
省煤器进口	阳离子电导率、联氨、pH、二氧化硅
锅炉炉水(左右侧)	比电导率、pH 值
饱和蒸汽(左右侧)	阳离子电导率
过热蒸汽(左右侧)	钠、二氧化硅
除氧器入口	手操取样
再热蒸汽出口(左右侧)	手操取样
冷渣器冷却水	手操取样
高压加热器疏水	手操取样
低压加热器疏水	手操取样
就地疏水箱疏水	手操取样

3. 设备布置

两台机的汽水取样架集中布置在主厂房 9.0m 的汽水取样间内,房间面积为 12.5m×8.0m,设备采用组合框架式布置，分为高温盘间和仪表盘间，现场化验设施布置在仪表盘间。

（二）直流炉工程实例

1. 工程概况

某电厂 2×660MW 直接空冷凝汽式汽轮发电机组资料如下：

（1）锅炉为超临界参数变压运行螺旋管圈直流炉，单炉膛、一次中间再热、采用四角切圆燃烧方式、平衡通风、固态排渣、全钢悬吊结构塔式锅炉。锅炉蒸汽参数见表 5-20。

（2）汽轮机为超临界、一次中间再热、单轴、两缸两排汽、直接空冷凝汽式汽轮机。

2. 取样点和分析仪表的设置

汽水取样系统取样点和分析仪表的设置见表 5-31。

表 5-31 取样点和分析仪表的设置

取样点	分析仪表
凝结水泵出口	阳离子电导率、比电导率、溶解氧
除氧器进水	阳离子电导率、比电导率、pH、溶解氧
除氧器出口母管	溶解氧
省煤器进口	阳离子电导率、比电导率、pH、二氧化硅、溶解氧
主蒸汽	溶解钠、二氧化硅、阳离子电导率、比电导率、pH
启动分离器汽侧	手操取样
启动分离器水侧	阳离子电导率
再热蒸汽出口	阳离子电导率
发电机冷却水	比电导率、pH
高压加热器疏水	比电导率
低压加热器疏水	手操取样
闭式冷却水	比电导率、pH

3. 设备布置

水汽取样冷却水采用除盐水闭式循环冷却，接自主厂房闭式除盐冷却水系统。高温盘、低温盘分别布置在高温盘间、低温盘间。汽水取样装置布置在两炉间的集中控制楼 7.5m 层，占地 21.9m×7.5m。

（三）燃气-蒸汽联合循环机组工程实例

1. 工程概况

某电厂 2×475MW 燃气-蒸汽联合循环发电机组（9F）资料如下：燃机型号为 M701F4，汽轮机型号 LN156-12.3/566/566，发电机型号为 QFR-480-2-21.5。余热锅炉蒸汽参数见表 5-24。

2. 取样点和分析仪表的设置

汽水取样系统取样点和分析仪表的设置见表 5-32。

表 5-32 取样点和分析仪表的设置

取样点	分析仪表
凝结水泵出口	阳离子电导率、溶解氧
化学加药后凝结水	比电导率、pH
低压炉水	比电导率、pH
低压饱和蒸汽	阳离子电导率
低压过热蒸汽	阳离子电导率
中压炉水	比电导率、pH、磷表
中压饱和蒸汽	阳离子电导率
中压过热蒸汽	阳离子电导率
高压炉水	比电导率、pH、磷表
高压省煤器进口	阳离子电导率、pH、溶解氧
高压饱和蒸汽	阳离子电导率、钠表、二氧化硅
高压过热蒸汽	脱气电导率、二氧化硅
再热蒸汽	阳离子电导率
闭式循环冷却水	比电导率、pH

3. 设备布置

水汽取样冷却水采用除盐水闭式循环冷却，接自主厂房闭式除盐冷却水系统。汽水取样装置布置于汽机房 0.0m 层，高温盘、低温盘分别布置在高温盘间、低温盘间。房间面积分别为 9.8m×3.5m 和 12m×7.5m，设备采用组合框架式布置。化学分析室布置在高温盘间旁边，面积为 3.5m×2.5m。

（四）亚临界及以上参数的湿冷机组工程实例

1. 工程概况

某电厂 2×600MW 湿冷纯凝式汽轮发电机组资料如下：

（1）锅炉为亚临界控制循环汽包炉。蒸汽参数见表 5-33。

表 5-33 锅炉蒸汽参数

名称	数值		
	压力 [MPa/（表压）]	温度（℃）	流量（t/h）
过热蒸汽	17.6	541	2023

（2）汽轮机为亚临界一次中间再热、三缸四排汽、

单轴纯凝式汽轮机。

2. 取样点和分析仪表的设置

汽水取样系统取样点和分析仪表的设置见表 5-34。

表 5-34　　取样点和分析仪表的设置

取样点	分析仪
凝结水泵出口	阳离子电导率、pH、溶解氧
除氧器入口	阳离子电导率
除氧器出口	溶解氧
省煤器进口	阳离子电导率、pH、二氧化硅、联氨
锅炉炉水	比电导率、pH、二氧化硅、磷表
饱和蒸汽（左右侧）	阳离子电导率
过热蒸汽（左右侧）	钠表、二氧化硅、阳离子电导率
再热器蒸汽	阳离子电导率
发电机冷却水	阳离子电导率
闭式冷却水	pH
低压加热器疏水	手操取样
高压加热器疏水	手操取样
暖风器疏水	手操取样
疏水扩容器	手操取样
凝汽器热井	阳离子电导率

3. 设备布置

水汽取样冷却水采用除盐水闭式循环冷却，接自主厂房闭式除盐冷却水系统。高温盘、低温盘分别布置在高温盘间、低温盘间。汽水取样装置布置在两炉间的集中控制楼 6.9m 层，占地 12.6m×11.1m。凝汽器检漏取样架布置在凝汽器坑内，凝汽器检漏盘布置在凝汽器附近 0m。

第四节　发电机内冷水处理

一、系统设计

（一）发电机内冷水处理系统设计技术要求

（1）影响发电机内冷水系统铜导线腐蚀的主要因素是 pH 值和溶解氧，通过控制内冷水 pH 值和溶解氧含量，可以有效控制铜导线的腐蚀。

（2）发电机内冷却水应采用除盐水或凝结水。当发现汽轮机凝汽器管泄漏时，内冷却水的补充水必须用除盐水。

（3）内冷却水系统宜采用水箱充气的全密闭式系统，推荐充以微正压的纯净氮气。

（4）内冷却水系统的进水端应设置有 5～10μm 的滤网。

（5）内冷却水系统应设置旁路小混床或其他有效的处理装置，按水质指标要求进行运行中的具体调控。系统设计或混床结构应能严格防止树脂在任何运行工况下进入发电机。

（6）定子、转子的内冷却水应有进出水压力、流量、温度测量装置；定子还应有直接测量进、出发电机水压差的测量装置。

（7）内冷却水系统应设置完整的反冲洗回路。

（8）内冷却水系统应有电导率、pH 值的在线测量装置，并传送至集控室显示。

（9）内冷却水系统在发电机绕组的进出口处，设置进、出水压力表和进、出水压差表；在发电机出水端管段的适当位置，设置 pH 值、电导率、含铜量等化学就地取样点。

（10）内冷却水系统的管道法兰和所有接合面的防渗漏垫片，不得使用石棉纸板及抗老化性能差（如普通耐油橡胶等）、易被水流冲蚀或影响水质的密封垫材料，且应采用加工成型的成品密封垫。

（11）机外配管及系统在安装过程中应严格满足设计要求和发电机安装说明书的配置规定。

（12）不推荐对内冷却水添加缓蚀剂以调控水质，可通过设置旁路小混床等设备或其他装置和运行技术，控制、提高内冷却水质，防止或减少空心导线的腐蚀和堵塞。非常必要时，可依具体情况添加缓蚀剂，但必须密切监视药剂浓度和添加后的运行参数。

（13）发电机内冷水处理装置应布置在发电机附近。

（二）发电机内冷水常见处理方式

1. 单床离子交换微碱化法

（1）发电机内冷水箱以除盐水或凝结水为补充水源。

（2）发电机内冷水系统设置一台离子交换器，其进、出水宜设置电导率、pH 值在线检测仪表和取样管。

（3）离子交换器进水端设置除盐水进水管，用于树脂正洗；出水管安装树脂捕捉器，防止树脂漏入内冷水箱。

（4）根据系统水质特性，离子交换器内装载由 RH、RNa 型和 ROH 型树脂配置的微碱化离子交换树脂。

（5）离子交换器投运前，用除盐水正洗树脂，出水电导率不大于 2.0μS/cm、pH 值不大于 9 时并入系统。

（6）离子交换器正洗水和内冷水旁路处理水流量宜控制在冷却水循环流量的 1%～5%。

（7）离子交换器缓慢释放出的微量碱性物质进入内冷水箱，对内冷水实施微碱化处理，可将内冷水的 pH 值调节到 7.0~9.0,同时保持电导率不超过 2.0μS/cm。

2. 离子交换-加碱碱化法

(1)发电机内冷水箱以除盐水或凝结水为补充水源。

(2)发电机内冷水系统设置一台混合离子交换器。

(3)在离子交换器出口处设置碱化剂加药点。

(4)碱化剂采用优级纯氢氧化钠,用除盐水配制成 0.1%~0.5%的溶液备用。

(5)采用计量泵加药,根据内冷水的 pH 值和电导率控制加药速度和加药量。

(6)控制系统内冷水 pH 值为 7.5~9.0。

(7)在机组运行过程中,根据系统内冷水 pH 值的变化,适时调节碱化剂的加入量,维持系统内冷水 pH 值和电导率在合格范围内。

3. 氢型混床-钠型混床处理法

(1)发电机内冷水箱以除盐水或凝结水为补充水源。

(2)发电机内冷水旁路处理系统中设置两台离子交换器,分别为钠型混床(RNa/ROH)和氢型混床(RH/ROH)。钠型混床出水检测 pH 值,氢型混床出水检测电导率,同时检测系统内冷水的 pH 值和电导率。

(3)两台离子交换器并联连接。

(4)适时调节氢型混床和钠型混床的处理水量,维持内冷水循环系统的 pH 值为 7.5~9.0,电导率小于 2.0μS/cm。

4. 凝结水与除盐水协调调节法

(1)发电机内冷水箱以除盐水和含氨凝结水为补充水源。

(2)在除盐水补水管和凝结水补水管设置取样点。

(3)当内冷水 pH 值偏低时,通过水箱排污和向内冷水箱补充凝结水的方式提高 pH 值。

(4)当内冷水电导率偏高时,通过水箱排污和向内冷水箱补充除盐水的方式降低电导率。

(5)在机组运行过程中,注意观测水质变化,适时排污和补水,调节水箱水质,维持循环系统内冷水 pH 值为 7.0~9.0,电导率小于 2.0μS/cm。

5. 离子交换-充氮密封法

(1)发电机内冷水箱以除盐水或凝结水为补充水源。为减少除盐水带入溶解氧,补水宜采用凝结水。

(2)发电机内冷水旁路处理系统设置混合离子交换器。

(3)内冷水箱充氮密封,水箱上部空间保持微正压,保持氮气压力不超过 100kPa,使水箱内的水与空气隔绝。

(4)在循环泵出水过滤器后的管道上设置取样点,

安装在线电导率和溶解氧检测仪表。

(5)在离子交换器出水管设置取样点,安装在线电导率检测仪表。

(6)在机组运行过程中,适时观测水质变化,检查氮气压力,调节交换器处理流量,维持系统水质在合格范围内(控制溶解氧、电导率、铜离子三项指标)。

6. 溢流换水法

发电机内冷水箱采取连续补入除盐水、凝结水或加氨的除盐水,并保持溢流排水的运行方式,控制内冷水电导率在 2.0μS/cm 以下。适用于新机组启动试运行和初期运行、机组大修后的初期运行、其他内冷水处理方法不能达到预期效果和未查明原因时的临时运行。

7. 缓蚀剂法

向内冷水中投加一定量的铜缓蚀剂,如 MBT、BTA、TTA 等,在铜表面形成保护膜,以减缓铜基体的腐蚀。采用缓蚀剂法时,应密切监视其运行情况,防止络合物沉积。

8. 催化除氧法

利用内冷水含有的溶解氢,将一定量的内冷水进行旁路处理,以催化树脂作为接触媒介,去除水中的溶解氧(控制溶解氧、电导率、铜离子三项指标)。

二、主要设备

发电机内冷水处理装置的主要作用是降低内冷水中的铜、铁等杂质含量,防止内冷水对铜导线的腐蚀,确保机组安全运行。主要由水泵、热交换器、离子交换器、压力表、电导率表等组成。

(一)双水内冷发电机内冷水处理装置

(1)定子和转子冷却水系统分成两个独立的水路循环系统,定子水箱采用充氮密封,氮气压力为 0.01~0.03MPa(表压),配有氮气汇流排及氮气稳压装置。

(2)定子线圈采用闭式循环水系统,二次水设计水温为 38℃。

(3)定子水冷系统,配备 2 台 100%容量冷却水的冷却器、2 台 100%容量的水泵、1 台 10%容量的除离子器、1 台冷却水箱,包括管道和阀门以及其他零部件;转子水冷系统,配备 2 台 100%容量冷却水的冷却器、2 台 100%容量的水泵、1 台冷却水箱,包括管道和阀门以及其他零部件。

(4)定子冷却水泵和转子冷却水泵均为两台,一台工作一台备用,当一台出故障后能自动切换到另一台。

(5)发电机定、转子内冷水进水管装压力表及压力开关、差压开关。

(6)发电机设有漏水监测装置。

(7)提供完整的控制和报警装置并能向远方发讯。

（8）水冷系统的有关装置和部件，均能在发电机运行时进行清洗和检修。

（9）定子水冷系统设有反冲洗管道，以满足反冲洗定子绕组水路的要求；滤网采用不锈钢板打孔形式。

（10）运行中定子、转子线圈允许的断水运行连续时间为 30s。

（11）所有连接管道和部件均采用不锈钢材料。

（12）设置电导率仪监视系统运行情况，电导偏离正常值时发出报警信号，提供无源接点。

（13）冷却器备有温度调节装置。

（14）系统设置自动补水和水箱水位报警装置。

（二）定子内冷水处理系统

（1）定子冷却水系统供发电机定子绕组冷却，为闭式独立水系统，采用集装式结构，冷却器的设计还应考虑单边承受 1.0MPa 的压力。水质为除盐水。

（2）水系统中的所有接触水的元器件均采用不锈钢或抗水腐蚀材料。

（3）定子水系统中水泵、冷水器、滤水器各设 2 台，互为备用。每台冷却器都应按照机组最大负荷设计流量、最高水温，并按 5% 管子堵塞的情况来设计。定子内冷水的补水采用除盐水，压力约为 0.4MPa。运行要求氢压高于水压，如水压高于氢压需配置水压减压阀。

（4）发电机内冷却水进水管应装压力表、压力开关，仪表的设置应能满足 DCS、DEH 系统的监视、控制和保护要求。为了确保断水保护动作信号的可靠性，应设置独立的低流量保护开关。

（5）冷却器应有温度自动控制装置。

（6）水系统应配有 10% 容量的离子交换器及其流量计、电导仪、压力表及温度计。离子交换器采用不锈钢。装填的离子交换树脂采用水处理交换树脂。

（7）定子水箱按压力容器设计、制造。水箱排空管上装有气敏元件。

（8）水系统应设置自动补水和水箱水位报警装置。

（9）水系统应设有蒸汽加热装置，以保证定子进水温度不低于氢温，防止发电机内部结露。

（10）应配置完整的控制和报警装置并分别备有远程、就地的信号设备。

（11）水系统的管道设计应考虑定子线圈反冲洗和排水管及阀门，能方便地对定子线圈、定子出线套管（水冷）进行反冲洗。反冲洗管道上加装激光打孔的不锈钢过滤器。

三、典型工程实例

（一）工程概况

某电厂 2×330MW 间接空冷亚临界空冷供热发电机组资料如下：发电机冷却方式为水-氢-氢，即定子绕组水内冷，定子铁芯氢外冷，转子绕组氢冷却。

（二）发电机定子内冷水系统

2009 年建设电厂时，发电机内冷水系统有关设备系统参数（单机）如下：

（1）内冷水箱一个，容积 2m³，连接有内冷水进、出口管道、补给水管道及对空排气阀、排污管，液位计等。

（2）内冷水泵 2 台，流量 50t/h，出口压力 0.6MPa。

（3）冷却水进水温度 45℃±3℃，水量 45t/h，进水压力 0.1～0.2MPa。内冷水采用除盐水作为补充水。

（4）内冷水处理装置采用东方电机厂配置的旁路小混床处理工艺。小混床运行时 pH 值在 7.0 左右，而 DL/T 801—2010《大型发电机内冷却水质及系统技术要求》规定内冷水系统的各项指标为：pH=8.0～9.0（25℃），DD=0.4～2.0μS/cm（25℃），Cu^{2+}≤20μg/L。现有运行方式不能满足水质条件，内冷水系统存在腐蚀，需频繁更换树脂，不但影响机组的安全运行，同时也造成大量除盐水浪费。

2013 年根据机组发电机内冷水系统的现场实际情况，在系统流程不变的基础上进行改造。每台机组安装一套发电机内冷水旁路处理系统，该系统由超净化装置、特种树脂、树脂捕捉器、自动调节微碱装置、在线监测仪表等部分组成，并配备相应的仪表和仪表柜。

发电机冷却水超净化装置投运后，发电机内冷水系统指标可达到标准要求。

第六章

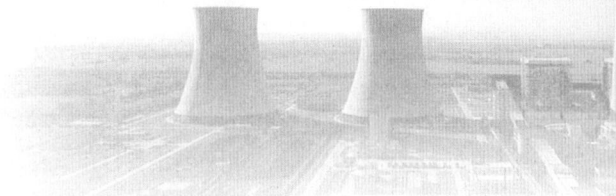

汽轮机组的凝结水处理

第一节 设计基础资料

一、凝结水处理系统简介

（一）凝结水处理的目的

凝结水处理是指对蒸汽经过介质（水或空气）冷却后冷凝而成的水所进行的处理，又称为凝结水精处理。火力发电厂的给水水质影响着机组的安全稳定运行，随着机组参数的提高，给水水质要求也更加严格。而锅炉给水主要来自凝结水，因此，改善凝结水的质量是保证锅炉给水质量达标的前提。

凝结水处理的目的主要是去除凝结水中金属腐蚀产物及各类溶解杂质。热力系统在运行和停运过程中产生的腐蚀产物主要是铁和铜的氧化物，这些氧化物的产生跟许多因素有关，如给水中溶解氧及二氧化碳的含量、停炉保护效果、凝结水水质及机组的运行工况等。机组负荷变化会显著影响凝结水中铁、铜的含量。机组在启动过程中，凝结水中腐蚀产物含量比正常运行时高出几十倍，导致长时间大量排水冲洗，才能达到凝结水回收标准，会延长启动时间。凝结水中的溶解杂质主要来源为凝汽器泄漏、蒸汽的溶解携带、锅炉补给水的带入、气体带入以及凝结水、给水和炉水处理等药品带入。

因此，凝结水处理装置的作用归纳如下：

（1）凝结水处理除铁设备可以降低金属腐蚀产物含量。

（2）凝结水处理可以保证在凝汽器轻微泄漏时，机组安全运行；在凝汽器较大泄漏时，可以有一定的缓冲时间处理事故，达到安全停机。

（3）设置凝结水处理系统可以减少机组启动冲洗时间，从而缩短机组启动时间，节约冲洗所消耗的除盐水量，经济效益明显。

（二）凝结水处理主要工艺

凝结水处理主要由过滤处理、除盐处理及后置过滤处理等部分或全部工艺组成。过滤处理主要用于去除凝结水中的金属腐蚀产物及悬浮固体，除盐处理主要用于去除凝结水中的溶解盐类，后置过滤处理主要用于截留除盐设备可能漏出的碎树脂，是除盐工艺的配套组成部分，目前采用的基本都是树脂捕捉器。

对于凝结水中以除铁为主要目的的机组，目前常用的除铁工艺主要有覆盖过滤器、管式过滤器、电磁过滤器等。

对于凝结水中以除盐为主要目的的机组，目前常用的除盐工艺主要有混床除盐，阳、阴分床除盐等。

对于凝结水中既有除铁要求又有除盐要求的机组，需要采用除铁与除盐相结合的工艺，目前常用的主要有管式过滤器＋混床、前置阳床＋混床、前置阳床＋阴床＋阳床、粉末覆盖过滤器＋混床等几种组合工艺。各工艺主要特点见表6-1。

表 6-1　凝结水处理各工艺主要特点

序号	系统名称	特 点
1	管式过滤器＋混床	出水水质好
2	前置阳床＋混床	出水水质好，混床运行周期长，系统除氨容量大，但占地面积大，系统阻力较大
3	前置阳床＋阴床＋阳床	出水水质好，交换器运行周期长，系统除氨容量大，但占地面积过大，系统阻力大
4	阳床＋阴床	出水水质好，系统除氨容量较大，但占地面积大，系统阻力较大
5	粉末覆盖过滤器＋混床	出水水质好，占地面积较大
6	混床	出水水质好，但树脂易受铁污染
7	粉末覆盖过滤器	占地面积较小，基本无除盐能力
8	管式过滤器	占地面积小，系统简单，但无除盐能力
9	电磁过滤器	占地面积小，系统简单，但无除盐能力

（三）凝结水处理系统与热力系统的连接方式

受凝结水处理系统材料耐温的限制，凝结水处理系统在热力系统中一般都设置在凝结水泵后、低压加热器前，如图6-1所示，这里的温度能满足树脂、过滤材料的正常工作温度要求。这种系统俗称中压凝结水处理系统。

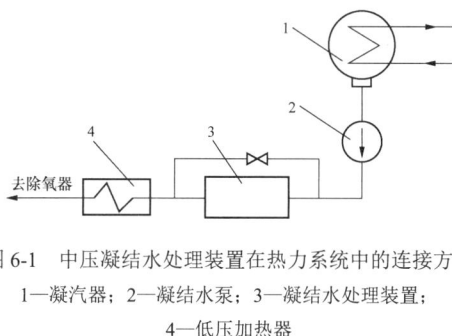

图6-1　中压凝结水处理装置在热力系统中的连接方式
1—凝汽器；2—凝结水泵；3—凝结水处理装置；
4—低压加热器

二、设计内容及范围

凝结水处理系统的设计内容包含主工艺系统和保证主工艺系统运行的辅助系统。根据不同的机组情况，主工艺系统有单独的过滤系统或除盐系统，也有过滤与除盐相组合的系统，另外，除盐工艺均辅以后置过滤系统（树脂捕捉器）。

凝结水处理系统的设计范围一般为凝结水泵出口母管至系统产水送出管之间的全部系统及设备、管道的安装设计。与外界或外专业之间的工艺设计接口内容包括凝结水来水管、产水管、系统产生的废水排放管/沟、过滤器反洗及离子交换设备再生自用来水管、压缩空气管等，管道的具体设计接口位置一般在系统/界区1m处。

三、设计输入资料

凝结水处理系统的设计应掌握以下设计输入资料：

（1）锅炉和汽轮机组的设计参数、冷却方式、凝汽器管材及冷却水质。

（2）机组凝结水泵设计流量和最大流量、凝结水泵设计压力和关闭压力。

（3）凝结水的正常温度和最高温度。

（4）所需药品及其供应情况。

（5）工程所在地的气候条件。

（6）布置场地条件，主机凝结水系统管道规格。

（7）消耗自用水水源，所产生的废水去向，用电设备电源以及控制方式等接口条件。

（8）如为改扩建工程，应掌握原有机组的设备配置及应用情况等。

第二节　系　统　设　计

一、湿冷机组凝结水处理

（一）系统选择

1. 主要设计原则

（1）由直流锅炉供汽的湿冷汽轮机组，其全部凝结水应进行处理，处理系统应设置除铁和除盐装置。除铁装置可不设备用，但不应少于2台。除盐装置均应设置备用设备。

（2）由亚临界汽包锅炉供汽的湿冷汽轮机组，其全部凝结水应进行处理。

冷却水水源为淡水且给水按还原性全挥发处理工况设计的湿冷机组的凝结水处理装置可仅设置除盐装置，除盐装置可不设备用，但不应少于2台。

冷却水水源为海水、苦咸水和再生水的湿冷机组或给水按加氧处理工况设计的汽轮机组的凝结水处理系统应设置除盐装置，且应设备用。

（3）高压及超高压汽包锅炉供汽的湿冷汽轮机组，其凝结水处理系统因水源的不同而不同。

冷却水水源为淡水的湿冷机组，可不设置凝结水处理系统。冷却水水源为海水且凝汽器采用钛管时，或冷却水水源为苦咸水且凝汽器采用不锈钢管时，可不设置凝结水处理系统。冷却水水源为海水或苦咸水，且凝汽器采用铜管时，宜设凝结水除盐装置，且不设备用。

承担调峰负荷的湿冷机组，可设置供机组启动用的除铁装置，且不设备用。

（4）为简化系统，凝结水处理宜采用中压系统。

（5）火力发电厂凝结水处理系统除铁和除盐装置应分别设有100%容量的旁路装置，旁路阀门宜为有调节功能的自动阀门，同时还应设置旁路阀门的运行检修阀门。凝结水处理系统可不设大旁路系统。旁路阀应与凝结水母管管径相同或小一档。

（6）凝结水处理系统应选用高速离子交换器，处理装置的树脂应采用体外再生方式进行再生。

（7）对于超临界机组及锅炉给水采用加氧处理机组，凝结水处理系统的混合离子交换器应按氢型运行设计，且应采用高树脂分离度的再生系统。混合离子交换器的体外再生装置的树脂分离度应满足阴树脂在阳树脂层内含量（体积比）小于0.1%、阳树脂在阴树脂层内含量（体积比）小于0.07%的要求。

2. 工艺选择建议

湿冷机组凝结水处理工艺方案可参照表6-2选择。

表 6-2 湿冷机组凝结水处理方案选择

序号	机组参数	采用工艺	备注
1	高压或超高压	(1) 管式过滤器。 (2) 电磁过滤器	适用于频繁启动的调峰机组，可不设备用
2	亚临界汽包炉	混床	冷却水源为海水、苦咸水、再生水时需要设置备用，冷却水源为淡水时，可不设备用
3	亚临界及以上 参数直流炉	(1) 管式过滤器+混床。 (2) 前置阳床+混床。 (3) 前置阳床+阴床+阳床	过滤设备可不设备用，除盐设备需要设置备用，后置阳床可不设备用

（二）主要技术要求

1. 系统出水水质

凝结水处理系统进出水控制指标见表 6-3。

表 6-3 凝结水处理系统进出水指标

项 目	典型启动			正常运行状态		
	预计进水值	要求出水保证值		预计进水值	要求出水保证值	
		亚临界	超临界		亚临界	超临界
悬浮固体（$\mu g/L$）	1000～5000	<100	<100	25	<10	<10
总溶解固形物（不计氨）（$\mu g/L$）	650	<50	<50	100	<20	<15
二氧化硅 SiO_2（$\mu g/L$）	500	≤80	≤30	20	≤10	≤5
钠 Na^+（$\mu g/L$）	～20	5	5	5～10	≤2	≤1
总铁 Fe（$\mu g/L$）	1000	≤75	≤50	5～50	≤3	≤3
总铜 Cu（$\mu g/L$）		≤15	≤15	5～20	≤1	≤1
氯 Cl^-（$\mu g/L$）	100	≤10	≤10	20	≤1	≤1
阳电导度（25℃，阳柱后）（$\mu S/cm$）		<0.3	<0.20	0.2～0.8	<0.15	<0.10
pH 值（25℃，混床以 H^+/OH^-型运行）	8.0～9.6	6.5～7.5	6.5～7.5	8.0～9.6	6.5～7.5	6.5～7.5

注 对于空冷机组，启动阶段悬浮物含量有时会高达 5000$\mu g/L$，此时过滤器也应投入运行。

2. 主要设备及技术要求

（1）凝结水除铁或除盐装置应与单元机组配套设置。凝结水处理系统的体外再生装置，可两台机组合用 1 套。但当 1 台汽轮机组所设的混合离子交换器台数超过 3 台时，可增设专门的树脂储存罐和备用树脂量。

（2）除铁装置可选用管式过滤器、电磁过滤器等，阳离子交换器也可作为除铁装置使用。

（3）除盐装置宜选用混合离子交换器，或者采用阳、阴离子交换器分床系统。

（4）每组离子交换器宜设 1 台再循环泵，其容量应为 1 台离子交换器正常出力的 50%～70%。

（5）凝结水处理装置进水母管上应设置排气放水阀门，过滤器或交换器停运泄压管道上宜带节流减压装置。

（6）每台离子交换器出水管道上应安装树脂捕捉器。树脂捕捉器应有冲洗措施，并易于检修。树脂捕捉器滤芯面积应是管道截面的 3 倍以上。

（7）树脂再生装置中应设有补充离子交换树脂的接口。再生装置的排水管道上宜设有树脂捕捉器。

（8）每台机组应单独敷设树脂输送管道，中压系统树脂输送管道上应设置带滤网的安全泄放阀，接入离子交换器及过滤器系统的自用水、压缩空气管道上应设置安全阀，压缩空气管道上还应设置止回阀，中压和低压系统间的连接管道应设置隔离门。

（9）树脂擦洗用气源宜选用罗茨风机，并应设备用。

（10）过滤器反洗水泵、树脂再生用冲洗水泵应设备用；当反洗水泵与冲洗水泵参数相同时，可共用 1 台备用设备。

（11）树脂再生用酸碱储存槽、计量箱等可不设备用，采用计量泵再生时，应设备用泵。

（12）碱液稀释水应采用自动电加热热水箱加热，热水箱加热温度到 80℃，加热时间 4～8h。再生用碱液宜加热至 40℃。

一般 DN2200 混床系统配套的热水箱容积为 4.5～6m³，DN3000 混床系统配套的热水箱容积为 8～10m³，如采用阴单床，热水箱容积应按照碱液稀释水及置换用水量体积核算。

（13）阳阴树脂再生罐、树脂分离罐反洗膨胀率为 100%。

（14）每台机组应单独敷设树脂输送管道，并在进出再生单元处设置阀门。树脂管道阀门宜选用不锈钢球阀。树脂输送管道材质为不锈钢，管道弯头宜采用大半径弯头。

（15）再生单元再生罐进水阀应设限位器，方便调试时流量调整。

（16）混床、过滤器出口应设置管道上手动取样阀，取样阀应为可减压的针型阀，或取样阀前加减压阀。

（17）再生稀酸、碱液管道上应设置手动取样阀。

3. 布置设计技术要求

（1）凝结水处理设备宜布置于汽机房凝结水泵附近。公用的再生设备宜布置于主厂房两台机组之间的单独区域或主厂房外单独房间，也可布置在锅炉补给水处理车间，但树脂输送管道不宜超过 200m。

（2）凝结水处理系统用水泵和罗茨风机均应布置于室内，罗茨风机应采取消音措施。

（3）酸碱储存、计量设备及再生废水池不应布置在汽机房内，主厂房内再生废水应经管沟内的排水管排至再生废水池。

4. 其他要求

（1）再生用水应选用二级除盐水。

（2）凝结水处理系统及辅助系统内的仪表配置见第十六章。

（3）凝结水处理离子交换设备所用的树脂应满足 DL/T 519《发电厂水处理用离子交换树脂验收标准》的规定。

（4）混合离子交换器阴树脂再生剂宜选用离子交换膜法生产的高纯度氢氧化钠，其品质要求见表 6-4。

表 6-4　　　　　　　　　　　　凝结水处理树脂再生用酸碱要求

盐酸		硫酸		氢氧化钠	
成分	含量	成分	含量	成分	含量
盐酸	≥31.0%	硫酸	≥92.5%或98.0%	氢氧化钠	≥32.0%
铁	≤0.008%	灰分	≤0.03%	碳酸钠	≤0.06%
灼烧残渣	≤0.10%	铁	≤0.010%	氯化钠	≤0.007%
氯	≤0.008%	铅	≤0.02%	三氧化二铁	≤0.0005%
砷	≤0.0001%	汞	≤0.01%	氯酸钠	≤0.002%
硫酸盐（SO_4^{2-}）	≤0.03%	砷	≤0.005%	氧化钙	≤0.0005%
				三氧化二铝	≤0.0006%
				二氧化硅	≤0.003%
				硫酸盐（以 Na_2SO_4 计）	≤0.002%

二、空冷机组凝结水处理

（一）系统选择

1. 主要设计原则

（1）由直流锅炉供汽的空冷汽轮机组，其全部凝结水应进行处理，并应设置除铁装置和除盐装置。表面式间接空冷机组的除铁装置可不设备用，但不应少于 2 台。直接空冷机组和混合式间接空冷机组的除铁装置应设备用，除盐装置均应设置备用。

（2）由亚临界汽包锅炉供汽的空冷汽轮机组，其

全部凝结水应进行处理。

表面式间接空冷机组的凝结水处理系统宜仅设置除盐装置，除盐装置可不设备用，但不宜少于 2 台。

混合式间接空冷机组的凝结水处理系统应设置除铁装置和除盐装置，除铁装置和除盐装置均应设置备用设备。

直接空冷机组的凝结水处理系统宜选择阳阴分床工艺，也可选择以除铁为主的粉末树脂过滤器，阳阴分床和粉末树脂过滤器均应设备用。当给水按加氧处理工况设计时，宜采用阳阴分床系统或除铁装置加除

盐装置系统，阳阴分床、除盐装置应设备用。

（3）由高压及超高压汽包锅炉供汽的空冷汽轮机组，采用表面式间接空冷凝汽器的，可不设置凝结水处理系统；采用直接空冷凝汽器的，其凝结水处理系统可仅设置除铁装置，且可不设备用；采用混合式间接空冷凝汽器的，其凝结水处理系统应设置除铁装置和除盐装置，且均应设备用。

（4）其他设计原则见湿冷机组部分。

2. 工艺选择建议

空冷机组的凝结水处理工艺可按表6-5选择。

表6-5　　　　　　　　　　　　空冷机组凝结水处理方案选择

序号	机组参数	空冷形式	采用工艺	备注
1	高压或超高压	直接空冷机组	（1）管式过滤器。 （2）电磁过滤器	可不设备用
		表面式间接空冷机组	可不处理	
		混合式间接空冷机组	（1）管式过滤器＋混床。 （2）前置阳床＋混床。 （3）前置阳床＋阴床＋阳床。 （4）粉末覆盖过滤器＋混床	过滤设备与除盐设备需要设备用，后置阳床可不设备用
2	亚临界汽包炉	直接空冷机组	（1）阳床＋阴床。 （2）管式过滤器＋混床。 （3）前置阳床＋混床	阳床＋阴床可不设备用。 过滤器、前置阳床和混床可不设备用，当汽包炉给水采用加氧处理时，除盐装置设备用
		表面式间接空冷机组	混床	可不设备用
		混合式间接空冷机组	（1）管式过滤器＋混床。 （2）前置阳床＋混床。 （3）前置阳床＋阴床＋阳床。 （4）粉末覆盖过滤器＋混床	过滤设备与除盐设备需要设备用，后置阳床可不设备用
3	亚临界及以上参数直流炉	直接空冷及混合式间接空冷机组	（1）管式过滤器＋混床。 （2）前置阳床＋混床。 （3）前置阳床＋阴床＋阳床。 （4）粉末覆盖过滤器＋混床	过滤设备与除盐设备需要设备用，后置阳床可不设备用
		表面式间接空冷机组	（1）管式过滤器＋混床。 （2）前置阳床＋混床。 （3）前置阳床＋阴床＋阳床	过滤设备可不设备用。 除盐设备需要设备用，后置阳床可不设备用

（二）主要技术要求

1. 凝结水处理系统出水水质

凝结水处理系统进出水控制指标见表6-3。

2. 主要设备及技术要求

空冷系统凝结水处理系统设计与湿冷机组系统凝结水处理系统设计的主要差别在于直接空冷机组凝结水处理除铁装置可采用粉末树脂过滤器，其他除铁装置与除盐装置系统设计技术要求可参考湿冷机组部分。

粉末树脂过滤装置一般有如下设计要求：

（1）粉末树脂过滤器的铺膜设备宜每台机组设置1套。

（2）每台粉末树脂过滤器应设置1台保持泵，其容量宜为1台过滤器正常设备出力的10%～20%。

（3）树脂粉末过滤器滤芯宜采用缠绕式滤芯，滤芯骨架应用不锈钢材质。

3. 布置设计技术要求

见湿冷机组凝结水处理部分布置要求。

4. 其他要求

（1）空冷机组凝结水处理再生用水要求与湿冷机组相同，应选用二级除盐水。

（2）凝结水处理系统及辅助系统内的仪表配置见第十六章。

（3）凝结水处理离子交换设备所用的树脂应满足DL/T 519《发电厂水处理用离子交换树脂验收标准》的规定。空冷机组由于凝结水温度较高，阴树脂耐热性能要求在95℃下恒温受热100h后，凝结水精处理用阴树脂强碱基团下降率应不超过13%。

（4）混合离子交换器树脂再生剂要求与湿冷机组相同。

三、燃气-蒸汽联合循环机组凝结水处理

（一）联合循环机组主机配置

1. 机组主机配置形式

（1）"一拖一"配置。指1台燃气轮机和1台余热锅炉对应1台汽轮机，也称为"1＋1＋1"配置。

1）"一拖一"单轴布置。指燃气轮机与汽轮机同轴，共用 1 台发电机。

2）"一拖一"多轴布置。指燃气轮机与汽轮机分轴布置，各自拖动发电机。

（2）"二拖一"配置。指 2 台燃气轮机与 2 台余热锅炉对应 1 台汽轮机，也称为"2＋2＋1"配置，"二拖一"必为多轴布置。

（3）"N 拖一"配置。指 N 台燃气轮机与 N 台余热锅炉对应 1 台汽轮机，N>2。

2. 机组参数

早期的燃气轮机排气温度较低，所配的蒸汽循环不宜采用再热方案，但可采用单压、双压或三压的循环形式。由于近年来大型燃气轮机的排气温度高，具备为余热锅炉提供足够的高温热量用以实现双压或三压再热循环的可能性，可提高联合循环的发电效率。

各大燃气轮机生产厂商推荐的联合循环机组蒸汽参数基本在高压、超高压和亚临界范围内。近年来随着技术的不断进步，机组参数也在不断提高，联合循环机组蒸汽参数可达到超临界水平。

（二）系统选择

1. 主要设计原则

（1）燃气-蒸汽联合循环机组的凝结水处理系统设计原则与燃煤发电机组相同，可参考本节第一部分湿冷机组的凝结水处理和第二部分空冷机组的凝结水处理。

（2）联合循环机组的凝结水处理系统选择还应考虑机组运行方式和机组类型，对于频繁启动或有热网疏水返回的联合循环机组，当凝汽器采用湿冷形式时，亚临界及以下参数机组的凝结水处理宜设置除铁设施。

2. 工艺选择建议

燃气-蒸汽联合循环机组的凝结水处理工艺选择，应根据机组参数、冷却方式、运行方式和机组类型等参考表 6-2 和表 6-5 确定。

（三）主要技术要求

燃气-蒸汽联合循环机组的凝结水处理主要技术要求，应根据所选择的工艺系统确定，可参考本节第一部分湿冷机组的凝结水处理和第二部分空冷机组的凝结水处理。

第三节 主 要 设 备

凝结水处理系统设备主要包括过滤设备、除盐设备、再生设备等。

一、过滤设备

凝结水中的固体杂质主要为凝汽器的泄漏带入的悬浮物和系统运行过程中产生的金属腐蚀产物，该腐蚀产物大多是不可溶解的，主要是以微粒和胶态形式存在的悬浮物。

过滤的主要功能是去除凝结水中的金属腐蚀产物和杂质，降低凝结水系统中的固体杂质含量，避免腐蚀产物沉积在锅炉受热面上从而降低锅炉效率。另外，在机组启动阶段，可以大大缩短机组的启动时间，减少机组启动的大量排水以及热量损失。在机组正常运行阶段，还可以保护后续除盐系统树脂免受铁污染，防止由于悬浮物含量增加，后续除盐系统因系统压差升高而被迫解列再生的频率增加。

常见的过滤设备主要有覆盖过滤器、管式过滤器、电磁过滤器。

（一）覆盖过滤器

早期在部分电厂使用的纸粉覆盖过滤，其滤芯采用梯形绕丝结构，过滤之前送入纸粉浆，经滤芯截留后形成 3～5mm 厚的纸浆滤膜，依靠滤膜去除水中的固体颗粒，因容易污染凝结水水质，已被逐渐淘汰。

粉末树脂覆盖过滤器是由美国引进的一种凝结水处理设备，目前的粉末树脂覆盖过滤器是在聚丙烯纤维缠绕的滤芯表面，覆盖微粉末（40～60μm）的强酸和强碱离子交换树脂以及纤维粉的混合物，纤维粉的目的是使滤膜具有一定的弹性，且能够使树脂粉更容易地附着在滤芯表面，形成滤膜层。粉末覆盖过滤器因其投资省、占地小等特点，曾在众多亚临界及以下参数直接空冷机组的凝结水处理系统中得到应用。实践证明，粉末树脂覆盖过滤器的除盐能力很弱，不能满足机组投运初期水质快速合格的要求，因此，不宜单独作为除盐装置使用。

粉末树脂覆盖过滤器由于覆盖在滤芯表面的树脂量有限，交换容量低，一般在运行几个小时后，即失去除盐能力。粉末树脂覆盖过滤器的主要作用是去除凝结水的金属腐蚀产物。

1. 结构形式

覆盖过滤器是一个壳体为圆形的钢制压力容器，底部呈锥形，水从下部进入，进口处设置进水分配罩，顶盖为带法兰的椭圆形封头，法兰之间为安装滤芯的水平多孔板。滤芯直立吊装在多孔板上，上部用不锈钢螺帽固定，下部用钢条焊成的网固定，以防滤芯摆动。多孔板将过滤器分为两个区段，上部为出水区，下部为过滤区。

滤芯是覆盖过滤器的主要组成部分，多为不锈钢或优质工程塑料制成的管状滤芯。滤芯上部管口封闭，管口有螺纹，用于固定滤芯；滤芯下端有一段不开齿槽的管，端头敞开，用于插入事先制定好的出水穹型多孔板上的接口处，用作出水。滤芯间距在覆盖滤料后净距不小于 25mm。多孔板接口处与滤芯应连接严密、防止漏水。运行过程中，进水管自设备下部经配水系统进入过滤区，出水口在上封头的顶端，设备结构示意如图 6-2 所示。

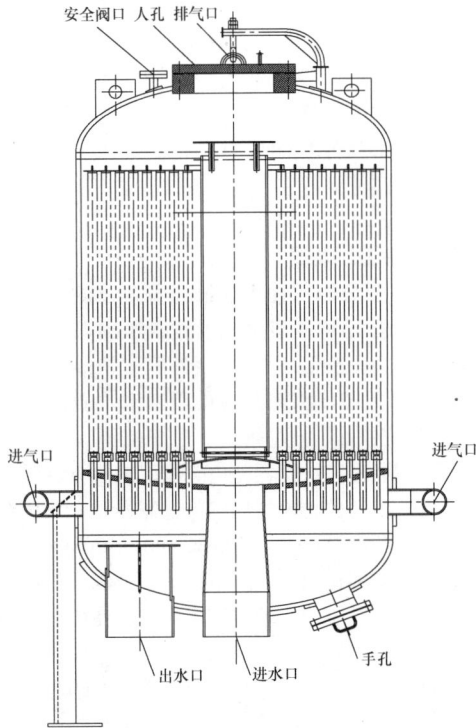

图 6-2　覆盖过滤器结构示意

2. 主要参数
（1）覆盖过滤器主要设计参数见表 6-6。

表 6-6　覆盖过滤器主要设计参数表

项目	设计参数	备注
滤芯水通量 [m³/（m²·h）]	8～10	纤维缠绕式
铺膜树脂粉量耗量 （kg/m²）	0.4～1.4	
运行压差（MPa）	≤0.17	
滤芯孔径（μm）	5	纤维缠绕式滤芯

续表

项目	设计参数	备注
铺膜泵流量 [m³/（m²·h）]	130～150	按筒体截面积计算

（2）电厂凝结水处理常用缠绕滤芯规格见表 6-7。

表 6-7　电厂凝结水处理常用缠绕滤芯规格

过滤精度（μm）	外形尺寸			材质	
	外径	内径	长度	滤材	支撑骨架
1、5	2in/50mmm、2.5in/64mmm	1.2in/30mmm	60in/1520mmm、70in/1778mmm	聚丙烯	S30408

目前常用的凝结水精处理覆盖过滤器滤芯直径规格主要为 2in（DN50）、长度为 70in（1778mm）的缠绕式滤芯，铺膜后滤芯过滤面积约为 0.31m²，单个滤芯产水量 2.5～2.8m³/h。

过滤器外径一般需根据过滤器的处理水量以及滤芯间距进行排列后得出，滤芯间距在覆盖滤料后净距不小于 25mm，图 6-3 为直径φ1700 的表面覆盖过滤器滤芯布置图，滤芯中心间距 76mm，滤芯个数为 350，单台过滤器处理水量 875～980m³/h。

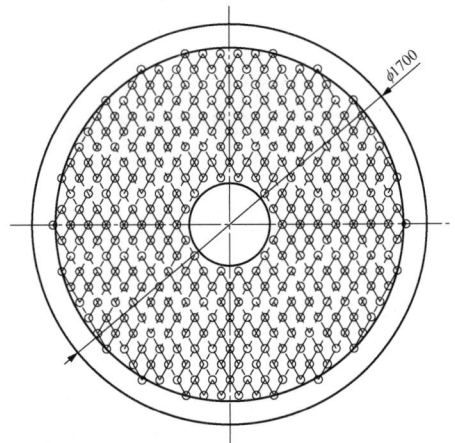

图 6-3　φ1700 覆盖过滤器滤芯布置图

表 6-8 为不同容量机组所对应的覆盖过滤器直径及其内部滤芯的装填数量。

表 6-8　　覆盖过滤器直径与机组等级和滤芯装填数量对照表

机组等级	300MW 级	600MW 级	1000MW 级	
凝结水量（m³/h）	700～1100	1400～1700	2000～2400	
单台过滤器处理水量（m³/h）	700～1100	700～850	667～800	1100～1200

续表

机组等级	300MW 级		600MW 级		1000MW 级		
过滤器直径	DN1700	DN1800	DN1700	DN1800	DN1700	DN1800	DN2100
滤芯装填量（个）	360	390	360	390	360	390	550

常用覆盖过滤器设备直径与设备对应的接口见表 6-9,实际运行过程中需根据设备的处理水量和滤芯数量进行核算。

表 6-9　覆盖过滤器设备直径与对应接口规格表

接口名称	DN1700	DN1800	DN2100
	公称尺寸（mm）		
进水口	DN350	DN350	DN400
出水口	DN350	DN350	DN400
进气口	DN150	DN150	DN200
排气口	DN150	DN150	DN200
安全阀口	DN40	DN40	DN40
人孔	DN450	DN450	DN450
手孔	DN200	DN200	DN200

3. 主要计算公式

覆盖过滤器滤芯支数按式（6-1）计算，覆盖过滤器铺膜树脂粉耗量按式（6-2）计算

$$N = q_V / (fS) \quad (6-1)$$
$$M = Kq_V / q \quad (6-2)$$

式中　N——覆盖过滤器滤芯支数，根；

M——单台过滤器铺膜一次树脂粉耗量，kg；

q_V——单台过滤器的过滤水量，m^3/h；

f——缠绕滤芯的水通量，设计时取 8，$m^3/(m^2 \cdot h)$；

S——单支缠绕滤芯的过滤面积，m^2；

k——单位面积滤芯铺膜的一次用量，设计选取 1.4，kg/m^2。

（二）管式过滤器

1. 结构形式

管式过滤器结构与覆盖过滤器相似，均由一个承压外壳和壳内若干滤芯组成，所不同的是内置滤芯采用不铺膜的折叠滤芯，直接利用滤芯的过滤层进行过滤，当截留悬浮物达到一定进出口压差时，需停用反洗，反洗形式多采用气水反洗。管式过滤器结构形式见图 6-2。

滤芯是管式过滤设备的关键，一般为管状，按照制造工艺可分为绕线式滤芯、熔喷滤芯及折叠滤芯。折叠滤芯因其自身特点目前在管式过滤工艺中普遍采用。近年来，大流量免反洗折叠滤芯由于其纳污量大、运行简单等特点也越来越多地被采用，该滤芯不需要进行定期反洗，待滤芯截留的污染物达到一定程度后直接更换。为运行维护方便，多使用卧式过滤器作为此种过滤方式的壳体。

卧式过滤器由两端为椭圆形封头的柱形筒体壳组成，一端封头顶端配法兰接头作为出水口；另一端封头顶端配法兰接头作为人孔。滤芯位于其外格网内，水平固定安装于与出水水室一侧的底部孔板上，滤芯的另一侧由固定板固定，以防止滤芯松动，中间由支撑板加强固定，底部孔板将过滤器分为两个区段，滤芯一侧为进水水室，另一侧则为出水水室，卧式过滤器结构见图 6-4。

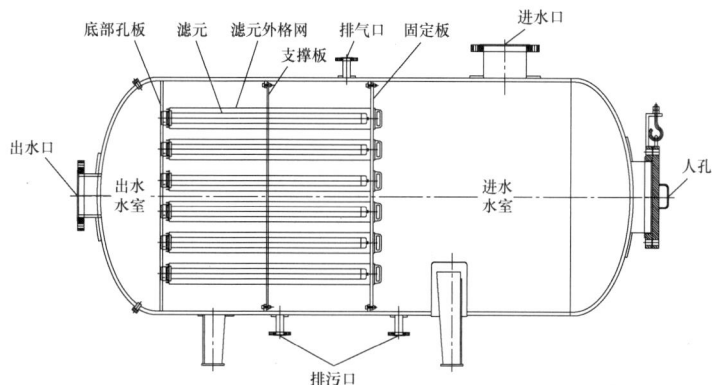

图 6-4　卧式过滤器结构

卧式过滤器设备直径与装填滤芯支数相关，通常直径为φ1700的过滤器内置滤芯数量约为30个，滤芯支数的选择需根据设备的滤芯规格、过滤器进水水量、水质以及滤芯规定压差内的纳污能力和使用时间周期等参数确定。

2. 主要参数

管式过滤器设备主要设计参数要求见表6-10。

表6-10　　　　　　　　　　　管式过滤器主要设计参数表

项　　目		设计参数	备　　注
滤芯水通量［m³/（m²·h）］		0.7～1	折叠式
		8～10	纤维缠绕式
水反洗强度［m³/（m²·h）］		约30	按筒体截面积计算
反洗用气强度［m³/（m²·h），标准工况］		170	按筒体截面积计算
运行压差（MPa）		≤0.12	—
滤芯孔径（μm）	正常运行时	5	纤维缠绕式滤芯
		1～4	折叠式滤芯
	启动时	10	纤维缠绕式
		≤4	折叠式

可反洗折叠滤芯的规格见表6-11。

表6-11　　　　　　　　　　　可反洗折叠滤芯规格

过滤精度（μm）	外形尺寸（in）			材质		单支滤芯过滤面积（m²）	单支滤芯产水量（m³/h）
	外径	内径	长度	滤材	支撑骨架		
1、2、5、10、20、40	2.5	1.2	70	PP	PP	6.5	3.5～3.8

大流量免反洗折叠滤芯的规格见表6-12。

表6-12　　　　　　　　　　　大流量免反洗折叠滤芯规格

过滤精度（μm）	外形尺寸（in）			材质		单支滤芯过滤面积（m²）	单支滤芯产水量（m³/h）
	外径	内径	长度	滤材	支撑骨架		
1、5、6、20、25、50、75、100	6	3	40	PP	PP	6.5	13～20
			60			9.8	20～30

过滤器外径一般需根据过滤器的处理水量以及滤芯间距进行排列后得出，管式过滤器滤芯与覆盖过滤器滤芯排列方式相同，滤芯表面之间的净距不小于25mm，由于滤芯直径不同，管式过滤器滤芯之间的间距通常相对较大。图6-5所示为直径φ1700的管式过滤器滤芯布置，滤芯中心间距89mm，滤芯个数为180，单台过滤器处理水量630～684m³/h。

不同容量机组所对应的过滤器直径以及其内部滤芯的装填数量见表6-13。

表6-13　不同容量机组管式过滤设备主要参数

机组等级	机组凝结水量（m³/h）	单台过滤器设计出力（m³/h）	常用过滤器直径（mm）	滤芯装填量（个）
300MW级	700～1100	350～550	DN1300	130
			DN1400	148
		700～1100	DN1700	190
			DN1800	240
600MW级	1400～1700	700～850	DN1600	190
			DN1700	224

续表

机组等级	机组凝结水量（m³/h）	单台过滤器设计出力（m³/h）	常用过滤器直径（mm）	滤芯装填量（个）
1000MW 级	2000～2400	667～800	DN1700	225
		1000～1200	DN1800	260
			DN2000	335

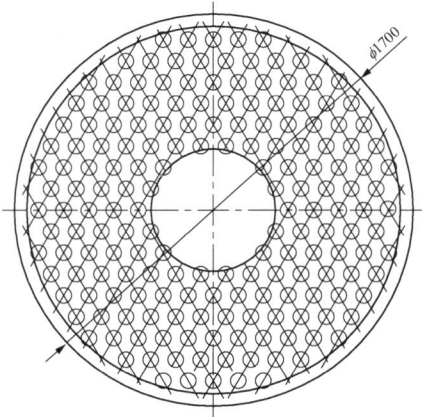

图 6-5 φ1700 管式过滤器滤芯布置图

常用管式过滤器设备直径与设备对应的接口见表 6-14，实际运行过程中需根据设备的处理水量和滤芯数量进行核算。

表 6-14 管式过滤器设备直径与对应接口规格表

接口名称	DN1300/DN1400	DN1600/DN1700	DN1800/DN2000
	公称尺寸（mm）		
进水口	DN250	DN350	DN400
出水口	DN250	DN350	DN400
进气口	DN80	DN100	DN125
排气口	DN80	DN100	DN150
人孔	DN450	DN450	DN450
手孔	DN200	DN200	DN200

（三）电磁过滤器

凝结水中铁氧化物颗粒主要有 Fe_3O_4、α-Fe_2O_3、γ-Fe_2O_3 等，这些物质可以用磁性吸引的方法从水中去除。早期多使用永磁过滤器，但由于除铁效率低，很

快被电磁过滤器取代。电磁过滤器是在励磁线圈中通以直流电，产生磁场，将过滤器中填料（导磁基体）磁化，水中的磁性物质通过填料层时被吸附在填料层表面，从而达到净化水质的目的。

1. 结构形式

电磁过滤器主要由罐体、内部磁性材料和外部电磁线圈构成。罐体用非磁性材料制成，内部填充磁性材料，如钢毛、钢纤维、钢球等，填料高度一般为 800～1000mm。过滤器的外壳是能改变磁场强度的电磁线圈，同时还有相应的线圈发热冷却系统，可用工业水对线圈内部的冷却油系统进行二次热交换进行冷却。当通直流电时，线圈产生较强的磁场，填充材料被磁化，吸附水中的铁和 Fe_3O_4 等磁性物质。当压差上升或需要清洗时，停止通电，内部填充材料的磁场自动消除，用空气和水对内部充填的磁性材料反洗。设备结构见图 6-6。

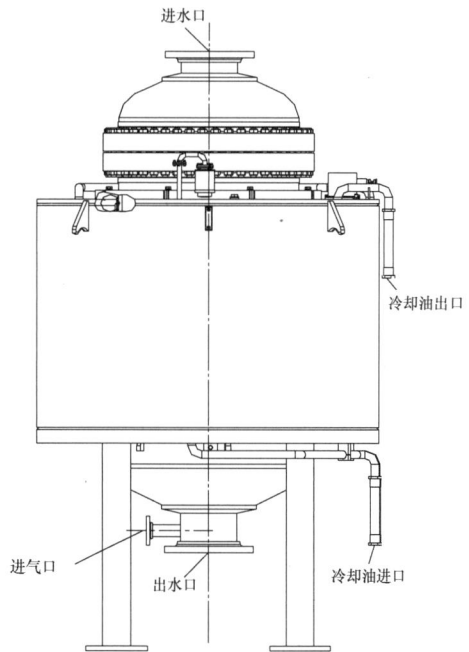

图 6-6 电磁过滤器设备结构

2. 主要参数

电磁过滤器设备主要设计参数见表 6-15。

表 6-15 电磁过滤器设备主要设计参数表

项　　目	设计参数	备注
运行流速（m/h）	800～1000	用于疏水过滤时，流速减半
运行压差（MPa）	≤0.1	—

续表

项 目		设计参数	备注
空气擦洗	空气擦洗强度 [m³/(m²·min)，标准工况]	12	—
	时间（s）	4~6	至水排空
水反洗	反洗强度 [m³/(m²·h)]	170~180	空气擦洗和水反洗交替 4~5 次
	时间（s）	40	

在电磁过滤器中，基本作用于悬浮粒子的磁力可以用式（6-3）表示

$$F = V\chi H \frac{\mathrm{d}H}{\mathrm{d}x} \qquad (6\text{-}3)$$

式中　F——基本作用于粒子的磁力，N；

　　　V——悬浮物的体积，m^3；

　　　χ——物质的磁转化率，视材料而定的常数；

　　　H——背景磁场强度，A/m；

　　　$\frac{\mathrm{d}H}{\mathrm{d}x}$——磁场梯度，$A/m^2$。

如果某物质磁转化率 $\chi < 0$，该物质称为抗磁性物质，如金、银、铜、硅等。如果某物质的磁转化率 χ 稍大于 0，则该物质称为顺磁性物质，如铝、铬、锰、Fe_2O_3 等。除此之外还有磁性物质，其 χ 数值很大，而且随磁场强度变化而变化，如铁、钴、镍及其化合物和合金等，几种物质的磁转化率 χ 见表 6-16。

表 6-16　　　几种物质的磁转化率

材料	磁转化率
铁	$100 \sim 10^5$
Fe_3O_4	$100 \sim 4000$
铜	-9.5×10^{-6}
Fe_2O_3	1.4×10^{-3}

由表 6-16 可知，电磁过滤器只是对水中的铁、Fe_3O_4 和 $\gamma\text{-}Fe_2O_3$ 等铁磁性物质的去除有效，而对铜和 $\alpha\text{-}Fe_2O_3$ 等非铁磁性物质的去除率低。当导磁基本吸引粒子的磁力远远超过阻碍粒子运动的反方向力，即颗粒的重力、流体的黏滞阻力、摩擦力和惯性力时，磁分离作用才能得到有效利用。

二、除盐设备

除盐处理主要是去除凝结水中的溶解盐类，由于凝结水含盐量较低，且凝结水处理在热力系统中所处位置等原因，基本采用强酸和强碱树脂组成的 H/OH 混床或阳阴分床式离子交换除盐系统。

凝结水处理除盐系统遵循的是离子交换基本理论，主要是通过设备内部的离子交换树脂对凝结水中的离子态杂质进行交换去除。在机组正常运行时，去除系统中的微量溶解盐分，一方面，可以提高凝结水水质，保证优良的给水品质和蒸汽质量，防止盐分随给水带入热力系统；另一方面，可以减少机组启动冲洗时间，从而缩短机组启动时间。另外，在凝汽器发生较大泄漏时，可以有一定的缓冲时间处理事故，安全停机。

（一）高速混床

1. 结构形式

凝结水中的高速混床多为中压压力容器，设计压力多在 4.0MPa 左右，设备本体多采用钢衬胶，承压能力高，外形有柱形和球形两种。高速混床内部配有进水装置、底部集水装置、进树脂装置以及底部排树脂装置，通常高速混床的进水装置设计为穹型挡板＋平面多孔板＋梯形绕丝水帽，实现进水系统的两级配水，防止水流直接冲刷树脂造成树脂层表面不平。首先进水经位于进水管上的穹型挡板进行一级配水进入进水室，进水室下部为平面多孔板，多孔板上嵌入梯形绕丝水帽（绕丝间隙为 1.0mm±0.05mm），进行二级配水。底部集水装置的设计多为穹型多孔板＋梯形绕丝水帽（绕丝间隙为 0.25mm±0.05mm），在正常运行状态下能完全满足布水均匀的要求。上部进树脂装置以及底部排树脂装置分别直接升入多孔板面以上，排脂管道位于穹型多孔板的最底端，保证设备的排脂率。高速混床设备外形如图 6-7 和图 6-8 所示。

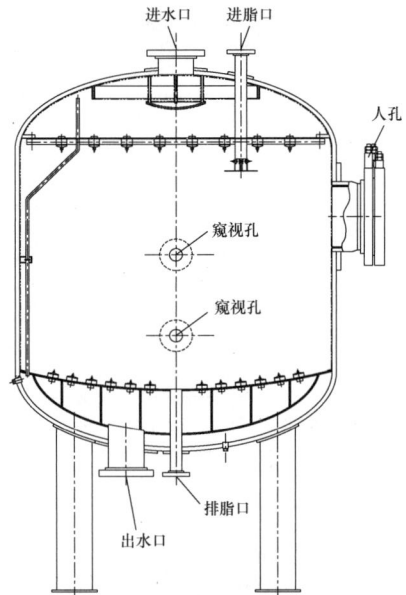

图 6-7　柱形高速混床设备外形

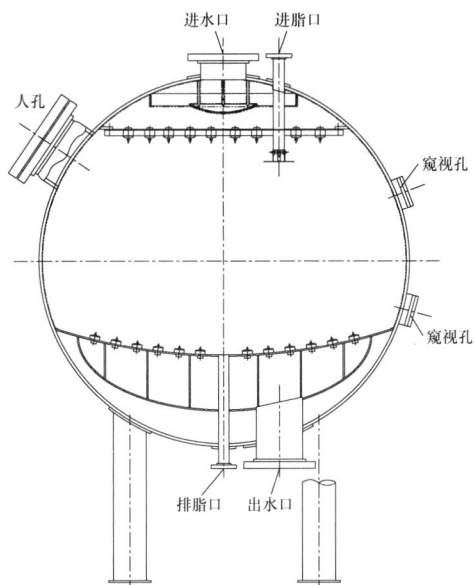

图 6-8　球形高速混床设备外形

2. 主要参数

高速混床主要设计参数见表 6-17。

表 6-17　　高速混床主要设计参数表

项目	设计参数	备注
运行流速（m/h）	100～120	
运行压差（MPa）	≤0.175	清洁床
	≤0.35	污脏床
离子交换器树脂层高（mm）	1000～1200	
混合离子交换器阳、阴树脂比例	3:2 或 1:1	无前置阳离子交换器且给水按加氧处理
	3:2 或 2:1	无前置阳离子交换器且给水按全挥发处理
	1:2 或 1:3	有前置阳离子交换器
正洗水耗（m³/m³）	20	
树脂混合空气强度[m³/（m²·min），标准工况]	2.3～2.4	
树脂混合空气压力（MPa）	0.1～0.15	

3. 主要计算公式

高速混床设备直径按式（6-4）计算

$$D \geq 2\sqrt{\frac{q_V}{v}} \qquad (6\text{-}4)$$

式中　D——高速混床设备直径，根据计算取整至 0.1，m；

　　　q_V——单台高速混床进水水量，m³/h；

v——高速混床设计流速，设计时取下限，m/h。

高速柱形混床树脂装填量按式（6-5）计算

$$V = \frac{1}{4}\pi khD^2 \qquad (6\text{-}5)$$

式中　V——单台高速柱形混床阳/阴树脂量，m³；

　　　D——高速柱形混床设备直径，m；

　　　h——高速柱形混床内阳/阴树脂层高，m；

　　　k——树脂装填系数，常取 1.05～1.1。

球形混床树脂体积应为装填树脂后的球台体积减去穹形出水装置的球缺体积。在实际工程中，球形树脂体积采用的计算方法大多同柱形混床，即将球形混床看做是相同直径的柱形混床，此种方法计算出来的树脂体积经计算验证的结果是比实际体积大 4% 左右，因此球形混床树脂体积也可利用式（6-5）计算，树脂装填系数的 k 值可适当减小，取 1～1.05 为宜。

（二）高速阳、阴离子交换器

1. 结构形式

凝结水处理系统中高速阳、阴离子交换器主要用作前置阳床或阳、阴分床系统，高速阳、阴离子交换器设备内部结构以及外形与高速混床设备相同，见图 6-7 和图 6-8，外形有柱形和球形两种。

2. 主要参数

高速阳、阴离子交换器主要设计参数见表 6-18。

表 6-18　　高速阳、阴离子交换器
主要设计参数表

项　　目	设计参数	备注
运行流速（m/h）	100～120	
运行压差（MPa）	≤0.175	清洁床
	≤0.35	污脏床
离子交换器树脂层高（mm）	1000～1200	
正洗水耗（m³/m³）	20	

（三）树脂捕捉器

凝结水处理系统树脂捕捉器用于拦截由于离子交换器出水水帽破碎或松动而泄漏的树脂，以及颗粒相对较小的碎树脂。当树脂捕捉器拦截一定量的树脂时，由于过流面积相对减小，树脂捕捉器压差上升，可在离子交换器停运时进行反冲洗，必要时需停机反冲洗。

1. 结构形式

树脂捕捉器外形通常有立式和卧式两种。设备内部均为柱形钢制本体均匀开孔。树脂捕捉器进水自过滤滤芯外部进入，通过滤网后进入上部出水室，树脂颗粒拦截于过滤滤芯外部，立式树脂捕捉器设备外形见图 6-9，卧式树脂捕捉器设备外形见图 6-10。

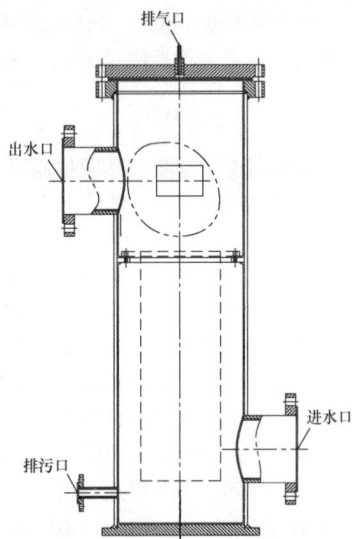

图 6-9 立式树脂捕捉器设备外形

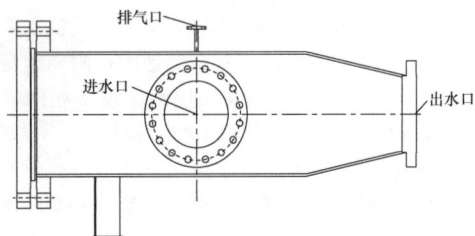

图 6-10 卧式树脂捕捉器设备外形

2. 主要参数

内部滤筒开孔孔径为 20～30mm，外部均匀缠绕不锈钢绕丝，绕丝之间间隙约为 0.2mm±0.05mm。微孔以及缝隙流速要求小于 1m/s。

三、再生设备

凝结水精处理再生系统主要设备包括高速混床树脂分离与再生设备以及高速阳、阴床树脂再生设备。根据树脂分离工艺选择的不同，高速混床体外再生系统设备也不同，目前常用的再生工艺包括高塔再生分离技术以及锥体再生分离技术；高速阳、阴床树脂再生设备主要包括树脂再生塔以及树脂储存塔。每个设备根据功能的不同，设备结构也不相同。

（一）体外再生系统设备主要设计参数

体外再生系统设备主要设计参数见表 6-19。

表 6-19 体外再生系统设备主要设计参数表

项目		设计参数	备注
树脂再生度（%）	阳树脂	≥99.6	
	阴树脂	≥97	
混合树脂分离度（%）		<0.1	阳树脂中阴树脂体积比
		<0.07	阴树脂中阳树脂体积比

续表

项目		设计参数	备注
空气擦洗用气强度 [m³/（m²·min），标准工况]		3.4～4	擦洗方式采用脉冲进水气，反洗进气 1～2min，正洗进水 2～3min
空气压力（MPa）		≥0.07	
擦洗次数	启动阶段	30～40	
	正常运行	10～20	
反洗分层流速（m/h）		10～15	反洗分层时间 15min，或根据制造商要求
再生水平（kg/m³）	盐酸	200	
	硫酸	260	
	氢氧化钠	200	
再生液浓度（%）	盐酸	4～8	
	硫酸	4～8	
	氢氧化钠	4	碱再生液温度宜为40℃
进再生液时间（min）	阳树脂	≥30	
	阴树脂	≥30	
再生流速（m/h）	阳树脂	4～8	
	阴树脂	2～4	

（二）高塔法再生设备

1. 树脂分离塔

（1）功能简述。用于高速混床中失效的阳阴混合离子交换树脂进行彻底清洗以及树脂分层，同时还兼具失效混合树脂临时储存的功能。

（2）结构形式。树脂分离塔为垂直倒锥结构，设备本体多采用钢衬胶，由下部直径相对较小的圆柱形沉降区和上部倒锥形树脂收集区组成。底部布水装置多采用多孔板＋水帽结构，顶部集水装置多采用母支管结构，分离塔上部设置失效树脂进口管，中部为阴树脂出口管，底部为阳树脂出口管。分离塔顶部以及底部设有人孔，塔壁设置窥视孔，树脂分离塔设备外形见图 6-11。

（3）设备接口尺寸。通常树脂分离塔设备直径与设备对应的接口见表 6-20，实际设计过程中需根据不同的设备厂家进行核对。

表 6-20 树脂分离塔设备直径与对应接口规格表

接口名称	DN1300/DN2200	DN1600/DN2400
	公称尺寸（mm）	
底部进/出水口	DN80	DN80
顶部进/出水口	DN100	DN150
顶部排气口	DN50	DN50
树脂进口	DN80	DN80
阴树脂出口	DN80	DN80

续表

接口名称	DN1300/DN2200	DN1600/DN2400
	公称尺寸（mm）	
阳树脂出口	DN80	DN80
窥视孔	300×70	300×70
人孔	DN500	DN500

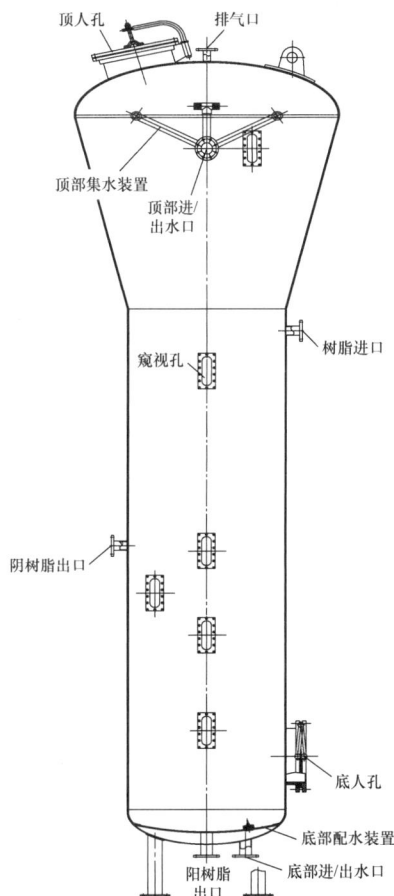

图 6-11　树脂分离塔设备外形图

2. 阴树脂再生塔

（1）功能简述。用于将树脂分离塔分离好的失效阴树脂送入该塔中进行再生，再生合格后送至树脂储存罐备用。

（2）结构形式。阴树脂再生塔为竖直圆筒形结构，设备本体多采用钢衬胶。底部布水装置多采用多孔板＋水帽结构，上部进碱装置多采用母支管结构，外套梯型绕丝，阴树脂再生塔上部设置阴树脂进口管，底部为阴树脂出口管。再生塔顶部以及底部设有人孔，塔壁设置窥视孔，阴树脂再生塔设备外形见图 6-12。

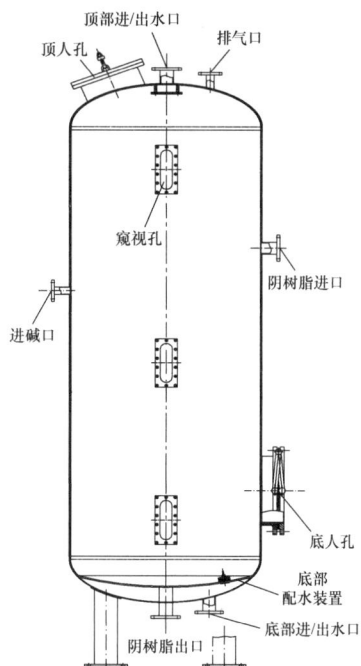

图 6-12　阴树脂分离塔设备外形

（3）设备接口尺寸。通常阴树脂再生塔设备直径与设备对应的接口见表 6-21，实际设计过程中需根据不同的设备厂家进行核对。

表 6-21　　阴树脂再生塔设备直径与
对应接口规格表

接口名称	DN1200	DN1300	DN1600	DN1700	DN1800
	公称尺寸（mm）				
底部进/出水口	DN80	DN80	DN80	DN80	DN80
顶部进/出水口	DN80	DN80	DN80	DN80	DN80
顶部排气口	DN50	DN50	DN50	DN80	DN80
阴树脂进口	DN80	DN80	DN80	DN80	DN80
阴树脂出口	DN80	DN80	DN80	DN80	DN80
进碱口	DN50	DN50	DN80	DN50	DN50
窥视孔	300×70	300×70	300×70	300×70	300×70
人孔	DN500	DN500	DN500	DN500	DN500

3. 阳树脂再生兼储存塔

（1）功能简述。树脂分离塔中分离好的失效阳树脂被送入该设备中进行彻底再生，同时该设备还能接受阴树脂再生塔中再生好的阴树脂，将该塔中再生好的阳树脂与输送来的阴树脂在该设备中混合均匀，储存备运。

（2）结构形式。阳树脂再生兼储存塔为圆筒形结构，设备本体多采用钢衬胶。底部布水装置多采用多孔板＋水帽结构，上部进酸装置多采用母支管结构，外套梯型绕丝，布水以及进酸设备材质多为哈氏合金 C,阳树脂再生塔上部设置树脂进口管,底部为树脂出口管,塔顶部以及底部设有人孔,塔壁设置窥视孔。阳树脂再生兼储存塔设备外形见图 6-13。

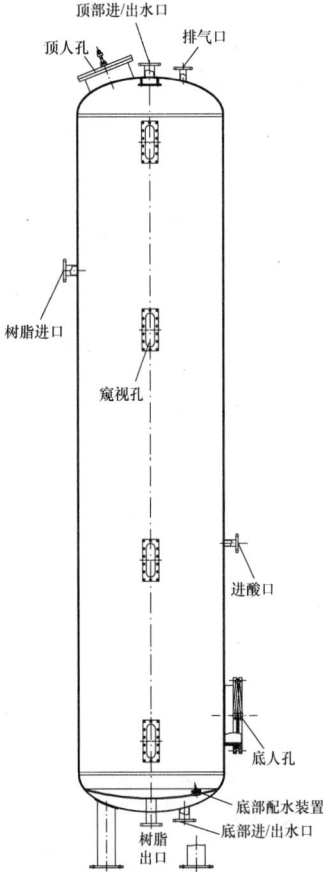

图 6-13 阳树脂再生兼储存塔设备外形图

（3）设备接口尺寸。阳树脂再生兼储存塔设备直径与设备对应的接口见表 6-22,实际设计过程中需根据不同的设备厂家进行核对。

表 6-22   阳树脂再生兼储存塔设备
直径与对应接口规格表

接口名称	DN1300	DN1400	DN1600	DN1700	DN1800
	公称尺寸（mm）				
底部进/出水口	DN80	DN80	DN80	DN80	DN80
顶部进/出水口	DN80	DN80	DN80	DN80	DN80
顶部排气口	DN50	DN50	DN50	DN50	DN50
树脂进口	DN80	DN80	DN80	DN80	DN80
树脂出口	DN80	DN80	DN80	DN80	DN80
进酸口	DN50	DN50	DN80	DN80	DN80
窥视孔	300×70	300×70	300×70	300×70	300×70
人孔	DN500	DN500	DN500	DN500	DN500

4. 废水树脂捕捉器

（1）功能简述。主要捕集精处理反洗排水带出的树脂,以防止反洗水所带出的树脂随废水泄漏,造成树脂损失。

（2）结构形式。废水树脂捕捉器多为垂直圆筒形结构,设备本体多采用钢衬胶,设备内部为不锈钢绕丝滤芯,废水自捕捉器中部进入,经过滤后自下部排出。废水树脂捕捉器设备外形见图 6-14。

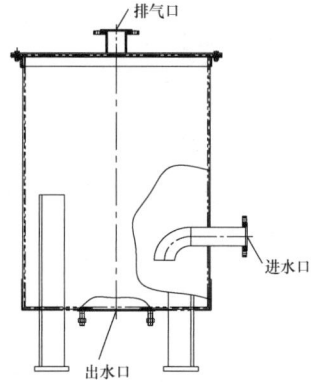

图 6-14   废水树脂捕捉器设备外形

（3）设备接口尺寸。废水树脂捕捉器设备直径与设备对应的接口见表 6-23,实际设计过程中需根据不同的设备厂家进行核对。

表 6-23   废水树脂捕捉器设备直径与
对应接口规格表

接口名称	DN1200
	公称尺寸（mm）
进水口	DN125
排水口	DN200
排气口	DN50

5. 电热水罐

（1）功能简述。电热水罐是利用电加热原件加热除盐水的设备,加热最高温度约为 80℃,加热后的水通过三通调节阀,利用冷水混合调节,可把水温控制在 40℃左右,热水用于保证阴离子交换再生碱液的温度,达到提高阴树脂再生效果的目的。

（2）结构形式。电热水罐为垂直圆筒形结构,设备本体多采用 S30408 不锈钢材质,设备内置电加热棒以及温度测点,温度与电加热设备联锁,设备底部设置进水口,顶部设置出水口。电热水罐设备外形见图 6-15。

（3）设备接口尺寸。电热水罐设备直径与设备对应的接口见表 6-24,实际设计过程中需根据不同的设备厂家进行核对。

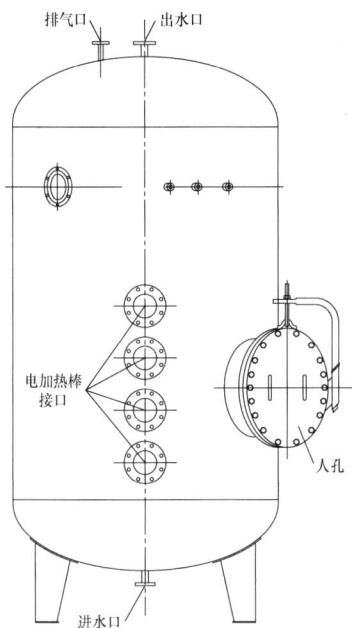

图 6-15　电热水罐设备外形

表 6-24　电热水罐设备直径与对应接口规格表

接口名称	8m³	10m³
	DN1800	DN1800
	公称尺寸（mm）	
进水口	DN40	DN40
排水口	DN40	DN40
排气口	DN25	DN25
人孔	DN500	DN500

（三）锥斗法再生设备

1. 树脂分离兼阴树脂再生塔

（1）功能简述。用于高速混床中失效的阳阴混合离子交换树脂进行彻底清洗以及树脂分离，树脂分层后将阳树脂送入阳塔，混合树脂送入混脂罐，最后将塔中阴树脂进行再生，再生合格后供下一次树脂混合使用，同时还兼具失效混合树脂临时储存的功能。

（2）结构形式。树脂分离兼阴树脂再生塔为垂直圆筒结构，下部连接一个核心的锥斗布水装置，设备本体多采用钢衬胶。锥斗布水装置并非常见的多孔板加水帽结构，而是聚丙烯管埋入石英砂中胶结而成的独特布水装置，布水孔隙小于 0.01mm，均匀分布于整个设备底部，确保布水均匀。锥斗的中央部位是一块直径约 8cm 的圆形不锈钢片，材质多为 S31603，用于挡住树脂输送时底部水流对树脂的冲击。设备上部排水以及排气装置设置有滤网，防止树脂泄漏，网孔精度可满足破碎树脂通过反洗排出。树脂清洗阶段，主要通过底部布水装置进水反洗，中间排水装置主要控制反洗水

位；待树脂清洗结束后，在该塔中进行树脂分离，将底部阳树脂送入阳塔，分层界面附近的阳阴混合树脂送入混脂罐。将剩余的阴树脂进行进碱再生，进碱装置采用母支管，材质多为 S31603，再生废液通过底部进/出水口外排，设备再生排液外接管需为倒 U 形，排液高度高于树脂层面，使树脂充分浸入再生液中，保证再生效果。设备顶部设有人孔，侧面根据需要设置有窥视孔。树脂分离兼阴树脂再生塔设备外形见图 6-16。

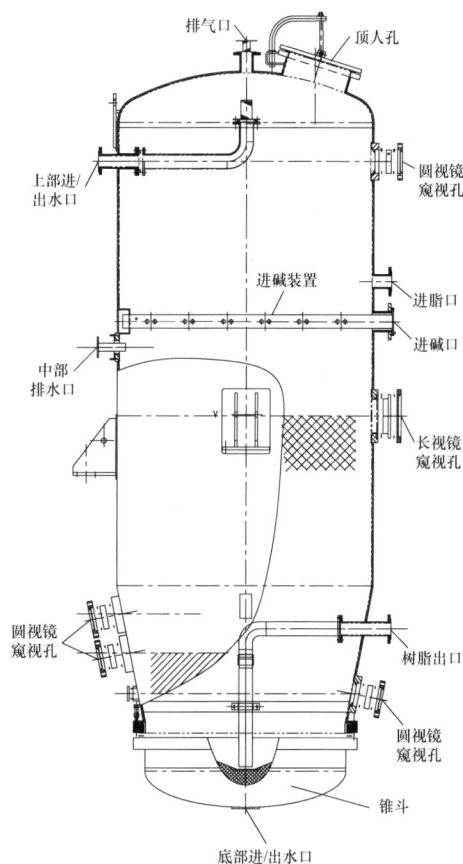

图 6-16　树脂分离兼阴树脂再生塔设备外形图

（3）设备接口尺寸。树脂分离兼阴树脂再生塔设备直径与对应的接口见表 6-25，实际设计过程中需根据不同的设备厂家进行核对。

表 6-25　树脂分离兼阴树脂再生塔设备
直径与对应接口规格表

接口名称	DN2200、DN2400柱形高速混床	DN3000、DN3200球形高速混床
	DN1400	DN2000
	公称尺寸（mm）	
底部进/出水口	DN100	DN100
上部进/出水口	DN100	DN100
排气口	DN100	DN100

续表

接口名称	DN2200、DN2400 柱形高速混床	DN3000、DN3200 球形高速混床
	DN1400	DN2000
	公称尺寸（mm）	
中部排水口	DN100	DN100
进脂口	DN80	DN80
出脂口	DN80	DN80
进碱口	DN100	DN150
人孔	DN500	DN500

2. 混合树脂储存罐

（1）功能简述。当树脂分离兼阴树脂再生塔中混合树脂分层结束后，首先将下部的阳树脂送入该系统的阳树脂再生塔中，将阳、阴树脂界面附近的混合树脂输送进入该混合树脂储存罐中，减少树脂分离输送后阳中阴树脂以及阴中阳树脂的混合度，提高树脂分离度以及再生度。

（2）结构形式。混合树脂储存罐为垂直柱体结构，设备本体多采用不锈钢。设备底部设置树脂进出口，顶部设置进出水口，为防止树脂外泄，顶部进出水口设有滤网。混合树脂储存罐设备外形见图 6-17。

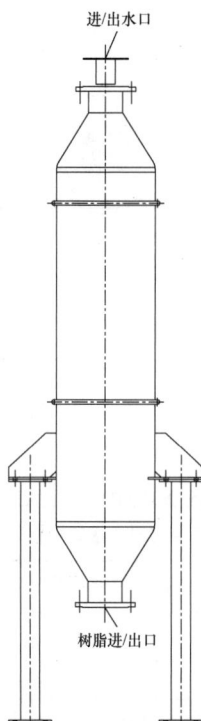

图 6-17　混合树脂储存罐设备外形

（3）设备接口尺寸。混合树脂储存罐设备直径与

设备对应的接口见表 6-26，实际设计过程中需根据不同的设备厂家进行核对。

表 6-26　混合树脂储存罐设备直径与对应接口规格

接口名称	DN450
	公称尺寸（mm）
进/出水口	DN150
树脂进/出口	DN80

3. 阳树脂再生兼混合树脂储存塔

（1）功能简述。用于将树脂分离兼阴树脂再生塔中分离出来的失效阳树脂送入该设备中进行彻底再生，同时该设备还能接受树脂分离兼阴树脂再生塔中再生好的阴树脂，将该塔中再生好的阳树脂与输送来的阴树脂均匀混合，储存备用。

（2）结构形式。阳树脂再生兼混合树脂储存塔设备外形与内部结构与上述树脂分离兼阴树脂再生塔相似，不同的是设备进酸材质即母支管材质多选用哈氏合金 C。阳树脂再生兼混合树脂储存塔设备外形见图 6-18。

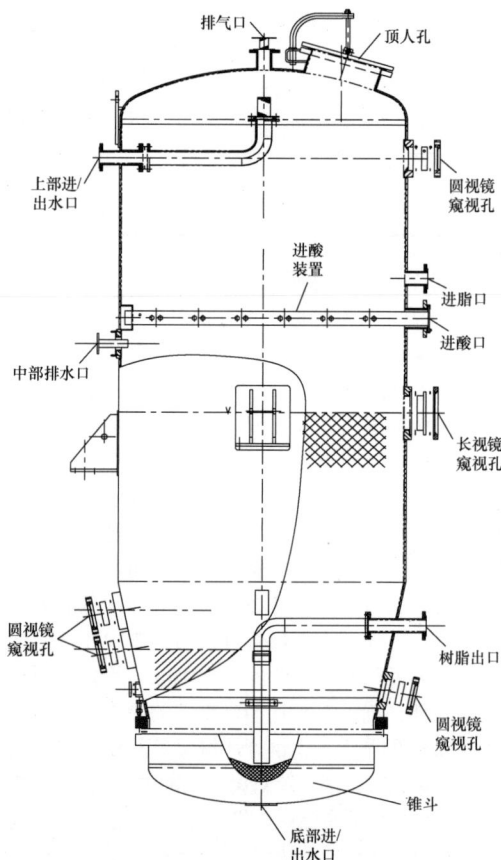

图 6-18　阳树脂再生兼混合树脂储存塔设备外形图

（四）高速阳、阴床树脂再生设备

1. 树脂再生塔

（1）功能简述。用于高速阳床、阴床中离子交换树脂进行彻底清洗以及再生，将高速阳床树脂送入阳树脂再生塔或高速阴床树脂送入阴再生塔，将树脂完全清洗后，分别对阳、阴树脂进酸或进碱再生，再生合格的树脂送入树脂储存塔备用。

（2）结构形式。高速阳床、阴床树脂再生塔为立式圆柱结构，设备本体多采用钢衬胶。底部布水装置多采用多孔板＋水帽结构，上部进再生液装置多采用母支管结构，外套梯型绕丝，阳再生塔设备内进酸以及底部布水装置材质多为哈氏合金 C，阴再生塔内进碱以及底部布水装置材质多为不锈钢 S31603。再生塔上部设置树脂进口管，底部为树脂出口管，塔顶以及底部设有人孔，塔壁设置窥视孔。高速阳床、阴床树脂再生塔设备外形见图 6-19。

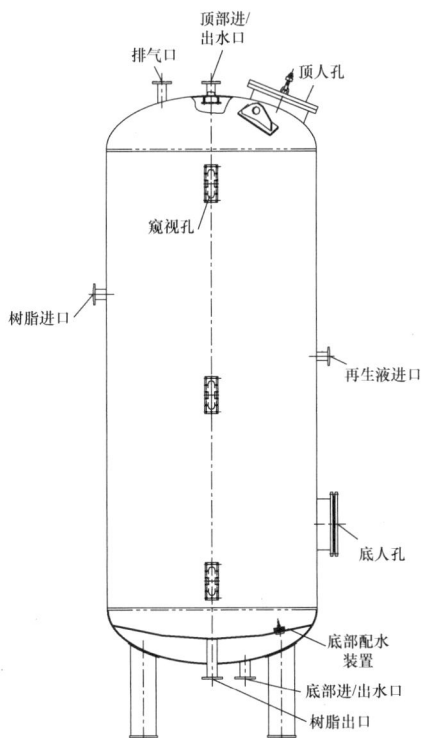

图 6-19　高速阳床、阴床树脂再生塔设备外形图

（3）设备接口尺寸。高速阳床、阴床树脂再生塔设备直径与高速阳、阴床设备直径以及树脂量相关，一般 300MW 等级机组采用 DN2200 或 DN2400 柱形床，600MW 和 1000MW 等级机组采用 DN3200 球形床，常规 DN2200、DN2400 柱形床与 DN3200 球形床树脂层高为 1000mm，所对应的再生设备以及接口见表 6-27，实际设计过程中需根据不同的设备厂家进行核对。

表 6-27　高速阳床、阴床树脂再生塔设备直径与对应接口规格

接口名称	DN2200、DN2400 柱形床	DN3000、DN3200 球形床
	DN1800	DN2200
	公称尺寸（mm）	
底部进/出水口	DN80	DN80
顶部进/出水口	DN80	DN80
排气口	DN80	DN80
树脂进口	DN80	DN80
树脂出口	DN80	DN80
再生液进口	DN80	DN80
窥视孔	300×70	300×70
人孔	DN500	DN500

2. 树脂储存塔

（1）功能简述。用于储存高速阳树脂再生塔或高速阴树脂再生塔再生好的树脂，待高速阳床或高速阴床中失效树脂送出至树脂再生塔中后，将再生好的树脂送入高速阳床或高速阴床进行备运。

（2）结构形式。高速阳床、阴床树脂储存塔为垂直圆柱结构，设备本体多采用钢衬胶。底部布水装置多采用多孔板＋水帽结构，设备顶部进出水装置采用挡水板形式，底部为树脂出口管，塔顶部以及底部设有人孔，塔壁设置窥视孔。高速阳床、阴床树脂储存塔设备外形见图 6-20。

（3）设备接口尺寸。高速阳床、阴床树脂储存塔设备直径与设备对应的接口见表 6-28，实际设计过程中需根据不同的设备厂家进行核对。

表 6-28　高速阳床、阴床树脂储存塔设备直径与对应接口规格表

接口名称	DN1800	DN2200
	公称尺寸（mm）	
底部进/出水口	DN80	DN80
顶部进/出水口	DN80	DN80
排气口	DN80	DN80
树脂进口	DN80	DN80
树脂出口	DN80	DN80
窥视孔	300×70	300×70
人孔	DN500	DN500

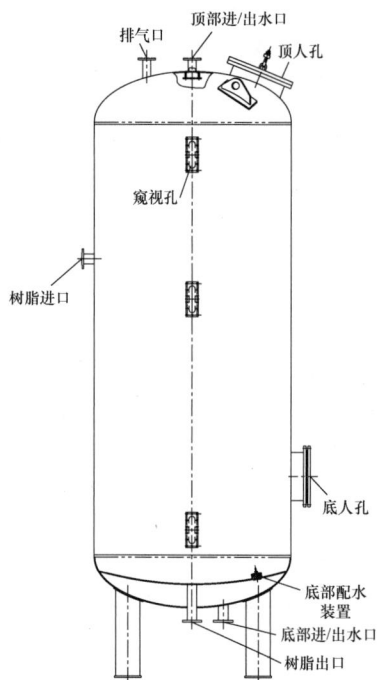

图 6-20　高速阳床、阴床树脂储存塔设备外形图

第四节　典型工程实例

一、亚临界湿冷机组凝结水处理工程实例

1. 工程概况

某工程新建 2×300MW 亚临界汽包炉机组，采用海水直流冷却。

2. 工艺描述

（1）系统选择。该工程凝结水进行 100% 处理，采用体外再生混床的凝结水精处理系统，每台机组采用 3×50% 中压混床，2 台运行 1 台备用。精处理系统设有 100% 最大凝结水量的旁路。2 台机组共用 1 套体外再生装置，体外再生采用高塔法分离技术。

（2）系统设计参数。

1）单机凝结水量：正常 740.77t/h，最大 777.59t/h。

2）凝结水泵扬程：运行压力 3.30MPa，水泵关闭扬程 4.0MPa。

3）凝结水温度：正常运行温度不大于 50℃，最高温度 60℃。

（3）凝结水精处理设备布置。凝结水精处理混床、再循环泵及树脂捕捉器，布置在汽机房 0m BC 轴。体外再生设备布置在集控楼 0m，见图 6-21 和图 6-22。

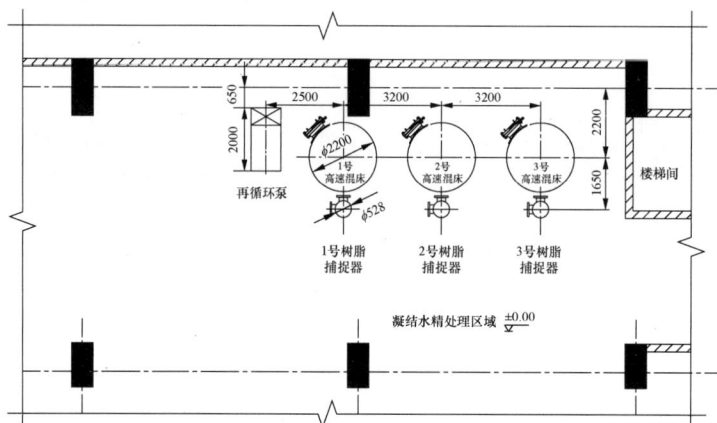

图 6-21　凝结水精处理设备平面布置图

3. 主要设备

表 6-29 为主要设备一览。

表 6-29　　　　　　　　　　　　主 要 设 备 一 览 表

序号	名称	型号及规范	单位	数量	备注
1	高速混床	$\phi2256$，树脂层高（阳/阴）500mm/500mm	台	6	
2	再循环泵	280m³/h，0.32MPa	台	2	
3	再生分离罐	$\phi1300/\phi2100$，总高度 8250mm	台	1	
4	阳再生储存罐	$\phi1316$，总高度 5650mm	台	1	

续表

序号	名称	型号及规范	单位	数量	备注
5	阴再生储存罐	$\phi1216$，总高度4900mm	台	1	
6	电热水箱	$\phi1512$，6m³	台	1	
7	酸计量箱	2m³	台	1	
8	碱计量箱	2m³	台	1	
9	酸储存罐	10m³	台	1	
10	碱储存罐	10m³	台	1	
11	压缩空气罐	7m³	台	2	
12	冲洗水泵	100m³/h	台	2	
13	罗茨风机	6.8m³/min	台	2	

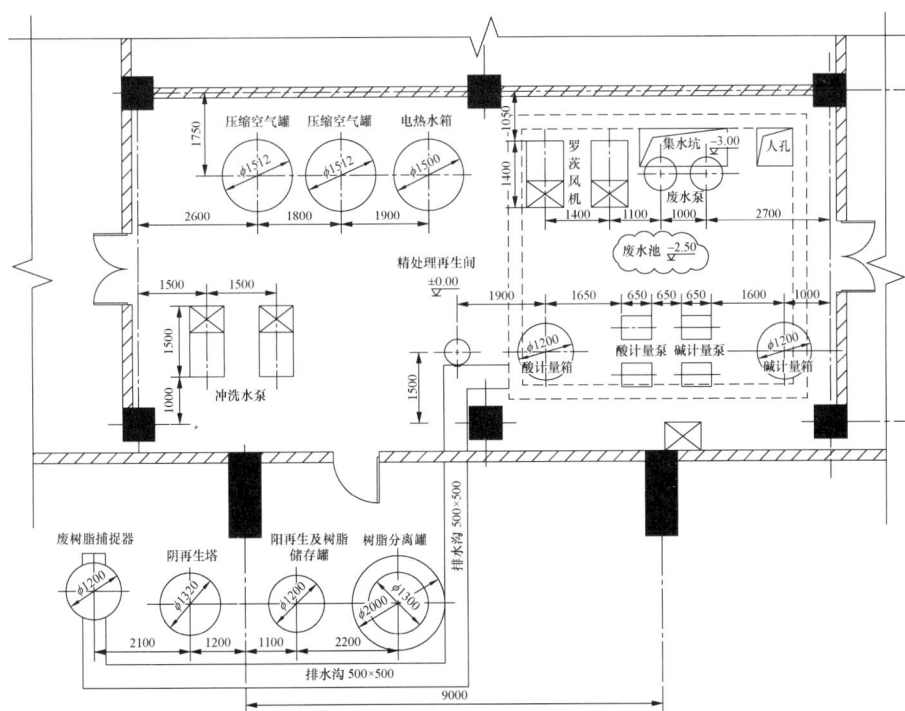

图6-22 凝结水精处理再生设备平面布置图

二、亚临界空冷机组凝结水处理工程实例

(一)采用粉末树脂覆盖过滤器工艺的工程实例

1. 工程概况

某电厂建设规模为2×330MW亚临界燃煤直接空冷机组。

2. 工艺描述

(1)系统选择。每台机组采用2台100%中压粉末树脂覆盖过滤器。正常运行时，设1套100%自动旁路系统，每台设备最大出力为916t/h。两台机组共用1套铺膜装置，共设2台反洗水泵、1套废水收集和输送系统。

(2)系统设计参数。

1)单机凝结水量：正常906t/h，最大916t/h。

2)凝结水泵扬程：运行压力3.1MPa，水泵关闭扬程4.0MPa。

3)凝结水温度：正常运行温度约52℃，最高温度约85℃。

(3)凝结水精处理设备布置。两台机凝结水精处理设备集中布置在集控楼0m，见图6-23。

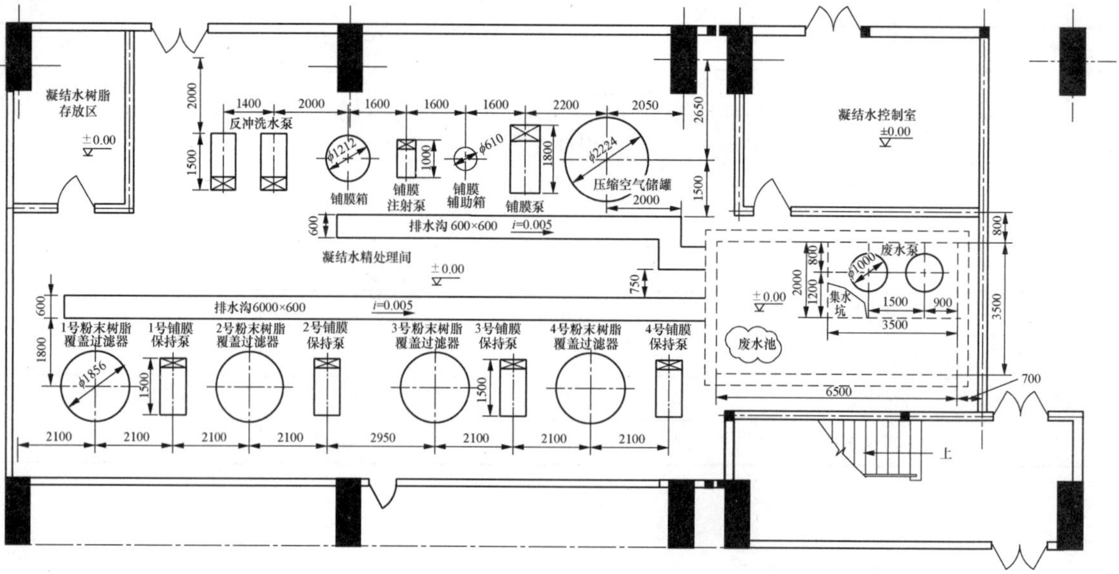

图 6-23   凝结水精处理设备平面布置图

3. 主要设备

表 6-30 为主要设备一览。

表 6-30   主 要 设 备 一 览 表

序号	名称	型号及规范	单位	数量	备注
1	粉末树脂覆盖过滤器	$\phi1856\times28$	台	4	滤芯为5μ，S30408骨架、聚丙烯线缠绕，380根/台
2	保持泵	120m³/h，0.2MPa，15kW	台	4	
3	铺膜箱	$\phi1212$，2m³	台	1	
4	铺膜辅助箱	$\phi610$，0.6m³	台	1	
5	铺膜注射泵	3.4m³/h，0.4MPa，4kW	台	1	
6	铺膜泵	300m³/h，0.2MPa，30kW	台	1	
7	压缩空气储存罐	$\phi2224$，15m³	台	2	
8	反冲洗泵	140m³/h，0.3MPa，22kW	台	2	
9	废水输送泵	50m³/h，0.5MPa，22kW	台	2	

（二）采用阳床+阴床工艺的工程实例

1. 工程概况

某工程新建 2×600MW 亚临界直接空冷机组。

2. 工艺描述

（1）系统选择。凝结水精处理系统每台机组由 3×50%高速阳床及 3×50%阴床组成（两用一备），两台机组的阳阴床共用一套再生装置，阳、阴再生罐分别设置。

（2）系统设计参数。

1）单机凝结水量：正常 1604t/h，最大 1628t/h。

2）凝结水泵扬程：运行压力 4.0MPa，水泵关闭扬程 4.3MPa。

3）凝结水温度：正常运行温度不大于 50℃，最高温度不大于 70℃。

（3）凝结水精处理设备布置。凝结水精处理设备集中布置在主厂房 0m，再生设备布置在集控楼 0m。具体布置见图 6-24 和图 6-25。

3. 主要设备

主要设备一览见表 6-31。

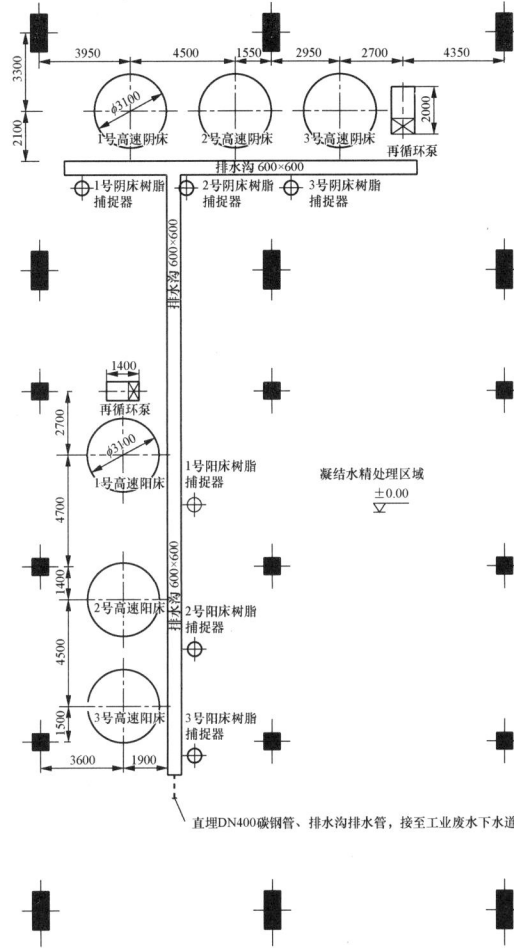

图 6-24　凝结水精处理设备平面布置图

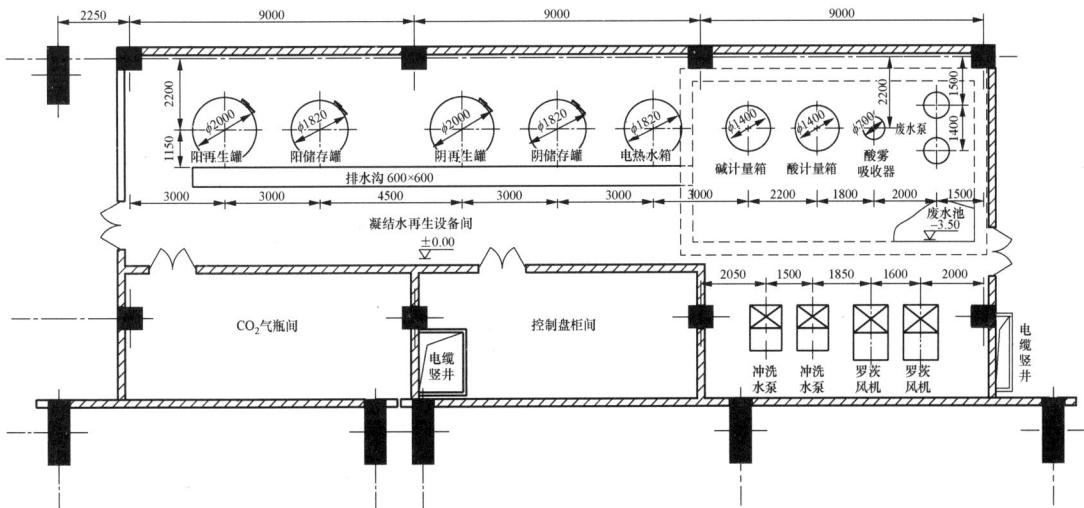

图 6-25　凝结水精处理再生设备平面布置

表 6-31

主 要 设 备 一 览

序号	名称	型号及规范	单位	数量	备注
1	精处理阳/阴床	DN3000	台	12	钢衬胶
2	再循环泵	480m³/h，32mH₂O	台	4	过流材质：不锈钢
3	阳树脂再生罐	DN2000	台	1	钢衬胶
4	阴树脂再生罐	DN2000	台	1	钢衬胶
5	阳树脂储存罐	DN1800	台	1	钢衬胶
6	阴树脂储存罐	DN1800	台	1	钢衬胶
7	树脂装卸小车	$\phi500$，0.04m³	个	1	配树脂喷射器
8	冲洗水泵	100m³/h，50mH₂O，22kW	台	2	
9	罗茨风机	15.3m³/min，68.6kPa，30kW	台	2	
10	酸储存罐	DN2500，25m³	台	1	钢衬胶
11	酸计量箱	$\phi1412\times6$，3.2m³	台	1	钢衬胶
12	碱储存罐	DN2500，25m³	台	1	钢衬胶
13	碱计量箱	$\phi1412\times6$，3.2m³	台	1	钢衬胶
14	酸喷射器	16t/h	台	1	钢衬聚四氟
15	碱喷射器	16t/h	台	1	钢衬聚四氟
16	电热水箱	DN1800，10m³，4×60kW	台	1	不锈钢
17	酸雾吸收器	DN500	台	1	PVC
18	废水树脂捕捉器	DN150	台	1	钢衬胶
19	废水排放泵	100m³/h，50mH₂O	台	2	过流材质不锈钢
20	安全阀保安器	DN100	台	8	

三、超临界空冷机组凝结水处理工程实例

1. 工程概况

某工程建设 2×660MW 超临界直接空冷汽轮发电机组。

2. 工艺描述

（1）系统选择。该工程凝结水处理系统选择 3 台 50%中压粉末树脂覆盖过滤器、3 台 50%混床，以及 2 套 0～100%的旁路系统。每台机设一套铺膜装置。

（2）系统设计参数。

1）单机凝结水量：正常 1580t/h，最大 1823t/h。

2）凝结水泵扬程：运行压力 3.6MPa，水泵关闭扬程 4.2MPa。

3）凝结水温度：正常运行温度 37～70℃。

（3）凝结水处理设备布置。过滤器、精处理混床、再循环泵、体外再生设备及其附属设备等均布置于主厂房 0m，见图 6-26 和图 6-27。

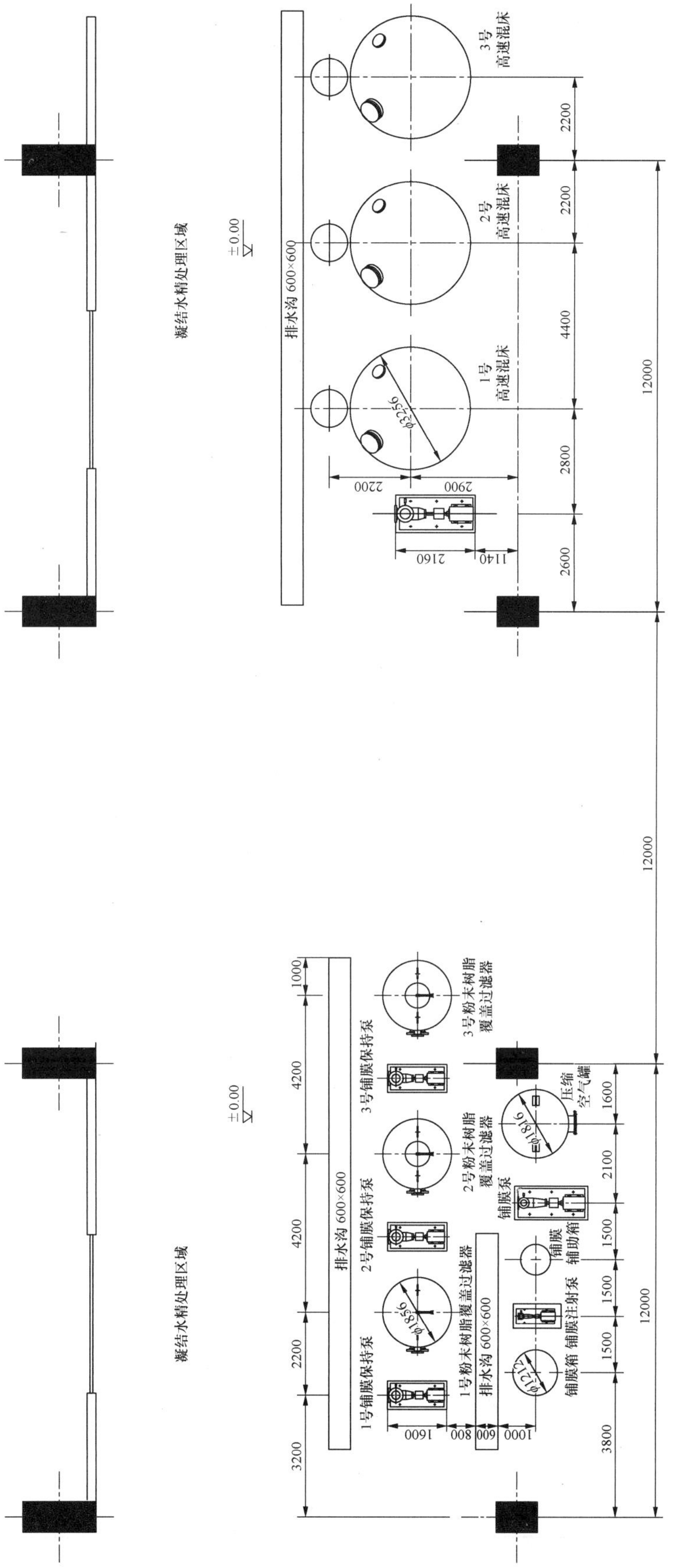

图 6-26　凝结水精处理设备平面布置

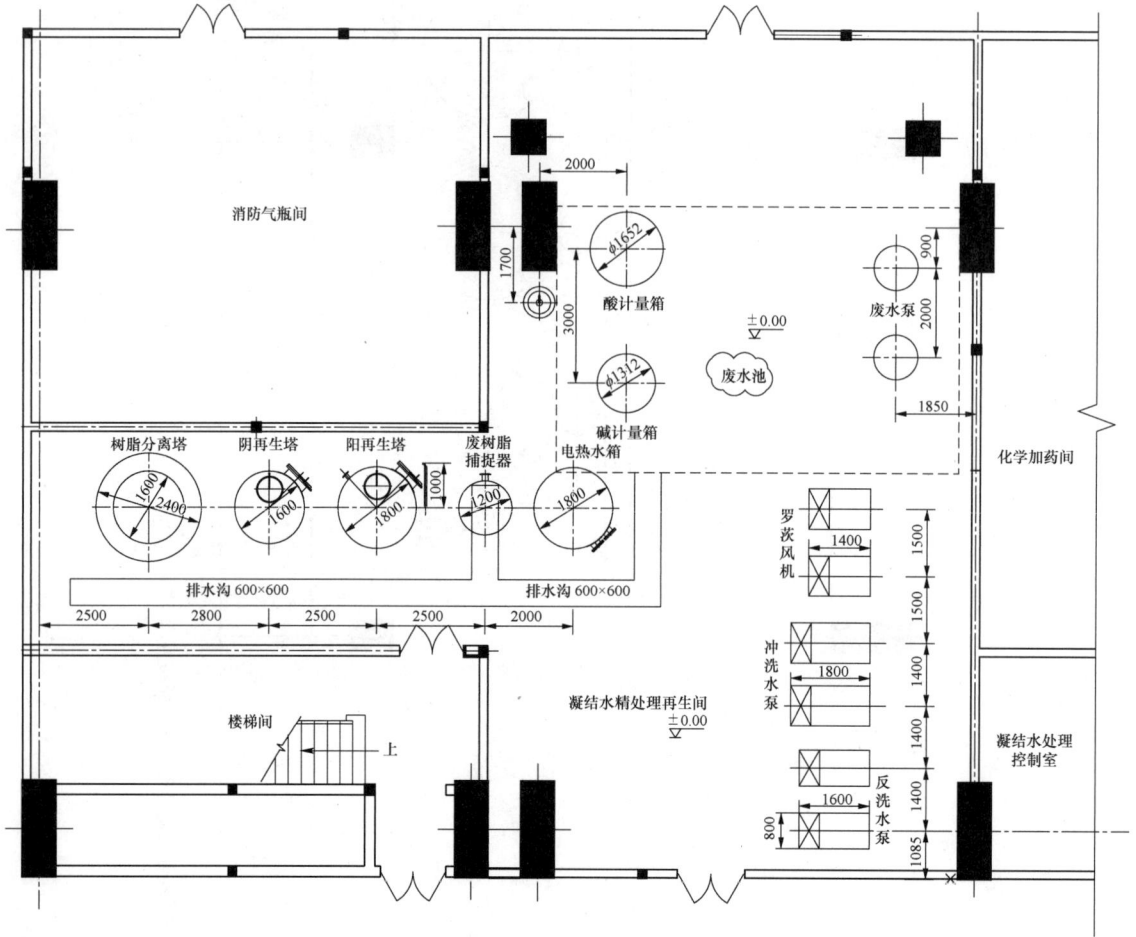

图 6-27 凝结水精处理再生设备平面布置

3. 主要设备

表 6-32 为主要设备一览。

表 6-32 主要设备一览表

序号	名称	规格及技术数据	单位	数量	备注
1	粉末树脂覆盖过滤器	$\phi1800$，790～911.5m³/（h·台）	台	6	滤芯为5μm，S31608骨架、聚丙烯线缠绕，350根/台
2	护膜保持泵	100m³/h，0.2MPa	台	2	
3	铺膜装置	2m³	台	2	
4	铺膜辅助箱	0.6m³	台	2	
5	铺膜注射泵	3.4m³/h，0.7MPa	台	2	
6	铺膜再循环泵	330m³/h，0.2MPa	台	2	
7	反洗升压泵	140m³/h，0.3MPa	台	4	
8	压缩空气储存罐	12.5m³	台	2	

续表

序号	名称	规格及技术数据	单位	数量	备　注
9	高速混床	ϕ3200，790～911.5m³/（h·台）		6	树脂层高 1000mm，阳阴树脂比 2:1
10	阳离子再生兼储存罐	ϕ1800，总高度 7235mm	台	1	
11	阴离子再生罐	ϕ1600，总高度 3880mm	台	1	
12	树脂分离树脂罐	ϕ1620/2420，总高度 9924mm	台	1	
13	热水箱	ϕ1800，8m³，电加热器 4×30kW	台	1	
14	再循环泵	470m³/h，0.32MPa	台	2	
15	HCl 计量箱	4m³	台	1	
16	NaOH 计量箱	2.5m³	台	1	
17	酸储存槽	25m³	台	1	
18	碱储存槽	25m³	台	1	

四、超超临界湿冷机组凝结水处理工程实例

1. 工程概况

某工程建设 2×1000MW 超临界湿冷发电机组。

2. 工艺描述

（1）系统选择。凝结水处理系统设置 3×33.3%前置过滤器 4×33.3%的高速混床凝结水精处理系统。高速混床的体外再生设备均为低压设备。

（2）主要设计参数。

1）单机凝结水量：正常 2130t/h，最大 2250t/h。

2）凝结水泵扬程：运行压力 3.30MPa，水泵关闭扬程 4.0MPa。

3）凝结水温度：正常运行温度不大于 50℃，最高温度 60℃。

（3）凝结水处理设备布置。过滤器、精处理混床、再循环泵、体外再生设备及其附属设备均布置于主厂房 0m，见图 6-28 和图 6-29。

3. 主要设备

表 6-33 为主要设备一览。

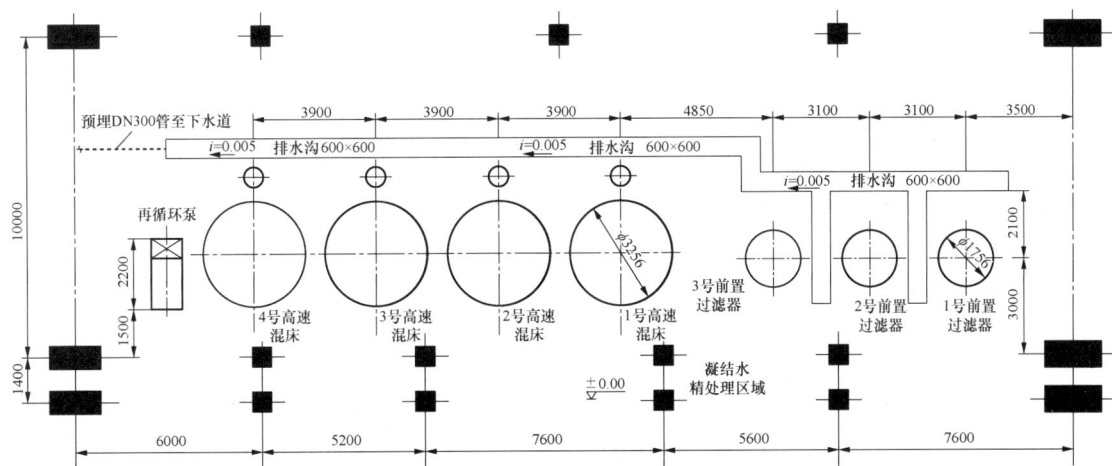

图 6-28　凝结水精处理设备平面布置

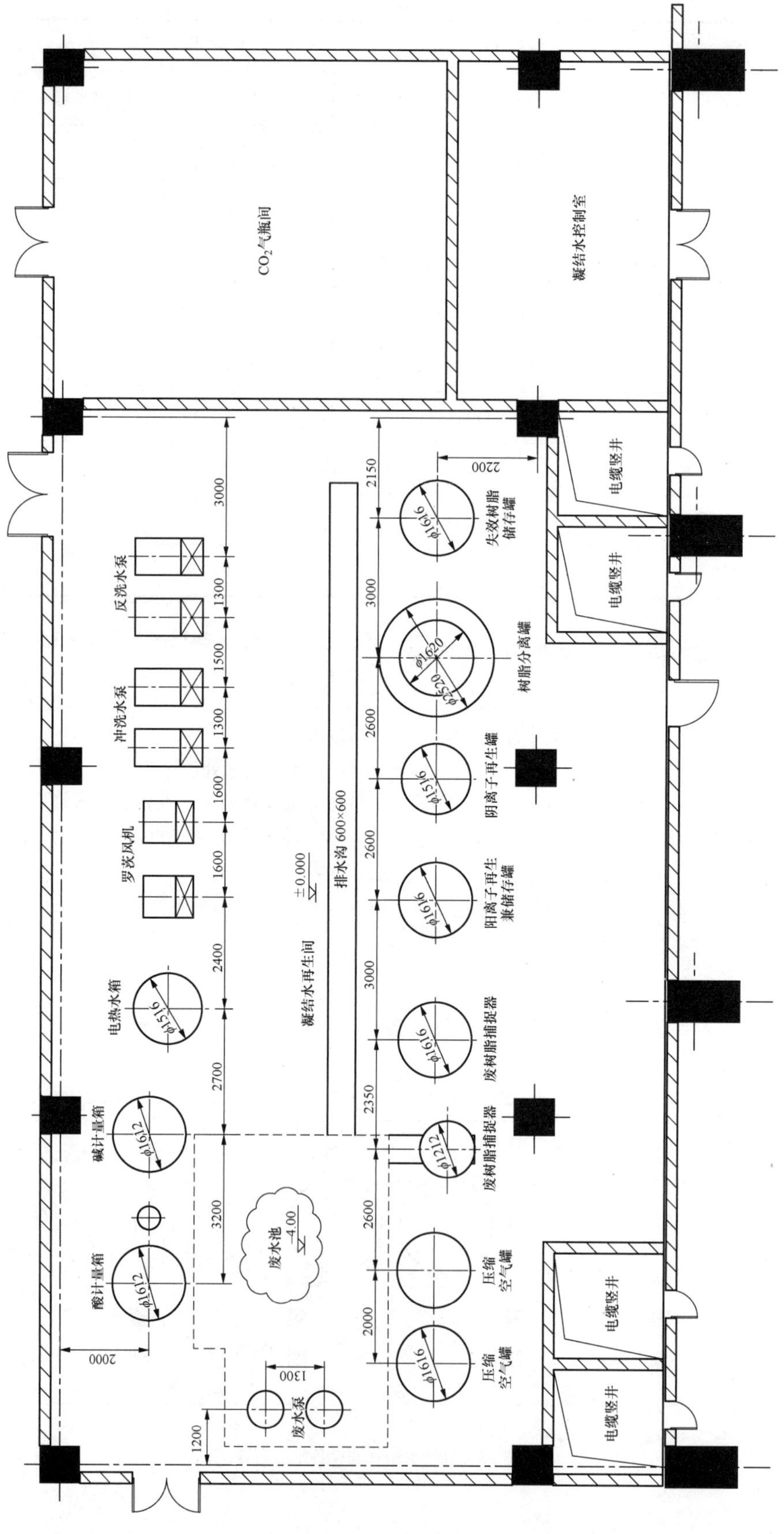

图 6-29　凝结水精处理再生设备平面布置

表 6-33　　　　　　　　　　　　　　　主 要 设 备 一 览 表

序号	名称	规格及技术数据	单位	数量	备注
1	前置过滤器	$\phi1700$，折叠式滤芯	台	6	
2	高速混床	$\phi3000$，树脂层高（阳/阴）500mm/500mm	台	8	
3	再循环泵	$470\sim540m^3/h$，0.26MPa	台	2	
4	树脂分离塔	$\phi2520/\phi1620$，总高约10000mm	台	1	
5	阴树脂再生罐	$\phi1516$，总高约4500mm	台	1	
6	阳树脂再生罐	$\phi1616$，总高约5100mm	台	1	
7	再生树脂储存罐	$\phi1616$	台	1	
8	失效树脂储存罐	$\phi1616$	台	1	
9	废树脂捕捉罐	$\phi1212$	台	1	
10	热水箱	$\phi1516$	台	1	
11	罗茨风机	$9m^3/min$（标准工况），0.08MPa	台	2	
12	冲洗水泵	$60\sim100m^3/h$，0.50MPa	台	2	
13	反洗水泵	$80\sim120m^3/h$，0.32MPa	台	2	
14	压缩空气罐	$\phi1616$，$10m^3$	台	2	
15	酸计量箱	$\phi1616$	台	1	
16	碱计量箱	$\phi1616$	台	1	
17	HCl储存罐	$25m^3$	台	1	内装塑料球密封
18	NaOH储存罐	$25m^3$	台	1	

五、燃气联合循环热电厂机组凝结水处理工程实例

1. 工程概况

某工程安装 4 台容量为 116MW 的燃气热水锅炉。建设规模为 700MW 级燃气-蒸汽联合循环热电冷联产工程。本期工程额定外供供热热负荷 584MW。

2. 工艺描述

（1）系统选择。凝结水处理系统由过滤单元、旁路单元组成。每台凝汽器设置 1 台大流量除铁过滤器、1 套旁路单元。不设反洗设备，根据水质及运行情况定期更换滤芯。

设置 2 套不同孔径的滤芯，机组启动时采用 20μm 的滤芯，正常运行时采用 6μm 的滤芯。

（2）主要设计参数。机组凝结水量：夏季纯凝工况为 698t/h，全年平均纯凝工况为 728t/h。凝结水温：额定值 33.9℃、最大值 50℃。凝结水泵出口设计压力 3.25MPa。

供热期没有凝结水，热网疏水经过凝结水除铁过滤器，热网疏水量约 650t/h，水温额定值 75℃，最大值为 80℃，设计压力 3.25MPa。

（3）凝结水处理设备布置。除铁过滤器布置于汽机房 0m，见图 6-30。

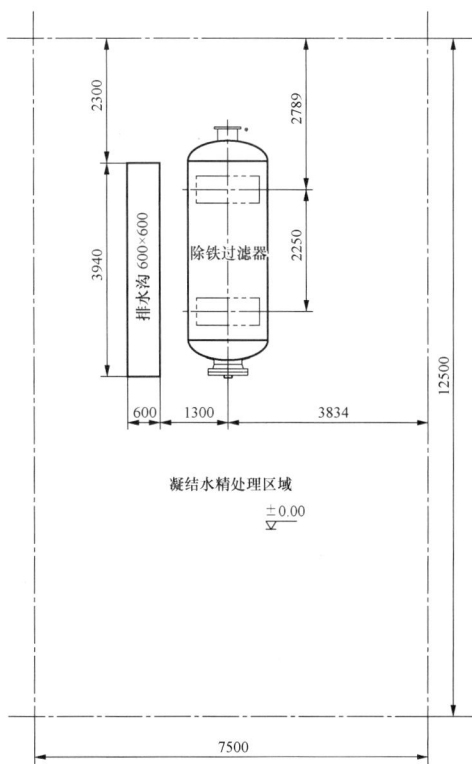

图 6-30　凝结水精处理设备平面布置

3. 主要设备

表 6-34 为主要设备一览。

表 6-34 　　　　　　　　　　　　　主 要 设 备 一 览 表

序号	名称	规格及技术数据	单位	数量	备注
1	大流量过滤器	$\phi 1300 \times 3800$mm	台	1	过滤精度 6μm, 启动滤芯 20μm

第七章

冷 却 水 处 理

第一节 设 计 基 础 资 料

一、火力发电厂冷却方式及冷却水处理方式

（一）冷却方式

火力发电厂凝汽器的冷却方式有干式冷却和湿式冷却两种方式，其比较见表 7-1。

循环冷却系统又分为全闭式和敞开式，其比较见表 7-2。

在火力发电厂中，全闭式冷却通常用于间接空冷系统；敞开式循环冷却用于常规水冷却系统，是最常用的冷却系统。

（二）常用的冷却水循环过程

常用的冷却水循环过程见表 7-3。

表 7-1　　　　　　　　　　　　火力发电厂凝汽器的冷却方式比较

冷却方式	详细分类	冷却过程	适用场合
干式冷却	直接空冷系统	汽轮机的排汽直接用空气冷却，空气与蒸汽间进行热交换	设备少，系统简单，适用于缺水地区
	间接空冷系统	以空气作为冷源、以密闭的循环水作为中间介质，将汽轮机排汽的热量传给循环水，密闭循环水通过空冷散热器将热量传给大气的系统。包括带表面式凝汽器的间接空冷系统（哈蒙式空冷系统）和带喷射式凝汽器的间接空冷系统（海勒式空冷系统）	适用于缺水地区
湿式冷却	直流冷却系统	冷却水经过冷却设备后直接排放	适用于水源充足地区和水源为海水的海边电厂
	循环冷却系统	冷却水通过冷却塔与空气换热降温至满足要求后循环使用	适用于缺水内陆地区的新建电厂

表 7-2　　　　　　　　　　　　全闭式和敞开式循环冷却水系统比较

循环冷却系统形式	冷却方式	冷却设备	水量损失和水质变化	适用范围
全闭式	冷却水不与大气接触	散热装置	水量损失小，水中各种离子含量一般不变化	运行费用高，适合特殊要求的系统
敞开式	冷却水暴露在空气中	自然通风冷却塔，机力通风冷却塔等	有蒸发、风吹、渗漏、排污损失。水质与浓缩倍率有关	投资较前两者低，广泛应用于火电厂

表 7-3   常用的冷却水循环过程

1. 直流式冷却水循环过程	
循环过程	冷却水从地表水或海水抽取后，经过冷却设备后直接排放
直流式冷却水循环过程示意	
优点	系统不需要冷却塔，故设备少，投资低，占地省，操作简单
缺点	用水量大，使用范围受到限制

2. 敞开式循环冷却水循环过程	
循环过程	冷却水通过循环水泵输送至凝汽器，经与凝汽器排汽换热后冷却水温度升高。需通过冷却塔与空气换热降温至满足要求后循环使用。在冷却塔中，热水从塔顶向下喷淋成水滴或水膜状，空气则逆向或水平交流流动。冷却水在冷却塔循环的过程中，冷却水全部与空气接触，进行热交换
敞开式循环冷却水循环过程示意	
优点	换热效率高
缺点	循环水中各种离子、溶解性固体、悬浮物、微生物等相应增加，空气中的杂物也通过冷却塔带入系统，导致循环冷却水系统微生物大量繁殖，产生结垢、腐蚀和黏泥，影响换热器换热效率

3. 间接空冷闭式循环冷却水循环过程	
循环过程	间接空冷闭式循环冷却水采用除盐水，冷却水吸收凝汽器设备热量，温度升高，进入空冷器，然后进入喷淋管段被管外的空气或喷淋水降温，降温后通过循环水泵重复使用
分类	海勒式空冷系统（混合式凝汽器）和哈蒙式空冷系统（表面式凝汽器）
（1）	海勒式空冷系统（混合式凝汽器）
海勒式空冷系统循环过程示意	
特点	带混合式凝汽器的间接空冷系统也称海勒式空冷系统，它是采用带喷射式凝汽器，汽轮机排汽与冷却水在凝汽器直接混合，混合后大部分水由循环水泵送至冷却塔经与空气换热及水轮机调压后送入喷射式凝汽器进一步循环，约2%的水经过凝结水精处理装置送至锅炉

优点	换热效率高
缺点	对冷却水质要求极为严格，系统复杂，水质控制困难
（2）	哈蒙式空冷系统（表面式凝汽器）
哈蒙式空冷系统循环过程示意	
特点	带表面式凝汽器的间接空冷系统也称哈蒙式空冷系统，是在海勒式间接空冷系统的运行实践基础上发展起来的，汽轮机排汽进入表面式凝汽器，通过循环水冷却，循环水再进入空冷塔的散热器，热量被管外空气或喷淋水带走
优点	换热效率高
缺点	为防止喷淋管段结垢提高冷却效率，喷淋水需采用软化水或除盐水，运行成本较高

（三）冷却水处理总的要求

循环冷却水处理的目的是防止循环冷却水系统换热器表面结垢、换热管腐蚀以及有机物滋生，可在合适的范围内提高循环冷却水的浓缩倍率，减少循环冷却水系统的排污水量，做到节约用水。

循环冷却水系统应根据全厂水量、水质平衡确定排污量及浓缩倍率。浓缩倍率设计值宜为 3～5 倍，水质较好、缺水或环保要求高时，经技术经济比较，可适当提高。当主机采用空冷系统时，用于辅机或给水泵汽轮机的开式循环冷却水系统的浓缩倍率，可根据全厂水平衡情况合理确定。

（四）冷却水处理方法

冷却方式不同，冷却水的处理方法也不相同。冷却水处理包括冷却水加药处理、循环冷却水补充水处理和循环冷却水旁流处理等。

常用的冷却水处理方法见表 7-4。

表 7-4　常用的冷却水处理方法

冷却方式	常用处理方法
直流式冷却水处理	氧化性杀菌剂加药处理
间接空冷闭式循环冷却水处理	通常采用加氨和（或）联氨处理
敞开式循环冷却水处理	冷却水稳定处理：投加水质稳定剂（或加酸） 冷却水杀菌处理：投加氧化型杀菌剂，针对海水定期辅助投加非氧化型杀菌剂

冷却方式	常用处理方法
敞开式循环冷却水处理	循环冷却水补充水处理：离子交换、石灰软化
	循环冷却水旁流处理：循环冷却水旁流过滤、旁流软化或旁流除盐处理等
	循环排污水处理：混凝、沉淀、过滤预处理和预脱盐处理等

1. 直流式冷却水处理

直流式冷却系统进出水质基本没有变化，为防止微生物滋生一般只采用氧化性杀菌剂加药处理。若水源为海水，宜采用氧化性杀菌剂，定期辅助投加非氧化性杀菌剂联合处理，防止海水冷却水中滋长藻类、有机物黏膜、贝类生物及细菌等，保持冷却水系统的设备和管道表面的清洁。除投加杀菌剂外，还宜在排水口投加一定量的消泡剂。

2. 间接空冷闭式循环冷却水处理

间接空冷闭式循环冷却水的循环是密闭的，水源是除盐水，通常采用加氨和（或）联氨处理。当定冷散热器采用钢制翅片时采用加氨处理，当采用铝制翅片时采用加联氨处理。

3. 敞开式循环冷却水处理

（1）冷却水稳定处理。为了循环水中的碳酸盐硬度不在控制换热器表面沉积结垢，需向循环水冷却水系统投加水质稳定剂或加酸（通常为硫酸），降低 pH

值，中和补充水中的碱度，降低循环冷却水系统的碳酸盐硬度。冷却水投加水质稳定剂可以与加酸同时使用。当循环水投加水质稳定剂后，极限碳酸盐硬度一般可提高至 8～10mmol/L。

海水循环冷却水处理一般只加稳定剂，不加酸。

（2）冷却水杀菌处理。微生物的滋生会造成循环冷却水系统中产生有机附着物，形成大量生物黏泥，加速金属设备和管道的腐蚀，破坏冷却塔结构。因此，应严格控制冷却水中微生物的生长。采用的方法是向冷却水中投加杀菌剂，抑制细菌、真菌和藻类的生长。

（3）循环冷却水补充水处理。冷却水中结垢主要是水中钙、镁离子形成的盐类造成的。为了控制钙、镁离子结垢，要在补充水进入循环水系统之前进行软化处理，去除钙、镁离子。常用的软化处理方法有离子交换法和石灰软化法。火力发电厂敞开式循环冷却水补充水量大，尤其是使用再生水作为水源的火力发电厂，最常用的冷却水补充水处理方法是弱酸离子交换处理和石灰软化处理。

（4）循环冷却水旁流处理。为了更加有效地去除循环冷却水中的有害成分，有效提高循环水浓缩倍率，可以取 1%～5%循环水量的循环水，选择适当的工艺进行旁流处理。循环冷却水旁流处理主要包括旁流过滤、旁流软化或旁流除盐处理等。具体工艺应经技术经济比较后确定。

（5）循环排污水处理。循环排污水可通过软化和脱盐技术进行处理，处理后的水可作为锅炉补给水的水源，也可以直接补入循环水系统以改善水质。软化可采用石灰或弱酸处理，脱盐通常采用反渗透处理技术。

二、设计内容及范围

本章所述的冷却水处理是指以地下水、地表水、再生水、海水为水源的循环冷却水处理的工艺设计，包括冷却水稳定处理、冷却水杀菌处理、循环冷却水补充水处理、循环冷却水旁流处理以及循环排污水处理。

冷却水处理系统设计范围为设计分界线以内的全部工艺系统、设备布置和管道敷设等。

三、设计输入资料

冷却水处理设计需要收集当地的环境条件、水源水质分析、循环冷却水系统水量、损失量参数、换热器管材、药品运输方式及其他公用设施情况等。

1. 水源水质分析

循环冷却水补充水水源主要有地表水、地下水、矿井疏干水、海水和再生水等。水源水质资料的相关要求见第二章。

2. 循环冷却系统水质控制指标

（1）再生水补入循环水系统的水质指标。根据 DL/T 5483《火力发电厂再生水深度处理设计规范》，当再生水来水水质满足某一用户要求时，可直接补至该用户。直接补入循环水系统的再生水水质指标应符合表 2-19 的要求。如未达到表 2-19 中指标要求，需对再生水进行深度处理达标后作为冷却水补充水。

（2）淡水或苦咸水补入循环冷却水系统的水质指标。循环冷却水系统应根据全厂水量、水质平衡确定排污量及浓缩倍数。浓缩倍数设计值一般为 3～5 倍。根据 DL 5068—2014《发电厂化学设计规范》，当水源为淡水或苦咸水时循环冷却水系统水质控制指标见表 7-5。

表 7-5　淡水或苦咸水循环冷却水系统水质控制指标

项目	指标
pH 值（25℃）	7.5～8.8
悬浮物（mg/L）	100
$\rho(CO_3^{2-}+HCO_3^-)$	400～500
$\rho(SiO_2)$	150～200
$\rho(Mg^{2+})\cdot\rho(SiO_2)$	60000
$\rho(Ca^{2+})\cdot\rho(SO_4^{2-})$	2.5×10^6
$\rho(Ca^{2+}+Mg^{2+})\cdot\rho(CO_3^{2-})$	$2\times10^6\sim4\times10^6$
$\rho(Cl^-)$	根据管材决定
COD_{Cr}（mg/L）	≤100
NH_4-N（mg/L）	10，采用铜管凝汽器时为 5

注　质量浓度 ρ 的单位是 mg/L，其中 Ca^{2+}、Mg^{2+}、HCO_3^-、CO_3^{2-} 以 $CaCO_3$ 计。

（3）海水循环冷却水系统水质控制指标。海水循环冷却水系统，宜进行动态模拟试验，确定最佳浓缩倍数、合适的药品及其剂量、加药方式等。海水循环冷却系统浓缩倍数的确定还应满足建厂地区海域排水含盐量的限制要求，一般为 1.5～2.0 倍。根据 DL 5068—2014《发电厂化学设计规范》，海水循环冷却水系统的水质控制应根据试验结果确定，也可按海水循环冷却水系统水质控制指标控制，见表 7-6。

表 7-6　海水循环冷却水系统水质控制指标

项目	单位	许用值	备注
悬浮物	mg/L	30	补充水的悬浮物宜小于 10mg/L
碱度	mmol/L	≤7	根据动态试验确定
硬度	mmol/L	≤300	根据动态试验确定
pH 值		7.5～9.0	

续表

项目	单位	许用值	备注
总 Fe	mg/L	≤1.0	
硫酸盐	mg/L	≤6000	
石油类	mg/L	≤5	
COD_{Cr}	mg/L	≤100	

3. 循环冷却水系统水量

循环冷却水系统水量由水工专业提供，一般可按照 50～70kg/1kg（水/蒸汽）估算。

4. 冷却水系统水量损失

冷却水在循环过程中主要的水量损失有蒸发损失、风吹和泄漏损失、排污损失等。

（1）蒸发损失。冷却水以水蒸气的形式蒸发，这部分蒸发出去的水几乎是纯水，不含盐分。蒸发损失量受环境温度影响大。

循环水蒸发损失量可按式（7-1）计算

$$q_{Vz} = P_z q_{Vx} = k\Delta t q_{Vx} \tag{7-1}$$

式中 q_{Vz}——蒸发损失水量，m^3/h；

P_z——循环水蒸发损失率，%；

q_{Vx}——总循环水量，m^3/h；

k——与大气有关的系数，可按照表 7-7 选取；

Δt——冷却塔进出水温差，一般为 8～10，℃。

表 7-7　　k 值与气温和相对湿度的关系

k 值与气温、相对湿度的关系		气温（℃）			
		0	10	20	30
相对湿度（%）	80	0.102	0.119	0.135	0.147
	70	0.102	0.120	0.137	0.150
	60	0.102	0.122	0.138	0.152
	50	0.102	0.123	0.140	0.154
	40	0.102	0.125	0.142	0.156

（2）风吹和泄漏损失。冷却塔喷洒过程中，部分水量被风吹走。泄漏损失主要由设备和管道泄漏产生。风吹和泄漏损失可参考表 7-8 估算。

表 7-8　　风 吹 和 泄 漏 损 失

序号	冷却塔类型	损失（%）
1	机械通风冷却塔	1.0～2.0
2	自然通风冷却塔	0.25～0.5

（3）排污损失。循环冷却水通过冷却塔时不断有水蒸气逸出，且逸出的水蒸气几乎不含盐分。随着蒸发过程的进行，循环冷却水中的溶解盐类被浓缩，含盐量不断增加，与空气直接进行接触交换时也会带来大量灰尘，这些盐类的浓缩和污染物的增加会引起结垢、腐蚀和污泥沉积。因此，必须连续排掉一部分循环水，补充新鲜水，防止结垢、腐蚀和污泥沉积。循环水的排污点通常设置在凝汽器后、冷却塔前，高温水排出系统后可以减轻冷却塔的工作负荷。

循环冷却水系统排污水量按式（7-2）计算，浓缩倍数按式（7-3）计算

$$q_{Vw} = \frac{q_{Vz} + q_{Vf} - \varphi q_{Vf}}{\varphi - 1} \tag{7-2}$$

$$\varphi = \frac{q_{Vw} + q_{Vz} + q_{Vf}}{q_{Vw} + q_{Vf}} = \frac{q_{Vb}}{q_{Vb} - q_{Vz}} \tag{7-3}$$

式中 q_{Vw}——排污水量，m^3/h；

q_{Vz}——蒸发损失水量，m^3/h；

q_{Vf}——风吹泄漏损失水量，m^3/h；

q_{Vb}——补充水量，m^3/h；

φ——循环冷却水系统浓缩倍数。

5. 换热器管材

循环冷却水水质直接关系到凝汽器及其他辅机换热管的腐蚀问题。为了节约用水，应尽可能提高循环水浓缩倍率，但同时循环水中各种离子浓度会增加，尤其是 Cl^-、SO_4^{2-} 等离子的增加，会加剧对凝汽器管等换热管的侵蚀。机组凝汽器及换热器管材应根据循环冷却水系统的水质进行选择。根据 DL/T 712—2010《发电厂凝汽器及辅机冷却水管选材导则》，凝汽器及换热管材适应的水质见表 7-9 和表 7-10。海边电厂或有季节性海水倒灌的电厂，凝汽器及辅机冷却器管应选用钛管。对于使用严重污染的淡水水源，也可以选用钛管。

表 7-9　　　　　　　　　　　　铜 管 所 适 应 的 水 质

管材	溶解固体（mg/L）	氯离子浓度（mg/L）	悬浮物和含砂量（mg/L）
H68A	<300，短期<500	<50，短期<100	<100
HSn70-1	<1000，短期<2500	<400，短期800	<300
HSn70-1B	<3500，短期<4500	<400，短期<800	<300
HSn70-1AB	<4500，短期<5000	<1000，短期<2000	<500

续表

管材	溶解固体 （mg/L）	氯离子浓度 （mg/L）	悬浮物和含砂量 （mg/L）
BFe10-1-1	<5000，短期<8000	<600，短期<1000	<100
HAl77-2	<35000，短期<40000	<20000，短期<25000	<50
BFe30-1-1	<35000，短期<40000	<20000，短期<25000	<1000

注　HAl77-2 铝黄铜管只适合于水质稳定的清洁海水；短期是指一年中累计运行不超过 2 个月。

表 7-10 　　　　　　　　　　　　各国不锈钢管所适用的水质

Cl⁻ （mg/L）	中国 GB/T 20878—2007		美国 ASTM A959-04	日本 JIS G4303—1998 JIS G4311—1991	国际标准 ISO/TS 15510：2003	欧洲 EN10088：1—1995、 EN10095—1999 等
	统一数字代码	牌号				
<200	S30408	06Cr19Ni10	S30400，304	SUS304	X5CrNi18-10	X5CrNi18-10，1.4301
	S30403	022Cr19Ni10	S30403，304L	SUS304L	X2CrNi19-11	X2CrNi19-11，1.4306
	S32168	06Cr18Ni11Ti	S32100，321	SUS321	X6CrNiTi18-10	X6CrNiTi18-10，1.4541
<1000	S31608	06Cr17Ni12Mo2	S31600，316	SUS316	X5CrNiMo17-12-2	X5CrNiMo17-12-2，1.4401
	S31603	022Cr17Ni12Mo2	S31603，316L	SUS316L	X2CrNiMo17-12-2	X2CrNiMo17-12-2，1.4404
<2000*	S31708	06Cr19Ni13Mo3	S31700，317	SUS317	—	—
	S31703	022Cr19Ni13Mo3	S31703，317L	SUS317L	X2CrNiMo19-14-4	X2CrNiMo18-15-4，1.4438
<5000**	S31708	06Cr19Ni13Mo3	S31700，317	SUS317	—	—
	S31703	022Cr19Ni13Mo3	S31703，317L	SUS317L	X2CrNiMo19-14-4	X2CrNiMo18-15-4，1.4438

* 再生水。

** 无污染的咸水。

第二节　系　统　设　计

火力发电厂冷却水处理系统的选择应根据冷却方式、冷却系统参数、水源水质及全厂水平衡等因素确定，系统设计以保证安全、节能环保、节约用水、便于施工操作、保护水源地、不能造成二次污染等为原则。

一、直流冷却水处理

在直流式冷却系统中，冷却水处理一般采用投加杀菌剂的处理方法。当水源为海水时，除投加杀菌剂外，如果排水口有大量泡沫产生时，还需投加一定量的消泡剂。

（一）杀菌处理

1. 杀菌剂的选择

微生物的滋生会造成冷却水系统中产生有机附着物，形成大量黏泥，加速金属设备的腐蚀，破坏冷却塔结构。因此，应严格控制冷却水中微生物的生长。采用的方法是向冷却水中投加各种杀菌剂，抑制细菌、真菌和藻类的生长。杀菌剂分为氧化型和非氧化型两种，其比较见表 7-11。

表 7-11 　　　　　　　氧化型杀菌剂和非氧化型杀菌剂的比较

杀菌剂类型	杀菌剂名称	优点	缺点
氧化型杀菌剂	氯、次氯酸钠、漂白粉、二氧化氯、臭氧、氯锭、液氯等	较强的氧化性，价格低廉，杀菌力强，工艺简单，使用方便，运行成本低	杀菌作用不持久，严格控制余氯
非氧化型杀菌剂	如季铵盐、异噻唑啉酮、氯酚等	广谱、高效、低毒，对设备腐蚀小，杀菌能力强	运行成本高，部分杀菌剂对膜处理的反渗透膜产生污堵

常用氧化型杀菌剂的比较见表7-12。

表 7-12 　　　　　　　　　　　　　　　　　　常用氧化型杀菌剂的比较

杀菌剂名称	优 点	缺 点	适用范围
氯类（如次氯酸钠、漂白粉、液氯、氯锭等）	（1）来源方便，易于购买。 （2）价格便宜。 （3）设备投资较低。 （4）对微生物有优良的杀灭和抑制作用	（1）杀菌效果受 pH 值影响，碱性条件下杀菌效果差。 （2）产生的附属物对环境有污染。 （3）对金属设备有腐蚀	（1）适用范围广泛。 （2）浓缩倍率不高。 （3）pH 值不高
臭氧	（1）杀生效果快速，减少污泥附着。 （2）降低水的浊度、悬浮物、COD 等，减少排污。 （3）无过剩危害残留物	（1）对藻类杀菌效果差。 （2）溶解氧对循环水系统产生腐蚀。 （3）能耗高，成本高。 （4）对空气有污染	火电厂循环冷却系统实际应用很少
二氧化氯	（1）适合的 pH 值范围广。 （2）剂量小。 （3）安全，杀菌速度快，杀菌力强。 （4）药效时间长。 （5）不与氨/氨氮类反应，应用效率高	（1）沸点较低（11℃），稳定性差，遇光和热极易分解，一般需要现场制备。 （2）对铜管有一定的腐蚀作用	滨海电厂应用较多

冷却水微生物控制宜以氧化型杀菌剂为主，非氧化型杀菌剂为辅。杀菌剂的品种应进行经济技术比较或根据类似工程经验确定。

20 世纪 80 年代前后，火电厂直流冷却水系统杀菌剂多使用液氯，但液氯毒性大，近年来极少使用，已经使用的电厂也陆续改为投加其他药剂。目前使用较多的是次氯酸钠和二氧化氯等氧化性杀菌剂。其中二氧化氯一般现场制备，或者外购稳定性二氧化氯，现场再投加活化剂活化后使用。许多电厂采用外购杀菌剂方案，厂内仅设置杀菌剂存储和投加设备，节省建设投资；也有些电厂设有杀菌剂制备装置，如电解氯化钠溶液或海水制次氯酸钠装置、二氧化氯发生器等。在较高的 pH 值、含氮量和有机物含量时，二氧化氯的优势更为突出，且二氧化氯不与有机膦等水质稳定剂发生沉淀反应，对水质稳定剂的缓蚀阻垢作用无明显影响。

当外购次氯酸钠时采用固定加药装置，包括次氯酸钠缓冲罐、卸药泵、次氯酸钠储罐、计量泵、管道阀门、安全淋浴器等。

2. 杀菌剂加药量

冷却水杀菌剂加药量应经试验确定，凝汽器冷却水出口中余氯量宜控制为 0.1～0.5mg/L，或按以下要求设计。

（1）对于海水直流冷却系统，氧化性杀菌剂加药方式及剂量见表7-13。

表 7-13 　　　　　　　　　　　海水直流冷却系统氧化性杀菌剂加药方式及剂量

加药方式	加药量	加药时间	持续时间
连续投加氧化性杀菌剂	1mg/L	连续	
连续加药配合冲击加药	冲击加药量 2～4mg/L	冲击加药每天 1～3 次	每次冲击加药持续时间宜为 0.5～1h
间断加药	2～4mg/L	每天 1～3 次	每次持续时间 2～3h

（2）对于循环冷却系统，宜采用间断加药方式，加药量 1～2mg/L，每天 1～3 次，每次持续时间 0.5～1h。采用二氧化氯杀菌时，加药量可适当降低。

（3）非氧化性杀菌剂与氧化性杀菌剂联合使用时，非氧化性杀菌剂的投加次数，应根据季节和循环冷却水中异养菌数量、冷却水系统黏泥附着程度而定，一般每月投加 1～2 次。气温高的季节每月投加 2 次，气温低的季节每月投加 1 次；当异养菌数量较高或黏泥附着程度严重时，不论季节温度高低，每月均需投加

2 次。

（4）海水循环冷却系统非氧化性杀菌剂应根据微生物生长情况定期投加，宜为 3～5d 投加一次，加药量可按在系统保有水量中为 5～6mg/L 计算。

3. 电解海水制氯系统

（1）电解海水制备次氯酸钠的原理。将稳定流量的海水注入电解槽，通以直流电，在直流电场的作用下，含有较高氯化钠（NaCl）浓度的海水有如下反应：

电离反应

$$NaCl == Na^+ + Cl^-$$
$$H_2O == H^+ + OH^-$$

电化学反应

阳极 $2Cl^- - 2e \longrightarrow Cl_2\uparrow$

阴极 $2H_2O + 2e \longrightarrow H_2\uparrow + 2OH^-$

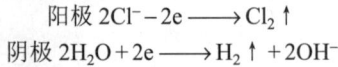

电解槽极间反应

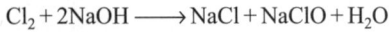

$$Cl_2 + 2NaOH \longrightarrow NaCl + NaClO + H_2O$$

总反应式

$$NaCl + H_2O \xrightarrow{电解} NaClO + H_2\uparrow$$

由上述反应式可以看出,电解槽中发生的电化学反应和化学反应的产物为次氯酸钠(NaClO)溶液,副产物为氢气(H_2)。

(2)系统流程。电解海水制氯装置由增压过滤系统、次氯酸钠发生器系统、储存排氢系统、投药系统、酸洗系统、电气和控制系统等组成。

海水通过预过滤器(自动冲洗过滤器)去除海水中大于 0.5mm 的大颗粒,然后经海水泵升压后进入电解槽组电解,产生的次氯酸钠溶液及副产物氢气进入次氯酸钠储存罐,储存罐内的氢气稀释后通过风机及阻火器排入大气,储罐内的次氯酸钠通过加药泵把次氯酸钠溶液注入各加药口。海水加药点可以选择在位于冷却水取水口循环水流道内。电解海水制氯系统工艺流程见图 7-1。

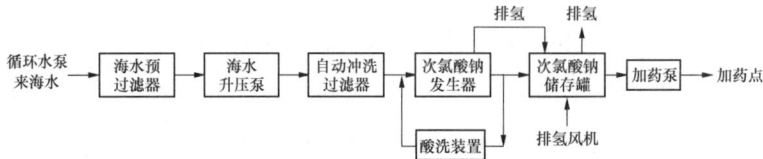

图 7-1 电解海水制氯系统工艺流程图

(3)酸洗系统。海水中含有钙、镁离子,经过电离后钙、镁离子会不断沉积在电解槽的阴极上,钙镁离子的沉积会增加能耗、损坏极板,应定期清除。清洗液通常采用 10%稀盐酸,每月酸洗 1~2 次,每次酸洗时间 2~4h。酸洗后的电解槽需用海水将留存在电解槽内的酸液彻底冲洗干净。酸洗流程见图 7-2。

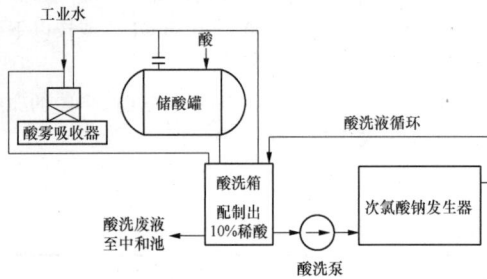

图 7-2 酸洗流程图

(4)系统设计主要技术要求。

1)进入电解槽的海水应经过过滤处理。次氯酸钠发生器一般不设备用。

2)次氯酸钠发生器的设计出力应满足连续投加量及冲击投加量的要求。次氯酸钠储存罐的有效容积应满足一次冲击投加的需要量。

3)次氯酸钠储罐的设计应充分考虑气液分离空间,并应配置可靠的排氢措施,通常配有 2 台互为自动联锁的防爆型风机(1 用 1 备),以便及时抽取或鼓风稀释氢气,以保证储存罐中的氢气能被稀释为小于 1%(体积比)的安全排放浓度。

4)根据电解槽的结构要求配备辅助除垢的电解槽酸洗设施。

5)电解装置中的连接管道应保持流体通畅,不能有气体积聚和死角。

6)次氯酸钠加药泵的容量满足药品投加量的要求并设备用。

7)系统内设备一般采用钢衬胶、玻璃钢或耐相应浓度氯离子腐蚀的塑料等防腐材料;管道采用耐相应浓度氯离子腐蚀的钢衬塑管、UPVC 管、钢骨架塑料复合管等。

8)海水泵过流部件采用超级奥氏体不锈钢、双相不锈钢材质 S22053、超级双相不锈钢 S25073 及以上。

(5)布置设计要求。

1)发生器及其辅助设备布置在室内或带顶棚的半露天房间内。

2)变压整流柜、动力盘布置在单独的房间内。

3)次氯酸钠储罐一般布置在室外,并设 2 台风机(1 用 1 备)。

4)海水泵、加药泵等一般集中布置在单独的房间内。电气及控制设备应布置在单独的房间内。

(二)消泡处理

海水直流冷却的电厂排水口出现白色泡沫是常见现象,排水消能过程中,冷却海水与空气充分接触后会产生泡沫。另外,海水加氯杀菌后,表面张力增加,有助于泡沫产生且不易破灭,从而导致泡沫堆积。如果海水中有机物较多,加氯后杀死的有机物被泡沫包裹,随着时间增长,温度升高,会产生腐臭气味,对周边环境造成影响。因此,应根据环保要求,对直流冷却后的海水进行必要的处理后才能排放。

投加消泡剂可临时投加也可采用固定装置，包括消泡剂储罐、计量泵和管道阀门等。消泡剂投加至冷却水排水口的虹吸井内，投加量根据所投加的消泡剂品种不同而不同。加消泡剂方案应根据冷却水水质、消泡剂特性、运行工况及药剂对环境影响等因素，通过动态模拟试验确定药品种类、投加量、投加方式等。常用的消泡剂一般有醇类消泡剂、油脂类消泡剂、酰胺类消泡剂、磷酸类消泡剂、胺类消泡剂和醚类消泡剂等。

二、闭式循环冷却水处理

闭式循环冷却水水质要求应根据系统特性和用水设备的材料确定，通常采用除盐水，冷却水的循环是密闭过程，正常情况下基本无需补充水。闭式循环冷却水的质量见表7-14。

表7-14　　闭式循环冷却水质量

材质	电导率（25℃，μS/cm）	pH 值（25℃）	备注
全铁系统	≤30	≥9.5	
含铜系统	≤20	8.0～9.2	
全铝系统（空冷）	≤5	7～8	厂家推荐数据，相关标准正在制定中

闭式循环冷却水处理的目的是防止循环冷却水对金属的侵蚀性，采取的措施是要减少闭冷水的含氧量，调节除盐水的 pH 值。因为随着水的 pH 值增大，金属的腐蚀明显减少。减少含氧量的方法是向循环水中加联氨，调节 pH 值的方法是向循环水中投加氨。当采用加氨和（或）联氨处理时，可与热力系统的化学加药处理合并，也可单独设置。

三、敞开式循环冷却水处理

（一）敞开式循环冷却水处理工艺选择

敞开式循环冷却水处理工艺系统应根据水源及水质条件、循环冷却系统参数、全厂水平衡情况、处理水量要求、环保要求及设备和药品的供应情况等经技术经济比较，合理选择。根据水质确定循环冷却水处理工艺的选择原则见表7-15。

表7-15　　敞开式循环冷却水处理工艺选择原则

水质情况	工艺系统
补充水碳酸硬度小于等于3.0mmol/L且浓缩倍率小于等于3.0	加稳定剂处理
补充水碳酸硬度大于3.0mmol/L且浓缩倍率小于3	加稳定剂处理或加酸加稳定剂处理

续表

水质情况	工艺系统
补充水碳酸硬度大于3.0mmol/L且浓缩倍率大于3	加酸+加稳定剂联合处理
	补充水软化处理+加稳定剂处理
	旁流软化处理+加稳定剂处理
经浓缩的[SO₄²⁻]、[Cl⁻]等离子浓度超过循环冷却水系统设施的允许值	针对这些离子的除盐处理
某些沉淀物离子的浓度积超过其溶度积	
补充水为再生水	根据具体水质确定深度处理工艺
浓缩倍率大于等于5	旁流过滤处理
悬浮物含量较高	
所有循环冷却水	杀菌处理

（二）敞开式循环冷却水阻垢处理

1. 敞开式循环冷却水水质稳定性的判断方法

水质稳定性可以通过饱和指数、稳定指数或普科里斯指数判断，水质稳定性的判断标准见表7-16。

表7-16　　水质稳定性的判断标准

判断指数	判断标准	产生的后果
饱和指数 LSI	LSI>0	结垢
	LSI=0	不腐蚀不结垢
	LSI<0	腐蚀
稳定指数 RSI	RSI>7.5	严重腐蚀
	6.0<RSI<7.5	轻微腐蚀
	RSI≌6	基本稳定
	3.7<RSI<6	轻度结垢
	RSI<3.7	严重结垢
普科里斯指数 PSI	PSI>6	腐蚀
	PSI=6	不腐蚀不结垢
	PSI<6	结垢

饱和指数（langelier saturation index，LSI）是1936年朗格利尔（Langlier）根据水中碳酸溶解平衡理论提出的描述碳酸钙固体与含二氧化碳溶液之间的平衡关系表达式，即水样实测的 pH 值减去碳酸钙饱和平衡时的 pH（即 pHs）值的差值。饱和指数可通过式（7-4）计算

$$LSI = pH - pHs \qquad (7-4)$$

式中　pH——水的 pH 值；

　　　pHs——饱和平衡 pH 值。

稳定指数也称雷兹纳指数（ryznar index，RSI）。饱和指数只能说明水质的稳定倾向，不能说明不稳定的程度。而通过稳定指数的计算，则可以对水质的稳定性做出进一步的鉴别。稳定指数是一个半经验性指数。

判断水质稳定性可采用极限碳酸盐硬度值法。极限碳酸盐硬度是敞开式循环冷却水系统不结碳酸盐垢时循环冷却水的最大碳酸盐硬度值，判断方法为

$$\varphi H_{T,Bu} < H_T' \qquad 不结垢$$

$$\varphi H_{T,Bu} > H_T' \qquad 结垢$$

式中　φ——浓缩倍率；

　　　$H_{T,Bu}$——补充水碳酸盐硬度，mmol/L；

　　　H_T'——水的极限碳酸盐硬度，mmol/L。

普科里斯指数（PSI）是帕克瑞尔斯通过水的碱度准确反映冷却水的腐蚀结垢倾向，可通过式（7-5）计算

$$PSI = 2pHs - pHe \qquad (7-5)$$

式中　pHs——饱和平衡 pH 值；

　　　pHe——$1.465 \lg A + 7.03$；

　　　A——水的总碱度，mg/L。

当水中碳酸钙含量超过饱和值时，就会发生结垢现象。低于饱和值时，原先析出的碳酸钙又会溶于水中。当水中碳酸钙含量正好处于饱和状态时，无结垢无腐蚀，则为稳定型水。

2. 敞开式循环冷却水阻垢处理方法

为了防止凝汽器管材结垢和腐蚀，根据冷却水的水质特点应进行阻垢处理，主要处理方法是循环冷却水加阻垢剂处理、加酸处理、加酸和阻垢剂联合处理等。循环冷却水阻垢处理方法比较见表 7-17。

表 7-17　循环冷却水阻垢处理方法比较

处理方法	适用范围
加稳定剂处理	循环冷却水补充水碳酸盐硬度不高时，或浓缩倍率不高时，可采用加稳定剂处理
加酸处理	循环冷却水补充水碳酸盐硬度较高
加酸和稳定剂联合处理	仅投加稳定剂不能满足循环冷却水的极限碳酸盐硬度时，应同时考虑加酸和稳定剂联合处理

3. 循环冷却水加酸处理

循环水加酸处理药剂一般可使用硫酸或者盐酸，实际处理中通常采用硫酸，因为硫酸浓度高，储存容积比盐酸小，便于运输；不会造成循环冷却系统二次腐蚀，而盐酸含有的氯离子会加重金属设备的腐蚀。

（1）硫酸加入量计算。硫酸的加入量可以根据所中和的碳酸盐量和处理水量进行估算。

硫酸加入量按式（7-6）计算

$$q_{mL} = \frac{49}{\varepsilon}\left(H_b - \frac{1}{\varphi}H_b'\right)q_{Vb} \qquad (7-6)$$

式中　q_{mL}——加酸量，g/h；

　　　H_b——补充水中碳酸盐硬度，mmol/L；

　　　H_b'——补充水加酸后的碳酸盐硬度，mmol/L；

　　　ε——硫酸纯度，工业硫酸的纯度一般为 98%；

　　　q_{Vb}——循环水补充水量，m³/h。

加酸处理应控制循环冷却水的硬度低于极限碳酸盐硬度，一般控制 pH 值在 7.4～7.8。当酸加在补充水中时，水中残留的碱度一般控制在 0.3～0.7mmol/L，避免出现酸性。

极限碳酸盐硬度与水质、运行条件等因素有关，可以通过模拟实验或经验公式获得。极限碳酸盐硬度可按经验公式，即式（7-7）计算

$$H_T' = \frac{1}{2.8}\left[8 - \frac{[O]}{3} - \frac{t-40}{5.5 - \frac{[O]}{7}} - \frac{2.8H_b}{6 - \frac{[O]}{7} + \left(\frac{t-40}{10}\right)^3}\right]$$

$$(7-7)$$

式中　[O]——补充水的需氧量，mg/L；

　　　t——循环冷却水的最高温度，小于 40℃时，按 40℃计算，℃。

（2）加酸系统及控制。电厂循环冷却水加酸采用固定设备。加酸系统一般包括卸酸缓冲罐、卸酸泵、酸储存槽、计量设施、安全设施等。

循环水补水加酸为连续投加，加药量一般手动调节，人工或者仪表测定循环水 pH 值后，通过计量泵的手动冲程调节器调节加酸量并应定期调整加药量。

（3）酸加药系统设计应注意的问题。

1）使用硫酸时，应注意防止硫酸钙沉淀，防止硫酸根对混凝土构筑物的侵蚀。对于新建的电厂，可在混凝土壁上加铺化学性稳定的水泥。

2）加酸处理必须及时监测循环冷却水的 pH 值，防止加酸过量 pH 值过低导致系统设备腐蚀。

3）硫酸储存槽的硫酸溶液靠自身重力流至计量箱；也可不设计量箱，加酸计量泵直接与酸储存槽相连接。浓硫酸可直接投加，不需稀释。

4）为避免加酸量不稳定，采取防堵措施，在浓硫酸储罐出口设计沉淀过滤器。

5）酸储罐应设防护型液位计和通气管。

6）浓硫酸储存罐、计量箱采用碳钢，不能使用有机玻璃及塑料材料。浓硫酸管道可使用碳钢、碳钢衬聚四氟乙烯、聚四氟乙烯材料，稀硫酸管道可使用碳

钢衬胶、衬塑或塑料管等。

7）浓硫酸储罐一般不少于两台。每台机组设置一台酸加药泵，每两台机组设置一台备用加药泵。

8）计量泵出口设置背压阀。

4. 循环冷却水加稳定剂处理

（1）稳定剂加药量计算。循环冷却水系统稳定剂的首次加药量（有效组分量）按照式（7-8）计算

$$m_{fw} = \frac{VC_w}{1000} \qquad (7-8)$$

式中 m_{fw}——机组首次一次性循环冷却水稳定剂的加入量，kg；

V——单机循环冷却水系统水容积，m³；

C_w——稳定剂的加入剂量（有效组分量），mg/L。

循环冷却水稳定剂加药量宜根据排污和风吹损失水量计算，稳定剂加药量一般按 5mg/L 设计；海水循环系统采用海水专用阻垢剂处理，一般按 6～8mg/L 设计。

循环冷却水系统运行时，稳定剂的加药量按照式（7-9）或式（7-10）计算

$$q_{mrw} = \frac{(q_{Vw} + q_{Vf})C_w + (0.01 \sim 0.02)V}{1000} \qquad (7-9)$$

$$q_{mw} = \frac{q_{Vb}C_w + (0.01 \sim 0.02)V}{1000\varphi} \qquad (7-10)$$

式中 q_{mw}——机组正常运行时循环冷却水稳定剂的加入量，kg/h；

q_{Vw}——排污损失水量，m³/h；

q_{Vf}——风吹损失水量，m³/h；

q_{Vb}——单机循环冷却水系统补充水量，m³/h；

C_w——稳定剂的加入剂量（有效组分量），宜取 3～5，mg/L；

φ——浓缩倍率；

0.01～0.02——因在循环水系统沉积引起的稳定剂消耗量，g/（m³·h）；

V——单机循环冷却水系统水容积，m³。

（2）稳定剂加药系统设计主要技术要求。

1）加稳定剂系统包括溶液箱、稳定剂输送和计量设施等。

2）稳定剂应通过技术经济比较选择高效、低毒、化学稳定性好的药品。加药方式为连续投加。

3）加药计量泵宜采用手动调节，根据补充水量人工设定计量泵的设备出力，定期调整。

4）稳定剂加药点位置宜设在循环冷却水泵吸水井、回水沟或循环冷却水补充水管。加药点为循环冷却水泵吸水井时，加药管应伸入水池内且多点投加，其标高为水池正常水位以下 0.4～1.0m，各加药点应保持一定距离。

5）循环冷却水系统加稳定剂宜配置约为 5%溶液

投加，配药用水应选用工业水或循环冷却水补充水。

5. 加酸和稳定剂联合处理

仅投加稳定剂不能满足循环冷却水系统的浓缩倍率要求时，可采用加酸和稳定剂联合处理方式，提高浓缩倍率，降低运行费用。加酸和稳定剂联合处理是火电厂循环冷却水处理最常用工艺之一。

这种联合处理工艺首先将补充水进行加酸处理，使补充水的碳酸盐硬度降至稳定剂所能稳定的极限碳酸盐硬度与浓缩倍率的比值，然后再投加稳定剂处理。稳定剂可以是单一药剂，也可以是复合配方。稳定剂的加药量可根据式（7-9）或式（7-10）计算。

（三）循环冷却水杀菌处理

1. 杀菌剂选择及加药量计算

加杀菌剂处理方案应根据循环冷却水水质、菌藻种类、阻垢剂特性、运行工况及药剂对环境影响等因素，通过动态模拟试验或参考水质和工况条件类似的电厂运行经验确定。

循环冷却水微生物控制宜采用氧化型杀菌剂，并采用间断加药方式。采用二氧化氯杀菌时，加药量可适当降低。对污染严重的水源可以连续加药。氧化型杀菌剂加药量可按式（7-11）计算

$$q_{m0} = \frac{q_{Vx}C_0}{1000} \qquad (7-11)$$

式中 q_{m0}——杀菌剂加药量，kg/h；

q_{Vx}——循环冷却水量，m³/h；

C_0——循环冷却水杀菌剂加药量（以有效氯计算），mg/L。

2. 杀菌剂加药系统设计主要技术要求

（1）杀菌剂不能与水质稳定剂相互干扰，且满足排放要求。杀菌剂选择原则如下：

1）能有效地控制或杀死已检测出的微生物，特别是形成黏泥的微生物（主要是异养菌）。

2）药效快且作用时间长。

3）在冷却水系统运行的 pH 值范围内有效而不分解。

4）对微生物黏泥具有穿透、分散和剥离能力。

5）药剂应具有优良的广谱杀菌性能。

6）具有良好的可生物降解性，环保、经济且便于现场使用。

（2）杀菌剂加药点位置应为循环冷却水泵吸水井或循环冷却水补充水管。加药点为循环冷却水泵吸水井时，投加管应深入水池内，标高为水池正常水位下 2/3 水深处且多点投加，各加药点应保持一定的距离。

（3）循环水量小、季节性加药的电厂，杀菌剂可以采用临时投加方式（如投加氯锭），不设固定加药设备。

（4）次氯酸钠储罐及溶液箱采用碳钢衬丁基橡胶，管道采用聚氯乙烯；氯气管采用紫铜或碳钢管材。

3. 次氯酸钠加药系统

（1）次氯酸钠的来源。次氯酸钠可以直接外购，也可以通过电解氯化钠溶液或者电解海水制备。电解海水制次氯酸钠系统见本章直流冷却水处理系统相关内容。

（2）外购次氯酸钠系统。工艺流程为化工厂→次氯酸钠槽车→卸次氯酸钠缓冲罐→卸次氯酸钠泵→次氯酸钠储罐→次氯酸钠计量泵→循环冷却水。

（3）次氯酸钠加药系统设计主要技术要求。

1）次氯酸钠应储存在避光、通风、防潮、防腐的环境下。次氯酸钠储罐容积宜按储存时间小于 7 天设计。

2）次氯酸钠储存区域附近设置安全洗眼淋浴器等防护设施。

3）次氯酸钠设备周围设置地沟或围堰，药液泄漏时将排入地沟。

4）次氯酸钠加药泵设备用。

5）次氯酸钠加药间内设置换气次数不少于每小时15 次的机械通风装置。

4. 电解氯化钠溶液制次氯酸钠系统

饱和的氯化钠溶液经过盐水喷射器按一定比例（1:10）配制成 2.8%～3.2%稀盐水后进入稀盐水罐中，再经稀盐水泵（需设备用）升压后进入电解槽中。整流器将 380V 交流电转变为直流电为电解槽供电。盐水经过电解生产次氯酸钠和氢气，其中次氯酸钠进入次氯酸钠储罐，氢气通过风机强制鼓风稀释到 1%以下，经过阻火器后排入大气。电解产生的少量钙镁沉淀物在储罐底部，通过排污阀定期排污。储罐内的次氯酸钠溶液由冲击加药泵和连续加药泵送至加药点。电解氯化钠溶液制次氯酸钠工艺流程见图 7-3。

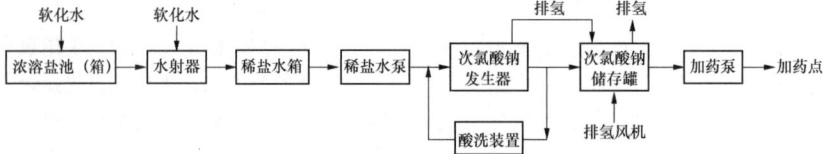

图 7-3　电解氯化钠溶液制次氯酸钠工艺流程图

由于盐水中含有的钙镁离子会在阴极板上产生沉淀，导致电流效率下降，因此需要定期对电解槽进行酸洗。酸洗过程见本章直流冷却水处理系统相关内容。

5. 加液氯系统

（1）系统描述。氯气是有毒的，常温下是气体，在使用过程中应避免泄漏到大气中，加氯设备应非常严密。氯的工业用品是装在钢瓶中的液态氯，为保持液态，钢瓶中需保持较高的压力，使用时需将液态氯蒸发为气态。氯溶于水，形成次氯酸和盐酸，反应式为

$$Cl_2 + H_2O \longrightarrow HClO + HCl$$

液氯系统工艺流程为氯气→蒸发器→真空调节器→加氯机→水射器→加药点。

加氯系统就是将钢瓶中较高压力的液态氯减压使之成为气态氯，再和水混合，通过水喷射器制成含氯水后投加至氯加药点。

目前国内的火电厂几乎不再使用液氯作为杀菌剂。

（2）加氯系统流程。加氯系统由液氯瓶组、蒸发器、真空加氯机和水射器等部分组成。加液氯系统工艺流程见图 7-4。

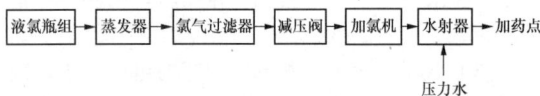

图 7-4　加液氯系统工艺流程

加氯机有转子加氯机和真空加氯机，其中真空式加氯机具有更高的安全性，成为加氯设备的首选。

（3）加氯量计算。液氯加氯量可按式（7-12）计算

$$q_m = \frac{Cq_V}{1000} \qquad (7-12)$$

$$C = C_1 + C_2 + C_3$$

式中　q_m——加氯量，kg/h；

C——氯的剂量，mg/L；

q_V——冷却水流量，m³/h；

C_1——水中有机物的需氧量，mg/L；

C_2——凝汽器中有机物的需氧量，mg/L；

C_3——氯的过剩量，g/m³。

C_1、C_2、C_3 可由试验确定或者按表 7-18 查得。

表 7-18　　　C_1、C_2、C_3 值的选取

水的需氧量	C_1 (mg/L)			C_2 (mg/L)	C_3 (mg/L)
	接触时间 t（min）				
	1	2	3		
<10	1.0	1.5	2.0	0.4	0.1
>10～15	1.5	2.5	3.0	0.8	0.2
>15	3.0	4.0	4.5	1.5	0.32

（4）加氯机控制系统。真空加氯机的控制方式有

手动和自动。加氯机的自动控制有流量比例控制、余氯反馈控制、复合环路控制、复合＋余氯微调控制、高低峰时间串联比例控制等，火力发电厂循环水加氯通常采用前两种自动控制方式。

充装量为 50kg 液氯钢瓶，使用时应采用直立装置，并有防倾倒措施；充装量为 500kg 和 1000kg 的液氯钢瓶，使用时应卧式放置，并牢靠定位。当氯瓶压力为 $9.8×10^4Pa$（1 个大气压）时切换。

（5）加氯系统设计主要技术要求。

1）为保证用氯安全，加氯系统的安全设施还包括液氯钢瓶电子秤、泄氯吸收装置、漏氯报警仪、防化服、呼吸器、抢修工具箱等。

2）氯瓶间应设置氯气泄漏检测报警装置及氯气吸收装置。泄漏感应探头平均分布在整个房间内，氯气泄漏吸收系统的吸收点要平均分布在室内。

3）液氯的储存和投加系统设计应符合相关法律法规及 GB 11984《氯气安全规程》的规定。

4）加氯机应有指示瞬时投加量并有防止氯、水混合物倒灌入液氯钢瓶内的措施。

5）设置氯气中和设备，并配置一定数量的正压呼吸器。

6）氯气输送管采用紫铜管或优质碳钢管，氯水输送管采用耐相应浓度氯离子腐蚀的钢衬塑、UPVC 管、钢骨架塑料复合管等。送氯管道应标明走向，以便维护。

7）水射器真空度是设备运行和故障排除的重要指标，因此在加氯机上设置水射器真空表。

8）为保证系统安全，真空调节器前后各设置一个减压阀，即两级减压。

9）加氯间内应设置起重、称重的设施，以判断液氯钢瓶残留液氯量。

10）加氯机喷射器水源保证不间断并保持水压稳定，加氯水泵应联锁并有可靠的电源。

11）加氯点宜在正常水位下 2/3 水深处。

（6）液氯设备布置设计要求。

1）加氯间设置独立厂房，靠近投加地点，位于厂区常年主导风向的下侧。

2）加氯间内有加氯机、液氯蒸发器、液氯钢瓶、升压泵等。氯瓶和加氯机分隔布置，加氯水泵不与氯瓶布置在同一个房间。

3）氯瓶间与其他工作间应隔开并有向外开的门，便于事故发生时人员撤离。大门要考虑卡车进入，且室内要留有保证运输车辆装卸氯瓶的空间。

4）氯瓶和加氯机不能靠近供热设备并避免日照。

5）加氯间内采用防腐灯具。

6）照明和通风设备开关设在室外。

7）加氯间内设置换气次数不少于每小时 15 次的机械通风装置，保证室内空气氯气含量不超过 $1mg/m^3$。

8）氯瓶摆放在鞍型支架上，最好设置橡胶缓冲垫，氯瓶周围设置地沟或围堰，以防止氯泄漏时将氯气通入地沟。

9）氯瓶周围设计地沟或者围堰，控制泄漏。

（7）氯系统强制性条款。氯系统设计时必须遵守相关规程、规范中的强制性条款，见表 7-19。

表 7-19　　　　　　　　　　　　　氯系统设计的相关强制性条款

序号	条文编号	条文主要内容	备注
一	DL 5068—2014《发电厂化学设计规范》		
1	14.6.4	液氯加药系统的设计应符合以下要求： （5）严禁使用蒸汽、明火直接加热液氯钢瓶。 （8）氯瓶间应设置氯气泄漏检测报警装置及氯气吸收装置	
二	GB 11984—2008《氯气安全规程》		
1	3.10	生产、使用氯气的车间（作业场所）及储氯场所应设置氯气泄漏检测报警仪，作业场所和储氯场所空气中氯气含量最高允许浓度为 $1mg/m^3$	
2	3.11	用氯设备（容器、反应罐、塔器等）设计制造，应符合压力容器有关规定。液氯管道的设计、制造、安装、使用应符合压力管道的有关规定： （1）氯气系统管道应完好，连接紧密，无泄漏； （2）用氯设备和氯气管道的法兰垫片应选用耐氯垫片； （3）用氯设备应使用与氯气不发生化学反应的润滑剂； （4）液氯气化器、储罐等设施设备的压力表、液位计、温度计，应装有带远传报警的安全装置	
3	4.4	液氯储罐、计量槽、气化器中液氯充装量不应大于容器容积的 80%。液氯充装结束，应采取措施，防止管道处于满液封闭状态	

序号	条文编号	条文主要内容	备注
4	4.6	液氯气化器、预冷器及热交换器等设备，应装有排污（NCl_3）装置和污物处理设施，并定期分析 NCl_3 含量，排污物中 NCl_3 含量不应大于 60g/L，否则需增加排污次数和排污量，并加强监测	
5	4.7	为防止氯压机或纳氏泵的动力电源断电，造成电解槽氯气外溢，应采用下列措施之一： （1）氯气生产系统安装防止氯气外溢的氯气吸收装置； （2）配备氯压机、纳氏泵出口氯气联锁阀门或止回阀； （3）配备电解直流电源、氯压机、纳氏泵出口阀门以及氯气吸收装置启动电源等与氯压机、纳氏泵动力电源联锁的装置	
6	6.1.5	不应使用蒸汽、明火直接加热气瓶。可采用 40℃以下的温水加热	
7	6.1.7	气瓶与反应器之间应设置截止阀、止回阀和足够容积的缓冲罐，防止物料倒灌，并定期检查以防失效	
8	6.1.9	不应将气瓶设置在楼梯、人行道口和通风系统吸气口等场所	
9	6.1.12	气瓶出口端应设置针型阀调节氯流量，不允许使用瓶阀直接调节	
10	6.1.14	使用液氯气瓶处应有遮阳棚，气瓶不应露天曝晒	
11	6.3.1	储罐的储存量不应超过储罐容量的 80%	
12	6.3.2	储罐输入和输出管道，应分别设置两个截止阀门，定期检查，确保正常	
13	7.1.1	气瓶不应露天存放，也不应使用易燃、可燃材料搭设的棚架存放，应储存在专用库房内	
14	7.1.2	空瓶和充装后的重瓶应分开放置，不应与其他气瓶混放，不应同室存放其他危险物品	
15	7.1.3	重瓶存放期不应超过三个月	
16	7.1.4	充装量为 500kg 和 1000kg 的重瓶，应横向卧放，防止滚动，并留出吊运间距和通道。存放高度不应超过两层	
17	7.2.1	储罐区 20m 范围内，不应堆放易燃和可燃物品	
18	7.2.2	大储量液氯储罐，其液氯出口管道，应装设柔性连接或者弹簧支吊架，防止因基础下沉引起安装应力	
19	7.2.4	地上液氯储罐区地面应低于周围地面 0.3～0.5m 或在储存区周边设 0.3～0.5m 的事故围堰，防止一旦发生液氯泄漏事故，液氯气化面积扩大	

6. 二氧化氯加药系统

（1）二氧化氯的制备。二氧化氯制备常用方法为化学法和电解法。化学法和电解法比较见表 7-20。

表 7-20　　　　　　　　　　　化学法和电解法比较

制备方法	电解法	化学法	
基本原理	三电极隔膜电解氯化钠溶液	氯酸钠与盐酸化学反应	亚氯酸钠与盐酸化学反应
生产原料	NaCl	$NaClO_3$、HCl	$NaClO_2$、HCl
生产杀菌剂种类	ClO_2 为 10% Cl_2 为 90%	ClO_2 为 50% Cl_2 为 50%	$ClO_2 > 90\%$
产品液浓度	低	低	低

制备方法	电解法	化学法	
杀菌效果	差	较好	好
生产能力	小型	任意	任意
产品液储存	无	无	无
加药方式	连续	连续	连续
设备投资	设备复杂，投资高	较高	较高
运行成本	较高	较低	高
环保性能	排放残液	排放残液	排放残液
安全可靠性	一般	一般	高
部件检修周期	0.5~1 年	5 年	5 年
设备寿命	>10 年	>20 年	>20 年

（2）二氧化氯加药系统流程。化学法是两种药剂通过计量泵按一定比例混合后发生反应，生成二氧化氯，然后投加至循环冷却水中。

1）氯酸钠＋盐酸法。反应式为

$$NaClO_3 + 2HCl \Longrightarrow ClO_2 + 1/2Cl_2 + NaCl + H_2O$$

该制备法的反应器复杂，制备的 ClO_2 纯度低，制备成本低。

2）亚氯酸钠＋盐酸法。反应式为

$$5NaClO_2 + 4HCl \Longrightarrow 5NaCl + 4ClO_2 + 2H_2O$$

该制备法是目前最常用的一种方法，制备的 ClO_2 纯度高，制备成本也较高。

以盐酸、氯酸钠为原料为例，化学法制备二氧化氯工艺流程如图 7-5 所示，以盐酸、亚氯酸钠为原料的工艺流程与此相同。

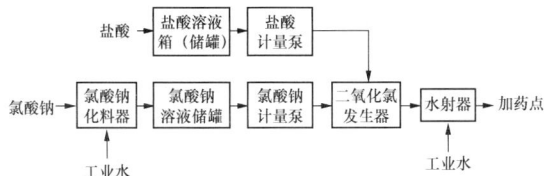

图 7-5 化学法制备二氧化氯工艺流程

（3）二氧化氯加药控制系统。二氧化氯发生器的控制方式为自动。二氧化氯发生器的自动控制有流量比例控制、二氧化氯检测反馈系统控制等。

（4）二氧化氯加药系统设计主要技术要求。

1）火力发电厂二氧化氯的制备一般采用化学法。

2）固体粉末亚氯酸钠、氯酸钠药品仓库应远离火源并单独储存。

3）二氧化氯制备间、药品储存间应设置机械排风装置。

4）二氧化氯发生器间应配置漏氯监测和报警装置。

5）二氧化氯发生器的设计出力应满足机组 1 次加药量的需要，不少于 2 套，可不设备用。

6）二氧化氯所需的药品储存罐容积满足 7~15 天用量。

7）药品溶液箱不少于 2 台，每台容积满足 1 次加药的用量，计量泵设备用。

8）化学法制备二氧化氯的产品溶液储存风险性较高，应按即时加药设计。

二氧化氯制备系统按即时加药设计时，二氧化氯发生器设备容量按式（7-13）计算

$$q_m = q_V C \times 10^{-3} \tag{7-13}$$

式中　q_m——二氧化氯发生器设备容量（以有效氯计），kg/h；

q_V——循环水量，m^3/h；

C——最大加药剂量，mg/L。

7. 非氧化型杀菌剂加药系统

（1）非氧化型杀菌剂的来源。非氧化型杀菌剂一般直接从化工厂采购。

（2）非氧化型杀菌剂加药系统。非氧化型杀菌剂加药可以采用临时投加的方式，也可以设置固定设施。流程为非氧化型杀菌剂→非氧化型杀菌剂溶液箱→非氧化型杀菌剂加药泵→循环冷却水系统。

（3）非氧化型杀菌剂系统设计主要技术要求。

1）非氧化型杀菌剂溶液箱不少于 2 台，单台溶液

箱的容积不小于 1 次投药量。

2) 非氧化型杀菌剂溶液加药泵每台机组单独设置,两台机组共用 1 台备用泵。

3) 非氧化型杀菌剂溶液的计量宜采用流量计。

4) 溶液箱根据药剂的化学性质选择,可采用钢衬胶、玻璃钢、不锈钢或其他防腐蚀材料。

5) 加药泵过流部件材质根据药剂的化学性质选择,可采用塑料、不锈钢等耐腐蚀材料。

6) 加药管道根据药剂的化学性质选择,可采用钢衬塑、UPVC 管、不锈钢管或其他防腐蚀管道。

(四)循环冷却水旁流处理

1. 循环冷却水旁流处理工艺系统选择

为了减少循环水中悬浮物的含量以及结垢倾向,可抽取一部分循环水进行旁流过滤、软化或除盐处理后再送回循环水系统,以达到去除其中杂质的目的。循环水旁流处理的系统连接方式见图 7-6。

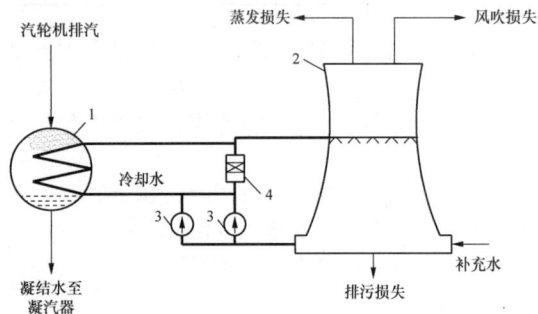

图 7-6 循环水旁流处理的系统连接方式

1—凝汽器;2—冷却塔;3—循环水泵;4—旁流处理系统

循环冷却水旁流处理包括循环冷却水旁流过滤、旁流软化处理,当循环水盐分过高时,还可使用旁流除盐处理。旁流处理方法的比较见表 7-21。

表 7-21 旁流处理方法的比较

处理方法	处理效果	适用范围
过滤	去除循环水中大部分悬浮物、黏泥和微生物等	补充水水质较好,硬度和含盐量不高
过滤+软化	降低循环水中的硬度和碱度	补充水硬度较高,高浓缩倍率
除盐处理	降低循环水中的含盐量	补充水含盐量高

旁流软化常用的方法是石灰处理和弱酸氢离子交换等。旁流软化处理使用较多的是旁流弱酸离子交换法。使用旁流软化处理要求循环水补充水的碳酸盐硬度不小于 3mmol/L。

旁流处理工艺系统选择主要原则如下:

(1) 旁流处理设计方案的选择应根据循环冷却水水质标准、去除的杂质种类、数量等因素综合比较确定。

(2) 当循环水浓缩倍率较高时(一般为 4~5 倍以上),循环水中各种物质被浓缩,循环水中的某一项或几项成分超出允许范围时可采用旁流水处理系统。

2. 循环冷却水旁流过滤

(1) 旁流过滤工艺选择。旁流过滤是最常用的旁流处理方式之一。当循环水浓缩倍率较高时(4~5 倍以上),循环水中各种物质浓缩,采用旁流过滤处理,可有效改善循环水系统水质,去除循环水系统的悬浮物、黏泥和微生物,但是不能降低水的硬度和含盐量。

旁流过滤处理典型工艺如下:

1) 循环冷却水→重力式过滤器/滤池→补入循环水系统。

2) 循环冷却水→压力式过滤器(石英砂或纤维束)→补入循环水系统。

旁流过滤设备种类较多,有重力式、压力式等,过滤介质有石英砂和纤维束等,多用于运行流速高、占地面积小的过滤设备。

(2) 系统进出水水质。不同过滤介质的进出水水质见表 2-5~表 2-7。

(3) 旁流处理量计算。旁流处理水量取决于循环水的污染情况,一般取 1%~5% 的循环水量进行处理。旁流处理量计算式为

$$q_{Vc} = \frac{q_{Vb}C_b + kq_{Va}C_a - (q_{Vf} + q_{Vw})C_m - q_{Vg}C_b'}{C_m - C_b'} \quad (7-14)$$

式中 q_{Vc} ——旁滤水量,m^3/h;

q_{Vb} ——补充水量,m^3/h;

C_b ——补充水中悬浮物含量,mg/L;

k ——悬浮物沉降系数,无资料时,可选用 0.2;

q_{Va} ——冷却塔空气流通量,m^3/h(标准工况);

C_a ——空气含尘量,g/m^3(标准工况);

q_{Vf} ——风吹损失水量,m^3/h;

q_{Vw} ——排污水量,m^3/h;

C_m ——循环水允许的悬浮物含量,mg/L;

q_{Vg} ——过滤器排水量,m^3/h;

C_b' ——过滤处理后水中悬浮物含量,mg/L。

(4) 旁流过滤处理系统设计技术要求。

1) 大型循环冷却水系统一般采用以石英砂或无烟煤为滤料的重力式无阀滤池,滤速控制在 10m/h 以下。

2) 旁流过滤设备可以不设备用。

3) 旁流过滤设备反洗水可以使用旁流过滤产品水或原水。

4) 旁流过滤设备可以布置在室外,寒冷地区应布置在室内。

3. 循环冷却水旁流软化和旁流除盐处理

（1）旁流软化和除盐工艺选择。

旁流软化处理典型工艺有：

1）循环冷却水→过滤器/池→弱酸离子交换器→除碳器→循环水系统。

2）循环冷却水→澄清池（石灰软化法）→循环水系统。

旁流软化处理使用较多的是旁流弱酸离子交换法，并且可与循环排污水回收再利用相结合。

旁流除盐处理典型工艺有：

1）循环冷却水→澄清器/池→过滤器/池→离子交换器→循环水系统。

2）循环冷却水→澄清器/池→超/微滤装置→反渗透装置→循环水系统。

旁流除盐系统的设计可参照第三章和第四章相关内容执行。石灰软化法可用于循环补充水处理，石灰软化法的设计可参照循环补充水处理相关章节。本节主要介绍使用较多的旁流离子交换软化法。旁流除盐处理的离子交换处理可采用弱酸离子交换处理。

（2）离子交换法进水水质。采用离子交换处理工艺时，离子交换器进水水质应满足表4-4的要求，应根据来水水质情况确定是否需要设置过滤设备。当采用双流弱酸离子交换器时，进水浊度含量按2NTU控制。

（3）旁流离子交换处理水量计算。旁流软化除盐处理水量可按式（7-15）计算

$$q_{Vc} = \frac{(q_{Vz}+q_{Vf}+q_{Vw})C_b - (q_{Vf}+q_{Vw})C_m}{C_b + rC_b' - C_b' - rC_b} \quad (7\text{-}15)$$

式中　q_{Vc}——旁流处理水量，m³/h；

　　　q_{Vz}——蒸发损失水量，m³/h；

　　　q_{Vf}——风吹损失水量，m³/h；

　　　q_{Vw}——排污损失水量，m³/h；

　　　C_b——补充水中某物质含量，mg/L；

　　　C_m——循环水某物质允许含量，mg/L；

　　　r——旁流处理系统自耗水率，弱酸处理或钠离子交换处理系统自耗水率为5%～7%，%；

　　　C_b'——处理后水中某物质含量，mg/L。

（4）旁流离子交换软化处理系统及控制。旁流离子交换软化处理系统包括过滤单元、离子交换单元、再生单元、储存单元等。

旁流处理系统按全自动运行方式进行设计。旁流处理控制系统采用集中监控方式，其控制装置可采用PLC或者DCS。循环水旁流过滤和软化处理设备自动运行。旁流过滤器根据系统压差、运行时间进行监控，定期自动清洗。离子交换器运行根据出水碱度（实际运行时是控制交换器出口的pH值）、硬度或周期累计制水量，自动启动再生。

（5）旁流离子交换软化处理系统设计主要技术要求。弱酸离子交换处理工艺一般采用顺流再生离子交换器，当水量大时也可采用双流弱酸离子交换器，但进水悬浮物应满足逆流再生设备的要求值。弱酸处理工艺再生剂宜采用硫酸。

（五）循环冷却水补充水处理

1. 循环冷却水补充水处理工艺系统选择

循环冷却水补充水处理方法有石灰软化处理法、弱酸离子交换处理法、除盐处理法等。循环冷却水补充水处理方法的比较见表7-22。

表7-22　循环冷却水补充水处理方法的比较

处理方法	处理效果	适用范围
石灰软化处理法	去除循环水补充水中大部分悬浮物，降低碳酸盐硬度或碱度等	处理水量大，水质较差，碳酸盐硬度或碱度高
弱酸离子交换处理法	降低循环水补充水中的碳酸盐硬度，提高浓缩倍率	补充水硬度高，碱度高，要求高浓缩倍率
除盐处理法	降低循环水补充水中所有离子的含量，提高浓缩倍率	当补充水的某些离子含量无法满足循环冷却水系统要求时

循环水补充水处理工艺系统选择主要原则如下：

（1）补充水软化处理宜采用弱酸处理、石灰软化处理工艺。

（2）补充水除盐处理首选反渗透处理工艺。

（3）当采用再生水作为循环水补充水时，补充水处理工艺应与再生水来水的处理方案结合考虑。

（4）循环冷却水处理设施宜靠近冷却塔或循环冷却水泵房布置，当全厂采用水岛布置方案时，可与其他水处理系统合并布置。

2. 循环水补充水处理水量计算

循环水补充水处理水量与补充水碳酸盐硬度、循环冷却水极限碳酸盐硬度、浓缩倍率、软化处理系统出水平均碳酸盐硬度的关系见式（7-16）

$$q_{Vc} = \frac{q_{Vb}\left(H_b - \dfrac{H_T'}{\varphi}\right)}{H_b - \bar{H}_b'} \quad (7\text{-}16)$$

式中　q_{Vc}——补充水软化处理水量，m³/h；

　　　q_{Vb}——循环冷却水系统补充水量，m³/h；

　　　H_b——补充水原水碳酸盐硬度，mmol/L；

　　　H_T'——极限碳酸盐硬度（投加稳定剂情况下的数值），mmol/L；

　　　$\bar{H}_b'$——软化处理系统出水平均碳酸盐硬度，

mmol/L;

φ——浓缩倍率。

一般地，弱酸离子交换处理工艺平均出水碳酸盐硬度 $\bar{H}'_b$ 宜为 0.3～0.5mmol/L，石灰处理工艺出水碳酸盐硬度 $\bar{H}'_b$ 按 1mmol/L 计算。

3. 石灰软化处理系统出水水质计算

石灰处理可以去除水中的重碳酸钙 $Ca(HCO_3)_2$、重碳酸镁 $Mg(HCO_3)_2$、游离二氧化碳 CO_2、部分铁和硅的化合物等，主要用于循环冷却水补充水水质较差，碳酸盐硬度较高的条件下。经石灰处理后，水的 pH 值一般在 8.3 以上，水中的游离 CO_2 应已经全部去除。

水的残留碱度包括：① $CaCO_3$ 的溶解度，一般为 0.6～0.8mmol/L；② 石灰的过剩量，一般控制在 0.2～0.4mmol/L（以 $1/2CaO$ 计）。

水的残留硬度可按式（7-17）计算

$$H_C = H_F + A_C + C(H^+) \qquad (7-17)$$

式中　H_C——经石灰处理后水的残留硬度（$1/2Ca^{2+}$ + $1/2Mg^{2+}$），mmol/L；

H_F——原水中的非碳酸盐硬度（$1/2Ca^{2+}$ + $1/2Mg^{2+}$），mmol/L；

A_C——经石灰处理后水的残留碱度（$1/2CO_3^{2-}$），mmol/L；

$C(H^+)$——混凝剂剂量，mmol/L。

不同含盐量的水，经石灰处理后，水中残留的镁硬度可以从图 7-7 中查得。

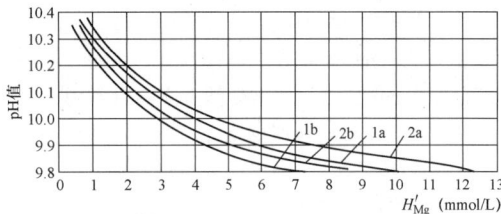

图 7-7　水中残留镁硬与 pH 值的关系

1—总阳离子 $\sum K = 1.1$mmol/L 时，$f_z = 0.92$；2—总阳离子 $\sum K$–5.8mmol/L，$f_z = 0.74$；a—$t = 18～35℃$；b—$t = 45℃$

经过石灰处理，当水温 40℃时，硅化合物可去除 65%～70%，有机物可去除 60%～70%。

4. 其他处理方法

弱酸氢离子交换法的设计见本章循环补给水弱酸处理内容。除盐处理法的设计可参照本书相关章节。

（六）循环冷却水排污水处理

为控制循环冷却水的水质，循环水系统在运行中必须要排出一定量的循环水，同时补充一定量的新鲜水。循环冷却水系统的排污水含盐量高，并含有大量悬浮物、有机物和胶体、生物黏泥等。根据排污水水质、当地环保排放标准及用途，排污水可直接排放，也可经过处理后达标排放，或通过软化或脱盐技术对循环排污水进行处理，处理后的水可作为锅炉补给水的水源，也可以直接补入循环水系统，以改善水质，并可提高浓缩倍数。

近年来，新建电厂工业用水水源大多采用城市再生水，一些已建电厂的工业用水水源也逐渐变更为城市再生水，致使多数电厂的循环水排污水含盐量、硬度、COD、NH_3-N、TN、TP 等指标超过允许排放标准。此类排污水的主要处理工艺以凝聚澄清过滤、脱氮除磷、预脱盐处理工艺为主。

电厂常用的循环排污水处理工艺有：

（1）循环排污水→预处理→软化→锅炉补给水或循环水系统。

（2）循环排污水→预处理→脱盐→锅炉补给水或循环水系统。

软化通常采用石灰软化法，脱盐通常采用反渗透处理技术。预处理和反渗透处理技术见第二章和第三章相关内容。

四、海水循环冷却水处理

（一）海水循环冷却水处理工艺系统选择

海水循环冷却水浓缩倍率一般控制在 1.5～2.0 倍。经过浓缩的排水还可以排至盐场制盐，实现循环经济模式。

海水循环冷却水处理主要包括海水补充水预处理、冷却水加药处理和冷却水排水处理等。海水预处理方法有沉淀法和混凝澄清法等，冷却水加药处理包括阻垢处理及菌藻处理等。冷却水排水处理应根据当地的环保要求选择处理方法，需要时可采用消泡处理措施。

海水循环冷却水处理工艺系统选择主要原则如下：

（1）应根据海水水源及水质条件、机组规模及海水循环冷却系统参数、冷却方式、设备和药品的供应情况及环保要求等合理选择工艺。

（2）不宜采用加酸处理。

（二）海水补充水预处理

（1）海水循环冷却补充水水质要求见表 7-23。

表 7-23　海水补充水水质指标

项目	单位	控制值
浊度	NTU	<10
盐度		20～40
pH 值		7.0～8.5
COD_{Mn}	mg/L	4

续表

项目	单位	控制值
溶解氧	mg/L	4
总铁	mg/L	0.5
硫化物（以 S 计）	mg/L	0.1
油类	mg/L	1
异养菌总数	cfu/mL	10^3

（2）当海水循环冷却补充水水质不满足表7-23的要求时，应根据海水水源状况选择采用拦污、防污损生物附着、絮凝、沉降等预处理措施。海水补充水处理见第二章相关内容。

（三）海水循环冷却水加药处理

海水循环冷却水处理可以采用向循环海水中投加缓蚀剂、水质稳定剂、杀菌剂等。

1. 海水冷却水系统稳定剂投加量计算

（1）稳定剂首次加药量计算

$$m_{fw} = \frac{VC_w}{1000} \qquad (7-18)$$

式中　m_{fw}——首次一次性海水循环稳定剂的加入量，kg；

V——海水循环冷却系统水容积，m³；

C_w——海水循环稳定剂的加入剂量，浓缩倍率2.0时首次参考加药量20～24（以商品浓度计），mg/L；

（2）运行时稳定剂投加量计算

$$q_{mf} = \frac{q_{Vb}C}{1000\varphi} \qquad (7-19)$$

式中　q_{mf}——机组正常运行时海水循环稳定剂的加入量，kg/h；

q_{Vb}——海水循环水系统补充水量，m³/h；

C——海水循环稳定剂的加入剂量，mg/L；

φ——浓缩倍数。

2. 稳定剂加药系统设计

（1）稳定剂加药系统包括稳定剂溶液箱、加药泵、管路阀门及其附件、仪表等。

（2）稳定处理方式及加药量应根据补充水水质、浓缩倍率、系统材质、运行工况及药剂对环境影响等因素，通过动态模拟试验或参考水质及工况条件类似的电厂运行经验确定。

（3）稳定剂配方应结合当地药剂供应及运输情况，通过技术经济比较选择高效、低毒、化学稳定性及复配性能良好的水处理药剂，并应满足建厂地海体对排水的要求。

（4）为避免海水水体富氧化，防止水质恶化，海水循环用稳定剂应选用无磷或低磷产品，排水含磷量应满足 GB 8978《污水综合排放标准》及 GB 3097《海水水质标准》的规定。

（5）稳定剂处理系统按每 2 台机组 1 套设置，投加方式应采用连续加药法。

（6）稳定剂加药可采用自动运行方式，加药量根据补充水流量信号控制调节，加药计量泵采用变频调节。

（7）稳定剂药液一般配制为 1%～5% 浓度。

（8）稳定剂配药用水应采用淡水，由全厂工业水系统供给。

（9）稳定剂加药点位置为循环水泵吸水井、回水沟或循环补充水管。加药点为循环水泵吸水井时，投加管口应深入水池内，其标高为水池常见水位以下 0.4～1.0m，与其他药品加入点位置应保持一定距离。

3. 海水冷却水杀菌处理系统

海水循环冷却水杀菌灭藻处理一般采用氧化型杀菌剂和非氧化型杀菌剂相结合的方案。氧化型杀菌剂优先采用电解海水制取次氯酸钠，当海水中氯离子含量低时也可直接采购次氯酸钠、液氯或者有机氯等。海水冷却水杀菌处理系统见本章直流冷却水处理系统相关内容。

（四）海水冷却水排水处理

海水排污水应根据当地的环保要求选择处理方法，一般为消泡处理等。消泡处理见本章直流冷却水处理系统相关内容。

第三节　主　要　设　备

一、冷却水菌藻处理主要设备

（一）电解海水制氯装置

1. 功能简述

天然海水中含有大量的盐类物质，其中主要成分为NaCl。一般情况下海水中氯离子含量为15～22g/L。当海水以一定流速流过通有直流电的阴阳极板间时，由于电化学的作用，生成具有强氧化能力的 NaClO。NaClO 在海水中进一步分解生成原子态氧和氯化钠。原子态氧具有很强的杀伤力，能将海水中的微生物、菌类直接杀死，将海生物（如贝类）杀晕，使其失去在冷却水管道、通水建构筑物上附着能力，从而起到防污、灭藻的作用。

电解海水制氯装置由增压过滤系统、次氯酸钠发生器系统、储存排氢系统、投药系统、酸洗系统、电气和控制系统等组成。下面根据分系统介绍主要设备功能。

（1）增压过滤系统。增压过滤系统主要设备有海水预过滤器、海水泵、自动冲洗海水过滤器等，设备功能见表7-24。

表 7-24　　　增压过滤系统设备功能

主要设备	设备功能
海水预过滤器	去除原海水中较大颗粒泥砂，防止海水中较大的固体颗粒进入次氯酸钠发生系统
海水泵	电厂循环水泵经滤网过滤器引入的海水，再由海水升压泵升压后进入自动冲洗过滤器进行细网过滤
自动冲洗海水过滤器	防止海水中尺寸大于1mm的固体颗粒进入发生装置系统而造成电极磨蚀及系统的堵塞，保证系统的安全，提高电极寿命

（2）次氯酸钠发生器系统。次氯酸钠发生器系统主要设备是次氯酸钠发生器。海水在发生器中先由流量传感器控制达到所需工作流量后，逐级进入电解槽进行电解，产生次氯酸钠溶液和氢气。次氯酸钠溶液作为冷却水杀菌剂。

（3）储存排氢系统。储存排氢系统主要设备有次氯酸钠储存罐、风机等。电解产生的 NaClO 和 H_2 直接进入储罐，储罐配有 2 台互为自动联锁的风机（1 用 1 备），风机风量保证在储罐中的氢气能被稀释为小于 1% 的安全排放浓度，这时氢气可以直接排放到大气中，而 NaClO 溶液在罐中储存供连续投加和冲击投加使用，设备功能见表7-25。

表 7-25　　　储存排氢系统设备功能

主要设备	设备功能
次氯酸钠储存罐	储存电解海水产生的次氯酸钠溶液
风机	强制排放电解产生的氢气，在次氯酸钠发生器额定出力条件下运行时，保证使氢气浓度稀释到 1% 以下

（4）投药系统。投药系统主要设备有连续投药泵和冲击投药泵等，向加药点投加次氯酸钠，依控制程序自动进行连续投药和冲击投药。

（5）酸洗系统。酸洗系统主要设备有酸洗箱、酸洗泵等，用于清洗电解槽正常运行时产生的垢。电解槽酸洗周期一般为30天。酸洗时首先将海水或自来水注入酸洗罐内，达到一定高度，通过喷射器或者配比器将盐酸抽至酸洗罐，调整盐酸溶液浓度10%，配置好的稀盐酸通过酸洗泵送至电解槽进行循环酸洗，酸洗结束后废液中和后排放。

（6）供配电设备。整流控制柜的功能是将交流电转换成给电解槽提供的直流电，为水泵及仪表提供供电电源，并对整套装置进行控制和保护。

2. 结构形式

（1）自动冲洗海水过滤器。在海水泵入口处设置自动冲洗海水过滤器（见图7-8），过滤精度为 1mm。海水自动冲洗过滤器的反洗过程由过滤器进出口压差开关控制。当压差超过设定值时，自动反洗程序开始冲洗滤网上的污物。由壳体、盖、轴、滤网、反冲洗电机及电动排污球阀、压差控制器和控制盘组成，所有部件出厂前整体组装。自动冲洗海水过滤器有立式和卧式，一般采用立式。

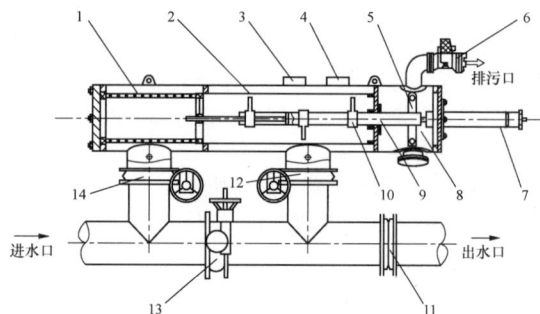

图 7-8　某品牌自清洗过滤器结构及外部接管图
1—粗滤网；2—精滤网；3—压差表；4—电子控制单元；
5—液压马达；6—排污阀；7—液压活塞；8—液压马达室；
9—集污器；10—吸嘴；11—止回阀；12～14—蝶阀

（2）次氯酸钠发生器。次氯酸钠发生器有板式电极发生器和管式电极发生器两种。板式电极发生器的电极为平板或网板，管式电极发生器的电极为管子。管式电极发生器的电解液（海水）在两同心的管子的环形间隙中流过，一般内管作为阳极，外管作为阴极兼作发生器的容器，优点是流通面积很小（即内外管之间的环形间隙），因此可以达到很高的流速，形成对电极反应有利的湍流状态，反应中的传质过程加快，电极反应充分，同时反应中产生的钙、镁沉积物很快被高速液流冲走，阴极不易结垢，可以延长其酸洗周期。管式次氯酸钠发生器的缺点为：

1）电极只能一面使用（即管子内壁或外壁），电极材料利用率低，制造成本相对较高。

2）外管兼作发生器的容器暴露在外，一方面它在盐雾环境中易结露（带有盐分）而受腐蚀；另一方面暴露在外的外管带电会带来危险，安全性差。

3）管式电极在工作中承受液体压力，一旦发生器的液路系统发生堵塞等故障，液流压力升高时极易使电极管子发生爆管事故而使电极报废。

4）发生器的电极管子密集，接头多很容易发生渗漏，设备的维护也比较困难。

5）发生器的体积大，结构庞杂，管理维护不方便。

板式电极发生器基本可以克服管式电极发生器上述的主要缺点，因而应用广泛。板式电极按其联结方式可以分为单极式电极和复极式电极（又称双极性电极）两种，双极性电极相对于单极性电极有如下优点：

1）电解室之间的汇流排连接次数少，电阻损耗小。

2）电解室之间的管线连接短，水头损失小，且电解液无需多次上下方向转换，无气阻干扰，液流比较平稳均衡。

3）发生器的电解槽数量减少，结构简单。

4）槽电压较低。

5）电流效率较高。

目前国内外大型次氯酸钠发生器的电极结构多为双极性电极。电解槽结构见图7-9和图7-10。

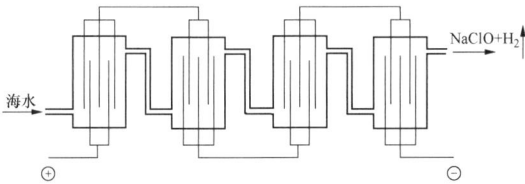

图7-9 4个电解室组合的单极性电极电解槽

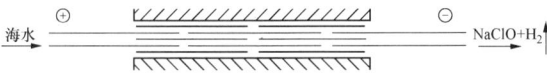

图7-10 4个电解室组合的双极性电极电解槽

（3）次氯酸钠储存罐。系统至少设置2台次氯酸钠储存罐，由玻璃钢制作（不透光）。次氯酸钠储存罐装有溢流管、排污管、人孔、就地液位显示、液位开关及液位控制系统。次氯酸钠储存罐设置氢气扩散装

置，一般采用立式。风机基本构造形式为离心式。风机在整个运行工况条件下，必须运行平稳、无振动。风机密封性能良好，在次氯酸钠发生器额定出力条件下运行时，保证使氢气浓度稀释到1%以下，风机材料采用玻璃钢。

（4）加药泵。加药泵为单级、单吸式离心泵。完整的泵包括泵体、轴、叶轮、联轴器、安全罩、底盘和电动机。泵和电机安装在公用底盘上。轴密封采用机械密封，确保密封处不发生泄漏。叶轮及泵轴等旋转部件装配之后，能处于静平衡和动平衡。用于传递泵与电机之间的旋转运动和转矩的联轴器采用具有一定弹性的联轴器。泵配套电机保证能在空气湿度大于95%的情况下安全、连续运行。

（5）供配电设备。供配电设备由整流变压器、整流器、低压配电柜组成。整流器和整流变压器通过导电母排与电解槽组件连接，并为电解槽提供直流电。低压配电柜通过电缆和机电设备连接并提供交流电。整流控制柜具有手动和自动两种操作方式。在手动状态下，可对设备逐个进行启停操作，用于装置调试、维修期间或自动状态失效后的控制操作。在自动状态下，所有控制和保护功能启动，可保证装置安全可靠地运行，用于正常的运行操作。

3. 主要技术参数

电解海水制氯装置主要设备技术参数见表7-26，详细技术要求见GB/T 22839《电解海水次氯酸钠发生装置技术条件》。某电解海水次氯酸钠设备技术参数见表7-27。

表7-26　　　　　　　　　　　　电解海水制氯装置主要技术参数

主要设备	技 术 参 数
海水预过滤器	滤网材料：耐海水的S31603、S22053及以上材料。 滤网精度：1mm
自动冲洗海水过滤器	滤网和壳体材料：耐海水的S31603、S22053及以上材料。 滤网精度：0.5mm。 控制：反洗过程由过滤器进出口压差开关控制
次氯酸钠发生器	有效氯浓度：1～1.5g/L。 阳极寿命：连续使用不低于5年。 阴极寿命：永不损坏。 酸洗周期：≥1个月。 电解槽阴极、阳极之间在干燥状态下应绝缘，绝缘电阻不小于1kΩ。 电极材料：阳极采用钛涂贵金属氧化物涂层，阴极采用钛、钛合金或哈式合金，一般采用进口电极。 附件：次氯酸钠发生器出口设取样阀
次氯酸钠储存罐	形式：立式结构。 材料：玻璃钢或钢制内外防腐。 有效容积：满足连续及冲击投加需要量。 附件：人孔、就地及远传液位、药液进口、药液出口、进风口、排风口、溢流管道、排污口等

主要设备	技 术 参 数
风机	结构形式：离心式。 结构材料：玻璃钢。 电机：防爆。 设计要求：设置备用
加药泵	结构形式：离心式。 结构材料：钛、氟合金。 流量：满足药品投加量的要求。 设计要求：设置备用
酸洗设备	包括酸洗箱、酸洗泵等。 酸洗箱容积满足一次酸洗用酸量并应有 50%的余量

表 7-27　　　　　　　　　某电解海水次氯酸钠设备技术参数

有效氯气量（kg/h）	1	20	50	70	90	130	220
有效氯浓度（g/L）	1～1.5						
电流效率	＞80%						
直流电耗	＜4kWh/kg 有效氯						
阳极寿命	≥5						
外形尺寸（mm×mm×mm）	1325×560×1340	3800×950×1730	4300×1200×2800	4800×2250×2800	5100×2400×2900	5200×2600×3200	6500×1835×4723
制氯间面积（m²）	27	216	270	297	330	388	518

4. 主要计算公式

次氯酸钠发生器设备容量按式（7-20）计算，次氯酸钠储存罐容积按式（7-21）计算

$$q_m = (q_V C_c + q_V C_s t_s/24) \times 10^{-3} \quad (7-20)$$
$$V = q_V C_c t_s/C \times 10^{-3} \quad (7-21)$$

式中　q_m——次氯酸钠发生器设备容量（以有效氯计），kg/h；

V——次氯酸钠储存罐容积，m³；

q_V——循环水量，m³/h；

C_c——连续加药剂量，mg/L；

C_s——冲击加药剂量，mg/L；

t_s——冲击加药时间，h；

n——冲击加药次数；

C——次氯酸钠溶液有效氯浓度，g/L。

（二）电解氯化钠溶液制氯装置

电解氯化钠溶液制氯与电解海水制氯装置类似，主要设备及功能见表 7-28。主要技术要求见 HJ/T 258《环境保护产品技术要求　电解法次氯酸钠发生器》。

表 7-28　　　　　　电解氯化钠溶液制备次氯酸钠系统主要设备及功能

子系统名称	设备名称	功能和技术要求
溶盐系统	浓溶盐池（箱）	储存氯化钠、将氯化钠配置饱和溶液
	过滤器	除去浓盐水中的固体颗粒杂质，防止系统的堵塞和管道、电极等的磨蚀，一般选用 Y 形过滤器
稀盐水系统	水射器	（1）将浓盐水稀释成满足次氯酸钠进液浓度的稀溶液。 （2）水射器要求水源压力稳定，一般应设置就地水箱和供水泵

续表

子系统名称	设备名称	功能和技术要求
稀盐水系统	稀盐水箱	（1）暂存氯化钠稀溶液。 （2）一般按不小于 30min 的储存量
	稀盐水泵	向电解槽供应稀盐水，满足次氯酸钠发生器及后续设备运行要求，设置备用设备
次氯酸钠发生器系统	次氯酸钠发生器	（1）整个系统的关键设备，氯化钠溶液在直流电场作用下电解生成一定浓度的次氯酸钠溶液。 （2）有效氯浓度大于等于 8.0g/L；可不设备用设备
储存加药系统	次氯酸钠储罐	（1）暂存制备的次氯酸钠溶液。 （2）一般为立式储罐，上部设顶开式氢气扩散装置（风帽）
	加药泵	次氯酸钠的投加
	排氢风机	（1）使电解过程中产生的副产物氢气在次氯酸钠储罐内进行气液分离，保证使氢气浓度稀释到 1%以下，防止氢气爆炸。 （2）离心式，须设备用设备；在电解槽停止工作后，风机继续运行 10min
酸洗系统	酸洗箱、酸洗泵	（1）储存和配制 5%～10%的盐酸溶液，清除电极表面的结垢。 （2）酸洗箱容积除能满足一次酸洗用酸量外，还留有 50%的余量
电气和控制系统	整流电源、整流变压器、低压配电柜、运行控制柜、系统控制柜及上位机等	系统的配电和自动控制

二、冷却水加药装置

冷却水加药装置主要有稳定剂加药装置、酸加药装置等。加药装置设计见第十三章。

三、循环冷却水补充水处理主要设备

石灰处理系统主要设备包括澄清池、滤池、石灰储存与计量系统、加药系统、污泥处理系统等。石灰处理系统设备的主要设计参数见第二章，石灰加药系统主要设计参数见第十三章。

四、循环冷却水旁流处理主要设备

（一）循环冷却水旁流过滤处理主要设备

循环冷却水旁流过滤处理通常采用的处理方式有砂滤器、重力式无阀滤池和纤维过滤器。循环冷却水旁流过滤处理主要设备比较见表 7-29。

表 7-29　　　　　　　　　循环冷却水旁流过滤处理主要设备比较表

技术参数	砂滤器	重力式无阀滤池	纤维过滤器
处理效果	能去除水中较大颗粒，浊度去除率 90%，反洗自用水量 5%	过滤效果一般，浊度去除率 70%～80%，自用水量高	过滤效果好，自用水率低
占地面积	较大	大	小
运行维护	自动运行，基本无维护	系统运行不稳定，需要经常调整	自动运行，基本无维护
工程造价	低	较高	高

砂滤器、重力式无阀滤池的主要设计参数见第二章。纤维过滤器设备的主要设计参数见第十二章。

（二）循环冷却水旁流软化处理主要设备

循环水旁流软化处理主要采用旁流弱酸离子交换处理和旁流石灰处理。石灰处理的主要设备见第二章相关内容。下面主要介绍弱酸离子交换器和钠离子交换器。

1. 功能简述

填充弱酸离子交换树脂的顺流再生离子交换器用于循环冷却水的降碱软化处理，也可与强酸氢离子交换器串联用于化学除盐水处理以降低药品消耗。当水量大时采用双流弱酸离子交换器，双流弱酸离子交换器具有设计出力大、占地面积小等优点。

当循环冷却水通过弱酸离子交换器树脂时，树脂与水中的重碳酸盐发生交换反应，主要反应方程式为

$$2R\text{-}COOH + Ca(HCO_3)_2 \longrightarrow (R\text{-}COO^-)_2Ca + 2CO_2 \uparrow + 2H_2O$$
$$2R\text{-}COOH + Mg(HCO_3)_2 \longrightarrow (R\text{-}COO^-)_2Mg + 2CO_2 \uparrow + 2H_2O$$

当水中有非碳酸盐硬度或钠的中性盐时，有以下微弱的化学反应

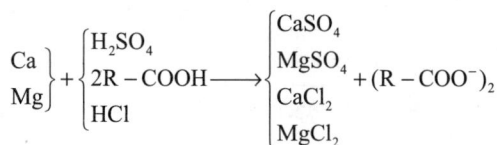

$$\left.\begin{array}{c} Ca \\ Mg \end{array}\right\} + \left\{\begin{array}{l} H_2SO_4 \\ 2R-COOH \\ HCl \end{array}\right. \longrightarrow \left\{\begin{array}{l} CaSO_4 \\ MgSO_4 \\ CaCl_2 \\ MgCl_2 \end{array}\right. + (R-COO^-)_2$$

$$R\text{-}COOH + NaCl \longrightarrow R\text{-}COONa + HCl$$

$$2R\text{-}COOH + Na_2SO_4 \longrightarrow 2R\text{-}COONa + H_2SO_4$$

由此可见，弱酸离子交换器可以去除水中的碳酸盐硬度和碱度，适用于处理硬度和碱度较大的水。反应生成的 CO_2 可在冷却塔中自然散失，可以不设置除碳器。树脂失效后必须用酸再生。

2. 结构形式

弱酸离子交换器采用顺流再生离子交换器，结构特点如下：

（1）上、下部进水装置为穹形多孔板形式，下部加石英砂垫层。

（2）出水装置为母、支管形式。

（3）再生液分配装置为母、支管形式。

（4）设备配就地取样装置和进出口压力表。

（5）所有接口法兰压力等级 PN10（1.0MPa）。

（6）设备采用手动衬胶隔膜阀和气动衬胶隔膜阀。

（7）设备内表面为橡胶衬里。

双流弱酸交换器内部填料分布见图 7-11。

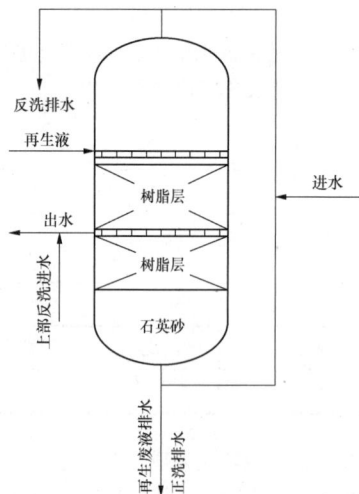

图 7-12 双流弱酸离子交换器接口

图 7-11 双流弱酸交换器内部填料分布

双流弱酸离子交换器接口见图 7-12。

3. 主要参数

顺流再生弱酸离子交换器的设计参数见表 4-20，双流弱酸离子交换器设备主要参数见表 7-30，双流弱酸离子交换器产品系列规格见表 7-31。

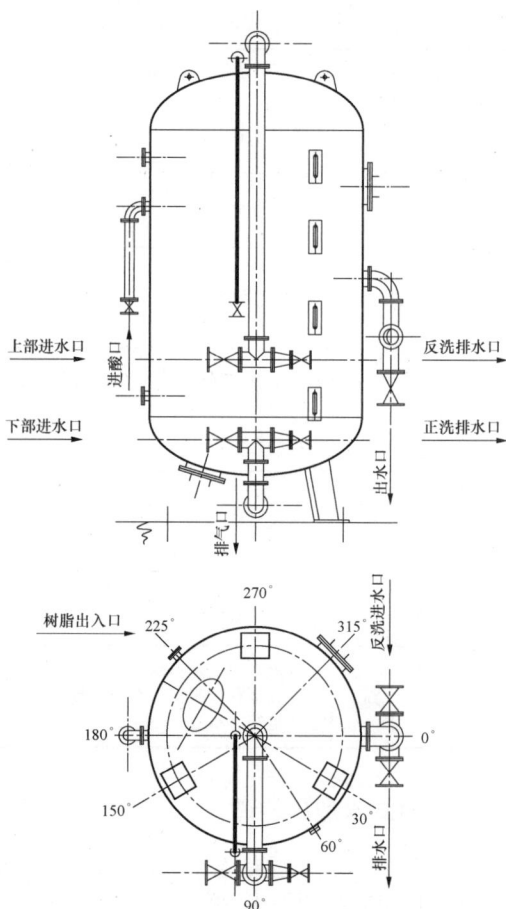

表 7-30　双流弱酸离子交换器设备主要参数

项目	单位	弱酸离子交换器
设备直径	mm	设备直径小于等于 DN3200
树脂层高	mm	根据计算需要
工作压力	MPa	0.6
反洗膨胀率		100%
本体材料		Q235B
衬里材料、层数、厚度		半硬橡胶、2 层、5mm
上进水配水装置形式、材料		穹形多孔板或母支管开孔等、Q235B
下进水配水装置形式、材料		多孔板水帽、Q235B
出水集水装置、材料		母支管梯形绕丝、S31603 及以上
窥视孔数量、材料	个	3，有机玻璃
进酸装置、材料		母支管梯形绕丝、S31603 及以上

表 7-31 双流弱酸离子交换器产品系列规格

项目		DN1500					DN2000				
		90t/h					160t/h				
树脂体积（m³）		2.3	2.65	3.18	3.71	4.41	4.08	4.71	5.65	6.59	7.85
树脂层高	上层高（mm）	500	600	750	900	1100	500	600	750	900	1100
	下层高（mm）	800	900	1050	1200	1400	800	900	1050	1200	1400
	总层高（mm）	1300	1500	1800	2100	2500	1300	1500	1800	2100	2500
设计总质量（kg）		3780	3849	3954	4077	4220	4450	4600	4800	5050	5250
运行载荷（N）		130000	136300	146500	156600	170000	197800	210000	228000	246500	269800
石英砂垫层	粒径 1～2mm	200					200				
	粒径 2～4mm	100					150				
	粒径 4～8mm	100					100				
	粒径 8～16mm	100					150				
	粒径 16～32mm	250					250				
	体积（m³）	1.091					2.15				
项目		DN2200					DN2500				
		190t/h					250t/h				
树脂体积（m³）		4.94	5.70	6.84	7.98	9.50	6.37	7.35	8.82	10.29	12.25
树脂层高	上层高（mm）	500	600	750	900	1100	500	600	750	900	1100
	下层高（mm）	800	900	1050	1200	1400	800	900	1050	1200	1400
	总层高（mm）	1300	1500	1800	2100	2500	1300	1500	1800	2100	2500
设计总质量（kg）		5460	5760	5960	6160	6460	6500	6850	7000	7200	7500
运行载荷（N）		240700	257200	278000	299700	328200	302000	322200	348700	376000	412000
石英砂垫层	粒径 1～2mm	200					200				
	粒径 2～4mm	150					150				
	粒径 4～8mm	100					100				
	粒径 8～16mm	150					150				
	粒径 16～32mm	250					250				
	体积（m³）	2.528					3.369				
项目		DN2800					DN3000				
		300t/h					350t/h				
树脂体积（m³）		8.00	9.23	11.08	12.93	15.39	9.18	10.60	12.72	14.80	17.60
树脂层高	上层高（mm）	500	600	750	900	1100	500	600	750	900	1100
	下层高（mm）	800	900	1050	1200	1400	800	900	1050	1200	1400
	总层高（mm）	1300	1500	1800	2100	2500	1300	1500	1800	2100	2500
设计总质量（kg）		7930	8230	8550	8850	9230	8580	8880	9200	9480	9880
运行载荷（N）		383500	407400	442000	476500	522000	432000	458400	497600	536500	588500

续表

项目		DN2800	DN3000
		300t/h	350t/h
石英砂垫层	粒径1~2mm	200	200
	粒径2~4mm	150	150
	粒径4~8mm	100	100
	粒径8~16mm	200	200
	粒径16~32mm	300	300
	体积（m³）	4.41	4.95

项目		DN3200				
		400t/h				
树脂体积（m³）		10.45	12.06	14.47	16.88	20.10
树脂层高	上层高（mm）	500	600	750	900	1100
	下层高（mm）	800	900	1050	1200	1400
	总层高（mm）	1300	1500	1800	2100	2500
设计总质量（kg）		9360	9860	10010	10360	10750
运行载荷（N）		483000	515300	557800	602300	660850
石英砂垫层	粒径1~2mm	200				
	粒径2~4mm	150				
	粒径4~8mm	100				
	粒径8~16mm	200				
	粒径16~32mm	300				
	体积（m³）	5.49				

弱酸离子交换器采用大孔弱酸性丙烯酸系阳离子交换树脂。大孔弱酸性丙烯酸系阳离子交换树脂技术要求见表7-32。

表7-32　　　　　　　　大孔弱酸性丙烯酸系阳离子交换树脂（氢型）技术要求

项　　目	D113	D113FC	D113SC
全交换容量（mmoL/g）		≥10.80	
体积交换容量（mmoL/mL）		≥4.40	
含水量（%）		45.00~52.00	
湿式密度（g/mL）		0.72~0.80	
湿真密度（g/mL）		1.14~1.200	

项 目	D113	D113FC	D113SC
有效粒径（mm）	0.400～0.700	≥0.500	0.350～0.500
均一系数	≤1.60		≤1.40
上限粒度（%）			＞0.630mm 时，≤1.00
范围粒度（%）	0.315～1.250mm 时，≥95.0	0.450～1.250mm 时，≥95.0	0.315～0.630mm 时，≥95.0
下限粒度（%）	＜0.315mm 时，≤1.0	＜0.450mm 时，≤1.0	
渗磨圆球率（%）	≥95.00		
转型膨胀率（氢型转钠型）（%）	≤70.00		
氢型率（%）	≥98.00		

五、循环冷却水排污处理主要设备

循环冷却水排污处理主要设备包括絮凝、澄清、过滤、超（微）滤、反渗透等设备，见第二章和第三章。

第四节 典型工程实例

一、直流冷却水杀菌处理工程实例

1. 工程概况

某海边电厂安装 4×600MW 国产亚临界燃煤机组。电厂循环冷却水采用海水直流冷却方式，其主要水质见表 7-33。

表 7-33 某电厂海水主要水质指标

项目	单位	指标	项目	单位	指标
浊度	FTU	4.0	盐度	g/L	36.8
总固体	g/L	35.25	总硬度	mmol/L	129.9
溶解性固体	g/L	34.89	碳酸盐硬度	mmol/L	2.646
悬浮性固体	mg/L	77	非碳酸盐硬度	mmol/L	127.3
BOD_5	mg/L	0.2	pH 值		7.851
$COD_{Mn}(O_2)$	mg/L	0.85			

主要设计参数如下：冷却水总量为 4×69120m³/h，采用连续加药＋冲击加药的投加方式，连续加药量为 1mg/L，间断加药量为 3mg/L，间断加药时间为 3 次/天、0.5h/次。

海水冷却水加氯采用电解海水制次氯酸钠的方法，装置出力按 4×90kg/h 设计。

2. 工艺系统及主要设备

系统工艺流程为海水→预过滤器→海水泵→自动冲洗过滤器→次氯酸钠发生器→储存罐→投药泵→加药点。

控制系统采用 1 套 PLC 装置。运行人员在操作员站可通过 CRT、键盘/鼠标对工艺过程进行监视和控制。

主要设备规格见表 7-34。

表 7-34 主要设备规格

序号	设备名称	设备规范	单位	数量
1	海水预过滤器	110m³/h	台	3
2	海水泵	54m³/h，0.3MPa	台	5
3	自动冲洗海水过滤器	110m³/h，500μm	台	3
4	次氯酸钠发生器	90kg/h	台	4
5	次氯酸钠储存罐	60m³，FRP	台	2
6	连续投药泵	50m³/h，0.2MPa	台	5
7	冲击投药泵	120m³/h，0.2MPa	台	2
8	酸洗装置	包括酸洗箱，酸洗泵等	套	1
9	整流器		套	4
10	其他辅助设备		套	1

3. 设备布置

电解海水制氯站布置在海水取水泵房旁，加药点在取水泵房的前池流道中。

电解海水制氯站布置见图 7-13。

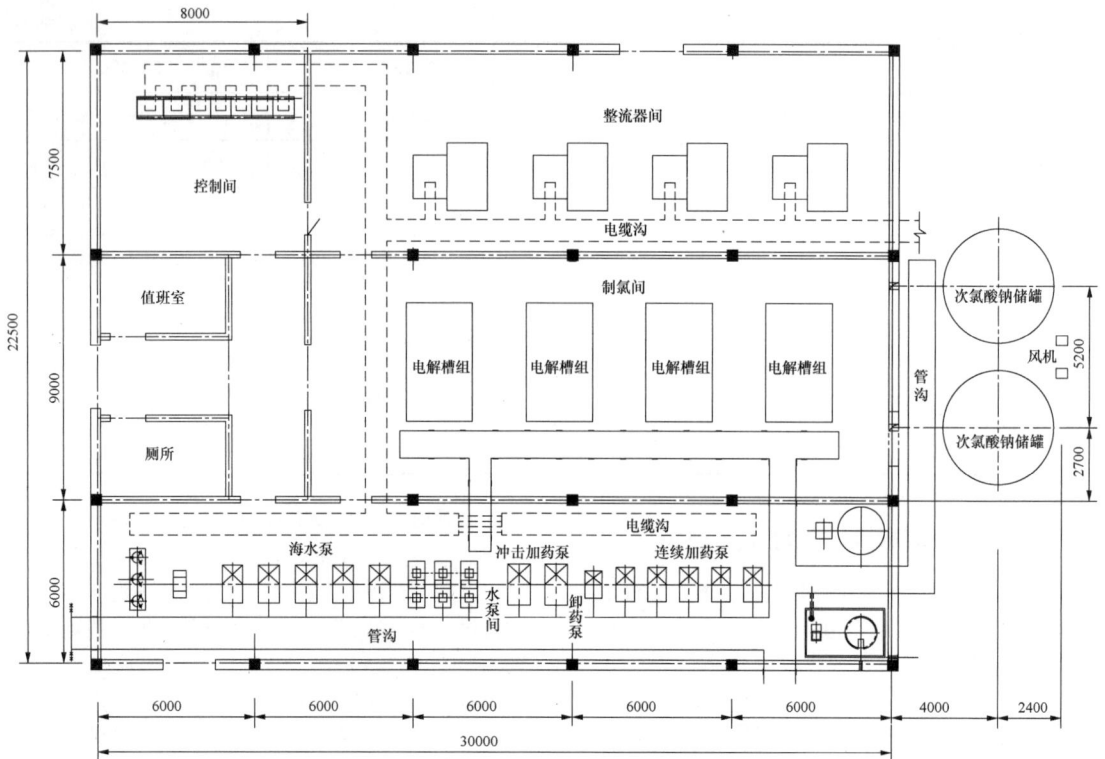

图 7-13 某电厂电解海水制氯站布置

4. 运行效果

该系统 2006 年投产，按设计工况运行，运行效果良好，未发生污堵现象。

二、间接空冷闭式循环冷却水处理工程实例

1. 工程概况

某电厂建设规模为 2×600MW 间接空冷机组，锅炉为超临界参数变压直流炉，间接空冷循环冷却水采用除盐水。

2. 工艺系统及主要设备

循环冷却水加药系统包括加氨和加联氨装置。氨和联氨加药装置均为 2 箱 3 泵集装式，正常 2 台计量泵运行，1 台备用。

主要设备规范见表 7-35。

表 7-35　主要设备规范

序号	设备名称	设备规范	单位	数量
1	循环冷却水加氨装置	2 箱 3 泵		
(1)	氨溶液箱	2.0m³	台	2
(2)	氨计量泵	100L/h，1.6MPa	台	3
2	循环冷却水加联氨装置	2 箱 3 泵		
(1)	联氨溶液箱	2.0m³	台	2
(2)	联氨计量泵	100L/h，1.6MPa	台	3

3. 设备布置

间冷系统循环冷却水加药设备与辅机冷却水集中布置在循环水处理加药间内，加药方式为间断加药，手动控制。加药量及加药时间视水质情况而定。加药点为凝汽器出口至循环水泵入口母管。

4. 运行效果

该系统 2014 年投产，采用间断加药方式，根据水的 pH 值确定加药量。

三、冷却水加药处理工程实例

1. 工程概况

某工程建设 1 套 9F 级燃气-蒸汽联合循环二拖一多轴机组，包括 2 台燃气轮机、2 台燃气轮发电机、2 台余热锅炉、1 台蒸汽轮机、1 台蒸汽轮发电机和有关的辅助系统和设备。

工程用水采用经深度处理后的再生水。污水处理厂污水处理采用传统活性污泥硝化二级处理工艺，一级处理包括格栅、泵房、曝气沉砂池和矩形平流式沉淀池，出水指标达到 GB 18918《城镇污水处理厂污染物排放标准》的要求。污水处理厂经二级生化处理后的城市污水，输送到深度处理厂，经混凝澄清、过滤、杀菌灭藻后作为电厂工业用水水源。循环水冷却系统浓缩倍率按 3 倍设计。再生水水质资料见表 7-36。

表7-36   再 生 水 水 质 资 料

项目	中水	循环水	单位	项目	中水	循环水	单位
K^+	17.80	53.5	mg/L	全硬度	5.466	13.61	mmol/L
Na^+	82.40	220.0	mg/L	非碳酸盐硬度	1.682	8.691	mmol/L
Ca^{2+}	67.88	172.0	mg/L	碳酸盐硬度	3.784	4.919	mmol/L
Mg^{2+}	25.26	61.12	mg/L	负硬度	0	0	mmol/L
NH_4^+	0	0	mmol/L	甲基橙碱度	3.784	4.919	mmol/L
Fe^{2+}	0.03	0.03	mg/L	酚酞碱度	0	0.1081	mmol/L
Fe	0.266	0.115	mg/L	pH 值	7.29	8.21	—
Al^{3+}	0.004	0.004	mg/L	电导	965	2350	μs/cm
Ba^{2+}	0	0	mg/L	浊度	2.19	4.26	NTU
NO_3^-	70.7	88.0	mg/L	色度	9	19	
NO_2^-	8	15	mg/L	溶解氧	7.4	7.3	mg/L
Cl^-	104.4	282.8	mg/L	NH_3-N	0.06	0.13	mg/L
SO_4^{2-}	90	510	mg/L	COD_{Cr}	9	38	mg/L
HCO_3^-	230.9	287.0	mg/L	BOD_5	4.6	5.2	mg/L
OH^-	0	0	mg/L	全硅（SiO_2）	13.19	34.64	mg/L
CO_3^{2-}	0	6.486	mg/L	活性硅（SiO_2）	13.14	34.64	mg/L
酸度	0	0	mg/L	全固体	616.2	1703.5	mg/L
游离 CO_2	2.308	0	mg/L	溶解固体	606.0	1687.0	mg/L
余氯	0.04	0.03	mg/L	悬浮物	10.2	16.5	mg/L

2. 工艺系统及主要设备

循环冷却水采取加硫酸、稳定剂和杀菌剂联合处理方式，设1套硫酸储存、加药装置，包括2台20m³的硫酸储存罐及卸药、集装式加药设备，加稳定剂装置采用2箱2泵的机电控一体化加药装置，加杀菌剂装置采用2箱2泵的机电控一体化加药装置。

为提高循环冷却水自动化控制水平，在循环水泵出口母管管道设置在线pH计，实现自动控制硫酸加药量。循环水补水管道设置流量计，实现自动控制稳定剂加药量。在循环水泵出口母管管道增加余氯表，实现自动控制次氯酸钠加药量。在循环水泵出口母管管道增加电导表、循环水补水门、排污门设置电动调节阀门，实现自动控制排污水量。

主要设备规格见表7-37。

表7-37   主 要 设 备 规 格

序号	设备名称	设备规范	单位	数量
1	循环冷却水加酸装置			

续表

序号	设备名称	设备规范	单位	数量
（1）	酸储罐	20m³，φ2524	台	2
（2）	硫酸计量泵	130L/h，0.5MPa	台	3
2	循环冷却水加杀菌剂装置			
（1）	次氯酸钠溶液箱	10m³，φ1816	台	2
（2）	次氯酸钠计量泵	200L/h，1.0MPa	台	2
3	循环冷却水加稳定剂装置			
（1）	稳定剂溶液箱	1m³，φ916	台	2
（2）	稳定剂计量泵	60L/h，1.0MPa	台	2

3. 设备布置

循环水加药处理设备平面布置见图7-14。

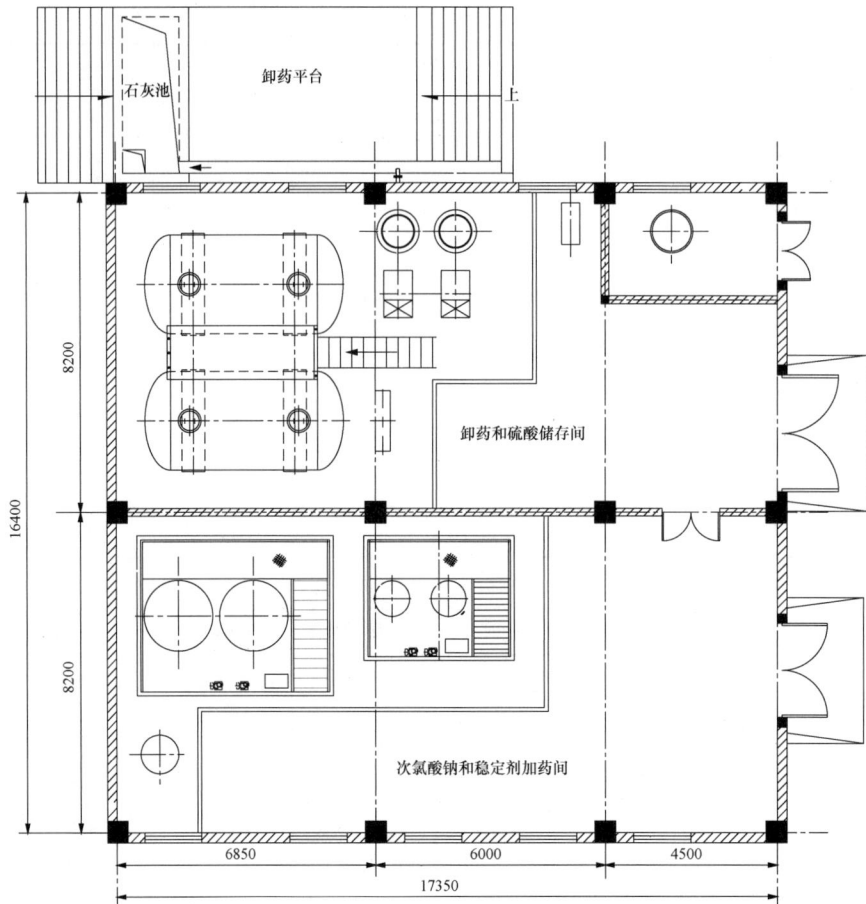

图 7-14 循环水加药处理设备平面布置

4. 运行效果

该系统 2015 年投产，采用连续自动加药方式。实际运行效果良好，循环水浓缩倍率控制在 3 倍左右。

四、循环冷却水旁流软化处理工程实例

1. 工程概况

某电厂安装 2×600MW 国产亚临界燃煤火力发电机组，水源为水库水。对循环水进行旁流弱酸处理工艺。水库水质分析见表 7-38。

系统主要设计参数如下：循环水量为 2×63793m³/h，蒸发损失量为 2×928m³/h（夏季）、2×687.5m³/h（冬季），风吹损失量为 2×66m³/h。

旁流过滤系统设计出力按 2060m³/h 进行设计，同时留有处理 65%循环水补充水的可能。

表 7-38   某电厂水库水质分析

项目	单位	取水日期							
		86.06	93.05	94.09	95.02	95.04	95.06	95.10	95.11
$K^+ + Na^+$		11.25	16.5	16.75	11.5	9.0	10.75	2.75	15.0
Ca^{2+}		31.06	38.08	32.06	30.06	46.09	30.06	44.09	44.09
Mg^{2+}		13.98	17.02	9.73	17.02	17.63	15.81	17.02	15.2
Fe^{2+}	mg/L	0.08	0.08	0.01	0.06	0.14	0.16	0.02	0.34
Fe^{2+}		0	0.02	微	0.02	0.08	0.28	0.08	0.06
Cl^-		12.41	8.86	15.23	17.73	21.27	21.27	12.41	19.50
SO_4^{2-}		19.21	48.03	31.22	33.62	45.63	33.62	24.02	31.22

项目	单位	取 水 日 期							
		86.06	93.05	94.09	95.02	95.04	95.06	95.10	95.11
NO_3^-	mg/L	1.0	7.0	10.0	10.0	7.5	3.5	10.0	10.0
NO_2^-		0.08	0.02	0.06	0.20	0.08	0.08	0.02	0.01
HCO_3^-		133.0		93.34	109.80	125.07	97.61	152.52	152.26
CO_3^{2-}		6.0	6	9	6.00	12.0	9.00	6.00	6.00
全硬度	mg/L ($CaCO_3$)	135	165	120	72.5	187.69	140.14	180.18	172.67
非碳酸盐硬度		16	35	28.5	22.5	55.06	45.05	45.05	37.54
碳酸盐硬度		119	130	91.5	95	132.63	95.10	135.14	135.14
甲基橙碱度		119	130	91.5	95	122.62	95.10	135.14	135.14
酚酞碱度		5	5	7.5	5	10.01	7.51	5.05	5.01
pH 值		8.75	8.87	8.86	8.9	8.62	9.48	8.62	8.53
需氧量		3.28	3	2	1.45	1.45	4.16	5.45	2.26
可溶硅（SiO_2）		4.25	3	2	1.0	1.0	1.30	3.50	3.00
全固形物	mg/L	182.2							
溶解固形物（$CaCO_3$）		174.6	223.5	174.3	176.80	232.80	181.3	204.0	223.60
悬浮物		7.56							

2. 工艺系统及主要设备

循环水处理系统的工艺流程为补充水来自补充水管或循环水来自冷却塔→三层滤料过滤器→双流弱酸交换器→分配水箱→循环水沟。

主要设备规格见表 7-39。

表 7-39　　主 要 设 备 规 格

序号	设备名称	设备规范	单位	数量
1	原水升压泵	675～945m³/h，0.42～0.344MPa，185kW	台	3
2	三层滤料过滤器	φ3200	台	12
3	双流弱酸氢离子交换器	φ3000，树脂层高 2200mm（上/下分别为 950mm/1250mm）	台	8
4	分配水箱	1000m³	座	1
5	树脂储存罐	φ3000	台	1
6	浓硫酸储存罐	50m³	台	3

经上述系统处理后的水质：悬浮物约为 0mg/L，平均碱度 0.5mmol/L（可根据实际运行情况进行调整控制），浓缩倍率为 6.0。

循环冷却水处理系统设计为既可以按循环水旁流过滤、软化方式运行，也可以按照处理补充水过滤、弱酸软化处理方式运行。实际运行时，可根据季节进行系统切换，即夏季按补充水处理方式运行，冬季按循环水旁流处理方式运行。

三层滤料过滤器的运行失效监督指标如下：

（1）过滤器出水浊度大于等于 2mg/L。

（2）过滤器进出口压差达到设定值。

（3）过滤器周期累计制水量达到设定值。

其中，（1）用于根据人工化验结果判断过滤器是否失效，运行人员可根据实际情况确定失效终点值；（2）、（3）为自动控制值，当任何一项超过设定值时，系统均可自动停止运行，执行再生程序，另一台备用设备在接到启动指令后投入运行。

双流弱酸阳离子交换器运行失效监督指标如下：

（1）出水碱度大于等于 2.0mmol/L（实际运行时是控制交换器出口的 pH 值）。

（2）周期累计制水量超过设定值。

当以上任何一项超过设定值时，备用设备在接到启动指令后投入运行，该交换器自动停运，执行再生程序。

在过滤器进口母管和交换器的出口母管之间设有旁路，旁路阀为电动耐蚀蝶阀。在调试期间以及过滤器、交换器系统故障等其他非正常工况下，打开旁路阀。

3. 设备布置

循环水处理车间由循环水软化处理室、硫酸储存计量间、空气压缩机间、水泵间、综合泵房、电气设备间、控制室、现场化验室以及室外的水箱、压缩空气储罐等组成。循环水处理车间设备平面布置见图 7-15。

4. 运行效果

该工程于 2005 年投产,实际出水水质悬浮物约为 0mg/L,循环水浓缩倍率控制在 6.0 倍左右。该系统总投资在 3000 万元左右。

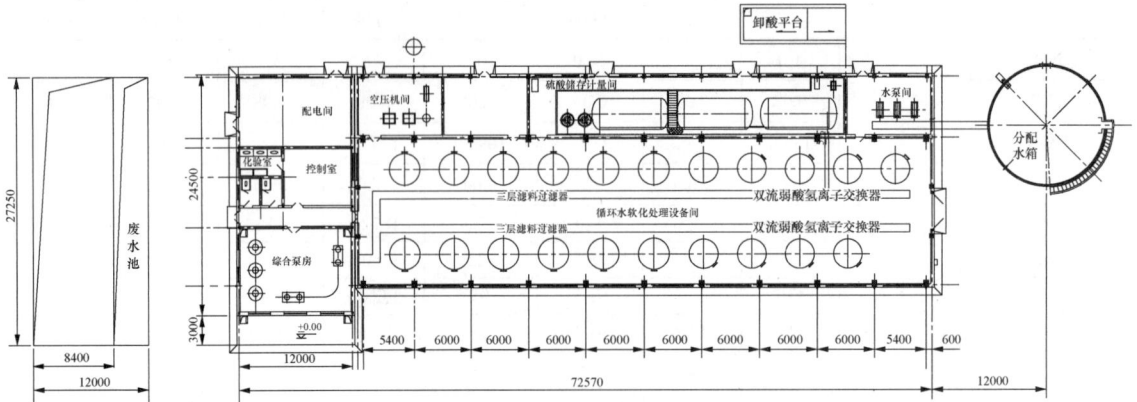

图 7-15　循环水处理车间设备平面布置

五、循环冷却水旁流过滤处理工程实例

1. 工程概况

某工程建设规模为 4 台 M701F4 型燃机组成的 2 套"二拖一"燃气-蒸汽联合循环发电供热机组。循环冷却水采用旁流过滤处理。

工程用水采用污水处理厂再生水。根据电厂与污水处理厂的供水协议,污水处理厂提供的再生水水质满足 GB/T 19923《城市污水再生利用　工业用水水质》中规定的再生水直接用作电厂工业用水。

该工程冷却水系统为敞开式循环冷却水系统,冷却塔为自然通风冷却塔。循环冷却水总量和各项损失见表 7-40。

表 7-40　　循环冷却水总量和各项损失

项目	夏季工况	冬季工况
两台机循环冷却水量	97705m³/h	20800m³/h
蒸发损失	1388m³/h	208m³/h
风吹损失	98m³/h	21m³/h
排污损失	457m³/h	63m³/h
循环冷却水补充水量	1943m³/h	291m³/h
浓缩倍率	3.5	3.5

循环水旁流过滤量按循环冷却水总量的 1.2%～1.5%设计,系统总出力按 1600t/h 设计,反洗时无备用。

2. 工艺系统及主要设备

循环水旁流处理工艺采用旁流过滤处理,采用高效纤维束过滤器。

每 2 台过滤器为一组,用于一套"二拖一"燃气-蒸汽联合循环供热机组机力通风冷却塔循环水旁流处理,全厂共 2 组,组与组之间有阀门隔断或切换。高效纤维束过滤器纤维采用进口 PP 材料,过滤精度 2～5μm,纤维束长度 3200mm,使用寿命 3 年,具有良好的耐腐蚀性及使用寿命。旁流过滤器根据系统压差、运行时间进行监控,定期自动清洗。过滤器以 60～100m/h 高流速运行。反洗排水排入废水池,用排水泵排至工业废水处理站。

主要设备规范见表 7-41。

表 7-41　　　　主　要　设　备　规　范

序号	设备名称	设备规范	单位	数量
1	高效纤维束过滤器	400m³/h,DN2400	台	4
2	反洗水泵	400m³/h,0.4MPa	台	2
3	排水泵	50m³/h,0.4MPa	台	2
4	罗茨风机	23m³/min,0.05MPa	台	2
5	仪表用压缩空气储罐	6m³,1.0MPa	台	1
6	过滤器反洗水池	100m³	座	1
7	过滤器排水池	100m³	座	1

3. 设备布置

旁流过滤车间面积 12m×15m,反洗水泵布置在反洗水池上,排水泵布置在排水池上。旁流过滤车间设备平面布置见图 7-16。

4. 运行效果

该工程于 2012 年建设,2013 年投产,投产后设备运行良好,提高了循环水水质,浓缩倍率 3.5,旁流处理系统出水水质见表 7-42。

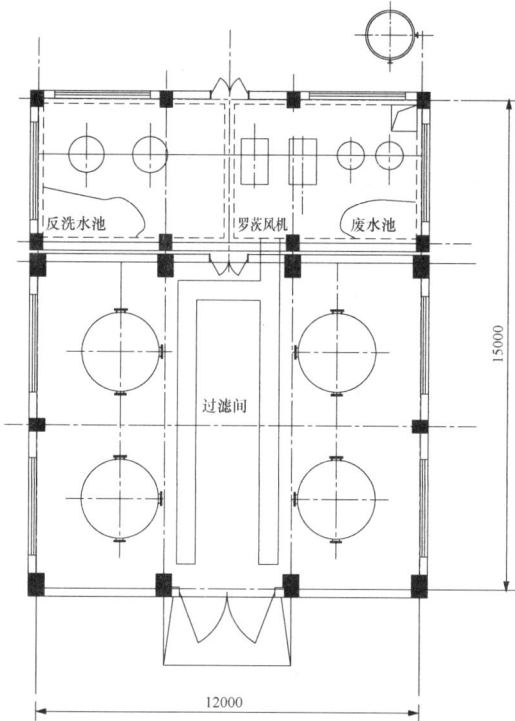

图 7-16　旁流过滤车间设备平面布置

表 7-42　旁流处理系统出水水质

项　目	指　标
设备出力	400t/h（每台）
出水悬浮物	≤5mg/L

六、循环排污水处理工程实例

（一）循环排污水处理工程实例一

1. 工程概况

某电厂利用循环排污水作为热网补给水和锅炉补充水水源。排污水处理系统采用全膜法。系统出水在供热期用于热网补给水，非供热期供超高压锅炉补充水。循环水系统补充水为河水，浓缩倍率为 2.5～3.0 倍。

河水水质资料见表 7-43。

表 7-43　河　水　水　质

项目	含量	项目	含量
pH	8.16～8.58	全硬度	4.45～5.98mmol/L
Ca^{2+}	45.8～71.48mg/L	非碳酸盐硬度	0.46～0.67mmol/L
Mg^{2+}	55.1～65.9mg/L	碳酸盐硬度	3.92～5.31mmol/L
NH_4^+	0～2.26mg/L	电导度	590～880μS/cm
Cl^-	56.0～84.5mg/L	COD	2.98～5.68mg/L
SO_4^{2-}	81.91～101.72mg/L	全硅量（SiO_2）	2.6～8.6mg/L
NO_3^-	0.86～33.44mg/L	全固形物	425.2～528.6mg/L
HCO_3^-	3.7～5.31mmol/L	溶解固形物	420.4～626.4mg/L
CO_3^{2-}	0～0.5mg/L	悬浮物	2.2～8.3mg/L

系统主要设计参数如下：热网总循环水量为 20000m³/h，补充水量按 1%计算，为 200m³/h。电厂原有一套设计出力为 50m³/h 的热网补给水处理系统，本期建成设计出力为 150m³/h 的热网补给水处理系统，两期工程系统总出力为 200m³/h，满足热网补给水水量要求。

2. 工艺系统及主要设备

该工程循环排污水含盐量高、硬度高、碱度高、有机物含量高，且水中投加一定量的缓蚀阻垢剂。针对这种水质采用全膜法水处理工艺，流程为循环排污水→卧式过滤器→超滤装置→一级 RO→除碳器→二级 RO→EDI→热力系统。

其中二级 RO 产水部分作为热网补充水。

循环排污水经上述处理后，其出水水质为：SiO_2 ≤20μg/L，电导率（25℃时）小于等于 0.2μS/cm，硬度约 0μmol/L。

主要设备规范见表 7-44。

表 7-44　主　要　设　备　规　范

序号	名称	规格及技术数据	单位	数量
1	生水池	10000mm×4500mm×6000mm，240m³	座	1
2	生水泵	120m³/h，0.36MPa，30kW	台	3
3	盘式过滤器	120～135m³/h	台	2
4	四室卧式机械过滤器	φ3000	台	1
5	超滤装置	80m³/h	台	4
6	清水池	16200mm×4500mm×6000mm，380m³	座	1
7	清水泵	120m³/h，0.28MPa，15kW	台	3
8	一级保安过滤器	φ700，130m³/h	台	2
9	一级反渗透高压泵	124m³/h，1.4MPa，75kW	台	2
10	一级反渗透装置	95m³/h	套	2
11	除碳器	φ1400	台	2
12	除碳风机	CQ20-J，5.5kW	台	2
13	中间水池	6200mm×4500mm×6000mm，140m³	座	1
14	中间水泵	100m³/h，0.30MPa，15kW	台	3
15	二级保安过滤器	φ700，95m³/h	台	2
16	二级反渗透高压泵	93m³/h，1.56MPa，75kW	台	2
17	二级反渗透装置	85m³/h	套	2
18	淡水箱	16200mm×4500mm×6000mm，380m³	座	1

续表

序号	名称	规格及技术数据	单位	数量
19	淡水泵	120m³/h，0.44MPa，22kW	台	3
20	EDI 去离子装置	75m³/h	套	2
21	除盐水箱	10000mm×4500mm×6000mm，240m³	座	1
22	除盐水泵	75m³/h，0.33MPa，15kW	台	3

3. 设备布置

水处理车间在原有检修办公楼位置新建水处理车间，其中一、二层为水处理设备间，三、四层作为检修办公室。化学水处理车间由过滤间、水泵间、加药间、二层水处理室、二层配电间、室外水箱、控制室、压缩空气间等组成。其中控制室与原有一期主控室相连。

化学水处理车间设备布置见图 7-17 和图 7-18。

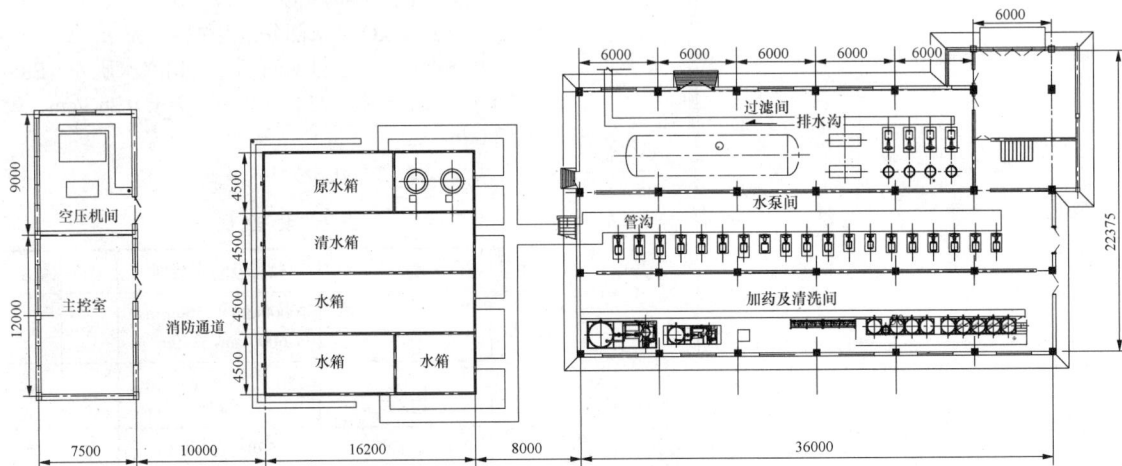

图 7-17 0.00m 化学水处理车间设备布置

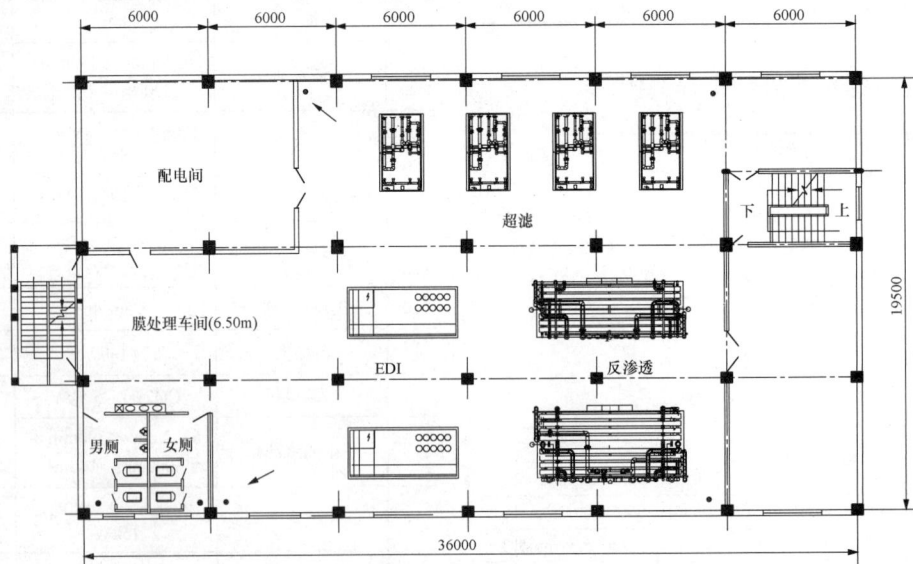

图 7-18 6.50m 化学水处理车间设备布置

4. 运行效果

该项目于 2004 年建设，2005 年投产，后因电厂煤电改燃机，水处理设备异地重建，于 2014 年停运。

在运行初期投加了混凝剂，由于管道较短，混凝剂不能起到混凝作用，药品与水还未反应就进入过滤器，造成过滤器和超滤装置的污染，在后续运行中未再投加混凝剂，系统运行稳定可靠，反渗透装置 3～5 个月清洗一次，膜元件 5 年更换一次，系统出水水质稳定，$SiO_2 \leqslant 20\mu g/L$，电导率（25℃）小于等于 $0.2\mu S/cm$。产品水冬季补入热网系统，夏季补入循环冷却水系统。

（二）循环排污水处理工程实例二

1. 工程概况

某电厂建设 $2 \times 350MW$ 级热电联产机组拟采用带冷却塔的循环供水系统，主水源为再生水，不足部分和再生水事故备用水源拟采用黄河原水。生活用水取自市政自来水管网。污水处理厂水质分析见表7-45。

表 7-45　　　污水处理厂水质分析

项目	分析结果	项目	分析结果
K^+	0.16mmol/L	NO_2^-	0.07mmol/L
Na^+	3.95mmol/L	$1/3PO_4^{3-}$	0.17mmol/L
$1/2Ca^{2+}$	5.26mmol/L	F^-	0.05mmol/L
$1/2Mg^{2+}$	2.22mmol/L	pH 值	7.54
NH_4^+	1.06mmol/L	氨氮	14.98mg/L
$1/2Ba^{2+}$	0.0013mmol/L	游离 CO_2	0.40mmol/L
$1/2Sr^{2+}$	0.0142mmol/L	全硅（SiO_2）	16.83mg/L
$1/2Mn^{2+}$	0.0036mmol/L	非活性硅（SiO_2）	0.84mg/L
Cl^-	2.26mmol/L	$COD_{Mn/Cr}$	16mg/L
$1/2SO_4^{2-}$	3.25mmol/L	BOD_5	未检出
HCO_3^-	6.16mmol/L	溶解固形物	740.6mg/L
CO_3^{2-}	0.00mmol/L	全固形物	751.0mg/L
NO_3^-	0.45mmol/L	悬浮物	10.4mg/L

循环水系统浓缩倍率为3.5，其他主要设计参数见表7-46。

表 7-46　　　循环冷却水总量和各项损失

项目	单位	冬季	最大（夏季）
两台机循环水量	t/h	40267.7	66953.5
蒸发损失率	%	0.822	1.420
蒸发损失量	t/h	331.9	949.8
风吹损失率	%	0.05	0.05
风吹损失量	t/h	20.1	33.5
循环水排污量	t/h	112.3	346.5

2. 工艺方案及主要设备

该系统采用循环水补充水石灰软化处理和循环水排污水石灰软化处理工艺，将经石灰软化处理后的城市中水和黄河水补入循环水系统。排污水含盐量在2600mg/L 左右，碳酸盐硬度在 400mg/L，将排污水送至石灰软化系统，为避免浓缩后的高含盐量的循环水排污水与低含盐量的循环水补充水混合，破坏循环水的运行工况，为循环水排污水单独设置一套澄清池、过滤池装置，其出水全部作为锅炉补给水水源。该方案具有除去循环水、循环水排污水中的碳酸盐硬度、有机物和悬浮物等综合功能，满足设计目标的要求。循环水的排污水石灰软化处理系统和循环水补充水石灰软化处理系统分开设置，共用石灰筒仓。

系统流程为循环水排污水→机械加速澄清池→变孔隙滤池→锅炉补给水系统。

主要设备见表7-47。

表 7-47　　　主 要 设 备 表

序号	名称	规范	单位	数量
1	机械加速澄清池（中水）	$\phi 21800$，$1000m^3/h$	台	2
2	机械加速澄清池（排污水）	$\phi 16800$，$600m^3/h$	台	1
3	变孔隙滤池（中水）	250～345t/h	台	5
4	变孔隙滤池（排污水）	250～345t/h	台	2
5	工业蓄水池	$2000m^3$	座	2
6	泥浆输送泵	20t/h，0.2MPa	台	1
7	离心脱水机	20t/h	台	2
8	螺旋输送机	20t/h	台	2
9	凝聚剂储存罐	$35m^3$	台	2
10	硫酸储存罐	$35m^3$	台	2
11	粉仓振打疏松器	$500m^3$	台	2
12	螺旋给料机	2t/h	台	2
13	气粉分离器		台	2
14	石灰乳计量单元		套	1
15	凝聚剂单元		套	1
16	助凝计单元		套	1

3. 设备布置

循环水补充水处理车间（中水深度处理车间）与锅炉补给水处理车间、工业废水处理车间（包括循环水排污水处理系统）集中布置在同一区域，整个石灰处理站的占地面积约为83m×60.4m，石灰处理部分设有药品储存计量-半地下泵房间、石灰储存计量间、变孔隙滤池-管道间、机械加速澄清池、污泥储存脱水机间6处构筑物。

七、海水循环冷却水处理工程实例

1. 工程概况

某海边电厂建设 $2 \times 1000MW$ 超超临界燃煤发电

机组，机组采用带自然通风冷却塔的海水二次循环冷却系统。

电厂循环水系统采用带海水自然通风冷却塔的二次循环供水系统。海水取水采用高潮位取水的方式，在海挡外设置 2 座沉淀调节池，由一级沉淀调节池入口设置闸门调节进水水位，经两级沉淀调节池后，通过海水取水泵升压后，输送到冷却塔进行补水。

海水水质指标见表 2-56。

循环冷却水系统浓缩倍率按照 1.8～2.0 控制，循环冷却水夏季循环运行数据见表 7-48。

表 7-48　循环冷却水夏季循环运行数据

冷却水循环量（t/h）	蒸发损失（t/h）	风吹损失（t/h）	排污水量（t/h）	补充水量（t/h）
203985	2888	102	3500	6498

2. 工艺系统及主要设备

海水二次循环冷却水处理采取加杀菌剂和稳定剂联合处理方式。加杀菌剂采用电解海水制取次氯酸钠系统，设置 2×10kg/h 电解海水制氯装置及其加药装置。加稳定剂装置采用 2 箱 3 泵的机电控一体化加药装置。

为方便运行，取水口和循环水电解海水制氯设备分别设置。取水口设置 2×20kg/h 电解海水制氯装置及其加药装置，对原海水进行连续和冲击加氯杀菌处理，防止菌藻滋生。

海水二次循环冷却水处理系统按照无人值守设计，可以在全厂辅助车间监控系统操作员站实现对循环冷却水处理设备的集中监控，可实现 PLC 自动控制和就地手动控制方式的转换。

主要设备规范见表 7-49。

表 7-49　主要设备规范

序号	名称	规格及技术数据	单位	数量
一	原海水电解海水制氯系统			
1	海水预过滤器	25m³/h	台	3
2	海水泵	30m³/h，0.3MPa，5.5kW	台	3
3	自动冲洗过滤器	25m³/h	台	2
4	次氯酸钠发生器	20kg/h	台	2
5	次氯酸钠储存罐	30m³	台	2
6	排氢风机	1910m³/h（标准工况），0.2kPa，1.1kW	台	2
7	连续投药泵	30m³/h，0.3MPa，5.5kW	台	3

续表

序号	名称	规格及技术数据	单位	数量
8	冲击投药泵	120m³/h，0.28MPa，15kW	台	2
9	酸洗装置		套	1
二	海水二次循环冷却水处理系统			
1	海水预过滤器	15m³/h	台	3
2	海水泵	12.5m³/h，0.2MPa，2.2kW	台	3
3	自动冲洗过滤器	15m³/h	台	2
4	次氯酸钠发生器	10kg/h	台	2
5	次氯酸钠储存罐	15m³	台	2
6	排氢风机	1910m³/h（标准工况），0.2kPa，1.1kW	台	2
7	连续投药泵	12.5m³/h，0.2MPa，2.2kW	台	3
8	冲击投药泵	30m³/h，0.3MPa，5.5kW	台	2
9	酸洗箱		套	1
三	稳定剂加药装置			
1	电动搅拌溶液箱	φ1300，2m³，1.1kW	台	2
2	稳定剂计量泵	170L/h，1.0MPa，0.75kW	台	3

3. 设备布置

海水二次循环冷却水处理布置循环水处理间，毗邻循环水泵房。

4. 运行效果

设备投运后，电厂反映冬季水温低时，取水口的电解海水制氯装置达不到设计出力，因此二期扩建时，在扩建的电解海水制氯系统中增设原料海水的加热设施，并达到预期效果。运行控制指标：海水淡化装置入口余氯 0.3～0.5mg/L，凝汽器出口余氯 0.2mg/L。

八、海水循环冷却水消泡处理工程实例

1. 工程概况

某海边电厂建设 2×1000MW 超超临界燃煤发电机组，凝汽器及其辅机设备的冷却水采用海水直流冷却系统。海水水质指标详见表 7-50。

表 7-50　海水水质指标

指标	单位	样1检测结果	样2检测结果
pH 值		7.91	7.91
盐度		31.4812	31.9754

续表

指标	单位	样1检测结果	样2检测结果
悬浮物	mg/L	22.1	67.4
溶解氧	mg/L	9.22	8.16
化学需氧量（COD）	mg/L	0.74	0.37
活性磷酸盐	mg/L	0.0148	0.0150
活性硅酸盐	mg/L	0.0776	0.0883
亚硝酸盐-氮	mg/L	0.391	0.0664
硝酸盐-氮	mg/L	0.377	0.220
氨氮（NH_3-N）	mg/L	0.111	0.088
石油类	mg/L	0.0361	0.0956
铜	mg/L	0.0027	0.001938
铅	mg/L	0.015	0.001228
锌	mg/L	—	
镉	mg/L	0.00010	0.00010
总汞	mg/L	0.000059	0.000058
砷	mg/L	0.000035	0.000048
粪大肠菌群	个/L	<20	<20

2. 工艺系统及主要设备

该项目冷却水采用加杀菌剂处理方式。加杀菌剂采用电解海水制取次氯酸钠系统，设置 2×145kg/h 电解海水制氯装置及其加药装置。为防止排水口出现白色泡沫，在排水口投加消泡剂。该项目设置 1 套循环水消泡剂加药装置，为机电控一体化装置。每套加药装置包括 2 台溶液箱、3 台计量泵（2 用 1 备）及相应的电气、控制设备。消泡剂稀释至适当浓度后投加至循环水排水口虹吸井内，用于抑制循环水排水产生的泡沫。

消泡剂加药装置主要设备规范见表 7-51。

表 7-51　消泡剂加药装置主要设备规范

序号	名称	规格及技术数据	单位	数量
1	消泡剂溶液箱	3.0m³，ϕ1500	台	2
2	消泡剂加药计量泵	60L/h，1.0MPa	台	3

3. 设备布置

消泡剂加药装置布置在原水预处理加药间内，消泡剂加药装置设备平面布置见图 7-19。

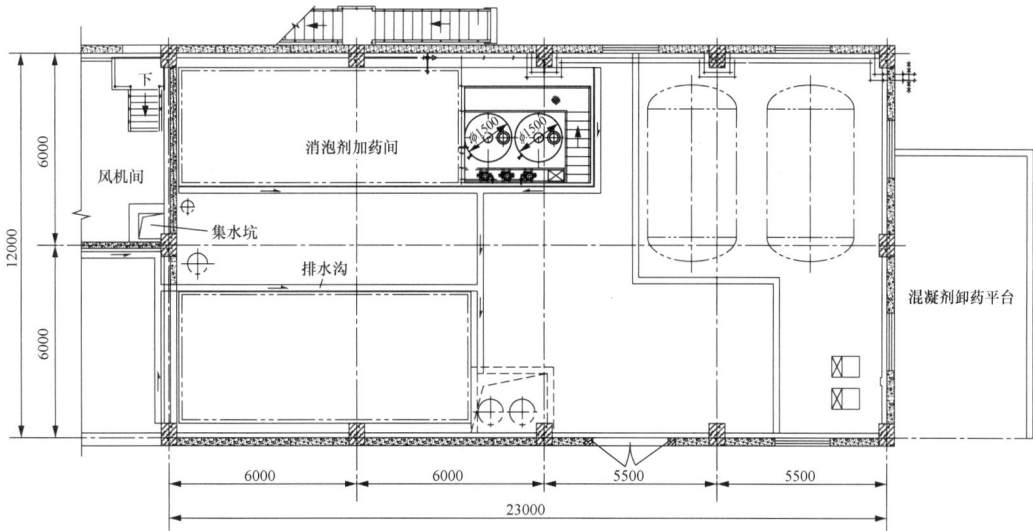

图 7-19　消泡剂加药装置设备平面布置

4. 运行效果

消泡剂的种类和加药量根据现场实验确定。

第八章

热网补给水及生产回水处理

第一节　设计基础资料

一、热网补给水和生产回水处理的必要性

供热电厂除发电外，还对外供供热用热水或向附近的工厂供生产用蒸汽。

对外供热过程中，热网系统的热网循环水会有一定的损失量，需要用水补充这些损失，这部分补水称为热网补给水。正常工况下，热网补给水采用经过处理的软化水，软化水能够防止或减轻热网系统换热设备及管道的腐蚀和结垢，保证换热效率，保障供热电厂安全运行。热网补给水可采用锅炉排污扩容器后的排污水、软化水、除盐水或反渗透系统出水。

对外供蒸汽返回的疏水称为生产回水，由于用户的使用方式不同，生产回水可能含各种杂质，因此对于生产回水是否回收、如何处理，应根据生产回水的水量、水质及回用去向等条件进行技术经济比较后确定。

热网补给水与热网加热循环系统的主要流程见图 8-1。

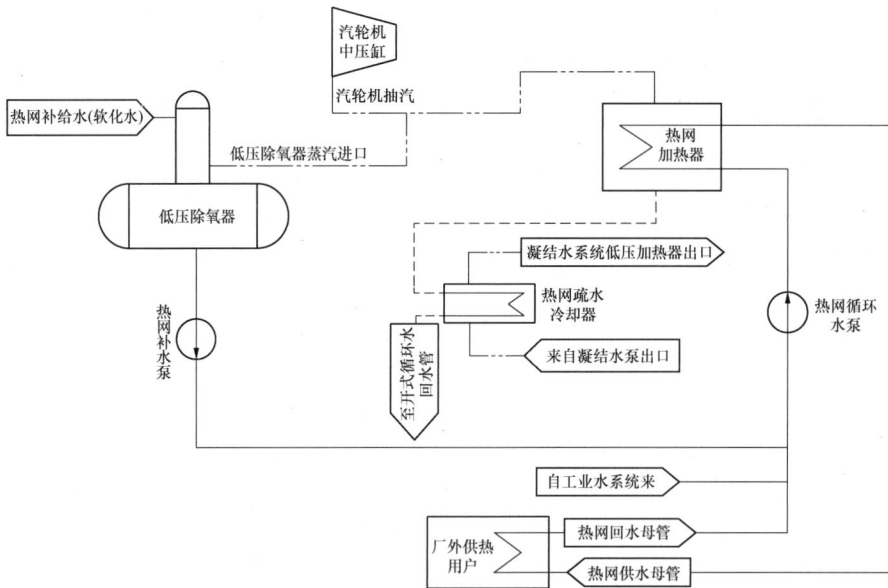

图 8-1　热网补给水与热网加热循环系统的主要流程

二、设计内容及范围

在火力发电厂设计中，热网补给水处理通常包含在锅炉补给水处理系统中。采用反渗透出水时，主要设备包括保安过滤器、高压泵、反渗透膜组件、产水储存及输送设备、加药设备、清洗及冲洗设备等。采用钠离子交换器出水时，主要设备包括钠离子交换器、软化水箱、软化水泵、盐再生水泵、盐湿储存槽、盐溶液泵、盐溶解过滤器、盐计量箱、盐喷射器等。设计范围可参考第三章和第四章相关内容。

生产回水处理系统常用的主要设备包括除油设

备、管式过滤器、电磁过滤器、除盐设备等。外供汽返回疏水的处理可与锅炉补给水统一考虑，布置到锅炉补给水处理区域。设计范围从生产返回水来水管至处理后的出水管为止。

三、设计输入资料

（1）热网补给水处理设计输入资料包括原水水质全分析、热网循环水量、热网低压除氧器蒸汽消耗量（随热网补给水量变化）、全厂锅炉补给水处理系统流程、热力系统流程、机组类型和参数、热网补给水水质要求等。

（2）生产回水处理设计输入资料包括生产回水来源，生产回水水质及水温，是否含油、铁及其他特殊杂质，生产回水水量，生产回水的回用点或用途，热力系统流程，机组类型及参数等。

第二节　热网补给水处理

一、系统设计

1. 系统选择原则

（1）热网补给水处理系统的选择应根据原水水质、热网补给水水质要求、水量，结合全厂水处理系统情况，经技术经济比较确定。

（2）锅炉补给水处理系统采用反渗透装置进行预脱盐时，则热网补给水可以采用反渗透装置出水。在原水硬度较高的情况下，应核实出水水质是否满足热网补给水总硬度小于 600μmol/L 的标准。设计时还应考虑到进水水质变化、反渗透膜脱盐率逐年衰减等因素，应留有一定余量。

（3）锅炉补给水处理系统未设置反渗透装置或需要的软化水量较大，从降低工程造价方面考虑，可采用钠离子交换器出水即软化水作为热网补给水。

（4）当热网补给水量较小时，可以采用锅炉补给水处理系统的除盐水作为热网补给水。

（5）锅炉排污扩容器后的排污水可直接作为热网补给水。

2. 水量确定

（1）供热电厂热网补给水量按闭式热网循环水量的 0.5%～1%考虑，也可根据具体工程情况确定。

（2）事故情况下补充工业用水（或生活用水），补水量按热网循环水量的 2%～4%考虑。

（3）热网补给水一般通过低压除氧器加热后送入热网循环水系统，低压除氧器加热用蒸汽随热网补给水一同进入热网循环水系统，而低压除氧器加热用蒸汽相当于补充的是除盐水，因此，计算热网补给水处理设备出力时应扣除低压除氧耗气量，锅炉补给水除盐设备出力应考虑低压除氧器耗汽量。

3. 热网补给水水质

GB/T 12145—2016《火力发电机组及蒸汽动力设备水汽质量》规定的热网补给水水质见表 8-1。为防止氧腐蚀，建议热网补给水的溶解氧含量按小于 100μg/L 控制。

表 8-1　　　　热网补给水质量标准

总硬度（μmol/L）	悬浮物（mg/L）
<600	<5

4. 反渗透预脱盐处理工艺技术要求

（1）采用反渗透出水作为热网补给水时，热网补给水处理依托锅炉补给水处理系统进行设计。反渗透出水偏酸性，出水需加碱调 pH 值，热网补给水管设置在线 pH 表。

（2）反渗透产水箱容积宜适当加大，考虑增加 1～2h 热网补给水量。

（3）热网补给水泵宜设置 2 台，1 用 1 备。

（4）加碱装置可采用组架式加药装置，布置在碱储存计量间。加碱计量泵 1 用 1 备。

（5）反渗透装置相关设备技术要求见第三章。

5. 钠离子交换器软化处理工艺技术要求

（1）常见软化工艺。工业用软化系统工艺有多种组合，见表 8-2，设计时可根据外供水水质要求、水源类型、水质特点等因素进行选择。表 8-2 中，弱酸阳离子交换器单独用于去除碳酸盐硬度，其出水硬度等于原水非碳酸盐硬度与出水碱度之和，出水碱度指平均碱度。

表 8-2　　　　　　　　　　　　　　软 化 系 统 工 艺

序号	系统名称及代号	进水水质			出水水质	
		总硬度（以 CaCO₃ 计，mg/L）	碳酸盐硬度（以 CaCO₃ 计，mg/L）	碳酸盐硬度与总硬度比值	硬度（以 CaCO₃ 计，mg/L）	碱度（以 CaCO₃ 计，mg/L）
1	生石灰-钠（CaO-Na）	—	>150	>0.5	<2	60～40
2	单钠（Na）	≤325	—	—	<2	与进水相同

续表

序号	系统名称及代号	进水水质			出水水质	
		总硬度（以 $CaCO_3$ 计，mg/L）	碳酸盐硬度（以 $CaCO_3$ 计，mg/L）	碳酸盐硬度与总硬度比值	硬度（以 $CaCO_3$ 计，mg/L）	碱度（以 $CaCO_3$ 计，mg/L）
3	氢、钠串联（H-D-Na）	—	＞50	＜0.5	＜0.25	25～15
4	氢、钠并联 $\left.\begin{array}{l} H \\ Na \end{array}\right\}$ –D	—	—	＞0.5	＜2	25～15
5	二级钠（Na-Na）	—	—	—	＜0.25	与进水相同
6	弱酸（Hw）	—	—	＞0.5	—	＜50

注 H—强酸阳离子交换器；D—除二氧化碳器；Hw—弱酸阳离子交换器；Na—钠离子交换器；CaO—生石灰处理装置。

最常用的一级钠离子交换器软化系统主要流程为预处理来水→钠离子交换器→软化水箱→软化水泵→热网水系统。

盐再生系统流程为盐湿储存池→盐溶液泵→盐溶解过滤器→盐计量箱→盐液喷射器→钠离子交换器。

（2）钠离子交换系统设计技术要求。

1）采用钠离子交换器作为热网补给水的处理设备，其进水水质要求同除盐设备的进水水质，具体要求见第四章表 4-4。钠离子交换器的设计参数见第四章。

2）软化系统的产水量应根据供水量和自用水量确定。

3）钠离子交换器出水应设有累计流量表监督失效终点。

4）盐再生管道上应装设再生液浓度指示计，再生稀释水管道上应设有流量计。盐储存槽、盐计量箱应设有液位计。

5）软化水箱的总有效容积根据用水量确定，可按 2h 的补水量考虑，同时应满足工艺系统最大一次总自用水量的要求。

6）离子交换树脂的工作交换容量，宜按树脂的性能参数或参照类似条件下的运行经验确定。

7）钠离子交换器盐再生及储存系统技术要求见第十三章相关内容。

（3）钠离子交换器计算。

1）系统处理水量。应考虑钠离子交换器再生的自用水量，根据经验，自用率取可供出水量的 5%，则系统的处理水量 q_V 可按照式（8-1）计算

$$q_V = q_{Vc} \times (1 + 5\%) \tag{8-1}$$

式中 q_V ——系统的处理水量，m³/h；

q_{Vc} ——可供出水量，m³/h。

2）单台交换器工作面积按式（8-2）计算

$$S_c = \frac{q_V}{nv} \tag{8-2}$$

式中 S_c ——交换器工作面积计算值，m²；

v ——流速，规定为 20～30，一般可取 20，m/h；

n ——交换器工作数量，台。

交换器工作数量可先根据 q_V 及预估的单台交换器设计出力选取。并设 1 台再生备用，交换器总数量为 $n+1$；当总数量大于 6 台时需分组，每组设 1 台再生备用。

3）交换器直径按式（8-3）计算

$$D_c = 2\sqrt{\frac{S_c}{\pi}} \tag{8-3}$$

式中 D_c ——交换器直径计算值，m。

4）交换器实际工作面积。按式（8-4）计算

$$S = \frac{\pi}{4}D^2 \tag{8-4}$$

式中 S ——交换器实际工作面积，m²；

D ——交换器实际直径，根据计算值 D_c，按照交换器规格进行选取，m。

5）单台离子交换器每小时需去除的硬度按式（8-5）计算

$$H = \frac{q_V}{n}(H_0 - H_C) \tag{8-5}$$

式中 H ——单台交换器每小时需去除的硬度，mol/L；

H_0 ——原水硬度，mol/L；

H_C ——出水硬度，mol/L。

6）单台交换器树脂装载容量按式（8-6）计算

$$V = Sh \qquad (8-6)$$

式中 V——交换器树脂装载容量，m^3；

h——树脂层高，一般可取 1.5～2.5，m。

7）交换器工作周期按式（8-7）计算

$$t = \frac{VE_G}{H} \qquad (8-7)$$

式中 t——工作周期，h；

E_G——树脂的工作交换容量，顺流再生取 900～1000，逆流再生取 800～900，mol/m^3。

8）单台交换器内离子交换树脂的交换容量按式（8-8）计算

$$E_0 = ShE_G \qquad (8-8)$$

式中 E_0——交换器的交换容量，mol。

9）单台交换器再生一次的耗盐量按式（8-9）计算，可根据此数据选取相应溶盐量的盐溶解过滤器

$$m = \frac{rE_0}{1000\varepsilon} \qquad (8-9)$$

式中 m——单台交换器再生一次的耗盐量，kg；

r——再生比耗，顺流再生取 100～120，逆流再生取 80～100，g/mol；

ε——盐的纯度，一般为 95%。

10）单台交换器反洗用水量按式（8-10）计算

$$V_F = \frac{v_F St_F}{60} \qquad (8-10)$$

式中 V_F——反洗用水量，m^3；

v_F——反洗流速，顺流再生取 15，逆流再生小反洗流速取 5～10，m/h；

t_F——反洗时间，顺流再生取 15，逆流再生小反洗时间取 3～5，min。

11）配置盐溶液用水量按式（8-11）计算。若设盐溶解槽，其容积也可按式（8-11）计算

$$V_F = \frac{m}{1000C} \qquad (8-11)$$

式中 V_F——配置盐溶液用水量，m^3；

m——再生一次的耗盐量，kg；

C——盐液浓度，一般取 5%。

12）正洗水用量按式（8-12）计算

$$V_z = aV \qquad (8-12)$$

式中 V_z——正洗用水量，m^3；

a——正洗水耗，一般取 3～6，逆流再生交换器的小正洗用水量按小正洗流速和小正洗时间计算，m^3/m^3（树脂）。

13）再生一次自用水量按式（8-13）计算

$$V_{zx} = V_F + V_P + V_z \qquad (8-13)$$

式中 V_{zx}——再生一次自用水量，可根据此数据计算自用水率，m^3。

14）再生流量按式（8-14）计算，可根据此数据选取盐再生水泵流量、盐喷射器设计出力及盐溶液泵流量

$$q_{Vz} = S v_{Vz} \qquad (8-14)$$

式中 q_{Vz}——再生流量，m^3/h；

v_{Vz}——再生流速，一般可取值 5，m/h。

二、主要设备

1. 一级钠离子交换器

一级钠离子交换器即软化器是用于去除水中钙离子、镁离子，制取软化水的离子交换器。

钠离子交换器可选用强酸性阳离子交换树脂（如 001×7），其交换容量与原水中的全溶解固形物含量及再生水平有关。再生液采用 5%～8%的氯化钠溶液。

一级钠离子交换器按其再生运行方式的不同，可分为顺流再生和逆流再生两种。

（1）结构形式。一级钠离子交换器的主体是一个密封的立式圆柱形压力容器，设备材质采用碳钢（Q235B）内衬胶防腐。运行流速 20～30m/h，再生流速 5m/h。

上部进水装置可为穹形多孔板形式。再生装置可为母、支管形式，下部出水装置可为穹形多孔板和石英砂垫层。该设备配有就地取样装置和进、出口压力表。所配阀门可为手动/气动/电动衬胶隔膜阀，接口法兰压力等级为 PN10（1.0MPa）。

一级钠离子交换器（逆流再生）设备外形见图 8-2，结构尺寸以设备制造商提供的数据为准。

（2）主要参数。一级钠离子交换器产品系列参数见表 8-3。

2. 二级钠离子交换器

二级钠离子交换器是对水进行深度软化处理的设备，用于一级钠离子交换器之后，当一级钠离子交换器出水硬度在 100μmol/L 时，经过二级钠离子交换器交换后，出水硬度可小于 2.5μmol/L。

（1）结构形式。二级钠离子交换器的主体是一个密封的立式圆柱形压力容器，设备材质采用碳钢（Q235B）内衬胶防腐。运行流速 60m/h，再生流速 5m/h。

表 8-3 一级钠离子交换器产品系列参数表

公称直径 （mm）	树脂层高 （mm）	设计出力 （t/h）	树脂体积 （m³）	石英砂体积 （m³）	设备质量 （kg）	运行载荷 （N）
DN1000	1250	15	0.98	0.52	1204	50710
	1600		1.25		1280	55860
	2000		1.56		1368	61790
DN1250	1250	25	1.54	0.77	1602	76050
	1600		1.97		1712	84010
	2000		2.46		1839	93560
DN1600	1250	40	2.51	1.30	2066	118010
	1600		3.22		2209	130650
	2000		4.02		2372	142300
DN1800	1250	50	3.2	1.90	2743	159580
	1600		4.1		2954	175940
	2000		5.1		3196	194620
DN2000	1250	65	3.93	2.44	3054	193040
	1600		5.02		3287	213020
	2000		6.28		3554	235660
DN2200	1250	75	4.75	2.60	3864	233670
	1600		6.1		4184	258140
	2000		7.6		4550	286120
DN2500	1600	100	7.86	3.21	5542	333030
	2000		9.82		5956	368560
DN2800	1600	125	10.0	4.37	6385	432170
	2000		12.6		6935	477070
DN3000	1600	140	11.3	4.61	7351	494490
	2000		14.1		7949	545650
DN3200	1600	160	12.9	5.85	7804	554540
	2000		16.1		8440	612330

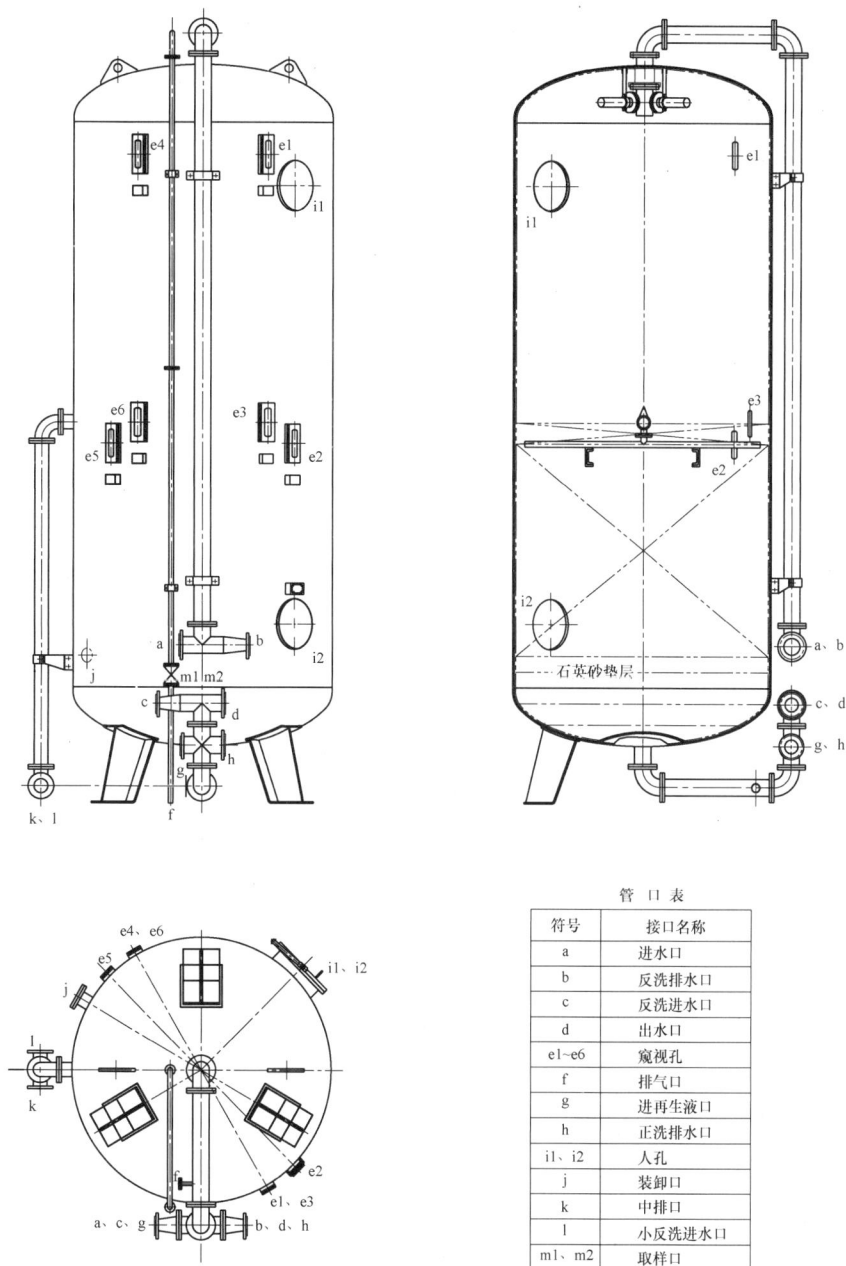

管　口　表

符号	接口名称
a	进水口
b	反洗排水口
c	反洗进水口
d	出水口
e1~e6	窥视孔
f	排气口
g	进再生液口
h	正洗排水口
i1、i2	人孔
j	装卸口
k	中排口
l	小反洗进水口
m1、m2	取样口

图 8-2　一级钠离子交换器（逆流再生）设备外形

交换器内表面衬胶。上部进水装置 DN1000～DN1600 多为简单多孔管形式，DN1800～DN2500 多为十字多孔管形式。再生装置可为母、支管形式。下部出水装置可为多孔板水帽形式。该设备配有就地取样装置和进、出口压力表。所配阀门可为手动/气动/电动衬胶隔膜阀，接口法兰压力等级为 PN10（1.0MPa）。

（2）主要参数。二级钠离子交换器产品系列参数见表8-4。

二级钠离子交换器（顺流再生）设备外形见图8-3，结构尺寸以设备制造商提供的数据为准。

表8-4　二级钠离子交换器产品系列参数表

项目	公称直径（mm）				
	DN1000	DN1250	DN1600	DN2000	DN2500
设计出力（t/h）	45	70	120	185	290
树脂层高（mm）	1200	1200	1500	1500	1500
设备质量（kg）	1277	1958	2518	4210	6597
运行载荷（N）	35370	53760	94460	179500	255970

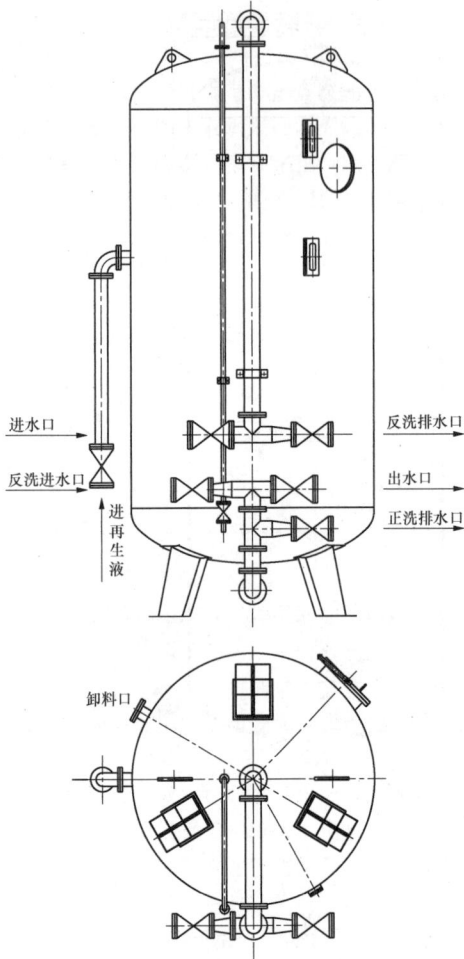

图 8-3 二级钠离子交换器（顺流再生）外形结构

3. 全自动软化器

全自动软化器是在传统的钠离子交换器基础上改进的设备，集交换、自控、再生、清洗为一体，根据对位原理，由自控装置控制器传动，可实现同期旋转、对位、液体相对移动、产水、松床、再生、清洗、自动切换，从而达到连续产水的目的。该设备具有结构简单、连续产水、自动化程度高、运行稳定准确等特点。设备最大出力 50～60t/h。

全自动软化器有一个锥形多孔阀自动控制 2 个离子交换柱交替连续工作，工作时其中一个离子交换柱产水，另一个离子交换柱进行松床、进盐、小清洗、大清洗等再生程序。完成大清洗之后，由自动控制阀自动转为产水的工况，而另一个离子交换柱则做松床、进盐、小清洗、大清洗等再生程序。如此周而复始自动切换，实现连续产水。该设备再生属于钠型交换，将工业盐装入 2 个盐箱内，盐液由流量计控制，在进盐周期内，盐箱的盐液通过旋转阀流出软化水，经过转子流量计计量后混合稀释，通过内部压力，打开止回阀进入交换柱（也有改进型盐液不进入旋转阀），对其交换柱内失效树脂进行再生置换。再生与清洗废液由旋转阀控制通过排水管排出。全自动软化器系统图见图 8-4。

（1）进出水水质。

1）进水要求。硬度小于等于 25mmol/L，浊度小于等于 2NTU，压力 0.1～0.25MPa。

2）出水水质。硬度小于等于 0.03mmol/L。

（2）主要参数。全自动软化器产品系列参数见表 8-5。

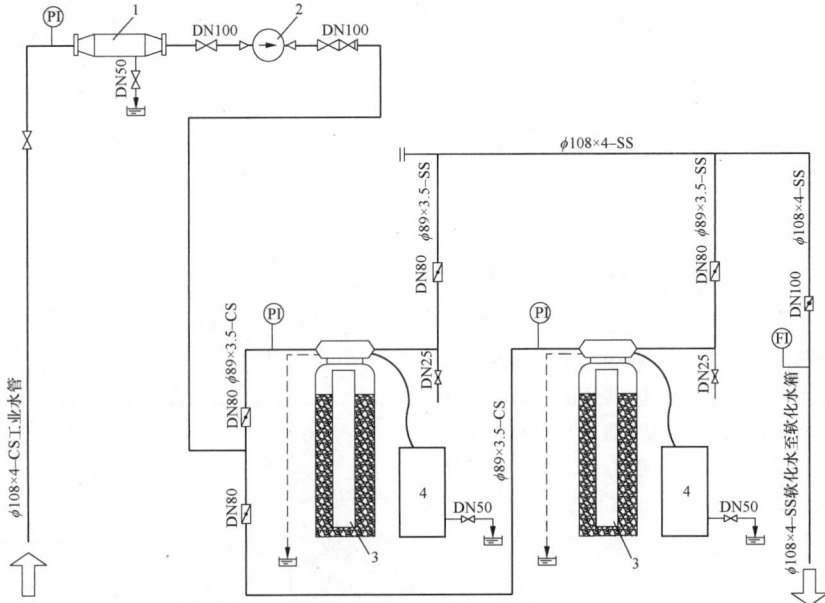

图 8-4 全自动软化器系统

1—快速除污器；2—原水泵；3—软化器；4—盐箱

表 8–5　　　　　　　　　　　　　全自动软化器产品系列参数表

额定流量 （m³/h）	进出口径 （mm）	交换罐尺寸（直径×高度） （mm×mm）	树脂装填量 （L）	盐箱（直径×高度） （mm×mm）	安装尺寸（长×宽×高） （m×m×m）	备注
0.5～1.0	25	200×1200	25	φ330×750	1.0×0.6×2.0	单阀单罐系统
1.0～2.0	25	250×1400	50	φ400×830	1.0×0.6×2.0	
2.0～3.0	25	300×1600	75	φ400×830	1.2×0.6×2.0	
3.0～4.0	25	350×1600	100	φ510×1070	1.5×0.8×2.0	
4.0～5.0	25	400×1600	125	φ610×1080	1.5×1.0×2.0	
6.0～8.0	40	500×1750	200	φ760×1150	1.8×1.0×2.5	
8.0～10	40	600×1750	250	φ760×1500	2.0×1.0×2.5	
10～15	50	750×1850	375	φ760×1500	2.2×1.0×2.5	
15～20	50	900×2200	500	φ1100×1200	2.5×1.5×2.5	
20～25	50	1000×2200	625	φ1070×1325	2.5×1.5×2.5	
25～30	50	1200×2200	750	φ1360×1550	3.0×1.5×2.5	
30～40	80	1400×2400	1000	φ1360×1550	3.5×1.6×3.0	
40-50	80	1500×2400	1250	φ1360×1550	3.5×1.8×3.0	
50～55	80	1600×2600	1375	φ1360×1550	3.5×2.0×3.0	
0.5～1.0	25	200×1200×2	25×2	φ330×750	1.5×0.6×2.0	双阀双罐一用一备
1.0～2.0	25	250×1400×2	50×2	φ400×830	1.5×0.6×2.0	
2.0～3.0	25	300×1650×2	75×2	φ400×830	1.6×0.6×2.0	
3.0-4.0	25	350×1650×2	100×2	φ510×1070	2.0×0.8×2.0	
4.0～5.0	25	400×1650×2	125×2	φ610×1080	2.2×1.0×2.0	
6.0～8.0	40	500×1750×2	200×2	φ760×1150	2.5×1.0×2.5	
8.0～10	40	600×1750×2	250×2	φ760×1500	2.6×1.0×2.5	
10～13	50	750×1950×2	325×2	φ1070×1325	3.0×1.5×2.5	
13～18	50	800×1950×2	400×2	φ1070×1325	3.2×1.5×2.5	
18～25	50	900×2200×2	500×2	φ1070×1325	3.5×1.5×2.5	
25～30	50	1200×2200×2	750×2	φ1360×1550	4.5×1.6×2.5	
30～40	80	1400×2400×2	1000×2	φ1360×1550	4.8×1.6×3.0	
40～50	80	1500×2400×2	1250×2	φ1360×1550	5.0×1.8×3.0	
50～55	80	1600×2600×2	1375×2	φ1360×1550	5.2×1.8×3.0	
10～20	40	600×1750×2	250×2	φ760×1150×2	3.2×1.0×2.5	双阀双罐同时供水
13～25	40	750×1850×2	375×2	φ760×1150×2	3.8×1.0×2.5	
15～30	40	800×1850×2	400×2	φ760×1150×2	4.0×1.0×2.5	
20～40	50	900×2200×2	500×2	φ1070×1325×2	4.8×1.5×3.0	
25～50	80	1000×2200×2	625×2	φ1070×1325×2	5.0×1.5×3.0	
30～60	80	1200×2200×2	750×2	φ1360×1550×2	6.0×1.8×3.0	
40～80	80	1500×2400×2	1000×2	φ1360×1550×2	6.5×1.8×3.0	
50～100	80	1600×2600×2	1250×2	φ1360×1550×2	6.8×1.8×3.0	

三、典型工程实例

（一）反渗透装置出水作为热网补给水工程实例

1. 工程概况

某 2×300MW 亚临界供热机组，再生水经深度处理系统后作为工业用水水源。锅炉补给水和热网补给水处理系统合并设置，采用超滤、反渗透、一级除盐、混床的处理工艺，其中一部分反渗透出水作为热网补给水。

2. 系统出力

电厂的各项水汽损失主要包括厂内水汽循环损失、锅炉排污损失、外供汽损失及其他，非供热期除盐水需求量为 48.6t/h，供热期除盐水需求量为 63.6t/h，供热期反渗透装置出水需求量为 139.57t/h。

反渗透装置按 3×70t/h 设计，超滤装置按 3×94t/h 设计，除盐水处理系统的设备出力按 2×80t/h 设计。

3. 处理工艺

经加热后的深度处理系统出水→生水箱→生水泵→超滤→清水箱→清水泵→反渗透装置→除碳器→淡水箱→热网补给水泵→热网。

淡水箱出水设置热网补给水泵，加碱后升压送至热网系统。

4. 主要设备

该系统与热网补给水处理相关的主要设备清单见表 8-6。

表 8-6   反渗透装置出水作为热网补给水系统的主要设备清单

序号	设备名称	设备规范	单位	数量
1	生水箱	ϕ7150，250m³	台	2
2	生水泵	100m³/h，0.25MPa	台	4
3	丝网过滤器	100m³/h，100μm	台	3
4	超滤装置	94m³/h	套	3
5	清水箱	ϕ7150，250m³	台	2
6	清水泵	94m³/h，0.35MPa	台	4
7	超滤反洗水泵	250m³/h，0.15MPa	台	2
8	超滤反洗过滤器	250m³/h	台	1
9	保安过滤器	94m³/h，5μm	台	3
10	高压泵	94m³/h，1.5MPa	台	3

续表

序号	设备名称	设备规范	单位	数量
11	反渗透装置	70m³/h	套	3
12	除碳器	ϕ1600，填料层高 2m	台	3
13	除碳风机	1836～2754m³/h	台	3
14	淡水箱	100m³	台	3
15	淡水泵	100m³/h，0.40MPa	台	3
16	热网补给水泵	80m³/h，0.50MPa	台	2
17	热网加碱计量泵	10L/h，1.0MPa	台	2

（二）钠离子交换器出水作为热网补给水工程实例

1. 工程概况

某 2×220MW 供热机组，再生水经深度处理后的作为锅炉补给水和热网补给水系统的水源。

2. 处理工艺

热网补给水处理系统采用纤维过滤器＋钠离子交换器的处理工艺。软化系统流程见图 8-5。

热网循环水量约为 7200m³/h，而规定补水量为 0.5%～1%。考虑自用水量并选用 DN2500 钠离子交换器，软化水处理系统的正常出力按 98m³/h 设计。

离子交换树脂采用强酸阳离子交换树脂 001×7（钠型）。

3. 主要设备

主要设备清单见表 8-7。

表 8-7   钠离子交换器出水作为热网补给水系统的主要设备清单

序号	设备名称	设备规范	单位	数量
1	钠离子交换器	ϕ2524，H=2500mm	台	2
2	软化水箱	200m³	台	1
3	软化水泵	150m³/h，0.50MPa	台	2
4	盐再生水泵	30m³/h，0.25MPa	台	1
5	盐湿储存槽（混凝土）	10.0m³	座	2
6	盐溶液泵	30m³/h，0.25MPa	台	1
7	盐溶解过滤器	ϕ1016	台	1
8	盐计量箱	5.0m³，ϕ1712	台	1
9	盐喷射器	25m³/h	台	1

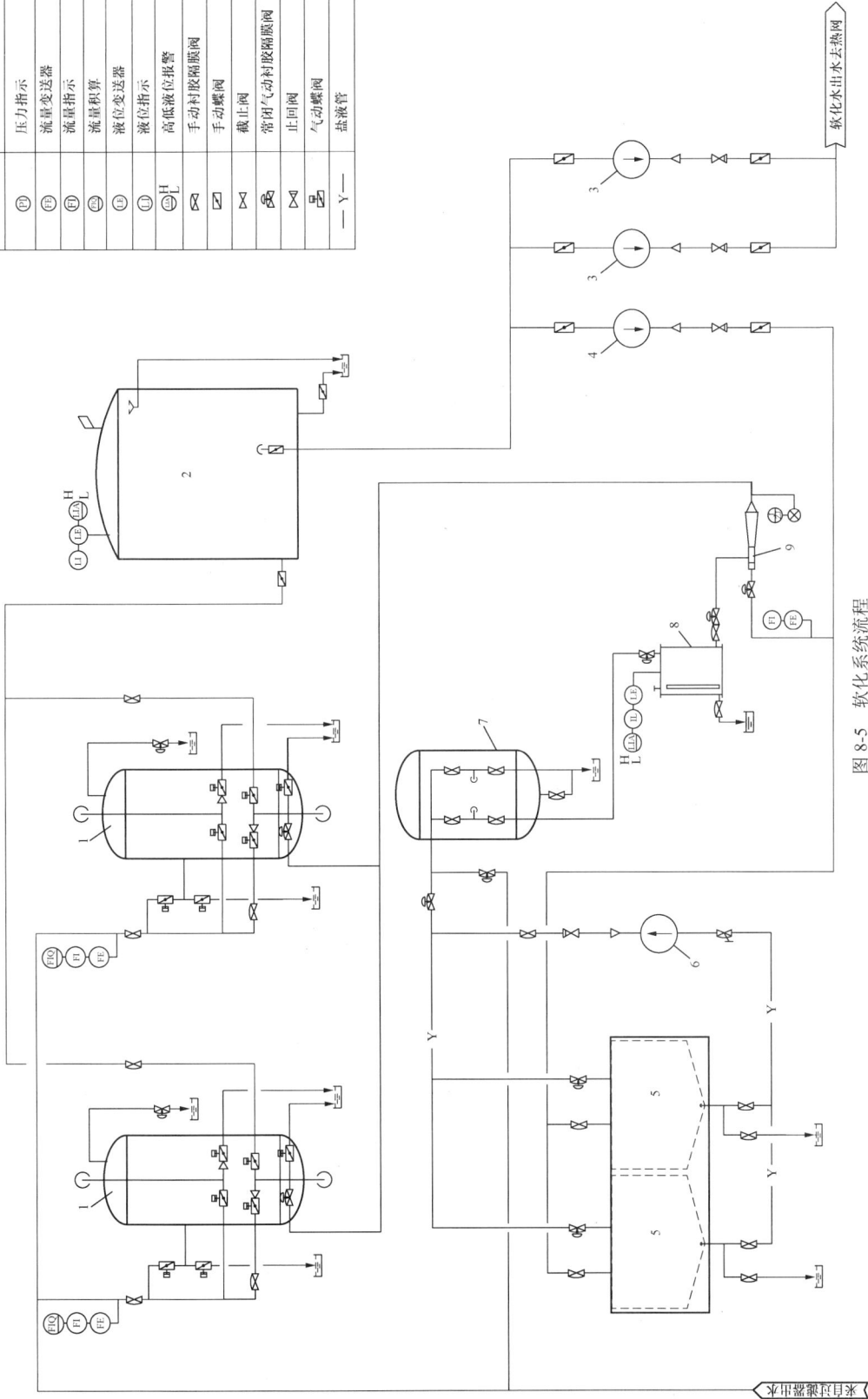

图 8-5 软化系统流程

1—钠离子交换器；2—软化水箱；3—软化水泵；4—盐再生水泵；5—盐湿储存槽（混凝土）；6—盐溶液泵；7—盐溶解过滤器；8—盐计量箱；9—盐喷射器

符号	名称
	压力指示
	流量变送器
	流量指示
	流量积算
	液位变送器
	液位指示
	高低液位报警
	手动衬胶隔膜阀
	手动蝶阀
	截止阀
	常闭气动衬胶隔膜阀
	止回阀
	气动蝶阀
	盐液管

图形符号表

第三节 生产回水处理

一、系统设计

1. 系统选择应考虑的因素

（1）生产回水水量。生产回水水量小、污染严重、处理设施复杂，经技术经济比较，可不进行回收处理。

（2）生产回水水质。生产回水中含铁、油或其他可能污染生产回水的杂质时，应设置相应的处理设施。

（3）生产回水水温。生产回水温度超过处理设施的耐受温度或回用系统能接受的水温时，应采取降温措施。生产回水温度高时，也可根据需要回收其热量，比如作为锅炉补给水处理系统生水加热器的热源。

（4）生产回水处理后回用点。生产回水处理后可回用至锅炉补水处理系统、凝结水系统或热力系统给水，水质应满足各系统进水要求。

2. 系统设计主要原则

（1）生产回水处理设施可单独设置，也可与锅炉补给水或凝结水处理设施合并。

（2）生产回水作为除盐水处理系统水源时，应根据回水水质，采取相应的处理措施。不需处理的生产回水，应引入热力系统的返回水箱，并设置必要的监督仪表。

（3）直流炉机组的生产回水不宜直接返回热力系统，应经除铁和除盐处理。

（4）直流炉机组的热网加热蒸汽疏水应降温后回至凝汽器，与机组凝结水一起进行过滤和除盐。

（5）汽包炉机组的生产回水水质满足给水水质要求时，可直接进入热力系统中；不满足给水水质要求时，应进行处理。对于汽包炉热网加热蒸汽疏水，由于其温度较高，如果不降温直接处理，应采用耐高温的处理设备，如电磁除铁过滤器。

（6）生产回水含铁时，应设置相应的除铁设施；生产回水含有油质时，应要求回水进行初步除油至含油量低于 10mg/L，后续处理可采用过滤、活性炭吸附、树脂分离等工艺。

（7）生产返回水应根据回水情况设置必要的检测仪表，如流量计、温度计、压力表、电导率表、油量测量仪等。

3. 生产回水质量要求

根据 GB/T 12145—2016《火力发电机组及蒸汽动力设备水汽质量》，对凝结水精除盐的机组，回收到凝汽器的疏水和生产回水质量可按表 8-8 控制，回收到除氧器的热网疏水质量可按表 8-9 控制。

表 8-8　回收到凝汽器的疏水和生产回水质量

名称	硬度（μmol/L）		铁（μg/L）	TOC$_i$（μg/L）
	标准值	期望值		
疏水	≤2.5	≈0	≤100	—
生产回水	≤5.0	≤2.5	≤100	≤400

表 8-9　回收到除氧器的热网疏水质量

炉型	锅炉过热蒸汽压力（MPa）	氢电导率（25℃，μS/cm）	钠离子（μg/L）	二氧化硅（μg/L）	全铁（μg/L）
汽包锅炉	12.7～15.6	≤0.30	—	—	≤20
	>15.6	≤0.30	—	≤20	
直流炉	5.9～18.3	≤0.20	≤5	≤15	
	超临界压力	≤0.20	≤2	≤10	

二、主要设备

1. 除铁设备

生产回水中含金属腐蚀产物、悬浮物等物质时，需设置除铁设施，常见设备有管式过滤器、电磁过滤器等。

管式过滤器为多孔管式滤元构成的过滤器，用于去除水中微量悬浮物、铁、铜氧化物，可参照第六章的前置过滤器进行设计。生产回水选用管式过滤器时应注意回水温度是否超过管式过滤器的耐温要求，一般控制在 80℃ 以下。

电磁过滤器内部充填强磁性物质，过滤器外装有能改变磁场强度的电磁线圈。通直流电时，线圈产生强磁场，使填充物磁化。需要清洗时，停止向线圈供电，磁场消除，再用水和空气反洗。电磁过滤器的特点是流速高，可用于高温除铁。

2. 除油设备

生产回水含油可以根据含油量及回用系统水质要求确定处理方式，通常可采用机械分离和过滤法分离。机械分离出水含油量高，适于初步除油；过滤法分离分为介质过滤、吸附过滤和覆盖过滤等。

（1）介质过滤。滤料采用无烟煤，出水含油量为 2～3mg/L。

（2）吸附过滤。采用有吸附性的过滤材料进行除油，吸附滤料常用活性炭，活性品种多，吸附油质的能力及所含宜溶盐类量也不相同，建议进行小型试验来选择理想的活性炭滤料。吸附过滤器的滤速为

3～5m/h，反洗滤速为 15～18m/h。二级过滤后，出水含油量可降至 0.5～1.0mg/L。

（3）覆盖过滤。采用覆盖过滤器进行除油，滤速为 2.5～3.5m/h。要求进水含油量范围 10～15mg/L，出水含油量为 0.15mg/L。外形图见第六章相关内容。

三、典型工程实例

（一）热网疏水处理工程实例

1. 工程概况

某工程建设 2×350MW 抽凝供热机组，为热电联产项目，以城市自来水作为电厂的生活、消防水源，以污水处理厂中水作为主水源，水库水作为备用水源。

热网蒸汽经过换热后凝结成疏水，疏水的水质好、温度高，为了回收能量及节水，该路回水送至除氧器作为锅炉给水。该工程的锅炉为直流炉，需设置热网蒸汽疏水处理系统用来除掉回水中的金属腐蚀产物，来保证锅炉给水的水质。

每台机组需处理的热网最大回水量为 600m³/h，热网回水处理系统入口额定压力为 2.0～2.5MPa，热网回水处理系统入口额定温度为 130℃。

2. 主要设备

每台机组设置 2×50%容量的电磁除铁过滤器以及 1 个 100%的旁路系统（过滤器系统）。旁路系统采用电动调节蝶阀，并具有 0—50%—100%的自动连续调节功能。电动调节阀前后采用隔断阀，并带一个手动旁路。

3. 电磁除铁过滤器技术参数

电磁除铁过滤器技术参数见表 8-10。

表 8-10　电磁除铁过滤器技术参数表

序号	项目	参数
1	设备出力	300t/h
2	设备直径	φ1530
3	设计压力	4.0MPa
4	设计水温	180℃
5	压力容器材质	S30408
6	正常出力运行压差	0.02MPa（设备进出口）
7	最大出力运行压差	0.03MPa（设备进出口）
8	清洗方式	空气、水交替清洗
9	反洗次数	1 次/48h
10	反洗耗时	5～6min/次
11	反洗水流量	<12m³/（台·次）
12	反洗压缩空气压力	1.0MPa
13	反洗压缩空气流量（标准工况）	2.4m³/min

续表

序号	项目	参数
14	漏磁（离罩壳 1m 以外）	<0.5mT
15	磁场强度设计值	3000Gs
16	最大励磁电流	120A
17	最大励磁功率	46kW
18	线圈绝缘等级	F 级
19	线圈冷却方式	强迫油冷与水冷
20	线圈冷却水质	工业水
21	冷却水压力	>0.3MPa
22	冷却水温度	<40℃
23	冷却水流量	10m³/h

4. 运行效果

该系统投运后，电磁除铁过滤器适应热网疏水水质水温，耐温 130℃，除掉水中金属腐蚀产物，保证了锅炉给水的水质。

（二）生产返回水除油处理工程实例

1. 工程概况

某工程为了满足 1000 万 t/年炼油和 120 万 t/年乙烯工程的供电、供汽、供除氧水及除盐水的要求，建设一座自备热电站（动力站），建设规模为 3 台双抽、凝汽式汽轮机配 5 台 410t/h 循环流化床锅炉。

为回收石化新增、原油首站和用户返回冷凝液及其热量，设置 300t/h 的冷凝液处理回收系统。

2. 生产返回水设计条件水源及水质资料

该项目回收冷凝液为炼油、化工区来工艺冷凝液、原油首站来冷凝液、用户返回冷凝液，各冷凝液水量和水质参数见表 8-11～表 8-13。

表 8-11　炼油、化工来冷凝液水量表

序号	原料名称	数量（夏季工况）	数量（冬季工况）	可回收量	备注
1	炼油工艺冷凝液	600t/h	700t/h	0～100t/h	项目实施后已回收 600t/h，剩余 100t/h 排入下水系统
2	化工工艺冷凝液				
3	原油首站冷凝液		60t/h	0～60t/h	项目实施后全部排入下水系统
4	用户返回冷凝液	100t/h	140t/h	100～140t/h	计划来水量
	合计			100～300t/h	

表8-12　　　　　　　　　　　　　　　炼油、化工来冷凝液水质分析表

排放点	油含量（mg/L）		SiO₂含量（μg/L）		Fe含量（mg/L）		pH值	
	最大值	平均值	最大值	平均值	最大值	平均值	最大值	平均值
炼油工艺冷凝液	6.4	0.82	269	30.88	0.8	0.066	9.9	9.13
化工透平冷凝液	7	0.46	116.2	22.83	0.2	0.023	9.2	8.76
化工工艺冷凝液	7.2	0.78	730	22.94	10.6	0.07	10	9.05
二电厂冷凝液回收水	8.7	0.1	20	0.025	0.05	0.03	—	—
炼油新区换热站冷凝液	10	2.67	76.8 (mg/L)	1.73 (mg/L)	2.73	0.1	9.76	9.05

表8-13　原油首站、用户返回冷凝液水质分析表

排放点	油含量（mg/L）		SiO₂含量（μg/L）		Fe含量（mg/L）		pH值	
	最大值	平均值	最大值	平均值	最大值	平均值	最大值	平均值
原油首站冷凝液	1689.2	2.67	76.8	1.73	2.73	0.1	9.76	9.05
用户返回冷凝液	30	15	0.1	0.1	0.5	0.5	9	9

考虑设备运行经济合理性，冷凝液处理系统进水水质按表8-14所示参数设计。

表8-14　凝液处理系统进水水质

项目	温度	Fe（mg/L）	油（mg/L）	SiO₂（mg/L）
炼油、化工来凝液	≤80℃	≤0.5	≤30	≤2
原油首站及用户返回凝液	≤90℃	≤0.5	≤30	≤2

3. 处理工艺及出水水质

炼油、化工来冷凝液设计温度约80℃，原油首站及用户返回冷凝液设计温度约90℃。受化学除油工艺及离子交换树脂温度所限，冷凝液来水温度需约降至55℃。新增300t/h冷凝液及一期未回收热量的部分冷凝液经一期锅炉冷渣器除盐水（循环冷却水为备用冷源）冷却至约55℃后进入化学冷凝液处理系统。冷凝液经除油、除盐后由来自原一期化工的热媒水加热至约81℃后补入动力站二期低压除氧器。

冷凝液处理系统选用工艺流程为：约55℃冷凝液（经冷渣器除盐水降温后）→除油装置（1×300t/h）→阳离子交换器→混合离子交换器→除盐水箱→除盐水泵→热媒水换热器升温→动力站一期主厂房。

出水质量标准为：硬度小于等于1.0μmol/L，电导率小于等于0.3μS/cm，铁小于等于30μg/L，油小于等于0.3mg/L，二氧化硅要求保证蒸汽二氧化硅符合标准（≤20μg/kg）。

4. 主要设备

设置的冷凝液除油装置包括2台前置过滤器（1运1备）、2台富集阻截除油罐、2台凝聚阻截禁油罐。

前置过滤器对整套系统起保护作用，保证短时系统泄漏时后续除油装置的正常运行。富集阻截除油罐和凝聚阻截禁油罐阻截分离来水中的悬浮油和乳化油在内的憎水性杂质。

设置3台冷凝液阳离子交换器（2运1备），冷凝液阳离子交换器出口装有钠表，钠表在LCD上显示，超标时报警，自动停运设备；也可根据设备的周期制水量进行再生。

设置3台冷凝液混合离子交换器（2运1备），混合离子交换器出口装有电导度表、SiO₂分析仪，当出水电导率大于等于0.2μS/cm，SiO₂≥20μg/L时在LCD上显示报警，自动停运设备；也可根据设备的周期制水量进行再生。

第九章

制 氢 与 供 氢

第一节 设 计 基 础 资 料

一、发电机冷却方式及氢冷发电机氢气系统主要技术参数

1. 发电机冷却方式

发电机的发热部件主要是定子绕组、定子铁芯（磁滞与涡流损耗）和转子绕组。必须采用高效的冷却措施，使这些部件发出的热量散发出去，保证发电机各部分温度不超过允许值。常见的发电机冷却方式见表 9-1。

表 9-1 发电机冷却方式分类

冷却方式名称	冷却方式说明
全氢冷	定子和转子绕组用氢气作表面冷却或内冷，定子铁芯氢冷
水氢氢	定子绕组水内冷，转子绕组氢内冷，定子铁芯氢冷
水水氢	定子和定子绕组水内冷，定子铁芯氢冷
水水空	定子和转子绕组水内冷，定子铁芯空气冷却，又称双水内冷
全空冷	定子和转子绕组及定子铁芯全部采用空气冷却
全水冷	定子和转子绕组及定子铁芯全部采用水冷

2. 氢气性质

氢气是最轻的一种气体，对热的传导率是空气的 6 倍以上，采用氢气冷却的发电机转子所受阻力小、传热快、冷却效果好、发电机内的灰尘和脏物极少、发电机效率及容量高，目前大容量的汽轮发电机都广泛采用氢气冷却或氢气、水冷却介质混用的冷却方式。

氢气虽然具有传热快、冷却效果好等优点，但又具有很强的渗透性和扩散性，且与空气或氧气容易形成爆炸性气体。氢气的着火及爆炸范围宽、下限低，是 GB 50016《建筑设计防火规范》规定的甲类可燃气体，属于国家危险化学品监管范围，因此，制氢及供氢系统的设计必须遵循有关法律法规及规程规范，满足安全评价和安全验收的要求。

3. 发电机氢气系统参数

为使氢冷发电机组稳定、安全、经济运行，必须对机壳内的氢气纯度、湿度、温度和压力等参数进行控制。目前国产氢冷发电机组氢气系统参数见表 9-2。

表 9-2 300～1000MW 国产氢冷发电机氢气系统参数表

项 目	机组容量（MW）		
	300	600	1000
冷却方式	水-氢-氢	水-氢-氢	水-氢-氢
工作氢压（MPa）	0.3～0.45	0.4～0.5	0.5～0.55
发电机充氢容积（m³）	70～85	85～120	100～143
发电机内氢气纯度（容积比，%）	≥98	≥98	≥98
发电机内氢气湿度（标准工况，g/m³）	≤4	≤4	0.52～3
氢气温度（℃）	≤40	≤46	≤46
每日耗氢量（标准工况，m³/d）	7～10	10～12	8～12
机组启动充氢量	500～700	700～1000	900～1200

4. 发电机补氢氢气品质要求

为使氢冷发电机组稳定、安全、经济运行，必须对补充的氢气纯度及湿度等参数进行控制。具体指标为：氢气纯度大于等于 99.7%（按容积计）；氢气露点温度小于等于 -50℃。

二、设计内容及范围

根据发电机冷却用氢的要求，结合建设厂地周边氢源供应情况，电厂可以采用设置制氢或者供氢系统满足发电机用氢要求。

1. 制氢系统

发电厂制氢主要有水电解制氢（电解液为碱液）和质子交换膜（proton exchange membrane，PEM）水电解制氢（电解液为纯水）等方式。

水电解制氢系统设计范围从水电解制氢装置至制氢站向发电机供氢管接口，主要包括中压或低压水电解制氢装置、碱水供应系统、除盐水闭式冷却系统、压缩机（低压水电解制氢系统）、储氢罐、氮气钢瓶组、充氢补氢汇流排及相关阀门、管道及仪表等。

质子交换膜水电解制氢系统设计范围从水电解制氢装置至制氢站向发电机供氢管接口，主要包括质子交换膜水电解制氢装置、储氢罐、氮气钢瓶组、充氢补氢汇流排及相关阀门、管道及仪表等。

2. 供氢系统

发电厂供氢主要有外购氢气瓶供氢和长管拖车供氢等方式。

氢瓶供氢系统设计范围从外购高压氢气钢瓶至供氢站向发电机供氢管接口，主要包括氢气钢瓶集装格、汇流排、起吊装置、氮气钢瓶组及相关阀门、管道及仪表等。

长管拖车供氢系统设计范围从长管拖车接口至供氢站向发电机供氢管接口，主要包括储氢罐、汇流排、氮气钢瓶组及相关阀门、管道及仪表等。

三、设计输入资料

发电机厂资料：漏氢量、一次充氢容积、运行氢压、氢气纯度和湿度等。

购销协议：生产厂家氢气产能、氢气品质、运输方式、运输能力（每车氢气钢瓶数量或每车长管钢瓶氢气量）等。

第二节 系 统 设 计

一、工艺选择

1. 常见工艺

（1）制氢工艺。氢气作为重要的工业原料和还原剂，在国民经济各领域被广泛地使用。国内商业化的制氢系统主要有以下两大类。

1）电解制氢系统。电解制氢系统的最大制氢能力达 600m³/h（标准工况），电解制氢是一种比较简单、

制取氢气纯度较高的方法，制得的氢气中杂质是氧和水蒸气，比较容易消除，但电能消耗大。

2）变压吸附法（PSA 法）提纯氢系统。PSA 法提纯氢系统的设计出力可达 20 万～30 万 m³/h（标准工况），但需用氢气的企业周围有合适的原料气，如煤制合成气、天然气、煤层气、焦炉煤气、氯碱厂副产氢气、石油炼厂含氢气体和甲醇转化气等。

目前国内火电厂常用的制氢技术有水电解制氢工艺和质子交换膜水电解制氢工艺两种。

（2）供氢工艺。由于气态氢密度低，比体积大，只有高压储运才有效率，目前电厂使用的成品氢气运输方式有以下两种：

1）高压氢瓶。成品氢气充灌及运输方式为高压氢气瓶，氢气瓶采用集装格式装运和储存，发电厂内设置氢瓶供氢系统。

2）高压长管钢瓶。外购成品氢气由供氢厂商高压长管钢瓶拖车运输提供，发电厂内设置储氢罐储存，或者长管拖车到达加氢站后，车头和管束拖车分离，由管束拖车储氢。

2. 工艺选择原则

火电厂氢气系统设计时应了解建设厂地周边地区氢气生产、供应、运输条件等情况，以及氢气的参数、可靠性。

根据《危险化学品安全管理条例》（国务院令第344 号）的规定，氢气等危险品在运输途中有着严格的管理要求，当电厂周围 200km 内有可靠、满足要求的氢源时可采用供氢方案。

国内大规模运输和使用氢气时，才采用长管拖车运输和储存，因租金较贵，且供氢厂商不愿意出租管束拖车给用氢量较小客户，建议电厂采用长管钢瓶拖车运输、发电厂内设置储氢罐储存的方案。

火电厂制氢或供氢工艺方案的选择应根据建设厂地周边氢源供应情况、机组规模及氢冷发电机冷却用氢气要求等经技术经济比较确定。

二、氢气系统设计安全要求

制氢及供氢系统的设计应遵循有关法律、法规及规程规范，满足安全评价和安全验收的要求。氢气的生产、储存、使用，必须执行国务院颁发的《危险化学品安全管理条例》（国务院令第 344 号）及地方政府安全生产管理办法的有关规定。为方便使用，现将氢气系统设计必须遵循的技术要求汇总如下。

（1）氢气系统强制性条款。氢气系统设计时必须遵守相关规程的强制性条款，见表 9-3。

表 9-3 氢气系统强制性条款

序号	条文编号	条文主要内容	备注
一		GB 50177—2005《氢气站设计规范》	
1.1	1.0.3	氢气站、供氢站的生产火灾危险性类别，应为甲类。 氢气站、供氢站内有爆炸危险房间，按照 GB 50058《爆炸危险环境电力装置设计规范》的规定，其爆炸危险区域的等级应为 1 区或 2 区	
1.2	3.0.4	氢气罐或罐区之间的防火间距，应符合下列规定： （1）湿式氢气罐之间的防火间距，不应小于相邻较大罐（罐径较大者，下同）的半径。 （2）卧式氢气罐之间的防火间距，不应小于相邻较大罐直径的 2/3；立式罐之间、球形罐之间的防火间距，不应小于相邻较大罐的直径。 （3）卧式、立式、球形氢气罐与湿式氢气罐之间的防火间距，应按其中较大者确定。 （4）一组卧式或立式或球形氢气罐的总容积，不应超过 30000m³。组与组的防火间距，卧式氢气罐不应小于相邻较大罐长度的一半；立式、球形罐不应小于相邻较大罐的直径，并不应小于 10m	
1.3	4.0.3	水电解制氢系统制取的氧气，可根据需要进行回收或直接排入大气。应符合下列规定： （1）当回收电解氧气时，必须设置氧中氢自动分析仪和手工分析装置，并设有氧中氢超浓度报警装置	
1.4	4.0.8	氢气压缩机的安全保护装置的设置，应符合下列规定： （1）压缩机出口与第 1 个切断阀之间，应设安全阀。 （2）压缩机进、出口应设高低压报警和超限停机装置。 （3）润滑油系统应设油压过低或油温过高的报警装置。 （4）压缩机的冷却水系统应设温度或压力报警和停机装置。 （5）压缩机进、出口管路应设置换吹扫口	
1.5	4.0.10	氢气站、供氢站的氢气罐的安全设施设置，应符合下列规定： （1）应设有安全泄压装置，如安全阀等。 （2）氢气罐顶部最高点，应设氢气放空管。 （3）应设压力测量仪表。 （4）应设氮气吹扫置换接口	
1.6	4.0.11	各类制氢系统中，设备及其管道内的冷凝水，均应经各自的专用疏水装置或排水水封排至室外。水封上的气体放空管，应分别接至室外安全处	
1.7	4.0.15	各类制氢系统、供氢系统均应设有含氧量小于 0.5%的氮气置换吹扫设施	
1.8	6.0.2	氢气站工艺装置内的设备、建筑物平面布置的防火间距，不应小于表 6.0.2 的规定	
1.9	6.0.5	氢气站内应将有爆炸危险的房间集中布置。有爆炸危险房间不应与无爆炸危险房间直接相通。必须相通时，应以走廊相连或设置双门斗	
1.10	6.0.10	当氢气站内同时设有氢气压缩机和氧气压缩机时，不得将氧气压缩机与氢气压缩机设置在同一房间内	
1.11	8.0.6	有爆炸危险房间内，应设氢气检漏报警装置，并应与相应的事故排风机联锁。当空气中氢气浓度达 0.4%（体积比）时，事故排风机自动开启	
1.12	8.0.7	氢气站应根据氢气生产系统的需要设置下列分析仪器： （4）对水电解制氢装置，应设置氧中氢含量和氢中氧含量在线分析仪；当回收氧气时，应设氧中氢含量超量报警装置	
1.13	12.0.9	氢气放空管，应设阻火器。阻火器设在管口处。放空管的设置，应符合下列规定： （1）应引至室外，放空管管口应高出屋脊 1m。 （2）应有防雨雪侵入和杂物堵塞的措施。 （3）压力大于 0.1MPa，阻火器后的管材，应采用不锈钢管	
1.14	12.0.10	氢气站、供氢站和车间内氢气管道敷设时，应符合下列规定： （2）严禁穿过生活间、办公室，并不得穿过不使用氢气的房间。 （5）接至用氢设备的支管，应设切断阀，有明火的用氢设备还应设阻火器	
1.15	12.0.12	厂区内氢气管道直接埋地敷设时，应符合下列规定： （4）不得敷设在露天堆场下面或穿过热力沟。当必须穿过热力沟时，应设套管。套管和套管内的管段不应有焊缝。 （5）敷设在铁路或不便开挖的道路下面时，应加设套管。套管的两端伸出铁路路基、道路路肩或延伸至排水沟沟边均为 1m。套管内的管段不应有焊缝；套管的端部应设检漏管	

序号	条文编号	条文主要内容	备注
1.16	12.0.13	厂区内氢气管道明沟敷设时,应符合下列规定: (1)管道支架应采用不燃烧体。 (2)在寒冷地区,湿氢管道应采取防冻措施。 (3)不应与其他管道共沟敷设	
二	GB 4962—2008《氢气使用安全技术规程》		
2.1	4.1.2	氢气罐或罐区之间的防火间距,应符合 GB 50177—2005《氢气站设计规范》规定,具体如下: (1)湿式氢气罐(柜)之间的防火间距,不应小于相邻较大罐的半径。 (2)卧式氢气罐之间的防火间距,不应小于相邻较大罐直径的2/3;立式罐之间、球形罐之间的防火间距不应小于相邻较大罐的直径。 (3)卧式、立式、球形罐与湿式罐(柜)之间的防火间距不应小于相邻较大罐的直径。 (4)一组卧式、立式或球形罐的总容积不应超过 30000m³。罐组间的防火间距中,卧式氢气罐不应小于相邻较大罐高度的一半;立式、球形罐不应小于相邻较大罐的直径,并不应小于10m	
2.2	4.1.7	氢气有可能积聚处或氢气浓度可能增加处宜设置固定式可燃气体检测报警仪,可燃气体检测报警仪应设在监测点(释放源)上方或厂房顶端,其安装高度宜高出释放源 0.5~2m 且周围留有不小于 0.3m 的净空,以便对氢气浓度进行监测。可燃气体检测报警仪的有效覆盖水平平面半径,室内宜为 7.5m,室外宜为 15m	
2.3	4.1.9	禁止将氢气系统内的氢气排放在建筑物内部	
2.4	4.1.13	供氢站、氢气罐、充(灌)装站、汇流排间和装卸平台地面应做到平整、耐磨、不发火花	
2.5	4.1.14	供氢站、充(灌)装站内需要吊装设备或氢气的充(灌)装、采用钢质无缝气瓶集装装置,宜设起吊设施,起吊设施的起吊重量应按吊装件的最大荷重确定;在爆炸危险区域内的起吊设施应采用防爆设施	
2.6	4.1.15	充(灌)装站、汇流排间、空瓶和实瓶的布置应符合下列要求: (1)汇流排间、空瓶和实瓶应分开放置。若空瓶和实瓶储存在封闭或半敞开式建筑物内,汇流排间应通过门洞与空瓶间或实瓶间相通,但各自应有独立的出入口。 (2)当实瓶数量不超过 60 瓶时,空瓶、实瓶和汇流排可布置在同一房间内,但实瓶、空瓶应分开存放,且实瓶与空瓶之间的间距不小于 0.3m。空(实)瓶与汇流排之间的间距不宜小于2m。 (3)汇流排间、空瓶间和实瓶间不应与仪表室、配电室和生活间直接相通,应用无门、窗、洞的防火墙隔开。如需连通,应设双门斗间,门采用自动关闭(如弹簧门),且耐火极限不低于0.9h。 (4)空瓶间和实瓶间应有支架,栅栏等防止倒瓶的设施。 (5)汇流排间、空瓶间和实瓶间内通道的净宽应根据气瓶的搬运方式确定,一般不宜小于1.5m。 (6)汇流排间应尽量宽敞。汇流排应靠墙布置,并设固定气瓶的框架。 (7)实瓶间应有遮阳措施,防止阳光直射气瓶。 (8)空瓶间和实瓶间宜设气瓶装卸平台。平台的高度应根据气瓶装卸形式确定。平台上的雨篷和支撑应采用阻燃材料。 (9)氢气充(灌)装间不应存放实瓶,空瓶数量不应超过汇流排待充瓶位的数量	
2.7	4.3.7	氢气充(灌)装系统应设置超压泄放用安全阀、氢气回流阀、分组切断阀、吹扫放空阀、压力显示报警仪表,并设有气瓶内余气与氧含量测试仪表、抽真空装置等	
2.8	4.3.8	氢气系统可根据工艺需要设置气体过滤装置、在线氢气泄漏报警仪表、在线氢气纯度仪表、在线氢气湿度仪表等	
2.9	4.4.4	氢气管道应采用无缝金属管道,禁止采用铸铁管道,管道的连接应采用焊接或其他有效防止氢气泄漏的连接方式。管道应采用密封性能好的阀门和附件,管道上的阀门宜采用球阀、截止阀。阀门材料的选择应符合 GB 50177—2005《氢气站设计规范》中表 12.0.3 的规定,管道上法兰、垫片的选择应符合 GB 50177—2005《氢气站设计规范》中表 12.0.4 的规定。管道之间不宜采用螺纹密封连接,氢气管道与附件连接的密封垫,应采用不锈钢、有色金属、聚四氟乙烯或氟橡胶材料,禁止用生料带或其他绝缘材料作为连接密封手段	
2.10	4.4.5	氢气管道应设置分析取样口、吹扫口,其位置应能满足氢气管道内气体取样、吹扫、置换要求;最高点应设置排放管,并在管口处设阻火器;湿氢管道上最低点应设排水装置	

序号	条文编号	条文主要内容	备注
2.11	4.4.6	氢气管道宜采用架空敷设，其支架应为非燃烧体。架空管道不应与电缆、导电线路、高温管线敷设在同一支架上。氢气管道与氧气管道、其他可燃气体、可燃液体的管道共架敷设时，氢气管道应与上述管道之间宜用公用工程管道隔开，或保持不小于250mm的净距。分层敷设时，氢气管道应位于上方	
2.12	4.4.7	氢气管道应避免穿过地沟、下水道及铁路汽车道路等，应穿过时应设套管。氢气管道不得穿过生活间、办公室、配电室、仪表室、楼梯间和其他不使用氢气的房间，不宜穿过吊顶、技术（夹）层，应穿过吊顶、技术（夹）层时应采取安全措施。氢气管道穿过墙壁或楼板时应敷设在套管内，套管内的管段不应有焊缝，氢气管道穿越处孔洞应用阻燃材料封堵	
2.13	4.4.8	室内氢气管道不应敷设在地沟中或直接埋地，室外地沟敷设的管道，应有防止氢气泄漏、积聚或窜入其他地沟的措施。埋地敷设的氢气管道埋深不宜小于0.7m。湿氢管道应敷设在冰冻层以下	
2.14	4.4.9	在氢气管道与其相连的装置、设备之间应安装止回阀，界区间阀门宜设置有效隔离措施，防止来自装置、设备的外部火焰回火至氢气系统。氢气作焊接、切割、燃料和保护气等使用时，每台（组）用氢设备的支管上应设阻火器	
2.15	4.4.18	按照GB 7231《工业管道的基本识别色、识别符号和安全标识》、GB 2893《图形符号 安全色和安全标志》和GB 2894《安全标志及其使用导则》的规定涂安全色，并设安全标志和标识	
2.16	6.2	氢气储存容器应设置如下安全设施： 6.2.1 应设有安全泄压装置，如安全阀等。 6.2.2 氢气储存容器顶部最高点宜设氢气排放管。 6.2.3 应设压力监测仪表。 6.2.4 应设惰性气体吹扫置换口。惰性气体和氢气管线连接部位宜设计成两截一放阀或安装"8字"盲环板。 6.2.5 氢气储存容器底部最低点宜设排污口。 6.2.6 氢气储存容器周围环境温度不应超过50℃，储存场所及周边应设计安装消防水系统	
2.17	6.3	氢气瓶（集装瓶）： 6.3.1 氢气实瓶和空瓶应分别存放在位于装置边缘的仓间内，并应远离明火或操作温度等于或高于自燃点的设备。 6.3.2 氢气瓶的设计、制造和检验应符合《气瓶安全监察规程》的要求。 6.3.3 氢气瓶体根据GB/T 7144《气瓶颜色标志》应为淡绿色，20MPa气瓶应有淡黄色色环，并用红漆涂有"氢气"字样和充装单位名称。应经常保持漆色和字样鲜明。 6.3.4 多层建筑内使用氢气瓶，除生产特殊需要外，一般宜布置在顶层外墙处。 6.3.17 氢气瓶集装装置的汇流总管及支管均宜采用优质紫铜管或不锈钢管。为保证焊缝的严密性，紫铜管及管件的焊接采用银钎焊，焊接完成后对管道、管件、焊缝进行消除应力及软化退火处理。集装装置的汇流总管及支管使用前应经水压试验合格。 6.3.18 长管拖车的每只钢瓶上应装配安全泄压装置，钢瓶的阀门和安全泄压装置或其保护结构应能够承受本身两倍重量的惯性力。钢瓶长度超过1.65m，并且直径超过244mm应在钢瓶两端安装易熔合金加爆破片或单独爆破片式的安全泄压装置，直径为559mm或更大的钢瓶宜在钢瓶两端安装单独爆破片式的安全泄压装置；在充卸装气口侧，每台钢瓶封头端设置的阀门应处于常开状态。安全泄压装置的排放口应垂直向上，并且对气体的排放无任何阻挡；长管拖车的每个钢瓶应在一端固定，另一端有允许钢瓶热胀冷缩的措施；每个钢瓶应配装单独的瓶阀，从瓶阀上引出的支管应有足够的韧性和挠度，以防止对阀门造成破坏。 6.3.19 长管拖车钢瓶应定期检验，使用前应检查制造和检验日期或符号，不得超量充（灌）装。长管拖车应按GB 2894《安全标志及其使用导则》规定设置安全标志，并随车携带氢气安全技术周知卡。长管拖车钢瓶使用时应有防止钢瓶和接头脱落甩动措施，拖车应有防止自行移动的固定措施。长管拖车停放充（灌）装期间应接地。 6.3.20 长管拖车的汇流总管应安装压力表和温度表。钢瓶连接宜采用金属软管，应定期检查。拖车上应配置灭火器。使用时应避免长管拖车上压差大的钢瓶之间通过汇流管间进行均压，防止对长管气瓶产生多次数的交变应力	

序号	条文编号	条文主要内容	备注
2.18	6.4	6.4.1　氢气罐应安装放空阀、压力表、安全阀，压力表每半年校验一次，安全阀一般应每年至少校验一次，确保可靠。立式或卧式变压定容积氢气罐安全阀宜设置在容器便于操作位置，且宜安装两台相同泄放量且可并联或切换的安全阀，以确保安全阀检验时不影响罐内的氢气使用。 6.4.2　氢气罐放空阀、安全阀和置换排放管道系统均应设排放管，并应连接装有阻火器或有蒸汽稀释、氮气密封、末端设置火炬燃烧的总排放管。惰性气体吹扫置换接口应参照 6.2.4 要求执行。 6.4.3　氢气罐应采用承载力强的钢筋混凝土基础，其载荷应考虑做水压实验的水容积质量。氢气罐的地面应不低于相邻散发可燃气体、可燃蒸气的甲、乙类生产单元的地面，或设高度不低于 1m 的实体围墙予以隔离。 6.4.4　氢气罐新安装（出厂已超过一年时间）或大修后应进行压强和气密试验，试验合格后方能使用。压强试验应按最高工作压力 1.5 倍进行水压试验；气密试验应按最高工作压力试验，以无任何泄漏为合格	
2.19	8.1	氢气排放管应采用金属材料，不得使用塑料管或橡皮管	
2.20	8.2	氢气排放管应设阻火器，阻火器应设在管口处	
2.21	8.3	氢气排放口垂直设置。当排放含饱和水蒸气的氢气（产生两相流）时，在排放管内应引入一定量的惰性气体或设置静电消除装置，保证排放安全	
2.22	8.4	室内排放管的出口应高出屋顶 2m 以上。室外设备的排放管应高于附近有人员作业的最高设备 2m 以上	
2.23	8.6	排放管应有防止空气回流的措施	
2.24	8.7	排放管应有防止雨雪侵入、水气凝集、冻结和外来异物堵塞的措施	
三		GB 26164.1—2010《电业安全工作规程　第 1 部分：热力和机械》	
	13.3.5	由制氢站向发电机补充氢气应经过储氢罐，禁止由电解槽直接向发电机补氢；储氢罐的氢气入口和供氢出口管路应分别设置，且供氢出口管应从储氢罐内的中上部引出	

（2）氢气站爆炸危险区域的等级。

1）爆炸危险区域的等级定义应符合 GB 50058《爆炸和火灾危险环境电力装置设计规范》的规定。

2）按照 GB 50058—2014《爆炸和火灾危险环境电力装置设计规范》的规定，氢气站厂房内爆炸危险区域的划分，应符合下列规定：

a. 制氢间、氢气纯化间、氢气压缩机间、氢气灌瓶间等爆炸危险房间为 1 区。

b. 从上述各类房间的门窗边沿计算，半径为 4.5m 的地面、空间区域为 2 区。

c. 从氢气排放口计算，半径为 4.5m 的空间和顶部距离为 7.5m 的区域为 2 区。

制氢/供氢建筑物内爆炸危险区域划分见图 9-1。

3）氢气站内的室外制氢设备、氢气罐爆炸危险区域划分，应符合下列规定：

a. 从室外制氢设备、氢气罐的边沿计算，距离为 4.5m，顶部距离为 7.5m 的空间区域为 2 区。

b. 从氢气排放口计算，半径为 4.5m 的空间和顶部距离为 7.5m 的区域为 2 区。

制氢/供氢建筑物外设施的爆炸危险区域划分见图 9-2。

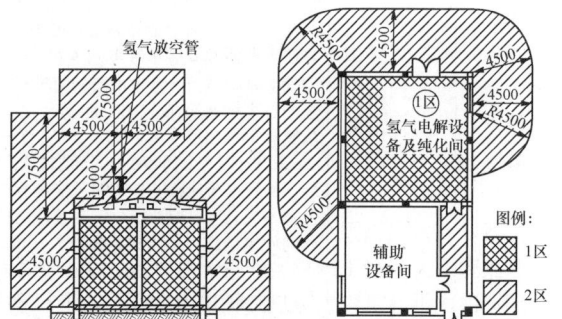

图 9-1　制氢/供氢建筑物内爆炸危险区域划分

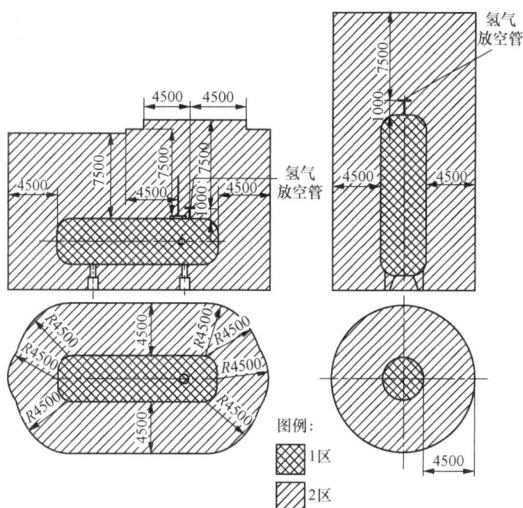

图 9-2　制氢/供氢建筑物外设施的爆炸危险区域划分

表 9-4　制氢/供氢站与其他建构筑物的防火间距

建构筑物名称		最小防火间距（m）
其他建筑物耐火等级	二级	12
	三级	14
	四级	16
民用建筑		25
重要公共建筑		50
电力系统电压为 35～500kV 且每台变压器为 10000kVA 以上的室外变、配电站以及变压器总油量超过 5t 的总降压站		25
明火或散发火花的地点		30
架空电力线		≥1.5 倍电杆高度

（3）建筑物防火间距。

1）制氢/供氢站与其他建构筑物的防火间距应满足 GB 50177—2005《氢气站设计规范》要求，详见表 9-4。

2）制氢/供氢站内储氢罐与其他建构筑物（包括制氢/供氢站建筑物）的防火间距应满足 GB 50177—2005《氢气站设计规范》的要求，详见表 9-5。

表 9-5　　　储氢罐与其他建构筑物的防火间距

建构筑物名称		储氢罐总容积 V（m³）/最小防火间距（m）			
		V≤1000	1000<V≤10000	10000<V≤50000	V>50000
其他建筑物耐火等级	一、二级	12	15	20	25
	三级	15	20	25	30
	四级	20	25	30	35
民用建筑		25	30	35	40
重要公共建筑		50			
电力系统电压为 35～500kV 且每台变压器为 10000kVA 以上的室外变、配电站以及变压器总油量超过 5t 的总降压站		25	30	35	40
明火或散发火花的地点		25	30	35	40
架空电力线		≥1.5 倍电杆高度			

3）制氢/供氢站、储氢罐与铁路、道路的防火间距应满足 GB 50177—2005《氢气站设计规范》的要求，详见表 9-6。

表 9-6　　　制氢/供氢站、储氢罐与铁路、道路的防火间距　　　（m）

铁路、道路		制氢站、供氢站	储氢罐	铁路、道路		制氢站、供氢站	储氢罐
厂外铁路线（中心线）	非电力牵引机车	30	25	厂外道路（相邻侧路边）		15	15
	电力牵引机车	20	20	厂内道路（相邻侧路边）	主要道路	10	10
厂内铁路线（中心线）	非电力牵引机车	20	20		次要道路	5	5
	电力牵引机车		15	围墙		5	5

4）建筑物平面布置的防火间距应满足 GB 50177—2005《氢气站设计规范》的要求，详见表 9-7。

表 9-7　　建筑物平面布置的防火间距　　（m）

项目	控制室、变配电室、生活辅助间	氢气压缩机或氢气压缩机间	装置内氢气罐（总容积小于 5000m³）	氢灌瓶间、氢实（空）瓶间
控制室、变配电室、生活辅助间		15	15	15
氢气压缩机或氢气压缩机间	15		9	9
装置内氢气罐（总容积小于 5000m³）	15	9		9
氢灌瓶间、氢实（空）瓶间	15	9	9	

（4）氢气管道安全间距要求。

1）厂区、氢气站及车间架空氢气管道与其他架空管线之间的最小净距应满足 GB 50177—2005《氢气站设计规范》的要求，具体要求见表 9-8。

表 9-8　架空氢气管道与其他架空管线间距表

名称	平行净距（m）	交叉净距（m）
给水管、排水管	0.25	0.25
热力管（蒸汽压力不超过 1.3MPa）	0.25	0.25
不燃气体管	0.25	0.25
燃气管、燃油管和氧气管	0.50	0.25
滑触线	3.00	0.50
裸导线	2.00	0.50
绝缘导线和电气线路	1.00	0.50
穿有导线的电线管	1.00	0.25
插接式母线，悬挂干线	3.00	1.00

2）厂区架空氢气管道与建筑物、构筑物之间的最小净距应满足 GB 50177—2005《氢气站设计规范》的要求，具体要求见表 9-9。

表 9-9　　架空氢气管道与建筑物、构筑物间距表

名　　称	平行净距（m）	交叉净距（m）
建筑物有门窗的墙壁外边或突出部分外边	3.0	
建筑物无门窗的墙壁外边或突出部分外边	1.5	
非电气化铁路钢轨	3.0（距轨外侧）	6.0（距轨面）
电气化铁路钢轨	3.0（距轨外侧）	6.55（距轨面）
道路	1.0	4.5（距轨拱）
人行道	1.5（距相邻侧路边）	2.5（距轨面）
厂区围墙（中心线）	1.0	
照明、电信杆、柱中心	1.0	
散发火花及明火地点	10.0	

3）厂区直接埋地氢气管道与其他埋地管线之间的最小净距应满足 GB 50177—2005《氢气站设计规范》的要求，详见表 9-10。

表 9-10　　厂区直接埋地氢气管道与其他埋地管线间距表

名称		平行净距（m）	交叉净距（m）
给水管直径	<75mm	0.8	0.25
	75～150mm	1.0	0.25
	200～400mm	1.2	0.25
	>400mm	1.5	0.25
排水管直径	<800mm	0.8	0.25
	800～1500mm	1.0	0.25
	>1500mm	1.2	0.25
热力管（沟）		1.5	0.25
氧气管		1.5	0.25
煤气管煤气压	<0.15MPa	1.0	0.25
	0.15～0.3MPa	1.2	0.25
	>0.3MPa	1.5	0.25
压缩空气等不燃气体管道		1.5	0.15
电力电缆		1.0	0.50
直埋电信电缆		0.8	0.50

续表

名称	平行净距（m）	交叉净距（m）
电缆管	1.0	0.25
电线沟	1.5	0.25
排水暗渠	0.8	0.50

4）厂区直接埋地氢气管道与建筑物之间的最小净距应满足 GB 50177—2005《氢气站设计规范》的要求，详见表 9-11。

表 9-11　厂区直接埋地氢气管道与建筑物构筑物间距

名称	平行净距（m）	交叉净距（m）
有地下室的建筑物基础和通行沟道的边缘	3.0	
无地下室的建筑物基础边缘	2.0	
铁路	2.5（距轨外侧）	1.2
排水沟边缘	0.8	
道路	0.8（距路或路肩边缘）	0.5
照明电线杆中心	0.8	
电力（220V、380V）电线杆中心	1.5	
高压电杆中心	2.0	
架空管架基础外缘	0.8	
围墙、篱栅基础外缘	1.0	
乔木中心	1.5	
灌木中心	1.0	

三、制氢系统设计

（一）系统选择

制氢装置按电解液类型可分为水电解制氢装置（电解液为碱液）和质子交换膜水电解制氢装置（电解液为纯水）两类，按工作压力分为中压制氢装置和低压制氢装置两个级别。制氢系统的工艺方案应根据氢冷发电机氢冷系统的容积、运行漏氢量、运行氢压、氢气纯度及湿度等要求经技术经济比较后合理选择。

制氢系统的典型工艺如下：

1）中压水电解制氢装置→中压储存设备→氢气汇流排→发电机氢气冷却系统。

2）低压水电解制氢装置→缓冲罐→氢气压缩机→氢气汇流排→高压储存罐→氢气汇流排→发电机氢气冷却系统。

3）质子交换膜水电解制氢装置→中压储存罐→氢气汇流排→发电机氢气冷却系统。

（二）主要设计要求

1. 制氢系统通用技术要求

（1）水电解制氢设备的总容量，宜按全部氢冷发电机的正常耗量以及 7 天时间内累积的相当于最大一台氢冷发电机的一次启动充氢量之和考虑。

（2）在采取储气措施确保设备检修时可不中断供气的情况下，制氢装置可不设备用；设置 2 套及以上制氢系统时，为了运行维护方便，制氢装置型号宜相同。

（3）低压制氢装置后续储存可采用低压储存、中压储存和高压储存三种方式，当产品氢气需要升压储存时要设置氢气压缩系统，氢气压缩机推荐选用隔膜压缩机。

（4）制氢系统应设置储氢罐储存产品氢气。中压水电解制氢系统产品氢储存宜选择中压储氢罐，低压水电解制氢系统产品氢储存宜选用高压储氢罐。储氢罐的总有效容积，宜按全部氢冷发电机在制氢设备检修期间所需储备的正常耗量与最大一台氢冷发电机的一次启动充氢量之和设计。

（5）制氢系统应设置充氢补氢汇流排，用于氢气的充灌及发电机的补氢。充氢补氢汇流排由阀门、减压装置、压力开关、压力表等组成。

（6）制氢系统应设置向电解槽内补充原料水的供水系统，水电解制氢系统宜设置碱液配制供应系统以供电解槽需要时补充电解液；制氢站内多台制氢装置可共用 1 套辅助碱液配制装置和 1 套自动补水装置。

（7）制氢系统冷却水系统通常有除盐水闭式循环冷却、除盐水开式循环冷却及工业水直流冷却三种方式。其中，除盐水开式循环冷却系统消耗除盐水量大，除盐水水质在冷却塔开式循环中与空气接触而逐步变差，不推荐采用；工业水直流冷却系统的冷却水水质应满足制氢装置对水质的要求，要防止结垢；除盐水闭式循环冷却系统水质好，节水效果显著，宜优先选用。

（8）制氢系统冷却用水量根据制氢装置技术要求确定，制氢站内多台制氢装置可共用 1 套除盐水闭式循环冷却装置。

（9）制氢装置应布置在电解制氢间内，氢气汇流排、氢气压缩机可布置在电解制氢间内，也可单独布置在制氢站的单独房间内；碱液配供及自动补水装置、冷却水装置宜布置在辅助间内；控制柜、整流柜、配电盘等电控设施应布置在紧邻的电气控制间内。

（10）制氢间屋架下弦的高度，应满足设备安装和排热的要求，并不得低于 5.0m；氢气汇流排间屋架下弦的高度不宜低于 4.5m；氢气压缩机间屋架下弦的高度，应满足设备安装和维修的要求，并不得低于 4.5m。

（11）制氢间内的主要通道不宜小于 2.5m，电解槽之间的净距不宜小于 2.0m；水电解槽与墙之间的净距不宜小于 1.5m。电解槽与其辅助设备之间的净距按技术功能确定。

（12）氢气压缩机或氢气压缩机间与氢瓶（实瓶和空瓶）间防火间距不应小于 9m；氢气压缩机之间的净距不宜小于 1.5m，与墙之间的净距不宜小于 1.0m。并保证压缩机的零部件能够抽出。

（13）同一建筑物内不同火灾危险性类别房间之间的隔墙应采用防火墙。电解制氢间与电气控制间或辅助间应采用防火墙隔开，且不应直接相通；有爆炸危险房间和无爆炸危险房间之间不宜有管线或沟道直接穿越，必须相穿时，应采用不燃烧材料填塞空隙封堵严密。

（14）储氢罐宜布置在制氢建筑物外满足防火要求的位置，并与制氢建筑物一起用实体围墙防护。储氢罐应布置在室外，不能设在厂房内。在寒冷地区，湿式储氢罐和固定含湿储氢罐底部应采取防冻措施。湿式储氢罐可采用蒸汽通入储氢罐的水槽内进行保温防冻，固定含湿储氢罐可将储氢罐的下半部做成封闭式以防止阀门冻结，封闭空间净高不低于 2.6m，其防爆要求同电解间。

（15）储氢罐周围环境温度不应超过 50℃，储存场所及周边应设计安装消防水系统。

2. 制氢装置主要技术要求

（1）中压水电解制氢装置主要技术要求。中压水电解制氢装置包括电解槽、碱液循环泵、供水系统、氧的冷却与出口调节、氢的冷却与出口调节及氢气干燥单元等。

1）国产中压水电解制氢装置产品氢品质要求：氢气纯度大于等于 99.7%（按容积计）；氢气露点温度小于等于 -50℃。

2）制氢装置出力在 25%～100% 范围内可调，操作压力在 1.6～3.2MPa 范围内可调。

3）电解槽槽体采用碳钢镀镍制作，电极采用喷涂活化处理镍丝网制作，电解槽和电极的使用寿命不低于 10 年；隔膜采用石棉布、离子膜、烧结镍等制作，有足够的机械强度，能被电解液润湿后使溶液中的离子顺利通过而气泡不能通过，不被电解液腐蚀且不影

响电解液的纯度，从劳动安全角度考虑，建议采用无石棉隔膜。

4）电解液采用浓度为 30%（质量百分比）的氢氧化钾溶液，电解液温度控制在 70～90℃，所使用的氢氧化钾应符合 GB/T 2306《化学试剂 氢氧化钾》的规定。电解小室间的电压为 1.7～2.0V，电流效率高于 98%，单位电耗低于 4.8kWh/m³（H_2，标准工况）。

5）制氢装置碱液循环可采用强制循环或者自然循环，中压水电解装置内碱液宜采用强制循环。强制循环的碱液循环泵选用屏蔽式泵以避免其运行对周边控制设备造成干扰，碱液循环泵压力与电解槽压力相匹配。碱液循环泵轴套材质应有良好的抗高温碱腐蚀性能，碱液循环泵轴应有良好的耐磨性。

6）每台电解槽应分别设置氢、氧分离器各一台，分离器应能分离电解槽出口气体中夹带的电解液，并使其在分离器内经冷却后返回至电解槽。

7）每台电解槽应分别设置氢、氧洗涤器各一台，将气体冷却至常温并进一步去除气体中夹带的电解液，洗涤器用水品质应与电解液配用水品质一致。

8）制氢装置洗涤器出口氢、氧管路系统宜各装设一台气水分离器，以分离管路系统内冷凝出的水分。气水分离器排水应设置自动阀门，根据气水分离器水位自动排水。气水分离器排水必须经水封后排放，防止排水中夹带氢气造成氢气泄漏事故。

9）制氢装置应设置电解槽调温系统，根据电解槽运行温度自动调整冷却水量，以确保电解槽在设定的温度范围内运行。

10）氢气、氧气出口管路均应设置放空管、切断阀和取样分析阀。

11）制氢装置出口氧气可根据需要进行回收或直接排入大气。当回收氧气时，必须设置氧中氢自动分析仪和手工分析装置，并设有氧中氢超浓度报警装置；当氧气不回收直接排入大气时，水电解制氢系统可设氧气排空水封以便压力调节装置的正常运行，保持氢侧、氧侧压力平衡。

12）电解槽的电解液入口应设电解液过滤器，以去除系统运行中电解液所夹带的残渣、污物等机械杂质，过滤器精度一般 80 目左右。电解液回流至电解槽前应进行冷却。

13）直流电供应系统宜采用晶闸管整流装置进行交直流电转换，每台电解槽应配一台整流装置。

14）制氢装置出口设置干燥净化装置，干燥净化装置对氢气进行干燥及过滤处理，并利用干燥净化装置内的催化剂使氢气中携带的微量氧气与氢气发生催化反应生成水后由分子筛吸附从而进一步净化氢气，

满足发电机冷却用氢要求。氢气干燥净化系统的容量、工作压力应与水电解制氢装置容量和压力相匹配。干燥净化装置应设备用,当一台干燥净化装置的干燥剂再生时另一台能正常处理氢气,两台干燥净化装置应能自动交替工作;干燥剂采用原料气加热脱吸再生,再生过程中无氢气排放。

(2)低压水电解制氢装置主要技术要求。20 世纪 50 年代由苏联引进技术、国内生产,目前国产低压制氢装置基本被国产中压水电解制氢装置取代,国内电厂近几年投产运行的低压制氢装置基本都是进口品牌。进口低压水电解制氢装置包括电解槽、碱液循环泵、供水系统、氧的冷却与出口调节、氢的冷却与出口调节及氢气干燥单元等。

1)进口低压水电解制氢装置产品氢品质至少要满足下列要求:氢气纯度大于等于 99.7%(按容积计);氢气露点温度小于等于 −50℃。

2)制氢装置出力在 1%~100% 范围内可调,操作压力在 0.4~1.6MPa 范围内可调。

3)低压水电解制氢装置碱液循环可采用强制循环也可采用自然循环,自然循环宜用在产气量小的低压水电解制氢装置中。当采用自然循环时,电解槽电极宜采用板式,电解小室数宜小于 100 个,以减小流道阻力,满足电解槽自然循环要求。

4)低压水电解制氢装置其他技术要求与中压水电解制氢装置基本相同。

(3)质子交换膜水电解制氢装置主要技术要求。质子交换膜水电解制氢装置包括电解槽、供水系统、氢的冷却与出口调节及氢气干燥单元等。

1)质子交换膜水电解制氢装置产品氢品质至少要满足下列要求:氢气纯度大于等于 99.7%(容积比);氢气露点温度小于等于 −50℃。

2)制氢装置出力在 0%~100% 范围内可调,制氢装置操作压力为 0~3.0MPa。

3)质子交换膜水电解槽槽体采用不锈钢制作,电极采用铂金制作,电解槽和电极的使用寿命不低于 10 年,离子交换膜能让氢离子顺利通过而水和氧气不能通过。

4)质子交换膜水电解槽电解液采用除盐水。

5)电解槽应设置氢分离器及氢气捕滴器各一台,分离器应能分离电解槽出口气体中夹带的水分。

6)质子交换膜水电解制氢装置出口设置干燥净化装置,氢气干燥净化系统的容量、工作压力应与水电解制氢装置容量和压力相匹配。干燥净化装置应设备用,当一台干燥净化装置的干燥剂再生时另一台能正常处理氢气,两台干燥净化装置应能自动交替工作;干燥剂采用原料气加热脱吸再生,再生过程中无氢气排放。

7)直流电供应系统宜采用晶闸管整流装置进行交直流电转换,每台电解槽应配一台整流装置。

3. 氢气压缩系统主要技术要求

(1)氢气压缩机出力应与制氢设备容量相匹配,连续运行的往复式氢气压缩机(包括活塞式和隔膜式)设备用。

(2)制氢装置与氢气压缩机间应设置氢气缓冲罐,避免压缩机排气量与制氢装置产气量差异,导致压缩机进气压力低形成抽真空,防止压缩机低压保护频繁动作致使压缩机频繁启停。

(3)制氢站内设有多台氢气压缩机时,可并联从同一氢气管道吸气,但应采取设置氢气压力报警、回流调节装置及氢气压缩机的进气管与排气管之间设旁路管等措施确保吸气侧氢气压力为正压,保证安全运行。

(4)氢气压缩机出口应设置储氢罐。氢气压缩机的进气管与排气管之间应设回流旁路管,避免氢气压缩机在启动或调节负荷时大量氢气排入大气,提高运行安全度,防止正常运行中压缩机保护装置因压力波动频繁动作造成压缩机频繁启停。回流旁路管上应设置自动调节阀。

(5)隔膜压缩机的级数根据进气压力和排气压力来确定,三级以下隔膜压缩机建议选择同轴单电机压缩机。

(6)氢气压缩机的性能、结构和材质均应满足氢气特性的要求,且应设置可靠的防爆、防漏措施。压缩机膜片选用 S31608 不锈钢。

(7)氢气压缩机安全保护装置的设置,应满足下列要求:

1)压缩机内部应设置隔膜失效检测装置,防止发生意外隔膜断裂现象。

2)压缩机出口与第一个切断阀之间应设置安全阀。

3)压缩机进、出口应设低、高压报警和超限停机装置。

4)润滑油系统应设油压过低和油温过高的报警装置。

5)压缩机的冷却水系统应设温度、压力报警和停机联锁。

6)压缩机进、出口管路应设有置换吹扫接口。

7)压缩机应配置防爆型电动机,其防爆等级应符合 GB 50058《爆炸危险环境电力装置设计规范》的规定,其选型不应低于氢气爆炸混合物的级别、组别,且应设置电机过负荷保护。

(8)氢气压缩机和电动机之间联轴器或皮带传动部位,应采取安全防护措施。当皮带转动时,应采取导除静电的措施。

4. 氢气储存系统主要技术要求

氢气储存系统包括储氢罐、充氢补氢汇流排及管路系统。

（1）当储氢罐数量少于 4 台时，每台储氢罐进、出管直接与汇流排相连，当储氢罐数量较多时，宜将储氢罐分组，每组储氢罐进、出母管直接与汇流排相连。

（2）储氢罐的类型应根据所需储存的氢气容量、压力等级确定。当氢气压力为中、低压，单罐储氢量小于 5000m³（标准工况）时，宜采用筒型储罐；当氢气压力为中、低压，单罐储氢量大于等于 5000m³（标准工况）时，宜采用球型储罐；当氢气压力为高压时，宜采用长管钢瓶式储罐。储氢罐侧壁宜设有直爬梯，便于运行人员罐顶操作。火电厂常用的是筒型储罐。

（3）储氢罐的材质选择应满足 GB 150《压力容器》的要求，并与其周围气温环境相适应，在最低气温高于−20℃时，储氢罐的材质宜采用 Q345R，在最低气温介于−40～−20℃时，储氢罐的材质宜采用 16MnDR。储氢罐的安全设施应满足下列要求：

1）应设置安全卸压装置，如安全阀等。

2）储氢罐顶部最高点应设氢气放空管。

3）应设置压力测量仪表。

4）应设置含氧量小于 0.5%的氮气吹扫置换接口。

5）储氢罐底部最低点，宜设排污口。

（4）汇流排应设置对外补氢接口和氢气充罐接口，并宜设置自动阀门以实现自动充氢补氢。当每台储氢罐进、出管直接与汇流排相连时，汇流排的接口设置应使每个储氢罐能独立运行并自动切换；当储氢罐分组与汇流排连接时，每组应能单独运行，且组与组之间能自动切换。

（5）汇流排对外补氢接口宜设置两个，经充氢补氢汇流排减压后的氢气压力应满足发电机补氢压力要求。

5. 碱水补充系统主要技术要求

碱水供应系统包括辅助碱液配制供应系统及自动补水系统。

（1）自动补水系统由纯水箱、纯水泵及其管路系统组成，自动补水系统设备、管路、阀门、泵材质应不污染原料水水质。纯水箱容积不宜小于制氢系统 8h 除盐水消耗量，纯水箱进水阀宜与水箱液位联锁，根据水箱液位自动启停。纯水泵应与分离器液位联锁，自动对水电解制氢系统补水。纯水泵出口压力应大于水电解制氢装置工作压力。

（2）水电解制氢原料水实际水耗为845～880g/m³（H₂，标准工况），原料水采用未加氨的除盐水或凝结水，水质要求符合表 9-12 的规定。

表 9-12　　电解液配制用水水质要求

项目	单位	数据	备注
悬浮物	mg/L	<1	
电导率	µS/cm	<10	25℃
含铁量	mg/L	<1	
Cl⁻	mg/L	<2	

（3）质子交换膜水电解制氢原料水实际水耗约为 915g/m³（H₂，标准工况），原料水采用未加氨的除盐水或凝结水，水质要求满足 ASTM D1193—2006 *Standard Specification for Reagent Water* 中 ASTM II 的要求，详见表 9-13。

表 9-13　　原 料 补 水 水 质 要 求

项目	单位	数据	备注
电导率	µS/cm	≤1	25℃
TOC	µg/L	≤50	
Na⁺	µg/L	≤5	
Cl⁻	µg/L	≤5	
全硅	µg/L	≤3	以 SiO_2 计

（4）辅助碱液配制供应系统由碱液箱、碱液泵及其管路系统组成。碱液箱容积应大于单套水电解制氢装置及碱液管道的全部体积之和，碱液泵的流量可按水电解制氢装置所需碱液量和灌注时间确定；碱液泵出口压力应与水电解制氢装置工作压力相适应。碱液泵的连接方式，应能满足碱液在碱液箱与碱液泵间循环，实现配制碱液的功能。

6. 冷却水系统主要技术要求

（1）除盐水闭式循环冷却系统由水箱、水泵及换热器组成。换热器和除盐水泵宜设备用，除盐水箱宜根据水箱液位进行自动补水，两台除盐水泵互为联锁，当运行的除盐水泵故障时，备用除盐水泵应能自动投入运行。

（2）制氢系统工业冷却用水量应根据制氢装置技术要求确定，工业冷却水其他要求见表 9-14。

表 9-14　　工业冷却用水水质要求

外观	水温	进水压力	回水压力	悬浮物
透明	≤32℃	0.4～0.6MPa	≤0.1MPa	<5mg/L

（3）冷却水系统应设冷却水事故断流保护装置。

四、供氢系统设计

（一）系统选择

当发电厂周围200km内有满足发电机冷却用氢要求的稳定可靠氢源时，经技术经济比较采用外购氢气供氢方案，根据不同的输送方式电厂采用不同的供氢系统。典型工艺有：

（1）外购成品氢气充灌及运输方式为高压氢气瓶，氢气瓶采用集装格式装运和储存，发电厂内设置氢气瓶供氢系统。供氢系统流程为外购钢瓶集装格→氢气汇流排→发电机氢气冷却系统。

（2）外购成品氢气由供氢厂商高压长管钢瓶拖车运输提供，发电厂内设置固定容积储氢罐储存拖车钢瓶来氢。供氢系统流程为长管拖车来氢气→中压储存设备→氢气汇流排→发电机氢气冷却系统。

（3）外购成品氢气由供氢厂商高压长管钢瓶拖车运输提供，租用供氢厂商的长管钢瓶拖车作为供氢站的储存容器。供氢系统流程为就地停放的长管拖车钢瓶→氢气汇流排→发电机氢气冷却系统。

（二）主要技术要求

1. 氢气瓶供氢系统主要技术要求

（1）供氢站内氢气瓶的有效储氢总量，应满足全部氢冷发电机7～10天正常消耗量与最大一台氢冷发电机的一次启动充氢量之和，并考虑钢瓶运输距离所需的备用量。

（2）氢气瓶供氢系统利用外购高压氢气瓶组集装格内的氢气，经一次减压为中压后进入汇流排再经二次减压后向发电机供氢。氢气瓶供氢系统汇流排应至少设置两组，当一组氢气汇流排倒换钢瓶时，应不影响另一组正常供气要求。每组汇流排宜设置2～3个集装格接口。

（3）氢气瓶供氢系统应设置排放口、氮气吹扫置换接口和手工取样备用口，减压后的低压管道上应装安全阀。

（4）氢气瓶供氢站应为单独的建筑物，并宜设置不燃烧体的实体围墙防护。

（5）氢气瓶应布置在通风良好、远离火源和热源并避免阳光直射的场所，可布置在封闭或半敞开式建筑物内，汇流排及电控设施宜分别布置在室内。实瓶间、空瓶间地坪采取防火花措施。

（6）实瓶间、空瓶间和汇流间不应与控制室直接相通，应用无门、窗、洞的防火墙隔开；实瓶间、空瓶间和汇流排间互相不应直接相通。

（7）氢气瓶供氢站应设置气瓶装卸平台，其宽度不宜小于2m，高度应按气瓶运输工具高度确定，宜高出室外地坪0.6～1.2m，气瓶装卸平台应设置大于平台宽度的雨篷，雨篷及其支撑材料应为不燃烧体。雨篷底面应平齐，支撑梁应设置在雨篷顶面，以避免氢气在坑凹处聚集。

（8）氢气瓶供氢站宜设置氢气瓶集装格起吊设施，起吊设施的起吊重量应按吊装件的最大荷重确定。起吊方式需方便氢气瓶的更换。起吊装置应采取防爆措施，轨道应采取防火花产生的措施。

（9）实瓶间、空瓶间屋架下弦的高度应按起吊设备确定，并不宜低于6m；汇流排间屋架下弦的高度不宜低于4.5m。

（10）有爆炸危险的房间应设排风风机，排风风机应与在线氢气检漏仪联锁。

（11）氢气瓶集装格由氢气钢瓶、组架以及全部进出口阀门及附件等组成。每组集装格一般设20个氢气瓶，单个氢气瓶容积为40L，工作压力为15MPa，氢气瓶外径为219mm。高压氢气瓶应符合TSG R0006《气瓶安全监察规程》的要求，宜采用钢质无缝气瓶集装格形式。

（12）氢气瓶集装格的汇流总管和支管宜采用优质紫铜管或不锈钢管，紫铜管及管件的焊接采用银钎焊，焊接完成后对管道、管件、焊缝应进行消除应力和软化退火处理。汇流排上应设置减压器、气动阀、压力测量装置、手工取样备用口等。

（13）阻火器可选用丝网、波纹板或砾石阻火器，其技术要求满足HG/T 20570.19《阻火器的设置》的规定。

（14）系统置换或阀门供气用氮气瓶应符合TSG R0006《气瓶安全监察规程》的要求，氮气瓶规格一般与氢气瓶规格相同。每组氮气瓶应根据用气要求设置减压阀，并配备连接用的金属软管，金属软管按照GB/T 14525《波纹金属软管通用技术条件》选择。氮气瓶应配置合适的固定装置，其固定方式需方便氮气瓶的更换。

（15）氢气瓶供氢系统自动阀门宜采用气动阀门，气源可采用压缩空气或氮气。当阀门气源采用压缩空气时，宜从全厂控制用气系统引接，供氢站内设缓冲储气罐。当阀门气源采用氮气时，氮气瓶组出口宜分两路减压或设氮气缓冲罐和氮气汇流排，分别用于置换和阀门气源；若采用氮气瓶组直接减压供气，减压阀宜选用恒压阀门。

（16）GB 50177—2005《氢气站设计规范》对空瓶的定义为无内压或留有残余压力的气体钢瓶，GB 4962—2008《氢气使用安全技术规程》对空瓶的定义为无内压或残余压力小于 0.05MPa 的气体钢瓶。电厂使用后的氢气瓶残余压力在 0.5MPa 左右，不应视为空瓶。

2. 长管拖车供氢系统主要技术要求

（1）为长管拖车配置的储氢罐宜采用中压立式钢质筒形储罐。储氢罐的总有效容积，应满足全部氢冷发电机 7～10 天正常耗量与最大一台氢冷发电机的一次启动充氢量之和，并超过一车装载量。

（2）长管拖车供氢系统的充氢补氢汇流排由高压管接头、减压器、气动阀、压力测量装置以及手工取样备用口等组成。高压管接头形式应与承运氢气的长管拖车自带的管接头匹配。

（3）长管拖车供氢系统应设置排放口、氮气吹扫置换接口和手工取样备用口。长管拖车供氢系统减压后的低压管道上应装安全泄压阀门。

（4）长管拖车供氢站应为单独的建构筑物，包括室外布置的储氢罐、封闭或半封闭布置的汇流排间及电控间。

（5）电气控制盘和仪表控制盘宜布置在相邻汇流排的单独电控间内，电控间与汇流排间应用防火墙隔开，半封闭布置的汇流排顶部也应设置雨篷（要求同前）。

（6）直接使用长管拖车储存氢气时，装有长管高压氢气瓶的车厢应停放在规划的储存位置，安全防火间距应符合 GB 50016《建筑设计防火规范》和 GB 50177《氢气站设计规范》的规定。

（7）有爆炸危险的房间应设排风风机，排风风机应与在线氢气检漏仪联锁。

（8）长管拖车的每只钢瓶上应装配安全泄压装置。钢瓶的阀门和安全泄压装置或其保护结构应能够承受本身两倍重力的惯性力。钢瓶长度超过 1.65m，并且直径超过 244mm 时，应在钢瓶两端安装易熔合金加爆破片或单独爆破片式的安全泄压装置。直径为 559mm 或更大的钢瓶，宜在钢瓶两端安装单独爆破片式的安全泄压装置。在充卸装口侧，每台钢瓶封头端设置的阀门应处于常开状。安全泄压装置的排放口应垂直向上，并且对气体的排放无任何阻挡；长管拖车的每个钢瓶应在一端固定，另一端有允许钢瓶热膨冷缩的措施；每个钢瓶应装配单独的瓶阀，从瓶阀上引出的支管应有足够的韧性和挠度，以防止对阀门造成破坏。

（9）长管拖车的汇流总管应安装压力表和温度表，钢瓶连接宜采用金属软管，使用时应避免长管拖车上压差大的钢瓶之间通过汇流管间进行均压，防止对长管气瓶产生多次数的交变应力。

第三节 主 要 设 备

一、制氢系统主要设备

（一）中压水电解制氢装置

1. 功能简述

国产中压水电解制氢装置自 20 世纪 80 年代起在很多电厂应用，是一种比较先进、结构紧凑、配套齐全、能耗低和能实现自动控制的装置。制氢装置可分为氢/氧气体系统、电解液循环系统、干燥净化系统和冷却水系统等子系统。

（1）氢/氧气体系统。原料水在压滤式双极性结构电解槽内直流电作用下分解，在电解小室的阴、阳极表面分别产生氢气（氧气）；从电解小室出来的氢气和碱液的混合物一起通过极框上阴极侧的气道流出，进入氢分离器下部，在重力作用下进行气液分离，分离出的氢气进行洗涤分离和冷却后，进入干燥净化系统；由电解槽产生的氧气和碱液的混合物进入氧分离器，分离出的氧气进入氧气洗涤器进行洗涤和冷却，然后经气水分离器除去液滴后，氧气可根据需要进行回收或直接排入大气。

（2）电解液循环系统。从电解槽出来夹带氢气和氧气的碱液在氢分离器和氧分离器中，靠重力作用分别与氢气、氧气分离，经冷却后由碱液循环泵送回电解槽，构成电解液循环系统。

电解液的质量要求见表 9-15。

表 9-15　电解液的质量要求

名称	单位	指标
KOH 浓度	%	27～32
CO_3^{2-} 含量	mg/L	<100
Fe^{2+}、Fe^{3+} 含量	mg/L	<3
Cl^- 含量	mg/L	<800

注　表中数据来源于各厂商资料。

（3）干燥净化系统。干燥净化装置对氢气进行干燥及过滤处理，并利用干燥净化装置内的催化剂使氢气中携带的微量氧气与氢气发生催化反应生成水后由分子筛吸附从而进一步净化氢气，满足发电机冷却用氢要求。

氢气干燥净化系统主要包括吸附器、冷却器、气水分离器、电加热装置等。氢气干燥净化系统处理容量、工作压力与水电解制氢装置容量和压力相匹配，工作压降不大于 0.1MPa。

干燥净化装置中设置 2 台干燥器，在一个循环周期内进行交替工作、再生，从而实现整套装置工作的连续性，干燥后氢气的露点可达到−50℃以下。

（4）冷却水系统。冷却水共分两个回路。第一路，进入氢、氧分离器内部蛇管，冷却循环碱液，从而使电解槽的工作温度维持在 85℃±5℃；第二路，进入氢、氧洗涤器中，冷却气体，降低气体的含碱量和含水量，确保出口气体的温度不高于 40℃。

2. 结构形式

制氢装置以双电极压滤机式电解槽为主体，主要附属设备包括氢气/氧气分离器、氢气洗涤器、氢气气水分离器、氢气干燥器、氢气气体冷却器、碱液过滤器及碱液循环泵等。设备为组装单元式，单元范围包括所有设备、阀门、管件、连接管道及支吊架等，安装在一个框架内。

（1）电解槽。电解槽由若干个电解小室组成，每个电解小室由阴极、阳极、隔膜、绝缘垫片及电解液组成，整个电解槽从中间分成左右对称的两截，中间接正极，两头接负极，其外形见图 9-3。

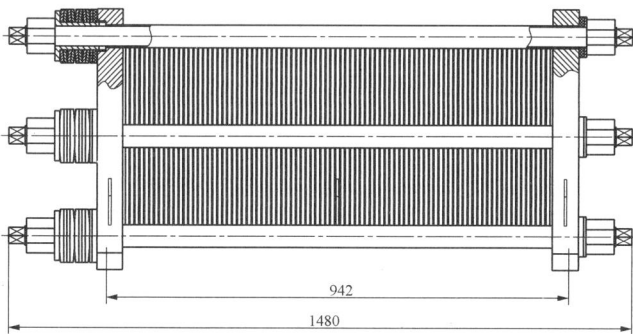

（2）氢气/氧气分离器。氢气/氧气分离器的结构见图 9-4。该容器全部用不锈钢制作，侧面装有水位计，内部装有蛇形冷却管。

（3）氢气洗涤器。氢气洗涤器的结构见图 9-5。该容器全部用不锈钢制作，侧面装有水位计，内部装有氢气管。

（4）氢气气水分离器。氢气气水分离器的结构如图 9-6 所示。该容器用不锈钢制作，上部圆筒内装填有不锈钢捕滴网。

（5）氢气冷却器。氢气冷却器的结构见图 9-7，容器用不锈钢制作，容器内有不锈钢蛇形管。

（6）氢气干燥器。氢气干燥器的结构见图 9-8，氢气干燥器为不锈钢内外筒结构，吸附剂装填在外筒和内筒之间，防爆电加热组件安装在内筒内，两个温度传感器分别位于分子筛（一种具有立方晶格的硅铝酸盐化合物，经脱水后内部形成了许多大小相同的空腔，具有极大的表面积，筛对水有强烈的亲和力）填料的顶端和底端，用于检测和控制反应温度。外筒外部包覆保温层可防止热量散失及避免烫伤。

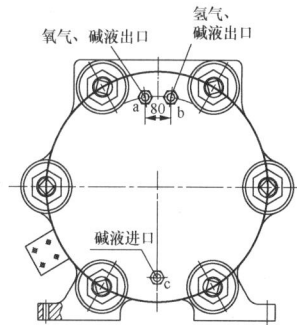

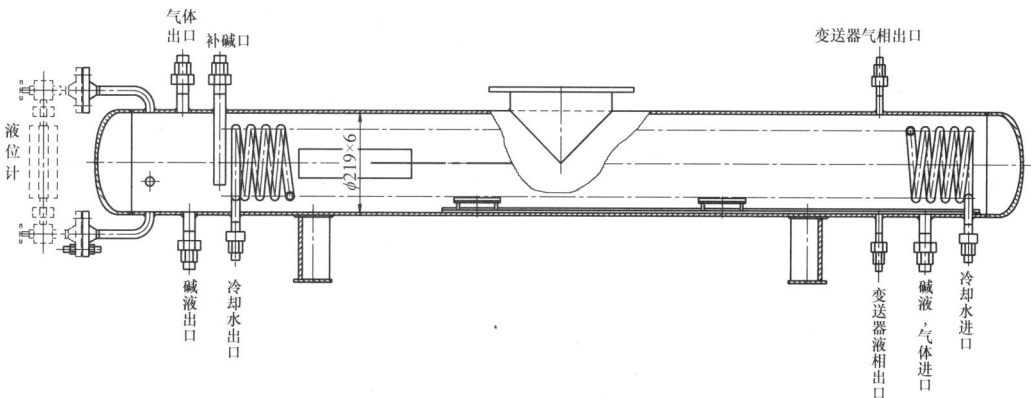

图 9-3 电解槽

图 9-4 氢气/氧气分离器

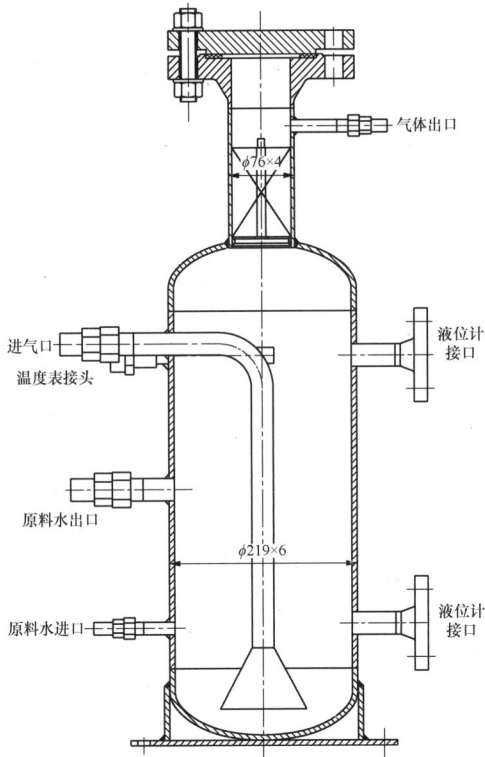

气体出口

进气口

温度表接头

原料水出口

原料水进口

液位计接口

液位计接口

$\phi76\times4$

$\phi219\times6$

图 9-5　氢气洗涤器

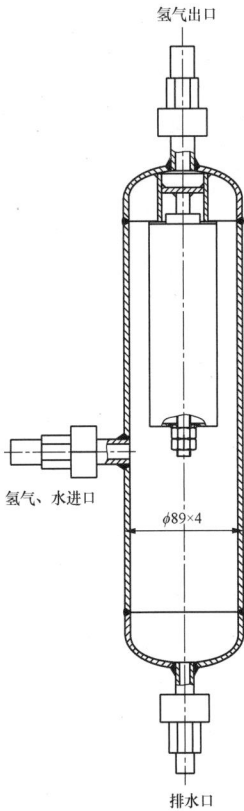

进出气口

进出气口

$\phi159\times6$

冷却水出口

冷却水进口

$\phi159\times5$

排水口

图 9-7　氢气冷却器

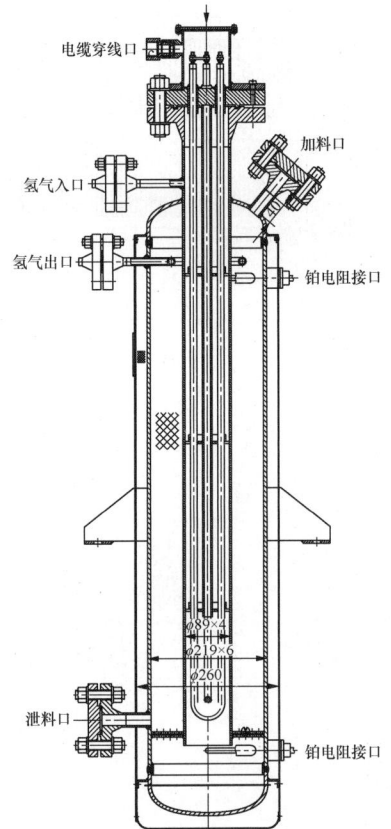

氢气出口

氢气、水进口

$\phi89\times4$

排水口

图 9-6　氢气气水分离器

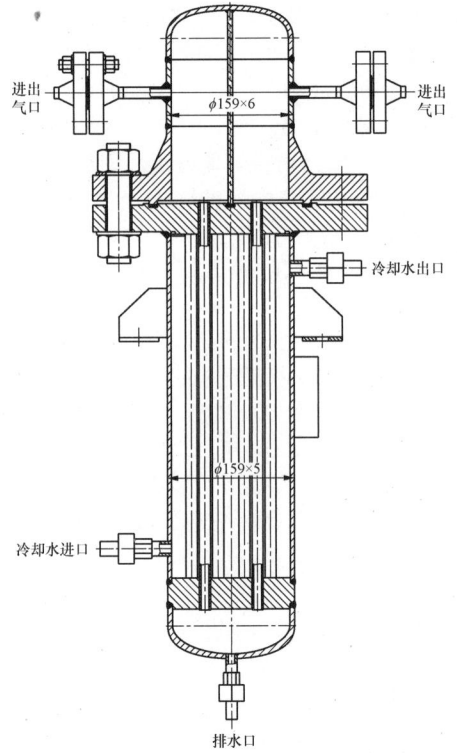

电缆穿线口

加料口

氢气入口

氢气出口

铂电阻接口

$\phi89\times4$

$\phi219\times6$

$\phi260$

泄料口

铂电阻接口

图 9-8　氢气干燥器

（7）碱液过滤器及碱液循环泵。碱液过滤器的结构见图9-9，容器用不锈钢制作，容器内有80目的不锈钢网制作过滤器的滤芯。

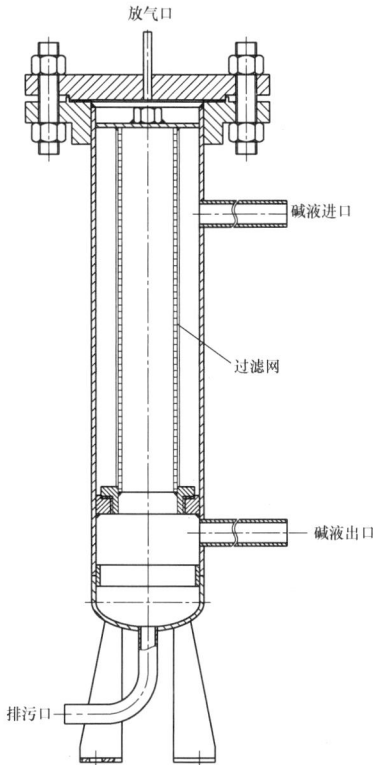

图9-9 碱液过滤器

3. 主要参数

目前，国产中压水电解制氢设备产品很多，单台装置容量可达600m³/h（标准工况）。电厂常用的国产中压水电解制氢装置型号为DQ5/3.2和DQ10/3.2，其主要技术参数见表9-16。

表9-16 中压水电解制氢装置主要技术参数表

项目	单位	DQ5/3.2	DQ10/3.2
氢气产量（标准工况）	m³/h	5.0	10.0
氧气产量（标准工况）	m³/h	2.5	5.0
纯水耗量	kg/h	5	10
工作压力	MPa	3.2	
氢气纯度	体积分数	≥99.8%	
氧气纯度	体积分数	≥99.2%	
氢气出口温度	℃	≤40	
氢气露点	℃	≤-50	

续表

项目	单位	DQ5/3.2	DQ10/3.2
氢气含碱量（标准工况）	mg/m³	≤1	
电解槽直流电耗（H₂，标准工况）	kWh/m³	≤5	
碱液浓度		26%～30%KOH	
主要设备外形尺寸 框架Ⅰ（制氢单元）	mm	2400×1800×2200	
整流装置	mm	1000×800×2200	

4. 主要计算公式

中压水电解制氢设备的总容量，按全部氢冷发电机的正常耗量以及能在7天时间内积累的相当于最大一台氢冷发电机的一次启动充氢量之和考虑，按照式（9-1）计算

$$q_V = \frac{q_{V0}}{24} \times \frac{V_c}{24t} \qquad (9-1)$$

式中 q_V——制氢设备出力（标准工况），m³/h；

q_{V0}——全部氢冷发电机的正常耗氢量（标准工况），m³/d；

V_c——全厂最大一台氢冷发电机的启动投氢量（标准工况），m³；

t——积累起相当于最大一台氢冷发电机一次启动充氢量的时间，d。

其中，V_c可按式（9-2）计算

$$V_c = kV + 10pV \qquad (9-2)$$

式中 k——发电机启动充氢量与发电机氢冷系统容积之比，用置换法投氢时宜不小于3；

V——发电机氢气系统容积，m³；

p——发电机运行氢压（表压），MPa。

（二）低压水电解制氢装置

1. 功能简述

低压水电解制氢装置可分为氢/氧气体系统、电解液循环系统、干燥净化系统和冷却水系统等子系统。

（1）氢/氧气体系统。电解槽每个电室含有氢电极、隔膜和氧电极。由电解槽出来的氢气和从碱液储罐出来的氧气，均为饱和水汽的气体形式。两气体流经各自的水冷冷凝器和潮气捕集器除去大部分湿气，分离出的氢气进入干燥净化系统；分离出的氧气排空或回收。

（2）电解液循环系统。从氧冷凝器出来的冷液收集到捕集器内，然后再直接返回到碱液储罐中。从氢冷凝器出来的冷凝液集中到氢捕集器中，经捕

集器底部的隔膜分离氢气后进入碱液储罐中，经冷却后由碱液循环泵送回电解槽，构成了电解液循环系统。

碱液储罐底部设电解液过滤器，以去除系统运行中电解液所夹带的残渣、污物等机械杂质，过滤器能去除105μm以上的所有颗粒。电解液的质量要求见表9-17。

表9-17　电解液的质量要求

名称	单位	指标
KOH 浓度	%	25
K_2CO_3 浓度	%	<0.6
总的铁和重金属含量	mg/L	<10

注　表中数据来源于各厂商资料。

（3）干燥净化系统。干燥净化装置对氢气进行干燥及过滤处理，并利用装置内的催化剂使氢气中携带的微量氧气与氢气发生催化反应生成水后由分子筛吸附从而进一步净化氢气，满足发电机冷却用氢要求。

氢气干燥净化系统主要包括吸附器、冷却器、电加热装置等。氢气干燥净化系统处理容量、工作压力与水电解制氢装置容量和压力相匹配。

干燥净化装置中设置2台干燥器，在一个循环周期内进行交替工作、再生，从而实现整套装置工作的连续性，干燥后氢气的露点可达到-73℃以下。

（4）冷却水系统。冷却水共分两个回路：第一路，进入碱循环泵出口冷却器的内部蛇管，冷却循环碱液，控制进入电解槽的电解液的温度在63~65℃，从而控制电解槽的工作温度；第二路，进入氢、氧冷却器中，冷却气体，降低气体的含碱量和含水量，确保出口气体的温度不高于40℃。

2．结构形式

低压水电解制氢装置的结构形式与中压水电解制氢装置类似，设备为组装单元式，单元范围包括所有设备、阀门、管件、连接管道及支吊架等，安装在一个柜子内。

低压水电解制氢装置以电解槽为主体，主要附属设备包括氢气分离器、氢气洗涤器、氢气冷却器、氢气干燥器、氧气分离器、氧气冷却器、碱液冷却器、碱液循环泵及补水泵等。

3．主要参数

电厂进口国外某品牌低压水电解制氢装置常用出力为5.6m³/h（标准工况）和11.2m³/h（标准工况）两种，其主要技术参数见表9-18。

表9-18　低压水电解制氢装置主要技术参数表

项目	单位	指标	
氢气产量	m³/h	5.6	11.2
氧气产量	m³/h	2.8	5.6
纯水耗量	kg/h	1.3	2.7
工作压力	MPa	1.0	
氢气纯度（体积分数）		≥99.9998%	
氧气纯度（体积分数）		≥99.999%	
氢气出口温度	℃	≤40	
氢气露点	℃	≤-75	
氢气含碱量（标准工况）	mg/m³	≤1	
电解槽直流电耗（H_2，标准工况）	kWh/m³	≤6	
碱液浓度		25%KOH	
主要设备外形尺寸	制氢机 mm×mm×mm	1498×752×1778	
	整流柜 mm×mm×mm	860×765×1848	

4．主要计算公式

低压水电解制氢装置的总容量计算见式（9-1）和式（9-2）。

（三）质子交换膜（PEM）水电解制氢装置

1．功能简述

质子交换膜水电解制氢装置可分为氢/氧气体系统、补水系统和氢气干燥系统等子系统。

（1）氢/氧气体系统。电解槽中阳极分离出氢/氧气和水的两相混合物排至除盐水箱，其中氧气中可能含有多达0.5%的氢气，需稀释到氢气可燃下限以下排放。

从电解槽出来夹带水分氢气在气水分离器和捕滴器中，将氢气和水分进一步分离，分离后的氢气进入干燥装置。

（2）补水系统。随着制氢设备的运行，系统内的水不断消耗，除盐水箱内的水经补水泵被送入电解槽，不断补充电解消耗的原料水。原料水进入电解槽前用工业水冷却从而控制电解槽的工作温度及出口氢气的温度。

（3）氢气干燥系统。干燥净化装置内由分子筛吸附从而进一步净化氢气，满足发电机冷却用氢要求。

干燥装置中设置2台干燥器，在一个循环周期内进行交替工作、再生，从而实现整套装置工作的连续性，干燥后氢气的露点可达到-65℃以下。

2. 结构形式

质子交换膜水电解制氢装置为组装单元式，以电解槽为主体，主要附属设备包括气水分离器、冷却器、干燥器、补水泵、除盐水箱及稀释风机等。

单元范围包括所有设备、阀门、管件、连接管道及支吊架等，安装在一个柜子内。

3. 主要参数

进口某品牌质子交换膜水电解制氢装置主要技术参数见表9-19。

表9-19　　　　　　　　进口某品牌质子交换膜水电解制氢装置主要技术参数表

项目		单位	H6	C10	E5	E10
氢气产量（标准工况）		m³/h	6	10	5	10
纯水耗量		kg/h	5.5	9.0	10	20
工作压力		MPa	3.0		3.5	
氢气纯度（体积分数）			≥99.9995%	≥99.9998%	99.999%	
氢气出口温度		℃	≤40		≤40	
氢气露点		℃	≤-65	≤-72	≤-70	≤-70
电解槽直流电耗（H₂，标准工况）		kWh/m³	≤6.8	≤6.2	≤4.4	≤4.4
主要设备外形尺寸	制氢机	mm×mm×mm	1800×800×1800	2388×914×2007	3500×1900×2200	3500×1900×2200
	整流柜	mm×mm×mm		1880×914×2007		

4. 主要计算公式

质子交换膜水电解制氢装置的总容量计算见式（9-1）和式（9-2）。

（四）充氢补氢汇流排

1. 功能简述

充补氢汇流排用于氢气的充罐及发电机的补氢，由阀门、减压装置、压力开关、压力表等组成。

充补氢汇流排进口与制氢设备或压缩机出口相连，出口分别与储罐和供气管道相连接。充补氢系统将制氢设备输出的成品气送入各储罐储存，在需要补气时，将储罐内储存的气体减压后送入供气管道。

2. 结构形式

充氢补氢汇流排材质为不锈钢，为组装单元式，包括所有阀门、管件、连接管道及支吊架等，安装在一个框架内。

（五）储氢罐

1. 功能简述

储氢罐用于电解槽检修或机组启动大量用氢时给发电机供氢。

储氢罐以罐体为主体，主要的附属设备包括安全阀、压力表、温度计等。按储氢压力分为中压储罐和高压储罐两种。

2. 结构形式

（1）中压储氢罐。中压储氢罐一般为立式储存罐，

结构见图9-10，设计压力为3.2MPa，材质与其周围气温环境相适应，选择Q345R或16MnDR。

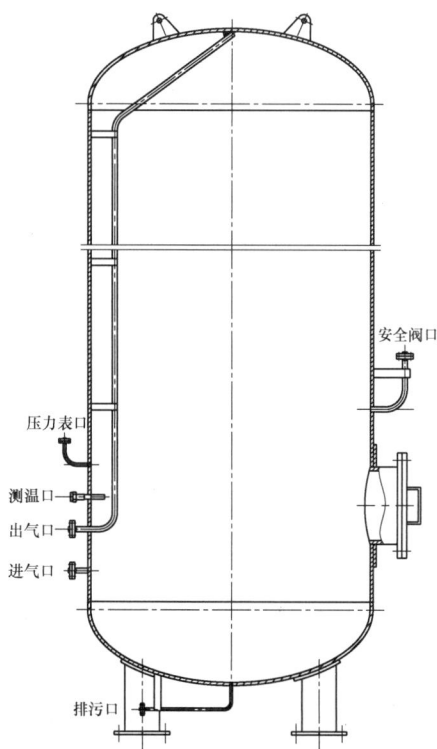

图9-10　中压储氢罐

（2）高压储氢罐。高压储氢罐一般为卧式储存罐，设计压力 17MPa，高压储氢罐容积约为 2m³，工程根据需要的数量按图 9-11 组装。材质与其周围气温环境相适应，选择 Q345R 或 16MnDR。

3．主要参数

目前电厂常用储氢罐的主要技术参数见表 9-20。

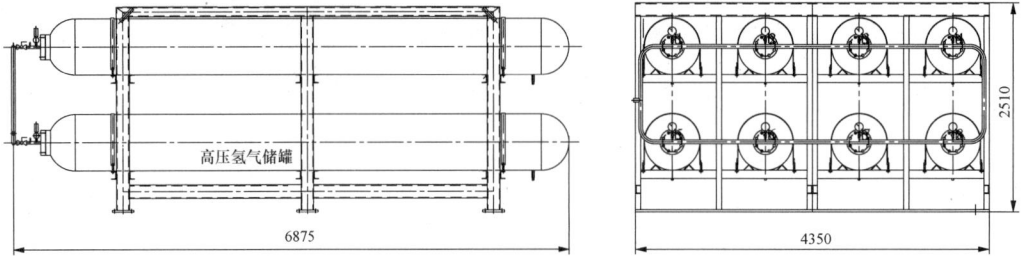

图 9-11　高压储氢罐

表 9-20　常用储氢罐主要技术参数表

项目	单位	数　　　值			
容积	m³	13.9	20	35	2
设计压力	MPa	3.2	3.2	3.2	17
外径	mm	$\phi 1840$	$\phi 2044$	$\phi 2456$	$\phi 670$
壁厚	mm	20	22	28	32
高度	mm	6280	7218	8920	7370

4．主要计算公式

（1）发电厂制氢站储氢罐的总有效容积按照式（9-3）计算

$$V_E = Nq_{v0} + V_c \quad (9\text{-}3)$$

式中　V_E——储氢罐的总有效容积（标准工况），m³；

N——制氢设备检修天数，一般取 7～10，d；

q_{v0}——全部氢冷发电机的正常耗氢量（标准工况），m³/d；

V_c——全厂最大一台氢冷发电机的启动充氢量（标准工况），m³。

（2）储氢罐的数量按照式（9-4）计算

$$n = \frac{V_E}{10V_0\left[p_w-(p+R_n)\right]} \quad (9\text{-}4)$$

式中　n——储氢罐的台数；

V_E——储氢罐的总有效容积（标准工况），m³；

V_0——单台储氢罐的水容积，m³；

p_w——储氢罐的工作压力，MPa；

p——发电机运行氢压（表压），MPa；

R_n——系统阻力，宜不小于 0.05，MPa。

二、供氢系统主要设备

供氢系统汇流排由阀门、减压装置、压力开关、压力表等组成，与制氢系统的充补氢汇流排基本一致，见本章第三节；长管拖车供氢系统设置的储氢罐采用中压立式钢质筒形储罐，与制氢系统的储氢罐一样，见本章第三节。

（一）高压氢气瓶集装格

1．功能简述

外购高压氢气瓶集装格内的氢气给发电机供氢，每个高压氢气瓶集装格设置减压调节器，减为中压后汇至氢气汇流排架。

2．结构形式

氢气瓶集装格是将散装气瓶集束在一起的金属结构架，便于叉车的叉装、吊车的吊装和车辆运输，以及工作场地的随时移动。

氢气瓶集装格分为立式和卧式两种，有 12 瓶组、15 瓶组、16 瓶组、20 瓶组等多种规格。集装格的氢气的工作压力是 15MPa，经减压输出。

3．主要参数

目前电厂常用高压氢气瓶集装格的主要技术参数见表 9-21。

表 9-21　常用氢储罐主要技术参数表

项目	单位	数据	备注
氢气瓶数量	个	12、15、16、20	
氢气瓶容积	L	40	
氢气瓶规格	mm	$\phi 219 \times 10$，长 1320	
集装格外形尺寸（20 瓶组）	mm×mm×mm	1020×1240×1850	立式
	mm×mm×mm	1020×1850×1240	卧式
储存压力	MPa	15	
输出压力	MPa	根据用户要求	
氢气瓶材质		37Mn	
对外接口		DN20	螺纹连接

4. 主要计算公式

（1）发电厂供氢站内氢气瓶有效储氢总量按式（9-5）计算

$$V_E = 10q_{V0} + V_c \tag{9-5}$$

式中　V_E——氢气瓶的有效储氢总量（标准工况），m^3；

　　　q_{V0}——全部氢冷发电机的正常耗氢量（标准工况），m^3/d；

　　　V_c——全厂最大一台氢冷发电机的启动充氢量（标准工况），m^3。

（2）氢气瓶的数量按式（9-6）计算

$$n = \frac{V_E}{10V_0\left[p_b - (p + R_n)\right]} \tag{9-6}$$

式中　n——氢气瓶的个数；

　　　V_0——单个氢气瓶的水容积，m^3；

　　　p_b——氢气瓶的压力，MPa；

　　　p——发电机运行氢压（表压），MPa；

　　　R_n——系统阻力，宜不小于 0.05，MPa。

（二）长管拖车

1. 功能简述

长管拖车由车头和拖车组成，长管拖车到达供氢站后，高压氢气经汇流排一次减压后泄放至供氢站设置的储氢罐内储存，经汇流排二次减压后向发电机供氢。另外，长管拖车车头和管束拖车可分离，管束作储氢容器直接连接供氢汇流排向发电机供氢。

2. 结构形式

常用管束一般由几个直径约为 0.5m、长约 10m 的钢瓶组成。长管拖车工作压力为 20MPa，长管拖车的钢瓶连接采用金属软管，汇流总管安装有压力表和温度表。

3. 主要参数

目前国内常用长管拖车的主要技术参数见表 9-22。

表 9-22　常用长管拖车主要技术参数表

项目	单位	数据	备注
管束数量	个	6～11	
氢瓶容积	m^3	2.25	
氢瓶规格	mm	$\phi 559 \times 16.5$，长 10975	
拖车外形尺寸	mm × mm	12391 × 2490 × H	高度 H 随瓶的数量变化而变化
储存压力	MPa	20	
输出压力	MPa	20	
氢瓶材质		高强度铬钼钢 4130X	
对外接口		DN20	CGA1350

第四节　典型工程实例

一、制氢系统工程实例

（一）中压水电解制氢工程实例

1. 工程概况

某电厂规划新建 4×1050MW 燃煤发电机组，预留再扩建 2×1050MW 燃煤发电机组的条件，一期工程按 2×1050MW 燃煤发电机组实施，电厂周围无氢气销售，因此该工程采用设置制氢站方案。

2. 工艺系统

（1）原始资料。该工程发电机采用水氢氢冷却方式，发电机技术数据见表 9-23。

表 9-23　发电机技术数据表

项目	单位	数据
额定功率	MW	1050
冷却方式		水、氢、氢
投氢方式		置换投氢
充氢容积	m^3	143
充氢系数		3
最大氢压	MPa	0.52
漏氢量（24h，标准工况）	m^3	≤12

（2）主要技术指标。该工程设置一套设计出力为 10m^3/h（标准工况）的中压水电解制氢装置、储氢罐及必要的辅助装置，预留扩建一套 10m^3/h（标准工况）中压水电解制氢装置的条件。中压水电解制氢系统产气品质为：氢气纯度（容积比，%）大于等于 99.9%，氢气温度小于等于 40℃，氢气露点温度小于等于−50℃。

（3）设备对外部条件的要求。该工程中压水电解制氢装置对外部提供的水、电、气等条件均有特定要求，详见表 9-24。

表 9-24　中压水电解制氢装置对外部条件要求表

项目	参数要求			接管	
				规格	材质
仪表气	压力	MPa	0.5～0.7	$\phi 45 \times 3$	S30408
	耗量（标准状态）	m^3/h	3		
冷却水（满足 2 套制氢装置）	流量	m^3/h	20	$\phi 57 \times 3$	碳钢
	水质		循环水水质		
	温度	℃	≤32		
	进水压力	MPa	0.4～0.6		
	回水压力	MPa	≤0.1		

火力发电厂化学设计

续表

项目	参数要求			接管	
				规格	材质
原料水	流量	m³/h	0.01	φ32×3	S30408
	水质		除盐水（未加氨）		
	温度	℃	常温		
	进水压力	MPa	0.3		
电源	电压	V	380/220	三相三线	
	功率	kW	150		
氢气	压力	MPa	0.8	φ38×3.5（两根）	S30408

（4）主要设备规范。该工程中压水电解制氢系统包括制氢装置、气体缓冲及储存装置、闭式循环冷却装置、辅助装置、电气控制系统以及必需的管道、阀门、电缆等，详细见表9-25。

表9-25　中压水电解制氢装置主要设备表

序号	名称	设备规格	单位	数量	备注
1	制氢装置	额定产氢量10m³/h（标准工况），工作压力3.2MPa	套	1	
1.1	电解槽	双极压滤式，小室数量50个，槽体材料为碳钢镀镍	台	1	
1.2	氢气分离器	φ219，材质S30408	台	1	
1.3	氧气分离器	φ219，材质S30408	台	1	
1.4	氢气洗涤器	φ219，材质S30408	台	1	
1.5	氢气气水分离器	φ89，材质S30408	台	1	
1.6	氢气冷却器	φ159，材质S30408	台	1	
1.7	干燥器	φ219，材质S30408，运行周期24h，内部填料为分子筛	台	1	
1.8	碱液循环泵	2m³/h，0.15MPa，电机防爆	台	1	
1.9	碱液过滤器	过滤精度80目，材质S30408	台	1	
2	充氢补氢汇流排	工作压力3.2MPa，出口压力0.6MPa，主要包括气动球阀、变送器、减压器等	套	1	预留扩建接口
3	碱水补充装置		套	1	
3.1	纯水箱	容积0.219m³，材质S30408	只	1	
3.2	碱液箱	容积0.219m³，材质S30408	只	1	
3.3	注水泵	0.12m³/h，4.0MPa，电机防爆	台	1	
4	除盐水冷却装置	除盐水流量10m³/h	套	1	扩建共用
4.1	纯水箱	容积1.4m³，材质S30408	台	1	
4.2	冷却水泵	IH50-32-125，12.5m³/h，0.32MPa	台	2	
4.3	换热器	换热面积6m²，材质S30408	台	2	
5	氢气储存罐	容积20m³，设计压力3.2MPa，材质Q345R	台	3	
6	压缩空气储存罐	容积6m³，设计压力1.0MPa，材质Q245	台	1	
7	氮气瓶组	每套4个氮气瓶	套	2	扩建共用
7.1	氮气瓶	容积40L，设计压力15MPa，材质37Mn	个	8	
7.2	氮气汇流排架		套	2	
8	低压开关柜		台	1	
9	晶闸管整流柜		台	1	
10	控制柜		台	1	
11	在线分析仪表				
11.1	氢中氧分析仪		台	1	
11.2	氧中氢分析仪		台	1	
11.3	氢气露点测定仪		台	1	
11.4	氢气纯度仪		台	1	
11.5	氢气检漏报警仪	四探头	台	1	
12	便携式仪表				
12.1	氢气检漏报警仪		台	1	
12.2	露点测定仪		台	1	
12.3	氢气纯度仪		套	1	

3. 设备布置

制氢系统设备布置在冷却塔之间的独立建筑区内，水电解制氢装置、氢气干燥装置、闭式除盐冷却水装置及电源控制装置布置在室内，储氢罐及压缩空气储存罐露天布置。设备布置见图9-12。

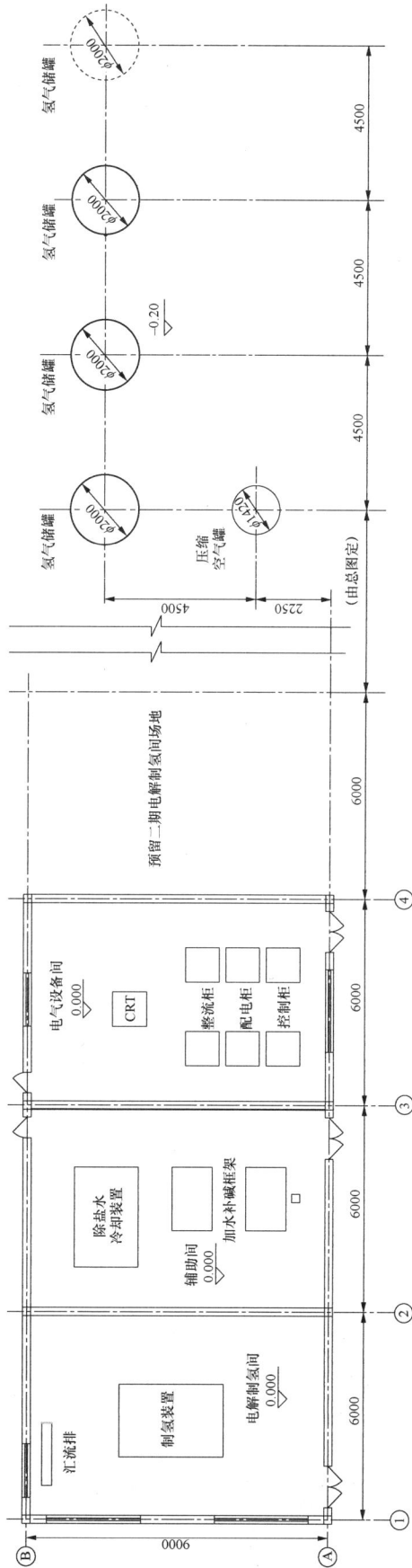

图 9-12 中压水电解制氢系统布置示意图

4. 运行效果

电厂2015年1月投入运行，制氢系统满足发电机的补氢要求。

（二）低压水电解制氢工程实例

1. 工程概况

某电厂新建2×300MW燃煤电站，根据EPC合同，该工程要求采用设置低压制氢高压储存的制氢方案。

2. 工艺系统

（1）原始资料。该工程发电机采用水氢氢冷却方式，发电机技术数据见表9-26。

表9-26　发电机技术数据表

项目	单位	数据
额定功率	MW	300~400
冷却方式		水、氢、氢
投氢方式		置换投氢
充氢容积	m³	72
充氢系数		3
最大氢压	MPa	0.35
漏氢量（24h，标准工况）	m³	≤12

（2）主要技术指标。该工程设置2套设计出力为5.6m³/h（标准工况）的低压水电解制氢装置、储氢罐及必要的辅助装置。低压水电解制氢系统产气品质为：氢气纯度（容积比）大于等于99.95%，氢气温度小于等于40℃，氢气露点温度小于等于−50℃。

（3）设备对外部条件的要求。该工程水电解制氢装置对外部提供的水、电、气等条件均有特定的要求，详见表9-27。

表9-27　水电解制氢装置对外部条件要求表

项目	参数要求			接管	
				规格	材质
冷却水（满足2套制氢装置）	流量	m³/h	6	φ45×3	S30408
	水质		主厂房闭式除盐水		
	温度	℃	≤40		
	进水压力	MPa	0.4~0.7		
	回水压力	MPa	≤0.1		
原料水	流量	m³/h	0.01	φ25×3	S30408
	水质		除盐水（未加氨）		
	温度	℃	常温		
	进水压力	MPa	0.4~0.7		
电源	电压	V	380/220	三相三线	
	功率	kW	150		
氢气	压力	MPa	0.8	φ25×3（两根）	S30408

（4）主要设备规范。该工程低压水电解制氢系统包括制氢装置、缓冲罐、压缩机、气体缓冲及储存装置、辅助装置、电气控制系统以及必需的管道、阀门、电缆等，详细见表9-28。

表9-28　低压水电解制氢装置主要设备表

序号	名称	设备规格	单位	数量
1	制氢装置	额定产氢量5.6m³/h（标准工况），工作压力0.4~0.7MPa	套	2
1.1	电解槽	双极压滤式	台	2
1.2	气液处理装置	材质S30408	套	2
1.3	干燥器	运行周期6h，内部填料为分子筛	台	2
1.4	碱液循环泵	1m³/h，0.15MPa，电动机防爆	台	4
1.5	纯水箱	容积0.8m³，材质S30408	只	2
1.6	注水泵	0.06m³/h，1.0MPa，电机防爆	台	2
2	充氢补氢汇流排	工作压力15MPa，出口压力0.6MPa，主要包括气动球阀、变送器、减压器等	套	1
3	氢气缓冲罐	容积1m³，工作压力1.0MPa，材质Q345R	台	2
4	氢气压缩机	5.6m³/h（标准工况），进口压力0.4~0.7MPa，出气压力15MPa	台	2
5	氢气储存罐	容积2m³，工作压力15MPa，材质Q345R	台	3
6	氮气瓶组	每套4个氮气瓶	套	2
6.1	氮气瓶	容积40L，工作压力15MPa，材质37Mn	个	8
6.2	氮气汇流排架		套	2
7	控制柜		台	2
8	晶闸管整流柜		台	2
9	配电柜		台	1
10	在线分析仪表			
10.1	氢中氧分析仪		台	2
10.2	氧中氢分析仪		台	2
10.3	氢气露点测定仪		台	2
10.4	氢气检漏报警仪		台	2
11	便携式仪表			
11.1	露点测定仪		台	1

3. 设备布置

制氢系统设备布置在冷却塔之间的独立建筑区内，水电解制氢装置、氢气干燥装置、压缩机及电源控制装置布置在室内，储氢罐露天布置。设备布置见图9-13。

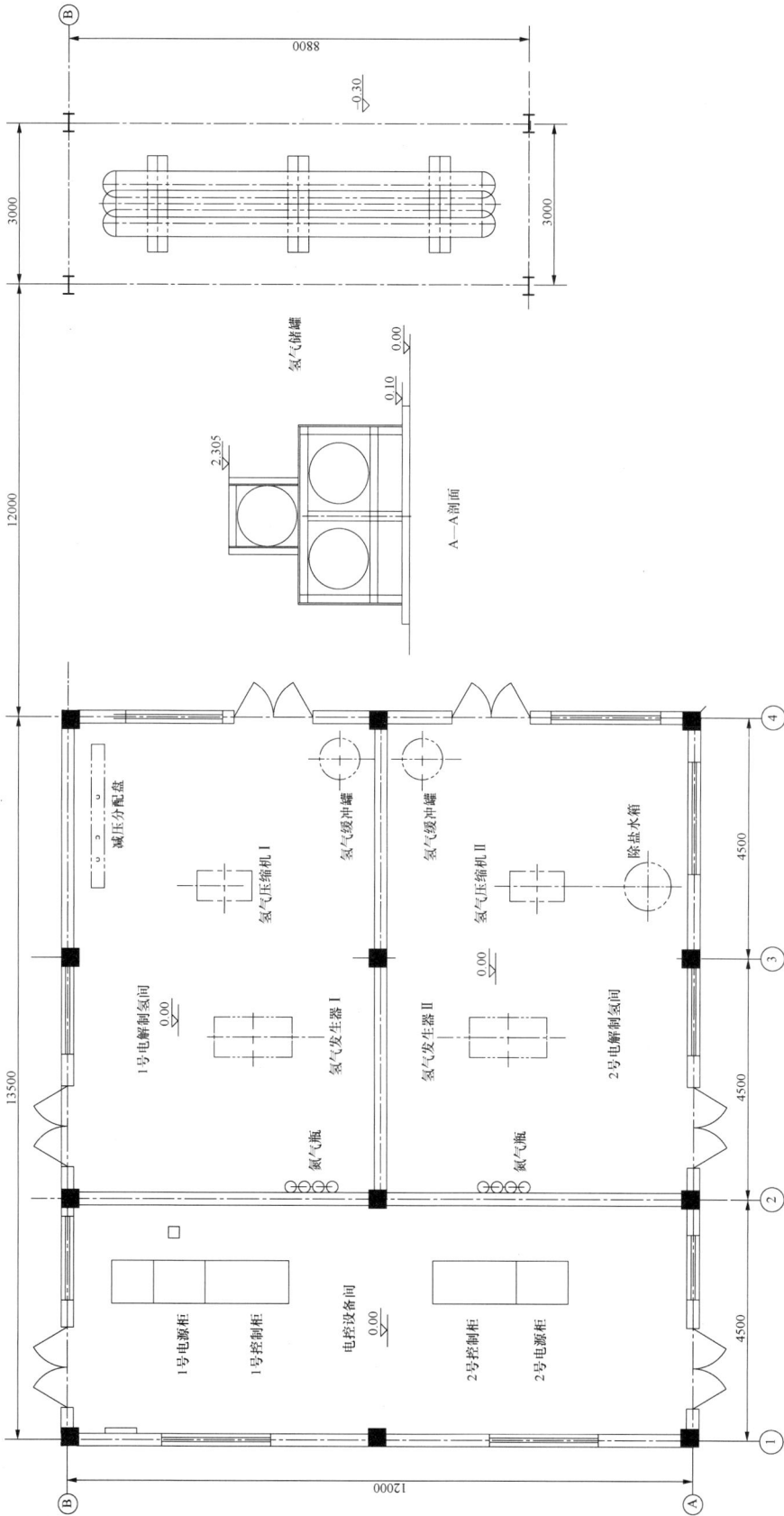

图 9-13 低压水电解制氢系统布置示意

4. 运行效果

工程 2008 年 1 月开工，2010 年 12 月 1 号机投产发电，2011 年 4 月 2 号机投产发电，制氢系统满足发电机的补氢要求。

（三）质子交换膜（PEM）水电解制氢工程实例

1. 工程概况

某电厂新建 2×660MW 机组，电厂周围无氢气销售，因此该工程采用制氢站方案。

2. 工艺系统

（1）原始资料。该工程发电机采用水氢氢冷却方式，发电机技术数据见表 9-29。

表 9-29　发电机技术数据表

项目	单位	数据
额定功率	MW	660
冷却方式		水、氢、氢
投氢方式		置换投氢
充氢容积	m³	96
充氢系数		3
最大氢压	MPa	0.4
漏氢量（24h，标准工况）	m³	≤12

（2）主要技术指标。该工程设置一套设计出力为 10m³/h（标准工况）的质子交换膜水电解制氢装置、储氢罐及必要的辅助装置。

质子交换膜水电解制氢系统产气品质为：氢气纯度（容积比，%）大于等于 99.9995%，氢气温度小于等于 40℃，氢气露点温度小于等于 -65℃。

（3）设备对外部条件的要求。该工程质子交换膜水电解制氢装置对外部提供的水、电、气等条件均有特定要求，详见表 9-30。

表 9-30　质子交换膜水电解制氢装置对外部条件要求表

项目	参数要求			接管规格	材质
冷却水	流量	m³/h	5	φ38×3	SS304
	水质		工业水		
	温度	℃	≤33		
	进水压力	MPa	0.3～0.6		
	回水压力	MPa	≤0.1		
原料水	流量	m³/h	0.01	φ14×2	SS304
	水质		除盐水（未加氨）		
	温度	℃	常温		
	进水压力	MPa	0.3		
电源	电压	V	380	三相三线	
	功率	kW	100		
氢气	压力	MPa	0.8	φ38×3.5（两根）	SS304

（4）主要设备规范。该工程质子交换膜水电解制氢系统包括制氢装置、氢气汇流排及储存装置、电气控制系统以及必需的管道、阀门、电缆等，详见表 9-31。

表 9-31　质子交换膜水电解制氢装置主要设备表

序号	名称	设备规格	单位	数量
1	制氢装置	额定产氢量 10m³/h（标准工况），工作压力 3.0MPa	套	1
1.1	电解槽	质子交换膜（PEM）	台	1
1.2	氢气分离器		台	1
1.3	氧气分离器		台	1
1.4	氢气气水分离器		台	1
1.5	氢气冷却器		台	1
1.6	干燥器	运行周期 24h，内部填料为分子筛	台	1
1.7	除盐水给水泵	电机防爆	台	1
1.8	除盐水过滤器	过滤精度 80目，材质 S30408	台	1
1.9	除盐水循环泵	电机防爆	台	1
2	充氢补氢汇流排	工作压力 3.2MPa，出口压力 0.8MPa，主要包括球阀、电磁阀、变送器、减压器等	套	1
3	氢气储存罐	容积 13.9m³，设计压力 3.2MPa，材质 16MnDR	台	4
4	氮气汇流排		套	1
5	氮气瓶	容积 40L，工作压力 15MPa，材质 37Mn	个	4

续表

序号	名称	设备规格	单位	数量
6	低压开关柜		台	1
7	高频整流柜		台	1
8	控制箱		只	1
9	在线分析仪表			
9.1	氢气纯度仪		台	1
9.2	氢气露点测定仪		台	1
9.3	氢气检漏报警仪		台	1
10	便携式仪表			
10.1	氢气检漏报警仪		台	1

续表

序号	名称	设备规格	单位	数量
10.2	露点测定仪		台	1
10.3	氢气纯度仪		套	1

3. 设备布置

该期工程制氢站内设 1 套电解水制氢装置和 4 个容积为 13.9m³ 储氢罐，制氢装置以及氢气分配减压装置室内布置，储氢罐为室外露天布置。制氢站按无人值守方式设计和运行。设备布置见图 9-14。

4. 运行效果

该工程于 2015 年 3 月开工建设，2016 年 10 月和 2016 年 12 月投产发电。

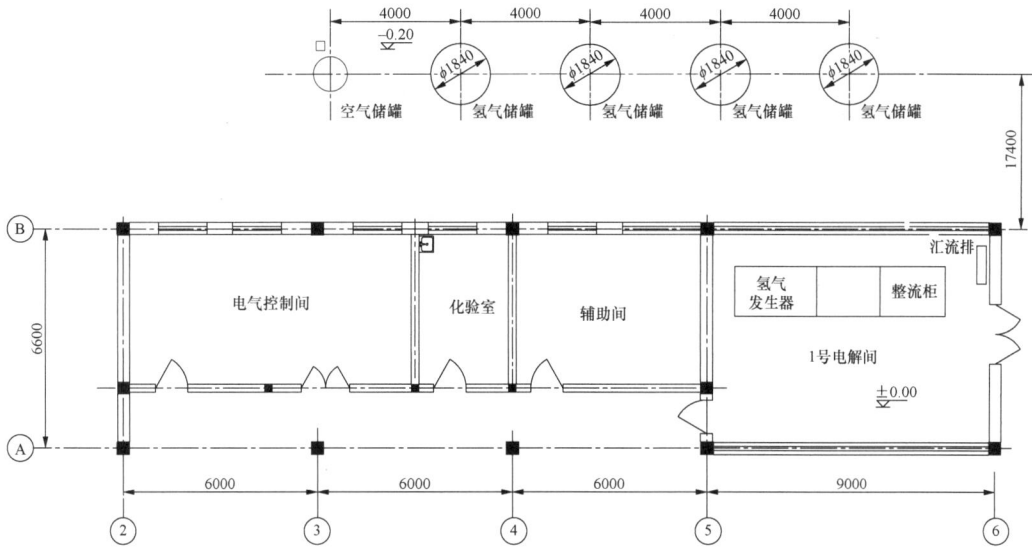

图 9-14 质子交换膜水电解制氢布置示意

二、供氢系统工程实例

（一）氢气瓶供氢工程实例

1. 工程概况

某电厂装机容量 2×600MW，并留有再扩建余地（最终规划装机容量 4×600MW）。采用高压氢气瓶供氢方案。

2. 工艺系统

（1）原始资料。该工程发电机采用水氢氢冷却方式，发电机技术数据见表 9-32。

表 9-32 发电机技术数据表

项目	单位	数据
额定功率	MW	600
冷却方式		水、氢、氢

续表

项目	单位	数据
投氢方式		置换投氢
充氢容积	m³	96
充氢系数		3
最大氢压	MPa	0.414
漏氢量（24h，标准工况）	m³	≤10
补充氢气纯度（体积分数）	%	≥99
补充氢气露点温度	℃	≤−50

（2）主要技术指标。该工程设置一套高压氢气瓶供氢系统，外购氢气具体指标为：氢气纯度大于等于 99.99%（按容积计），氢中氧小于等于 0.005%（按容积计），水分小于等于 0.001%（按容积计）。

（3）主要设备规范。该工程高压氢气瓶供氢系统包括氢气瓶集装格、氢气汇流排、辅助装置、电气控制系统以及必需的管道、阀门、电缆等，详细见表 9-33。

3. 设备布置

供氢系统设备布置在独立建筑内，设备布置见图 9-15。

4. 运行效果

电厂 2011 年投产发电，供氢系统满足发电机的补氢要求。

表 9-33 高压氢气瓶供氢系统主要设备表

序号	名称	设备规格	单位	数量	序号	名称	设备规格	单位	数量
1	氢气瓶集装格	每个模块包括 20 个氢气瓶	套	14	6	在线分析仪表			
1.1	氢气瓶	容积 40L，工作压力 15MPa，材质 37Mn	台	280	6.1	氢气露点测定仪		台	1
1.2	集装格汇流排	出口压力 1.6MPa	套	14	6.2	氢气纯度仪		台	1
2	氢气汇流排	工作压力 3.2MPa，出口压力 0.8MPa，主要包括气动球阀、变送器、减压器等	套	2	6.3	氢气检漏报警仪		台	1
3	氮气瓶组	每套 8 个氮气瓶	套	2	7	便携式仪表			
3.1	氮气瓶	容积 40L，工作压力 15MPa，材质 37Mn	个	16	7.1	氢气检漏报警仪		台	1
3.2	氮气汇流排架		套	2	7.2	露点测定仪		台	1
3.3	氮气缓冲储罐	容积 2.0m³，工作压力 1.0MPa，材质 Q345	台	1	7.3	氢气纯度仪		台	1
4	配电柜		台	1	8	液压叉车	载重量 2.5t，最大起升高度 2m，防静电，防爆	台	1
5	控制柜		台	1	9	起吊装置	起吊重量 3t，起吊高度 6m	台	2

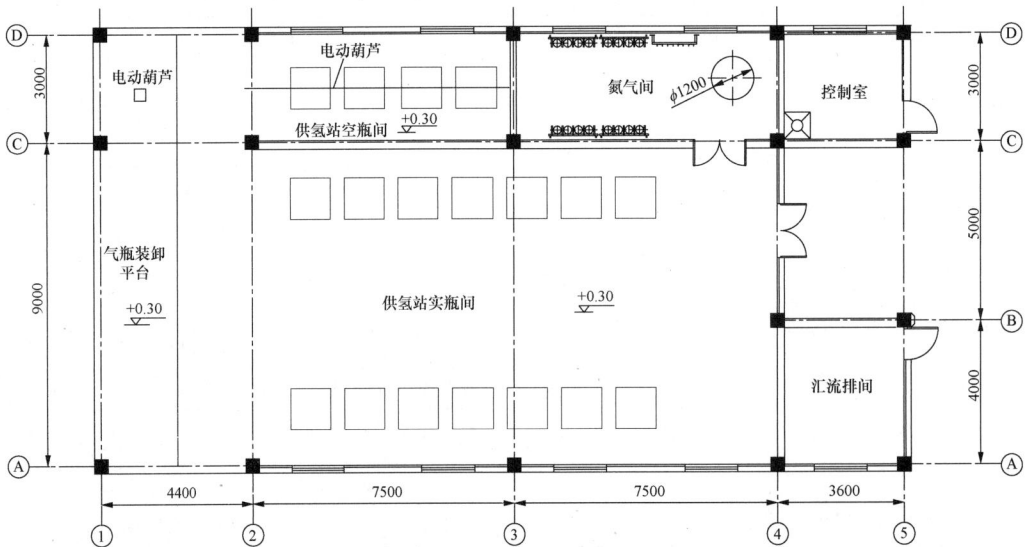

图 9-15 高压氢瓶供氢系统布置示意

（二）长管拖车（设储氢罐）供氢工程实例

1. 工程概况

某电厂扩建 2×660MW 超超临界燃煤机组，新建供氢站满足本期发电机需氢要求。

2. 工艺描述

（1）原始资料。该工程发电机采用水氢氢冷却方式，发电机技术数据见表 9-34。

表 9-34　　　　　　　发 电 机 技 术 数 据 表

项目	单位	数据	项目	单位	数据
额定功率	MW	660	最大氢压	MPa	0.414
冷却方式		水、氢、氢	漏氢量（24h，标准工况）	m³	≤10
投氢方式		置换投氢	补充氢气纯度（体积分数）	%	≥99
充氢容积	m³	96	补充氢气露点温度	℃	≤-50
充氢系数		3			

（2）主要技术指标。该工程设置一套高压氢气瓶供氢系统，外购氢气具体指标为：氢纯度大于等于 99.99%（按容积计），氢中氧小于等于 0.005%（按容积计），水分小于等于 0.001%（按容积计），氢气温度小于等于 40℃。

（3）主要设备规范。该工程长管拖车供氢系统包括氢气储罐、氢气汇流排、辅助装置、电气控制系统以及必需的管道、阀门、电缆等，详见表 9-35。

表 9-35　　　　　　　长管拖车供氢系统主要设备表

序号	名称	设备规格	单位	数量	序号	名称	设备规格	单位	数量
1	氢气储存罐	容积 35m³，工作压力 3.2MPa，材质 Q345-R	台	3	5	在线分析仪表			
2	氢气汇流排		套	1	5.1	氢气露点测定仪		台	1
2.1	充氢汇流排	工作压力 20MPa，出口压力 3.2MPa，主要包括球阀、变送器、减压器等	套	1	5.2	氢气纯度仪		台	1
2.2	补氢汇流排	工作压力 3.2MPa，出口压力 0.8MPa，主要包括球阀、变送器、减压器等	套	1	5.3	氢气检漏报警仪		台	1
3	氮气瓶组	每套 4 个氮气瓶	套	2	6	便携式仪表			
3.1	氮气瓶	容积 40L，工作压力 15MPa，材质 37Mn	个	8	6.1	氢气检漏报警仪		台	1
3.2	氮气汇流排架		套	2	6.2	露点测定仪		台	1
4	控制柜		台	1	6.3	氢气纯度仪		台	1

3. 设备布置

供氢系统设备布置在独立区域内，汇流排、控制柜和氮气瓶组布置室内，氢气储罐露天布置。设备布置见图 9-16。

4. 运行效果

电厂 2010 年 10 月投产发电，供氢系统满足发电机的补氢要求。

（三）长管拖车供氢工程实例

1. 工程概况

某电厂新建 1×300MW 燃煤机组，电厂通过高压长管氢气瓶拖车供氢气，氢气压力为 16～18MPa。

2. 工艺系统

（1）原始资料。该工程发电机采用水氢氢冷却方式，发电机技术数据见表 9-36。

（2）主要设备规范。该工程长管拖车供氢系统包括长管拖车、氢气汇流排、辅助装置、电气控制系统以及必需的管道、阀门、电缆等，详见表 9-37。

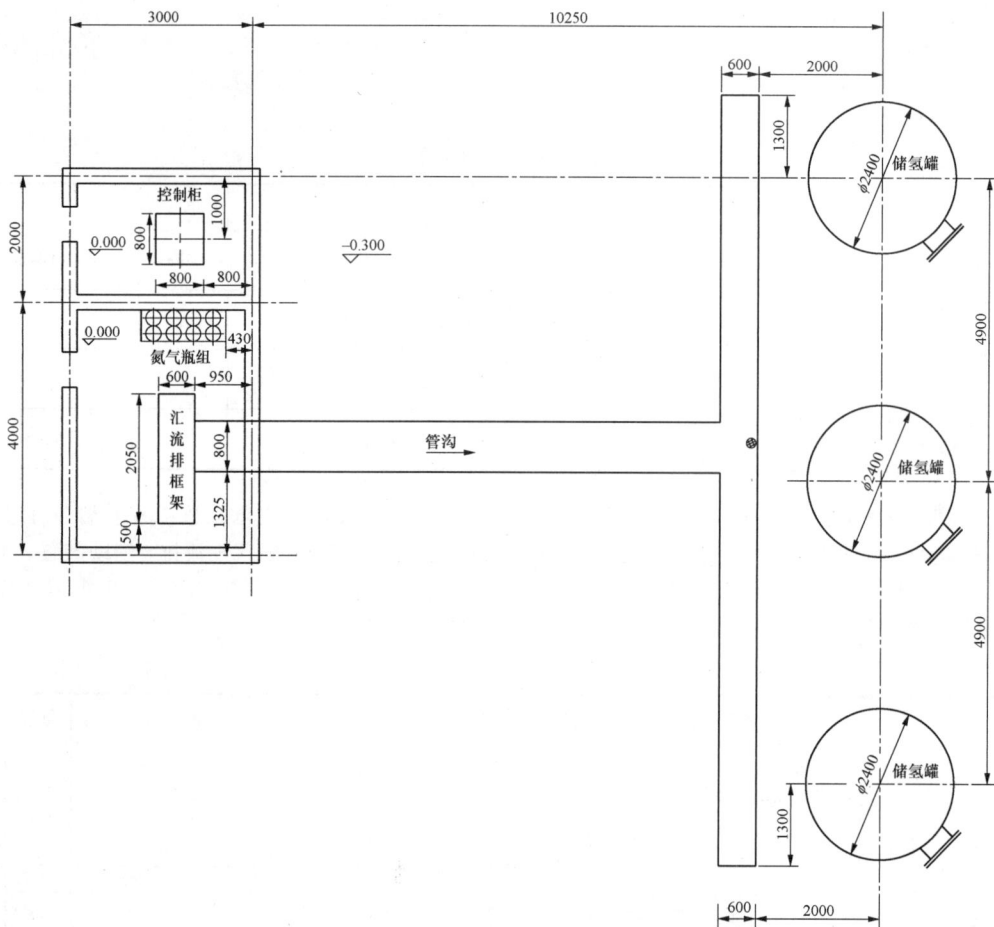

图 9-16　长管拖车（设储氢瓶）供氢系统布置示意

表 9-36　　　　　　　　　发 电 机 技 术 数 据 表

项目	单位	数据	项目	单位	数据
额定功率	MW	300～400	充氢系数		3
冷却方式		水、氢、氢	最大氢压	MPa	0.35
投氢方式		置换投氢	漏氢量（24h，标准工况）	m³	≤12
充氢容积	m³	72	补充氢气纯度（体积分数）	%	≥98

表 9-37　　　　　　　　　长管拖车供氢系统主要设备表

序号	名称	设备规格	单位	数量
1	氢气汇流排	工作压力 20MPa，出口压力 0.8MPa，主要包括球阀、变送器、减压器等	套	2
2	氮气瓶组	每套 4 个氮气瓶	套	2
2.1	氮气瓶	容积 40L，工作压力 15MPa，材质 37Mn	个	8
2.2	氮气汇流排架		套	2
2.3	氮气缓冲储罐	容积 2.0m³，工作压力 1.0MPa，材质 Q345R	台	1
3	控制柜		台	1
4	在线分析仪表			
4.1	氢气露点测定仪		台	1
4.2	氢气纯度仪		台	1

续表

序号	名称	设备规格	单位	数量
4.3	氢气检漏报警仪		台	1
5	便携式仪表			
5.1	氢气检漏报警仪		台	1
5.2	露点测定仪		台	1
5.3	氢气纯度仪		台	1

3. 设备布置

供氢系统设备布置在独立区域内，汇流排、控制柜和氮气瓶组布置在室内，长管拖车围墙上下各500mm未封闭，区域设防晒棚。设备布置见图9-17。

4. 运行效果

电厂于2016年1月投产发电，供氢系统满足发电机的补氢要求。

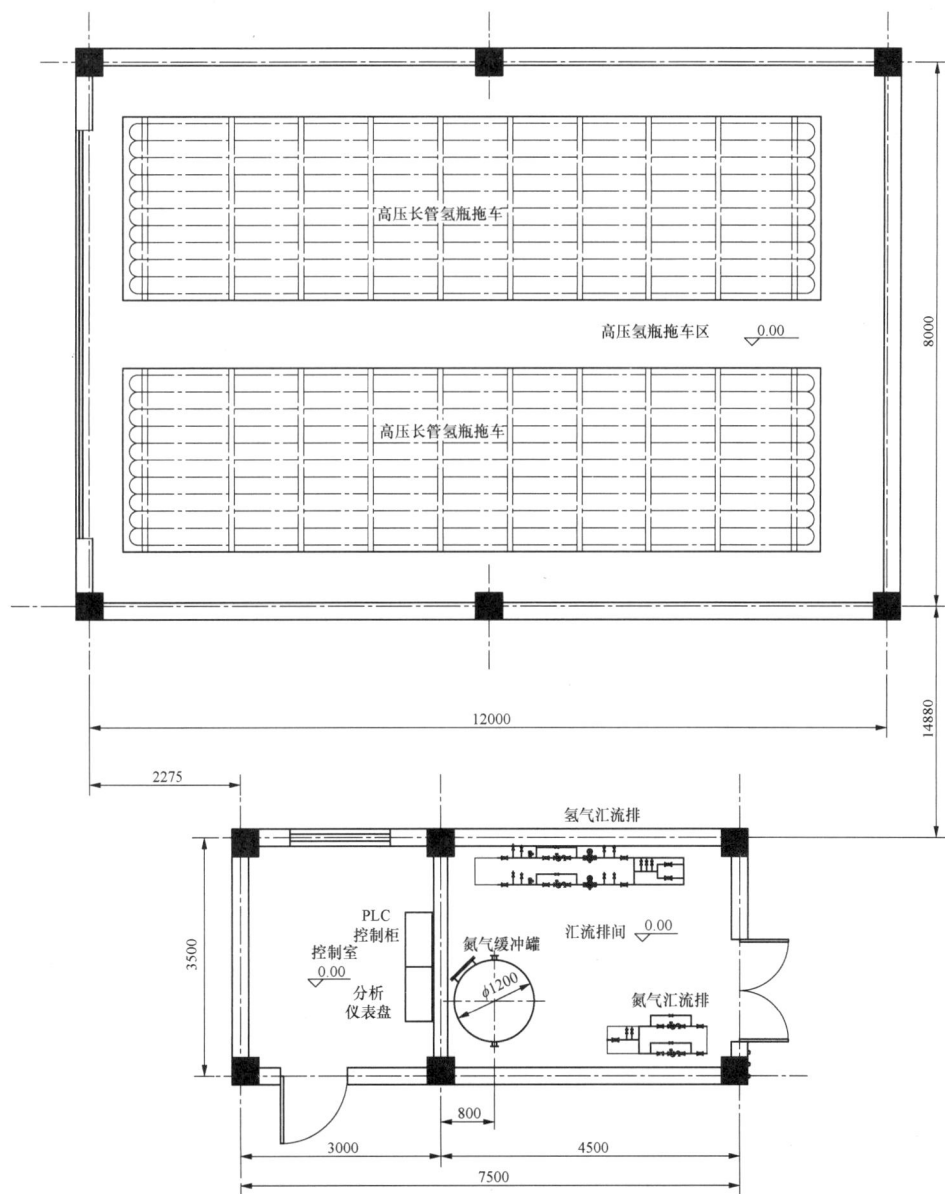

图 9-17 长管拖车供氢系统布置示意

第十章

烟气脱硝还原剂储存和制备

第一节 设计基础资料

一、烟气脱硝还原剂种类及特点

火力发电厂烟气脱硝主要有选择性催化还原法（SCR）、选择性非催化还原法（SNCR），以及 SNCR/SCR 混合脱硝技术等，可供选择的还原剂有液氨（NH_3）、氨水（$NH_3 \cdot H_2O$ 或 NH_4OH）和尿素 [$CO(NH_2)_2$]，通过制备工艺制成氨气供脱硝反应用。液氨属易燃、易爆危险品，储存和制备要求高；氨水为水溶液，有腐蚀性，挥发氨气有毒性；尿素无害，容易储存。三种还原剂的特点见表 10-1。

表 10-1　常用还原剂特点

项目	液氨	氨水	尿素
现行技术标准	GB/T 536—2017《液体无水氨》		GB/T 2440—2017《尿素》
品质要求	纯度 99.0% 及以上合格品	浓度一般为 20%~30%	纯度应保证总氮含量在 46.0% 及以上合格品
还原剂费用	低	较高	高
运输费用	低	高	较高
安全性	有毒	有害	无害
储存条件	中压	常压	常压、干态
制备方法	蒸发	蒸发	热解、水解
初投资费用	低	较高	高
运行费用	低	较高	高
设备安全要求	应符合《危险化学品安全管理条例》等相关规定	应符合《危险化学品安全管理条例》等相关规定	

脱硝还原剂的选择需根据厂址周围环境要求、药品来源的可靠性、运输及储存的安全性、还原剂制备系统的投资及年运行费用等因素确定。在液氨供应方便、政策允许及安全措施完善的条件下一般选用液氨作为还原剂，大多是厂址处于城市边缘、周围人口密度低，且取得了安全评价许可。若厂址处人口稠密的地区或者液氨供应困难、运输受限或产地条件限制时，一般采用尿素作为还原剂。氨水作为还原剂较液氨相对安全，由于氨浓度低、运输成本及加热汽化能耗比液氨大，所以在氨水供应方便地区，需要根据项目情况比较分析是否选用氨水作为还原剂。

二、设计内容及范围

该系统为烟气脱硝系统的辅助系统，其设计范围为从还原剂卸料开始，经过还原剂储存、氨气制备，最后到氨气空气混合器氨气进口为止。根据各还原剂性质和氨气制备工艺，各还原剂设计范围和内容如下：

（1）液氨。以液氨为还原剂时，其主要工艺流程为槽车来液氨→液氨卸料→液氨储存→液氨泵→液氨气化→氨气空气混合进口。设计范围的分界从液氨卸料压缩机进口起到氨气空气混合器氨气进口止。设计内容包括液氨卸料系统、液氨储存系统以及液氨蒸发系统等，主要设备包括卸料压缩机、液氨储罐、液氨蒸发器、氨气缓冲罐、氨气稀释罐、废水池、废水泵、冷凝液回收罐、冷凝液回收泵、稀释风机、混合器及阀门、管路、附件等。

（2）氨水。以氨水为还原剂时，其主要工艺流程为氨水槽车→氨水卸料→氨水储存→氨水蒸发→氨气空气混合器进口。设计范围的分界从氨水卸料泵起到氨气空气混合氨气进口止。设计内容包括氨水卸料、氨水储存以及氨水蒸发系统等，主要设备包括氨水储罐、氨水卸料泵，氨水输送泵、氨水蒸发器、废水池、废水泵、冷凝液回收罐、冷凝液回收泵、稀释风机、混合器及阀门、管路、附件等。

（3）尿素。以尿素为还原剂，其主要工艺流程为袋装尿素→尿素溶解→尿素溶液储存→尿素水解或者热解→氨气空气混合器进口。设计范围的分界从尿素卸料起到氨气空气混合器氨气进口止。设计内容包括尿素卸料、尿素溶液制备储存、尿素制氨系统等，主要设备包括斗提机、尿素溶解箱、尿素溶解泵、尿素溶液储存箱、尿素溶液输送泵、热解或者水解装置、废水池、废水泵、冷凝液回收罐、冷凝液回收泵、稀释风机、混合器及阀门、管路、附件等。

三、设计输入资料

该系统设计主要输入资料包括：

（1）各台锅炉连续最大工况（BMCR）下纯氨的耗量（kg/h），机组台数、蒸汽参数、除盐水量等资料。

（2）外购还原剂的种类及纯度。外购液氨的品质应符合 GB/T 536《液体无水氨》中合格品的技术指标要求，工业氨水的浓度为 20%～30%，尿素的品质应符合 GB/T 2440《尿素》中工业用合格品的技术要求。

（3）厂址设计条件（气象条件、运输距离等）。厂址设计条件如气象条件将影响设备的布置和材料的选型等，运输距离直接影响还原剂的储存，还原剂储存一般按照 5～7 天为宜。

第二节　系　统　设　计

一、液氨储存及氨气制备

（一）设计原则

液氨的卸料、储存及氨气制备系统应按多台机组共用的母管制系统设计。液氨储运采用槽车运入、加压常温储存、气氨采用管道输送的方式。

（二）系统方案设计

1. 工艺流程

工艺流程为槽车来液氨→液氨卸料压缩机→液氨储存罐→液氨蒸发器→氨气缓冲罐→氨气空气混合器进口。

（1）液氨的供应由液氨罐车运送，罐车与氨卸运储存系统之间用挠性软管连接，利用卸料压缩机将液氨由罐车输入液氨储罐内。

（2）液氨储罐中的液氨靠压差输送到液氨蒸发器内蒸发为氨气，经氨气缓冲罐来控制供氨的压力恒定，氨气流量由 SCR 反应器前的喷氨流量调节阀控制。

（3）氨气与稀释空气在混合器中混合均匀后，再通过氨喷射系统喷入烟道。

（4）氨气系统紧急排放的氨气则排入氨气稀释罐中，经水的吸收排入废水池，再经由废水泵送往废水处理系统进行处理后复用。

2. 卸料压缩系统

（1）卸料压缩机一般设置 2 台，1 运 1 备。卸料压缩机的输送流量主要根据槽车允许的卸氨时间确定，一般卸氨时间按 1～1.5h 设计。

（2）卸氨压缩机的扬程选择应综合考虑卸氨环境温度下储存罐内液氨的饱和蒸汽压、气侧及液侧氨管道阻力等，扬程一般不高于 2.0MPa。

3. 液氨储存系统

液氨储存系统一般设置 2 个液氨储罐。液氨储罐的总有效储氨量按照满足全厂所有锅炉 BMCR 工况、每天运行 20h、连续运行 5～7 天的消耗量进行设计。

4. 氨气制备系统

（1）氨气制备设备包括液氨蒸发器、氨气缓冲罐和氨气稀释罐。

（2）液氨蒸发器总出力宜按照全厂机组 BMCR 工况下的全容量设计，宜设置 2 台，1 运 1 备，并应考虑 5% 的设计余量。

液氨蒸发器进口应设置自动进料阀，并设手动检修旁路。蒸发器出口氨气管道上应设置温度检测器，当温度低于 10℃ 时，关闭蒸发器液氨进料阀，使缓冲罐的氨气维持适当温度及压力。

（3）当液氨储存罐的环境温度低于 -20℃ 时，液氨蒸发器入口需设液氨输送泵，液氨输送泵可采用离心泵，液氨输送泵扬程宜按总阻力的 120% 考虑。

（4）蒸发器后应配置单元运行的氨气缓冲罐，其容量应满足单台液氨蒸发器额定出力的 0.5～1min 氨气停留时间，材质宜选用 S30408 不锈钢。每个氨气缓冲罐应设置安全阀进行超压保护。

氨气缓冲罐出口设置压力控制阀。当缓冲罐内氨气压力过高时，应切断液氨蒸发器进料阀。氨气缓冲罐出口的压力控制值应根据氨气管道输送的距离及后续系统的背压经计算后确定，一般为 0.18～0.2MPa。

（5）液氨气化区一般设置 1 个氨气稀释罐（碳钢制作）。氨气稀释罐的处理量宜按 1 台液氨蒸发器的最大蒸发量下 3h 的泄漏量来设计，稀释用水为工业水。

5. 废水系统

液氨储存系统内的含氨气体宜由氨气稀释罐吸收，稀释用水采用工业水，稀释罐容量宜按最大 1 台液氨蒸发器 3h 的蒸发量设计。废水池宜仅用于收集防火堤外区域及氨气稀释罐的废水，其容量宜为氨气稀释罐体积的 1.5 倍，废水输送泵应设 2 台，1 运 1 台备用，设备总出力应满足排出废水池内最大来水的要求。防火堤内的废水排出宜另设专用水泵，水泵总出力应满足消防排水量的要求。废水宜送至废水处理系统处理。

6. 氮气吹扫系统

在脱硝系统的卸料压缩机、液氨储罐、液氨蒸发器、氨气缓冲罐等处，都备有氮气吹扫管线。在液氨卸料前后、首次充氨、设备检修之前，通过氮气吹扫管线对相应管道进行严格的氮气吹扫，防止氨与系统中残余的空气形成爆炸混合物造成危险，氮气吹扫所需要的气体由氮气瓶提供。

新建机组氨系统首次充氨、氨系统整体检修后，首次充氨之前，由于设备及管道容积较大，建议采用液氨运输槽车对系统进行整体氮气置换。

7. 工艺水系统

氨气稀释罐用水、罐体降温喷淋用水、微量氨泄漏时的喷淋稀释用水均可采用工业水。

8. 安全措施

液氨区应设置淋浴器及洗眼器，每个淋浴器及洗眼器的防护半径不超过 15m，一般在氨气化区、氨储罐区、氨卸载区的通道处设置。淋浴器及洗眼器用水从厂区地下管网的生活水管道引接，产生的含氨废水自流入废水池内。

氨区应设置氨气泄漏检测器，应配备防毒面具、橡胶手套、橡胶靴等劳防用品。

在事故易发处应设置安全标志，在氨区的最高醒目处应安装逃生风向标。

氨区应按照 GB 50016《建筑设计防火规范》和 DL/T 5480《火力发电厂烟气脱硝设计技术规程》的规定设置室外消防设施。

（三）系统设计应注意的问题

（1）外购的液氨属于低压液化气体，气液共存状态下有气氨和液氨，液氨随空间、压力、温度的变化可转变为气氨。液氨受热膨胀速率很大，罐体若在超装或满载液氨的状态下极易引起超压爆炸，故设计时应考虑防止阳光直射的措施。

（2）氨和空气混合物达到爆炸极限浓度 16%～25%（最易引燃浓度为 17%），遇明火会燃烧和爆炸。系统设计应注意严密性，防止氨气外泄。

（3）当氨混有少量水分（≤0.2%）或湿气（使用温度大于等于−5℃）时，不能使用铜、铜锌合金、镍、镍合金、银、银合金，可用钢和铁合金（碳钢）来储存氨。

（4）液氨会侵蚀某些塑料制品、橡胶和涂层，所以氨系统应注意材料的选用。避免使用橡胶和塑料，如氨基甲酸酯树脂、氯磺化聚乙烯合成橡胶、氟橡胶、硅树脂、丁苯橡胶，可以使用聚四氟乙烯、聚三氟氯化乙烯聚合体、聚乙烯、天然橡胶、丁氰橡胶、氯丁橡胶、海帕伦、丁基橡胶、硅橡胶和氧化橡胶。

（5）系统的液氨卸料压缩机、液氨储存罐、液氨蒸发器、氨气缓冲罐及氨输送管道等都应备有氮气吹扫系统，在初次启动及检修后启动前，应对以上设备、管道分别进行系统吹扫、置换，以防止氨气泄漏或与系统中残留的空气混合造成危险。在每次液氨卸料之前，应用氮气吹扫卸氨管线，确保管线中无残留空气。

（6）液氨储罐区应设置带警告标识的实体围墙。

（7）电动阀应采用防爆型的电动执行器。氨气管道上的阀门不得采用闸阀，宜采用液氨专用阀。

（四）布置设计技术要求

1. 总平面布置

储氨区的布置应与电厂总平面布置统一考虑，并应符合下列要求：

（1）储氨区应设置在厂区边缘或相对独立的安全地带，并宜布置在厂区全年最小频率风向的上风侧。

（2）储氨区应远离人员集中场所，避开有明火或散发火花的地点，并宜布置在人员集中场所、明火或散发火花地点全年最小频率风向的上风侧；在山区或丘陵地区，应避免布置在窝风地带。

（3）全厂液氨存储区集中规划按罐组分期实施，相邻罐组防火堤外堤脚线之间应留有不小于 7m 的消防空地。

（4）储氨区应根据其生产流程和各组成部分的特点和火灾危险性，结合地形、风向等条件，按功能进行分区，即生产区（储罐区与蒸发区）和辅助区。蒸发区含液氨蒸发器、氨气缓冲罐、液氨供应泵及卸料压缩机、汽车槽车装卸台柱（装卸口）、含氨废水池（有盖）等，辅助区含控制室、值班室。

生产区宜布置在储氨区全年最小频率风向的上风侧，辅助区宜布置在储氨区外，并宜全厂性或区域性统一布置。储氨区控制室与其他建筑物合建时，应设置独立的防火分区。储氨区内控制室、值班室不得与蒸发区各设施或房间布置在同一建筑物内，应布置在液氨储罐的同一侧，并应位于爆炸危险区范围以外，且不应布置在储罐区与蒸发区全年最小频率风向的上风侧。控制室、值班室与蒸发区液氨蒸发器、氨气缓冲罐、液氨供应泵及卸料压缩机等设施最外缘的防火间距不应小于 15m。

生产区和辅助区至少应各设置 1 个对外出入口。为保证火灾危险情况下生产运行人员的安全疏散，宜在储氨区设置 2 个及以上安全出口与厂区其他道路相接。

生产区四周应设非燃烧材料的实体围墙，实体围墙高度按厂区内、外划分，分别为 2.2m 和 2.5m。

（5）储氨区附近的建筑物的出入口设置宜背向储罐区。

（6）储罐区宜远离厂外排洪沟及灌溉渠，并有防止液氨泄漏流入厂区下水系统和厂外沟道的措施。

（7）液氨存储区靠近冷却塔布置时，应有避免液氨泄漏流入冷却水池的措施。储氨区不宜布置在冷却塔全年最小频率风向的下风侧，当受条件所限与冷却塔相邻布置时，不计风向影响，液氨储罐与自然通风冷却塔的防火间距建议值不小于其进风口高度的 2 倍，与机力通风冷却塔的防火间距建议值可按在储罐与自然通风冷却塔防火间距基础上再增加 25%考虑。

（8）储氨区液氨储罐与厂内消防泵房（外墙）、消防水池（罐）取水口之间的防火间距不应小于 30m。

（9）液氨区围墙内不宜绿化，围墙外的绿化可结合当地自然条件和环境保护要求，因地制宜，并纳入全厂绿化规划，其布置应按 GB 50028《城镇燃气设计规范》、GB 50489《化工企业总图运输设计规范》及 GB 50160《石油化工企业设计防火规范》的有关规定执行。

（10）液氨储存设施布置间距应符合 GB 50016《建筑设计防火规范》关于乙类液体储罐布置的有关规定，具体要求见 DL/T 5480《火力发电厂烟气脱硝设计技术规程》的相关规定。

（11）根据 DL 5454—2012《火力发电厂职业卫生设计规程》的规定，液氨储存及氨气制备区的布置位置应满足下列要求：①厂区全年最小频率风向的上风侧；②厂区边缘相对独立的安全地带；③远离生产行政管理和生活服务设施人流出入口；④与周边村镇或居民区、工矿企业、公共建筑物、交通线、江河等保持足够的安全距离。

地处山区或丘陵地区的火电厂，液氨储存及氨气制备区应避免布置在窝风地，且厂区排洪沟不宜通过液氨储存及氨气制备区域。

临近江河湖泊的火电厂，采用 SCR 法脱硝时，液氨储存及氨气制备区应采取防止泄漏的氨水液体流入水域的措施。

2. 储氨区内布置

（1）液氨卸料压缩机与储罐距离不应小于 7.5m，与储罐防火堤外脚线的距离不小于 5m。

（2）压缩机可露天或半露天布置，并宜符合下列要求：

1）压缩机机组间的净距不宜小于 1.5m。

2）机组操作侧与内墙的净距不宜小于 2.0m，其余各侧与内墙的净距不宜小于 1.2m。

3）气相阀门组宜设置在与储罐、设备及管道连接方便和便于操作的地点。

（3）储氨区内的液氨装卸场地宜采用不发火（防爆）地面。

（4）液氨储罐不应少于 2 台，防火堤要求应符合下列规定：

1）液氨储罐四周应设置高度为 1.0m 的防火堤（防火堤高度为由防火堤外侧消防道路路面或地面至防火堤顶面的垂直距离），防火堤内有效容积不应小于储罐组内 1 个最大储罐的容量。

2）防火堤及隔堤必须采用不燃烧材料建造的，且必须密实、闭合，能承受所容纳液体的静压及

温度变化的影响，且不渗漏，储罐的基础应采用不燃烧材料。

3）防火堤（土堤除外）应采取在堤内培土或喷涂隔热防火涂料等保护措施。

4）防火堤内地面应予以铺砌，并应坡向四周，设置坡度不宜小于 0.5%，堤身内侧和地面均应作防腐蚀处理，防火堤宜考虑一定的防冷冻措施，当储罐泄漏物有可能污染地下水或附近环境时，防火堤内地面应采取防渗漏措施。

5）沿无培土的防火堤内侧修建排水沟时，沟壁的外侧与防火堤内侧基脚线的距离不应小于 0.5m。

6）每一储罐组的防火堤应设置不少于 2 处越堤人行踏步或坡道，并应设置在不同方位上，隔堤亦应设置人行踏步或坡道。

7）防火堤的选型与构造应符合 GB 50351《储罐区防火堤设计规范》的有关要求。

8）防火堤内侧基脚线至卧式储罐的水平距离不宜小于其直径，且不应小于 3.0m。

9）区内氨压缩机应布置在防火堤外。

（5）系统内的设备布置应顺工艺流程合理布置。液氨系统设备布置的防火间距宜符合表 10-2 的规定。设备间距未作规定时，其布置应满足设备运行、维护及检修的需要，设备之间的净空应确保大于 1.5m。

表 10-2　液氨系统设备布置防火间距　　（m）

项目	控制室、值班室	汽车卸氨鹤管	卸氨压缩机	液氨储罐	液氨输送泵	液氨蒸发器	氨气缓冲罐
控制室、值班室	—						
汽车卸氨鹤管	15.0	—					
卸氨压缩机	9.0	—	—				
液氨储罐	15.0	9.0	7.5	*			
液氨输送泵	9.0	—	—	—			
液氨蒸发器	15.0	—	—	—	—		
氨气缓冲罐	9.0	9.0	—	—	—	—	

注　1. 系统设备的防火间距基于半露天布置，且系指设备外壁。

2. 本表适用的液氨储罐总几何容积小于等于 1000m³，当液氨储罐总几何容积大于 1000m³ 时，防火间距按照 GB 50160《石油化工企业设计防火规范》执行。

*　液氨储罐的间距不应小于相邻较大罐的直径，单罐容积不大于 200m³ 的储罐的间距超过 1.5m 时，可取 1.5m。

（五）设计计算

（1）BMCR 工况液氨体积耗量按式（10-1）计算

$$q_{Vn} = q_{mn}/C/\rho/1000 \qquad (10\text{-}1)$$

式中　q_{Vn}——BMCR 工况单机液氨体积耗量，m^3/h；

　　　q_{mn}——BMCR 工况单机纯氨质量耗量，kg/h；

　　　C——液氨质量百分比浓度，%；

　　　ρ——液氨比重，取最高设计温度下的饱和液氨密度，kg/L。

（2）液氨日需量按式（10-2）计算

$$V_n = 20Nq_{Vn} \qquad (10\text{-}2)$$

式中　V_n——液氨日需量，m^3；

　　　20——每天满负荷工作时间，h；

　　　N——相同型号机组台数。

（3）液氨储存量按式（10-3）计算

$$V_{nz} = V_n t_n \qquad (10\text{-}3)$$

式中　V_{nz}——液氨储存量，m^3；

　　　t_n——液氨储存天数，d。

（4）单个液氨储罐几何容积计算按式（10-4）计算

$$V_q = V_{nz}/(n\Phi) \qquad (10\text{-}4)$$

式中　V_q——单个液氨储罐几何容积，m^3；

　　　n——液氨储罐个数；

　　　Φ——液氨储罐设计充满系数，一般取 0.9。

二、氨水储存及氨气制备

（一）设计原则

氨水的卸料、储存系统应按多台机组共用的母管制系统设计，氨水的输送设施则宜按单元机组配置。

（二）系统方案设计

1. 工艺流程

该系统工艺流程为槽车来氨水→氨水卸料泵→氨水储存罐→氨水输送及计量泵 →氨水蒸发器→氨气缓冲罐→氨气空气混合器进口。

氨水槽车来的 20%～30%氨水通过卸料泵送入氨水储存罐，再经氨水计量泵输送至氨水蒸发器。

对于 SNCR 脱硝工艺，氨水输送至 SNCR 的氨水计量和分配系统进口。

2. 氨水的卸料、储存和输送（含计量）系统

（1）该系统主要设备包括氨水储罐（不少于 2 台）、2 台氨水卸料泵、2 台氨水输送泵、就地电源控制箱等，以及氨水储罐区设置喷淋冷却水系统、氨气泄漏检测器、安全淋浴器和洗眼器等安全防护设备。

（2）氨水卸料泵一般采用电磁驱动泵，设置 2 台（1 台运行 1 台备用）。泵的出力和扬程根据卸料时间及氨水储存罐布置位置确定，泵采用 S30408 不锈钢材质。槽车中的氨水可利用氮气或压缩空气排净。

（3）氨水储存罐的容积应满足全厂所有机组 BMCR 工况连续不少于 5 天的耗量，设置不少于 2 台氨水储罐。氨水储罐四周设置防止氨水流散的防火堤，防火堤容积足以容纳最大一台储罐的容量，并在氨区设置集水坑，收集的氨水输送至厂区工业废水处理站处理。废水排放泵可只设置 1 台。

（4）氨区可设置 1 台稀释罐，氨水储罐挥发或者安全阀起跳释放的氨气进入氨气稀释罐中稀释处理，稀释罐中设置水喷淋装置，稀释后的氨水通过稀释罐液位排放至地坑，输送至废水处理车间或者回用。

（5）氨区设置 2 台氨水输送泵（1 台运行 1 台备用），出力可满足所有机组供应氨水需求。输送泵可采用磁力驱动离心泵或电动隔膜计量泵。采用离心泵时，通过设在氨水蒸发器入口氨水管道上的调节阀自动调节开度控制氨水的喷入量，多余氨水则返回氨水储存罐。采用计量泵时，流量可根据氨水蒸发器所需氨水量的 20%～100%范围内自动调节。氨水输送泵采用不锈钢材质。

3. 氨水蒸发系统

氨水蒸发器设置 2 台（1 台运行 1 台备用），单台氨水蒸发器的气化能力按照全部锅炉在 BMCR 工况下的氨水消耗量设计，并应考虑不低于 5%的余量系数。其材质宜选用 S30408 不锈钢。

（三）系统设计应注意问题

（1）氨水不可燃，但不稳定，易分解放出氨气，温度越高，分解速度越快，可形成爆炸性气氛，所以存在着一定的安全隐患，应在系统设计中注意严密性，保持储罐密封，防止氨气外泄。氨水应储存于阴凉、通风的地方，远离火种、热源。

（2）氨水储罐区应设置防火堤、遮阳棚等相关安全措施，并设置氨气泄漏检测器、安全淋浴器和洗眼器等安全防护设备。

（3）氨水浓度的选择应考虑氨水的来源以及厂址的气候环境，包括平均最低及最高温度。

（4）为了防止微量氨的泄漏，整个系统设备、管道、阀门等部件的设计除考虑必要的维修外，应尽可能减少管道的接口。

（5）所有接触氨水、氨气的材质应全部采用碳钢或不锈钢，不可采用铜材。氨水管道宜采用不锈钢。

（6）氨区应配备防毒面具、橡胶手套、橡胶靴等劳防用品。

（7）在事故易发处应设置安全标志，在氨区的最高醒目处应安装逃生风向标。

（8）氨区应按照 GB 50016《建筑设计防火规范》和 DL/T 5480《火力发电厂烟气脱硝设计技术规程》的规定设置室外消防设施。

（四）布置设计技术要求

（1）氨水储罐宜布置在敞开式带顶棚的构筑物

中，布置设计按丙类液体储罐布置要求执行。

（2）氨水储存罐应设置检修平台，储存罐的附件应布置在平台附近。

三、尿素溶解、储存及氨气制备

（一）设计原则

尿素的卸料、储存系统及溶液配制系统应按照全厂机组共用的系统设计，当机组台数较多或考虑扩建需要时，可根据总平面布置格局采取分组布置。尿素的输送（计量）以及热解或（水解）设施则应按单元机组配置。

（二）系统方案设计

1. 工艺流程

该系统的工艺流程为尿素→尿素筒仓→尿素溶解箱→尿素溶液输送泵→尿素溶液储存罐→尿素溶液给料泵→尿素水解装置或者热解装置→氨气空气混合器进口。

如果有成品颗粒尿素或者尿素溶液，可用槽车利用气力输送至尿素筒仓，或者自带输送泵卸入尿素储存罐。

对于 SNCR 脱硝工艺，尿素溶液输送至 SNCR 的尿素溶液计量和分配系统进口。

2. 尿素溶解及储存

尿素溶液制备与存储系统，包括干尿素储存、尿素溶解和尿素溶液储存三部分。尿素的卸料、储存系统及溶液配制系统应按多台机组共用的母管制系统设计。

（1）干尿素储存。外购散装颗粒尿素宜采用罐车运输、筒仓储存，筒仓容积应满足全厂所有机组 1～3 天脱硝所需的尿素用量，尿素筒仓宜为高位布置的锥形底立式罐，尿素储仓应配置电加热热风流化装置、袋式除尘器以及给料计量机，尿素储仓可用碳钢制作，锥斗部分宜内衬 S30408 不锈钢，其他设备和管道材质不宜低于 S30408 不锈钢。当采用外购袋装尿素时，可采用堆料间储存，储存方式应按相关规范执行。

（2）尿素溶解。尿素溶解储存系统流程见图 10-1。除盐水（也可采用疏水）与固体尿素一般按照一定质量比加入溶解箱制成 40%～50%的尿素溶液。溶解系统设置冷凝水箱，在整套系统启动阶段，由电厂供给除盐水进入冷凝水箱供溶解使用，在系统启动后，由系统回收的冷凝水补充冷凝水箱供溶解使用。通过控制尿素颗粒量、进水量以及尿素溶液密度使尿素溶液达到指定浓度，溶解过程中所需要的热量由蒸汽换热器供给。溶解过程通过内部搅拌或外部循环搅拌的方式使溶解箱中的尿素溶液充分混合。完成一个批次溶解后，尿素溶液由输送泵输送至尿素溶液存储罐中备用。

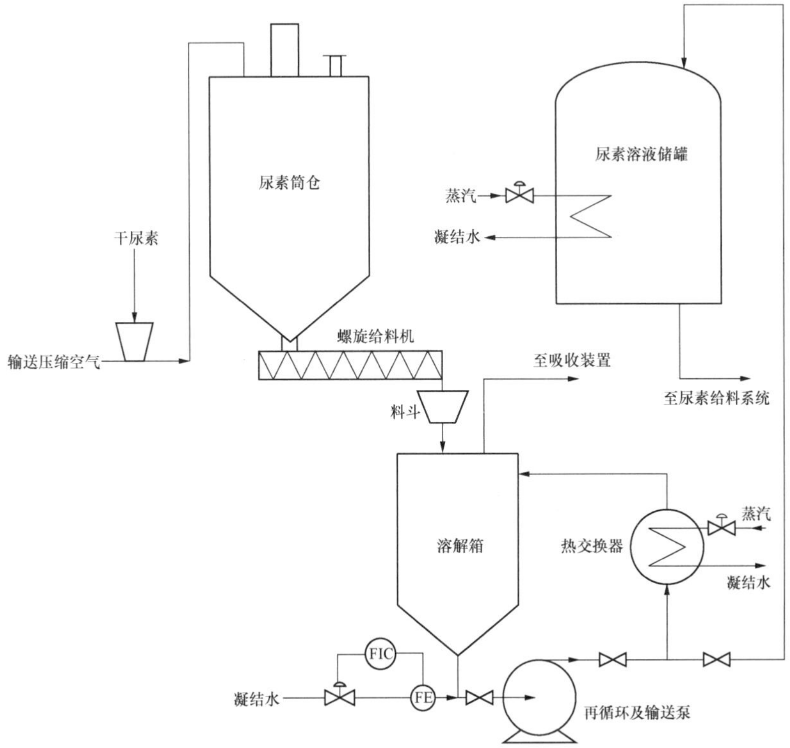

图 10-1 尿素溶解储存流程

溶解箱一般设置 2 台，总容积宜满足全厂所有机组在 BMCR 工况下 1 天的尿素溶液耗量。溶解箱材质为 S30408，为立式容器，罐体设计保温，室内布置。

每台溶解箱配置 2×100%尿素溶解泵，用于尿素溶解箱中溶液循环搅拌，并可将溶解罐中的尿素溶液输送至尿素溶液储罐；尿素溶液泵过流部件为 S30408，入口过滤装置材质为 S30408。

（3）尿素溶液储罐。储存在尿素溶液储罐中的尿素溶液，由尿素供给系统输送到尿素制氨设备。

尿素溶液储罐一般不少于 2 台，储罐容积为最大氨产量下 5～7 天的连续使用量，材料为 S30408。储罐需设置保温装置和加热装置用以维持罐体内合适的温度以防止尿素溶液结晶。储罐一般可布置于室外，北方因气候环境考虑保温等因素可布置于室内。

3. 尿素水解制氨系统

尿素水解制氨系统主要流程见图 10-2。

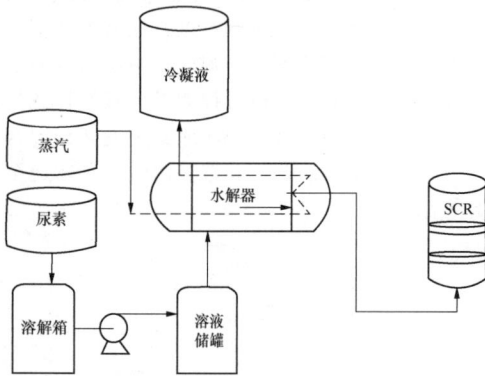

图 10-2　尿素水解流程

（1）尿素供给系统。尿素供给系统用于向水解反应器提供尿素溶液，根据 SCR 脱硝需要 NH_3 的量以及缓冲罐的压力来控制供给尿素溶液的流量。

尿素溶液给料泵一般设置 2 台（1 台运行 1 台备用），变频控制，容量按照锅炉满负荷运行需要的氨量设计。供液泵过流部件为 S30408，入口过滤装置材质为 S30408。

尿素溶液供给流程见图 10-3。

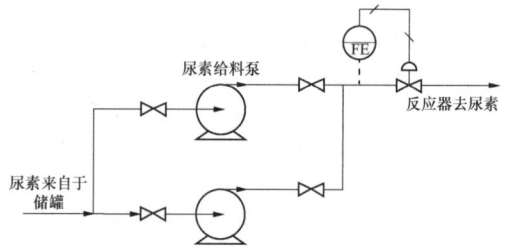

图 10-3　尿素溶液供给流程

（2）水解反应系统。尿素水解反应器系统流程见图 10-4。水解反应器通过控制加热蒸汽流量来调节水解反应器温度和压力，以保证尿素水解产物组分的恒定，水解反应器出口的氨气、二氧化碳和水蒸气混合物气体进入氨气缓冲罐经过管路送至 SCR 系统。

尿素水解反应器可全厂公用，并设有 1 台备用的水解装置。除备用装置外的水解装置总容量应满足全厂锅炉 BMCR 负荷最大的制氨量的需要。当锅炉台数较少，尿素车间距离锅炉较远时，尿素水解反应器可单元制配置。根据 DL/T 5480《火力发电厂烟气脱硝设计技术规程》的规定，当采用单元制配置时，尿素水解反应器不设备用，但其能力应能满足锅炉 BMCR 负荷下最大的制氨需要，并有 10%的余量。但根据 HJ 562《火电厂烟气脱硝工程技术规范　选择性催化还原

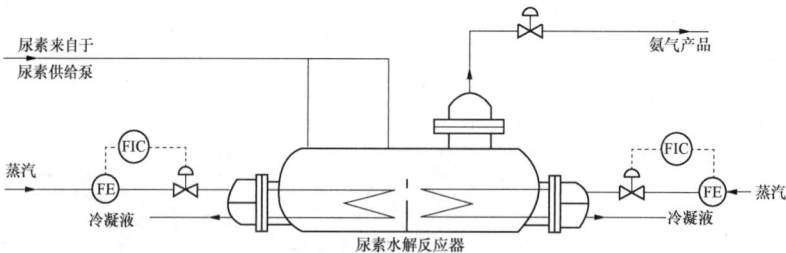

图 10-4　尿素水解器系统流程

法》，当采用尿素水解工艺制备氨气时，尿素水解反应器出力宜按脱硝系统设计工况下氨气消耗量的 120%设计。目前热机提供资料时经常提供的设计工况的氨耗量就是 BMCR 工况下的需求，且水解反应器反应过程中会随着换热管的换热效果下降，必将影响设备出力，故考虑设备余量和可用性，建议选择较大的 20%余量设计。

水解器选材应充分考虑防止设备腐蚀问题，材质

至少为 S31603，水解器配置必要的检修操作平台，方便运行维护；水解器内置盘管加热器，材质至少为 S31603。如果水解器反应温度过高，水解反应器的材质可采用尿素级 S31603。水解反应器出口到喷氨格栅入口的管道宜采用 S31603 不锈钢。

水解反应器需设置杂质排除措施。

（3）氨洗涤系统。在紧急事故下或系统停机时，反应器的尿素供给将停止，反应器内、缓冲罐内剩余

的氨气将进入洗涤槽中，被其中的水吸收形成氨水；含氨压力设备或管线上的安全阀起跳所产生的氨气，也输送到氨洗涤系统被吸收；氨洗涤系统产生的氨水，不能直接排放，可以达到一定浓度后喷入稀释风的主烟道中，参与脱硝反应，管路上需要监测氨水的浓度以及流量。

氨洗涤罐一般配置 1 台，材质 S30403。

氨洗涤泵一般配置 2 台（1 台运行 1 台备用），用于将氨洗涤槽内的氨水喷入稀释风主烟道。氨洗涤泵过流部件为 S30408，机械密封为碳化硅。

4. 尿素热解制氨系统

尿素热解制氨系统主要流程见图 10-5。

尿素在温度高时不稳定，会分解成 NH_3 和 HNCO。HNCO 与水反应生成 NH_3 和 CO_2。从空气预热器处引出一次/二次空气（300℃）通过高温风机输送或采用稀释风机来的稀释风，再利用电加热器或者燃料柴油、天然气等燃烧，将空气温度再次提升并达到进入热解炉的温度（350～650℃），随后将尿素溶液喷入热解炉，

分解后的混合气体被导入喷氨格栅。

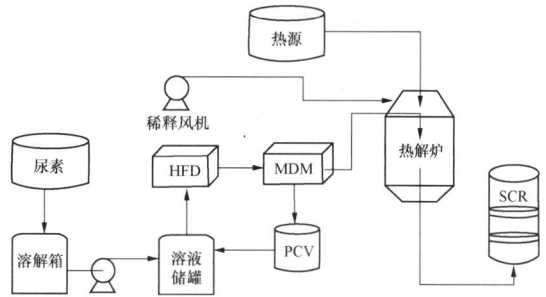

图 10-5　尿素热解流程

（1）高流量循环装置（HFD）。高流量循环装置（HFD）用于向计量和分配装置（MDM）输送一定压力及流量的尿素溶液，并与尿素溶液储存罐组成自循环回路。该装置可为全厂供应尿素溶液，布置在尿素溶液储存罐附近。尿素热解高流量循环流程见图 10-6。

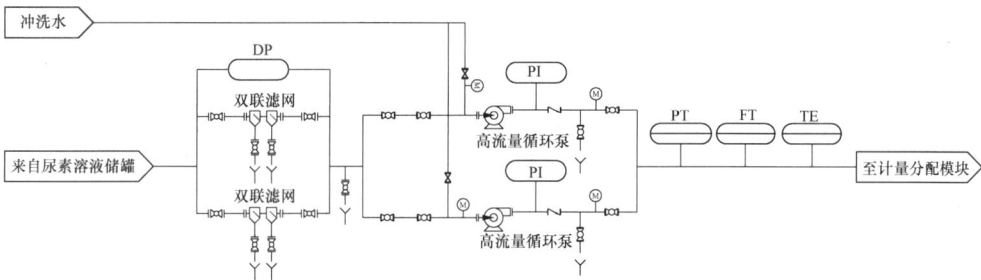

图 10-6　尿素热解高流量循环流程

每套流量传输装置一般设置 2×100% 多级不锈钢离心泵，内嵌双联式过滤器、在线电加热器，用于远程控制和监测循环系统的压力、温度、流量以及浓度等仪表等。

（2）计量和分配装置（MDM）。每台热解炉配备一套计量分配装置，布置在热解炉附近。计量分配装置能够精确测量并独立控制输送到每个喷射器的尿素溶液。计量装置用于控制通向分配装置的尿素流量的供给，分配模块通过独立流量控制和区域压力控制阀门来控制通往多个喷射器的尿素和雾化空气的喷射速率。空气和尿素量通过该装置进行调节以得到适当的气/液比并最终得到最佳的 SCR 反应剂。尿素热解计量分配流程见图 10-7。

（3）热解炉。热解炉设备包括绝热分解室、尿素喷射器等。每台炉设置 1 台 100% 容量的绝热分解室，布置在 SCR 附近。经过计量和分配装置的尿素溶液由喷射器喷入绝热分解室。经过加热器的高温热风作为分解室的热源，室内温度控制在 350～650℃，应采取保温绝热材料。尿素热解炉本体流程见

图 10-8。

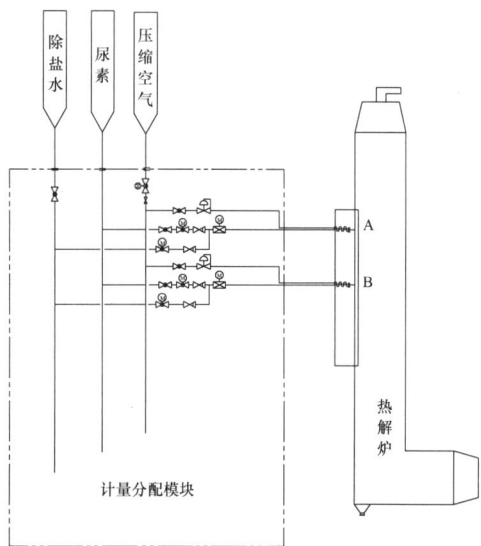

图 10-7　尿素热解计量分配流程

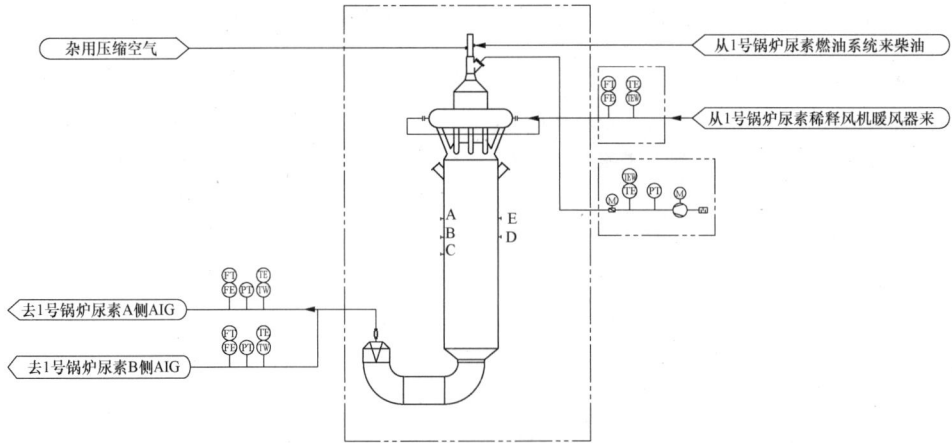

图 10-8 尿素热解炉本体流程

5. 其他系统设计

（1）工业用水和消防用水。尿素溶液的制备、储存车间的室内外消防设计应符合 GB 50016《建筑设计防火规范》的规定。尿素溶液制备所需水源可为除盐水、反渗透产水、凝结水等。

（2）废水。氨气泄漏状况下，引起喷淋所产生的废水被认为是紧急事故状况下产生的废水以及尿素溶解及尿素溶液储罐排放液等，可排至废水坑后采取喷洒煤场或者外运。

（3）废气。反应器、缓冲罐中的剩余氨气以及安全阀起跳产生的氨气排至氨洗涤槽，转化为氨水处理；氨洗涤槽上蒸发的氨气直接由高处排向大气；尿素溶解罐、尿素溶液储罐等上部蒸发的气体，也由高处直接排放。

（4）固体废弃物。水解反应器设计废物排放的相关工艺及相关方法，在一段间隔时间（一般在连续满负荷运行 2 个月左右）做一次清理工作，利用浮力差可将液体废物排放至大塑料桶中后冷凝为固体废弃物，送至灰场处理即可或按照危险废弃物进行填埋。

（5）安全措施。在水解反应器、缓冲罐上方设置氨泄漏仪以及事故喷淋装置；在反应器区设置氨泄漏声光报警以及风向旗，方便疏散；在水解反应器区设置消防栓；反应器区电气设施采用防爆型或其他措施保障系统安全运行。

尿素溶液制备车间应防止尿素飞扬和散落，配备良好的机械通风设施，以确保良好的室内空气质量。

（三）系统设计应注意的问题

（1）在尿素制氨系统配置好的尿素溶液，由于浓度较高，接近饱和溶液浓度，为了防止尿素溶液再结晶，所有尿素溶液的容器和管道必须进行伴热（蒸汽或者电伴热），使溶液的温度保持在相应浓度的结晶温度上，一般为 25～40℃。

（2）由于尿素分解后的氨气中含有一定的 CO_2，为了避免 NH_3 和 CO_2 在低温下逆向反应，生成氨基甲酸铵，成品氨气输送管道应考虑伴热保温措施，维持管内氨气温度在 140℃以上。

（3）当利用热力系统的疏水溶解尿素配置尿素溶液时，水温应控制 40～70℃，防止温度高于 115℃。

（4）尿素溶液管道应有保温措施，并设置低位排水阀和高位排气阀，同时要考虑除盐水冲洗措施。

（四）布置设计技术要求

（1）尿素无毒、无害、无爆炸可能性，也无危险性，在运输、储存和处理中不需要特殊的安全消防措施。系统设备的布置应当考虑相关安全生产规范的要求。因尿素溶液的温度高于 130℃时会快速分解为氨和二氧化碳，故在厂区易燃易爆类建构筑物、堆场的周边一定间距范围内布置尿素溶液储罐时，应考虑其火灾危险性对尿素溶液储罐的影响。

（2）尿素储存、尿素溶液制备区宜相对锅炉房集中布置，以缩短管线长度，便于运输。

（3）水解装置可以布置于锅炉框架内或尿素储存及溶解区域，布置于尿素溶解区域内时应单独考虑设备布置。热解装置的尿素溶液计量分配系统和热解炉应靠近锅炉布置或在锅炉房内，分解装置应设置维修平台，方便雾化喷射器及分解室的日常维护。

（五）设计计算

（1）BMCR 工况尿素制氨时单机纯尿素耗量按式（10-5）计算

$$q_{mm} = 1.76 q_{ma}/\eta_n \qquad (10-5)$$

式中　q_{mm}——BMCR 工况尿素制氨时单机纯尿素耗量，kg/h；

q_{ma}——BMCR 工况单机纯氨耗量，kg/h；

η_n——尿素热解或者水解制氨的转化率。

（2）BMCR 工况尿素制氨单机尿素溶液体积耗量

按式（10-6）计算

$$q_{Vn} = q_{mn}/C/\rho/1000 \qquad (10\text{-}6)$$

式中　q_{Vn}——BMCR 工况尿素制氨单机尿素溶液的
体积耗量，m^3/h；

　　　q_{mn}——BMCR 工况尿素制氨时单机纯尿素耗
量，kg/h；

　　　C——配置尿素溶液质量百分比浓度，%；

　　　ρ——配置尿素溶液密度，kg/L。

（3）尿素溶液日需量按式（10-7）计算

$$V_n = 20Nq_{Vn} \qquad (10\text{-}7)$$

式中　V_n——尿素溶液日需量，m^3；

　　　20——每天满负荷工作时间，h；

　　　N——相同型号机组台数。

（4）尿素溶液储存量按式（10-8）计算

$$V_{nz} = V_n t_n \qquad (10\text{-}8)$$

式中　V_{nz}——尿素溶液储存量，m^3；

　　　t_n——尿素溶液储存天数，d。

（5）BMCR工况尿素制氨单机干尿素小时体积耗
量按式（10-9）计算

$$q_{Vm} = q_{mn}/\rho/\varepsilon \qquad (10\text{-}9)$$

式中　q_{Vm}——BMCR 工况尿素制氨单机干尿素小时
体积耗量，m^3/h；

　　　ρ——尿素堆积密度，塔式粒状尿素堆积密度
为 740，包装袋中的密度约增加 5.0%，
即 777，kg/m^3；

　　　ε——尿素纯度，一般为98.5%～99.6%。

（6）BMCR 工况尿素制氨尿素储存量按式
（10-10）计算

$$V_m = 24Nq_{Vm} \qquad (10\text{-}10)$$

式中　V_m——尿素日需量，m^3；

　　　N——相同型号机组台数。

（7）尿素储存面积 S_m 按式（10-11）计算

$$S_m = V_m/h/\eta \qquad (10\text{-}11)$$

式中　h——堆积高度，散装堆高 8～12m，袋装堆高
4～6m，考虑安全因素，袋装堆高可按照
2m 计算，m；

　　　η——袋装堆码袋装接触面积比，90%。

第三节　主　要　设　备

一、液氨储存及氨气制备设备

1. 卸氨压缩机

卸氨压缩机抽取液氨储罐中的氨气，经压缩后将
罐车中的液氨推挤入液氨储罐。

卸氨压缩机设置带有四通阀门的氨气回收管路，

以充分回收液氨运输槽车中的残余氨。当槽车中的液
氨为整槽车容积的 0.5%时，旋转四通阀，同时关闭槽
车液侧出口阀、液氨储罐气侧氨出口阀，打开氨气回
收回路的阀门。液氨槽车中的液氨经减压后自然蒸发，
通过卸料压缩机压缩后送入液氨储存罐的底部，在液
氨储存罐中凝结为液氨。当液氨槽车中的压力为环境
温度下液氨饱和压力的 25%时，停运卸料压缩机。

与槽车相接的液相卸料管及气相回气管均应设氮
气吹扫进气管及接氨气排放总管的排气管。每台卸氨
压缩机的出口管道上应设超压保护的安全阀。

卸氨压缩机外形结构见图 10-9。

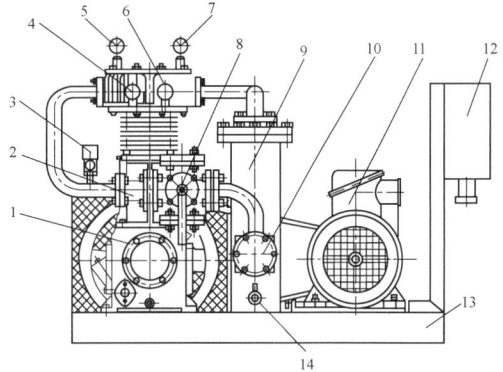

图 10-9　卸氨压缩机外形结构

1—压缩机；2—止回阀；3—安全阀；4—排气压力表；5—排气
温度表；6—进气压力表；7—进气温度表；8—两位四通阀；
9—气液分离器；10—进气过滤器；11—防爆电动机；
12—防爆启动柜；13—底座；14—排液阀

卸氨压缩机属于定型产品，可直接根据厂家样本
选型。卸氨压缩机应配防爆等级的电动机。某品牌卸
氨压缩机主要技术参数见表 10-3。

表 10-3　某品牌卸氨压缩机主要技术参数

序号	排量（标准工况）	进气压力	排气压力	电机功率	外形尺寸
	m^3/h	MPa	MPa	kW	mm×mm×mm
1	550	1.6	2.4	11	1000×580×870
2	750	1.6	2.4	15	1000×580×870
3	920	1.6	2.4	18.5	1000×580×870
4	1380	1.6	2.4	30	1000×580×870
5	1500	1.6	2.4	37	1000×580×870
6	1890	1.6	2.4	45	1000×580×870

2. 液氨储存罐

火电厂脱硝用液氨储存一般采用卧式储罐。TSG
21—2016《固定式压力容器安全监察规程》规定，对

于液化气体储罐，当其设计压力与容积的乘积大于等于 50MPa·m³ 时，为第Ⅲ类压力容器。火电厂脱硝用液氨储罐的设计压力一般为 2.16MPa，其容积大多超过 23.15m³，即储罐的设计压力与容积的乘积大于等于 50MPa·m³，因此，火电厂脱硝用液氨储罐一般为第Ⅲ类压力容器。

液氨储存罐属于非标准容器，可根据所需容积进行设计。图 10-10 所示为 100m³ 的液氨储存罐外形结构。

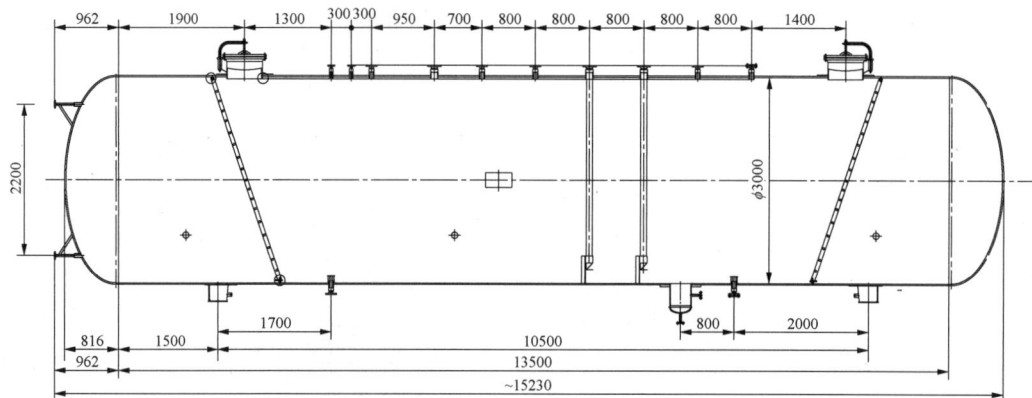

图 10-10　100m³ 液氨储罐外形结构

液氨储存罐的设计充装系数一般取 0.9。

液氨储存罐材料应依据设计压力和可能出现的最低工作温度（即最低设计温度）选用。当储罐最低设计温度大于−20℃时，罐体宜选用 Q345R；当储罐最低设计温度小于等于−20℃时，罐体宜选用 16MnDR。

3. 液氨蒸发器

液氨储罐中的液氨靠压差输送到液氨蒸发器内蒸发为氨气，经氨气缓冲罐来控制供氨的压力恒定，氨气流量由 SCR 反应器前的喷氨流量调节阀控制。液氨蒸发所需要的热量采用辅助蒸汽或电加热提供热量，液氨蒸发器采用水浴管式加热器（间接加热），中间加热载体为水（首次注氨时需要注水），利用蒸汽的气化潜热将液氨蒸发为氨气。

液氨蒸发器上装有压力控制阀将氨气压力控制在一定范围，当出口压力过高时，切断液氨进料。在氨气出口管线上装有温度测量装置，当温度过低时切断液氨，使氨气至缓冲罐维持适当温度及压力。蒸发器也装有安全阀，以防止设备压力异常过高。液氨蒸发器的材质宜选用 S30408 不锈钢。常用的液氨蒸发器外形见图 10-11，主要参数见表 10-4。

4. 氨气缓冲罐

从液氨蒸发器来的氨气进入氨气缓冲罐，通过调压阀减压到一定压力，再通过氨气输送管线送到锅炉侧的脱硝系统。氨气缓冲罐压力一般为 0.18～0.2MPa，其材质宜选用 S30408 不锈钢。缓冲罐有立式和卧式两种结构形式，为非标准设备，图 10-12 所示为立式氨气缓冲罐外形。

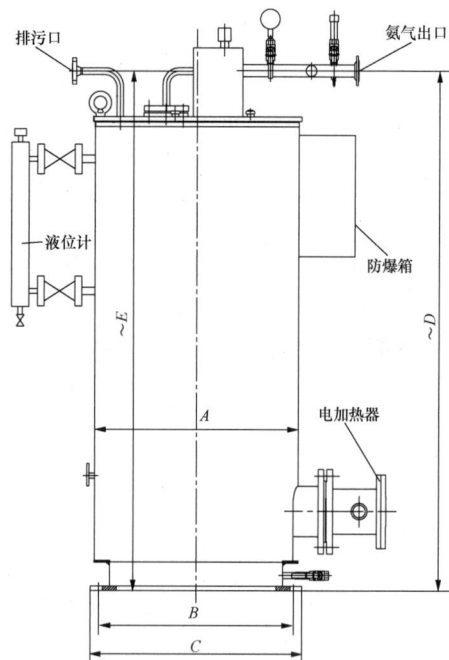

图 10-11　液氨蒸发器外形

表 10-4　常用液氨蒸发器规格参数

序号	外形尺寸（mm）					加热功率（kW）
	A	B	C	D	E	
1	600	580	630	945	945	18
2	600	580	630	1360	1360	36
3	750	740	800	1540	1540	54

续表

序号	外形尺寸（mm）					加热功率（kW）
	A	B	C	D	E	
4	750	740	800	1690	1690	72
5	750	740	800	1810	1810	108
6	900	890	950	1800	1800	144
7	1000	990	1050	2010	2010	180
8	1050	1070	1120	1820	1820	216

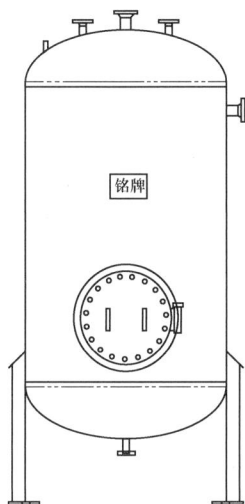

图 10-12 立式氨气缓冲罐外形

5. 氨气稀释罐

氨气稀释罐为一定容积的水槽，用于吸收各设备及管道启动吹扫时各氨气排放点排出的氨气。稀释水从罐壁顶部接入，氨气从罐壁底部接入，水罐液位由溢流管控制。

液氨储存及供应系统各处排出的氨气由管线汇集，从稀释罐底部进入，通过分散管将氨气分散排入稀释罐水容积中，利用大量水来吸收安全阀排放的氨气。

根据常压、不同温度下氨在水中的溶解度，氨气稀释罐中废水的氨浓度一般控制在19%以下。当氨气稀释罐内的氨水达到一定浓度后，依靠重力排入地下废水池。

二、氨水储存及氨气制备设备

1. 氨水储存罐

氨水储存罐按常温压力容器设计，工作压力一般小于0.15MPa，设计压力宜取0.5MPa。氨水储存罐可以为卧式或立式结构，材质可为碳钢、不锈钢或碳钢内衬里。为了防止氨水在较高温度下的蒸发对环境的影响，氨水储存罐应设计为封闭型，运行中向氨水储存罐中通入一定压力的压缩空气或氮气，以维持罐体内的压力，抑制氨水蒸发，并防止氨水计量（输送）泵入口氨水气化。每台氨水储存罐应配有超压释放安全阀和真空破坏阀，真空破坏阀气管入口侧宜配置阻火器，防止火星进入容器。

每台氨水储存罐设置防爆型液位计、压力表及就地温度计。进液管若从罐体上部进入，应延伸至距罐底200mm处。氨罐上应设置用于检修的人孔，当罐体为碳钢内衬里时，至少需设两个相隔一定距离的人孔。

2. 氨水蒸发器

氨水蒸发器作用是将氨水加热后蒸发，以得到氨气。氨水蒸发器有蒸汽型氨水蒸发器、热风型氨水蒸发器和热烟型氨水蒸发器。蒸汽型氨水蒸发器加热热源采用过热或饱和蒸汽，热风型氨水蒸发器加热热源采用热风或辅以电热补偿，热烟型氨水蒸发器加热热源采用锅炉热烟。

三、尿素储存及氨气制备设备

1. 斗提机

存储区的袋装尿素用电瓶小车送至斗提机人工拆包，由斗提机输送至尿素溶解罐内，斗提机为室内布置。

常用板链式提升机采用重力式卸料，以板链套筒滚子链为牵引，其性能参数见表10-5。提升机主要尺寸见表10-6。

表 10-5 板链式提升机性能参数

设备型号			T-315	T-400	T-500	T-630
料斗型号			T			
输送量（m³/h）		100%	41	64	105	166
		75%	31	48	79	124
料斗	斗宽（mm）		315	400	500	630
	斗容（L）		4.55	8.86	18.7	36.8
	斗距（mm）		200	250	320	400
	节距（mm）		100	125	160	200
链条	条数		2			
	单条破断负荷（kN）		112/160	160/224	224/315	315/450

续表

设备型号	T-315	T-400	T-500	T-630
链轮节圆直径（mm）	386.37	482.96	618.19	772.74
料斗运行速度（m/s）	0.5			
主轴转速（r/min）	24.71	19.78	15.45	13.26
最大提升高度（m）	40			

表 10-6　提升机主要尺寸 （mm）

料斗		315	400	500	630
上部区段	h_7（最小）	800	800	900	1000
	B_6	1150	1150	1400	1750
	B_7	1150	1400	1550	1750
	A_6	1700	2100	2300	2600
	A_7	850	1020	1200	1330
	A_8	400	440	460	570
	h_3	1200	1300	1400	1650
	h_4	2300	2460	2550	3100
	h_5	800	1000	1000	1200
	h_6	600	733	863	963
基础尺寸	V	1190	1430	1710	1910
	N_7	1	2	2	2
	V_1	850	500	650	750
	V_2	850	1000	1300	1500
	V_3	600	750	900	1000
	V_4	760	890	1070	1210
	N	8	10	12	12
	$\phi \times L$	M20×500	M20×500	M20×500	M20×500
下部区段	A_3	850	1020	1200	1330
	A_4	1200	1350	1460	1560
	A_5	1600	1750	1860	2000
	B_3	1170	1400	1600	1800
	B_4	1200	1300	1400	1500
	B_5	1870	2240	2560	2880
	H	2400	2500	2600	3000
	h_1	1700	2000	2300	2500
	h_2	700	800	950	1100

续表

料斗		315	400	500	630
中间段	A	1100	1340	1600	1800
	A_1	1200	1460	1726	1926
	A_2	1300	1566	1826	2026
	B	670	800	960	1000
	B_1	770	926	1086	1226
	B_2	870	1026	1186	1326

2. 尿素溶液储罐

尿素溶液储罐（包括加热系统）具有防尿素腐蚀功能，能保持适当的温度（25～40℃）以避免结晶。尿素溶液储罐为直立平底圆顶结构，包括保温、液位计、温度压力表、排气孔、整体加热系统等。储存罐本体材质为 S30408 不锈钢。尿素溶解罐排风扇及溶液储罐需要设置呼吸口。

火电厂常用尿素储罐规格参数见表 10-7。

表 10-7　常用尿素溶液储罐规格参数表

单机氨耗量（kg/h）	150	250	350
尿素溶液浓度	50%	50%	50%
储存天数	7	7	7
储罐数量	2	2	2
储罐材质	S30408	S30408	S30408
储罐容积（m³）	2×50	2×100	2×200
储罐直径（mm）	4012	5280	6480
总高度（mm）	4880	6530	7055
空罐荷载（t）	6	9	12

3. 尿素水解反应器模块

尿素水解制氨工艺中，尿素首先和水反应生成氨基甲酸铵中间体

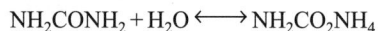

$$NH_2CONH_2 + H_2O \longleftrightarrow NH_2CO_2NH_4$$

氨基甲酸铵再进一步分解为氨

$$NH_2CO_2NH_4 \longleftrightarrow 2NH_3 + CO_2$$

尿素水解制氨的总反应方程式为

$$NH_2CONH_2 + (1+x)H_2O \longleftrightarrow 2NH_3 + CO_2 + xH_2O$$

尿素水解制氨总反应是吸热反应，需要热输入。反应速率为温度的函数，在确定温度、压力的平衡条件下，利用来自蒸汽盘管或电加热元件的热量为反应液供热。浓度 40%～50% 的尿素溶液被输送到尿素水解反应器内，饱和蒸汽通过盘管的方式进入水解反应

器，饱和蒸汽不与尿素溶液混合，通过盘管回流，冷凝水由疏水箱、疏水泵回收。水解反应器中产生的含氨气体与热的稀释风在氨气-空气混合器处稀释，最后进入氨气-烟气混合系统。

氨气的生成速率主要受水解器中尿素浓度和水解器的温度影响。当温度低于 115℃时，水解制氨反应非常慢。因为总反应是吸热反应，可以通过调节水解器的热量来控制尿素水解制氨反应。

对于 50%的尿素溶液进料情况，水解的含氨产品成分约为含 28.3%的氨、36.7%的二氧化碳和 35%的水蒸气，该混合气体在温度降低的情况下易冷凝形成结晶物。

国产水解反应器的设计温度为 190℃，设计压力为 2.0MPa。水解反应器内的尿素溶液浓度可达到 40%～60%，气液两相平衡体系的压力为 0.4～0.6MPa，温度为 130～160℃。水解反应器通过气相泄压、液体排放、安全阀、爆破片等措施保护设备不被超压。水解反应器的尿素溶液、产品气均进行电伴热防堵。尿素溶液泄压和排污管线的伴热温度维持在 70℃以上，产品气管线和气相泄压管线伴热温度维持在 140℃以上，尿素溶液进料管线伴热温度维持在 25℃以上。

尿素水解反应器本体示意见图 10-13，撬装尿素水解反应装置见图 10-14 和图 10-15。常见尿素水解参数见表 10-8。

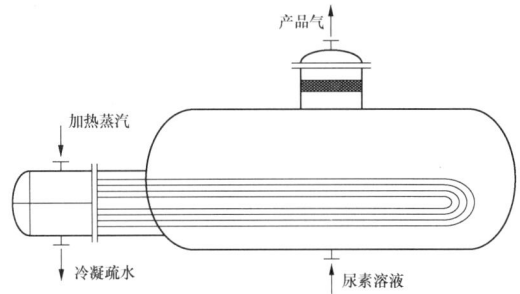

图 10-13　尿素水解反应器本体示意

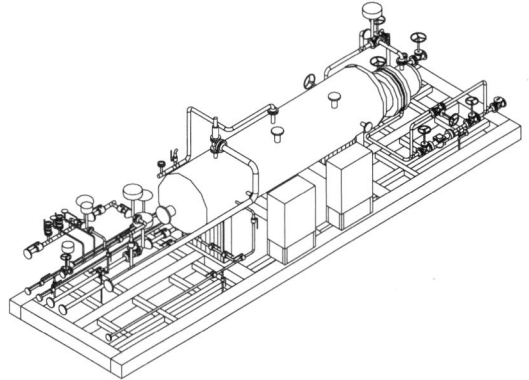

图 10-14　尿素水解撬装体装置外形

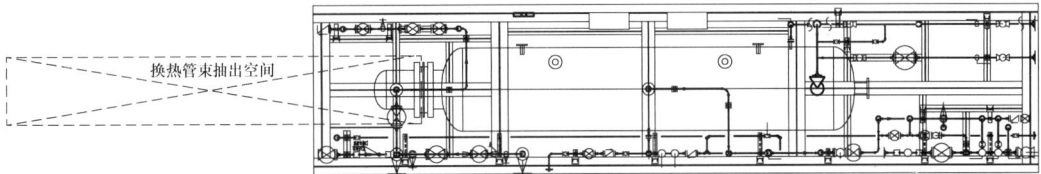

图 10-15　尿素水解撬装体平面

表 10-8　　　　　　　　　尿素水解装置参数

说　明	制氨量（kg/h）			说　明	制氨量（kg/h）		
	150	250	350		150	250	350
氨产品气体流量（kg/h）	540	900	1260	水解器工作压力（MPa）	0.55	0.55	0.55
氨气（NH_3）压力（MPa）	0.45	0.45	0.45	水解反应器蒸汽压力（MPa）	0.8	0.8	0.8
氨气（NH_3）流量（kg/h）	150	250	350	水解反应器蒸汽消耗（t/h）	0.750	1.25	1.750
尿素溶液浓度（输送至水解器）	50% 尿素溶液	50% 尿素溶液	50% 尿素溶液	外形尺寸（长度×宽度×高度，m×m×m）	10×2.5×2.8	11×2.5×3.0	13×2.6×3.2
水解器正常工作温度（℃）	115～160	115～160	115～160	荷载（含充水重）（t）	24	32	40
氨排放线温度（℃）	130～160	130～160	130～160				

4. 尿素热解反应器模块

尿素在温度高时不稳定，会分解成 NH_3 和 $HNCO$，$HNCO$ 与水反应生成 NH_3 和 CO_2，反应如下

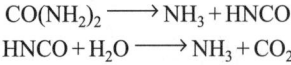

$$CO(NH_2)_2 \longrightarrow NH_3 + HNCO$$
$$HNCO + H_2O \longrightarrow NH_3 + CO_2$$

尿素热解反应模块包括计量和分配装置（MDM）、绝热分解室（DC）、稀释风电加热系统（EH）及控制系统等。尿素溶液经由给料泵、计量与分配装置、雾化喷嘴等进入绝热分解室，稀释空气加热后也进入分解室。雾化后的尿素液滴在绝热分解室内分解，生成的分解产物为 NH_3、H_2O 和 CO_2，分解产物经由氨喷射系统进入脱硝烟道。

（1）计量和分配装置。计量和分配装置包括不锈钢基座、仪用及雾化空气压力开关和仪用空气调节器、流量和压力控制、本地流量和压力显示、电动阀门和流量控制阀。电动阀用于清洗模块，使清洗水进入分配装置。分配装置还包括尿素和雾化空气控制阀、雾化空气流量计、压力显示仪表和尿素流量显示仪表。

（2）绝热分解室。分解室系统包括内外出口连接法兰、加热器控制系统、烟气压力控制、烟道内混合器以及氨/空气混合物的流量，压力以及温度的控制和过程指示等。喷射器由 S31603 不锈钢制作，每一喷射器组件包括用于插入调整的适配器、快速接头和用于化学药剂和雾化空气管路相连接的可弯曲软管。分解室入口温度为 500～600℃，分解室出口温度为 320℃，采取保温绝热材料。

（3）稀释风电加热系统。为了节约能源、降低系统的运行费用，直接采用锅炉的一次风/二次风作为尿素热解反应的稀释风来源。由于稀释空气量仅为一次风/二次风量的 1% 左右，对锅炉影响微乎其微。锅炉的二次风温度一般为 300℃ 左右，可大幅度减少能耗。锅炉的一次风/二次风由高温风机加压送至电加热器进行温度提升，达到热解室的设计温度，并由加热器控制装置维持适当的尿素分解反应温度。电加热器建议垂直高位置布置，缩短其出口和分解器入口之间的距离。

尿素热解装置参数见表 10-9。

表 10-9　尿素热解装置参数

设备出力	150kg/h 制氨量	250kg/h 制氨量	350kg/h 制氨量
电加热器尺寸及质量	3m×2m×4m，1000kg	3m×2m×4m，6000kg	5m×4m×5，10000kg
电加热器电耗	500kW	650kW	1200～1400kW
计量分配装置尺寸及质量	1.5m×2m×2m，300kg	1.5m×2m×2m，500kg	3m×4.5m×2m，1000kg
绝热热解室（碳钢+16MN）尺寸及质量	ϕ2.1m×10m，8000kg	ϕ2.2m×11m，10000kg	ϕ3.3m×16m，16000kg

续表

设备出力	150kg/h 制氨量	250kg/h 制氨量	350kg/h 制氨量
尿素消耗量（50% 尿素溶液）	510kg/h	850kg/h	1190kg/h
锅炉一次风量需求（300℃，颗粒尺寸小于 0.145mm，无硫）	2500m³/h（标准工况）	2600m³/h（标准工况）	3000m³/h（标准工况）

第四节　典型工程实例

一、液氨储存及氨气制备系统工程实例

1. 工程概况

某电厂新建 2×350MW 超临界机组，同步建设烟气脱硝装置，脱硝采用选择性催化还原法（SCR），还原剂采用液氨。在设计煤种及校核煤种、锅炉最大工况（BMCR）处理 100% 烟气量条件下，入口 NO_x 浓度为 330mg/m³ 时（6%O_2，干态，标准工况），脱硝效率不小于 85%，保证脱硝出口氮氧化物排放浓度不高于 50mg/m³（6%O_2，干态，标准工况）。在 BMCR 工况条件下，单台锅炉的纯氨耗量为 205kg/h。

2. 工艺流程

系统工艺流程为槽车来液氨→液氨卸料→液氨储存→氨气制备→氨气空气混合器进口。

3. 主要设备参数

主要设备参数见表 10-10。

表 10-10　某工程烟气脱硝还原剂储存制备系统主要设备表（液氨法）

序号	名称	规格及技术要求	单位	数量
1	氨卸料压缩机	理论排气量 29.2～60.3m³/h（标准工况），最大排气压力 2.41MPa	台	2
2	液氨储罐	ϕ2800×8600mm，50m³	个	2
3	液氨蒸发器	蒸发能力 440kg/h	套	2
4	气氨缓冲罐	ϕ2000×4195mm，10.0m³	个	2
5	氨气稀释罐	ϕ2000×3300mm，10.0m³	个	1

4. 设备布置

液氨储存与制备区域布置见图 10-16。

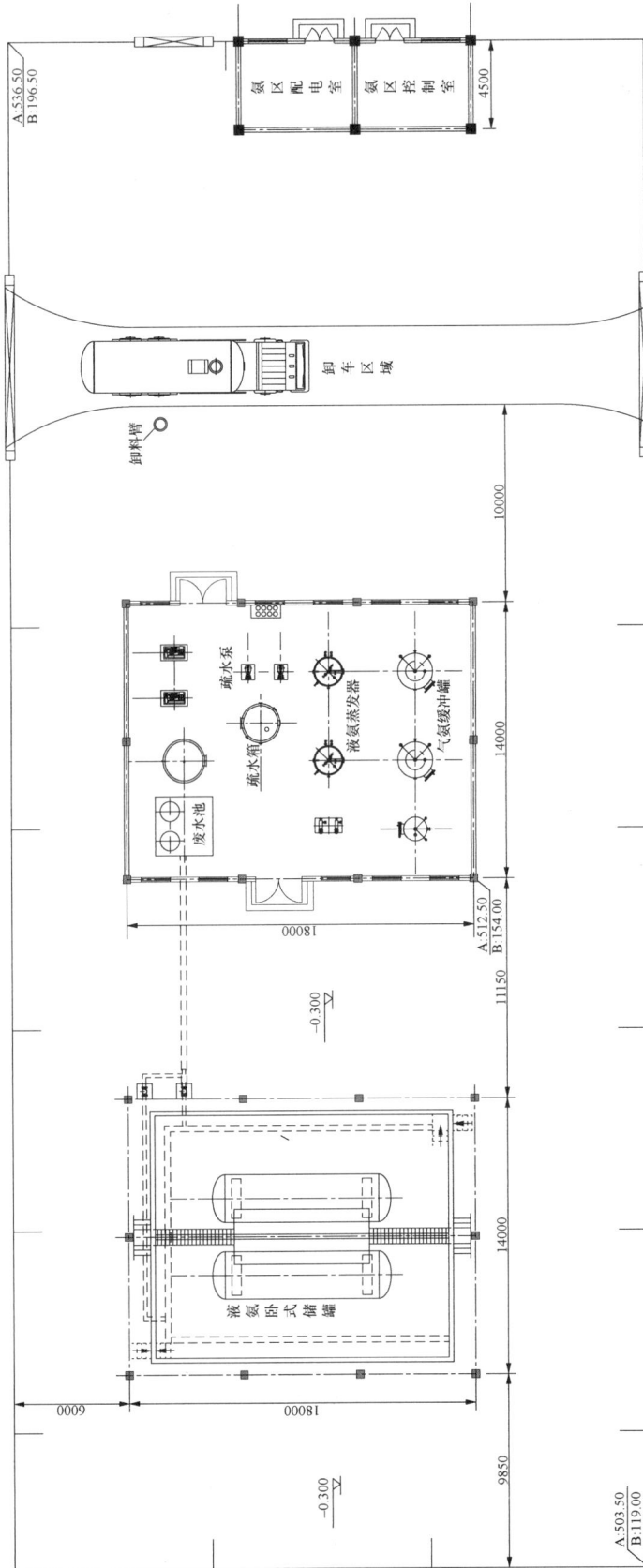

图 10-16　液氨储存与制备区域布置

二、氨水储存及氨气制备系统工程实例

1. 工程概况

某燃气-蒸汽联合循环发电工程，采用 4 台 M701F4 型燃气轮机组成的 2 套"二拖一"燃气-蒸汽联合循环发电供热机组，包括 4 台燃气轮机、4 台燃气轮发电机、4 台余热锅炉、2 台汽轮机、2 台汽轮发电机和有关的辅助系统和设备，同步建设 SCR 脱硝系统。还原剂采用氨水，氨水浓度按 20% 设计，单台锅炉需 20% 氨水约 195t/h。

2. 工艺流程

工艺流程为氨水槽车→氨水卸料泵→氨水储罐→氨水输送泵→氨水蒸发器。

3. 主要设备参数

主要设备及参数见表 10-11。

氨水储罐布置在脱硝设备间外，4 台炉共用 2 个

表 10-11   某工程烟气脱硝还原剂储存制备系统主要设备表（氨水法）

序号	名称	规格及技术要求	单位	数量	备注	序号	名称	规格及技术要求	单位	数量	备注
1	卸氨泵	30m³/h，0.2MPa，11kW	台	2		5	蒸发器	蒸发能力 195kg/h，流量约 2300m³/h（标准工况）	台	1	
2	氨水储罐	卧式，80m³，Q235B	台	2		6	稀释风机	离心式，约 2000m³/h，30kW	台	2	1 用 1 备
3	氨水供应泵	磁力滑片泵，0.4m³/h，0.55kW	个	2	1 用 1 备	7	氨气泄漏检测器	LCT20	套	3	
4	废水泵	自控自吸泵，40m³/h，0.25MPa，5.5kW	台	2							

氨水储罐，氨水储罐半露天集中布置。每个氨水储罐均可满足于 4 台炉供应氨水的要求，能实现 1 用 1 备功能。氨水储罐的出口门、排污门按一、二次门设计。总容积按 4 台锅炉 7 天最大使用量设计，每台炉设置

2 台互为备用的加氨泵，4 台炉共设 2 台互为备用的卸氨泵。

4. 设备布置

氨水储存与制备区域布置见图 10-17。

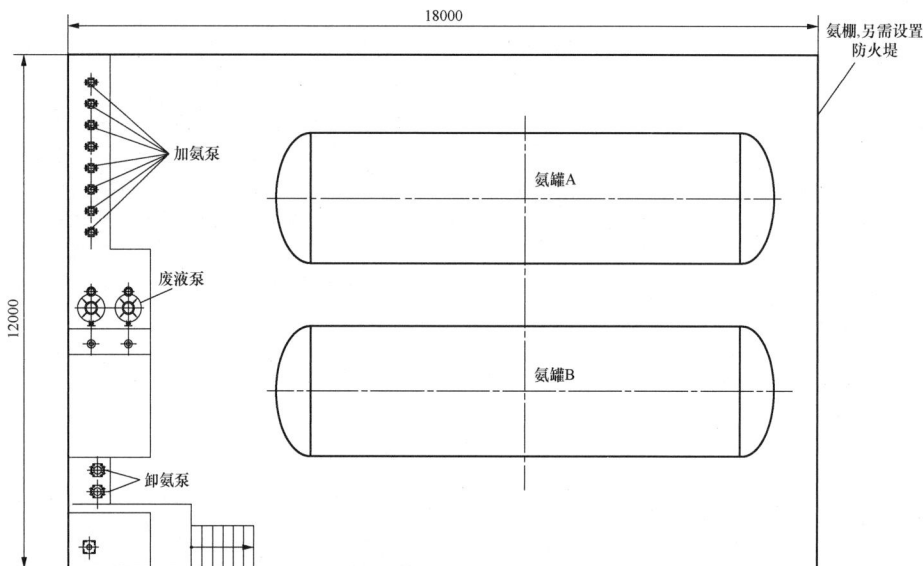

图 10-17 氨水储存与制备区域布置

三、尿素储存及氨气制备系统工程实例

（一）尿素水解制氨系统工程实例

1. 工程概况

某电厂新建 2×350MW 超临界机组，同步建设烟气脱硝装置，脱硝采用选择性催化还原法（SCR），在

设计煤种及校核煤种、锅炉最大工况（BMCR）处理 100% 烟气量条件下，入口 NO_x 浓度为 400mg/m³ 时（6%O_2，干态标准工况），脱硝效率不小于 87.5%，保证脱硝出口氮氧化物排放浓度不高于 50mg/m³（6%O_2，干态标准工况）。在 BMCR 工况条件下，单台锅炉的纯氨耗量为 158kg/h，还原剂采用尿素。

2. 工艺流程

尿素制氨水解工艺流程为尿素（拆包）→斗提机→尿素溶解罐→尿素溶液储存罐→水解反应器→氨气至脱硝装置。

2 台机组设置制氨量为 2×200kg/h 的水解装置，采用单元机组制配置，不设备用。尿素溶解及储存系统两台机组共用。

3. 主要设备参数

主要设备参数见表 10-12。

表 10-12　　　　某工程烟气脱硝还原剂储存制备系统主要设备表（尿素水解法）

序号	名称	规格及技术要求	单位	数量	序号	名称	规格及技术要求	单位	数量
1	斗式提升机	TB315，20t/h，4kW	台	2	6	疏水箱	2500mm×2000mm×2200mm，11m³，S30403	台	1
2	尿素溶解罐	φ3000×3000mm，20m³，材质 S30403	台	2	7	疏水泵	5m³/h，50m，2.4kW，S30403	台	2
3	尿素溶解罐搅拌器	Y4KW-4P，搅拌轴及叶轮材质 S31063	台	2	8	尿素溶液储罐	φ5200×5800mm，116m³，S30403	台	2
4	尿素溶液混合泵	30m³/h，20m，5.5kW，S30403	台	4	9	尿素溶液输送泵	3m³/h，120m，15kW，S30403	台	2
5	废水泵	15m³/h，60m，11kW，S30403	台	2	10	尿素水解反应器	200kg/h，含各阀门、仪表整体供货	套	2

4. 设备布置

尿素水解制氨系统设备布置平剖面见图 10-18 和图 10-19。

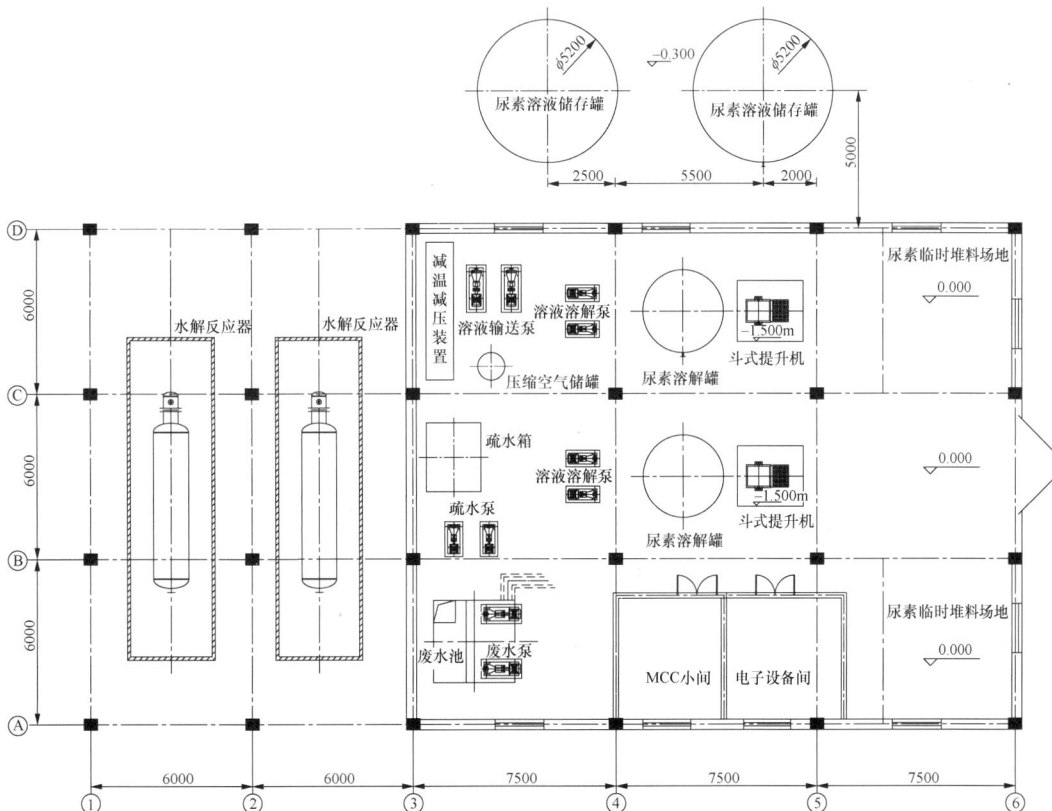

图 10-18　尿素水解系统平面布置

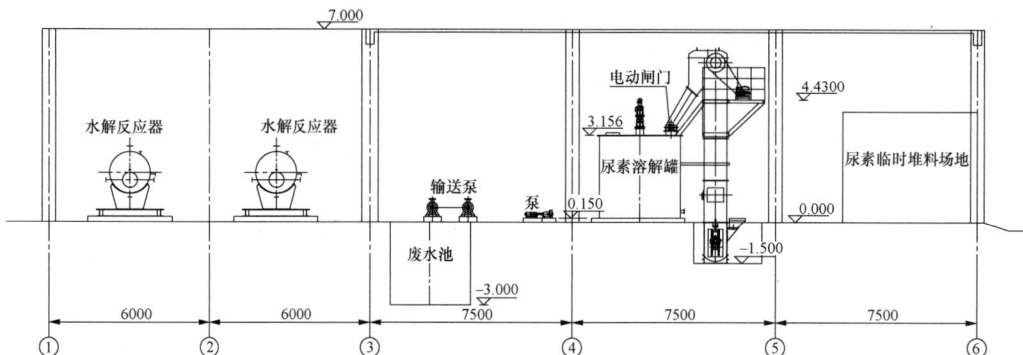

图 10-19　尿素水解系统剖面

（二）尿素热解制氨系统工程实例

1. 工程概况

某电厂新建 2×350MW 超临界机组，同步建设烟气脱硝装置，脱硝采用选择性催化还原法（SCR），还原剂采用尿素。在设计煤种及校核煤种、锅炉最大工况（BMCR）处理 100%烟气量条件下，入口 NO_x 浓度为350mg/m³（6%O_2，干态，标准工况）时，脱硝效率不小于 91.5%，保证脱硝出口氮氧化物排放浓度不高于 30mg/m³（6%O_2，干态，标准工况）。在 BMCR 工况条件下，单台锅炉的纯氨耗量为 151kg/h。

2. 工艺流程

尿素制氨热解工艺流程为尿素（拆包）→斗提机→尿素溶解罐→尿素溶液储存罐→热解炉→氨气至脱硝装置。

2 台机组设置制氨量为 2×166kg/h 热解装置，采用单元机组制配置，装置不设备用。尿素溶解及储存系统 2 台机组共用。

3. 主要设备参数

主要设备参数见表 10-13。

4. 设备布置

尿素储存及溶解区域布置见图 10-20,尿素热解区域布置见图 10-21。

表 10-13　　某工程烟气脱硝还原剂储存制备系统主要设备表（尿素热解法）

序号	名称	规格型号	单位	数量	序号	名称	规格型号	单位	数量
1	斗提机	20t/h，7.5kW	台	2	8	计量分配装置		套	2
2	尿素溶液溶解罐	体积35m³，材质 S30403，带盘管式加热器	台	2	9	绝热分解室		台	2
3	尿素溶解罐搅拌器	11kW，材质 S31603	台	2	10	尿素溶液喷射器	材质 S31603 不锈钢	套	2
4	尿素溶液混合泵	50m³/h，0.20MPa，材质 S31603	台	2	11	电加热器	700kW	台	2
5	尿素溶液储罐	体积80m³，材质 S30403，带盘管式加热器	台	2	12	溶解车间地坑泵	5m³/h，15m，4kW，材质 S31403	台	1
6	尿素溶液循环泵	5.5m³/h，1.35MPa，材质 S31603，18.5kW	台	2	13	疏水箱	10m³	台	1
7	背压控制阀		只	1	14	疏水泵	8m³/h，80m，4kW	台	2

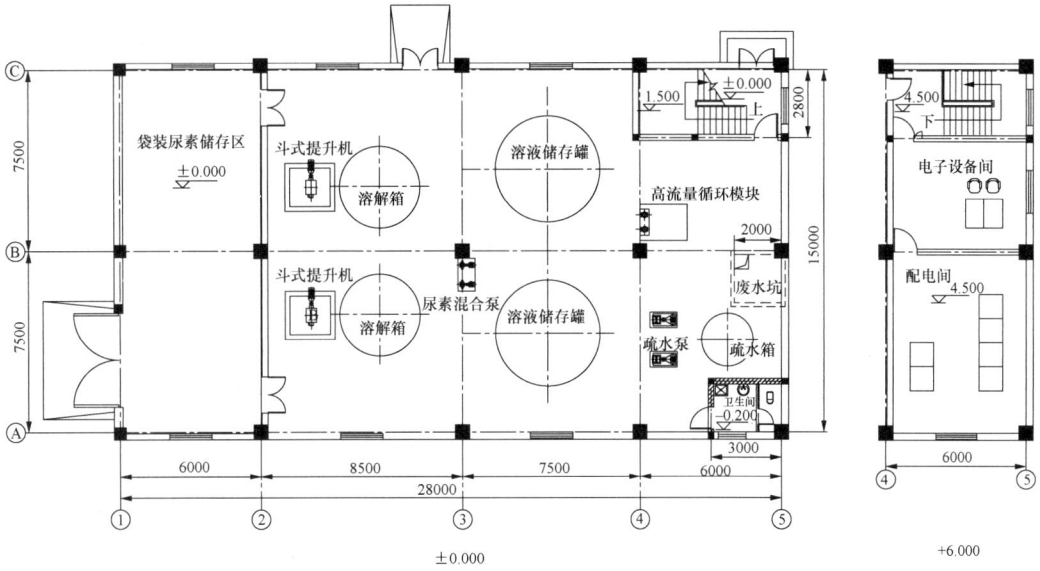

图 10-20　尿素储存及溶解区域布置

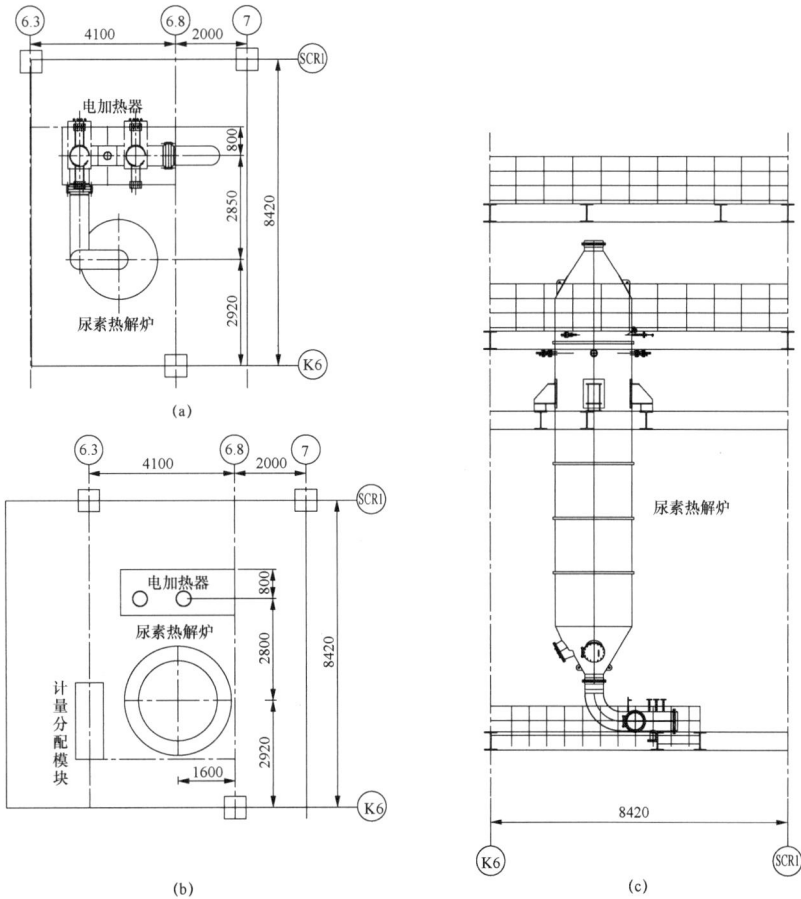

图 10-21　尿素热解区域布置

（a）38.5m 平面布置；（b）32.8m 和 35m 平面布置；（c）尿素热解炉剖面

第十一章

变 压 器 油 净 化

第一节　设 计 基 础 资 料

一、油净化处理方法简介

为了保证新油和运行中油的质量，净化处理是一种普遍且重要的手段。变压器油经净化，一方面可去除水分，提高绝缘油的绝缘强度和汽轮机油的抗乳化度，以及降低油质的劣化速度；另一方面还可去除混油中的机械杂质和油劣化后所生成的油泥沉淀物，避免油系统被堵塞而散热不良的可能，可防止机械杂质对设备的磨损。

变压器油的净化处理方法大体上分为沉降法、过滤法（压力式和真空式）和离心分离法三种。

1. 沉降法

沉降法亦称重力沉降法，它是利用混浊液中固体和液体的颗粒受重力作用而沉降的原理去除油中的混杂物和水分等。用沉降法净化具有简单易行，不需要较多、较复杂的设备等特点，但净化不彻底，只能去除油中大部分的水分和能自然沉降的混杂物，所以一般只能作为预处理。经预处理的油为下一步进行净化处理缩短了时间，确保了净化质量，同时也降低了净化成本。

2. 压力式过滤法

压力式过滤法使用的设备称为压力式过滤机，也称为框板式滤油机。它是利用齿轮油泵的压力，使油通过带有吸附和过滤作用的滤油纸，把变压器油中水分、微细杂质和水溶性酸类物质除去，使变压器油得以净化。使用压力式滤油机时应注意以下问题：滤纸在使用前应进行干燥，以提高滤纸吸收水分的性能；滤纸在烘烤时要特别小心，以免发生火灾；若变压器油中含有很多水分和杂质时，应将油先通过沉降法或离心式滤油机处理后，再用压力式滤油机过滤；过滤时要避免将滤纸的纤维带入油中，在开始滤油的 5～10min 内，将滤油机引出的油应重新导至油泵入口进行循环过滤；为降低黏度，提高过滤速度和效率，应

将油温提高到 40～45℃。

3. 真空过滤法

真空过滤法是借助真空滤油机，使变压器油在高真空和不太高的温度下雾化，脱出油中的微量水分和气体。因为真空滤油机带有滤网，所以能去除一部分固体杂质。该法不但比压力过滤法经济，而且净化程度和效率也很高，能脱出油中的微量水分，可最大限度提高绝缘油的强度，降低油耗。当变压器油因故障使油的闪点下降、析出可燃性气体时，可用真空净化处理恢复其闪点。

4. 离心分离法

离心分离法是利用油、水、杂质三者的密度不同，在离心分离机内转动时产生的离心力不同进行分离净化。其中油最轻，聚集在旋转鼓的中心；水的密度较大，被甩在油质的外层；而变压器油中的固体杂质最重，被甩在最外层，这样就达到了分离净化的目的。离心分离法净化油的效率比较高，油中含有较多的水分和机械杂质时，都可采用，尤其是去除油中的矿渣和碳粒等杂质，效果更好。但离心分离法也具有局限性，只适用于去除密度比油大的杂质。

目前火电厂最常用的是真空过滤法。

二、设计内容及范围

随着变压器技术和运行管理水平的提高，变压器检修及变压器油净化周期不断延长，发电厂现已不设集中油处理室，而是设置移动式变压器油净化设施对变压器第一次充油和运行后劣化油进行净化处理。由于变压器油净化装置采用一体化可移动式设备，因此不需要进行设备安装设计，使用时只需将整套设备移到储油箱附近，待管道连接好后即可开启。

三、设计输入资料

油净化装置的设计所需资料主要是变压器油质和油量资料，用于设备选型。

新变压器油主要质量标准见表 11-1，运行中变压器油的主要质量标准见表 11-2。

表 11-1　新变压器油主要质量标准

项目		质量指标	备注
水含量（mg/kg）		≤30/40	
击穿电压（满足下列要求之一）（kV）	未处理油	≥30	经处理油指试验样品在60℃下通过真空（压力低于2.5kPa）过滤流过一个孔隙度为4的烧结玻璃过滤器的油
	经处理油	≥70	

注　摘自 GB 2536—2011《电工流体　变压器和开关用的未使用过的矿物绝缘油》。

表 11-2　运行中变压器油主要质量标准

项目	设备电压等级（kV）	质量指标	
		投入运行前的油	运行油
水分（mg/L）	330～1000	≤10	≤15
	220	≤15	≤25
	≤110	≤20	≤35
击穿电压（kV）	750～1000	≥70	≥65
	500	≥65	≥55
	330	≥55	≥50
	66～220	≥45	≥40
	≤35	≥40	≥35
油中含气量（体积分数，%）	750～1000	≤1	≤2
	330～500	≤1	≤3
	（电抗器）	≤1	≤5

注　摘自 GB/T 7595—2017《运行中变压器油质量》。

第二节　变压器油净化系统主要设计原则

变压器油净化系统设计的主要设计原则如下：

（1）变压器油净化设施的选择应根据油量及净化后应达到的指标要求确定。

（2）全厂宜设置 1 套移动式变压器油净化装置，可不配置变压器油储油箱。

（3）变压器油净化设施出力宜满足 4h 内循环净化 1 次全厂最大 1 台变压器油量。

（4）不同压力等级的变压器对油中含水量、含气量、介质损耗因数、击穿电压等指标要求不同，变压器油净化装置应根据不同电压等级变压器合理选择。

（5）电厂变压器油净化设施主要采用真空滤油机，根据电压等级适用范围不同可分为以下两种：

1）单级真空滤油机，主要适用于净化 500kV 以下变压器设备用绝缘油的高效脱水、脱气和脱除机械杂质的净化处理。

2）双级真空滤油机，主要适用于净化 500kV 及以上变压器设备用绝缘油的高效脱水、脱气和脱除机械杂质的净化处理。

与单级真空滤油机相比，双级真空滤油机具有脱水、脱气效果更好，过滤后击穿电压更高等优点。500kV 及以上变压器油净化装置应选用双级真空净化装置。

（6）滤油机入口油品指标应满足含水量小于等于 50mg/L、含气量小于等于 10%、击穿电压大于等于 30kW。

（7）净化后油品的指标应符合要求。经滤油机数次循环净化处理后的指标见表 11-3。

表 11-3　净化后油品的主要指标

项目	单级真空滤油机ZJB	双级真空滤油机ZJA	
残余水分（mg/L）	—	一次通过	≤5
	≤10	三次通过	≤3
残余气体（体积分数）	—	一次通过	≤0.3%
	≤0.4%	三次通过	≤0.15%
击穿电压（kV）	—	一次通过	≥70
	≥60	三次通过	≥75
过滤精度（μm）	≤5		≤1

注　摘自 JB/T 5285—2008《真空净油机》。

第三节　真 空 滤 油 机

一、真空滤油机工作原理

真空滤油机是根据水和油的沸点不同设计的。真空泵将真空罐内的空气抽出形成真空，外界油液在给油泵作用下，经过入口管道进入初滤器去除较大的颗粒，然后进入加热器，加热至 40～70℃后通过自控油位阀，该阀能自动控制进入真空罐内的油量进出平衡。经过加热后的油喷入真空罐中，油中的水分急速蒸发形成水蒸气并连续被真空泵吸入冷凝器内，进入冷凝器内的水汽经冷却后再凝结成水放出。脱水、脱气后的油液被排油泵排入精滤器，通过滤芯将微粒杂质过滤出来。从而完成真空滤油机迅速去除油中杂质、水分、气体的全过程，并使洁净的油从出口排除机外。真空滤油机工艺流程示意见图 11-1。

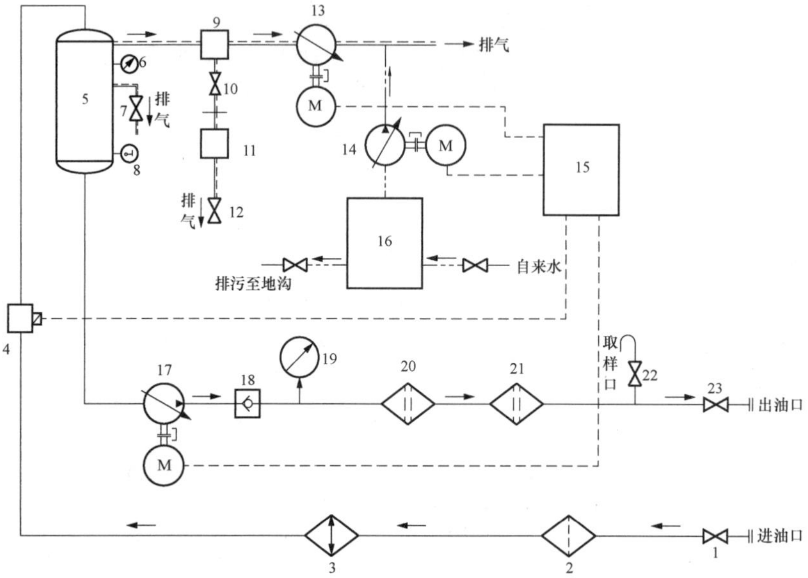

图 11-1 真空滤油机工艺流程示意

1—进口球阀;2—粗滤器;3—加热器;4—电磁阀;5—真空罐;6—真空表;7—充气阀;8—温度计(表);9—冷凝罐;
10,12—截止阀;11—存水罐;13—真空泵(组);14—冷水泵;15—电器控制器;16—水箱;17—排油泵;18—单向阀;
19—压力表;20——一级精滤器;21—二级精滤器;22—取样阀;23—出口球阀
————控制线路;……自来水;═════真空管路;——油路

二、真空滤油机结构组成

真空滤油机由初滤器、给油泵、加热器、真空罐、真空泵、冷凝器、精滤器、排油泵以及电气柜组成。按净化处理系统划分,可分为加热系统、过滤系统、真空雾化系统、供油系统及电器控制系统等。

(1)加热系统。采用分段逐级加热,表面热负荷小于 $1.0W/cm^2$,不会过热引起油液变质。油温可在 $0\sim100℃$ 任意调节,自动控制并设有保护装置,当进油量过少时自动停止工作,避免干烧引起加热器的损坏。

(2)过滤系统。采用二级或三级过滤,吸油口粗过滤器保护油泵并延长主过滤器的使用寿命。泵后设有一级或两级精过滤器,使油液快速达到较高的清洁度。滤材采用特种渐变孔径玻璃纤维材料,可分层过滤不同粒径的颗粒;具有完善的滤芯结构,可有效降低滤材的表面流速,获得稳定的过滤精度。

(3)真空雾化系统。由真空罐、真空泵、冷凝罐、补气系统组成。采用优化结构设计,极大地增加了油液在真空系统中的表面积,并最大限度延长油液在真空系统中的行程,使油中的水分和气体充分溢出。采用先进的消沫系统,滤油机在工作时不会出现喷油

现象。真空泵的工作压强应能满足真空设备的极限真空及工作压强要求;在工作压强下,应能排走真空设备工艺过程中产生的全部气体量。真空泵的抽气速率和极限真空度是衡量设备性能的主要参数。

(4)供油系统。采用齿轮油泵,噪声低、寿命长、效率高。泵设有安全阀作为超载保护,可根据需要调整泵的压力。

(5)自动控制系统。机器采用变频器、液位变送器、温度传感仪、真空表、压力表等自动控制仪表采集设备运行的各种信息,交由中心处理器进行处理,可自动监控整台设备的运行,并具有过载保护、过电压保护、异常运行停机保护等功能。

三、真空滤油机特点

(1)一机多用,可同时实现脱水、脱气、过滤综合工艺处理。

(2)安全可靠,压力、温度、液位均有明确数据指示及机械自动控制。

(3)结构合理,便于移动使用或在线使用。

四、真空滤油机主要参数

真空滤油机主要参数见表 11-4。

表 11-4　　　　　　　　　　　　　　　　　真空滤油机主要参数

参　数	单级真空滤油机 ZJB	双级真空滤油机 ZJA	参　数	单级真空滤油机 ZJB	双级真空滤油机 ZJA
极限真空度（Pa）	≤90	≤7	工作油温（℃）	30～60	30～60
工作真空度（Pa）	≤666	≤133	流量（L/h）	500、1000、2000、3000、4000、6000、8000、9000、12000	2000、4000、6000、8000、12000、18000、20000、24000
工作压力（MPa）	≤0.5	≤0.5			

第十二章

污 废 水 处 理

第一节 设 计 基 础 资 料

一、火电厂污废水的分类

污废水是污水和废水的统称。根据废水性质和处理工艺,通常可将火力发电厂的污废水分为化学废水、脱硫废水、生活污水、含煤废水和含油污水等。

1. 化学废水

化学废水指发电厂生产过程产生的废水,包括经常性废水和非经常性废水。经常性废水即正常生产运行中连续或间断性排放的废水,包括离子交换设备再生排水、原水预处理装置排水、膜处理装置排水、介质过滤器冲洗排水、凝结水精处理设备排水、化学实验室排水、锅炉排污水等;非经常性废水即电厂启停、检修或事故过程中产生的间断性排放废水,包括空气预热器冲洗水、锅炉化学清洗废水、机组启动冲洗排水、锅炉烟气侧冲洗排水和除尘器冲洗排水等。

化学废水的悬浮物、pH 值、铁金属离子、铜金属离子和 COD 等指标超标,因此化学废水处理系统的主要功能是去除废水中的悬浮物、调节 pH 值、去除金属离子和 COD 等,以达到回用要求或排放标准。

化学废水处理工艺主要包括 pH 值调节、氧化、絮凝沉淀、澄清和过滤等设施的不同组合与技术的集成。

2. 脱硫废水

脱硫废水主要指火电厂烟气脱硫系统排放的废水。目前火力发电厂烟气脱硫工艺以石灰石-石膏湿法脱硫工艺为主,本书主要介绍该工艺产生的废水。脱硫系统运行时,由于吸收液是循环使用的,吸收剂的有效成分不断消耗会产生亚硫酸钙,并经强制氧化生成石膏。在吸收剂洗涤烟气时,烟气中的氯化物也逐渐溶解到吸收液中形成氯离子富集。氯离子浓度增高,一方面引起脱硫效率下降,同时加速脱硫设备腐蚀;另一方面降低副产品石膏品质。因此,脱硫浆液不能无限地浓缩,当氯离子浓度达到一定值后,必须从脱硫工艺系统中排出一定量的废水并补充新鲜水以维持循环系统的物料平衡,排出的这部分废水就是脱硫废水。

脱硫废水处理系统的主要目的是去除废水中悬浮物、胶体物质、重金属离子、氟化物等有害物质,降低化学需氧量等,以满足废水回用或排放标准要求。

脱硫废水处理设施一般包括 pH 值调整、絮凝沉淀、澄清、过滤和污泥处置等设施的组合与技术的集成。

3. 生活污水

生活污水指全厂工作人员生活活动所产生的污水,主要包括厂区和生活区卫生间、食堂、洗涤和洗澡产生的污水等。

生活污水处理系统的主要功能是去除生活污水中的有机物、微生物、悬浮物和细菌等,满足回用或排放标准要求。

生活污水处理包括一级处理设施、二级处理设施、深度处理设施和消毒处理设施的不同组合及技术的集成。

4. 含煤废水

燃煤电厂含煤废水主要包含三部分:一是电厂定时对输煤栈桥、转运站、煤仓间、磨(碎)煤机室等部位进行水冲洗产生的含煤废水;二是防止煤场堆煤的扬尘和自燃,对煤场定期喷水产生的含煤废水;三是煤场的含煤雨水。

含煤废水含有煤粉颗粒、悬浮物,并有很高的色度,其悬浮物的浓度高达 2000~5000mg/L,色度高达 400 以上。含煤废水不能直接排放,也不能直接回收利用,需要进行有效处理以满足回收利用水质要求。

含煤废水处理设施包括混凝、沉淀、过滤或电子絮凝等设施的组合与技术的集成。

5. 含油污水

含油污水主要包括油罐区内的油罐脱水、含油场所的冲洗污水(包括卸油站台和油泵房等处)、含油场所的雨水(包括油罐区防火堤内、整体道床卸油线和卸油站台的地面雨水等),以及变压器油坑排水等。

含油污水处理系统的主要功能是去除含油污水中的浮油、分散油、乳化油和溶解油等，以达到排放标准或回用要求。

含油污水处理包括一级处理设施、二级处理设施、深度处理设施的组合与技术的集成。在电厂含油污水处理中，通常将二级处理设施布置在废水集中处理站，利用废水处理系统进行集中深度处理。

二、设计内容及范围

污废水处理工艺包括水质调整系统、曝气氧化系统、絮凝澄清系统、过滤系统、污泥处置系统、药品储存和计量系统等主要子系统。其中污泥处置系统的相关内容见第二章，药品储存和计量的相关内容见第十三章。

污废水一般都分质、分类设置收集、处理系统，如化学废水处理系统、脱硫废水处理系统、生活污水处理系统、含煤废水处理系统、含油污水处理系统等。一般从厂内各个收集点逐一输送至系统统一处理，处理后的水再分类分质回用到不同地点。各系统的设计内容及范围一般为自系统来污废水开始至处理后产出水送出管道为止，包括各工艺处理设备、连接管道和系统监测仪表等。

三、设计输入资料

进行系统设计之前，应收集工程环境影响评价报告审批意见、水量水质平衡表和系统设计所需的资料，如水源及水质、出水水质要求、水量、药品供应情况和现场条件等，各类污废水处理系统设计输入资料如下：

（1）化学废水。进水水质、水量和频率，出水水质要求，最终用途等。

（2）脱硫废水。系统进水水质及水量，出水水质要求，最终用途等。

（3）生活污水。系统进水水质及水量，出水水质要求，最终用途等。

（4）含煤废水。系统进水水质及水量，出水水质要求，最终用途等。

（5）含油污水。油品种类，系统进水水质及水量，出水水质要求，最终用途等。

第二节 化学废水处理

一、系统设计

（一）系统选择

1. 典型工艺

火电厂化学废水的悬浮物含量、pH 值、铁金属离子、铜金属离子和 COD 值超标，其中悬浮物多采用混凝澄清或者气浮和过滤方法去除，金属离子和 COD 值多采用氧化方法去除。国内电厂化学废水常用的典型处理工艺如下。

（1）化学废水处理典型工艺流程。

1）典型工艺流程一。废水储存池（箱）→pH 调整装置→反应装置→絮凝装置→澄清装置→最终中和调节池→清净水池→过滤器→达标回收利用或不达标再循环处理。

2）典型工艺流程二。废水储存池（箱）→澄清装置→气浮装置→中间水池→过滤装置→清水池→达标回收利用或不达标再循环处理。

3）典型工艺流程三。废水储存池（箱）→氧化池（箱）→pH 调整装置→反应装置→絮凝装置→澄清装置→最终中和调节池→清净水池→过滤器→达标回收利用或不达标再循环处理。

上述流程中，反应装置和絮凝装置可根据水质情况单独设置也可合并在一起，统称为絮凝反应装置。系统中设有絮凝、澄清的旁路，以便在来水水质较好的情况下，直接进行 pH 值调整、最终中和及后续处理工艺后回用。

（2）锅炉化学清洗废水处理工艺。锅炉化学清洗废水的水量和水质与采用的清洗方式、清洗范围及清洗药剂有关，应采用盐酸、有机酸和 EDTA 等不同清洗药剂清洗排出的废水，并制定相应的处理方案。

锅炉化学清洗采用盐酸时，清洗废水的处理工艺可根据废液中悬浮物含量、pH 值、铁金属离子、铜金属离子和 COD 值超标情况，采用上述三种典型工艺进行处理。

锅炉化学清洗采用有机酸时，清洗废水常用的处理工艺为锅炉化学清洗排水→废水储存池（箱）→pH 调整池（箱）→粗过滤装置→锅炉焚烧或煤堆喷洒。

锅炉化学清洗采用 EDTA 时，清洗废水常用的处理工艺为锅炉化学清洗排水→回收 EDTA 处理→回收 EDTA 后的废液至废水储存池（箱）→氧化池（箱）→pH 调整装置→反应装置→絮凝装置→澄清装置→最终中和调节池→清净水池→过滤器→达标回收利用或不达标再循环处理。

（3）污泥处理典型工艺流程。澄清器排出的泥浆处理流程为泥浆池→泥浆输送泵→浓缩脱水机→泥渣斗→汽车外运处置。

浓缩脱水机排出的清水返回至废水收集池。

2. 化学废水集中处理系统出力确定

（1）根据全年废水排放量和全年运行小时得出系统出力（m³/h）。

（2）将每小时平均处理的经常性废水水量（m³/h）加上一项最大的非经常性废水在 7~10 天内完成的处

理量（m³/h）。

3. 主要设计原则

化学废水处理系统应根据化学废水水质特点、处理规模、场地条件及回用或排放的具体要求，并参考类似厂的运行经验，结合当地条件，通过技术经济比较确定。

（1）电厂废水处理系统的设计应满足国家和相关行业的强制性的规定，应严格执行国家、地方和电力行业现行的有关法规、标准，防止水体污染，保护水资源和生态环境。

（2）对生产过程发生的废水，应首先进行梯级使用，然后尽可能按照回用或排放的水质要求设计废水处理工艺系统，采用成熟的新技术，以提高水的重复利用率，达到节能减排的目的。

（3）废水处理系统的设计应按火力发电厂规划容量全面考虑，其设施应根据机组分期建设情况并经技术经济比较，确定是分期建设还是一次建成。对扩建和改建工程，应了解原有的废水处理系统、设备布置和运行等情况，应考虑是否可利用已有的设施。系统布置应在满足工艺设计要求的前提下进行优化，以减少占地面积。

（4）废水集中处理设施在厂区总平面中的位置应有利于各类废水的收集、储存和回收利用。

（二）主要技术要求

1. 水质要求

（1）排放要求。经废水集中处理装置处理后的排水如果外排，应符合工程环境影响评价报告审批意见的要求，一般应达到 GB 8978—1996《污水综合排放标准》的一级标准，其主要污染物控制指标见表 12-1。

表 12-1　　主要污染物控制指标

序号	项目	单位	一级标准
1	pH 值		6~9
2	悬浮物	mg/L	70
3	生物需氧量（BOD$_5$）	mg/L	20
4	化学需氧量（COD$_{Cr}$）	mg/L	100
5	石油类	mg/L	5
6	氨氮	mg/L	15

（2）回用要求。经废水集中处理装置处理后的排水如果回用，应满足回用系统的水质要求。部分回用系统的水质要求见表 12-2。

表 12-2　　回用系统的水质
主要污染物控制指标

序号	回用系统	项目	单位	数值
1	水力冲灰系统	pH 值		宜 2~8
		悬浮物	mg/L	—
2	喷洒煤堆和调湿灰	pH 值	mg/L	宜 6~9
		悬浮物	mg/L	—
3	脱硫系统	pH 值		宜 6~9
		悬浮物	mg/L	≤70
		COD$_{Cr}$	mg/L	≤70

（3）排至城镇下水道。经废水集中处理装置处理后的排水如果排至城镇下水道，可参照 GB/T 31962—2015《污水排入城镇下水道水质标准》执行，其主要污染物控制指标见表 12-3。

表 12-3　　主要污染物控制指标

序号	项目	单位	A 等级	B 等级	C 等级
1	pH 值		6.5~9.5	6.5~9.5	6.5~9.5
2	悬浮物	mg/L	400	400	250
3	五日生化需氧量（BOD$_5$）	mg/L	350	350	150
4	化学需氧量（COD）	mg/L	500	500	300
5	石油类	mg/L	15	15	10
6	氨氮	mg/L	45	45	25

注　下水道末端污水处理厂采用再生处理时，排入城镇下水道的污水水质应符合 A 级的规定；下水道末端污水处理厂采用二级处理时，排入城镇下水道的污水水质应符合 B 级的规定；下水道末端污水处理厂采用一级处理时，排入城镇下水道的污水水质应符合 C 级的规定。下水道末端无污水处理设施时，排入城镇下水道的污水水质，应根据污水的最终去向符合国家和地方现行污染物排放标准，且应符合 C 级的要求。

2. 系统设计总体技术要求

废水应按分质回收的原则分类收集和储存。废水收集后，在输送至废水集中处理车间时，宜采用管道输送，以避免沿途混入大量雨水造成处理负荷波动较大，避免混入其他种类的废水（如含油污水、生活污水）与所设计的工艺流程发生冲突，进而使废水处理装置无法发挥预期的效率和作用。具体要求如下：

（1）废水集中处理系统一般设置有经常性废水池和非经常性废水池，按照废水水质进行分质储存。经常性废水池收集的废水经过 pH 调整和过滤简单处理就可回用；非经常性废水池收集的废水还需要再进行混凝澄清等处理才能回用。

（2）当有原水预处理系统时，产生的废水可排入非经常性废水池，进行集中处理。

（3）锅炉补给水处理系统采用超滤、反渗透装置时，宜分设排水收集系统，超滤反洗废水可排入非经常性废水池或回用至原水预处理系统，超滤、反渗透化学清洗可排入非经常性废水池。反渗透浓水可直接送回用水池，根据含盐量区别利用。

（4）锅炉补给水处理系统采用过滤、离子交换设备时，过滤器反洗排水可排入非经常性废水池或回至原水预处理系统进行处理，交换器再生废水可排入经常性废水池。

（5）为最大限度地节约用水，离子交换器再生期间的反洗、部分正洗水可单独收集回用，如用于过滤器反洗等。

3. 系统设计具体要求

（1）根据工程具体情况，明确采用废水集中处理方式还是分散处理方式，目前国内新建大中型发电机组基本都采用集中处理方式。

（2）根据废水经处理后的排放或回用要求，明确处理系统出水水质要求，确定化学废水处理工艺。

（3）明确各种废水的水量及水质，确定化学废水系统出力。表 12-4 为某电厂的废水水量及水质统计。

（4）明确污泥量及处置方式。

表 12-4 某电厂废水水量及水质统计表

项目	废 水 名 称	排水量	排 水 水 质						频率
			pH 值 (25℃)	悬浮物 (mg/L)	Fe (mg/L)	COD$_{Cr}$ (mg/L)	含油量 (mg/L)	含盐量 (mg/L)	
经常性废水	超滤排水	11m³/h	6～8	5～20	—	10～100	—	同进水	每天
	反渗透浓水	25m³/h	7～9	1～2	4 倍进水	4 倍进水		4 倍进水	每天
	补给水处理系统离子交换设备再生排水	4m³/h	2～12	20～80	1	5～15		7000～10000	每天
	凝结水精处理装置再生排水	300m³/次	2～12	20～80	4	5～15		7000～10000	平均约 3 天 1 次
	原水预处理系统含泥废水	80m³/h	6～8	0.4%～2%	—	—		同进水	每天
非经常性废水	空气预热器清洗废水	6000m³/次	2～6	3000	500～10000	1000	1～2	500～10000	1～2 次/年
	锅炉化学清洗废水	7000m³/次	2～12	3000	50～6000	2000～4000	1	15000～40000	1 次/4～6 年
	锅炉烟气侧清洗废水	2000m³/次	3～6	500～3000	300～5000	1000	1～5	5000～15000	1 次/年
含油污水	变压器坑隔油池排水	20m³/h	6～9	50	变压器油 500mg/L	—		—	不经常
	油库区隔油池排水	20m³/h	6～9	50	轻油 500mg/L	—		—	不经常
	主厂房地面冲洗水	45m³/d	6～8	3000	500～3000	—		—	每天

（三）化学废水储存系统设计

化学废水储存可根据占地情况和当地地基情况等条件选择水箱或水池方案。废水集中处理的废水储存池（箱）一般分为经常性废水储存池（箱）和非经常废水储存池（箱）。废水储存池（箱）的总容量一般为经常性废水一天产生量与非经常性废水一次最大量之和。

非经常性废水储存池（箱）总容积根据锅炉参数及清洗方案确定，推荐值见表 12-5。

表 12-5 非经常性废水储存池（箱）的
必要容积推荐值 （m³）

机组容量	锅炉酸洗介质		
	有机酸	EDTA	HCl
1000MW	8000	6000	—
600MW	6000	4000	—
300MW	4000	2000	3000
9F、9H 燃气轮机	—	600	1000
9E 燃气轮机	—	300	500

废水储存池（箱）应有均匀水质的措施，池内宜设置空气搅拌设施，空气搅拌强度宜为 0.8～1.2m³/（m³·h）（空气/水，标准工况）。当单个废水储存池容积较大或长宽比大时，废水储存池应采用多点进水或出水管回流方式均匀水质。

（四）氧化池（箱）系统设计

该系统主要对铁金属离子、铜金属离子或 COD 含量较高的废水进行处理，主要工艺设备包括搅拌装置、加药装置、仪表、泵和风机等。

系统设计的主要技术要求如下：

（1）水在池（箱）中的停留时间宜为 10～15min。

（2）池（箱）内应设压缩空气搅拌装置，空气搅拌强度宜为 1.0m³/（m³·h）（空气/水，标准工况）。

（3）加次氯酸钠时，出水余氯量宜为 1～3mg/L。

（五）pH 调整系统设计

该系统主要对酸碱废水，如化学除盐设备再生废水、锅炉清洗废水等进行处理，将酸碱废水的 pH 值调整到满足后续系统或所进入的水体要求的范围，可单独设置 pH 调整池，也可简化采用管道混合器，其他主要工艺设备包括搅拌装置、酸碱加药装置、pH 测量、泵和风机等。

水质调整系统设计的主要技术要求如下：

（1）与酸或碱介质接触的容器、管道和构筑物应防腐。

（2）当 pH 调整系统采用连续处理时，通常设置储存池调节水量，均衡水质，储存池容积按一天的酸碱废水发生量（容积）设计。当送至废水集中处理车间处理时，储存池容量可与进入废水处理系统的其他经常性废水统筹考虑。

水在中和池（箱）中的停留时间宜为 10～15min。

（3）当pH 调整系统采用间断处理时，中和池（箱）应能接纳、处理相应的设备（如一个系列的离子交换器）一个周期的排放量，并考虑检修备用。如果只设一个中和池，则应分为两格。

（4）当中和池配有 pH 计时，不宜采用空气搅拌的方式，因其产生的气泡会附着在 pH 计电极表面影响测量的准确性。

（5）中和池应设搅拌装置，以保证加入的药剂在池内能均匀分布。

（6）系统为连续运行时，搅拌装置宜为电动搅拌器，搅拌器为螺旋桨式，转速约为 360r/min。系统为间断运行时，搅拌的方式可采用空气搅拌，或采用循环泵的水流循环方式。

（7）电动搅拌器材质应耐相应接触介质的腐蚀；电动搅拌器螺旋桨叶与容器的底部不应小于 500mm。

（8）敞口的池子四周应设栏杆。

（六）混凝澄清系统设计

该系统主要是对非经常性排水，包括空气预热器冲洗水、锅炉化学清洗废水、机组启动排水、锅炉烟气侧冲洗排水和除尘器冲洗排水等进行处理，通过混凝澄清去除废水中的悬浮物，将废水的相关指标调整到满足后续系统或所进入的水体要求的范围，主要工艺设备包括反应池/器、絮凝池/器、沉淀池/器等。

混凝澄清系统设计主要技术要求如下：

（1）可根据水质情况设置反应池/器和絮凝池/器两级处理设备；也可以设一个絮凝反应池/器，将反应和絮凝功能合在一个设备中完成。

（2）反应池/器、絮凝池/器和沉淀池/器应考虑防腐措施。

（3）沉淀器可采用斜板（管）沉淀池/器或辐流式沉淀池/器。

（4）反应池/器、絮凝池/器和沉淀池/器可不设备用。

（5）在沉淀池/器池壁与斜板的间隙处应设导流板，以防止水流短路。斜板上缘宜向池子进水端倾斜。

（6）斜板（管）沉淀池/器泥斗部分可设监测口。

（7）斜板（管）沉淀池/器一般采用重力排泥，并应设冲洗设施。

（8）反应池/器、絮凝池/器、沉淀池/器应设置爬梯，顶部应设置运行检修平台，平台周围应有防护栏杆。

（七）最终中和池系统设计

该系统功能是进一步调整废水 pH 值，系统设计要求如下：

（1）水在池中停留时间宜为 10～15min。

（2）设可变速机械搅拌装置时，搅拌器形式宜为双螺旋桨式，转速宜为 20～200r/min。

（八）过滤系统设计

该系统功能是进一步去除混凝澄清后的废水中悬浮物，主要工艺设备为过滤器，包括机械过滤器、重力滤池、纤维/纤维球过滤器等，技术要求见第二章相关内容。

（九）污泥处置系统设计

该系统主要对澄清混凝系统产生的污泥进行处理，包括污泥浓缩或者调节处理、污泥脱水处理和污泥的最终处置，主要设备有浓缩池或者储存池、污泥泵和污泥脱水装置等。污泥浓缩池和脱水装置技术要求见第二章相关内容。

污泥处置工艺系统主要性能指标如下：

（1）浓缩后的污泥含水率为 95%～97%。

（2）机械脱水后污泥含水率为 45%～85%。

污泥处置系统设计主要技术要求如下：

（1）污泥处置系统设计应结合当地实际情况以及污泥的最终处置方式并参考类似电厂的运行经验进行确定。化学废水处理系统的污泥处置设施可根据工程具体情况与厂内其他系统的污泥处置设施合并设置。

（2）污泥浓缩池的设置应根据泥浆特性、含固量及脱水机允许的泥浆含水率等情况确定。当采用石灰混凝澄清处理工艺时，不应设置污泥浓缩池。

（3）在污泥脱水前应加入脱水助凝剂，脱水助凝剂的种类和计量可根据污泥性质，经试验或参照类似水质的发电厂的运行数据确定。

（4）污泥脱水机的类型和容量应根据污泥量、污泥性质、对泥饼含水率的要求和场地情况等因素，并参考类似电厂的运行经验，经技术经济比较确定。脱水机的台数应根据所处理的干泥量、脱水机出力及设定的运行时间确定。

（5）污泥输送泵可采用螺杆泵或渣浆泵，其材质应有良好的耐磨性，容量应与后续处理设备匹配，数量不宜少于 2 台，并设备用。

（6）污泥泵、污泥管道、脱水机应设有冲洗水装置。

（7）污泥管道、污水管道不应穿越电气间及控制间。

（8）泥浆系统阀门应采用球阀。

（9）泥浆池上清液应排至非经常性废水池。

二、主要设备

（一）絮凝反应器

为去除废水中悬浮物，通常借助于混凝的手段，在原水中加入适当的混凝剂，经过充分混合，使胶体稳定性破坏，并与混凝剂相吸附，使颗粒具有絮凝性能。絮凝反应器的作用就是增加胶体颗粒的碰撞次数，形成矾花。工业上常用的反应器有隔板式、涡流式和机械搅拌式。火力发电厂化学废水处理系统常用的是机械搅拌式，这种反应器是靠旋转的叶轮带动水流旋转，使水流产生速度梯度。在立式反应器中搅拌轴垂直安放，在水平式反应器中搅拌轴水平安放。由于需要转动设备，维护工作量较大。

1. 结构形式

絮凝反应器的结构形式见图 12-1。水从下部进入后，旋流向上流出。

2. 主要参数

（1）反应器容积通常按废水在其中停留 10～15min 设计。

（2）反应器应配耐腐蚀、慢速的搅拌器，以保证加入的药剂在容器内能均匀分布，且不影响颗粒的絮凝。搅拌器宜采用电动搅拌器，形式为桨式，转速约为 55r/min。

（3）絮凝器容积通常按废水在其中停留 10～15min 设计。

（4）絮凝器宜配耐腐蚀可变速搅拌器，以保证加入的药剂在容器内能均匀的分布。电动搅拌器形式为双桨式，转速为 20～200r/min。搅拌器桨叶的底部至少离池底 500mm。

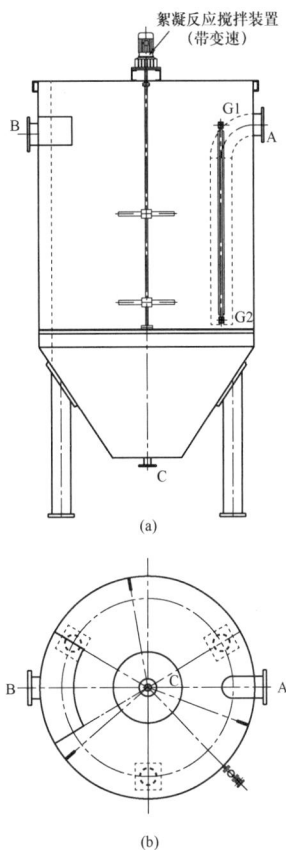

图 12-1 絮凝反应器主视图和俯视图
（a）主视图；（b）俯视图
A—设备进水口；B—设备出水口；
C—放空口；G1、G2—液位计接口

（5）絮凝反应器容积通常按废水在其中停留 10～15min 设计。

（6）絮凝反应器宜配耐腐蚀可变速搅拌器，转速为 55～200r/min。搅拌器桨叶的底部至少离池底 500mm。

（二）斜板（管）澄清器

斜板（管）澄清器的基本原理与斜板（管）沉淀池相同，见第二章相关内容。废水处理系统采用的斜板（管）澄清器，常用上向流形式，多采用钢制容器，其结构形式与常规斜板（管）沉淀池略有不同，具体外形见图 12-2。斜板（管）澄清器主要结构尺寸见图 12-3，主要技术参数见表 12-6。

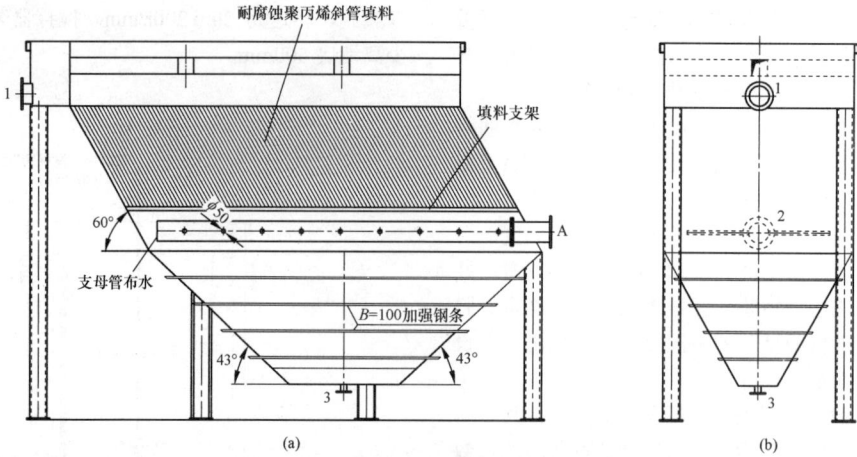

图 12-2 斜板（管）澄清器主视图和侧视图

（a）主视图；（b）侧视图

1—设备出水管；2—设备进水管；3—放空管

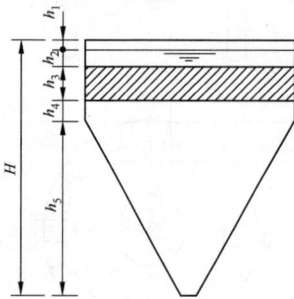

图 12-3 斜板（管）澄清器主要结构尺寸（单位：m）

h_1—超高；h_2—斜板（管）区上部水深；h_3—斜板（管）高度；
h_4—斜板（管）区底部缓冲层高度；h_5—污泥斗高度

表 12-6   上向流斜板（管）澄清器
主要技术参数

进水悬浮物	<500mg/L
悬浮物去除率	>95%
排泥浓度	2%～4%
表面水力负荷	宜取 5.0～9.0m³/（m²·h）
斜管孔径（或斜板净距）	50～100mm
斜板（管）斜长	1.0～1.2m
斜板（管）水平倾角	宜为 60°
超高 h_1	0.2～0.5m
上部水深 h_2	0.5～1.0m
底部缓冲层高度 h_4	0.5～1.0m

废水处理用斜板（管）澄清器的水面面积 S 按第二章式（2-30）计算。

水在斜板（管）澄清器中停留的时间 t 可按式（12-1）进行计算，但不应超过 30min

$$t = (h_2 + h_3) \times 60/f \qquad (12-1)$$

式中 h_2——斜板（管）区上部水深，m；

h_3——斜板（管）高度，m；

f——设计表面水力负荷，m³/（m²·h）。

（三）气浮装置

气浮装置向水中通入大量的微细气泡，气泡附着于杂质颗粒上，造成比重小于水的状态而浮至水面，从而获得固液分离。上浮至表面的杂质通过刮渣装置或者表面排渣去除，清水从底部引出。气浮装置具有以下特点：

（1）易于去除比重较轻的絮体及废水处理中的纤维物。

（2）对低浊低温水的处理效果好。

（3）固液分离速度快。

（4）净水效率高，排泥方便。

空气气浮法包括真空式和压力式，压力式气浮法具有较广泛的应用性，气浮基本工艺包括全流程溶气气浮法、部分溶气气浮法、部分回流溶气气浮法。电厂多采用部分回流溶气气浮法，下面仅对该法进行介绍。

1. 结构形式

气浮装置主要分为气浮设备和气浮池两种形式。气浮设备外形见图 12-4，气浮池原理示意见图 12-5。

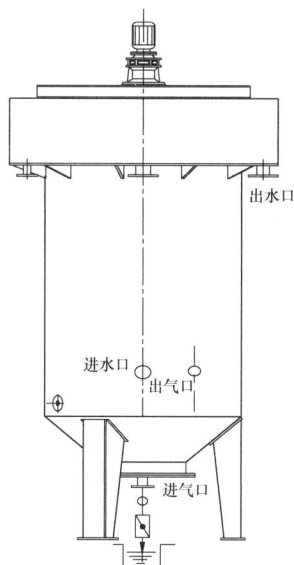

图 12-4 气浮设备外形

表 12-7 化学废水处理系统气浮设备主要设计参数

设计参数	数值
结构形式	竖式圆形结构
表面水力负荷	5～10m³/（m²·h）
废水在气浮装置中停留时间	约 25min
回流溶气水的回流比	30%～50%
溶气罐的工作压力	0.4～0.5MPa
溶气罐水力停留时间	2～3min
排污周期	4～8h

2）加压泵的选择除应满足溶气水的压力之外，还应考虑管路系统的水头损失。

3）气浮池一般可采用矩形或圆形，矩形气浮池表面负荷率应根据进水水质确定。气浮池分为反应区和分离区。气浮池的主要设计参数见表 12-8。

表 12-8 气浮池主要设计参数

设计参数	数值
表面水力负荷	5～10m³/（m²·h）
有效水深	2.0～2.5m
池超高	≥0.4m
每格池宽	≤4.5m，长宽比宜为 3～4，宽与深之比大于等于 0.3
水平流速	≤10mm/s
反应区（接触区）反应（接触）时间	5～10min
上升流速/向下流速	气浮池接触室的上升流速宜为 10～20mm/s，分离室的向下流速宜为 1.5～2.0mm/s
分离区水力停留时间	≤1h
刮沫机的移动速度	≤5m/min

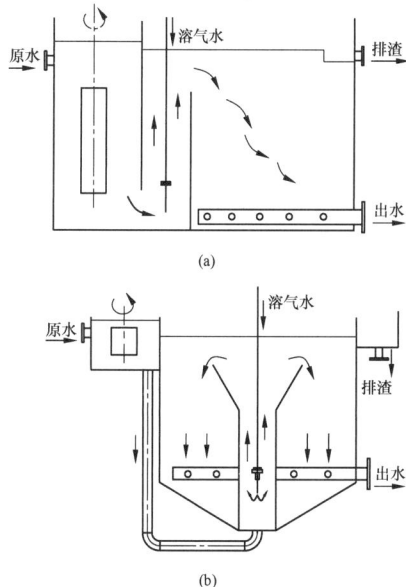

图 12-5 气浮池原理示意
（a）平流式气浮池；（b）竖流式气浮池

2. 主要参数

（1）气浮设备。气浮设备主要设计参数见表 12-7。

（2）气浮池。气浮池工艺一般采用部分回流加压气浮，设备配置与选择要求如下：

1）溶气罐的工作压力宜采用 0.3～0.5MPa。废水在溶气罐内停留时间宜为 2～3min，且罐内应有促进气水混合的设施。空气用量应根据计算决定，一般按处理水量的 5%～7%计算，设计空气量应按 20%～25%的过量考虑。回流比宜为 30%～50%。每台气浮池宜配一个溶气罐，溶气罐配有水位控制设施。

三、典型工程实例

（一）化学废水处理工程实例一

1. 工程概况

某电厂二期工程扩建 2×600MW 国产燃煤空冷机组，仍留有再扩建的可能。为节省水资源，工程的工业用水采用污水处理厂的二级污水，过渡和紧急备用水源为地表水。

2. 进出水水质

集中处理的废水有水处理系统的酸碱废水、反渗透浓水、凝结水精处理系统的酸碱废水、锅炉清洗废水、主厂房地面冲洗水、含油污水、脱硫废水等。各种废水量见表 12-9。

表 12-9   各种废水的水质及水量

项目	废水名称	排水量	排水水质			备注
			pH 值	悬浮物（mg/L）	Fe（mg/L）	
经常废性水	凝结水精处理再生排水	17m³/次	2～12	含废树脂	5～100	3～4 天 1 次
	水处理系统超滤 CIP 排水	130～260m³/次				1～3 月 1 次
	水处理系统反渗透浓水	40m³/h				每天
	脱硫废水	6m³/h	5～6	6000～10000	微量重金属	Cl⁻，20000mg/L
非经常性废水	空气预热器清洗废水	6000m³/次	2～6	3000	500～5000	1～2 次 1 年
	除尘器冲洗水	100m³/次	3～5	3000	500～3000	1 年 4 次
	锅炉水侧化学清洗废水	6000m³/次	2～12	100～2000	50～6000	4～6 年 1 次
	锅炉火侧清洗废水	2000m³/次		3000	500～5000	1 年 1 次
含油污水	变压器坑隔油池排水	20m³/h	6～9	50	变压器油 500mg/L	不经常
	油库区隔油池排水	20m³/h	6～9	50	轻油 500mg/L	不经常
	主厂房地面冲洗水	45m³/d	6～9	150	油小于 10mg/L	短时较大

化学废水处理系统的出水 pH 值、悬浮物、生物需氧量（BOD_5）、化学需氧量（COD_{Cr}）、石油类等指标应达到 GB 8978—1996《污水综合排放标准》中第二类污染物最高允许排放浓度的一级标准，同时应满足回用的水质要求，达标后的废水回用。

3. 工艺流程及主要设备

（1）工艺流程。经常性废水总量约 65m³/h，系统

设计出力按 100m³/h 设计。经常性废水中仅少量是反渗透系统的浓水，其他大部分是悬浮物含量较高的废水，如凝结水处理系统排水和烟气脱硫系统废水等，不宜采用简单的酸碱中和处理，因此这部分废水处理工艺见图 12-6，水质合格后综合利用。

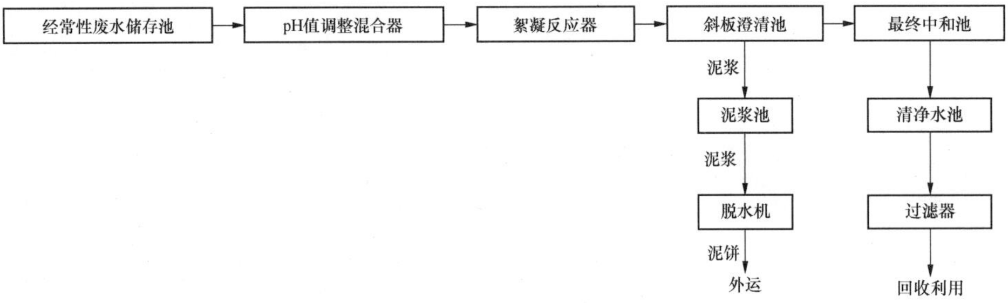

图 12-6 某电厂经常性废水处理流程

该系统设有絮凝、澄清的旁路，以便在来水水质较好的情况下，直接进行 pH 值调整、最终中和及后续处理工艺后回用。

锅炉酸洗废水、空气预热器冲洗水等非经常性排水收集在 3×2000m³ 的废水储存池内。系统设计出力按 100m³/h设计，处理后的废水回用，其处理工艺流程见图 12-7。

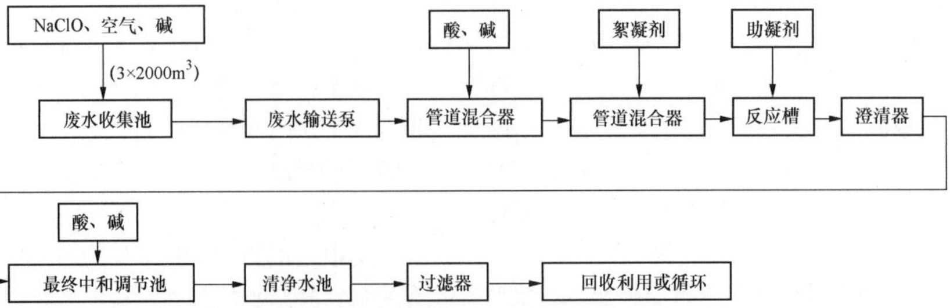

图 12-7 某电厂经常性废水处理流程

注：pH 值合格回用；如 pH 值不合格，即返回最终 pH 调节池。

澄清器排出的泥浆→泥浆池→泥浆输送泵→浓缩脱水机→泥渣斗→汽车外运。

浓缩脱水机排出的清水将返回经常性废水收集池。

（2）主要设备。主要设备规范见表 12-10。

表 12-10 化学废水处理站主要设备规范

序号	设备名称	规格及技术参数	单位	数量
1	经常性废水收集池	有效容积 200m³	台	2
2	经常性废水输送泵	50m³/h，0.35MPa	台	2
3	经常性废水输送泵	40m³/h，0.41MPa	台	2
4	非经常性废水收集池	有效容积 2000m³	台	3
5	非经常性废水输送泵	100m³/h，0.35MPa	台	3
6	絮凝反应槽	17m³	台	1
7	斜板澄清器	100m³/h	台	1
8	最终中和池	有效容积 70m³	台	1
9	清净水池	有效容积 470m³	台	1
10	清水排放泵	100m³/h，0.50MPa	台	2
11	纤维球过滤器	φ1620	台	2
12	泥浆池	有效容积 80m³	台	1
13	泥浆泵	12～15m³/h，0.3～0.40MPa	台	2
14	泥渣脱水机	12m³/h	台	1
15	螺杆输送机	4m³/h	台	1
16	罗茨风机	37.42m³/min（标准工况），0.07MPa	台	3
17	含油污水收集池	有效容积 50m³	台	1
18	油水分离器	10m³/h	台	2

4. 运行效果

经过运行，化学废水处理系统出水水质能够满足出水要求，可以进行回用。

（二）化学废水处理工程实例二

1. 工程概况

某电厂新设两套废水处理设备，其设计处理水量为 2×75m³/h。

2. 进出水水质

废水处理系统进水水质：正常悬浮物小于等于 1500mg/L，含油小于等于 500mg/kg，短时内悬浮物小于等于 5000mg/L。

废水处理系统设计出水水质：悬浮物小于等于 5mg/L，含油小于等于 1mg/L。

3. 工艺流程及主要设备

（1）主要工艺流程。

1）废水处理系统。废水调节池→澄清装置→废

水提升泵→气浮装置→中间水池→中间水泵→过滤装置→清水池→回用水泵→辅机冷却水系统。

2）污泥处理系统。污泥浓缩装置→污泥泵→离心式脱水机→外运。

（2）主要设备。

1）澄清装置。

a. 设计进水悬浮物 1500mg/L，短时内进水悬浮物不大于 5000mg/L，出水悬浮物小于 5mg/L。

b. 设备内平均流速为 8.26m/h。

c. 装置外形为立式圆形结构。

d. 最大水头损失为 1.2m。

e. 废水在澄清装置中停留时间为 20～25min。

f. 装置的排污周期为 4～8h，反冲洗强度为 5L/s，反冲洗历时 10min。

2）气浮装置。

a. 设计进水含油量小于 500mg/L，出水含油量小于 5mg/L。

b. 气浮装置为立式圆形结构，直径 3400mm，高度 4500mm。

c. 设备表面水力负荷为 8.3m³/（m²·h）。

d. 进水布水器、刮渣机的驱动速度为 1～2m/min。

e. 最大水头损失为 0.3m。

f. 溶气罐的工作压力为 0.5～0.6MPa。

g. 废水在气浮装置中停留时间约为 25min。

h. 气罐表面水力负荷为 60m³/（m²·h）。

i. 气浮装置的排污周期为 4～8h。

3）过滤装置。

a. 设计进水的悬浮物浓度 50～100mg/L，处理后出水的悬浮物浓度小于等于 5mg/L。

b. 滤罐外形为圆筒形，罐内滤料采用瓷砂滤料，粒径 0.6～2mm，滤料比重 1.4t/m³。

c. 设备内流速 9.3m/h，平均反冲洗强度为 15L/（m²·s），反冲洗时间为 5min。

d. 过滤装置水头损失 1.7m，罐体试验压力 0.1MPa。

4）污泥浓缩装置。

a. 设计进泥含水率为 99%～99.8%，出泥含水率为 95%。

b. 污泥浓缩装置为立式圆形结构。

c. 设备水力负荷为 4.0～10.0m³/（m²·d），污泥浓缩时间不小于 12h。

d. 污泥浓缩装置的排污周期为 8～10h。

e. 浓缩装置内设有斜板填料或斜管填料，高度为 0.87m。

f. 浓缩池设机械刮泥设备。

5）污泥脱水机。

a. 进泥含水率为 95%，脱水后的污泥含水率小于

80%，固体回收率大于等于 95%，并配套渣斗 1 套、运泥小车 1 辆。

b. 其进料、分离、排出滤液和泥饼的工作过程是连续不间断的，能每天 24h 不间断连续运行，也可间断运行。

c. 离心式脱水机的启停与污泥泵联锁，污泥泵根据运行经验确定启停时间。

4. 运行效果

经过运行，化学废水处理系统出水水质能够满足出水要求，可以进行回用。

第三节 脱硫废水处理

一、系统设计

（一）系统选择

1. 脱硫废水水质特点

（1）脱硫废水的水量各电厂差别较大，具有间断排放、不稳定的特点。设计时应根据脱硫系统物料平衡表来确定脱硫废水的水质和水量。物料平衡表一般由烟气脱硫系统承包商提供。

（2）根据目前电厂脱硫系统的实际运行情况，脱硫系统运行的实际控制参数与设计值有较大的差别，可参考类似电厂的运行工况，选择合适的脱硫废水的设计水质和校核水质。

（3）脱硫废水的水质受煤种、石灰石品质、脱硫系统的运行控制参数等影响很大，其特点如下：

1）脱硫废水通常温度较高，能达到 50℃左右。

2）脱硫废水中污染物超标现象非常普遍。超标频率较高的是氟化物、总汞、硫化物和总镉，其次是总镍和总锌；超标量最大的是总镉和总汞，其次是硫化物和氟化物。多数电厂脱硫废水的悬浮物、BOD_5、硫酸盐、COD_{Cr} 和 pH 值等可能会超过排放标准值。

3）脱硫废水的 COD_{Cr} 值超标是由亚硫酸盐、亚铁离子等还原性物质造成的。同时，水质分析时高浓度的氯离子也是影响 COD_{Cr} 值超标的重要因素。

4）Cl^- 含量为 10000～20000mg/L。

5）脱硫废水水质概况见表 12-11，脱硫废水中污染物概况见表 12-12。

6）脱硫废水的水质全分析报告见第二章表 2-1，并在该基础上增加对重金属以及其他污染物的检测，具体检测项目见表 12-12。

表 12-11 　　　　　　　　　　　　脱 硫 废 水 水 质 概 况

检测项目	单位	平均值	最小值	最大值	水质指标	单位	平均值	最小值	最大值
K^+	mg/L	73.6	12.7	199.9	总硬度	mmol/L*	284.05	56.8	767.45
Na^+	mg/L	271.0	29.6	658.0	非碳酸盐硬度	mmol/L*	282.62	56.7	766.76
Ca^{2+}	mg/L	1417.4	476.2	5206.0	碳酸盐硬度	mmol/L*	1.44	0	3.53
Mg^{2+}	mg/L	2592.4	204.7	9037.7	负硬度	mmol/L*	0.00	0	0.00
铁	mg/L	4.80	0.050	16.17	甲基橙碱度	mmol/L*	1.44	0	3.53
Al^{3+}	mg/L	18.60	0.010	97.70	酚酞碱度	mmol/L*	0	0	0.00
NH_4^+	mg/L	9.39	0.287	40.80	酸度	mmol/L*	0	0	0.05
Ba^{2+}	mg/L	0.09	0.023	0.27	pH 值		5.98	2.9	6.99
Sr^{2+}	mg/L	4.23	0.909	14.13	氨氮	mg/L	10.15	0.3	45.20
阳离子总量	mmol/L*	300.67	72.0	774.31	游离 CO_2	mg/L	2.20	0.0225	6.89
Cl^-	mg/L	5635	1127	14524	COD_{Mn}	mg/L	24.56	2.5	62.73
SO_4^{2-}	mg/L	7123	1142	25380	COD_{Cr}	mg/L	325.15	26.7	708.00
HCO_3^-	mmol/L*	1.437	0	3.531	BOD_5	mg/L	151.23	15.4	315.00
CO_3^{2-}	mmol/L*	0	0	0	TOC	mg/L	7.64	0	23.66
NO_3^-	mg/L	226.2	36.3	602.0	溶解固形物	mg/L	22710	4765	59185
NO_2^-	mg/L	12.0	<0.03	38.2	全固形物	mg/L	41918	4937	107958
OH^-	mmol/L*	0	0	0	悬浮物	mg/L	19209	172	79892
阴离子总量	mmol/L*	312.49	66.6	628.71	细菌总数	cfu/mL	$4×10^5$	9	$1.7×10^6$
全硅（以 SiO_2 计）	mg/L	148.99	12.6	494.41	电导率（25℃）	μS/cm	28502	6500	57200
非活性硅（以 SiO_2 计）	mg/L	87.82	4.6	454.41	R_2O_3	mg/L	83.98	0.9	408.49
活性硅（以 SiO_2 计）	mg/L	61.17	8	120					

* mmol/L 表示基本单元为一个电荷的粒子浓度。

表 12-12 脱硫废水中污染物概况 （mg/L）

检测项目	总汞	总镉	总铬	总砷	总铅	总镍	硫化物	氟化物	总铜	总锌
DL/T 997—2006	0.05	0.1	1.5	0.5	1.0	1.0	1.0	30.0	—	2.0
GB 8978—1996	0.05	0.1	1.5	0.5	1.0	1.0	1.0	10.0	1.0	5.0
平均值	0.11	0.25	0.11	0.04	0.15	0.54	1.34	40.0	0.08	0.97
最小值	0.0003	0.005	0.001	<0.0018	<0.005	0.071	<0.020	4.8	0.009	0.086
最大值	0.36	1.83	0.60	0.15	0.35	1.45	2.89	109	0.20	2.86

注 DL/T 997—2006 为《火电厂石灰石-石膏湿法脱硫废水水质控制指标》。GB 8978—1996 为《污水综合排放标准》。

2. 典型工艺

脱硫废水处理工艺包括 pH 调整箱-反应沉降箱-絮凝箱（一般简称三联）系统、澄清系统、介质过滤系统、污泥储存脱水系统、药品储存和计量系统等主要子系统，其中的药品储存和计量的相关内容见第十三章。典型处理工艺及出水水质见表 12-13。

表 12-13 脱硫废水处理典型工艺及出水水质

序号	脱硫废水处理典型工艺	出水水质
1	三联箱（pH 调整箱、反应沉降箱、絮凝箱）+澄清浓缩器+最终中和箱，上述工艺配备石灰、酸、混凝剂、有机硫化物、氧化剂、助凝剂和脱水剂等加药装置	满足表 12-14
2	预澄清浓缩箱+反应箱+凝聚箱+絮凝箱+一级澄清浓缩箱+凝聚箱+絮凝箱+二级澄清浓缩箱+过滤水箱+砂过滤器+中和箱，上述工艺配备碱、酸、混凝剂、有机硫化物、氧化剂、助凝剂和脱水剂等加药装置 说明：如进水 F⁻ 超标，应增加石灰加药系统去除 F⁻	满足表 12-14，出水水质优于 1 号工艺
3	三联箱（pH 调整箱、反应沉降箱、絮凝箱）+一级澄清浓缩箱+二级反应箱+二级澄清浓缩箱+过滤水箱+砂过滤器+中和箱，上述工艺除了 1 号工艺常规加药外，在二级反应箱加纯碱，去除钙硬度	满足表 12-14，满足脱硫废水浓缩、蒸发等深度处理工艺进水要求
4	预沉池+一级混合箱 1+一级混合箱 2+一级反应箱+一级澄清池+二级混合箱 1+二级混合箱 2+二级反应箱+二级澄清池+中和箱+过滤水箱+超滤+超滤产水箱，超滤配套反洗装置、化学清洗装置及反洗加药装置。上述工艺除了 1 号工艺常规加药外，在二级混合箱 1 加纯碱，去除钙硬度	满足表 12-14，满足脱硫废水反渗透膜（纳滤膜）浓缩、蒸发结晶等深度处理工艺进水要求

3. 主要设计原则

（1）脱硫废水处置方式应结合全厂水务管理、脱硫系统的运行工况、废水水量、水质及排放规律、回用点用水要求、后续深度处理的要求等综合因素确定。因脱硫废水水质复杂，应优先处理回用，若无回用条件，应处理达标后排放，严禁直接排放。有水力除灰的电厂，脱硫废水可直接作为冲灰用水。

目前国内电厂主要采用的脱硫废水处置方式为：

1）脱硫废水处理达标后直接排放。

2）脱硫废水处理达标后与其他处理后的化学废水等用于干灰调湿。

3）脱硫废水直接排入灰浆池，与冲灰水混合用于冲灰。

4）脱硫废水直接排至冲渣水系统重复使用。

（2）当电厂所在地对环保有特殊要求，脱硫废水无法消化时，可对脱硫废水进行浓缩、蒸发等深度处理。当自然环境满足要求时，宜采用自然蒸发方式。

（3）脱硫废水处理系统通常包括去除悬浮物、氟离子、重金属，降低 COD、pH 调整、污泥脱水、泥饼处置等功能。系统设计时应充分满足各项功能所要求的化学反应条件，计算各处理设备的设计出力和容量，确定设备的选型及辅助系统的配置。

（4）脱硫废水处理应根据工艺流程配备完整的化学加药及储存系统，如石灰储存及计量装置、混凝剂加药装置、助凝剂加药装置、有机硫（或其他）加药装置、加酸装置、加次氯酸钠装置等，并应了解当地药品的供应情况，选择合适的药剂和加药系统。

药品的剂量应根据脱硫废水水质、类似电厂的运行经验或通过试验比较确定，并在调试及运行阶段调整，计量设备应留有适当的余量以满足加药量的变化。

（5）废水调节池的设计应满足后续处理系统连续稳定运行的要求，并有防止悬浮物及盐分沉降结块的设施。

（6）脱硫废水处理中产生的泥浆应进行单独的脱水处理。脱水后的污泥应根据 GB/T 5085.3《危险废物鉴别标准 浸出毒性鉴别》检测污泥浸出液，根据脱硫废水污泥类别，按照 GB 18484《危险废物焚烧污染控制标准》、GB 18597《危险废物贮存污染控制标准》、

GB 18598《危险废物填埋污染控制标准》和 GB 18599《一般工业固体废物贮存、处置场污染控制标准》进行处理与处置。

（二）主要技术要求

1. 出水水质

（1）经脱硫废水处理系统处理后的排水应满足工程环境影响评价的要求及相关标准的规定。相关排污水控制标准见表 12-14，其中，DL/T 997—2006《火力发电厂石灰石-石膏湿法脱硫废水水质控制指标》规定的是脱硫废水处理系统出口监测项目和最高允许排放浓度。

表 12-14 脱硫废水主要污染物控制指标

序号	基本控制项目	单位	GB 8978—1996 第一类污染物最高允许排放浓度	GB 8978—1996 第二类污染物最高允许排放浓度一级标准	DL/T 997—2006 脱硫废水处理系统出口监测项目和最高允许排放浓度
1	总汞	mg/L	0.05		0.05
2	总镉	mg/L	0.1		0.1
3	总铬	mg/L	1.5		1.5
4	总砷	mg/L	0.5		0.5
5	总铅	mg/L	1.0		1.0
6	总镍	mg/L	1.0		1.0
7	总锌	mg/L		2.0	2.0
8	悬浮物	mg/L		70	70
9	化学需氧量	mg/L		100	150
10	氟化物	mg/L		10	30
11	硫化物	mg/L		1.0	1.0
12	pH 值			6～9	6～9

注 GB 8978—1996 为《污水综合排放标准》。

（2）当脱硫废水采用浓缩、蒸发等深度处理工艺时，预处理的出水水质除满足表 12-14 的要求外，还应满足后续深度处理工艺的进水要求。

2. 系统设计总体技术要求

（1）脱硫废水处理装置应单独设置，并按连续运行方式设计，系统的容量宜按正常连续运行处理容量的 125%设计，或按照废水储存系统调节能力确定。

（2）脱硫废水处理过程宜采用重力流，尽量降低能耗。

（3）所有脱硫废水处理设备和管道应采取与介质相适应的防腐措施。

（4）脱硫废水处理系统设计应考虑系统停运时的冲洗措施。

（5）脱硫废水处理系统出口应设回流管，当处理后的脱硫废水不满足排放或回用要求时，能够返回系统入口重新处理。

（6）脱硫废水污泥含固率较高，宜用板框式压滤机脱水，脱水机应配备冲洗系统。

（7）脱硫废水污泥管道、石灰系统管道、悬浮物含量高的脱硫废水管道应设置冲洗设施。

（8）脱硫废水处理系统运行过程中溢流和排放出的废水均应回收到废水调节池内。

（9）污泥处理系统的设计和布置应便于泥饼的输送，考虑汽车或皮带输送的操作条件。

（10）脱硫废水处理系统应按自动或远方操作模式运行，并设必要的联锁和保护措施。

（三）典型脱硫废水处理系统设计

1. 系统选择

典型脱硫废水处理工艺主要有两个工艺流程，主要设备包括废水调节池、pH 调整箱、反应沉降箱、絮凝箱、澄清池、污泥脱水机、药品储存计量装置等。

（1）典型脱硫废水处理的工艺流程（一）见图 12-8。

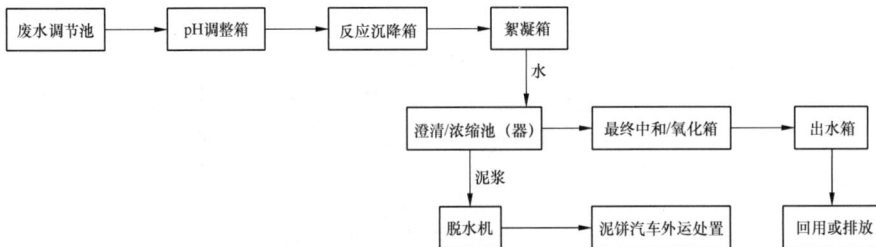

图 12-8 典型脱硫废水处理工艺流程（一）

该工艺配备石灰、酸、混凝剂、有机硫化物、氧化剂和助凝剂等加药装置，为目前电厂采用较多的设计方案。

（2）典型脱硫废水处理的工艺流程（二）见图 12-9。

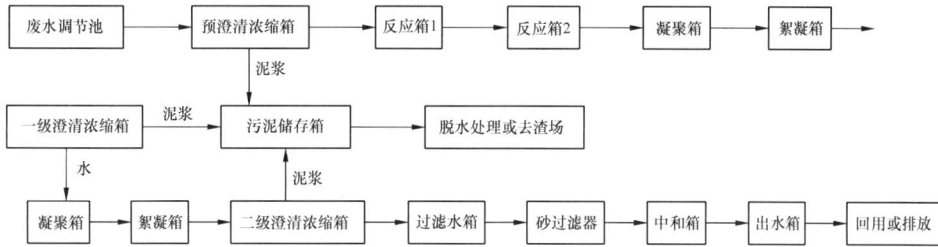

图 12-9　典型脱硫废水处理工艺流程（二）

该工艺可用 NaOH 调整 pH 值，采用两级澄清浓缩去除重金属和有害物质。但若进水 F⁻ 超标，应改用投加石灰去除 F⁻，并调节 pH 值。该系统产水悬浮物含量小于等于 5mg/L，可以满足更高的回用要求。

2. 主要设备配置及技术要求

（1）废水调节池。

1）废水调节池用于调蓄脱硫系统排放量不均匀的废水量，并均衡废水水质，保证处理系统有足够的缓冲能力。

2）废水调节池的总容量可按照脱硫废水一天的发生量设计。如果后续接脱硫废水浓缩、蒸发结晶系统，可适当加大废水池的总容量，或增设事故水池，水池容积满足设备检修期间脱硫废水的排放量。

3）废水调节池宜分为两格，便于检修和清理。废水池可为地上式或地下式，废水池通常布置在室外，北方寒冷地区可布置在室内。废水池宜为混凝土制，内壁可采用耐酸碱玻璃钢或花岗岩贴面防腐。

4）废水调节池应设搅拌曝气装置或采用机械搅拌机，搅拌曝气装置的空气搅拌强度为 1.0～1.5m³/（m³·h）（空气/水，标准工况），搅拌机转速约为60r/min，搅拌装置应能连续运行。曝气装置应采用耐腐蚀材质，搅拌机宜采用碳钢喷塑防腐。

5）废水调节池中曝气装置或搅拌器的设计和布置应使氧化空气分布均匀。此外，根据需要可在废水池中投加次氯酸钠等氧化剂。

6）为减轻预处理设施负担，提高处理效果，可在废水调节池前增设预沉池，并配置刮泥机和污泥排放装置。

（2）pH 调整箱、反应沉降箱、絮凝箱（简称三联箱）。

1）pH 调整箱、反应沉降箱、絮凝箱的容积应满足反应所需的时间，水在每个箱中的停留时间均为30～60min。

2）三联箱为钢结构，与介质接触的部分均应防腐，宜采用衬胶、衬塑防腐。

3）每个箱均应配备机械搅拌机，采用低速电机。搅拌机应采取防腐措施，可采用衬胶或采用耐高浓度氯离子的双相不锈钢。

4）每个箱均应有排空措施。

5）pH 调整箱进口设流量计，调整箱设液位监测，以调控前级泵的流量。

6）反应沉降箱内安装 pH 计，pH 计的信号控制前级设备（pH 调整箱）的碱加药量，以保证反应沉降箱内 pH 值的稳定。

（3）澄清/浓缩池（器）。

1）浓缩/澄清池（器）的类形、表面负荷和废水的停留时间应根据进水水质和处理后的水质要求，经技术经济比较后确定。

2）经前级处理后的脱硫废水按重力流入澄清/浓缩池（器），系统设计时应使各设备的接口参数相匹配。

3）澄清/浓缩池（器）的排污水应回收至废水池。

4）为澄清/浓缩池（器）配备的污泥输送泵，其流量、扬程应与系统污泥量相匹配，并满足脱水系统设备的要求。

5）污泥输送泵宜选用螺杆泵，材质应耐高氯离子腐蚀。污泥输送泵变频调节，并设备用泵。污泥管道上应设流量测量装置。

6）污泥输送泵可按自动定时排泥方式运行。

（4）最终中和/氧化箱。

1）当前级处理完成后，需对脱硫废水进行酸化处理，使排水的 pH 值控制在 6～9 的范围内。

2）为降低 COD 值，可添加氧化剂（如次氯酸钠）并曝气。根据脱硫废水 COD 含量，可采用分次加药的方式，设置 1～2 座最终中和/氧化箱，也可设置混合反应器加强 COD 的去除效果。

3）脱硫废水在最终中和/氧化箱中停留时间按COD 物质氧化分解所需的时间，宜通过试验确定，目前电厂所用设备的停留时间为 30～60min。

4）最终中和/氧化箱为混凝土结构或钢结构，地上或地下式，内壁应防腐，混凝土制内壁可采用耐酸碱玻璃钢或花岗岩贴面防腐，钢制内壁可采用衬胶、衬塑防腐。为保证水在最终中和/氧化箱内有足够的停留时间，箱内应设导流板。最终中和/氧化箱应设所有必要的接口，应有排空措施。

5）曝气装置的设计和布置应使氧化空气分布均匀，氧化空气来源于罗茨风机系统，曝气强度为 1.0～

$1.5m^3/（m^3 \cdot h）$（空气/水，标准工况）。

6）应配备机械搅拌机，采用低速电机。搅拌机应采取防腐措施，可采用衬胶或采用耐高浓度氯离子的双相不锈钢。

7）酸加在最终中和/氧化箱的进水管上，以使药品能较好、较快地与水混合反应，为氧化反应创造条件。

（5）污泥脱水及最终处置装置。

1）污泥脱水装置包括脱水机、泥斗、加药设备、冲洗设备、滤液收集设备、控制装置等。所有与污泥接触部分的材质均应采取合适的防腐措施。

2）脱水机的设计出力应能处理最大脱硫废水产生的污泥量，通过自动控制器调节脱水机的脱水功能，适应不同进料污泥的特性，达到规定的脱水污泥干固体含量及要求的干固体回收率，且应使聚合物（脱水剂）消耗量最少。

3）脱水机系统的配置及布置应利于污泥滤出液的收集，污泥滤出液应返回至废水储存池。

4）应设水冲洗、空气吹扫等系统，冲洗液应返回至废水储存池。

5）泥斗的容积应与脱水机及运输方式相适应，安装位置应满足运输车辆的要求。

6）压缩空气可由全厂压缩空气系统供给。

7）脱水剂可由助凝剂加药系统提供，也可另设一套加药装置，脱水剂通常为聚丙烯酰胺（PAM），阳离子PAM与阴离子PAM都可作为污泥调理剂。

8）脱水机的悬浮固体最小回收率不低于95%，泥饼最小含固率不低于35%。

9）脱硫废水处理车间的布置应便于脱水机及附属设施的运行操作，还应考虑泥饼运输设施和通道。

10）脱水机应按自动运行方式设计，应配备所有必要的测量仪表及完整的保护和控制系统。

11）泥饼不能随意丢弃和填埋，应有防渗漏、防流失的措施。

（6）废水泵。

1）废水泵应设2台，1用1备，2台泵应互相联锁备用，故障时能自动启动备用泵。泵出力应按最大脱硫废水处理量设计。

2）废水泵应为离心泵，选用材料应完全适用脱硫废水的特性，与废水（泥浆）接触的部分采用双相不锈钢，满足耐蚀、耐磨的要求。

（7）系统管道阀门。

1）脱硫废水的管道应耐蚀、耐磨，满足介质的要求，可采用衬胶管、衬塑管、钢带孔网管等内衬管道。

2）污泥管道可采用衬胶管、衬塑管、钢带孔网管。

3）石灰乳管道可采用碳钢管、透明软管。

4）各加药系统管道口径较小，可采用UPVC管或CPVC管。

5）压缩空气管道宜采用不锈钢管，池内曝气管道采用UPVC管。

6）取样管道采用UPVC管。

7）因脱硫废水系统大多为防腐管道或药品管道，应尽量避免埋地敷设。

8）脱硫废水系统阀门应采用衬胶（衬塑）蝶阀或隔膜阀。

9）污泥系统阀门可采用球阀。

10）石灰系统采用管夹阀或球阀。

11）各加药系统采用耐腐蚀球阀、隔膜阀等。

12）压缩空气系统采用不锈钢球阀。

13）取样阀可采用UPVC球阀。

3. 药品投加量

（1）碱加投加量。碱加药系统用于提供系统沉淀重金属离子、消除F等所需的碱量，将pH值调整至化学反应所需的范围内。金属离子沉淀对应的pH值见表12-15。

表 12-15　　　　　　　　　　　　　　金属离子沉淀对应的 pH 值

金属离子	氢氧化物	K_{sp}	GB 8978—1996 排放标准（mg/L）	对应 pH 值（25℃）	DL/T 997—2006 排放标准（mg/L）	对应 pH 值（25℃）
Cd^{2+}	$Cd(OH)_2$	2.5×10^{-14}	0.1	10.22	0.1	10.22
Cr^{3+}	$Cr(OH)_3$	6.3×10^{-31}	1.5	5.45	1.5	5.45
Cu^{2+}	$Cu(OH)_2$	2.2×10^{-20}	0.5	6.72	—	
Pb^{2+}	$Pb(OH)_2$	1.2×10^{-15}	1.0	9.20	1.0	9.20
Ni^{2+}	$Ni(OH)_2$	2.0×10^{-15}	1.0	9.03	1.0	9.03
Zn^{2+}	$Zn(OH)_2$	1.2×10^{-17}	5.0	7.60	2.0	7.40
Hg^{2+}	$Hg(OH)_2$	3×10^{-26}	0.05	4.54	0.05	4.54

注　1. K_{sp}为金属氢氧化物溶度积。

2. DL/T 997—2006 为《火电厂石灰石-石膏湿法脱硫废水水质控制指标》，GB 8978—1996 为《污水综合排放标准》。

pH 调节一般采用消石灰粉，其品质应满足 HG/T 4120《工业氢氧化钙》规定的合格品要求，石灰乳浓度宜为 2%～5%。

（2）混凝剂加药量。混凝剂的种类、加药量应根据脱硫废水水质，药品来源、运行条件，结合类似电厂的运行经验或通过试验确定。

脱硫废水处理系统采用的混凝剂通常为铁盐，聚合氯化硫酸铁参考加药量为 10～20mg/L。

（3）助凝剂加药量。助凝剂的种类、加药量应根据脱硫废水水质、运行条件，结合类似电厂的运行经验或通过试验确定。电厂常用的助凝剂为聚丙烯酰胺（PAM），其中阳离子型 PAM 比阴离子型 PAM 更能促进重金属的沉淀过程，参考加药量为 1mg/L。

（4）重金属离子沉淀剂加药量。常用的硫化剂有 Na_2S、有机硫、TMT-15 等。由于硫化物有毒，价格高，还会形成二次污染，故目前电厂常用的药品为 TMT-15。TMT 的有效成分为三巯基均三嗪三钠，以三价阴离子参加反应结合三个当量的重金属离子，TMT-金属沉淀物的形态为有机金属大分子，TMT 以整个分子参加反应，不会释放出硫化氢而产生非金属硫化物，因而在工业上广泛应用。TMT-15 参考加药量为 3～7mg/L（浓度 15%，密度 $1.12g/cm^3$），实际加药量应根据水质经试验确定。

（5）酸加药量。脱硫废水处理系统通常采用盐酸作为 pH 调节剂，在沉淀反应完成后，为满足排放要求，pH 值需降低至 6～9，酸耗为 22.3～84.5g/t。脱硫废水排放 pH 值与酸耗关系见图 12-10。

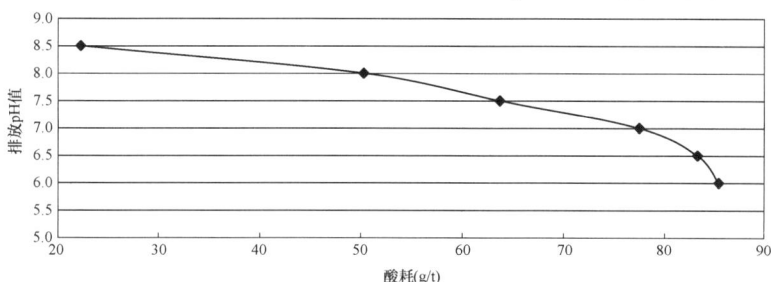

图 12-10 脱硫废水排放 pH 值与酸耗关系

（6）氧化剂加药量。是否设置氧化剂加药系统应根据脱硫废水水质、脱硫废水整体处理工艺等确定。常用的氧化剂为成品次氯酸钠溶液或二氧化氯溶液，当电厂有制氯系统时，也可由制氯系统提供氧化剂。

加药量应根据脱硫废水中 COD 的含量，经试验确定。当氧化亚硫酸盐时，通常 1mg/L 活性氯可氧化 2mg/L 亚硫酸盐。

（四）脱硫废水浓缩结晶的预处理系统设计

1. 系统选择

脱硫废水浓缩结晶的预处理工艺应根据脱硫废水进水水质、后续浓缩结晶系统进水水质要求来确定，主要工艺设备同传统脱硫废水处理系统。系统流程的选择更着重于满足后续深度处理系统进水要求，一般设置两级澄清软化系统，在一级澄清系统去除镁硬度，在二级澄清系统去除钙硬度。

（1）当脱硫废水深度处理工艺采用热力蒸发浓缩、结晶时，脱硫废水预处理工艺为脱硫废水→废水池（箱）→两级软化处理→砂过滤器→后续系统；一、二级澄清池排泥→污泥调节池（浓缩池）→脱水机→泥饼外运。

采用石灰-纯碱（氢氧化钠-纯碱）两级软化工艺，并在两级软化处理装置出水后增设砂过滤器。脱硫废水预处理系统的产水悬浮物含量不超过 5mg/L，总硬度不超过 100mg/L（以 $CaCO_3$ 计），满足后续工艺进水要求。

（2）当脱硫废水深度处理工艺采用膜法浓缩时，脱硫废水预处理工艺为：脱硫废水→废水池（箱）→两级软化处理→超滤→后续系统；脱硫废水→废水池（箱）→一级软化处理→二级软化＋管式微滤（超滤）→后续系统；澄清池排泥→污泥调节池（浓缩池）→脱水机→泥饼外运。

脱硫废水预处理系统的产水 SDI、硬度等指标应控制为满足后续膜工艺的进水要求。

2. 主要设备配置及技术要求

（1）废水池、pH 调整箱、反应沉降箱、絮凝箱、最终中和/氧化箱、污泥脱水及最终处置、废水泵、泥浆泵、系统管道阀门等可参考本节相关内容。

（2）澄清池的形式、表面负荷和废水停留时间应根据进水水质和处理后的水质要求，经技术经济比较后确定。澄清池可选择机械搅拌澄清池，建议清水区的上升流速小于 0.5mm/s。

（3）超/微滤膜宜选择抗污染的 PVDF 中空纤维膜或管式膜。配套自清洗过滤器、反洗水泵、药品储存计量装置、化学清洗装置等辅助设施。超/微滤装置的设计膜通量应根据前处理情况合理确定，中空纤维超/微滤膜的设计膜通量根据所选用的膜厂家导则选用。超/微滤装置运行方式、反洗方式和反洗强度的选择应根据膜的性能、进水水质特性及膜制造商的设计导则确定。

（4）碳酸钠储存及计量装置设计形式与石灰储存计量系统类似。

3. 药品投加量

石灰和碳酸钠等药品的投加量宜通过模拟实验确定，条件不具备时也可以通过理论计算确定。

（1）石灰加药量。脱硫废水中的镁离子与石灰反应生成氢氧化镁沉淀，其化学反应式如下

$$Mg^{2+} + Ca(OH)_2 \longrightarrow Ca^{2+} + Mg(OH)_2\downarrow$$

$Ca(OH)_2$ 理论投加量可按照式（12-2）计算

$$C_{Ca} = \frac{74C_{Mg}}{24\eta} \qquad (12-2)$$

式中　C_{Ca}——$Ca(OH)_2$ 理论投加量，mg/L；

　　　　C_{Mg}——脱硫废水中 Mg^{2+} 含量，mg/L；

　　　　η——石灰利用率，可按照85%计算。

（2）碳酸钠加药量。

1）脱硫废水中的钙离子与碳酸钠反应生成碳酸钙沉淀，反应式如下

$$Ca^{2+} + CO_3^{2-} \longrightarrow CaCO_3\downarrow$$

2）投加石灰产生的钙离子与硫酸根反应生成硫酸钙沉淀，反应式如下

$$Ca^{2+} + SO_4^{2-} \longrightarrow CaSO_4\downarrow$$

对于大多数脱硫废水，其主要阳离子是 Mg^{2+} 和 Ca^{2+}，分别占阳离子总量的60%和30%左右。脱硫废水在投加石灰前后均是 $CaSO_4$ 的饱和溶液，投加前为 SO_4^{2-} 过量，投加后 SO_4^{2-} 和 Ca^{2+} 的摩尔数基本达到1:1平衡。因此对于大多数脱硫废水，投加石灰后 Ca^{2+} 浓度大约为饱和 $CaSO_4$ 溶液中 Ca^{2+} 的浓度。此处需考虑脱硫废水中 NaCl 对 $CaSO_4$ 溶解度的影响。

对于脱硫废水中 SO_4^{2-} 和 Mg^{2+} 含量少，Ca^{2+} 和 Cl^- 含量高的水质，以上 Ca^{2+} 浓度确定方式不适用。

（3）混凝剂、助凝剂、重金属沉淀剂、氧化剂、酸等加药系统的加药量参考本节相关内容。

二、主要设备

（一）pH 调整箱-反应沉降箱-絮凝箱（三联箱）

1. 功能简述

（1）pH 调整箱。

1）中和沉淀重金属离子。重金属离子（以 Me^{n+} 表示）能与 OH^- 生成难溶的金属氢氧化物 $Me(OH)_n$，从废水中沉淀下来，pH 值控制范围为 8.8～9.2。

2）若中和剂采用石灰，可使 F^- 生成难溶的 CaF_2 沉淀，具有脱氟的作用；与砷反应生成 $Ca_3(AsO_3)_2$、$Ca_3(AsO_4)_2$ 沉淀，可降低砷含量。同时，石灰对废水中的杂质有絮凝作用。

（2）反应沉降箱。

1）在反应沉降箱中添加有机硫化物，使不能以氢氧化物形式沉淀的重金属离子形成溶度积更小的硫化物沉淀下来。重金属硫化物溶解度小，对含镉、铀、锌、汞等废水有很好的处理效果，且沉淀体积小，化学稳定性好，不易返溶。

2）在反应沉降箱中加入混凝剂，使分散于水中的重金属形成微絮体，为后续的絮凝反应创造条件。

（3）絮凝箱。

1）在中和反应和重金属等沉淀反应完成后，微絮体在絮凝箱中平缓地形成较大的絮凝体，通过絮凝作用使废水中大量不能直接沉淀的悬浮物微粒相互凝聚脱稳成大颗粒而被去除。

2）在絮凝箱的出口加入高分子聚电解质作为絮凝助剂，降低颗粒表面张力，使絮凝物变得更大、更易沉降。

2. 结构形式

pH 调整箱、反应沉降箱、絮凝箱通常为三联箱形式，前级箱的设计、接管的尺寸和位置应使废水能顺利地以重力流进入后级设备。pH 调整箱、反应沉降箱、絮凝箱的外形通常为单个的圆柱形箱或3个连接在一起的方形箱，见图12-11。

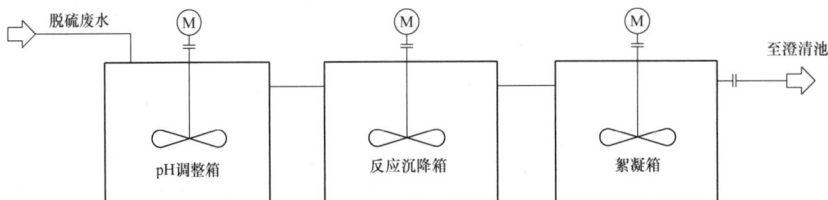

图 12-11　pH 调整箱、反应沉降箱、絮凝箱（三联箱）示意

3. 主要参数

pH 调整箱、反应沉降箱和絮凝箱的容积应满足各

反应所需的时间，水在各箱中的停留时间均为 30～60min。为保证水在调整箱内有足够的停留时间，箱内

应设导流板。

（二）澄清池

脱硫废水处理系统推荐采用机械搅拌澄清池等。澄清池筒壁可为钢制或混凝土制，内部零部件均为钢制，与废水接触的部分应特别注意防腐。

该系统其他主要设备见本章和第二章相关内容。

三、工程实例

（一）脱硫废水传统处理工艺工程实例

1. 工程概况

某发电厂一期工程建设 2×1000MW 超超临界燃煤发电机组，配 2 台超超临界直流锅炉及烟气脱硫装置。烟气脱硫采用石灰石-石膏湿法脱硫工艺，脱硫废水处理按规划 4 台机组（4×1000MW）的废水量设计，考虑 1.25 的安全系数后，脱硫废水处理系统设计出力为 65.5m³/h。

2. 进出水水质

脱硫废水处理系统的设计进水水质见表 12-16。

表 12-16 脱硫废水处理系统进水水质

检测项目	数值	单位
石膏	5.22	g/L
碳酸钙	0.23	g/L
惰性碱	7.37	g/L
煤灰	1.80	g/L
溶解盐	30	g/L
Cl⁻	20000	mg/L
固体悬浮物含量	1.5	%
pH 值（25℃）	5～6	
温度	50.4	℃

脱硫废水处理系统的出水水质检测报告见表 12-17。

表 12-17 脱硫废水处理系统出水水质

	检测项目	单位	数值		检测项目	单位	数值
阳离子	K⁺＋Na⁺	mg/L	540.20	阴离子	SO_4^{2-}	mg/L	996.59
	Ca^{2+}	mg/L	8334.76		HCO_3^-	mg/L	65.72
	Mg^{2+}	mg/L	1313.51		CO_3^{2-}	mg/L	0.00
	NH_4^+	mg/L	0.1		NO_3^-	mg/L	1.33
	全铁	mg/L	0.11		NO_2^-	mg/L	0.23
	R_2O_3（铁铝氧化物）	mg/L	0.16		OH^-	mg/L	0.00
	Cu^{2+}	μg/L	63.87				
	Cl⁻	mg/L	18123.10		PO_4^{3-}	mg/L	8.87

续表

	检测项目	单位	数值		检测项目	单位	数值
硬度	总硬度	mmol/L	524.01	其他	COD_{Mn}	mg/L	8.64
	非碳酸盐硬度	mmol/L	522.93		溶解固形物	mg/L	29455.10
	碳酸盐硬度	mmol/L	1.08		全固形物	mg/L	29507.70
酸碱度	甲基橙碱度	mmol/L	1.08		悬浮物	mg/L	52.60
	酚酞碱度	mmol/L	0.00		灼烧减重	mg/L	3122.80
	总碱度	mmol/L	1.08		全硅（SiO_2）	mg/L	84.00
					非活性硅（SiO_2）	mg/L	4.40
	pH 值（25℃）		6.67		电导率（25℃）	μS/cm	44600

3. 工艺流程和主要设备

该工程脱硫废水处理系统的工艺流程见图 12-12。

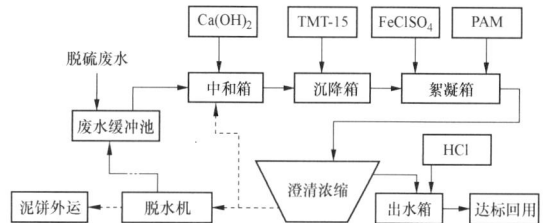

图 12-12 脱硫废水处理系统工艺流程

该工程脱硫废水处理系统主要设备参数见表 12-18。

表 12-18 脱硫废水处理系统主要设备参数

序号	设备名称	规格（型号）、参数	材质	单位	数量
1	中和箱-反应沉降箱-絮凝箱（三联箱）	容积均为 43m³，设备规格：10200mm×3400mm×4000mm	钢制防腐	台	1
2	一体化澄清/浓缩器	φ11000×9500mm	钢筋混凝土内衬玻璃钢防腐	台	1
3	污泥输送泵	25m³/h，0.3MPa	过流材质：耐氯高铬合金	台	3
4	污泥循环泵	15m³/h，0.2MPa	过流材质：耐氯高铬合金	台	2
5	离心脱水机	15～20m³/h，逆流卧螺式	转鼓材质：双相不锈钢	台	2

续表

序号	设备名称	规格(型号)、参数	材质	单位	数量
6	石灰加药装置			套	1
7	有机硫加药装置			套	1
8	凝聚剂加药装置			套	1
9	助凝剂加药装置			套	1
10	盐酸加药装置			套	1

4. 运行效果

该工程两台机组自 2013 年 8 月、11 月相继投运以来,脱硫废水处理系统运行良好,出水水质满足国家 GB 8978—1996《污水综合排放标准》中的一级标准。

(二)脱硫废水浓缩结晶处理的预处理工程实例

1. 工程概况

某电厂 2×600MW 超超临界机组工程采用石灰石-石膏湿法脱硫工艺,厂内废污水集中处理并循环使用,正常运行状态下实现废水零排放。

2. 设计进出水水质

脱硫废水预处理系统的设计进水水质见表 12-19。

表 12-19　脱硫废水预处理系统设计水质

项目	单位	设计煤种工况下水质	校核煤种工况下水质
水量	m^3/h	16	16
密度	kg/m^3	1044	1023
温度	℃	46	46
pH 值(25℃)		6.7(5.7~6.7)	5.7
$CaSO_4 \cdot 2H_2O$	mg/L	3811	1562
$CaSO_3 \cdot 1/2H_2O$	mg/L	11	3
$CaCO_3$	mg/L	1062	934
$MgCO_3$	mg/L	332	381
CaF_2	mg/L	144	6
MgF_2	mg/L	66	15
灰	mg/L	3155	4685
惰性物质	mg/L	1773	2569
总悬浮物	mg/L	10865	10234
总溶解固形物	mg/L	28960	56221
SO_4^{2-}	mg/L	5633	24321
SO_3^{2-}	mg/L	50~150	

续表

项目	单位	设计煤种工况下水质	校核煤种工况下水质
Cl^-	mg/L	12305	18873
Mg^{2+}	mg/L	5411	5247
Ca^{2+}	mg/L	4925	4933
Si	mg/L	200	
$Na^+ + K^+$	mg/L	Na>765	
F^-	mg/L	50~200	
NO_3^-	mg/L	100~1000	
HCO_3^-	mg/L	200~300	
B	mg/L	10~400	
Al	mg/L	50	
As	mg/L	0.05~3	
Cd	mg/L	0.5~25	
Co	mg/L	1	
总 Cr^-	mg/L	<5	
Cu	mg/L	5~23	
Fe	mg/L	30	
Hg	mg/L	0.2~5	
Mn	mg/L	<30	
Ni	mg/L	2	
Pb	mg/L	3~15	
Se	mg/L	0.3~1	
Sn	mg/L	0.05~1	
Sr	mg/L	0.2~10	
V	mg/L	0.5~10	
Zn	mg/L	5~25	
NH_3	mg/L	5~50	

设计出水水质满足国家 GB 8978—1996《污水综合排放标准》中的一级标准,并满足脱硫废水蒸发浓缩结晶系统的进水水质要求。

3. 工艺流程和主要设备

废水处理系统工艺流程为 FGD 来脱硫废水→脱硫废水前池→脱硫废水缓冲池→一级反应器→一级澄清器→中间水池→二级反应器→二级澄清器→无阀滤池→清水箱→各用水点。

污泥处理工艺流程为澄清器排泥→污泥输送泵→污泥缓冲罐→高低压污泥泵→污泥压滤机。

脱硫废水处理系统主要设备参数见表 12-20。

表 12-20　脱硫废水处理系统主要设备参数

序号	设备名称	规格（型号）、参数	材质	单位	数量
1	一级反应器	$2 \times 25m^3$，6000mm×3000mm×3000mm，带电动搅拌装置2台	钢制防腐	台	1
2	一级澄清器	$\phi7000$，带刮泥装置	钢制防腐	台	1
3	二级反应器	$2 \times 25m^3$，6000mm×3000mm×3000mm，带电动搅拌装置2台	钢制防腐	台	1
4	二级澄清器	$\phi5000$，带刮泥装置	钢制防腐	台	1
5	无阀滤池	$16m^3/h$，$\phi1700 \times 6000mm$	钢制防腐	台	2
6	石灰加药装置			套	1
7	有机硫加药装置			套	1
8	混凝剂加药装置			套	1
9	碳酸钠加药装置			套	1
10	助凝剂加药装置			套	1
11	盐酸加药装置			套	1
12	氧化剂加药装置			套	1
13	污泥压滤机	过滤面积 $200m^2$		台	2

4. 运行效果

该电厂自 2009 年投运以来，脱硫废水处理系统运行良好，出水水质满足后续多效蒸发系统进水水质要求。

第四节　生活污水处理

一、系统设计

（一）系统选择

1. 典型工艺

生活污水处理工程包括一级处理设施、二级处理设施、深度处理设施、消毒处理设施的不同组合与技术设备的集成。

（1）一级处理工艺。一级处理属于物理处理方法，适用于优质杂排水。污水只进行沉淀处理，常见的处理流程为生活污水→格栅→沉淀池→出水。

（2）二级处理工艺。二级处理属于生化处理方法，污水进行沉淀和生物处理，适用于含有粪便污水的排水。常见的二级处理可采用生物氧化法工艺，包括生物膜法（含生物接触氧化、生物滤池、生物转盘、生物流化床、曝气生物滤池等工艺）、活性污泥法（含曝

气生物反应池、氧化沟、膜生物反应器等工艺）。电厂宜采用生物接触氧化法结合缺氧-好氧活性污泥脱氮工艺。常见的处理流程为生活污水→格栅→调节池→厌（缺）氧池→生物接触氧化池→二沉池→消毒池→出水。

（3）深度处理工艺。为满足生活污水处理后回用于绿化、冲洗、冲厕等用途的更高水质要求，需要在二级生化处理之后进一步进行深度处理，一般采用机械过滤方式，确有需要时也可组合采用膜生物反应器（MBR）、活性碳吸附等处理方式。由于电厂生活污水量较小，回用的水质要求简单，一般需进一步降低水中残留的悬浮物、浊度、BOD_5、COD_{Cr}、色度等指标，综合考虑简单、经济原则，一般采用粒状材料过滤法。常见的处理流程为生活污水→格栅→调节池→厌（缺）氧池→生物接触氧化池→二沉池→消毒池→过滤器→出水。

2. 主要设计原则

（1）有条件时，生活污水应纳入城镇污水处理系统中，由城镇污水处理厂统一处理，避免重复投资，降低运行维护工作量。外排纳管的生活污水水质应符合 GB/T 31962《污水排入城镇下水道水质标准》的规定。

需要在电厂内进行处理时，生活污水应设置独立的收集系统，并进行集中处理合格后重复利用。

（2）生活污水处理工艺应根据生活污水水质和回用要求确定。在电厂生活污水处理中，一般采用接触氧化工艺的好氧生物处理。接触氧化工艺可单独使用，也可与其他污水处理工艺组合使用。单独使用时可用于碳氧化和硝化，脱氮时应在接触氧化池前设置缺氧池，除磷时应组合化学除磷工艺。各组合工艺流程见表 12-21。具体工艺流程应根据工程实际情况确定。

表 12-21　接触氧化法的组合工艺流程

序号	组合工艺流程	适用范围
1	缺氧接触氧化 + 好氧接触氧化	适宜普通生活污水的除碳和脱氮处理
2	水解酸化 + 好氧接触氧化	适宜处理难降解有机废水
3	厌氧 + 好氧接触氧化	适宜处理高浓度有机废水

电厂生活污水生物接触氧化法工艺见图 12-13。

（3）当生活污水经处理后作为除灰渣补充水、干灰场喷洒或排放时，应采用二级处理。

（4）当生活污水经处理后作为循环水系统或脱硫系统的补充水时，其处理工艺流程应根据系统水质及管材要求来确定。必要时，可增加深度处理。

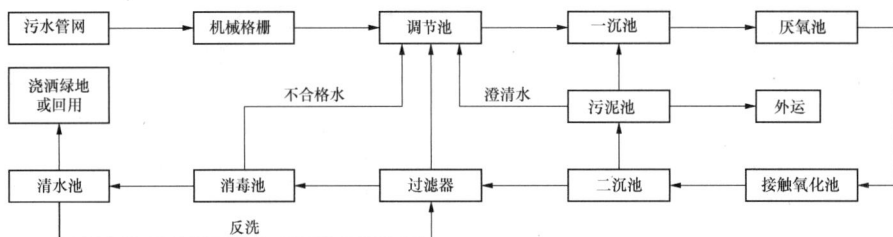

图 12-13　生活污水生物接触氧化法工艺流程

（5）生活污水处理消毒装置的设置，应根据污水重复利用和排放的综合要求来确定。

（6）电厂生活污水污泥的处理流程应根据污泥的最终处置方法选定。有条件时，污泥在污泥池浓缩处理后，首先考虑由市政环卫部门定期抽吸，统一处置，也可用作农田肥料或送至储灰场填埋。否则，污泥应进行干化处理。

（二）主要技术要求

1. 水质要求

（1）进水水质指标。火力发电厂生活污水处理设施的进水水质指标，可参照 DL/T 5046—2018《火力发电厂废水治理设计规范》的规定，详见表 12-22。

当生活区与电厂一并建设时，污水处理设施的进水水质指标宜根据厂区和生活区污水水质指标的加权平均值后确定。

表 12-22　厂区、生活区污水主要水质指标

项目		BOD₅（mg/L）	悬浮物（mg/L）	总氮（mg/L）	总磷（mg/L）	pH 值
厂区生活污水		＜100	＜150	＜50	＜10	6～9
生活区生活污水	设化粪池	100～150	150～200	50～115	10～20	6～9
	不设化粪池	150～200	200～250			6～9

生活污水处理设施进口的污水水温宜为 10～37℃。当水温超出此范围时，可设置加热系统或冷却装置。

（2）出水水质指标。火力发电厂生活污水处理设施的出水水质，应根据回用或排放的情况来确定。

当生活污水经处理后排放时，出水水质指标应达到 GB 8978《污水排放综合标准》、GB/T 18918—2002《城镇污水处理厂污染物排放标准》及地方环保要求。

当生活污水处理后作为生活、生产杂用水时，应进行深度处理，其水质应符合 GB/T 18920—2002《城市污水再生利用　城市杂用水水质》和 GB/T 19923《城市污水再生利用　工业用水水质》的规定。主要指标详见表 12-23。

表 12-23　城镇杂用水水质控制指标

指标	冲厕	道路清扫、消防	城市绿化	车辆冲洗	建筑施工
pH 值	6～9				
色度（度）	≤30				
嗅	无不快感				
浊度（NTU）	≤5	≤10	≤10	≤5	≤20
溶解性总固体（mg/L）	≤1500	≤1500	≤1000	≤1000	—
五日生化需氧量（BOD₅）（mg/L）	≤10	≤15	≤20	≤10	≤15
氨氮（mg/L）	≤10	≤10	≤20	≤10	≤20
阴离子表面活性剂（mg/L）	≤1	≤1	≤1	≤0.5	≤1
铁（mg/L）	≤0.3	—	—	≤0.3	—
锰（mg/L）	≤0.1	—	—	≤0.1	—
溶解氧（mg/L）	1				
溶解氧（mg/L）	接触 30min 后，≥1；管网末端，≥0.2				
总大肠菌群（个/L）	≤3				

注　摘自 GB/T 18920—2002《城市污水再生利用　城市杂用水水质》。

当生活污水处理后作为冷却用水时，出水水质指标应满足再生水直接补入循环水系统的水质指标，见第二章表 2-19。

2. 系统设计总体技术要求

（1）电厂的生活污水处理设备宜采用一体化处理设备，一般由初沉池、厌（缺）氧池、生物接触氧化池、二沉池、过滤池、消毒池/污泥池等组成，其中消毒池和污泥池也可分开布置。生活污水一体化处理设备一般采用玻璃钢或碳钢材质，通常采用地埋式。地上式安装时，反应器本体可采用碳钢材质，并采用涂料或衬玻璃钢、衬胶防腐。

（2）处于寒冷地区时，生活污水处理设备及设备间的连接管道，应考虑防冻措施。

（3）生活污水处理设备应不少于 2 套（格），并联

运行，并应具备一定的抗冲击负荷能力。当其中一套设备出现故障时或检修时，不应影响其余设备的正常运行。

（4）生活污水处理系统前，必须设置格栅，一般宜采用机械格栅。格栅可单独装在格栅井内，也可与调节池或升压泵房合建。

（5）生活污水处理系统应设置调节池。

（6）生活污水经处理后应尽量重复利用。

（7）生活污水处理系统进、出口应设置取样口，主要监测内容为 BOD、pH 值、悬浮物、COD 等指标，应便于定期检测。

（8）调节池应采用封闭结构，兼作污水升压泵的吸水井。

（三）主要设备配置及技术要求

1. 格栅及调节池

（1）格栅宜采用自动回转式格栅清污机，通过液位差控制运行，自动清除漂浮物，由人工定期转运。栅条宜采用不锈钢材质。

（2）格栅排污口宜高于地面，以便于污物的清运。

（3）格栅配套电机应布置在池顶上，避免泡淹。

（4）调节池容积可按日处理量的 20%～30%确定；也可按照小时处理水量的 6～8 倍确定。

（5）调节池宜设溢流管，其水位应低于溢流水位。

（6）调节池应设液位计，且与污水提升泵联锁；并能显示液位，具有高、低液位报警功能。

（7）调节池应设通气管和检修人孔。

2. 生活污水一体化处理设备

（1）沉淀池。电厂一体化生活污水处理设备的沉淀池一般采用竖流沉淀池或升流式异向流斜管（板）沉淀池。沉淀池分为初沉池和二沉池。一般在厌（缺）氧池前设置初沉池对污水进行预处理；在生物接触氧化池后设置二沉池，进一步沉淀去除脱落的生物膜和部分有机、无机小颗粒。主要技术要求如下：

1）为保证较高的脱氮除磷效果，初沉池的处理效果不宜太高，以维持足够氮和碳磷的比例，因此，宜适当缩短初沉池的沉淀时间。

2）初沉池、二沉池的系列数应与生物接触氧化池一致，且不少于 2 个。

3）排泥方式可采用静水压力排泥、气提排泥和污泥泵排泥。当采用静水压力排泥时，初沉池的静水头不应小于 1.5m；二沉池的静水头，生物膜法处理后不应小于 1.2m。

4）初沉池的出口堰最大负荷不宜大于 2.9L/（m·s），二沉池的出水堰最大负荷不宜大于 1.7L/（m·s）。

5）沉淀池应设通气管和检修人孔。

（2）厌（缺）氧池。厌（缺）氧池布置在初沉池后、生物接触氧化池前，用于去除废水中的有机物，

并提高污水的可生化性，以利于后续的好氧处理。

厌（缺）氧池按进水流向不同，可分为升流式厌氧池和降流式厌氧池。一般采用降流式厌氧池有助于克服堵塞。

主要技术要求如下：

1）厌氧池进水水质要求见表 12-24。

表 12-24　厌氧池进水水质要求

项目	水质要求
pH 值（25℃）	5.5～6.5
水温	常温
营养比（COD:氮:磷）	（200～300）:5:1

厌氧池出水水质应达到后续的生物接触氧化池进水水质要求。

2）厌（缺）氧池的系列数应与生物接触氧化池一致，且不少于 2 个。

3）滤料需易于附着，比表面积大，通水阻力小，稳定性高，有足够的机械强度，且与水的密度相差不大。

4）内部水位应高于滤料层，将滤料层完全淹没。

5）厌（缺）氧池应设通气管、检修人孔和排泥口。

6）缺氧池的溶解氧值尽量降低，以利于脱氮除磷。

7）缺氧池污泥回流设施出力宜按处理工艺中的最大污泥回流比和最大混合液回流比计算确定，并宜有调节流量的措施，使系统能在实际变化的回流比条件下工作。

8）当缺氧池采用水泵回流污泥时，设备台数不应少于 2 台，并应有备用，但采用空气提升器时，可不设备用。

（3）生物接触氧化池。生物接触氧化池布置在初沉池、厌（缺）氧池之后，通过生物氧化作用，将污水中的有机物氧化分解，使污水得到进一步的净化。主要技术要求如下：

1）生物接触氧化池对进水水质要求见表 12-25。

表 12-25　生物接触氧化池进水水质要求

项 目	水质要求	备注
pH 值（25℃）	6～9	
水温	12～37℃	
营养比（BOD₅:氨氮:磷）	100:5:1	当氮磷比例小于营养比例时，应适当补充氮、磷
总碱度（以 CaCO₃计）/氨氮（NH₃-N）	≥7.14	适用于有去除氨氮要求时；不满足时应补充碱度
易降解碳源 BOD₅/总氮值	≥4.0	适用于有脱总氮要求时；不满足时应补充碳源

注　数据摘自 HJ 2009—2011《生物接触氧化法污水处理工程技术规范》。

2）生物接触氧化池应根据进水水质和所要求的处理深度，确定采用一段式或两段式，并不少于 2 个系列，且并联运行。

3）按平均污水量设计，填料体积按容积负荷计算。设计负荷应由试验或参照类似发电厂的运行数据确定。

4）生物接触氧化法污水处理工艺可选用不同种类的填料，一般采用悬挂式填料。当接触氧化池采用悬挂式填料时，应由下至上布置曝气区、填料层、稳水层和超高。

生物接触氧化池的填料应采用对微生物无毒害、轻质、高强度、防腐蚀、抗老化、易挂膜、比表面积大和空隙率高的组合体，宜采用半软性或组合、弹性填料，不宜采用软性填料。

5）曝气一般采用罗茨鼓风机。风机数量应不少于 2 台，并有备用。

6）生物接触氧化池的五日生化需氧量容积负荷，宜根据试验资料确定，无试验资料时，碳氧化宜为 $2.0\sim5.0$ kg/$(m^3 \cdot d)$，碳氧化/硝化宜为 $0.2\sim2.0$ kg/$(m^3 \cdot d)$。

7）生物接触氧化池一般采用竖流式的运行方式。

8）曝气装置可选用微孔曝气器、射流曝气器或其他形式。

9）曝气装置应根据填料布置，宜采用全池底部均布曝气，气水比宜为 8:1。

10）填料可采用全池布置、分层设置，每层厚度应根据填料品种确定，但不宜超过 1.5m。

11）生物接触氧化池进水应防止短流，出水宜采用堰式出水，过堰负荷宜为 $2.0\sim3.0$ L/$(m \cdot s)$。

12）接触氧化池底部应设置排泥和放空装置。

13）接触氧化池应设置检修人孔和排气孔。

（4）过滤系统。在电厂一体化生活污水处理系统中，一般在二沉池后设置过滤装置，对生活污水进行深度处理，以提高处理效率及污水的重复利用程度。过滤装置包括石英砂过滤、双介质过滤（无烟煤和石英砂）、多介质过滤和活性炭过滤等。过滤装置的形式应根据来水水质、出水要求、上游处理工艺情况、处理水量和场地条件等合理选择。过滤装置分压力式过滤器和重力式滤池。主要技术要求如下：

1）过滤器（池）进水浊度宜小于 10mg/L；出水水质根据污水的回用要求确定，一般不大于 5NTU。

2）过滤器（池）的系列数宜与生物接触氧化池一致。

3）重力式滤池一般与沉淀池、接触氧化池等合并布置成一体化设备，压力式过滤器应单独布置。

4）滤池可采用双层滤料滤池、单层滤料滤池、均质滤料滤池。

5）过滤器（池）应设置冲洗系统。

（5）消毒系统。生活污水处理系统可采用氯片、次氯酸钠、二氧化氯或紫外线消毒器等消毒方式。一般采用人工定期投加氯片的方式，既节约投资成本，也方便运行维护。主要技术要求如下：

1）消毒接触池应为单独的池子。

2）二级处理流程中，消毒池可兼作回用水泵的吸水井，此时水池的有效容积宜按回用水泵 $2\sim4$h 的出水量确定。深度处理流程中消毒池可兼作二次升压泵的吸水井，此时水池的有效容积按消毒停留接触时间确定。

3）加氯设施和有关建筑物的设计，应符合 GB 50013《室外给水设计规范》的规定。

（6）污泥处置系统。生活污水处理系统应设污泥池，用于储存来自一体化处理装置的排泥水。沉积的污泥采取定期清掏的方式，可用清掏车辆抽吸运至指定地点。主要技术要求如下：

1）污泥池宜采用间歇式。

2）污泥池应设置可排出上清液的设施，上清液宜回流到调节池。

3）污泥池宜设置污泥泥位观测管和泥位计。

二、主要设备

生活污水处理系统的主要设备包括格栅和一体化生物处理设备等。

（一）格栅

1. 功能简述

格栅设置在生活污水处理系统入口，用于清除污水中较大的漂浮物，以保护水泵叶轮及减轻后续工序的处理负荷。格栅一般采用自动回转式格栅清污机，且根据栅条的前、后液位差进行自动控制。清除出的污物由人工定期转运。

2. 结构形式

自动回转式格栅清污机主要由机架、栅条、清污耙斗、提升链、电机减速驱动装置、缓冲自净卸污装置及电气控制箱等组成（见图 12-14）。其特点是设备自身具有很好的净洗能力，不会发生堵塞，日常维修工作量小。

3. 主要参数

（1）格栅栅条间隙宽度采用 $20\sim25$mm，栅条厚度一般为 10mm。

（2）过栅流速一般采用 $0.6\sim1.0$m/s。过水面积一般不应小于进水管沟有效面积的 1.2 倍。

（3）格栅倾斜角度宜为 $60°\sim90°$，一般取 $75°$。

（4）污水通过格栅的水头损失，一般采用 $0.08\sim0.15$m。

（5）格栅高度一般应使其顶部高出栅前最高水位

0.3m 以上。当格栅井较深时，格栅的上部可采用混凝土胸墙或钢挡板满封，以减小格栅的高度。

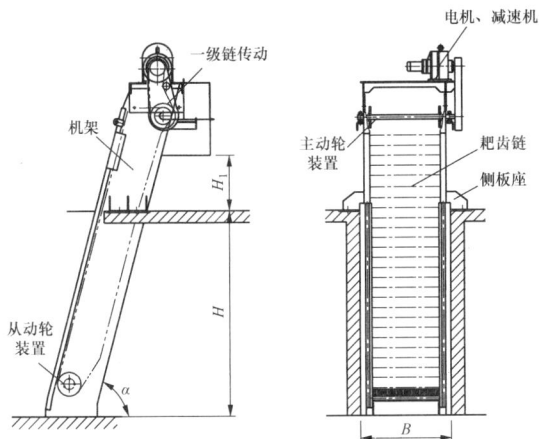

图 12-14 回转式格栅清污机

4. 主要计算公式

栅槽宽度及栅条间隙数按式（12-3）和式（12-4）计算

$$B = s(n-1) + bn \qquad (12-3)$$

$$n = \frac{q_{V\max}\sqrt{\sin\alpha}}{bhv} \qquad (12-4)$$

式中　B ——栅槽宽度，m；

　　　s ——栅条宽度，m；

　　　b ——栅条间隙，m；

　　　n ——栅条间隙数，个；

　　　$q_{V\max}$ ——最大设计流量，m³/s；

　　　α ——格栅角度，（°）；

　　　h ——栅前水深，m；

　　　v ——过栅流速，m/s。

（二）一体化污水处理设备

1. 功能简述

一体化污水处理设备通过厌氧生化、好氧生化、沉淀、过滤、消毒等功能，有效去除生活污水的 COD、BOD、悬浮物、NH_3-N 和磷。经处理后的污水可达到污水排放标准或回收利用。

2. 结构形式

一体化污水处理设备一般采用地埋式，外形是一个矩形池体，由初沉池、厌氧池、生物接触氧化池、二沉池、过滤池、消毒池等组成，结构示意见图 12-15。

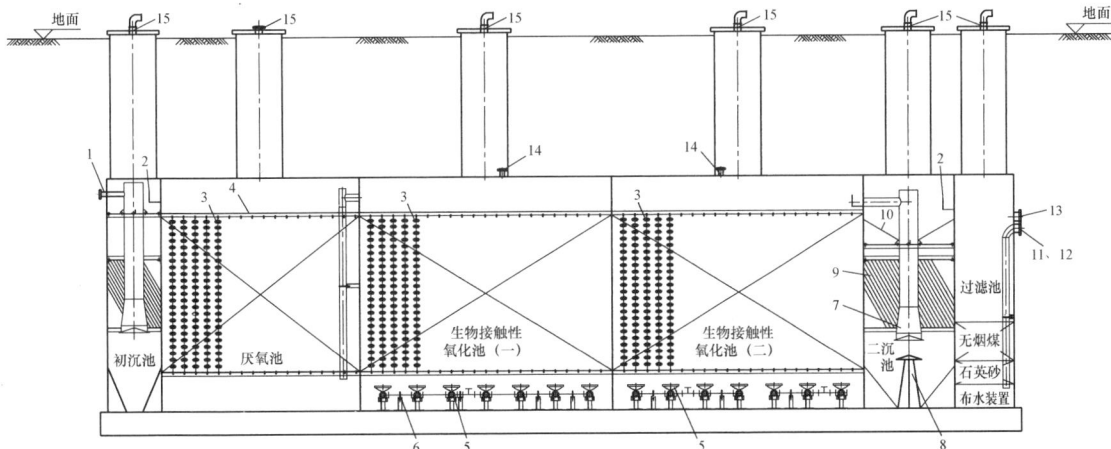

图 12-15　一体化污水处理设备

1—进水口；2—溢流堰；3—弹性填料；4—填料支架；5—微孔曝气器；6—曝气管固定架；7—导流筒；
8—反射板；9—斜管填料；10—导流筒拉筋；11—出水口；12—反冲洗水进口；
13—反冲洗水出口；14—曝气口；15—人孔及排气口

3. 主要参数

（1）沉淀池主要参数。

1）沉淀池的设计数据宜按表 12-26 的规定取值。

2）沉淀池的超高不应小于 0.3m。

3）沉淀池的有效水深宜采用 1.5～2.0m。

4）初沉池的污泥区容积，除设机械排泥的宜按 4h 的污泥量计算外，宜按不大于 2d 的污泥量计算。生物膜法处理后的二沉池污泥区容积，宜按 4h 的污泥量计算。

5）竖流沉淀池设计的主要技术要求。

a. 水池直径或正方形的一边与有效水深之比不宜大于 3。

表 12-26　沉 淀 池 设 计 数 据

沉淀池类型		沉淀时间（h）	表面水力负荷[m³/(m²·h)]	每人每日污泥量[g/(人·d)]	污泥含水率（%）	固体负荷[kg/(m²·d)]
初沉池		0.5~2.0	1.5~4.5	16~36	95~97	—
二沉池	生物膜法后	1.5~4.0	1.0~2.0	10~26	96~98	≤150
	活性污泥法后	1.5~4.0	0.6~1.5	12~32	99.2~99.6	≤150

b. 中心管内流速不宜大于 30mm/s。

c. 中心管下口应设有喇叭口和反射板，板底面距泥面不宜小于 0.3m。

6）升流式异向流斜管（板）沉淀池设计的主要技术要求。

a. 升流式异向流斜管（板）沉淀池的设计表面水力负荷，可按普通沉淀池的设计表面水力负荷的 2 倍计；但对于二次沉淀池，尚应以固体负荷核算。

b. 斜管孔径（或斜板净距）宜为 80~100mm。

c. 斜管（板）斜长宜为 1.0~1.2m。

d. 斜管（板）水平倾角宜为 60°。

e. 斜管（板）区上部水深宜为 0.7~1.0m。

f. 斜管（板）区底部缓冲层高度宜为 1.0m。

（2）厌（缺）氧池主要参数。

1）厌氧池溶解氧浓度宜小于 0.2~0.5mg/L。

2）厌氧池有机容积负荷（以 COD 计）一般取 0.5~12kg/（m³·d）。

3）滤层高度一般采用 1.5~2m。

4）缺氧池的回流比与要求达到的脱氮效果和工艺类型有关，应通过试验分析确定，一般污泥回流比宜为 50%~100%，混合液回流比宜为 100%~400%，混合液悬浮固体平均浓度 2.5~4.5g/L。

5）缺氧池脱氮速率（脱除的硝酸盐氮质量与单位时间内混合液悬浮固体质量的比值）宜根据试验资料确定。无试验资料时，20℃的脱氮速率可采用 0.03~0.06kg/（kg·d），并按设计温度进行温度修正。

6）缺氧池水力停留时间宜为 0.5~3h。

（3）生物接触氧化池主要参数。

1）接触氧化池溶解氧浓度宜为 2~4mg/L。

2）接触氧化池的长宽比宜取 1:1~2:1，有效水深宜取 1.5~2m。

3）当采用多级接触氧化工艺时，第一级生物接触氧化池的水力停留时间应占总水力停留时间的 55%~60%。

4）生物接触氧化池的总停留时间宜为 8~10h，填料层内的有效接触时间宜为 2~4h。

（4）过滤池主要参数。

1）过滤池的工作周期为 12~24h。

2）双层滤池滤料可采用无烟煤和石英砂。滤料厚度，无烟煤宜为 300~400mm，石英砂宜为 400~500mm。滤速宜为 5~10m/h。

3）单层石英砂滤料滤池，滤料厚度可采用 700~1000mm，滤速宜为 4~6m/h。

4）均质滤料滤池，滤料厚度可采用 1.0~1.2m，粒径 0.9~1.2mm，滤速宜为 4~7m/h。

5）滤层表面以上的水深，宜采用 1.5~2.0m。

6）滤池的冲洗方式、冲洗强度和冲洗时间宜按 GB 50013《室外给水设计规范》的规定确定。

（5）消毒池主要参数。消毒池的接触时间（从混合开始计算）一般为 30min。

（6）污泥池主要参数。污泥池设计清掏周期一般为 180 天。

4. 主要计算公式

（1）沉淀池的主要计算公式。

1）竖流式沉淀池。沉淀部分有效断面面积和污水在沉淀池中的流速按式（12-5）和式（12-6）计算

$$S = \frac{q_V}{k_2 v} \qquad (12\text{-}5)$$

$$v = \frac{f}{3600} \qquad (12\text{-}6)$$

式中　S——沉淀部分有效断面面积，m^3；

　　　q_V——污水设计流量，m^3/s；

　　　k_2——生活污水流量总变化系数；

　　　v——污水在沉淀池中的流速，m/s；

　　　f——设计表面水力负荷，$m^3/(m^2·h)$。

沉淀部分有效水深按式（12-7）计算

$$h_A = 3600 v t \qquad (12\text{-}7)$$

式中　h_A——沉淀部分有效水深，m；

　　　t——沉淀时间，h。

2）异向流斜管（板）沉淀池。详见第二章式（2-30）、式（2-31）。

（2）厌氧池滤料体积的主要计算公式。厌氧池的滤料体积采用有机负荷法按式（12-8）计算

$$V = \frac{q_V(C_o - C_e)}{Lc} \qquad (12\text{-}8)$$

式中　V——滤料体积，m^3；

　　　q_V——污水设计流量，m^3/d；

　　　C_o——进水 COD 浓度，mg/L；

　　　C_e——出水 COD 浓度，mg/L；

　　　L_C——有机容积负荷，可取 0.5~12，$kg/(m^3·d)$。

（3）生物接触氧化池的主要计算公式。

1）生物接触氧化池的有效容积。

a. 当用于去除碳源污染物时，接触氧化池的有效容积可按式（12-9）计算

$$V = \frac{q_V (C_o - C_e)}{1000 L_b \eta} \qquad (12-9)$$

式中　V ——氧化池有效容积，m^3；

　　　q_V ——设计流量，m^3/d；

　　　C_o ——进水 BOD_5 浓度，mg/L；

　　　C_e ——出水 BOD_5 浓度，mg/L；

　　　L_b ——接触氧化池填料去除有机污染物的 BOD_5 容积负荷，kg/（$m^3 \cdot d$）；

　　　η ——填料的填充比，%。

用于去除碳源污染物时，参数的选取可参考表12-27。

表 12-27　用于去除碳源污染物时的
设计参数（设计水温 20℃）

项 目	单 位	参 数 值
BOD_5 填料负荷	kg/（$m^3 \cdot d$）	0.5~3.0
悬挂式填料填充率	%	50~80
悬浮式填料填充率	%	20~50
污泥产率*	kg/kg	0.2~0.7
水力停留时间	h	2~6

* 污泥产率是污泥中在 600℃ 的燃烧炉能被燃烧，并以气体逸出的那部分固体和 BOD_5 质量的比值。

b. 用于脱氮处理时，接触氧化池的有效容积可按式（12-10）计算

$$V = \frac{q_V (C_{IKN} - C_{EKN})}{1000 L_N \eta} \qquad (12-10)$$

式中　V ——氧化池有效容积，m^3；

　　　q_V ——设计流量，m^3/d；

　　　C_{IKN} ——进水凯氏氮浓度，mg/L；

　　　C_{EKN} ——出水凯氏氮浓度，mg/L；

　　　L_N ——接触氧化池的硝化容积负荷，kg/（$m^3 \cdot d$）；

　　　η ——填料的填充比，%。

同时除碳脱氮时，应在接触氧化池前设置缺氧池，主要参数的选取可参考表12-28。

表 12-28　用于脱氮处理时的设计参数
（设计水温 10℃）

项 目	单 位	参数值
BOD_5 填料容积负荷	kg/（$m^3 \cdot d$）	0.4~2.0
硝化填料容积负荷	kg/（$m^3 \cdot d$）	0.5~1.0
好氧池悬挂式填料填充率	%	50~80
好氧池悬浮式填料填充率	%	20~50

续表

项 目	单 位	参数值
缺氧池悬挂式填料填充率	%	50~80
缺氧池悬浮式填料填充率	%	20~50
水力停留时间*	h	4~16，缺氧段为 0.5~3.0
污泥产率	kg/kg	0.2~0.6
出水回流比	%	100~300

* 此参数仅适用于生活污水和城镇污水。

同时去除碳源污染物和氨氮时，接触氧化池设计池容应分别计算求出碳源污染物的容积负荷和硝化容积负荷。接触氧化池的设计池容应取其高值，或将两种计算值之和作为接触氧化池的设计池容。

c. 用水力停留时间对计算得出的池容进行校核计算

$$V = \frac{q_V t}{24} \qquad (12-11)$$

式中　V ——设计池容，m^3；

　　　q_V ——设计流量，m^3/d；

　　　t ——水力停留时间，h。

2）生物接触氧化池的总面积。生物接触氧化池的总面积按式（12-12）计算

$$S = \frac{V}{H} \qquad (12-12)$$

式中　S ——氧化池总面积，m^2；

　　　V ——设计池容，m^3；

　　　H ——填料层总高度。

3）生物接触氧化池的曝气量。

a. 生物接触氧化池的污水需氧量，宜按式（12-13）计算

$$O_2 = 0.001 a q_V (C_o - C_e) - c \Delta X_v + b[0.001 q_V (C_k - C_{ke})$$
$$- 0.12 \Delta X_v] - 0.62 b[0.001 q_V (C_t - C_{ke} - C_{oe})$$
$$- 0.12 \Delta X_v]$$

$$(12-13)$$

式中　O_2 ——污水需氧量，kg/d；

　　　q_V ——曝气池进水量，m^3/d；

　　　a ——碳的氧当量，当含碳物质以 BOD_5 计时，取 1.47；

　　　C_o ——进水 BOD_5 浓度，mg/L；

　　　C_e ——出水 BOD_5 浓度，mg/L；

　　　c ——常数，细菌细胞的氧当量，取 1.42；

　　　ΔX_v ——排出系统的微生物量，kg/d；

　　　b ——常数，氧化每千克氨氮所需氧量，kg/kg，取 4.57；

C_k ——进水总凯氏氮浓度，mg/L；

C_{ke} ——出水总凯氏氮浓度，mg/L；

C_t ——进水总氮浓度，mg/L；

C_{oe} ——出水硝态氮浓度，mg/L；

$0.12\Delta X_v$ ——排出系统的微生物量中含氮量，kg/d。

去除含碳污染物时，去除每千克 BOD_5 可采用 0.7~1.2kg 氧气。

b. 标准状态下的污水需氧量，宜按式（12-14）计算

$$O_s = k_o \times O_2 \qquad (12\text{-}14)$$

其中

$$k_o = \frac{C_s}{\alpha(\beta C_{sm} - C_o) \times 1.024^{(t-20)}} \qquad (12\text{-}15)$$

$$C_{sm} = C_{sw}\left(\frac{O_t}{42} + \frac{10p_b}{2.068}\right) \qquad (12\text{-}16)$$

$$O_t = \frac{21(1-\eta)}{79 + 21(1-\eta)} \times 100 \qquad (12\text{-}17)$$

式中 O_s ——标准状态下污水需氧量，kg/d；

k_o ——需氧量修正系数，采用鼓风曝气装置时按式（12-15）~式（12-17）计算；

C_s ——标准条件下清水中饱和溶解氧，取 9.17，mg/L；

α ——混合液中体积溶氧系数值与清水中体积溶氧系数值之比，一般取 0.8~0.85；

β ——混合液的饱和溶解氧值与清水中的饱和溶解氧值之比，一般取 0.9~0.97；

C_{sm} ——实际温度和压力条件下，按曝气装置在水下深度处至池面的清水平均溶解氧，mg/L；

C_o ——混合液剩余溶解氧，一般取 2，mg/L；

t ——混合液温度，一般取 5~30，℃；

C_{sw} ——实际温度和压力条件下清水表面处饱和溶解氧，mg/L；

O_t ——曝气池逸出气体中氧气所占体积比，%；

p_b ——曝气装置所处绝对压力，MPa；

η ——曝气设备氧的利用率，%。

c. 采用鼓风曝气装置时，应按式（12-18）将标准状态下污水需氧量，换算为标准状态下的供气量

$$q_{Vs} = \frac{O_s}{0.28\eta} \qquad (12\text{-}18)$$

式中 q_{Vs} ——标准状态下的供气量，m^3/h；

0.28 ——标准状态（0.1MPa、20℃）下每立方米空气中含氧量，kg/m^3；

O_s ——标准状态下污水需氧量，kg/d；

η ——曝气器氧的利用率，%。

d. 供气量的校核。供气量宜用气水比对计算的供

气量进行校核。

三、典型工程实例

1. 工程概况

某电厂 2×350MW 空冷机组设生活污水处理站 1 座，生活污水处理主设备采用一体化生活污水处理设备。生活污水日平均小时水量约为 20m^3/h，选用一体化生活污水处理设备 2 套，每套污水处理容量为 10m^3/h，正常情况 2 套同时运行，不设备用。

该工程各生活用水点的生活污水不经化粪池直接排入厂区生活污水排水管网，集中后进入生活污水处理站。经生活污水处理站处理合格并达到回用水质标准后，少部分用于电厂厂区绿地及道路的浇洒用水，大部分用于脱硫系统用水。

2. 进出水水质

生活污水处理系统的设计进、出水水质见表 12-29。

表 12-29　生活处理系统的设计进、出水水质表

名称	进水水质	出水水质
生化需氧量（BOD_5）	100~200mg/L	≤10mg/L
化学需氧量（COD_{Cr}）	200~400mg/L	≤50mg/L
悬浮物	150~250mg/L	≤5mg/L
氨氮（$NH_3\text{-}N$）	≤30mg/L	≤10mg/L
pH 值	6~9	6~9
溶解性总固体		≤1000mg/L
总余氯量		≥0.2mg/L
总大肠菌群		≤3 个/L

3. 工艺流程及主要设备

（1）系统流程。厂区生活污水→格栅井→调节池→提升泵→初沉池→厌氧池→接触氧化池→二沉池→过滤池→消毒池→清水池→回用水泵→浇洒绿化和脱硫系统。

（2）主要设备规格参数。

1）调节池。工艺尺寸为 8.7m×8.7m×4.6m（长×宽×高），有效容积为 240m^3。

2）一体化生活污水处理设备。包括初沉池、厌氧池、接触氧化池、二沉池、过滤池，工艺尺寸为 11.9m×2.8m×3.0m（长×宽×高），处理容量为 10m^3/h。

3）清水池。工艺尺寸为 15m×9m×5.1m（长×宽×高），有效容积为 300m^3。

4）调节池。工艺尺寸为 3.1m×4.7m×3.5m（长×宽×高），有效容积为 53m^3。

4. 运行效果

生活污水经深度处理后回用于绿地和道路的浇洒

以及脱硫系统，自投运以来，生活污水处理系统运行稳定。

第五节 含煤废水处理

一、系统设计

（一）系统选择

1. 典型工艺

含煤废水处理包括物理化学法、电子絮凝法、微孔陶瓷过滤法等多种典型工艺流程。

（1）物理化学法。物理化学法是最常规的含煤废水处理工艺，包括混凝、沉淀、过滤等功能，经过处理的水质可达到 GB/T 18920《城市污水再生利用 城市杂用水水质》规定的标准。主要工艺流程为煤场初期雨水［排水沟自流、栈桥冲洗水（水泵抽升）］→煤水调节沉淀池→煤水处理装置→清水池→输煤系统冲洗、除尘用水或灰场喷洒用水。

（2）电子絮凝。电子絮凝法是在水中通入电流，打破水中悬浮物、乳化或溶解状污染物的稳定状态的含煤废水处理方法。其主要工艺流程为含煤废水→煤水调节池→电子絮凝器→离心澄清反应器→过滤器→复用水池→回用。

（3）微孔陶瓷过滤法。含煤废水由水泵输送至含煤废水调节沉淀池，后溢流至含煤废水沉淀过滤池内，在含煤废水沉淀过滤池内设有微孔陶瓷过滤砖，废水经微孔陶瓷过滤砖过滤后的清水重复使用，过滤后水的悬浮物小于等于 50mg/L，达到国家排放标准。微孔陶瓷过滤法主要工艺流程为含煤废水→煤水调节沉淀池→微孔陶瓷过滤池→过滤器→回用。

2. 主要设计原则

（1）电厂含煤废水应设置独立的收集系统，并进行集中处理。当受条件限制，不能集中处理时，才可分散处理。

（2）含煤废水处理水量应根据发电厂规模和生产工艺需求确定，设计出力应按照调节容积、每班冲洗用水量以及合并至系统统一处理的水量确定。处理系统的调节容量不应小于输煤系统一次冲洗水量以及使用该回用水的需求之和。

（3）处理后的达标废水应优先回用于输煤系统冲洗、煤场喷洒等，当用作其他用途时，其水质应符合与其用途相适应的用水水质要求。

（二）主要技术要求

1. 系统进出水水质

含煤废水处理设施进口的水质指标应根据电厂燃煤种类以及同地区、同类电厂的实际运行参数确定，必要时通过试验确定。用于回用的含煤废水原水和处理后的水质指标一般可按照表 12-30 所列参数确定。

表 12-30 用于回用的含煤废水处理前后主要水质控制指标

阶段	处理前		处理后	
项目	悬浮物（mg/L）	pH 值	悬浮物（mg/L）	pH 值
水质指标	200～5000	6.0～9.0	<10	6.0～9.0

含煤废水处理系统的设计出力应能满足废水悬浮物含量 3000mg/L 左右，短时间内允许达到 5000mg/L 的负荷要求，超过该值应增加沉淀处理停留时间。

2. 系统设计总体技术要求

（1）火力发电厂含煤废水处理系统应设置煤水沉淀池或调节池。煤水沉淀池或调节池宜与含煤废水处理站一并设置，其处理车间的布置位置应便于接纳含煤废水。

（2）含煤废水处理装置宜设置在室内，南方地区可室外布置，但其配套设施应考虑室外环境影响，并应设置雨棚或遮阳棚。寒冷地区应考虑防冻措施，煤水沉淀池或调节池内除煤泥设备的设计及选型应考虑寒冷时期正常运行的要求。

（3）输煤系统冲洗除尘用水的回收水率可按用水量的 60% 考虑，煤场喷洒水回收水率可按照用水量的 10%～15% 考虑。

（4）煤水沉淀池或调节池应设置补水和溢流通道。

（5）煤水沉淀池或调节池的容积不应小于设计暴雨重现期内煤场范围暴雨历时 0.5h 汇集的含煤雨水量，同时应满足正常情况下接纳输煤系统冲洗除尘系统含煤废水及其他合并处理废水的要求。

（6）在含煤废水处理系统的出口，应对悬浮物、pH 值、色度等指标进行监测。

（7）含煤废水处理控制系统应具备完善的监控功能，应具备自动控制、就地手动控制和接受远方控制方式功能，宜按无人值守设计。

3. 物理化学法含煤废水处理系统设计主要技术要求

（1）煤水沉淀池或调节池应设置清除煤泥设备，煤泥应送往煤场回收利用。

（2）含煤废水处理设备宜设置 2 套，每套至少按照 50% 设计出力设计并应具备一定的抗冲击负荷能力。当其中一套设备出现故障或检修时，不应影响另一套设备的正常运行。

（3）系统内水泵应选用耐磨、防阻塞型（回用水泵除外）。

（4）含煤废水处理设备应考虑反冲洗和排空检修，排出的废水应回流至沉淀池或调节池。

（5）煤水沉淀池或调节池宜与煤水提升泵的吸水

井合并设置。

（6）煤水沉淀池宜按平流沉淀池设计。

（7）处理设备各工艺段应设置取样装置以便于观察和控制处理流程。

（8）混凝剂和助凝加药装置宜为集装式一体化装置。混凝剂一般采用液态碱式氯化铝（PAC），配置浓度小于等于 30%，投加量为 10～20mg/L。助凝剂一般采用液态聚丙烯酰胺，投药浓度为 0.1%～0.2%，最大加药量小于等于 1mg/L。

4. 电子絮凝法含煤废水处理系统设计主要技术要求

（1）进水水质应与设计水质相差不大，严禁强酸、强碱等强腐蚀性废水进入反应设备。废水必须进行筛分预处理，以防止反应器堵塞。废水中无机颗粒含量不能过高，防止设备磨损。

（2）每套电絮凝设备宜配备 2 台反应器，1 用 1 备。当 1 台反应器中电极消耗完全，启动备用，然后更换被消耗完的电极。根据水质水量和运行情况，合理确定极板更换周期。

（3）电子絮凝器本体应做好绝缘处理。

（4）离心沉淀反应器的罐体容积应满足处理水量要求。自动控制系统应能通过控制进水流速以达到分离悬浮物的最佳状态。

（5）沉积在离心沉淀反应器底部的污泥应能根据泥水界面仪和 PLC 根据污水处理量积累，控制排泥阀自动排泥或者定时排泥，也可实现手动和自动状态的切换。

（6）过滤预处理装置的罐体容积应满足处理水量要求。沉积在过滤预处理装置底部的污泥应能定时排泥。

（7）多介质过滤器滤层应采用石英砂＋无烟煤＋火山砾三层组合滤料，承托层采用鹅卵石，全部过滤及排污过程可实现自动/手动控制，反洗时间根据 PLC 设定时间自动控制。该系统应包括相应数量的排污阀、排气阀、流量控制阀以及相应的连接管道。

（8）多介质过滤器集水方式为支母管型，采用不锈钢 T 型绕丝管。

（9）该系统供电采用交流三相动力电，必须设置过载保护，过载保护形式可采用空气开关或熔丝。

（10）该系统环境条件应符合电气设备的要求，最大湿度、环境极端温度、空气含尘量等应符合相关设备（如直流电源）的工作环境要求。

5. 微孔陶瓷过滤法含煤废水处理系统设计主要技术要求

（1）微孔过滤池宜分为 2 格，每格分为集灰区和过滤区，滤池进水端为集灰区，出水端为过滤区。过滤区底部设混凝土滤墙基座，内设清水槽，清水槽与清水池相通，清水槽内用混凝土向清水池倒成坡度。

每格滤池设多套滤墙基础，滤墙间为集泥沟，集泥沟内向集灰区设置坡度。高微孔过滤墙安装在清水槽上，微孔过滤单元一顺一丁错位砌筑成迷宫式透水滤墙。沉淀后的含煤废水从滤墙多面渗透到滤墙内空间，经清水槽流入清水池。

（2）微孔过滤单元用量根据处理水量确定。一般选择过滤负荷为 0.05～0.1m³/（m²·h），由处理水量及过滤负荷初步选定微孔过滤单元单池有效过滤面积后，根据过滤器安装方式，单池有效过滤面积占总用量的 60%～65%，据此可明确微孔过滤计算面积，再加上滤墙顶部盖砖的面积，即可确定单池用量，再结合具体布置情况，计算最终用量。

（3）过滤池煤泥较少，滤池清灰可采用移动式潜水污泥泵。需清灰时把泵放在集灰区内，清灰还原周期为 6～8 个月。滤池清理完后用 0.2MPa 的水将滤墙表面积灰和集灰沟内积灰冲洗至集灰坑内，一并用污泥泵泵入沉淀池内。

（4）净化设备一般为无机微滤膜一体化净化装置，一般采用 2 台或 2 台以上并联运行。废液从进液口进入后在外压作用下经无机膜过滤管微透渗透到过滤室，清水经出液口排出。同时将杂质截留下来，沉积到沉渣室，积累到一定量时经排污口排出送入到沉淀池。设备运行到一定时间后需进行反冲洗或清污还原处理，设备运行可人工操作也可 PLC 联锁自动控制，反冲洗压力为 0.4～0.5MPa。

二、主要设备

（一）一体化煤水处理设备

1. 功能简述

一体化煤水处理设备是集混凝、沉淀、过滤等功能为一体的设备，用于处理经初步沉淀后的含煤废水，其产水悬浮物小于 10mg/L。

2. 结构形式

一体化煤水处理设备内部分为混合反应区、沉淀区和过滤区三个部分，外部设有进水口、出水口、排泥口、反洗进水口、反洗排水口等接口，其结构形式见图 12-16。混合反应区叠加放置 PP 波形板组，各波形板组间通过矩形过水孔相互连接，并通过反应区隔板与沉淀区隔开，反应区出水通过底部布水孔进入沉淀区中。沉淀区内设置斜管装置，斜管沉淀区水流方向自下而上，出水进入沉淀区上部集水槽中，并通过该集水槽流入过滤区中；沉淀区下部设置集泥斗，煤泥聚集在泥斗中，通过排泥口排出。过滤区内部装填滤料，可采用无烟煤和石英砂双层滤料，上层无烟煤可以滤掉较粗的煤尘颗粒，下层石英砂可以滤掉较细的煤尘颗粒，进而保证出水水质。

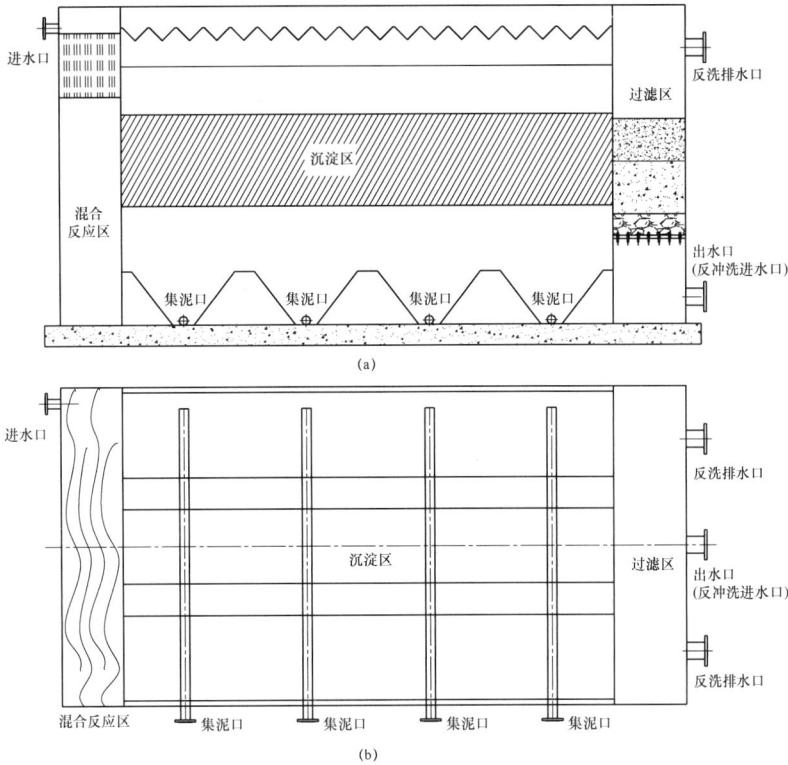

图 12-16　一体化煤水处理设备结构形式

（a）主视图；（b）俯视图

3. 主要参数

（1）反应区停留时间宜为 10～15min。

（2）斜管沉淀的表面负荷宜为 2.0～6.0m³/（m²·h）；斜管孔径（或斜板净距）宜为 50～100mm；斜板（管）斜长宜为 1.0～1.2m；斜板（管）水平倾角宜为 60°。

（3）过滤区的滤速不宜超过 10m/h。

（二）电子絮凝设备

1. 功能简述

通过其内部可溶解的极板及电流发生器对流入装置的水体附加电流，电荷吸引周围的小颗粒，打破物

质原有的稳定状态，并通过改变颗粒的极性使小颗粒互相粘合形成新的大颗粒，易于沉淀，达到将水中的颗粒物沉淀去除的目的。

2. 结构形式

电子絮凝器的外形如图 12-17 所示，对外连接口包括进水口、出水口、排污口以及两个接线口。电子絮凝器的特点为：污染物降解只在电极与废水组分间进行，不需要添加药液，无二次污染；反应条件温和，常温常压下进行，操作控制简单；兼具气浮、絮凝、消毒作用；占地面积小，建设工期短，运行成本低。

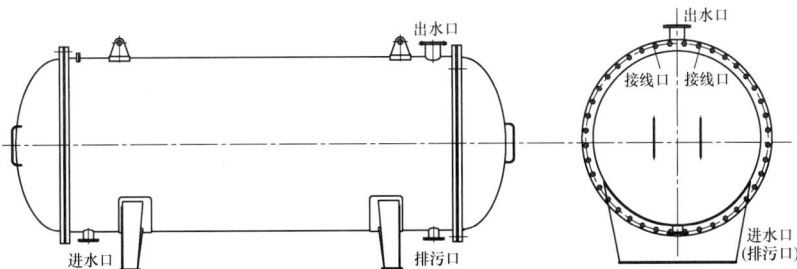

图 12-17　电子絮凝器设备外形

（三）微孔陶瓷过滤设备

微孔陶瓷过滤技术是采用新型无机非金属过滤材料进行液固分离的技术，滤液与微孔设备接触时，其中

的悬浮物、胶体物等污染物质被阻截在微孔介质表面或浅表层，被截留的颗粒在过滤介质表面产生架桥现象，形成一层滤膜，这层滤膜能起到重要的过滤作用，可防

止杂质进入过滤层内部将微孔堵塞。微孔陶瓷过滤设备可应用于电厂的含煤废水净化回用系统以及净水站排泥水处理系统。

1. 结构形式

微孔陶瓷滤砖材料以石英砂、氧化铝、碳化硅或莫来石等为骨料，掺和一定量的黏结剂、成孔剂后经过高温烧制而成。利用成孔剂在坯体中占据一定空间，烧结过程中与空气反应生成气体或烧成后溶解于水离开坯体而形成微孔。微孔的平均孔径一般为0.5～450μm，大小分布均匀且相互连通，孔隙率可达45%～65%，具有很大的比表面积。微孔陶瓷滤砖安装在过滤池中。

2. 主要参数

（1）含煤废水沉淀过滤池的滤墙由微孔陶瓷滤砖砌成，微孔陶瓷滤墙施工黏结采用环氧树脂胶泥。

（2）微孔陶瓷过滤砖不允许有影响使用性能的外观缺陷存在，产品的微孔孔道直径可根据需要确定，允许偏差值在±10%范围内，显气孔率应大于等于30%，压缩强度平均值应大于8MPa，对于陶土质产品或气孔率大于70%的产品，压缩强度平均值应不低于3.5MPa。

（3）微孔陶瓷过滤砖的弯曲强度平均值应不低于3.5MPa，陶土质产品的弯曲强度平均值应不低于1.5MPa，其尺寸偏差、变形指标及物理性能指标应符合表12-31和表12-32要求。

表 12-31　微孔陶瓷过滤砖尺寸偏差及
变形指标　　　　　　（mm）

项目	规格	最大允许偏差
边长	<100	±2.0
	100～500	±2.5
	>500	±3.0
厚度	<5	±0.5
	5～15	±1.0
	>15	±1.5
平度	—	不大于对角线的0.5%

表 12-32　　微孔陶瓷过滤砖
物理性能指标

指标	数值	指标	数值
容重（kg/m³）	1400～1600	抗折强度（N）	5.3
孔径（μm）	10～200	耐酸度（%）	99.8
孔隙率（%）	30～43	耐碱度（%）	96
透水率[m³/(m²·h)]	0.15～1.0	莫氏硬度（级）	7
透气率[m³/(m²·h)]	1.8～5.0	热稳定性（℃）	≥350
抗压强度（MPa）	14.0	吸水率（%）	20～25

三、典型工程实例

（一）物理化学法含煤废水处理工程实例

1. 工程概况

某国产空冷燃煤供热机组的煤仓间、输煤栈桥等采用水冲洗方式进行清扫，冲洗后的含煤废水回收至含煤废水处理装置进行处理，处理后的澄清水仍作为输煤系统水力冲洗、喷雾抑尘及煤场喷洒用水。含煤废水处理系统采用无人值守、定期巡检的运行方式。该工程含煤废水处理系统的设计进、出水水质见表12-33。

表 12-33　　含煤废水处理系统的
设计进、出水水质表

序号	名称	进水水质	出水水质
1	生化需氧量（BOD$_5$）		≤10mg/L
2	化学需氧量（COD$_{Cr}$）		<50mg/L
3	悬浮物	2000～5000mg/L	≤5mg/L
4	氨氮（NH$_3$-N）		<10mg/L
5	pH 值	6～9	6～9
6	溶解性总固体		≤1000mg/L
7	色度		≤30 度
8	浊度		≤5NTU

2. 工艺流程

该工程设置1座含煤废水集中处理站，按照电厂规划容量4×350MW进行规划设计。处理站设有煤水调节池、煤水处理装置、输煤冲洗水泵坑、清水池及供电控制装置等，均室内布置。

电厂一期工程2×350MW规划容量选用一体化含煤废水处理设备2套，每套废水处理容量为15m³/h，正常情况1套运行1套备用，并考虑2套同时运行的工况，同时预留二期工程再安装1套含煤废水处理设备的位置。含煤废水处理设备采用一元化重力式，设备立式安装。含煤废水处理系统流程见图12-18。

含煤废水采用常规的物理法处理工艺，包括混凝、沉淀、过滤等功能，经过处理的水质可满足GB/T 18920《城市污水再生利用　城市杂用水水质》的规定。

3. 主要构筑物及设备参数

主要建（构）筑物尺寸见表12-34，主要设备规范见表12-35。

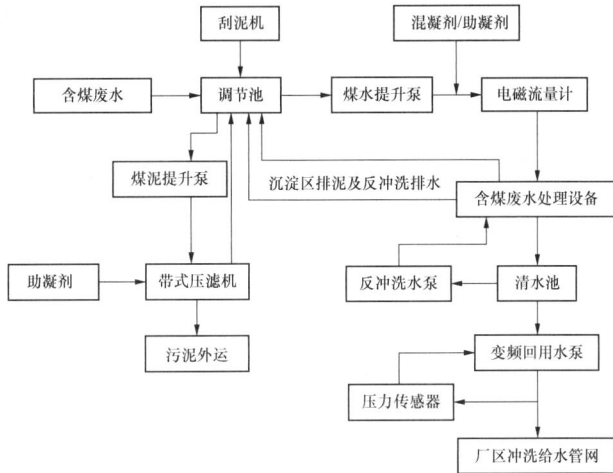

图 12-18 物理化学法含煤废水处理系统流程

表 12-34 主要建（构）筑物尺寸表

序号	项目	单位	调节池	清水池
1	有效容积	m³	300	400
2	外形尺寸	m	20×5	10
3	结构形式		钢筋混凝土结构	钢筋混凝土结构
4	数量	座	2	1

表 12-35 主 要 设 备 规 范 表

序号	设备名称	设备型号	数量
1	含煤废水处理设备	SFHC-15	2 台
2	刮泥机	SFZJ-5	2 台
3	煤水提升泵	50WQ15-16-1.5	4 台
4	处理装置反洗水泵	SLW125-125A	2 台
5	煤泥提升泵	50WQ15-16-1.5	4 台
6	脱水机	DYQ-1000	1 台
7	空气压缩机	Z-0.12	1 台
8	脱水机冲洗水装置	SFC-II	1 台
9	回用水泵	100GDL72-14.5	4 台
10	地坑排水泵	40WFB	2 台
11	起重设施	3t	1 台
12	混凝剂加药装置		1 套
13	助凝凝加药装置		1 套

（二）电子絮凝法含煤废水处理工程实例

1. 工程概况

某工程建设规模为 2×1000MW 超超临界火电机组及配套 30 万 t/d 海水淡化工程。工程煤仓间、输煤栈桥等采用水冲洗方式进行清扫，冲洗后的含煤废水回收至煤水处理车间，进入含煤废水处理装置进行处理，处理后的澄清水仍作为输煤系统水力冲洗、喷雾抑尘及煤场喷洒用水。

处理前含煤废水悬浮物为2000～3000mg/L，短时达到5000mg/L。处理后水水质要求为悬浮物小于等于5mg/L，pH值6.0～9.0。

2. 工艺流程

含煤废水处理工艺流程见图12-19。

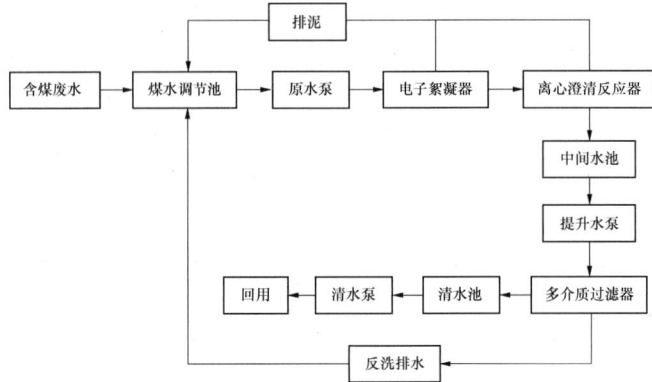

图 12-19　电子絮凝法含煤废水处理系统流程

表 12-36　主要建（构）筑物尺寸表

项目	单位	调节池	中间水池	清水池
外形尺寸	m×m×m	28×8.2×5.5	7×4×4.5	16×4×4.5
数量	座	1	1	1
材质		钢筋混凝土	钢筋混凝土	钢筋混凝土

表 12-37　主 要 设 备 规 范 表

名称	规格和型号	单位	数量
电子絮凝系统	处理水量50m³/h，φ1800×5456mm	套	1
多介质过滤器	总处理水量 50m³/h，单套过滤器，φ1200×2800mm，碳钢衬胶	台	5
离心澄清反应器	处理水量50m³/h，φ5500×6500mm，碳钢衬胶	套	1
桁架式刮泥机		套	1
门式抓斗机		套	1
清水泵	WFB 型自控自吸泵，90m³/h，1.1MPa	台	4

（三）微孔陶瓷过滤法含煤废水处理工程实例

1. 工程概况

某工程在输煤栈桥与煤场之间建设1座煤水集中处理室，含煤废水处理采用微孔陶瓷过滤工艺。

煤水处理设施主要用于处理该工程从汽车卸煤沟、主厂房煤仓间、输煤栈桥、碎煤机室及各转运站回收的地面冲洗含煤废水。工程选用微孔陶瓷过滤池，共2座，每座设计出力为10m³/h，设计进水水质指标为悬浮物小于等于5000mg/L，pH值6.0～9.0，设计出水水质控制指

该工程设置 1 座含煤废水集中处理站（室内布置），选用1套一体化含煤废水处理设备，废水处理容量为50m³/h，含煤废水系统采用无人值班、定期巡检的运行方式。

3. 主要构筑物及设备参数

主要建（构）筑物尺寸见表12-36，主要设备规范见表12-37。

标为悬浮物小于等于10mg/L，pH 值6.0～9.0。

2. 工艺流程

含煤废水处理采用微孔陶瓷过滤工艺，工艺流程为煤水排污泵→煤水沉淀池→微孔陶瓷过滤池→中间池→含煤废水提升泵→过滤器→回用水池→回用水泵→输煤系统冲洗水。

含煤废水经过煤水沉淀池，大颗粒煤粉自然沉淀，无法自然沉淀的含小颗粒煤粉的废水，经微孔陶瓷过滤后，用水泵送至过滤器处理后储存在回用水池中，通过回用水泵送至输煤系统用于冲洗，也可作为过滤器反冲洗用水，反冲洗出水回到煤水沉淀池，用抓斗起重机定期清理沉淀池煤泥，抓出至煤泥堆放处待自然干化后送至煤场。

此外，为补充输煤系统地面冲洗给水水源的不足，从厂区服务水管道上引接1根DN150补给水管至清水池，该补给水管道上设有双液位控制浮球阀，浮球阀根据设定水位开启与关闭，以满足输煤系统冲洗水量的需要。

3. 主要构筑物及设备参数

煤水处理系统处理构筑物及设备均布置在煤水处理间内。主要处理构筑物及设备配置如下：

（1）煤水沉淀池。含煤废水先进入沉淀池进行初沉。沉淀池地下布置，分为两格，沉淀池上设电动抓斗起重机。沉淀池出水水质满足微孔陶瓷过滤池的进水要求。

（2）微孔陶瓷过滤池。煤水沉淀池后段设微孔陶瓷过滤池，过滤滤料采用微孔陶瓷过滤板，过滤总面积为400m²。微孔陶瓷过滤池地下式布置，共2座，每座设计出力为10m³/h，其出水水质悬浮物小于等于50mg/L。

（3）过滤器。经微孔陶瓷过滤池及中间池含煤废水提升泵提升后进入钢制过滤器。过滤器共 2 台，每台过滤器的设备出力 10m³/h，出水水质悬浮物小于等于 10mg/L。

（4）抓斗起重机。煤水处理间内设置悬挂式电动抓斗式起重机 1 台，用于清理沉淀池内沉积的煤泥。抓斗起重机起重量为 3t，地面手柄操作，抓斗容积为 0.5m³。

（5）水泵。煤水处理系统所有水泵均采用自控自吸泵。

1）含煤废水提升泵设置 3 台（2 台运行，1 台备用），其性能参数为流量 10m³/h，扬程 0.2MPa。

2）回用水泵数量设置 3 台，运行方式为过滤器反洗时 3 台运行，平时 2 台运行 1 台备用，回用水泵采用变频调速，流量 80m³/h，扬程 0.70MPa。

（6）阀门。煤水处理系统内参与程控的阀门采用电动阀门。

第六节 含油污水处理

一、系统设计

（一）系统选择

1. 典型工艺

隔油池主要用于去除重油、浮油、分散油和破乳后的乳化油；气浮法可去除隔油池难以去除的细小油珠和乳化油；吸附法可用于低浓度含油污水的处理和含油污水的深度处理，同时，它还可以去除有害物质酚；粗粒化油水分离器可以去除乳化油和溶解油。

典型处理工艺如下：

（1）含油污水→隔油池→油水分离器→非经常性废水池→化学废水处理系统→回收利用或排放。

（2）含油污水→隔油池→油水分离器→过滤（吸附）装置→回收利用或排放。

（3）含油污水→隔油池→气浮池→过滤（吸附）装置→回收利用或排放。

（4）含油污水→隔油池→油水分离器→气浮池→过滤（吸附）装置→回收利用或排放。

（5）含油污水→隔油池→油污水净化装置（除乳化油及游离态油）→过滤（吸附）装置→回收利用或排放。

上述流程应根据含油污水性质、含量、处理要求、工艺条件、工艺设备的功能及其他因素进行组合或者去舍，可以单独使用，也可以组合使用。

2. 系统主要设计原则

（1）含油污水的处理方法和设计参数宜参照类似发电厂的运行数据确定。必要时，可通过实验确定。对于乳化油含量较高的污水宜设有自动化程度较高的气浮或其他除乳化油工艺。

（2）含油污水处理设施宜布置在废水集中处理站。

（3）含油污水宜设置单独的收集和输送设施，不应与其他废水混合处理。

（4）含油污水水量宜按连续排水量与其中一项最大周期性排水量之和计算或参照类似发电厂的运行数据确定。

（5）含油污水经深度处理后宜回收利用。

（6）含油污水处理系统应可以根据含油污水收集池液位自动启停。

（二）主要技术要求

1. 水质要求

（1）含油污水一级处理设施（隔油池）的出水含油量应控制在 50mg/L 以内。

（2）含油污水二级处理设施（油水分离装置）的进水水质要求含油量小于 50mg/L，出水水质要求为含油量小于 5mg/L。

2. 主要设备配置及技术要求

（1）隔油池。在电厂的含油污水处理系统中，通常在油罐区和变压器区布置事故隔油池。主要技术要求如下：

1）事故隔油池的容积可按油罐和变压器事故时产生的油量考虑。

2）事故隔油池一般采用地埋式隔油池。

3）事故油池使用前必须在油分离池中先灌水。

4）事故油池在运行期间，在大雨及暴雨后必须对其储油池部分进行检查，发现有积水应及时排出，以保证发生事故时能起到储油的作用，但油分离池内的积水不能排走。

5）事故隔油池应设排气孔。

6）事故隔油池应设检修人孔和爬梯。

7）事故隔油池的储油池底部应设集水坑。

8）处于寒冷地区时，事故隔油池应考虑防冻措施。

（2）调节池。调节池用于收集电厂的含油污水，以尽量减小进水水量和水质波动的作用，并使得油水分离装置能够稳定运行。一般布置在废水集中处理站内，设在地面以下。主要技术要求如下：

1）调节池的容积应按污水水质、水量变化情况及处理要求等因素确定，可按 8～12h 全厂产生的含油污水量考虑。

2）一般在调节池上方布置油水分离装置，以节省占地面积。

3）调节池内应设液位计，且与油水分离装置联锁，以实现油水分离装置自动化无人值守运行。

4）调节池应设通气管和检修人孔。

5）调节池应根据水质情况考虑防腐措施。

（3）油水分离装置。电厂含油污水处理常用的设备为油水分离器。主要设计原则及技术要求如下：

1）含油污水处理设备宜不少于 2 套，并联运行，并应具备一定的抗冲击负荷能力。当其中 1 套设备出现故障时或检修时，不应影响其余设备的正常运行。

2）油水分离器应具有自动排油、自动加热、超温自动断电的功能；应能实现全自动运行；能反洗，且具有报警功能，带有油位计和油量分析仪。

3）装置进出水管的垂直部分应设置取样装置。

4）装置应考虑设置供清洗用的清水进入接口。

5）装置底部应设置有效的、操作简便的泄放阀。

6）装置排出水流量不得低于装置额定处理量。

7）应设回收油箱和油泵，用于回收从含油污水中分离出来的油。

8）当含油污水中悬浮物浓度较高时，可在油水分离器进口前设置管路过滤器，进行预处理。滤网材质一般选择不锈钢。

二、主要设备

（一）事故隔油池

1. 功能简述

事故隔油池用于储存事故时的排油，以及对日常运行时产生的含油污水进行预处理。其工作原理是通过重力法对含油污水进行油水分离。

2. 结构形式

事故隔油池主要由油分离池和储油池组成，一般采用矩形钢筋混凝土结构，结构形式见图 12-20。

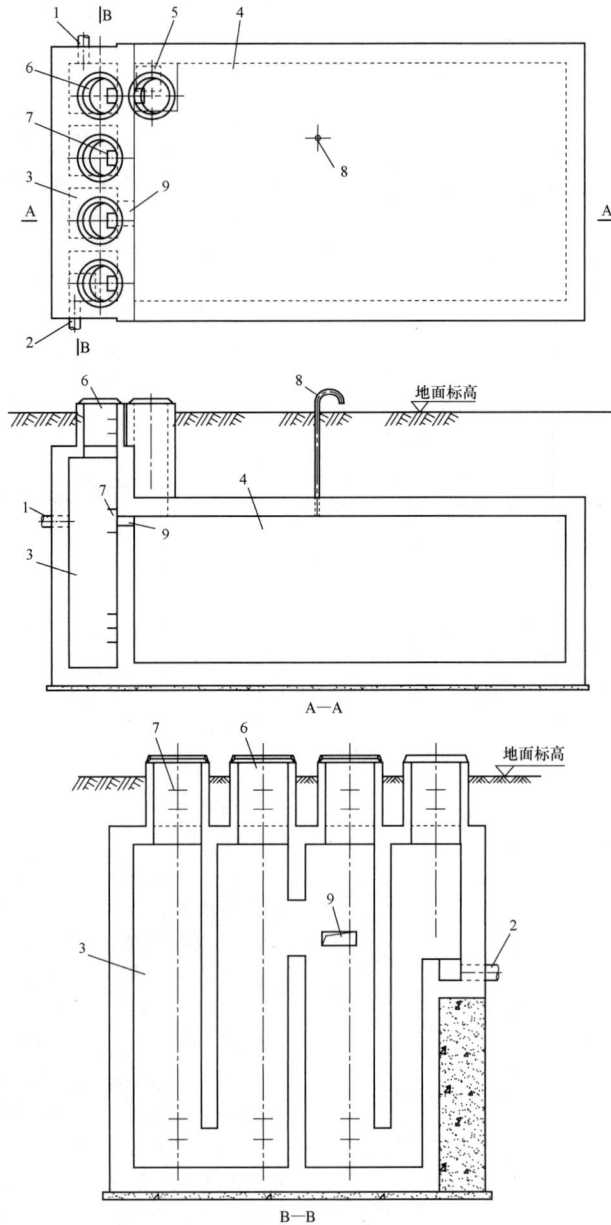

图 12-20　事故隔油池
1—进水管；2—排水管；3—油分离池；4—储油池；5—集油坑；6—人孔；7—爬梯；8—排气孔；9—排油孔

（二）油水分离器

1. 功能简述

油水分离器是通过加热、离心、吸附和过滤等手段对油水进行分离的机器。废水处理站内油水分离器的含油污水的主要来源是油库区油罐排污水及油泵房冲洗废水，含油污水均经过一级隔油处理之后再排至废水集中处理站含油污水收集池，经泵提升进入油水分离器进行深度处理。

2. 结构形式

油水分离器的外管系连接示意见图 12-21。

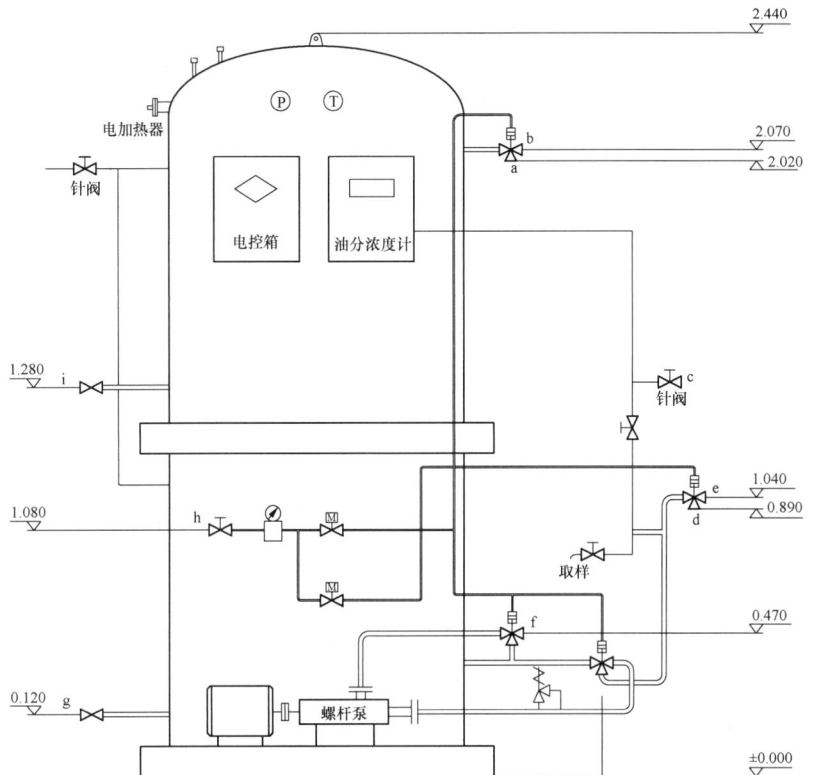

图 12-21　油水分离器示意

a—含油污水进口；b—污油及反冲洗废水出口；c—油分浓度计清洗水入口；d—油含量合格水出口；
e—油含量超标水回流口；f—反冲洗清洗水入口；g—下排污口；h—压缩空气入口；i—上排口

油水分离器包括油水分离器本体、螺杆泵、各种气动/手动阀门及连接管道、就地显示设备及仪表、控制装置、就地仪表控制箱等，可以实现自动排油、自动加热、超温自动断电等功能。

3. 主要参数

电厂废水处理系统油水分离器的主要参数见表 12-38。

表 12-38　　油水分离器主要参数

进水水质	含油小于 50mg/L
出水水质	含油小于 5mg/L
工作压力	0.1～0.3MPa
介质	含油污水
排油方式	自动

续表

加热方式	电加热，超温自动断电
工作温度	常温
运行方式	24h 连续运行或间歇运行

三、典型工程实例

1. 工程概况

某电厂 2×350MW 空冷机组，化学废水集中处理系统设有 2 组设计出力为 5m³/h 的油水分离组合装置，经油水分离装置处理后的出水进入非经常性废水处理系统进行处理。油水分离器分离出的污油汇集至废油收集桶送至污油回用系统。

两组油水分离组合装置同时运行，不设备用。

2. 进出水水质

含油污水二级处理系统的设计进水水质见表 12-39。

表 12-39   含油污水二级处理系统的设计进水水质表

名称	排水量(m³/h)	pH 值	悬浮物(mg/L)	Fe(mg/L)	含油量	备注
变压器事故油池隔油排水	20	6～9	50	变压器油500mg/L	≤50mg/L	不经常
油库区事故油池隔油排水	20	6～9	50	轻油500mg/L	≤50mg/L	不经常

含油污水二级处理系统的出水含油量小于等于5mg/L。

3. 工艺流程及主要设备

系统流程为含油污水→事故隔油池→含油污水收集池（调节池）→油水分离装置→含油污水输送泵→非经常性废水池→化学废水集中处理系统。

主要设备规格参数见表 12-40。

表 12-40   含油污水二级处理系统主要设备参数

设备名称	设备参数
事故隔油池	70m³，8.55m×4.75m×3.55m（长×宽×高）
含油污水收集池	100m³，8m×6m×4m（长×宽×高）
油水分离装置	2×5m³/h

4. 运行效果

含油污水经深度处理后回用于服务水系统，自投运以来，含油污水处理系统运行稳定。

第七节　废水零排放处理

一、系统设计

（一）系统选择

1. 典型工艺

根据 GB/T 21534—2008《工业用水节水　术语》，"零排放"是指企业或主体单元的生产用水系统达到无工业废水外排，而"工业废水"是指生产过程中使用过、在质量上已不符合生产工艺要求、对该过程无进一步利用价值的水。火电厂的废水零排放是指电厂不向地面水域排放任何形式的废水（排出或渗出），所有离开电厂的废水都是以湿气的形式或固化在灰或渣中。

废水零排放处理工艺一般包括预处理、浓缩减量和蒸发结晶三部分或组合工艺。

预处理工艺一般采用混凝澄清处理工艺。根据进水水质设置加药处理系统，一般考虑调节原水的 pH 值，去除 Ca、Mg 硬度，还考虑将废水中的悬浮物、COD、BOD、部分重金属离子等污染物去除。

减量浓缩工艺可分为减量化和再浓缩两步。减量化一般采用常规超（微）滤、一级反渗透、纳滤等，或者根据水质需要设置二级、三级反渗透等。一般废水经减量化后，浓水含盐量为 50000～60000mg/L。再浓缩工艺是对减量化后的反渗透浓水进一步浓缩，此时浓水含盐量很高，需要根据水质情况判断是否需要再进行硬度去除，以免影响对后续再浓缩工艺。再浓缩工艺主要分为膜浓缩工艺和蒸发浓缩工艺，膜浓缩工艺包括 DTRO（或 STRO）等高压反渗透膜浓缩、正渗透膜浓缩、电渗析浓缩等技术，蒸发浓缩工艺包括多效蒸发（MED）、机械蒸汽再压缩（MVR）、热力蒸汽再压缩（TVR）、自然蒸发、烟气余热蒸发等技术。蒸发结晶是将盐通过结晶器结晶下来，有分盐和混盐两种结晶方式。分盐方式主要是对氯化钠进行单独回收，回收的氯化钠可以达到工业级的精度。混盐方式是将所有物质混合结晶，作为固体废物进行处理。

全厂废水零排放处理典型工艺流程及比较见表 12-41。

表 12-41   全厂废水零排放处理典型工艺流程及比较

项目	分盐方案	混盐方案
工艺流程	（1）全厂废水—预处理—超（微）滤—多级反渗透（根据来水水质情况设置二级或者三级反渗透处理装置）—反渗透浓水作为脱硫系统工艺用水或者直接和脱硫废水混合处理。脱硫废水（或者与多级反渗透浓水的混合液）—两级软化预处理—膜浓缩或蒸发浓缩—结晶分盐工艺。（2）全厂废水—预处理—超（微）滤—多级反渗透（根据来水水质情况设置二级或者三级反渗透处理装置）—反渗透浓水作为脱硫系统工艺用水或者直接和脱硫废水混合处理。脱硫废水（或者与多级反渗透浓水的混合液）—两级软化预处理—纳滤—产水膜浓缩或蒸发浓缩（浓水返至系统源头或者消纳）—结晶器	全厂废水—预处理—超（微）滤—多级反渗透（根据来水水质情况设置二级或者三级反渗透处理装置）—反渗透浓水作为脱硫系统工艺用水或者直接和脱硫废水混合处理。脱硫废水（或者与多级反渗透浓水的混合液）—预处理—膜浓缩或蒸发浓缩—结晶器
投资费用	高	低
运行成本	高	低
产品	可以制取部分氯化钠工业盐和硫酸钠工业盐，结晶器有少量浓母液需要外排	可以制取混盐，结晶器有少量浓母液需要外排

2. 主要设计原则

（1）废水零排放处理最终采用何种工艺，结晶方式采用分盐还是混盐，应根据工程具体情况、结晶盐回收要求，参考类似工程经验，最好通过试验进行确定。

（2）各种废水应梯级使用，最后对无法再进行梯级使用的废水进行零排放处理。

（3）经减量浓缩后的废水采用蒸发结晶、烟气余热蒸发或自然蒸发处理。

（4）经工程环境影响评价报告审批意见认证后，对于设置有电解海水制氯系统的海滨电厂，可以采用废水零排放系统的高含盐量废水制氯。

（5）废水零排放系统应根据水质波动特点设置足够容积的进水调节池，保证水质均匀稳定。

（6）废水零排放处理流程中采用的是逐级浓缩、蒸干的工艺。由于盐度经过浓缩成倍上升，流程中对于COD的去除并没有单独的设备，因此需要考虑COD的富集对于系统运行的影响。

（7）废水零排放系统会产出泥和盐两种固体废物，在方案设计时，应考虑这两种固体废物的最终去向。

（8）膜处理装置不宜少于2套。当1套装置检修时，其余装置总出力应满足正常用水量需要。反洗水泵、反洗风机宜设备用。

（9）膜浓缩装置应能实现启动时自动冲洗，并且实现软启动避免对膜元件冲击损坏。停止时自动低压冲洗。

（10）蒸发器、结晶器或蒸发结晶器可以不设备用。

（11）根据废水零排放系统产水水质确定回用途径。如果回用至循环水系统，直接作为间冷开式系统补充水时，水质指标宜符合第二章表2-19的指标要求，或根据试验和类似工程经验确定。

（二）主要技术要求

1. 废水零排放系统进水水质要求

废水零排放系统对进水水质没有具体的要求，主要根据进水水质确定整体处理工艺和加药量。废水零排放处理系统一般都设置预处理系统，多采用混凝澄清处理技术，所以进水水质应满足澄清池的相关技术要求。具体要求见第二章相关内容。

2. 零排放处理主要设备进水水质要求

（1）纳滤进水水质要求。卷式纳滤和卷式反渗透没有明显的界限，进水要求和反渗透进水要求基本相同。反渗透进水具体要求见第三章相关内容。GB/T 33758—2017《碟管式膜处理设备》规定的碟管式纳滤装置的进水要求见表12-42。

表 12-42　碟管式纳滤装置进水要求

项目	单位	指标
pH 值（25℃）		6～9
淤泥密度指数（SDI$_{15}$）		≤6.5
游离氯	mg/L	≤0.1
总溶解固体	mg/L	≤100000
化学需氧量	mg/L	≤35000
水温	℃	5～32

（2）高压反渗透膜浓缩进水水质要求。GB/T 33758—2017《碟管式膜处理设备》规定的碟管式反渗透装置进水要求与碟管式纳滤装置进水要求相同，见表12-42。国外某品牌的高压反渗透膜进水要求见表12-43。

表 12-43　国外某品牌高压反渗透膜进水要求

项目	单位	指标
活性二氧化硅	mg/L	<40
游离余氯	mg/L	<0.1
铁（三价铁）	mg/L	<0.05
铝	mg/L	<0.05
水温	℃	5～30

（3）正渗透膜浓缩进水水质要求。正渗透膜进水水质要求基本和反渗透膜相同，但对COD的耐受能力更强。某品牌正渗透膜要求进水COD小于1000mg/L。

（4）电渗析膜浓缩装置进水水质要求。电渗析膜浓缩装置进水要求见表12-44。

表 12-44　电渗析膜浓缩装置进水水质要求

项目	单位	指标
硬度（CaCO$_3$）	mg/L	<50
悬浮物	mg/L	<0.2
有机物	mg/L	<3
游离氯	mg/L	<0.1
Fe	mg/L	<0.1
Mn	mg/L	<0.05

（5）蒸发结晶系统进水水质要求。蒸发结晶系统主要控制硬度、硅和COD等进水指标，表12-45列举了国内某品牌蒸发结晶系统进水水质要求。

表 12-45　国内某品牌蒸发结晶系统进水水质要求

项目	单位	指标
TDS	mg/L	不限
COD	mg/L	≤3000
pH 值		6~9
SiO_2	mg/L	<5
悬浮物	mg/L	≤10
石油类	mg/L	≤10
硬度	mg/L	≤200
挥发物	mg/L	≤5

3. 预处理系统设计技术要求

预处理工艺选择应根据废水来水水质、后续处理工艺进水水质要求等确定。典型工艺是混凝沉淀处理工艺。

化学混凝沉淀处理工艺通过化学沉淀、混凝的方法，控制水中的高结垢成分，包括钙、镁、硅以及重金属在内的结垢成分在此环节中被去除，可极大地缓解水质中的结垢趋势，满足后续工艺高回收率的要求，同时 COD 以及一些胶体污染物在此工艺环节中同步得到去除，也可以极大降低后级膜处理工艺以及蒸发结晶工艺中的污染趋势。流程中还需设置污泥脱水装置，上清液则回流到系统中。

设计采用机械搅拌澄清池处理工艺，以确保药剂的有效混合和所形成污泥的有效去除。应根据进水水质确定加药种类和药量，同时根据水质设置一级软化或者两级软化过程。

其他要求详见第二章相关内容。

4. 减量浓缩系统设计技术要求

（1）减量化处理工艺。减量化处理工艺主要指常规的卷式反渗透膜浓缩及其纤维过滤、超（微）滤等预处理工艺。为实现分盐，可以根据水质情况，在反渗透前或者反渗透后设置纳滤装置。

超（微）滤及常规反渗透膜装置技术要求详见第二章和第三章相关内容。

（2）浓缩处理工艺。浓缩工艺主要分为膜浓缩工艺和蒸发浓缩工艺。膜浓缩工艺包括高压反渗透膜浓缩、正渗透膜浓缩、电渗析膜浓缩等工艺。蒸发浓缩工艺包括多效蒸发（MED）、机械蒸汽再压缩（MVR）、热力蒸汽再压缩（TVR）、自然蒸发、烟气余热蒸发等工艺。

浓缩工艺处理反渗透浓水，有以下特点：

1）硬度及碱度经过浓缩后升高，碳酸钙结垢倾向强。

2）浓水中硫酸钙、硫酸钡、硫酸锶、氟化钙结垢倾向强。

3）浓水中 SiO_2 浓度升高，结硅垢倾向增强。

4）原水中的有机物大部分留在浓水中，增加了有机污染和微生物污染的概率。

处理前，需要根据水质情况判断是否需要再进行预处理，去除硬度等杂质，以防止对后续浓缩工艺造成结垢。

1）膜浓缩处理工艺。某品牌高压反渗透膜柱允许的操作压力范围为 7.5~20MPa。7.5~9MPa 的高压膜柱可获得含盐量达到约 90g/L 的浓水；约 12MPa 的高压膜柱可获得含盐量达到约 11g/L 的浓水；16MPa 以上的高压膜柱则可获得含盐量高达 140g/L 以上的浓水。

正渗透浓缩可以获得含盐量高达 140g/L 以上的浓水。

电渗析浓缩可以获得含盐量高达 160~200g/L 的浓水。

2）蒸发浓缩工艺。蒸发是将溶液加热至沸腾，使其中部分溶剂汽化并被移除，以提高溶液中溶质浓度的操作。蒸发器类型主要包括自然循环蒸发器、强制循环蒸发器、升膜蒸发器和降膜蒸发器等。

a. 自然循环蒸发器。由加热室和蒸发室组成，其结构见图 12-22。加热室内布有 $\phi25$~$\phi75$ 的加热管，加热管长 0.6~2m。在管束中间有一直径较大的中央降液管。由于中央降液管和加热管内料液有重度差，使料液在加热管和降液管不断循环，从而提高蒸发的传热效果。自然循环蒸发器适于结垢不严重、有少量结晶析出、腐蚀性较小的溶液。

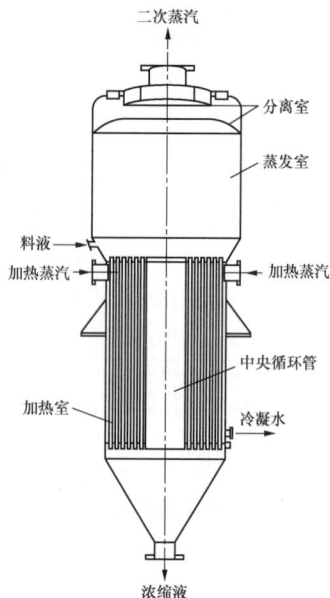

图 12-22　自然循环蒸发器

b. 强制循环蒸发器。结构示意见图 12-23。其特点是料液靠泵强制循环，循环速度达 2～5m/s。料液通过加热管热至沸点，在蒸发室内闪蒸。由于强制循环蒸发器属管外浓缩，同时料液在管内流速大，因此适于蒸发有结晶析出或易结垢的物料，其传热效果好，但动力消耗大。

料液从上而下即可浓缩完成，若一次达不到浓缩指标，也可用泵将料液循环进行蒸发。

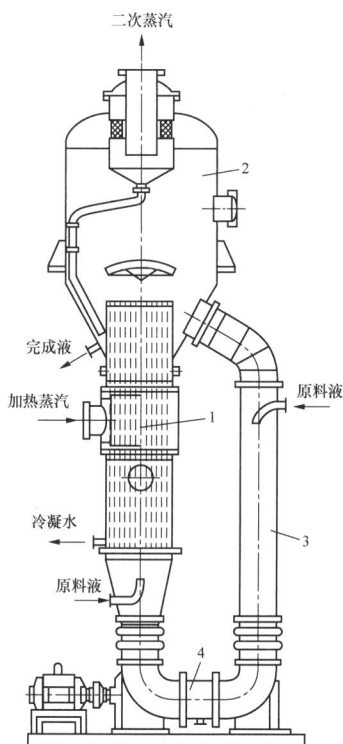

图 12-23　强制循环蒸发器

1—加热室；2—雾沫分离室；3—循环管；4—循环泵

c. 升膜蒸发器。也称为竖式长管蒸发器、热虹吸蒸发器，结构示意见图 12-24，其加热管长径比要求为 $L/d=100～300$，这是因为升膜蒸发器属于单程蒸发，料液通过管后，一次即应达到要求，所以要求管束较长。二次蒸汽在管内流速很大，常压下为 20～30m/s，减压下为 80～200m/s。二次蒸汽在管内高速螺旋上升，将料液贴管内壁拉拽成薄膜状，薄膜料液上升必须克服重力及与管壁之间的摩擦力，因此不适于黏度大的液体。升膜蒸发器适用于热敏性物料，不适用于有结晶析出或易结垢的物料。

d. 降膜蒸发器。结构与升膜式蒸发器结构大致相同，见图 12-25。蒸发器料液自顶部加入，因顶部有液体分布装置，故每根管都可以均匀地得到料液。二次蒸汽和浓缩液一般并流而下，因二次蒸汽作用，料液沿管壁呈膜状流动，液膜下流不需克服重力反而可利用重力，因而可以使黏度大的溶液蒸发。降膜蒸发器

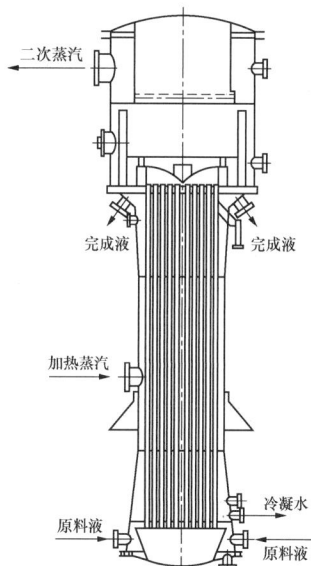

图 12-24　升膜式蒸发器

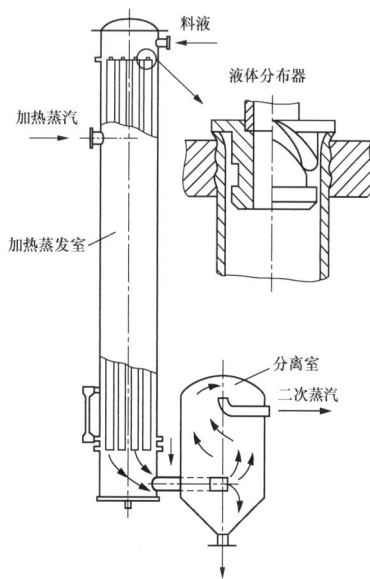

图 12-25　降膜式蒸发器

最终选择何种浓缩处理工艺，应根据水质，并参考类似工程经验进行技术比较确定。

5. 结晶系统设计技术要求

溶液中的结晶要经历两个步骤：形成晶核；晶体长大为宏观晶体。成核及长大都需要有推动力——溶液的过饱和度。因此，过饱和度是考虑结晶问题的极重要因素。某些盐在水中的溶解度曲线见图 12-26。

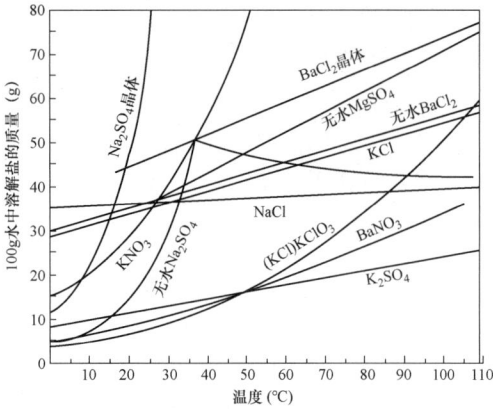

图 12-26　某些盐在水中的溶解度曲线

工业结晶是在溶液中建立适当的过饱和度，并加以控制，目前电厂常用的结晶方法是蒸发法。通常析出的盐是氯化钠和硫酸钠。GB/T 6009—2014《工业无水硫酸钠》中Ⅲ类一等品指标和 GB/T 5462—2015《工业盐》中精制工业干盐一级指标标准见表 12-46。

表 12-46　工业无水硫酸钠Ⅲ类一等品指标标准和精制工业盐一级指标标准

工业无水硫酸钠		精制工业盐		
项目	Ⅲ类	项目	工业干盐	
	一等品		一级	二级
硫酸钠（Na₂SO₄）（%，质量百分比）	≥95.0	氯化钠（%）	≥98.5	≥97.5
钙和镁（以 Mg 计）（%，质量百分比）	≤0.6	钙镁离子（%）	≤0.40	≤0.60

续表

工业无水硫酸钠		精制工业盐		
项目	Ⅲ类	项目	工业干盐	
	一等品		一级	二级
氯化物（以 Cl 计）（%，质量百分比）	≤2.0	水分（%）	≤0.50	≤0.80
水分（%，质量百分比）	≤1.5	水不溶物（%）	≤0.10	≤0.20
		硫酸根离子（%）	≤0.50	≤0.90
外观	白色结晶颗粒	外观	白色晶体或微黄色、青白色	白色晶体或微黄色、青白色

结晶系统设计时应注意以下主要事项：

（1）保证结晶器进水条件（包括不同离子的浓度比例）的稳定。

（2）结晶器可不设备用。

（3）可设置稠厚器用于增加盐的浓度。

（4）应设置结晶盐脱水干燥装置、打包和输送装置等结晶盐配套设备。

6. 烟气余热蒸发处理技术要求

烟气余热蒸发处理技术可以分为主烟道蒸发、旁路烟道蒸发和低温烟气余热蒸发技术。

（1）主烟道蒸发处理技术。烟气余热蒸发处理技术将废水在压缩空气的作用下进行雾化处理，然后将雾化后的废水喷入除尘器前烟道，利用锅炉烟气的热量使之快速蒸发，其所含盐分结晶成颗粒后附着在烟气中的粉煤灰上在除尘系统中被捕获收集并随灰一起外排，废水蒸发产生的蒸气进入脱硫吸收塔进行循环利用，从而实现废水的零排放。具体流程见图 12-27。

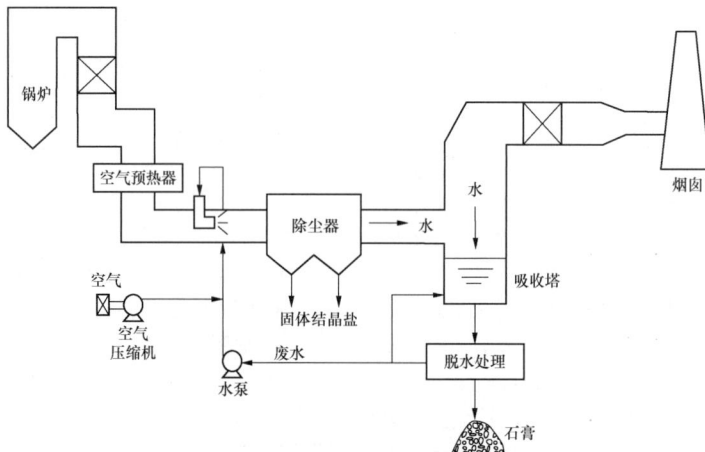

图 12-27　脱硫废水主烟道蒸发流程

烟道雾化蒸发处理工艺需根据烟气流量、烟气温度等参数计算确定烟道的蒸发容量，并根据雾化喷射装置的性能试验数据，结合烟道内流场变化特点，优化布置雾化喷射装置。要控制烟气温度高于酸露点，避免对设备和烟道造成腐蚀；还要控制废水中结晶析出的大部分重金属离子和其他一些离子被除尘器吸收，仅有小部分回到脱硫系统，避免其在脱硫系统中富集，对环境造成二次污染。

（2）旁路烟道蒸发处理技术。为避免脱硫废水喷入烟道产生的腐蚀风险，一些电厂采用旁路烟道处理工艺。

该工艺需新建旁路烟道，从空气预热器前端烟道引入烟气，在新建的旁路烟道内利用雾化喷嘴对废水进行雾化，利用高温烟气（约 350℃）使雾化后的废水蒸发，废水蒸发产生的水蒸气和结晶盐随烟气一起并入空气预热器与低温省煤器之间烟道，结晶盐被除尘器捕捉进入干灰，水蒸气则进入脱硫系统冷凝回水。具体流程见图 12-28。

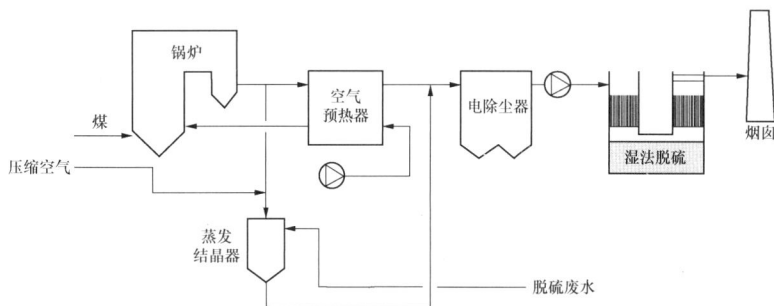

图 12-28 脱硫废水旁流烟道蒸发流程

（3）低温烟气余热蒸发处理技术。低温烟气余热蒸发和前面所述的烟气余热蒸发技术的不同之处在于烟气自除尘器后引出，温度较低（110～160℃）。将低温烟气引至浓缩塔中，利用其余热不断对脱硫废水进行蒸发浓缩，水蒸气随烟气进入脱硫塔中，浓浆液送入压滤机进行脱水固化处理。具体流程见图 12-29。

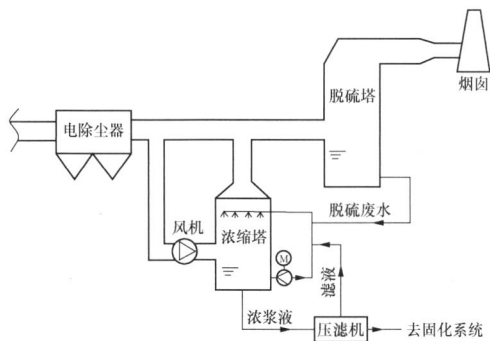

图 12-29 脱硫废水低温烟气余热蒸发流程

烟气余热蒸发处理技术目前已经在一些电厂得到应用，但对相关系统设备的腐蚀、机组热效率的影响及灰的品质影响等，还需要通过长期的运行实践检验。如采用该技术，应根据烟气流量和温度确定可喷洒蒸发的废水水量，同时应对使用该技术导致的影响进行相关试验，主要包括对锅炉和电厂整体效率影响、对烟气成分和煤耗影响、对除尘器和烟道的腐蚀影响等，最终经技术经济比较后确定处理方案。

7. 自然蒸发处理技术要求

自然蒸发技术通过建设蒸发塘（也称蒸发晾晒池），在合适的气候条件下，有效利用充足的太阳能，将高浓盐水逐渐蒸发，结晶后填埋。

自然蒸发具有处置成本低、运营维护简单、使用寿命长、抗冲击负荷好、运营稳定等优点，因而在国内新建煤化工项目中得到广泛应用。但其缺点，一是占地面积大；二是具有一定的地域局限性，只有多年平均蒸发量为降雨量的3～5倍以上时，才适合建设蒸发塘；三是存在有机污染物挥发、溃坝、地下水污染等风险。

为避免污染地下水，必须对蒸发塘底部及四壁做严格的防渗处理。国内目前没有专门针对蒸发塘的设计规范，主要参考 GB 18598《危险废物填埋污染控制标准》执行，该标准要求使用面积应保证建成后具有10 年或更长的使用期，在使用期内能充分接纳所产生的危险废物。

蒸发塘设计时应收集年最小平均蒸发量、年最大平均降水量和设计使用年限等设计基础数据。蒸发塘的主要计算公式见式（12-19）和式（12-20）

$$S = (V_1 + V_2 - V_3) / h_1 \qquad (12-19)$$

式中　S——蒸发塘设计面积，m^2；
　　　V_1——电厂年来水量，m^3；

V_2——年降水量，m^3；

V_3——年蒸发量，m^3；

h_1——有效水深，控制在 2 以内，m。

$$h = h_1 + h_2 + h_3 \qquad (12\text{-}20)$$

式中　h——蒸发塘设计深度，m；

h_2——波浪爬高，m；

h_3——安全超高，m。

二、主要设备

（一）纳滤装置

1. 功能简述

纳滤装置可以实现一价盐和二价盐的分离。纳滤的操作区间介于超滤和反渗透之间，截留有机物的分子量为 200～400，截留溶解性盐的能力为 20%～98%，对单价阴离子盐溶液的去除率低于高价阴离子盐溶液，如氯化钠及氯化钙的去除率为 20%～80%，而硫酸镁及硫酸钠的去除率为 90%～98%。纳滤装置对于离子选择性不一样，不同的离子通过膜的比例也不相同。对于阴离子来说，按 NO_3^-、Cl^-、OH^-、SO_4^{2-}、CO_3^{2-}顺序上升；对于阳离子来说，按 H^+、Na^+、K^+、Ca^{2+}、Mg^{2+}、Cu^{2+}顺序上升。

纳滤膜分离需要的跨膜压差一般为 0.5～2.0MPa，比用反渗透膜达到同样的渗透能量所必须施加的压差低 0.5～3.0MPa。因此，在同等的外加压力下，纳滤的通量要比反渗透大得多，而通量一定时，纳滤所需的压力则比反渗透低很多。

2. 主要设计参数

进行纳滤装置设计时，应考虑每一支膜元件的运行参数，主要包括以下设计参数：

（1）系统中第一支膜元件的产水通量。

（2）系统中最后一支膜元件的浓水流量。

（3）每一支膜元件的回收率。

国外某品牌纳滤装置技术参数见表 12-47。

表 12-47　国外某品牌纳滤装置技术参数

项　目	国外某品牌技术参数
脱盐能力	选择性部分脱盐，去除大部分 2 价离子以及部分 1 价离子
离子脱除特性	选择性不一样，不同的离子通过膜的比例也不相同
有机物脱除能力	>90%
有机物脱除种类	截留分子量 100～300
pH 值	出水 pH 值变化略小，腐蚀性略低，可直接进管网
结垢倾向	$CaCO_3$、SiO_2 结垢倾向略低
系统回收率	75%～85%（结垢倾向低）
典型运行压力（MPa）	0.4～0.6

续表

项　目	国外某品牌技术参数
NaCl 脱除率（%）	40
$CaCl_2$ 脱除率（%）	50
$MgSO_4$ 脱除率（%）	98
葡萄糖（分子量 180）脱除率（%）	98
蔗糖（分子量 342）脱除率（%）	99

（二）高压反渗透装置

1. 功能简述

高压反渗透采用特殊膜元件，可以承受更高的进水压力。某品牌高压反渗透膜柱允许的操作压力范围为 7.5～20MPa，不同的操作压力，最终可生成 90～140g/L 甚至 140g/L 以上含盐量的浓水。不同的高压膜柱可与后续的蒸发、结晶工艺进行组合，如：

（1）9.0MPa 高压反渗透膜工艺+蒸发结晶工艺。

（2）9.0MPa 高压反渗透膜工艺+16.0MPa 高压反渗透膜工艺+结晶工艺。

高压反渗透膜系统中包括砂滤、膜过滤、保安过滤器、高压泵、高压反渗透膜组以及化学清洗系统。

2. 进水水质要求

在 pH 值 6.5～7.5、常温的条件下，某品牌高压反渗透膜装置允许的进水条件见表 12-42 和表 12-43。

3. 结构形式

某品牌碟管式高压反渗透结构形式见图 12-30。

该膜柱由压力外壳、中心拉杆固定的圆形压盘片构成。八角形膜片布置在两个盘片之间，膜片由两片滤膜组成，这两片滤膜通过超声波焊接密封且中间采用分离层分离。由于此种特殊构造，在盘片与膜片之间形成开放流道，原液得以浓缩。这些分开的通道通过以环形布置的盘片中央的开口连接在一起，以便使原水径向流过膜片，使原液的流向按照从内侧-外侧/外侧-内侧方向交替进行。渗透液从膜外侧垂直进入膜内侧得以分离，由滤膜分离的渗透液通过中心拉杆流出膜柱。浓缩液及渗透的分离是借助盘片与膜片之间的密封圈实现的。

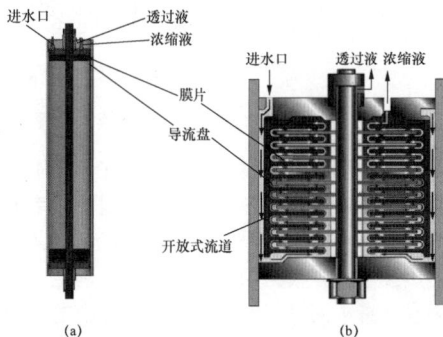

图 12-30　碟管式高压反渗透膜内部结构

（a）核心膜柱模型图；（b）膜柱流道示意

该种膜元件流道是 0.1in（0.254cm），是卷式膜的 20～40 倍；膜表面流速 0.4～0.5m/s，是卷式膜的 5～8 倍；水流更容易将膜表面的污染物带走；可以承受 SDI_{15} 值高达 6 的进水条件，可以采用 20μm 级别保安过滤器；具有更高的操作压力。

某品牌卷式高压反渗透结构形式见图 12-31。

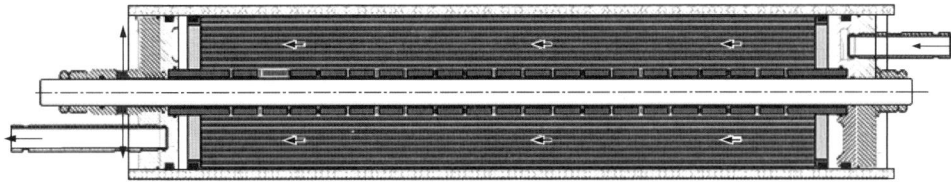

图 12-31 卷式高压反渗透膜内部结构

卷式膜组件结合了开放流道和卷式组件的优势，极大地优化了进水流道和膜的有效面积，其核心是膜组件，包括膜垫和包裹在膜组件上的间隔。

4. 主要参数

某品牌碟管式高压反渗透膜装置主要设计参数见表 12-48。

表 12-48　　　　　某品牌碟管式高压反渗透膜主要设计参数表

序号	技术参数	单位	数值			序号	技术参数	单位	数值		
			7.5MPa	9MPa	12MPa				7.5MPa	9MPa	12MPa
1	每支有效膜面积	m²	9.405	9.405	9.405	6	化学清洗 pH 值范围		2/11	2/11	2/11
2	设计操作压力	MPa	7.0	9.0	11.0	7	产品水流量（7MPa，20℃）	L/h	400	470	410
3	最大操作压力	MPa	7.5	9.5	12.0	8	运行压差	MPa	0.5～0.7	0.5～0.7	0.5～0.7
4	进水流量	L/h	900～1200	900～1200	900～1200	9	脱盐率	%	98.70	97	96
5	运行 pH 值（25℃）		6～6.5	6～6.5	6～6.5						

某品牌卷式高压反渗透膜装置主要设计参数见表 12-49。

表 12-49　某品牌卷式高压反渗透膜主要设计参数表

序号	技术参数	单位	数值
			7.5MPa
1	每支有效膜面积	m²	27～29
2	设计操作压力	MPa	6.5
3	进水流量	L/h	5500～12000
4	产品水流量（7MPa，20℃）	L/h	337
5	运行压差	MPa	0.1～0.3
6	脱盐率	%	99.8

（三）正渗透装置

正渗透浓缩技术利用自然渗透原理浓缩废水，最终的浓盐水可直接进入结晶器干燥制盐，是一种新型的膜分离技术，相对于外加压力驱动技术，具有回收率高和膜污染情况相对较轻等优点。

正渗透系统的核心技术，主要是利用汲取液产生的巨大渗透压驱动力，通过半渗透膜在两侧渗透压差的驱动下，水分子自发并有选择性地从高盐水侧扩散进入汲取液侧。通过正渗透工艺，可使浓水的盐含量达到 160～200g/L，稀释后的提取液可以通过进一步处理得以循环利用。

目前该技术已经应用于国内的废水零排放系统。

1. 结构形式

正渗透膜浓缩技术流程见图 12-32。

与常规的反渗透工艺相比，正渗透工艺虽然降低了系统的运行压力，但系统设备配置复杂，包括正渗透膜系统、汲取液回收系统、清水反渗透系统、化学清洗系统等。

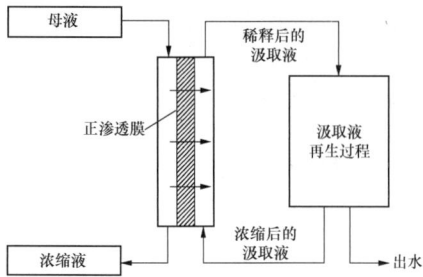

图 12-32　正渗透流程示意

2. 主要参数

某品牌正渗透膜浓缩装置运行参数见表 12-50。

表 12-50　某品牌正渗透膜浓缩装置运行参数表

性能参数	单位	数值
纯水透过系数	m/（Pa·s）	10.2×10^{-11}
NaCl 透过系数	m/s	5.74×10^{-8}

续表

性能参数	单位	数值
结构参数	μm	320
正渗透膜式水通量	GFD/Lmh	16.4/27.8
NaCl 截留率		99.1%

注　GFD 为 gal/（ft² · d），Lmh 为 L/（m² · h）。

（四）电渗析装置

电渗析（ED）是膜分离技术的一种，是在直流电场作用下，以电位差为推动力，利用离子交换膜的选择透过性，将电解质从溶液中分离出来，从而实现溶液的淡化、浓缩、精制或纯化的目的。目前应用于高含盐废水处理的也称电驱动膜技术。

1. 结构形式

电渗析技术原理图和技术结构见图 12-33 和图 12-34。

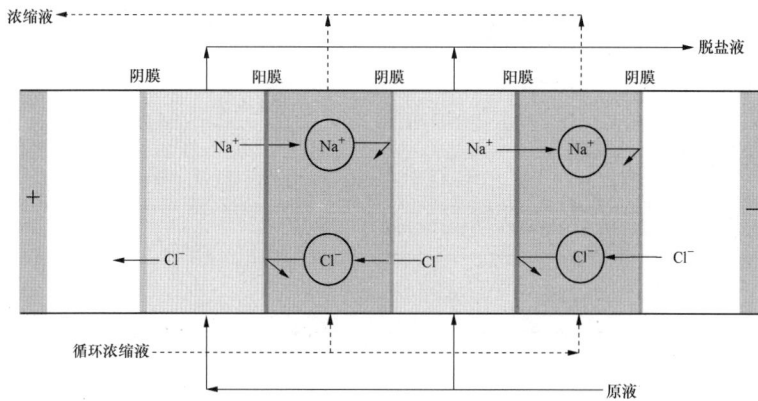

图 12-33　电渗析膜技术原理

2. 主要参数

电渗析装置进出水水质见表 12-51。

表 12-51　电渗析装置进出水水质

进水水质要求	出水水质
悬浮物小于 0.2mg/L； 有机物小于 3mg/L； 游离氯小于 0.1mg/L； Fe<0.1mg/L； Mn<0.05mg/L	脱盐率为 50%～95%； 硅去除率为 0； 有机物去除率：理论上不具备去除 COD 的能力

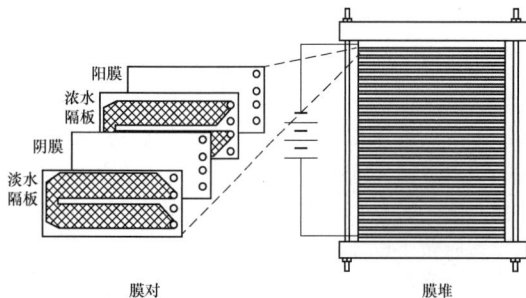

图 12-34　电渗析膜技术结构

电渗析膜组器由膜堆、极区和压紧装置三部分组成。离子浓缩原理是两侧配置阳电极和阴电极，中间阳膜和阴膜交替排列，通直流电后，形成离子除去隔间和离子聚集隔间，从而使离子浓缩。

（五）多效蒸发（MED）装置

多效蒸发是让加热后的盐水在多个串联的蒸发器中蒸发，前一个蒸发器蒸发出来的蒸汽作为下一蒸发器的热源并冷凝成为淡水，每一蒸发器称作"一效"。

多效蒸发技术将蒸汽热能进行循环并多次重复利用，以减少热能消耗，降低运行成本。为了保证每一效都有一定的传热推动力，各效的操作压强必须依次降低，相应地，各效的沸点和二次蒸汽压强也依次降低。因此只有当提供的新鲜加热蒸汽的压强较高和末效采用真空时，才能实现多效蒸发。一般最多只做到四效，四效后蒸发效果很差。多效蒸发结晶系统是制盐、制药等行业应用最为广泛的一种热法蒸发工艺，技术成熟，能够同时实现浓缩和结晶。如广东某电厂脱硫废水处理采用的就是四效立管式强制循环蒸发结晶系统，但运行成本较高。

（六）机械蒸汽再压缩（MVR）装置

MVR 技术是利用蒸发器中产生的二次蒸汽，经压缩机压缩，其压力、温度升高，热焓增加，然后再送至蒸发器的加热室用作加热蒸汽，使被加工的料液维持沸腾状态，而加热蒸汽本身则冷凝成水。利用该技术，可以大幅度降低蒸发器的生蒸汽消耗，仅需补充少量生蒸汽，用于补充热损失和补充进出料温差所需热焓，从而达到节能的目的。

MVR 机械蒸汽再压缩技术流程见图 12-35。

MVR 机械蒸汽再压缩机为高性能径向离心风机，通过大幅度增加转轮的线速度及使用带阻尼轴承等创新技术，使得单个蒸汽压缩机可达到 8～10℃温升。

（七）热力蒸汽再压缩（TVR）装置

TVR 技术是将从分离器出来的二次蒸汽一部分

在高压工作蒸汽的带动下，进入喷射器混合升温升压后，进入加热室作为加热蒸汽用于加热料液。

TVR 热力蒸汽再压缩技术流程见图 12-36。

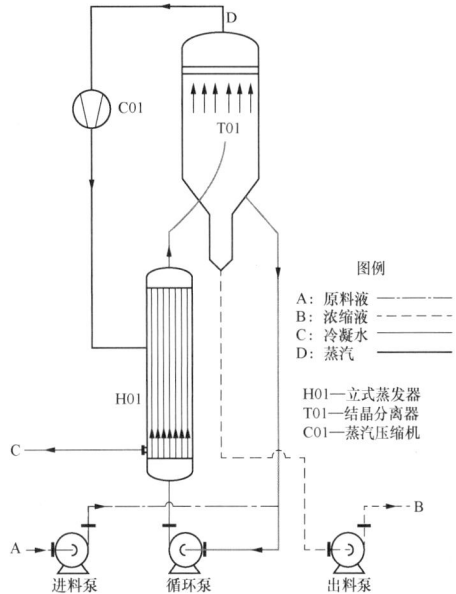

图例
A：原料液 ——
B：浓缩液 -----
C：冷凝水 ----
D：蒸汽 ——

H01—立式蒸发器
T01—结晶分离器
C01—蒸汽压缩机

图 12-35　MVR 流程

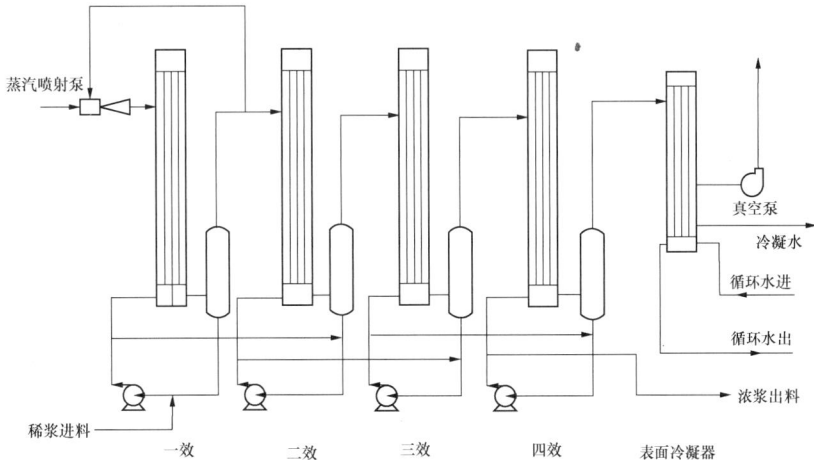

图 12-36　TVR 流程

采用蒸汽喷射泵，将一部分二次蒸汽和高压工作蒸汽混合升温升压后作为加热蒸汽用于加热料液。

（八）蒸发结晶器

目前使用最为广泛的蒸发结晶器是强制外循环结晶器。强制外循环结晶器由结晶室、循环管、

循环泵和换热器等组成，见图 12-37。结晶室有锥形底，晶浆从锥低排出后，经循环管用轴流式循环泵送往换热器，被加热后，沿切线方向又进入结晶室，如此循环，属于晶浆循环型。晶浆排出口接近结晶室锥低处，而进料口则在循环泵的入

口管线上。

强制循环结晶蒸发器具有以下特点：

（1）操作周期长。沸腾/蒸发过程不在加热表面而是在结晶器中进行。因此，在换热列管中由结壳和沉淀产生的结垢现象被降到最低限度。

（2）优化的换热表面。管内流速由循环泵决定。

（3）可采用晶种发技术，预先添加硫酸钙晶种使其他后来结晶的硫酸盐及硅盐能够选择性黏附于硫酸钙晶种表面以防止热交换器表面结垢。

三、典型工程实例

（一）工程实例一

某工程为 2×350MW 超临界机组新建工程，要求对脱硫废水进行资源化与零排放处理，达到脱硫废水零排放，并考虑氯化钠结晶盐纯度不低于97.5%，含水率不高于 0.8%。估测的脱硫废水水质见表 12-52。

该工程脱硫废水零排放系统设计处理水量为21t/h。系统工艺流程见图 12-38。

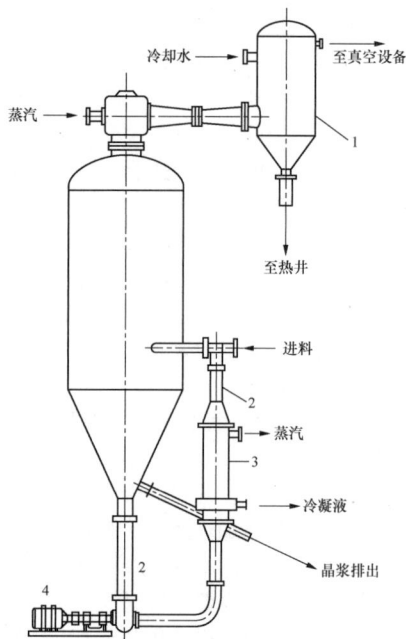

图 12-37　强制外循环结晶器
1—大气冷凝器；2—循环管；3—换热器；4—循环泵

表 12-52　脱 硫 废 水 估 测 水 质

水质指标	单位	含量	根据工程经验及阴阳离子平衡后推算的水质成分	水质指标	单位	含量	根据工程经验及阴阳离子平衡后推算的水质成分
K^+	mg/L	300~400	400	SO_3^{2-}	mg/L	486.9~1399	1400
Na^+	mg/L	约4595.3	4595.3	HCO_3^-	mg/L	约500	500
Ca^{2+}	mg/L	626~959.7	959.7	NO_3^-	mg/L	约300	300
Mg^{2+}	mg/L	4490.4~10585.3	4000	全硅（以SiO_2计）	mg/L	约250	250
铁	mg/L	微量	微量	非活性硅（以SiO_2计）	mg/L	约50	50
Al^{3+}	mg/L	微量	微量	氟化物	mg/L	100~150	150
氨氮	mg/L	15~25	25	COD_{Cr}	mg/L	约1000	1000
Ba^{2+}	mg/L	微量	微量	BOD_5	mg/L	约200	200
Sr^{2+}	mg/L	10~15	15	细菌总数	个/mL	约50000	50000
Cl^-	mg/L	12000	13300	固体浓度	%	1.42~1.95	1.95
SO_4^{2-}	mg/L	11492.7~33998.7	15000				

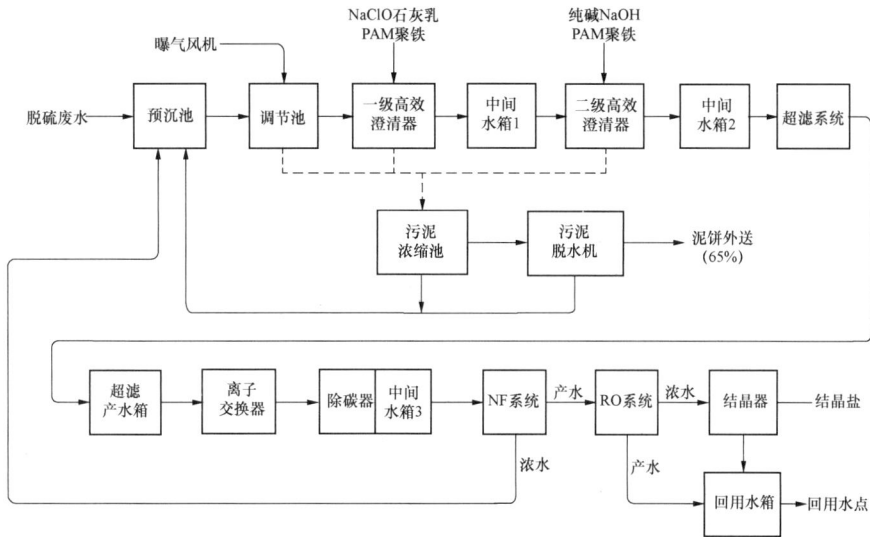

图 12-38 某工程脱硫废水工艺流程图

系统占地面积 55m×43m，系统设备投资约 4100 万元。

（二）工程实例二

某工程为新建项目 2×1000MW 级机组，冷却水为海水，采用带自然通风冷却塔的二次循环供水系统。要求对脱硫废水进行资源化与零排放处理，达到脱硫废水零排放，并考虑氯化钠结晶盐纯度为二级精制工业盐。脱硫废水水质见表 12-53。

表 12-53 脱硫废水处理系统出口的监测项目

序号	项目	单位	含量
1	pH 值（25℃）		6～9
2	色度（稀释倍数）	度	30～50
3	悬浮物	mg/L	≤70
4	化学需氧量（COD）	mg/L	≤100
5	氨氮	mg/L	15～30
6	硫化物	mg/L	≤1.0
7	氟化物	mg/L	≤15
8	氯根离子（Cl^-）	mg/L	约 20000
9	硫酸根离子（SO_4^{2-}）	mg/L	1000～2000

续表

序号	项目	单位	含量
10	全硅（SiO_2）	mg/L	10～20
11	钠离子（Na^+）	mg/L	1500～4500
12	钙离子（Ca^{2+}）	mg/L	600～12000
13	镁离子（Mg^{2+}）	mg/L	2000～3000
14	总铁（Fe）	mg/L	2～5
15	总铜（Cu）	mg/L	≤0.5
16	总汞（Hg）	mg/L	≤0.05
17	总镉（Cd）	mg/L	≤0.1
18	总铬（Cr）	mg/L	≤1.5
19	总砷（As）	mg/L	≤0.5
20	总铅（Pb）	mg/L	≤1.0
21	总镍（Ni）	mg/L	≤1.0
22	总锌（Zn）	mg/L	≤2.0
23	TDS	mg/L	20000～30000
24	含固量	%	≤1

系统出力 24m³/h，工艺主要流程采用两级反应沉淀-双介质过滤-蒸发结晶，见图 12-39。

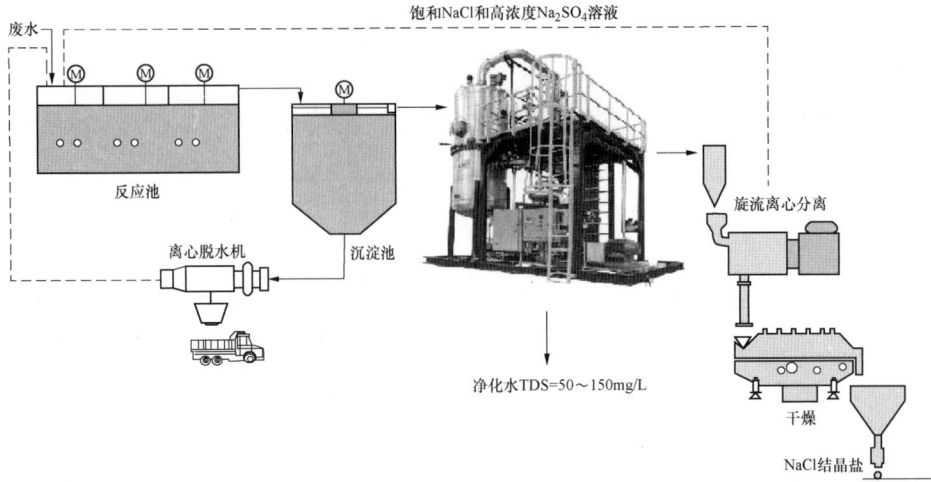

图 12-39 某工程脱硫废水工艺流程

系统占地面积 58m×18m,系统设备投资约 4100 万元。

（三）工程实例三

某工程脱硫废水零排放系统于 2009 年 12 月 18 日投入运行,运行 5 年以上,为国内电厂首创;产水

水质达到回用标准,做到废水完全回收利用;产生的污泥做成砖,产生的结晶盐可以为印染厂所用。

系统工艺采用深度预处理＋四效蒸发 MED＋盐干燥系统,主要流程见图 12-40。

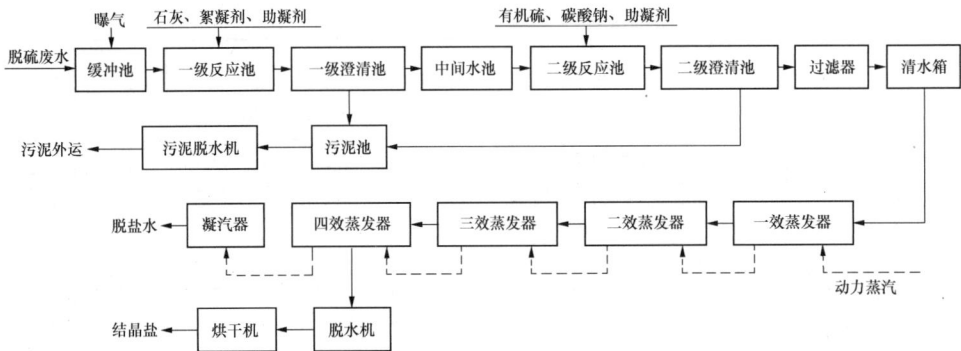

图 12-40 某工程脱硫废水工艺流程

据运行人员介绍,每处理 1m³ 废水,蒸汽消耗约 300kg,电耗约 30kWh。

（四）其他工程实例

（1）某电厂 4 号机脱硫废水零排放工艺采用烟道喷雾蒸发技术,运行初期曾经出现过喷嘴堵塞的情况,后期通过烟道改造已解决,目前运行稳定,但因单个喷嘴处理量有限,尚未对所有的脱硫废水进行处理。

（2）某电厂脱硫废水采用烟气余热处理前,先经

过膜浓缩减量处理,浓盐水再进入烟道蒸发处理。该工程 2015 年完成调试,据介绍在近几个月内对烟道进行结垢和腐蚀监测,监测表明烟道内没有出现结垢和烟道积灰现象。

（3）某发电有限公司曾对 1 台 300MW 机组脱硫废水进行烟气蒸发示范应用,蒸发处理效果良好,喷射之后烟气温度高于酸露点,未对下游设备和烟道造成腐蚀,对除尘效果没有影响。

第十三章

药品储存和计量

第一节 主 要 设 计 原 则

电厂水处理系统主要使用药剂包括再生剂、混凝剂、助凝剂、阻垢剂、缓蚀剂、杀菌剂等，常用药剂的特性及技术标准见附录C。

化学药品储存和计量设计应符合现行行业标准DL 5454《火力发电厂职业卫生设计规程》、DL 5053《火力发电厂职业安全设计规程》和DL 5068《发电厂化学设计规范》的规定。

化学危险品仓库的设计应符合现行国家标准 GB 15603《常用化学危险品贮存通则》和 GB 50160《石油化工企业设计防火规范》的规定。

化学药品储存量应根据药品性质、药品消耗量、供应、运输和储存条件等因素确定。非易燃易爆化学药品储存量一般按 15～30 天的耗量设计，当药品采用槽车运输时，还应满足储存一槽车加 10 天的耗量；次氯酸钠药品储存量一般不宜超过 7 天。易燃易爆化学危险品储存量应按 5～7 天的耗量设计。

固体药品储存应设置装卸设施，药品堆放高度宜符合以下要求：袋装药品为 1.5～2m；散装药品为 1.0～1.5m；桶装药品为 0.8～1.2m，且不宜堆放2 层。

药品储存设施宜靠近厂区道路。卸药地点及其内部通道应满足药品装卸及车辆通行的要求。

药品储存和计量区域应根据药品性质、储存及使用条件采取相应的防腐措施，并应设置通风、冲洗等设施。

单台溶液箱的有效容积按不小于8h的正常消耗量设计。连续加药系统的计量箱或溶液箱应设备用设备。

连续加药的计量泵应设备用设备。计量泵入口宜设过滤装置，出口应设安全阀和脉冲阻尼器。靠近加药点的加药管应安装止回阀和隔离阀。

药品储存和加药设施宜相对集中并靠近加药点布置，室外布置时应设置遮阳棚。

第二节 石 灰 系 统

一、石灰包装特点、运输和储存方式

石灰系统多采用工业氢氧化钙（俗称消石灰或熟石灰）配制石灰乳进行加药，消石灰粉品质应满足HG/T 4120—2009《工业氢氧化钙》规定的合格品要求，即外观为白色粉末，$Ca(OH)_2$ 含量不小于 90.0%，酸不溶物不大于 1.0%，干燥减量不大于 2.0%。消石灰粉的密度为 0.45～0.50g/cm³。

消石灰一般为塑料袋包装，每袋净含量25、40、50kg，或根据用户要求协商确定包装方式。粉状消石灰可采用袋装运输并储存在室内，二次搬运方式根据石灰用量考虑，可采用人工提送或用皮带输送；用户如非选择袋装储存，则可采用密闭筒仓储存，通过罐车（气力输送）运输，筒仓宜布置在室内，以避免石灰受潮。石灰筒仓的储存总容积宜按 15～30 天用量设计，对于距离石灰供应点较近的电厂，石灰筒仓的容积可按 7 天用量设计。

二、系统设计

1. 技术方案

水处理用石灰乳配制浓度一般为 2%～5%。石灰计量方式有干法计量系统（即变量输送干粉）和湿法计量系统（即变量输送浆液）两种。

（1）干法计量系统。当消石灰粉来源稳定、纯度满足要求时，宜采用干法计量方式。干法计量方式的典型系统流程如图 13-1 所示。

石灰乳的配制采用单元制供药、干粉计量、自动比例加药方式。每台石灰筒仓配置一台振动料斗，消石灰粉由振动料斗进入干粉给料机，干粉给料机的给料量根据澄清池的进水流量或澄清池出口的 pH 值自动调节。石灰粉料经干粉给料机送入螺旋输送机，由螺旋输送机送入石灰乳搅拌箱，在石灰乳搅拌箱内混合均匀后，由石灰乳加药泵送至加药点。

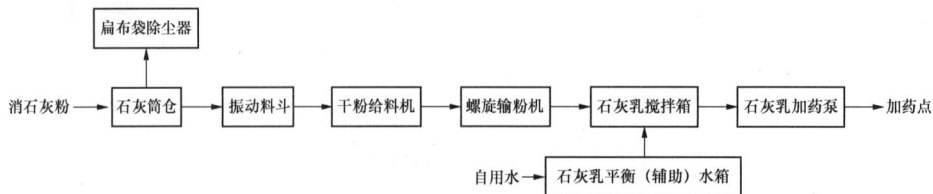

图 13-1　石灰干法计量流程

（2）湿法计量系统。当消石灰粉杂质含量较高时，可采用湿法计量方式。湿法计量方式的典型系统流程　如图 13-2 所示。

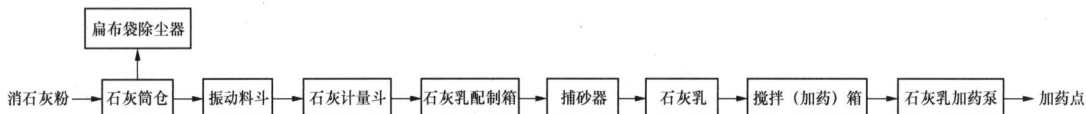

图 13-2　石灰湿法计量流程

石灰乳的配制采用体积计量，确保石灰乳的浓度稳定。每台石灰筒仓配置一台振动料斗（或减压锥），消石灰粉由振动料斗（或通过减压锥）进入石灰计量斗。计量斗的上方设气动插板阀。在计量斗的下方设双偏蝶阀，下设石灰乳配制箱，配制箱与石灰乳搅拌（加药）箱之间设石灰乳输送泵和捕砂器。当石灰乳搅拌（加药）箱的液位处于低位时，石灰乳输送泵启动向搅拌（加药）箱送石灰乳；当搅拌（加药）箱液位处于高位时，停石灰乳输送泵并冲洗捕砂器和排渣，石灰乳输送完成。当配制箱石灰乳用完时，配乳系统自动进行配乳操作，配乳完成后待用。石灰乳加药泵的流量可根据澄清池的进水流量或澄清池出口的 pH 值进行调节控制。

2. 主要技术要求

（1）采用高纯度消石灰粉时，应采用气力输送、石灰筒仓储存，筒仓宜布置在室内，以避免粉料受潮。筒仓顶部应设置布袋除尘器，以防止粉尘外溢；筒仓顶部应设置安全阀。

（2）配制石灰乳采用机械搅拌，搅拌器的搅拌桨宜设置上下二层，搅拌桨应使用耐磨材料或衬胶。

（3）石灰乳的计量、配制、输送、捕砂器的冲洗和排砂操作，宜采用自动程序控制。

（4）石灰乳计量系统管路上应设置自动冲洗、自动排水和自动排气系统，当设备停运，应能迅速、自动进行管路冲洗。

3. 石灰加药量计算

在进行石灰加药处理时，发生的化学反应较为复杂，因此加药量无法准确计算，而且应加石灰量还与出水水质要求有关。在工程设计时，石灰加药量可按照式（13-1）进行估算，必要时可经试验确定

$$C = 37 \times (C_{CO_2} + H_{Ca} + 2H_{Mg} + C_{Fe} + C_K + a)/\varepsilon$$

（13-1）

式中　C——消石灰加药量，mg/L；

C_{CO_2}——原水中游离二氧化碳含量，mmol/L；

H_{Ca}——原水中碳酸氢钙浓度，mmol/L；

H_{Mg}——原水中碳酸氢镁浓度，mmol/L；

C_{Fe}——原水中铁含量，mmol/L；

C_K——絮凝剂投加量，mmol/L；

a——消石灰粉过剩量，mmol/L，一般取 0.3～0.5；

ε——消石灰粉纯度，%。

三、主要设备

1. 功能和参数

石灰储存和计量单元主要设备及其功能和参数见表 13-1。

表 13-1　　　　　石灰储存和计量单元主要设备功能和参数

设备名称	功　能	常用规格参数	备注
石灰筒仓	石灰粉储存，可自动平衡压力	直径：DN3200～DN4500；容积：30～120m³	根据筒仓容积和厂房楼层净空确定外形规格
石灰粉卸料管道	石灰粉卸料，连接运输车与石灰筒仓	DN100	
石灰筒仓除尘器	石灰筒仓进料时排风泄压，除尘	2200m³/h	

续表

设备名称	功　　能	常用规格参数	备注
振动料斗	石灰粉输出，防堵	上部接口/下部接口直径： DN1000/DN300（DN200） DN1200/DN300（DN200） DN1500/DN300（DN200）	干法/湿法计量
干粉给料机	石灰粉料计量	按最大石灰耗量的105%～110%选型	干法计量
螺旋输送机	粉料输送、提升，粉、汽隔离	与给料机匹配	干法计量
计量斗	石灰体积计量	0.15m³；0.3m³	湿法计量
石灰乳配制箱	石灰粉溶解、消化	直径：DN1500～DN2500； 容积：2.5～8m³	干法计量
石灰乳平衡（辅助）水箱	给配制箱供水并保证其水位	一般较配制箱小，高度同配制箱	干法计量
石灰乳输送泵	由石灰乳配制箱向石灰乳搅拌（加药）箱输送石灰乳	将石灰乳配制箱输送完毕，建议不超过30min	湿法计量
旋流捕砂器	去除石灰乳中的固体颗粒，减少对石灰乳加药泵的磨损；除砂直径：大于0.1mm	与石灰乳输送泵匹配	湿法计量
石灰乳搅拌（加药）箱	石灰乳暂存、搅拌	直径：DN1500～DN2500； 容积：2.5～8m³	湿法计量/湿法计量
石灰乳加药泵	向澄清池投加石灰乳	按最大加药量的105%～110%选型	干法/湿法计量

2. 结构形式

主要设备外形结构如图13-3～图13-6所示。

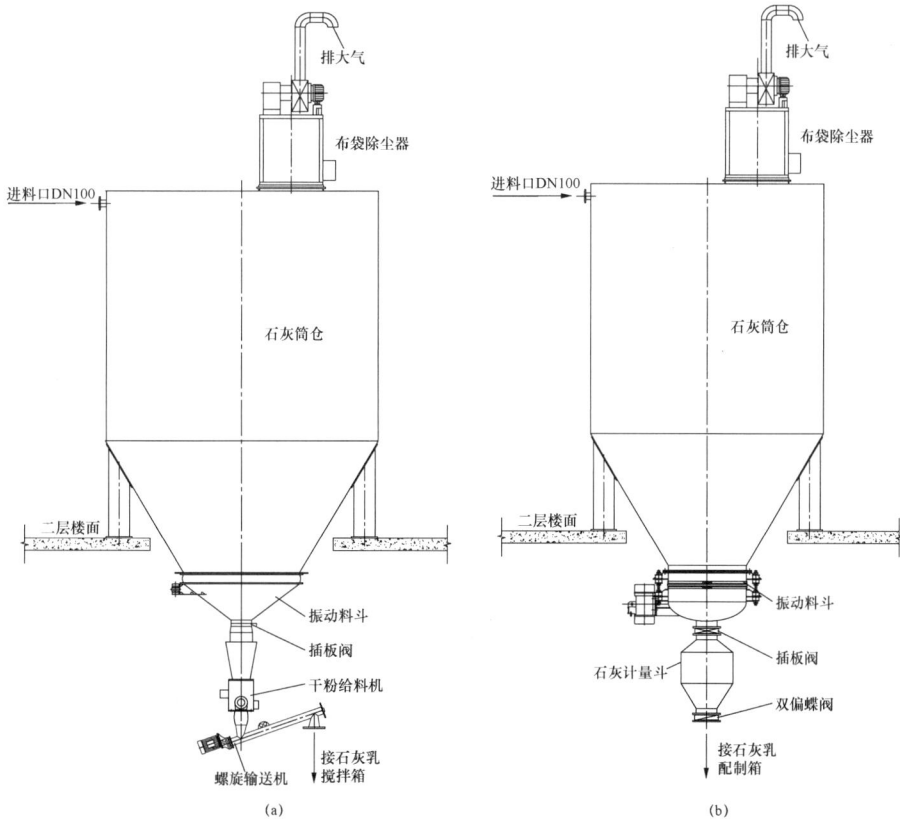

图13-3　石灰筒仓及配套设备外形结构

（a）干法计量；（b）湿法计量

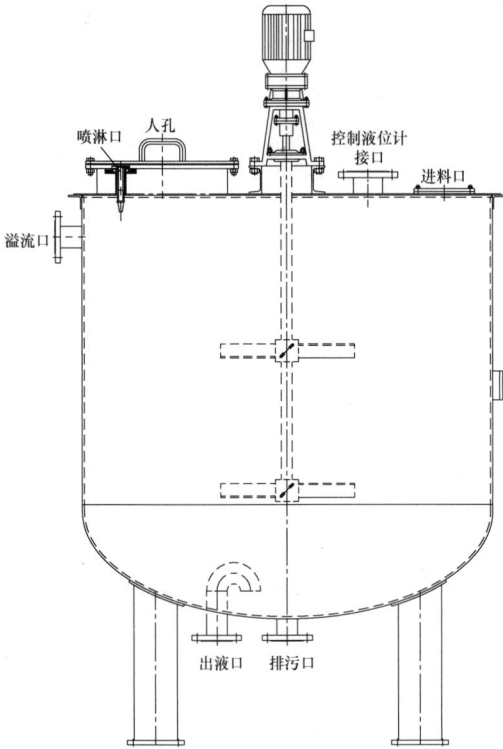

图 13-4 石灰乳配制箱外形结构

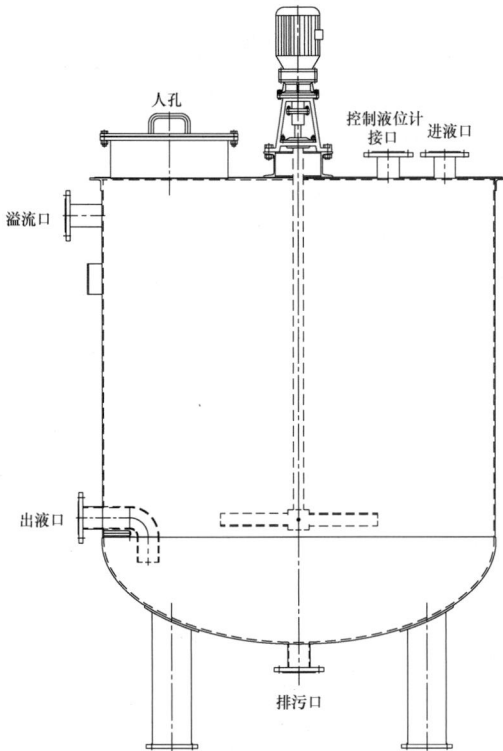

图 13-5 石灰乳搅拌（加药）箱外形结构

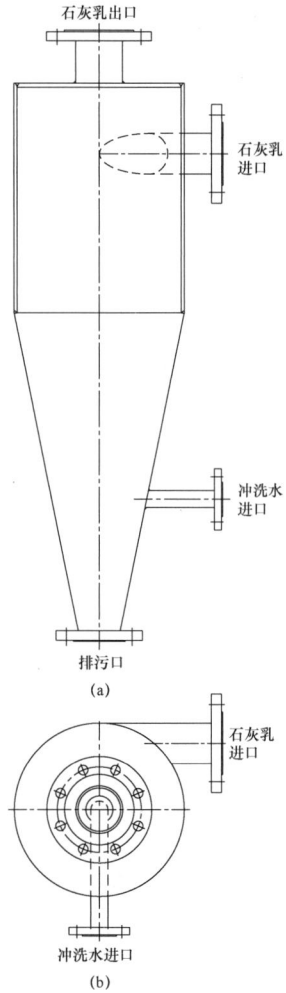

图 13-6 旋流捕砂器外形结构
（a）正视图；（b）俯视图

四、典型工程实例

（一）石灰干法计量工程实例

1. 工程概况

某燃煤发电厂再生水深度处理系统采用石灰处理工艺，处理水量为 1500m³/h，设置 2×1800m³/h 机械加速搅拌澄清池。该系统采用消石灰粉作水质软化剂，药品 $Ca(OH)_2$ 含量90%以上。根据设计水质，碳酸盐硬度最大为6.64mmol/L，无非碳酸盐硬度，其中钙硬度为3.95mmol/L，镁硬度为2.69mmol/L，游离 CO_2 为8mg/L。

2. 石灰加药系统设计

（1）石灰加药量计算。根据式（13-1）计算如下

$$C=37\times(C_{CO_2}+H_{Ca}+2H_{Mg}+C_{Fe}+C_K+\alpha)/\varepsilon$$

= 37×(8/44＋3.95＋2×2.69＋0＋0.20＋0.4)/0.9

= 415.7（mg/L）

式中，C_{Fe} 取 0mmol/L（原水中铁含量较低，忽略不计），C_K 取 0.20mmol/L，a 取 0.4mmol/L，ε 取 90%。

（2）主要设备。该工程石灰采用干法计量方式，

石灰筒仓、旋转给料机、螺旋输送机、石灰配制箱等分别设置 2 套，按单元制设计，分别对两台澄清池加药。

石灰干法计量案例系统如图 13-7 所示，主要设备配置见表 13-2。

表 13-2 石灰干法计量系统案例主要设备

序号	名称	规格型号	单位	数量	备注
1	石灰筒仓	120m³	台	2	15 天用量
2	振动料斗	DN1500/DN200	台	2	
3	旋转给料机	1.5m³/h	台	2	变频调节投加量
4	螺旋输送机	1.5m³/h	台	2	
5	石灰乳平衡箱	3m³	台	2	
6	石灰乳搅拌箱	5m³	台	2	
7	石灰乳输送泵	9m³/h，0.30MPa	台	4	

（二）石灰湿法计量工程实例

1. 工程概况

某燃煤发电厂再生水深度处理系统采用石灰处理工艺，处理水量为1200m³/h，设置 2×600m³/h 机械加速搅拌澄清池（单台最大设计出力为800m³/h）。该系统采用消石灰粉作水质软化剂，药品 $Ca(OH)_2$ 含量85%以上，经试验确定消石灰投加量 400mg/L［以 $Ca(OH)_2$ 计］，

石灰乳配制浓度 5%。

2. 工艺系统及主要设备

该工程石灰筒仓、石灰乳配置箱和石灰乳搅拌箱分别设置 2 套，按单元制设计，分别对两台澄清池加药，每台澄清池设置两个加药点（管）。

石灰湿法计量案例系统如图 13-8 所示，主要设备配置见表 13-3。

表 13-3 石灰湿法计量系统案例主要设备

序号	名称	规格型号	单位	数量	备注
1	石灰储存箱	65m³，φ4500	台	2	11 天用量
2	振动料斗	DN1000/DN300	台	2	
3	石灰计量斗	0.3m³	台	2	
4	石灰乳制备箱	8m³	台	2	
5	石灰乳输送泵	25m³/h，0.20MPa	台	4	
6	旋流捕砂器	25m³/h，φ150	台	2	
7	石灰乳搅拌箱	8m³	台	2	
8	石灰乳加药泵	10m³/h，0.25MPa	台	4	变频调节

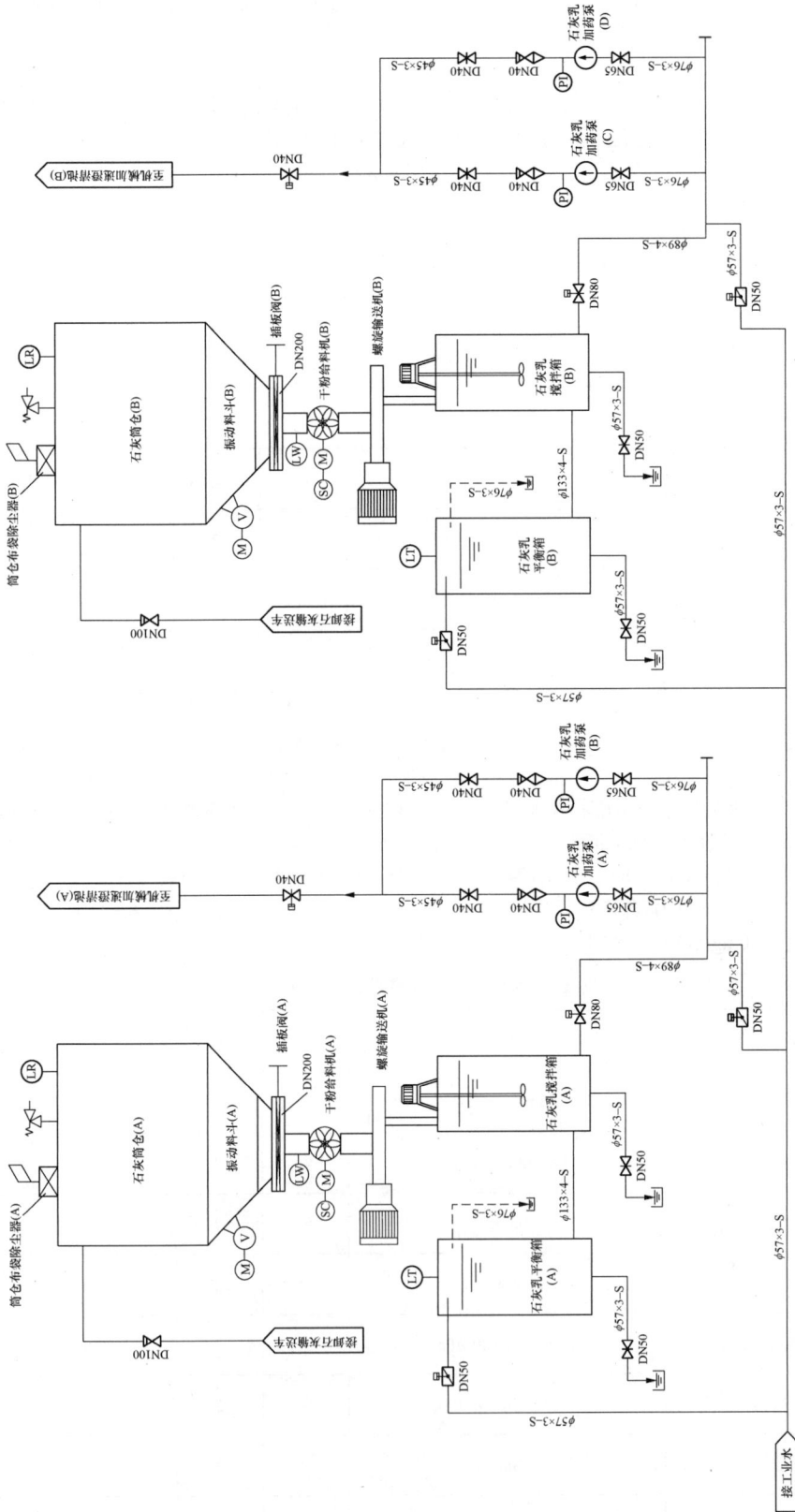

图 13-7 石灰干法计量案例系统

LR—料位计；LW—料位开关；LT—液位变送器；PI—压力表；SC—变频控制器；M—电动机；—中—阀门气动执行机构；⊠—闸阀；⊠—蝶阀；⊸—安全阀；⊠—止回阀；S—碳钢送输管道

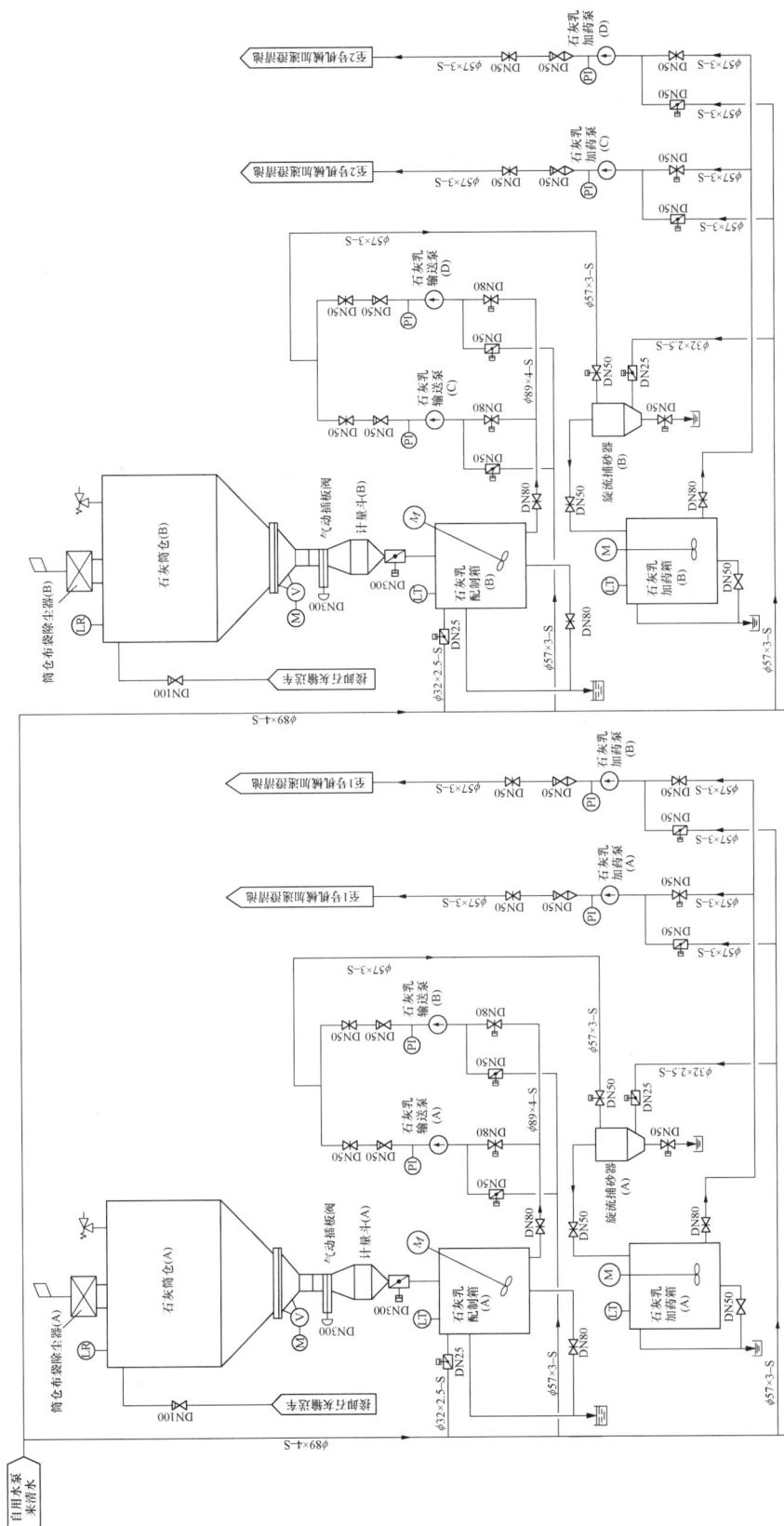

图 13-8 石灰湿法计量案例系统

LR—料位计；LW—料位开关；PI—压力表；LT—液位变送器；SC—变频控制器；M—电动机；中—阀门气动执行机构；▷◁—闸阀；▷◁—安全阀；▷◁—止回阀；◁▷—蝶阀；

第三节　混凝剂及助凝剂系统

一、药品种类及特点

（一）混凝剂

可用作混凝剂的化合物有多种，常用的混凝剂主要为铝盐和铁盐两大类。

（1）铝盐类混凝剂。用作混凝剂的铝盐有硫酸铝 $[Al_2(SO_4)_3 \cdot 18H_2O]$、明矾 $[Al_2(SO_4)_3 \cdot K_2SO_4 \cdot 24H_2O]$、铝酸钠（或称为偏铝酸钠 $NaAlO_2$）、聚合铝等，其中聚合铝是一类化合物的总称，常见的聚合铝为聚氯化铝（简称 PAC）。上述铝盐类混凝剂中，硫酸铝和聚氯化铝的铝含量高，因而成为电厂水处理常用药品。该类药品有固体和液体两种形态，固体为编织袋装，每袋净含量 25、50kg 或依客户要求而定，液体为塑料桶装，每桶净含量 25、50kg 或 200kg 等。

（2）铁盐类混凝剂。用作混凝剂的铁盐有硫酸亚铁（$FeSO_4 \cdot 7H_2O$）、三氯化铁（$FeCl_3 \cdot 6H_2O$）、硫酸铁 $[Fe_2(SO_4)_3]$、聚合铁等，其中聚合铁混凝剂有聚合氯化铁和聚合硫酸铁两种。电厂水处理常用的是硫酸亚铁、三氯化铁和聚合硫酸铁，有固体和液体两种形态，固体为编织袋装，每袋净含量 25、50kg 或依客户要求而定，液体为塑料桶装，每桶净含量 25、50kg 或 200kg 等。

对于固态粉状药剂，一般采用袋装运输并储存在室内，二次搬运方式根据药品用量考虑，可采用人工提送或采用电动葫芦提送；对于溶液态药剂，电厂内一般设置卧式储罐进行储存，通过槽罐车运至厂内，经卸药泵输送至储罐内。

几种常用混凝剂的适用范围见表 13-4。

表 13-4　几种常用混凝剂的适用范围

混凝剂名称	pH 范围	水温	适用水质
硫酸铝 $[Al_2(SO_4)_3 \cdot 18H_2O]$	4～7	20～40℃	除去有机物为主
	5.7～7.8		除去悬浮物为主
	6.4～7.8		适宜高浊度低色度水
聚合氯化铝 $\{[Al_n(OH)_mCl_{3n-m}]_n\}$	5～9	—	适用条件较广泛
硫酸亚铁 （$FeSO_4 \cdot 7H_2O$）	5.5～9.6	—	适宜浓度高碱性强的水
三氯化铁 （$FeCl_3 \cdot 6H_2O$）	6～11 （最佳 6～8.4）		适宜活性污泥，高浊度水。溶于水时，产生氯化氢气体
聚合硫酸铁 $\{[Fe_2(OH)_n(SO_4)_{3-n/2}]_m\}$	5.0～8.5	20～40℃	除去水中悬浮物，且除 COD 和脱色效果较好

（二）助凝剂

目前用作助凝剂的主要是一些有机高分子混凝剂，其在水中可电离，属于高分子聚合电解质。根据其含有不同的官能团电离后聚合离子所带电荷性质，可分为阳离子型、阴离子型和非离子型三类，主要有助凝剂见表 13-5。

表 13-5　主要助凝剂种类

种类	药剂名称	备注
阳离子型	聚二烯丙基二甲基胺（PDADMA）阳离子聚丙烯酰胺（CPAM）	阳离子聚丙烯酰胺多用作污泥脱水剂
阴离子型	聚丙烯酸（PAA）聚丙烯酰胺加碱水解物（HPAM）	
非离子型	聚丙烯酰胺（PAM）	

另外，按照助凝剂高分子的组成情况，也可分为聚乙烯型、聚酰胺型、聚胺型和聚丙烯型等。

在国内水处理中使用最为广泛的助凝剂为聚丙烯酰胺，外观为白色粉剂和无色或淡黄色胶状物两种，粉剂聚丙烯酰胺含量为 88%，胶状物聚丙烯酰胺含量为 8%～9%。

二、系统设计

（一）混凝剂及助凝剂加药量

混凝剂及助凝剂的品种、最优加药量应根据原水水质、处理后水质及运行要求经试验确定，也可按照表 13-6 中的经验数据进行设计计算。

表 13-6　电厂水处理常用混凝剂及助凝剂加药量

药剂种类	药剂名称	经验数据
混凝剂	硫酸亚铁（以 $FeSO_4 \cdot 7H_2O$ 计）	42～97mg/L
	三氯化铁（以 $FeCl_3 \cdot 6H_2O$ 计）	27～63mg/L
	硫酸铝 [以 $Al_2(SO_4)_3 \cdot 18H_2O$ 计]	33～77mg/L
	聚氯化铝（以 Al_2O_3 计）	5～8mg/L
	聚合硫酸铁（以 Fe^{3+} 计）	5～10mg/L
助凝剂	聚丙烯酰胺（简称 PAM）	0.5～1.5mg/L

（二）典型工艺

1. 固体药剂溶解加药典型系统

外购一般固体药品的典型溶解加药系统如图 13-9 所示，设计上可根据具体要求增设自动阀门、药品输送等设施。对于高分子助凝剂，为了获得较好的助凝剂活性，宜采用干粉自动投加系统，其典型系统如图 13-10 所示。

2. 液体药剂溶解加药典型系统

外购桶装液体药品的典型溶解加药系统如图 13-11 所示。当药液为储罐储存时，可不设计量箱，计量泵直接从药液储罐出口管道接取；当药液不需要稀释直接投加时，可不接配药用水。设计时可根据具体要求增设自动阀门、药品储存等设施。

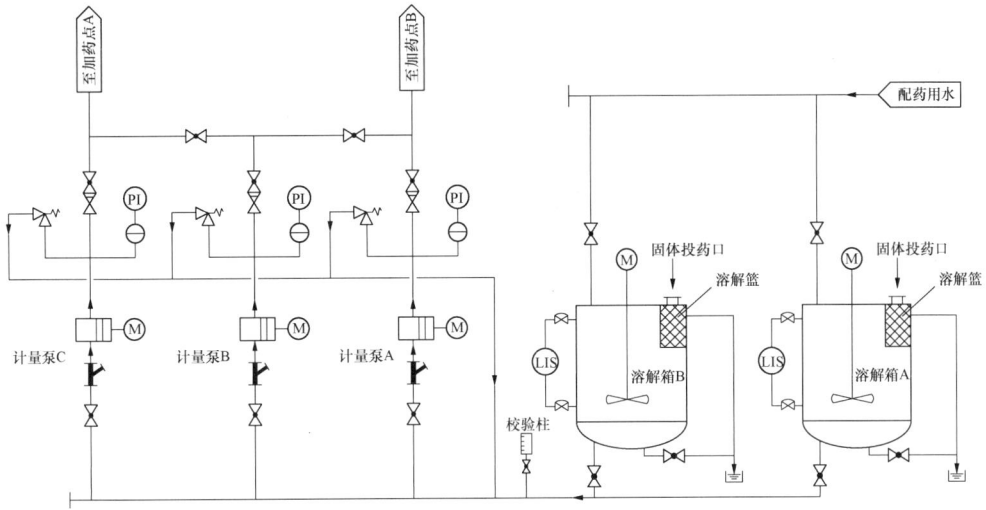

图 13-9 固体药品溶解加药典型系统

LIS—液位计（带开关）；PI—压力表；M—电动机；▷◁—球阀；↗—安全阀；▷◁—止回阀

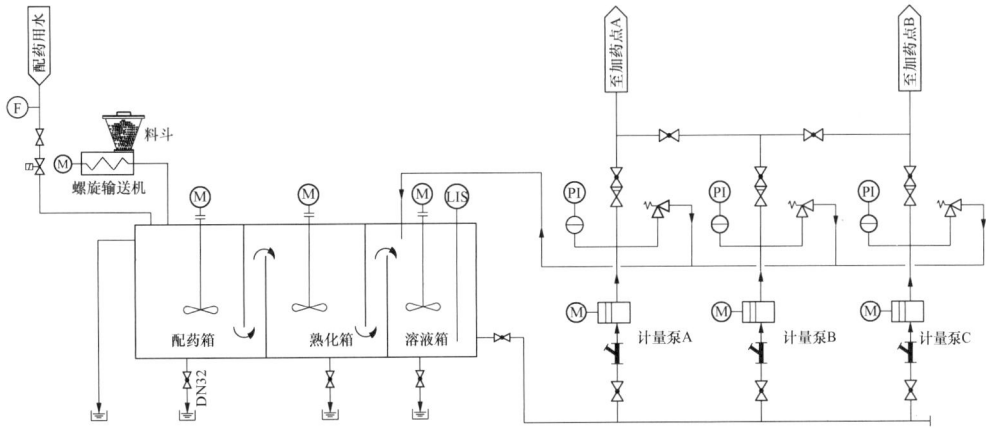

图 13-10 干粉自动投加典型系统

LIS—液位计（带开关）；PI—压力表；M—电动机；▷◁—球阀；↗—安全阀；▷◁—止回阀；▷◁—电磁阀

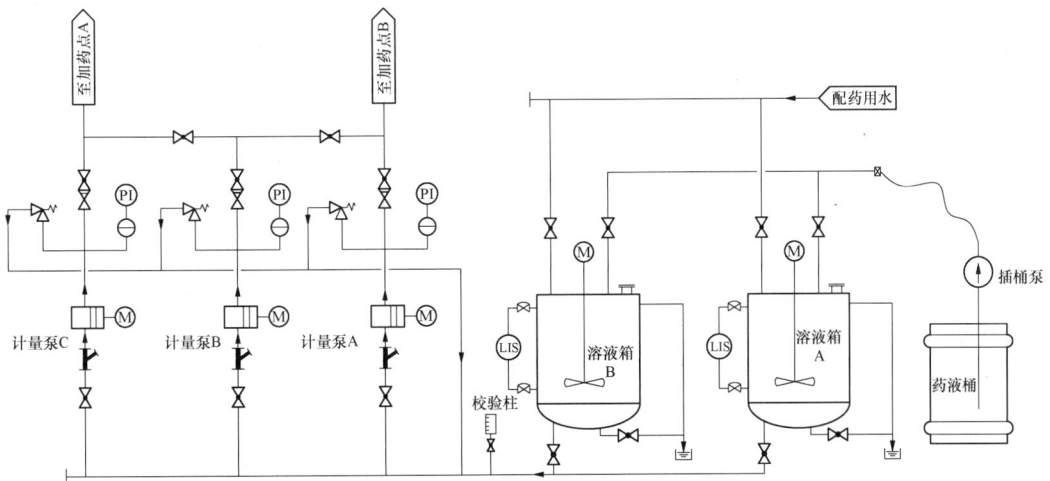

图 13-11 液体药品加药典型系统

LIS—液位计（带开关）；PI—压力表；M—电动机；▷◁—球阀；↗—安全阀；▷◁—止回阀

3. 系统设计主要技术要求

（1）混凝剂的溶解可采用机械搅拌或水力循环搅拌方式。

（2）干粉自动投加系统中，助凝剂的配制部分一般为"三腔式"助凝剂制备装置，分为配药箱、熟化箱、溶液箱以及料斗和粉料输送机，也可根据工程实际需要配置防潮加热器对干粉定期加热、除湿或采取其他优化措施，聚丙烯酰胺（PAM）的熟化搅拌时间一般不少于 60min，箱体内三个区域均采用机械搅拌。

（3）混凝剂及助凝剂宜采用计量泵加药，加药泵应设备用。

（4）混凝剂及助凝剂加药量应根据澄清设备进水流量自动控制。

（5）混凝剂配药浓度一般为 5%～20%，助凝剂配药浓度一般为 0.1%～0.3%，也可根据运行调试效果调整加药浓度。

（6）混凝剂溶液一般具有一定的腐蚀性，因此加药系统内设备和管道应考虑防腐措施，溶解箱和搅拌器一般采用钢制衬胶设备，管道一般采用钢衬塑管道、塑料管道或其他耐腐蚀管道。

（7）助凝剂采用聚丙烯酰胺（PAM）时，溶液腐蚀性较小，可采用碳钢衬胶、不锈钢或塑料管道等。

三、主要设备

混凝剂加药的主要设备为机械搅拌溶解（液）箱和加药计量泵，助凝剂干粉自动投加系统的主要设备为"三腔式"助凝剂制备装置和加药计量泵。机械搅拌溶解（液）箱和"三腔式"助凝剂制备箱一般为钢制加内衬防腐或全不锈钢材质，容积一般在 0.4～4.0m³范围选择。

机械搅拌溶解箱的外形结构如图 13-12 所示；溶解箱与溶液箱的不同之处在于，溶解箱应配置能耐药品腐蚀的不锈钢溶解篮，供固态药品溶解用；"三腔式"助凝剂制备装置的外形结构如图 13-13 所示。

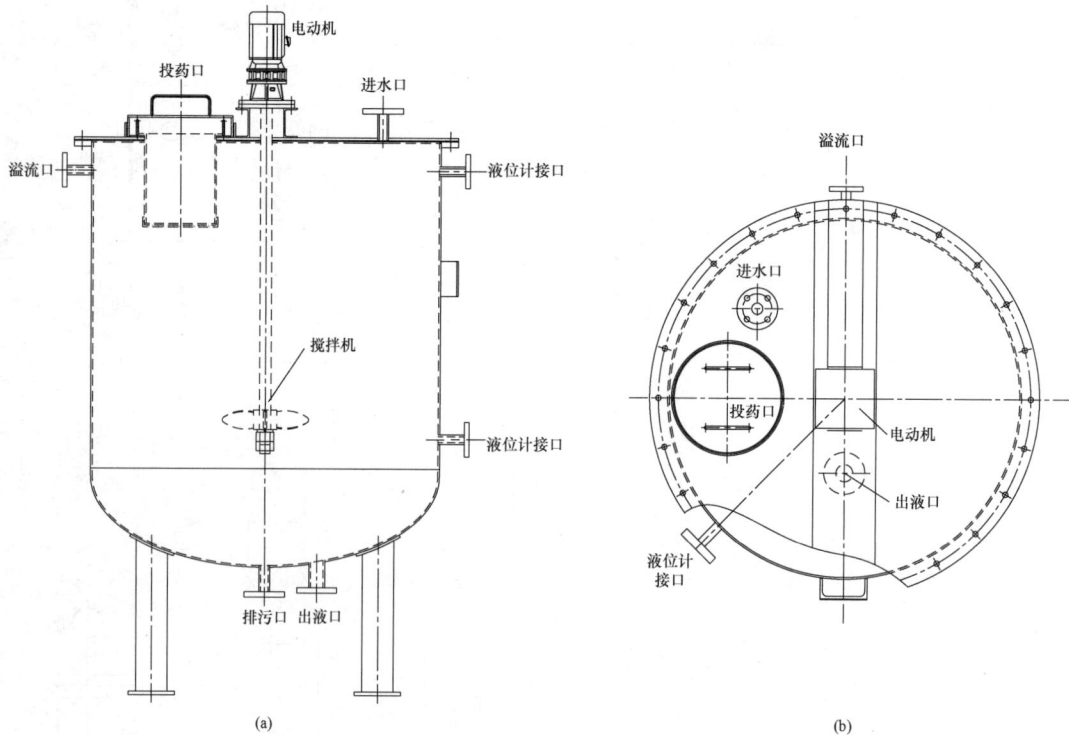

(a)

(b)

图 13-12　机械搅拌溶解箱外形结构

（a）正视图；（b）俯视图

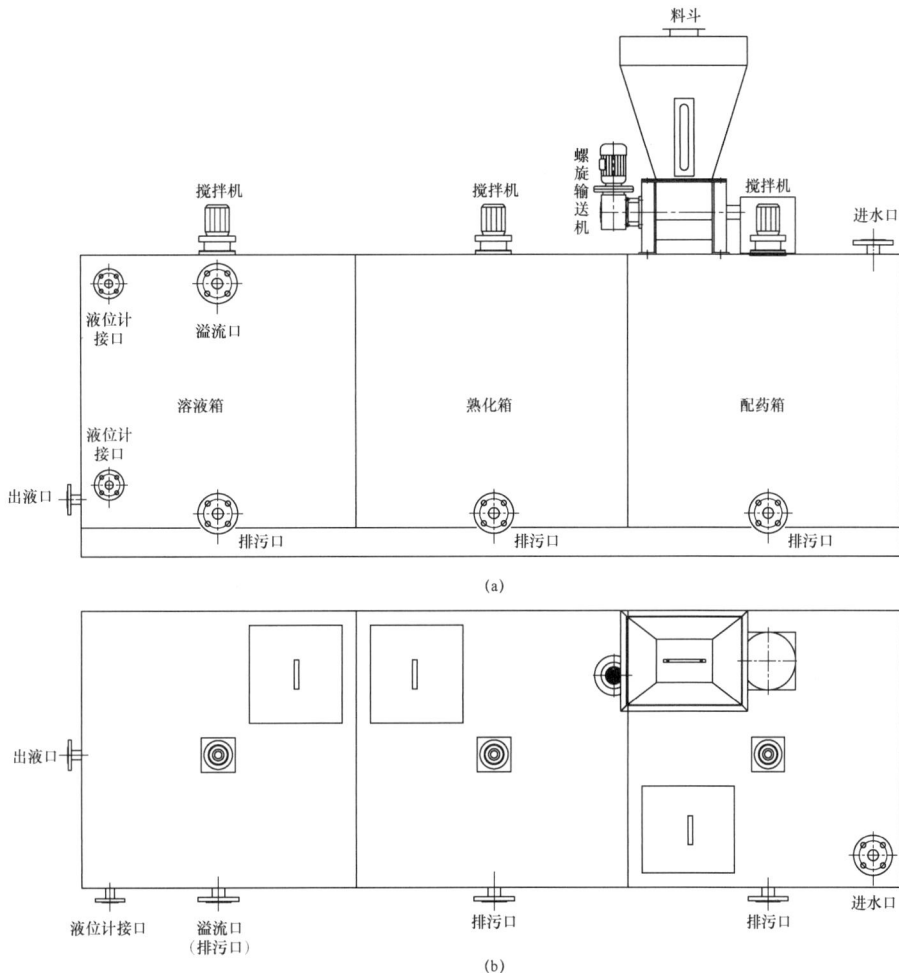

图 13-13 "三腔式"助凝剂制备装置外形结构

（a）正视图；（b）俯视图

第四节 酸、碱系统

一、系统设计

（一）酸、碱卸药和储存系统设计

1. 主要设计原则

（1）酸、碱储存量应根据其消耗量、供应和运输条件等因素确定，一般按储存 15～30 天的消耗量进行设计。当采用槽罐车运输时，总储存量应大于单个槽车的容积（宜有 10%～50% 的余量）；当采用铁路运输时，还应满足储存单个槽罐车容积加 10 天的药品消耗量。

（2）浓酸、碱液体的装卸宜采用负压抽吸、泵输送或重力自流，不应采用压缩空气压送。全厂树脂再生用酸、碱储存罐数量分别不应少于 2 台，不宜采用

地下混凝土（内防腐）结构的浓酸、碱储存池。

（3）当采用固体碱时，应有起吊设施和溶解装置，溶解装置及其管路、阀门等应采用不锈钢材质。

（4）盐酸储存罐的排气管应设置酸雾吸收装置，浓硫酸储存罐排气口应设置除湿器，碱储存罐排气口宜设置 CO_2 呼吸器。盐酸储存罐如采取了液面覆盖球抑制酸雾措施的，其药液出口管及排污管应有防止液面覆盖球逃逸的措施。

（5）浓酸、碱储罐底部的排污管和出液管道上应串联设置两个隔离阀。

（6）酸碱储存和计量区域必须设置安全通道、淋浴装置、围堰等安全防护设施，卸酸、碱区域地面应有水冲洗设施及排水条件。围堰内容积应大于最大一台储存设备的容积，当围堰有排放措施时可适当减小其容积。

2. 酸、碱储存设备的防冻措施

浓硫酸、浓碱液储存设备应有防止低温凝固的措施。对于冬天气候比较严寒的地区，浓碱储存设备和管道应采取增设伴热装置或除盐水稀释措施，防止浓碱结晶堵塞管道，影响碱液的使用；对于浓硫酸，冬季宜采购冰点较低的 92.5%浓度的硫酸。不同浓度的酸、碱溶液的凝固点见附录 B。

（二）树脂再生酸、碱计量系统设计

树脂再生酸、碱计量系统一般由计量箱、喷射器（或计量泵）组成。

酸、碱计量箱的有效容积应满足一台离子交换器一次最大再生剂用量。对于离子交换器需要进行大反洗的除盐或软化系统，酸、碱计量箱的容积一般按正常再生一次酸、碱耗量的 1.5～2 倍设计，以满足大反洗后所需的再生剂用量。当离子交换器台数较多，且设备运行周期较短（小于 1 天），会出现交换器同时需要再生时，需考虑增加计量箱台数，以满足再生需要。混合离子交换器一般需专设再生计量设备，不与一级除盐离子交换器的再生计量设备混用。

酸、碱再生液的稀释和输送一般采用喷射器或计量泵加混合三通，喷射器或混合三通出口应设置酸浓度或碱浓度计，酸、碱浓度应满足相应离子交换设

备树脂再生的要求。两种再生计量系统的典型系统如图 13-14 和图 13-15 所示。当采用计量泵方案时，可不设计量箱，直接从储罐抽取酸碱。

采用计量泵时，其出口管道应装设安全阀、稳压器和压力表。当采用硫酸作为再生剂时，硫酸计量箱、硫酸喷射器或混合三通本体，以及其出口稀释硫酸管均应采用钢衬聚四氟材质。

（三）酸、碱系统布置设计技术要求

酸、碱因其具有强腐蚀性，其设备及管道的布置需满足如下要求：

（1）卸酸、碱区域的布置应能使运输车辆方便地进、出，并完成卸药，尽量不采用倒车就位卸药方式。卸药平台应能耐浓酸、碱腐蚀，并有收集漏液的排水沟和冲洗设施。当采用重力自流方式卸药时，应注意储存罐卸药接管的标高能够确保卸尽槽罐车中的药液。当采用铁路运输酸、碱时，宜在厂区铁路附近设置储存和转运设施。

（2）酸、碱设备宜布置在室外遮阳棚下，寒冷地区的酸、碱储存罐宜布置在室内，并分室布置以减少酸雾腐蚀不相关的设备及管道。酸、碱储存罐一般采取高位布置，以保证酸、碱液能够靠重力自流进入酸、碱计量设备。

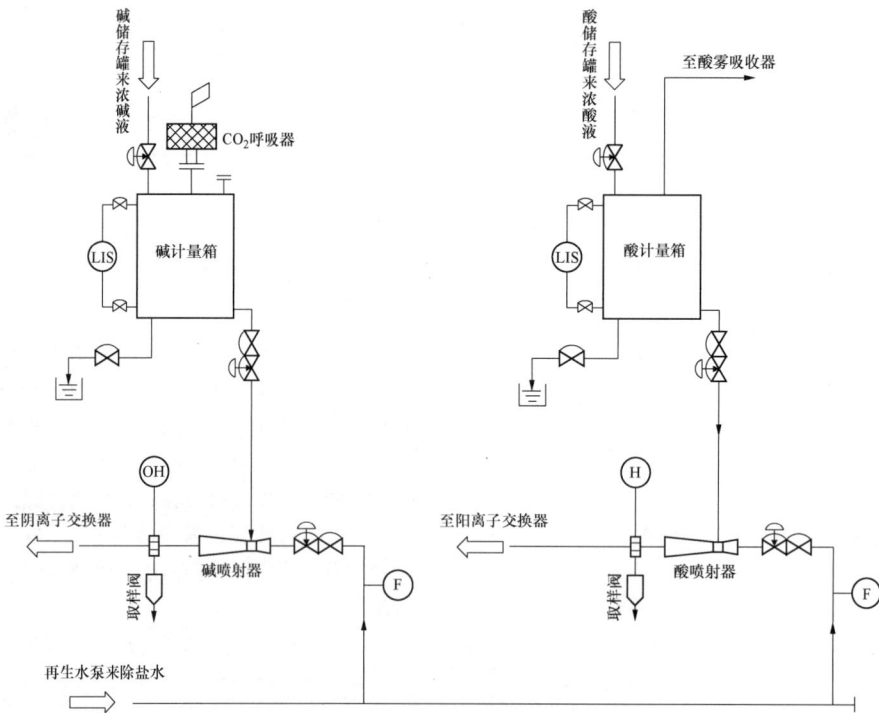

图 13-14　采用计量箱和喷射器的再生系统

LIS—液位计（带开关）；F—流量表；OH—碱浓度表；H—酸浓度表；⟰—气动薄膜执行机构；⊠—隔膜阀

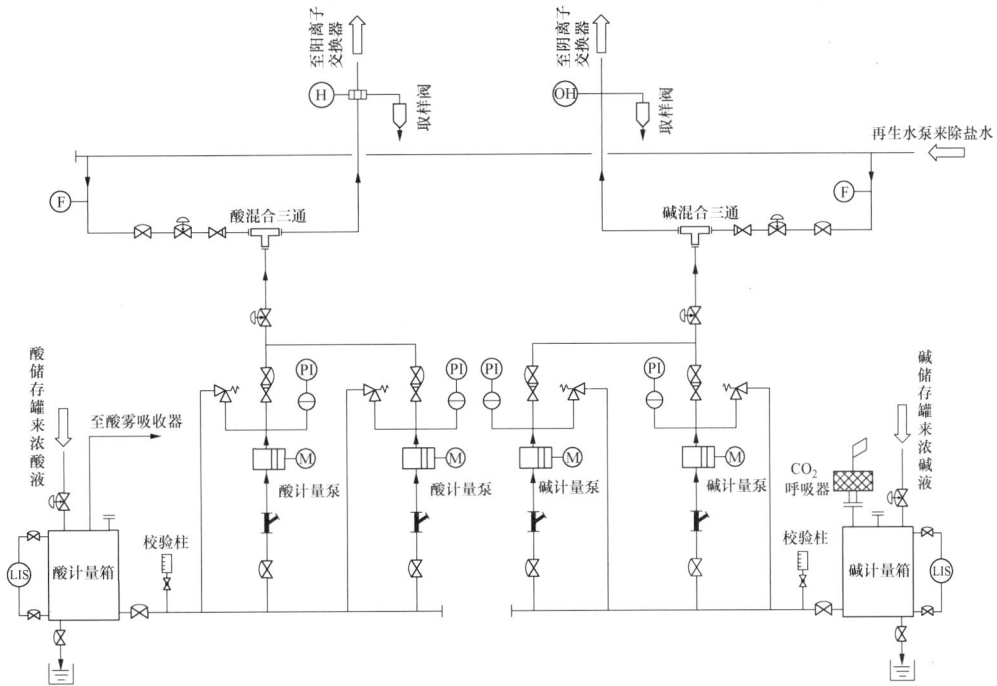

图 13-15　采用计量泵的再生系统

LIS—液位计（带开关）；F—流量表；OH—碱浓度表；H—酸浓度表；

PI—压力表；M—电动机；↑—气动薄膜执行机构；⊠—隔膜阀；▶◀—球阀；↑—安全阀；◁▷—止回阀

（3）酸、碱储存罐应设置平台、爬梯及护栏，以方便维护和检修。

（4）酸、碱管道不应直埋敷设，可布置在管沟中，不宜架空敷设在人行通道上方，必须架空敷设时，对法兰、接头等处设置防喷溅非金属保护罩。

二、主要设备

1. 酸、碱储存罐

酸、碱储存罐用于酸、碱液的储存，一般为碳钢结构。盐酸、氢氧化钠溶液一般采用有衬里的储存罐；储存92%以上浓硫酸时，可采用无衬里碳钢储存罐。

酸、碱储存罐的外形结构如图 13-16 所示。

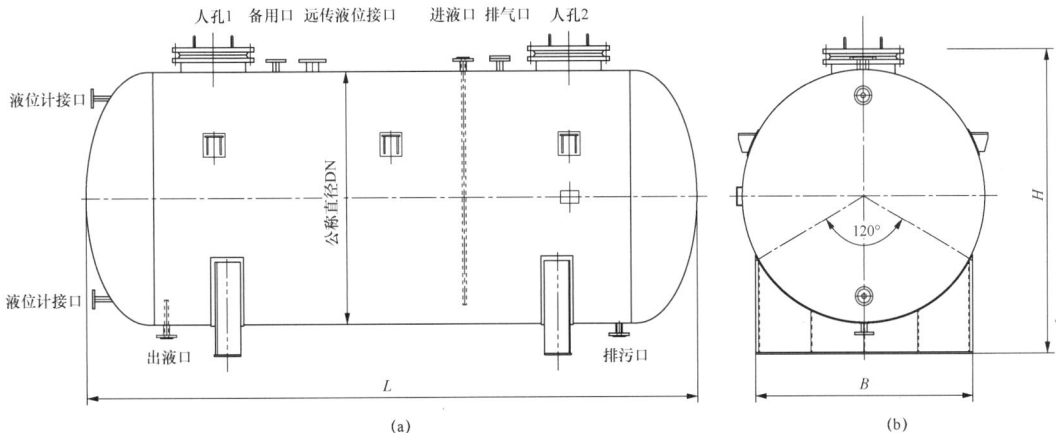

图 13-16　酸、碱储存罐外形结构

（a）正视图；（b）侧视图

酸、碱储存罐主要技术参数见表 13-7。

表 13-7   酸、碱储存罐主要技术参数

项目	数据	项目	数据
设计压力	常压	设计温度	常温
主体材质	Q235B	容器形式	卧式

酸、碱储存罐产品系列参数见表 13-8。

表 13-8   酸、碱储存罐产品系列参数表

有效容积 (m³)	公称直径 (mm)	设备主要尺寸（mm）			设备质量（kg）	
		L	B	H	衬里储罐	不衬里
4	1250	3750	1070	1726	1410	1268
5	1250	4600	1070	1726	1890	1530
6.3	1600	3950	1430	2075	1948	1750
8	1600	4800	1430	2076	2210	1977
10	2000	4150	1780	2482	3012	2756
12.5	2000	5000	1780	2482	3502	3160
16	2000	6000	1780	2482	3995	3635
20	2500	5250	2320	2986	5397	4965
25	2500	6250	2320	2986	6126	5460
32	2500	7550	2320	2986	6928	6450
40	3200	6600	2840	3690	9210	8559
50	3200	7900	2840	3690	10570	9804

酸、碱储存罐接管规范见表 13-9。

表 13-9   酸、碱储存罐接管规范表

接管用途或名称	管口规范	接管用途或名称	管口规范
排气管	DN80 PN10	液位计接管	DN40 PN10
进液管	DN150 PN10	出液管	DN80 PN10
进水管	DN50 PN10	排污管	DN50 PN10
备用管	DN50 PN10	远传液位计接口	DN150 PN10

注   PN10 即设计公称压力为 1.0MPa。

2. 酸、碱计量箱

酸、碱计量箱用于酸、碱液的计量，一般为碳钢衬胶结构。对于暂存 92% 以上浓硫酸的计量箱，应采用碳钢衬聚四氟乙烯结构。

酸、碱计量箱的外形结构如图 13-17 所示。对有衬里的计量箱，结构采用Ⅰ型；对无衬里的计量箱，当其直径 DN 大于 1000mm 时，结构采用Ⅱ型。

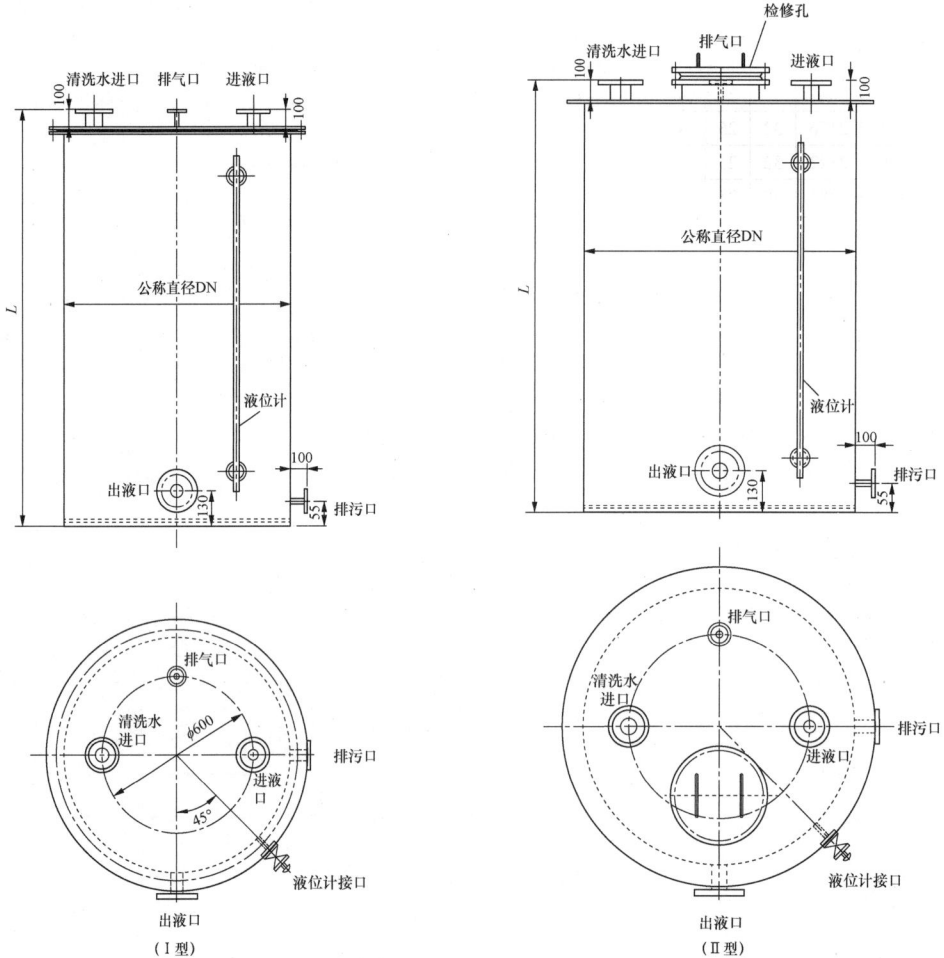

图 13-17   酸、碱计量箱外形结构

酸、碱计量箱主要技术参数见表 13-10。

表 13-10　酸、碱计量箱主要技术参数

项目	数据	项目	数据
设计压力	常压	设计温度	常温
主体材质	Q235B	容器形式	立式

酸、碱计量箱产品系列参数见表 13-11。

表 13-11　酸、碱计量箱产品系列参数表

有效容积（m³）	公称直径 DN（mm）	设备总高 L（mm）	接管公称直径（mm）					设备质量（kg）	
			a	b	c	d	e	衬里	不衬里
0.1	500	798	25	25	32	32	32	105	95
0.16	500	1103	25	25	32	32	32	127	113
0.25	600	1173	25	25	32	32	32	160	145
0.4	700	1330	25	25	32	32	32	205	185
0.63	800	1544	25	25	32	32	32	269	242
1.00	900	1863	32	25	50	32	32	365	328
1.25	1000	1882	32	25	50	32	32	403	361
1.60	1100	1976	32	25	50	32	32	558	510
2.00	1200	2061	32	25	50	32	32	615	558
2.50	1300	2176	32	25	50	32	32	710	645
3.20	1400	2372	32	25	50	32	32	825	748
4.00	1600	2282	50	25	80	50	50	961	873
5.00	1800	2258	50	25	80	50	50	1347	1245
6.30	2000	2298	50	25	80	50	50	1417	1300

注　a—清洗水进口管，b—排气管，c—进液管，d—出液管，e—排污管，液位计接口为 DN25；所有接管公称压力为 1.0MPa。

3. 喷射器

喷射器是靠高压液体，经喷嘴形成的高速水流所产生的负压来吸入并喷射另一种低压液体的设备，同时具有混合作用，酸、碱喷射器用来稀释和输送酸、碱再生液。根据不同的稀释介质，选用不同材质的喷射器，水处理系统主要应用的有钢制（不锈钢）、钢制衬里喷射器、氟塑料等几种材质的酸、碱喷射器。

喷射器的外形结构如图 13-18 所示，不同材质或不同厂家生产的喷射器结构形式存在一定差异。

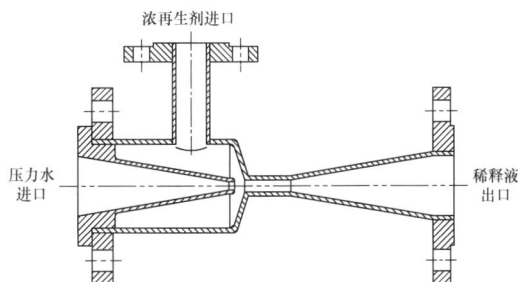

图 13-18　喷射器外形结构

钢制（不锈钢）喷射器主要用来稀释和输送碱再生液，主要技术参数见表 13-12。钢制（不锈钢）喷射器产品系列参数见表 13-13。

表 13-12　钢制（不锈钢）喷射器主要技术参数

项目	数据	项目	数据
进口水压	>0.3MPa	吸入式真空	0.03MPa
进水水温	20～30℃	入口再生剂浓度	30%～40%
出口水压	0.15MPa	出口再生剂浓度	4%

表 13-13　钢制（不锈钢）喷射器产品系列参数表

配套离子交换器直径（mm）		1000	1500	2000	2500	3000
喷射量（t/h）		3.9	8.9	15.7	24.6	35.4
法兰接口	浓再生剂进口	DN25	DN25	DN32	DN40	DN50
	压力水进口	DN50	DN65	DN100	DN100	DN125
	稀释液出口	DN50	DN65	DN100	DN100	DN125

钢制衬里喷射器主要用来稀释和输送盐酸再生液，主要技术参数见表 13-14。钢制衬里喷射器产品系列参数见表 13-15。

表 13-14　钢制衬里喷射器主要技术参数

项目	数据	项目	数据
进口水压	>0.31MPa	吸入式真空	0.025MPa
进水水温	20～30℃	入口再生剂浓度	31%
出口水压	0.15MPa	出口再生剂浓度	5%

表 13-15　钢制衬里喷射器产品系列参数表

配套离子交换器直径（mm）		1000	1500	2000	2500	3000
喷射量（t/h）		3.9	8.9	15.7	24.6	35.4
法兰接口	浓再生剂进口	DN25	DN25	DN32	DN40	DN50
	压力水进口	DN40	DN80	DN80	DN100	DN125
	稀释液出口	DN40	DN80	DN80	DN100	DN125

氟塑料喷射器主要用来稀释和输送浓硫酸再生液，主要技术参数见表 13-16。氟塑料喷射器产品系列参数见表 13-17。

表 13-16　氟塑料喷射器主要技术参数

项目	数据	项目	数据
进口水压	>0.30MPa	吸入式真空	0.04MPa
进水水温	20～30℃	入口再生剂浓度	98%
出口水压	0.18MPa	出口再生剂浓度	4%

表 13-17　氟塑料喷射器产品系列参数表

配套离子交换器直径（mm）		1000	1500	2000	2500	3000	
喷射量（t/h）		7.9	17.7	31.5	49.3	70.9	105
法兰接口	浓再生剂进口	DN50	DN50	DN50	DN50	DN50	DN50
	压力水进口	DN100	DN125	DN125	DN125	DN125	DN150
	稀释液出口	DN100	DN125	DN125	DN125	DN125	DN150

第五节　氯 化 钠 系 统

一、氯化钠包装特点、运输和储存方式

氯化钠一般用于钠离子交换器的再生和电解氯化钠溶液制备次氯酸钠的原料供应。

钠离子交换器的再生和电解制氯系统用氯化钠多采用食用盐或工业精制盐作为原料，宜满足 GB 5461《食用盐》或 GB/T 5462—2015《工业盐》规定的精制盐一级标准要求，即氯化钠含量不小于 98.5%，为白色、微黄色或青白色晶体，易溶于水，20℃时的溶解度为 36.0g（每 100g 水），在空气中有潮解性。固体氯化钠的密度为 $2.165g/cm^3$。

氯化钠一般为塑料袋包装，每袋净含量 25、50kg，或根据用户要求协商确定包装方式。氯化钠的运输工具应清洁、干燥；存放仓库要保持干燥、通风，防止雨淋、受潮，堆放应上有遮蔽，下有隔板。

二、系统设计

1. 氯化钠系统设计参数

氯化钠系统设计按表 13-18 中的参数设计。

表 13-18　　氯化钠系统设计参数

用途	进液浓度（%）	再生流速（m/h）	进液时间（min）
钠离子交换器再生	5～8	≤5（钠离子交换器内）	1.5～3
电解氯化钠溶液制备次氯酸钠系统电解槽进液	3	—	连续

2. 氯化钠溶解及计量系统设计

氯化钠固体一般在溶解槽（池）中溶解成饱和氯化钠溶液，然后通过水射器稀释成所需浓度的稀盐水，暂时储存在稀盐水箱或计量箱中，再通过稀盐水泵输送至钠离子交换器或电解槽进口。为保证水射器水压稳定，应设置专用供水系统。对于较小的氯化钠加药系统或集成化软化水装置，氯化钠溶解和计量系统也可适当简化。

主要技术要求如下：

（1）氯化钠宜采用湿式储存，再生用氯化钠溶解槽不宜少于 2 台（格），电解用氯化钠溶解槽可只设 1 台（格）。

（2）氯化钠计量箱的有效容积应满足一台钠离子交换器一次最大再生用量。

（3）氯化钠溶液可采用软化水配置，并应设置盐溶解过滤器，进行无烟煤或石英砂过滤，消除工业盐中所含杂质和储存溶解过程中混入杂质后对钠离子交换器再生质量和电解槽的影响。

（4）氯化钠再生液宜采用喷射器输送，也可采用计量泵输送。

（5）氯化钠溶解系统宜设起吊设施。

三、主要设备

氯化钠计量系统的主要设备包括盐溶解过滤器、计量箱、喷射器等。计量箱和喷射器等设备的相关内容与酸碱再生系统相似，本章不再赘述，下面仅介绍压力式盐溶解过滤器。

盐溶解过滤器主要用于软化再生系统中盐的溶解及过滤，其容量常以可溶盐量表示，选用时也按需溶盐量进行选择。

在盐溶解过滤器的底部设有排水盘和石英砂过滤层。制备盐溶液时，先将一定数量的盐装入盐溶解过滤器内，用有压力的水通过盐层将盐溶解并经石英砂过滤层过滤。经过滤的清盐水从盐溶解过滤器下部出水管引出。盐溶解过滤器运行一段时间后应进行一次清洗，洗掉聚集在石英砂过滤层上的杂质。

盐溶解过滤器为柱状钢制容器，上部进水装置为单管形式，下部出水装置为穹形多孔板形式。设备配就地取样装置及进出水压力表。盐溶解过滤器外形如图 13-19 所示。

盐溶解过滤器的运行流速不超过 12m/h，其他主要技术参数见表 13-19。

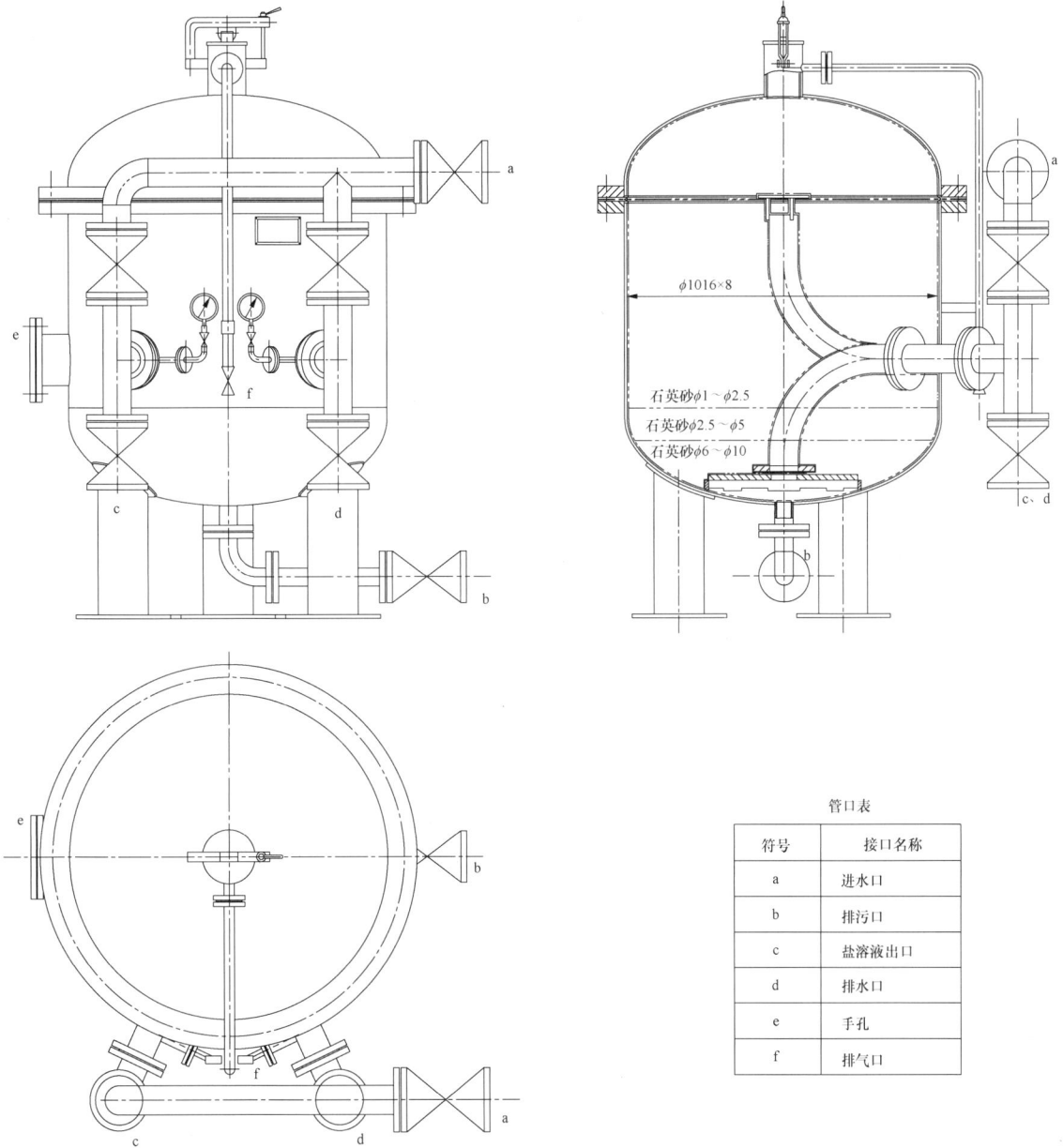

石英砂φ1～φ2.5
石英砂φ2.5～φ5
石英砂φ6～φ10

φ1016×8

管口表

符号	接口名称
a	进水口
b	排污口
c	盐溶液出口
d	排水口
e	手孔
f	排气口

图 13-19　盐溶解过滤器设备外形

表 13-19　　盐溶解过滤器主要
技术参数

公称直径（mm）	DN500	DN650	DN800	DN1000
设备出力（t/h）	2.3	4	6	9.4
滤层高度（mm）	490	500	500	500
溶盐量（kg/次）	75	120	160	400
设备总高度（mm）	1635	1764	2000	2210
设备质量（kg）	396	450	667	917
运行荷重（kg）	—	1010	—	2830

第六节　杀菌剂系统

　　电厂海水淡化、锅炉补给水处理和冷却水处理等系统所用杀菌剂主要为氧化型杀菌剂，也有冷却水系统非氧化型杀菌剂与氧化型杀菌剂联合使用的，即在投加氯系氧化型杀菌剂的同时，间隔投加非氧化性杀菌剂，已达到更好的杀菌效果。电厂常用杀菌剂种类、包装及来源见表 13-20。

表 13-20

电厂常用杀菌剂种类、包装及来源

名称	药品名称	药品形态及包装	药品来源
氧化性杀菌剂	次氯酸钠（NaClO）	溶液，桶装或槽罐车运输	外购或现场制备
	二氧化氯（ClO$_2$）	溶液	现场制备
	液氯（Cl$_2$）	液态，钢瓶装	外购
	氯锭（主要成分：三氯异氰尿酸）	固态，袋装	外购
非氧化性杀菌剂	氯酚	溶液，桶装	外购
	季铵盐	溶液，桶装	外购
	异噻唑啉酮	溶液，桶装	外购

杀菌剂系统设计、主要设备等内容见本书第七章第二节。

第七节 超/微滤、反渗透加药及清洗系统

一、药品种类及特点

（一）膜系统加药药品

膜系统加药主要是指还原剂和阻垢剂加药。

1. 还原剂

膜系统常用还原剂一般亚硫酸氢钠（NaHSO$_3$）或亚硫酸钠（Na$_2$SO$_3$）。工业亚硫酸氢钠为白色晶体粉末，应符合 HG/T 3814《工业无水亚硫酸氢钠》的要求；工业亚硫酸钠为白色晶体粉末，应符合 HG/T 2967《工业无水亚硫酸钠》的规定的优等品要求。

工业亚硫酸氢钠和工业亚硫酸钠一般为双层塑料袋包装，每袋净含量 25、50kg，或根据用户要求协商确定包装方式。工业亚硫酸氢钠在运输过程中应有遮盖物，避免阳光直射，防止雨淋、受潮，不得与氧化剂、易燃物品混存；工业亚硫酸钠在运输过程中应有遮盖物，避免阳光直射，防止雨淋、受潮，不得与氧化剂、强酸类物品及有害有毒物质混存。

2. 阻垢剂

反渗透阻垢剂有六偏磷酸钠、有机磷酸盐、聚丙烯酸盐及复合型药剂。反渗透阻垢剂一般为液态药剂，塑料桶装，每桶净重 25kg 或更大容器包装。

（二）膜化学清洗系统药品

1. 超滤膜清洗药剂

超滤膜清洗一般分为酸洗、碱洗和氧化剂清洗。常用酸洗溶液有盐酸、柠檬酸等；常用碱溶液主要为氢氧化钠（NaOH），常用氧化剂主要为次氯酸钠（NaClO）。上述药剂为电厂常用药剂，药品特性、包装和运输见附录 B。

2. 反渗透膜清洗药剂

常用反渗透膜清洗药剂有盐酸、柠檬酸、氢氧化钠、EDTA、磷酸（H$_3$PO$_4$）等。上述药剂除盐酸、氢氧化钠外，其他药剂均为塑料桶装液体药剂，每桶净重 25kg 或更大容器包装，使用和储存应严格按照药品说明书进行。

二、系统设计

1. 膜系统加药的设计

（1）还原剂和阻垢剂的加药品种、加药量应根据进水水质、运行条件、药品来源等因素确定。

（2）还原剂宜采用亚硫酸氢钠或亚硫酸钠，加药量可按 3mg/L 设计，并采用计量泵加药；阻垢剂的加药量可按 2～5mg/L 设计，并采用计量泵加药。每套反渗透装置宜设置 1 台加药泵。还原剂和阻垢剂的加药量应根据反渗透进水流量自动控制。

（3）阻垢剂和还原剂加药装置宜各设 2 台溶液箱，按电动搅拌溶液箱设计，单台溶液箱的有效容积应按不小于 8h 的正常消耗量设计。

2. 膜化学清洗系统的设计

（1）膜化学清洗装置包括清洗溶液箱、清洗泵、保安过滤器以及管道阀门系统。

（2）反渗透与超滤装置的化学清洗泵一般分别设置，不设备用。

（3）清洗水箱容积为单套装置最大清洗回路的压力容器容积（即膜壳内容积）或膜池、清洗回路的管道和保安过滤器等的容积总和，并宜有 20%的余量；清洗水箱应有加热设施，清洗液加热最高温度不应高于膜的允许温度。

（4）清洗水泵的流量应保证压力容器的清洗液流量要求，清洗水泵的扬程宜为 0.3～0.4MPa。

（5）清洗水泵出口设置保安过滤器，保安过滤器的过滤精度应与清洗对象膜设备的进水保安过滤器精度相同。

（6）膜清洗系统管道按钢衬塑或硬聚氯乙烯（UPVC）材质设计。

膜清洗水箱为非标准设备，其外形结构如图 13-20 所示。

三、主要设备

膜系统加药主要设备是加药计量泵和电动搅拌溶液箱，一般都是标准设备，可根据相关设备手册选取。

四、膜化学清洗系统典型工程实例

1. 工程概况

某电厂除盐水处理系统设置有 3×134t/h 超滤装置和3×100t/h 反渗透装置。

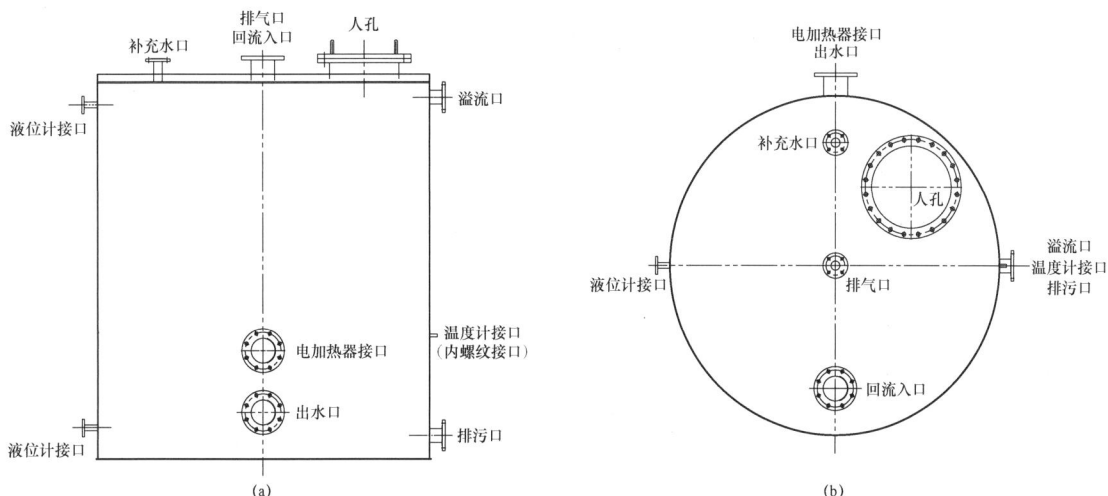

图 13-20　膜清洗水箱外形结构
（a）正视图；（b）俯视图

2. 膜化学清洗系统设计

（1）系统设计方案。该工程为超滤装置和反渗透装置设置膜化学清洗装置一套、清洗水箱一台，超滤和反渗透清洗水泵分别设置。该膜化学清洗案例系统如图 13-21 所示。

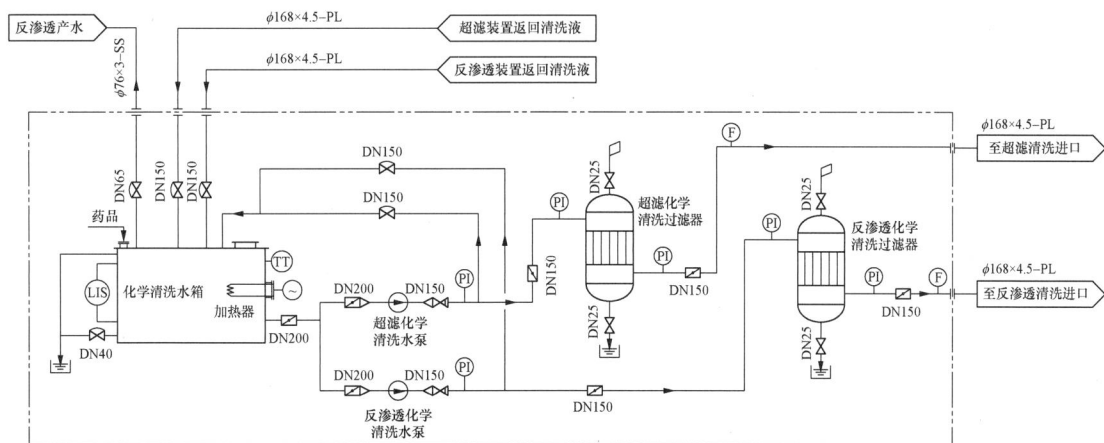

图 13-21　膜化学清洗案例系统
LIS—液位计（带开关）；F—流量表；PI—压力表；⊠—隔膜阀；
▷◁—球阀；▷◁—止回阀；▨—蝶阀

（2）膜化学清洗设备配置。该膜化学清洗案例的主要设备配置见表 13-21。

表 13-21　　　　　　　　　　　　　膜化学清洗案例设备配置

序号	名称	规格型号	单位	数量	备注
1	化学清洗水箱	5m³	台	1	钢制内衬胶
2	超滤化学清洗水泵	150m³/h，0.30MPa	台	1	水泵过流部分材质 S31603 不锈钢
3	反渗透化学清洗水泵	140m³/h，0.35MPa	台	1	水泵过流部分材质 S31603 不锈钢
4	超滤反洗保安过滤器	150m³/h，过滤精度：100μm	台	1	
5	反渗透反洗保安过滤器	140m³/h，过滤精度：5μm	台	1	

第八节　稳　定　剂　系　统

一、稳定剂种类

稳定剂是具有能分散水中的难溶性无机盐、阻止或干扰难溶性无机盐在金属表面的沉淀、结垢功能，并维持金属设备良好传热效果的一类药剂，故也称为阻垢剂。电厂水处理阻垢剂除用于反渗透系统（见本章第七节）外，主要用于循环冷却水处理系统。

稳定剂主要有聚合磷酸盐、有机膦酸盐（含磷有机阻垢剂）、有机低分子量聚合物等几类，见表 13-22。

循环冷却水稳定剂处理有采用单药剂处理的，也有采用两种及以上药剂联合处理的，具体可试验确定。

根据国家相关标准，常用的几种阻垢剂的质量标准参数见表 13-23。

表 13-22　　　　　　　　　　　　循环冷却水稳定剂种类

种类	主要药剂名称	备　注
聚合磷酸盐	三聚磷酸钠（$Na_5P_3O_{10}$） 六偏磷酸钠（$(NaPO_3)_6$）	一般加药量 2～4mg/L（以 PO_4^{3-} 计），宜低剂量加药
有机膦酸盐	氨基三亚甲基膦酸（ATMP） 乙二胺四亚甲基膦酸（EDTMP） 二乙烯三胺五亚甲基膦酸（DETPMP） 羧基亚乙基二膦酸（HEDP）	（1）对铜和铜合金有一定的侵蚀性，可添加缓蚀剂，如锌盐、MBT、三聚磷酸钠或采用 $FeSO_4$ 镀膜。 （2）一般加药量 2～4mg/L，其稳定的极限碳酸盐硬度为 7.0～8.0mmol/L，具体应试验确定
有机低分子量聚合物	聚丙烯酸（PAA） 聚丙烯酸钠（PAAS） 聚甲基丙烯酸 水解聚马来酸酐（HPMA） 马来酸酐-丙烯酸共聚物	一般加药量 2～5mg/L，其稳定的极限碳酸盐硬度为 6.0～8.0mmol/L，具体应试验确定

表 13-23　　　　　　　　　　常用阻垢剂的质量标准参数和包装

药品名称	质量标准	形态和包装
聚丙烯酸（PAA）	固含量≥30% 游离单体（以 $CH_2 = CH\text{-}COOH$ 计）≤0.5%； 密度（20℃）≥1.09g/cm³	无色或淡黄色透明液体。塑料桶装，每桶净重25kg；铁塑桶装，每桶净重200kg
聚丙烯酸钠（PAAS）	固含量≥30% 游离单体（以 $CH_2 = CH\text{-}COOH$ 计）≤0.5% 密度（20℃）≥1.15g/cm³	无色或淡黄色透明液体。塑料桶装
水解聚马来酸酐（HPMA）	固含量≥50% 密度（20℃）：1.18～1.22g/cm³（A 类）1.22～1.25g/cm³（B 类）	浅黄色至深棕色透明液体。塑料桶装
马来酸酐-丙烯酸共聚物	固含量≥48% 游离单体（以马来酸计）≤5% 密度（20℃）≥1.20g/cm³	棕黄色透明液体。塑料桶装，每桶净重25kg
氨基三亚甲基膦酸，固体（ATMP）	活性组分≥93.0% 氨基三亚甲基膦酸含量≥88.0%	白色颗粒状固体。内衬塑料袋的铁桶装，每桶净重20kg，塑料编织袋装，每袋净重25kg

药品名称	质量标准	形态和包装
氨基三亚甲基膦酸，液体（ATMP）	活性组分（以 ATMP 计）≥50.0% 氨基三亚甲基膦酸含量≥40.0% 密度（20℃）≥1.30g/cm³	无色或微黄色透明液体。聚乙烯塑料桶装，每桶净重 25kg；铁塑桶装，每桶净重 200kg
羧基亚乙基二膦酸（HEDP）	活性组分（以 HEDP·H₂O 计）≥97.0%	白色结晶颗粒。纸塑符合袋装，每袋净重 25kg

二、系统设计

稳定剂一般是在溶液箱中配置成 5%～10%的溶液，然后采用加药泵进行投加。稳定剂加药系统与其他外购药品加药系统的设计类似，主要技术要求如下：

（1）配药用水选用工业水或循环冷却水补充水。

（2）稳定剂溶液箱不少于 2 台，单台药液箱的容积不小于 8h 的正常消耗量。

（3）稳定剂溶液箱及搅拌设备的材质应根据药剂的化学性质选择，采用钢衬胶、玻璃钢、不锈钢或者其他防腐蚀材料。

（4）稳定剂加药计量泵每台机组单独设置，每两台机组共用 1 台备用泵。计量泵过流部件材质根据药剂的化学性质选择，可采用塑料、不锈钢等耐腐蚀材料。

（5）稳定剂溶液管应根据药剂的化学性质选择，采用钢衬塑、UPVC 管、不锈钢管或其他防腐蚀管道。当稳定剂中含氯离子时，不能采用不锈钢溶液管。

（6）稳定剂加药装置一般与其他循环冷却水加药装置共同布置在循环冷却水加药间内，并靠近循环冷却水加药点。

（7）稳定剂加药装置周围应设置围堰、地漏等防护设施。

（8）加药间设计强制通风设备，药品储存区域设置安全淋浴器。

三、主要设备

稳定剂加药系统的主要设备为机械搅拌溶解（液）箱和加药计量泵，与其他外购药品加药设备类似，参见本章第三节。

第九节 凝汽器铜管成膜系统

一、系统设计

1. 凝汽器铜管成膜的原理

凝汽器铜管成膜是为防止凝汽器铜管受到循环冷却水的侵蚀，采用某些药品在铜管表面造膜而保护起来的一种方法。电厂采用的是硫酸亚铁成膜法，该方法将硫酸亚铁溶液注入凝汽器铜管内，使铜管内表面生成一层含有铁化合物的保护膜，从而防止冷却水对铜管的腐蚀。这一过程是接触氧化和接触催化的综合结果。

2. 硫酸亚铁成膜方法

凝汽器铜管成膜方案，分为一次性镀膜和运行中造膜两种。

（1）一次性镀膜法。一次性镀膜法就是在凝汽器停运的条件下，将硫酸亚铁溶液在凝汽器铜管内循环造膜运行。此方法适用于新的凝汽器铜管投运以前和铜管检修后启动前进行。此方法要求铜管表面较为清洁，需要进行适当的清洗。常用的造膜条件为：

1）硫酸亚铁浓度为 10～100mg/L 的 Fe^{2+} 溶液。

2）常温或 15～35℃，溶液 pH 值为 5～5.6，通常以 Na_2CO_3 调节 pH。

3）循环流速为 0.1～0.3m/s。

4）循环时间为 72 ～96h。

在成膜过程中，检查铜管内壁生成褐色氧化膜为效果良好。

（2）运行中造膜法。此方法造膜时，在凝汽器的循环水进口加硫酸亚铁，使循环水中 Fe^{2+} 含量为 0.5～2mg/L，连续加 45～60h，此为成膜阶段，然后转入保养阶段，此后每 24h 向冷却水中加药 1h，浓度为 1mg/L。此后的加药量可以根据具体情况加以调整，减至原来的 1/5～1/3。运行中造膜的加药点距凝汽器不宜过近或过远，宜控制在 10～60m 范围内。

3. 硫酸亚铁成膜加药系统

硫酸亚铁成膜所用药品为硫酸亚铁（$FeSO_4 \cdot 7H_2O$），应满足 GB 10531《水处理剂 硫酸亚铁》的要求，为淡绿色或淡黄绿色结晶，$FeSO_4 \cdot 7H_2O$ 含量 90%以上。根据药品特性和凝汽器成膜加药要求，典型的硫酸亚铁成膜加药系统流程如图 13-22 所示。全厂可设置 1 套移动式硫酸亚铁成膜装置。

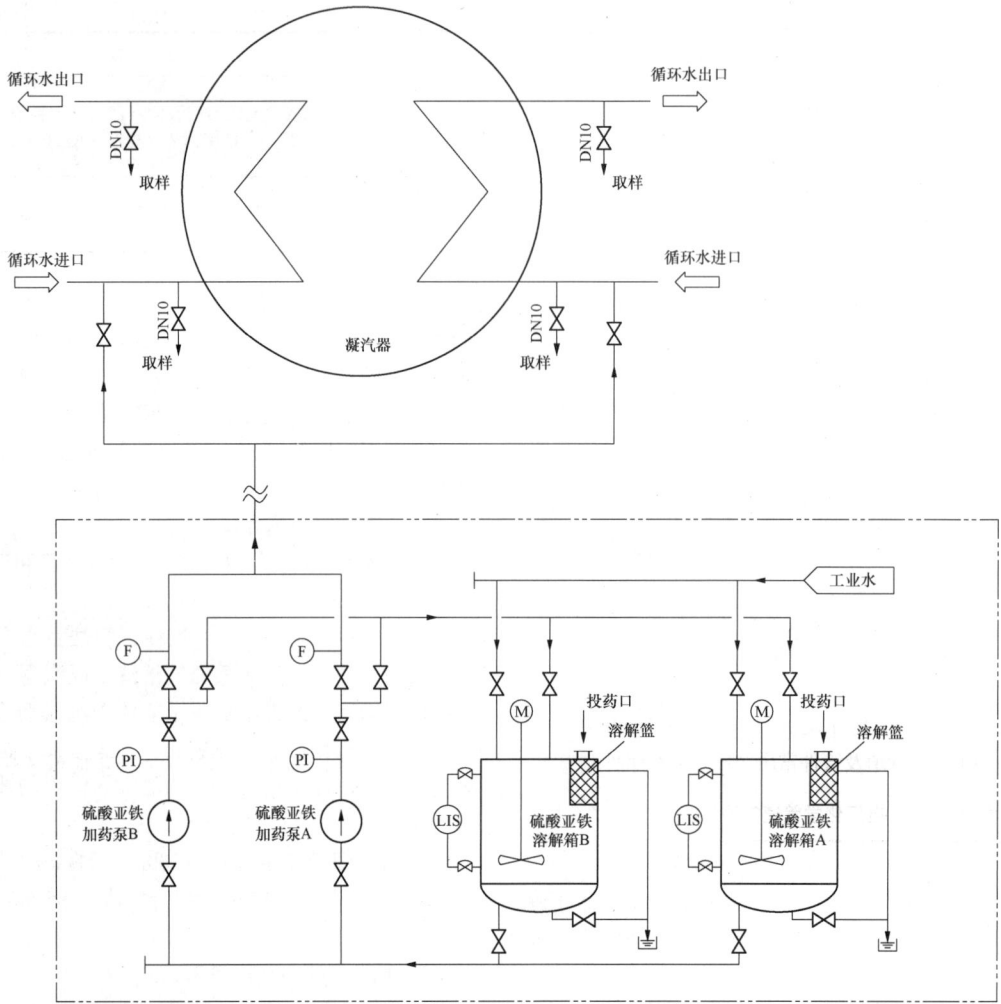

图 13-22　硫酸亚铁成膜加药典型系统

LIS—液位计（带开关）；F—流量表；PI—压力表；⋈—隔膜阀；⋈—截止阀；⋈—止回阀

凝汽器铜管成膜设计还应符合电力行业标准 DL/T 957《火力发电厂凝汽器化学清洗及成膜导则》的规定。

二、主要设备

凝汽器铜管成膜加药系统的主要设备为机械搅拌溶解（液）箱和加药泵，加药泵采用化工离心泵。机械搅拌溶解箱与其他外购药品溶解设备类似，参见本章第三节。系统设备管道可采用不锈钢材质或塑料防腐管道。

三、典型工程实例

某 1×135MW 循环流化床机组，循环水总水量为 20880m³/h（热季），由于凝汽器系统采用铜管，设置

了一套硫酸亚铁镀膜装置。该系统由固体 $FeSO_4$ 配制成 2%～5%的 $FeSO_4$ 溶液，注入凝汽器循环水中，维持 Fe^{2+} 浓度 0.5～2mg/L。该系统既能在运行中初次成膜，也能进行保养成膜。该典型案例的主要设备配置见表 13-24。

表 13-24　硫酸亚铁镀膜案例设备配置

序号	名称	规格型号	单位	数量	备注
1	硫酸亚铁溶液箱	1.6m³	台	2	S30408 不锈钢
2	硫酸亚铁加药泵	2～4m³/h，0.40MPa	台	2	过流部件材质 S30408 不锈钢

第十四章

管 道 及 阀 门

第一节 管道系统及其选择

电厂化学管道系统接触的介质较为复杂，除水介质外，还会接触到有毒、易燃易爆、腐蚀性的介质，种类繁多。本手册适用于发电厂范围内输送水、气和易燃易爆、有毒及腐蚀性液体或气体等介质的管道设计。

一、管道种类

根据管道材质划分，电厂化学设计主要采用的管道种类见表14-1，其管道及管件常用的技术标准参见附录A-1。

表 14-1　　电厂化学管道常用材料

序号	种类	常用材料
1	不锈钢管	06Cr19Ni10（S30408） 022Cr19Ni10（S30403） 06Cr18Ni11Ti（S32168） 06Cr17Ni12Mo2（S31608） 022Cr17Ni12Mo2（S31603） 07Cr17Ni12Mo2（S31609） 06Cr19Ni13Mo3（S31708） 022Cr23Ni5Mo3N（S22053） 022Cr25Ni7Mo4N（S25073）
2	碳钢管	20 号钢
3	碳钢衬胶或衬塑	碳钢内衬聚乙烯（PE） 碳钢内衬聚氯乙烯（PVC） 碳钢内衬聚丙烯（PP） 碳钢内衬聚四氟乙烯（PTFE） 碳钢衬胶（半硬橡胶、合成橡胶）
4	复合管	钢骨架聚乙烯塑料复合管 钢丝网骨架聚乙烯塑料复合管
5	塑料管	聚乙烯（PE） 聚丙烯（PP） 氯乙烯（PVC） 硬聚氯乙烯（UPVC） 氯化聚氯乙烯（CPVC） 聚四氟乙烯（PTFE） 高密度聚乙烯（HDPE） 纤维增强聚丙烯（FRPP） 玻璃纤维增强复合塑料（GFRP）

化学管道根据输送介质的不同进行分类，如清水管、除盐水管、凝结水水管、海水管等，各类管道材料的选择见第十五章第三节。

二、管道系统的设计

（一）主要设计原则

（1）管道应根据输送流体的压力、温度和特性，结合环境、荷载和安装条件等因素设计，做到选材正确、布置合理、减少流体阻力、便于支吊、整齐美观、扩建方便，并应避免共振和降低噪声。

（2）管道组成件的设计压力，不应低于运行中可能出现的最高持续压力。

（3）用于输送流体的阀门类型、结构及其部件材质，应根据安装运行要求、流体特性、设计温度及压力等因素确定。

（4）输送易燃、易爆介质的管道、阀门与设备之间宜采用法兰或螺纹连接，不应直接焊接。

（5）对供水安全性要求高的母管制系统，宜采用双母管或设置带隔离阀的环状管网。

（6）当水泵的布置高于水池最低水位时，每台泵应有单独的吸水管。

（二）管径计算

管径应根据流体的性质、流速、运行中可能出现的最大流量和允许的最大压力损失等因素计算确定。

（1）管径计算公式：

1）水管道管径应根据推荐的介质流速按式（14-1）或式（14-2）进行计算

$$D_i = 594.7\sqrt{\frac{q_m v}{\omega}} \qquad (14\text{-}1)$$

$$D_i = 18.81\sqrt{\frac{q_V}{\omega}} \qquad (14\text{-}2)$$

式中　D_i ——管道内径，mm；

　　　q_m ——介质质量流量，t/h；

　　　v ——介质比容，m³/kg；

　　　ω ——介质流速，m/s；

q_V ——介质容积流量，m^3/h。

2）气体管道管径应按式（14-2）计算，其中 Q 按式（14-3）计算

$$q_V = \frac{q_{Vs}(273+t)p_a}{(273+20)p_g} \qquad (14-3)$$

式中　q_V ——工作状态下介质容积流量，m^3/h；

　　　　q_{Vs} ——基准容积流量（在绝对压力101.3kPa，温度20℃状态下），m^3/h；

　　　　p_g ——工作压力，kPa；

　　　　p_a ——大气压力，取 101.3，kPa；

　　　　t ——工作温度，℃。

（2）管道介质流速。

1）水及水溶液管道介质流速应按表14-2选取。

表 14-2　　推荐的管道介质流速

介质类别	管道名称	推荐流速（m/s）
凝结水	凝结水精处理系统主管道	2.0～3.5
生水、化学水、工业水、其他水管道、药品溶液	离心泵入口管道 离心泵出口管道及其他压力管道 自流、溢流等无压排水管道	0.5～1.5 1.5～3.0 <1.0
酸、碱溶液	喷射器后酸、碱再生管道	<1.5

注　摘自 DL/T 5054—2016《火力发电厂汽水管道设计规范》。

2）压缩空气管道的介质流速应根据工作压力、管道允许压力降和工作场所确定，其推荐流速可按表14-3选取。

表 14-3　　推荐的压缩空气管道介质流速

介质工作场所	管道名称	推荐流速（m/s）
车间	热工控制用压缩空气管道	10～15
	检修用压缩空气管道	8～15
厂区	热工控制用压缩空气管道	10～12
	检修用压缩空气管道	8～10

注　摘自 GB 50764—2012《电力动力管道设计规范》。

3）氢气管道的介质流速应根据工作压力、管道允许压力降和工作场所确定，其推荐流速可按表14-4选取。

表 14-4　　推荐的氢气管道介质流速

设计压力（MPa）	不锈钢钢管流速（m/s）
>3.0	≤10
0.1<P<3.0	≤25

注　摘自 GB 50177—2005《氢气站设计规范》。

4）氧气管道的介质流速应根据工作压力、管道允许压力降和工作场所确定，其推荐流速可按表14-5选取。

表 14-5　　推荐的氧气管道介质流速

设计压力（MPa）	管材	最高允许流速（m/s）
≤0.1	—	按管道系统允许压力降确定
>0.1，且≤1.0	不锈钢	30
>1.0，且≤3.0	不锈钢	25
>3.0，且≤10.0	不锈钢	4.5
>10.0，且≤20.0	不锈钢	4.5
	铜基合金	6

注　摘自 GB 50030—2013《氧气站设计规范》。

5）液氨及氨气管道设计流速可按表14-6选取。

表 14-6　推荐的液氨及氨气管道介质流速

表压（MPa）	液氨管道流速（m/s）	氨气管道流速（m/s）
真空	0.05～0.3	15～25
P<0.3	—	8～15
P≤0.6	0.3～0.8	10～20
P≤2.0	0.8～1.5	3～8

注　摘自 HG/T 20570.6—1995《管径选择》。

6）输送尿素溶液的管道流速，当管道的公称直径小于 DN50 时，流速不宜大于 0.5m/s；当管道的公称直径大于 DN50 时，管道内尿素溶液流速不宜大于 1m/s。

7）石灰乳管内流速不宜小于 2.5m/s。

8）压力输送泥浆管道设计流速宜为 2.0～2.4m/s。

（三）管道系统压力损失

管道系统的压力损失参考 DL/T 5054—2016《火力发电厂汽水管道设计规范》第 7 章相关内容。

（四）易燃或可燃介质管道设计

（1）对于易燃或可燃的气体管道应避免在爆炸上下限之间的浓度输送，当必须输送浓度在爆炸上下限之间的介质时，管道的设计压力应大于爆炸压力。

（2）为防止静电积累，易燃或可燃介质管道应设计完善的静电接地系统。

（3）管道的疏水、放水和放气点的设置应符合下列要求。

1）易燃或可燃介质管道的疏水、放水及放气系统应采取可靠的措施防止泄漏。疏水系统的每一个

疏水管道上应设置止回阀。在严寒地区还应采取防冻措施。

2）埋地管道的疏水收集器应布置在冻土层以下，其放水管道应有可靠的防冻措施。

（4）管道的安全排放系统应符合下列要求。

1）管道应设置安全排放系统，排放口不得设置在室内。管道排气放散管及安全阀排放宜单独设置，也可接至同压力等级的放散竖管排向大气，排放系统的设计参数应按照输送介质的有关规范计算后确定。

2）易燃气体管道的排放管宜竖直布置，管口应装设阻火器，不宜在排放口设置弯管或弯头。

3）在寒冷地区的排放管道应有防冻、防堵塞的措施。

4）排放管道出口不应直对其他管道、设备、建筑物以及可能有人到达的场所。排出口高于屋面或平台的高度应符合相关标准规定。

（5）管道应设置清扫系统、检修置换系统。

（6）严寒地区的易燃或可燃液体管道应根据介质特性设置管道伴热系统。伴热系统宜采用电伴热或热水伴热。

（7）氢气系统管道设计应符合以下要求。

1）氢气管道材质应选用无缝不锈钢管。

2）氢气管道应采用焊接连接，氢气管道与设备、阀门的连接可采用法兰或锥管螺纹连接；螺纹连接处应采用聚四氟乙烯薄膜作为填料。

3）管道和附件应选用符合国家标准规格的产品，并应适合氢气工作压力、温度的要求。

4）管道上应设放空管、取样口和吹扫口，其位置应能满足管道内气体吹扫、置换的要求。

5）氢气储罐的放空阀、安全阀和管道系统均应设放空管。氢气放空管应设阻火器。

6）氢气放空管应采用金属材料，不准使用塑料管或橡皮管。

7）室内氢气放空管的出口，应高出屋顶 2m 以上。室外设备的氢气放空管应高于附近有人操作的最高设备 2m 以上。

8）氢气放空管应采取静电接地，并在避雷保护范围之内。

9）放空管应有防止雨雪侵入和外来异物堵塞的措施。

（8）液氨及氨气系统管道设计应符合以下要求。

1）氨管道应注意严密性，防止氨气外泄，其材质可选用碳钢、不锈钢等金属材质，但不得采用铜质材料。

2）与氨储罐连接的管道应采用柔性连接方式，并应满足抗震和防止储罐沉降的要求。

3）氨储罐所有接口管道应设置双阀，其中一个

中切断阀应紧贴储罐，且为手动阀。

4）为防止静电，氨输送管道应设置接地系统。

（五）有毒气体或液体管道设计

（1）管道的连接应采用焊接或焊接带颈法兰连接。当必须采用螺纹连接时，应根据介质特性及运行条件采用可靠的密封材料及密封措施。

（2）管道的支管连接应采用成型件。

（3）在工艺管道上引出的仪表管道，应在靠近工艺管道处设置一只便于操作的隔离阀门。

（4）所有的排放介质严禁设置对空排放管道，应进行妥善的回收并接入无害化处理系统。

（5）管道应设置置换系统。

（6）液氯及氯气系统管道设计应符合以下要求。

1）氯气系统管道应完好，连接紧密，无泄漏。

2）氯气总管中含氢应小于等于 0.4%。

3）用氯设备和氯气管道的法兰垫片应选用耐氯垫片。

4）应采用经过退火处理的紫铜管连接钢瓶。紫铜管应经耐压试验合格。氯气管道应采用无缝钢管或紫铜管，氯水输送管道应采用耐腐蚀管道。

5）液氯钢瓶出口端应设置针型阀调节氯流量，不允许使用瓶阀直接调节。

6）大储量液氯储罐液氯出口管道应装设柔性连接或者弹簧支吊架，防止因基础下沉引起的安装应力。

（六）腐蚀性介质管道设计

（1）管道材料必须根据其介质特性选用。

（2）腐蚀性介质管道应采用严密型阀门，阀门本体的密封应有可靠的防泄漏措施。

（3）管道宜布置在所有管道的下层。

（4）所有的排放介质应进行妥善的回收并接入无害化处理系统。

（5）管道不宜布置在经常有人通行处的上方，必须架空敷设时，法兰、接头处采取防护措施。

（6）浓硫酸、浓碱液输送管道应有防止低温凝固的设施。

（七）其他介质管道设计

（1）树脂输送管道的设计应符合以下要求：

1）管道长度不宜大于 200m，管道弯头弯曲半径应至少为 3 倍管径。

2）管道布置应避免死角，并设有水冲洗设施。

（2）热力系统水汽取样管道设计应符合以下要求：

1）所有取样管道应采用不锈钢材质。

2）高温样水管道应有防烫、防冻措施。

（3）热力系统化学加药管道及配药用水管道应采用不锈钢材质。

（4）加药管道上应设置隔离阀和止回阀。

（5）氧气管道设计应符合以下要求：

氧气管道应采用无缝钢管；设计压力不大于 10MPa 时采用不锈钢管，设计压力大于等于 10MPa 时采用紫铜或铜基合金管。

（6）石灰管道设计应符合以下要求：

1）石灰乳输送管可采用碳钢管道、PE 管道或其他耐磨管道，条件允许时，宜采用透明耐磨管道。

2）石灰系统的自流管坡度不宜小于 5%；石灰系统管道的布置应便于拆卸、清洗，尽量减少弯头、死区、U 形弯等，管道的弯头、三通和穿墙处应设法兰，水平直管宜加法兰分段，每段不大于 3m，必要时，在拐弯处以三通代替弯头。

三、压力管道设计相关规定及要求

（一）压力管道的定义

按国家质检总局《特种设备目录》（2014 年第 114 号文）规定：压力管道，是指利用一定的压力，用于输送气体或者液体的管状设备，其范围规定为最高工作压力大于等于 0.1MPa（表压），介质为气体、液化气体、蒸汽或者可燃、易爆、有毒、有腐蚀性、最高工作温度高于或者等于标准沸点的液体，且公称直径大于或者等于 50mm 的管道。公称直径小于 150mm，且其最高工作压力小于 1.6MPa（表压）的输送无毒、不可燃、无腐蚀性气体的管道和设备本体所属管道除外。其中，石油天然气管道的安全监督管理还应按照《安全生产法》《石油天然气管道保护法》等法律法规实施。

（二）化学专业压力管道的分类

电厂化学专业涉及的压力管道主要包括有毒、可燃、腐蚀性介质管道及压缩空气管道，按照国家质检总局 2008 年颁布实施的 TSGR1001—2008《压力容器压力管道设计许可规则》中对压力管道的类别、级别划分，均属于 GC 类（工业管道），涉及的级别主要为 GC1（1）、GC1（2）、GC2 和 GC3。

（1）GC1（1）类管道介质是有毒介质，是根据 GB 5044—1985《职业性接触毒物危害程度分级》标准，划分为有毒性程度为极度危害介质、高度危害气体介质和工作温度高于标准沸点的高度危害液体介质的管道。

（2）GC1（2）管道介质是易燃易爆介质，并且设计压力大于等于 4.0MPa 的，是在 GB 50160—2008《石油化工企业设计防火规范》和 GB 50016—2014《建筑设计防火规范》标准中规定为火灾危险性为甲、乙类可燃气体或甲类可燃液体的介质。

（3）GC2 类管道介质是介质毒性危害程度、火灾危险性（可燃性）的介质，并且设计压力、设计温度小于 GC1 级的管道。

（4）GC3 类管道介质为无毒、非可燃流体介质，并且设计压力小于等于 1.0MPa，设计温度大于−20℃小于 185℃的管道。

主要涉及的 GC 类（工业管道）压力管道分级及管道举例见表 14-7。

表 14-7　　　　　　　　　　　　　GC 类（工业管道）压力管道分级

GC 类（工业管道）分级		介质性质	设计压力（MPa）	设计温度（℃）	相关管道举例
GC1	（1）	GB 5044 中规定的极度危害、高度危害气体介质和工作温度高于标准沸点的高度危害液体介质			液氯、氯气
	（2）	GB 50160 及 GB 50016 中火灾危险性为甲、乙类可燃气体或甲类可燃液体	≥4.0		高压氢气（供氢系统）
	（3）	流体	≥10.0		
			≥4.0	≥400	
GC2		除 GC3 以外，介质毒性危害程度、火灾危险性（可燃性）、设计压力、设计温度小于 GC1 级管道			氢气（制氢系统）、氨气（脱氨用）、酸、碱
GC3		输送无毒、非可燃流体介质	≤1.0	>−20 ≤185	压缩空气（公称直径小于 150mm，且其最高工作压力小于 1.6MPa 的除外）

注　GB 5044—1985《职业性接触毒物危害程度分级》已于 2017 年 3 月废止。GBZ 230—2010《职业性接触毒物危害程度分级》是在 GB 5044—1985 的基础上首次修订。根据 GBZ 230—2010 修订的 HG/T 20660—2017《压力容器中化学介质毒性危险和危害程度分类标准》规定，硫酸为极度危害介质，如果按此进行判定，硫酸管道应可判为 GC1（1）类压力管道。最终分类应以国家质检总局或相关部门的规定为准。

第二节 管道布置及敷设

一、主要设计原则

（1）管道布置应满足工艺流程、安全生产、经济运行和环境保护的要求。

（2）管道布置应满足总体布置、安装、运行及维修的要求，不应妨碍设备、机泵及其内部结构的安装、检修起吊和消防车辆的通行，也不应挡门、窗。

（3）管道布置应合理规划，做到整齐有序，可能条件下的美观。

（4）厂房内管道的布置应结合设备布置及建筑结构情况进行，充分利用建筑结构设置管道的支吊装置。

（5）应在管道规划的同时考虑其支撑点设置；管道系统应有正确和可靠的支撑，不应发生管道与其支撑件脱离、管道扭曲、下垂或立管不垂直的现象。

（6）输送液体介质的管道不应布置在动力盘、控制柜的上方。

（7）管道埋地敷设时，埋地敷设深度应根据地面荷载、土壤冻结深度等条件确定。

（8）管道多层敷设时，气体管道等宜布置在上层，腐蚀性介质管道宜布置在下层；架空敷设的易燃、易爆气体管道宜布置在外侧。

（9）管道不应穿越运行控制室、电子设备间、变配电室等房间。

（10）管道宜架空或地上布置，如确有必要可埋地布置或敷设在管沟内。

（11）管道阀门、流量测量装置等的布置应便于操作、维护和检测。

二、管道和管道附件布置的一般要求

1. 管道布置的净空高度及间距要求

（1）当管道横跨人行通道上空时，管子外表面或保温表面与通道地面（或楼面）之间的净空距离，不应小于 2500mm。当通道需要运送设备时，其净空距离必须满足设备运送的要求。通道宽度不应小于0.8m。

（2）当管道横跨扶梯上空时，按图14-1，管子外表面或保温表面至管道正下方踏步的距离 H 不应小于2200mm，至扶梯倾斜面的垂直距离 h，应根据扶梯倾斜角 θ 的不同，分别不小于表14-8所列数值。

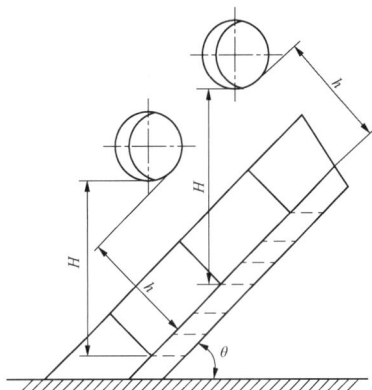

图 14-1 管道横跨扶梯时的净空要求

（3）当管道在直爬梯的前方横越时，管子外表面或保温表面与直爬梯垂直面之间净空距离，不应小于750mm。

（4）布置在地面（或楼面、平台）上的管道与地面之间的净空距离，应符合下列要求：

1）不保温的管道，管子外壁与地面的净空距离，不小于350mm。

2）保温的管道，保温表面与地面的净空距离，除特殊要求外不小于300mm。

3）管子靠地面侧没有焊接要求时，上述净空距离可适当减小。

（5）管道与墙、梁、柱及设备之间的净空距离，宜符合下列要求：

1）不保温的管道：管子外壁与墙之间的净空距离不小于200mm。

2）保温的管道：保温表面与墙之间的净空距离不小于150mm。

3）管道与梁、柱、设备之间的局部距离，可按管道与墙之间的净空距离减少50mm。

（6）对于平行布置的管道，两根管道之间的净空距离，应符合下列要求：

1）不保温的管道，两管外壁之间的净空距离，不小于200mm。

2）保温的管道，两管保温表面之间的净空距离，不小于150mm。

（7）多层管廊的层间距离应满足管道安装要求。

2. 管道布置要求

（1）与水泵连接管道的布置应符合下列要求：

1）管道应有足够的柔性，以减少管道作用在泵接口处的应力和力矩。

2）大型储罐至水泵管道的布置，应能适应储罐基础与水泵基础沉降的差别。

3）入口管道的布置应满足泵净正吸入压头（汽蚀余量）的要求。

表 14-8 管子或管子保温层表面至扶梯倾斜面的垂直距离表

θ	45°	50°	55°	60°	65°
h（mm）	1800	1700	1600	1500	1400

（2）水平管道的安装坡度（i 值），应符合下列要求：

1）水管道的 $i \geqslant 0.002$。

2）排污管道的 $i \geqslant 0.003$。

3）自流管道的坡度应按照式（14-4）计算

$$i \geqslant 1000 \frac{\lambda}{D_i} \frac{\omega_m^2}{2g} \tag{14-4}$$

式中　λ——管道摩擦系数；

　　　D_i——管子内径，mm；

　　　ω_m——管道平均流速，m/s。

（3）以下区域的管道布置不应妨碍设备的维护及检修：

1）需要进行设备维护的区域。

2）设备检修起吊需要的区域，包括整个起吊高度及需要移动的空间。

3）设备内部组件（例如，换热设备、水泵、反渗透装置等）的抽出及设备法兰拆卸需要的区域。

4）设备吊装孔区域。

（4）在水平管道交叉较多的地区，宜按管道的走向划定纵横走向的标高范围，将管道分层布置。

（5）沿墙布置的管道，不应妨碍门窗的启闭。

（6）管道穿过安全隔离墙时应加套管。在套管内的管段不得有焊缝，管子与套管间的间隙应用阻燃的软质材料封堵严密。

3. 管道组合件布置要求

（1）两个成型管件相连接时，宜装设一段直管，其长度可按下列要求选用。

1）对于 DN<150 的管道，不小于 150mm。

2）对于 $500 \geqslant DN \geqslant 150$ 的管道，不小于 200mm。

3）对于 DN>500 的管道，不小于 500mm。

4）当直管段内有支吊架或疏水管接头时，还应根据需要适当加长。

（2）在三通附近装设异径管时，对于汇流三通，异径管应布置在汇流前的管道上；对于分流三通，异径管应布置在分流后的管道上。

（3）水泵入口水平管道上的偏心异径管，当泵入口管道由下向上水平接入泵时，应采用偏心向下布置；当泵入口管道由上向下水平接入泵时，应采用偏心向上布置。

4. 管道疏水、放水和放气点的设置要求

（1）所有可能积水而又需要及时疏出的低位点。

（2）管道上无低位点，但管道展开长度超过 100m 处。

（3）管道的放水应设在管道可能积水的低位点处。

（4）水管道可能积存空气的最高位点应装设放气装置。

5. 安全阀排放管道的布置要求

（1）安全阀排放管道的设置可采用以下两种方式：

1）开式排放。流体排放到不与安全阀相接的排空管，之后排放到大气，如图 14-2（a）所示。

2）闭式排放。通过直接与安全阀连接的排放管把流体排放到大气，如图 14-2（b）所示。

化学设计通常采用闭式排放。

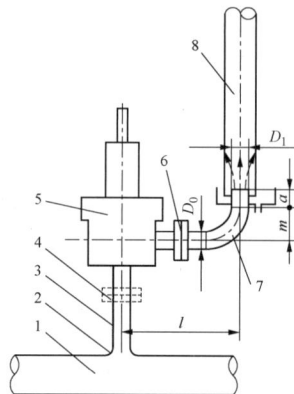

（a）

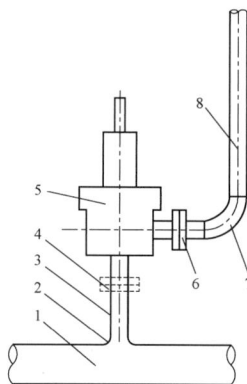

（b）

图 14-2　安全阀装置

（a）开式排放；（b）闭式排放

1—主管；2—分支接头；3—入口管；4—进口法兰；5—安全阀；
6—出口法兰；7—安全阀出口弯头；8—排空管

（2）排放管的设置及布置应符合以下要求：

1）排放管（排空管）应短而直，减少管线方向的变换次数，不宜采用小弯曲半径的弯头。

2）安全阀排放管的布置不应影响安全阀的排放能力。

3）安全阀的排放管（排空管）宜引至厂房外（水管道安全阀除外），排出口不应对着其他管道、设备、建筑物以及可能有人到达的场所。排出口应高于屋面（平台）2200mm。

4）每个安全阀宜使用单独排放管。若多个安全阀使用一个排放管，则排放管截面积不应小于所有阀阀出口截面总和。

5）安全阀的排放管（排空管）应合理设置支吊架装置以承受其排放反力及其他荷载。

6）安全阀出口与第一只出口弯头之间无支架时，两者之间宜直接连接，如有直管段时应尽可能短。若安全阀的接管承受弯矩，必要时需核算安全阀接口处强度。

7）当采用图 14-2（a）所示的开式系统，且阀门和阀管上无支架时，角式安全阀出口弯头的出口端 a 段应留有一段不小于一倍管道内径的直段。

6. 地沟内管道布置要求

（1）如果管道布置在地沟内应符合以下规定：

1）管道布置应方便检修及更换管道组成件。

2）宜采用单层布置。当采用多层布置时，可将管径小、压力高、有阀门或法兰连接的管道布置在上面。

（2）地沟内布置的管道，各种净空如图 14-3 所示，并应符合下列要求：

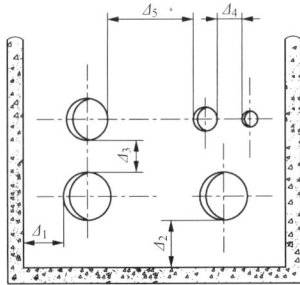

图 14-3　沟内管道布置尺寸

1）不保温的管道：管子外壁至沟壁的净空距离 $\Delta_1 = 100 \sim 150\text{mm}$；管子外壁至沟底的净空距离 $\Delta_2 \geq 200\text{mm}$；相邻两管外壁之间的净空距离，垂直方向 $\Delta_3 \geq 150\text{mm}$，水平方向 $\Delta_4 \geq 100\text{mm}$。

2）保温的管道，在考虑冷、热位移条件下，除保证上述净空距离外，且保温后的净空距离不小于 50mm。

3）多层布置时，上层管道应有一个不小于 400mm 的水平间距 Δ_5。

7. 埋地管道布置要求

（1）温度小于等于 150℃、压力小于等于 2.35MPa 的水管道或无压排水管在必要时可埋地布置。

（2）埋地管道应采取防腐处理。

（3）埋地管道不应穿越设备基础。

（4）直埋管道的最小覆土深度应考虑土壤和地面活载荷对管道强度的影响，并保证管道不发生纵向失稳，其最小覆土深度应符合表 14-9 的规定。

表 14-9　　直埋管道最小覆土深度

管径（mm）	50～100	125～200	250～450	500～700
车行道下（m）	0.8	1.0	1.2	1.3
非车行道下（m）	0.7	0.7	0.9	1.0

（5）大直径薄壁管道深埋时，应满足在土壤压力下的稳定性及刚度要求。

（6）厂房外埋地管道应结合冻土层深度、地下水位和管子自身刚度综合考虑；管道埋深应在冰冻线以下，当无法实现时，应有可靠的防冻保护措施。

（7）埋地布置管道的阀门或法兰处应设检修井，按图 14-4 检修井的布置尺寸应符合下列要求：

1）开启后阀杆净空距离 Δ_1 不宜小于 100mm。

2）阀门与沟壁检修净空距离 Δ_2 宜为 400～500mm。

3）阀门与沟壁检修净空距离 Δ_3 宜为 200mm。

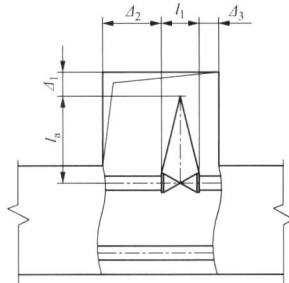

图 14-4　检修井内阀门布置尺寸

l_1—阀门长度；l_a—阀门中心线至开启后门杆或手轮顶端的长度

（8）寒冷地区埋地敷设的水管道引出地面时，管道应根据工艺要求，在水管道上设置切断阀、防冻排水阀和防冻长流水阀等，类型如图 14-5 所示。

1）在寒冷地区，可采用Ⅰ型或Ⅲ型防冻形式。

2）对于最冷月平均气温等于或低于 0℃地区的水管道可采用Ⅱ型防冻形式。

3）寒冷地区架空敷设的水管道应避免产生死区和袋状管段。否则，袋状管段的低点应设置放净；死区管段或设备间断操作的管道，应采取保温、伴热等措施。

三、特殊管道布置要求

氢气管道、氨气管道、酸碱等腐蚀性介质管道、氧气管道、压缩空气管道和取样管道等的敷设除应符合管道和管道附件布置的一般要求外，还应满足以下要求。

1. 氢气管道的布置

氢气管道的布置要求见本书第九章第二节内容。

2. 氨气管道的布置

（1）氨气管道不得穿越或跨越与其无关的建（构）筑物、生产工艺装置或设施；凡与储氨区无关的管道均不得穿越或跨越氨区。

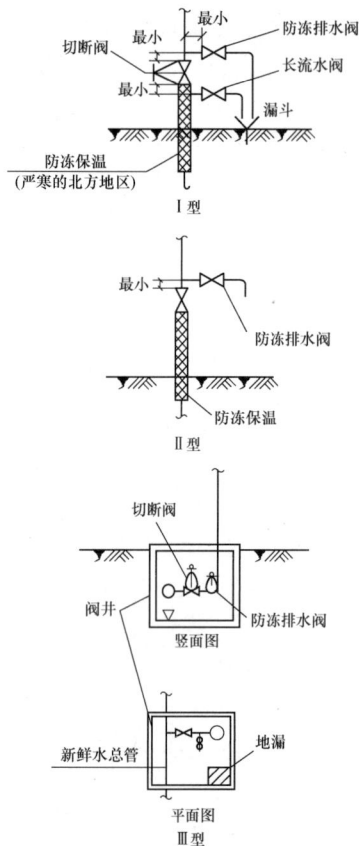

图 14-5　防冻类型

（2）氨气管道宜架空或沿地敷设。

1）采用管墩敷设时，墩顶高出设计地面不宜小于 300mm。

2）必须采用管沟敷设时，应采取防止氨气在管沟内积聚的措施，并在进、出装置及厂房处密封隔断。

3）氨气管道不应和电力电缆、热力管道敷设在同一管沟内。

4）氨气管埋地敷设时，氨气管道应埋设在土壤冰冻线以下。穿越厂内铁路和道路处，其交角不宜小于 60°，并应采取管涵、管套或其他防护措施。套管应符合下述要求：

套管的端部伸出路基边坡不应小于 2.0m，道路边缘（城市型道路路缘石，公路型道路路肩）不应小于 1.0m。路边有排水沟时，伸出排水沟边不应小于 1.0m。套管顶距铁路轨底不应小于 1.2m，位于机动车道（以正常行驶速度通过的道路）下时，不得小于 0.9m；位于非机动车车道（含人行道，机动车缓行进入或停放的，可视为非机动车道）下时，不得小于 0.6m。

（3）氨气管道跨越电气化铁路时，轨面以上的净空高度不应小于 6.6m；跨越非电气化铁路时，轨面以上的净空高度不应小于 5.5m。

（4）氨气管道跨越消防道路时，路面以上的净空

高度不应小于 5.0m。

（5）氨气管道跨越车行道路时，路面以上的净空高度不应小于 4.5m。

（6）氨气管架立柱边缘距铁路中心线不应小于 3.75m，距道路边缘不应小于 1.0m。在跨越铁路或道路时，氨气管道上不应设置阀门及易发生泄漏的管道附件。

（7）氨气管道在综合管架上敷设时，不应靠近蒸汽等热管道布置，也不应布置在热管道的正上方。布置在综合管架上的氨气管道与其他管道之间的最小净距应符合表 14-10 的要求。当管道采用焊接连接结构并无阀门时，氨气管与氧气管间平行净距可取 0.25m。

表 14-10　架空氨气管道与其他架空
管线之间的最小净距

名　称	平行净距（m）	交叉净距（m）
给水管、排水管	0.25	0.25
热力管（蒸汽压力不超过 1.3MPa）	0.25	0.25
不燃气体管	0.25	0.25
燃气管、燃油管和氧气管	0.50	0.25
滑触线	3.00	0.50
裸导线	2.00	0.50
绝缘导线和电气线路	1.00	0.50
穿有导线的电线管	1.00	0.25
插接式母线，悬挂干线	3.00	1.00

（8）防火堤和隔堤不宜作为管道的支撑点。管道穿越防火堤和隔堤处宜设钢制套管，套管长度不应小于防火堤和隔堤的厚度，套管两端应做防渗漏的密封处理。

3. 氯气、液氯、联氨等有毒介质管道的布置

（1）管道宜架空敷设，且宜布置在管架的上层，对有腐蚀性的有毒介质管道应布置在管架的下层。

（2）管道不应埋地敷设。

4. 酸、碱等腐蚀性介质管道的布置

（1）管道宜架空或沟内敷设，不应埋地敷设。架空敷设时管道宜布置在所有管道的下层。

（2）管道不宜布置在经常有人通行处的上方，也不宜布置在转动设备的上方，必须架空敷设时，法兰、接头处应设保护罩或挡板遮护。

5. 氧气管道的布置

（1）氧气管道宜架空敷设，并敷设在不燃烧材料组成的支架上。

（2）氧气管道每隔 80～100m 处及进出厂房处应设置静电接地。

（3）氧气管道的弯头或三通不应与阀门的出口直接连接，阀门出口侧宜有长度不小于 5 倍管子外径且不小于 1.5m 的直管段。

（4）氧气管道不应使用异径法兰。

6. 压缩空气管道

压缩空气管道顺气流方向时，管道坡度不应小于0.003，逆气流方向时，管道坡度不应小于0.005。

7. 取样管道的布置

（1）取样口的布置应使采集的样品具有代表性，不应布置在管道的死区。

（2）取样阀应布置在便于操作的地方，设备或管道与取样阀之间的管段长度应最短。

（3）样品出口管端与漏斗、地面或平台之间应有安放取样器皿的空间。

（4）取样口不得设在有振动的设备或管道上，否则应采取减振措施。

（5）气体管道上取样口的布置应符合下列要求。

1）水平管道上的取样口应设在管道的顶部。

2）在垂直管道上，单介质自下而上流动时取样口应设置管道的侧面向上倾斜 45°，当介质自上而下流动时取样口应设在管道的侧面。

3）含有固体介质的气体管道上的取样口应设置垂直管道上，并将取样管伸入管道的中心。

（6）液体管道上取样口的布置宜符合下列要求。

1）压力输送的水平管道上的取样口宜设在管道的顶部或侧面；含有固体介质的液体管道的取样口应设在管

道的侧面；直流水平管道上的取样口宜设在管道的底部。

2）垂直管道上的取样口宜设在介质自下而上流动管道的侧面；介质自上而下流动时，除能保证液体充满取样管外，不宜设置取样点。

（7）可燃液体和可燃气体的取样管道不得引入化验室。

四、管道上仪表或测量元件的布置

（一）一般要求

（1）管道上的仪表或测量元件的布置应符合 P&ID 图的要求。

（2）管道上的仪表或测量元件的布置应便于安装、观察和维修，必要时应设置专用的操作平台或梯子。

（3）对于钢衬塑（胶）等防腐管道，设计时应留用仪表或测量元件的位置，必要时应设计取样环等附件。

（二）流量测量仪表的布置要求

（1）流量测量装置前后应有一定长度的直管段，直管段长度必须满足仪表专业或制造厂的要求。流量测量装置前后允许的最小直管段长度内，不宜装设疏水管或其他接管座。

（2）孔板流量计可安装在水平或垂直管道上。流量计安装在垂直管道上时，液体流向宜由下而上。孔板流量计前后直管段长度可按表 14-11 查取。

表 14-11　　　　　流量测量装置前后侧的最小直管段长度

d/D_i	流量测量装置前侧局部阻力件形式和最小直管段长度 L_1						流量测量装置后最小直管段长度 L_2（左面所有的局部阻力件形式）
	一个 90° 弯头或只有一个支管流动的三通	在同一平面内有多个 90° 弯头	空间弯头（在不同平面内有多个 90° 弯头）	异径管（大变小，$2D_i \rightarrow D_i$ 长度大于 $3D_i$；小变大 $\frac{1}{2}D_i \rightarrow D_i$，长度大于等于 $1\frac{1}{2}D_i$）	全开截止阀	全开闸阀	
1	2	3	4	5	6	7	8
0.20	10（6）	14（7）	34（17）	16（8）	18（9）	12（6）	4（2）
0.25	10（6）	14（7）	34（17）	16（8）	18（9）	12（6）	4（2）
0.30	10（6）	14（7）	34（17）	16（8）	18（9）	12（6）	5（2.5）
0.35	10（6）	14（7）	36（18）	16（8）	18（9）	12（6）	5（2.5）
0.40	14（7）	18（9）	36（18）	16（8）	20（10）	12（6）	6（3）
0.45	14（7）	18（9）	38（19）	18（9）	20（10）	12（6）	6（3）
0.50	14（7）	20（10）	40（20）	20（10）	22（11）	12（6）	6（3）
0.55	16（8）	22（11）	44（22）	20（10）	24（12）	14（7）	6（3）
0.60	18（9）	26（13）	48（24）	22（11）	26（13）	14（7）	7（3.5）
0.65	22（11）	32（16）	54（27）	24（12）	28（14）	16（8）	7（3.5）
0.70	28（14）	36（18）	62（31）	26（13）	32（16）	20（10）	7（3.5）
0.75	36（18）	42（21）	70（35）	28（14）	36（18）	24（12）	8（4）
0.80	46（23）	50（25）	80（40）	30（15）	44（22）	30（15）	8（4）

注　1. 本表所列数字为管子内径 D_i 的倍数。
　　2. 本表括号外的数字为"附加极限相对误差为零"的数值；括号内的数字为"附加极限相对误差为 ±0.5%"的数值。
　　3. 表中 d —喷嘴或孔板孔径；D_i —管子内径。

（3）电磁流量计可安装在水平或垂直管道上，但测量固、液两相流体宜垂直安装，介质流向应由下而上。流量计的上游侧应有不小于 5 倍管子内径的直管段，下游侧应有小于 3 倍管子内径的直管段。

（4）转子流量计应垂直安装，介质流向应由下而上，安装时要保证流量计的上游侧有不小于 5 倍管子内径的直管段，且不小于 300mm。

（5）对于插入式流量计，在流量计拔出的方向上应有安装和拆卸空间。

（三）压力测量仪表的布置要求

（1）为了准确地测量静压，压力表取压点应设在直管段上，并设切断阀，不宜设在管道弯曲或流速呈漩涡状处。

（2）对于水平或倾斜管道上，压力取压点不应设在管道的底部；对于垂直管道上，压力取压点可设在任何地方。

（3）泵出口的压力表应装在出口阀前并朝向操作侧。

（4）同一处测压点上压力表和压力变送器可合用一个取压口，但当同一处测压点上有 2 台或多台压力变送器时，应分别设置取压口及切断阀。

（5）现场指示压力表的安装高度宜为 1.2～1.8m，当超过 2.0m 时，应有平台或直梯。

（四）温度测量仪表的布置要求

（1）温度测量仪表应设在能灵敏、准确地反映介质温度的位置，不应安装在管道的死区位置。

（2）温度测量仪表应布置在容易接近的地方，在温度测量元件拔出的方向上应留有拆卸空间。

（3）温度测量仪表安装在弯头处时，弯头处管道的公称直径不应小于 80mm，且与管内流体流向成逆流接触。

（4）温度测量仪表可垂直安装或倾斜 45°安装，倾斜 45°安装时，应与管内流体流向成逆流接触。

（5）对于直径较小的管道，温度测量仪表应安装在扩大管径后的管道上，扩大的管道应符合下列要求：

1）工业水银温度计，公称直径不应小于 50mm。

2）热电偶、热电阻、双金属温度计，公称直径不应小于 100mm。

3）压力式温度计的扩管管径根据计算后的浸没长度决定。

4）扩大管径部分的长度不应小于 250mm。

（6）现场指示温度计的安装高度宜为 1.2～2.0m，高于 2.5m 时宜设直梯或活动平台，为了便于检修，距离平台最低不宜小于 300mm。

（五）液位测量仪表的布置要求

（1）液位测量仪表的布置应避开进入设备物流的冲击区域。

（2）液位测量仪表的观察面应朝向操作侧，周围应有检修空间。液位测量仪表不应妨碍人员通行，宜布置在平台一端，或加宽平台。

（3）玻璃管液面计和玻璃板液面计应直接安装在设备上。

（4）外浮筒液位计的表头上端距地面或平台不宜高于 1.8m，超过 2.0m 时，应设平台或梯子。

（5）内浮球液位计距平台或地面的高度宜为 1.0～1.5m。

（6）静压式液位测量仪表的布置宜符合以下要求：

1）单法兰式液位计的管口距罐底距离应大于 300mm，且处于易于维修的方位。

2）双法兰远传式差压液位计的安装高度不宜高于设备上的下取压法兰口。

3）差压变送器测液位的上下取压管口之间距离应大于所需测量范围。

第三节 管 道 支 吊 架

一、一般要求

（1）管道支吊架的设置和选型应根据管系设计对支吊架的功能要求和管系的总体布置综合分析确定。

（2）支吊架间距应使管道荷载合理分布，满足管道强度、刚度和防止振动等要求。

（3）支吊架必须支承在可靠的构筑物上，应便于施工，且不影响设备检修及其他管道的安装和扩建。

（4）支吊架零部件应有足够的强度和刚度，结构简单，应采用典型的支吊架标准产品，否则需对其强度和刚度进行计算。支吊架零部件应按其结构最不利的组合荷载进行选择和设计。

（5）对于吊点处有水平位移的吊架，吊杆配件的选择应使吊杆能自由摆动而不妨碍管道水平位移。

（6）室外管道吊架的拉杆，在穿过保温层处应采取防雨措施。

（7）不锈钢管道不应直接与碳钢管部焊接或接触，宜在不锈钢管道与管部之间设不锈钢垫板或非金属材料隔垫。

二、管道支吊架类型

电厂化学管道通常采用刚性支吊架，包括刚性吊架、滑动支架和固定支架。刚性支吊架的选择应满足下列要求：

（1）在需要控制管道振动、限制管道各方向位移或管道较长时，宜在适当位置设置固定支架；固定支架的水平力应考虑其他支架的摩擦力、承受管道的热胀冷缩作用力和弹性支吊架的转移荷载对水平力的影响。

（2）采用柔性补偿装置的管道，应设置固定支架和导向支架。

（3）滑动支架应允许管道水平方向自由位移，滚动支架应允许水平管道沿轴线方向自由位移，只承受垂直方向的各种荷载。

三、管道支吊架计算

（一）支吊架间距

（1）水平管道支吊架间距的确定，应保证管道不产生过大的挠度和应力。垂直管道也应控制间距，防止管道由于各种荷载组合作用而产生过应力。

（2）水平直管道支吊架间距应按管道强度条件及刚度条件来确定。

1）由强度条件确定的支吊架间距应按式（14-5）计算

$$L = \frac{\sqrt{P^2 + 8qW\sigma_{max}} - P}{q} \quad (14-5)$$

式中　σ_{max} ——水平直管最大弯曲应力，σ_{max}
　　　　　　 $\leq 16.00MPa$，MPa；

　　　 q ——管道单位长度自重，N/m；

　　　 L ——支吊架间距，m；

　　　 P ——跨中集中荷载，N；

　　　 W ——管子截面系数，cm³。

2）由刚度条件确定的支吊架间距应按式（14-6）计算

$$\delta_{max} = \frac{L^3}{E_t I}\left(\frac{5}{384}qL + \frac{1}{48}P\right) \times 10^5 \quad (14-6)$$

式中　δ_{max} ——最大弯曲挠度，钢管道的弯曲挠度不宜大于 2.5mm，mm；

　　　 E_t ——管子材料在设计温度下的弹性模量，MPa；

　　　 I ——管子截面惯性矩，cm⁴。

（3）水平直管支吊架的允许间距应符合下列要求：

1）水平直管支吊架的允许间距，应按强度和刚度条件确定的间距最小值取值。

2）在水平管道方向改变处，两支吊点间的管子展开长度不应超过水平直管支吊架允许间距的 0.73，其中一个支吊点宜靠近弯管或弯头的起弯点。

（4）垂直管道支吊架的间距可大于水平直管支吊架的允许间距，但管壁应力在最不利荷载作用下不应超过允许值。为防止管道侧向振动，垂直管道宜设置适当数量的管道侧向约束装置。

（5）压力不大于 1.0MPa 的管道，水平管道支吊架间距应按式（14-5）或式（14-6）最小值选取。在无计算数据时，支吊架最大间距可参考表 14-12 的经验数据选取。

表 14-12　　　　　　　　推荐的管道支吊架最大间距表　　　　　　　　　　（m）

管道材质	公称直径（mm）																	
	15	20	25	32	40	50	65	80	100	125	150	200	250	300	350	400	450	500
钢骨架聚乙烯管						2.5	2.5	3	3	3.5	3.5	4.0	4.0	5.0	5.0	5.0	5.0	5.0
PP	0.3	0.35	0.4	0.5	0.6	0.7	0.8	1.2	1.3									
UPVC	0.6	0.65	0.7	0.8	0.9	1	1.1	1.2	1.2	1.3	1.5							
PE	0.55	0.6	0.75	0.85	1	1.15	1.3	1.45	1.6	1.7	1.95	2.2	2.35	2.5	2.65	2.8		
钢管	2.4	2.7	3.0	3.4	3.6	4.0	4.3	4.7	5.2	5.7	6.2	7.1	7.8	8.4	8.9	9.4	9.9	10.4
衬塑钢管			1.8	2	2.2	2.5	3	3.5	3.5	4	4.5	5						

（二）支吊架荷载

管道支吊架设计应考虑的荷载包括下列各项：

（1）管道组成件及保温层的重力。

（2）支吊架的重力。

（3）管道输送介质的重力。

（4）支吊架约束管道位移所产生的约束反力和力矩。

（5）管道位移时在活动支吊架上引起的摩擦力，摩擦系数 μ 可按表 14-13 取值。

表 14-13　　不同摩擦形式的摩擦系数

序号	摩擦形式	摩擦系数μ
1	钢与钢滑动摩擦	0.3
2	钢与聚四氟乙烯板	0.2
3	聚四氟乙烯之间	0.1
4	不锈钢（镜面）薄板之间	≤ 0.1
5	不锈钢（镜面）与聚四氟乙烯板间	0.05～0.07
6	吊架	0.1
7	钢表面的滚动摩擦	0.1

（6）室外管道受到的雪荷载。

（7）室外管道受到的风荷载。

（8）正常运行时，由于种种原因引起的管道振动力。

（9）管内流体动量瞬时突变（如汽锤、水锤、安全阀排汽反力）引起的瞬态作用力。

（10）流体排放产生的反力。

（11）地震引起的荷载，但不考虑地震荷载与风荷载同时出现的工况。

四、管道支吊架的布置

（1）管道支吊架应在管道的允许跨距内设置，并符合下列要求：

1）靠近设备。

2）设在集中荷载附近。

3）设在弯管和大直径三通式分支管附近。

4）宜利用建筑物、构筑物的梁、柱等设置支吊架的生根构件。

5）设在不妨碍管道与设备的连接和检修的部位。

（2）管道的支撑点在垂直方向无位移时，采用刚性支吊架。

（3）有隔热层的管道，在管架处应设管托。无隔热层的管道，如无要求，可不设管托。当隔热层厚度小于等于 80mm 时，宜选用高 100mm 的管托；隔热层厚度大于 80mm 时，宜选用高 150mm 的管托；隔热层厚度大于 130mm 时，宜选用高 200m 的管托。

（4）除下列情况外，应采用焊接型的管托和管吊：

1）关内介质温度等于或高于 400℃的碳素钢材质的管道。

2）需要进行焊后热处理的管道。

3）非金属管道。

4）合金钢或不锈钢材质的管道。

5）生产中需要经常拆卸检修的管道。

6）不易焊接施工的管道和不宜与管托、管吊直接焊接的管道。

（5）振动管道宜采用卡箍型支架，管道上不得支撑其他管道。

（6）除振动管道外，支架应利用建筑物、构筑物的梁柱作为生根点，且应考虑生根点所能承受的荷载，生根点的面积和形状应满足生根点构件的要求，必要时应减少跨距以降低生根点的荷载。

（7）生根于建筑物、构筑物上的支吊架，其生根点宜设在立柱或主梁等承重构架上。当在钢结构上生根时，生根部位应有最够的强度。

（8）支架生根件焊在钢制设备上时，应向设备厂家提出垫板的条件。

（9）直接与设备布置管口相连接或靠近设备管口

的公称直径等于或大于 150mm 的水平安装阀门应考虑支撑。

（10）阀门、法兰或活接头的附件宜设置支吊架；直接与设备管口相接或靠近设备管口的公称直径等于或大于 150mm 的水平安装阀门，应在阀门附件设置支架。

（11）沿直立设备布置的立管应设置承重支架和导向支架，立管导向支架间的最大间距应符合表 14-14 的规定；承重支架应设置在靠近设备管口处，以减少管口受力。

表 14-14　　立管支架间的最大间距

立管公称直径（mm）	≤50	80	100	150	200	250	300	350	400	500	600
最大间距（m）	5	7	8	9	10	11	12	13	15	15	16

（12）支吊架边缘与管道焊缝的间距不应小于 50mm，与需要热处理的管道焊缝的间距不小于焊缝宽度的 5 倍，且不应小于 100mm。

（13）当支吊架或管托需与合金钢、不锈钢管道直接焊接时，其连接构件的材质应与管道材质相同。

（14）泵进出口管道支吊架的布置应符合下列要求：

1）支吊架的位置应靠近泵进出口处，以防管道荷载作用于设备管口。

2）泵的水平吸入管段宜布置可调支架。

（15）管道固定点的位置应符合下列要求：

1）对于复杂管道可用固定点将其划分成几个形状较为简单的管段，如 L 形管段、门型管段、Z 形管段等。

2）固定点宜靠近需要限制分支管位移处。

3）固定点应设置在需要承受管道振动、冲击荷载或需要限制管道多方向位移处。

4）进出装置的工艺管道宜在装置分界处设固定点。

（16）安全泄压装置出口管道宜设刚性支架。

第四节　阀　门　选　择

一、常用阀门分类

阀门的选型在电厂化学管路设计中占有重要的地位，科学、合理地选择阀门既能保证生产安全运行，又能降低装置的建设费用。在设计中常用阀门的品种多、功能不同，为管路系统选择合适的阀门须了解常用阀门的特点、用途。

工程上阀门种类很多，由于流体的压力、温度和物理化学性能的不同，所以对流体系统的控制要求也不相同，按用途和作用可分为以下几大类。

（1）截断阀。截断或接通管道介质，如闸阀、截止阀、球阀、蝶阀、隔膜阀。

（2）止回阀。防止管道中的介质倒流。

（3）分配阀。改变介质的流向，分配、分离或混合介质的作用，如分配阀、疏水阀、三通球阀。

（4）调节阀。调节介质的压力和流量，如减压阀、调节阀、节流阀。

（5）安全阀。防止装置中介质压力超过规定值，提供超压安全保护作用。

其中闸阀、截止阀、止回阀、球阀、蝶阀、隔膜阀、安全阀、减压阀在电厂化学管路设计中应用最广泛。

阀门的分类和型号编制方法具体见 JB/T 308《阀门型号编制方法》。

二、电厂化学水处理系统常用阀门和特点

1. 闸阀

闸阀是设计中用得最多的一种类型，流体流经闸阀时不改变流向，当闸阀全开时阻力系数小，适用的口径围、压力温度范围都很宽，其结构形式如图 14-6 所示。与同口径的截止阀相比，闸阀安装尺寸较小。在一般情况下，设计中首选闸阀。

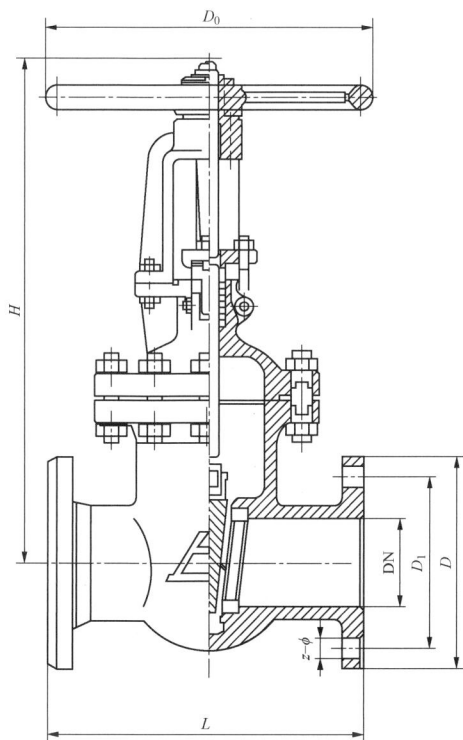

图 14-6　闸阀结构示意

闸阀的缺点：高度大，启闭时间长；在启闭过程中，密封面容易被冲蚀；修理比截止阀困难；不适用于含悬浮物和析出结晶的介质；难于用非金属耐腐蚀材料来制造。

当闸阀部分开启时，介质会在闸板背面产生涡流，易引起闸板的冲蚀和振动，阀座的密封面也容易损坏，因此闸阀不适用于需要调节流量的场合，只适用于全开或全闭的情况，即一般用于控制流体的启闭。

闸阀按阀杆上螺纹位置分明杆式和暗杆式，明杆式闸阀适用于腐蚀介质。暗杆式闸阀主要用于水道上，多用于低压、无腐蚀性介质的场合，如一些铸铁和铜阀门。按闸板的结构形式分楔式闸板、平行式闸板。楔式闸板有单闸板、双闸板之分；平行式闸板多用于油气输送系统，在化学管道中不常用。

闸阀的应用：适用于蒸汽、高温油品及油气等介质及开关频繁的部位，不宜用于易结焦的介质。楔式单闸板闸阀适用于易结焦的高温介质。楔式双闸板闸阀适用于蒸汽、油品和对密封面磨损较大的介质，或开关频繁部位，不宜用于易结焦的介质。

2. 截止阀

截止阀是设计中广泛应用的阀型，一般多装在泵出口、调节阀旁路流量计上游等需调节流量之处，其结构形式如图 14-7 所示。

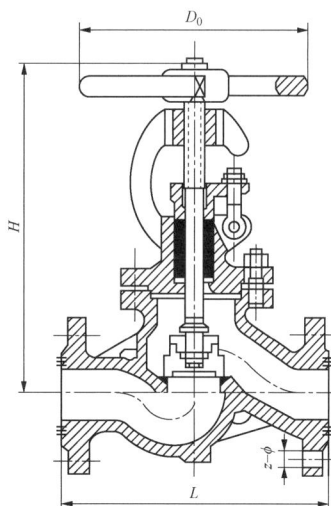

图 14-7　截止阀结构示意

截止阀的缺点：只允许介质单向流动，安装时有方向性；容易在阀座上沉积固形物，不适用于悬浮液；与同口径的闸阀相比，体积较大，关闭时需要克服介质的阻力；流体阻力较大，长期运行时，其密封可靠性不强。

截止阀的动作特性是关闭件（阀瓣）沿阀座中心线移动。其主要作用是切断，也可粗略调节流量，但不能作为节流阀使用。截止阀与闸阀相比主要有如下优点：在开闭过程中密封面的摩擦力比闸阀小，耐磨；

开启高度比闸阀小；截止阀通常只有一个密封面，制造工艺好，便于维修。

截止阀和闸阀一样也有明杆和暗杆之分。根据阀体结构不同截止阀有直通式、角式和 Y 形。直通式应用最广泛，Y 形截止阀和角式截止阀压力降较小，角式用于流体流向 90°变化的场合。

截止阀的应用：适用于蒸汽等介质，不宜用于黏度大、含有颗粒、易结焦、易沉淀的介质，也不易做放空阀及真空系统的阀门。

3. 止回阀

止回阀又称单向阀，其特点：只允许介质向一个方向流动，当介质顺流时阀瓣会自动打开，当介质反向流动时能自动关闭。

止回阀用于防止流体逆向流动，防止由于流体倒流造成的污染、温升或机械损坏，只能用以防止突然倒流。止回阀密封性能欠佳，因此对严格禁止混合的物料，还应采取其他措施。安装止回阀时，应注意介质的流动方向应与止回阀上的箭头方向一致。

常用的止回阀有旋启式、升降式和蝶式三类。

旋启式直径比后两种较大，可安装在水平管或垂直管上，安装在垂直管上时流体应自下而上流动，其结构形式如图 14-8 所示。

升降式和球式口径较小，且只能安装在水平管路上。

离心泵进口为吸上状态时，为保持泵内液体在进口管端装设的底阀也是一种止回阀。当容器为敞口时，底阀可带滤网。

止回阀的应用：适用于清净介质，不宜用于含固体颗粒和黏度较大的介质。

4. 蝶阀

蝶阀也称蝴蝶阀，其特点是：流体阻力较小、质

量轻、结构简单、结构尺寸小，启闭迅速，制造较其他阀门节省材料，其结构形式如图 14-9 所示。

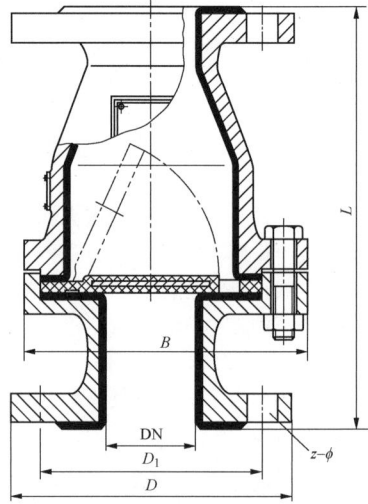

图 14-8　旋启式止回阀结构示意

蝶阀可适用于切断和节流，特别适用于大流量调节，使用温度受密封材料的限制，可用于带有悬浮固体的液体介质，适用于大口径管道。

因蝶阀比闸阀经济、调节流量性能好，故能够使用蝶阀的地方尽量不用闸阀。对于设计压力较低、管道直径较大，要求快速启闭的场合一般选用蝶阀。

蝶阀有软密封和硬密封两种类型。选择软密封和硬密封主要取决于流体介质的温度，相对而言软密封要比硬密封的密封性能好。

蝶阀的应用：适合制成大孔径阀门，用于温度小于 300℃、压力小于 10MPa 的原油、油品、水等介质。

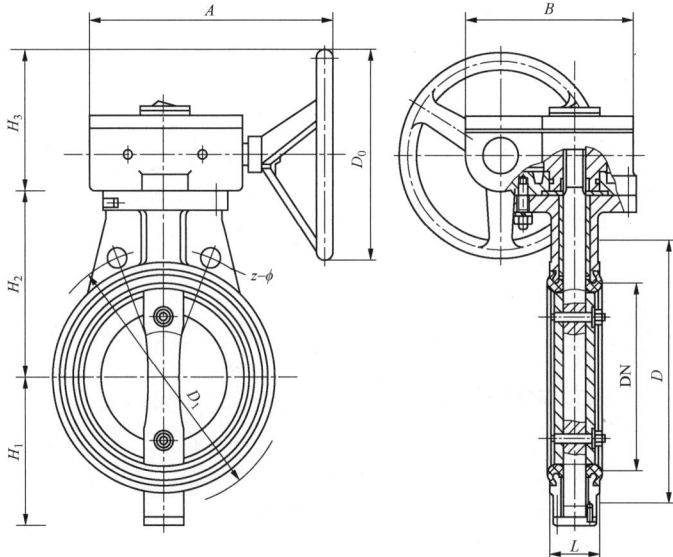

图 14-9　蝶阀结构示意

5. 球阀

球阀的功能球阀是用带有圆形通道的球体作启闭件，球体随阀杆转动实现启闭动作的阀门。球阀的启闭件是一个有孔的球体，绕垂直于通道的轴线旋转从而达到启闭通道的目的。球阀的特点：在众多阀门中其流体阻力最小，流动性最好，密封效果较好、启闭迅速、维修方便，其结构形式如图 14-10 所示。

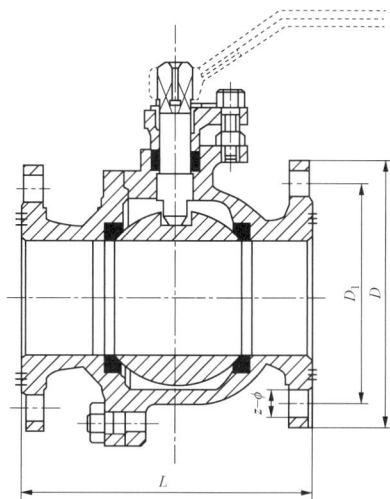

图 14-10 球阀结构示意

球阀一般可以从球体结构形式、阀体结构形式、流道形式和阀座材料来进行分类。按球体结构形式分，有浮动球阀和固定球阀两种。前者多用于小口径，后者用于大口径。按阀体结构形式分，有一片式、两片式和三片式三种。一片式又有顶装式和侧装式两种。按流道形式分，有全通径和缩径两种。缩径球阀比全通径球阀用料少，价格便宜，如果工艺条件允许，可以考虑优先使用；球阀流道可分为直通、三通、四通，适用于气、液相流体多向分配。按阀座材料分，有软密封和硬密封两种。当用于可燃介质或者外部环境有可能燃烧时，软密封球阀应具有防静电、防火设计，制造商的产品应通过防静电、防火试验。

球阀的应用：一般适用于低温、高压、浆液、黏性流体以及对密封要求较高的介质管道。对于要求快速启闭的场合一般选用球阀，不能用作调节流量。

6. 隔膜阀

隔膜阀的结构形式与一般阀门大不相同，是一种特殊形式的截断阀，它的启闭件是一块用软质材料制成的隔膜，把阀体内腔与阀盖内腔及驱动部件隔开，现广泛使用在各个领域。常用的隔膜阀有衬胶隔膜阀、衬氟隔膜阀、无衬里隔膜阀、塑料隔膜阀，其结构形式如图 14-11 所示。

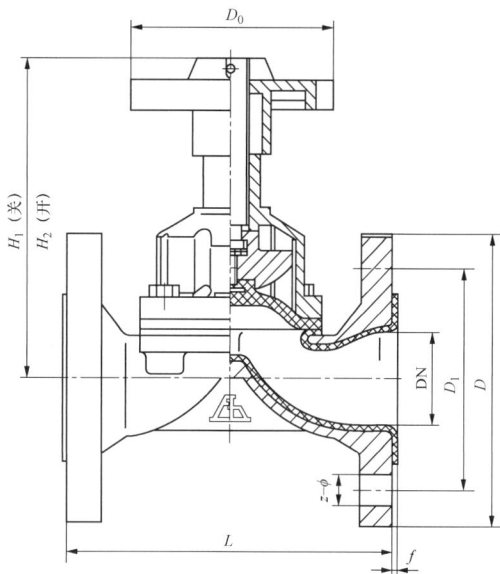

图 14-11 隔膜阀结构示意

隔膜阀是在阀体和阀盖内装有一挠性隔膜或组合隔膜，其关闭件是与隔膜相连接的一种压缩装置。阀座可以是堰形，也可以是直通流道的管壁。隔膜阀的优点是其操纵机构与介质通路隔开，不但保证了工作介质的纯净，同时也防止管路中介质冲击操纵机构工作部件的可能性。此外，阀杆处不需要采用任何形式的单独密封，除非在控制有害介质中作为安全设施使用。隔膜阀中，由于工作介质接触的仅仅是隔膜和阀体，二者均可以采用多种不同的材料，因此该阀能理想地控制多种工作介质，尤其适用于强酸、强碱等强腐蚀性介质的调节。由于隔膜和衬里材料的限制，耐压性、耐温性较差，一般只适用于 1.6MPa 公称压力和 150℃以下。隔膜阀结构简单，只由阀体、膜片和阀头组合件三个主要部件构成。该阀易于快速拆卸和维修，更换隔膜可以在现场及短时间内完成。

7. 安全阀

安全阀是启闭件受外力作用下处于常闭状态，当设备或管道内的介质压力升高超过规定值时，通过向系统外排放介质来防止管道或设备内介质压力超过规定数值的特殊阀门。安全阀属于自动阀类，主要用于压力容器和管道上，控制压力不超过规定值，对人身安全和设备运行起重要保护作用。

电站安全阀一般按作用原理、开启高度、有无背压平衡机构、阀瓣加载方式、动作特性进行分类。按整体结构及加载机构的不同可以分为弹簧式、重锤杠杆式和脉冲式三种，其中弹簧式安全阀应用最为普遍，其结构形式如图 14-12 所示。

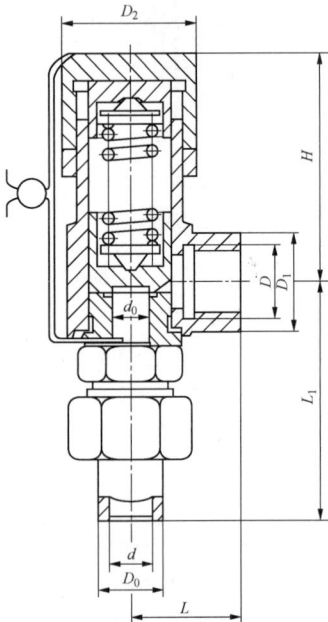

图 14-12 弹簧式安全阀结构示意

弹簧式安全阀是利用压缩弹簧的力来平衡作用在阀瓣上的力。螺旋圈形弹簧的压缩量可以通过转动它上面的调整螺母来调节，利用这种结构就可以根据需要校正安全阀的开启（整定）压力。弹簧安全阀结构轻便紧凑，灵敏度也比较高，安装位置不受限制，而且因为对振动的敏感性小，所以可用于移动式的压力容器。这种安全阀的缺点是所加的载荷会随着阀的开启而发生变化，即随着阀瓣的升高，弹簧的压缩量增大，作用在阀瓣上的力也跟着增加，这对安全阀的迅速开启是不利的。另外，阀上的弹簧会由于长期受高温的影响而使弹力减小。用于温度较高的容器上时，常常要考虑弹簧的隔热或散热问题，从而使结构变得复杂起来。

实际应用时，应根据实际需要选择安全阀的类型，并根据最大排放量选择其通径。

8. 减压阀

减压阀是一种自动降低管路工作压力的专门装置，作用是在给定减压范围后，可以将较高压力的介质减到给定压力。它可将阀前管路较高的液体压力减少至阀后管路所需的水平。减压阀的构造类型很多，常见的有薄膜式、内弹簧活塞式等。减压阀的作用原理是靠阀内流道对水流的局部阻力降低水压，水压降的范围由连接阀瓣的薄膜或活塞两侧的进出口水压差自动调节。减压阀结构形式如图14-13所示。

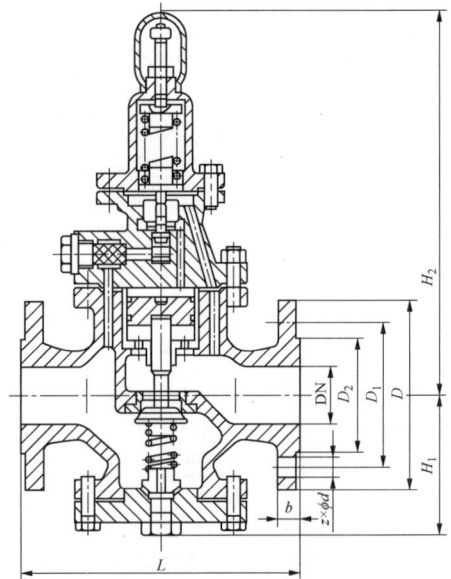

图 14-13 减压阀结构形式

三、阀门选择原则

（1）明确阀门在设备或装置中的用途，确定阀门的工作条件，包括适用介质、工作压力、工作温度、腐蚀性能，是否含有固体颗粒，介质是否有毒，以及是否是易燃、易爆介质，介质的黏度等。

（2）根据管线输送的介质、工作压力、工作温度确定所选阀门的壳体和内件的材料。

（3）确定与阀门连接的管道公称通径和连接方式：法兰、螺纹、焊接等。

（4）确定阀门的操作方式，如手动、电动、电磁、气动或液动、电气联动或电液联动等。

（5）易燃或可燃气体的阀门应采用燃气专用阀门，不得采用输送普通流体的阀门代替。

（6）有毒介质管道的阀门应采用严密型的钢制阀门，阀门本体的密封应有可靠的防泄漏措施。

（7）当要求严密性较高时，宜选用截止阀，可装于任意位置的管道上。

（8）当要求迅速关断或开启时，可选用球阀。

（9）调节阀应根据使用目的、调节方式和调节范围选用。调节阀不宜作关断阀使用。选择调节阀时应有控制噪声、防止汽蚀的措施。

（10）当调节阀的调节幅度较小且不需要经常调节时，在设计压力不大于 1.6MPa 的水管道可用截止阀或闸阀兼作关断和调节用。

（11）特殊管道阀门应满足如下要求：

1）氢气管道应采用密封性能好的阀门和附件，管道上的阀门应采用球阀、截止阀；严禁使用闸阀，不宜采用铜合金阀门部件。阀门的材料和附件应符合

表 14-15 和表 14-16 的规定。当密封面与阀体直接连接时，密封面材料可以与阀体一致。氢气阀门的密封填料应采用聚四氟乙烯等材料。

表 14-15　　　氢气阀门材料

设计压力（MPa）	材　　料
<0.1	阀体采用铸钢； 密封面采用合金钢或与阀体一致
0.1～2.5	阀杆采用碳钢； 阀体采用铸钢； 密封面采用合金或与阀体一致
>2.5	阀体、阀杆、密封面均采用不锈钢

表 14-16　　　氢气管道法兰、垫片

设计压力（MPa）	法兰密封面类型	垫　　片
<2.5	突面式	聚四氟乙烯板
2.5～10.0	凹凸式或榫槽式	金属缠绕式垫片
>10.0	凹凸式或梯形槽	二号硬钢纸板、退火紫铜板

2）氨管道上所用的阀门应采用氨截止阀，不得采用闸阀。为便于氨储罐安全阀的清洗与更换，安全阀入口处应装设截止阀，该阀必须保持全开并加铅封（图纸上应有"未经许可不得关闭"标识），截止阀阀杆应水平安装，口径同安全阀的入口直径，压力容器正常运行期间该截止阀必须保证全开（加铅封或锁定），截止阀的结构和通径不应妨碍安全阀的安全卸放。安全阀设有旁通阀时，旁通阀的管径不宜小于安全阀的入口直径，并应铅封（图纸上应有"未经许可不得关闭"标识）。

3）酸、碱管道应采用隔膜阀。

4）树脂管道用阀门应采用不锈钢球阀。

5）氧气管道上的阀门和附件应保证其严密性，宜采用截止阀，不应采用闸阀和快开快关型阀门。阀门及附件材料应符合表 14-17 的规定。

表 14-17　　　氧气管道上的阀门
和附件材质

工作压力（MPa）	阀门材料		法兰密封面类型	垫片材料
<1.6	阀体	铸钢	平面	石墨缠绕式垫片或退火软化铝片
	阀杆	不锈钢		
	阀芯	不锈钢		
1.6～3	全不锈钢		凹凸式或榫槽式	
>10	全铜基合金钢		凹凸式或梯形槽	退火软化钢片

6）石灰系统的阀门宜采用球阀或管夹阀。

四、阀门布置

（一）一般要求

（1）应按照阀门的结构、工作原理、介质流向及制造厂的要求确定阀门及阀杆的安装方式。

（2）阀门应设在容易接近、便于操作、维修的地方。成排管道（如进出装置的管道）上的阀门应集中布置，必要时可设置操作平台及梯子；地面以下管道上的阀门应设在阀井内，必要时，应设置阀门延伸杆。

（3）阀门手轮的布置应符合以下规定：

1）手动操作阀门手轮中心距操作面（或楼面、平台）的距离宜为 1.3m，最大距离不宜超过 1.6m。

2）平台外侧直接操作的阀门，操作手轮中心（对于呈水平布置的手轮）或手轮平面（对于呈垂直布置的手轮）离开平台的距离 Δ，不宜大于 300mm，如图 14-14 所示。

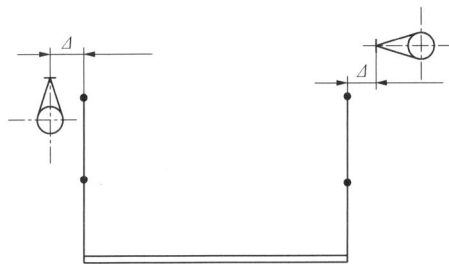

图 14-14　阀门手轮与平台距离

3）任何直接操作的阀门手轮边缘，其周围至少应保持 150mm 的净空距离。

（4）当阀门手轮中心的高度超过操作面 2m 时，可采取下列措施：

1）不经常操作的阀门可设置梯子、活动平台或链轮等进行操作。

2）经常操作的阀门或集中布置的成组阀门应设操作平台。

（5）极度危害介质、强腐蚀介质的管道和设备上的阀门不应布置在人的头部高度范围。

（6）布置在操作平台周围的阀门的手轮中心距操作平台边缘不宜大于 450mm，当阀杆和手轮伸入平台上方且高度小于 2m 时，应使其不影响操作人员的操作和通行。

（7）阀杆水平安装的明杆式阀门开启时，阀杆不得影响通行。

（8）阀门相邻布置时，手轮间的净距不应小于 100mm，为了减少管道间距，可把阀门错开布置。

（9）水平管道上阀门的阀杆方向不得垂直向下，阀杆方向可按下列顺序确定：①垂直向上；②水平；③向上倾斜 45°；④向下倾斜 45°。

（10）除工艺有特殊要求外，反应器或立式容器等设备底部管道上的阀门，不得布置在裙座内。

（11）隔断设备用的阀门宜与设备管口直接相接或靠近设备；与极度危害介质和高度危害介质的设备相连接时，管道上的阀门应与设备管口直接相接，且阀门不得使用链轮操作。

（12）从主管上引出的水平支管的切断阀，宜设在靠近主管的水平管段上。

（13）管道布置不宜使阀门承受过大荷载。

（14）埋地管道上的阀门应布置在阀门井或管沟内。若工艺有要求时，可设置阀门延伸杆。

（二）安全阀的布置要求

（1）安全阀应直立安装并靠近被保护的设备或管道。如不能靠近布置，则从被保护的设备或管道到安全阀入口的管道总压降，不应超过安全阀定压值的3%。

（2）安全阀应安装在压力比较稳定，且应距振动源有一定距离的地方。

（3）安全阀入口管道应采用长半径弯头。

（4）安全阀出口管道的设计应考虑背压不超过安全阀定压的一定值，对于普通型弹簧式安全阀，其背压不超过安全阀定压值的10%。

（5）直接向上排至大气的安全阀出口管道，应该在管下端弯头附近开一个直径 6～10mm 的排液孔。

（6）当安全阀进出口管道上设有切断阀时，应铅封开或锁开；当切断阀为闸阀时，阀杆应水平安装。当安全阀设有旁路阀时，该阀应铅封关。

（三）气动调节阀的布置要求

（1）调节阀的安装位置应满足工艺流程设计的要求，并应靠近与其有关的一次指示仪表，便于在用旁路阀手动操作时能观察一次仪表。

（2）调节阀应正立垂直安装于水平管道上，特殊情况下方可水平或倾斜安装，必要时需要设置支撑。

（3）调节阀组（包括调节阀、旁路阀、切断阀和排液阀）立面安装时，调节阀应安装在旁路的下方，公称直径小于25mm的调节阀，也可安装在旁路的上方。

（4）调节阀底距地面或平台面的净空不应小于250mm；对于反装阀芯的单双座调节阀，宜在阀体下方留出阀芯的空间。

（5）调节阀膜头顶部上方应有不小于 200mm 的净空，调节阀与旁路阀上下布置时，应错开位置。

（6）切断阀应选用闸阀，旁路阀应选用截止阀，但旁路阀公称直径大于 150mm 时，可选用闸阀，两个切断阀与调节阀不宜布置成直线。

（7）在调节阀入口侧与调节阀上游的切断阀之间管道的低点应设放水装置。

（8）介质中含有固体介质的管道上的调节阀应与旁路阀布置在同一个平面，或将旁路阀布置在调节阀的下方。

（9）调节阀应安装在环境温度不高于 60℃，不低于–40℃的地方，并远离振动源。

（四）止回阀的布置要求

（1）升降式止回阀应安装在水平管道上，立式升降式止回阀可安装在管内介质自下而上流动的垂直管道上。

（2）旋启式止回阀应优先安装在水平管道上，也可安装在管内介质自下而上流动的垂直管道上。

（3）底阀应安装在泵吸入管的立管端。

（4）为降低泵出口切断阀的安装高度，可选用蝶形止回阀，泵出口与所连接管道直径不一致时，可选用异径止回阀。

（五）减压阀的布置

（1）减压阀不应设置在靠近转动设备或容易受冲击的地方，且应考虑便于检修。

（2）减压阀宜安装在水平管道上，阀后宜有DN10～DN15mm 的直管段。

（3）减压阀阀后的管段应合理设置支架。

（4）为避免管道中杂质对减压阀磨损，应在减压阀前设置过滤器。

第十五章

防 腐 和 保 温

第一节　设 计 基 础 资 料

一、防腐

1. 火力发电厂的腐蚀分类

火力发电厂的设备材料根据所处的腐蚀环境，大致可以分为大气腐蚀、淡水腐蚀、海水腐蚀、土壤腐蚀以及特殊介质的浸泡腐蚀等。

（1）大气腐蚀。根据污染物的性质和污染程度，大气环境一般划分为工业大气、海洋大气、海洋工业大气、城市大气和乡村大气等。

火力发电厂生产过程所造成的大气腐蚀是典型的工业大气环境腐蚀。火力发电厂在运行过程中，释放出大量硫化物等腐蚀性气体，与空气中的水汽或雨水相结合形成酸性溶液，加上煤灰在钢结构表面的沉积，会与钢铁形成腐蚀性原电池，加速钢结构的电化学腐蚀。

海洋大气特点是空气湿度大，含盐分多，而且海盐离子大部分为氯化物，渗透性强，可以渗进钝化膜腐蚀底材。海滨的工业大气环境属于海洋性工业大气，这种大气中既含有化学腐蚀污染的有害物质，又含有海洋环境的海盐粒子，两种腐蚀介质对金属危害更严重。因此，滨海电厂的腐蚀问题比内陆电厂更严重。

预防大气腐蚀的措施有：①选用耐蚀材料；②采用覆盖层防护；③降低环境相对湿度；④采用防锈油、缓蚀剂等。

（2）淡水腐蚀。淡水是指含盐量较低的天然水，一般呈中性。在淡水中的腐蚀是氧化去极化腐蚀，即吸氧腐蚀。钢材在淡水中的腐蚀受环境影响较大，如水的 pH 值、溶解氧的浓度、水的流速、泥沙含量、溶解盐类及微生物等。

预防淡水腐蚀的措施有：①采用覆盖层防护；②电化学保护。

（3）海水腐蚀。海水中含有多种盐类，含盐量一般为 3%~4%，其中的氯化物含量占总盐量的 80%以上，海水呈微碱性，pH 值为 8 左右，并且有一定量的氧气。海水中所有盐分几乎都处于电离状态，这使得海水成为一种导电性很强的电解质溶液，海水中金属很容易发生电偶腐蚀、氧化去极化腐蚀。另外，海水中存在大量的氯离子，对金属的钝化起破坏作用，也促进了金属的腐蚀。

预防海水腐蚀的措施有：①选用耐蚀材料；②采用覆盖层防护；③电化学保护。

（4）土壤腐蚀。土壤是由气相、液相和固相所构成的一个复杂系统，其中还生存着很多土壤微生物。影响土壤腐蚀的因素很多，如孔隙度、电阻率、含氧量、盐分、水分、pH 值、温度、微生物等，各因素又相互作用。土壤腐蚀基本是电化学腐蚀。

预防土壤腐蚀的措施有：①选用耐蚀材料；②采用覆盖层防护；③电化学保护。

（5）特殊介质的浸泡腐蚀。火力发电厂的设备材料可能与化学药品接触，产生腐蚀。例如再生时交换器可能和盐酸接触，产生析氢腐蚀，介质不同，腐蚀类型可能不同。

预防特殊介质浸泡腐蚀的措施有：①选用耐蚀材料；②采用覆盖层防护；③电化学保护。

2. 设计内容及范围

在火电厂生产过程中，由于存在各种腐蚀因素，会造成水处理系统各类设备、管道、土建构筑物及沟道等的腐蚀，对水处理系统的有效寿命造成影响。针对各种腐蚀，采取合理的解决方法，从而合理、有效、经济地对设备、管道及其附件、支吊架、平台扶梯及构筑物腐蚀进行控制。

防腐设计范围包括：①设备、管道及其附件和附属钢结构的外防腐；②设备及管道的内防腐；③土建构筑物及沟道防腐。

3. 设计输入资料

防腐设计输入资料包括环境腐蚀等级、土壤腐蚀等级、输送介质及工况、防腐面积等。

二、保温

1. 火力发电厂的保温类别

火电厂很多介质是高温高压的，输送介质管道的温度也很高，设备、管道如不保温，会造成大量的热量损失，使火电厂经济效益下降。从节能的角度出发，当介质温度高于 50℃时即有回收热量的价值，设备和管道外面必须保温；高温设备、管道不保温，容易烫伤检修运行人员，设备和管道外表面温度超过 60℃时，对操作运行人员有烫伤的危险，设备和管道外面必须保温；尿素溶液、浓碱液和浓硫酸低温时会结晶，露天敷设的水管道在冬天停运时也易结冰，这些管道仅靠采用保温来防止结晶、结冰比较困难时，可以采取完全放净管内存水或加装伴热装置。因此，火电厂的保温分为热力保温、防烫伤保温和防冻、防结晶保温。

2. 设计内容及范围

保温设计范围包括：

（1）外表面温度高于 50℃且需要减少散热损失的设备、管道及其附件。

（2）工艺生产中不需保温的、其外表面温度超过 60℃，而又无法采取其他措施防止烫伤人员的部位。

（3）根据当地气象条件和布置环境设置伴热保温的设备、管道及其附件。

化学专业主要保温设备及管道如下：

（1）热力保温：电热水箱、脱硝系统的尿素和氨气设备及管道、蒸馏法海水淡化设备及管道等。

（2）防烫伤保温：高温水汽取样管道等。

（3）防冻、防结晶保温：露天布置水箱，露天布置的水管、尿素溶液管、浓碱液管和浓硫酸管，露天布置的碱、硫酸储罐等。室内布置的碱储罐需根据室温决定是否保温或设置电加热器。

3. 设计输入资料

保温设计输入资料包括气象条件、布置环境、介质参数、保温面积等。

第二节 防 腐 设 计

一、基层表面清理

（一）钢结构基层表面清理

1. 钢结构基层表面清理方式

钢材涂装前根据钢材表面的锈蚀等级，采用喷射清理、手工和动力工具清理来达到设计要求的清理等级。

（1）喷射清理。喷射清理是以无油、干燥的压缩空气为动力，将磨料以一定的速度喷向被处理的钢材表面，以除去钢材表面的铁锈、氧化皮及其他污物，

并使钢材表面获得一定的表面粗糙度的表面处理方法。对喷射清理的表面处理，用字母"Sa"表示。喷射清理等级描述见表 15-1。

表 15-1　喷 射 清 理 等 级

序号	清理等级	描述
1	Sa1　轻度的喷射清理	在不放大的情况下观察时，表面应无可见的油、脂和污物，并且没有附着不牢的氧化皮、铁锈、涂层和外来杂质
2	Sa2　彻底的喷射清理	在不放大的情况下观察时，表面应无可见的油、脂和污物，并且几乎没有氧化皮、铁锈、涂层和外来杂质。任何残留污染物应附着牢固
3	Sa2$\frac{1}{2}$　非常彻底的喷射清理	在不放大的情况下观察时，表面应无可见的油、脂和污物，并且几乎没有氧化皮、铁锈、涂层和外来杂质。任何残留污染物的残留痕迹应仅是呈现为点状或条纹状的轻微色斑
4	Sa3　使钢材表观洁净的喷射清理	在不放大的情况下观察时，表面应无可见的油、脂和污物，并且应无氧化皮、铁锈、涂层和外来杂质。该表面应具有均匀的金属色泽

喷射清理合格后的钢材，清除表面的浮灰和碎屑后应及时涂刷底漆，间隔时间不应超过 4h。

（2）手工和动力工具清理。手工和动力工具清理主要是用风动或电动砂轮、刷轮、除锈机、刮刀、手锤、钢丝刷和砂布等工具除去钢材表面的铁锈、氧化皮及其他污物，并使钢材表面获得一定的表面粗糙度的表面处理方法。对手工和动力工具清理的表面处理，用字母"St"表示。手工和动力工具清理等级描述见表 15-2。

表 15-2　手工和动力工具清理等级

序号	清理等级	描述
1	St2　彻底的手工和动力工具清理	在不放大的情况下观察时，表面应无可见的油、脂和污物，并且没有附着不牢的氧化皮、铁锈、涂层和外来杂质
2	St3　非常彻底的手工和动力工具清理	同 St2，但表面处理应彻底得多，表面应具有金属底材的光泽

手工和动力工具清理合格后的钢材，清除表面的浮灰和碎屑后应及时涂刷底漆，间隔时间不应超过 4h。

2. 钢结构表面清理要求

（1）根据钢材表面的锈蚀等级，采用喷射清理、手工和动力工具清理来达到设计要求的清理等级。表面清理等级符合表 15-3 的要求。

表 15-3　钢材表面除锈质量要求

序号	底层涂料种类	最低除锈等级
1	金属热喷涂层	Sa3
2	橡胶衬里、纤维增强塑料衬里、树脂胶泥衬砌砖板衬里、涂料涂层（各类富锌底漆）、塑料板粘接衬里、玻璃鳞片衬里、喷涂聚脲衬里	Sa2 $\frac{1}{2}$
3	水玻璃胶泥衬砌砖板衬里、涂料涂层（沥青底漆、醇酸树脂底漆、环氧沥青底漆）、氯丁胶乳水泥砂浆衬里	Sa2 或 St3
4	衬铅、塑料板非粘连衬里	Sa1 或 St2
5	涂料涂层（树脂类底漆）	Sa2

（2）根据钢材表面的锈蚀等级，采用喷射清理、手工和动力工具清理，清理后防腐蚀构造层与钢结构基层表面粗糙度应符合表 15-4 的要求。

表 15-4　防腐蚀构造层与钢结构表面粗糙度

序号	防腐蚀构造层	粗糙度要求
1	树脂、涂料	≥30μm
2	纤维增强塑料、聚脲、块材、聚合物水泥砂浆	≥70μm

（二）混凝土基层表面清理

目前混凝土强度等级可以达到 C40、C50 甚至更高，表面收光的机械化程度也越来越高，强度等级越高的混凝土表面的致密性及抗渗性也越高，采用不同的清理方法达到不同的粗糙度等级能有效增加树脂在混凝土表面的渗透，增加附着力，从而有效保证防腐蚀构造层与混凝土结合力。

1. 混凝土基层表面清理方式

根据混凝土强度，采用喷射或抛射、手工或动力工具、高压射流等方法对混凝土表面处理，混凝土基层表面清理应符合表 15-5 的要求。

表 15-5　混凝土基层表面清理方式

序号	混凝土强度	处理方式
1	≥C40	抛丸、喷砂、高压射流
2	C30～C40	抛丸、喷砂、高压射流、打磨
3	C20～C30	抛丸、喷砂、高压射流、铣刨、打磨、研磨
4	≤C20	抛丸、高压射流、铣刨、研磨

2. 混凝土基层表面清理要求

根据混凝土强度，采用喷射或抛射、手工或动力

工具、高压射流等方法对混凝土表面处理，处理后防腐蚀构造层与混凝土基层表面粗糙度应符合表 15-6 的规定。

表 15-6　防腐蚀构造层与混凝土基层表面粗糙度

序号	防腐蚀构造层	粗糙度要求
1	树脂、涂料、聚脲、纤维增强塑料	≥30μm
2	树脂砂浆、聚合物水泥砂浆、钾水玻璃材料、块材	≥70μm

二、设备及管道外防腐设计

火力发电厂化学部分设备材料外表面的腐蚀基本为大气腐蚀和土壤腐蚀两种，最普遍采用的腐蚀防护方法是应用覆盖层，覆盖层的作用是使设备材料与周围介质隔离。火力发电厂化学部分设备、管道及其附件、支吊架、平台扶梯等外部要涂敷合适的防腐涂料。

设备、管道和附属钢结构的涂层体系（涂料种类、干膜厚度、涂漆度数以及干膜总厚度）根据其所处的环境、涂料的性能、要求的防腐蚀年限并结合安全、经济因素综合考虑。

1. 地上设备材料涂层体系设计

（1）室内布置的未保温设备、管道及其附件、支吊架、平台扶梯采用醇酸涂料、环氧涂料等；室外布置的未保温设备、管道及其附件、支吊架、平台扶梯采用高氯化聚乙烯涂料、聚氨酯涂料等；管沟中未保温管道及其附件、支吊架采用环氧沥青涂料。具体涂层设计见表 15-7。

表 15-7　地上设备材料涂层配套表

涂料品种	涂层配套		度数	每度涂层干膜厚度（μm）	适用类型
醇酸涂料	底漆	铁红醇酸底漆	1	40	一般大气腐蚀环境
	中间漆	云铁醇酸防锈漆	1	40	
	面漆	醇酸面漆	2	40	
环氧涂料	底漆	富锌底漆	1	60	室内腐蚀环境
	中间漆	环氧云铁中间漆	1	80	
	面漆	环氧防腐面漆	2	40	
聚氨酯涂料	底漆	富锌底漆	1	60	工业大气腐蚀环境
	中间漆	环氧云铁中间漆	1	80	
	面漆	脂肪族聚氨酯面漆	2	40	

续表

涂料品种	涂层配套		度数	每度涂层干膜厚度（μm）	适用类型
高氯化聚乙烯涂料	底漆	高氯化聚乙烯铁红底漆	2	30	工业大气腐蚀环境，特别是有硫化物的腐蚀环境
	中间漆	高氯化聚乙烯云铁中间漆	2	40	
	面漆	高氯化聚乙烯面漆	2	30	
环氧沥青厚浆型涂料	底漆	环氧沥青厚浆型底漆	1	150	管沟等潮湿型环境，水箱外壁底板防腐蚀
	面漆	环氧沥青厚浆型面漆	1	150	

（2）介质温度低于120℃的保温设备和管道的表面涂刷1～2度环氧富锌底漆。

（3）制造厂供应的设备、管道和支吊架，如在运输、安装过程中涂料损坏时，涂刷1～2度颜色相同的面漆。

（4）内陆电厂室外地上设备材料采用聚氨酯涂料防腐设计，滨海电厂室外地上设备材料采用高氯化聚乙烯涂料防腐设计；酸雾或盐雾腐蚀环境的室内地上设备材料采用环氧涂料防腐设计；酸雾或盐雾腐蚀环境的室外地上设备材料采用高氯化聚乙烯涂料防腐设计。

2. 埋地管道涂层体系设计

埋地管道外防腐材料主要有环氧煤沥青涂料、互穿网络防腐涂料防腐两种方式。具体涂层设计见表15-8。

表15-8　埋地钢管涂层表

序号	防腐等级	防腐层结构	涂层总厚度（mm）
1		环氧煤沥青防腐结构	
1.1	普通防腐	沥青底漆—沥青3层夹玻璃布2层	0.60
1.2	加强防腐	沥青底漆—沥青4层夹玻璃布3层	0.80
1.3	特强防腐	沥青底漆—沥青5层夹玻璃布4层	1.00
2		互穿网络防腐结构	
2.1	普通防腐	底漆—面漆—面漆	0.20
2.2	加强防腐	底漆—面漆—玻璃布—面漆—面漆	0.40
2.3	特强防腐	底漆—面漆—玻璃布—面漆—玻璃布—面漆—面漆	0.60

3. 涂料颜色

（1）设备、管道和附属钢结构的面漆颜色根据设备或管道的介质类型及所处的环境确定，同时还要考虑电厂整体和局部的协调关系。

（2）为了便于识别，设备及管道表面设置色带，设备色带标注设备名称，管道色带标注介质名称及介质流向箭头。

（3）火电厂化学专业常见设备、管道面漆及色带参考颜色见表15-9。

表15-9　设备、管道面漆颜色参考表

序号	管道、设备名称	面漆颜色	色带颜色
1	澄清器	浅蓝色	白字
2	过滤器、过滤水管道	浅蓝色	白字
3	交换器、除盐水箱、除盐水管道	浅绿色	白字
4	凝结水管道	浅绿色	白字
5	工业水水管道	黑色	白字
6	废水处理设备、废水管道	绿色	白字
7	酸设备、管道	红色	白字
8	碱设备、管道	黄色	白字
9	氢储罐、氢管道	橙色	白字
10	食盐设备、管道	白色	黑字
11	氯气设备、管道	深绿色	白字
12	压缩空气设备、管道	天蓝色	白字
13	氧气设备、管道	蓝色	白字
14	氨设备、管道	黄色	白字
15	氮气设备、管道	浅灰色	白字
16	石灰设备、管道	浅灰色	白字
17	联氨设备、管道	橙黄色	白字
18	污泥设备、管道	银灰色	黑色
19	埋地管道	黑色	
20	支吊架	银灰色	
21	平台扶梯	银灰色	

4. 涂料耗量

（1）涂料实际耗量与涂刷面积、涂膜干层厚度、涂料特性和施工工艺有关，耗量按式（15-1）计算

$$G = \frac{dS\rho}{\Phi \times (1-K)} \times 10^{-3} \quad (15-1)$$

式中　G——涂料实际耗量，kg；

d——涂料的干膜厚度，μm；

S——涂刷面积，平台扶梯和支吊架的涂刷面积每吨钢材可按38m² 计算，m²；

ρ——涂料的密度，按厂家资料，kg/L；

Φ——涂料的含固率，按厂家资料；

K——损耗系数，一般情况下，涂料的损耗系数在刷涂和滚涂时取 0.2～0.4，喷涂时取 0.5～0.8。

（2）稀释剂根据油漆的品种和用量，按涂料厂家的要求确定。稀释剂就是用来溶解和稀释涂料的挥发性液体，可以用来调节涂料的黏度，以便适合涂装要求。对于不同类型的涂料，按产品说明书来选择最合适的稀释剂。

三、设备及管道内防腐设计

火力发电厂化学部分设备管道内表面的腐蚀基本为淡水腐蚀、海水腐蚀和特殊介质的浸泡腐蚀，采用的腐蚀防护方法是选择耐蚀材料或应用覆盖层。

1. 主要设备材质及防腐要求

火力发电厂化学部分设备材质及内防腐根据其所处的环境、要求的防腐蚀年限并结合安全、经济因素综合考虑确定。主要设备材质及防腐要求见表 15-10。

表 15-10 主要设备材质及内防腐要求

序号	设备及部件名称		材质及内防腐方法	备注
一	预处理系统			
1	澄清池	池体	钢衬胶、钢衬玻璃钢、钢涂防腐涂料	衬胶 1 层，厚度 3mm；涂料厚底 1～3mm
		搅拌机、刮泥机	淡水：钢涂防腐涂料；海水：钢衬胶、钢涂防腐涂料、不锈钢 S25073 或 S31252	衬胶 1 层，厚度 3mm；涂料厚底 1～3mm
		出水槽	PVC 塑料、玻璃钢	
		内部支撑件	淡水：钢涂防腐涂料；海水：不锈钢 S25073 或 S31252	涂料厚底 1～3mm
		斜板（管）	乙丙共聚塑料、聚苯乙烯、聚丙烯	
2	滤池	池体	钢衬胶、钢衬玻璃钢、钢涂防腐涂料	衬胶 1 层，厚度 3mm；涂料厚底 1～3mm
		支撑板	淡水：钢涂防腐涂料；海水：不锈钢 S25073 或 S31252	
		内部钢构件	淡水：钢涂防腐涂料；海水：不锈钢 S25073 或 S31252	涂料厚底 1～3mm
		配水、配气装置	PVC 塑料、ABS 塑料、玻璃钢	
3	压力式过滤器	壳体	淡水：钢涂防腐涂料、钢衬胶；海水：钢衬胶	衬胶 1 层，厚度 3mm；涂料厚底 1～3mm
		配水、配气装置	淡水：PVC 塑料、ABS 塑料、玻璃钢、不锈钢 S30408；海水：PVC 塑料、ABS 塑料、玻璃钢	
4	活性炭过滤器	壳体	钢衬胶	衬胶 2 层，厚度 4.5mm
		配水、配气装置	不锈钢 S30408	
5	自清洗过滤器	壳体	钢衬胶	衬胶 2 层，厚度 4.5mm
		滤网及过流部件	淡水：不锈钢 S30408；海水：不锈钢 S25073 或 S31252	
6	超滤	壳体	玻璃钢	
7	水泵	过流部件	淡水：不锈钢 S30408；海水：不锈钢 S25073 或 S31252	
二	预脱盐系统			
1	保安过滤器	壳体	钢衬胶、不锈钢	衬胶 2 层，厚度 4.5mm
		过滤叠片	聚丙烯、增强尼龙塑料	
2	高压泵	壳体、叶轮等过流部件	淡水：不锈钢 S30408；海水：不锈钢 S25073 或 S31252	

续表

序号	设备及部件名称		材质及内防腐方法	备注
3	反渗透	壳体	玻璃钢	
		端口密封装置	淡水：不锈钢 S30408； 海水：不锈钢 S25073 或 S31252	
4	透平式能量回收装置	壳体、叶轮等过流部件	海水：不锈钢 S25073 或 S31252	
5	正位移式能量回收装置	壳体	不锈钢 S25073 或 S31252、玻璃钢	
		过流部件	不锈钢 S25073 或 S31252、陶瓷	
6	多级闪蒸蒸发器	壳体	不锈钢 S31603、碳钢衬 S31603 加阴极保护、碳钢涂环氧涂料加阴极保护	
		热排放段的换热管	钛（TA1、TA2）、铜镍合金（BFe30-1-1）	
		热回收段的换热管	钛（TA1、TA2）、铜镍合金（BFe30-1-1、BFe10-1-1）、铝黄铜（Hal77-2）	
		管板	不锈钢 S31603、铜镍合金（BFe30-1-1、BFe10-1-1）	
		蒸汽隔板、除雾器、盐水挡板、内部支撑件	不锈钢 S31603	
		海水室	不锈钢 S31603、碳钢衬不锈钢 S31603 加阴极保护	
		淡水室、淡水槽	不锈钢 S31603、碳钢衬不锈钢 S31603、碳钢衬铜镍合金（BFe30-1-1、BFe10-1-1）	
		壳体外加强板	不锈钢 S30403、碳钢	
7	多级闪蒸盐水加热器冷凝器	换热管	钛（TA1、TA2）、铜镍合金（BFe30-1-1、BFe10-1-1）	
		管板	不锈钢 S31603、铜镍合金（BFe30-1-1、BFe10-1-1）	
		壳体	不锈钢 S31603、碳钢衬 S31603 加阴极保护	
		壳体外加强板	不锈钢 S30403、碳钢	
		内部支撑件	不锈钢 S31603	
		水箱	不锈钢 S31603、碳钢衬 S31603、碳钢衬铜镍合金（BFe30-1-1、BFe10-1-1）	
8	多效蒸馏蒸发器	壳体	不锈钢 S31603、碳钢涂环氧涂料加阴极保护	
		换热管	钛（TA1、TA2）、铝黄铜（HAl77-2）、铝合金 5052（ASTM）	顶部三排采用钛管
		管板	不锈钢 S31603、铝黄铜（HAl77-2）、铝合金 5052（ASTM）	
		外加强圈	不锈钢 S30403、碳钢	
		内部支撑件	不锈钢 S31603	
		叶片式除雾器	聚丙烯塑料、玻璃钢、不锈钢 S25073 或 31252	
		网式除雾器	不锈钢 S31603	
9	多效蒸馏凝汽器	壳体	不锈钢 S31603、碳钢涂环氧涂料加阴极保护	
		换热管	钛（TA1、TA2）、铝黄铜（HAl77-2）、铝合金 5052（ASTM）	

续表

序号	设备及部件名称		材质及内防腐方法	备注
9	多效蒸馏凝汽器	管板	不锈钢 S31603、铝黄铜（HAl77-2）、铝合金 5052（ASTM）	
		壳体外加强圈	不锈钢 S30403、碳钢	
		内部支撑件	不锈钢 S31603	
		水箱	碳钢衬不锈钢 S31603、碳钢衬铜镍合金（BFe30-1-1、BFe10-1-1）	
10	海水淡化蒸汽喷射器		不锈钢 S31603	
11	热压缩机喷嘴		不锈钢 S31603	
12	机械压缩机		不锈钢 S31603	
13	脱气器		钢衬胶	衬胶 2 层，厚度 4.5mm
14	淡水泵	壳体、叶轮等过流部件	不锈钢 S30408	
三	水的除盐系统			
1	阳离子交换器	壳体	碳钢衬胶	衬胶 2 层，厚度 4.5mm
		配水装置	不锈钢 S31603、塑料、哈氏合金 C	
2	除碳器	壳体	碳钢衬胶	衬胶 2 层，厚度 4.5mm
		配水装置	不锈钢 S31603、塑料	
3	中间水箱		碳钢衬胶 混凝土衬环氧玻璃钢或涂料	衬胶 2 层，厚度 4.5mm；涂料 0.8～1.5mm；环氧玻璃钢 4～6 层
4	阴离子交换器	壳体	碳钢衬胶	衬胶 2 层，厚度 4.5mm
		配水装置	不锈钢 S30403、塑料	
5	混合离子交换器	壳体	碳钢衬胶	衬胶 2 层，厚度 4.5mm
		配水装置	不锈钢 S31603、塑料、哈氏合金 C	
6	除盐水箱，预脱盐水箱		碳钢涂防腐涂料、衬环氧玻璃钢、不锈钢或碳钢内覆不锈钢	涂层厚度 0.8～1.5mm；环氧玻璃钢 4～5 层
7	清水箱		碳钢涂防腐涂料	涂层厚度 0.8～1.5mm
8	清水泵	壳体、叶轮等过流部件	碳钢、不锈钢 S30408	
9	除盐水泵、预脱盐水泵、中间水泵、自用水泵	壳体、叶轮等过流部件	不锈钢 S30408	
四	凝结水精处理系统			
1	前置过滤器	壳体	钢衬胶、钢涂防腐涂料	衬胶 2 层，厚度 4.5mm
		滤元	聚丙烯	
2	粉末覆盖过滤器	壳体	钢衬胶、钢涂防腐涂料	衬胶 2 层，厚度 4.5mm
		滤元	聚丙烯	
3	混合离子交换器	壳体	碳钢衬胶	衬胶 2 层，厚度 4.5mm
		配水装置	不锈钢 S31603、塑料	
4	再循环泵、冲洗水泵	壳体、叶轮等过流部件	不锈钢 S30408	
5	树脂分离塔	壳体	碳钢衬胶	衬胶 2 层，厚度 4.5mm
		配水装置	不锈钢 S31603	

续表

序号	设备及部件名称		材质及内防腐方法	备注
6	阳再生塔	壳体	碳钢衬胶	衬胶2层，厚度4.5mm
		配水装置	不锈钢S31603、哈氏合金C	
7	阴再生塔	壳体	碳钢衬胶	衬胶2层，厚度4.5mm
		配水装置	不锈钢S31608	
五	其他			
1	压缩空气储存罐		碳钢内涂防锈漆	
2	电热水箱		不锈钢S30408	
3	盐酸储罐、计量箱		碳钢衬胶、玻璃钢	衬胶2层，厚度4.5mm
4	盐酸喷射器		碳钢衬胶或衬聚丙烯、玻璃钢	
5	氢氧化钠储存罐、计量箱		碳钢衬胶、碳钢	衬胶2层，厚度4.5mm
6	碱喷射器		碳钢衬胶或衬聚丙烯、不锈钢	
7	92.5%以上浓硫酸储存罐、计量箱		碳钢	
8	硫酸喷射器		碳钢衬聚四氟乙烯	
9	酸雾吸收器		碳钢衬胶、高密度聚乙烯	衬胶2层，厚度4.5mm
10	次氯酸钠储存罐及溶液箱		碳钢衬丁基橡胶	衬胶2层，厚度4.5mm
11	氯化钠溶液储存罐及计量箱		碳钢衬胶或涂防腐涂料、玻璃钢	衬胶2层，厚度4.5mm；涂料厚底0.8～1.5mm
12	混凝剂、助凝剂、还原剂阻垢剂和稳定剂溶液箱		碳钢衬胶、高密度聚乙烯	衬胶2层，厚度4.5mm
13	氨水、联氨、磷酸盐溶液箱		碳钢衬胶、不锈钢S30408	
14	尿素溶液罐		不锈钢S30408	
15	液氨储罐		Q345R	

2. 主要管道材质及防腐要求

火力发电厂化学部分管道材质及内防腐根据其所处的环境、要求的防腐蚀年限并结合安全、经济因素综合考虑确定。主要管道材质及防腐要求见表15-11。表15-11中，衬塑管用内衬材料可采用聚乙烯、聚丙烯和聚四氟乙烯，衬塑层厚度为3～5mm，需根据输送介质及温度条件确定。衬胶管用内衬材料一般采用半硬橡胶，衬胶一层，厚度为3mm。塑料管可采用聚乙烯、聚丙烯、硬聚乙烯和聚四氟乙烯，需根据输送介质及温度条件确定。

表15-11 主要管道材质及内防腐要求

序号	管道名称	材质及内防腐方法	备注
1	过滤器前清水管	淡水：碳钢、碳钢衬胶或衬塑； 海水：玻璃钢、钢衬塑或衬胶、钢塑复合管、塑料	淡水用于反渗透预处理系统管道应采用碳钢衬胶或衬塑
2	过滤器后清水管	淡水：不锈钢、碳钢衬胶或衬塑； 海水：玻璃钢、钢衬塑或胶、钢塑复合管、塑料	淡水用于反渗透预处理系统管道应采用碳钢衬胶或衬塑
3	污水管	碳钢衬胶或衬塑	
4	再生水管	碳钢衬胶或衬塑	
5	高压海水管	不锈钢S25073或S31252	
6	浓海水管	不锈钢S25073或S31252	

续表

序号	管道名称	材质及内防腐方法	备注
7	低压海水管	玻璃钢、碳钢衬塑、塑料	
8	预脱盐水管	不锈钢、钢塑复合管、钢衬胶或衬塑	
9	膜系统清洗水管	钢塑复合管、钢衬胶或衬塑、塑料	
10	除盐水管	钢衬胶或衬塑、不锈钢 S30408	
11	离子交换器前凝结水管	碳钢	
12	离子交换器出水至加氨点后 1m 凝结水管	不锈钢 S30408	
13	盐酸管	碳钢衬胶或衬塑、塑料	
14	92.5%以上浓硫酸管	碳钢、碳钢衬聚四氟乙烯、聚四氟乙烯	
15	稀硫酸管	碳钢衬聚四氟乙烯、聚四氟乙烯	
16	氢氧化钠管	碳钢衬胶或衬塑、不锈钢 S30408	
17	混凝剂管	碳钢衬胶或衬塑、塑料、钢骨架塑料复合	
18	助凝剂、还原剂、阻垢剂管	碳钢衬胶或衬塑、塑料、钢骨架塑料复合、不锈钢 S30408	
19	氯化钠溶液管	钢衬胶或衬塑、塑料、钢骨架塑料复合	
20	氨、联氨、磷酸盐溶液管	不锈钢 S30408	
21	液氯管	碳钢	
22	氯水及次氯酸钠溶液管	钢衬 PVC、PVC、UPVC、CPVC	
23	稳定剂溶液管	碳钢衬胶或衬塑管、塑料管、不锈钢	不锈钢不适用含氯离子稳定剂
24	氯气管	紫铜、碳钢	
25	氢气管	不锈钢、紫铜	
26	氧气管	铜合金、紫铜、不锈钢	氧气瓶至汇流排的母管（≥9.8MPa）应采用铜合金或紫铜；母管出口减压后，可采用不锈钢
27	氨气管	碳钢、不锈钢	
28	尿素溶液管	不锈钢	

3. 主要阀门材质及防腐要求

火力发电厂化学部分阀门材质及内防腐根据其所处的环境、要求的防腐蚀年限并结合安全、经济因素综合考虑确定。主要阀门材质及内防腐要求见表 15-12。

表 15-12 主要阀门材质及内防腐要求

序号	阀门类别及介质名称	材质及内防腐方法	备注
1	蝶阀（淡水、软化水、除盐水）	阀板：碳钢、碳钢衬胶或衬塑、不锈钢 S30408；密封圈：橡胶	
2	蝶阀（海水）	阀板：不锈钢 S25073 或 S31252、不锈钢 S31603 表面喷涂三氟氯乙烯或乙烯共聚物等；密封圈：橡胶	水中次氯酸钠超过 5mg/L 时，宜采用氯磺化聚乙烯橡胶（Hypalon）或聚四氟乙烯
3	衬胶隔膜阀	阀体及过流部件材质：钢衬胶、PP 或聚四氟乙烯	水中次氯酸钠超过 5mg/L 时，宜采用氯磺化聚乙烯橡胶（Hypalon）或聚四氟乙烯
4	其余形式阀门（海水）	不锈钢 S25073 或 S31252、塑料	

续表

序号	阀门类别及介质名称	材质及内防腐方法	备注
5	其余形式阀门（软化水、除盐水）	阀体及过流部件材质：不锈钢 S30408	
6	其余形式阀门（盐酸）	阀体及过流部件材质：碳钢衬胶或衬塑、塑料	
7	其余形式阀门（92.5%以上浓硫酸）	阀体及过流部件材质：碳钢、碳钢衬聚四氟乙烯、聚四氟乙烯	
8	其余形式阀门（稀硫酸）	阀体及过流部件材质：碳钢衬聚四氟乙烯、聚四氟乙烯	
9	其余形式阀门（混凝剂）	阀体及过流部件材质：碳钢衬胶或衬塑、塑料	
10	其余形式阀门（助凝剂、还原剂、阻垢剂）	阀体及过流部件材质：碳钢衬胶或衬塑、塑料、不锈钢 S30408	
11	其余形式阀门（氯化钠溶液）	阀体及过流部件材质：钢衬胶或衬塑、塑料	
12	其余形式阀门（氨、联氨、磷酸盐溶液）	阀体及过流部件材质：不锈钢 S30408	
13	其余形式阀门（氯水及次氯酸钠溶液）	阀体及过流部件材质：聚氯乙烯（PVC）	
14	其余形式阀门（稳定剂）	阀体及过流部件材质：碳钢衬胶或衬塑管、塑料管、不锈钢	

四、构筑物及沟道防腐设计

火力发电厂化学部分构筑物及沟道的腐蚀基本为淡水腐蚀、海水腐蚀和特殊介质的浸泡腐蚀，采用的腐蚀防护方法是选择耐蚀材料或应用覆盖层。

构筑物及沟道防腐根据其所处的环境、要求的防腐蚀年限并结合安全、经济因素综合考虑确定。主要构筑物及沟道防腐要求见表 15-13。

表 15-13　　　　　　　　　主要构筑物及沟道防腐要求

序号	构筑物及沟道名称	防腐方法	备注
1	化学药品储存及计量间地面	涂防腐涂料、花岗石、衬耐酸瓷砖或环氧玻璃钢	涂层厚度 2~3mm；环氧玻璃钢 4~6 层
2	酸、碱废水池及排水沟	涂防腐涂料、花岗石、衬耐酸瓷砖、环氧玻璃钢或环氧乙烯基涂料	涂层厚度 2~3mm；环氧玻璃钢 4~6 层
3	酸、碱性水排水沟盖板	混凝土盖板涂防腐涂料或衬环氧玻璃钢、玻璃钢格栅	涂层厚度 2~3mm；环氧玻璃钢 4~6 层
4	除盐间、化验室地面	涂防腐涂料、花岗石或耐酸防滑砖	涂层厚度 2~3mm
5	中间水池	涂防腐涂料、衬环氧玻璃钢	涂层厚度 2~3mm；环氧玻璃 4~6 层
6	澄清池、滤池	淡水：涂防腐涂料；海水：涂防腐涂料、衬环氧玻璃钢、衬花岗岩	涂层厚度 0.8~1.5mm；涂层厚度 2~3mm；环氧玻璃 4~6 层
7	化学药品储存及计量间墙裙	防腐涂料、花岗石、耐酸瓷砖	涂层厚度 2~3mm

第三节　保　温　设　计

一、保温结构形式

根据输送介质参数及外部环境，火力发电厂化学部分设备及管道主要有热力保温、防烫伤保温和防冻保温等三种方式。

保温结构一般由保温层和保护层组成，根据设备和管道所处的环境，增加伴热装置和防潮层。保温结构主要形式有如下几种：

（1）基本的保温结构由保温层和保护层组成。

（2）露天布置的水管道、碱管道仅靠采用保温来防止结冰比较困难时，加装伴热装置。

（3）处在潮湿环境中的低温设备和管道，在保温层外增设防潮层。

带伴热装置的保温结构示意如图 15-1 和图 15-2 所示。

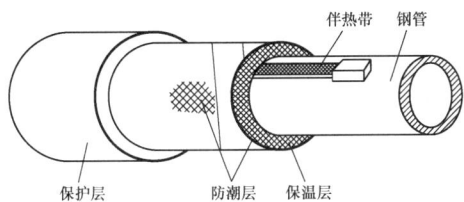

图 15-1 带电伴热带的保温结构示意

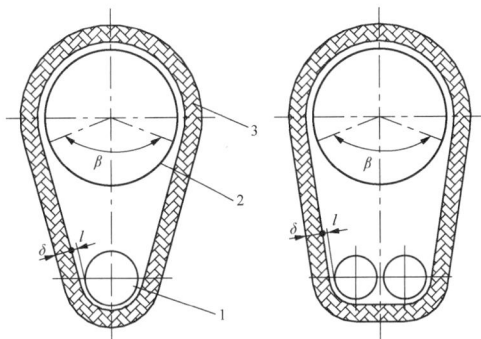

图 15-2 蒸汽（热水）伴热的管道保温结构示意
1—蒸汽（热水）伴热管；2—管道；3—保温层

二、保温设计主要原则

1. 伴热装置设计主要原则

（1）防止露天布置水箱及管道在冬天结冰，通常仅靠采用保温来实现比较困难，如停运时间较长，可根据实际情况选用完全放净水箱及水管内存水、蒸汽（热水）伴热或加装自动调温的电伴热装置等专门的预防措施。

（2）防止露天布置碱储罐及碱管道在冬天结晶，可根据实际情况选用蒸汽（热水）伴热或加装自动调温的电伴热装置等专门的预防措施。

（3）蒸汽（热水）伴热设计应根据介质特性、供汽（水）条件并结合安全、经济因素综合考虑确定。

（4）电热带产品的结构类型应根据使用环境确定。一般场合下选用通用型，腐蚀性环境或有易燃易爆物品的场所选择防腐防爆增强型电伴热带。防冻传感器要安装在设备及管道的上部，不能将防冻传感器直接和伴热装置接触，这样就不能准确地检测到管道的实际温度。

2. 保温层设计主要原则

（1）在保温材料物理化学性能满足工艺要求的前提下，应优先选用热导率小、密度小、造价合理、施工方便的保温材料。火力发电厂常用保温材料性能见表 15-14（摘自 DL/T 5072—2007《火力发电厂保温油漆设计规程》）。

表 15-14   常用保温材料性能参考表

序号	保温材料		使用密度（kg/m^3）	推荐使用温度（℃）	抗压强度（MPa）	热导率（λ_0，70℃）[$W/(m \cdot K)$]	热导率参考方程
1	膨胀珍珠岩制品		220	400	0.4	0.065	$\lambda = \lambda_0 + 0.00012(t_m - 70)$
2	硅酸钙制品		170	550	0.4	0.055	$\lambda = \lambda_0 + 0.00011(t_m - 70)$
			220		0.5	0.062	
3	硅酸铝棉制品	毯	64	800	—	0.056	$t_m \leq 400℃$时，$\lambda_L = \lambda_0 + 0.0002(t_m - 70)$；$t_m > 400℃$时，$\lambda_H = \lambda_L + 0.00036(t_m - 400)$
		毡	96				
		板	128				
		壳	192				
4	岩棉、矿渣棉及其制品	棉	40~150	600	—	≤0.044	$\lambda = \lambda_0 + 0.00018(t_m - 70)$
		毡	60~100	400		≤0.049	
		板	60~200	350		≤0.044	
		管	60~200	350		≤0.044	
5	玻璃棉及其制品	棉	40	300	—	0.042	$\lambda = \lambda_0 + 0.00017(t_m - 70)$
		板	40~48			≤0.044	
			64~96			≤0.042	

序号	保温材料		使用密度（kg/m³）	推荐使用温度（℃）	抗压强度（MPa）	热导率（λ_0, 70℃）[W/（m·K）]	热导率参考方程
5	玻璃棉及其制品	管	≥45	300	—	≤0.043	$\lambda = \lambda_0 + 0.00017（t_m - 70）$
		毡	40			≤0.048	
			48			≤0.043	
6	复合硅酸盐涂料及其制品	涂料	180～200	550	—	0.065	$\lambda = \lambda_0 + 0.00017（t_m - 70）$
		毡	60～80	450		≤0.050	$\lambda = \lambda_0 + 0.00015（t_m - 70）$
			80～110	500		≤0.050	
		管	80～130	500		≤0.055	

（2）保温材料及其制品的推荐使用温度应高于设备和管道的设计温度或介质的最高温度。

（3）阀门、弯头等异形件的保温层材料可以选择软质保温材料或保温涂料，当采用复合硅酸盐绝热涂料保温时，宜热态施工。

（4）外径小于38mm管道的保温层材料选择普通硅酸铝纤维绳。

（5）潮湿环境中（如地沟等）的低温设备和管道的保温层材料选择憎水性材料，如憎水硅酸钙制品、憎水膨胀珍珠岩制品、憎水复合硅酸盐制品等。

（6）设备和管道保温伸缩缝和膨胀间隙的填塞材料根据介质温度选用软质纤维状材料，高温时选用普通硅酸铝纤维，中低温时选用岩棉、矿渣棉或玻璃棉等。设计时应列出缝隙的填塞材料，施工应按设计文件要求进行填塞。

3. 保护层设计主要原则

（1）火力发电厂内大部分保温的设备、管道及其附件，推荐采用金属保护层，金属保护层推荐采用铝合金板。

（2）其他非金属保护层材料如玻璃丝布、玻璃钢和抹面等根据投资状况、机组容量、布置环境和保温材料的性能等因素综合决定。比如，水汽取样管道采用玻璃丝布，部分保温设备采用抹面保护层材料等。

4. 防潮层设计主要原则

（1）防潮层材料应具有抗蒸汽渗透性能、防水性能和防潮性能，且吸水率不大于1%。

（2）防潮层材料应具有化学性能稳定、无毒且耐腐蚀等特性，并不得对绝热层和保护层材料产生腐蚀和溶解作用。

（3）防潮层的材料以沥青类胶泥中间加玻璃纤维布现场涂抹、合成高分子防水卷材、高聚物改性沥青防水卷材等为主。

三、主要技术要求

1. 伴热装置技术要求

（1）电伴热带技术要求。

1）根据设备及管道的最高运行温度及需维持温度选定电伴热带的最高承受温度和最高维持温度。

2）电伴热带与电源盒的连接在易燃易爆场合必须采用防爆接线盒，一般场合可将导线绞接或焊接后用快干胶或热缩套管密封。

电伴热带终端在易燃易爆场合必须采用防爆接线盒，一般场合可用快干硅胶或热缩套管密封。

电伴热带的分叉和接长必须采用防爆接线盒，一般场合可将导线绞接或焊接。

3）电伴热带的功率根据设备管道及其附件的总散热量来确定。电伴热带的总长度根据总功率及选定的电伴热带型号决定。电厂常用电伴热带主要性能见表15-15（数据源于某厂商资料）。

表15-15　电伴热带主要参数表

系列	最高维持温度（℃）	最高承受温度（℃）	标称功率（W/m）
低温型	65	90	5～40
中温型Ⅰ	85	110	10～50
中温型Ⅱ	105	130	20～60
高温型	135	160	20～80

4）电伴热带的最大使用长度与电源电压、功率规格、线芯截面及使用时的长度有关。如果要求使用长度超过电伴热带的最大使用长度，应该另接电源。

5）采用电伴热时，电伴热带应缠绕在容器中下部，通常不超过容器高度的2/3，一般为1/3；沿管道平行敷设的电伴热带安装在管道下方，且与管道横截面的水平轴线呈 45°角，若用 2 根电伴热带要对称敷设。

6）非金属管道的电伴热，应在管外壁与电伴热带之间夹一金属片（铝箔），以提高伴热效果。

（2）蒸汽（热水）伴热技术要求。

1）根据设备及管道的最高运行温度、需维持温度及总散热量来选定蒸汽（热水）的参数。

2）蒸汽（热水）伴热的加热盘管应布置在容器底部；沿管道平行敷设的伴热管道安装在管道下方，若伴热管道为 2 根时，三根管道的中心为等腰三角形。

2. 保温层技术要求

（1）保温层厚度宜以 10mm 为分档单位，硬质保温制品最小厚度宜为 30mm。保温层厚度大于 80mm 时，保温层应分层敷设，每层厚度应大致相等。

（2）使用纤维状或颗粒状松散保温材料时，应根据材料的最佳保温密度或保证其在长期运行中不致塌陷的密度而规定其施工压缩量。

（3）安全阀后对空排汽管道的保温层应采取加固措施。

（4）转动机械的保温宜采用留置空气层的保温结构，当其保温层厚度小于加固肋高度时，也可以对保温层厚度进行调整。

（5）伸缩缝技术要求。

1）采用硬质保温制品的保温层应设置伸缩缝，伸缩缝应设置在支吊架、法兰、加固肋、支承件或固定环等部位。

2）伸缩缝间距：高温可为 3～4m，中低温可为 5～7m。伸缩缝宽度宜为 20～25mm，高温时取上限，低温时取下限，缝间应满塞软质保温材料。

3）分层保温时各层伸缩缝应错开，错缝间距不应大于 100mm。

（6）支承件技术要求。

1）立式设备和管道、水平夹角大于 45°的斜管和卧式设备的底部，其保温层应设支承件。支承件的位置应避开阀门、法兰等管件。设备和立管，支承件应设在阀门、法兰等管件的上方，其位置不应影响螺栓的拆卸。

2）支承件所选用的材料应与介质的温度相适应。

介质温度小于 430℃时，支承件可采用焊接承重环；介质温度高于 430℃时，支承件应采用紧箍承重环。当不允许直接焊于设备或管道上时，应采用紧箍承重环；直接焊于不锈钢上时，应加焊不锈钢垫板。

3）采用软质保温材料及其半硬质制品时，为了保证金属保护层外形整齐美观，应适当设置金属骨架以支承金属保护层。

4）支承件的承面宽度应比保温层厚度少 10～20mm。

5）支承件的间距：对设备或平壁可为 1.5～2m；

对管道，高温时可为 2～3m，中低温时可为 3～5m；管道采用软质毡、垫保温时宜为 1m；卧式设备应在水平中心线处设支承件。

（7）固定件技术要求。

1）管道、平壁和圆筒设备的保温层，硬质材料保温时，宜用钩钉或销钉固定；软质材料保温时，宜用销钉和自锁垫片固定。

2）直接焊接于不锈钢设备或管道上的固定件，必须采用不锈钢制作，当固定件采用碳钢制作时，应加焊不锈钢垫板。

3）硬质或半硬质保温制品保温时，钩钉、销钉宜根据制品几何尺寸设在缝中作攀系保温层的桩柱之用，钉之间距 300～610mm；软质材料保温时，钉之间距不应大于 350mm。每平方米面积上钉的个数：侧面不应少于 6 个，底部不应少于 8 个。对有振动的地方，钩钉或销钉应适当加粗、加密。钩钉、销钉可选用 $\phi3～\phi6$ 的镀锌铁丝或低碳钢制作。

4）凡施焊后须进行热处理的设备，其上的焊接固定件宜在设备制造厂预焊。

（8）捆扎件技术要求。

1）保温层应采用镀锌铁丝或镀锌钢带捆扎，镀锌铁丝应用双股捆扎。

2）捆扎间距：硬质保温制品不应大于 400mm，半硬质保温制品不应大于 300mm，软质保温材料不应大于 200mm。

3）保温层分层敷设时，应逐层捆扎；每块保温制品上至少要捆扎两道；对有振动的部位应适当加强捆扎。

3. 保护层技术要求

（1）金属保护层的技术要求。

1）硬质保温制品的金属保护层纵向接缝采用咬接；软质保温材料及其半硬质制品的金属保护层纵向接缝采用插接或搭接，搭接尺寸大于 30mm。

2）金属保护层的环向接缝可采用搭接或插接，搭接尺寸大于 50mm。

3）金属保护层具有整体防水功能。室外布置或潮湿环境中的设备和管道，采用嵌填密封剂或胶泥严缝，安装钉孔处采用环氧树脂堵孔。安装在室外的支吊架管部穿出金属保护层的地方在吊杆上加装防雨罩。

4）大型设备、储罐保温层的金属保护层，采用压型板或做出垂直凸筋，并采用弹簧连接的金属箍带环向加固。风力较大地区室外布置的大型设备、储罐设加固金属箍带，加固金属箍带之间的间距小于 450mm。

5）直管段上为热膨胀而设置的金属保护层环向接缝采用活动搭接形式。活动搭接余量能满足热膨胀的要求，且不小于 100mm。

6）硬质保温材料，活动环向接缝应与保温层的伸缩缝设置相一致；软质保温材料及其半硬质制品，活动环向接缝间距：中低温管道为 4000～6000mm，高温管道为 3000～4000mm。

7）采用铝合金板保护层时，管道选用 0.50～1.00mm 厚度，设备选用 0.60～1.00mm 厚度。

（2）非金属保护层的技术要求。

1）当采用抹面保护层，管道保温层外径小于 200mm 时，抹面层厚度宜为 15mm；保温层外径大于 200mm 时，抹面层厚度宜为 20mm；平面（平壁）保温时，抹面层厚度宜为 25mm。

2）露天的保温结构如采用抹面保护层，应在抹面层上包缠毡、箔或布类保护层，并应在包缠层表面涂敷防水、耐候性涂料。

3）室内玻璃布保护层可采用聚醋酸乙烯乳液作为玻璃布与抹面间的黏合剂，玻璃布表面应涂敷防水、耐候性涂料。玻璃布环向、纵向至少应搭接 50mm。

4）外径小于 38mm 管道的保温层为紧密缠绕单层或多层（多层时应反向回绕，缝隙错开）纤维绳时，应在纤维绳外用 ϕ1.2 镀锌铁丝反向缠绕加固，再外包 0.1mm 厚的低碱玻璃布作保护层。

5）玻璃布保护层不应在室外应用。

4. 防潮层技术要求

（1）防潮层的结构为胶泥、玻璃纤维布或塑料网格布的形式。

（2）每层胶泥的厚度为 2～3mm。

（3）玻璃纤维布或塑料网格布的环向、纵向接缝搭接不小于 50mm。

四、主要计算公式

1. 热力保温层厚度计算

热力保温设备及管道的保温层厚度按允许散热损失方法计算，具体如下。

（1）平面单层保温按式（15-2）计算

$$\delta = 1000\lambda \left(\frac{t - t_a}{[q]} - \frac{1}{\alpha} \right) \quad (15\text{-}2)$$

式中　δ——保温层厚度，mm；

　　　λ——保温层材料热导率（导热系数），取值见表 15-14，W/（m·K）；

　　　t——设备外表面温度，℃；

　　　t_a——环境温度，取值见 DL/T 5072—2007《火力发电厂保温油漆设计规程》附录 D.1，℃；

　　　$[q]$——保温结构外表面允许最大散热损失，取值见表 15-16，W/m²；

　　　α——保温结构外表面传热系数，取值见表 15-17，W/（m²·K）。

表 15-16　　　　保温结构外表面允许最大散热损失

介质温度 （℃）	常年运行工况 （W/m²）	季节运行工况 （W/m²）	介质温度 （℃）	常年运行工况 （W/m²）	季节运行工况 （W/m²）
50	58	116	400	227	314
100	93	163	450	244	—
150	116	203	500	262	—
200	140	244	500	262	—
250	163	273	550	279	—
300	186	296	600	296	—
350	209	308	650	314	—

表 15-17　　　　室内的设备及管道保温结构外表面传热系数

保温层外径 （mm）	金属保护层 [W/（m²·K）]	抹面 [W/（m²·K）]	保温层外径 （mm）	金属保护层 [W/（m²·K）]	抹面 [W/（m²·K）]
100	7.81	11.86	700	5.62	9.67
150	7.26	11.31	800	5.51	8.56
200	6.91	10.96	900	5.41	9.46
300	6.45	10.50	1000	5.31	9.37
400	6.15	10.20	1200	5.18	9.23
500	5.93	9.98	1500	5.04	9.08
600	5.76	9.81	平面	5.00	9.00

（2）管道单层保温按式（15-3）、式（15-4）计算

$$D_1 \ln \frac{D_1}{D_0} = 2000\lambda \left(\frac{t-t_a}{[q]} - \frac{1}{\alpha} \right) \quad (15\text{-}3)$$

$$\delta = \frac{1}{2}(D_1 - D_0) \quad (15\text{-}4)$$

式中　δ——保温层厚度，mm；
　　　λ——保温层材料热导率（导热系数），取值见表 15-14，W/（m·K）；
　　　t——设备外表面温度，℃；
　　　t_a——环境温度，取值见 DL/T 5072—2007《火力发电厂保温油漆设计规程》附录 D.1，℃；
　　　$[q]$——保温结构外表面最大允许散热损失，取值见表 15-16，W/m²；
　　　α——保温结构外表面传热系数，取值见表 15-17，W/（m²·K）；
　　　D_1——保温层外径，复合保温内层外径，mm；
　　　D_0——管道外径，mm。

2. 防烫伤保温层厚度计算

防烫伤保温设备及管道的保温层厚度按表面温度方法计算，具体如下。

（1）平面单层保温按式（15-5）计算

$$\delta = \frac{1000\lambda(t-t_s)}{\alpha(t_s-t_a)} \quad (15\text{-}5)$$

式中　δ——保温层厚度，mm；
　　　λ——保温层材料热导率（导热系数），取值见表 15-14，W/（m·K）；
　　　t——设备外表面温度，℃；
　　　t_a——环境温度，取值见 DL/T 5072—2007《火力发电厂保温油漆设计规程》附录 D.1，℃；
　　　t_s——保温结构外表面温度，℃；
　　　α——保温结构外表面传热系数，取值见表 15-17，W/（m²·K）。

（2）管道单层保温按式（15-6）、式（15-7）计算

$$D_1 \ln \frac{D_1}{D_0} = \frac{2000\lambda(t-t_s)}{\alpha(t_s-t_a)} \quad (15\text{-}6)$$

$$\delta = \frac{1}{2}(D_1 - D_0) \quad (15\text{-}7)$$

式中　δ——保温层厚度，mm；
　　　λ——保温层材料热导率（导热系数），取值见表 15-14，W/（m·K）；
　　　t——设备外表面温度，℃；
　　　t_a——环境温度，取值见 DL/T 5072—2007《火力发电厂保温油漆设计规程》附录 D.1，℃；

　　　t_s——保温结构外表面温度，℃；
　　　α——保温结构外表面传热系数，取值见表 15-17，W/（m²·K）；
　　　D_1——保温层外径，复合保温内层外径，mm；
　　　D_0——管道外径，mm。

3. 防冻保温层厚度计算

延迟管道内介质冻结的保温层厚度按热平衡方法计算，延迟管道内介质冻结的保温层厚度按式（15-8）、式（15-9）计算

$$\ln \frac{D_1}{D_0} = \frac{7.2\pi\lambda K_r \tau_{fr}}{\dfrac{2(t-t_{fr})(\rho_L c + \rho_{Lp} c_p)}{t+t_{fr}-2t_a} - \dfrac{0.25\rho_L H_{fr}}{t_{fr}-t_a}} - \frac{2000\lambda}{\alpha D_1}$$

$$(15\text{-}8)$$

$$\delta = \frac{1}{2}(D_1 - D_0) \quad (15\text{-}9)$$

式中　λ——保温层材料热导率（导热系数），取值见表 15-14，W/（m·K）；
　　　τ_{fr}——介质在管道内防止冻结停留时间，h；
　　　t_{fr}——介质冻结温度，℃；
　　　t_a——环境温度，取历年极端最低温度平均值，取值见 DL/T 5072—2007《火力发电厂保温油漆设计规程》附录 D.1，℃；
　　　ρ_L——介质线密度，kg/m；
　　　ρ_{Lp}——管道材料线密度，kg/m；
　　　c——介质比热容，kJ/（kg·K）；
　　　c_p——管道材料比热容，kJ/（kg·K）；
　　　H_{fr}——介质融解热，冰的融解热取 334.9，kJ/kg。

4. 带伴热保温层厚度计算

带伴热的设备及管道的保温层厚度按热平衡方法计算，具体如下。

（1）平面单层保温按式（15-10）计算

$$P = \frac{t-t_a}{\dfrac{\delta}{1000\lambda} + \dfrac{1}{\alpha}} \quad (15\text{-}10)$$

式中　δ——保温层厚度，取 20～100，mm；
　　　λ——保温层材料热导率（导热系数），取值见表 15-14，W/（m·K）；
　　　t——介质温度，℃；
　　　t_a——环境温度，取最低极端温度平均值，取值见 DL/T 5072—2007《火力发电厂保温油漆设计规程》附录 D.1，℃；
　　　P——电伴热功率，W；
　　　α——保温结构外表面传热系数，取值见表 15-17，W/（m²·K）。

（2）管道单层保温按式（15-11）计算

$$P_L = \frac{2\pi(t - t_a)}{\frac{1}{\lambda}\ln\frac{D_1}{D_0} + \frac{2000}{\alpha D_1}} \qquad (15\text{-}11)$$

式中　λ——保温层材料热导率（导热系数），取值见
　　　　　表 15-14，W/（m·K）；

　　　t ——介质温度，℃；

　　　t_a——环境温度，取最低极端温度平均值，取

值见 DL/T 5072—2007《火力发电厂保温
油漆设计规程》附录 D.1，℃；

　　　P_L ——电伴热功率，W/m；

　　　α ——保温结构外表面传热系数，取值见表
　　　　　15-17，W/（m²·K）；

　　　D_1——保温层外径，复合保温内层外径，mm；

　　　D_0——管道外径，mm。

第十六章

仪 表 和 控 制

第一节 概 述

一、电厂化学仪表种类

电厂化学仪表主要分为化学分析仪表和热工仪表两大类。化学分析仪表主要监测电厂化学各处理工艺中的工质参数，反映处理效果，以控制处理设备的运行；热工仪表则监测工艺介质的物理状态和特性参数，以监控和调节各设备的运行状态。

电厂化学仪表种类见表 16-1。

表 16-1　电 厂 化 学 仪 表 种 类

仪表种类		仪表名称
化学分析仪表	水分析仪表	浊度仪、pH 计、电导率表、硅表、氧化还原电位（ORP）表、余氯表、钠表、酸/碱浓度计、溶氧表、SDI 测定仪、余氯仪、COD 测定仪、工业酸度计、总磷测定仪、氨氮测定仪
	氢气分析仪表	氢中氧分析仪、氧中氢分析仪、氢气纯度计、露点仪、氢气检漏仪
	其他分析仪表	氢气检漏报警仪、氯气检漏报警仪
热工仪表		就地指示压力表、压力变送器、差压变送器、压力开关；就地温度计、热电阻、热电偶、温度变送器；就地指示液位计、液位变送器、液位开关；界面探测仪、泥位计、物位计；流量计、流量积算仪、流量开关

二、电厂化学各系统控制方式与仪表配置原则

随着电厂建设水平的不断提高，电厂自动化水平也在不断提高，电厂化学各系统根据电厂整体的自动控制水平设计，并逐步实现无人值守，其控制已不局限于常规 PLC（programmable logic controller，可编程序逻辑控制器），可采用 DCS（distributed control system，分散控制系统），也可采用基于现场总线系统的 PLC 或 DCS。

近年来，新建电厂多采用全厂辅助车间联网集中控制方式，以减少监控点。考虑到电厂化学专业系统较多、工艺较复杂，需要监视和操作的内容较多，因此根据电厂实际运行管理模式设置就地辅助控制点（操作员站），即在化学系统调试、启动初期、事故情况下，可通过设于就地电子设备间的就地上位机进行监控。

电厂化学各系统属于发电厂的辅助系统，仪表配置与控制方式应符合发电厂的总体水平和要求。必要的在线化学分析仪表和热工仪表应能够在线监测各系统进、出水水质和设备运行状态，作为自动控制系统判断设备运行终点或调节加药量的依据。

众所周知，自动化水平要求越高，对硬件和软件的要求就越高，在线仪表的配置应更加齐全，控制系统可靠性更高。当然，电厂自动化水平和仪表配置还应遵照"安全可靠、经济适用、符合国情"的原则，避免盲目追求高而全。

第二节 仪 表 设 置 要 求

一、原水预处理及锅炉补给水处理系统仪表设置要求

原水预处理、预脱盐和除盐水制备系统宜采用程序控制，自动控制范围及内容应根据工艺要求设计，主要包括澄清器（池）的排泥、过滤器（池）的反洗、药品的投加、膜装置的运行及保护、各类水箱（池）的液位控制、各类离子交换器的运行及再生等。再生水深度处理属于原水预处理范畴，其在线仪表设置要求与原水预处理系统相同。

原水预处理、预脱盐和电除盐、离子交换除盐系统在线仪表配置见表 16-2～表 16-4。

表 16-2 原水预处理系统在线仪表配置

位置	压力	压差表	温度	流量	浊度	pH 计	液位	备注
原水池							○	
原水泵出口母管				○				
澄清池进口			母管○	○				
澄清池出口					○			
滤池进水						石灰处理○		
滤池							○	
清水箱							○	
清水泵出口	●					石灰处理○		
压力式过滤器进口	●	进、出口间 ○		○				正洗水非进水时，流量表也可设在出口
压力式过滤器出口	●			母管○				
活性炭过滤器进口	●			○				正洗水非进水时，流量表也可设在出口
活性炭过滤器出口	●							
加热器出水			○					
加热器进汽	○		○					
超/微滤给水泵出口	●							
超/微滤保安过滤器进口	○	进、出口间 ○						
超/微滤保安过滤器出口	○							
超/微滤给水	○	压差可通过进出口压力表获取		○				
超/微滤产水	○			错流○ 母管○			浸没式膜池○	
超/微滤水箱							○	
超/微滤反洗水泵出口	○							
过滤器、超/微滤反洗水泵出口母管				○				
超/微滤产水泵出口	○							浸没式超滤需设高、低压保护
清洗箱			●				●	
清洗泵出口	●			●				
清洗保安过滤器进口	●							
清洗保安过滤器出口	●							
各类罐、箱、池							● ○	
各类泵、风机出口	●							

注 1. ●为就地仪表，○为远传仪表。
2. pH 测量装置仅用于加酸或加碱后的检测。
3. 当水源采用再生水等回收用水时，预处理系统最终出水应根据情况选择设置余氯仪、COD 测定仪、工业酸度计、总磷测定仪、氨氮测定仪等。有石灰筒仓时，筒仓宜设料位计。

表 16-3　　　　　　　　　　　　　　　　　预脱盐和电除盐装置在线仪表配置

位置	压力	温度	流量	电导率	pH 计	硅表	ORP 或余氯	液位	备注
RO 保安过滤器进口	○	母管○		母管○	母管○		还原剂加药点后○		
RO 保安过滤器出口	○								
RO 高压泵进口	○								并设低压报警
RO 高压泵出口	○								并设高压报警
RO 给水	每段○		○						
RO 产水	○		○	○					作为热网补给水时设 pH 计
RO 浓水	○		○						
RO 水箱								○	
EDI 给水泵出口	○								
EDI 保安过滤器进口	○								
EDI 保安过滤器出口	○								
EDI 给水	○		○						并设高压报警
EDI 产水	○		○	○			○		
清洗箱		●						●	
清洗泵出口	●		●						
清洗保安过滤器进口	●								
清洗保安过滤器出口	●								
各类罐、箱、池								●　○	
各类泵、风机出口	●								

注　1. ●为就地仪表，○为远传仪表。

2. ORP 或余氯表应设在还原剂加药点后。

3. 超滤进水视情况设置余氯表；超滤出口或 RO 进口设置 SDI 测量接口，视情况设置 SDI 自动测定仪。

4. 各类保安过滤器的进、出口压差可通过进、出口压力表获取，RO 的段间压差可通过给水、浓水压力表获取。

5. 二级 RO 进水如果加碱则增加 pH 计；脱气膜装置后设置 pH 计。

6. 硅表可合用多通道表计。

表 16-4　　　　　　　　　　　　　　　　　离子交换除盐系统在线仪表的配置

位置	压力	温度	流量	电导率	钠表	硅表	酸碱浓度计	液位	备注
阳床进口	●		○						
阳床出口	●				○ 并联时设				钠表也可用差式电导率替代
除碳水箱								●　○	
除碳水泵	●								
阴床进口	●								
阴床出口	●		○	○		○			
混床进口	●		○						
混床出口	●			○		○			

续表

位置	压力	温度	流量	电导率	钠表	硅表	酸碱浓度计	液位	备注
除盐水箱								● ○	
除盐水泵出水母管	○			○			○		
再生水泵出水母管			○						
喷射器或混合三通进水管			○						
喷射器或混合三通出液管							○		
热水箱	○	○						○液位开关	
各类罐、箱、池								● ○	
各类水泵出口	●								

注 1. ●为就地仪表，○为远传仪表。
　　2. 硅表可合用多通道表计。
　　3. 钠离子交换器和弱酸离子交换器出水应设累积流量表。

二、凝结水处理系统仪表设置要求

凝结水处理系统宜采用程序控制，主要包括凝结水处理系统的运行、过滤器反洗、离子交换树脂的输送和再生。

凝结水处理系统和再生系统的在线仪表配置分别见表 16-5 和表 16-6。

表 16-5　　　　　　　　　　　　　凝结水处理系统在线仪表的配置

位置	压力	温度	流量	电导率	氢电导率	钠表	硅表	pH 计	液位	备注
凝结水处理进水母管	○	○								
前置过滤器进口	○		○							
前置过滤器出口	○									
粉末树脂覆盖过滤器进口	○		○							
粉末树脂覆盖过滤器出口	○				○		○			后续无交换器时可设置分析仪表
阳床进口	○		○							
阳床出口	○			○	○*					后续有阳床、混床
					○					后续无阳床、混床
空气擦洗高速混床进口	○		○						顶部排水母管液位开关	
空气擦洗高速混床出口	○			○			○			混床按 H/OH 运行
					○	○				混床按 NH$_4$/OH 运行
阴床进口	○		○						顶部排水母管液位开关	
阴床出口	○			○**			○			
后置阳床进口	○		○						顶部排水母管液位开关	
后置阳床出口	○			○		○				
凝结水处理出水母管	○				○	○	○	○		粉末过滤器出口无需设钠表 仅当混床 NH$_4$/OH 运行时需设 pH 计
树脂捕捉器进口、出口	○									

续表

位置	压力	温度	流量	电导率	氢电导率	钠表	硅表	pH计	液位	备注
再循环泵出口	●		○							
旁路阀前	○									
旁路阀后	○									

注 1. ●为就地仪表，○为远传仪表。
　　2. 各类过滤器、离子交换器以及树脂捕捉器的进、出口压差可通过设备本体进、出口压力获取。
　　3. 凝结水处理出水母管应与粉末树脂覆盖过滤器，或混床、阴床，合用一块硅表。
　　4. 凝结水处理出水母管设置的化学分析仪表可设置在水汽集中取样装置上。
　*　阳床出口可通过检测电导率与氢电导率的差值，判断阳床是否失效。
　**　当阴床前阳床以氨型运行时，可改设氢电导率表。

表 16-6　　　　　　　　　　　　　　　凝结水处理再生系统在线仪表的配置

位置	压力	温度	流量	电导率	树脂界面测定装置	酸碱浓度计	液位
树脂分离罐冲洗水			○				
树脂分离罐（或树脂输送管道上）	●				○		
阳、阴树脂再生罐及储存罐进口	●						
阳、阴树脂再生罐及储存罐出口	●			○排水管			
阳、阴树脂再生罐及储存罐冲洗水			○				
热水箱	○	○					○液位开关
酸碱喷射器或混合三通进水			○				
酸碱喷射器或混合三通出口						○	
稀碱液管		○					
反洗及冲洗水泵出水母管			○				
罗茨风机出口	○						
压缩空气储气罐	●　○						
压缩空气减压阀后	●						
过滤器反洗用空气管	○						
至各设备用空气管（可与过滤器反洗用空气管共用）	○						
各类泵、风机出口	●						
计量泵出口缓冲器后	●						
各类罐、箱、池							●　○
排水管道废树脂捕捉器							○液位开关

注　●为就地仪表，○为远传仪表。

三、循环水处理系统仪表设置要求

循环冷却水补充水处理和循环水旁流处理宜采用程序控制。其处理工艺和设备类型与原水预处理、预脱盐和除盐水制备系统的相关设备基本相同，仪表的设置也基本相同，因此，其在线仪表的配置可参考表16-2～表16-4。

需要特别注意的是，二氧化氯发生器间、氯瓶间应设置氯气检漏报警仪。

四、海水淡化系统仪表设置要求

发电厂常用的海水淡化系统一般分为反渗透膜法海水淡化工艺和蒸馏法海水淡化工艺，均宜采用程序控制。反渗透膜法海水淡化工艺除了海水反渗透膜高压泵运行压力较高外，系统及仪表的设计与原水预处理和预脱盐部分的相关系统及仪表设计基本相同，仪表配置参见表 16-2 和表 16-3；蒸馏法海水淡化系统主要在线分析仪表设置要求如下：

（1）蒸馏淡化装置海水进口管宜设置余氯仪；

（2）加酸、碱后的管路上应设置 pH 计；

（3）多级闪蒸系统脱气后的管道宜设置溶氧分析仪；

（4）每套海水淡化装置产品水管路宜设置电导率仪；

（5）产品水箱（池）出口宜设置电导率仪、余氯仪、pH 计等。

五、工业废水处理系统仪表设置要求

工业废水处理宜采用程序控制。自动控制范围主要包括废水储存池的曝气氧化、废水 pH 调整及凝聚澄清设备的运行、澄清器的排泥、过滤器的反洗、药品的投加、各类箱（池）的液位控制、脱水机的运行等。

工业废水处理系统在线仪表配置详见表 16-7。

表 16-7　　　　　　　　　　工业废水处理系统在线仪表的配置

位置	压力	压差表	流量	浊度	pH 计	液位	备注
废水储存池					○	○	
废水储存池废水泵出口母管至 pH 调整槽			○				
废水储存池废水泵出口母管至最终中和池			○				
pH 调整槽					○		
最终中和池					○		
清净水池						○	
清净水池出口母管			○	○	○		
过滤器出口（如有）				○			
浓缩池污泥输送泵出口母管			○				
过滤器进、出口		○					
各类泵、风机出口	●						
计量泵出口缓冲器后	●						
各类罐、箱						●○	

注　●为就地仪表，○为远传仪表。

六、氢站系统仪表设置要求

火力发电厂氢站一般采用电解除盐水制氢系统或外购瓶装（或长管钢瓶拖车）氢气的供氢系统。为保障制（供）氢系统安全稳定运行和氢气的纯度，需设置必要的气体分析仪表和热工仪表（见表 16-8），用于制（供）氢系统的监视、调节、联锁和保护。电解除盐水制氢系统一般采用 PLC 程序控制，供氢系统一般采用人工控制。

表 16-8　　　　　　　　　　氢站系统在线仪表的配置

位置	压力	温度	流量	液位	氢中氧含量	氧中氢含量	氢气纯度	氢气露点	氢气检漏	备注
电解槽	○									
电解槽（氢侧）		○								
电解槽（氧侧）		○								
氢分离器				●○						
氧分离器	○			●○						
氢分离器出口	●○			○						

位置	压力	温度	流量	液位	氢中氧含量	氧中氢含量	氢气纯度	氢气露点	氢气检漏	备注
氧分离器出口	●○					○				
碱液循环泵出口		○	○							
氢洗涤器		●		●						
脱氧器加热器		○								
干燥器加热器		○								
氢气纯化干燥装置出口							○	○		
氢气汇流排至氢气储罐支管	●○									
氢气汇流排外供氢气管道	●○									
氢气储罐	●	●								
原料水箱				●○						
碱液箱				●○						
闭式冷却水（换热器后）		○	○							
闭式冷却水（换热器前）	○	●								
工业冷却水		●	○							
各类泵出口	●									
氢气压缩机进气	●○									
氢气压缩机排气	●○	○								
氢气压缩机冷却水	●○									
氢气汇流排减压阀后	●○									
氢气汇流排外供氢气管道								○		供氢系统
有爆炸危险房间									○	制（供）氢系统

注　1. ●为就地仪表，○为远传仪表。

　　2. 对于供氢系统，氢气汇流排外供氢气管道视情况设置氢气纯度仪。

　　3. 对于制氢系统，部分制氢设备厂家的控制原理有所不同，仪表配置和安装位置也略有不同。

第三节　联 锁 控 制 要 求

（1）各罐、箱、池出口的水泵及计量泵应与罐、箱、池的液位相联锁，罐、箱、池的液位低于联锁保护值时，水泵及计量泵应立即停运，中断相关运行步骤。

（2）各加药系统应根据药品添加和控制方式配置相关的监测仪表，计量泵的启、停应与流量信号和/或化学分析仪表信号联锁。

（3）当两台水泵（风机、计量泵）为一运一备时，可按联锁备用控制，一台水泵（风机、计量泵）出现故障时，备用水泵（风机、计量泵）可自动启动；三台及以上泵互为备用时，可根据出口自动阀门设置情况和系统要求进行联锁控制设计。

（4）对于不连续使用的易燃、易爆气体介质应人工控制气瓶阀门的启闭。

第十七章

化学实验室和仪器

第一节　化学实验室设计原则及设计应注意的问题

火力发电厂的化学实验室（简称化验室）就是分析检验的实验室，是为控制生产、技术改造，水、煤、油、日常所需药品的化验及其他科研工作而进行分析检验等工作的场所，化验工作是生产过程中重要的环节之一，起到确保安全稳定生产的重要作用。一般电厂均需设置比较完善的化学实验室，用于进行水、煤、油、日常所需药品的化验，以及机炉水汽质量监督工作，以便对电厂的运行状况进行分析判断，并指导电厂的运行。

一、化验室设计和化验仪器配置原则

为了满足发电厂水汽监测和日常运行监督的要求，化验室和仪器的设计应贯彻执行勤俭节约和实事求是的原则，以符合国情，确保发电厂安全生产的基本要求。

电厂化验室的设计应根据机组类型、机组参数、规划容量、同等规模电厂化验室设计经验、建设项目具体情况等因素综合确定。

二、化验室设计应注意的问题

1. 总体规划方面

火电厂化验室一般与化学水处理车间合建，应将此建筑物与周边环境相融合，充分考虑电厂周围的生态环境及总体规划。要充分考虑环境保护的要求，如污水和污物的处理、噪声防护、通风要求等。化验室的位置应尽量选择在清洁安静、采光充分、通风良好的场所，并应便于样品的采集，以及化验所用设备（如气瓶等）和药品的运输、更换和维修等，与外界经常有往来的实验室还应考虑交通便利等条件。

2. 设计要求方面

化验室的设计应以安全、环保、实用、持久、美观、经济、先进为设计理念。化验室的设计应保证足

够安全，有效划分安全区域，保证安全通道的通畅。做到布局合理，功能分区，每个实验室的面积和功能满足设计要求，设计中避免平面和空间的浪费。设计人员应合理提出每个实验室的结构、建筑、装修、电气、环境控制、给排水、供热通风、消防、工艺等方面要求，合理确定设备清单。

3. 建设标准方面

在化验室的设计中，一定要遵循相关设计标准和规程规范，化验室所配置的仪器设备能够满足电厂实际需要，保证结果的准确度，同时，避免设备闲置造成资源浪费。在新化验室的设计、装修上应多采用先进、环保型材料，以减少对化验结果的影响。

第二节　化验室设计

一、化验室工艺设计对相关专业的设计要求

（一）总体规划要求

1. 总平面规划

在设计时应配合总图专业在总体规划中合理安排，并应符合下列基本原则：

（1）化验室应布置在全厂主导风向的上风向，周围环境应清洁、无振动、无噪声。避免车间灰尘和有害气体对分析化验结果的影响。避免受振动、噪声及电磁场的影响。

（2）化验室一般应坐北朝南，远离遮光物，位置应光线充足、通风良好，创造良好的自然采光条件，并远离煤场和有污染的药品库。

（3）化验室宜集中布置，做到功能分区明确、布局合理、联系方便、互不干扰，且留有发展余地。

（4）使用有放射性、爆炸性、毒害性和污染性物质的独立建筑物或构筑物，在总平面中的位置应符合有关安全、防护、疏散、环境保护等规定。

（5）化验室与易燃、易爆品生产及储存区之间的安全距离应符合国家现行有关规范的规定。

（6）根据机组规划容量选择一次建成或者留有扩建余地。

（7）化验室一般多与化学水处理车间合建。入厂煤分析室一般布置在输煤综合楼内。

2. 化验室的火灾危险性和耐火等级

化验室建筑的火灾危险类型为丁类，设计耐火等级为二级，屋面防水设防等级为一级。

（二）化验室土建设计要求

1. 对窗户的要求

设置供热及空气调节的化验室，在满足采光要求的前提下，应减少外窗面积。设置空气调节的实验室外窗应具有良好的密闭性及隔热性。

2. 对门的要求

（1）一般化验室门主要向里开，但对于有爆炸危险的房间，房门应朝外开。门上设置观察窗。

（2）普通实验室双门宽以 1.1～1.5m 为宜，高度不应小于 2.10m。单门宽以 0.8～0.9m 为宜，高度不应小于 2.10m。

（3）室内面积超过 $40m^2$ 的房间应至少设置两个门，因条件限制只能设置一个门时，应适当加大门的宽度。

3. 对墙和地板的要求

（1）水、燃料、油等实验室的墙壁地面以上 1.2m 刷成油漆墙裙。

（2）水、燃料、油等实验室地面可采用水磨石或防静电地板。药品储藏室应采用耐腐蚀的地面。

（3）分析室房间内地面应根据需要满足耐酸、耐碱、耐油的要求。

4. 化验室的室内装饰

（1）化验室、走廊的地面及楼梯面层，应坚实耐磨、防水防滑、不起尘、不积尘；墙面应光洁、无眩光、防潮、不起尘、不积尘；顶棚应光洁、无眩光、不起尘、不积尘。

（2）化验室药品储藏室地面应具有耐酸、碱腐蚀的性能；用水量较多的实验室地面应设地漏。

（三）化验室供热通风设计要求

1. 通风的要求

化验室使用频繁，每次实验时间长，在实验过程中难免会产生一些有害气体，造成空气污染，对人的身体会产生不利影响。因此，为了防止化验室工作人员吸入或咽入一些有毒的、可致病的或毒性不明的化学物质和有机气体，化验室中应有良好的通风，化验室应根据工艺要求设置空气调节装置。

通风设备主要有：通风柜、通风罩或局部通风装置。需要注意有机溶剂进行前处理和使用电炉进行前处理的通风柜应分别布置在不同的化验室，局部排风装置和排风罩必须具有足够的功率，否则实际工作中难以满足使用要求。

（1）通风系统主要设计原则。

1）根据化验楼的结构特点，就近开设风井，划分排风和补风系统，管道系统做到"短、平、顺、直"，减小系统阻力，降低系统噪声。

2）排风和补风系统达到风量平衡，保持室内 $-5～-10Pa$ 的负压，防止有害气体的散溢，保证实验人员的身体健康。

3）夏天补冷风、冬天补暖风，保证室内温湿度的舒适性。

4）化验室的废气量少，可直接排出室外；但排出管必须高出附近房顶，对毒性较大或数量多的废气，可参考工业废气处理方法，如用吸附、吸收、氧化、分解等方法来处理。

（2）通风系统主要设计参数。

1）水分析室、油分析室、煤分析室等房间的通风柜。通风柜的进口风速应保持在一个合适的范围（通常是 0.3～0.5m/s），根据工作口实际面积确定排风量。通风设备及材料应防腐，其中油分析通风柜、煤分析通风柜的排风机和电动机应防爆且直接连接。

2）换气次数。产生有毒、有异味等有害气体的化验室应设置通风柜及机械排风装置。

3）风机采用耐腐蚀玻璃钢离心风机，系统可采用变频控制，以达到节能和降噪的目的。

2. 湿度和温度的要求

化验室要求适宜的温度和湿度。夏季的适宜温度应是 18～28℃，冬季为 16～20℃，湿度最好在 30%（冬季）～70%（夏季）之间。除特殊化验室外，温湿度对大多数理化实验影响不大，但是天平室和精密仪器室应根据需要对温湿度进行控制。

（四）化验室给排水设计要求

1. 给水系统的要求

分析化验室化验用水包括自来水和实验用纯水。火电厂化学试验用纯水通常采用除盐水泵出口水。实验用纯水共分三个级别：一级水、二级水、三级水。为保障实验室用纯水品质，满足精密仪器使用要求，有条件时应在相关化验室终端加装超纯水处理装置。

根据 GB/T 6682—2008《分析实验室用水规格和试验方法》的规定，分析实验室用水的规格见表 17-1。表 17-1 中，由于在一级水、二级水的纯度下，难于测定其真实的 pH 值，因此，对一级水、二级水的 pH 值范围不做规定。在一级水的纯度下，也难于测定可氧化物质和蒸发残渣，对其限量也不做规定，可用其他条件和制备方法来保证一级水的质量。

表 17-1　　分析实验室用水的规格

名称	一级	二级	三级
pH 值范围（25℃）	—	—	5.0～7.5
电导率（25℃）（mS/m）	≤0.01	≤0.10	≤0.50
可氧化物质含量（以 O 计）（mg/L）	—	≤0.08	≤0.4
吸光度（254nm，1cm 光程）	≤0.001	≤0.01	—
蒸发残渣（105℃±2℃）含量（mg/L）	—	≤1.0	≤2.0
可溶性硅（以 SiO_2 计）含量（mg/L）	≤0.01	≤0.02	—

注　摘自 GB/T 6682—2008《分析实验室用水规格和试验方法》。

不同等级实验用纯水的用途及制取方法见表 17-2。

表 17-2　　不同等级实验用纯水的用途及制取方法

名称	用途	制取方法
一级水	用于有严格要求的分析试验，如高效液相色谱分析用水	一级水可以采用二级水经过石英设备蒸馏或离子交换混床处理后，再经 0.2μm 微孔滤膜过滤制取
二级水	用于无机痕量分析等试验，如原子吸收光谱分析用水	二级水可用多次蒸馏或离子交换等方法制取
三级水	用于一般化学分析试验	可用蒸馏或离子交换等方法制取

2. 排水系统的要求

化验室都应有供排水装置，排水装置最好用聚氯乙烯管，接口用焊枪焊接。化学实验台尽可能都配备水管、水龙头、水槽、紧急冲淋器、洗眼器等，化验室的一般排水可直接排入下水管网，化验室的有害废水应采用专用收集桶进行收集。

（五）化验室电气仪表设计要求

（1）如与其他建筑合建可以共用一个配电室。当化验室单独设置时，应设置 220V/380V 配电室各种线路应分别配线并宜暗设。

（2）化验室照明应采用日光灯，要求 90%～100% 的光源直照在作业面，采光要均匀。化验台及天平室应有足够的照明度。通风柜内应设防爆密闭照明灯具。

（3）每个分析房间一般设置动力配电箱，每个化验台应设置电源插座，电源插座的进线开关应设漏电保护开关。所有用电仪器，均应有安全接地措施。

（4）在化学专业提出用电负荷时，还应考虑设备同时使用系数。

（5）一般用电和实验用电必须分开；对一些精密、贵重仪器设备，要求提供稳压、恒流、稳频、抗干扰的电源；必要时须建立不断供电系统，还要配备专用电源，如不间断电源（UPS）等。

（6）化验分析操作中可能散发有毒和有害气体的房间应该设气体检测报警器。

（7）水、煤分析的加热间内电源应有足够的容量，并设置电源箱，各电热设备应使用有地线的三孔插头。制样间内应设置 380V 动力电源，并应设电源箱。

二、化验室设计各个阶段的不同要求

火力发电工程的设计相关全过程通常包括初步可行性研究阶段、可行性研究阶段、初步设计阶段、施工图设计阶段等，每个阶段对设计的要求各不相同。

（一）初步可行性研究阶段

在此阶段，化验室的设计不是重点，只是在规划总平面布置的时候将化验楼的参考尺寸提供给相关专业。在专业的设计说明中也仅提出设置相应等级的化验楼。

（二）可行性研究阶段

此阶段中，根据机组类型和参数、规划容量等条件提出化验楼的初步尺寸。在专业的设计说明中简单描述化验楼内设置的化验室功能，并以此为依据给技术经济专业提出相关工程量。

如果属改建或扩建工程，应根据化验室建设的任务和基本要求进行方案设计。

（三）初步设计阶段

初步设计阶段的任务应根据可行性研究报告及其审批文件的要求，确定工程项目建设具体方案和投资规模。化验室的设计是在上一阶段的基础上，进一步细化具体设计方案，确定化验室的布置和主要仪器配置方案，说明设计意图。这是进行施工图设计的主要依据。

（四）施工图设计阶段

施工图设计阶段的任务应根据初步设计及其审批文件的要求，编制满足工程项目要求的施工图。在施工图设计中，化学专业应首先向下游专业：总图专业、结构专业、建筑专业、暖通专业、电气专业、水工专业等提出设计资料。提资的内容包括化验室设施布置图、化验室台柜布置图、上下水要求、电气负荷资料、电源插座的特殊要求、通风柜布置位置、空调的要求、通风机换气要求等。在施工图阶段应完成的设计图纸一般包括：化学实验设施布置图、化验室仪器清册、化验台订货图等。

化验室设施布置图卷册包括各化验室尺寸，各种试验台柜的布置等。化验室仪器清册卷册的设计依据是 DL/T 5004《火力发电厂试验、修配设备及建筑面积配置导则》。化验台订货图卷册包括各种台柜的订货图、材料要求等。

三、化验室的组成及布置

（一）化验室的组成

新建电厂一般只设置一个化验楼。化验楼由多个化验室组成，包括化验用房、公用设施用房等。

（1）化验用房包括水化验室、煤化验室和油化验室等。化验室的设置根据分析测试内容、分析频率以及仪器配置确定。煤化验包括入炉煤化验和入厂煤化验，一般分设，也可合并设置。入炉煤化验室通常简称煤化验室。

1）水化验室包括水分析室、水仪器室、天平室和高温炉加热间等。

2）煤化验室包括煤制样室、热量计室、煤分析室、加热间和天平间等。

3）油化验室包括油分析室、天平间、色谱气瓶间和色谱仪器分析间等。

4）入厂煤化验室包括采制样室、天平间、热量计室、工艺分析室、元素分析室、存样和储藏室等。入厂煤采样、制样和化验室面积根据每天来煤批次确定。

（2）公用设施包括化验人员办公室、化验室仓库和更衣室等。

（二）化验室面积定额

（1）化验室规划面积指标应按 DL/T 5004《火力发电厂试验、修配设备及建筑面积配置导则》的规定执行。

（2）发电厂有特殊的化验项目时，如 SF_6、抗燃油等，可适当增加面积。

（3）发电厂化验室的面积可按表 17-3 确定，各电厂可根据电厂机组容量及仪器配置情况进行增减。

表 17-3　化 验 室 面 积

用途	工作间类别	面积（m²）
公用	化验人员办公室	24
	化验室仓库	24
	更衣室	24
水	仪器室	24
	天平室	24
	分析室	72
	高温炉加热室	12
煤	制样室	24
	热量计室	12
	分析室	24
	加热间	12
	天平间	12

续表

用途	工作间类别	面积（m²）
油	分析室（包括天平间）	60
	色谱仪器分析间	24
合计		372

（4）入厂煤化验室的面积按每天来煤批次分为 3 档，各化验室面积可按表 17-4 确定。

表 17-4　入厂煤采样、制样和化验室

化验室类别	面积（m²）		
	每天来煤不大于 5 批量	每天来煤5 批量以上	每天来煤10 批量以上
采制样室	40	60	120
天平间	15	20	20
热量计室	20	20	40
工业分析室	30	40	40
元素分析室	15	20	20
办公室	15	20	40
存样和储藏室	15	20	20
合计	150	200	300

（三）化验室布置方案

（1）化验室可以单层布置也可以多层布置，可以单侧布置也可以双侧布置。

（2）根据国际人体工程学的标准，实验台与实验台通道划分标准（通道间隔用 L 表示）见表 17-5。

表 17-5　实验台与实验台通道划分标准

通道间隔 L（mm）	划分标准
$L>500$	一边可站人操作
$L>800$	一边可坐人操作
$L>1200$	一边可坐人，一边可站人，中间不可过人
$L>1500$	两边可坐人，中间可过人
$L>1800$	两边可坐人，中间可过人可过仪器

天平台、仪器台不宜离墙太近，离墙 400mm 为宜。为了在工作发生危险时易于疏散，实验台间的过道应全部通向走廊。

（3）化验室各房间设计的具体要求如下：

1）水、煤、油分析室。分析室内照明应良好，光源位置要利于分析测量、颜色判断。室内配备中央实验台、边台实验台、器皿柜、药品柜、通风柜、上下水及化验盆、通信设施、电冰箱等。水、油分析室尽量避开配电室，不宜放在配电室上方。

2）水、煤、油天平室。天平室靠近分析室，以方便测量使用，但是不要与高温室和有较强电磁干扰的房间相邻。天平室一般配备天平台等。

天平室内不能设置洗涤台，并禁止任何管道穿过室内，以免管道渗漏影响天平的维护和使用。

天平室避免阳光直接照射，光线要柔和。室内温度和湿度应尽可能保持稳定，空气要干燥，避免空气对流以减少环境条件对称量精度的影响。

天平间室内设置空调，附近不能有振动源，不应靠墙壁，天平台台面要坚固平整，并铺设胶垫减振。天平台台高约800mm，台宽约600mm为宜。

3）水、煤分析的加热间。加热间安装强力排风装置，加热间的台柜设置高温工作台。加热间地面采用水磨石，电热设备放在坚固的水磨石台面上。高温炉和恒温装置是常用设备，一般放置在高温工作台上，并分开放置。

4）仪器室。仪器分析室主要设各种大型精密分析仪器，同时也包括普通小型分析仪等。常配的试验台柜有：仪器台、实验台、通风柜、天平台、电脑台、洗涤台、器皿柜、药品柜等。仪器分析室照明应良好，室内设置空调，并应有上下水及化验盆。仪器分析室附近不能有振动源及易燃易爆和腐蚀性物质存在，以免干扰分析或发生意外。

放置原子吸收分光光度计、紫外-可见分光光度计的房间应尽量远离化验室，以防止酸、碱、腐蚀性气体等对仪器的损害，应远离辐射源。仪器台与窗、墙之间要有一定距离，便于对仪器的调试和检修。

5）气瓶间。气瓶间单独设置，气瓶保持最少的数量。气瓶放置在气瓶安全储存柜内，并牢牢固定。气瓶间布置的位置应考虑搬运的便利。气瓶间应保持良好的通风。

6）色谱仪器分析间。色谱仪器设备主要有气相色谱仪，具有计算机控制系统及数据处理系统，自动化程度很高。色谱仪器分析间设置仪器台（应离墙布置以便仪器维修）、万向排气罩、电脑台（一般在仪器台旁）、边台、洗涤台、试剂柜等。

7）煤分析热量计间。测热量的操作台便于观察温度的变化和操作，其位置避免阳光直接照射热量计。室温要求尽可能保持稳定。室内应设置空调，设有上下水及化验盆。

8）元素分析间。元素分析间内采光要良好，墙面要光洁。室内安装排风装置，地面要光滑坚硬的材质（如水磨石地面），室内应设置上下水及化验盆。元素分析间一般配备实验台、通风柜等。

9）煤制样间。煤制样间设置强力排风装置，室内地面上铺以适当面积的5mm以上厚度的钢板。煤制样间宜布置在一楼。

10）存样间和储藏室。室内低温、干燥，设置样品柜。

11）药品储藏室。由于很多化学试剂属于易燃、易爆、有毒或腐蚀性物品，故不要购置过多。储藏室仅用于存放少量近期要用的化学药品，且要符合危险品存放安全要求。药品储藏室房间干燥、通风良好，门窗应坚固。有毒危险药品放置在毒品柜里。

第三节　化验室仪器配置及功能

火力发电厂化验室仪器配置根据机组类型和参数的不同而有所不同。机组类型的影响主要是所用燃料的不同而导致的水、煤或油化验仪器配置的取舍。机组参数对仪器配置的差异体现在以超高压及亚临界机组和超临界与超超临界机组两大类进行划分。

一、水分析主要仪器配置及功能

（一）水分析主要仪器设备见表17-6。

表17-6　　　　　　　　　火力发电厂水分析主要仪器设备

序号	设备名称	规格	单位	数量		备注
				超临界与超超临界	超高压及亚临界	
1	电子精密天平	称量200g，感量0.1mg	台	2	1	
2	电光分析天平	电动，最大称量200g，感量0.1mg	台	2	1	
3	分析天平	称量200g，感量1mg	台	1	1	
4	箱形高温炉	最高炉温：1000℃（325mm×200mm×125mm）	台	1	1	带恒温装置
5	电热干燥箱	额定温度：250℃（350mm×450mm×450mm）	台	2	2	

续表

序号	设备名称	规　　格	单位	数量		备注
				超临界与超超临界	超高压及亚临界	
6	钠度计	测量范围：pNa0～7 精确度：pNa0.05 稳定性：pNa±0.02/2h 检出限：0.1μg/L	台	2	2	
7	电导率仪	测量范围：0～10^5μS/cm 精确度：±1.5%	台	2	2	
8	便携式数字电导率仪	测量范围：0～10^5μS/cm 精确度（满量程）：±1%	台	2	1	
9	便携式数字纯水电导率仪	测量范围：0～100μS/cm 精度等级：0.001 级	台	1	1	带自动温度补偿，流动电极杯
10	便携式纯水酸度计	精度等级：pH 0.005 级	台	2	1	
11	便携式溶氧仪	最低检测限：0.1μg/L	台	2	2	
12	便携式氧化还原电位测定仪		台	1		
13	酸度计	测量范围：pH＝0～14	台	2	1	
14	化验室酸度计	测量范围：pH＝0～14，每 2 值为一挡测量毫伏，0～±1400mV，200mV 为一挡 测量精度：±0.01 稳定性：漂移±0.02pH/8h	台	1	1	
15	分光光度计	波长范围：300～900nm 波长精度：±2nm（参考）	台	2	1	
16	微量硅比色计	测量范围：0～50μg/L	台	3	1	
17	白金蒸发皿和坩埚		g	100	60	
18	实体显微镜	100～200 倍	台	1	1	
19	生物显微镜		台	1	1	
20	便携式酸度计	测量范围：pH＝0～14	台	1	1	
21	玛瑙研钵		台	1	1	
22	电冰箱	180L	台	1	1	
23	原子吸收分光光度计	带石墨炉，自动进样器 精密度：小于 0.1% 测量范围：5～40℃ 温度分辨率：0.0001℃	台	1	—	
24	离子色谱仪	一次 1mL 进样量时，对阴离子最低检测限为： F：0.02μg/L CH_3COO^-：0.4μg/L $HCOO^-$：0.2μg/L Cl^-：0.1μg/L SO_4^{2-}：0.2μg/L	台	1	—	
25	紫外-可见分光光度计	波长范围：190～900nm 波长精度：±0.3nm 基线稳定性：0.004ABS/h 平坦度：0.001ABS	台	1	1	
26	总有机碳测定仪	灵敏度要求：可测定 TOC 小于 50μg/L 的水样	台	1	—	

（二）水分析质量监督

水质的分析应依靠在线化学仪表监督水汽质量，按 DL/T 677《发电厂在线化学仪表检验规程》的技术要求和检验条件，实施化学仪表实验室计量确认工作，确保在线化学仪表的配备率、投入率、合格率。根据 DL/T 246《化学监督导则》，通常情况下，机组运行过程中的人工监控项目应每班测定 1～2 次。水汽系统铜、铁的测定每月不少于 4 次，水质全分析每年不少于 4 次。运行中发现异常、机组启动或原水水质变化时，应依具体情况，增加测定次数和项目。

（三）水分析主要项目的测定

1. pH 值的测定

pH 值是水溶液中氢离子活度的表示方法。水溶液的 pH 值通常以玻璃电极为指示电极、饱和甘汞电极为参比电极进行测定。将规定的指示电极和参比电极浸入同一被测溶液中，成原电池，其电动势与溶液的 pH 值有关。通过测量原电池的电动势即可得出溶液的 pH 值。试验方法参见 GB/T 6904《工业循环冷却水及锅炉用水中 pH 的测定》。

使用仪器：酸度计。

2. 电导率的测定

电导率测定原理是溶解于水的酸、碱、盐等电解质，在溶液中电离成正、负离子，使电解质溶液具有导电能力，其导电能力的大小用电导率表示。电导率的测定采用电极法。试验方法参见 GB/T 6908《锅炉用水和冷却水分析方法电导率的测定》。

使用仪器：电导率仪器，测量范围 0.1～$10^6\mu$S/cm，电导电极。

3. 硬度的测定

水中硬度是水中钙离子和镁离子之和，硬度可按水中存在的阴离子的情况划分为碳酸盐硬度和非碳酸盐硬度两类。硬度的测定分为高硬度的测定和低硬度的测定，测定方法采用 EDTA 滴定法。硬度的测定方法参见 GB/T 6909《锅炉用水和冷却水分析方法硬度的测定》。

4. 浊度的测定（福马肼浊度）

浊度是由于不溶性物质的存在而引起液体透明度降低的量度。浊度的测量方法参见 GB/T 12151《锅炉用水和冷却水分析方法 浊度的测定》，该标准以福马肼悬浊液作标准，采用分光光度法，以比较被测水样透过光和标准悬浊液透过光强度进行定量。

使用仪器：分光光度计。

5. 酸度的测定

酸度是指水中含有能与强碱起中和作用的物质的量。酸度测定以甲基橙作为指示剂，用氢氧化钠标准溶液滴定到橙黄色为终点。测定方法参见 DL/T 502.5《火力发电厂水汽分析方法 第 5 部分：酸度的测定》。

6. 碱度的测定（指示剂法）

碱度表示水中 OH^-、CO_3^{2-}、HCO_3^- 量及其他一些弱酸盐类的总和，分为酚酞碱度和甲基橙碱度。测定方法参见 GB/T 15451《工业循环冷却水 总碱及酚酞碱度的测定》。

7. 化学需氧量的测定

化学需氧量是指在规定的条件下，用氧化剂处理水样，消耗的氧化剂相当的氧量。测量方法有高锰酸钾法和重铬酸钾法。测定方法参见 DL/T 502.22《火力发电厂水汽分析方法 第 22 部分：化学耗氧量的测定（高锰酸钾法）》和 DL/T 502.23《火力发电厂水汽分析方法 第 23 部分：化学耗氧量的测定（重铬酸钾法）》。

8. 溶解氧的测定

溶解氧的测定可以采用锰盐-碘量法，测定方法参见 GB/T 12157《工业循环冷却水和锅炉用水中溶解氧的测定》。

9. 氨氮的测定

氨氮是指水中以游离氨（NH_3）和铵离子（NH_4^+）形式存在的氮。氨氮的测定通常采用纳氏试剂分光光度法，原理就是碘化汞和碘化钾的碱性溶液与氨反应生成淡红棕色胶态化合物，其色度与氨氮含量成正比，通常可在波长 410～425nm 范围内测其吸光度，计算其含量。

使用仪器：分光光度计。

10. 水中其他成分的测定

水中其他成分的测定方法参考标准见表 17-7。

表 17-7　　　　　　　　　　　　　　　水中其他成分的测定参考标准表

项目	测定参考标准编号	标准名称
硅	DL/T 502.3	火力发电厂水汽分析方法 第 3 部分：全硅的测定（氢氟酸转化分光光度法）
	GB/T 12149	工业循环冷却水和锅炉用水中硅的测定
氯化物	DL/T 502.4	火力发电厂水汽分析方法 第 4 部分：氯化物的测定（电极法）
总碳酸盐	DL/T 502.6	火力发电厂水汽分析方法 第 6 部分：总碳酸盐的测定
游离二氧化碳	DL/T 502.7	火力发电厂水汽分析方法 第 7 部分：游离二氧化碳的测定（直接法）
	DL/T 502.8	火力发电厂水汽分析方法 第 8 部分：游离二氧化碳的测定（固定法）

续表

项目	测定参考标准编号	标准名称
铝	DL/T 502.9	火力发电厂水汽分析方法 第9部分：铝的测定（邻苯二酚紫分光光度法）
	DL/T 502.10	火力发电厂水汽分析方法 第10部分：铝的测定（铝试剂分光光度法）
硫酸盐	DL/T 502.11	火力发电厂水汽分析方法 第11部分：硫酸盐的测定（分光光度法）
	DL/T 502.12	火力发电厂水汽分析方法 第12部分：硫酸盐的测定（容量法）
磷酸盐	DL/T 502.13	火力发电厂水汽分析方法 第13部分：磷酸盐的测定（分光光度法）
	GB/T 6913	锅炉用水和冷却水分析方法 磷酸盐的测定
铜	DL/T 502.14	火力发电厂水汽分析方法 第14部分：铜的测定（双环己酮草酰二腙分光光度法）
氨	DL/T 502.15	火力发电厂水汽分析方法 第15部分：氨的测定（容量法）
	DL/T 502.16	火力发电厂水汽分析方法 第16部分：氨的测定（纳氏试剂分光光度法）
联氨	DL/T 502.17	火力发电厂水汽分析方法 第17部分：联氨的测定（直接法）
	DL/T 502.18	火力发电厂水汽分析方法 第18部分：联氨的测定（间接法）
氧	DL/T 502.19	火力发电厂水汽分析方法 第19部分：氧的测定（靛蓝二磺酸钠葡萄糖比色法）
	DL/T 502.20	火力发电厂水汽分析方法 第20部分：氧的测定（靛蓝二磺酸钠比色法）
余氯	DL/T 502.21	火力发电厂水汽分析方法 第21部分：残余氯的测定（比色法）
	GB/T 14424	工业循环冷却水中余氯的测定
全铁	DL/T 502.25	火力发电厂水汽分析方法 第25部分：全铁的测定（磺基水杨酸分光光度法）
亚铁	DL/T 502.26	火力发电厂水汽分析方法 第26部分：亚铁的测定（啉菲啰啉度分光光度法）
悬浮状铁	DL/T 502.27	火力发电厂水汽分析方法 第27部分：悬浮状铁的组分分析
硝酸盐	DL/T 502.30	火力发电厂水汽分析方法 第30部分：硝酸盐的测定（水杨酸分光光度法）
钙	DL/T 502.32	火力发电厂水汽分析方法 第32部分：钙的测定（容量法）
钠	GB/T 14640	工业循环冷却水及锅炉用水中钾、钠含量的测定

二、煤分析主要仪器配置及功能

（一）煤分析的主要项目

1. 入厂煤

在进厂来煤的运输工具上按规定的方法采取煤样，用于验收煤质。入厂煤的试验项目：全水分、空气干燥基水分、灰分、挥发分、发热量、全硫（S）。需车车采样，批批化验。

当更换新煤种时，新煤种试验项目包括全水分、空气干燥基水分、灰分、挥发分、发热量、全硫（S）、元素分析、煤的灰熔融性、可磨性系数、磨损指数等。其中元素分析、煤的灰熔融性、可磨性系数、磨损指数等项目，因电厂极少更换煤种，所以化验的次数不多，且不配备仪器。电厂不能试验的项目，必要时应送往部、网、地区发电用煤质量检验测试中心或电力科学研究院检测。

2. 入炉原煤样

在炉前输煤系统中，按规定的方法采取样品，用于准确计算煤耗和监控锅炉燃烧工况。上煤量的分析单元，各厂根据自己实际情况而定。

入炉煤的试验项目有：全水分；空气干燥基水分、灰分、挥发分和发热量，一般以一天的上煤量混合样作为分析检验单元，每24h化验一次；飞灰、煤粉细度，每班作一次。

（二）入炉煤分析主要仪器设备

入炉煤分析主要仪器设备可按表17-8确定。

表 17-8 　　　　　　　　　　　　　入炉煤分析主要仪器设备

序号	设备名称	规　格	单位	数量	备　注
1	电脑式量热仪	精密度：小于0.1% 测量范围：5～40℃ 温度分辨率：0.0001℃	台	2	

序号	设备名称	规格	单位	数量	备注
2	电子天平	电动,最大称量 200g,感量 0.1mg	台	1	
3	电热干燥箱	额定温度 250℃ (350mm×450mm×450mm)	台	2	
4	箱形高温炉	最高炉温 1000℃ (325mm×200mm×125mm)	台	1	
5	锤式破碎缩分机	进料口尺寸 100mm×125mm,最大给料尺寸 80mm	台	1	
6	密封式化验制样粉碎机	装料质量 100g,装料粒度小于 13mm,出料粒度 120~200 目,加工时间 0~12min	台	1	独头(配 6 个有编号的研钵)
7	自动振动筛机	垂直振打 149 次/min,水平回转 220 次/min	台	1	配 90μm、200μm 筛
8	硫元素测定仪		台	1	与入厂煤分析共用
9	灰熔点测试仪		台	1	

(三)入厂煤实验室主要仪器设备

入厂煤实验室主要仪器设备可按表 17-9 确定。

表 17-9　　　　　　　　　　　入厂煤实验室主要仪器设备

序号	设备名称	规格	单位	数量	备注
1	鄂式破碎机	给料最大尺寸小于 45mm,出料粒度小于 13mm,功率 1.5kW	台	1	
2	鄂式破碎机	给料最大尺寸小于 45mm,出料粒度小于 3mm,功率 1.5kW	台	1	
3	锤式破碎缩分机	给料最大粒度小于 10mm,出料粒度小于 3mm,功率 1.5kW	台	2	
4	封闭锤式破碎缩分机	出料粒度小于 13mm	台	2	
5	封闭锤式破碎缩分机	出料粒度小于 1~3mm	台	2	
6	封闭式振动粉碎机	装料粒度小于 13mm,出料粒度小于 0.2mm,功率 1.1kW	台	3	独头(配 5 个有编号的研钵)
7	方孔筛及圆孔筛	100mm/50mm/25mm/13mm/6mm/1mm 为方孔筛,3mm 为圆孔筛,0.2mm 为标准筛	台	1	每种规格各 1 节
8	鼓风干燥箱	内容积 450mm×450mm×450mm,最高温度 300℃,功率 4.0kW	台	2	
9	鼓风干燥箱	内容积 350mm×350mm×350mm,最高温度 300℃,功率 3.0kW	台	2	
10	高温炉	工作室尺寸 300mm×200mm×120mm,最高温度 1100℃,功率 4.0kW	台	3	带温控器
11	电子分析天平	称量 100~200g,感量 0.1g	台	4	
12	工业天平	称量 5.0kg,感量 0.1g	台	2	
13	热量计	精密度小于 0.2%,准确率小于 0.2%	台	3	
14	坩埚架		台	4	
15	搪瓷盘	大、中、小	台	60	
16	微机		台	1	
17	打印机		台	1	
18	增砣磅称	TGT—50 型	台	1	
19	硫元素测定仪		台	1	与入炉煤分析共用

注　仪器数量根据来煤批量适当增减。

（四）煤分析主要仪器的分类和功能

1. 制样设备

主要制样设备见表 17-10。

表 17-10 主 要 制 样 设 备

序号	设备名称	用途	设备要求
1	颚式破碎机	用于较大粒度煤的破碎	最大装料粒度达 100mm，出料粒度为 13～6mm 可调
2	破碎机	用于中型粒度煤的破碎，一般选用密封锤式破碎机	将给料粒度分别为小于 50mm 或小于 10mm 的煤破碎至 3～4mm 以下
3	粉碎机	密封式制样粉碎机（单头）制成分析煤样的设备	进料粒度小于 3mm，出料粒度小于 0.2mm

2. 筛分设备

主要筛分设备见表 17-11。

表 17-11 主 要 筛 分 设 备

序号	设备名称	用途	设备要求
1	方孔筛	用于煤样破碎筛分	制样需要配备煤样破碎筛分用的孔径分别为 100、50、25、13、6mm 的方孔筛各一个
2	圆孔筛	用于煤样破碎筛分	3mm
3	标准筛	用于煤样破碎筛分	1、0.2mm 的标准筛各一个
4	试验筛	煤粉细度需配备试验筛	筛网孔径 200μm 与 90μm 的筛各一个，并配备盖及底合
5	标准筛振筛机	对煤粉进行分级筛分的专用设备，代替人工筛分操作	与标准筛配套使用

3. 缩分设备

主要缩分设备见表 17-12。

表 17-12 主 要 缩 分 设 备

序号	设备名称	用途	设备要求
1	二分器（手动）	用于煤的缩分取样分析	当煤样粒度小于 13mm 时可采用二分器缩分，需配备大、中、小一套，缩分粒度分别为小于 13mm、小于 6mm、小于 3mm
2	试样自动缩分器	用于煤量较大时制样用，须将煤的粒度破碎到小于 25mm 以下时才允许缩分	缩分进料粒度小于 6mm，缩分等级为 1/2、1/4、1/8

4. 分析设备

主要分析设备见表 17-13。

表 17-13 主 要 分 析 设 备

序号	设备名称	用途	设备要求
1	鼓风干燥箱	用于测定煤中水分	带有自动控温装置和鼓风机，并能保持温度在 105～110℃ 范围内
2	箱式电阻炉	用于测定煤中灰分、挥发分	高温炉后部要装有烟囱（作灰分的炉子要求带有烟囱），要能耐 1100℃ 的高温，并能使温度恒定在 815±10℃ 和 900±10℃ 范围内
3	天平	称量质量，电子天平作工业分析用	最大称量 100～200g，感量为 0.1mg

续表

序号	设备名称	用　途	设备要求
4	工业天平	作全水分用，如发热量内筒水量不能自动测定则用此天平称量	最大称量4kg，感量为0.1g
5	热量计	测量煤的发热量的主要仪器	应使用电脑精密量热仪，其特点是测室探头由计算机自动读温和计算（温度的分辨率可达0.001K），仪器的精密度和准确度要求小于0.2%
6	煤中硫的测定仪	测量煤的硫含量	全硫与煤质计价、锅炉设备、环保有关所以要测定煤中全硫的含量，测硫一般采用库仑法、高温燃烧中和法和艾士卡法等

三、油分析主要仪器配置及功能

（一）火力发电厂油务质量监督

1. 电厂用油的种类和油务监督的内容

电厂内油务监督是化学监督的一个主要内容，对保证安全生产经济运行起着重要的作用。随着电力工业的迅速发展和技术进步，大容量、高电压发供电用油（含SF$_6$气体）设备的逐渐增多，电力用油的油务监督和管理也有了很大的改进和提高，本节主要介绍电厂运行油的监督管理。

电厂使用的主要油品有电气绝缘油和六氟化硫气体绝缘介质、汽轮机润滑油和磷酸脂抗燃油，其他一些用油如球磨机油、空压机油、真空泵油等归属于机械油品类，电厂油务监督的主要对象为电气绝缘油和汽轮机润滑油两大类。

电厂用油的油务监督和管理工作内容为：新油的验收保管；运行油的质量监督和维护；不合格运行油的更换、搜集和处理；设备、系统检修时的监督检查和验收；开展气相色谱法检测充油电气设备内的潜伏性故障；SF$_6$绝缘气体的验收监督和维护等。

电厂对油的监督维护由油化验室人员按照不同油品的质量标准和维护管理导则执行，而经常性的工作是运行油的质量监督维护。

2. 变压器油的作用及质量监督

（1）变压器油的作用。

1）绝缘作用：在电气设备中变压器油可将不同电位（势）的带电部分隔离开使其不至于造成短路，因油的绝缘强度要比空气大得多。

2）散热冷却作用：变压器在带电运行过程中由于线圈有电流通过而发热，如不将线圈内的热量散发出去会使铁芯内部温度升高，从而损坏线圈外部包覆的固体绝缘以致烧毁线圈。变压器油是把线圈内部产生的热量吸收，通过油的循环使热量散发出来。

3）灭弧作用：当油浸断路器在切断电力负荷时，会产生电弧，而且温度很高，如不把电弧产生的热量带走会使设备烧坏。但油浸断路器受到电弧作用时，

会因高温使油发生热分解而产生氢气，氢气的导热系数大，可吸收大量的热而再将热量传导至油中，因而达到消弧的作用。

为了能很好地发挥它的功能和作用，变压器油必须要具备良好的化学、物理及电器方面的性能，所以加强运行中经常性的监测，对其质量做出正确的判断和评价是非常重要的。

（2）变压器油的质量监督项目。

由于电器设备向高压大容量的方向发展，因此不仅要求变压器电气性能优越，而且对油的析气性等提出了更高的要求，因而变压器油同其他油品相比，试验项目繁多且不断增加。

根据变压器油技术条件，新油的监督项目有：外观、密度、运动黏度、倾点、凝点、闪点（闭口）、酸值、腐蚀性硫、氧化安定性、水溶性酸或碱、击穿电压、介质耗损因数、界面张力、水分等。

3. 汽轮机润滑油的作用和质量监督

（1）汽轮机润滑油的作用。汽轮机润滑油主要是对汽轮发电机组的轴承和轴封连续不断地提供油流，起到润滑和冷却的作用。它能在轴颈和轴承之间形成薄的油膜以抗拒磨损并使摩擦降到最低程度，并将轴颈、轴承和其他热源传来的热量转移到冷却器。

（2）汽轮机润滑油的监督。汽轮机润滑油的监督包括新油的验收和运行油的监督维护。为了保证运行油的质量，对新油的验收是非常重要的，新汽轮机油应按标准进行质量验收，检验的项目有：运动黏度、倾点、闪点（开口）、密度、中和值、机械杂质、水分、破乳化值、起泡性试验、氧化安定性、液相锈蚀试验、铜片腐蚀、空气释放值共十三项。

4. 磷酸脂抗燃油的作用及质量监督

（1）抗燃油的作用。随着大容量高参数机组的投建，汽轮机的主汽门、调节汽门及其执行机构的尺寸也相应增大，为了减小液压部件的尺寸，必须提高系统的压力，因而调节系统工作介质的额定压力也随之升高，增加了油（自燃点350℃左右）泄漏到主

蒸汽管道（温度大于 530℃）而导致火灾的危险性。为了保证机组的安全经济运行，我国目前在大型机组（≥300MW）的调节系统上多采用抗燃油。

磷酸脂抗燃油具有优良的抗燃性能，在其切断火源后，没有易燃和维持燃烧的分解产物，而且也不沿油流传递火焰甚至由分解产物构成的蒸气燃烧，所以不会引起整个液体着火。

凡是汽轮机调速系统使用抗燃油的电厂，都应配备抗燃油监督检测的仪器。

（2）抗燃油的质量监督项目。抗燃油的监督包括新油的验收，其检验的项目有：外观、颜色、密度、运动黏度、倾点、凝点、水分、颗粒度、酸值、闪点、自燃点、氯含量、起泡沫性、电阻率。

（二）火力发电厂油分析主要仪器配置

火力发电厂油分析主要仪器配置可见表 17-14～表 17-16。

表 17-14　　火力发电厂油分析主要仪器

序号	设备名称	规　格	单位	数量	备　注
1	开口闪点测定仪	功率小于 120W	台	1	与抗燃油共用
2	闭口闪点测定仪	功率小于 100W	台	1	与抗燃油共用
3	工业天平	称量 200g，感量 1mg	台	1	
4	电热鼓风干燥箱	额定温度 250℃ 尺寸 350mm×350mm×350mm	台	1	
5	电热恒温水浴锅	8 孔双列，温度 100℃	台	1	
6	酸度计	测量范围：pH＝1～14，0～±1400mV 最小分度：pH＝0.02，2mV 灵敏度：0.02	台	1	
7	界面张力仪	灵敏度：0.1mN/m 测量范围：5～100mN/m	台	1	
8	气相色谱仪	灵敏度：H_2 最小检知量 10μL/L，C_2H_2 最小检知量 1μL/L	套	1	
9	脱气装置	恒温振荡式，变径活塞式	台	1	
10	微量水分测定仪	测量范围：10～30000μg 水灵敏度：1μg 10μg～1mg 精确度：≤5μg 大于 1mg 精确度：≤0.5%	台	1	
11	比重计	测量范围：0.600～2.000，刻度 0.001	台	1	
12	锈蚀测定仪	测量范围：0～-50℃	台	1	
13	凝固点测定仪	精确度：±1℃	台	1	与抗燃油共用
14	耐压试油器	范围：0～60kV 速度：2kV/s	台	1	
15	运动黏度计	0.8～1.5mm²/s	台	1	与抗燃油共用
16	电冰箱	150～175L	台	1	
17	电阻率测定仪	温控范围：20～95℃，精确度±0.5℃ 测量范围：$1.8×10^8$～$1.8×10^{15}Ω·cm$	台	1	与抗燃油共用

表 17-15　　燃油分析主要仪器设备

序号	设备名称	规　范	单位	数量	备　注
1	开口闪点测定仪		台	1	
2	运动黏度计		台	1	
3	量热计		台	1	

续表

序号	设备名称	规 范	单位	数量	备 注
4	凝固点测定仪		套	1	
5	比重计	测量范围：0.0005～1.01	套	1	
6	超压恒温器	恒温 0.05℃/min（测燃油运动黏度）	台	1	

表 17-16　　　　　　　　　　　　　　电厂抗燃油化验需用仪器

序号	仪器名称	规 格	单位	数量	备 注
1	微量水测定仪	测量范围：10～30000μg 水灵敏度：1μg 10～1mg 精确度：≤5μg 大于 1mg 精确度：≤0.5%	台	1	与油分析共用
2	泡沫体积测定仪	高温范围：室温～100℃ 低温范围：10～30℃ 温控精度：±0.5℃ 带制冷设备 可无线受控于中心计算机，自动运行，回馈运行记录，液晶显示，中文菜单	台	1	
3	电阻率测定仪	温控范围：20～95℃，精确度±0.5℃ 测量范围：$1.8 \times 10^{8} \sim 1.8 \times 10^{15} \Omega \cdot cm$	台	1	与油分析共用
4	自燃点测定仪	测试范围：200～800℃ 温控精度：±1℃ K（镍铬-镍铝）型热电偶 可无线受控于中心计算机，自动运行，回馈运行记录，液晶显示，中文菜单	台	1	
5	空气释放值测定仪	温控范围：室温～100℃ 水浴温控精度：±1℃ 气浴温控精度：±3℃ 气体压力：0.02MPa 可无线受控于中心计算机，自动运行，回馈运行记录，液晶显示，中文菜单	台	1	
6	闪点测定仪		台	1	与油分析共用
7	破乳化度仪	温控范围：室温～100℃ 温控精度：±0.3℃ 分辨率：0.1℃ 3 孔 可无线受控于中心计算机，自动运行，回馈运行记录，液晶显示，中文菜单	台	1	
8	运动黏度仪	$0.8 \sim 1.5 mm^2/s$	台	1	与油分析共用
9	凝固点测定仪	制冷深度：-60℃ 制冷速度：10min 超过 40℃ 重复性：≤2℃ 可无线受控于中心计算机，自动运行，回馈运行记录，液晶显示，中文菜单	台	1	与油分析共用

（三）变压器油主要项目的测定

运行变压器油质量参考 GB/T 7595《运行中变压器油质量》，主要分析项目的测定方法参考标准见表 17-17。

表 17-17　　　　　　　　　变压器油主要分析项目的测定方法参考标准

项目	测定参考标准编号	标准名称
闪点	GB/T 261	闪点的测定 宾斯基-马丁闭口杯法
密度	GB/T 1884	原油和液体石油产品密度实验室测定法（密度计法）

项目	测定参考标准编号	标准名称
酸值	GB/T 264	石油产品酸值测定法
击穿电压	GB/T 507	绝缘油 击穿电压测定法
颜色	GB/T 6540	石油产品颜色测定法
界面张力	GB/T 6541	石油产品油对水界面张力测定法（圆环法）
水溶性酸	GB/T 7598	运行中变压器油水溶性酸测定法
腐蚀性硫	GB/T 25961	电气绝缘油中腐蚀性硫的试验法
水分	GB/T 7600	运行中变压器油和汽轮机油水分含量测定法（库仑法）
	GB/T 7601	运行中变压器油、汽轮机油水分含量测定法（气相色谱法）
酸值	GB/T 28552	变压器油、汽轮机油酸值测定法（BTB 法）
电阻率	DL/T 421	电力用油体积电阻率测定法
溶解气体	DL/T 703	绝缘油中含气量的气相色谱测定法
颗粒度	DL/T 1096	变压器油中颗粒度限值
糠醛含量	DL/T 1355	变压器油中糠醛含量的测定 液相色谱法

（四）汽轮机润滑油主要项目的测定

1. 外观

根据外观可看出油中是否有沉淀物、游离水或乳化物、油泥等。

2. 颜色

透平油颜色一般是浅色的，目测颜色变深说明油质变化。

3. 颗粒度

油中颗粒度数值增高会造成机组的磨损。

使用仪器：颗粒度测定仪。

4. 防锈性能

润滑油系统中有水存在，会使运转机件金属表面生锈，还能加速油的氧化变质，所以要检查其防锈性能。

使用仪器：液相锈蚀仪。

5. 空气释放值

该项目表示油中存留空气的性能。若油中空气不能较快地释放出来，会影响机组的稳定，该值越小越好，有利于润滑和调节作用。

使用仪器：空气释放值测定仪。

6. 起泡性试验

起泡性试验表示油形成泡沫的倾向和形成泡沫的稳定性。汽轮机油形成泡沫会引起机械的噪声和振动，泡沫的累积会造成油的溢流和渗漏。

使用仪器：泡沫特性测定仪。

7. 防锈性能

润滑油系统中有水存在，会使运转机件金属表面生锈，还能加速油的氧化变质，所以要检查其防锈性能。

使用仪器：液相锈蚀仪。

8. 空气释放值

该项目表示油中存留空气的性能，若油中空气不能较快地释放出来，会影响机组的稳定，该值越小越好，有利于润滑和调节作用。

使用仪器：空气释放值测定仪。

9. 汽轮机润滑油分析项目的测定方法参考标准

汽轮机润滑油分析项目的测定方法参考表 17-17 变压器油分析项目的测定方法参考标准。

（五）抗燃油的监督分析项目及使用的仪器

1. 颜色

新抗燃油一般是浅黄色的，如颜色变深说明油品发生变化，是判断油品污染与否的直观依据。

2. 水分

水分高会导致油水解劣化，酸值升高，造成系统局部腐蚀。

使用仪器：微量水测定仪。

3. 电阻率

电阻率的高低标志着抗燃油介电性能的好坏，也是能否产生金属电化学腐蚀的重要因素。

使用仪器：电阻率测定仪。

4. 密度

测定密度可判断油是否混入其他液体或过量空气。

使用仪器：密度计。

5. 自燃点

自燃点也是保证机组安全运行的主要指标，当运行油的自燃点降低，说明油的抗燃性差，需查明原因。测定方法可参考 DL/T 706《电厂用抗燃油自燃点测定方法》。

使用仪器：自燃点测定仪。

6. 起泡沫性

泡沫特性用以评价油中形成泡沫的倾向及其稳定性，泡沫形成的趋势越大，就消失得越慢，对机组安全运行有影响。

使用仪器：泡沫体积测定仪。

7. 颗粒度

由于某些部件公差很小，油中的颗粒可以使系统造成腐蚀，所以要控制其含量。

使用仪器：颗粒度测定仪。

8. 氯含量的测定

氯含量的测定可参考 DL/T 433《抗燃油中氯含量的测定 氧弹法》。

9. 闪点

闭口闪点的测定方法可参考 DL/T 1354《电力用油闭口闪点测定 微量常闭法》。

使用仪器：闪点测定仪。

第四节 化验室台柜

火力发电厂化验室台柜通常包括台桌类、高柜类和通风类三类设备。台桌类设备主要有边台实验台、中央实验台、天平台、仪器设备台、高温工作台、洗涤池等。高柜类设备主要有药品柜、器皿柜、毒品柜、更衣柜、资料柜、存样柜、气瓶安全储存柜等。通风类设备主要是通风柜。

一、台桌类设备

台桌类设备主要有边台实验台、中央实验台、天平台、仪器设备台、高温工作台、洗涤池等。

（一）台面的设计

化验室台面应具有耐药性、耐磨、抗菌、阻燃、防酸碱等特点，沿边精磨边处理，用于高温工作台的台面还应耐高温。化验室台面大体分为五种材料：实芯理化板、酚醛树脂、环氧树脂、不锈钢、花岗岩等。一般化验室台面选用实心理化板，酚醛树脂复合贴面板台面、酚醛树脂实心板台面、环氧树脂台面等。

1. 复合贴面板台面

材料选用酚醛树脂化学实验用专用板，基板采用国产优质中纤板材料，底面粘贴酚醛树脂普通防火板，周边采用PVC材料封边，台面复合厚度不低于40mm。

2. 实芯板台面

材料选用酚醛树脂板化学实验用专用板，周边倒角，耐高温不超过135℃。

3. 环氧树脂材料

环氧树脂材料耐强酸碱腐蚀，具有较强的耐磨性、

耐冲击性、耐污染性、不弯曲等。

4. 花岗岩台面

通常用于高温工作台和天平台，厚度不低于50mm。有较强的力学性能和耐热性能。缺点是有辐射，对人身体健康有一定的危害性。

5. 不锈钢台面

通常选用 S31608 不锈钢板，内衬复合板填充封闭。特点是耐有机溶剂，抑制细菌、霉菌生长，抗污染、易清洁等。

（二）台桌框架部分的设计

台桌类按照制作材料结构上有钢木台桌、全钢台桌、全木台桌、铝木台桌等。

1. 钢木台桌的设计

（1）钢木台桌的主要结构是钢木结构。

（2）框架采用钢材焊接成钢架，表面经酸洗磷化后环氧树脂静电粉末高温喷涂防腐处理，承重力强。

（3）柜体采用双饰面三聚氰氨板，PVC 防潮封边。

（4）面板采用双饰面三聚氰氨板，PVC 防潮封边。

（5）拉手采用实验室专用模具成型"一"字铝合金拉手，符合人体工程学标准。

（6）铰链采用115°铰链。

2. 全钢台桌的设计

（1）全钢台桌的主要结构是全钢结构。

（2）主框架柜体：所有钢质柜体均采用冷扎钢板拆弯成型，经酸洗磷化处理，表面经环氧树脂静电粉末喷涂。整体稳重合理，防酸碱抗腐蚀性能极佳。

（3）门合叶：采用不锈钢板式专用合叶，不锈钢厚度不低于2.0mm。

（4）抽屉导轨：托底式自动自闭导轨，表面经黑色 EPOXY 静电粉末喷涂，耐腐蚀、伸缩自如、承重力强，抽屉可以全部向外拉出，方便存取物品。

（5）拉手采用铝合金材料，内嵌式抠手，表面环氧树脂粉末喷涂。

（6）由于选用优质的冷轧钢板为基材，钢质柜体成型后决不会扭曲变形，喷涂后柜体表面光滑。

3. 全木台桌的设计

（1）全木台桌的主要结构是全木结构。

（2）柜体采用双饰面三聚氰氨板，PVC 防潮封边。

（3）面板采用双饰面三聚氰氨板，PVC 防潮封边。

（4）拉手采用实验室专用模具成型"一"字铝合金拉手，符合人体工程学标准。

（5）铰链采用115°铰链。

4. 铝木台桌的设计

（1）铝木台桌的主要结构是铝木结构。

（2）主框架采用流线型设计的八角形铝合金型材，表面环氧喷涂，铝型间由连插件连接，结构合理，承载力强，稳定性高。柜体框架采取大框架套小

框架的结构，小框架悬挂于大框架内，设计美观大方，拆装组合简易。柜体采用双饰面三聚氰胺高密度中纤板。

（3）所有板件采用插件连接，承重性能良好。

（三）配件的设计

（1）水龙头、水槽采用化验室专用产品。水槽应耐腐蚀，耐高温。水龙头应为双联水龙头，其中一路可以接入除盐水，一路接入自来水。

（2）导轨采用三节式钢珠静音滑轨，表面防腐电泳处理。

（3）可调地脚具有防滑、减震、耐酸碱、耐腐蚀、承重力强等特点。可调节器中螺丝为不锈钢，外盖为注塑模具一次成型，可承重，防腐蚀，可根据室内地坪适当调节柜体高度。

（4）实验台配试管架、试剂架、五孔插座（数量按照实际要求）等。

（5）天平台应设置减震装置，一般设计三级减震，即台身部分的减震、台面部分的减震、台面与仪器部分的减震。

二、高柜类设备

高柜类主要有普通高柜和特殊高柜。普通高柜指药品柜、器皿柜、更衣柜、资料柜、存样柜等。特殊高柜指毒品柜、气瓶安全储存柜等。

（一）普通高柜的设计

普通高柜按照制作材料有铝木高柜、全钢高柜、全木高柜等。

1. 铝木高柜的设计

（1）框架和柜门采用优质环保型中密度板，双面粘压三聚氰胺防火板，全部截面 PVC 热熔胶防水封边处理，木门平开。

（2）柜体玻璃木框平开门采用钢化玻璃。

2. 全钢高柜的设计

（1）柜体和柜门均采用优质冷轧钢板，所有工件经模具冲压折弯焊接而成，焊接部分打磨、抛光处理，平滑过渡，焊点无毛刺及假焊，构造表面经酸洗、磷化、粉末静电喷涂，高温固化。

（2）活动层板采用优质冷轧钢板冲压而成并焊 U 形加强板，表面经酸洗、磷化、静电粉末喷涂处理，高温固化，根据实际需要调整层板的高度。

3. 全木高柜的设计

（1）柜体、柜门、活动层板采用优质环保型中密度板，双面粘压三聚氰胺防火板，全部截面 PVC 热熔胶防水封边处理。

（2）药品柜玻璃木框平开门采用钢化玻璃。

4. 配件的设计

（1）铰链采用实验室专用高强尼龙铰链。

（2）地脚采用不锈钢与尼龙组合一体的地脚，具有抗酸碱、耐腐蚀、防滑减震、高低可调等功能，可调高度 30～50mm，带防尘套。

5. 不同高柜的具体设计要求

（1）器皿柜是储存实验所用的玻璃器皿、烧杯、量杯等，是清洗后储存晾干的功能型柜体。由于玻璃器皿、烧杯、量杯的大小不一，器皿柜根据玻璃器皿的大小一般设计四种规格不同的孔板，规格有 $\phi 30$、$\phi 50$、$\phi 70$、$\phi 100$。柜体通常采用冷轧钢板，树脂粉末喷涂。层板采用钢板层板，表面静电粉末喷涂，耐酸碱，耐腐蚀。

（2）存样柜应具有智能温控系统、安全报警系统，箱门具有保温功能。

（二）特殊高柜的设计

（1）毒品柜用于存储有毒危险化学品、有毒危险药品、贵重药品及科研标本等既有严格温度要求，又有高度安全保险的物品的存储。毒品柜应具有自动温控功能、防盗功能、报警功能、消防警示、防撞功能等。为了增加防盗性能，毒品柜采用冷轧钢板整体成型。柜体内安装滤毒板，柜体内胆防腐材料一次成型，材料为 HIPS。

（2）气瓶安全储存柜用于存储钢瓶的保护柜。要求具有局部的排气通风、保护钢瓶不受柜子外面火灾影响以及保护周围物免受内部火灾的金属储存柜。气瓶安全储存柜内部有吹洗系统、报警器和排气孔，通常有一瓶位、二瓶位和三瓶位。材料采用优质冷扎钢板，表面需经过严格的酸洗、磷化处理后，再进行环氧树脂静电喷涂耐腐蚀处理。气瓶安全储存柜应具有微电脑定时开关、高敏探头检测漏气、自动排风报警功能。

三、通风类设备

通风柜按照形式有桌上型通风柜和落地式通风柜等。落地式通风柜的结构是上下式，其顶部有排气孔，可安装风机。上柜中有导流板、电路控制触摸开关、电源插座等，透视窗采用钢化玻璃，可左右或上下移动。下柜采用实验边台样式，上面有台面，下面是柜体。台面可安装小水杯和龙头。

（一）通风柜台面的设计

通风柜台面通常可采用环氧树脂板、实芯理化板、不锈钢板、PVC 等材料，各台面的特点参见台桌类台面的设计。

（二）通风柜结构部分的设计

按照制作材料结构上有钢木通风柜、全钢通风柜、玻璃钢通风柜、不锈钢通风柜、PP 通风柜等。

1. 全钢通风柜的设计

（1）全钢通风柜的主要结构是全钢结构。

（2）上下箱体全部采用冷轧钢板拆弯成型，经酸洗、磷化、去油、表面环氧树脂喷涂处理。平衡上下推拉玻璃门，可停留任何位置。

2. 钢木通风柜的设计

（1）钢木通风柜的主要结构是钢木结构。

（2）上箱体采用冷轧钢板拆弯成型，表面环氧树脂喷涂处理，颜色搭配可根据用户需要。

（3）平衡上下推拉玻璃门，可停留任何位置。

（4）下箱体采用方钢框架结构，内镶嵌柜体。

3. 玻璃钢通风柜的设计

（1）玻璃钢通风柜的主要结构是玻璃钢。耐腐蚀能力强，适用于酸碱气体、有毒有害气体等，具有耐热性和阻燃性，质量小、强度大。

（2）上下箱体采用玻璃钢材质。内衬及导流板采用高分子树脂材质。

（3）调节门玻璃采用厚度安全钢化玻璃，左右推拉式，可使调节门上下左右灵活开启补风。

4. 不锈钢通风柜的设计

（1）不锈钢通风柜的主要结构是不锈钢。

（2）通体采用 S30408 或 S31603 不锈钢板，经冲压、折弯制作而成，具有防锈蚀、防腐蚀等功能。不锈钢通风柜适用于医药、卫生、食品等行业使用。

（3）视窗采用强化玻璃。

（三）配件的设计

（1）配电控制面板通常配置二次回路电控系统，两个防水圆孔节能灯，两个 10A/220V 防水万用插座。

（2）采用不锈钢可调节螺栓与模具组合地脚，防滑减振。

（3）采用优质单口水龙头，材质为纯铜质；表面处理采用进口环氧树脂粉末喷涂，耐酸碱，耐腐蚀；出水嘴采用铜质和聚丙烯两种材质。

（4）配耐酸碱、耐腐蚀和有机物的聚丙烯杯槽。

（5）导流板采用三节导流；台面加厚用作挡水沿。

（四）通风柜设计参数

通风柜的设计参数，如排风量、面风速、通风柜阻力等参数的确定可参考 JB/T 6412《排风柜》技术标准规定。

为保证使用者操作起来更安全方便，建议通风柜操作面板控制系统为液晶显示；柜内设高温报警功能；自动延时保护装置，具有彻底抽空残余腐蚀、有害、有毒气体等功能。

附　录

附录A　常用化学水处理设计相关技术标准

常用化学水处理设计相关技术标准见表 A-1。

表 A-1　　　　　　　　　　常用化学水处理设计相关技术标准

序号	标准资料名称	现行标准号	备注
一	水质标准		
1	海水水质标准	GB 3097—1997	
2	地表水环境质量标准	GB 3838—2002	
3	农田灌溉水质标准	GB 5084—2005	
4	生活饮用水卫生标准	GB 5749—2006	
5	污水综合排放标准	GB 8978—1996	
6	城镇污水处理厂污染物排放标准	GB 18918—2002	
7	工业锅炉水质	GB/T 1576—2018	
8	火力发电机组及蒸汽动力设备水汽质量	GB/T 12145—2016	
9	地下水质量标准	GB/T 14848—2017	
10	城市污水再生利用　城市杂用水水质	GB/T 18920—2002	
11	城市污水再生利用　景观环境用水水质	GB/T 18921—2002	
12	城市污水再生利用　地下水回灌水质	GB/T 19772—2005	
13	城市污水再生利用　工业用水水质	GB/T 19923—2005	
14	城市污水再生利用　农田灌溉用水水质	GB 20922—2007	
15	城市污水再生利用　绿地灌溉水质	GB/T 25499—2010	
16	采暖空调系统水质	GB/T 29044—2012	
17	污水排入城镇下水道水质标准	GB/T 31962—2015	
18	大型发电机内冷却水质及系统技术要求	DL/T 801—2010	
19	火电厂汽水化学导则　第1部分：锅炉给水加氧处理导则	DL/T 805.1—2011	
20	火电厂汽水化学导则　第2部分：锅炉炉水磷酸盐处理	DL/T 805.2—2016	
21	火电厂汽水化学导则　第3部分：汽包锅炉炉水氢氧化钠处理	DL/T 805.3—2013	
22	火电厂汽水化学导则　第4部分：锅炉给水处理	DL/T 805.4—2016	
23	火电厂汽水化学导则　第5部分：汽包锅炉炉水全挥发处理	DL/T 805.5—2013	
24	火电厂石灰石-石膏湿法脱硫废水水质控制指标	DL/T 997—2006	
25	循环冷却水用再生水水质标准	HG/T 3923—2007	
26	再生水水质标准	SL 368—2006	
27	城镇污水处理厂水污染物排放标准	DB 11/890—2012	北京市地方标准
28	污水综合排放标准	DB 12/356—2018	天津市地方标准

序号	标准资料名称	现行标准号	备注
29	污水综合排放标准	DB 21/T 1627—2008	辽宁省地方标准
30	污水综合排放标准	DB 31/199—2009	上海市地方标准
31	厦门市水污染物排放标准	DB 35/322—2011	厦门市地方标准
32	山东省半岛流域水污染物综合排放标准	DB 37/676—2007	山东省地方标准
33	山东省海河流域水污染物综合排放标准	DB 37/675—2007	山东省地方标准
34	水污染物排放限值	DB 44/26—2001	广东省地方标准
35	贵州省环境污染物排放标准	DB 52/864—2013	贵州省地方标准
36	黄河流域（陕西段）污水综合排放标准	DB 61/224—2011	陕西省地方标准
37	湖北省府河流域氯化物排放标准	DB 42/168—1999	湖北省地方标准
二	工程设计类		
1	室外给水设计规范	GB 50013—2006	
2	压缩空气站设计规范	GB 50029—2014	
3	氧气站设计规范	GB 50030—2013	
4	小型火力发电厂设计规范	GB 50049—2011	
5	工业循环冷却水处理设计规范	GB/T 50050—2017	
6	氢气站设计规范	GB 50177—2005	
7	工业设备及管道绝热工程设计规范	GB 50264—2013	
8	工业金属管道设计规范	GB 50316—2000	2008 版
9	城镇污水再生利用工程设计规范	GB 50335—2016	
10	大中型火力发电厂设计规范	GB 50660—2011	
11	电厂动力管道设计规范	GB 50764—2012	
12	钢质管道外腐蚀控制规范	GB/T 21447—2018	
13	钢质管道内腐蚀控制规范	GB/T 23258—2009	
14	海水循环冷却水处理设计规范	GB/T 23248—2009	
15	工业用水软化除盐设计规范	GB/T 50109—2014	
16	电厂标识系统编码标准	GB/T 50549—2010	
17	火力发电厂海水淡化工程设计规范	GB/T 50619—2010	
18	火力发电厂职业安全设计规程	DL 5053—2012	
19	火力发电厂职业卫生设计规程	DL 5454—2012	
20	火电厂烟气脱硝技术导则	DL/T 296—2011	
21	火电厂凝结水精处理系统技术要求　第1部分：湿冷机组	DL/T 333.1—2010	
22	火电厂凝结水精处理系统技术要求　第2部分：空冷机组	DL/T 333.2—2013	
23	发电厂水处理用离子交换树脂验收标准	DL/T 519—2014	
24	火力发电厂入厂煤检测实验室技术导则	DL/T 520—2007	
25	发电厂水处理用活性炭使用导则	DL/T 582—2016	
26	发电厂凝汽器及辅机冷却器管选材导则	DL/T 712—2010	
27	发电厂水处理用离子交换树脂选用导则	DL/T 771—2014	

序号	标准资料名称	现行标准号	备注
28	火力发电厂绝热材料	DL/T 776—2012	
29	火力发电厂节水导则	DL/T 783—2018	
30	发电机内冷水处理导则	DL/T 1039—2016	
31	火力发电厂水处理用粉末离子交换树脂	DL/T 1138—2009	
32	火力发电厂试验、修配设备及建筑面积配置导则	DL/T 5004—2010	
33	发电厂废水治理设计规范	DL/T 5046—2018	
34	火力发电厂汽水管道设计规范	DL/T 5054—2016	
35	发电厂化学设计规范	DL 5068—2014	
36	火力发电厂保温油漆设计规程	DL/T 5072—2007	
37	火力发电厂石灰石-石膏湿法烟气脱硫系统设计规程	DL/T 5196—2016	
38	发电厂油气管道设计规程	DL/T 5204—2016	
39	电力工程竣工图文件编制规定	DL/T 5229—2016	
40	火力发电厂初步可行性研究报告内容深度规定	DL/T 5374—2018	
41	火力发电厂可行性研究报告内容深度规定	DL/T 5375—2018	
42	火力发电厂初步设计文件内容深度规定	DL/T 5427—2009	
43	火力发电厂施工图设计文件内容深度规定 第6部分：电厂化学	DL/T 5461.6—2013	
44	火力发电厂烟气脱硝设计技术规程	DL/T 5480—2013	
45	火力发电厂再生水深度处理设计规范	DL/T 5483—2013	
46	设备及管道绝热设计导则	GB/T 8175—2008	
47	水处理用滤料	CJ/T 43—2005	
48	烟气脱硝液氨供应系统设计规程	JB/T 12130—2015	
49	工艺系统工程设计技术规定	HG/T 20570—1995	
50	蒸馏法海水淡化工程设计规范	HY/T 115—2008	
三	设备设计制造类		
1	压力容器	GB 150.1～150.4—2011	
2	钢制球形储罐	GB 12337—2014	
3	钢制球形储罐型式与基本参数	GB/T 17261—2011	
4	水电解制氢系统技术要求	GB/T 19774—2005	
5	反渗透水处理设备	GB/T 19249—2017	
6	化学法复合二氧化氯发生器	GB/T 20621—2006	
7	电解海水次氯酸钠发生装置技术条件	GB/T 22839—2010	
8	碟管式膜处理设备	GB/T 33758—2017	
9	固定式压力容器安全技术监察规程	TSG 21—2016	
10	电厂用水处理设备验收导则	DL/T 543—2009	
11	电力设备监造技术导则	DL/T 586—2008	

续表

序号	标准资料名称	现行标准号	备注
12	水汽集中取样分析装置验收导则	DL/T 665—2009	
13	火力发电厂金属材料选用导则	DL/T 715—2015	
14	火电厂反渗透水处理装置验收导则	DL/T 951—2005	
15	火力发电厂超滤水处理装置验收导则	DL/T 952—2013	
16	火力发电厂电除盐水处理装置验收导则	DL/T 1260—2013	
17	发电厂凝结水精处理用绕线式滤元验收导则	DL/T 1357—2014	
18	橡胶衬里化工设备设计规范	HG/T 20677—2013	
19	水处理设备技术条件	JB/T 2932—1999	
20	火力发电厂化学废水处理设备	JB/T 11390—2013	
21	钢制焊接常压容器	NB/T 47003.1—2009 （JB/T 4735.1）	
22	卧式容器	NB/T 47042—2014	
23	鼓风曝气系统设计规程	CECS 97—1997	
24	曝气生物滤池工程技术规程	CECS 265—2009	
25	火力发电厂反渗透海水淡化装置设计导则	DB 37/T 1177—2009	山东省地方标准
26	水处理用玻璃钢罐	HY/T 067—2002	
27	多效蒸馏海水淡化装置通用技术要求	HY/T 106—2008	
28	钢质储罐内衬环氧玻璃钢技术标准	SY/T 0326—2012	
29	环境保护产品技术要求　电渗析装置	HJ/T 334—2006	
四	施工验收、调试类		
1	工业设备及管道绝热工程施工规范	GB 50126—2008	
2	电力建设安全工作规程　第1部分：火力发电	DL 5009.1—2014	
3	电力建设施工技术规范　第5部分：管道及系统	DL 5190.5—2012	
4	电力建设施工技术规范　第6部分：水处理及制氢设备和系统	DL 5190.6—2012	
5	火力发电厂热力设备及管道保温施工工艺导则	DL 5713—2014	
6	火力发电厂热力设备及管道保温防腐施工技术规范	DL 5714—2014	
7	火力发电厂化学调试导则	DL/T 1076—2017	
8	火力发电厂管道支吊架验收规程	DL/T 1113—2009	
9	电力建设施工质量验收规程　第3部分：汽轮发电机组	DL/T 5210.3—2018	
10	火电厂烟气脱硝工程施工验收技术规程	DL/T 5257—2010	
11	火电厂烟气脱硫工程施工质量验收及评定规程	DL/T 5417—2009	
12	火力发电厂热力设备及管道保温防腐施工质量验收规程	DL/T 5704—2014	
13	给水钢丝网骨架塑料（聚乙烯）复合管管道工程技术规程	CECS 181—2005	
五	管道及管件类		
1	低中压锅炉用无缝钢管	GB 3087—2008	
2	高压锅炉用无缝钢管	GB 5310—2017	

序号	标准资料名称	现行标准号	备注
3	热交换器用铜合金无缝管	GB 8890—2015	
4	锅炉、热交换器用不锈钢无缝钢管	GB 13296—2013	
5	低压流体输送用焊接钢管	GB/T 3091—2015	
6	换热器及冷凝器用钛及钛合金管	GB/T 3625—2007	
7	工业用硬聚氯乙烯（PVC-U）管道系统　第1部分：管材	GB/T 4219.1—2008	
8	工业用硬聚氯乙烯（PVC-U）管道系统　第2部分：管件	GB/T 4219.2—2015	
9	输送流体用无缝钢管	GB/T 8163—2018	
10	钢制对焊管件　类型与参数	GB/T 12459—2017	
11	流体输送用不锈钢焊接钢管	GB/T 12771—2008	
12	钢制对焊管件　技术规范	GB/T 13401—2017	
13	流体输送用不锈钢无缝钢管	GB/T 14976—2012	
14	无缝钢管尺寸、外形、重量及允许偏差	GB/T 17395—2008	
15	工业用氯化聚氯乙烯（PVC-C）管道系统　第1部分：总则	GB/T 18998.1—2003	
16	工业用氯化聚氯乙烯（PVC-C）管道系统　第2部分：管材	GB/T 18998.2—2003	
17	工业用氯化聚氯乙烯（PVC-C）管道系统　第3部分：管件	GB/T 18998.3—2003	
18	奥氏体 铁素体型双相不锈钢无缝钢管	GB/T 21833—2008	
19	奥氏体 铁素体型双相不锈钢焊接钢管	GB/T 21832—2018	
20	钢塑复合管和管件	DL/T 935—2005	
21	衬塑钢管和管件选用系列	HG/T 20538—2016	
22	衬胶钢管和管件	HG 21501—1993	
23	工业用钢骨架聚乙烯塑料复合管	HG/T 3690—2012	
24	工业用孔网钢骨架聚乙烯复合管	HG/T 3706—2014	
25	工业用孔网钢骨架聚乙烯复合管件	HG/T 3707—2012	
26	钢制管法兰（PN 系列）	HG/T 20592—2009	
27	衬塑钢管和管件选用系列	HG/T 20538—2016	
28	玻璃钢管和管件	HG/T 21633—1991	
29	钢制管法兰　类型与参数	GB/T 9112—2010	
30	整体钢制管法兰	GB/T 9113—2010	
31	带颈螺纹钢制管法兰	GB/T 9114—2010	
32	对焊钢制管法兰	GB/T 9115—2010	
33	带颈平焊钢制管法兰	GB/T 9116—2010	
34	带颈承插焊钢制管法兰	GB/T 9117—2010	
35	板式平焊钢制管法兰	GB/T 9119—2010	
36	钢制管法兰盖	GB/T 9123—2010	
37	钢制管法兰　技术条件	GB/T 9124—2010	

续表

序号	标准资料名称	现行标准号	备注
38	管法兰连接用紧固件	GB/T 9125—2010	
39	不锈钢和耐热钢牌号及化学成分	GB/T 20878—2007	
40	给水用孔网钢带聚乙烯复合管	CJ/T 181—2003	
41	钢丝网骨架塑料（聚乙烯）复合管材及管件	CJ/T 189—2007	
42	阀门　型号编制方法	JB/T 308—2004	
六	化学药品		
1	工业用氢氧化钠	GB 209—2006	
2	工业用合成盐酸	GB 320—2006	
3	液体无水氨	GB/T 536—2017	
4	工业用液氯	GB 5138—2006	
5	水处理剂　氯化铁	GB/T 4482—2018	
6	水处理剂　硫酸亚铁	GB/T 10531—2016	
7	水处理剂　聚合硫酸铁	GB/T 14591—2016	
8	水处理剂　阴离子和非离子型聚丙烯酰胺	GB/T 17514—2017	
9	水处理剂　聚氯化铝	GB/T 22627—2014	
10	水处理剂　硫酸铝	GB 31060—2014	
11	生活饮用水聚氯化铝	GB 15892—2009	
12	次氯酸钠	GB 19106—2013	
13	食品添加剂　氢氧化钙	GB 25572—2010	
14	食品添加剂　次氯酸钠	GB 25574—2010	
15	工业硫酸	GB/T 534—2014	
16	化学试剂　氢氧化钠	GB/T 629—1997	
17	化学试剂　氨水	GB/T 631—2007	
18	化学试剂　二水合磷酸二氢钠（磷酸二氢钠）	GB/T 1267—2011	
19	工业氯酸钠	GB/T 1618—2008	
20	工业氯化铁	GB/T 1621—2018	
21	化学试剂　氢氧化钾	GB/T 2306—2008	
22	氢气　第1部分：工业氢	GB/T 3634.1—2006	
23	氢气　第2部分：纯氢、高纯氢和超纯氢	GB/T 3634.2—2011	
24	工业氧	GB/T 3863—2008	
25	工业氮	GB/T 3864—2008	
26	工业盐	GB/T 5462—2015	
27	次氯酸钙（漂粉精）	GB/T 10666—2008	
28	高纯氢氧化钠	GB/T 11199—2006	
29	纯氧、高纯氧和超纯氧	GB/T 14599—2008	
30	普通工业沉淀碳酸钙	HG/T 2226—2010	
31	化工用石灰石	HG/T 2504—1993	

序号	标准资料名称	现行标准号	备注
32	工业磷酸三钠	HG/T 2517—2009	
33	工业水合肼	HG/T 3259—2012	
34	化学试剂 磷酸钠	HG/T 3493—2000	
35	工业氢氧化钙	HG/T 4120—2009	
七	其他		
1	氢气使用安全技术规程	GB 4962—2008	
2	氯气安全规程	GB 11984—2008	
3	深度冷冻法生产氧气及相关气体安全技术规程	GB 16912—2008	
4	危险化学品重大危险源辨识	GB 18218—2009	
5	危险废物焚烧污染控制标准	GB 18484—2001	
6	危险废物贮存污染控制标准	GB 18597—2001	
7	危险废物填埋污染控制标准	GB 18598—2001	
8	危险废物鉴别标准	GB 5085.1～5085.7—2007	
9	涂覆涂料前钢材表面处理表面清洁度的目视评定 第1部分：未涂覆过的钢材表面和全面清除原有涂层后的钢材表面的锈蚀等级和处理等级	GB/T 8923.1—2011	
10	生活饮用水输配水设备及防护材料的安全性评价标准	GB/T 17219—1998	
11	液氨泄漏的处理处置方法	HG/T 4686—2014	
12	火力发电厂水汽化学监督导则	DL/T 561—2013	
13	火力发电厂锅炉化学清洗导则	DL/T 794—2012	
14	火力发电厂循环水用阻垢缓蚀剂	DL/T 806—2013	
15	火力发电厂停（备）用热力设备防锈蚀导则	DL/T 956—2017	
16	电力行业词汇 第3部分：发电厂、水力发电	DL/T 1033.3—2014	
17	火力发电厂水务管理导则	DL/T 1337—2014	
18	职业性接触毒物危害程度分级	GB Z 230—2010	
19	压力容器中化学介质毒性危险和爆炸危害程度分类标准	HG/T 20660—2017	
20	饮用水化学处理剂卫生安全性评价	GB/T 17218—1998	

附录 B 常 用 数 据

常用数据见表 B-1～表 B-23。

表 B-1   水的主要物理化学参数

项 目	参 数	项 目	参 数
分子式	H_2O	密度（4℃）	1000kg/m³
分子量	18.016	临界温度	374.2℃
冰点	0℃	临界压力	218.5×0.1MPa（1atm）
沸点	100℃	临界密度	0.324g/cm³
最大相对密度时的温度	3.98℃	冰的相对密度（0℃）	916.8
比热容（0.1MPa，15℃时）	4.186J/（g·℃）	冰的比热（−20～0℃）	2.135J/（g·℃）
比热容（100℃蒸汽）	2.051J/（g·℃）	熔化热（0℃）	333687.9J/kg

注　摘自《给水排水设计手册》之《常用资料》分册。

表 B-2   水的比热容与压力和水温的关系

温度 （℃）	压力（MPa）（kg/cm²）					
	4.90（50）	9.81（100）	14.71（150）	19.61（200）	24.52（250）	29.42（300）
	比热容［kcal/（kg·℃）］					
0	1.004	1.002	1.000	0.998	0.996	0.994
20	0.996	0.994	0.992	0.989	0.987	0.984
40	0.994	0.992	0.989	0.986	0.984	0.981
60	0.995	0.992	0.989	0.986	0.983	0.980
80	0.999	0.995	0.992	0.989	0.985	0.982
100	1.004	1.000	0.997	0.993	0.989	0.986
120	1.011	1.007	1.003	0.999	0.995	0.991
140	1.019	1.015	1.029	1.006	1.002	0.997
160	1.033	1.028	1.023	1.015	1.013	1.008
180	1.050	1.044	1.038	1.032	1.027	1.021
200	1.071	1.064	1.057	1.050	1.043	1.037
220	1.097	1.088	1.080	1.072	1.064	1.056
240	1.132	1.121	1.110	1.100	1.090	1.081
260	1.181	1.166	1.152	1.139	1.127	1.114
280		1.231	1.212	1.194	1.177	1.161
300		1.352	1.300	1.266	1.242	1.223
310			1.372	1.318	1.283	1.257
320			1.480	1.391	1.355	1.298
330			1.653	1.501	1.409	1.352
340			1.939	1.675	1.529	1.425
350				1.963	1.693	1.536

注　1kcal/（kg·℃）=4.1868kJ/（kg·K）。

表 B-3   饱和蒸汽热力性质表

温度 （℃）	压力 （MPa）	焓 （kJ/kg）	温度 （℃）	压力 （MPa）	焓 （kJ/kg）	温度 （℃）	压力 （MPa）	焓 （kJ/kg）
1	0.0006571	2502.7	28	0.0037828	2552.0	180	1.00263	2777.2
2	0.0007060	2504.6	30	0.0042467	2555.6	190	1.25502	2785.3
3	0.0007581	2506.4	35	0.0056287	2564.6	200	1.55467	2792.1
4	0.0008135	2508.2	40	0.0073844	2573.5	210	1.90739	2797.4
5	0.0008726	2510.1	45	0.0095944	2582.5	220	2.31929	2801.1
6	0.0009354	2511.9	50	0.012351	2591.3	230	2.79679	2803.0
7	0.0010021	2513.7	55	0.015761	2600.1	240	3.34665	2803.1
8	0.001072	2515.6	60	0.019946	2608.8	250	3.97593	2801.0
9	0.0011483	2517.4	65	0.025041	2617.5	260	4.69207	2796.6
10	0.0012281	2519.2	70	0.031201	2626.1	270	5.50284	2789.7
11	0.0013129	2521.1	75	0.038595	2634.6	280	6.41649	2779.8
12	0.0014028	2522.9	80	0.047415	2643.0	290	7.44164	2766.6
13	0.0014981	2524.7	85	0.057867	2651.3	300	8.58771	2749.6
14	0.0015989	2526.5	90	0.070182	2659.6	310	9.86475	2727.9
15	0.0017057	2528.4	95	0.084609	2667.6	320	11.2839	2700.7
16	0.0018188	2530.2	100	0.101418	2675.6	330	12.8575	2666.2
17	0.0019383	2532.0	110	0.143376	2691.1	340	14.6002	2622.1
18	0.0020647	2533.8	120	0.198665	2705.9	350	16.5292	2563.6
19	0.0021982	2535.7	130	0.270260	2720.1	360	18.6664	2481.0
20	0.0023392	2537.5	140	0.361501	2733.4	370	21.0434	2333.5
22	0.0026452	2541.1	150	0.476101	2745.9	371	21.2964	2307.5
24	0.0029856	2544.7	160	0.618139	2757.4	372	21.5528	2274.7
26	0.0033637	2548.4	170	0.792053	2767.9	373	21.8132	2227.6

表 B-4   水的密度与温度的关系

温度（℃）	相对密度	温度（℃）	相对密度
−10	0.99794	10	0.99973
−5	0.99918	15	0.99910
0	0.99987	20	0.99820
1	0.99993	25	0.99704
2	0.99997	30	0.99568
3	0.99999	40	0.99225
4	1.00000	50	0.98807
5	0.99999	60	0.98324
6	0.99997	70	0.97781
7	0.99993	80	0.97183
8	0.99988	90	0.96534
9	0.99981	100	0.95838

注　摘自《动力设备水处理手册》。

表 B-5 水 的 动 力 黏 度（μ）

温度 （℃）	μ （9.8×10^{-6}Pa·s）	温度 （℃）	μ （9.8×10^{-6}Pa·s）	温度 （℃）	μ （9.8×10^{-6}Pa·s）
0	182.5	35	73.6	70	41.4
5	154.3	40	66.6	75	38.7
10	133.0	45	61.1	80	36.2
15	116.5	50	56.0	85	34.0
20	102.0	55	51.8	90	32.1
25	90.6	60	47.9	95	30.3
30	81.7	65	44.5	100	28.8

注 摘自《给水排水设计手册》之《常用资料》分册。

表 B-6 水 的 运 动 黏 度（ν）

温度（℃）	ν（cm²/s）	温度（℃）	ν（cm²/s）	温度（℃）	ν（cm²/s）
0	0.0179	21	0.0098	42	0.0063
1	0.0173	22	0.0096	43	0.0062
2	0.0167	23	0.0094	44	0.0061
3	0.0162	24	0.0091	45	0.0060
4	0.0157	25	0.0089	46	0.0059
5	0.0152	26	0.0087	47	0.0058
6	0.0147	27	0.0085	48	0.0057
7	0.0143	28	0.0084	49	0.0056
8	0.0139	29	0.0082	50	0.0055
9	0.0135	30	0.0080	55	0.0051
10	0.0131	31	0.0078	60	0.0047
11	0.0127	32	0.0077	65	0.0044
12	0.0125	33	0.0075	70	0.0041
13	0.0120	34	0.0074	75	0.0038
14	0.0117	35	0.0072	80	0.0036
15	0.0114	36	0.0071	85	0.0034
16	0.0111	37	0.0069	90	0.0032
17	0.0108	38	0.0068	95	0.0030
18	0.0106	39	0.0067	100	0.0028
19	0.0103	40	0.0066		
20	0.0101	41	0.0064		

注 1. 水的动力黏度 $\mu = \nu\rho$。

2. 表内均系压力 $p = 0.1$MPa 情况下的数值。

3. 摘自《给水排水设计手册》之《常用资料》分册。

表 B-7　　　　　　　　　　　　　　　　　　　　　　水的硬度单位换算关系

法定计量单位	以往经常采用的单位				
mmol/L	$CaCO_3$（ppm）	$CaCO_3$（gr/USgal）	$CaCO_3$（gr/UKgal）	$CaCO_3$（mg/100mL）	CaO（mg/100mL）
1	100	5.84	7	10	5.6
0.5	50	2.92	3.5	5	2.8
0.01	1	0.0584	0.070	0.10	0.056
0.1712	17.12	1	1.20	1.712	0.958
0.1429	14.29	0.833	1	1.429	0.800
0.1	10.0	0.584	0.70	1	0.55
0.1786	17.86	1.044	1.24	1.785	1

注　摘自《动力设备水处理手册》。

表 B-8　　　　　　　　　　　　　　　　　　　　　　水的离子积常数

温度（℃）	K_w	$\sqrt{K_w}$	温度（℃）	K_w	$\sqrt{K_w}$
0	$10^{-14.9435}=0.1139\times10^{-14}$	$10^{-7.4713}=0.3374\times10^{-7}$	35	$10^{-13.6801}=2.089\times10^{-14}$	$10^{-6.841}=1.445\times10^{-7}$
5	$10^{-14.7333}=0.1846\times10^{-14}$	$10^{-7.3669}=0.4296\times10^{-7}$	40	$10^{-13.5348}=2.918\times10^{-14}$	$10^{-6.7674}=1.708\times10^{-7}$
10	$10^{-14.5346}=0.2920\times10^{-14}$	$10^{-7.2673}=0.5403\times10^{-7}$	45	$10^{-13.3960}=4.019\times10^{-14}$	$10^{-6.6980}=2.005\times10^{-7}$
15	$10^{-14.3463}=0.4505\times10^{-14}$	$10^{-7.1732}=0.6712\times10^{-7}$	50	$10^{-13.2617}=5.474\times10^{-14}$	$10^{-6.6309}=2.399\times10^{-7}$
20	$10^{-14.1669}=0.6810\times10^{-14}$	$10^{-7.0825}=0.4296\times10^{-7}$	55	$10^{-13.1369}=7.297\times10^{-14}$	$10^{-6.5685}=2.701\times10^{-7}$
24	$10^{-14}=1.000\times10^{-14}$	$10^{-7}=1.000\times10^{-7}$	60	$10^{-13.0171}=9.615\times10^{-14}$	$10^{-6.5086}=3.10\times10^{-7}$
25	$10^{-13.9965}=1.008\times10^{-14}$	$10^{-6.9983}=1.004\times10^{-7}$	70	$10^{-12.791}=16.18\times10^{-14}$	$10^{-6.396}=4.019\times10^{-7}$
30	$10^{-13.8330}=1.469\times10^{-14}$	$10^{-6.9185}=1.212\times10^{-7}$	80	$10^{-12.589}=25.7\times10^{-14}$	$10^{-6.295}=5.07\times10^{-7}$

注　1. $K_w=[H^+][OH^-]$；$\sqrt{K_w}=[H^+]=[OH^-]$。

　　2. $\sqrt{K_w}$ 栏内等式前指数的绝对值，即为纯水之 pH 值。

　　3. 摘自《给水排水设计手册》之《常用资料》分册。

表 B-9　　　　　　　空气中的氧在水中的溶解度（在 0.1MPa 下，氧的体积分数为 20.96%）

温度（℃）	O_2（mg/kg）	温度（℃）	O_2（mg/kg）	温度（℃）	O_2（mg/kg）	温度（℃）	O_2（mg/kg）
0	14.55	9	11.52	19	9.26	70	3.87
1	14.16	10	11.25	20	9.09	80	2.81
2	13.78	11	10.99	25	8.26	90	1.59
3	13.42	12	10.75	30	7.49	95	0.86
4	13.06	13	10.50	35	6.91	96	0.69
5	12.73	14	10.28	40	6.41	97	0.52
6	12.41	15	10.06	45	5.94	98	0.36
7	12.11	16	9.85	50	5.50	99	0.18
8	11.81	17	9.65	60	4.69	100	0

注　摘自《动力设备水处理手册》。

表 B-10 热 导 率 单 位 换 算

法定计量单位	以往经常采用的单位			
W/ (m・K)	cal/ (cm・s・K)	kcal/ (m・h・K)	BTU/ (ft・h・°F)	BTU・in/ (ft²・h・°F)
1	0.238846×10^{-2}	0.859845	0.577789	6.93347
418.68	1	360	241.909	2902.91
1.163	2.77778×10^{-3}	1	0.671969	8.06363
1.73073	4.13379×10^{-3}	1.48816	1	12
0.144228	3.44482×10^{-4}	0.124014	0.083333	1

注 摘自《动力设备水处理手册》。

表 B-11 不同温度下绝对纯水的理论电导率、电阻率和 pH 值

温度（℃）	pH	电导率（μS/cm）	电阻率（MΩ・cm）
0	7.472	0.0119	84.18
5	7.367	0.0168	59.40
10	7.267	0.0233	42.86
15	7.173	0.0316	31.63
20	7.084	0.0421	23.77
25	6.998	0.0550	18.18
30	6.917	0.0709	14.10
35	6.840	0.0898	11.13
40	6.767	0.112	8.91
45	6.698	0.139	7.22
50	6.631	0.169	5.90
55	6.568	0.204	4.90
60	6.509	0.244	4.10
65	6.451	0.289	3.46
70	6.397	0.338	2.96
75	6.346	0.393	2.55
80	6.298	0.452	2.21
85	6.251	0.517	1.94
90	6.208	0.586	1.71
95	6.166	0.659	1.52
100	6.127	0.737	1.36

注 摘自《动力设备水处理手册》。

表 B-12 各种纯度的纯水指标

水质纯度	25℃下的电导率（μS/cm）	所对应的含盐量（mg/L）
纯水	≤10	2～5
非常纯水	≤1	0.2～0.5
高（超）纯水	≤0.1	0.01～0.02
理论纯水	0.055	0.00

注 摘自《动力设备水处理手册》。

表 B-13　　　　　　　　　　**CaCO$_3$ 及 CaSO$_4$ 的溶度积和溶解度**

温度（℃）	溶度积		溶解度 S	
	K_{sp}	pK_{sp}	（mol/L）	（mg/L）
CaCO$_3$				
0	9.5×10^{-9}	8.02	9.75×10^{-5}	9.75
10	7.1×10^{-9}	8.15	8.43×10^{-5}	8.43
20	5.3×10^{-9}	8.28	7.28×10^{-5}	7.28
25	4.8×10^{-9}	8.32	6.93×10^{-5}	6.93
30	4.0×10^{-9}	8.40	6.32×10^{-5}	6.32
40	3.1×10^{-9}	8.51	5.57×10^{-5}	5.57
50	2.4×10^{-9}	8.62	4.90×10^{-5}	4.90
60	1.82×10^{-9}	8.74	4.27×10^{-5}	4.27
70	1.4×10^{-9}	8.85	3.74×10^{-5}	3.74
80	1.07×10^{-9}	8.97	3.27×10^{-5}	3.27
CaSO$_4$				
90	11.3×10^{-6}	4.95	3.36×10^{-3}	457
100	7.6×10^{-6}	5.12	2.76×10^{-3}	375
120	3.7×10^{-6}	5.43	1.92×10^{-3}	262
160	0.93×10^{-6}	6.03	9.64×10^{-4}	131
200	0.24×10^{-6}	6.62	4.90×10^{-4}	67

注　1. CaCO$_3$ 和 CaSO$_4$ 近似地采用 AB 型难溶强电解质溶积度与溶解度的计算方法，即 $K_{sp}^{CaCO_3}=c(Ca^{2+}) \times c(CO_3^{2-})$，$K_{sp}^{CaSO_4}=c(Ca^{2+}) \times c(SO_4^{2-})$。

　　2. 摘自《给水排水设计手册》之《常用资料》分册。

表 B-14　　　　　　　　　　**其他难溶物质的溶度积和溶解度**

分子式	温度（℃）	溶度积		溶解度	
		K_{sp}	pK_{sp}	（mol/L）	（mg/L）
Ca(OH)$_2$	18	5.47×10^{-5}	4.26	2.4×10^{-2}	1770
	25	3.1×10^{-5}	4.51	2.0×10^{-2}	1464
CaF$_2$	18	3.4×10^{-11}	10.47	2.0×10^{-4}	15.9
	25	4.0×10^{-11}	10.40	2.2×10^{-4}	16.8
MgCO$_3$	25	1.0×10^{-5}	5.00	3.2×10^{-3}	266
Mg(OH)$_2$	18	1.2×10^{-9}	8.92	6.7×10^{-4}	38.8
	25	5.0×10^{-12}	11.30	1.1×10^{-4}	6.2
MgF$_2$	25	7.1×10^{-9}	8.15	1.2×10^{-3}	75.1
Fe(OH)$_2$	18	1.64×10^{-14}	13.78	1.6×10^{-5}	1.44
	25	4.8×10^{-16}	15.32	4.9×10^{-6}	0.44
Fe(OH)$_3$	18	1.1×10^{-36}	35.96	4.5×10^{-10}	4.8×10^{-5}
	25	3.8×10^{-38}	37.42	1.9×10^{-10}	2.1×10^{-5}
Al(OH)$_3$*	25	19×10^{-3}	32.72	2.9×10^{-9}	2.2×10^{-4}

续表

分子式	温度（℃）	溶度积		溶解度	
		K_{sp}	pK_{sp}	（mol/L）	（mg/L）
Al(OH)$_3$**	25	3.7×10^{-15}	14.43	1.1×10^{-4}	8.4
H$_2$SiO$_3$***	25	1.0×10^{-11}	11.00	3.2×10^{-6}	0.25
CaHPO$_4$	25	5.0×10^{-6}	5.30	2.24×10^{-3}	304
Ca$_3$(PO$_4$)$_2$	25	1.0×10^{-25}	25.00		

注 摘自《给水排水设计手册》之《常用资料》分册。

* 碱性离解时 $Al(OH)_3 \rightarrow Al^{3+} + 3OH^-$。

** 酸性离解时 $Al(OH)_3 \rightarrow H^+ + AlO_2H_2O^-$。

*** $H_2SiO_3 \rightarrow H^+ + HSiO_3^-$。

表 B-15　　　　　　不同温度下气体在水中的溶解度（气体分压 0.1MPa）　　　　　　（mg/L）

温度（℃）	CO_2	O_2	温度（℃）	CO_2	O_2
0	3350	69.5	30	1260	35.9
5	2770	60.7	40	970	30.8
10	2310	53.7	50	760	26.6
15	1970	48.0	60	580	22.8
20	1690	43.4	80	—	13.0
25	1450	39.3	100	—	0

注 摘自《动力设备水处理手册》。

表 B-16　　　　　　　　　　硫酸溶液的密度（20℃）

密度（g/cm^3）	H$_2$SO$_4$ 的含量			密度（g/cm^3）	H$_2$SO$_4$ 的含量		
	（%）	（g/L）	（mol/L）		（%）	（g/L）	（mol/L）
1.005	1	10.05	0.10	1.102	15	165.3	1.69
1.012	2	20.24	0.21	1.109	16	177.5	1.81
1.018	3	30.55	0.31	1.117	17	189.9	1.94
1.025	4	41.00	0.42	1.124	18	202.3	2.07
1.032	5	51.58	0.53	1.132	19	215.1	2.20
1.038	6	62.31	0.64	1.139	20	227.9	2.33
1.045	7	73.17	0.75	1.155	22	254.1	2.59
1.052	8	84.18	0.86	1.170	24	280.9	2.87
1.059	9	95.32	0.97	1.186	26	308.4	3.15
1.066	10	106.6	1.09	1.202	28	336.6	3.44
1.073	11	118.0	1.21	1.219	30	365.6	3.73
1.080	12	129.6	1.32	1.235	32	395.2	4.04
1.087	13	141.4	1.44	1.252	34	425.5	4.34
1.095	14	153.3	1.56	1.268	36	488.5	5.00

密度 （g/cm³）	H₂SO₄ 的含量			密度 （g/cm³）	H₂SO₄ 的含量		
	（%）	（g/L）	（mol/L）		（%）	（g/L）	（mol/L）
1.286	38	488.5	5.00	1.669	75	1252	12.78
1.303	40	521.1	5.32	1.681	76	1278	13.04
1.321	42	554.6	5.66	1.693	77	1303	13.30
1.338	44	588.9	6.01	1.704	78	1329	13.56
1.357	46	624.2	6.37	1.716	79	1355	13.83
1.376	48	660.5	6.74	1.727	80	1382	14.10
1.395	50	697.5	7.12	1.749	82	1434	14.64
1.415	52	735.8	7.51	1.769	84	1486	15.17
1.435	54	774.9	7.90	1.787	86	1537	15.69
1.456	56	815.2	8.32	1.802	88	1586	16.19
1.477	58	856.7	8.74	1.814	90	1633	16.67
1.498	60	898.8	9.17	1.819	91	1656	16.90
1.520	62	942.4	9.62	1.824	92	1678	17.12
1.542	64	986.9	10.07	1.828	93	1700	17.35
1.565	66	1033	10.54	1.8312	94	1721	17.56
1.587	68	1079	11.01	1.8337	95	1742	17.78
1.601	70	1127	11.50	1.8365	96	1762	17.98
1.622	71	1152	11.76	1.8363	97	1781	18.18
1.634	72	1176	12.00	1.8365	98	1799	18.36
1.646	73	1201	12.26	1.8342	99	1816	18.53
1.657	74	1226	12.51	1.8305	100	1831	18.69

注　摘自《给水排水设计手册》之《常用资料》分册。

表 B-17　　　　　　　　　　　　　　盐酸溶液的密度（20℃）

密度 （g/cm³）	HCl 的含量			密度 （g/cm³）	HCl 的含量		
	（%）	（g/L）	（mol/L）		（%）	（g/L）	（mol/L）
1.003	1	10.03	0.27	1.108	22	243.8	6.68
1.008	2	20.16	0.55	1.119	24	268.5	7.36
1.018	4	40.72	1.12	1.129	26	293.5	8.04
1.028	6	61.67	1.69	1.139	28	319.0	8.74
1.038	8	83.01	2.27	1.149	30	344.8	9.45
1.047	10	104.7	2.87	1.159	32	371.0	10.16
1.057	12	126.9	3.48	1.169	34	397.5	10.89
1.068	14	149.5	4.10	1.179	36	424.4	11.64
1.078	16	172.4	4.72	1.189	38	451.6	12.37
1.088	18	195.8	5.37	1.198	40	479.2	13.13
1.098	20	219.6	6.02				

注　摘自《给水排水设计手册》之《常用资料》分册。

表 B-18   氯化钠溶液的密度（20℃）

密度 (g/cm³)	NaCl 的含量			密度 (g/cm³)	NaCl 的含量		
	（%）	（g/L）	（mol/L）		（%）	（g/L）	（mol/L）
1.005	1	10.1	0.17	1.109	15	166	2.84
1.013	2	20.3	0.35	1.116	16	179	3.06
1.020	3	30.6	0.52	1.124	17	191	3.27
1.027	4	41.1	0.70	1.132	18	204	3.48
1.034	5	51.7	0.88	1.140	19	217	3.71
1.041	6	62.5	1.07	1.148	20	230	3.93
1.043	7	73.4	1.26	1.156	21	243	4.15
1.056	8	84.5	1.44	1.164	22	256	4.38
1.063	9	95.6	1.63	1.172	23	270	4.61
1.071	10	107.1	1.83	1.180	24	283	4.84
1.078	11	118	2.02	1.189	25	297	5.08
1.086	12	130	2.22	1.197	26	311	5.32
1.093	13	142	2.43	1.20	26.4	318	5.43
1.101	14	154	2.63				

注　摘自《给水排水设计手册》之《常用资料》分册。

表 B-19   碳酸钠溶液的密度（20℃）

密度 (g/cm³)	Na_2CO_3 的含量			$Na_2CO_3 \cdot 10H_2O$ 的含量	
	（%）	（g/L）	（mol/L）	（%）	（g/L）
1.009	1	10.09	0.10	2.7	27.22
1.019	2	20.38	0.19	5.4	55.03
1.029	3	30.88	0.28	8.1	83.37
1.040	4	10.59	0.39	10.8	112.3
1.050	5	52.51	0.50	13.5	141.8
1.061	6	63.64	0.60	16.2	171.9
1.071	7	74.98	0.71	18.9	202.5
1.082	8	86.53	0.82	21.6	233.6
1.092	9	98.20	0.93	23.3	265.8
1.103	10	110.30	1.04	27.0	297.8
1.113	11	122.50	1.15	29.7	330.8
1.124	12	134.9	1.28	32.4	364.3
1.135	13	147.6	1.40	35.1	398.6
1.146	14	160.5	1.52	37.8	433.3

注　摘自《给水排水设计手册》之《常用资料》分册。

表 B-20 氢氧化钠溶液的密度（20℃）

密度 (g/cm³)	NaOH 的含量			密度 (g/cm³)	NaOH 的含量		
	（%）	（g/L）	（mol/L）		（%）	（g/L）	（mol/L）
1.010	1	10.10	0.25	1.241	22	273.0	6.83
1.021	2	20.41	0.51	1.263	24	303.0	7.58
1.032	3	30.95	0.77	1.285	26	334.0	8.35
1.043	4	41.71	1.04	1.306	28	365.8	9.15
1.054	5	52.69	1.32	1.328	30	398.4	9.96
1.065	6	63.89	1.60	1.349	32	431.7	10.79
1.076	7	75.31	1.88	1.370	34	465.7	11.64
1.087	8	86.95	2.17	1.390	36	500.4	12.51
1.098	9	98.81	2.47	1.410	38	535.8	13.40
1.109	10	110.9	2.77	1.430	40	572.0	14.3
1.120	11	123.3	3.08	1.440	41	590.3	14.76
1.131	12	135.7	3.39	1.449	42	608.7	15.22
1.142	13	148.5	3.71	1.459	43	627.5	15.69
1.153	14	161.4	4.04	1.469	44	646.1	16.15
1.164	15	174.7	4.37	1.478	45	665.0	16.63
1.175	16	188.0	4.70	1.487	46	684.2	17.11
1.186	17	201.7	5.04	1.497	47	703.5	19.59
1.197	18	215.5	5.39	1.507	48	723.1	18.01
1.208	19	229.7	5.74	1.516	49	742.9	18.07
1.219	20	243.8	6.10	1.525	50	762.7	19.07

注　摘自《给水排水设计手册》之《常用资料》分册。

表 B-21 石灰乳的密度（20℃）

密度 (g/cm³)	CaO 含量		Ca(OH)₂ 含量	密度 (g/cm³)	CaO 含量		Ca(OH)₂ 含量
	（%）	（g/L）	（%）		（%）	（g/L）	（%）
1.009	0.99	10	1.31	1.119	14.30	160	18.90
1.017	1.96	20	2.59	1.126	15.10	170	19.95
1.025	2.93	30	3.87	1.133	15.89	180	21.00
1.032	3.88	40	5.13	1.140	16.67	190	22.03
1.039	4.81	50	6.36	1.148	17.43	200	23.03
1.046	5.74	60	7.58	1.155	18.19	210	24.04
1.054	6.64	70	8.78	1.162	18.94	220	25.03
1.061	7.54	80	9.96	1.169	19.68	230	26.01
1.068	8.43	90	11.14	1.176	20.41	240	26.97
1.075	9.30	100	12.29	1.184	21.12	250	27.91
1.083	10.16	110	13.43	1.191	21.84	260	28.86
1.090	11.01	120	14.55	1.198	22.55	270	29.80
1.097	11.85	130	15.66	1.205	23.24	280	30.71
1.104	12.68	140	16.76	1.213	23.92	290	31.61
1.111	13.50	150	17.84	1.220	24.60	300	32.51

注　摘自《工业水处理技术问答》。

表 B-22 几种盐类水溶液的密度 （g/cm³）

名称	Al₂(SO₄)₃	FeCl₃	Fe₂(SO₄)₃	FeSO₄	NaHCO₃	Na₂HPO₄	Na₃PO₄
温度（℃）	19	20	18	18	18	18	15
溶液浓度（重量%） 1	1.009	1.007	1.007	1.009	1.006	1.009	1.009
2	1.019	1.015	1.016	1.018	1.013	1.020	1.019
4	1.040	1.032	1.033	1.038	1.028	1.043	1.041
6	1.061	1.049	1.050	1.056	1.043	1.067	1.062
8	1.083	1.067	1.067	1.079	1.058		1.085
10	1.105	1.085	1.084	1.100			1.108
12	1.129	1.104	1.103	1.122			
14	1.152	1.123		1.145			
16	1.176	1.142	1.141	1.168			
18	1.201	1.162		1.191			
20	1.226	1.182	1.181	1.214			
22	1.252						
24	1.278						
26	1.306						
28	1.333	1.268					
30		1.292	1.307				
40		1.415	1.449				
50		1.574	1.613				

注　摘自《给水排水设计手册》之《常用资料》分册。

表 B-23 常用酸碱盐在不同质量分数时的冰点

盐酸		硫酸		氢氧化钠		氯化钠	
HCl（%）	冰点（℃）	H₂SO₄（%）	冰点（℃）	NaOH（%）	冰点（℃）	NaCl（%）	冰点（℃）
10.17	−22	5	−2	5	−12	4.14	−2.44
20.01	−65	10	−5	10	−15	5.51	−3.33
29.57	−47	15	−8	15	−21	6.86	−4.22
39.11	−24	20	−12	20	−27	8.21	−5.17
		25	−22	25	−17	9.56	−6.22
		30	−36	30	0	10.88	−7.22
		35	−60	35	−11	12.20	−8.33
		40	−68	40	+14	13.51	−9.55
		45	−48	45	+10	14.81	−10.72
		50	−37	50	+10	16.09	−12.00
		55	−29	55	+32	17.36	−13.33
		60	−29	60	+52	18.62	−14.77
		65	−40	65	+62	19.87	−16.28
		70	<−40	70	+60	21.01	−17.94
		75	−39	75	>100	22.23	−19.66

盐酸		硫酸		氢氧化钠		氯化钠	
HCl（%）	冰点（℃）	H_2SO_4（%）	冰点（℃）	NaOH（%）	冰点（℃）	NaCl（%）	冰点（℃）
		80	−3			23.30	−21.22
		85	+8			24.2	−15.6
		90	−5			24.9	−10.6
		93	−32				
		95	−24			25.6	−2.0
		98	+0.1				
		100	+10				

注　摘自《动力设备水处理手册》。

附录C 常用化学品及填料

一、絮凝剂和助凝剂

1. 硫酸铝

（1）分子式：$Al_2(SO_4)_3 \cdot xH_2O$。

（2）相对分子量：342.15。

（3）性状。硫酸铝为灰白色粉末或块状晶体，密度 $1.69g/cm^3$（25℃）。在空气中长期存放易吸潮结块。易溶于水，水溶液呈酸性，难溶于醇。过饱和溶液在常温下结晶为无色单斜晶体的十八水合物，8.8℃以下结晶为二十七水合物。

（4）工业用技术标准。GB 31060《水处理剂 硫酸铝》。

2. 聚氯化铝

（1）分子式：$[Al_2(OH)_nCl_{6-n} \cdot xH_2O]_m$（$m \leqslant 10$，$n = 1 \sim 5$）。

（2）单体相对分子量：174.45。

（3）性状。聚氯化铝是一种无机高分子化合物，是介于 $AlCl_3$ 和 $Al(OH)_3$ 之间的水解产物，呈无色或黄色的树脂状固体，易潮解。聚合氯化铝溶液为无色或黄褐色透明液体，有时因含有杂质而呈灰黑色黏稠液体。一般要求液体产品中氧化铝（Al_2O_3）含量大于8%，固体产品为20%～40%，碱化度为70%～75%。

聚氯化铝易溶于水，并发生水解生成$[Al(OH)_3(OH_2)_3]$沉淀，其过程中伴随有电化学、凝聚、吸附、沉淀等物化过程。聚合氯化铝水溶液呈灰色略带浑浊，对水中的悬浮物具有较强的吸附性能。

（4）工业用技术标准。水处理用聚氯化铝的技术标准见 GB/T 22627《水处理剂 聚氯化铝》，生活饮用水处理聚氯化铝的技术标准见 GB 15892《生活饮用水用聚氯化铝》。

3. 硫酸亚铁

（1）分子式：$FeSO_4 \cdot 7H_2O$。

（2）相对分子量：278.02。

（3）性状。蓝绿色单斜结晶或颗粒，无气味。在干燥空气中风化，在潮湿空气中表面氧化成棕色的碱式硫酸铁。在 56.6℃成为四水合物，在 65℃时成为一水合物。溶于水，几乎不溶于乙醇。其水溶液冷时在空气中缓慢氧化，在热时较快氧化；加入碱或露光能加速其氧化。相对密度 1.899（25℃）；有刺激性。硫酸亚铁可用于色谱分析试剂，点滴分析测定铂、硒、亚硝酸盐和硝酸盐。硫酸亚铁还可以作为还原剂，制造铁氧体、净水、聚合催化剂、照相制版等。

（4）工业用技术标准。GB 10531《水处理剂 硫酸亚铁》。

4. 氯化铁

（1）分子式：$FeCl_3$。

（2）相对分子量：162.206（无水物）；270.298（六水合物）。

（3）性状。无水三氯化铁为六角形暗色片状结构。有金属光泽，在透色光下显红色，折射光下呈绿色，有时呈浅褐色至黑色。熔点 304℃，并开始升华；沸点 332℃。相对密度 2.90（25℃）。氯化铁易吸收水分，在湿空气中强烈吸湿的结晶则形成一系列水合物，并吸收更多的水分而潮解。

三氯化铁易溶于水、醇、醚、酮，微溶于二硫化碳，实际上不溶于乙酸乙酯。市售的结晶产品是三氯化铁的六水合物 $FeCl_3 \cdot 6H_2O$，熔点约37℃，外观为黄褐色结晶，极易吸潮，且以$[FeCl_2(H_2O)_4]Cl^- \cdot 2H_2O$的形式存在，稍有氯化氢的刺激性味道。氯化铁水溶液呈强酸性。

（4）工业用技术标准。GB 4482《水处理剂 氯化铁》，GB/T 1621《工业氯化铁》。

5. 聚合硫酸铁

（1）分子式：$\left[Fe_2(OH)_n \cdot (SO_4)_{3-\frac{n}{2}}\right]_m$ $[n < 2, m = f(n)]$。

（2）性状。聚合硫酸铁是一种性能优越的无机高分子絮凝剂，液体为红褐色黏稠透明液体，固体为淡黄色无定型固体粉末，极易溶于水，易溶于醇、氯仿、四氯化碳，微溶于苯。质量分数为10%的水溶液为红棕色透明溶液，且具有吸湿性。

（3）工业用技术标准。GB 14591《水处理剂 聚合硫酸铁》。

6. 聚丙烯酰胺

（1）分子式：$(C_3H_5NO)_n$。

（2）相对分子量：$1 \times 10^4 \sim 2 \times 10^7$。

（3）性状。聚丙烯酰胺是由丙烯酰胺单体经自由基引发聚合而成的水溶性线性高分子聚合物。固体聚丙烯酰胺为白色或微黄色颗粒或粉末；胶体聚丙烯酰胺为无色或微黄色胶状物。在23℃时，其密度为 $1.32g/cm^3$。溶于水，具有良好的絮凝性，可以降低液体之间的摩擦阻力，按离子特性分可分为非离子、阴离子、阳离子和两性型四种类型。聚丙烯酰胺不溶于大多数有机溶剂，如甲醇、乙醇、丙酮、乙醚、脂肪烃和芳香烃，有少数极性有机溶剂除外，如乙酸、丙烯酸、氯乙酸、乙二醇、甘油、熔融尿素和甲酰胺。

聚丙烯酰胺本身及其水解体没有毒性，聚丙烯酰胺的毒性来自其残留单体丙烯酰胺。聚丙烯酰胺用于工业和城市污水的净化处理方面时，一般允许丙烯酰胺含量0.2%以下，用于直接饮用水处理时，丙烯酰胺含量需在0.05%以下。

（4）工业用技术标准。GB 17514《水处理剂　聚丙烯酰胺》。

二、除氧剂

1. 水合肼

（1）分子式：$N_2H_4 \cdot H_2O$。

（2）相对分子量：50.06。

（3）性状。水合肼俗称联氨，为无色透明的发烟液体，有独特的臭味，剧毒。相对密度为1.032，沸点为119.4℃，闪点和引火点为72.8℃。水合肼与水和醇互溶，不溶于氯仿和乙醚。与氧化剂接触，会引起自燃自爆。具有强碱性、强还原性和强渗透性。在空气中能吸收二氧化碳。

（4）工业用技术标准。HG/T 3259《工业水合肼》。

2. 碳酰肼

（1）分子式：$(NHNH_2)_2CO$。

（2）相对分子量：90.09。

（3）性状。碳酰肼为白色结晶粉末，熔点153℃，并与溶解时开始分解。极易溶于水，1%水溶液的$pH \approx 7.4$。不溶于醇、醚、氯仿和苯。与盐酸、硫酸、草酸、磷酸和硝酸反应均生成盐。在有亚硝酸存在时，碳酰肼会转变成具有高爆炸性的羰基叠氮化物，是锅炉水的除氧剂。

3. 丙酮肟

（1）分子式：C_3H_7NO。

（2）相对分子量：73.09。

（3）性状。丙酮肟，也称为二甲基酮肟，为白色针状结晶。熔点61℃，沸点136℃、134.8℃（97.1kPa）、61℃（2.67kPa），相对密度0.9113（62℃/4℃），折光率1.4156。易溶于水、乙醇、乙醚及丙酮，能溶于酸碱，在稀酸中易水解。在空气中挥发得很快。锅炉酸洗后，金属表面活性高，丙酮肟作为钝化剂可在金属表面生成致密的保护膜，以防止金属的二次腐蚀，并具有用量少、无毒排放无污染等优点。

（4）工业用技术标准。HG/T 5139《丙酮肟》。

三、碱化剂

1. 正十二胺

（1）分子式：$C_{12}H_{27}N$。

（2）相对分子量：185.35。

（3）性状。十二胺是白色或近似白色晶体。相对密度为0.8015，熔点为28.3℃，沸点为259℃。能与乙醇、乙醚、苯、氯仿和四氯化碳混溶，微溶于水，有腐蚀性，受热分解放出有毒的氧化氮烟气。

2. 十六胺

（1）分子式：$C_{16}H_{35}N$。

（2）相对分子量：241.46。

（3）性状。十六胺是一种无色结晶固体，熔点为46.77℃，沸点为321.9℃，相对密度为0.8129，闪点为140℃。十六胺不溶于水，溶于甲醇、乙醇、异丙醇、乙醚、丙酮、苯和氯仿。能吸收二氧化碳，与盐酸和醋酸反应可生产相应的盐。

3. 十八胺

（1）分子式：$C_{18}H_{39}N$。

（2）相对分子量：269.52。

（3）性状。十八胺为白色结晶颗粒，熔点为53.1℃，常压下沸点为48.5℃，闪点为148℃，相对密度0.8618。极易溶于氯仿，溶于醇、苯，微溶于丙酮，不溶于水。与盐酸和醋酸反应生产相应的盐。

（4）工业用技术标准。HG/T 3503《十八胺》。

4. 吗啉

（1）分子式：C_4H_9NO。

（2）相对分子量：87.12。

（3）性状。吗啉是一种无色液体，具有吸湿性和强碱性，有胺的特征气味。相对密度为1.007，沸点为128.9℃，熔点为-4.9℃，闪点为38℃。能与水混溶，溶解时放热，也能与丙酮、苯、醚等有机溶剂混溶。

（4）工业用技术标准。GB/T 28608《工业用1，4-氧氮杂环己烷（吗啉）》。

5. 环己胺

（1）分子式：$C_6H_{13}N$。

（2）相对分子量：99.17。

（3）性状。环己胺为无色透明液体，具有强烈的鱼腥味和氨味。相对密度为0.8647，沸点为134.5℃，熔点为-17.7℃，闪点为32.2℃，燃点为293℃。能与水和醇、醚、酯、酮等有机溶剂混溶。环己胺能与水形成共沸混合物，其共沸点为96.4℃。环己胺为有机碱，其0.01%水溶液pH值为10.5，能吸收空气中的二氧化碳而生成碳酸盐。

（4）工业用技术标准。HG 2816《工业用环己胺》。

6. 巯基苯并噻唑

（1）分子式：$C_7H_5NS_2$。

（2）相对分子量：167.25。

（3）性状。巯基苯并噻唑是一种淡黄色针状或片状单斜晶体，具有难闻气味和特殊苦味。其相对密度为1.42，工业级巯基苯并噻唑熔点为170~175℃。不溶于水，微溶于乙醇、乙醚和四氯化碳，溶于丙酮、醋酸,溶于碱和碱金属的碳酸盐溶液中。闪点为515～520℃,遇明火可燃烧。当巯基苯并噻唑呈粉状时,其在空气中的爆炸下限为21g/cm³。

(4) 工业用技术标准。GB/T 11407《巯基苯并噻唑》。

四、阻垢剂

循环冷却水用阻垢剂是由有机膦酸盐、多元共聚物和缓蚀剂等复合而得,具有良好的化学稳定性和热稳定性,不易水解。合格的阻垢剂应具有优良的缓蚀、阻垢和溶垢性能,能使循环冷却水在高硬度、高碱性、高 pH 值、高浓缩倍数下安全正常的运行。火力发电厂循环冷却水用阻垢剂的技术要求见表 C-1,标准详见 DL/T 806《火力发电厂循环水用阻垢缓冲剂》。此外,火力发电厂若采用反渗透工艺,则反渗透阻垢剂性能测试可参考 DL/T 1261《火电厂用反渗透阻垢剂性能评价试验导则》。

表 C-1   火力发电厂循环冷却水用阻垢缓蚀剂产品技术要求

指标名称	单位	指标		
		A 类	B 类	C 类
唑类（以 C_6H_4NHN: N 计）	%	—	≥1.0	≥3.0
膦酸盐（以 PO_4^{3-} 计）含量	%	≤20.0		
亚磷酸盐（以 PO_2^{3-} 计）含量	%	≤1.0		
正磷酸盐（以 PO_4^{3-} 计）含量	%	≤0.5		
固含量	%	≥32.0		
密度（20℃）	g/cm³	≥1.15		
pH（1%水溶液）		3.0±1.5		

注 1. A 类阻垢缓蚀剂可用于不锈钢管、钛管循环冷却水处理系统,也可用于碳钢管冲灰水系统。

    2. B 类阻垢缓蚀剂可用于铜管循环冷却水处理系统。

    3. C 类阻垢缓蚀剂可用于要求有较高唑类含量的铜管循环冷却水处理系统;膦酸盐含量大于 6.8%为含膦阻垢剂;膦酸盐含量为 2.0%～6.8%为低膦阻垢剂;膦酸盐含量小于 2.0%为无膦阻垢剂,需要时可参照 GB/T 20778《水处理剂可生物降解性能评价方法——CO_2 生成量法》对阻垢缓蚀剂的生物降解性进行分析。

五、螯合剂

1,2-亚乙基二胺四乙酸（EDTA）

(1) 分子式:$C_{10}H_{16}N_2O_8$。

(2) 相对分子量:292.24。

(3) 性状。白色结晶粉末,能溶于氢氧化钠、碳酸钠及氨溶液中,能溶于沸水,微溶于冷水,不溶于醇及一般有机溶剂。游离酸的稳定性不如其盐类。

(4) 工业用技术标准。GB/T 1401《化学试剂 乙二胺四乙酸二钠》。

六、杀菌灭藻剂

1. 液氯

(1) 分子式:Cl_2。

(2) 相对分子量:70.9056。

(3) 性状。液氯为黄绿色液体,沸点为-34.03℃,沸点时相对密度为 1.57。液氯在常压下即气化。氯气为黄绿色气体,有窒息性气味。20℃时,氯气相对密度为 2.98。氯气有毒,有强烈的刺激性、臭味和腐蚀性。在日光下与其他易燃气体混合时易发生爆炸和燃烧。

(4) 工业用技术标准。GB 5138《工业用液氯》。

2. 二氧化氯

(1) 分子式:ClO_2。

(2) 相对分子量:67.45。

(3) 性状。二氧化氯在室温下为黄色和红黄色气体,具有臭味和类硝酸气味。二氧化氯的熔点为-59.6℃,常压下沸点为 10.9℃。11℃时,二氧化氯的密度为 3.09g/L。易溶于水,且主要以溶解气体的形式存在于水中;溶于碱溶液和硫酸溶液。固体二氧化氯为黄红色结晶,液态则为红褐色。二氧化氯是强氧化剂,在光线中不稳定,遇有机物质能发生剧烈反应,甚至爆炸。氧化能力超过过氧化氢,比臭氧弱。当二氧化氯浓度低于 10g/L 时,基本没有爆炸危险。

(4) 工业用技术标准。SH 2604.13《水处理药剂 稳定性二氧化氯》、GB/T 20783《稳定性二氧化氯溶液》。

3. 次氯酸钠

(1) 分子式:NaClO（无水物）,NaClO·5H₂O

（五水化合物）。

（2）相对分子量：74.442（无水物）；164.52（五水化合物）。

（3）性状。工业次氯酸钠为无色或淡黄色液体，含有效氯 100～140g/L。次氯酸钠是强氧化剂，在加热和氨或铵盐存在时，次氯酸钠会加速分解。

（4）工业用技术标准。GB 19106《次氯酸钠》。

4. 三氯异氰尿酸

（1）分子式：$C_3N_3O_3Cl_3$。

（2）相对分子量：232.41。

（3）性状。有机化合物，白色结晶性粉末或粒状固体，具有强烈的氯气刺激味，微溶于水，易溶于有机溶剂。三氯异氰尿酸含有效氯在 90%以上，25℃时水中的溶解度为 1.2%，遇酸或碱易分解。

（4）工业用技术标准。HG/T 3263《三氯异氰尿酸》。

七、清洗剂

1. 柠檬酸

（1）分子式：$C_6H_8O_7 \cdot H_2O$（一水化合物）。

（2）相对分子量：210.14（一水化合物）。

（3）性状。无水柠檬酸是一种无色半透明晶体，其熔点为 153℃，密度为 1.665g/cm³。一水合柠檬酸为无色结晶或白色颗粒，在干燥空气中易脱水，在潮湿空气中易吸潮，高温下易分解。柠檬酸溶于水、乙醇和乙醚，是一种强有机酸。

（4）工业用技术标准。GB/T 9855《化学试剂　一水合柠檬酸（柠檬酸）》。

2. 甲酸

（1）分子式：CH_2O_2。

（2）相对分子量：46.016。

（3）性状。甲酸是一种无色透明的发烟液体，具有浓烈刺激性酸味，属强酸类，能与水、醇、醚、丙三醇相混合。甲酸的沸点为 100.7℃，凝固点为 8.4℃，密度（20℃）为 1220g/L，燃点为 410℃，闪点为 68.9℃。能以任何比例与水互溶，并形成罕见的高于两者沸点的共沸混合物。

甲酸是最简单的脂肪酸，也是酸性最强的脂肪酸，易与醇类、硫醇等发生直接酯化反应，与丙烯酸甲酯发生交换酯化反应，与大多数有机胺发生酰胺化反应，与不饱烃发生加成反应。

（4）工业用技术标准。GB/T 15896《化学试剂　甲酸》。

3. 羟基乙酸

（1）分子式：$C_2H_4O_3$。

（2）相对分子量：76.05。

（3）性状。羟基乙酸是一种无色无味的半透明固体，属于最简单的脂肪族羟基羧酸，其熔点为 79℃，沸点为 100℃，密度为 1.49g/cm³。羟基乙酸略具有吸湿性，能溶于水、甲醇、乙醇、丙酮和乙酸，微溶于乙醚，不溶于烃类溶剂。不同浓度羟基乙酸的水溶液的 pH 值见表 C-2。一般市售的工业用品为 70%水溶液，呈透明琥珀色，微带糖焦气味。

表 C-2　不同浓度羟基乙酸的水溶液 pH 值

羟基乙酸浓度（%）	0.5	1.0	2.0	5.0	10.0
pH 值	2.0	2.33	2.16	1.95	1.73

八、其他

1. 硫酸

（1）分子式：H_2SO_4；$H_2SO_4 \cdot H_2O$（一水化合物）；$H_2SO_4 \cdot 2H_2O$（二水化合物）。

（2）相对分子量：98.08（无水硫酸）；116.09（一水化合物）；134.11（二水化合物）。

（3）性状。纯硫酸为无色透明的油状液体，能与水和乙醇以任意比例混合，其外观通常因纯度不同而呈现无色至红棕色。硫酸是最活泼的无机酸之一，腐蚀性极强。65%浓度的硫酸在冷态时即能溶解铁、铝、铜、铅；铁、铝等金属在 95%浓度以上的冷态硫酸中发生钝化反应。

含有 20%以上游离 SO_3 的浓硫酸称为发烟硫酸。发烟硫酸为无色或棕色油状稠厚的发烟液体，有强烈刺激性臭味，吸水性强，与水混合后放出大量热并可能引起爆炸。

纯硫酸的相对密度为 1.832（20℃），熔点 10.38℃，沸点 280℃。加热纯硫酸时会放出 SO_3 直至酸的浓度降低至 98.3%，成为恒沸溶液。常用的浓硫酸浓度为 92.5%和 98%。

（4）工业用技术标准。GB/T 534《工业硫酸》。

2. 盐酸

（1）分子式：HCl。

（2）相对分子量：36.46。

（3）性状。盐酸是氯化氢气体的水溶液，为无色刺激性液体。工业盐酸因含铁、氯等杂质而呈现淡黄色。盐酸属无机强酸，有酸味，腐蚀性极强，极易溶于水、乙醇和乙醚，且与多种金属及其氧化物、碱类、盐类等发生化学反应。浓盐酸在空气中发烟，若遇氨蒸汽则生成白色烟雾。

氯化氢的沸点为 -85℃。在 -85℃时，氯化氢的相对密度为 1.187。常用的盐酸浓度在 31%左右。

（4）工业用技术标准。GB 320《工业用合成盐酸》。

3. 氢氧化钠

（1）分子式：NaOH。

（2）相对分子量：39.997。

（3）性状。纯氢氧化钠为无色透明结晶，呈块状、片状、棒状或粒状。相对密度 2.130。熔点为 322℃（318℃），沸点为 1390℃。工业氢氧化钠因含有少量的氯化钠和碳酸钠而使外观呈白色不透明的固体。固体氢氧化钠具有很强的吸湿性，长时间暴露在湿空气中会完全潮解成黏稠状液体。

氢氧化钠极易溶于水并放出大量的热，氢氧化钠水溶液呈强碱性，且有滑腻感。易溶于乙醇和甘油，不溶于乙醚和丙酮。氢氧化钠水溶液腐蚀性极强，能侵蚀、破坏纤维，高温下对碳钢也有腐蚀作用。能逐渐吸收空气中的二氧化碳而生成碳酸钠和碳酸氢钠。与酸类发生中和反应，生成各种钠盐。

（4）工业用技术标准。GB 209《工业用氢氧化钠》、GB/T 629《化学试剂　氢氧化钠》、GB/T 11199《高纯氢氧化钠》。

4. 消石灰粉

（1）分子式：$Ca(OH)_2$。

（2）相对分子量：74.09。

（3）性状。消石灰粉为白色粉末状固体，其主要成分为 $Ca(OH)_2$。消石灰粉微溶于水，呈碱性且具有一定的腐蚀性，对皮肤、织物有腐蚀作用；消石灰粉可溶于酸、铵盐、甘油，不溶于醇。氢氧化钙加热至 580℃脱水成氧化钙，在空气中吸收二氧化碳成碳酸钙。

（4）工业用技术标准。HG/T 4120《工业氢氧化钙》。

5. 氨

（1）分子式：NH_3。

（2）相对分子量：17.03。

（3）性状。在常温下为无色气体，有强烈的刺激性臭味，易溶于水，溶于醇和乙醚。氨的熔点为 −77.7℃，沸点为 −33.5℃。氨在适当压力下可变成无色液体液氨，并放出大量的热；当压力减低时，则气化而逸出，同时吸收周围大量的热。当空气中含有 16%～25%氨时，可能发生爆炸。氨溶于水，称为氨水。氨水呈碱性，与酸类发生中和作用。工业氨水含 10%～25%的氨，为无色液体，具有浓重辛辣窒息性气味，对人体眼、鼻及破损皮肤有刺激性。氨水对铜有较强的化学腐蚀作用。

液氨在 −79℃时的密度为 0.817g/cm³。在 0℃时，氨的密度为 7.71g/cm³。工业氨的常用浓度不低于 99.5%。工业氨水的常用浓度为 25%。

（4）工业用技术标准。GB/T 536《液体无水氨》、GB/T 631《化学试剂　氨水》。

6. 磷酸三钠

（1）分子式：Na_3PO_4（无水物）；$Na_3PO_4 \cdot 12H_2O$（十二水合物）。

（2）相对分子量：无水物：163.94；十二水合物：380.12。

（3）性状。无水磷酸三钠为白色，相对密度为 2.537，熔点 1340℃。十二水合磷酸三钠为无色，八面体、立方晶系结晶，相对密度 1.62（20℃），熔点 73.40℃。十二水合磷酸三钠在干燥空气中易风化，溶于结晶水中；不溶于二硫化碳、乙醇。磷酸三钠水溶液呈强碱性，1%溶液的 pH 值为 12.5。

（4）工业用技术标准。HG/T 2517《工业磷酸三钠》。

7. 工业氢

（1）分子式：H_2。

（2）相对分子量：2。

（3）性状。氢气是世界上已知的密度最小的气体，密度比空气小，是最轻的气体，是相对分子质量最小的物质。在 0℃时，一个标准大气压下，氢气的密度为 0.0899g/L。常温常压下，氢气是一种极易燃烧、无色透明、无臭无味的气体，难溶于水。

在常压下，温度 −252.87℃时，氢气可转变成无色的液体；−259.1℃时，变成雪状固体。

（4）工业用技术标准。GB/T 3634.1《氢气　第 1 部分：工业氢》、GB/T 3634.2《氢气　第 2 部分：纯氢、高纯氢和超纯氢》。

8. 工业氧

（1）分子式：O_2。

（2）相对分子量：32。

（3）性状。氧气是无色无味气体。熔点 −218.4℃，沸点 −183℃。不易溶于水。在空气中氧气约占 21%。液氧为天蓝色，固氧为蓝色晶体。常温下不活泼，与许多物质都不易作用。但在高温下则很活泼，能与多种元素直接化合反应。

（4）工业用技术标准。GB/T 3863《工业氧》。

9. 工业氮

（1）分子式：N_2。

（2）相对分子量：28。

（3）性状。通常状况下是一种无色无味的气体。氮气占大气总量的 78.08%（体积分数）。标准大气压下，熔点 −209.8℃，沸点 −195.8℃。氮气的化学性质不活泼，常温下很难跟其他物质发生反应，在高温、高能量条件下可与某些物质发生化学反应。

（4）工业用技术标准。GB/T 3864《工业氮》。

10. 尿素

（1）分子式：CH_4N_2O。

（2）相对分子量：60.06。

（3）性状。尿素，又称碳酰胺。尿素为无色或白色针状或棒状结晶体，工业品为白色略带微红色固体颗粒，无臭无味。密度 1.335g/cm³。熔点 132.7℃。溶于水、醇，难溶于乙醚、氯仿。尿素水溶液呈弱碱性。

（4）工业用技术标准。GB 2440《尿素》。

11. 工业盐

（1）分子式：NaCl。

（2）相对分子量：58.44。

（3）性状。白色或无色立方结晶或细小结晶粉末，熔点 801℃，沸点 1465℃，密度 2.165×10³kg/m³。易溶于水，水中溶解度为 35.9g（室温）。溶于甘油，微溶于乙醇、丙醇、丁烷、液氨；几乎不溶于浓盐酸。不纯的氯化钠在空气中易潮解性。稳定性比较好，水溶液呈中性。

（4）工业用技术标准。GB/T 5462《工业盐》。

12. 活性炭

（1）性状。活性炭又称活性炭黑，是黑色粉末状或块状、颗粒状、蜂窝状的无定形碳，也有排列规整的晶体碳。活性炭无臭、无味，与碱、酸类物质均不起化学反应，不溶于水和普通溶剂，但可溶于熔融后的铁中。

根据活性炭的原材料来源，可分为果壳活性炭、木质炭、煤质炭等，不同活性炭的适用范围见表 C-3。

表 C-3　　　　不同活性炭的适用范围

用途	种类
降低水中有机物	果壳炭
去除水中余氯	果壳炭、煤质炭及木质炭
生活饮用水	果壳炭

注　1. 果壳按制造材料可分核桃壳、山核桃壳、杏核、椰子壳、山楂核等。

2. 摘自（DL/T 582—2016）《发电厂水处理用活性炭使用导则》。

木质净水用活性炭为黑色无定型颗粒状，本身无毒、无臭、无味，不能混入对人体健康有毒或有害的物质。煤质颗粒活性炭为暗黑色物质，呈颗粒状。脱硫脱硝用活性炭为黑色、灰色的圆柱状或其他规则状颗粒。

颗粒活性炭主要化学性能指标有：pH 值、灰分、水分、着火点、未炭化物、硫化物、氯化物、氰化物、硫酸盐含量、酸溶物、醇溶物、铁含量、锌含量、铅含量、砷含量、钙镁含量、重金属含量、磷酸盐含量等。活性炭主要吸附性能指标有：亚甲蓝吸附值、碘吸附值、苯酚吸附值、四氯化碳吸附值、焦糖吸附值、硫酸奎宁吸附值、饱和硫容量、穿透硫容量、水容量、氯乙烷蒸汽防护时间、ABS 值等。

（2）工业用技术标准。DL/T 582《发电厂水处理用活性炭使用导则》、GB/T 13803.2《木质净水用活性炭》、GB/T 30201《脱硫脱硝用煤质颗粒活性炭》、GB/T 7701.3《煤质颗粒活性炭　载体用煤质颗粒活性炭》。

13. 石英砂

（1）性状。石英砂的主要矿物成分是 SiO₂。石英砂的颜色为乳白色或无色半透明状，硬度 7，性脆无解理，贝壳状断口，油脂光泽，密度为 2.5～2.7g/cm³，其化学、热学和机械性能具有明显的异向性，不溶于酸，微溶于氢氧化钾溶液，熔点 1750℃。

石英砂滤料是采用天然石英矿为原料，经破碎、水洗精筛等加工而成，是目前水处理行业中使用最广泛、量最大的净水材料，无杂质，抗压耐磨，机械强度高，化学性能稳定，截污能力强，使用周期长，适用于单层、双层过滤池、过滤器和离子交换器。石英砂常用规格有：0.5～1mm、0.6～1.2mm、1～2mm、2～4mm、4～8mm、8～16mm、16～32mm、10～20 目、20～40 目、40～80 目、100～120 目。

水处理用石英砂应为坚硬、耐用、密实的颗粒，在加工、过滤和冲洗过程中应能抗蚀，其含硅物质（以 SiO₂ 计）不应小于 85%，不应含可见的泥土、粉屑、云母或有机杂质，其灼烧减量不应大于 0.7%；滤料中密度小于 2g/cm³ 的轻物质不应大于 0.2%，含泥量应小于 1%，盐酸可溶率应小于 3.5%，破碎率与磨损率之和应小于 2%。

（2）工业用技术标准。CJ/T 43《水处理用滤料》。

14. 水处理用无烟煤滤料

（1）性状。无烟煤滤料是一种水处理行业过滤用滤料。标准无烟煤滤料采用优质碳块经精选、破碎、筛选加工而成，外观光泽度好，呈多棱形颗粒状，抗压耐磨性强，一般用于双层、三层过滤。适用于一般酸性、中性、碱性水的净化处理，具有良好的比表面积。

水处理用无烟煤滤料的常用规格有：0.5～0.8mm、0.8～1.2mm、0.8～1.8mm、1～2mm、2～4mm 等。

水处理用无烟煤滤料应为坚硬、耐用的无烟煤颗粒，不应含可见的页岩、泥土或碎片杂质，在滤料中密度大于 1.8g/cm³ 的重物质不应大于 8%。

（2）工业用技术标准。CJ/T 43《水处理用滤料》。

15. 水处理用高密度矿石滤料

（1）性状。水处理用高密度矿石滤料应为坚硬、耐用、密实的磁铁矿、石榴石或钛铁矿颗粒，在加工、过滤、冲洗过程中应能抗蚀。高密度矿石滤料不应含可见的泥土、粉屑、云母或有机杂质。

（2）工业用技术标准。CJ/T 43《水处理用滤料》。

16. 离子交换树脂

（1）产品型号、外观与选用原则。火力发电厂水处理用离子交换树脂的型号应按 GB/T 1631《离子交换树脂命名系统和基本规范》的规定执行。同型号而用途不同的树脂牌号见表 C-4，其中浮动床的树脂技术指标适应于双室床。

表 C-4　　　　　　　　　　　同型号而不同用途的树脂牌号

用途	牌号	举例
通用	型号	001×7，002，D001，D113，201×7，201×4，D202，D201，D301，211，D211，311，D311
双层床	型号＋SC	002SC，D001SC，D113SC，201×7SC，D201SC，D202SC，D301SC，211SC，D211SC，311SC，D311SC
浮动床	型号＋FC	001×7FC，D001FC，D113FC，201×7FC，D201FC，D301FC，211FC，D211FC，311FC，D311FC
混合床	型号＋MB	001×7MB，201×7MB，D001MB，D201MB
凝结水混床	型号＋MBP	001MBP，201MBP，D001MBP，D201MBP
凝结水单床	型号＋P	001P，201P，D001P，D201P
三层床混床	型号＋TR	D001TR，D201TR
溶性树脂	—	FB（浮床白球），YB（压脂层白球），S-TR（三层床隔离层惰性白球）

注　摘自 DL/T 519—2014《发电厂水处理用离子交换树脂验收标准》。

水处理用离子树脂包装件中应无游离水分，当有游离水分存在时，应扣除游离水分后计量。强酸性阳离子交换树脂出厂形态宜为钠型，弱酸性阳离子交换树脂出厂形态宜为氢型，强碱性阴离子交换树脂出厂形态宜为氯型，弱碱性阴离子交换树脂出厂形态宜为游离胺型。离子交换树脂的常见外观见表 C-5。

（2）工业用技术标准。DL/T 771《发电厂水处理用离子交换树脂选用导则》、DL/T 519《发电厂水处理用离子交换树脂验收标准》。

表 C-5　　　　　　　　　　　水处理用离子交换树脂常见外观

树脂类别	常见外观	树脂类别	常见外观
001×7	棕黄色至棕褐色透明球状颗粒	D201	乳白色或浅灰色不透明球状颗粒
002	棕黄色至棕褐色透明球状颗粒	D202	乳白色或浅灰色不透明球状颗粒
D001	浅棕色不透明球状颗粒	D301	乳白色或浅黄色不透明球状颗粒
D111	乳白色或浅黄色不透明球状颗粒	FB	乳白色不透明球状颗粒
D113	乳白色或浅黄色不透明球状颗粒	YB	无色透明球状颗粒
201×4	浅黄色或金黄色透明球状颗粒	S-TR	黄色或浅褐色球状颗粒
201×7	浅黄色或金黄色透明球状颗粒	211	乳白色透明球状颗粒
D211	浅黄色不透明球状颗粒	311	乳白色透明球状颗粒
D311	浅黄色不透明球状颗粒		

注　摘自 DL/T 519—2014《发电厂水处理用离子交换树脂验收标准》。

九、火力发电厂常见危险化学品目录

火电厂中常见危险化学品目录见表 C-6。

表 C-6　　　　　　　　　　　　火电厂中常见危险化学品目录

序号	品　名	别　名	CAS 号	备注
1	氨	液氨；氨气	7664-41-7	
2	氨溶液［含氨大于 10%］	氨水	1336-21-6	
3	次氯酸钙		7778-54-3	
4	次氯酸钠溶液［含有效氯大于 5%］		7681-52-9	
5	氮［压缩的或液化的］		7727-37-9	
6	二氧化硫	亚硫酸酐	7446-09-5	
7	二氧化氯		10049-04-4	
8	二氧化碳［压缩的或液化的］	碳酸酐	124-38-9	
9	发烟硫酸	硫酸和三氧化硫的混合物；焦硫酸	8014-95-7	
10	发烟硝酸		52583-42-3	
11	高锰酸钾	过锰酸钾；灰锰氧	7722-64-7	
12	过氧化氢溶液［含量大于 8%］		7722-84-1	
13	环己胺	六氢苯胺；氨基环己烷	108-91-8	
14	甲酸	蚁酸	64-18-6	
15	无水肼［含肼大于 64%］	无水联胺	302-01-2	
16	硫酸		7664-93-9	
17	硫酸氢铵	酸式硫酸铵	7803-63-6	
18	氯	液氯；氯气	7782-50-5	剧毒
19	氯化氢［无水］		7647-01-0	
20	氯酸钠		7775-09-9	
21	氯酸钠溶液			
22	水合肼［含肼小于等于 64%］	水合联氨	10217-52-4	
23	氢	氢气	1333-74-0	
24	氢氧化钾	苛性钾	1310-58-3	
	氢氧化钾溶液［含量大于等于 30%］			
25	氢氧化钠	苛性钠；烧碱	1310-73-2	
	氢氧化钠溶液［含量大于等于 30%］			
26	三氯化铁	氯化铁	7705-08-0	
	三氯化铁溶液	氯化铁溶液		
27	亚硫酸氢钠	酸式亚硫酸钠	7631-90-5	
28	亚氯酸钠		7758-19-2	

序号	品　名	别　名	CAS 号	备注
29	亚氯酸钠溶液［含有效氯大于 5%］		7758-19-2	
30	盐酸	氢氯酸	7647-01-0	
31	乙酸［含量大于 80%］	醋酸	64-19-7	
	乙酸溶液［10%＜含量≤80%］	醋酸溶液		
32	氧气			

注　1. 摘自《危险化学品目录（2015 版）》。

2. CAS 为美国化学会的下设组织化学文摘社（Chemical Abstracts Service）的简称。

附录 D 常用设备材料

一、常用钢制管道牌号及力学性能

常用钢制管道牌号及力学性能见表 D-1～表 D-6。

表 D-1 各国及国际标准中不锈钢牌号对照表

本表中序号	GB/T 20878—2007《不锈钢和耐热钢 牌号及化学成分》				美国 ASTM A 959—09	日本 JIS G 4303—2005 JIS G 4311—1991	国际 ISO/TS 15510: 2003 ISO 4955: 2005	欧洲 EN 10088: 1—2005	苏联 ГОСТ 5632—1972
	序号	统一数字代号	新牌号	旧牌号					
1	13	S30210	12Cr18Ni9	1Cr18Ni9	S30200, 302	SUS302	X10CrNi18-8	X10CrNi18-8、1.4310	12X18H9
2	17	S30408	06Cr19Ni10	0Cr18Ni9	S30400, 304	SUS304	X5CrNi18-9	X5CrNi18-10、1.4301	—
3	18	S30403	022Cr19Ni10	00Cr19Ni10	S30403, 304L	SUS304L	X2CrNi19-11	X2CrNi19-11、1.4306	03X18H11
4	23	S30458	06Cr19Ni10N	0Cr19Ni9N	S30451, 304N	SUS304N1	X5CrNiN18-8	X5CrNiN19-9、1.4315	—
5	24	S30478	06Cr19Ni9NbN	0Cr19Ni10NbN	S30452, XM-21	SUS304N2	—	—	—
6	25	S30453	022Cr19Ni10N	00Cr18Ni10N	S30453, 304LN	SUS304LN	X2CrNiN18-9	X2CrNiN18-10、1.4311	—
7	32	S30908	06Cr23Ni13	0Cr23Ni13	S30908, 309S	SUS309S	X12CrNi23-13	X12CrNi23-13、1.4833	—
8	35	S31008	06Cr25Ni20	0Cr25Ni20	S31008, 310S	SUS310S	X8CrNi25-21	X8CrNi25-21、1.4845	10X23H18
9	38	S31608	06Cr17Ni12Mo2	0Cr17Ni12Mo2	S31600, 316	SUS316	X5CrNiMo17-12-2	X5CrNiMo17-12-2、1.4401	—
10	39	S31603	022Cr17Ni14Mo2	00Cr17Ni14Mo2	S31603, 316L	SUS316L	X2CrNiMo17-12-2	X2CrNiMo17-12-2、1.4404	03X17H14M3
11	40	S31609	07Cr17Ni12Mo2	1Cr17Ni12Mo2	S31609, 316H	—	—	X3CrNiMo17-13-3、1.4436	—
12	41	S31668	06Cr17Ni12Mo2Ti	0Cr18Ni12Mo3Ti	S31635, 316Ti	SUS316Ti	X6CrNiMoTi17-12-2	X6CrNiMoTi17-12-2、1.4571	08X17H13M2T
13	43	S31658	06Cr17Ni12Mo2N	0Cr17Ni12Mo2N	S31651, 316N	SUS316N	—	—	—
14	44	S31653	022Cr17Ni12Mo2N	00Cr17Ni13Mo2N	S31653, 316LN	SUS316LN	X2CrNiMoN17-12-3	X2CrNiMoN17-13-3、1.4429	—
15	45	S31688	06Cr18Ni12Mo2Cu2	0Cr18Ni12Mo2Cu2	—	SUS316J1	—	—	—

续表

本表中序号	GB/T 20878—2007《不锈钢和耐热钢》牌号及化学成分				美国 ASTM A 959—09	日本 JIS G 4303—2005 JIS G 4311—1991	国际 ISO/TS 15510: 2003 ISO 4955: 2005	欧洲 EN 10088: 1—2005	苏联 ГОСТ 5632—1972
	序号	统一数字代号	新牌号	旧牌号					
16	46	S31683	022Cr18Ni14Mo2Cu2	00Cr18Ni14Mo2Cu2	—	SUS316J1L	—	—	—
17	49	S31708	06Cr19Ni13Mo3	0Cr19Ni13Mo3	S31700, 317	SUS317	—	—	—
18	50	S31703	022Cr19Ni13Mo3	00Cr19Ni13Mo3	S31703, 317L	SUS317L	X2CrNiMo19-14-4	X2CrNiMo18-15-4, 1.4438	03X16H15M3B
19	55	S32168	06Cr18Ni11Ti	0Cr18Ni10Ti	S32100, 321	SUS321	X6CrNiTi18-10	X6CrNiTi18-10, 1.4541	08X18H10T
20	56	S32169	07Cr19Ni11Ti	1Cr18Ni11Ti	S32109, 321H	—	X7CrNiTi18-10	—	12X18H10T
21	62	S34778	06Cr18Ni11Nb	0Cr18Ni11Nb	S34700, 347	SUS347	X6CrNiNb18-10	X6CrNiNb18-10, 1.4550	08X18H12B
22	63	S34779	07Cr18Ni11Nb	1Cr19Ni11Nb	S34709, 347H	—	X7CrNiNb18-10	X7CrNiNb18-10, 1.4912	—
23	78	S11348	06Cr13Al	0Cr13Al	S40500, 405	SUS405	X6CrAl13	X6CrAl13, 1.4002	—
24	84	S11510	10Cr15	1Cr15	S42900, 429	—	—	—	—
25	85	S11710	10Cr17	1Cr17	S43000	SUS430	X6Cr17	X6Cr17, 1.4016	12X17
26	87	S11863	022Cr18Ti	00Cr17	S43035, 439	—	X3CrTi17	X3CrTi17, 1.4510	08X17T
27	92	S11972	019Cr19Mo2NbTi	00Cr18Mo2	S44400, 444	—	X2CrMoTi18-2	X2CrMoTi18-2, 1.4521	—
28	97	S41008	06Cr13	0Cr13	S41008, 410S	—	X6Cr13	X6Cr13, 1.4000	08X13
29	98	S41010	12Cr13	1Cr13	S41000, 410	SUS410	X12Cr13	X12Cr13, 1.4006	12X13

注 摘自 GB/T 14976—2012《流体输送用不锈钢无缝钢管》。

表 D-2

各国及国际标准中双相不锈钢牌号对照表

序号	GB/T 20878 中的序号	统一数字代号	中国 GB/T 20878 中的牌号	中国 GB/T 21833 中的牌号	美国 ASTM A789M-05b	欧洲 EN 10216-5: 2004	国际 ISO 15156-3: 2003	日本 JIS G3459—2004	原习惯用牌号
1	68	S21953	022Cr18Ni5Mo3Si2N	022Cr19Ni5Mo3Si2N	S31500	X2CrNiMoSi18-5-3 1.4424			00Cr18Ni5Mo3Si2N 3RE60
2	70	S22253	022Cr22Ni5Mo3N	022Cr22Ni5Mo3N	S31803	X2CrNiMo22-5-3 1.4462	S31803/2205	SUS329J3LTP	00Cr22Ni5Mo3N, 2205
3	72	S23043	022Cr23Ni4MoCuN	022Cr23Ni4MoCuN	S32304	X2CrNiN23-4 1.4362			00Cr23Ni4N
4	71	S22053	022Cr23Ni5Mo3N	022Cr23Ni5Mo3N	S32205				00Cr22Ni5Mo3N, 2205
5		S25203	022Cr25Ni7Mo4CuN	022Cr24Ni7Mo4CuN	S32520	X2CrNiMoCuN25-6-3 1.4507	S32520/52N+		00Cr25Ni7Mo4CuN, UR52N+
6	73	S22553	022Cr25Ni6Mo2N	022Cr25Ni6Mo2N	S31200		S31200/44LN		00Cr25Ni6Mo2N
7	74	S22583	022Cr25Ni7Mo3WCuN	022Cr25Ni7Mo3WCuN	S31260			SUS329J4LTP	00Cr25Ni7Mo3WCuN
8	76	S25073	022Cr25Ni7Mo4N	022Cr25Ni7Mo4N	S32750	X2CrNiMoN25-7-4 1.4410	S32750/2507		00Cr25Ni7Mo4N, 2507
9	75	S25554	03Cr25Ni6Mo3Cu2N	03Cr25Ni6Mo3Cu2N	S32550		S32550/255		0Cr25Ni6Mo3Cu2N, FERRALIUM alloy 255

注　1. GB/T 20878 标准名称为《不锈钢和耐热钢　牌号及化学成分》。
　　2. GB/T 21833 标准名称为《奥氏体　铁素体型双相不锈钢无缝钢管》。

表 D-3　　　　　　　　　　　　　常用不锈钢无缝钢管牌号、力学性能及密度

组织类型	序号	统一数字代号	牌号	力学性能（不小于）			密度（kg/dm³）
				抗拉强度（MPa）	规定塑性延伸强度（MPa）	断后伸长率（%）	
奥氏体型	1	S30210	12Cr18Ni9	520	205	35	7.93
	2	S30408	06Cr19Ni10	520	205	35	7.93
	3	S30403	022Cr19Ni10	480	175	35	7.90
	4	S30458	06Cr19Ni10N	550	275	35	7.93
	5	S30478	06Cr19Ni9NbN	685	345	35	7.98
	6	S30453	022Cr19Ni10N	550	245	40	7.93
	7	S30908	06Cr23Ni13	520	205	40	7.98
	8	S31008	06Cr25Ni20	520	205	40	7.98
	9	S31608	06Cr17Ni12Mo2	520	205	35	8.00
	10	S31603	022Cr17Ni12Mo2	480	175	35	8.00
	11	S31609	07Cr17Ni12Mo2	515	205	35	7.98
	12	S31668	06Cr17Ni12Mo2Ti	530	205	35	7.90
	13	S31658	06Cr17Ni12Mo2N	550	275	35	8.00
	14	S31653	022Cr17Ni12Mo2N	550	245	40	8.04
	15	S31688	06Cr18Ni12Mo2Cu2	520	205	35	7.96
	16	S31683	022Cr18Ni14Mo2Cu2	480	180	35	7.96
	17	S31708	06Cr19Ni13Mo3	520	205	35	8.00
	18	S31703	022Cr19Ni13Mo3	480	175	35	7.98
	19	S32168	06Cr18Ni11Ti	520	205	35	8.03
	20	S32169	07Cr19Ni11Ti	520	205	35	7.93
	21	S34778	06Cr18Ni11Nb	520	205	35	8.03
	22	S34779	07Cr18Ni11Nb	520	205	35	8.00
铁素体型	23	S11348	06Cr13Al	415	205	20	7.75
	24	S11510	10Cr15	415	240	20	7.70
	25	S11710	10Cr17	415	240	20	7.70
	26	S11863	022Cr18Ti	415	205	20	7.70
	27	S11972	019Cr19Mo2NbTi	415	275	20	7.75
马氏体型	28	S41008	06Cr13	370	180	22	7.75
	29	S41010	12Cr13	415	205	20	7.70

注　摘自 GB/T 14976—2012《流体输送用不锈钢无缝钢管》。

表 D-4　　　　　　　　　　　　　常用双相不锈钢牌号及力学性能

序号	统一数字代号	牌号	拉伸性能（不小于）		
			抗拉强度（MPa）	规定非比例延伸强度（MPa）	断后伸长率（%）
1	S21953	022Cr19Ni5Mo3Si2N	630	440	30
2	S22253	022Cr22Ni5Mo3N	620	450	25

续表

序号	统一数字代号	牌号	拉伸性能（不小于）		
			抗拉强度（MPa）	规定非比例延伸强度（MPa）	断后伸长率（%）
3	S23043	022Cr23Ni4MoCuN	600 （适用于钢管公称外径大于25mm）	480	25
4	S22053	022Cr23Ni5Mo3N	655	485	25
5	S25203	022Cr24Ni7Mo4CuN	770	550	25
6	S22553	022Cr25Ni6Mo2N	690	450	25
7	S22583	022Cr25Ni7Mo3WCuN	690	450	25
8	S25073	022Cr25Ni7Mo4N	800	550	15
9	S25554	03Cr25Ni6Mo3Cu2N	760	550	15

注　摘自 GB/T 21833—2008《奥氏体　铁素体型双相不锈钢无缝钢管》。

表 D-5　　　　　　　　　　　　　常用碳钢无缝钢管牌号及力学性能

牌号	质量等级	拉伸性能			冲击试验	
		抗拉强度（MPa）	下屈服强度（MPa）不小于	断后伸长率（%）不小于	试验温度（℃）	吸收能量（J）不小于
10	—	335～475	205	24	—	—
20	—	410～530	245	20	—	—
Q345	A	470～630	345	20	—	—
	B			20	+20	34
	C				0	34
	D			21	−20	34
	E				−40	27
Q390	A	490～650	390	18	—	—
	B			18	+20	34
	C				0	34
	D			19	−20	34
	E				−40	27
Q420	A	520～680	420	18	—	—
	B			18	+20	34
	C				0	34
	D			19	−20	34
	E				−40	27
Q460	C	550～720	460	17	0	34
	D				−20	34
	E				−40	27

注　摘自 GB/T 8163—2018《输送流体用无缝钢管》。

表 D-6 常用低压焊接钢管牌号及力学性能

牌号	抗拉强度（MPa）不小于	下屈服强度（MPa）不小于		断后伸长率（%）不小于	
		壁厚≤16mm	壁厚＞16mm	D≤168.3mm	D＞168.3mm
Q195	315	195	185	15	20
Q215A、Q215B	335	215	205		
Q235A、Q235B	370	235	225		
Q275A、Q275B	410	275	265	13	18
Q345A、Q345B	470	345	325		

注 摘自 GB/T 3091—2015《低压流体输送用焊接钢管》。

二、常用材料许用应力

常用材料许用应力见表 D-7～表 D-10。

表 D-7 碳素钢和低合金钢钢板许用应力

钢号	钢板标准	厚度（mm）	在下列温度（℃）下的许用应力（MPa）										
			≤20	100	150	200	250	300	350	400	425	450	475
Q245R	GB 713《锅炉和压力容器用钢板》	3～16	148	147	140	131	117	108	98	91	85	61	41
		＞16～36	148	140	133	124	111	102	93	86	84	61	41
		＞36～60	148	133	127	119	107	98	89	82	80	61	41
Q345R	GB 713	3～16	189	189	189	183	167	153	143	125	93	66	43
		＞16～36	185	185	183	170	157	143	133	125	93	66	43
		＞36～60	181	181	173	160	147	133	123	117	93	66	43
16MnDR	GB 3531《低温压力容器用钢板》	6～16	181	181	180	167	153	140	130				
		＞16～36	174	174	167	157	143	130	120				
		＞36～60	170	170	160	150	137	123	117				
Q235B		3～16	116	113	108	99	88	81					
		＞16～30	116	108	102	94	82	75					
Q235C		3～16	123	120	114	105	94	86					
		＞16～40	123	114	108	100	87	79					

注 1. Q235B 所列许用应力已乘质量系数 0.85，Q235C 所列许用应力已乘质量系数 0.90。

2. 摘自 GB 150.1～150.4—2011《压力容器》。

表 D-8

高合金钢钢板许用应力

钢号	钢板标准	厚度 (mm)	在下列温度 (℃) 下的许用应力 (MPa)																						备注
			≤20	100	150	200	250	300	350	400	450	500	525	550	575	600	625	650	675	700	725	750	775	800	
S11306	GB 24511	1.5~25	137	126	123	120	119	117	112	109															
S11348	GB 24511	1.5~25	113	104	101	100	99	97	95	90															
S11972	GB 24511	1.5~8	154	154	149	142	136	131	125																
S21953	GB 24511	1.5~80	233	233	223	217	210	203																	
S22253	GB 24511	1.5~80	230	230	230	230	223	217																	
S22053	GB 24511	1.5~80	230	230	230	230	223	217																	
S30408	GB 24511	1.5~80	137	137	137	130	122	114	111	107	103	100	98	91	79	64	52	42	32	27					1
			137	114	103	96	90	85	82	79	76	74	73	71	67	62	52	42	32	27					
S30403	GB 24511	1.5~80	120	120	118	110	103	98	94	91	88														1
			120	98	87	81	76	73	69	67	65														
S30409	GB 24511	1.5~80	137	137	137	130	122	114	111	107	103	100	98	91	79	64	52	42	32	27					1
			137	114	103	96	90	85	82	79	76	74	73	71	67	62	52	42	32	27					
S31008	GB 24511	1.5~80	137	137	137	137	134	130	125	122	119	115	113	105	84	61	43	31	23	19	15	12	10	8	1
			137	121	111	105	99	96	93	90	88	85	84	83	81	61	43	31	23	19	15	12	10	8	
S31608	GB 24511	1.5~80	137	137	137	134	125	118	113	111	109	107	106	105	96	81	65	50	38	30					1
			137	117	107	99	93	87	84	82	81	79	78	78	76	73	65	50	38	30					
S31603	GB 24511	1.5~80	120	120	117	108	100	95	90	86	84														1
			120	98	87	80	74	70	67	64	62														
S31668	GB 24511	1.5~80	137	137	137	134	125	118	113	111	109	107													1
			137	117	107	99	93	87	84	82	81	79													

注：1. 该许用应力仅适用于允许产生微量永久变形之元件，对于法兰或其他有微量永久变形就会引起泄漏和故障的场合不能采用。

2. GB 24511 名称为《承压设备用不锈钢和耐热钢钢板和钢带》。

3. 摘自 GB 150.1~150.4—2011《压力容器》。

表D-9　碳素钢和低合金钢钢管许用应力

钢号	钢管标准	使用状态	壁厚(mm)	室温强度指标		在下列温度（℃）下的许用应力（MPa）															
				R_m(MPa)	R_{eL}(MPa)	≤20	100	150	200	250	300	350	400	425	450	475	500	525	550	575	600
10	GB/T 8163	热轧	≤10	335	205	124	121	115	108	98	89	82	75	70	61	41					
20	GB/T 8163	热轧	≤10	410	245	152	147	140	131	117	108	98	88	83	61	41					
Q345D	GB/T 8163	正火	≤10	470	345	174	174	174	174	167	153	143	125	93	66	43					
10	GB 9948	正火	≤16	335	205	124	121	115	108	98	89	82	75	70	61	41					
			>16~30	335	195	124	117	111	105	95	85	79	73	67	61	41					
20	GB 9948	正火	≤16	410	245	152	147	140	131	117	108	98	88	83	61	41					
			>16~30	410	235	152	140	133	124	111	102	93	83	78	61	41					
20	GB 6479	正火	≤16	410	245	152	147	140	131	117	108	98	88	83	61	41					
			>16~40	410	235	152	140	133	124	111	102	93	83	78	61	41					
16Mn	GB 6479	正火	≤16	490	320	181	181	180	167	153	140	130	123	93	66	43					
			>16~40	490	310	181	181	173	160	147	133	123	117	93	66	43					
12CrMo	GB 9948	正火加回火	≤16	410	205	137	121	115	108	101	95	88	82	80	79	77	74	50			
			>16~30	410	195	130	117	111	105	98	91	85	79	77	75	74	72	50			

续表

钢号	钢管标准	使用状态	壁厚(mm)	室温强度指标 Rm(MPa)	室温强度指标 ReL(MPa)	≤20	100	150	200	250	300	350	400	425	450	475	500	525	550	575	600
						在下列温度（℃）下的许用应力（MPa）															
15CrMo	GB 9948	正火加回火	≤16	440	235	157	140	131	124	117	108	101	95	93	91	90	88	58	37		
15CrMo	GB 9948	正火加回火	>16~30	440	225	150	133	124	117	111	103	97	91	89	87	86	85	58	37		
15CrMo	GB 9948	正火加回火	>30~50	440	215	143	127	117	111	105	97	92	87	85	84	83	81	58	37		
12Cr2Mo1	—	正火加回火	≤30	450	380	167	167	163	157	153	150	147	143	140	137	119	89	61	46	37	
1Cr5Mo	GB 9948	退火	≤16	390	195	130	117	111	108	105	101	98	95	93	91	83	62	46	35	26	18
1Cr5Mo	GB 9948	退火	>16~30	390	185	123	111	105	101	98	95	91	88	86	85	82	62	46	35	26	18
12Cr1MoVG	GB 5310	正火加回火	≤30	470	255	170	153	143	133	127	117	111	105	103	100	98	95	82	59	41	
09MnD	—	正火	≤8	420	270	156	156	150	143	130	120	110									
09MnNiD	—	正火	≤8	440	280	163	163	157	150	143	137	127									
08Cr2AlMo	—	正火加回火	≤8	400	250	148	148	140	130	123	117										
09CrCuSb	—	正火	≤8	390	245	144	144	137	127												

注　摘自 GB 150.1~150.4—2011《压力容器》。

表 D-10

高合金钢钢管许用应力

在下列温度（℃）下的许用应力（MPa）

钢号	钢管标准	壁厚 mm	≤20	100	150	200	250	300	350	400	450	500	525	550	575	600	625	650	675	700	备注
0Cr18Ni9 (S30408)	GB 13296	≤14	137	137	137	130	122	114	111	107	103	100	98	91	79	64	52	42	32	27	*
0Cr18Ni9 (S30408)	GB/T 14976	≤28	137	114	103	96	90	85	82	79	76	74	73	71	67	62	52	42	32	27	
00Cr19Ni10 (S30403)	GB 13296	≤14	117	117	117	110	103	98	94	91	88										*
00Cr19Ni10 (S30403)	GB/T 14976	≤28	117	97	87	81	76	73	69	67	65										
0Cr18Ni10Ti (S32168)	GB 13296	≤14	137	137	137	130	122	114	111	108	105	103	101	83	58	44	33	25	18	13	*
0Cr18Ni10Ti (S32168)	GB/T 14976	≤28	137	114	103	96	90	85	82	80	78	76	75	74	58	44	33	25	18	13	
0Cr17Ni12Mo2 (S31608)	GB 13296	≤14	137	137	137	134	125	118	113	111	109	107	106	105	96	81	65	50	38	30	*
0Cr17Ni12Mo2 (S31608)	GB/T 14976	≤28	137	117	107	99	93	87	84	82	81	79	78	78	76	73	65	50	38	30	
00Cr17Ni14Mo2 (S31603)	GB 13296	≤14	117	117	117	108	100	95	90	86	84										
00Cr17Ni14Mo2 (S31603)	GB/T 14976	≤28	117	97	87	80	74	70	67	64	62										*
0Cr18Ni12Mo2Ti (S31668)	GB 13296	≤14	137	137	137	134	125	118	113	111	109	107									*
0Cr18Ni12Mo2Ti (S31668)	GB/T 14976	≤28	137	117	107	99	93	87	84	82	81	79									

注：1. 备注栏中注*的，该行许用应力仅适用于允许产生微量永久变形之元件，对于法兰或其他要求无微量永久变形就会引起泄漏和故障的场合不能采用。

2. GB 13296 名称为《锅炉、热交换器用不锈钢无缝钢管》，GB/T 14976 名称为《流体输送用不锈钢无缝钢管》。

3. 摘自 GB 150.1～150.4—2011《压力容器》。

三、塑料管道主要性能

塑料管道主要性能见表 D-11～表 D-23。

表 D-11　　聚氯乙烯（PVC）的腐蚀数据

介质	浓度（%）	温度（℃） 22	温度（℃） 60	介质	浓度（%）	温度（℃） 22	温度（℃） 60
硫酸	0～50	√	√	乙醇		√	√
硫酸	50～75	√	☆	氢氧化钠		√	√
硫酸	75～90	☆	☆	氢氧化钾		√	√
硫酸	90～95	☆	×	氢氧化钙		√	√
硫酸	>96	×	×	氢氧化镁		√	√
硝酸	0～68	√	☆	氢氧化铝		√	√
硝酸	>68	☆	×	氢氧化铁		√	√
硝酸	>95	×	×	氢氧化亚铁		√	√
盐酸	0～35	√	√	硫酸钠		√	√
盐酸	>35	√	☆	碳酸钠		√	√
磷酸	<90	√	√	次氯酸钠		√	√
磷酸	100	×	×	氯化钠		√	√
次氯酸		√	√	氨	干气	√	√
氯	干气	☆	☆	氨（液体）		×	×
氯	湿气	☆	☆	氨水		√	√
氯（干液体）		×	×	大气		√	√
氯水		○	☆	土壤		√	√
甲醇		√	√	海水		√	√

注　1. √表示良好，腐蚀轻或无；○表示可用，但有明显腐蚀；×表示不适用，腐蚀严重；☆表示同类材料由于配方等的不同，耐蚀性有差异，选用时要谨慎。

2. 资料来源：《腐蚀数据与选材手册》（左景伊、左禹，化学工业出版社，1995）。

3. 工业用硬聚氯乙烯（UPVC）的腐蚀数据可参考表 D-17 或向生产方咨询。

表 D-12　　氯化聚氯乙烯（CPVC）的腐蚀数据

介质	浓度（%）	温度（℃） 20	温度（℃） 60	温度（℃） 85	温度（℃） 100	介质	浓度（%）	温度（℃） 20	温度（℃） 60	温度（℃） 85	温度（℃） 100
硫酸	0～80	√	√	√	×	甲醇		√	√		
硫酸	80～93.5	○	○	×		乙醇		√	√	√	
硫酸	98	×	×	×		氢氧化钠		√	√	√	√
硫酸	100	×				氢氧化钾		√	√	√	√
硝酸	0～30	√	√	√		氢氧化钙		√	√	√	√
硝酸	40～50	√	√	×		氢氧化镁		√	√	√	√
硝酸	70	√	×	×		氢氧化铝		√	√	√	√
硝酸	100	×	×	×		氢氧化铁		√	√	√	√

介质	浓度（%）	温度（℃） 20	60	85	100	介质	浓度（%）	温度（℃） 20	60	85	100
盐酸	0~38	√	√	√	×	硫酸钠		√	√	√	√
磷酸	<80	√	√	√		碳酸钠		√	√	√	√
磷酸	85	√	√	×		次氯酸钠		√	√	√	√
次氯酸			√	√		氯化钠		√	√	√	
氯水	稀	√	√		√	氨	干或湿气	√	√	√	√
氯水	饱和	√	√	☆	☆	土壤		√			
氯（液体）		×	×	×		海水		√	√	√	

注　1. √表示良好，腐蚀轻或无；○表示可用，但有明显腐蚀；×表示不适用，腐蚀严重；☆表示同类材料由于配方等的不同，耐蚀性有差异，选用时要谨慎。

　　2. 资料来源：《腐蚀数据与选材手册》（左景伊、左禹，化学工业出版社，1995）。

表 D-13　　　　　　　丙烯腈-丁二烯-苯乙烯（ABS）树脂的腐蚀数据

介质	浓度（%）	温度（℃） 20	60	90	介质	浓度（%）	温度（℃） 25	60	66	80	90
硫酸	<30	√	O	×	氢氧化钠		√		√		×
硫酸	30~75	O	O	×	氢氧化钾		√		√		×
硫酸	>75	×	×	×	氢氧化钙		√		√		
硝酸	10	√	O	×	氢氧化镁		√		√		×
硝酸	20	√	☆	×	氢氧化铝		√		√		
硝酸	25~35	O	☆		硫酸钠		√	√			
硝酸	40	☆	×		碳酸钠		√	√			
硝酸	>50	×	×	×	次氯酸钠		√	O			
盐酸	<38	√	√	×	氯化钠		√	√	√		×
盐酸	50	√	×	×	氯	干气	√	√		×	
磷酸	<20	√	√	×	氯	湿气	√	√		×	
磷酸	30~40	√	O	×	氯水						
磷酸	50~70	O	×	×	氨	干气	√	√			
磷酸	>80	×	×		氨（液体）		×	×		×	
次氯酸	<15	√	√		氨水		O	O			×
次氯酸	100	√	√		海水		√				√

注　1. √表示良好，腐蚀轻或无；○表示可用，但有明显腐蚀；×表示不适用，腐蚀严重；☆表示同类材料由于配方等的不同，耐蚀性有差异，选用时要谨慎。

　　2. 资料来源：《腐蚀数据与选材手册》（左景伊、左禹，化学工业出版社，1995）。

表 D-14　　　　　　　　　　　　　　　聚四氟乙烯（PTFE）的腐蚀数据

介质	浓度（%）	温度（℃）		介质	浓度（%）	温度（℃）	
		60	240			60	240
硫酸	0～100		√	硫酸钠			√
发烟硫酸			√	碳酸钠			√
硝酸	0～100		√	次氯酸钠			√
发烟硝酸			√	氯化钠			√
盐酸			√	氯	干或湿	√	√
磷酸			√	氯（液体）		√	√
次氯酸			√	氯水		√	√
氢氧化钠			√	氨（气）		√	√
氢氧化钾			√	氨（液体）		√	√
氢氧化钙			√	甲醇		√	√
氢氧化镁			√	乙醇		√	√
氢氧化铝			√	大气		√（25℃）	
氢氧化铁			√	土壤		√（25℃）	
氢氧化亚铁			√	海水		√（25℃）	√（100℃）

注　1. √表示良好，腐蚀轻或无；○表示可用，但有明显腐蚀；×表示不适用，腐蚀严重；☆表示同类材料由于配方等的不同，耐蚀性有差异，选用时要谨慎。

　　2. 资料来源：《腐蚀数据与选材手册》（左景伊、左禹，化学工业出版社，1995）。

表 D-15　　　　　　　　　　　　　　　工业用 CPVC 管道规格尺寸一

公称外径	公称壁厚			
	管系列 S			
	S10	S6.3	S5	S4
	标准尺寸比 SDR			
	SDR21	SDR13.6	SDR11	SDR9
20	2.0（0.96）*	2.0（1.5）*	2.0（1.9）*	2.3
25	2.0（1.2）*	2.0（1.9）*	2.3	2.8
32	2.0（1.6）*	2.4	2.9	3.6
40	2.0（1.9）*	3.0	3.7	4.5
50	2.4	3.7	4.6	5.6
63	3.0	4.7	5.8	7.1
75	3.6	5.6	6.8	8.4
90	4.3	6.7	8.2	10.1
110	5.3	8.1	10.0	12.3

续表

公称外径	公称壁厚			
	管系列 S			
	S10	S6.3	S5	S4
	标准尺寸比 SDR			
	SDR21	SDR13.6	SDR11	SDR9
125	6.0	9.2	11.4	14.0
140	6.7	10.3	12.7	15.7
160	7.7	11.8	14.6	17.9
180	8.6	13.3	—	—
200	9.6	14.7	—	—
225	10.8	16.6	—	—

注 1. 考虑到刚度的要求，带"*"号规格的管材壁厚增加到 2.0mm，进行液压试验时用括号内的壁厚计算试验压力。

2. 摘自 GB/T 18998.2—2003《工业用氯化聚氯乙烯（PVC-C）管道系统 第 2 部分：管材》。

表 D-16   工业用 CPVC 管道规格尺寸二

公称通径（mm）	外径（mm）	长度（mm）	壁厚及公差
			1.0MPa
15	20	4000	$2.5^{+0.4}$
20	25	4000	$2.7^{+0.4}$
25	32	4000	$2.9^{+0.4}$
32	40	4000	$3.1^{+0.4}$
40	50	4000	$3.7^{+0.4}$
50	63	4000	$4.7^{+0.4}$
65	75	4000	$5.5^{+0.4}$
80	90	4000	$6.7^{+0.4}$
100	110	4000	$8.1^{+0.4}$
125	140	4000	$10.3^{+0.5}$
150	160	4000	$11.8^{+0.6}$
200	225	4000	$13.0^{+0.7}$
250	280	4000	$15.0^{+0.8}$
300	315	4000	$17.5^{+0.8}$
350	355	4000	$19.1^{+0.9}$
400	400	4000	$21.0^{+0.9}$

注 1. 长度可以定制。

2. 摘自 CPVC 管道生产厂家样本资料。

表 D-17　　　　　　　　　工业用硬聚氯乙烯（UPVC）管道规格尺寸一　　　　　　　　（mm）

公称外径	壁厚 e 及其偏差													
	管系列 S 和标准尺寸比 SDR													
	S20 SDR41		S16 SDR33		S12.5 SDR26		S10 SDR21		S8 SDR17		S6.3 SDR13.6		S5 SDR11	
	e_{min}	偏差	e_{min}	偏差	e_{min}	偏差	e_{min}	偏差	e_{min}	偏差	e_{min}	偏差	e_{min}	偏差
16	—	—	—	—	—	—	—	—	—	—	—	—	2.0	+0.4
20	—	—	—	—	—	—	—	—	—	—	—	—	2.0	+0.4
25	—	—	—	—	—	—	—	—	—	—	2.0	+0.4	2.3	+0.5
32	—	—	—	—	—	—	—	—	2.0	+0.4	2.4	+0.5	2.9	+0.5
40	—	—	—	—	—	—	2.0	+0.4	2.4	+0.5	3.0	+0.5	3.7	+0.6
50	—	—	—	—	2.0	+0.4	2.4	+0.5	3.0	+0.5	3.7	+0.6	4.6	+0.7
63	—	—	2.0	+0.4	2.5	+0.5	3.0	+0.5	3.8	+0.6	4.7	+0.7	5.8	+0.8
75	—	—	2.3	+0.5	2.9	+0.5	3.6	+0.6	4.5	+0.7	5.6	+0.8	6.8	+0.9
90	—	—	2.8	+0.5	3.5	+0.6	4.3	+0.7	5.4	+0.8	6.7	+0.9	8.2	+1.1
110	—	—	3.4	+0.6	4.2	+0.7	5.3	+0.8	6.6	+0.9	8.1	+1.1	10.0	+1.2
125	—	—	3.9	+0.6	4.8	+0.7	6.0	+0.8	7.4	+1.0	9.2	+1.2	11.4	+1.4
140	—	—	4.3	+0.7	5.4	+0.8	6.7	+0.9	8.3	+1.1	10.3	+1.3	12.7	+1.5
160	4.0	+0.6	4.9	+0.7	6.2	+0.9	7.7	+1.0	9.5	+1.2	11.8	+1.4	14.6	+1.7
180	4.4	+0.7	5.5	+0.8	6.9	+0.9	8.6	+1.1	10.7	+1.3	13.3	+1.6	16.4	+1.9
200	4.9	+0.7	6.2	+0.9	7.7	+1.0	9.6	+1.2	11.9	+1.4	14.7	+1.7	18.2	+2.1
225	5.5	+0.8	6.9	+0.9	8.6	+1.1	10.8	+1.3	13.4	+1.6	16.6	+1.9	—	—
250	6.2	+0.9	7.7	+1.0	9.6	+1.2	11.9	+1.4	14.8	+1.7	18.4	+2.1	—	—
280	6.9	+0.9	8.6	+1.1	10.7	+1.3	13.4	+1.6	16.6	+1.9	20.6	+2.3	—	—
315	7.7	+1.0	9.7	+1.2	12.1	+1.5	15.0	+1.7	18.7	+2.1	23.2	+2.6	—	—
355	8.7	+1.1	10.9	+1.3	13.6	+1.6	16.9	+1.9	21.1	+2.4	26.1	+2.9	—	—
400	9.8	+1.2	12.3	+1.5	15.3	+1.8	19.1	+2.2	23.7	+2.6	29.4	+3.2	—	—

注　1. 考虑到安全性，最小壁厚应不小于 2.0mm。

　　2. 除了有其他规定之外，尺寸应与 GB/T 10798《热塑性塑料管材通用壁厚表》一致。

　　3. 管系列 S、标准尺寸比 SDR 与公称压力 PN 对照详见表 D-18；组件材料温度对压力的折减系数详见表 D-19。

　　4. 摘自 GB/T 4219.1—2008《工业用硬聚氯乙烯（PVC-U）管道系统　第 1 部分：管材》。

表 D-18　　　　　　　UPVC 管系列 S、标准尺寸比 SDR 与公称压力 PN 对照

C 值	UPVC 管系列 S、标准尺寸比 SDR 与公称压力 PN 对照						
2.0	S20 SDR41	S16 SDR33	S12.5 SDR26	S10 SDR21	S8 SDR17	S6.3 SDR13.6	S5 SDR11
	PN6.3	PN8	PN10	PN12.5	PN16	PN20	PN25
2.5	S20 SDR41	S16 SDR33	S12.5 SDR26	S10 SDR21	S8 SDR17	S6.3 SDR13.6	S5 SDR11
	PN5	PN6.3	PN8	PN10	PN12.5	PN16	PN20

注　1. 以上数据基于 MRS 值为 25MPa。

　　2. C 值为总体使用（设计）系数，一个大于 1 的数值，它的大小考虑了使用条件和管路其他附件的特性对管系的影响，是在置信下限所包含因素之外考虑的管系的安全裕度。

　　3. 摘自 GB/T 4219.1—2008《工业用硬聚氯乙烯（PVC-U）管道系统　第 1 部分：管材》。

表 D-19   **UPVC 组件材料温度对压力的折减系数**

温度 t（℃）	折减系数 f_t
$0<t\leqslant25$	1
$25<t\leqslant35$	0.8
$35<t\leqslant45$	0.63

注　1. 公称压力（PN）指管材输送 20℃水的最大工作压力。当输水温度不同时，应按表 D-19 给出的不同温度对压力的折减系数（f_t）修正工作压力。用折减系数乘以公称压力得到最大允许工作压力。

　　2. 摘自 GB/T 4219.1—2008《工业用硬聚氯乙烯（PVC-U）管道系统　第 1 部分：管材》。

表 D-20   **工业用硬聚氯乙烯（UPVC）管道规格尺寸二**

公称通径（mm）	外径（mm）	长度（mm）	壁厚及公差（mm） 0.6MPa	1.0MPa	1.6MPa
15	20	4000	—	—	$2.3^{+0.50}$
20	25	4000	—	—	$2.8^{+0.50}$
25	32	4000	—	$2.7^{+0.50}$	$3.6^{+0.60}$
32	40	4000	$2.7^{+0.50}$	$3.2^{+0.50}$	$4.5^{+0.70}$
40	50	4000	$3.1^{+0.50}$	$3.7^{+0.50}$	$5.6^{+0.80}$
50	63	4000	$3.7^{+0.60}$	$4.7^{+0.70}$	$7.1^{+1.00}$
65	75	4000	$4.3^{+0.70}$	$5.5^{+0.80}$	$8.4^{+1.10}$
80	90	4000	$4.5^{+0.70}$	$6.6^{+0.90}$	$10.1^{+1.30}$
100	110	4000	$5.6^{+0.80}$	$8.1^{+1.10}$	$12.3^{+1.50}$
125	140	4000	$6.7^{+0.90}$	$10.3^{+1.30}$	$15.7^{+1.80}$
150	160	4000	$7.7^{+1.00}$	$11.8^{+1.40}$	$17.9^{+2.00}$
200	225	4000	$10.8^{+1.30}$	$16.6^{+1.90}$	$25.1^{+2.80}$
250	280	4000	$13.4^{+1.60}$	$20.6^{+2.30}$	$27.9^{+3.00}$
300	315	4000	$15.0^{+1.70}$	$23.2^{+2.60}$	—
350	355	4000	$16.9^{+1.90}$	$26.1^{+2.90}$	—
400	400	4000	$19.1^{+2.20}$	$29.4^{+3.20}$	—
450	450	4000	$21.5^{+2.40}$	—	—
500	500	4000	$23.9^{+2.60}$	—	—
600	630	4000	$30.3^{+3.20}$	—	—

注　1. 长度可以定制。

　　2. 摘自硬聚氯乙烯（UPVC）管道生产厂家样本资料。

表 D-21   **工业用 ABS 管道规格尺寸一**

公称外径	S20 SDR41 e_{min}	c	S16 SDR33 e_{min}	c	S12.5 SDR26 e_{min}	c	S10 SDR21 e_{min}	c	S8 SDR17 e_{min}	c	S6.3 SDR13.6 e_{min}	c	S5 SDR11 e_{min}	c	S4 SDR9 e_{min}	c
12	—	—	—	—	—	—	—	—	—	—	—	—	1.8	+0.4	1.8	+0.4
16	—	—	—	—	—	—	—	—	—	—	1.8	+0.4	1.8	+0.4	1.8	+0.4

公称外径	壁厚 e_n 及壁厚公差（mm）															
	管系列 S 和标准尺寸比 SDR															
	S20 SDR41		S16 SDR33		S12.5 SDR26		S10 SDR21		S8 SDR17		S6.3 SDR13.6		S5 SDR11		S4 SDR9	
	e_{min}	c	e_{min}	c	e_{min}	c	e_{min}	c	e_{min}	c	e_{min}	c	e_{min}	c	e_{min}	c
20	—	—	—	—	—	—	—	—	—	—	1.8	+0.4	1.9	+0.4	2.3	+0.5
25	—	—	—	—	—	—	—	—	1.8	+0.4	1.9	+0.4	2.3	+0.5	2.8	+0.5
32	—	—	—	—	—	—	1.8	+0.4	1.9	+0.4	2.4	+0.5	2.9	+0.5	3.6	+0.6
40	—	—	—	—	1.8	+0.4	1.9	+0.4	2.4	+0.5	3.0	+0.5	3.7	+0.6	4.5	+0.7
50	—	—	1.8	+0.4	2.0	+0.4	2.4	+0.5	3.0	+0.5	3.7	+0.6	4.6	+0.7	5.6	+0.8
63	1.8	+0.4	2.0	+0.4	2.5	+0.5	3.0	+0.5	3.8	+0.6	4.7	+0.7	5.8	+0.8	7.1	+1.0
75	1.9	+0.4	2.3	+0.5	2.9	+0.5	3.6	+0.6	4.5	+0.7	5.6	+0.8	6.8	+0.9	8.4	+1.1
90	2.2	+0.5	2.8	+0.5	3.5	+0.6	4.3	+0.7	5.4	+0.8	6.7	+0.9	8.2	+1.1	10.1	+1.3
110	2.7	+0.5	3.4	+0.6	4.2	+0.7	5.3	+0.8	6.6	+0.9	8.1	+1.1	10.0	+1.2	12.3	+1.5
125	3.1	+0.6	3.9	+0.6	4.8	+0.7	6.0	+0.8	7.4	+1.0	9.2	+1.2	11.4	+1.4	14.0	+1.6
140	3.5	+0.6	4.3	+0.7	5.4	+0.8	6.7	+0.9	8.3	+1.1	10.3	+1.3	12.7	+1.5	15.7	+1.8
160	4.0	+0.6	4.9	+0.7	6.2	+0.9	7.7	+1.0	9.5	+1.2	11.8	+1.4	14.6	+1.7	17.9	+2.0
180	4.4	+0.7	5.5	+0.8	6.9	+0.9	8.6	+1.1	10.7	+1.3	13.3	+1.6	16.4	+1.9	20.1	+2.3
200	4.9	+0.7	6.2	+0.9	7.7	+1.0	9.6	+1.2	11.9	+1.4	14.7	+1.7	18.2	+2.1	22.4	+2.5
225	5.5	+0.8	6.9	+0.9	8.6	+1.1	10.8	+1.3	13.4	+1.6	16.6	+1.9	20.5	+2.3	25.2	+2.8
250	6.2	+0.9	7.7	+1.0	9.6	+1.2	11.9	+1.4	14.8	+1.7	18.4	+2.1	22.7	+2.5	27.9	+3.0
280	6.9	+0.9	8.6	+1.1	10.7	+1.3	13.4	+1.6	16.6	+1.9	20.6	+2.3	25.4	+2.8	31.3	+3.4
315	7.7	+1.0	9.7	+1.2	12.1	+1.5	15.0	+1.7	18.7	+2.1	23.2	+2.6	28.6	+3.1	35.2	+3.8
355	8.7	+1.1	10.9	+1.3	13.6	+1.6	16.9	+1.9	21.1	+2.4	26.1	+2.9	32.2	+3.5	39.7	+4.2
400	9.8	+1.2	12.3	+1.5	15.3	+1.8	19.1	+2.2	23.7	+2.6	29.4	+3.2	36.3	+3.9	44.7	+4.7

注　1. 考虑到使用情况及安全，最小壁厚应不得小于 1.8mm。

　　2. $e_{min}=e_n$。

　　3. 除了有其他规定之外，尺寸应与 GB/T 10798《热塑性塑料管材通用壁厚表》一致。

　　4. 管系列 S、标准尺寸比 SDR 与公称压力 PN 对照详见表 D-22。

　　5. 摘自 GB/T 20207.1—2006《丙烯腈-丁二烯-苯乙烯（ABS）压力管道系统　第 1 部分：管材》。

表 D-22　　　　　　　　**ABS 管系列 S、标准尺寸比 SDR 与公称压力 PN 对照表**

ABS 管系列 S、标准尺寸比 SDR 与公称压力对照							
S20 SDR41	S16 SDR33	S12.5 SDR26	S10 SDR21	S8 SDR17	S6.3 SDR13.6	S5 SDR11	S4 SDR9
PN4	PN5	PN7	PN8.7	PN11	PN13.8	PN17.5	PN22

以上数据基于强度 MRS 值为 14MPa；设计系数 C 值为 1.6

S20 SDR41	S16 SDR33	S12.5 SDR26	S10 SDR21	S8 SDR17	S6.3 SDR13.6	S5 SDR11	S4 SDR9
PN3.2	PN4.5	PN6	PN8	PN10	PN12	PN15	PN20

以上数据基于强度 MRS 值为 14MPa；设计系数 C 值为 1.86

注　摘自 GB/T 20207.1—2006《丙烯腈-丁二烯-苯乙烯（ABS）压力管道系统　第 1 部分：管材》。

表 D-23 工业用 ABS 管道规格尺寸二

公称通径（mm）	外径（mm）	长度（mm）	壁厚及公差（mm） 0.6MPa	壁厚及公差（mm） 1.0MPa
15	20	4000	—	$2.3^{+0.50}$
20	25	4000	—	$2.4^{+0.50}$
25	32	4000	—	$2.5^{+0.50}$
32	40	4000	$2.4^{+0.50}$	$3.0^{+0.50}$
40	50	4000	$3.0^{+0.50}$	$3.7^{+0.60}$
50	63	4000	$3.5^{+0.60}$	$4.7^{+0.70}$
65	75	4000	$4.1^{+0.70}$	$5.6^{+0.80}$
80	90	4000	$4.5^{+0.70}$	$6.7^{+0.90}$
100	110	4000	$5.5^{+0.80}$	$7.4^{+1.100}$
125	140	4000	$6.7^{+0.90}$	$8.3^{+1.20}$
150	160	4000	$7.7^{+1.00}$	$9.5^{+1.40}$
200	225	4000	$10.8^{+1.20}$	$13.4^{+1.60}$
250	280	4000	$13.4^{+1.40}$	$16.6^{+1.80}$
300	315	4000	$15.0^{+1.60}$	$18.7^{+2.00}$
350	355	4000	$16.9^{+1.60}$	$21.1^{+1.60}$
400	400	4000	$19.1^{+1.60}$	$23.7^{+1.60}$

注 1. 批量长度可以定制。

2. 摘自 ABS 管道生产厂家样本。

四、钢塑复合管主要性能

钢塑复合管主要性能见表 D-24～表 D-26。

表 D-24 钢塑复合管和管件耐腐蚀性能表

介质	聚乙烯（PE） 介质浓度（%）	聚乙烯（PE） 介质温度（℃）	聚乙烯（PE） 耐腐蚀性	聚丙烯（PP） 介质浓度（%）	聚丙烯（PP） 介质温度（℃）	聚丙烯（PP） 耐腐蚀性	聚四氟乙烯（PTFE） 介质浓度（%）	聚四氟乙烯（PTFE） 介质温度（℃）	聚四氟乙烯（PTFE） 耐腐蚀性
硝酸	0～30	60	√	<10	100	√		240	√
硝酸	30～50	60	○	10～25	65	√			
硝酸	>50	60	×	30	60	○			
硫酸	0～50	60	√	<10	100	√		240	√
硫酸	50～75	60	○	<30	65	√			
硫酸	75～90	60	×	30～60	50	√			
硫酸	90	20	×	78～90	20	√			
盐酸	0～38	60	√	<36	100	√		240	√
盐酸	>38	60	○	>36	50	○			

续表

介质	聚乙烯（PE）			聚丙烯（PP）			聚四氟乙烯（PTFE）		
	介质浓度（%）	介质温度（℃）	耐腐蚀性	介质浓度（%）	介质温度（℃）	耐腐蚀性	介质浓度（%）	介质温度（℃）	耐腐蚀性
磷酸	＜85	60	√	＜50	65	√		240	√
	＞90	20	○	95	65	○			
	100	20	√	＜85	50	√			
	100	60	○	100	65	√			
醋酸	0～10	60	√	＜10	100	√	0～冰	240	√
	10～30	20	√	＜80	50	√			
	30～70	60	○	80	65	○			
氢氧化钠	0～20	90	√	0～70	100	√		240	√
	＞20	60	○	100	65	√			
次氯酸钠（Cl＜12.5%）	100	20	√	＜6	60	○		240	√
	100	60	○	10～20	20	√		240	√
磷酸三钠	100	60	√	—	—	—	—	—	—
亚硫酸氢钠	100	60	√		100	√		240	√
硫酸铵		60	√		100	√		240	√
硝酸铵		60	√	100	100	√		240	√
硫酸钠		90	√		100	√		240	√
氯化铝		60	√		100	√		240	√
明矾		60	√		100	√		240	√
液氯		20	×		20	×		240	√
氨	干或湿气	60	√		100	√		240	√
	液体	60	○		65	√		240	√
乙醇		60	○		100	○		240	√
汽油		20	○		20	×		240	√
海水、盐水		60	√		100	√		240	√
肼	—	—	—		20	○		240	√

注　1. 介质浓度未列数字者表示浓度为 0～100%。

　　2. 耐腐蚀性评定：√—耐腐蚀；○—尚耐腐蚀；×—不耐腐蚀。

　　3. 表中划"—"者表示暂无此数据。

　　4. 摘自 DL/T 935—2005《钢塑复合管和管件》。

表 D-25　　　　　　　　　　钢塑复合管和管件的介质工作压力和温度

衬塑层材料	介质工作压力（MPa）	最高工作温度（℃）	最低工作温度（℃）
PE	≤1.6	65	−35
PP	≤1.6	100	−15
PTFE	≤1.6	240	−200

注　摘自 DL/T 935—2005《钢塑复合管和管件》。

表 D-26 钢塑复合管（直管）尺寸系列表

公称通径（mm）	外径（mm）	钢管壁厚（mm）	衬塑层厚度（mm）		标准长度（mm）
			滚衬衬塑	紧衬衬塑	
25	32	2.5			
32	38	2.5			
40	45	2.5			4000
50	57	3.0			
65	76	3.5			
80	89	4.0			
100	108	4.0			
125	133	4.0			
150	159	4.5	3	3～5	
200	219	6.0			
250	273	7.0			6000
300	325	8.0			
350	377	9.0			
400	426	9.0			
450	478	10.0			
500	529	10.0			

注 1. 衬塑管长度有特殊要求时，可在订货时说明。

2. 管子规格仅供参考。

3. 摘自 DL/T 935—2005《钢塑复合管和管件》。

五、玻璃钢管主要性能

玻璃钢管主要性能见表 D-27～表 D-29。

表 D-27 玻璃钢管耐腐蚀性能

介质	浓度（%）	双酚 A 型不饱和聚酯			环氧树脂 E-44			乙烯基酯树脂			改性酚醛树脂	
		室温	50℃	53～93℃	室温	40℃	80℃	室温	60℃	100℃	室温	100℃
硫酸	10	耐	耐	耐	耐	耐	耐	耐	耐	耐	—	—
	25	耐	耐	耐	耐	耐	耐	耐	耐	耐	尚可	尚可
	50	耐	耐	耐	尚可	尚可	不	耐	耐	耐	耐	耐
盐酸	10	耐	耐	尚可	耐	耐	耐	耐	耐	耐	—	—
	31	耐	耐	耐	耐	耐	耐	—	不	—	—	不
硝酸	5	耐	耐	尚可	耐	耐	耐	耐	耐	不	耐	耐
	10	耐	尚可	不	耐	不	不	不	不	不	—	—
	浓	不	不	不	不	不	不	不	不	不	—	—
甲酸	25	耐	不	不	耐	耐	耐	尚可	尚可	不	耐	尚可
乙酸	50	耐	不	不	耐	耐	尚可	尚可	尚可	不	耐	尚可
草酸	15	耐	耐	耐	耐	耐	耐	耐	耐	耐	耐	耐
氢氧化钠	5	耐	耐	耐	耐	耐	耐	耐	耐	耐	—	—
	25	—	—	—	—	—	—	耐	耐	不	—	—

介质	浓度（%）	双酚 A 型不饱和聚酯			环氧树脂 E-44			乙烯基酯树脂			改性酚醛树脂	
		室温	50℃	53～93℃	室温	40℃	80℃	室温	60℃	100℃	室温	100℃
氨水	28	不	不	不	耐	耐	耐	耐	耐	不	—	—
乙醇		耐	耐	耐	耐	耐	耐	耐	耐	不	耐	—
自来水/蒸馏水		耐	耐	耐	耐	耐	耐	耐	耐	耐	耐	耐
氯化钠	饱和	耐	耐	尚可	耐	耐	耐	耐	耐	耐	耐	—

注　1. 表中"—"表示暂无试验数据。

2. 资料来源：《给水排水设计手册　材料设备（续册）》（上海建筑设计研究院，中国建筑工业出版社，1999）。

表 D-28　　　　　　　　　　　　　　玻璃钢管产品技术特性

序号	名称	单位	技术参数
1	密度	g/cm³	1.6～2.2
2	热膨胀系数	×10⁻⁶℃⁻¹	11.2
3	热导系数		0.23
4	体积电阻		5.3×10^{13}
5	巴柯尔硬度		≥40
6	缠绕角	°	55～65
7	拉伸强度	MPa	300～360
8	环向拉伸弹性模数	MPa	1.6×10^4～2.5×10^4
9	弯曲强度	MPa	250～320
10	弯曲弹性模数	MPa	1.36×10^4～1.62×10^4
11	轴向拉伸强度	MPa	≥150
12	轴向拉伸弹性模数	MPa	1.25×10^4～6×10^8

注　资料来源：《给水排水设计手册　材料设备（续册）》（上海建筑设计研究院，中国建筑工业出版社，1999）。

表 D-29　　　　　　　　　　　　　　玻璃钢管道壁厚参数表

内径（mm）	长度（mm）	壁厚（mm）			内径（mm）	长度（mm）	壁厚（mm）		
		0.6MPa	1.0MPa	1.6MPa			0.6MPa	1.0MPa	1.6MPa
10	1800	4.6	4.6	4.6	150	6000	4.6	4.6	5.9
15	1800	4.6	4.6	4.6	200	12000	4.6	5.9	7.2
20	1800	4.6	4.6	4.6	250	12000	4.6	5.9	8.5
25	1800	4.6	4.6	4.6	300	12000	5.9	7.2	9.8
32	1800	4.6	4.6	4.6	350	12000	5.9	8.5	11.1
40	1800	4.6	4.6	4.6	400	12000	5.9	8.5	12.4
50	6000	4.6	4.6	4.6	450	12000	7.2	9.8	13.7
65	6000	4.6	4.6	4.6	500	12000	7.2	9.8	15.0
80	6000	4.6	4.6	4.6	600	12000	8.5	12.4	17.6
100	6000	4.6	4.6	4.6	700	12000	9.8	13.7	20.2
125	6000	4.6	4.6	5.9	800	12000	9.8	15.0	22.8

注　摘自玻璃钢生产厂家的样本资料。

六、工业用钢骨架聚乙烯塑料复合管

工业用钢骨架聚乙烯塑料复合管规格参数见表 D-30。

表 D-30   钢骨架聚乙烯塑料复合管管材规格尺寸

公称内径 DN（mm）	允许相对误差（%）	公称压力（MPa）					钢丝到内、外壁距离（mm）
		1.0	1.6	2.0	2.5	4.0	
		管材主体壁厚及极限偏差（mm）					
50	±1	—	—	—	$9.0_0^{+1.4}$	$10.6_0^{+1.6}$	≥2.0
65		—	—	—	$9.0_0^{+1.4}$	$10.6_0^{+1.6}$	
80		—	—	—	$9.0_0^{+1.4}$	$11.7_0^{+1.8}$	
100		—	$9.0_0^{+1.4}$	$9.0_0^{+1.4}$	$11.7_0^{+1.8}$	$12.2_0^{+1.8}$	
125		—	$10.0_0^{+1.5}$	$10.0_0^{+1.5}$	$11.8_0^{+1.8}$	$12.3_0^{+1.8}$	
150		—	$12.0_0^{+1.8}$	$12.0_0^{+1.8}$	$12.5_0^{+1.9}$	$15.5_0^{+2.6}$	
200	±0.8	—	$12.0_0^{+1.8}$	$12.5_0^{+1.9}$	$12.5_0^{+1.9}$	—	≥2.5
250		$12.0_0^{+1.8}$	$12.5_0^{+1.9}$	$13.0_0^{+2.0}$	$13.0_0^{+2.0}$	—	
300		$12.5_0^{+1.9}$	$12.5_0^{+1.9}$	$14.5_0^{+2.2}$	—	—	
350	±0.5	$15.0_0^{+2.4}$	$15.0_0^{+2.4}$	$15.5_0^{+2.6}$	—	—	≥3.0
400		$15.0_0^{+2.4}$	$15.0_0^{+2.4}$	$15.5_0^{+2.6}$	—	—	
450		$15.5_0^{+2.6}$	$16.0_0^{+2.6}$	$16.5_0^{+2.6}$	—	—	
500		$15.5_0^{+2.6}$	$16.0_0^{+2.6}$	$16.5_0^{+2.6}$	—	—	
600		$19.0_0^{+3.0}$	$20.0_0^{+3.0}$	—	—	—	

注   1. 输送介质的温度高于 20℃时，公称压力应按表 D-31 修正。

      2. 摘自 HG/T 3690—2012《工业用钢骨架聚乙烯塑料复合管》。

表 D-31   钢骨架聚乙烯塑料复合管公称压力修正系数

温度 t（℃）	$0<t\leq20$	$20<t\leq30$	$30<t\leq40$	$40<t\leq50$	$50<t\leq60$	$60<t\leq70$
公称压力修正系数	1.00	0.95	0.90	0.86	0.81	0.76

注   摘自 HG/T 3690—2012《工业用钢骨架聚乙烯塑料复合管》。

主要量的符号及其计量单位

量 的 名 称	符号	计量单位	量 的 名 称	符号	计量单位
长度	$L\,(l)$	m	数量	$N\,(n)$	
高度	$H\,(h)$	m	功率	P	kW
直径	$D\,(d)$	m，mm	浓缩倍数	φ	
公称直径	DN	mm	系数	$K\,(k)$	
间距（壁厚）	d	m，mm	效率	η	%
面积	S	m²	浓度	C	mg/L，%
体积、容积	V	m³	硬度	H	mg/L，mmol/L
速度	v	m/h, m/s, mm/s	碱度	A	mg/L，mmol/L
密度	ρ	kg/m³	压力	P	Pa
体积流量	q_v	m³/h，L/h	温度	t	℃
质量流量	q_m	kg/h	时间	T	h
高度，扬程	$H\,(h)$	m	反冲洗强度、水力负荷等	f	m³/（m²·h）

参 考 文 献

[1] 程钧培，等. 中国电气工程大典：第 4 卷 火力发电工程. 北京：中国电力出版社，2009.

[2] 中国华电工程（集团）有限公司，上海发电设备成套设备设计研究院. 大型火电设备手册：水处理系统和设备. 北京：中国电力出版社，2009.

[3] 上海市政工程设计研究院. 给水排水设计手册：城市给水. 北京：中国建筑工业出版社，1985.

[4] 高从堦，陈国华. 海水淡化技术与工程手册. 北京：化学工业出版社，2004.

[5] 冯逸仙，杨世纯. 反渗透水处理工程. 北京：中国电力出版社，2000.

[6] 阮国岭. 海水淡化工程设计. 北京：中国电力出版社，2013.

[7] 朱志平，李宇春，曾经. 火力发电厂锅炉补给水处理设计. 北京：中国电力出版社，2009.

[8] 周柏青，陈志和. 热力发电厂水处理. 4 版. 北京：中国电力出版社，2009.

[9] 朱志平，孙本达，李宇春. 电站锅炉水化学工况及优化. 北京：中国电力出版社，2009.

[10] 韩隶传，汪德良. 热力发电厂凝结水处理. 北京：中国电力出版社，2010.

[11] 李培元，周柏青. 发电厂水处理及水质控制. 北京：中国电力出版社，2011.

[12] 钱达中. 发电厂水处理工程. 北京：中国电力出版社，1998.

[13] 吴仁芳. 电厂化学. 3 版. 北京：中国电力出版社，2006.

[14] 朱志平，周永言，孔胜杰. 超临界火力发电机组化学技术. 北京：中国电力出版社，2012.

[15] 高秀山，张渡，杨东方. 火电厂循环冷却水处理. 北京：中国电力出版社，2001.

[16] 宋珊卿. 动力设备水处理手册. 2 版. 北京：中国电力出版社，1997.

[17] 崔玉川，李思敏，李福勤. 工业用水处理设施设计计算. 北京：化学工业出版社，2003.

[18] 李培元. 发电机冷却介质及其监督. 北京：中国电力出版社，2013.

[19] 冯敏. 工业水处理技术. 北京：海洋出版社，1996.

[20] 李克永. 化工机械手册. 天津：天津大学出版社，1991.

[21] 程世庆，姬广勤，史永春，等. 化学水处理设备与运行. 北京：中国电力出版社，2008.

[22] 李培元. 火力发电厂水处理剂水质控制. 2 版. 北京：中国电力出版社，2011.

[23] 广东电网公司电力科学研究院. 1000MW 超临界火电机组技术丛书 电厂化学. 北京：中国电力出版社，2008.

[24] 华东建筑设计院. 给排水设计手册：第 4 册 工业给水处理. 北京：中国建筑工业出版社，1986.

[25] 刘世念，苏伟，张波. 火力发电厂设备腐蚀及防护技术. 北京：中国电力出版社，2015.

[26] 上海建筑设计研究院. 给水排水设计手册：材料设备（续册）. 北京：中国建筑工业出版社，1999.

[27] 张希衡，等. 废水厌氧生物处理工程. 北京：中国环境科学出版社，1996.